Kowarik
Biologische Invasionen –
Neophyten und Neozoen in Mitteleuropa

Ingo Kowarik

Biologische Invasionen – Neophyten und Neozoen in Mitteleuropa

Mit einem Beitrag von Peter Boye

73 Zeichnungen
76 Tabellen

Ulmer

Umschlagfotos: Oben links: *Rosa rugosa* (Foto: Ingo Kowarik). Oben rechts: Waschbären (Foto: Ingo Bartussek). Unten: *Solidago canadensis* (Foto: Manfred Pforr).

Prof. Dr. Ingo Kowarik leitet das Fachgebiet Ökosystemkunde und Pflanzenökologie des Instituts für Ökologie der TU Berlin.
Forschungsschwerpunkte: Biologische Invasionen, Naturschutz, Stadtökologie.

Bibliografische Information Der Deutschen Bibliothek
Die Deutsche Bibliothek verzeichnet diese Publikationen in der Deutschen Nationalbibliografie; detaillierte bibliografische Daten sind im Internet über http://dnb.ddb.de abrufbar.

Das Werk einschließlich aller seiner Teile ist urheberrechtlich geschützt. Jede Verwertung außerhalb der engen Grenzen des Urheberrechtsgesetzes ist ohne Zustimmung des Verlages unzulässig und strafbar. Das gilt insbesondere für Vervielfältigungen, Übersetzungen, Mikroverfilmungen und die Einspeicherung und Verarbeitung in elektronischen Systemen.

ISBN 3-8001-3924-3

© 2003 Verlag Eugen Ulmer GmbH & Co.
Wollgrasweg 41, 70599 Stuttgart (Hohenheim)
email: info@ulmer.de
Internet: www.ulmer.de
Lektorat: Annette Alkemade, Dr. Nadja Kneissler
Umschlaggestaltung: Atelier Reichert, Stuttgart
Herstellung: Gabriele Wieczorek
Satz und Repro: Typomedia GmbH, Ostfildern
Druck und Bindung: Friedrich Pustet, Regensburg
Printed in Germany

Inhaltsverzeichnis

Vorwort		8
Einleitung		9
1	**Begriffsklärungen**	13
1.1	Biologische Invasionen . . .	13
1.2	Indigene und Neobiota: Einheimische und Nichteinheimische	16
1.3	Archäophyten und Neophyten	17
1.4	Etablierung statt Einbürgerung	20
1.5	Differenzierungen unterhalb der Artebene . .	21
1.5.1	Autochthone und allochthone Sippen	22
1.6	Analogien bei Tieren und Pilzen	23
2	**Biologische Invasionen in globaler Perspektive**	25
2.1	Historische Perspektive . .	25
2.2	Zur Forschungsgeschichte .	28
2.3	Ozeanische Inseln	30
2.4	Invasionen auf Kontinenten	34
2.5	Außereuropäische Forstwirtschaft	37
2.6	Folgekosten biologischer Invasionen	38
2.7	Krankheitserreger	41
2.8	Gentechnisch veränderte Organismen	41
2.8.1	Das „Exotic Species Model"	44
2.9	Rechtliche Regelungen . . .	45
2.9.1	Übereinkommen über die Biologische Vielfalt	47
2.9.2	Nationales Recht in Deutschland	48
3	**Menschen als Wegbereiter biologischer Invasionen** . . .	52
3.1	Absichtliche Einführungen	53
3.1.1	Frühe Einführungen	53
3.1.2	Einführungen nach 1500 . .	56
3.2	Unbeabsichtigte Einschleppungen	61
3.2.1	Einschleppungen vor 1500 .	61
3.2.2	Einschleppungen nach 1500	63
3.2.2.1	Saatgutbegleiter	64
3.2.2.2	Transportbegleiter	66
3.2.2.3	Aquakulturen	67
3.2.2.4	Schiffsverkehr	67
3.2.2.5	Kanäle	68
3.2.2.6	Flugverkehr	68
3.3	Sekundäre Ausbringungen .	69
3.3.1	Gärtnerische Pflanzungen .	73
3.3.2	Naturgärten und Heckenpflanzungen	74
3.3.3	Rasen- und Wiesenansaaten	76
3.3.4	Landwirtschaft und Gartenbau	78
3.3.5	Forstwirtschaft	78
3.3.6	Baumpflanzungen an Verkehrswegen	80
3.3.7	Ingenieurbiologische Begrünungen	82
3.3.8	Garten- und andere Abfälle	82
3.3.9	Pflanzmaterial	83
3.3.10	Böden und Gesteinsmaterial	84
3.3.11	Auto- und Eisenbahnverkehr	85
3.3.12	Jagd und Imkerei	88
3.3.13	Liebhaberbotanik	89
3.4	Störungen und Standortveränderungen	91
3.4.1	Anthropogene Störungen .	91
3.4.2	Anthropogene Klimaveränderungen	93
3.4.3	Natürliche Umweltdynamik	94
4	**„Exoten" – eine Lust und Last der Gartenkultur**	96
4.1	Historische und aktuelle Pflanzenverwendung	96
4.1.1	„Orangien"	97
4.1.2	„Arkadien"	99
4.1.3	„Arboretien"	100
4.1.4	„Katalogien"	101
4.1.5	„Biotopien"	103
4.2	Ökologismus in der Gartenkultur	104
4.2.1	Historische Vorläufer . . .	105

5	**Invasionsprozesse und deren Prognose**	108	6.2.6.1	Etablierung gebietsfremder Gehölze 166
5.1	Invasionen als mehrdimensionale Prozesse	108	6.2.6.2	Auffällige Neophyten . . . 168
5.2	Vorhersage von Invasionen	110	6.3	Wälder und Forste 168
5.2.1	Time-lag-Effekte und ihre Ursachen	115	6.3.1	Kleinblütiges Springkraut (*Impatiens parviflora*) . . . 169
5.2.2	Wie sinnvoll sind Prognosen?	120	6.3.2	Spätblühende Traubenkirsche (*Prunus serotina*) . 172
			6.3.3	Douglasie (*Pseudotsuga menziesii*) 183
6	**Neophyten in mitteleuropäischen Lebensräumen**	122	6.3.4	Strobe (*Pinus strobus*) . . . 187
6.1	Urbanindustrielle Lebensräume	122	6.3.5	Rot-Eiche (*Quercus rubra*) 188
6.1.1	Beispiel Götterbaum (*Ailanthus altissima*) . . .	127	6.3.6	Hybridpappeln (*Populus × euramericana* u. a.) 191
6.1.2	Problematische Neophyten	129	6.3.7	Edelkastanie (*Castanea sativa*) 194
6.1.3	Urbanindustrielle Ruderalflächen	130	6.3.8	Eschen-Ahorn (*Acer negundo*) 195
6.1.4	Altlastensanierung mit Repositionspflanzen . . .	132	6.3.9	Kultur-Apfel und Kultur-Birne 196
6.1.5	Gärten und Grünanlagen .	132	6.3.10	Berg- und Spitz-Ahorn (*Acer pseudoplatanus, A. platanoides*) 197
6.1.5.1	Gärten als Sprungbrett problematischer Neophyten?	132	6.3.11	Andere Arten 198
6.1.5.2	„Zeiger alter Gartenkultur" in historischen Gärten und Parkanlagen	134	6.4	Gewässer und Auen 200
			6.4.1	Wasserpestarten (*Elodea canadensis, E. nuttallii*) . . 202
6.2	Landwirtschaftlich geprägte Lebensräume	137	6.4.2	Indisches Springkraut (*Impatiens glandulifera*) . . 203
6.2.1	Dörfer	137	6.4.3	Herkulesstaude (*Heracleum mantegazzianum*) 207
6.2.2	Archäo- und Neophyten als Schutzobjekt	137	6.4.4	Staudenknöterricharten (*Fallopia japonica, F. sachalinensis, F. × bohemica*) 215
6.2.2.1	Weinbergsarten	138		
6.2.3	Problematische Ackerunkräuter	138	6.4.5	Knollen-Sonnenblume (*Helianthus tuberosus*) . . 224
6.2.3.1	Erdmandel (*Cyperus esculentus*)	139	6.4.6	Scheinkalla (*Lysichiton americanus*) 227
6.2.4	Nachwachsende Rohstoffe	142	6.4.7	Andere Arten 227
6.2.5	Grünland, Heiden und Brachestadien	142	6.5	Moore 229
6.2.5.1	Grünlandansaaten	143	6.5.1	Amerikanische Kultur-Heidelbeeren (*Vaccinium corymbosum × angustifolium*) 229
6.2.5.2	Orientalische Zackenschote (*Bunias orientalis*)	146		
6.2.5.3	Kanadische und Riesen-Goldrute (*Solidago canadensis, S. gigantea*)	147	6.6	Marine Ökosysteme, Küsten und Dünengürtel 233
			6.6.1	Schlickgrasarten (*Spartina anglica, S. townsendii*) . . . 234
6.2.5.4	Stauden-Lupine (*Lupinus polyphyllus*)	153	6.6.2	Kaktusmoos (*Campylopus introflexus*) 237
6.2.5.5	Robinie (*Robinia pseudoacacia*)	155	6.6.3	Kartoffel-Rose (*Rosa rugosa*) 238
6.2.5.6	Andere Arten	165	6.7	Felsen und Mauern . . . 241
6.2.6	Hecken und andere Gehölzpflanzungen	166	6.8	Gebirge 242

Inhaltsverzeichnis

7	**Einfluss von Neophyten auf die Tierwelt**	243
7.1	Eigenschaften von Nahrungspflanzen	243
7.1.1	Grenzen von Verallgemeinerungen	247
7.2	Von Einzelinformationen zum ökosystemaren Bezug	250
7.2.1	Differenzierungen zur biozönotischen Einbindung am Beispiel *Impatiens*	251
7.2.2	Die Rolle des Umfeldes	252
7.2.2.1	Beispiel: Schmetterlingsstrauch (*Buddleja davidii*)	253
7.2.2.2	Beispiel: Robinie (*Robinia pseudoacacia*)	253
7.2.3	Neophyten als „Lückenfüller"	255
7.3	Schlussfolgerungen für Naturschutz und Landschaftspflege	256
7.3.1	Gehören nichteinheimische Arten in die Gärten?	257
8	**Neomyceten**	259
8.1	Holländische Ulmenkrankheit	261
8.2	*Cryphonectria parasitica*	262
9	**Neozoen** (Peter Boye)	264
9.1	Einleitung	264
9.2	Wirbeltiere	265
9.3	Terrestrische Wirbellose	271
9.4	Aquatische Wirbellose	274
9.5	Auswirkungen der Neozoenausbreitung	275
9.5.1	Ergänzung bestehender Lebensgemeinschaften	276
9.5.2	Verdrängung einheimischer Tierarten	279
9.5.3	Konflikte mit menschlichen Nutzungsinteressen	280
9.6	Mitteleuropäische Neozoenproblematik im Vergleich zu anderen Gebieten	281
9.7	Handlungsperspektiven	282
10	**Versuch einer Synthese**	283
10.1	Auswirkungen biologischer Invasionen	283
10.1.1	Auswirkungen auf die Biodiversität	287
10.1.2	Globale Homogenisierung oder regionale Diversifizierung der Artenvielfalt?	288
10.1.2.1	Regionale Diversifizierung am Beispiel der deutschen Flora	290
10.1.3	Veränderungen der genetischen Vielfalt	293
10.2	Konfliktpotential in Deutschland	296
10.2.1	Problematische Archäophyten und Neophyten im Überblick	297
10.2.1.1	Die Eisberghypothese	300
10.2.1.2	Wie häufig sind nichteinheimische Arten?	301
10.2.2	Wie verbreitet sind Naturschutz- und Landnutzungskonflikte?	304
10.3	Ansätze zur Gegensteuerung	307
10.3.1	Vorbeugung	308
10.3.2	Bekämpfung	310
10.3.3	Akzeptanz	314
Literaturverzeichnis		316
Bildquellen		362
Sachregister		363

Vorwort

Idee und Konzept dieses Buches entstanden im Zusammenhang mit Naturschutzvorlesungen an der Universität Hannover und der Technischen Universität Berlin. Das stete Interesse der Studierenden am Thema „Invasion" hat mich in der Umsetzung dieses Werkes bestärkt. Ich möchte mich hierfür ebenso wie für die stimulierende Förderung durch viele Freunde und Kollegen herzlich bedanken. An erster Stelle ist hier Prof. Dr. Dr. h.c. Herbert Sukopp zu nennen, der vor etwa 20 Jahren mein Interesse am Invasionsthema weckte und seitdem immer ein anregender Gesprächspartner war. Dies waren auch Prof. Dr. Reinhard Böcker und Dr. Uwe Starfinger. Alle drei haben, wie auch Ulrich Heink und Dr. Hartwig Schepker, wesentliche Teile des Manuskripts umfangreich kommentiert. Weitere wertvolle Anmerkungen, Hinweise und Material zu einzelnen Kapiteln verdanke ich Dr. Beate Alberternst, Dr. Klaus Arlt, Dr. Katharina Dehnen-Schmutz, Dr. Ulrike Doyle, Prof. Dr. Manfred Horbert, Prof. Dr. S. Jäger, Dr. Stefan Klotz, Dr. Gunter Karste, Dr. Heinz-Dieter Krausch, Dr. Norbert Kühn, Moritz von der Lippe, Prof. Dr. Albert Reif, Brigitte Scheidt, Dr. Gregor Schmitz, Dr. Martin Schnittler, Ina Säumel, Birgit Seitz, Dr. Tom Steinlein, Dr. Christiane Timper, Dr. Jens Unger, Dr. W. Winterhoff und Prof. Dr. Stefan Zerbe.

Den Kontakt zum Eugen Ulmer-Verlag mit seiner dauerhaft interessierten und zum Glück geduldigen Lektorin Dr. Nadja Kneissler verdanke ich Prof. Dr. Richard Pott. Annette Alkemade und Antje Springorum haben durch sorgfältiges Lektorieren den Text verbessert. Die Daten für Tab. 73 sowie Abb. 22 lieferte Rudolf May freundlicherweise aus der Datenbank des Bundesamtes für Naturschutz. Einige Abbildungsvorlagen fertigten Ursula Jonczyk und Wilfried Roloff. Beim Register halfen Gisela Falk, Karin Grandy, Lorenz Poggendorf und Irma Trippler. Werner Kowarik hat durch sorgfältiges Korrekturlesen sehr geholfen, Hannes Reinhard durch seine große Geduld.

Für die hierdurch erzielten Verbesserungen bedanke ich mich herzlich bei allen genannten und ungenannten Personen und verweise zugleich auf meine alleinige Verantwortung für die verbliebenen Unzulänglichkeiten. Hinweise der Leserinnen und Leser auf Fehler und sinnvolle Ergänzungen sind daher sehr willkommen!

Einleitung

Die Vorstellung, unbekannte Wesen drängen in unsere Welt ein, fasziniert und beängstigt zugleich. In New York brach 1938 eine Massenpanik aus, als der Sender CBS über eine Invasion aus dem All berichtete. Viele Hörer hielten das damals gesendete Hörspiel für einen Tatsachenbericht. Heute drängen sich Menschenmassen an Kinokassen, wenn Filme zum Thema „Aliens" laufen. Faszination und Abwehr kennzeichnen – mehr oder weniger stark durchdacht – auch den Umgang mit den höchst irdischen Invasionen, die dieses Buch zum Thema hat: **biologische Invasionen**. Gemeint ist damit die durch menschliche Aktivitäten ermöglichte Ausbreitung von Pflanzen, Tieren und Mikroorganismen in Gebieten, die sie natürlicherweise zuvor nicht erreicht haben (Tab. 1, genauer in Kap. 1.1).

Tatsächlich sind biologische Invasionen ein alltäglicher Vorgang. Seit es Leben gibt, verändern Tiere und Pflanzen ihr Areal und besiedeln dabei neue Standorte auch auf Kosten vorhandener Arten. So ist der Grundstock der mitteleuropäischen Flora nichts anderes als das Ergebnis einer natürlichen Invasion: Die meisten Pflanzen mussten in der Nacheiszeit die von den Gletschern freigegebenen Landmassen von südlichen Refugialgebieten aus neu besiedeln. Auch bei Tieren gehören natürliche Arealausweitungen zur Tagesordnung. Jedoch übertreffen von Menschen ausgelöste Invasionen analoge natürliche Prozesse um ein Vielfaches in ihrem Ausmaß, ihrer Reichweite, Geschwindigkeit und vor allem ihren Auswirkungen. Die invasionsbiologische Forschung konzentriert sich deshalb auf anthropogene biologische Invasionen. Sie sind Thema dieses Buches. Der durch Menschen absichtlich oder ungewollt vermittelte Transfer von Organismen zwischen verschiedenen Gebieten ist zu einem Phänomen mit globaler Wirkung geworden. Von Menschen stimulierte biologische Invasionen haben weit reichende ökologische und evolutionäre, aber auch ökonomische und soziale Konsequenzen. Invasionen gelten weltweit als eine der wichtigsten Gefährdungsursachen der biologischen Vielfalt und haben, wie ELTON schon 1958 klarsichtig erkannt hat, „den Lauf der Welt verändert".

Die spektakulärsten Beispiele biologi-

Tab. 1 Definition biologischer Invasionen mit Angaben zu Voraussetzungen, beteiligten Prozessen und Auswirkungen

biologische Invasion	durch Menschen ermöglichter Prozess der Vermehrung und Ausbreitung von Organismen* in Gebieten, die sie auf natürliche Weise nicht erreicht haben
Voraussetzung	Überwindung von Ausbreitungsbarrieren zwischen Kontinenten, Subkontinenten, Festland/Inseln, Biomen, Naturräumen oder Gewässersystemen mit menschlicher Hilfe (Einführung, Einschleppung, Beseitigung von Ausbreitungsbarrieren)
beteiligte Prozesse	Transport von Organismen oder Verbreitungseinheiten; Vermehrung, Ausbreitung, Etablierung von Individuen und Populationen; genetischer Austausch mit anderen Sippen
Auswirkungen	biogeographische, evolutionäre, ökologische, ökonomische, soziale

* Arten, Unterarten, Varietäten, Sorten, Ökotypen, Herkünfte, gentechnisch veränderte Organismen

scher Invasionen stammen aus anderen Teilen der Welt (vgl. z. B. populärwissenschaftliche Darstellungen von BRIGHT 1998, KEGEL 1999 und Tab.10). In vielen subtropischen und tropischen Gebieten, auf ozeanischen Inseln, in Neuseeland, Australien, Südafrika und Nordamerika sind Invasionen ein hoch aktuelles Thema, das Köpfe und Herzen von Menschen bewegt. Krankheiten treten auf, Tiere und Pflanzen gehen zurück oder sterben aus. Ganze Landschaften verändern ihr Gesicht und enorme wirtschaftliche Schäden werden beziffert. Die hierzu erschienenen Bücher dürften einige Regalmeter füllen. Biologische Invasionen als globales Phänomen werden auch in Kap. 2 dieses Buches schlaglichtartig beleuchtet.

Im Kern beleuchtet dieses Buch Invasionen jedoch aus einer **mitteleuropäischen Perspektive**. Was ist der Grund dafür? Das gemäßigte Klima Mitteleuropas schließt viele Arten subtropischer und tropischer Gebiete aus – bislang jedenfalls. Die nach der letzten Eiszeit auf natürlichen Wegen eingewanderten Arten sind selbst erfolgreiche Kolonisatoren. Sie werden in Mitteleuropa seit mehreren tausend Jahren mit weit reichenden und häufig veränderten menschlichen Landnutzungen konfrontiert. In vielen anderen Teilen der Welt, vor allem der südlichen Hemisphäre und auch in Nordamerika, besteht dagegen eine oft wesentlich längere Kontinuität natürlicher Bedingungen. Der kulturelle Einfluss durch menschliche Besiedlung und intensive Wirtschaftsformen, wie Ackerbau und Viehzucht, ist dort zugleich meist wesentlich geringer gewesen oder reicht weniger weit zurück. Die an solche eher gleich bleibenden Bedingungen angepassten Organismen reagieren deshalb oft empfindlicher auf neu eingeführte Arten als dies in Mitteleuropa der Fall ist. Am auffälligsten ist dies in kleinen Gebieten: Wie auf vielen ozeanischen Inseln haben sie sich hier mit endemitenreichen Floren und Faunen über sehr lange Zeiten räumlicher Isolation entwickelt.

Obwohl solche Zusammenhänge noch nicht systematisch aufgearbeitet worden sind, besteht doch Anlass zur Vermutung, dass nichteinheimische Organismen in Mitteleuropa ein schwierigeres Terrain vorfinden als in vielen anderen Teilen der Welt. Die Einzelbeispiele der ersten Kapitel dieses Buches sowie deren Einschätzung im Schlusskapitel werden zeigen, dass biologische Invasionen auch bei uns ein weit verbreitetes konfliktträchtiges Phänomen sind. Um es im Einzelnen zu verstehen, zu bewerten und sinnvoll zu begrenzen, kann nicht einfach auf Einsichten und Rezepte aus anderen Teilen der Welt zurückgegriffen werden. Dennoch können wir von außereuropäischen Beispielen und Erfahrungen mit Gegensteuerungsmaßnahmen lernen. Dies ersetzt jedoch nicht die Analyse und Bewertung biologischer Invasionen aus einer mitteleuropäischen Perspektive – weil sich die natürlichen und kulturellen Bedingungen hier von denen in vielen anderen Teilen der Welt wesentlich unterscheiden, und zwar in der Vergangenheit wie gegenwärtig. Das gilt auch für die Jahrhunderte zurück reichende Tradition der Nutzung eines breiten Spektrums nichteinheimischer Arten, die zum Beispiel in der Gartenkultur eine wichtige Rolle spielen (Kap. 4).

Mit der 1992 in Rio de Janeiro verabschiedeten Biodiversitätskonvention haben sich die Unterzeichnerstaaten verpflichtet, biologische Invasionen zu begrenzen, wenn dies angebracht und möglich ist. Damit geht es im Kern um die Frage, welchen Invasionen unter welchen Bedingungen wie zu begegnen sei. Hierzu benötigen wir differenzierte **Einzelfallbewertungen**. Je nachdem welche Arten und Lebensräume betroffen sind, können diese stark variieren. Eine simple „Fremderaus!-Strategie" verfehlt den Auftrag der Biodiversitätskonvention und widerspricht auch den Zielsetzungen des Bundesnaturschutzgesetzes (siehe Kap. 2.9). Nichteinheimische Pflanzen und Tiere pauschal abzuwehren und auszurotten, wie gelegentlich gefordert wird, steht in einer Tradition der Abschottung gegen Fremdes. Diese Haltung ist wegen ihrer historischen Perversionen mehr als bedenklich. Eine differenzierte Sichtweise gegenüber biologischen Invasionen bedeutet allerdings keinen Freibrief zum einfachen Laisser-faire. Vielmehr fordert sie dazu auf, erst zu handeln, wenn Risiken und Handlungsoptionen nachvollziehbar analysiert und bewertet worden sind. Dies kann im Einzelfall sowohl zur konsequenten Bekämpfung als

Einleitung

auch zum Tolerieren oder sogar Fördern bestimmter Arten führen.

Welch weiter Weg zu differenzierten Analysen, Bewertungen und Handlungen noch zurückzulegen ist, zeigen einige Facetten der gegenwärtig noch allzu oft **emotional geprägten Wahrnehmung** und Reaktion auf biologische Invasionen: Der Seidenschwanz (*Bombycilla garrulus*) ist ein besonders schöner Vogel, der bei bestimmten klimatischen Konstellationen aus seiner borealen Heimat weit nach Süden vordringt. Sein periodisches Auftauchen in Mitteleuropa wurde seit dem Mittelalter dennoch als Ankündigung von Unheil verstanden. So heißt er seit der großen Pest um 1350 Pestvogel, seit Ausbruch des 30-jährigen Krieges Kriegsvogel (KINZELBACH 1995). Dies ist ein frühes Beispiel für Ängste in Verbindung mit dem Erscheinen neuer Organismen. Auch heute wird auf biologische Invasionen häufig so reagiert, wie es uns Science-Fiction-Filme zeigen: mit Staunen und Freude am Neuen, die oft schnell in Unsicherheit, Angst und Abwehr umschlagen. Einige Medien unterstützen dies mit emotionsgeladener Sprache.

Emotionale Medienberichte:

Wie die Ausbreitung und Folgen auffälliger Arten geschildert werden, erinnert gelegentlich an eine Kriegsberichterstattung. Im Londoner „Guardian" war vom Berg-Ahorn (*Acer pseudoplatanus*) als einem „Gehölzfaschisten" die Rede, dem mit der „Überquerung des Kanals etwas gelang, woran Hitler später scheiterte" und der die heimischen Eichen und Eschen auslösche. Hierbei wird allerdings ausgeblendet, dass es Menschen waren, die den Berg-Ahorn zwischen dem 13. und 16. Jahrhundert auf die Britischen Inseln eingeführt, weiträumig gepflanzt und damit erst seine Ausbreitung ermöglicht hatten. Auf natürlichem Weg hatte er die Britischen Inseln in der Nacheiszeit nicht mehr erreicht und nimmt heute ökologische Nischen ein, die andere Arten wegen seiner einwanderungsgeschichtlich bedingten Abwesenheit nutzen konnten. Dies hat Bekämpfungen ausgelöst, bei denen sachliche und emotionale Naturschutzbegründungen eng verquickt sind (BINGGELI 1993, 1994a, b).

Ähnlich martialisch berichten deutsche Medien vom „Vormarsch" der Herkulesstaude (*Heracleum mantegazzianum*) als „grüner Gefahr aus dem Kaukasus", gegen die „mobil zu machen" sei. Die Spätblühende Traubenkirsche (*Prunus serotina*) heißt vielfach einfach „Waldpest", gegen die in Berlin ein „Feldzug" geführt wird – von Forstleuten, die sie wenige Jahrzehnte zuvor massenhaft angepflanzt hatten. Der Parasitologe DISKO (1996) hat das Kriegsvokabular um medizinische Varianten bereichert. Bei ihm breiten sich Pflanzen „wie Krebsgeschwüre" aus. Von dort ist es nur noch ein kleiner Weg zum „Leichentuch", als das sich das Kaktusmoos (*Campylopus introflexus*) über die Dünenvegetation legen soll (POTT 1992). Vom Sargdeckel des Buchenwaldes, der sich im Sommer über der Krautvegetation des Waldbodens schließt, spricht jedoch niemand.

Noch heute scheint der amerikanische Ökologe EGLER (1942) nicht ganz Unrecht zu haben, wenn er meint, die Diskussion über biologische Invasionen werde aus einer „sentimentalen, anthropozentrischen Perspektive" geführt. Altes werde gegen Neues, einheimische werden gegen „exotische" Arten ausgespielt.

Ebenso emotional wird für **Bekämpfung** plädiert. „Wann wird denn endlich was getan?" fragte DISKO (1996) und verlangte, das Indische Springkraut (*Impatiens glandulifera*) „bis zur letzten Pflanze" auszurotten. Gut 50 Jahre zuvor, 1942, hatte die Arbeitsgemeinschaft sächsischer Botaniker dazu aufgerufen, das Kleinblütige Springkraut (*Impatiens parviflora*) als „lästigen mongolischen Eindringling" wie den Bolschewismus zu bekämpfen. Beide Aufrufe verbindet neben ihrer Radikalität die Fragwürdigkeit der Begründungen: hier völkisch motivierter Fremdenhass, dort unzutreffende ökologische Argumente, die weder der Biologie der Art noch den Folgen ihrer Ausbreitung gerecht werden (siehe Kap. 6.3.1, 6.4.2). Die Ausrottung von *Impatiens* geriete mit großer Wahrscheinlichkeit zum Kampf gegen Windmühlen.

In der Praxis scheitern die meisten Bekämpfungsversuche oder erreichen zumindest nicht den gewünschten Erfolg. Häufig wird gehandelt, ohne die Voraussetzungen und Erfolgsaussichten zu prüfen (siehe Kap. 10.3). Solch oft gut gemeinter Aktivismus führt zur Enttäuschung engagierter Menschen und bindet personelle und finanzielle Ressourcen, die eigentlich effizienter einzusetzen wären. Es gibt also auch ganz praktische Gründe, tradierte Wahrnehmungs- und Handlungsmuster gegenüber biologischen Invasionen zu überdenken.

Ziel und Ansatz des Buches: Mit diesem Buch sollen Leserinnen und Leser angeregt werden,
- Invasionsphänome in Mitteleuropa in ihrer Vielgestaltigkeit und Variabilität wahrzunehmen,
- mit ihnen verbundene Risiken und Chancen differenziert und nachvollziehbar zu bewerten,
- wenn angebracht, ein breites Repertoire an Handlungsmöglichkeiten zu nutzen und
- zu erkennen, wann zuvor erhebliche Kenntnisdefizite bei Grundlagen, Bewertungen oder Managementansätzen abzubauen sind.

Hierzu gilt es, Perspektiven zu verknüpfen, die traditionell eher getrennt von verschiedenen Disziplinen ausgeleuchtet werden. Man muss naturwissenschaftlich analysieren, wie sich neue Arten ausbreiten, welche biologischen Mechanismen dazu führen und welche Umweltveränderungen vorangehen oder hiervon ausgehen. Biologische Invasionen sind jedoch mehr als nur ein naturwissenschaftliches Phänomen. Sie werden durch menschliche Aktivitäten ausgelöst und häufig auch Jahrzehnte und Jahrhunderte lang nach der Ersteinführung einer Art in ein neues Gebiet von Menschen weiter begünstigt. Biologische Invasionen sind daher auch **kulturelle Phänomene**, gesteuert durch biologische Mechanismen ebenso wie durch menschliches Handeln, durch Naturgesetze wie durch geschichtliche Ereignisse und Prozesse. Zum Verständnis biologischer Invasionen ist daher die naturwissenschaftliche durch eine kulturhistorische Perspektive zu ergänzen. Hierzu wird in Kap. 3 am Beispiel nichteinheimischer Pflanzen das breite Spektrum der Mechanismen aufgefächert, mit denen Menschen Invasionen absichtlich oder unbewusst in Gang setzen und danach weiter fördern. Bei den Einzelbeispielen werden neben natürlichen Parametern und Prozessen immer auch anthropogene als Steuerungsgrößen behandelt.

Unter den Pflanzen stehen besonders die **Neophyten** (Kap. 6), unter den Tieren die **Neozoen** (Kap. 9) im Brennpunkt des Interesses. In Kap. 6 werden, geordnet nach den hauptsächlichen mitteleuropäischen Lebensraumtypen, die besonders problematischen oder auffälligen Neophyten eingehend behandelt. Der aktuelle Kenntnisstand wird zusammengefasst, und zwar zur Herkunft und Einführung, zum aktuellen Vorkommen, zu den Erfolgsmerkmalen der Arten, den von ihnen verursachten Problemen und den Möglichkeiten einer Gegensteuerung. Dies sind der Absicht nach wertneutrale Sachinformationen. Entscheidungen darüber, ob ein Problem drängend oder übertrieben, eine Maßnahme sinnvoll oder unnötig ist, setzen **Bewertungen** voraus. Deren Ausgang hängt von Wertvorstellungen und Zielen ab, die bekanntlich stark individuell und gruppenspezifisch variieren. Der rechtliche Rahmen bietet Orientierung, aber auch Auslegungsmöglichkeiten. Bei den Einzelbeispielen und im Schlusskapitel werden Sachinformationen der Absicht nach transparent von Bewertungen getrennt. Letztere sind in erster Linie als Diskussionsanreiz und weniger als Rezept gemeint, da die Bedingungen, unter denen Invasionen in verschiedenen Biotopen und Gebieten ablaufen, ebenso stark variieren wie die von ihnen ausgelösten Zielkonflikte. Einzelfallbewertungen bleiben notwendig. Hierzu sollen die in mitteleuropäischer Perspektive zusammengeführten Beispiele und übergeordneten Gesichtspunkte anregen – auch im Bewusstsein um die Lücken der Darstellung, die sich aus der nötigen Schwerpunktsetzung ergeben. Viele noch offene Fragen erfordern weitere Forschungsanstrengungen.

1 Begriffsklärungen

Biologische Invasionen sind komplexe Vorgänge. Zu ihrem Verständnis sind eindeutige und zugleich praktikable Begriffe nötig. Viele der gebräuchlichen entsprechen beiden Anforderungen jedoch nur ungenügend. So sind Missverständnisse unvermeidbar, wenn etwa gefordert wird, statt nichteinheimischer autochthone Pflanzen zu verwenden. Das Verständigungsproblem resultiert weniger aus dem Mangel als dem Überfluss wissenschaftlicher Begriffe. In der Tradition der Adventivfloristik wurden Invasionsphänomene seit Mitte des 19. Jahrhunderts systematisch nach verschiedenen Gesichtspunkten analysiert. Viele adventivfloristische Arbeiten wurden mit griechisch-lateinischen Wortschöpfungen ihrer Verfasser gekrönt und lösten ein schon von JALAS (1955) beklagtes „terminologisches Wirrsal" aus. Wiederholte Reformbemühungen haben es bis heute weiter gesteigert. Begriffe wie Deuteroergasiophygophyten sind durchaus klar definiert, aber für die allgemeine Verständigung unbrauchbar. Erschwerend kommt hinzu, dass viele Autoren Gleiches mit verschiedenen Termini belegt und Unterschiedliches gleich benannt haben. So kursieren selbst für weit verbreitete Begriffe wie „Neophyt" verschiedene Definitionen (siehe Kap. 1.2).

Eine eindeutige und zugleich transparente Verständigung über Invasionsphänomene ist mit einer Neuordnung des adventivfloristischen Begriffsrepertoires wohl aussichtslos. Die Lösung des Begriffswirrsals liegt in einer radikalen Vereinfachung. Insofern wird das terminologische Spektrum hier auf wenige Begriffe konzentriert, die gleichermaßen auf Pflanzen, Tiere und Pilze anwendbar sind. Es wird von einheimischen und nichteinheimischen Arten gesprochen (siehe Kap. 1.2). Letztere werden weiter nach der Einführungszeit in Archäo- und Neophyten/ -zoen/-myceten differenziert (siehe Kap. 1.3 und 1.6).

Den ersten Schritt zu mehr terminologischer Klarheit hat SCHROEDER (1969, 1974) mit dem Vorschlag gemacht, Einführungszeit, Einführungsart und Einbürgerungsgrad nichteinheimischer Pflanzen getrennt zu benennen und auf die zuvor beliebten, häufig jedoch inkonsistenten Kombinationsbegriffe zu verzichten (Abb. 1).

1.1 Biologische Invasionen

Überwinden Organismen natürliche, ihr Verbreitungsgebiet bislang begrenzende Ausbreitungsbarrieren, so kann man dies als eine Invasion eines neuen Gebietes bezeichnen. In der Neuzeit übertreffen von Menschen ausgelöste Invasionen bei weitem das Ausmaß und die Wirkung natürlicher Arealerweiterungen von Arten. Die Invasionsbiologie beschäftigt sich daher mit der Ausbreitung nichteinheimischer Arten und deren Voraussetzungen und Folgen. Als Gegenstand der Invasionsbiologie sind biologische Invasionen daher folgendermaßen zu definieren: als die durch Menschen vermittelte Ausbreitung von Organismen in einem Gebiet, das sie zuvor nicht auf natürlichem Wege erreicht haben. Voraussetzung hierfür ist, dass räumliche Ausbreitungsbarrieren überwunden werden. Dies kann geschehen, indem Arten beabsichtigt oder unbeabsichtigt eingeführt werden oder Ausbreitungshindernisse beseitigt werden (z. B. Verbindung von Meeren oder Fließgewässersystemen durch Kanäle).

Arten, die erst durch menschliche Mitwirkung ein Gebiet erreicht haben, werden dort als nichteinheimisch oder als **Neobiota** bezeichnet (siehe Kap. 1.2). Neobiota gibt es bei Pflanzen, Tieren, Pilzen und Mikroorganismen. Invasionen laufen auf verschiedenen räumlichen Skalen unter der Beteiligung von Organismen ab, die

Abb. 1
In der Tradition der Adventivfloristik werden nichteinheimische Arten nach Einbürgerungsgrad, Einwanderungszeit und Einführungsweise gruppiert. Nach dem Reformvorschlag von SCHROEDER (1969) werden die Arten getrennt nach diesen Kriterien benannt. Die Übersicht zeigt die entsprechenden Termini sowie verbreitete Begriffe, die verschiedene Gruppen zusammenfassen (nach SCHROEDER 2000, stark verändert).

Gruppierungen nach Einbürgerungsgrad		Etablierte Arten		nicht etablierte Arten	
		in natürlicher Vegetation	nur in anthropogener Vegetation	wildwachsend vorkommend	nur kultiviert vorkommend
		Agriophyten Neuheimische	Epökophyten Kulturabhängige	Ephemerophyten	Ergasiophyten
		Eingebürgerte		Unbeständige	
		Wildwachsende Adventive			Kultivierte
Gruppierung nach Einwanderungszeit	vor 1492	Archäopyten Altadventive			
	nach 1492	Neophyten Neuadventive			
Gruppierung nach Einführungsweise	infolge anthropogener Veränderungen eingewandert	Akolutophyten Eindringlinge			
	unbeabsichtigt eingebracht	Xenophyten Eingeschleppte			
	absichtlich eingeführt	Ergasiophygophyten Verwilderte			Ergasiophyten (ausschließlich) Kultivierte

auf dem Niveau von Arten, aber auch darunter differenzierbar sind (Tab. 1 und 2). Auf Standorte bezogen sollte man anstatt von Invasionen besser von Erstbesiedlung (*engl.* colonization) oder der Erweiterung der Standortamplitude sprechen (z. B. bei Waldarten, die innerhalb ihres ursprünglichen Verbreitungsgebietes auf Acker- oder Ruderalstandorte übergehen).

Die Wörter „Invasion" und „Invasionspflanze" wurden für durch Menschen ausgelöste Invasionen bereits im 19. Jahrhundert in der wissenschaftlichen Literatur verwendet. Das erste Mal tauchte die Bezeichnung wahrscheinlich bei LEHMANN (1895) in einer Arbeit über „advene Florenelemente" (nichteinheimische Pflanzenarten) und ihre Verbreitung durch Schiffe und Eisenbahnen auf. Interessanterweise gebrauchte er sie völlig wertfrei und band sie auch nicht an quantitative Kriterien wie massenhaftes Auftreten u.ä. Auch im angloamerikanischen Bereich wird der Invasionsbegriff spätestens seit ELTONS (1958) „Ecology of Invasions of Plants and Animals" überwiegend auf anthropogen ausgelöste Invasionen und damit auf nichteinheimische Tier- und Pflanzenarten bezogen (RICHARDSON et al. 2000).

Die Begriffsverwendung ist dabei nicht einheitlich (PYŠEK 1995a). Manche Autoren sprechen erst von einer Invasion, wenn sich eine Art „aggressiv" mit weitgehenden Folgen für andere Arten ausbreitet (z. B. CRONK & FULLER 1995) oder wenn sie erhebliche ökologische Folgen hat (z. B. DAVIS & THOMPSON 2000). So heißt es in einem aktuellen Dokument der IUCN (International Union for the Conservation of Nature, 2000): Invasive Arten („invasive species") sind nichteinheimische Arten („alien species"), die in natürlichen oder halbnatürlichen Ökosystemen oder Habitaten etabliert sind, Veränderungen verursachen und die heimische Biodiversität („native biological diversity") bedrohen. Auch SHINE et al. (2000) binden die Defi-

Tab. 2 Differenzierung von Indigenen (Einheimischen) und Neobiota (Nichteinheimische) nach Art der Einwanderung, Einführung und Entstehung der Taxa (taxonomisch abgrenzbare Organismen ohne Zuordnung eines bestimmten taxonomischen Ranges)

	Indigene	Neobiota	Beispiele
Einwanderung			
• Taxa, die mit natürlichen Ausbreitungsvektoren unabhängig von anthropogener Begünstigung dauerhaft oder periodisch ins Gebiet gelangt sind	•		postglaziale Einwanderung von Taxa im Zuge der Klimaerwärmung; periodische Arealerweiterung von Vögeln oder Insekten
• Taxa, die mit natürlichen Ausbreitungsvektoren, aber abhängig von anthropogener Begünstigung dauerhaft oder periodisch ins Gebiet gelangt sind		•	Taxa, deren Einwanderung erst durch anthropogene Standorte oder Habitate möglich wurde (z. B. Frühlings-Greiskraut (*Senecio vernalis*), Türkentaube (*Streptopelia decaocto*)); limnische Taxa, die durch Kanäle ihr Areal erweitern
Einführung und Einschleppung			
• Taxa, die absichtlich von Menschen in Gebiete außerhalb ihres ursprünglichen Areals gebracht werden		•	Kulturflüchtlinge (Zier- und Nutzpflanzen, Nutz- und Haustiere); fremde Herkünfte einheimischer Baum- und Straucharten, fremde Herkünfte ausgesetzter Fischarten (Lachs u. a.)
• Taxa, die unbeabsichtigt durch menschliche Aktivitäten in Gebiete außerhalb ihres ursprünglichen Areals gelangen		•	Eingeschleppte Arten, z. B. Wolladventivpflanzen, Saatgut- und andere Transportbegleiter; Ballastwasserorganismen; Begleitflora und -fauna eingeführter Austern
Entstehung			
• Taxa, die im Gebiet unabhängig von menschlichen Einflüssen entstanden sind bzw. in dieses natürlich wiedereingewandert sind	•		Taxa ursprünglicher Naturlandschaften, in Mitteleuropa größtenteils postglazial aus Refugialgebieten wiedereingewandert
• Taxa, die sich im Gebiet (z. B. auf Kulturlandschaftsstandorten) aus indigenen Arten entwickelt haben	•		die meisten *Rubus*-Sippen, viele Grünlandsippen
• Taxa, die unter Beteiligung von Neobiota infolge genetischer Prozesse entstanden sind		•	*Spartina anglica*, *Fallopia × bohemica*; *Oenothera coronifera*; viele obligatorische Ackerunkräuter wie *Papaver rhoeas*, Leinunkräuter
• Taxa, die aus Wildpflanzen oder Wildtieren gezüchtet oder gentechnisch verändert worden sind		•	traditionell gezüchtete Obstarten, domestizierte Haustiere, Sorten einheimischer Grünlandarten; gentechnisch veränderte Organismen

nition invasiver Arten an die von ihnen verursachten Schäden. Dies ist zwar pragmatisch, da sich die Aktivitäten der IUCN als internationaler Artenschutzorganisation auf die problematischen unter den Invasionsarten konzentrieren. Zu einer allgemeinen Definition invasiver Arten taugen Definitionsmerkmale wie Aggressivität, Bedrohung der heimischen Biodiversität oder Auslösen von Schäden jedoch nicht, da hiermit Invasivität als ein biologisches Phänomen mit anderen als naturwissenschaftlichen Kriterien definiert wird. DAEHLER (2001) weist daher zu Recht Vorschläge als „Übung in Subjektivität" zurück, Arten nur dann als invasiv zu benennen, wenn sie zu erheblichen Auswirkungen führen.

Wann eine Art aggressiv ist, Schäden verursacht oder die „heimische" Biodiversität bedroht (was immer das sei), ist nur nach einem Abgleich mit Zielen und Werten bestimmbar. Diese variieren bekanntlich. Zudem verlangt „Aggressivität" nicht nur nach einem Subjekt, der aggressiven Art, sondern auch einem der Aggression ausgesetzten Objekt, das jedoch nicht pauschal definierbar ist. Es hängt – wie allgemein das Aufzeigen invasionsbedingter Folgen – vom Maßstab und der Art der betrachteten Objekteigenschaften ab, und damit von einer subjektiven Vorauswahl. Einige Autoren sprechen erst bei Massenausbreitungen einer Art von einer Invasion. Eine Invasion schließt jedoch den gesamten Prozess ein, der mit der ersten Keimung im neu besiedelten Gebiet beginnt und dann zu einer weiteren, mehr oder weniger weit reichenden Ausbreitung führen kann. Zwischen der Ersteinführung und dem Einsetzen der Invasion können Jahrzehnte bis Jahrhunderte vergehen (siehe Kap 5.2.1). Bis auf den Ausgangspunkt (die erste Keimung) wären alle Zeitpunkte, ab denen man von einer Invasion sprechen würde, willkürlich. Es ist daher sinnvoll, den Begriff der Invasionsarten weit zu fassen, also zum Beispiel auch Unbeständige einzuschließen, und in weiteren Schritten die Arten nach ihrem Erfolg und ihren Auswirkungen zu differenzieren (siehe Kap. 5.1).

Biologische Invasionen werden hier also, wie schon früher (KOWARIK 1995a, REJMÁNEK 1995), als wertneutrale Bezeichnung eines biologischen Prozesses verwendet: der durch Menschen vermittelten Vermehrung und Ausbreitung von Organismen in einem Gebiet, das sie zuvor nicht auf natürlichem Wege erreicht haben. Anders als im angloamerikanischen Sprachgebrauch sind Begriffe wie Invasion oder invasive Arten im Deutschen im Zusammenhang mit der Ausbreitung nichteinheimischer Arten bislang wenig geläufig. Für ihren Gebrauch sprechen ihre Anschaulichkeit und die Kongruenz mit dem internationalen Sprachgebrauch.

1.2 Indigene und Neobiota: Einheimische und Nichteinheimische

Als **einheimisch** gelten in Mitteleuropa Arten, die nach der letzten Eiszeit ohne menschliche Mithilfe einen Naturraum besiedelt haben oder in ihm entstanden sind (*syn.* Indigene, Idiochorophyten, *engl.* native, indigenous species). **Nichteinheimisch** (*syn.* Anthropochoren, Hemerochoren, *engl.* alien, exotic, non-native, non-indigenous species) sind dagegen Arten, die nur mit direkter oder indirekter Unterstützung von Menschen in ein Gebiet gelangt oder aus solchen Arten entstanden sind. Die auf diese Weise abgegrenzten nichteinheimischen Arten werden hier zusammenfassend als **Neobiota** bezeichnet und den **Indigenen** gegenübergestellt. Tab. 2 veranschaulicht die Differenzierung beider Gruppen und berücksichtigt die Einwanderung, Einführung oder Entstehung der Taxa. Der hier anstatt von „Arten" gebrauchte Begriff „Taxa" veranschaulicht die Gültigkeit dieser Einteilung auch unterhalb der Artebene. So zählen beispielsweise aus Italien eingeführte Herkünfte der einheimischen Haselnuss auch zu den Neobiota, ebenso wie Zuchtformen einheimischer Gräser.

Eine bislang unterschiedlich gelöste Frage ist die Einordnung **anthropogener Sippen**, die erst unter menschlichem Einfluss entstanden sind. Beispiele für solche anthropogene Sippen sind Ackerunkräuter, die sich unter den stark selektiv wirkenden Bedingungen ihres neuartigen Lebensraumes entwickelt haben (obligatorische Unkräuter oder Anökophyten; Übersichten bei SCHOLZ 1995c, SUKOPP & SCHOLZ 1997). Auch Arten, die durch Hybridisierung oder andere genetische Prozesse entstanden sind, zählen dazu (z. B. *Fallopia × bohemica* aus *F. japonica* und *F. sachalinensis*; durch Apomixis entstandene Nachtkerzenarten wie *Oenothera coronifera* als Neoendemit Mitteleuropas; vergleiche auch Tab. 69). Einige Autoren stellen diese Sippen in Würdigung des anthropogenen Anteils an ihrer Entstehung zu den Neobiota, andere rechnen sie zu den Indigenen, da sie im Gebiet entstanden sind. Mit der in Tab. 2 dargestellten Einteilung werden beide Ansätze verbunden: Diejenigen unter den anthropogenen Taxa, die sich ausschließlich aus einheimischen entwickelt haben, werden zu den Indigenen gestellt; waren nichteinheimische Taxa unter ihren Ausgangsarten, zählen sie dagegen zu den Neobiota.

Der Status einheimisch oder nichteinheimisch sollte auf Naturräume bezogen werden, da Staatsgrenzen für ökologische Betrachtungen im Zusammenhang mit der Verbreitung von Pflanzen und Tieren unerheblich sind. Die Europäische Lärche (*Larix decidua*) gehört beispielsweise zur deutschen Flora, ist jedoch nur in den Alpen einheimisch. Verwildert sie aus forstlichen Pflanzungen im Emsland, wäre sie hier ein Neophyt der Flora Niedersachsens. Die meisten nichteinheimischen Pflanzen sind Blütenpflanzen. Biologische Invasionen sind jedoch auch aus anderen Pflanzengruppen bekannt (Tab. 3).

„Heimisch" im Sinne des Bundesnaturschutzgesetzes: In §10 des Bundesnaturschutzgesetzes wird der Begriff „heimisch" verwendet, der eine Gleichsetzung mit „einheimisch" im Sinne des wissenschaftlichen Fachwortes „indigen" provoziert. Das Gesetz definiert „heimisch" jedoch eindeutig anders, wenn auch sprachlich unbefriedigend: „Heimisch im Sinne diese Abschnittes bedeutet ... eine wild lebende Tier- oder Pflanzenart, die ihr Verbreitungsgebiet oder regelmäßiges Wanderungsgebiet ganz oder teilweise a) im Inland hat oder in geschichtlicher Zeit hatte oder b) auf natürliche Weise in das Inland ausdehnt. Als heimisch gilt eine wild lebende Tier- oder Pflanzenart auch, wenn sich verwilderte oder durch menschlichen Einfluss eingebürgerte Tiere oder Pflanzen der betreffenden Art im Inland in freier Natur und ohne menschliche Hilfe über mehrere Generationen als Population erhalten."

Der zweite Teil dieser Definition schließt ausdrücklich nichteinheimische Arten als „heimisch" ein, sofern sie in freier Natur eingebürgert sind. Man versteht darunter meistens den Außenbereich von Siedlungen. Die beiden Einbürgerungskriterien lehnen sich an die wissenschaftlich gebräuchlichen an: Die Populationen müssen mehrere Generationen überdauern, und die Einbürgerung muss unabhängig von menschlicher Hilfe sein. „Hilfe" impliziert dabei eine aktive Unterstützung der Populationen, beispielsweise durch wiederholtes Ausbringen von Pflanzensamen oder Füttern von Tieren. Heimisch im Sinne des Gesetzes schließt also etablierte nichteinheimische Arten ein. Um die Verwechslung mit „einheimisch" auszuschließen, könnte der Begriff sinngemäß durch **„etablierte wild lebende Arten"** ersetzt werden. Für die Bewertung biologischer Invasionen ist festzuhalten, dass die Ziele des allgemeinen Artenschutzes grundsätzlich auch für etablierte nichteinheimische Tiere und Pflanzen als „heimische" Arten oder Teil der „heimischen" Tier- und Pflanzenwelt gelten (siehe Kap. 2.9.2). Wie bei einheimischen Arten schließt dies die Möglichkeit differenzierter Bewertungen und Maßnahmen im Einzelfall ein.

1.3 Archäophyten und Neophyten

Nach dem Zeitpunkt ihres ersten Auftretens im Gebiet werden nichteinheimische Pflanzenarten in Archäo- und Neophyten unterschieden. Die älteren Ankömmlinge, die vor dem Beginn der Neuzeit mit menschlicher Unterstützung in unser Gebiet gelangt sind, werden **Archäophyten** genannt. Zu ihnen gehören in Mitteleuropa viele Ackerunkräuter. Die erst in der Neuzeit von Menschen außerhalb ihres ur-

Tab. 3 Neobiota in verschiedenen Pflanzengruppen mit einer groben Schätzung der Artenzahlen für Mitteleuropa. Aufgrund der geringen Kenntnis über die historische Verbreitung ist die klare Abgrenzung nichteinheimischer Arten bei Algen und Flechten problematisch. Zahlreiche Flechten kommen auf anthropogenen Substraten außerhalb ihres ursprünglichen Verbreitungsgebietes in Deutschland vor

Pflanzengruppe	Beispiele	geschätzte Artenzahl in Mitteleuropa	Quellen
Algen	Kieselalgen: *Biddulphia sinensis,* Rotalgen: *Compsopogon hookeri,* Braunalgen: Japanischer Beerentang (*Sargassum muticum*), Grünalgen: *Caulerpa taxifolia* (Mittelmeer)	ca. 20 Makroalgen (Nordsee)	FRIEDRICH 1966, KREMER et al. 1983, MARVAN et al. 1997, MEYER et al. 1998, REISE et al. 1999
Flechten	*Anisomeridium nyssaegenum, Parmelia soredians*	< 5 (?)	POELT & TÜRK 1994, LISKA & PISUT 1997, WIRTH 1997, LITTERSKI 1997
Moose	Laubmoose: Kaktusmoos (*Campylopus intro-flexus*), *Ortho-dontium lineare*; Lebermoose: Mondbechermoos (*Lunularia cruciata*)	< 15 Arten	WEEDA 1987, BERG & MEINUNGER 1988, BIERMANN & DANIELS 1995, TREMP & VULPIUS 1997
Farnpflanzen	Algenfarn-Arten (*Azolla*), Moosfarn (*Selaginella apoda*)	< 10 Arten	BERNHARD 1991, MEYER 1970
Blütenpflanzen		> 1000 Arten (ca. 700 eingebürgert)	WISSKIRCHEN & HAEUPLER 1998, PYŠEK et al. 2002, WALTER et al. 2002

sprünglichen Areals verbrachten Arten heißen **Neophyten**. Zeitliche Trennlinie zwischen beiden Gruppen ist das Jahr 1492, in dem Kolumbus Amerika entdeckte.

Gegen diese Differenzierung könnte man einwenden, hiermit werde willkürlich der Prozess der anthropogenen Florenerweiterung unterteilt, der spätestens seit dem Neolithikum in Mitteleuropa läuft und bis heute andauert. Zu Recht weist KÜSTER (1994) auf den geringen zeitlichen Abstand zwischen Nachweisen junger Archäophyten und alter Neophyten hin. Auch waren bereits 500 Jahre vor Kolumbus die Wikinger in Amerika, was wahrscheinlich im 13. Jahrhundert zur Einführung der Sandklaffmuschel (*Mya arenaria*) nach Nordeuropa führte. NEHRING & LEUCHS (1999) schlagen deswegen vor, die zeitliche Trennlinie zwischen Alt- und Neueinwanderern vorzuverlegen. Warum wird dem hier nicht gefolgt?

Der Übergang vom 15. zum 16. Jahrhundert bleibt als Trennlinie zur Abgrenzung von Archäo- und Neophyten (analog Archäo- und Neozoen) sinnvoll, da das Anlegen der Santa Maria auf den Antillen im Jahr 1492 den Beginn eines neuen Zeitalters markiert. Der in Folge einsetzende, weltumspannende Austausch von Menschen und Gütern ist in seiner Dimension ohne historische Vorbilder. Erst von nun an werden Pflanzen und Tiere in solchen Mengen und Artenzahlen weltweit verbreitet, dass man mit ELTON (1958) von

Archäophyten und Neophyten

der Aufhebung von Barrieren sprechen kann, die seit dem Tertiär Bestand gehabt haben. In diesem Sinne symbolisiert das Jahr 1492 auch für biologische Invasionen den Aufbruch in eine wirkliche Neuzeit.

In anderen Gebieten können abweichende Trennlinien zwischen Alt- und Neuankömmlingen sinnvoll sein, etwa für Australien der Beginn der Kolonisierung nach 1788. Für Europa hat sich der Beginn der Neuzeit als zeitliche Trennlinie zwischen Archäo- und Neophyten bewährt. Einige Autoren beziehen sich dabei nicht auf 1492, sondern auf das Jahr 1500; andere vermeiden konkrete Jahreszahlen. Unterschiedliche Einstufungen von Arten dürften sich hieraus kaum ergeben. Wann Neophyten tatsächlich einzelne Gebiete erreichen, hängt von deren Erschließung und Einbindung in den überregionalen Austausch ab. In Nordnorwegen traten nichteinheimische Arten beispielsweise erst Anfang des 18. Jahrhunderts auf (ZIZKA 1985).

Auf Herkunft und Geschichte der Neophytendefinitionen wird etwas genauer eingegangen, da Neophyten bei biologischen Invasionen eine große Rolle spielen und das terminologische Schicksal dieses Begriffes besonders wechselhaft ist.

Neophyt in buchstäblicher und allegorischer Bedeutung: Der Begriff „Neophyt" ist keine Neuschöpfung dieses Jahrhunderts, sondern fand bereits im Altertum im botanischen Kontext, aber auch als theologischer Terminus in allegorischer Bedeutung Verwendung (SUKOPP 1995): Das griechische Stammwort *neóphytos* bedeutet „neu gepflanzt" und ist bereits für das fünfte vorchristliche Jahrhundert bei Aristophanes und Aristoteles belegt. Buchstäblich bezeichnet es Neuanpflanzungen, allegorisch ist ein Neophyt dagegen ein „Neugepflanzter", der durch Taufe in die christliche Gemeinschaft (oder in bestimmte Geheimbünde) aufgenommen worden ist. In dieser übertragenen Bedeutung ist der Begriff bereits für das Neue Testament belegt (1. Brief des Paulus an Timotheus aus der Zeit zwischen 50 und 56 n.Chr.). Seit der zweiten Hälfte des 18. Jahrhunderts kann der Begriff „Neophyt" in seiner allegorischen Bedeutung als ein dem Deutschen assimiliertes Lehnwort und damit als Bestandteil der Bildungssprache gelten. Heute ist der botanische Terminus „Neophyt" in Deutschland außerhalb der engen Fachdisziplin verbreiteter als der theologische. Im anglo-amerikanischen Sprachraum ist dies anders, und daher verursacht seine unkommentierte Verwendung dort gelegentlich ein leichtes Schmunzeln.

Neophyt als botanisches Fachwort: Der Schweizer Botaniker RIKLI (1903/04) hat „Neophyt" als botanisches Fachwort eingeführt. Er verstand darunter zufällig eingeschleppte nichteinheimische Arten, die „sich bereits ganz mit unserer einheimischen Pflanzenwelt verassimiliert" haben. THELLUNG (1905) übernahm diese Definition, gab jedoch später die Beschränkung auf unbeabsichtigt eingeführte Arten auf. Dann waren Neophyten Arten, die sich „an natürlichen Standorten inmitten der einheimischen Vegetation anzusiedeln und dauernd einzubürgern" vermögen (THELLUNG 1918/19: 40).

SCHROEDER (1969, 1974) interpretierte den Neophytenbegriff dagegen ausschließlich zeitlich. Neophyten waren nunmehr „Arten, deren durch den Menschen ermöglichte Einwanderung erst in ‚historischer' Zeit erfolgte", wogegen die Einwanderung der Archäophyten schon in prähistorischer Zeit stattfand. Diese strikte zeitliche Interpretation des Neophytenbegriffs und seine Parallelisierung mit den Archäophyten bedeutet eine Abkopplung von Einbürgerungsgrad und Wuchsorttypisierung. Die damit verbundene scharfe Umdeutung der ursprünglichen Neophyten- und Archäophytendefinition wurde bereits von WALTER (1927) eingeleitet und von KREH (1935, 1957) in einem umfassenden terminologischen System ausgearbeitet. Dagegen hat MEUSEL (1943) bei der Neophytendefinition wiederum Einbürgerungsgrad und Einführungszeit kombiniert, ohne allerdings die in den ursprünglichen Definitionen vorgesehene Bindung an natürliche Standorte zu übernehmen.

Wie notwendig eine einheitliche Begriffsklärung ist, zeigt die unterschiedliche Definition in aktuellen Fachwörterbüchern: Im botanischen Wörterbuch von SCHUBERT & WAGNER (2000) sind Neophyten „Einwanderer, die an natürlichen Standorten inmitten der einheimischen

Pflanzenwelt sich anzusiedeln und einzubürgern vermögen". Diese Definition konfrontiert uns wieder mit der Verbindung von Einwanderungszeit und Einbürgerungsgrad, kombiniert mit dem Typus „natürliche Standorte". Im Wörterbuch der Ökologie (SCHAEFER 1992) sind Neophyten dagegen „Pflanzenarten, die in historischer Zeit (nach 1500) eingeführt wurden". Dies entspricht dem Vorschlag SCHROEDERS, dem auch der Autor dieses Buches wegen seiner Klarheit gefolgt ist. Sein Vorteil liegt in der terminologischen Trennung von adventivfloristischen Betrachtungsrichtungen (Zeitraum und Art der Einführung, Naturalisationsgrad). Ihre kombinatorische Benennung führte zwangsläufig entweder zu inkonsequenten oder unverständlichen Begriffen.

Bei einer Reihe von Arten haben genauere florengeschichtliche Kenntnisse zu korrigierten Statuseinschätzungen geführt. So ist die Kornblume (*Centaurea cyanus*) einheimisch und nicht – wie lange angenommen – archäophytisch. Auch die Adonisröschen (*Adonis aestivalis, A. flammea*) sollen keine Archäo-, sondern Neophyten sein. Umgekehrt ist die Spitzklette *Xanthium strumarium* wahrscheinlich Archäo- und nicht Neophyt (OPRAVIL 1983, KÜSTER 1985; weitere Beispiele bei SUKOPP 1972). Solche Umgruppierungen haben über den Anspruch wissenschaftlicher Genauigkeit hinaus praktische Bedeutung, da manche Naturschützer mit Archäophyten positive Assoziationen verbinden, mit Neophyten dagegen negative.

Behandlung ausgestorbener Arten: Durch den Wechsel von Warm- und Kaltzeiten ist die mitteleuropäische Flora verarmt, da quer liegende Gebirge das Ausweichen wärmebedürftiger Arten in südliche Refugialräume erschwert haben. Gelegentlich wird argumentiert, die Anpflanzung ausgestorbener Arten, die wie der Ginkgo in früheren Erdzeitaltern noch in Europa vorkamen, sei eine Rückführung oder Wiedereinbürgerung einheimischer Arten. Dagegen und für die Bezeichnung solcher Arten als Neophyten sprechen zwei Gründe:
• Es kann nicht davon ausgegangen werden, dass wiedereingeführte Arten genetisch identisch mit Sippen der gleichen Gattung sind, die vor vielen tausend Jahren noch in Europa vorkamen. So wird die Omorika-Fichte (*Picea omorika*), die auf dem Balkan ein eiszeitliches Refugialgebiet gefunden hatte, taxonomisch von *Picea omorikoides* getrennt, die im Tertiär noch für Mitteleuropa belegt ist.
• Mit der Wiedereinführung von Arten, die in erdgeschichtlichen Zeiten ausgestorben sind, wird nicht deren ökosystemare Einbindung restituiert. Je länger eine Art in einem Gebiet fehlt, desto geringer ist die Möglichkeit koevolutiver Prozesse, die Anpassungen zwischen Tieren und Pflanzen erlauben, beispielsweise bei der Bestäubung oder beim Transport von Samen. So ist die Dauer der Anwesenheit einer Pflanze im Gebiet mit der Anzahl der Insektenarten korreliert, die von ihr leben (Kap. 7).

1.4 Etablierung statt Einbürgerung

Die adventivfloristische Tradition verbindet kulturhistorische mit naturwissenschaftlichen Perspektiven. Kulturhistorisch ausgerichtet ist die Frage nach der Rolle des Menschen bei der Einführung und Verbreitung von Pflanzen. Sie führt zur Trennung einheimischer und nichteinheimischer Arten (siehe Kap. 1.2). Die Beurteilung des Einbürgerungsgrades nichteinheimischer Arten folgt im Kern einer naturwissenschaftlichen Frage: Ist eine Art fähig, dauerhafte Populationen aufzubauen? Dies führt zur Differenzierung **Unbeständiger** (Ephemerophyten) und **Eingebürgerter**, wobei letztere weiter nach dem Vorkommen in anthropogener (Epökophyten) und naturnaher Vegetation (Agriophyten) unterteilt werden (z. B. SCHROEDER 1969).

Die Kritik an logischen Inkonsistenzen dieses Ansatzes hat zu dem Vorschlag geführt, die „Einbürgerungsfrage" nach der Fähigkeit zum Aufbau dauerhafter Populationen auch auf einheimische Arten zu beziehen und allgemein die **Etablierung** von Arten zu beurteilen. Zum Nachweis einer erfolgreichen Etablierung sollte ein zeitliches obligat mit einem populationsbiologischen Kriterium verknüpft werden (KOWARIK 1991a, 1992a): Etabliert sind danach Arten, die innerhalb eines Zeitraumes von mindestens 25 Jahren mindestens zwei spontane Generationen hervorgebracht haben. Nach der Konzeption der Flora Europaea wurden beide Kriterien bislang alternativ gebraucht. Dies kann zur Feststellung von Scheineinbürgerungen bei langlebigen Individuen oder bei sich besonders schnell reproduzierenden kurzlebigen Arten führen. Für das Etablierungskonzept sprechen weitere Gründe:

- **Höhere Verständlichkeit:** Etablierungsangaben sind ohne zusätzliche Fachtermini verständlich und mit Standortangaben leicht kombinierbar. Daher wird hier auf adventivfloristische Begriffe wie Ephemerophyt, Epökophyt oder Agriophyt verzichtet. Es ist einfacher, von der Etablierung einer Art auf einem naturnahen oder anthropogenen Standort anstatt von agrio- oder epökophytischen Vorkommen zu sprechen.
- **Eindeutige Definition:** Die Etablierungsgrade sind klar definiert. Bei den adventivfloristischen Einbürgerungsgraden bestehen zwar eindeutige, jedoch konkurrierende Definitionen. Daher sind selbst bei eingängigen Termini Verwechslungen möglich (SUKOPP 1995 zu „Neophyt", SCHOLZ 1995 zu „Archäophyt").
- **Chance zur kompatiblen, praktikablen Benennung von Pflanzen, Tieren und Pilzen** (siehe Kap. 1.6, Tab. 4). Es ist einfacher und daher sinnvoll, von „auf Naturstandorten etablierten Neozoen" als von „neozoischen Agriozoen" zu sprechen.
- **Erweiterung der Perspektive auf alle Arten:** Die mit den Etablierungsangaben beantwortete klassische Frage der Adventivfloristik nach der Dauerhaftigkeit von Populationen stellt sich auch für einheimische Arten, beispielsweise bei Rückgangs- und Ausbreitungsanalysen und für Vorkommen auf Sekundärstandorten. Beim Erstellen **Roter Listen** wird das Etablierungskonzept entsprechend angewendet (SCHNITTLER & LUDWIG 1996, PRASSE et al. 2001).

1.5 Differenzierungen unterhalb der Artebene

Trotz manch unklarer Fälle ist die Trennung zwischen einheimisch und nichteinheimisch auf der Artebene wesentlich einfacher als darunter. Viele Populationen einheimischer Arten stammen aus anderen Gebieten, sind unsicherer Herkunft oder aus einer Hybridisierung mit ausgebrachten Wild- oder Kulturpflanzen hervorgegangen. Dies betrifft viele Grünlandarten (siehe Kap. 6.2.5) und gepflanzte Gehölze (siehe Kap. 6.2.6).

> **Wichtige Gründe für eine Differenzierung unterhalb der Artebene:**
>
> - Die inner- und zwischenartliche genetische Variabilität ist eine entscheidende Dimension der biologischen Vielfalt von Wild- und Kulturpflanzen. Sie ist auch Gegenstand der Biodiversitätskonvention. Beispiel Gehölzflora Deutschlands: Werden neben den 196 Arten auch Klein- und Unterarten berücksichtigt, erhöht sich die Sippenzahl auf 257, mit der vielgestaltigen Gattung *Rubus* sogar auf 517 (SCHMIDT & WILHELM 1995). Auch hiermit wird die bestehende Vielfalt nur im Ausschnitt gezeigt, da die Vielzahl von Ökotypen unberücksichtigt bleibt.
> - Ökotypen können als evolutive Anpassungsleistung an besondere Standortbedingungen verloren gehen, wenn sie durch andere Sippen der gleichen Art ersetzt werden. Beispiel Fichte (*Picea abies*): Flachlandherkünfte sind wegen der höheren Eis- und Schneebruchgefahr für die Hochlagen des Harzes ungeeignet. Solche Fälle sind aus der Forstwirtschaft lange bekannt und haben zur Regelung des Forst-Saatgutgesetzes geführt. Nach ihm dürfen 19 Baumarten oder -gattungen nur innerhalb definierter Herkunftsgebiete verwendet werden.
> - Bei fehlender Differenzierung der Herkunft kann die Ausbreitung ei-

ner Sippe den Rückgang einer anderen der gleichen Art verbergen. **Beispiel Eibe**: In Brandenburg gilt *Taxus baccata* als ausgestorben, breitet sich aber zunehmend im Berliner Raum aus. Tatsächlich dürften die alten gebietstypischen Herkünfte ausgerottet worden sein. Eiben waren als Nutzholz gefragt und wurden wegen ihrer Giftigkeit für Pferde bekämpft. Heute breiten sie sich verstärkt von gärtnerischen Anpflanzungen auch in siedlungsnahe Wälder aus. Gelegentlich vorkommende Wuchsformen (z. B. Säulenwuchs) veranschaulichen die gärtnerische Herkunft der meisten siedlungsnahen Vorkommen von Eiben.
- Genetische Unterschiede auf unteren taxonomischen Ebenen können Folgewirkungen für Tiere und indirekt für Landnutzungen haben. Dies ist je nach Perspektive erwünscht oder unerwünscht. So wird eine höhere Resistenz gegen Herbivorie aus landwirtschaftlicher Sicht positiv, aus Naturschutzsicht jedoch negativ bewertet, da sie die Eignung der Pflanzen als Nahrungsgrundlage für Tiere einschränkt (siehe Kap. 6.2.5.1).

Konventionell und gentechnisch veränderte Sippen: Biologische Invasionen können auch von züchterisch entstandenen Sippen einheimischer oder nichteinheimischer Arten ausgehen. Weithin unterschätzte Invasionsrisiken durch Kultursippen oder fremde Herkünfte einheimischer Arten sind mit Grünlandansaaten (siehe Kap. 6.2.5.1) und Heckenpflanzungen (siehe Kap. 6.2.6.1) verbunden. Eine Übersicht über Ausbreitung und Hybridisierung herkömmlicher Kulturpflanzen haben SUKOPP & SUKOPP (1994) erarbeitet. Die Problematik gentechnisch veränderter Organismen (GVO, *engl.* GMO) wird in Kap. 2.7 skizziert.

1.5.1 Autochthone und allochthone Sippen

Unterhalb der Artebene können Einheimische in autochthone und allochthone Sippen differenziert werden. Autochthon im engeren Sinne sind Sippen, die im Gebiet entstanden sind. Dies sind Ausnahmen in Mitteleuropa, da die meisten Arten erst nach der Eiszeit eingewandert und damit streng genommen allochthon sind. Sie haben ihre Entwicklung ganz oder teilweise in glazialen Refugialräumen außerhalb Mitteleuropas durchlaufen. Nichteinheimische Arten sind prinzipiell allochthon.

Autochthon wird in verschiedenen Bedeutungszusammenhängen unterschiedlich verwendet. Daher ist zu überlegen, ob ein Verzicht auf den Begriff die Verständigung fördern könnte, beispielsweise zwischen Naturschützern und Forstleuten. Wenn Erstere verstärkt autochthone Arten pflanzen wollen, meinen sie damit meist im Gebiet entstandene Sippen im Sinne der engen Begriffsdefinition. Forstleute verwenden den Begriff oft viel weiter. So gilt beispielsweise im Forstsaatgutgesetz ein Bestand als autochthon, wenn er durch kontinuierliche Naturverjüngung am Standort oder durch künstliche Verjüngung mit Saat- und Pflanzgut entstanden ist, das aus benachbarten Beständen mit gleichen ökologischen Bedingungen stammt. Dies ist natürlich auch in Populationen nichteinheimischer Arten möglich, die Naturschützer schwerlich als autochthon akzeptieren werden.

Neben definitorischen schränken praktische Probleme die Verwendung des Begriffes ein. Autochthone Sippen im engeren Sinn dürften aufgrund der postglazialen Besiedlungsgeschichte Mitteleuropas auf wenige Vorkommen beschränkt sein. Auch wenn man den Begriff weiter fasst und allochthone einheimische Arten einschließt, besteht das Problem ihrer Identifizierung im Gelände. Nur in wenigen Fällen wird eine ungebrochene natürliche Populationskontinuität sicher feststellbar, werden frühere Anpflanzungen und Ansaaten oder die Einkreuzung anderer Sippen auszuschließen sein.

Beispiel Fichte (*Picea abies*):
Im Harz hat der Bergbau seit dem 10. Jahrhundert stark in die natürlichen Hochlagen-Fichtenwälder eingegriffen. Durch Wiederaufforstungen mit Fichten aus niedrigeren Lagen kam ein genetischer Austausch mit den verbliebenen autochthonen Sippen zustande. Heute liegt ein „gemischter" Genpool vor. Selbst phänotypisch als „autochthon" anzusprechende Hochlagenfichten können genetisch heterogen sein. Die aktuellen Erhaltungsbemühungen haben zwei Ziele: Vermutlich autochthone Sippen werden *ex situ* in Erhaltungsbeständen vermehrt, und innerhalb der „gemischten" Bestände wird auf eine breite genetische Vielfalt durch Naturverjüngung gesetzt (KISON 1995).

„Gebietstypische Herkunft" statt „autochthon": Es ist sinnvoll, den Begriff autochthon zumindest im Kontext mit Naturschutzüberlegungen durch eine unmissverständlichere Bezeichnung zu ersetzen. Der hier vorgeschlagene Terminus „alte gebietstypische Herkunft" zielt auf Populationen, die mit großer Wahrscheinlichkeit seit langem in einem Naturraum vorhanden sind und sich an seine Bedingungen angepasst haben. Die Chance ist hierzu auf alten Waldstandorten gegeben, aber auch in naturnahen Feuchtgebieten, auf schwer zugänglichen Felsstandorten und selbst in sehr alten Hecken. Untersuchungen so genannter „historisch alter Wälder" haben ergeben, dass manche Tier- und Pflanzenarten auf Wälder mit einer Standortskontinuität von mehr als 300 Jahren beschränkt sind. Dies dürfte in noch stärkerem Umfang auf alte gebietstypische Herkünfte ansonsten weiter verbreiteter Arten zutreffen, sofern die Bestände nicht durch forstliche Aufpflanzungen geprägt sind. Die Berufung auf mehr als 300 Jahre orientiert sich am Vorhandensein historischer Karten, ist also nicht ökologisch begründet. Bereits für das Mittelalter sind Gehölzansaaten und -pflanzungen in Wäldern belegt (MANTEL 1990), und andere Sippen können mit der Waldweide oder auf anderem Weg durch Tiere eingetragen worden sein. Dass in Beständen mit langer Standortskontinuität tatsächlich alte gebietstypische Herkünfte vorkommen, ist daher nicht sicher, sondern nur erhöht wahrscheinlich. Diese Ungewissheit steht dem eigentlichen Naturschutzziel jedoch nicht entgegen, nämlich die Gesamtheit der genetischen Vielfalt zu bewahren.

1.6 Analogien bei Tieren und Pilzen

Anders als bei Pflanzen war die Untersuchung neu auftretender Tier- und Pilzarten nicht mit einer Neuformulierung unzähliger Begriffe verbunden. Dies sollte für eine einheitliche Terminologie genutzt werden, um die allgemeine Verständigung sowie die zwischen Zoologen, Mykologen und Botanikern zu fördern. In diese Richtung gehen bereits die von KINZELBACH (1972) und von KREISEL & SCHOLLER (1994) geprägten Termini „Neozoon" und „Neomycet". In Analogie zur Differenzierung der Pflanzen (Tab. 4) sind **Archäozoen** und **Archäomyceten** wild lebende Tiere und Pilze, die mit direkter oder indirekter menschlicher Unterstützung vor 1492 in ein Gebiet gelangt oder dort unter anthropogenem Einfluss entstanden sind. **Neozoen** und **Neomyceten** treten dagegen erst nach 1492 auf.

Wie bei Pflanzen sollte die Frage der Einbürgerung unabhängig von der rein zeitlichen Differenzierung von Archäo- und Neozoen und von Archäo- und Neomyceten beantwortet werden. Dies ist von der Arbeitsgruppe Neozoa (1996) vorgeschlagen worden und kann mit einer kleinen Modifikation der Definition von KREISEL & SCHOLLER (1994) auch für Pilze erreicht werden. Zur Klärung des Einbürgerungsgrades ist das Etablierungskonzept von KOWARIK (1991a, 1992a) auch auf Tiere und Pilze anwendbar. Die hier vorgesehene obligate Verknüpfung eines zeitlichen Kriteriums (Vorkommen mehr als 25 Jahre) mit einem populationsbiologischen (mindestens zwei spontane Generationen) erlaubt auch eine angemessene Einschätzung bei besonders lang- oder kurzlebigen Organismen (siehe Kap. 1.1). In die gleiche Richtung geht auch der Vorschlag von GEITER (1999).

Tab. 4 Zeitliche Differenzierung von Neobiota in verschiedenen Organismengruppen nach dem Beginn von Invasionen vor oder nach der Entdeckung Amerikas im Jahr 1492

Neobiota	
vor 1492	nach 1492
ins Gebiet gelangte Pflanzen	
Archäophyten Klatsch-Mohn (*Papaver rhoeas*) Bilsenkraut (*Hyoscyamus niger*) Breit-Wegerich (*Plantago major*) Esskastanie (*Castanea sativa*)	**Neophyten** Japan. Beerentang (*Sargassum muticum*) Mondbechermoos (*Lunularia cruciata*) Kronen-Nachtkerze (*Oenothera coronifera*) Götterbaum (*Ailanthus altissima*)
ins Gebiet gelangte Tiere	
Archäozoen Heimchen (*Achaeta domestica*) Hausmaus (*Mus musculus*) Fasan (*Phasianus colchicus*) Hausratte (*Rattus rattus*)	**Neozoen** Wespenspinne (*Agriope bruennichi*) Amerik. Flusskrebs (*Orconectes limosus*) Girlitz (*Serinus serinus*) Waschbär (*Procyon lotor*)
ins Gebiet gelangte Pilze	
Archäomyceten ?	**Neomyceten** *Puccinia komarovii* *Ceratocystis ulmi* Echter Mehltau (*Uncinula necator*)

2 Biologische Invasionen in globaler Perspektive

In globaler Perspektive gelten biologische Invasionen als zweitwichtigster Gefährdungsfaktor der biologischen Vielfalt, der in seiner Wirkung nur durch die Änderung anthropogener Landnutzungen übertroffen wird. Als Folgekosten entstehen für einige Länder Beträge in mehrstelliger Milliardenhöhe. Voraussichtlich werden sich die unerwünschten Auswirkungen biologischer Invasionen weiter verschärfen. Gründe hierfür sind der steigende Reise- und Warenaustausch, die fortschreitenden Umwälzungen traditioneller Landnutzungen sowie die globalen Klimaveränderungen (SANDLUND et al. 1996, 1999). Mit der 1992 erzielten Übereinkunft über die biologische Vielfalt von Rio de Janeiro haben biologische Invasionen als globales Phänomen auch eine internationale Antwort erhalten (siehe Kap. 2.9.1). In diesem Kapitel werden biologische Invasionen zunächst in einer historischen Perspektive eingeordnet. Ein Blick auf die Forschungsgeschichte schließt sich an. Danach werden besonders auffällige Invasionen außerhalb Europas sowie ökonomische Folgen skizziert.

2.1 Historische Perspektive

Im 1958 erschienenen ersten Standardwerk zu biologischen Invasionen spricht ELTON von „ökologischen Explosionen", die durch Invasionen ausgelöst würden und den Lauf der Welt änderten. Dies gilt besonders für die Geschichte der Biodiversität. Bei der evolutiven Differenzierung von Organismen hat geographische Isolation immer eine wichtige Rolle gespielt. Vor rund 180 Millionen Jahren, in der frühen Trias, begann der Urkontinent Pangaea auseinander zu driften. Die räumliche Trennung der heutigen Landmassen kam vor etwa 65 Millionen Jahren zum Abschluss, als sich im beginnenden Tertiär Australien und Neuseeland von Antarctica lösten. Seitdem verhindert die geographische Isolation weitgehend den interkontinentalen Artenaustausch. Auch auf vielen ozeanischen Inseln entwickelte sich das Leben über Millionen von Jahren ohne Kontakt zu anderen Gebieten.

In einem erdgeschichtlichen Wimpernschlag haben Menschen mit den von ihnen ausgelösten Invasionen geographische Barrieren überwunden, die zuvor über viele Millionen Jahre den Fahrplan der Evolution mitbestimmt haben. In wenigen Fällen ist dies wörtlich zu nehmen, etwa beim Suezkanal, dessen Bau 1870 die Trennung zwischen Mittelmeer und Rotem Meer aufhob. Durch die folgende „Lessepsian Migration" (POR 1978) gelangten bis heute über 300 Arten ins Mittelmeer – ein Stück Wiedervereinigung des Urmeeres Thetys. In den meisten Fällen haben Handel und Verkehr zuvor getrennte Floren- und Faunengebiete in Kontakt gebracht, sodass man von einer funktionalen Überbrückung geographischer Barrieren sprechen kann (Abb. 2).

Evolutionsgeschichtliche Dramatik gewinnt diese Entwicklung durch die Geschwindigkeit, mit der zuvor Getrenntes zusammengebracht wird. Zur Illustration sind in Tab. 5 die letzten 65 Millionen Jahre einem Jahr gleichgesetzt worden. In diesem Zeitraum hat sich die Biodiversität im

Abb. 2
Funktionale Überbrückung geographischer Isolation in der Neuzeit durch weltumspannenden Handel und Verkehr. Dargestellt sind die verbreiteten Reiserouten zu Beginn der Neuzeit sowie in der zweiten Hälfte des 18. Jahrhunderts (nach DI CASTRI 1989).

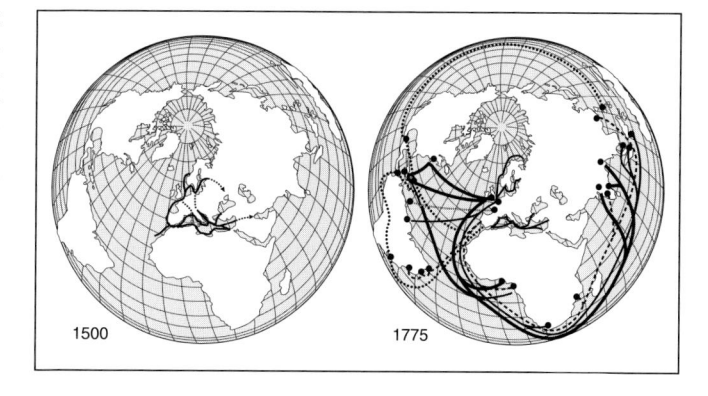

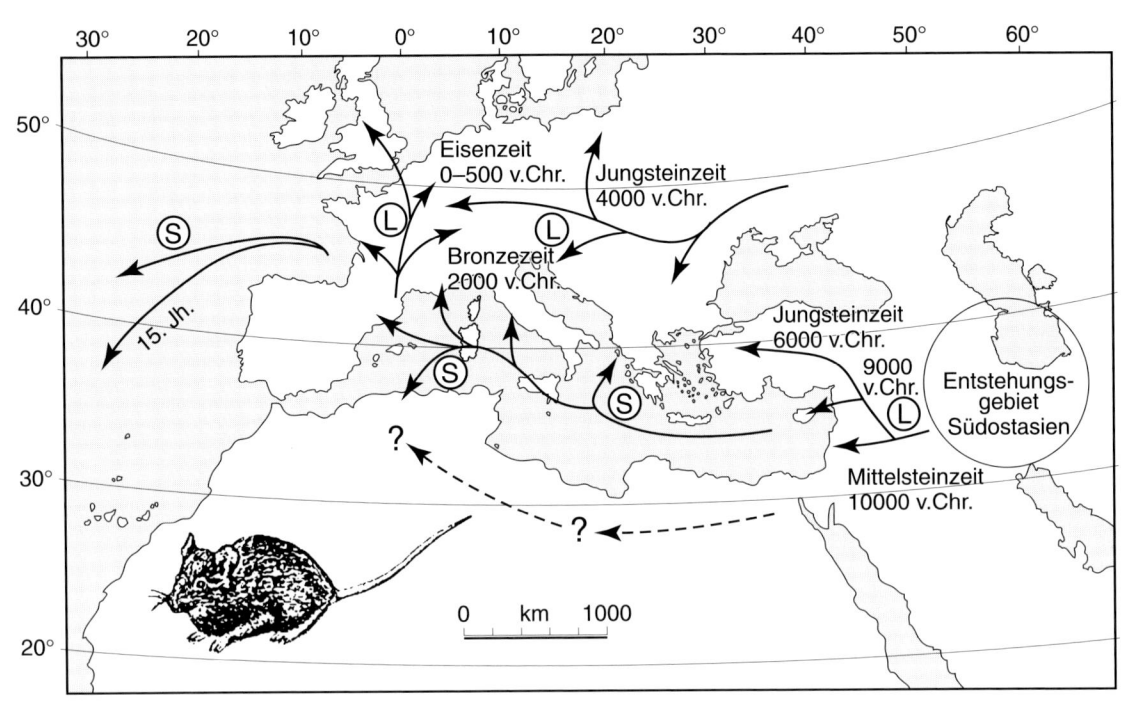

Abb. 3
Einführungsgeschichte der Haus-Maus (*Mus musculus*) als Beispiel einer archäozoischen Tierart in Mitteleuropa (S: Ausbreitung über den Seeweg, L: Ausbreitung über den Landweg; nach BLONDEL & ARONSON 1999).

Wesentlichen in der räumlichen Konfiguration der heutigen Kontinente und Inseln entwickelt. Erst am letzten Tag dieses virtuellen Jahres, am 31. Dezember, wird die zuvor bestehende Isolation aufgehoben. Wandernde Menschen haben schon immer Tiere und Pflanzen verbreitet und damit ökologische Veränderungen bis hin zur Ausrottung von Arten bewirkt. Angenommen wird dies beispielsweise für Dingos, die nach Australien eingeführt wurden, und für die Hunde der asiatischen Erstbesiedler Amerikas (MARTIN & KLEIN 1984). In Europa bereitet die neolithische Revolution den Boden für biologische Invasionen. Mit den einwandernden Völkern, der Etablierung von Ackerbau und Viehzucht, gelangen sehr viele, meist im Mittelmeerraum und dem angrenzenden Asien beheimatete Arten nach Mitteleuropa (Abb. 3, Abb. 7; genauer in Kap. 3). Dies geschieht nach der Zeitskala in Tab. 5 in der Sylvesternacht, eine Stunde vor Mitternacht.

Fünf vor zwölf schafft Kolumbus in Amerika die Voraussetzung für die nachfolgende Globalisierung des Artenaustausches. Schon vorher waren Erik der Rote in Amerika und Marco Polo in China. Aber erst im nachkolumbianischen Zeitalter kam es dank verbesserter Navigations- und Schifffahrtstechnik zu einer Reise- und Handelstätigkeit, die immer weitere Ziele einschloss (Abb. 2). Sie bewegte in nie gekannter Quantität Menschen und Güter – und mit ihnen Unmengen von Tieren und Pflanzen, absichtlich oder als blinde Passagiere. Um welche Dimensionssprünge neuzeitliche Invasionen das Ausmaß älterer übertreffen, zeigt das Beispiel Hawaii (LOOPE & MUELLER-DOMBOIS 1989): Die Inseln des Archipels von Hawaii sind zwischen 10 und 30 Millionen Jahre alt. Über Jahrmillionen wuchs ihr Artenbestand durch evolutive Neubildung schneller als durch natürliche Zuwanderungen von Organismen. Vor ihrer polynesischen Besiedlung vor etwa 1400 Jahren gelangte etwa eine Art pro 50 000 Jahre durch natürliche Fernausbreitung auf die Inseln. Die polynesischen Ureinwohner führten insgesamt wohl nur 40 bis 50 Arten ein. Nach der Entdeckung durch Kapitän Cook im Jahr 1778 gelangte in nur 200 Jahren ein Hundertfaches von dem, was die Ureinwohner zuvor in 1400 Jahren eingeführt hatten, auf die Inseln. Über 20 Arten waren dies jetzt pro Jahr, wogegen

Tab. 5 Erdgeschichtliche Bedeutung biologischer Invasionen infolge der funktionalen Überwindung der geographischen Isolation zwischen den heutigen Kontinenten und ihren Organismen, die spätestens seit Beginn des Tertiärs vor etwa 65 Millionen Jahren Bestand hatte. Um die Geschwindigkeit der damit verbundenen Prozesse zu verdeutlichen, ist der Zeitraum von 65 Mio. Jahren einem Jahr gleichgesetzt worden

1. Jan.	vor ca. 65 Mio. Jahren	**Evolutive Differenzierung der Biodiversität in geographisch isolierten Floren- und Faunenreichen der heutigen Kontinente seit Beginn des Tertiärs** (Abschluss der räumlichen Trennung der heutigen Kontinente nach dem Zerfall des Urkontinents Pangaea)
19. Dez.	vor ca. 2,3 Mio. Jahren	Beginnende natürliche Verarmung der Biodiversität im Wechsel von Kalt- und Warmzeiten in den hiervon betroffenen Gebieten
31. Dez., 22:15	vor ca. 13000 Jahren	Spät- und nacheiszeitliche Wiederbesiedlung Mitteleuropas
31. Dez., 23:03	vor ca. 7000 Jahren	**Neolithische Revolution: Beginn biologischer Invasionen** • Archäophyten und Archäozoen gelangen mit der neolithischen Landnahme nach Mitteleuropa und erweitern die Biodiversität
31. Dez., 5 Min. vor Mitternacht	vor ca. 500 Jahren	**Nach Kolumbus: Globalisierung des Artenaustausches** • interkontinentaler Austausch an Arten • Neophyten und Neozoen in Europa, eurasiatische Arten in Nordamerika und der südlichen Hemisphäre
31. Dez., 72 Sek. vor Mitternacht	vor ca. 150 Jahren	**Industrielle Revolution: Beschleunigung biologischer Invasionen** • Beschleunigter intra- & interkontinentaler Austausch an Arten • Rückkoppelung mit anthropogenen Umweltveränderungen • Biologische Invasionen als Rückgangsfaktor für Tier- und Pflanzenarten • Globale Homogenisierung und regionale Diversifizierung der Biodiversität?
31. Dez., 7 Sek. vor Mitternacht	vor ca. 15 Jahren	**Gentechnische Revolution: neue Untergruppe von Invasionsorganismen** • Überwindung von Austauschbarrieren zwischen Organismen(reichen) • Freisetzung und Inverkehrbringen gentechnisch veränderter Organismen

zuvor nur drei bis vier Arten pro Jahrhundert eingeführt worden waren.

Triebfeder der neuzeitlichen Reisetätigkeit war der Kolonialismus, dessen ökologische Komponente CROSBY (1991) eindrucksvoll analysiert hat. Der Erfolg der meisten Eroberungsfahrten wurde durch eingeschleppte Krankheitserreger gestützt, wenn nicht gar erst ermöglicht: Gegen diese Erreger waren bei der einheimischen Bevölkerung keine Resistenzen ausgebildet. Ganze Völker Amerikas, wohl insgesamt 56 Millionen Menschen, wurden weniger durch die Waffen der Conquestadores als vielmehr durch die von ihnen verbreiteten Krankheiten ausgerottet. Binnen zweier Jahre erlag die Hälfte der aztekischen Bevölkerung, 3,5 Millionen Menschen, den 1520 durch Spanier eingeführten Windpocken (BRYAN 1996, CROSBY 1991).

Der Export großer Teile des europäischen Inventars an Nutztieren und -pflanzen mitsamt ihren Begleitarten stabilisierte die Kolonisation auch ökonomisch. Die ökologischen Folgen der Invasion eurasiatischer Arten sind in Amerika, Australien und Neuseeland wesentlich weit reichender als die Auswirkungen dieser Arten in Europa. Zur Erklärung wird meist auf zwei Phänomene hingewiesen. Zum einen schließen die klimatischen Bedingungen Europas viele Arten aus subtropischen und tropischen Gebieten aus. Umgekehrt können dort Arten dieser Klimazonen und zusätzlich eurasiatische aus dem temperaten Bereich existieren. Zum anderen sind viele eurasiatische Arten besser an Landnutzungen adaptiert, die wie die Weidewirtschaft in vielen der neu kolonisierten Gebiete unbekannt waren.

So sind beispielsweise in den mediterranen Gebieten der Erde Arten des Mittelmeergebietes wesentlich erfolgreicher als umgekehrt Arten aus der gleichen Klimazone Südamerikas, Südafrikas und Australiens im Mittelmeergebiet (FOX 1990). Auch in Städten der gemäßigten Zone herrschen eurasiatische Arten vor, wie KORNAS (1996) mit einem Vergleich zwischen Oppeln und Quebec zeigt: Diese Arten stellen im kanadischen Quebec 67%, im polnischen Oppeln 76% der nichteinheimischen Arten. In der kanadischen Stadt ist der Anteil amerikanischer Arten kaum erhöht (17% gegenüber 15% in Oppeln), afrikanische Arten spielen in beiden Städten keine Rolle (0,4% oder 0,2%).

Die Errungenschaften der Industriellen Revolution, allen voran die Erfindung der Dampfmaschine, beschleunigen seit Mitte des 19. Jahrhunderts Menge und Geschwindigkeit des globalen Austauschs an Menschen, Waren und Gütern. Biologische Invasionen wurden als Gefährdungsfaktor der Biodiversität erkannt, zuerst im 19. Jahrhundert für ozeanische Inseln. Heute wissen wir, dass biologische Invasionen mit ihren Auswirkungen auf Biodiversität und Landnutzungen eine Triebfeder globaler Veränderungen sind – und zugleich von anderen Faktoren weltweit wirkender Umweltveränderungen gefördert werden (VITOUSEK et al. 1997).

Ein neuer Dimensionssprung geschieht nach der Zeitskala in Tab. 5 sieben Sekunden vor Mitternacht: Nach der Überwindung geographischer Barrieren durch herkömmliche Invasionen lässt die Gentechnik nun auch bislang unüberbrückbare Barrieren zwischen Organismen und Organismenreichen fallen.

2.2 Zur Forschungsgeschichte

Neue, mit Menschen verbreitete Lebewesen wurden in Europa schon im 19. Jahrhundert aufmerksam registriert. Klarsichtig und ökologisch zutreffend hat der deutsche Schriftsteller und Naturforscher VON CHAMISSO (1827) die veränderte Artenzusammensetzung im Gefolge des Menschen erkannt und auch den Beginn biologischer Invasionen beschrieben: „Wo der gesittete Mensch einwandert, verändert sich vor ihm die Ansicht der Natur. Ihm folgen seine Haustiere und nutzbaren Gewächse; die Wälder lichten sich; das verscheuchte Wild entweicht; seine Pflanzen und Saaten breiten sich um seine Wohnung aus; Ratten, Mäuse, Insekten verschiedener Art siedeln sich mit ihm unter seinem Dache an; mehrere Arten Schwalben, Finken, Lerchen, Rebhühner, begeben sich unter seinen Schutz, und genießen als Gäste Früchte seiner Arbeit. In seinen Gärten und Feldern wuchern als Unkraut unter den Gewächsen, die er anbaut, eine Menge anderer Pflanzen, die sich freiwillig denselben zugesellen und gleiches Los mit ihnen teilen; und wo er endlich den ganzen Flächenraum nicht eingenommen, entfremden sich seine Hörigen von ihm, und selbst die Wildnis, die sein Fuß noch nicht betreten hat, verändert die Gestalt".

Die systematische Erforschung biologischer Invasionen begann Mitte des 19. Jahrhunderts mit der Adventivfloristik (TREPL 1990a). Dabei wurden gezielt Informationen über bislang unbekannte Arten gesammelt, die auffallend häufig an Verkehrs- und Handelsplätzen, Wollkämmereien und Schuttplätzen auftraten. Diese erste Phase war geprägt durch das Erfassen der überraschenden Vielfalt fremder Arten. Eine zweite Phase mit einer Systematisierung der Arten wurde mit Arbeiten von WATSON (1847) und von DE CANDOLLE (1855) vorbereitet und nach der Jahrhundertwende vom Schweizer Botaniker THELLUNG (1905) zur Blüte gebracht.

Es entstanden mehrere Konzepte zur Einteilung fremder Arten nach kulturhistorischen und ökologischen Gesichtspunkten. Dabei ging es im Wesentlichen um Einführungszeit, Einführungsweise und Einbürgerungsgrad der Arten. Vor allem der Gliederungsansatz von THELLUNG (1905) wird mit verschiedenen Variationen bis heute verwendet (siehe Kap. 1.3). Höhepunkte dieser Forschungsrichtung sind die Flora von Montpellier (THELLUNG 1912) und LINKOLAS (1916/21) Arbeit über das Ladogaseegebiet. Beide immer noch lesenswerte Arbeiten belegen detailliert die Rolle des Menschen bei der Einführung und Verbreitung nichteinheimischer Arten.

Die Tradition der Adventivfloristik wurde wieder belebt, als Massenausbreitungen nichteinheimischer Arten in den kriegszerstörten Städten Mitteleuropas auffielen, etwa von *Buddleja davidii*, *Ailanthus altissima* und *Chenopodium botrys*. Fragen nach ökologischen Auswirkungen spielten in der Adventivfloristik jedoch keine Rolle. Erst ELTON (1958) hat die ökologischen Folgen biologischer Invasionen und ihre Ursachen systematisch in seiner „Ecology of Invasions of Animals and Plants" aufgearbeitet. Lange zuvor schon hatten DARWIN (1859) und HEHN (1870) den Artenrückgang auf ozeanischen Inseln infolge biologischer Invasionen beschrieben. Etwa zur gleichen Zeit befürchtete der Berliner Botaniker BOLLE (1865), dass die sich explosionsartig ausbreitende Kanadische Wasserpest (*Elodea canadensis*) andere Wasserpflanzen in Brandenburg gefährden könne.

1982, ein Vierteljahrhundert nach ELTONS Pionierarbeit, startete SCOPE (Scientific Committee on Problems of the Environment – eine Wissenschaftsorganisation) ein Forschungsprogramm zur Ökologie biologischer Invasionen. Es lief etwa zehn Jahre und dokumentiert für verschiedene Erdteile und Regionen den Wissensstand zu diesem Thema (BROWN et al. 1985, MACDONALD & JARMAN 1985, GROVES & BURDON 1986, MACDONALD et al. 1986, MOONEY & DRAKE 1986, JOENJE et al. 1987, KORNBERG & WILLIAMSON 1987, USHER 1988, DI CASTRI et al. 1990, GROVES & DI CASTRI 1991, RAMAKRISHNAN 1991; Überblick von DRAKE et al. 1989). Drei Fragen standen im Mittelpunkt des SCOPE-Programms:
- Welcher Faktor entscheidet, ob eine Art invasiv wird oder nicht?
- Welche Eigenschaften bestimmen, ob und in welchem Ausmaß ein Ökosystem von invasiven Organismen besiedelt wird?
- Welche praktischen Schlussfolgerungen sind aus den Antworten zu den ersten beiden Fragen abzuleiten?

Das SCOPE-Projekt hat bis heute zahlreiche Forschungsprojekte zur Invasionsbiologie initiiert. Die Anzahl der in den „Ecological Abstracts" verzeichneten Arbeiten steigt seit Mitte der 80er-Jahre stark an (Tab. 6). Ein erstes Lehrbuch zum Thema schrieb WILLIAMSON (1996).

Um die in der Biodiversitätskonvention

Tab. 6 Anzahl der Arbeiten zur Invasion von Pflanzen, die in den „Ecological Abstracts" 1974–1993 verzeichnet sind (nach PYŠEK 1995a; deutschsprachige Literatur ist weitgehend unberücksichtigt)

	vor	1978–1982	1983–1988	1989–1992	gesamt absolut	[%]
Nordamerika	36	34	32	93	195	25,1
Mittelamerika[1]	4	2	1	3	10	1,3
Südamerika	3	2	3	9	17	2,2
Afrika	10	9	18	51	88	11,3
Europa[2]	23	25	28	68	144	18,5
Asien[3]	4	5	4	27	30	5,1
Australien[4]	8	22	33	61	124	15,9
Neuseeland	7	9	21	51	88	11,3
Pazifische Inseln[5]	3	3	9	23	38	4,9
weltweit	0	1	4	27	32	4,1

[1]einschl. Karibik; [2]einschl. europ. Teil der ehem. UDSSR; [3]einschl. asiat. Teil der ehem. UDSSR; [4]einschl. Neu-Guinea; [5]einschl. Hawaii

(siehe Kap. 2.9.1) enthaltene Verpflichtung zur Begrenzung biologischer Invasionen zu unterstützen, wurde 1997 das „Global Invasive Species Programme" (GISP) von den Vereinten Nationen, von SCOPE sowie der IUCN und anderen ins Leben gerufen. GISP ist ein Bestandteil des umfassenden internationalen „Diversitas-Programmes". Seit 1999 erscheinen „Biological Invasions" als erste internationale wissenschaftliche Zeitschrift zum Thema und seit 2002 die deutschsprachige Schriftenreihe Neobiota. Die IUCN unterhält den Listserver „Aliens", der zum internationalen Kommunikationsmedium für über 650 Interessenten aus aller Welt geworden ist (Kontakt über: aliens-l-owner@indaba.iucn.org).

In **Deutschland** ist in den letzten Jahrzehnten viel über die Einführung und Ausbreitung nichteinheimischer Arten gearbeitet worden. Umfassende Übersichten liegen inzwischen zu Neozoen (GEITER & KINZELBACH 2002a), marinen Organismen (NEHRING & LEUCHS 1999, REISE et al. 1999), Ballastwasserorganismen (GOLLASCH 1996, LENZ et al. 2000), in naturnaher Vegetation eingebürgerten Pflanzenarten (LOHMEYER & SUKOPP 1992, 2001) und zu Pilzen (KREISEL 2000) vor. Verbreitungskarten für viele nichteinheimische Pflanzenarten sind in HAEUPLER & SCHÖNFELDER (1989) sowie in BENKERT et al. (1996) enthalten und, neben weiteren Informationen, auch aus der Datenbank „FloraWeb" des Bundesamtes für Naturschutz abrufbar (www.floraweb.de). Vorbildliche Übersichten zu verschiedenen Neobiotagruppen sind für Österreich und Tschechien erarbeitet worden (ESSL & RABITSCH 2002, PYŠEK et al. 2002).

Zu einem Hauptthema wissenschaftlicher und naturschutzorientierter Diskussionen sind biologische Invasionen in Deutschland jedoch erst in den letzten Jahren geworden. Eine Folge von Tagungsbänden dokumentiert den wachsenden Kenntnisstand (NNA 1991, BÖCKER et al. 1995, GEBHARDT et al. 1996, Umweltbundesamt 1996, 1999, REISE 1999a, MAYR & KIEFER 2000, KOWARIK & STARFINGER 2001, 2002). 1999 wurde die Arbeitsgruppe Neobiota mit dem Ziel gegründet, die angewandte und grundlagenorientierte invasionsbiologische Forschung in Deutschland zu fördern (Kontakt: www.tu-berlin/~neobiota). In die Forschungsförderung der zuständigen Bundesministerien sowie der EU werden zunehmend invasionsbezogene Themen integriert.

2.3 Ozeanische Inseln

Katastrophale Folgen biologischer Invasionen sind spätestens seit DARWIN (1859) für Inseln bekannt, die fern kontinentaler Küsten inmitten der Weltmeere liegen. Ozeanische Inseln sind besonders reich an endemischen Varietäten, Arten, Gattungen und sogar Familien. Die Anzahl der Endemiten hängt vom Alter, der räumlichen Isolation und der Standortvielfalt der Inseln ab (LOOPE & MUELLER-DOMBOIS 1989). Ein Verlust der biologischen Vielfalt durch das Aussterben von Arten ist nicht umzukehren. 93% der bislang 188 weltweit ausgestorbenen Vogelarten sind Inselarten, und mit 55% an Verlusten gehen über die Hälfte unmittelbar auf das Konto eingeführter Arten (CLOUT & LOWE 1996).

Neue Formen der Landnutzung und die Einführung neuer Arten sind ineinander greifende Ursachen für ein Artensterben auf ozeanischen Inseln (nach MOORE 1983):

- Mechanische Eingriffe: Urwälder werden durch Brandrodung zerstört, um Weideflächen für importierte Weidetiere zu schaffen, oder sie werden zur Holzgewinnung abgeholzt. Gut zugängliche Flächen mit ertragreichen Böden werden zuerst besiedelt und beackert. In solchen Lagen ist die ursprüngliche Inselvegetation fast völlig verloren (z. B. auf Hawaii die Gebiete unter 600 Meter).
- **Einführung von Weidetieren und anderen Tieren**: Die eingeführten Ziegen, Schafe, Rinder, Kaninchen, Schweine, Hauskatzen und Ratten haben auf vielen Inseln keine öko-

logische Entsprechung. Tiere, deren Evolution sich in Abwesenheit von Feinden und damit ohne die Ausbildung von Fluchtinstinkten vollzogen hat, waren den neuen Räubern schutzlos ausgeliefert (Tab. 7). Auch hatten die meisten Inselpflanzen zwar Resistenzen gegen herbivore Insekten ausgebildet, jedoch keine Anpassung an Tritt und Beweidung durch große Säugetiere. Solche Veränderungen begannen häufig schon vor Einführung der geregelten Viehwirtschaft. Viele Inseln sind bereits im 16. und 17. Jahrhundert durch ausgesetzte Ziegen und Schafe zu „lebenden Speisekammern" der Seefahrer geworden. Dies hatte weit reichende Folgen: Besonders schmackhafte und trittempfindliche Arten wurden verdrängt und, zumindest lokal, häufig ausgerottet. Offene Stellen begünstigten Erosionsverluste, da in der einheimischen Vegetation Arten mit Anpassungen an die neuen Störungstypen zumeist fehlten. So förderte die Weidewirtschaft indirekt nichteinheimische Pflanzenarten, die sich in ihren Herkunftsgebieten in Jahrtausenden erfolgreich an die Viehwirtschaft angepasst hatten. In Mitteleuropa werden Trockenrasen und Grünland weitgehend von einheimischen Arten dominiert (siehe Kap. 6.2).

- **Einführung von Pflanzen**: Die Siedler brachten vertraute Nutz- und Zierpflanzen und auch Saatgut für die neuen Weidegründe mit. Wegen der fehlenden Beweidungsresistenz der ursprünglichen Inselarten be-

Tab. 7 Vogel- und Säugetierarten, bei deren Ausrottung ausgesetzte Neozoen eine wichtige Rolle gespielt haben (aus PLACHTER 1991 nach ZISWEILER 1965)

Neozoen	dadurch ausgerottet	ehemaliges Vorkommen
Ziegen oder Schafe (Vegetationszerstörung)	Cathamralle (*Caballus modestus*) Guadelupe-Kupferspecht (*Colapter cafer rufipileus*)	Catham-Insel Guadelupe
Kaninchen (Bodenzerstörung)	Cathamralle (*Caballus modestus*)	Catham-Insel
verwilderte Hunde	Tristan-Teichhuhn (*Gallinula nesiotis nesiotis*)	Tristan da Cunha
verwilderte Katzen	Auckland-Ralle (*Rallus muelleri*) Salomonen-Erdtaube (*Microgoura Choiseul-meeki*) Bonintaube (*Columba versicolor*) Graszaunkönig (*Amytomis goyderi*) Streifenbeuteldachs (*Perameles fasciata*) Weihnachtsinsel-Spitzmaus (*Crocidura fuliginosa trichua*)	Auckland-Inseln Bonin-Insel Australien Australien Weihnachtsinsel
verwilderte Schweine	Gesellschaftsläufer (*Prosobonia teucoptera*) Dodo (*Raphus cucullatus*)	Gesellschaftsinsel Maskarenen
Ratten	Rotschnabelralle (*Rallus pacificus*) Laysanralle (*Porzanula palmeri*) Kusai-Star (*Aplonis corvina*)	Tahiti Laysan Karolinen
Füchse	Toolach-Wallaby (*Wallaby greyi*)	Australien
Schleichkatzen (Mungo)	Hawaii-Ralle (*Pemula sandwichensis*) Martinique-Zaunkönig (*Troglodytes musculus martinicensis*)	Hawaii Martinique

Beispiel

stimmten daraufhin eingeführte Arten das Grünland vieler Inseln und weiter Bereiche Südamerikas. Mit einer Hand voll „Heimaterde" gelangten auch europäische Regenwürmer in die neuen Weidegründe, deren Tätigkeit das Gedeihen der europäischen Gräser in Neuseeland erheblich begünstigte (VOISIN 1968). Die Wirkung eingeführter Pflanzen ist oft weniger augenfällig als die von Tieren, da sie nicht immer leicht von den direkten Auswirkungen menschlicher Landnutzungen trennbar ist.

Auch auf Inseln werden Invasionen oft durch menschliche oder natürliche Störungen begünstigt. So sind auf Teilen der im Südatlantik gelegenen Tristan-da-Cunha-Gruppe 22 der 26 nichteinheimischen Pflanzen an menschliche Standortveränderungen gebunden; neun Arten kommen nur an Fußwegen vor. In der natürlichen Vegetation sind eingeführte Arten meist nur erfolgreich, wenn zuvor natürliche Störungen für offene Standorte gesorgt haben. So etablieren sich beispielsweise *Poa annua* und *Holcus lanatus* an Albatros-Nestern (DEAN et al. 1994). Auf Jamaika hat 1988 der Hurrikan Gilbert das Eindringen des australischen *Pittosporum undulatum* in sekundäre, aber auch primäre montane Regenwälder gefördert (GOODLAND & HEALEY 1996). Auf den Maskarenen (mit Mauritius und La Réunion), im Indischen Ozean, sind 771 nichteinheimische Pflanzen eingebürgert, von denen 45 als problematisch und 24 als besonders problematisch gelten (STRAHM 1996). Meistens begünstigen anthropozoogene Störungen ihren Ausbreitungserfolg. Einige Arten dringen jedoch auch in ungestörte Regenwälder ein, wobei sich der Erfolg verschiedener nichteinheimischer Organismen verstärken kann.

Ein Beispiel ist das von den Franzosen 1750 eingeführte südamerikanische Myrtengewächs *Psidium cattleianum* auf Mauritius. *Psidium* wird durch Vögel und insbesondere durch ebenfalls eingeführte Schweine, Affen und Hirsche verbreitet, deren Populationen durch den großen Fruchtansatz von *Psidium* gestützt werden, was zu schweren Schäden an der heimischen Flora führt. Fruchtet *Psidium* jedoch nicht, greifen die Neozoen ersatzweise auf heimische Arten zurück (SCHÖLLER 1993). In Australien wird die Invasion von *Lantana camara* durch die Wühltätigkeit eingeführter Schweine gefördert. Es ist unklar, ob *Lantana* auch ohne Schweine so erfolgreich wäre.

Beispiel Hawaii: Für die Inselgruppe von Hawaii lassen sich die Auswirkungen biologischer Invasionen genauer quantifizieren. In verschiedenen Artengruppen reicht der Anteil nichteinheimischer Arten bis 100% (Tab. 8). Somit ist der Einbürgerungserfolg deutlich höher als in Mitteleuropa: 63% der eingeführten Vögel und über 90% der Säugetiere und Reptilien konnten sich einbürgern. Bei den Blütenpflanzen übersteigt der Anteil der Eingebürgerten mit knapp 20% den Vergleichswert für Deutschland etwa um das 5- bis 10fache (LOOPE & MÜLLER-DOMBOIS 1989; siehe Kap. 10.2.1.1).

Häufig werden für gleiche Gebiete unterschiedliche Zahlen angegeben. Dies kann vom Erforschungsgrad abhängen, aber auch methodisch bedingt sein. So werden unbeständige und etablierte Arten oft unterschiedlich berücksichtigt. Vielerorts bestehen Schwierigkeiten, einheimische und nichteinheimische Arten überhaupt zu unterscheiden. So ergab die Florenanalyse der Kapverdischen Inseln, dass 28% der Arten sicher einheimisch, 42% sicher eingeführt sind. Bei 30% blieb die Herkunft unklar (LOBIN & ZIZKA 1987). In Panama werden die meisten der zwischen 1840 und 1912 aus Afrika eingeführten Gräser inzwischen irrtümlich für einheimisch gehalten (ILLUECA 1996).

Dem Erfolg der Neuankömmlinge steht eine lange bekannte „Schwäche" der Inselarten gegenüber: Das Phänomen des Endemismus scheint eine wichtige Rolle für das Gefährdungsrisiko zu spielen. Es steigt von nichtendemischen Arten zu endemischen Varietäten und Arten jeweils etwa um das Dreifache und erreicht bei endemischen Gattungen Hawaiis einen Höchstwert von 81%. Nach WILCOVE et al. (1998) sind nichteinheimische Arten

Tab. 8 Ausmaß biologischer Invasionen auf ozeanischen Inseln am Beispiel der Inselgruppe Hawaii (nach LOOPE & MUELLER-DOMBOIS 1989)

	einheimische Arten			nichteinheimische Arten	
	Anzahl	Anteil an Endemiten [%]	Anteil am Gesamtartenbestand [%]	Anzahl	Anteil am Gesamtartenbestand [%]
Pflanzen					
Blütenpflanzen	970	91	55	800	45
Farnpflanzen	143	73	87	21	13
Lebermoose	168	67	99	2	1
Laubmoose	233	48	99	3	1
Flechten	678	38	100	–	–
Tiere					
Brutvögel	57	77	60	38	40
Landsäugetiere	1	0	5	18	95
Landreptilien	0	–	–	13	100
Amphibien	0	–	–	4	100
Süßwasserfische	6	100	24	19	76
Arthropoden	6000–10000	98	75–83	ca. 2000	17–25
Mollusken	ca. 1060	99	ca. 100	9	<1

am Rückgang fast aller gefährdeter Pflanzenarten Hawaiis (99%), aber nur an 30% der Festlandsarten der USA beteiligt. Bei der Verdrängung der Inselarten spielen zwei Faktorengruppen zusammen (LOOPE & MUELLER-DOMBOIS 1989):
• Inselarten haben sich gut auf natürliche Störungstypen (z. B. Vulkanismus oder Meerestätigkeit), aber weniger auf anthropogene Störungstypen wie Weidewirtschaft oder Brandrodung eingestellt.
• Wichtige ökologische Gruppen wie große Herbivore, Nagetiere oder Ameisen fehlen jedoch vielen Inseln. Daher sind deren Arten nicht an sie angepasst. Wie unterschiedlich die Auswirkungen der gleichen Art sein können, zeigt das Beispiel des Schweins (*Sus scrofa*). Auf Hawaii, wo entsprechende Arten natürlicherweise fehlen, gehört es zu den problematischsten Neozoen. Auf Java, wo es einheimische Verwandte gibt, ist seine Verwilderung weniger folgenreich (USHER 1988).

Die von den Kanaren und Madeira stammende *Myrica faya* breitet sich auf Hawaii rasant aus. 1961 wurde im Volcanoes National Park ein Einzelbaum gesehen. 1977 bedeckten Dominanzbestände 609 Hektar und 1992 bereits 15100 Hektar, obwohl *Myrica* mehrfach bekämpft worden war. Ihr Beispiel zeigt die Vorteile von Invasionsarten, die über Eigenschaften ohne Entsprechung bei einheimischen Arten verfügen:

Myrica faya kam im 19. Jahrhundert als Zierpflanze nach Hawaii, wurde in den 1920er und 30er-Jahren zur Erosionskontrolle aufgeforstet und breitet sich seitdem stark aus. Sie gedeiht auf einer breiten Standortamplitude, wächst und fruchtet schnell. Ein besonderer Vorteil ist die Fähigkeit, über die Symbiose mit *Frankia*-Bakterien Luftstickstoff zu binden. Die ansonsten dominanten einheimischen Gehölze sind hierzu nicht in der Lage. Auch *Frankia* als Symbiosepartner ist auf Hawaii eingeführt, was Konkurrenzvorteile auf stickstoffarmen Vulkanböden bedeutet. Hier verläuft die primäre Sukzession viel schneller als früher. Wo die Waldbildung sonst mehrere Jahrhunderte gebraucht hat, wachsen jetzt innerhalb von 30 Jahren dichte *Myrica*-Bestände auf. In ihnen werden einheimische Arten verdrängt, andere Gehölze können sich nicht mehr verjüngen. *Myrica* wird auch durch eingeführte Vogelarten begünstigt, die ihre Samen ausbreiten (VITOUSEK & WALKER 1989, WOODWARD et al. 1990). Parallel-

Beispiel

beispiele, bei denen die symbiotische Stickstofffixierung als Schlüsselfaktor des Invasionserfolges wirkt, sind *Acacia*-Arten in Südafrika, *Elaeagnus angustifolia* in Nordamerika und *Robinia pseudoacacia* in Mitteleuropa (siehe Kap. 6.2.5.5).

Die Gefährdung der einzigartigen Tier- und Pflanzenwelt Hawaiis durch biologische Invasionen hat umfangreiche Abwehrmaßnahmen ausgelöst, unter anderem auch strenge Kontrollen an Häfen und Flugplätzen. Die Bilanz des Jahres 1994 zeigt die Notwendigkeit: In 2275 Fällen wurden 259 für Hawaii neue wirbellose Arten gefunden: 40 % im Gepäck von Flugreisenden, 39 % in der Luft- und 16 % in der Seefracht; 5 % stammten aus Paketen und anderen Einführungsquellen (HOLT 1996).

2.4 Invasionen auf Kontinenten

Kein Kontinent und kaum ein Ökosystemtyp sind frei von biologischen Invasionen. Selbst in borealen Gebieten kommen nichteinheimische Arten vor, sind hier aber überwiegend auf anthropogene Störungsstandorte beschränkt und meist unbeständig (HÄMET-AHTI 1983, ZIZKA 1985). Auch in der Antarktis überdauern einige eingeführte Pflanzen (SMITH & LEWIS 1996, OLECH 1998). Entgegen ursprünglichen Annahmen sind tropische Regenwälder nicht resistent gegen Invasionen (RAMAKRISHNAN 1991, REJMANEK 1996a). Ein Vergleich von 24 Schutzgebieten in Regionen mit mediterranem, subtropischem und tropischem Klima hat ergeben, dass sich überall unerwünschte nichteinheimische Tier- und Pflanzenarten ausbreiten (USHER 1988). Inseln (mit Ausnahme der antarktischen) sind mehr als kontinentale Gebiete betroffen, mediterrane und aride Gebiete stärker als Savannen. Einen Überblick wichtiger Invasionspflanzen mit genaueren Angaben zu 24 Arten geben CRONK & FULLER (1995).

In Ozeanen, besonders in Küstengewässern und Ästuaren, breiten sich nichteinheimische Organismen vor allem durch das Ballastwasser großer Schiffe aus (siehe Kap. 3.2.2.4). Besonders spektakulär ist die Massenausbreitung der tropischen Grünalge *Caulerpa taxifolia* im westlichen Mittelmeergebiet. Sie soll aus dem Aquarium von Monte Carlo an der Côte d´Azur ins Meer gelangt sein (MEINESZ 1999). Tab. 9 enthält eine Auswahl an Arten, die sich in verschiedenen Ökosystemtypen der Welt mit weit reichenden Folgen ausgebreitet haben.

Auch **anthropogen überformte Binnengewässer** sind häufig reich an nichteinheimischen Organismen. Flüsse wie Kanäle sind zudem ausgezeichnete Wanderwege für aquatische Organismen (ASHTON & MITCHELL 1989, KINZELBACH 1995). Zahlreiche Arten sind aus wirtschaftlichen Gründen absichtlich ausgesetzt worden. Dazu gehört auch die Wasser-Hyazinthe (*Eichhornia crassipes*), die zu den gefürchtetsten „aquatic weeds" tropischer Gebiete zählt. Ihre schwimmenden Vegetationsdecken verändern den Gewässerchemismus mit Folgen für alle aquatischen Lebensgemeinschaften. Die Aussetzung des Nil-Barsches (*Lates nilotes*) im Viktoriasee 1954 hat zwar die lokale Fischereiwirtschaft stimuliert, aber auch neue Probleme verursacht. Um das ölreiche Fleisch zu trocknen, wird mehr Feuerholz geschlagen. Dies fördert die Erosion im Einzugsbereich des Sees und führt zu Nährstoffeinträgen, von denen wiederum die Wasser-Hyazinthe profitiert. Die Massenvermehrung des Nil-Barsches hat auch zum Aussterben von wohl 200 der 300 endemischen Buntbarscharten des Viktoriasees geführt (GOLDSCHMIDT 1996).

Mimosa pigra in Asien und Australien sowie *Tamarix*-Arten in Nordamerika sind Beispiele für Gehölze mit erheblichen **Auswirkungen auf die Hydrologie**. *Mimosa* verändert die Wasserführung natürlicher Gewässer, fördert die Erosion und beeinträchtigt Be- und Entwässerungssysteme (LAMAR ROBERT & HABECK 1983). *Tamarix*-Bestände bedecken heute 500 000 Hektar in ariden und semiariden Gebieten im Südwesten der USA. Sie wurden nach 1940 durch weit reichende Gewässerregulierungen begünstigt. Als Folge treten Versalzungen auf. Die Wasserreserven werden vermindert, da die Evapotranspiration höher als die der Vorgängervegetation ist (BROCK 1994).

Invasionen auf Kontinenten

Tab. 9 Außereuropäische Beispiele biologischer Invasionen mit erheblichen Folgen

Neobiota	Herkunft	Invasionsgebiet	Beginn der Ausbreitung seit	Ausgangspunkt	betroffene Ökosysteme	Folgen	Quellen
Neophyten							
Eichhornia crassipes (Wasser-Hyazinthe)	tropisches Amerika	Tropen, weltweit, Californien bis 40. Breitengrad		Zier-, Nutzpflanze	Still- u. Fließgewässer	Veränderung d. limnischen Biozönosen (v.a. Lichtkonkurrenz, Verringerung der Sauerstoffkonzentration des Wassers), Verlandung, Beeinträchtigung d. Abflussregimes u. d. Schifffahrt, Erhöhung d. Bilharziose-Gefahr	ASHTON & MITCHELL 1989, CRONK & FULLER 1995
Myrica faya (Gagelstrauch)	Azoren, Kanaren, Madeira	Hawaii	Ende 19. Jh.	Ziergehölz, Erosionsschutzpflanzungen, Aufforstungen	junge Vulkangebiete, landw. Brachen u.v.a.	Vegetationsveränderungen, schnellerer Formationswechsel zum Wald, N_2-Fixierung als Konkurrenzvorteil	VITOUSEK & WALKER 1989, WOODWARD et al. 1990, WALKER & SMITH 1996
Mimosa pigra (Faule Mimose)	Süd-/Mittelamerika	weltweit in tropischen Gebieten	1875 in Afrika	Zierpflanze	Gewässersysteme, Feuchtgebiete, Landwirtschaftsflächen	Vegetationsveränderungen, Erosion, Beeinträchtigung von Entwässerungssystemen	CRONK & FULLER 1995
Tamarix spec. (Tamarisken-Arten)	Eurasien	südwestl. Nordamerika	Ende 19. Jh., verstärkt nach 1940	Zier-, Windschutzgehölz	Gewässersysteme in ariden/semi-ariden Gebieten	Wasserverluste, Versalzung, Veränderung d. Auenvegetation	BROCK 1994
Opuntia subsp. (Opuntien-Arten)	Amerika	Trockengebiete, weltweit	1839 in Australien	als Wirt von Cochenille-Läusen, Zier- u. Nutzpflanze	Weideland natürliche Trockenstandorte	Vegetationsveränderungen, Beeinträchtigung der Weidenutzung	EGLER 1947, AULD & TISDELL 1986, ELLENBERG 1989, ODUOR 1996
Lythrum salicaria (Blutweiderich)	Europa	Nordamerika	1814, Massenausbreitung nach 1930	mit Wolle od. Schiffsballast	Feuchtgebiete	Vegetationsveränderungen	EDWARDS et al. 1995
Bromus tectorum (Dach-Trespe)		Nordamerika		mit Saatgut?	Steppen	Vegetationsveränderungen, Beeinträchtigung der Weidenutzung, Erhöhung der Feuergefahr	MACK 1986, BILLINGS 1990
Acacia subsp. (Akazien-Arten)	oft Australien	trocken-warme Gebiete weltweit		Anpflanzungen	Fynbos-Vegetation (Südafrika), Savannen	Vegetationsveränderungen, Grundwasserabsenkungen	CRONK & FULLER 1995

Tab. 9 Fortsetzung

Neobiota	Herkunft	Invasionsgebiet	Beginn der Ausbreitung seit	Ausgangspunkt	betroffene Ökosysteme	Folgen	Quellen
Lantana camara (Wandelröschen)	Mittel-/Südamerika	trockenwarme Gebiete weltweit	1880 in Südafrika	Zierpflanzungen	Acker-, Weideland, Forsten	Vegetationsveränderungen, landwirtschaftliche Einbußen	CRONK & FULLER 1995, SHIVA 1996
Eucalyptus subsp. (Eukalyptus-Arten)	Australien	trockenwarme Gebiete weltweit		Anbau als Forstbaum	Forsten	vor allem negative Folgen der Anpflanzungen: Grundwasserabsenkungen, Nährstoffentzug, Versalzungen, biozönotische Verarmung	BLONDEL & ARONSON 1999
Neozoen							
Rattus subsp. (Ratten, Wanderratte in Europa archäozoisch)	Ostasien	weltweit	Mittelalter (spätestens)	Verbreitung mit Schiffen	primär in Siedlungen mit Häfen	Übertragung von Krankheitserregern auf Menschen und andere Überträger; Ausrottung von Vögeln auf ozean. Inseln	ELTON 1958, ATKINSON 1985, CROSBY 1991, BRYAN 1996
Orytolagus cuniculus (Kaninchen)	Südwesteuropa	weltweit	Mittelalter in Mitteleuropa	Aussetzungen	natürliche und anthropogene Grasländer	Vegetationsveränderungen durch Verbiss, Konkurrenz zu Weidetieren	ZEEVALKING & FRESKO 1977
Lates nilotes (Nil-Barsch)	Afrika	trockenwarme Gebiete, Zentralafrika	1950	Aussetzung zur Fischzucht	Viktoriasee	Eutrophierung; Ausrottung von wahrsch. 200 der 300 endemischen Buntbarscharten; Förderung von *Eichhornia*-Invasionen; sozio-ökon. Folgen	GOLDSCHMIDT 1996, OGUTO-OHWAYO 1996
Aedes albopictus (Tiger-Mosquito)	Asien	Amerika u.a.	1985	mit Reifenabfällen		Übertragung von Enzephalitis, Gelb- u. Denguefieber	BRYAN 1996
Neomyceten							
Ceratocystis ulmi (Erreger d. Holländ. Ulmenkrankheit)	Ostasien	Nordamerika, Europa	ca. 1918	Einfuhr mit Holz	temp. Laubwälder, Parks, Straßenbäume	Rückgang amerikanischer und europäischer *Ulmus*-Arten	
Endothia parasitica (Erreger d. Kastaniensterbens)	Ostasien	Nordamerika, Südeuropa	Nordamerika: 1900. Europa: nach 1930	Einfuhr mit Holz	temp. Laub emp. Laub N-Am., Edelkastanienkulturen in Südeuropa	starker Rückgang von *Castanea dentata* in Nordamerika, Schäden b. *Castanea sativa* in Europa	ELTON 1958, SEEMANN et al. 2001

Der Blutweiderich (*Lythrum salicaria*) ist ein Beispiel einer europäischen Art, die sich seit 1930 massenhaft in **Feuchtgebieten** im Norden der USA und in Kanada ausbreitet. Verschiedene Ursachen spielen hier zusammen (EDWARDS et al. 1995): Anfang der 30er-Jahre wurden umfangreiche Gewässerregulierungen zur Arbeitsbeschaffung vorgenommen und damit zahlreiche Störungsstandorte geschaffen. So schuf der Straßenbau quer durch die Appalachen lineare Ausbreitungswege, Imkeransaaten wurden zu punktuellen Ausbreitungsquellen, und brachgefallenes Grünland ermöglichte gute Etablierungsbedingungen.

Myrica faya (siehe Kap. 2.3) und *Acacia*-Arten stehen für Gehölze, die sich durch symbiotische Stickstofffixierung Konkurrenzvorteile auf nährstoffarmen Böden verschaffen. Im mediterranen **Fynbos-Biom** Südafrikas sind viele endemische Arten durch das Eindringen nichteinheimischer Gehölze bedroht, insbesondere von *Acacia*- und *Pinus*-Arten. Der Wasserabfluss verringert sich nach dem Eindringen der Bäume um 30 bis 70%. Dies führt dazu, dass die Wasserpreise in Kapstadt steigen werden (LE MAÎTRE et al. 1996). Aufforstungen von *Eucalyptus*-Arten können den Wasserhaushalt trockener Gebiete ebenfalls belasten. *Eucalyptus*-Arten breiten sich jedoch weniger rasch aus als *Acacia*- und *Pinus*-Arten (RICHARDSON 1996).

Die **Weidewirtschaft** hat weite Gebiete Nord- und Südamerikas, Australiens und Neuseelands völlig verändert. Zahlreiche eurasiatische Arten sind als weideresistente Futterpflanzen eingeführt worden – und mit ihnen einige Unkräuter. Ein Beispiel ist das in Mitteleuropa wenig auffällige *Bromus tectorum*: Es verdrängt in nordamerikanischen Steppen einheimische Arten, mindert die Futterqualität und erhöht das Brandrisiko. Auch im tropischen Mittel- und Südamerika gewinnen nichteinheimische Gräser an Bedeutung: Seit etwa 1840 werden in gerodeten Urwaldgebieten zunehmend paläotropische Gräser angesät (ILLUECA 1996, WILLIAMS & BARUCH 2000). In vielen wärmeren Trockengebieten erschweren Kakteen der Gattung *Opuntia* die Weidenutzung. Die Opuntien waren ursprünglich zur Zierde, als lebender Zaun und wegen ihrer Früchte angepflanzt worden. Bis zur Entdeckung der Anilinfarben Mitte des 19. Jahrhunderts wurden sie auch als Wirte von Cochenille-Läusen geschätzt. Aus ihnen wurde natürliches Karminrot gewonnen. In Australien bedeckten sie bis 1925 eine Fläche von 24 Millionen Hektar. Um ökonomische Einbußen der Schafzüchter zu vermindern, wurde der südamerikanische Schmetterling *Cactoblastis cactorum* zur biologischen Kontrolle eingeführt. Dies war ebenso erfolgreich wie die Bekämpfung des 1788 eingebürgerten Kaninchens (*Orytoladus cuniculus*), das sich bis zu 300 Kilometer pro Jahr ausgebreitet hatte (MYERS 1986). In direkter Konkurrenz zu Schafen nutzte es den geringen Aufwuchs der Trockengebiete. Nachdem Erreger der Krankheit Myxomatose (eine tödliche Viruserkrankung) zur biologischen Kontrolle der Kaninchen freigesetzt worden sind, gehen deren Bestände seit etwa 1950 zurück.

2.5 Außereuropäische Forstwirtschaft

Im 19. Jahrhundert wurden biologische Invasionen überwiegend durch landwirtschaftliche Praktiken, verwilderte Haustiere und Zierpflanzen ausgelöst. Im 20. Jahrhundert erreicht diese Entwicklung eine neue Dimension mit dem Massenanbau nichteinheimischer Gehölze außerhalb Europas, vor allem in subtropischen und tropischen Gebieten (ZOBEL et al. 1987). Gewaltige Urwaldflächen werden gerodet und bisher baumfreie Gebiete aufgeforstet. Die Aufforstungsflächen sollen weltweit mindestens 100 Millionen Hektar (1987) umfassen, 84% davon mit Koniferen. In den letzten 30 Jahren wurden allein in Chile, Australien und Neuseeland mehr als vier Millionen Hektar mit der kalifornischen *Pinus radiata* aufgeforstet (RICHARDSON 1996).

> **Aus folgenden Gründen werden nicht-einheimische Bäume einheimischen häufig vorgezogen (ZOBEL et al. 1987):**
> - Sie haben oft eine breitere Standortamplitude und wachsen gut auf degradierten Waldböden und Waldgrenzstandorten.
> - Häufig ist Schnellwüchsigkeit mit guten Holzeigenschaften gepaart, vor allem bei Koniferen.
> - Saatgut ist in großen Mengen verfügbar.
> - Die Biologie weltweit verbreiteter Arten sowie ihre Standortansprüche sind gut bekannt.
> - Es existieren vielfältige Erfahrungen zur Anzucht, Anpflanzung und Bestandspflege sowie zur Nutzung und Vermarktung, die vor allem international agierende Holzkonzerne nutzen können.

In den Subtropen und Tropen werden häufig gras- und strauchbeherrschte Vegetationsformationen aufgeforstet. Anpflanzung wie spontane Ausbreitung der neuen Lebensform „Baum" können Struktur und Funktionen betroffener Ökosysteme erheblich verändern. Schwerwiegende Folgen für Hydrologie, Bodeneigenschaften und Ökosystemdynamik sind für viele Fälle belegt (z. B. RICHARDSON et al. 1994). Auch tropische Regenwälder haben sich nicht als resistent gegen Invasionen erwiesen: In Tansania dringt die schon von der deutschen Kolonialverwaltung und verstärkt nach 1960 angepflanzte *Maesopsis eminii* auch in ungestörte Wälder ein (BINGGELI & HAMILTON 1993). Ermutigende Erfolge in Japan, Südostasien und Südamerika beweisen jedoch, dass eine nachhaltige Forstwirtschaft auch mit einheimischen Arten möglich ist (MIYAWAKI & FUJIWARA 1988, LOHMANN et al. 1997).

Zwischen dem Invasionserfolg der Forstgehölze und dem Umfang der Anpflanzungen besteht ein enger Zusammenhang. So gehen von den weltweit massenhaft gepflanzten Kiefern viele problematische Invasionen aus, vor allem in der südlichen Hemisphäre.

Weitere problematische Invasionspflanzen sind *Acacia*- und *Prosopis*-Arten sowie *Ailanthus altissima, Calotropis procera, Casuarina glauca, C. littoralis, Dichrostachys cinerea, Gleditsia triacanthos, Guazuma ulmifolia, Justicia adhatoda, Leucaena leucocephala, Melaleuca quinquenervia, Parkinsonia aculeata, Psidium guajava, Sesbania bispinosa* und *Ziziphus nummularia* (RICHARDSON 1996). BINGGELIS (1996) Datenbank enthält 653 invasive Gehölzarten. 184 hiervon gelten als „highly invasive". Davon wurden 134 Arten absichtlich durch die Forstwirtschaft verbreitet.

Seit jüngster Zeit werden Gehölzarten auch gentechnisch verändert, um ihre Wuchs- und Holzeigenschaften zu verbessern und die Verträglichkeit von Herbiziden zu steigern (MOFFAT 1996, Übersicht in ZOGLAUER et al. 2000).

2.6 Folgekosten biologischer Invasionen

Die meisten Einführungen, Vermehrungen oder Ausbringungen neuer Arten sind ökonomisch motiviert. Das gilt ebenso für konventionell oder gentechnisch veränderte Lebewesen. Oft werden hohe Erwartungen in die neuen Arten gesetzt. Mögliche Risiken werden dabei häufig unterschätzt und nicht systematisch analysiert. In den wenigsten Fällen werden die Verursacher ökologischer Auswirkungen und sozioökonomischer Beeinträchtigungen mit deren Behebung belastet: Die Folgekosten biologischer Invasionen werden in der Regel externalisiert (MCNEELY 1996a).

Eine ökonomische Bilanzierung ist schwierig, da die Berechnung von Nutzen und Schaden je nach Perspektive unterschiedlich ausfällt. In einer Studie des US-Kongresses (1993) wurde versucht, Ausmaß und Folgekosten biologischer Invasionen für die Vereinigten Staaten abzuschätzen. Demnach verursachen 675 (15 %) der über 4500 wild in den USA vorkommenden nichteinheimischen Tier- und Pflanzenarten schwere ökonomische Schäden. Nach einer vorsichtigen Schätzung haben 79 Arten zu Einbußen von 97 Milliarden US-Dollar im Zeitraum von 1906 bis 1991 geführt. Tab. 10 zeigt eine Aufschlüsselung nach Organismengruppen. Insekten stehen im 20. Jahrhundert an erster, Pflanzen an zweiter Stelle der als schädlich eingestuften Lebewesen. Da nur ein Ausschnitt der problematischen Arten bearbeitet wurde, ist diese Schätzung sehr vorsichtig. Für 15 Arten wurden in einem „Worst Case Scenario" zukünftige Einbußen von 134 Milliarden US-Dollar errechnet. Die Berechnungen von PIMENTEL et al. (2000) ergaben für die USA, Südafrika, Großbritannien, Brasilien und Indien jährliche Kosten von 336 Mrd. US-Dollar. Bilanziert wurden hierbei Krankheitskosten, Verluste bei der Produktion von Pflanzen und Tieren, der Verlust genetischer Grundlagen für die Züchtung sowie Erhaltungskosten für schutzwürdige Arten.

Die Dreikant- oder Zebramuschel (*Dreissena polymorpha*), die aus dem Gebiet des Schwarzen und Kaspischen Meeres stammt, verursacht Schäden, indem sie bis 10 Zentimeter dicke Überzüge an Rohrleitungen, Hafenanlagen u. a. bildet. Auf einem Quadratmeter können bis zu vier Millionen Individuen leben (GOLLASCH et al. 1999). In Nordamerika sind die Schäden besonders hoch. Allein zur Reinigung von Rohrleitungen werden in den USA jährlich Milliardenbeträge aufgewendet. Ein besonders spektakulärer Fall ist die Goldene Apfelschnecke (*Pomacea canaliculata*), die in den 80er-Jahren als Eiweißlieferant nach Südostasien kam. Die Schnecke frisst junge Reispflanzen und wurde über Bewässerungssysteme in

Tab. 10 Geschätzte ökonomische Einbußen durch biologische Invasionen in den USA (U.S. Congress 1993). (a) für 79 Arten im Zeitraum von 1906 bis 1991; (b) zukünftige Kosten durch 15 Arten (worst case scenario)

	(a) Analyse 1906–1991			(b) worst case scenario für 15 Arten	
	geschätzte Verluste [Mio. $]	analysierte Arten [n]	nicht analysierte Arten [n]	analysierte Arten	geschätzte Verluste 1991 [Mio. $]
Pflanzen (ohne landwirtschaftl. Unkräuter)	603	15	–	Blutweiderich Melaleuca Striga asiatica	4,6
terrestrische Wirbeltiere	225	6	>39	–	–
Insekten	92,7	43	>330	Afrikan. Honigbiene, Schwammspinner, Baumwollkapselkäfer, Mittelmeerfruchtfliege, Nonne, Fichtenborkenkäfer	73,7
Fische	467	3	>30	–	–
wirbellose aquatische Organismen	1207	3	>35	Zebramuschel	3,4
phytopathogene Organismen	867	5	>44	annosus root disease, Lärchenwurzelbrand, Sojabohnenrostpilz	26,9
sonstige	917	4	–	Maul- und Klauenseuche, Kiefernholznematoden	26,6
gesamt	4378,7	79	>478	15	135,1

Tab. 11 Kosten von Schadorganismen, die im Binnenmarkt der EU für Landwirtschaft und Gartenbau eine Rolle spielen; ausgedrückt im ökonomischen Nutzen von verschiedenen Wirkungen von Maßnahmen der Pflanzenbeschau zur Begrenzung der Einschleppung und Ausbreitung der Schadorganismen („moderate case"-Annahmen, Diskontierungsrate von 6%; Schadorganismen nach Anlage 4.2 der Pflanzenbeschauverordnung vom 25. 6. 1994; aus KEHLENBECK 1998b)

Schadorganismen	Nutzen verschiedener Wirkungen der Pflanzenbeschau (Millionen DM/Jahr)				
	Einschleppung			Ausbreitung	
	Verhinderung	Verzögerung um 10 Jahre	Verzögerung um 50 Jahre	Verzögerung um 10 Jahre	Eindämmung auf 30%
Liriomyza huidobrensis	18	8	17	6	12
TSWV	11–32	5–14	11–30	3–9	8–22
Ceratocystis fimbriata	12–61	5–27	12–58	*	9–43
Thrips palmi	10–27	4–12	9–25	3–8	7–19
summarisch für andere Schadorganismen an					
Zierpflanzen	11–21	6–12	10–20	5–9	10–19
Gemüse	8–23	4–10	8–21	2–7	6–16
Kartoffeln	29–66	9–19	28–63	*	14–31
Erdbeeren/Rubus/Ribes	7–13	2–4	5–13	*	3–6
Summe	106–261	43–106	100–247	19–39	69–168

* keine Berechnung, da langsame Ausbreitung unterstellt

viele Anbaugebiete verbreitet. Allein auf den Philippinen entstanden 1990 Kosten von 425 bis 1200 Millionen US-Dollar für Ernteverluste, Nachpflanzungen und Bekämpfungen (NAYLOR 1996).

Für Deutschland sind Folgekosten beispielhaft für 20 Neobiota ermittelt worden (Pilotstudie von REINHARDT et al. 2003). Sie betragen jährlich 167 Mio. Euro. Bilanziert wurden direkte ökonomische Schäden, etwa durch Vorratsschädlinge, Kosten im Gesundheitswesen sowie für Pflege- und Bekämpfungsmaßnahmen im Naturschutz, in der Forstwirtschaft sowie bei anderen Landnutzungen. Da wesentlich mehr problematische Arten vorkommen (allein bei Pflanzen >50 Arten, s. Kap. 10.2.1), sind die realen Schäden durch biologische Invasionen wesentlich höher. Tab. 60 zeigt Beispiele aus verschiedenen Organismengruppen, die erhebliche Einbußen in Land- und Forstwirtschaft sowie im Obst- und Gartenbau bewirkt haben (zu Insekten: ALBERT 1996, BOGENSCHÜTZ 1996, ZEBITZ 1996). Zu den Kosten zählen auch die Mittel für vorbeugende Maßnahmen. Für die Pflanzenquarantäne sind dies in Deutschland jährlich etwa 10,2 Millionen Euro, die jedoch gut angelegt sind. Die potentiellen ökonomischen Kosten sind erheblich höher, wie Berechnungen für Schadorganismen, die im Binnenmarkt der EU eine Rolle spielen, zeigen (Tab. 11, KEHLENBECK 1998a, b). Dass mögliche Einschleppungen aus Drittländern weitere erhebliche Risiken bedeuten, zeigt die Kalkulation für den Indischen Weizenbrand (*Tilletia indica*). Dieser Pilz würde in Deutschland jährliche Ernte- und Exportverluste von 68,5 bis 227 Millionen Euro erbringen (KEHLENBECK et al. 1997).

Eine Hochrechnung von Ernteausfällen durch nichteinheimische Unkräuter auf den Kulturflächen ist schwierig. Denn es ist unklar, in welchem Ausmaß einheimische Arten den Platz nichteinheimischer einnehmen würden. Weiter sind schwer quantifizierbare positive Leistungen gegenzurechnen, die nichteinheimische erbringen – beispielsweise für die Bodenfruchtbarkeit oder als Nahrung und Lebensraum von „Nützlingen". Grundlegende Überlegungen zur „Ökonomie biologischer Invasionen" sowie einige außereuropäische Fallstudien fassen PERRINGS et al. (2000) zusammen.

2.7 Krankheitserreger

Von allen Invasionsorganismen haben pathogene Mikroorganismen weltweit verheerende Folgen für die Gesundheit von Menschen, Tieren und Pflanzen ausgelöst. Häufig gibt es ein Zusammenspiel zwischen Krankheitserregern und nichteinheimischen Tieren, die als Überträger fungieren: Klassisches Beispiel sind die weltweit mit Schiffen verbreiteten Ratten, mit denen Erreger der Pest und anderer Krankheiten übertragen werden. Noch 1899, als die Ratten die Westküste Nordamerikas erreicht hatten, kam es zu einem großen Pestausbruch. Dabei sprang der Erreger (*Yersinia pestis*) von Wanderratten auf einheimische Nagetiere über und sorgte damit für eine weite Ausbreitung der Krankheit (BRYAN 1996).

> **Beispiele jüngerer Invasionen von Krankheitsüberträgern beziehungsweise Erregern (BRYAN 1996):**
> - Der Malariaüberträger *Anopheles gambiae*, der 1930 mit einem Schiff von Westafrika nach Brasilien gelangte und eine Epidemie auslöste.
> - Der aus Asien stammende Tiger-Mosquito (*Aedes albopictus*) wurde mit Reifenabfällen aus Japan eingeschleppt. 1985 wurde er erstmals in Texas beobachtet und ist nun in weiten Teilen Amerikas, in Nigeria und Neuseeland verbreitet und auch aus Italien bekannt. Die Art überträgt Erreger einer Enzephalitisform sowie des Dengue- und Gelbfiebers.
> - Die Choleraerreger, die 1991 zum Ausbruch der Seuche in Peru führten, sollen mit Ballastwasser von Seeschiffen eingeführt worden sein.

1842 wurde der Erreger der Knollenfäule der Kartoffel, der Pilz *Phytophthora infestans*, aus Amerika nach Europa eingeschleppt. Die Ertragsverluste führten zu so großen Hungersnöten, dass in Irland die Bevölkerung um die Hälfte abnahm. Etwa 1,5 Millionen Menschen starben, ebenso viele wanderten in die Neue Welt ab (HAMPSON 1992), aus der – so die Ironie der Geschichte – sowohl die Kartoffel als auch ihr parasitärer Pilz stammen. Zwei Pilzarten bewirken als Neomyceten seit Beginn dieses Jahrhunderts auch katastrophale Einbußen bei europäischen und amerikanischen Kastanien und Ulmen (Kap. 8).

In Norwegen sind aus aquatischen Fischfarmen Lachse entwichen, die Pathogene und Parasiten übertragen. Gegen sie sind in lokalen Populationen keine Abwehrmechanismen ausgebildet. Als Folge geht die Zahl der einheimischen Lachse zurück. Zudem hybridisieren sie mit Zuchtlachsen (HINDAR et al. 1991). Ein weiteres Beispiel eines eingeführten Krankheitserregers ist der Aalparasit *Anguillicola crassa*, der mit Jungaalen aus Asien eingeschleppt worden ist. Er erhöht die Sterblichkeit seiner Wirte und ist in seiner Ausbreitung wahrscheinlich kaum kontrollierbar (WILLIAMS & SINDERMANN 1991). Zu eingebrachten Krankheitserregern und Parasiten, die in Gartenbau, Land- und Forstwirtschaft eine große Rolle spielen, siehe Kap. 2.6 und Tab. 60.

2.8 Gentechnisch veränderte Organismen

Bis zum Jahr 2000 sind nach Angaben der OECD (Organisation für wirtschaftliche Zusammenarbeit und Entwicklung) etwa 10300 Freisetzungsversuche in ihren Mitgliedsstaaten bekannt geworden. Mais (38%), Raps (13%), Kartoffel (12%), Sojabohne (9%) und Tomate (8%) sind dabei am häufigsten ausgebracht worden. Die meisten Freisetzungen (71%) erfolgten in den Vereinigten Staaten. Weltweit wurden 1999 auf 39,9 Millionen Hektar gentechnisch veränderte Pflanzen angebaut, davon 28,7 in den USA, 6,7 in Argentinien und 4,0 in Kanada (SCHÜTTE et al. 2001). Bis Oktober 2000 sind in der EU 1603 Anträge auf Freisetzungen gestellt worden. Deutschland steht dabei mit 110 Anträgen an 7. Stelle hinter Frankreich (472), Italien (266), Großbritannien (195), Spanien (181), den Niederlanden (114) und Belgien (111). Am meisten wird in Europa mit

Mais, Raps und Zuckerrübe und anderen krautigen Pflanzen gearbeitet; eine Ausweitung auf Gehölze erfolgt in jüngster Zeit (TAPPESER et al. 2000, ZOGLAUER et al. 2000).

> **Freisetzungsanträge in der EU:**
> Mais: 408, Raps: 310, Zuckerrübe: 255, Kartoffel: 177, Tomate: 74, Tabak: 53, Bakterien: 44, Chicorée: 38, Baumwolle: 27, Weizen: 18, Virus: 17, Sojabohne: 14, Pappel: 13, Sonnenblume: 12, Ringelblume: 11, Melone: 10, Nelke: 8; Aubergine, Erdbeere, Reis, Mais & Raps: 7, Futterrübe, Kopfsalat: 6, Kürbis, Wein: 5, Eukalyptus, Petunie, Futterrübe & Zuckerrübe: 4, Mais & Raps & Zuckerrübe: 4; Apfel, Blumenkohl, Gerste, Kiwi, Kirsche, Limonium otolepsis, Waldbäume: 3, Hefe, Kohl, Luzerne, Olive, Steckrübe: 2, Chrysantheme, Erbse, Hederich, Himbeere, Kaffee, Karotte, Kartoffel, Tabak, Orange, Pelargonie, Pflaume, Rohr-Schwingel, Rübsen, Usambara-Veilchen, Wassermelone, Zucchini, Blumenkohl & Broccoli, Blumenkohl & Broccoli & Kohl & Rübsen: 1 (Quelle: Robert-Koch Institut, Stand 20.10.2000).

Die Freisetzung von gentechnisch veränderten Organismen (GVO) ist in Deutschland seit 1990 durch das Gentechnikgesetz (GenTG) geregelt. Über die Genehmigung entscheidet das Robert Koch-Institut unter Berücksichtigung einer fachlichen Empfehlung der Zentralen Kommission für die biologische Sicherheit (ZKBS). Dabei wird für den Einzelfall („case-by-case") eine Risikoabschätzung vorgenommen, bei der die Wahrscheinlichkeit des Schadenseintritts sowie Art und Ausmaß der möglichen Folgen bewertet werden. Schrittweise („step-by-step") werden dann im Zuge verschiedener Versuche die Sicherheitsauflagen verringert, bevor die GVO auf den Mark gelangen (NÖH 1996, FISAHN & WINTER 1999, SCHÜTTE et al. 2001). Bis Mai 2000 sind in Deutschland 123 Anträge auf Freisetzungen an insgesamt 593 Orten gestellt worden (Tab. 12). Im Laufe der nächsten zehn Jahre wird sich diese Zahl auf mehr als 1000 Orte erhöhen (SRU 2000).

Um die GVO vermarkten zu können, muss ihr „Inverkehrbringen" nach der EU-Richtlinie 90/220/EWG genehmigt werden. Seit 1993 sind in der EU 18 Anträge positiv, aber teilweise mit Anbaubeschränkungen beschieden worden (Stand: 2000). Darunter betreffen neun Herbizidtoleranz (Mais, Raps, Tabak, Radicchio, Sojabohne), drei Impfstoffe und zwei eine Schädlingsresistenz (Mais). In Deutschland befinden sich insektenresistenter Mais und herbizidresistente Sojabohnen auf dem Markt.

GVO sind grundsätzlich gebietsfremd. Dies gilt auch für veränderte einheimische Arten, die sich durch das neue genetische Material zwangsläufig von den gebietstypischen Sippen unterscheiden. GVO sind damit potentielle Invasionsorganismen. Wie bei anderen Kulturpflanzen besteht auch bei ihnen das Risiko einer Vermehrung und Ausbreitung auf Anbauflächen oder außerhalb davon. Zusätzliche **gesundheitliche und ökologische Risiken** resultieren aus der Art der gentechnischen Veränderung (nach SCHÜTTE et al. 2001):

- **Gesundheitliche Risiken:** Bildung toxischer oder allergener Substanzen, die über die Nahrungskette andere Organismen und auch Menschen erreichen können. Sie können beispielsweise Allergien und andere Nebenwirkungen auslösen. Befürchtet wird auch die Übertragung von Antibiotikaresistenzgenen durch Mikroorganismen.
- **Erhöhtes Invasionspotential:** Die Konkurrenzstärke transgener Pflanzen kann gegenüber Wildsippen der gleichen Art oder anderen Pflanzen durch übertragene Eigenschaften zunehmen (z. B. Resistenzen gegenüber Pathogenen oder abiotischem Stress durch Herbizide, Temperaturextrema, hohe Salzkonzentrationen).
- **Gentransfer zu nichttransgenen Pflanzen:** Fremde Gene können über eine Auskreuzung Populationen genetisch kompatibler Arten erreichen und die Genotypen von Wildsippen der gleichen Art oder von anderen, genetisch kompatiblen Arten verändern. Dies kann zum Verlust an genetischer Diversität führen.

Tab. 12 Übersicht über Anträge zur Freisetzung gentechnisch veränderter Organismen (GVO) in Deutschland (Stand: 18. 5. 2000; aus SCHÜTTE et al. 2001 nach Angaben des Robert Koch-Instituts)

Anträge	Organismus	Gentechnische Veränderung (Anzahl der Anträge)	Orte	Nachmeldungen
36	Raps	Herbizidresistenz (26) Fettsäuremuster (8) Pilzresistenz (1) Herbizidresistenz und männlich steril (1)	41	142
36	Kartoffel	Kohlenhydratstoffwechsel (26) Virusresistenz (4) Bakterienresistenz (3) Entwicklungsveränderung (3) Pilzresistenz (1) Stoffwechselveränderung, Stressresistenz und Zellwandzusammensetzung (1)	42	5
22	Zuckerrübe	Herbizidresistenz (14) [und Pilzresistenz (1)] Virusresistenz (1)	40	219
19	Mais	Herbizidresistenz (19)	20	41
3	Petunien	Blütenfarbe (3)	3	3
2	Pappel	Markierung (2)	2	
2	Bakterien	Markierung (2)	2	
1	Wein	Pilzresistenz (1)	1	
1	Erbsen	Enzymproduktion (1)	1	
1	Tabak	Enzymproduktion (1)		

- **Herbizidresistenz:** Durch die Ausbildung von Herbizidresistenzen bei Nutzpflanzen wird sich das Spektrum der bislang eingesetzten Herbizide auf wenige Komplementärherbizide einengen (z. B. Glyphosat). Dies kann die Vielfalt der Ackervegetation einschränken und die Ausbildung von Herbizidresistenzen bei Unkräutern begünstigen.
- **Insektenresistenz:** Bei der Übertragung insektizider *Bacillus thuringiensis*-Toxine (B. t.)-Toxine auf Nutzpflanzen wird eine Weitergabe dieses Merkmals auf andere Pflanzen befürchtet. Wirkungen auf andere als die Zielorganismen sind jedoch unsicher. Außerdem könnten Resistenzbildungen den konventionellen Einsatz von *B. t.*-Sprays im ökologischen Landbau ausschließen.
- **Krankheitsresistenz gegen Pilze und Bakterien:** Beim Anbau pathogenresistenter Nutzpflanzen werden negative Auswirkungen auf nützliche Pilze und Bakterien befürchtet. Durch neue Virulenzen könnten wertvolle Resistenzgene unbrauchbar werden und Schäden an Wildpflanzen entstehen.
- **Neue Produkteigenschaften:** Bei Pflanzen mit veränderten stofflichen Eigenschaften können verstärkt hierdurch begünstigte Schaderreger und Krankheiten auftreten. Die neuen Stoffe könnten zudem in die Nahrungskette eingehen oder ins Grundwasser ausgetragen werden, was bei Pharmaka besonders problematisch ist.

Die mit GVO verbundenen Risiken werden diametral entgegengesetzt bewertet. Das Spektrum reicht von der Forderung nach einem völligen Verzicht auf Freisetzungen bis hin zu der Einschätzung, dass sich Deutschland dem internationalen Trend aus ökonomischen und forschungspolitischen Gründen nicht entziehen könne. Eine von vielen geteilte Forderung ist die nach einer Kennzeichnungspflicht von Produkten, die Bestandteile gentechnisch veränderter Organismen enthalten. Ziel dabei ist es, den Verbrauchern eine Wahl zu ermöglichen. Das Erkennen und Bewerten von Risiken ist grundsätzlich nur eingeschränkt möglich, vor allem aber mit den heute zur Verfügung stehenden Instrumentarien.

Vorhersagen von Schäden setzen zudem die Kenntnis langfristiger Auswirkungen von GVO auf verschiedenen Ökosystemebenen im Zusammenspiel mit dem Menschen voraus. Wie sich GVO in der Umwelt verhalten und welche gesundheitlichen Folgen sie für Menschen haben, ist angesichts ihrer Neuartigkeit unbekannt und kann empirisch nur ausschnitthaft durch Versuche belegt werden. Langzeitversuche, die mehrere trophische Ebenen berücksichtigen, sind notwendig, aber derzeit nicht vorgeschrieben. Unerwünschte Spätfolgen, die angesichts bekannter Time-lag-Effekte zu erwarten sind (siehe Kap. 5.2.1), können nur durch ein langfristig angelegtes Monitoring nach einer Freisetzung oder dem Inverkehrbringen erkannt werden. Auch dies unterbleibt bislang.

Aussagen zur Sicherheit von GVO, die experimentell erarbeitet worden sind oder sich auf das bekannte Verhalten der Wildsippe im Freiland beziehen, gelten nur für die Umweltkonstellationen, unter denen sie gewonnen worden sind. Dies ist banal, kann jedoch angesichts der natürlichen Umweltdynamik, besonders aber wegen der globalen Veränderungen zu erheblichen Abweichungen im Verhalten der Arten und zu vielfältigen synergistischen Langzeiteffekten führen.

Ansätze zur Weiterentwicklung der Sicherheitsforschung haben SCHÜTTE et al. (2001) zusammengefasst (ausführlich zu Monitoring-Konzepten: TRAXLER et al. 2000). Der Sachverständigenrat für Umweltfragen fordert, aufbauend auf die Analyse von 1998 (SRU 1998, 2000):
- eine systematische Sammlung und Auswertung der Ergebnisse der Begleitforschung,
- die Einrichtung einer ökologischen Dauerbeobachtung ausgewählter GVO und deren Auswirkungen auf die Umwelt,
- die Schaffung einer zentralen Koordinationsstelle für ein Umweltmonitoring von GVO,
- die Einrichtung eines Genregisters,
- die Verbesserung und Anwendung von Verfahren zur Prüfung der allergenen Wirkung von transgenen Lebensmittelkomponenten.

2.8.1 Das „Exotic Species Model"

Anders als bei gentechnisch veränderten Arten reichen die Erfahrungen mit eingeführten nichteinheimischen Arten über Jahrzehnte und Jahrhunderte zurück. Sie lassen sich im Rahmen des „Exotic Species Model" für Sicherheitsüberlegungen nutzen. Zwischen der Einführung nichteinheimischer Pflanzenarten und der Ausbringung gentechnisch oder auch konventionell erzeugter Kulturpflanzen besteht eine ökologische Entsprechung: In beiden Fällen werden Ökosysteme mit Organismen konfrontiert, deren Genom von dem der bereits im Gebiet vorhandenen Sippen abweicht. Die Einführung nichteinheimischer Arten kann daher als Modell für die Freisetzung von GVO dienen (SHARPLES 1982, REGAL 1986).

Informationen über eingeführte Arten können Jahrhunderte zurückreichen. Das „Exotic Species Model" erschließt damit die historische Dimension von Ausbreitungsprozessen. Dies ist für Risikoanalysen besonders vorteilhaft, da Befunde aus Freisetzungsexperimenten zwangsläufig nur kurze Zeiträume abdecken. Weltweit sind die meisten Freisetzungen erst nach 1990 erfolgt.

1985 wurde das Modell von SUKOPP in die Beratungen der Enquetekommission „Chancen und Risiken der Gentechnologie" eingebracht (Deutscher Bundestag 1987), und das vorliegende Material wurde vor diesem Hintergrund ausgewertet (KOWARIK & SUKOPP 1986, SUKOPP & SUKOPP 1993a, b, 1994). Die Vorteile des „Exotic Species Models" bestehen:
- im Umfang der Stichprobe, die mehrere Tausend nach Mitteleuropa eingeführte Arten umfasst,

in der lange andauernden Beobachtung dieser Arten (Jahrzehnte bis Jahrhunderte), und zwar
- unter sehr unterschiedlichen, teilweise auch im Laufe der Zeit wechselnden Umweltbedingungen. Dagegen kann in Freisetzungsexperimenten nur ein äußerst geringer Ausschnitt der Umweltvariabilität unter weitgehend konstanten Bedingungen berücksichtigt werden.

Die Relevanz des Modells ist lange erkannt (REGAL 1986). Es wird jedoch gelegentlich mit dem Argument relativiert, mit fremden Arten werde ein komplett neues Genom eingeführt, dessen Wirkung nicht mit derjenigen zu vergleichen sei, die sich aus der Veränderung nur eines oder weniger Gene ergebe. Dieses Argument setzt allerdings eine Korrelation zwischen der Anzahl der veränderten Erbinformationen und ihrer Wirkung für das Verhalten des Phänotyps im Freiland voraus. Ein solcher Schluss von Quantitäten auf Qualitäten ist jedoch nicht möglich. Bereits ein verändertes Gen kann ökologisch signifikante Abweichungen bewirken, beispielsweise bei der Virulenz oder Resistenz von Organismen. Für die Gültigkeit des „Exotic Species Models" ist also die Wirkung der genetischen Unterschiede, nicht ihre Quantität oder Ursache ausschlaggebend.

Bei der Anwendung des Modells müssen die Reichweite seiner Aussagen und die Fragen nach den Bewertungsmaßstäben beachtet werden. Innerhalb des SCOPE-Projektes zur „Ecology of Biological Invasions" (siehe Kap. 2.2) ist es nicht gelungen, sichere Prognosen zum Invasionspotential oder -risiko einer Art auf Basis artspezifischer Merkmale zu entwickeln. Allenfalls besteht für spezielle Artengruppen in bestimmten Ökosystemtypen eine erhöhte Erfolgswahrscheinlichkeit. Da sich der Erfolg oder Misserfolg einer neuen Art erst nach Jahrzehnten bis Jahrhunderten herausstellen kann (siehe Kap. 5.2.1), ist dieser ebenso wenig mit Sicherheit vorherzusagen wie auszuschließen.

Aus den Erfahrungen mit der Ausbreitung nichteinheimischer Arten und deren Folgen können dennoch wertvolle Schlussfolgerungen für die Sicherheitsdiskussion im Zusammenhang mit GVO gezogen werden:

- Die Erfahrungen mit nichteinheimischen Arten belegen anschaulich die Grenzen, das Verhalten von Lebewesen über längere Zeiträume vorherzusagen.
- Sie zeigen weiter, in welcher Größenordnung mit der Ausbreitung und erfolgreichen Etablierung neuer Arten zu rechnen ist (siehe Kap. 10.2.1.1).
- Sie veranschaulichen das qualitative Spektrum ökosystemarer und sozioökonomischer Folgen, die mit der Ausbreitung weniger Arten ausgelöst werden können.

Ob die Folgen ausgebrachter Pflanzen oder Tiere in Kauf genommen oder ausgeschlossen werden sollen, entzieht sich grundsätzlich einer naturwissenschaftlichen Analyse. Entscheidend sind die im gesellschaftlichen Diskurs gebildeten Wertmaßstäbe. Dies gilt für GVO ebenso wie für andere Teilgruppen der Neobiota.

2.9 Rechtliche Regelungen

Der Umgang mit nichteinheimischen Organismen wird im internationalen (Überblick: SHINE et al. 2000) wie nationalen Recht behandelt (siehe Kap. 2.9.2). Tab. 13 führt wichtige internationale, auch für Deutschland bindende Regelungen auf. Den Stand der internationalen Regulierung gentechnisch veränderter Organismen fasst GOLZ (1999) zusammen. Darüber hinaus bestehen zahlreiche nichtbindende Empfehlungen zur Begrenzung biologischer Invasionen, beispielsweise der IMO (International Maritime Organisation) von 1997 mit Richtlinien zur Regulierung der Ausbreitung von Organismen mit Ballastwasser. In vielen Ländern, beispielsweise Australien und Neuseeland, gelten strenge nationale Regelungen mit dem Ziel, Einführung und Vorkommen nichteinheimischer Organismen zu kontrollieren. In Deutschland ist die Regelungsdichte deutlich geringer. Defizite bei der Umsetzung des internationalen in nationales deutsches Recht beschreiben FISAHN & WINTER (1999) sowie DOYLE (2002). Ansätze zur Fortentwicklung und Umsetzung rechtlicher Regelungen fassen SHINE et al. (2000) zusammen.

Tab. 13 Für Deutschland bindende internationale Regelungen mit Aussagen zur Begrenzung biologischer Invasionen (DOYLE 2002, SHINE et al. 2000). Angegeben ist das Jahr der Verabschiedung der Vereinbarungen

Jahr	Rechtliche Regelung	Bezug zu biologischen Invasionen
1973	Übereinkommen über den internationalen Handel mit gefährdeten Arten frei lebender Tiere und Pflanzen (CITES)	Ausfuhr und Handel bestimmter Arten können begrenzt werden, sofern sie im Exportland gefährdet sind und im Importland zur Gefährdung der Tier- und Pflanzenwelt beitragen.
1979	Vogelschutzrichtlinie (Art. 11 der Richtlinie 79/409/EWG)	Gem. Art. 11 sind die Mitgliedstaaten verpflichtet, dafür zu sorgen, dass sich die Ansiedlung wild lebender Vogelarten, die im europäischen Hoheitsgebiet nichtheimisch sind, nicht nachteilig auf die örtliche Tier- und Pflanzenwelt auswirkt.
1979	Übereinkommen über die Erhaltung der europäischen wild lebenden Pflanzen und Tiere und ihrer natürlichen Lebensräume (Berner Konvention; Art. 11 Abs. 2)	Art. 11 Abs. 2 a verpflichtet jede Vertragspartei, „die Wiederansiedelung einheimischer wildlebender Pflanzen- und Tierarten zu fördern, wenn dadurch ein Beitrag zur Erhaltung der gefährdeten Art geleistet würde, vorausgesetzt, dass zunächst auf der Grundlage der Erfahrung anderer Vertragsstaaten untersucht wird, ob eine solche Wiederansiedelung erfolgreich und vertretbar wäre", Abs. 2 b „die Ansiedlung nicht heimischer Arten streng zu überwachen und zu begrenzen.". Recommendation Nr. 77 (1999) empfiehlt die Ausrottung bestimmter Arten.
1979	Übereinkommen zum Erhalt der wandernden wild lebenden Tierarten (Bonner Konvention; Art. III Abs. 4c)	Gem. Art. III Abs. 4 c müssen sich die Mitgliedstaaten bemühen, Einflüssen vorzubeugen, die für die Arten des Anhangs I gefährlich sein können, einschließlich „einer strengen Überwachung und Begrenzung der Einbürgerung nichtheimischer Arten oder der Überwachung, Begrenzung oder Ausmerzung, sofern sie bereits eingebürgert sind."
1982	III. Seerechtskonvention (Art. 196 Abs. 1)	Gem. Art. 196 Abs. 1 müssen die Mitgliedstaaten alle notwendigen Maßnahmen zur Verhütung, Verringerung und Überwachung (...) der absichtlichen oder zufälligen Zuführung fremder oder neuer Arten in einem bestimmten Teil der Meeresumwelt, die dort beträchtliche und schädliche Veränderungen hervorrufen können, ergreifen.
1991	Gesetz zum Umweltschutzprotokoll zum Antarktis-Vertrag (Anlage II Art. 4 (1))	Art. 4 regelt das Einbringen von nichtheimischen Arten, Schädlingen und Krankheiten. Tier- oder Pflanzenarten, die im Gebiet des Antarktis-Vertrags nicht heimisch sind, dürfen ohne Genehmigung weder auf das Land, die Eisbänke noch ins Wasser eingebracht werden.
1992	Flora-, Fauna-, Habitat-Richtlinie (Art. 22 der Richtlinie 92/43/EWG)	Art. 22 regelt die Wiederansiedelung ehemals heimischer Arten und die Ausbringung nichtheimischer Arten. Die Mitgliedstaaten sollen in Ausführung der Richtlinie die Zweckdienlichkeit der Wiederansiedelung ehemals heimischer Arten des Anhanges IV prüfen. Diese soll erfolgen, wenn sie der Erhaltung der Art förderlich ist.

Rechtliche Regelungen

Tab. 13 Fortsetzung

Jahr	Rechtliche Regelung	Bezug zu biologischen Invasionen
1992	Übereinkommen über die biologische Vielfalt (Biodiversitätskonvention; Art. 8 h)	Jede Vertragspartei geht die Verpflichtung ein, „... soweit möglich und sofern angebracht, die Einbringung gebietsfremder Arten, welche Ökosysteme, Lebensräume oder Arten gefährden, zu verhindern, und diese Arten zu kontrollieren oder zu beseitigen".
1994	Protokoll der Konvention zum Schutz der Alpen (Art. 17)	Gem. Art. 17 ist das Ausbringen gebietsfremder Tier- oder Pflanzenarten in den Alpen grundsätzlich verboten. Ausnahmen dürfen nur zugelassen werden, wenn die Ansiedelung für bestimmte Nutzungen erforderlich ist und keine nachteiligen Auswirkungen für Natur und Landschaft entstehen.
1995	Abkommen zur Erhaltung der afrikanisch-eurasischen Wasservögel (Art. 3 Abs. 2g)	Nach Art. 3 sollten die Vertragsparteien die Ausbringung nichteinheimischer Wasservögel, die zur Gefährdung wildlebender Tier- oder Pflanzenarten beitragen, verbieten und unbeabsichtigte Freisetzungen verhindern. Sofern solche Arten bereits eingeführt worden sind, soll verhindert werden, dass sie einheimische Arten bedrohen. Gem. Anhang 3 (2.5) soll die Einführung von Pflanzen und Tieren, die in Tab. 1 aufgeführte Wasservögel bedrohen können, verboten werden.
1997	Artenschutz-Verordnung (Art. 4 Abs. 6d der Verordnung (EG) Nr. 338/97)	Gem. Art. 4 Abs. 6 d kann die Kommission die Einfuhr für „lebende Exemplare von Arten, deren Einbringung in den natürlichen Lebensraum der Gemeinschaft erwiesenermaßen eine ökologische Gefahr für die einheimischen wildlebenden Tier- und Pflanzenarten darstellt", generell oder in Bezug auf bestimmte Ursprungsländer einschränken.
1998	Verordnung zur Erhaltung der Fischereiressourcen (Art. 10 Abs. 4 der Verordnung (EG) Nr. 88/98)	Gem. Art. 10 Abs. 4 ist die Aussetzung nichteinheimischer Arten in der Ostsee, den Belten und dem Öresund verboten, sofern sie nicht nach dem Verfahren des Artikels 13 erlaubt worden sind.

2.9.1 Übereinkommen über die Biologische Vielfalt

Angesichts massiver Probleme mit biologischen Invasionen haben sich die Unterzeichnerstaaten im Übereinkommen über die Biologische Vielfalt von 1992 in Artikel 8h verpflichtet, „soweit wie möglich und sofern angebracht, ... die Einbringung nichtheimischer Arten, welche Ökosysteme, Lebensräume oder Arten gefährden, [zu] verhindern, diese Arten [zu] kontrollieren oder [zu] beseitigen." 149 Staaten haben die am 29.12.1993 in Kraft getretene Übereinkunft bis Mitte 1996 ratifiziert und sich damit verpflichtet, biologischen Invasionen entgegenzutreten – wenn dies möglich und angemessen ist. Diese inzwischen auch von der Bundesrepublik Deutschland genehmigte Vereinbarung verpflichtet mit den Bestimmungen aus Artikel 8h in doppelter Sicht zum Handeln:

- zur vorausschauenden Vermeidung der Ersteinführung und weiteren Ausbringung problematischer Arten und
- zum Problemmanagement bei bereits im Gebiet vorkommenden Arten, die kontrolliert oder beseitigt werden sollen, sofern sie die genannten Schutzgüter gefährden.

Beide Arten von Maßnahmen setzen Bewertungen und damit Einzelfallentscheidungen voraus. Zu beurteilen ist dabei, ob die betreffenden Arten Ökosysteme, Lebensräume oder anderer Arten gefährden und ob die Maßnahmen auch zweckmäßig sind („möglich und angebracht").

Wie die mit der Vereinbarung übernommenen Verpflichtungen im Verwaltungshandeln ausgefüllt und umgesetzt werden, ist eine Herausforderung an die Zukunft. Dabei ist zu beachten, dass Artikel 8h keine pauschale Abwehr oder Bekämpfung nichteinheimischer Arten, sondern art- und situationsbezogene Bewertungen erfordert. Wichtige Fragen sind hier: Welche Risiken sind in welchen Situationen mit welchen Arten verbunden? Welche Ökosystemveränderungen sind unerwünscht, sodass Gegenmaßnahmen angebracht sind? Ist bei vor- und nachsorgenden Maßnahmen das Verhältnis zwischen Aufwand und Nutzen gerechtfertigt? Wie können die verantwortlichen Verwaltungen in den Stand versetzt werden, die Verpflichtungen aus dem Übereinkommen effizient zu erfüllen? Diese Fragen sind bisher weitgehend unbeantwortet.

2.9.2 Nationales Recht in Deutschland

Fragen des Artenschutzes und der Ausbringung von Tieren und Pflanzen regelt in Deutschland das **Bundesnaturschutzgesetz** (BNatSchG). Tab. 14 enthält eine Übersicht und Interpretation der Bestimmungen (vgl. auch FISAHN & WINTER 1999, DOYLE 2002). Weitere Regelungen zu nichteinheimischen Arten enthalten das Fischereirecht (Ausbringung von Fischen), das Jagdgesetz (Ausbringung jagdbarer Tiere), das Forstsaatgutgesetz (forstlicher Anbau von Bäumen), die Pflanzenbeschauverordnung (Kontrolle bei Einführungen, Quarantäneregelungen) und das Gentechnikgesetz (Freisetzung und Inverkehrbringen von GVO).

Zusammenfassend kann der durch die Biodiversitätskonvention und das Bundesnaturschutzgesetz bestimmte rechtliche Rahmen wie folgt interpretiert werden: Das nationale wie internationale Recht vermittelt **keinen pauschalen Auftrag** für oder gegen die Ausbringung, Verwendung oder Bekämpfung nichteinheimischer Tiere und Pflanzen. Maßnahmen, welche die Einführung neuer oder die Ausbreitung bereits vorhandener Neobiota begrenzen, sind an Voraussetzungen gebunden. Dazu gehört das Auftreten bestimmter Risiken im Zusammenhang mit den jeweiligen Arten. Hierzu sind Einzelfallbewertungen notwendig. Dies gilt für die Erfüllung von Artikel 8h des Übereinkommens zur Biologischen Vielfalt (siehe Kap. 2.9.1) ebenso wie für die Beurteilung der „Verfälschung" oder Gefährdung der Tier- und Pflanzenwelt nach § 41 (2) BNatSchG. Was einen Schaden bedeutet, ist jedoch nicht allgemein für die Gesamtheit der nichteinheimischen Arten, sondern nur art- und ökosystemspezifisch festzustellen.

Die für Mitteleuropa charakteristische hohe Floren- und Faunendynamik, die seit dem Neolithikum auch durch Neobiota beeinflusst wird, wird mit der weiten Definition des Begriffes „**heimisch**" inhaltlich angemessen gewürdigt. Wie bereits erwähnt (siehe Kap. 1.2) sollte der Begriff allerdings durch die klarere Bezeichnung „wild lebende etablierte Arten ersetzt werden. Dass auch etablierte nichteinheimische Arten dem allgemeinen Artenschutz unterliegen und bei Gefährdung in die „Rote Listen" eingehen, bedeutet keinen Gegensatz zur Biodiversitätskonvention. Die dort enthaltene Verpflichtung zur Begrenzung biologischer Invasionen ist nicht pauschal auf die Gesamtheit der Neobiota, sondern spezifisch auf Arten bezogen, die Ökosysteme, Lebensräume oder andere Arten gefährden. Hierzu sind Bewertungen notwendig, und die sind in § **41 (2) BNatSchG** mit der Genehmigungspflicht bei der Ausbringung gebietsfremder Arten angelegt. In der Praxis greift diese Regelung jedoch nicht. Es gibt kaum Genehmigungsanträge, und Verstöße gegen die Genehmigungspflicht bleiben in der Regel ungeahndet, obwohl die Folgen beträchtlich sein können und auch bekannt sind (DOYLE et al. 1998, FISAHN 1999). Hier bestehen offensichtlich Vollzugsdefizite beim Ausfüllen des bestehenden rechtlichen Rahmens. Ein Leitfaden zur Anwendung von § 41 (2) BNatSchG ist in Arbeit (KOWARIK et al. 2002).

Bislang sind die internationalen recht-

lichen Verpflichtungen noch nicht vollständig in nationales Recht umgesetzt worden. Hieraus resultieren folgende Aufgaben für die Weiterentwicklung der Naturschutzgesetzgebung (vgl. FISAHN & WINTER 1999, DOYLE 2002; zum Pflanzenschutzrecht SCHRADER & UNGER 2002):
- Formulierung rechtlicher Regelungen zur Kontrolle oder Beseitigung (gem. Art. 8 der Biodiversitätskonvention) sowie zum Monitoring (gem. Art. 7 der Biodiversitätskonvention) gebietsfremder Arten;
- Überprüfen der pauschalen Freistellung von Land- und Forstwirtschaft, da von Anbaupflanzen erwiesenermaßen er-

Tab. 14 Regelungen zum Schutz einheimischer und nichteinheimischer Arten und zur Ausbringung gebietsfremder Arten im Bundesnaturschutzgesetz

Bundesnaturschutzgesetz	Interpretation
Ziele von Naturschutz und Landschaftspflege	
§ 1 "Natur und Landschaft sind auf Grund ihres eigenen Wertes und als Lebensgrundlagen des Menschen auch in Verantwortung für die künftigen Generationen im besiedelten und unbesiedelten Bereich so zu schützen, zu pflegen, zu entwickeln und, soweit erforderlich, wiederherzustellen, dass 1. die Leistungs- und Funktionsfähigkeit des Naturhaushaltes, 2. die Regenerationsfähigkeit und nachhaltige Nutzungsfähigkeit der Naturgüter, 3. die Tier- und Pflanzenwelt einschließlich ihrer Lebensstätten und Lebensräume sowie 4. die Vielfalt, Eigenart und Schönheit sowie der Erholungswert von Natur und Landschaft als Lebensgrundlagen des Menschen und als Voraussetzung für seine Erholung in Natur und Landschaft auf Dauer gesichert sind."	Diese Zielsetzung ist in dreierlei Hinsicht umfassend: 1. Sie ist flächendeckend. 2. Sie schließt funktionale Gesichtspunkte (Leistungsfähigkeit, Nutzbarkeit) ebenso wie konkrete biotische (Tier- und Pflanzenwelt) und soziokulturelle (Erholungseignung, Eigenart, Schönheit) ein. 3. Die Tier- und Pflanzenwelt wird allgemein einbezogen, d. h. unter Einschluss auch **nichteinheimischer Arten**, und zwar wild lebender wie nicht wild lebender. Dies ist sinnvoll, da Arten aller dieser Untergruppen zur Erfüllung der vielfältigen Ziele von Naturschutz und Landschaftspflege beitragen können.
Grundsätze des Naturschutzes und allgemeiner Artenschutz	
§ 2 (1). 9. "Die wildlebenden Tiere und Pflanzen und ihre Lebensgemeinschaften sind als Teil des Naturhaushalts in ihrer natürlichen und historisch gewachsenen Artenvielfalt zu schützen. Ihre Biotope und ihre sonstigen Lebensbedingungen sind zu schützen, zu pflegen, zu entwickeln oder wiederherzustellen." § 39(1) "Die Vorschriften dieses Abschnittes dienen dem Schutz und der Pflege der wildlebenden Tier- und Pflanzenarten in ihrer natürlichen und historisch gewachsenen Vielfalt."	Die allgemeinen Ziele in §§ 2 und 39 beziehen sich auf die natürliche und die **historisch gewachsene Artenvielfalt**. Damit wird der Tatsache Rechnung getragen, dass Arten und Lebensgemeinschaften nicht konstant, sondern Ergebnisse eines evolutiven Prozesses sind, der in Europa seit Jahrtausenden von Menschen beeinflusst wird. Der allgemeine Auftrag des Bundesnaturschutzgesetzes erstreckt sich damit nicht ausschließlich auf einheimische Arten und ihre Lebensgemeinschaften, sondern schließt **nichteinheimische Arten** grundsätzlich ein, die als Ergebnis eines historischen Prozesses Teil der Flora und Fauna geworden sind. Dies kommt auch in der Definition der "heimischen" Arten in § 10 zum Ausdruck.

Tab. 14 Fortsetzung	
Bundesnaturschutzgesetz	**Interpretation**
Begriffe	
§ 10 (2) Im Sinne dieses Gesetzes bedeutet ... **Art** „jede Art, Unterart oder Teilpopulation einer Art oder Unterart; für die Bestimmung einer Art ist ihre wissenschaftliche Bezeichnung maßgebend" **heimische Art** „eine wild lebende Tier- oder Pflanzenart, die ihr Verbreitungsgebiet oder regelmäßiges Wanderungsgebiet ganz oder teilweise a) im Inland hat oder in geschichtlicher Zeit hatte oder b) auf natürliche Weise in das Inland ausdehnt; als heimisch gilt eine wild lebende Tier- oder Pflanzenart auch, wenn sich verwilderte oder durch menschlichen Einfluss eingebürgerte Tiere oder Pflanzen der betreffenden Art im Inland in freier Natur und ohne menschliche Hilfe über mehrere Generationen als Population erhalten" **gebietsfremde Art** „eine wild lebende Tier- oder Pflanzenart, wenn sie in dem betreffenden Gebiet in freier Natur nicht oder seit mehr als 100 Jahren nicht mehr vorkommt".	Der Artbegriff in § 10 schließt auch die unterhalb der Artebene ausgebildete **genetische Vielfalt** ein, die damit ausdrücklich zum Gegenstand des Artenschutzes wird. Da die Definition auch Teilpopulationen einer Art einschließt, gehören auch gebietsfremde Teilpopulationen einer einheimischen Art zu den gebietsfremden Arten. Damit besteht nach § 41 (2) auch eine Genehmigungspflicht für die Ausbringung von Kultursippen und von Herkünften einheimischer Arten, die aus anderen Gebieten stammen. Die Definition **heimischer Arten** schließt dauerhaft etablierte nichteinheimische Arten ein. Dies ist sprachlich unbefriedigend, inhaltlich jedoch folgerichtig, wenn die historisch gewachsene Artenvielfalt als Gegenstand des Artenschutzes akzeptiert wird (siehe Kap. 2.2) Die Definition **gebietsfremder Arten** ist problematisch, da sie solche Arten ausschließt, die bereits im Gebiet in freier Natur, also außerhalb des Siedlungsbereiches, vorkommen. Bereits vorhandene Neophyten wären demnach nicht gebietsfremd. Hier besteht ein Novellierungsbedarf.

hebliche Beeinträchtigungen ausgehen (analog Jagd- und Fischereiwirtschaft);
- Klarstellung der Einbeziehung von Mikroorganismen;
- Ersatz des inhaltlich sinnvollen, aber sprachlich missverständlichen Terminus „heimisch" in § 10 BNatSchG durch einen eindeutigen Begriff (z. B. „etablierte wild lebende Arten");
- Einführung einheitlicher Ansätze zur Risikobewertung gebietsfremder Organismen und zum Ablauf der Genehmigungsverfahren nach § 41 (2) BNatSchG;
- Einheitliche Aufzeichnung von Invasionsfolgen gebietsfremder Arten und von Ergebnissen der Maßnahmen, die zur Kontrolle oder Beseitigung gebietsfremder Organismen erforderlich waren, einschließlich haftungsrechtlicher Regelungen;
- Harmonisierung der Ländergesetze.

Im **Bundesnaturschutzgesetz** regelt § 41 (2) die Ausbringung gebietsfremder Organismen. Diese im Jahr 2002 novellierte Fassung integriert europäische Richtlinien, behebt jedoch nicht die hier regelbaren Defizite. So wird als Ziel die Abwehr der Gefährdung oder Verfälschung der Tier- und Pflanzenwelt genannt. „Abwehr" ist jedoch mehr auf zukünftige Risiken als auf die Beseitigung bereits erfolgter Veränderungen bezogen. Hier fehlt die Implementierung des Handlungsauftrags der Biodiversitätskonvention („beseitigen oder kontrollieren").

Neu im Vergleich zur früheren Regelung ist die Definition des Terminus „gebietsfremde Arten", die hier zum ersten Mal in § 10 erfolgt. Diese Definition ist jedoch sehr problematisch, da sie solche Arten von der Regelung in § 41 (2) ausschließt,

Rechtliche Regelungen

Tab. 14 Fortsetzung	
Bundesnaturschutzgesetz	**Interpretation**
Genehmigungspflicht für die Ausbringung gebietsfremder Arten	
§ 41 (2) „Die Länder treffen unter Beachtung des Artikels 22 der Richtlinie 92/43/EWG sowie des Artikels 8 Buchstabe h des Übereinkommens über die biologische Vielfalt vom 5. Juni 1992 (BGBl. 1993 II S. 1471) geeignete Maßnahmen, um die Gefahren einer Verfälschung der Tier- oder Pflanzenwelt der Mitgliedstaaten durch Ansiedlung und Ausbreitung von Tieren und Pflanzen gebietsfremder Arten abzuwehren. Sie erlassen besondere Vorschriften über die Genehmigung des Ansiedelns 1. von Tieren und 2. von Pflanzen gebietsfremder Arten in der freien Natur. Die Genehmigung ist zu versagen, wenn die Gefahr einer Verfälschung der Tier- und Pflanzenwelt der Mitgliedstaaten oder eine Gefährdung des Bestands oder der Verbreitung wild lebender Tier- oder Pflanzenarten der Mitgliedstaaten oder von Populationen solcher Arten nicht auszuschließen ist. Von dem Erfordernis einer Genehmigung sind auszunehmen 1. der Anbau von Pflanzen in der Land- und Forstwirtschaft, 2. das Einsetzen von Tieren a. nicht gebietsfremder Arten, b. gebietsfremder Arten, sofern das Einsetzen einer pflanzenschutzrechtlichen Genehmigung bedarf, bei der die Belange des Artenschutzes berücksichtigt sind, c. zum Zweck des biologischen Pflanzenschutzes, 3. das Ansiedeln von dem Jagd- und Fischereirecht unterliegenden Tieren nicht gebietsfremder Arten. (3) Die Länder können weitere Vorschriften erlassen; sie können insbesondere die Voraussetzungen bestimmen, unter denen die Entnahme von Tieren oder Pflanzen wild lebender nicht besonders geschützter Arten aus der Natur zulässig ist."	Mit dieser Regelung können negative Folgen begrenzt werden, die durch beabsichtigte Ausbringungen gebietsfremder Arten entstehen können. Sie muss in den Naturschutzgesetzen der Bundesländer ausgeführt werden. Im Kern besteht eine Genehmigungspflicht für das absichtliche Ausbringen gebietsfremder Arten. Eine Genehmigung ist zu versagen, wenn bestimmte **Risiken** nicht auszuschließen sind. Was in diesem Zusammenhang „Verfälschung" oder „Gefährdung" bedeuten, muss näher bestimmt werden. Da sich die Genehmigungspflicht auf die Ausbringung von Arten in der „freien Natur" bezieht, sind Anpflanzungen im bebauten Bereich, etwa in **Parks und Gärten**, nicht genehmigungspflichtig. Für die **Land- und Forstwirtschaft** besteht eine Ausnahme von der Genehmigungspflicht. Sie ist jedoch nicht allgemein formuliert, sondern gilt für den Anbau von Pflanzen. Dieser Begriff ist nicht näher definiert, legt jedoch eine Produktionsabsicht nahe. Insofern wäre das Ausbringungen von Pflanzen auf forst- und landwirtschaftlich genutzten Flächen zu anderen als zu Anbauzwecken genehmigungsbedürftig. Dies betrifft etwa Heckenpflanzungen, Böschungsbegrünungen oder die Ansaat von Bienenpflanzen. Negative Erfahrungen mit Arten, die von Seiten der Forst- oder Landwirtschaft absichtlich ausgebracht worden sind (Spätblühende Traubenkirsche, Kultur-Heidelbeere), führen zu der Frage, ob die freie Wahl der angebauten land- und forstwirtschaftlichen Pflanzen ohne Einschränkung den Anforderungen einer **ordnungsgemäßen Land- und Forstwirtschaft** entspricht. Insofern ist die Freistellung von der Genehmigungspflicht zu überprüfen.

die bereits im Gebiet in freier Natur, also außerhalb des Siedlungsbereiches, vorkommen. Dies sind die meisten der problematischen Neophyten! Sie werden durch sekundäre Ausbringungen häufig weiter gefördert und erreichen hierdurch auch neue, ansonsten nicht oder in nur sehr langen Zeiträumen besiedelbare Gebiete oder Standorte (vergleiche Tab. 24 und Tab. 25). Insofern sollte die Definition bei der nächsten Novellierung des BNatSchG wie folgt neu gefasst werden: Eine gebietsfremde Art ist eine Art, die das betreffende Gebiet nicht auf natürliche Weise besiedelt hat.

3 Menschen als Wegbereiter biologischer Invasionen

Abb. 4
Herkunftsgebiete der in Deutschland vorkommenden Neophyten und Neozoen. Auswertung auf der Basis von 383 etablierten und 509 nicht etablierten Neophyten (VON DER LIPPE et al. in Vorbereitung) sowie von 205 etablierten und 500 nicht etablierten Neozoen (GEITER & KINZELBACH 2002). Arten, die in mehreren Gebieten ursprünglich vorkommen, wurden anteilig gewertet, marine Neozoen den Kontinenten zugeordnet, die ihren Arealen am nächsten lagen.

Seitdem Menschen Gartenbau und Landwirtschaft betreiben, überregional handeln, reisen oder Krieg führen, verbreiten sie Neobiota, ungewollt oder absichtlich. Dies hat dazu geführt, dass heute Arten aus allen Kontinenten, mit Ausnahme der Antarktis, zur deutschen Flora und Fauna gehören (Abb. 4).

Auch nachdem nichteinheimische Arten zum ersten Mal in ein neues Gebiet gelangt sind, wird ihre Ausbreitung weiter durch menschliche Aktivitäten gefördert – häufig über Jahrzehnte bis Jahrhunderte. Insofern gehören menschliche Aktivitäten zu den Schlüsselfaktoren, die Invasionsprozesse initiieren, beschleunigen, aber auch hemmen können. Die Kenntnis anthropogener Wirkungsmechanismen ist daher eine Voraussetzung zum besseren Verständnis von Invasionsphänomenen. Sie offenbart zugleich Ansatzpunkte für ein effizientes Gegensteuern. Die Rolle von Menschen als Wegbereiter biologischer Invasionen wird in diesem Kapitel beispielhaft für Pflanzen in Mitteleuropa behandelt, und zwar anhand von drei Fragen:

- Auf welchen beabsichtigten und unbeabsichtigten Einführungswegen gelangen nichteinheimische Arten ins Gebiet (siehe Kap. 3.1 bis 3.2.2)?
- Welche Rolle spielen sekundäre anthropogene Ausbringungsmechanismen bei

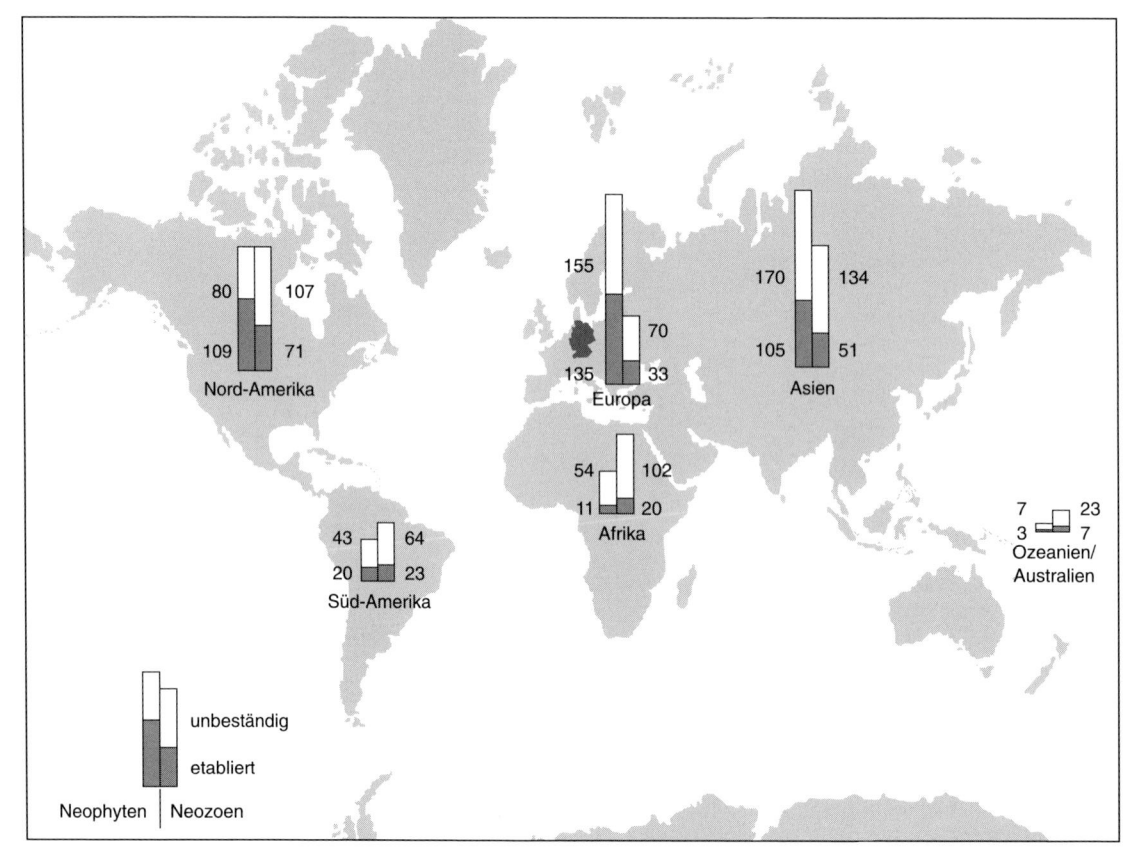

ihrer weiteren Ausbreitung (siehe Kap. 3.3)?
- Wie beeinflussen menschliche Störungen und Standortveränderungen den Erfolg der Arten (siehe Kap. 3.4)?

3.1 Absichtliche Einführungen

Die Einführungsgeschichte von Pflanzen ist eng mit der allgemeinen Geschichte, insbesondere mit der Kulturgeschichte verbunden. Je nachdem mit welcher Reichweite und Intensität Handel und Verkehr betrieben, Eroberungszüge und Forschungsreisen geführt wurden, gelangten mal mehr, mal weniger neue Arten nach Mitteleuropa. Abb. 5 zeigt am Beispiel der Gehölzarten das Prinzip der zeitlichen Schichtung von Einführungen aus unterschiedlichen Herkunftsgebieten. Bis in die Anfänge der Neuzeit gelangten vor allem südliche Arten aus dem Mittelmeerraum und Vorderasien über Italien nach Mitteleuropa. Nachdem die Spanier erste mittel- und südamerikanische Arten eingeführt hatten, gab es mit der englischen und französischen Kolonisation Nordamerikas eine breite Einführungswelle mit einem Höhepunkt im 18. Jahrhundert. Im folgenden Jahrhundert eroberten die Russen weite Teile des Kaukasus. China und Japan wurden aus der Isolation geholt. Die Einfuhren aus diesen artenreichen Gebieten übertreffen alles bis dahin Bekannte. Tab. 15 veranschaulicht am Beispiel der Flora Tschechiens, wofür heute wild vorkommende Arten ursprünglich verwendet worden sind.

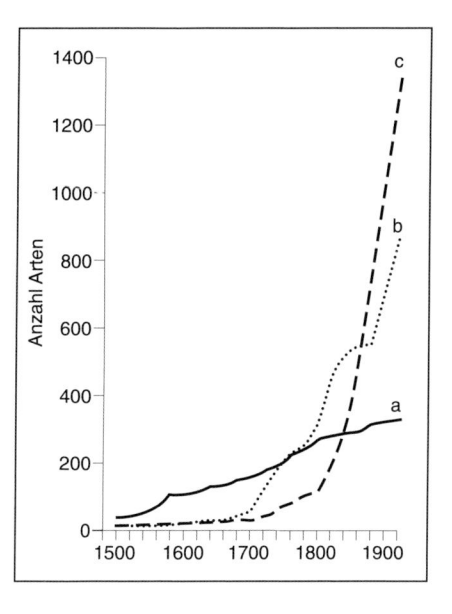

Abb. 5 Zeitlicher Verlauf der Einführung von Gehölzarten nach Mitteleuropa im Zeitraum von 1500 bis zum Beginn des 20. Jahrhunderts. Unterschieden werden Arten aus (a) anderen Teilen Europas einschließlich des Mittelmeergebietes, (b) aus Amerika sowie (c) aus Asien (Datengrundlage: GOEZE 1916).

Tab. 15 Verwendungszweck absichtlich eingeführter und heute wild vorkommender Archäo- und Neophyten Tschechiens (einschließlich Mehrfachnennungen, n = 688 Arten; nach PYŠEK et al. 2002

Verwendung	Arten	[%]
Zierpflanzen	511	74,3
Nahrungspflanzen	149	21,7
medizinische Zwecke	99	14,4
Futterpflanzen	74	10,8
landeskulturelle Zwecke	44	6,4
Bienenpflanzen	37	5,4
Ölpflanzen	13	1,9
Holzproduktion	13	1,9
Färberpflanzen	8	1,2
Faserpflanzen	6	0,9
andere	5	0,7

3.1.1 Frühe Einführungen

Archäobotanische Untersuchungen geben Aufschluss über die Frühgeschichte der Pflanzenverwendung. Die meisten seit der Steinzeit angebauten Getreidearten stammen aus dem Vorderen Orient. Als Obst-, Gemüse- und Gewürzpflanzen wurden im Neolithikum und in den Metallzeiten fast ausschließlich einheimische Arten genutzt (WILLERDING 1984): Als Obstarten zählen hierzu die Schlehe (*Prunus spinosa*), die Kornelkirsche (*Cornus mas*) und die Wald-Erdbeere (*Fragaria vesca*). Bei einigen Arten hat sich im Laufe der Zeit ein Wechsel von Wild- zu Kultursippen ergeben, beispielsweise bei der Vogel-Kirsche (*Prunus avium*), der Weinrebe (*Vitis vinifera* subsp. *sylvestris*) sowie bei dem Wildapfel und der Wildbirne (*Malus sylvestris, Pyrus pyraster*). Deren mittelalterliche Nachweise werden schon den Kulturformen *M. domestica* und *P. communis* zugeordnet. Als einheimische Gemüse wurden die Wilde

Abb. 6
Archäobotanische Nachweise des Pfirsichs (*Prunus persica*) von der römischen Kaiserzeit bis zum Beginn der Neuzeit (nach WILLERDING 1984).

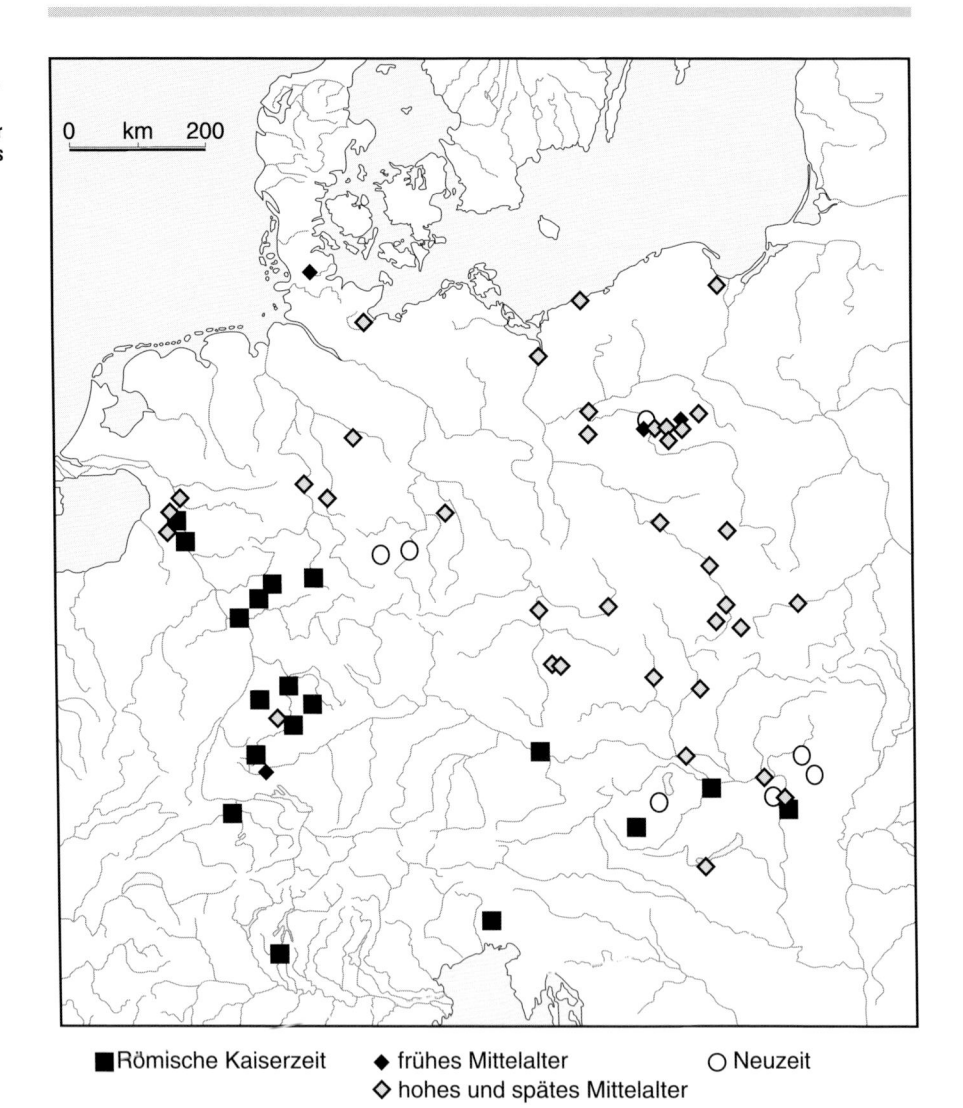

■ Römische Kaiserzeit ◆ frühes Mittelalter ○ Neuzeit
◇ hohes und spätes Mittelalter

Möhre (*Daucus carota*) und der Pastinak (*Pastinaca sativa*) schon im Neolithikum genutzt, als Gewürzpflanze die Petersilie (*Petroselinum sativum*), als Färbepflanze der Färber-Wau (*Reseda luteola*).

Die aus neolithischen und bronzezeitlichen Pfahlbauten nachgewiesene *Prunus domestica* subsp. *insititia* ist ein Beispiel einer sehr frühen Einführung. Man geht davon aus, dass sie in Kleinasien als Hybride zwischen Kirschpflaume (*Prunus cerasifera*) und Schlehe (*Prunus spinosa*) entstanden ist. Als im römisch besetzten Germanien die römische Landbautechnik eingeführt wurde, gelangten mit ihr zahlreiche neue Nutz- und Zierpflanzen ins Gebiet, beispielsweise die Hauspflaume (*Prunus domestica*), der Pfirsich (*Prunus persica*), die Aprikose (*Prunus armeniaca*), die Feige (*Ficus carica*) und die Esskastanie (*Castanea sativa*). Der Pfirsich und die Aprikose gehören zu den wenigen ostasiatischen Arten, die schon in der Antike den Weg nach Südeuropa und mit den Römern weiter nach Germanien gefunden haben. Die Karte der Pfirsichfundorte zeigt eine deutliche Bindung der ersten Nachweise an das römische Germanien (Abb. 6).

Absichtliche Einführungen

> **Kultur- und Nutzpflanzen aus der Römerzeit für Baden-Württemberg und angrenzende Gebiete (STIKA 1995):**
>
> Getreidearten: Dinkel (*Triticum spelta*), Echte Hirse (*Panicum miliaceum*), Gerste (*Hordeum vulgare*), Saat-/Hartweizen (*Triticum aestivum/durum*), Roggen (*Secale cereale*), Einkorn (*Triticum monococcum*);
>
> Öl- und Faserpflanzen: Lein (*Linum usitatissimum*), Schlaf-Mohn (*Papaver somniferum*), Hanf (*Cannabis sativa*);
>
> Gemüsepflanzen: Linse (*Lens culinaris*), Erbse (*Pisum sativum*), Ackerbohne (*Vicia faba*), Mangold (*Beta vulgaris*), Schild-Ampfer (*Rumex scutatus*);
>
> Gewürz- und Heilpflanzen: Dill (*Anethum graveolens*), Koriander (*Coriandrum sativum*), Bohnenkraut (*Satureja montana, S. hortensis*), Knoblauch (*Allium sativum*);
>
> Obst und Nüsse: Feige (*Ficus carica*), Pfirsich (*Prunus persica*), Walnuss (*Juglans regia*), Zucker-Melone (*Cucumis* cf. *melo*).

Nach den Wirren der Völkerwanderungszeit gelangten im Mittelalter wieder einige neue Arten nach Mitteleuropa. Hierzu gehören die Sauerkirsche und die Kirschpflaume (*Prunus cerasus, P. cerasifera*), der Maulbeerbaum (*Morus nigra*) und die aus dem subtropischen Asien stammende Gurke (*Cucumis sativa*; WILLERDING 1984). Die im vorderen Asien beheimatete Luzerne (*Medicago sativa*) wurde im Mittelmeergebiet früh kultiviert, gelangte aber erst zu Beginn der Neuzeit nach Mitteleuropa (Abb. 7). Die ersten Einführungen erreichten Mitteleuropa meist über Italien. So haben Mönche schon im frühen Mittelalter Pflanzen aus ihren italienischen Mutterklöstern mitgebracht, darunter auch Pfropfreiser zur Obstbaumveredlung (LIEBSTER 1984). Als wichtigstes mittelalterliches Dokument, das über die Pflanzenverwendung Aufschluss gibt, gilt das „Capitulare de villis", eine zwischen 792 und 800 erlassene Verordnung Karls des Großen über die Krongüter und Reichshöfe. Kapitel 70 enthält Pflanzempfehlungen, u. a. auch von Arten südlicher Herkunft wie Rosmarin, Feige, Mandel, Lavendel und Echter Salbei.

Abb. 7 Einführungsgeschichte der Luzerne (*Medicago sativa*) als Archäophyt im Mittelmeergebiet und als Neophyt in Mitteleuropa und anderen Teilen der Welt (nach BLONDEL & ARONSON 1999).

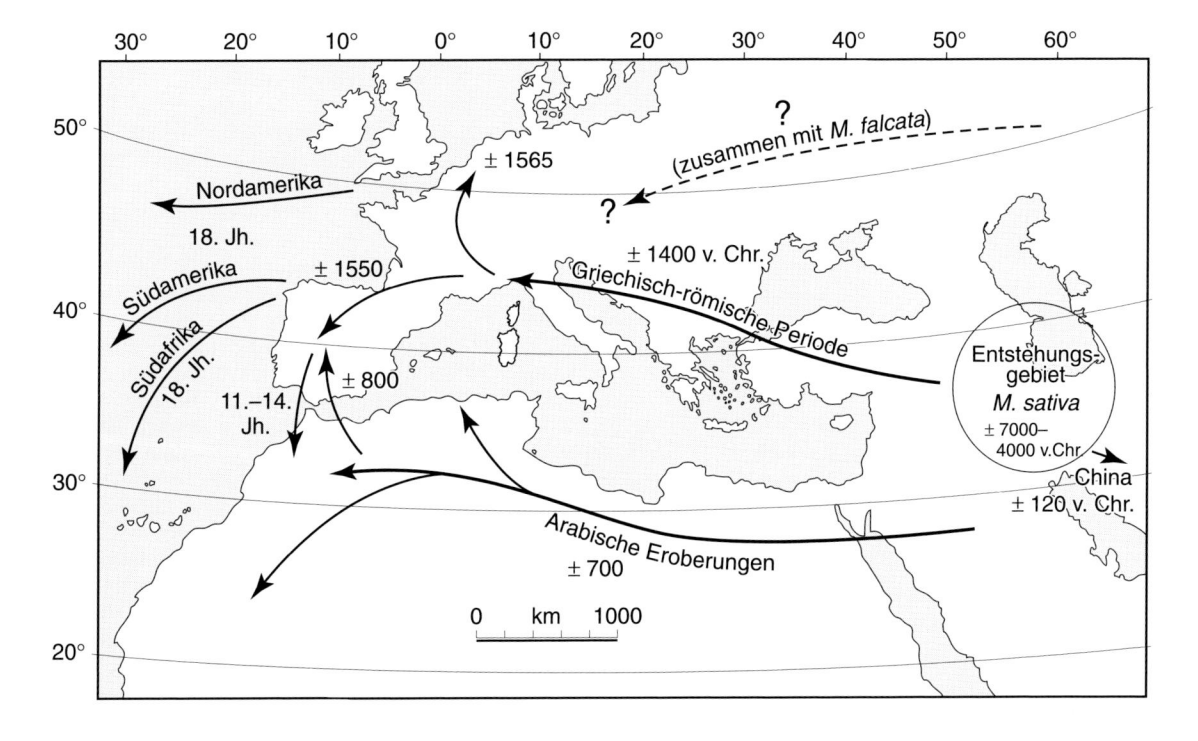

Ob diese Arten tatsächlich bekannt waren und auch in Mitteleuropa gepflanzt wurden, ist unklar. Ihre Nennung könnte auch auf die Kenntnis antiker Texte zurückgehen. Nach VOGELLEHNER (1984) ist es möglich, die meisten der südlichen Arten unter günstigen Bedingungen auch in Mitteleuropa anzubauen. Zumindest belegt das „Capitulare de villis" die Verbindung zwischen mittelalterlicher Gartenkultur und antiker Tradition, die vor allem über die Klöster weitergegeben wurde.

Der mittelalterliche Garten war ein Nutzgarten. Zierpflanzen im heutigen Sinne wurden kaum angebaut. Viele Nutzpflanzen wurden sehr unterschiedlich verwendet. Der Kohl war noch im 16. Jahrhundert eine wichtige Heilpflanze und „sollte den Bauch erweichen und denen nützlich sein, die ein blödes Gesicht hätten und zitterten" (WEIN 1914). Zum Nutzen der Pflanzen zählte auch deren symbolische Bedeutung. Die ostmediterrane Weiße Lilie (*Lilium candidum*) wurde schon 1500 v.Chr. auf kretischen Wandgemälden abgebildet und gilt als eine der ersten europäischen Zierpflanzen (KRAUSCH 1990). Sie wurde wohl während des gesamten Mittelalters auch in Deutschland kultiviert und erscheint auf zahlreichen Gemälden als Symbol der Jungfräulichkeit Marias. Auch im „Hortulus" des Walahfrid Strabo, einem zwischen 838 und 849 entstandenen Gedicht über den Gartenbau, wird sie neben Heilpflanzen und Rosen genannt:

„*Denn diese beiden Blumen, berühmt und gepriesen, sind Sinnbild*
Seit Jahrhunderten schon der höchsten Ehren der Kirche,
Die im Blut des Martyriums pflückt die Geschenke der Rose
Und die Lilien trägt im Glanze des strahlenden Glaubens"
(Hortulus des Walahfrid Strabo, 415–418, nach VOGELLEHNER 1984).

3.1.2 Einführungen nach 1500

Ein umfassendes Bild der Pflanzenverwendung des Mittelalters und der beginnenden Neuzeit geben v. FISCHER-BENZON (1894) in seiner „Altdeutschen Gartenflora" sowie VOGELLEHNER (1984). In der Renaissance stieg das Interesse an den antiken, griechisch-römischen Überlieferungen. Außerdem stimulierte der Aufschwung der Naturwissenschaften die Botanik und den Gartenbau. So traf die gesteigerte Nachfrage nach alten und neuen Pflanzen mit der Ausweitung der Reise- und Handelstätigkeit im nachkolumbianischen Zeitalter zusammen (Abb. 2). In der Folge steigen seit dem 16. Jahrhundert die Einführungszahlen (vgl. Abb. 5 zu Gehölzeinführungen). Welche Pflanzen damals verwendet wurden, lassen Kräuterbücher und andere schriftliche Quellen erkennen: Die 1561 veröffentlichte Schrift „Horti Germaniae" des Zürcher Botanikers GESNER enthält umfangreiche Pflanzenlisten einiger frühneuzeitlicher Gärten. WEIN (1914) hat sie ausgewertet und die Gartenpflanzen unter anderem nach ihrer Häufigkeit gruppiert (vgl. Tab. 16b). Demnach herrschten schon Mitte des 16. Jahrhunderts eingeführte Arten in den beschriebenen Gärten vor. Neben wenigen einheimischen kamen 64 nichteinheimische Arten häufiger vor. Weitere 31 waren „nicht selten", 48 selten und mindestens 50 nur aus einem Garten bekannt. Viele der häufigeren Arten waren schon in mittelalterlichen Klostergärten zu finden.

Die 1536 nachgewiesene *Thuja occidentalis* ist eine der wenigen frühen nordamerikanischen Einführungen. In der Neuzeit überwogen zunächst auch nach der Entdeckung Amerikas importierte Arten aus dem Mittelmeergebiet und Vorderasien (Abb. 5). Im ausgehenden 16. Jahrhundert gelangten zahlreiche Zwiebelpflanzen aus dem Osmanischen Reich nach Europa: die Kaiserkrone, die Hyazinthe und, neben weiteren Arten, vor allem die Garten-Tulpe. Sie entfesselten eine bis in das 17. Jahrhundert wirkende „Tulipomanie", deren Spuren noch heute in alten Gärten zu finden sind (siehe Kap. 6.1.5.2).

Infolge der spanischen Eroberungen gelangten zunächst überwiegend mittel- und südamerikanische Arten nach Europa. Seit 1539 sind der Riesen-Kürbis (*Cucurbita maxima*), die Bohne (*Phaseolus vulgaris*) und der Mais (*Zea mays*) aus Deutschland belegt, waren aber 1561 noch selten

Absichtliche Einführungen

Tab. 16 Beispiele krautiger Arten und Gehölze, die in unterschiedlichen Epochen nach Mitteleuropa eingeführt worden sind ((a) nach FISCHER-BENZON 1894, WEIN 1914, (b) nach GESNER 1561 für ausgewählte Liebhabergärten, ausgewertet von WEIN 1914, (c-g) nach KRAUSCH 1990, KOWARIK 1992)

	Krautige Arten	Gehölze
(a) Mittelalterliche Klosterpflanzen	*Mittelmeergebiet u. Vorderasien:* Weiße Lilie (*Lilium candidum*), Goldlack (*Cheiranthus cheiri*), Deutsche Schwertlilie (*Iris germanica*), Echter Schwarzkümmel (*Nigella sativa*), Erbse (*Pisum sativum*), Linse (*Lens culinaris*), Stockrose (*Alcea rosea*), Echter Eibisch (*Althaea officinalis*), Färber-Waid (*Isatis tinctoria*), Liebstöckel (*Levisticum officinale*), Knoblauch (*Allium sativum*), Katzen-Minze (*Nepeta cataria*), Eberraute (*Artemisia abrotanum*), Spring-Wolfsmilch (*Euphorbia lathyris*), Färber-Saflor (*Carthamus tinctorius*). *Europa – Alpen u. a. Gebirge:* Dach-Hauswurz (*Sempervivum tectorum*). *Meeresküsten:* Wildformen von Mangold (*Beta vulgaris*). *Subozean. Gebiete:* Echte Färberröte (*Rubia tinctoria*). *Subtropisch/tropische Gebiete d. alten Welt:* Zucker-Melone (*Cucumis melo*), Gurke (*Cucumis sativa*), *Gebiet?:* Schlaf-Mohn (*Papaver somniferum*), Wein-Raute (*Ruta graveolens*)	*Mittelmeergebiet u. Vorderasien:* Essig-Rose (*Rosa gallica*), Deutsche Mispel (*Mespilus germanica*), Quitte (*Cydonia oblonga*), Zwetsche (*Prunus domestica*), Sauer-Kirsche (*Prunus cerasus*), Rosmarin (*Rosmarinus officinalis*), Echte Salbei (*Salvia officinalis*), Buchsbaum (*Buxus sempervirens*; in Südwestdeutschland auch ursprünglich), Esskastanie (*Castanea sativa*), Walnußbaum (*Juglans regia*), Schwarze Maulbeere (*Morus nigra*). *Europa – Alpen:* Sadebaum (*Juniperus sabina*), aus einheimischen Arten gezüchtet: Apfel (*Malus domestica*), Birne (*Pyrus communis*), Weinrebe (*Vitis vinifera*). *Mittel- u. Ostasien:* Mandel (*Prunus armeniacus*), Pfirsich (*P. persica*)
(b) Gartenpflanzen um 1561, allgem. verbreitet (n = 32)	*Mittelmeergebiet u. Vorderasien:* Weiße Lilie (*Lilium candidum*)*, Pfingstrose (*Paeonia officinalis*)*, Knoblauch (*Allium sativum*)*, Nachtviole (*Hesperis matronalis*; auch Mitteleuropa), Borretsch (*Borago officinalis*)*, Radieschen (*Raphanus sativus*)*, Levkoje (*Matthiola incana*)*. *Subtropisches/tropisches Asien:* Basilikum (*Ocimum basilicum*)*. *Afrika:* Garten-Kresse (*Lepidium sativum*). Schalotte (*Allium cepa*)*, Weinraute (*Ruta graveolens*)*	*Mittelmeergebiet u. Vorderasien:* Essig-Rose (*Rosa gallica*)*, Weiße Rose (*Rosa alba*)*, Schwarze Maulbeere (*Morus nigra*)*, Buchsbaum (*Buxus sempervirens*)*, Esskastanie (*Castanea sativa*)*, Walnussbaum (*Juglans regia*)*, Lavendel (*Lavandula angustifolia*)*, Rosmarin (*Rosmarinus officinalis*)*, Echte Salbei (*Salvia officinalis*)*
häufig (n = 32)	*Mittelmeergebiet u. Vorderasien:* Bohnenkraut (*Satureja hortensis*)*, Dichter-Narzisse (*Narcissus poeticus*), Asphaltklee (*Psoralea bituminosa*), Wolfsmilch-Arten *Euphorbia characias, E. myrsinitis*), Pfeifenblume (*Aristolochia longa, A. clematitis*), Iris (*Iris foetidissima*), Woll-Salbei (*Salvia aethiopis*, auch Südosteuropa), Meerfenchel (*Crithmum maritimum*). *Europa – Alpen:* Süßdolde (*Myrrhis odorata*). *Meeresküsten:* Meerfenchel (*Crithmum maritimum*). *Mittelamerika:* Tomate (*Lycopersicon esculentum*). *Indien:* Hiobsträne (*Coix lacrima-jobi*), Alraune (*Mandragora officinarum*). *Zentralasien:* Samtmalve (*Abutilon theophrasti*), *Tropen/Subtropen:* Nußgras (*Cyperus rotundus*)	*Mittelmeergebiet:* Goldregen (*Laburnum anagyroides*) (in Südwest-Deutschland auch ursprüngliche Vorkommen). *Europa:* Blasenstrauch (*Colutea arborescens*) (in Südwestdeutschland auch ursprünglich)

Tab. 16 Fortsetzung

	Krautige Arten	Gehölze
nicht selten (n = 31)	**Mittelmeergebiet u. Vorderasien:** Saat-Luzerne (*Medicago sativa*), Echter Alant (*Inula helenium*)*, Marien-Glockenblume (*Campanula medium*), Gladiole (*Gladiolus communis*)*, Gummiwurz (*Oplopanax chironium*). **Europa – Alpen u. a. Gebirge:** Weißer Germer (*Veratrum album*). **Meeresküste:** Strandwinde (*Calystegia soldanella*). **Mittel-/Südamerika:** Bohne (*Phaseolus vulgaris*), Japanische Trichterwinde (*Ipomoea nil*). **Eurasien, westliches Amerika:** Estragon (*Artemisia dracunculus*). **Ostasien:** Garten-Fuchsschwanz (*Amaranthus caudatus*), Knollen-Zyperngras (*Cyperus esculentus*). **Indien:** Stechapfel (*Datura metel*). **Tropisches Afrika:** Brandschopf (*Celosia argentea*). **Tropen/Subtropen:** Ballonpflanze (*Cardiospermum halicacabum*).	**Mittelmeergebiet:** Zypresse (*Cupressus sempervirens*), Südlicher Zürgelbaum (*Celtis australis*). **Vorderasien:** Jasmin (*Jasminum fruticans*)
ziemlich selten/ selten (n = 48)	**Mittelmeergebiet u. Vorderasien:** Spornblume (*Centranthus ruber*), Akanthus (*Acanthus mollis*), Klebriger Gänsefuß (*Chenopodium botrys*), Blaue u. Weiße Lupine (*Lupinus angustifolius*, *L. albus*), Doldige Schleifenblume (*Iberis umbellata*). **Europa:** Endivie (*Cichorium endiva*). **Meeresküsten:** Queller (*Salicornia fruticosa*). **Mittel-/Südamerika:** Mais (*Zea mays*), Tagetes (*Tagetes patula*, *T. erecta*), Kürbis (*Cucurbita maxima*), Korallenstrauch (*Solanum pseudocapsicum*), Paprika (*Capsicum annuum* = *Capsicum longum*, *C. cordiforme*?), Blumenrohr (*Canna indica*), Feigen-Kaktus (*Opuntia ficus-indica*), Bauern-Tabak (*Nicotiana rustica*). **Afrika/Asien:** Aloe vera. **Ostasien:** Balsamine (*Impatiens balsamina*)	**Mittelmeergebiet u. Vorderasien:** Kaper (*Capparis spinosa*), Oleander (*Nerium oleander*), Brautmyrthe (*Myrtus communis*)*, Heiligenblume (*Santolina chamaecyparissus*)*, Judasbaum (*Cercis siliquastrum*), Pinie (*Pinus pinea*). **Indien:** Neem-Baum (*Melia azadirachta*). **Mittel-/Ostasien:** Jasmin (*Jasminum officinale*). **Tropisches Afrika:** Ricinus (*Ricinus communis*)*
sehr selten (n > 50)	**Mittelmeergebiet u. Vorderasien:** Spanisches Rohr (*Arundo donax*), Bleiwurz (*Plumbago europaea*), Hyazinthe (*Hyacinthus orientalis*), Garten-Ringelblume (*Calendula officinalis*). **Südosteuropa:** Brennende Liebe (*Lychnis chalcedonia*). **Osteuropa/Asien:** Sommerzypresse (*Kochia scoparia*)	**Mittelmeergebiet:** Pistazie (*Pistacia lentiscus*)
	Krautige Arten	Gehölze
(c) weitere Einführungen im 16. Jh.	**Mittelmeergebiet:** Deutsche Schwertlilie (*Iris germanica*)*, Wilde Tulpe (*Tulipa sylvestris*), Traubenhyazinthe (*Muscari botryoides*, *M. racemosum*), Stern von Bethlehem (*Ornithogalum umbellatum*), Gartenrittersporn (*Delphinum ajacis*), Jungfer im Grünen (*Nigella damascena*), Garten-Tulpe (*Tulipa gesneriana*), Kaiserkrone (*Fritillaria imperialis*), Bartnelke (*Dianthus barbatus*), Judas-Silberling (*Lunaria annua*). **Mittel-/Südamerika:** Amerikanische Agave (*Agave americana*). **Nordamerika:** Sonnenblume (*Helianthus annuus*)	**Mittelmeergebiet:** Immergrün (*Vinca minor*). **Südosteuropa:** Pfeifenstrauch (*Philadelphus coronarius*), Flieder (*Syringa vulgaris*), Roß-Kastanie (*Aesculus hippocastanum*). **Vorderasien:** Baum-Hasel (*Corylus colurna*), Kirschlorbeer (*Prunus laurocerasus*). **Nordamerika:** Abendländischer Lebensbaum (*Thuja occidentalis*)

Absichtliche Einführungen

Tab. 16 Fortsetzung

	Krautige Arten	Gehölze
(d) Einführungen im 17. Jh.	*Mittelmeergebiet:* Nickender Milchstern (*Ornithogalum nutans*), Spanisches Hasenglöckchen (*Hyacinthoides hispanica*), Gedenkemein (*Omphalodes verna*). **Südosteuropa:** Nelke (*Dianthus plumarius*), Goldfelberich (*Lysimachia punctata*). **Nordamerika:** Goldblattaster (*Aster novi-belgii*), Goldrute (*Solidago canadensis*), Berufkraut (*Erigeron annuus*), Tradescantie (*Tradescantia virginiana*), Knollen-Sonnenblume (*Helianthus tuberosus*), Sonnenbraut (*Helenium autumnale*). **Südafrika:** Männertreu (*Lobelia erinus*)	*Mittelmeergebiet u. Vorderasien:* Gelbe Rose (*Rosa foetida*). **Nordamerika:** Robinie (*Robinia pseudoacacia*), Eschen-Ahorn (*Acer negundo*), Spätblühende Traubenkirsche (*Prunus serotina*), Weißer Hartriegel (*Cornus sericea* agg.), Kupfer-Felsenbirne (*Amelanchier lamarkii*), Hirschkolben-Sumach (*Rhus typhina*), Virginia-Blasenspiere (*Physocarpus opulifolius*), Selbstkletternde Jungfernrebe (*Parthenocissus quinquefolia*). **In Kultur entstanden:** Ahornblättrige Platane (*Platanus hispanica*)
(e) Einführungen im 18. Jh.	*Mittelmeergebiet:* Blaukissen (*Aubrieta deltoidea*). **Nordamerika:** Rauhblattaster (*Aster novae-angliae*), Monarde (*Monarda didyma*), Phlox (*Phlox paniculata*), Trichter-Winde (*Pharbitis purpurea*), Rudbeckie (*Rudbeckia hirta*), Palmlilie (*Yucca filamentosa*). **Asien – Kaukasus:** Orientalischer Mohn (*Papaver orientale*). **Südafrika:** Agapanthus (*Agapanthus africanus*), Gladiolen (*Gladiolus spec.*)	*Vorderasien:* Kaukasische Flügelnuss (*Pterocarya fraxinifolia*). **Ostasien:** Götterbaum (*Ailanthus altissima*), Ginkgo (*Ginkgo biloba*), Blasen-Esche (*Koelreuteria paniculata*). **Nordamerika:** Gleditschie (*Gleditsia triacanthos*), Gemeine Schneebeere (*Symphoricarpos albus*), Silber-Ahorn (*Acer saccharinum*), Strobe (*Pinus strobus*), Rot-Eiche (*Quercus rubra*), Hemlocktanne (*Tsuga canadensis*), Amerikanische Strauch-Heidelbeere (*Vaccinium corymbosum*). **In Kultur entstanden:** Kanadische Pappel (*Populus × euramericana*)
f) Einführungen im 19. Jh.	*Asien – Kaukasus:* Herkulesstaude (*Heracleum mantegazzianum*), Gänsekresse (*Arabis caucasia*), Kaukasusvergissmeinnicht (*Brunnera macrophylla*), Fettehenne (*Sedum spurium*), Scilla (*Scilla sibirica*). **Ostasien:** Japanischer u. Sachalin-Staudenknöterich (*Fallopia japonica*, *F. sacchalinensis*), Chin. Pfingstrose (*Paeonia lactiflora*), Tränendes Herz (*Dicentra spectabilis*), Pracht-Fettehenne (*Sedum spectabile*). **Himalaya:** Indisches Springkraut (*Impatiens glandulifera*), Kugelprimel (*Primula denticulata*). **Nordamerika:** Stauden-lupine (*Lupinus polyphyllus*), Phacelie (*Phacelia tanacetifolia*), Einjahrsphlox (*Phlox drummondii*). **Mittel-/Südamerika:** Zinnie (*Zinnia elegans*), Dahlia-Arten	*Ost- u. Mittelasien:* Thunbergs Berberitze (*Berberis thunbergii*), Schmetterlingsstrauch (*Buddleja davidii*), Forsythie (*Forsythia × intermedia*), zahlreiche Cotoneaster- u. Rhododendron-Arten, Kartoffel-Rose (*Rosa rugosa*), Tee-Rose (*R. chinensis*), Rispen-Rose (*R. multiflora*), Kerrie (*Kerria japonica*). **Nordamerika:** Douglasie (*Pseudotsuga menziesii*), Sumpf-Eiche (*Quercus palustris*), Dreispitz-Jungfernrebe (*Parthenocissus tricuspidata*), Mahonie (*Mahonia aquifolium*), Gold-Johannisbeere (*Ribes aureum*), Stech-Fichte (*Picea pungens*)
g) Einführungen im 20. Jh.	*Ostasien:* Königs-Lilie (*Lilium regale*), **Kaukasus:** Primel (*Primula juliae*), **Zentralasien:** versch. Tulpen-Arten (*Tulipa fosteriana* u. a.)	*Ostasien:* Schling-Knöterich (*Fallopia aubertii*), Immergrüne Kriech-Heckenkirsche (*Lonicera pileata*), Runzelblättriger Schneeball (*Viburnum rhytidophyllum*), Kolkwitzie (*Kolkwitzia amabilis*); Urwelt-Mammutbaum (*Metasequoia glyptostroboides*)

* gekennzeichnete Arten waren bereits aus mittelalterlichen Kulturen bekannt

(WEIN 1914; Tab. 16b). *Tagetes patula* dagegen war schon weit verbreitet. Erstnachweise von *Robinia pseudoacacia* und *Prunus serotina* stammen aus Paris, und zwar aus dem Zeitraum von 1623 bis 1635 (andere Angaben für *Robinia* sind falsch, WEIN 1930). Die meisten nordamerikanischen Gehölze wurden erst im 18. Jahrhundert eingeführt (z. B. *Pinus strobus* 1705, *Quercus rubra* 1724). Der Botanische Garten in Kew (Großbritannien) war das wichtigste Verteilungszentrum.

Nach der Öffnung Chinas und Japans wurde das 19. Jahrhundert zu einer Epoche der ostasiatischen Einführungen. Es war auch das Zeitalter der „Pflanzenjäger", die gezielt nach ökonomisch nutzbaren neuen Arten suchten (MUSGRAVE et al. 1999). In diesem Jahrhundert kamen über tausend neue Gehölzarten nach Europa, darunter viele *Rhododendron-* und *Cotoneaster*-Arten, aber auch die heute so häufigen Neophyten *Fallopia japonica*, *F. sachalinensis* und *Impatiens glandulifera*. Nachdem Russland sich zu Beginn des 19. Jahrhunderts des Kaukasus bemächtigt hatte, wurde auch dessen reiches botanisches Reservoir für die mitteleuropäischen Gärten nutzbar. Von dort kamen beispielsweise der Sibirische Blaustern (*Scilla sibirica*), der Sonderbare Lauch (*Allium paradoxum*) und die Herkulesstaude (*Heracleum mantegazzianum*). Im 19. Jahrhundert wurde die Berliner Baumschule SPÄTH Drehscheibe der Einführung und Verteilung neuer Gehölze. Ihr Arboretum enthielt Ende der 1890er-Jahre über 6000 Arten und Sorten (SPÄTH 1930).

Im 20. Jahrhundert gelangten nur noch wenig neue Arten nach Mitteleuropa (z. B. *Polygonum aubertii* und *Kolkwitzia amabilis*). Spektakulär war 1941 die Entdeckung des Urwelt-Mammutbaumes (*Metasequoia glyptostroboides*) in einem abgelegenen Gebiet Chinas. Heute liegt der Schwerpunkt bei der Selektion und züchterischen Bearbeitung des vorhandenen Artenspektrums, was bei vielen Arten zu einer kaum übersehbaren Sortenfülle geführt hat. Seit Anfang der 1990er-Jahre werden auch gentechnische Verfahren eingesetzt, um Merkmale von Zierpflanzen zu verändern (siehe Kap. 2.8). Somit besteht nun die verlockende Aussicht, die seit der Romantik sprichwörtliche Suche nach der „Blauen Blume" endlich auch mit dem Angebot einer enzianblauen Rose befriedigen zu können.

Tab. 16 enthält Beispiele einzelner Arten, die vom Mittelalter bis ins 20. Jahrhundert nach Mitteleuropa eingeführt worden sind, und veranschaulicht damit auch die frühe Einbindung nichteinheimischer Arten in die Gartenkultur. Wie viele Arten insgesamt absichtlich als Nutz- oder Zierpflanzen nach Mitteleuropa gelangt sind, ist nicht genau bekannt. Allein in den botanischen Gärten Deutschlands werden nach einer Hochrechnung von RAUER et al. (2000) etwa 50000 Arten kultiviert. Dies sind fast 20% der weltweit bekannten 270000 höheren Pflanzenarten. Eine Recherche der Deutschen Dendrologischen Gesellschaft erbrachte, dass etwa 3150 nichteinheimische Gehölzarten in deutschen Gärten und Parks kultiviert werden. Zwei Drittel davon stammen aus

Tab. 17 Gehölzeinführungen nach Mitteleuropa: (a) nach Herkunftsgebieten; (b) Anzahl der aktuell in deutschen Gärten und Parkanlagen kultivierten nichteinheimischen Gehölzarten; (c) Anzahl der in Deutschland einheimischen Gehölzarten, (d) Verhältnis der Artenzahlen einheimischer und nichteinheimischer Gehölze

(a) Herkunftsgebiet[1)]	Arten	[%]
andere Teile Europas (ohne Mittelmeergebiet)	122	4,6
Mittelmeergebiet	187	7,1
Westasien	128	4,8
Zentralasien	304	11,5
Ostasien	1047	39,6
Nordamerika	857	32,4

(b) in Deutschland aktuell kultivierte nichteinheimische Arten[2)]	ca. 3150

(c) in Deutschland einheimische Arten[3)]	196
mit Unter- u. Kleinarten	257
(ohne *Rubus*-Kleinarten)	

(d) Verhältnis einheimische/eingeführte Gehölzarten	ca. 1 : 16

[1)] KOWARIK 1992b nach Daten von GOEZE 1916, 100% = 2645 bei GOEZE 1916 genannte Arten;
[2)] KOWARIK 1992b nach Daten von BARTELS et al. 1991;
[3)] SCHMIDT & WILHELM 1995

Nordamerika und Ostasien (KOWARIK 1992b). Insgesamt übersteigt die Anzahl der nichteinheimischen Gehölzarten die Zahl der in Deutschland einheimischen etwa um das 16fache (Tab. 17).

3.2 Unbeabsichtigte Einschleppungen

3.2.1 Einschleppungen vor 1500

Wahrscheinlich wurden weit mehr Arten unbeabsichtigt durch Völkerwanderungen, Kriege, Handel und Verkehr eingeschleppt als absichtlich eingeführt. Im Neolithikum, vor etwa 7000 Jahren, wurden zum ersten Mal in Mitteleuropa Wälder gerodet, um Platz für Äcker zu schaffen. Die anthropogenen Standorte waren offener als die meisten natürlichen, und sie wurden regelmäßig gestört. Die ersten Ackerunkräuter waren einheimische Arten, die von offenen Standorten stammten oder an natürliche Störungen angepasst waren.

Einheimische Arten, die auf anthropogene Standorte wechseln, nennt man **Apophyten**. Nach LOHMEYER (in SCHNEIDER et al. 1994) kamen viele von ihnen natürlich vor, beispielsweise in Flussauen und auf offenen Feuchtstandorten (z. B. *Chenopodium polyspermum, Poa annua*) sowie auf trockenen Waldgrenzstandorten (z. B. *Arabidopsis thaliana, Cirsium arvense, Erophila verna*); wenige entstammen der Küstenvegetation (z. B. *Sonchus arvensis, Linaria vulgaris*) und verschiedenen Waldgesellschaften (z. B. *Campanula rapunculoides, Poa trivialis, Galium aparine*).

Mit der Zeit wurden die Anbaumethoden und -geräte perfektioniert, nach fruchtbaren, leicht zugänglichen wurden zunehmend auch ungünstige Standorte bearbeitet. Die Unkrautflora der Äcker änderte sich entsprechend. Zur Römischen Kaiserzeit kam es zu einem erhöhten Zustrom neuer Arten und mit der Besetzung Germaniens wurden auch zahlreiche Unkräuter aus dem Mittelmeerraum eingeschleppt (z. B. *Orlaya grandiflora, Ranunculus arvensis*). In einem römischen Brunnen in der Nähe Freiburgs fand man zum Beispiel Reste von *Chenopodium botrys* und *Adonis aestivalis* (WILLERDING 1986, KÜSTER 1994, STIKA 1995). Im Mittelalter kamen mehr Arten der Äcker als Arten der ruderalen Siedlungsvegetation hinzu (Abb. 8). Auch heute noch spielen Archäophyten in Gärten und auf Feldern eine wichtige Rolle unter den Unkräutern (Tab. 42).

Bei Angaben zu Archäophyten kann nicht vorausgesetzt werden, dass die archäobotanischen Nachweise das gesamte Artenspektrum qualitativ und quantitativ repräsentieren. Dies liegt an der unterschiedlichen Haltbarkeit der Pflanzenreste, den eingeschränkten Bestimmungsmöglichkeiten und an Arten, die aus verschiedenen Gründen im Probenmaterial fehlen. In naturnaher Vegetation eingebürgerte Archäophyten sind nicht sicher von Einheimischen zu trennen.

Die große Rolle nichteinheimischer Organismen auf Segetalstandorten veranschaulicht Abb. 9. Im Detail ist die Herkunft vieler Arten unsicher. Sind sie alle zusammen mit den Vorfahren unserer Kulturpflanzen, mit Herdentieren, Saatgut

Abb. 8
Erweiterung der Flora Mitteleuropas vom Mesolithikum bis zum Beginn der Neuzeit. Dargestellt sind archäologische Fundnachweise für Arten der heutigen Ackervegetation sowie der ruderalen Siedlungsvegetation (nach OTTE & MATTONET 2001).

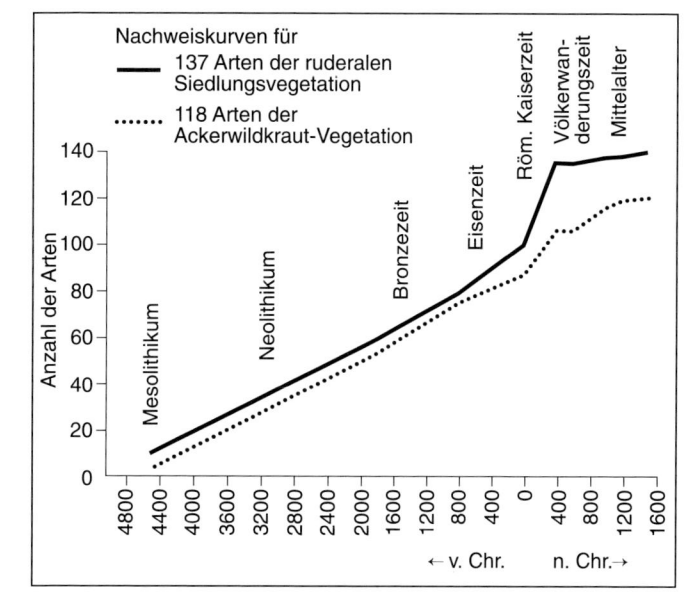

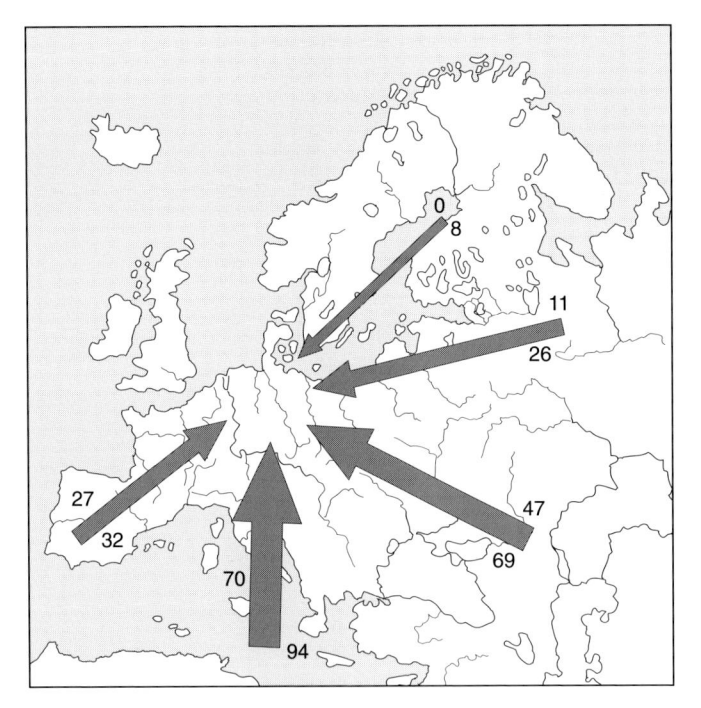

Abb. 9
Vorkommen und Herkunft nichteinheimischer Pflanzen- und Tierarten auf Ackerstandorten im Rheinland. Die Zahlen oberhalb der Pfeile beziehen sich auf Blütenpflanzen, die Zahlen darunter auf Käferarten (aus FRITZ-KÖHLER 1994).

oder anderen Waren eingeschleppt worden? Viele Arten haben sich wahrscheinlich erst unter anthropogenem Selektionsdruck auf Störungsstandorten herausgebildet („obligatorische Unkräuter" oder „Anökophyten", Tab. 69). Unter Berücksichtigung eines anthropogenen Anteils an ihrer Entstehung werden sie hier zu den Neobiota gerechnet, sofern nichteinheimische unter ihren Elternarten sind.

Trotz vieler offener Fragen besteht sicher ein enger Zusammenhang zwischen der menschlichen Kulturtätigkeit seit der Jungsteinzeit und dem Auftreten neuer Arten. Aus aktuellen ökologischen Studien ist retrospektiv ablesbar, welch große Rolle Herdentiere, die seit frühesten Zeiten Menschen auf ihren Wanderungen begleiten, für die Ausbreitung von Arten spielen.

FISCHER et al. (1995, 1996) konnten beispielsweise experimentell nachweisen, dass Schafe zahlreiche Pflanzenarten und auch einige Tierarten (z. B. Schnecken) über große Entfernungen transportieren. Im Fell, an den Klauen sowie im Kot ihres Versuchstieres befanden sich Diasporen von 102 Pflanzenarten; die meisten darunter waren Einheimische und Archäophyten (Tab. 18). Überraschend hat sich herausgestellt, dass viele dieser Arten über keine besondere Anpassung an eine Tierausbreitung verfügen, beispielsweise über klettenähnliche Früchte. Die Schafe transportierten also auch Arten, die sonst durch Wind, Wasser oder auf anderem Weg verbreitet werden.

Was heute als effektive Form einer funktionalen Biotopvernetzung gilt (PLACHTER 1996, POSCHLOD et al. 1996), dürfte in früheren Zeiten zur unbeabsichtigten Einfüh-

Tab. 18 Transport von Diasporen einheimischer und nichteinheimischer Pflanzenarten mit Schafen (nach FISCHER et al. 1995, 1996). Indigene, Archäophyten und Neophyten wurden nach ROTHMALER (1996) differenziert

	Arten Σ	Artenzahlen Einheimische absolut [%]	Archäophyten absolut [%]		Neophyten absolut [%]		Anteil an Diasporenmenge [%] Einh.	Arch.	Neo.
Transport									
nur mit Fell	48	33 68,8	12	25	3	6,2	98,1	1,6	0,3
nur mit Hufen	8	6 75	2	25	–	–	68,4	31,6	–
nur mit Kot	10	9 90	1	10	–	–	44,6	55,4	–
mit Fell und Hufen	22	22 100	–	–	–	–	100	–	–
mit Fell und Kot	3	3 100	–	–	–	–	100	–	–
mit Hufen und Kot	1	1 100	–	–	–	–	100	–	–
mit Fell, Hufen und Kot	11	11 100	–	–	–	–	100	–	–
gesamt	102	84 82,4	15	14,7	3	2,9	96,6	3,1	0,3

rung und weiteren Verbreitung zahlreicher Arten geführt haben. So soll das mediterrane Zwiebel-Rispengras (*Poa bulbosa*) mit Schafen nach Mitteleuropa gelangt sein (SUKOPP & SCHOLZ 1968).

> **Domestizierte Tiere fördern die Ausbreitung nichteinheimischer Arten:**
>
> In diesem Jahrhundert hat sich *Bromus tectorum* beispielsweise massenhaft in Nordamerika ausgebreitet. Die Zoochorie wurde hierbei durch den Transport mit der Eisenbahn ergänzt (BILLINGS 1990). In afrikanischen Savannen haben Weidetiere *Tribulus terrestris* zum Durchbruch verholfen (CORNELIUS et al. 1990). Die Spätblühende Traubenkirsche (*Prunus serotina*) wird in Niedersachsen von Damhirschen in Heiden eingeschleppt (SCHEPKER 1998) und in der Rhön tragen Schafe zur Ausbreitung der Stauden-Lupine (*Lupinus polyphyllus*) bei (OTTE et al. 2002). Das Auftauchen zweier nordamerikanischer Gräser (*Glyceria striata*, *Scirpus atrovirens*) an Reitwegen wird auf die primäre Einführung dieser Arten mit amerikanischen Futtermitteln und die sekundäre Ausbreitung über Pferdekot zurückgeführt (KORNECK & SCHNITTLER 1994).

3.2.2 Einschleppungen nach 1500

Mit der neuzeitlichen Kolonisierung beginnt die Globalisierung des Handels. Immer mehr Menschen und Waren werden zwischen den Kontinenten ausgetauscht – und mit ihnen große Mengen an Pflanzen und Tieren als blinde Passagiere. Dampfschifffahrt und Eisenbahn führen im 19. Jahrhundert zu einem Dimensionssprung im Austausch von Menschen, Gütern und Pflanzen zwischen und innerhalb von Kontinenten (JÄGER 1977). Die Arbeiten der Adventivfloristen haben den Zustrom neuer Arten eindrucksvoll dokumentiert. Mit Südfrüchten sind bislang mindestens 800 Arten nach Mitteleuropa eingeschleppt worden, mit Vogelfutter 230, mit Grassamen 52, mit Wollimporten 1600 und mehrere hundert Arten mit Getreide (SUKOPP 1972; zu Neozoen siehe Kap. 9).

Im 20. Jahrhundert wird der Autoverkehr zu einem effektiven Verbreitungsvektor. Per Flugzeug ist heute fast jeder Ort der Erde in einem Tag erreichbar. 1970 reisten nach einer WTO (World Trade Organization)-Statistik weltweit 166 Millionen Menschen ins Ausland, 25 Jahre später 702 Millionen, und im Jahr 2010 soll die Milliardengrenze überschritten sein. In den letzten Jahrzehnten hat die Liberalisierung des Welthandels alle Rekorde im Güteraustausch gesprengt: In nur 25 Jahren, von 1965 bis 1990, stiegen die Importe weltweit um das 17fache. Landwirtschaftliche Produkte und rohindustrielle Fertigungen, bei denen die Wahrscheinlichkeit der Verfrachtung von Neobiota am größten ist, nahmen um das neunfache zu. Das Ankurbeln neuer biologischer Invasionen ist damit auch ein Aspekt der globalisierten Weltwirtschaft (MCNEELY 1996b; JENKINS 1996).

Nach Mitteleuropa sind die meisten nichteinheimischen Pflanzen wohl im 19. Jahrhundert eingeschleppt worden (JÄGER 1988). Auch heute kommen noch neue Arten hinzu. Nach 1930 sind in Großbritannien 580 nichteinheimische Grasarten gefunden worden (RYVES et al. 1996). Nur 40 Arten sind aus Gärten verwildert, die meisten (93%) wurden eingeschleppt (430 mit Wolle, 80 mit Vogelfutter, 55 mit Getreide, 50 mit Grassamen, 20 mit Ölsaaten). Zumindest regional kann auch im 20. Jahrhundert die Zahl der Neophyten stark ansteigen, wie am Beispiel Berlin zu sehen ist: 1787 waren 20 Ruderalarten eingebürgert, 1887 waren es 51 Arten und 1959 sogar 79 Arten (SCHOLZ 1960). Eingeschleppte Arten treten konzentriert an Verlade- und Umschlagsplätzen sowie an Stellen auf, wo Transportmedien wie Saatgut direkt ins Freiland ausgebracht werden (Tab. 19).

Das Beispiel der Flora Montpelliers zeigt, dass der Einbürgerungserfolg eingeschleppter Arten geringer ist als der absichtlich eingeführter (THELLUNG 1912, Tab. 20). Ihr Anteil an den Eingebürgerten ist dennoch beachtlich, da mehr Arten unbeabsichtigt als mit Absicht eingeführt worden sind. Auch ein Teil der problema-

Tab. 19 Traditionelle Fundorte unbeabsichtigt eingeführter Arten

Fundorte von Adventivpflanzen	Quellen
Häfen	LEHMANN 1895, JEHLIK 1981, HAMANN & KOSLOWSKI 1988a, MANG 1990, LOTZ 1998
Ballastablagerungen an Wasserstraßen	MATTHIES 1925
Bahnanlagen und Verladestationen	LEHMANN 1895, KREH 1960, BRANDES 1983a, b, 1993
Getreide- und Ölmühlen	STIEGLITZ 1981, PYŠEK et al. 1984
Wollkämmereien	THELLUNG 1912, PROBST 1949, SCHMIDT 1973, BÜSCHER, 1991
Müllplätze	KREH 1935, KUNICK & SUKOPP 1975, HETZEL & MEIEROTT 1998
Getreidefelder	HÜGIN 1986, KORNAS 1988, FISCHER 1991, HILBIG & BACHTALER 1992, RIES 1992
Kleefelder	WALTER 1979a, FUNK et al. 1981, RANDIG & BRANDES 1989
Grünlandansaaten	HYLANDER 1943, SUKOPP 1968, SCHOLZ 1970, MÜLLER 1988, MELZER 1993, PESCHEL 1999, MAURER 2002

tischen Arten, vor allem der Ackerunkräuter, ist eingeschleppt worden (Tab. 24). Im Folgenden werden einige Wege skizziert, auf denen neue Arten über Einschleppungen zum ersten Mal ins Gebiet gelangt sind. Zum Teil werden die Arten auf gleichen Wegen weiter im Gebiet verfrachtet (siehe Kap. 3.3).

3.2.2.1 Saatgutbegleiter

Saatgut von Kulturpflanzen enthält meist Beimischungen anderer Arten, die zusammen mit Kulturpflanzen geerntet, aber nicht von ihrem Saatgut getrennt worden sind. So sind mit Getreide (Tab. 21), Gras- und Kleesamen (Tab. 22), Ölfrüchten, Vogelfutter und anderen Futtermitteln große Mengen an Begleitarten nach Europa gelangt und auch weiter verbreitet worden. Welche Arten das sind, hängt ab von:
- der **Art des Saatgutes**: Verschleppt werden meistens Arten, deren Samen denen der Kulturpflanzen ähneln. Mit Leinsamen werden daher andere Arten als mit Getreide oder mit Kleesamen verbreitet (Tab. 21).
- der **Herkunft des Saatgutes**: Mit amerikanischem Getreide werden andere Begleitarten als mit russischem Getreide der gleichen Art verbreitet. Zwei Beispiele veranschaulichen auch kulturhistorisch interessante Konsequenzen: Das amerikanische Spitzkletten-Rispenkraut (*Iva xanthiifolia*) ist seit 1934 ein gefürchtetes Unkraut im Gebiet der Sowjetunion. Nach 1945 wurde es in großen Mengen mit sowjetischen Getreidelieferungen in Ostblockländer gebracht und breitete sich dort stark aus (LHOTSKA & SLAVIK 1969, FISCHER 1986, SUDNIK-WOJCIKOWSKA 1987). Im Ostteil Berlins ist *Iva* häufig, im Westteil fehlt sie dagegen weitgehend. Nach 1990 wurden größere Bestände am Potsdamer Platz gefunden (PASSARGE 1996). *Solanum carolinense* wird vor allem mit amerikanischen Sojalieferungen verbreitet und kommt beispielsweise an Ölmühlen vor. Neben 74 weiteren amerikanischen Arten ist es aber auch aus mecklenburgischen Schweinemastanlagen bekannt (HENKER 1980). Dies zeigt, dass auch die DDR amerikanische Futtermittel importierte. Beispiel einer mit sowjetischem Getreide verbreiteten östlichen Art ist *Artemisia sieversiana* (JEHLIK & HEJNY 1974).

Tab. 20 Einbürgerungserfolg nichteinheimischer Pflanzenarten, die das Gebiet von Montpellier (Südfrankreich) auf unterschiedliche Weise erreicht haben (nach THELLUNG 1912)

Art der Einführung/Einschleppung	Σ Arten	eingebürgert absolut	[%]
eingeschleppt	621	46	7,4
davon mit: Wolle	526	19	3,6
Saatgut u. Futtergetreide	40	9	23,5
Ballaststoffen	19	9	47,4
Getreide	18	0	0,0
Verkehrsmitteln	18	9	50,0
eingeführt und verwildert	148	61	41,2
aus Hybridisierung hervorgegangen	31	0	0,0
gesamt	800	107	13,4

Tab. 21 Verbreitung einheimischer und nichteinheimischer Arten mit Saatgut (a) von Leinsamen (819 Proben à 50 g aus dem Zeitraum 1934–38) und (b) von Getreide (1955 Proben à 100 g aus dem Zeitraum 1926–29; nach KORNAS 1988); Einheimische und Archäophyten wurden nach ROTHMALER (1996) differenziert. Neophyten kamen nicht vor

(a) Lein-Saatgut (Zeitraum 1934–38)		Vorkommen in 819 Proben absolut	[%]
Einheimische			
Polygonum lapathifolium subsp. *lapath.*	Ampfer-Knöterich	807	98,5
Rumex acetosella	Kleiner Sauerampfer	706	86,2
Polygonum persicaria	Floh-Knöterich	699	85,3
Archäophyten			
Chenopodium album	Weißer Gänsefuß	817	99,8
Spergula arvensis subsp. *maxima*	Acker-Spergel	803	98,0
Lolium remotum	Lein-Lolch	798	97,4
Fallopia convolvulus	Windenknöterich	785	95,8
Centaurea cyanus	Kornblume	758	92,6
Camelia sativa	Saat-Leindotter	752	91,8
Spergula arvensis	Acker-Spergel	749	91,5
Cuscuta epilinum	Lein-Seide	476	58,1
(b) Getreide-Saatgut (Zeitraum 1926–29)		Vorkommen in 1955 Proben absolut	[%]
Einheimische			
Vicia hirsuta	Rauhhaar-Wicke	1089	55,7
Galium aparine	Kletten-Labkraut	898	45,9
Vicia tetrasperma	Viersamige Wicke	389	19,9
Archäophyten			
Agrostemma githago	Korn-Rade	1342	68,6
Bromus secalinus	Roggen-Trespe	1061	54,3
Fallopia convolvulus	Windenknöterich	740	37,9
Centaurea cyanus	Kornblume	575	29,4
Avena fatua	Flug-Hafer	527	27,0
Sinapis arvensis	Acker-Senf	411	21,0
Lolium temulentum	Taumel-Lolch	399	20,4

- der **Güte der Saatgutreinigung:** Sie bestimmt erheblich Zusammensetzung und Umfang der Beimengungen. Tab. 21 zeigt die Beimengungen von Lein- und Getreidesaaten. Die historischen Daten aus abgelegenen Gebieten Polens dürften ein charakteristisches Bild für die Zeit vor der Perfektionierung der Saatgutreinigung in den 90er-Jahren des 19. Jahrhunderts zeigen. Mit dem Saatgut werden vor allem Archäophyten und Einheimische verbreitet. Die heutige Gefährdung von Arten wie der Kornrade geht vor allem auf die verbesserte Saatgutreinigung zurück.

Das Ausmaß der Saatgutreinigung hängt auch vom Verwendungszweck des Saatgutes ab. Vor allem „minderwertiges" Saatgut, mit dem beispielsweise Eisenbahnböschungen begrünt (LEHMANN 1895, MATTHIES 1925) oder Rasen und Wiesen in Parkanlagen angesät wurden (siehe Kap. 6.1.5.2), war reich an beigemengten Arten. Vielfach wurde das Saatgut absichtlich verfälscht, um die Samen der Zielarten zu strecken oder auch um die Herkunft zu verschleiern. Im 19. Jahrhundert war beispielsweise Rotklee nordamerikanischer Provenienz begehrter als europäische Herkünfte, da er kaum mit Kleeseide verunreinigt war, einem damals gefürchteten Unkraut. Um minderwertiges europäisches Saatgut als vermeintlich sichere nordamerikanische Herkunft zu verkaufen, wurden deshalb zur Tarnung Samen amerikanischer Unkrautarten beigemengt (z. B. *Ambrosia artemisiifolia*; PESCHEL 2000).

3.2.2.2 Transportbegleiter

Wie effektiv Schafe zur Ausbreitung von Pflanzen beitragen, zeigte bereits Tab. 18. Durch Tiertransporte mit der Eisenbahn, später mit Lastwagen, ist die Reichweite dieses Ausbreitungsweges potenziert worden. Dies gilt besonders für Wolle als den Teil von Schafen, mit dem häufig ein ganzer „Fingerabdruck" der Flora ihrer Weidegründe importiert wird. In der Nähe von Wollkämmereien wurden die reichsten Funde von Adventivarten gemacht: über 1600 Arten in Mitteleuropa (PROBST 1949). Allein von der Kämmerei in Döhren (Hannover) sind 139 Arten von 1897–1937 bekannt geworden. Vor der Stilllegung Anfang der 70er-Jahre wies SCHMIDT (1973) noch einmal 130 Arten nach. Auch mit Südfrüchten gelangten früher viele Arten nach Mitteleuropa (über 800 nach JAUCH 1938). Zum Schutz gegen Frost wurden sie damals häufig mit Stroh aus ihren Anbaugebieten verpackt. Durch perfektionierte Verpackungs- und Verarbeitungsmethoden haben diese Verbreitungswege heute an Bedeutung verloren. Dennoch sind Häfen immer noch besonders reich an nichteinheimischen Arten. So listet MANG (1990) 3372 Arten für den Hamburger Hafen auf. Die kurzen

Tab. 22 Mengenanteil der Saatgutbegleiter im Saatgut von Leguminosen und Gräsern (a) Diasporenanteil der Begleitarten im ausgebrachten Saatgut; (b) mittlerer Diasporeneintrag von Begleitarten pro m² (nach SALISBURY 1964)

angesäte Zielart	(a) Diasporenanteil Begleitarten [%]	(b) Diasporen Begleitarten pro m²
Leguminosen		
Trifolium repens	7,3	118
Trifolium hybridum	4,3	45
Medicago sativa	2,5	44
Trifolium pratense	3,5	19
Trifolium incarnatum	3,1	18
Onobrychis sativa	3,3	13
Gräser		
Dactylis glomerata	10	26
Lolium perenne	2,8	7
Phleum pratense	1,1	2

Transportzeiten moderner Containerschiffe erhöhen auch die Überlebensmöglichkeiten für Insekten (SCHLIESSKE 1998, siehe Kap. 9.3).

3.2.2.3 Aquakulturen

Mit der Ansiedlung amerikanischer und asiatischer Austernarten in der Nordsee wurden mindestens 36 inzwischen etablierte aquatische Neophyten und Neozoen eingeschleppt, darunter so auffällige Arten wie die Amerikanische Bohrmuschel (*Petricola pholadiformis*). Auch einige Planktonalgen sowie der Japanische Beerentang (*Sargassum muticum*) wurden mit Aquakulturen verbreitet (MINCHIN 1996, KREMER et al. 1983, REISE et al. 1999). Tab. 52 zeigt die Organismengruppen im Überblick (vgl. auch siehe Kap. 6.6 und 9.4). Aus norwegischen Fischfarmen entwichene Zuchtlachse übertragen Pathogene und Parasiten auf Wildlachse, mit denen sie auch hybridisieren (HINDAR et al. 1991). Beispiele für absichtlich oder unbeabsichtigt eingeführte Organismen sind in Abb. 10 zu finden.

3.2.2.4 Schiffsverkehr

Der größte Teil des interkontinentalen Artentransfers verläuft über den Schiffsverkehr – zur Zeit der Segelschiffe ebenso wie heute. Einige aquatische Arten können sich am Schiffsrumpf ansiedeln oder sich, wie die „Schiffsbohrmuschel" *Teredo navalis*, in die Planken bohren. Die Entwicklung der Schifffahrtstechnik spiegelt sich dabei auch in den Artengruppen wider, die mit dem Schiff als reisender Insel verschleppt worden sind. Besonders augenfällig ist dies bei Arten, die mit Ballastmaterialien transportiert werden. Früher dienten zum Beispiel Sand und Kies als Ballast. An den Ablagerungsstellen fanden sich regelmäßig Pflanzen aus den Entnahmegebieten (LEHMANN 1895, MATTHIES 1925). Ballastmaterial wurde auch im Binnenland für Ausbesserungsarbeiten an Bahndämmen u. ä. benutzt, wodurch in England beispielsweise *Senecio viscosus* weit verbreitet wurde (LOUSLEY 1953a).

Seit Ende des 19. Jahrhunderts wird vornehmlich Wasser als Ballast in Tanks aufgenommen und wieder abgegeben. Hiermit wird bis heute ein großes Spektrum an Meereslebewesen in alle Teile der Welt transportiert. Nach einer Hochrechnung

Abb. 10
Beispiele für die absichtliche oder unbeabsichtigte Einführung von Organismen durch Schiffe, Aquakulturprodukte und infolge von Kanalbauten (aus NEHRING & LEUCHS 1999).

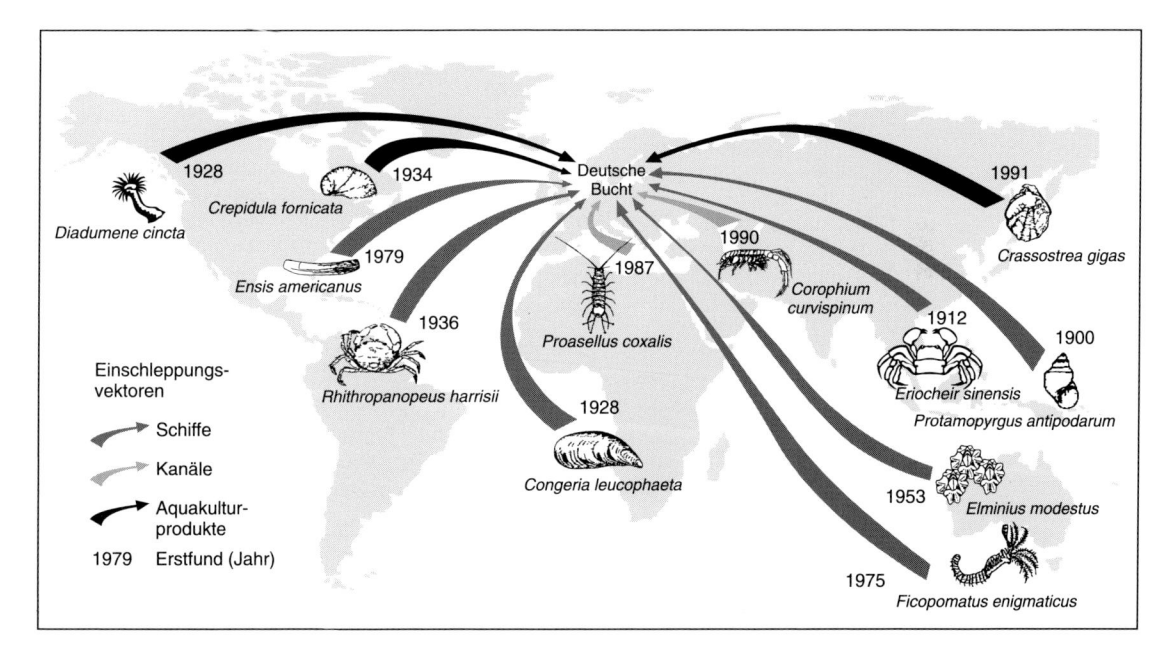

befördern die 70 000 größten Schiffe der Welt jährlich zehn Milliarden Tonnen Ballastwasser um den Globus. Nach CARLTON et al. (1996) sind täglich um die 3000 Arten im Ballastwasser und Sediment der Tanks unterwegs. In einem Kubikmeter Ballastwasser wurden über 50 000 zooplanktische Individuen und über 110 Millionen phytoplanktische Formen gefunden (GOLLASCH 1999, LENZ et al. 2000). Rechnerisch werden 2,7 Millionen marine Organismen pro Tag nach Deutschland transportiert (GOLLASCH 1996, 1999). Einige darunter konnten sich etablieren, nach einem WWF (Worldwide Fund for Nature)-Report beispielsweise 60 Arten in der Ostsee (MCNEELY 1996b). REISE et al. (1999) nennen 43 mit Schiffen an die deutsche Nordseeküste gelangte Arten (Tab. 52).

Auch das nordamerikanische Schlickgras *Spartina alternifolia* erreichte mit Ballastwasser Europa, die Zebra-Muschel (*Dreissena polymorpha*) auf umgekehrtem Weg Nordamerika (THOMPSON 1991). Sie wird dort mit Freizeitbooten auf den großen Seen ausgebreitet (BUCHAN & PADILLA 1999). Ballastwasser als Ausbreitungsvektor mariner Organismen gilt heute als ein international akutes Problem (vgl. auch Kap. 9.4).

Die erhebliche Verringerung der Reisezeiten seit der Erfindung der Dampfmaschine hat die Überlebenschance vieler mitreisender Organismen erhöht. So wird beispielsweise angenommen, dass der Erreger der Kartoffelfäule, der Neomycet *Phytophtora infestans*, erst nach 1845 lebend aus Amerika eingeschleppt wurde. Der Grund dafür ist, dass er zuvor die lang andauernde Hitze im Laderaum nicht überstehen konnte (SCHOLLER 1996). Mit den modernen Containern werden auch zahlreiche Insektenarten eingeschleppt, die in Rohkaffee, Rohkakao, Erdnüssen, Aprikosenkernen und Verpackungshölzern überleben (siehe Kap. 9.3). Während des kaum dreiwöchigen Transfers eines Frachtschiffes von Singapur nach Bremerhaven ging zwar die Artenzahl im Ballastwasser deutlich zurück, zahlreiche Arten überlebten jedoch, sodass immer wieder mit Neueinschleppungen aquatischer Organismen zu rechnen ist (LENZ et al. 2000).

3.2.2.5 Kanäle

Kanäle können voneinander isolierte Gewässersysteme verbinden. Damit werden Invasionen aquatischer Pflanzen und Tiere möglich, die auf Wasser als Ausbreitungsmedium angewiesen sind. Klassisches Beispiel ist der Suezkanal. Nach seinem Bau gelangten ab 1870 bislang über 300 Tier- und Pflanzenarten aus dem Roten Meer und dem Indischen Ozean ins Mittelmeer („Lessepsian migration", POR 1978). Die Zuwanderungsraten steigen (BOURDOURESQUE 1996). In Europa sind die Einzugsgebiete des Schwarzen Meeres und der Nord- und Ostsee durch Kanäle wie zuletzt den Rhein-Main-Donau-Kanal verbunden worden. Dies erlaubte die Etablierung zahlreicher aquatischer Organismen, u. a. des Schlickkrebses *Corophium curvispinum* (Abb. 11). Er hat den Rhein wahrscheinlich über den Dortmund-Ems-Kanal erreicht und gehört heute im Oberrhein zu den individuenreichsten Arten. Seit der Fertigstellung des Rhein-Main-Donau-Kanals 1992 ist auch die Verbindung Rhein-Donau lückenlos besiedelt (BERNAUER et al. 1996, TITTIZER 1996; zur Angleichung der Fischfauna: LELEK 1996; Weiteres in Kap. 9.4).

3.2.2.6 Flugverkehr

Mit der kurzen Reisezeit von Flugzeugen steigt auch hier die Wahrscheinlichkeit, dass mitgeführte Arten überleben. Dies betrifft vor allem Wirbellose. So soll die aus Mittel- und Ostasien stammende Blattlaus *Impatientinum asiaticum* mit dem Flugzeug nach Europa gelangt sein (LAMPEL 1978). Sie kommt heute häufig an *Impatiens parviflora* vor, die aus dem gleichen Gebiet stammt (siehe Kap. 7.2.1). Kontrollen in Hawaii brachten in einem Jahr 259 neue Arten an Wirbellosen zu Tage: 40% im Gepäck von Flugreisenden, 39% in der Luftfracht, 16% in der Seefracht; 5% stammten aus Paketen und anderen Einführungsquellen (HOLT 1996).

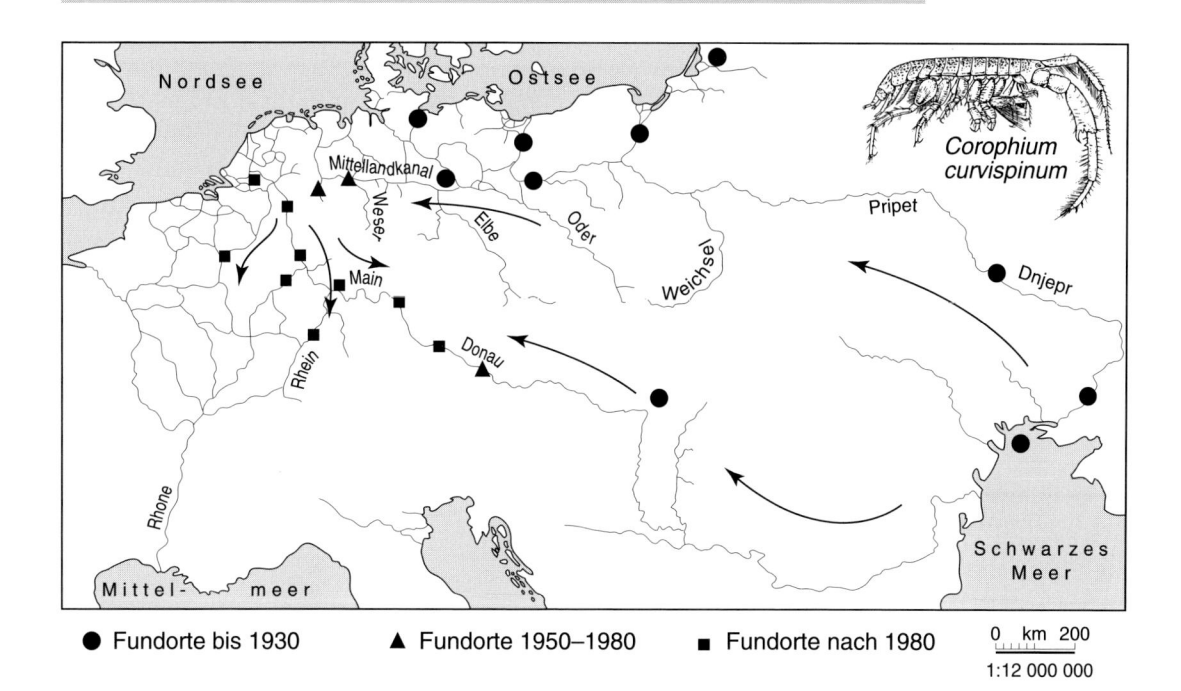

3.3 Sekundäre Ausbringungen

Die Ersteinführung einer Art ist Voraussetzung, aber nicht Garant einer nachfolgenden erfolgreichen Ausbreitung. Ob biologische Invasionen zustande kommen, hängt wesentlich von zwei Faktoren ab: Es müssen Lebensräume mit geeigneten Umweltbedingungen vorhanden sein, und die neu eingeführten Arten müssen diese auch erreichen können. Bei hoch mobilen Gruppen wie vielen Vögeln, Säugetieren oder aquatischen Organismen ist dies wenig problematisch. Sie können ihr neues Areal nach der Ersteinführung meist aus eigener Kraft rasch besiedeln. Beispiele sind der Bisam, der binnen weniger Jahrzehnte große Teile Mitteleuropas eroberte (Abb. 65) und der Schlickkrebs *Corophium curvispinum*, der sich rasch durch Kanäle ausgebreitet hat (Abb. 11).

Die meisten Pflanzen breiten sich dagegen nicht über wenig Dutzend Meter aus eigener Kraft oder mittels natürlicher Ausbreitungsvektoren aus. Bei Entfernungen von über 100 Metern spricht man schon von Fernausbreitung (HARPER 1977, HOWE & SMALLWOOD 1982, BONN & POSCHLOD 1998). Ausnahmen finden sich bei vielen Arten der Fließgewässersysteme, da hier das Wasser eine weitreichende Ausbreitung bewirkt. So ist es kein Zufall, dass Fließgewässer und Auen besonders reich an nichteinheimischen Arten sind (siehe Kap. 6.4). Außerhalb von Auen können ungewöhnliche Witterungsereignisse (beispielsweise schwere Stürme) Diasporen wesentlich weiter als gewöhnlich ausbreiten und hierdurch die Besiedlung ansonsten unzugänglicher Wuchsplätze ermöglichen. Ohne diese Erklärung wäre beispielsweise der Ausbreitungsfortschritt vieler Pflanzen bei der nacheiszeitlichen Wiedereinwanderung nicht verständlich (CAIN et al. 1998, 2000).

Wohl kaum ein Neophyt hat sich nach der Ersteinführung in Mitteleuropa ganz ohne menschliche Mitwirkung stark ausgebreitet (mögliche Ausnahme: *Campylopus introflexus*, siehe Kap. 6.6.2). Für den Ausbreitungserfolg der meisten Arten ist menschliches Handeln ein wesentlicher Schlüsselfaktor. Dass anthropogene Standortveränderungen häufig Invasionen begünstigen oder sogar erst ermöglichen, ist lange bekannt (3.4). Eher unterschätzt wird dagegen die Rolle beab-

Abb. 11
Einwanderung des Schlickkrebses *Corophium curvispinum* nach Mitteleuropa nach THIENEMANN und SCHÖLL aus TITTIZER 1996, sowie nach BERNAUER et al. 1996).

Tab. 23 Überwindung der räumlichen Isolation zu verschiedenen Biotoptypen durch beabsichtigte und unabsichtigte sekundäre Ausbringungen

Formen sekundärer Ausbringung	Überwindung der Isolation zu Biotoptypen				Arten n
	urban-industrielle	segetale	halb-natürliche	naturnahe	
Pflanzung/Ansaat					
in Gärten und Grünflächen	●	–	■	■	22
fließgewässernahe Gärten	●	–	●	●	7
als Forstgehölz	–	–	●	●	7
als Wildfutter od. Deckungspflanze	–	–	●	●	8
an Verkehrswegen, in Hecken	●	–	●	■	6
als landwirtschaftl. Nutzpflanze	–	●	●	■	2
zur Erosionsbekämpfung	●	–	●	●	7
zur Bodenverbesserung	–	–	●	●	3
als Bienenfutterpflanze	●	–	●	●	6
zur „Bereicherung" der Natur	–	–	●	●	5
unabsichtliche Ausbringung					
durch Fahrzeuge	●	–	●	■	6
mit Böden	●	–	●	■	9
mit Gartenabfall	–	–	●	●	11
als Saatgutbegleiter	–	●	–	–	24

● in Mitteleuropa bedeutender Vektor, ■ weniger bedeutender Vektor; n bezieht sich auf die häufig durch sekundäre Ausbringungen begünstigten problematischen Arten aus Tab. 24

Abb. 12 Ausbreitungsgeschichte des Kleinblütigen Springkrautes (*Impatiens parviflora*), dargestellt anhand der Nachweise in der floristischen Literatur. Der Übergang auf Waldstandorte vollzog sich erst ungefähr 50 Jahre nach Beginn der Ausbreitung (nach TREPL 1984).

Anzahl der Fundorte (1830–1970):
— Botanische Gärten
— Ansaaten
- - - Parks, Friedhöfe
- - - Gärten, Zäune
.... Ruderalstandorte
.... Fabriken, Holzlagerplätze
—·— Wälder
—·— Bahngelände

sichtigter oder auch unbeabsichtigter sekundärer Ausbringungen, die häufig Jahrzehnte bis Jahrhunderte nach der Ersteinführung Invasionen fördern. Die Kenntnis sekundärer Ausbreitungsmechanismen ist für eine sachgemäße Analyse von Invasionsprozessen und für die Konzeption möglicher Steuerungsmaßnahmen notwendig.

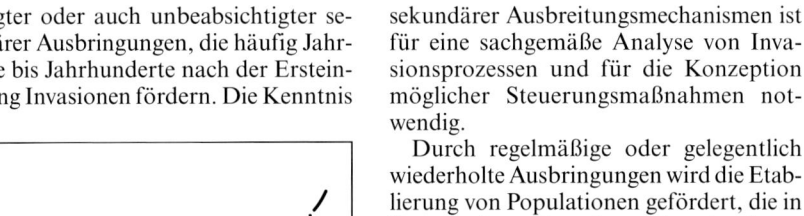

Durch regelmäßige oder gelegentlich wiederholte Ausbringungen wird die Etablierung von Populationen gefördert, die in ihrer Anfangsphase besonders durch ungünstige Umweltbedingungen gefährdet sind (MACK 2000). Darüber hinaus überbrücken sekundäre Ausbringungen räumliche Barrieren. Neophyten können so zu geeigneten und auch naturnahen Wuchsorten gelangen, die natürlicherweise nicht oder nur schwer erreichbar gewesen wären (Tab. 23).

Wie sekundäre Ausbringungen eine Art mit natürlich beschränkter Fernausbreitung zur erfolgreichen Invasionsart werden lassen können, zeigt der Fall des Kleinblütigen Springkrautes (*Impatiens parviflora*). In gut 150 Jahren hat es eine Karriere von einer seltenen Gartenpflanze zum häufigsten Neophyten mitteleuropäischer Wälder durchlaufen (Abb. 12), obwohl es sich mit seinen Springfrüchten nur bis zu 3,4 Meter pro Jahr ausbreiten kann. Zunächst überwogen Fundorte in Gärten

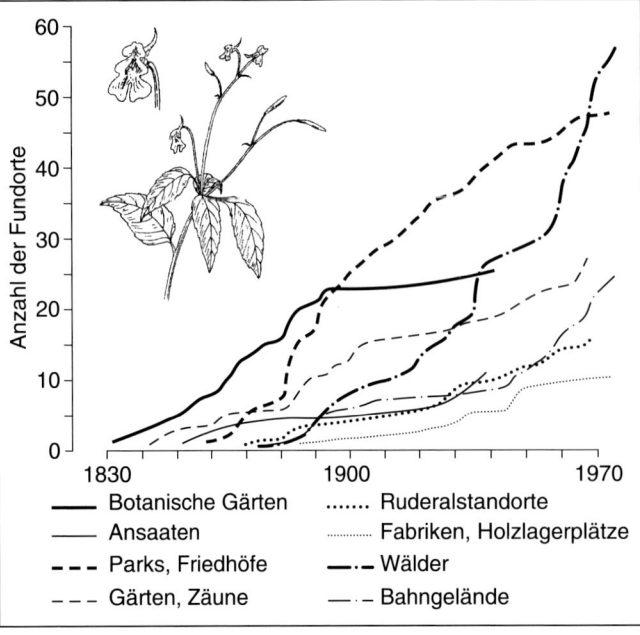

Sekundäre Ausbringungen

und Parks. Durch Ansaaten zur „Bereicherung der Natur" gelangte die Art auch auf naturnahe Standorte und wurde dann durch die in der zweiten Hälfte des 19. Jahrhunderts intensivierte Waldbewirtschaftung, den Bau von Forststraßen und die zunehmende Erholungsnutzung der Wälder gefördert (TREPL 1984 und Kap. 6.3.1).

Meist führt eine Kombination verschiedener und vor allem wiederholter sekundärer Ausbringungen zum Erfolg. Tab. 24 zeigt dies für die besonders problematischen Neophyten in Deutschland. Mit Ausnahme der meisten Ackerunkräuter sind fast alle beabsichtigt eingeführt worden. Die meisten Arten wurden danach über lange Zeiträume durch beabsichtigte oder unbeabsichtigte sekundäre Ausbringungen weiter im Gebiet verbreitet. Dies führte auch zur Besiedlung naturnaher Standorte und konnte als Initialzündung für den Aufbau problematischer Dominanzbestände wirken. So sind die meisten problematischen Neophytenbestände Niedersachsens unmittelbar durch anthropogene Ausbringungen vor Ort begründet worden (Tab. 25). Auch gewässernahe Vorkommen problematischer Arten werden so etabliert (z. B. bei *Fallopia*, *Heracleum mantegazzianum*; siehe Kap. 6.4.3 und 6.4.4).

Tab. 24 Art der Ersteinführung der in Deutschland besonders problematischen nichteinheimischen Pflanzenarten (nach Tab. 70, Tab. 42) und wichtige Wege darauf folgender sekundärer Ausbringungen durch menschliche Aktivitäten (nach KOWARIK im Druck)

problematische Pflanzenarten	Erst-einführung B	U	A	sekundäre Ausbringungswege ZP	LA	HF	FA	BV	ES	BP	WD	AS	FZ	GA	BA	SG
Moose																
Campylopus introflexus	–	×	–	–	–	–	–	–	–	–	–	–	–	–	–	–
Einjährige																
Impatiens glandulifera	×	–	–	●	–	–	–	–	–	●	–	–	●	●	●	–
Impatiens parviflora	×	–	–	◆	–	–	–	–	–	–	–	–	●	–	–	–
Avena fatua	(×)	×	(×)	–	–	–	–	–	–	–	–	–	–	◆	–	●
+ 20 andere Ackerunkräuter*)																
ausdauernde Krautige																
Bunias orientalis	–	×	–	–	–	–	–	–	–	–	–	–	●	–	●	●
Cyperus esculentus	–	×	–	–	–	–	–	–	–	–	–	–	●	–	–	●
Fallopia japonica	×	–	–	●	–	–	–	■	–	–	■	–	■	–	●	–
Fallopia sachalinensis	×	–	–	●	–	–	–	–	–	–	●	–	●	–	●	–
Fallopia × bohemica	–	–	×	–	–	–	–	–	–	–	–	–	–	–	–	–
Helianthus tuberosus	×	–	–	●	■	–	–	–	–	–	●	–	■	–	●	–
Heracleum mantegazzianum	×	–	–	–	–	–	–	–	–	●	■	–	●	–	●	–
Lupinus polyphyllus	×	–	–	●	–	–	●	●	●	?	●	–	●	●	–	–
Lysichiton americanus	×	–	–	■	–	–	–	–	–	–	–	–	■	–	–	–
Solidago canadensis	×	–	–	●	–	–	–	–	–	●	–	–	?	●	●	–
Solidago gigantea	×	–	–	●	–	–	–	–	–	●	–	–	?	●	●	–
Spartina anglica	–	×	–	–	–	–	–	–	–	●	–	–	–	–	–	–
Wasserpflanzen																
Elodea canadensis	×	–	–	●	–	–	–	–	–	–	–	–	■	–	●	–
Elodea nuttallii	×	–	–	●	–	–	–	–	–	–	–	–	■	–	–	–
Sträucher																
Rosa rugosa	×	–	–	●	–	–	●	–	–	●	–	–	–	–	–	–
Symphoricarpos albus	×	–	–	●	–	–	–	–	–	■	●	–	–	–	–	–
Vaccinium corymb. × ang.	–	–	×	–	●	–	–	–	–	–	–	–	–	–	–	–

Tab. 24 Fortsetzung

problematische Pflanzenarten	Ersteinführung B	U	A	sekundäre Ausbringungswege ZP	LA	HF	FA	BV	ES	BP	WD	AS	FZ	GA	BA	SG
Bäume																
Acer negundo	×	–	–	●	–	●	–	–	–	–	–	–	–	–	–	–
Pinus nigra	×	–	–	●	–	–	●	–	–	–	–	–	–	–	–	–
Pinus strobus	×	–	–	●	–	–	●	–	–	–	–	–	–	–	–	–
Populus × euramericana	–	–	×	●	–	●	●	–	–	–	–	–	–	–	–	–
Prunus serotina	×	–	–	●	–	●	◆	◆	–	–	–	■	–	–	–	–
Quercus rubra	×	–	–	●	–	–	●	–	–	–	–	–	–	–	–	–
Robinia pseudoacacia	×	–	–	●	–	●	●	●	●	●	●	■	–	–	–	–
Pseudotsuga menziesii	×	–	–	●	–	–	●	–	–	–	–	–	–	–	–	–

Ersteinführung: B – beabsichtigt, U – unbeabsichtigt, A – anthropogene Sippen, unter Beteiligung eingeführter Arten entstanden.

Absichtliche sekundäre Ausbringungen: ZP – Zierpflanze, LA – landwirtschaftliche Anbaupflanze, HF – Heckenpflanze, Flurgehölz, FA – forstliche Anbaupflanze, BV – Bodenverbesserung, ES – Erosionsschutz, BP – Bienenpflanze, WD – Wildfutter/Deckungspflanze, AS – „Bereicherung" der Natur (Ansalbung).

Unbeabsichtigte sekundäre Ausbringungen: FZ – Fahrzeuge, GA – Gartenabfall, BA – Bodenablagerungen, SG – Saatgut; ● wichtiger Ausbringungsweg, ■ weniger bedeutsam, ◆ nur früher, ? Bedeutung unsicher

Alopecurus myosuroides, Amaranthus retroflexus, Anthoxanthum aristatum, Chenopodium subsp., Chrysanthemum segetum (lokal), Cyperus esculentus (lokal), Echinochloa crus-galli, Fallopia convolvulus, Galinsoga ciliata, G. parviflora, Lamium purpureum, Matricaria recutita, Mercurialis annua, Setaria subsp., Solanum nigrum, Stellaria media, Thlaspi arvense, Tripleurospermum perforatum, Veronica persica, Viola arvensis

Tab. 25 Rolle beabsichtigter und unbeabsichtigter Ausbringungen bei der Bestandsbegründung problematischer Neophytenvorkommen in Niedersachsen, mit Angaben zu besonders problematischen Neophyten; (a) nach Befragung örtlicher Experten zu 342 Vorkommen; (b) nach eigener Vorortanalyse von 106 Vorkommen; alle Werte gerundet (nach KOWARIK & SCHEPKER 1997, SCHEPKER 1998)

	alle Arten		problematische Vorkommen *Prunus serotina*		*Fallopia spec.*[*]		*Heracleum mantegazzian.*	
	(a) n = 342	(b) n = 106	(a) n = 131	(b) n = 49	(a) n = 59	(b) n = 18	(a) n = 58	(b) n = 16
	[%]	[%]	[%]	[%]	[%]	[%]	[%]	[%]
Begründet durch Ausbringung im Gebiet	63	76	77	98	69	56	51	38
Anpflanzung	44	65	76	98	20	17	9	–
Ansaat	4	–	–	–	–	–	20	25
mit Gartenabfall	10	5	1	–	29	17	18	13
mit Boden	5	6	–	–	20	22	4	–
Begründet durch Einwanderung ins Gebiet	38	25	23	2	31	44	49	62
aus Gärten	10	8	1	–	17	–	18	37
unbekannte Herkunft	28	17	22	2	14	44	31	25

* *Fallopia japonica, F. sachalinensis, F. × bohemica*

Wie die Wege der Ersteinführung sind auch die sekundärer Ausbringungen kulturellen Veränderungen unterworfen. Verliert ein traditioneller Ausbreitungsvektor an Bedeutung, können an ihn gebundene Arten zurückgehen oder sogar aussterben, beispielsweise Leinunkräuter oder an Ausbreitung durch Schafe gebundene Arten. Nach der Perfektionierung des Transport- und Verpackungswesens werden heute weniger Arten als früher mit der Eisenbahn oder als Woll-, Südfrucht-, Ölsaat- oder Saatgutbegleiter verbreitet. Die Anzahl verwilderter Zier- und Nutzpflanzen ist dagegen gestiegen (BRANDES 1993, KEIL & LOOS 2002). Modewellen bei Gartenpflanzen können sich zu Ablagerungswellen in der freien Landschaft fortsetzen (wie KOSMALE 1981a für Sachsen gezeigt hat).

3.3.1 Gärtnerische Pflanzungen

Nichteinheimische Pflanzen haben in der Gartenkunst einen hohen und im Laufe der Zeit stark variierenden Stellenwert. Ihre kulturhistorische Bedeutung wird in Kap. 4 besprochen. Hier soll auf gärtnerische Pflanzungen als Ausgangspunkt für die Ausbreitung von Zier- und Nutzpflanzen als „Kulturflüchtlinge" eingegangen werden.

Einige inzwischen weit verbreitete Neophyten sind unmittelbar aus botanischen Gärten entwichen, in denen in Deutschland insgesamt etwa 50 000 Arten kultiviert werden (RAUER et al. 2000). Hierzu gehören *Impatiens parviflora, Matricaria discoidea, Galinsoga parviflora* und *Conyza canadensis*. Doch wird die Ausbreitung der meisten Kulturflüchtlinge von Privatgärten und öffentlichen Grünanlagen ausgegangen sein. Hier werden zwar wesentlich weniger Arten, diese aber in meist höheren Stückzahlen kultiviert. Für knapp 400 mitteldeutsche Gärten wiesen FROMKE & JÄGER (1992) 600 krautige Zierpflanzen nach. Von den 489 Gehölzsippen, die RINGENBERG (1994) auf einer Fläche von 56 Hektar innerhalb der Hamburger Wohnbebauung fand, waren nur 14% im Gebiet einheimisch; 33% sind Kulturherkünfte, 24% stammen aus Ost- und Mittelasien, 16% aus anderen Teilen Europas, dem Mittelmeergebiet oder Westasien und 12% aus Nordamerika. Nach einer Umfrage der Deutschen Dendrologischen Gesellschaft werden in deutschen Gärten und Parks etwa 3150 nichteinheimische Gehölzarten kultiviert, viele davon allerdings in sehr geringen Stückzahlen (KOWARIK 1992b nach BARTELS et al. 1991). Das Umfeld solcher gärtnerischer Pflanzungen ist in seiner Gesamtheit sicher wesentlich vielfältiger als das der vergleichsweise wenigen Botanischen Gärten. Aus diesem Grunde besteht hier eine höhere Wahrscheinlichkeit, dass ein Ausbreitungsversuch einer gepflanzten Art auch auf passende Wuchsorte trifft.

Nach KUNICK (1991) verwildern 335 krautige Gartenpflanzen (ohne Einjährige) in deutschen Städten. 143 davon stammen aus Mitteleuropa, 85 aus dem Mittelmeergebiet und Südosteuropa, 43 aus Mittel- und Südostasien, 36 aus Nordamerika. ADOLPHI (1995) hat die Gruppe der absichtlich eingeführten Zier- und Nutzpflanzen für den Bereich des Rheinlandes genauer untersucht. 210 dieser Arten, darunter 77 Gehölze, kommen hier wild wachsend als Neophyten vor; 123 sind wahrscheinlich etabliert. Aus Anpflanzungen breiten sich auch mehr Gehölzarten aus als insgesamt in Deutschland einheimisch sind: 210 Arten allein in Berlin und Brandenburg gegenüber 196 insgesamt in Deutschland einheimischen Gehölzarten (KOWARIK 1992b, SCHMIDT & WILHELM 1995). Abb. 13 zeigt die bis in die Gegenwart reichende Erweiterung der Gehölzflora um nichteinheimische Gehölzarten.

In welchem Ausmaß eine Naturverjüngung in gärtnerischen Pflanzungen auftritt, zeigen Untersuchungen aus Hamburg und Berlin: 138 von 489 gepflanzten Gehölzarten vermehren sich generativ innerhalb der von RINGENBERG (1994) untersuchten Hamburger Wohnbebauung. 59% hiervon sind nicht in Hamburg einheimisch. Fast die Hälfte der Baumindividuen (einschließlich der Keimlinge) ist spontan aufgewachsen. In Privatgärten einer Berliner Siedlung waren nur 16% der 161 kultivierten Gehölzarten im Gebiet einheimisch. Etwa die Hälfte aller Arten kam auch spontan vor (KRONENBERG & KOWARIK 1989).

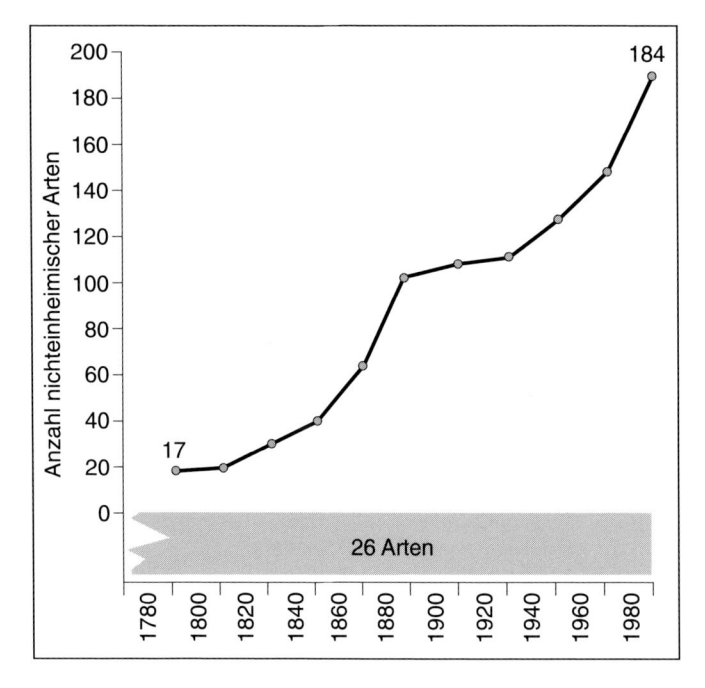

Abb. 13
Kontinuierliche Erweiterung der Gehölzflora von Berlin und Brandenburg um insgesamt 210 eingeführte Arten, die sich als „Kulturflüchtlinge" ausgebreitet haben. Für 184 Arten konnte der erste Nachweis spontaner Vorkommen innerhalb des Zeitraumes von 1780 bis 1980 bestimmt werden (nach KOWARIK 1992b).

Nicht alle der sich verjüngenden Arten haben jedoch eine Tendenz zur weiteren Ausbreitung. Dies lässt die Gegenüberstellung von Verjüngungs- und Ausbreitungswerten in Tab. 26 erkennen. Unter den nichteinheimischen Arten haben besonders durch Vögel verbreitete Arten eine größere Ausbreitungstendenz (z. B. *Rubus armeniacus, R. laciniatus, Sorbus intermedia, Prunus serotina, Ribes alpinum, R. aureum, Mahonia aquifolium, Taxus baccata*).

Verjüngungs- und Ausbreitungswerte gepflanzter Arten nach KOWARIK (1983a):

Der **Verjüngungswert** (V) drückt die Wahrscheinlichkeit aus, mit der gepflanzte Vorkommen einer Art mit Naturverjüngung kombiniert sind. Er wird wie folgt berechnet: $V = a \times 100/b$, wobei a die Zahl der Untersuchungsflächen (UF) mit gepflanzten und spontanen Vorkommen einer Art und b die Gesamtzahl der UF mit gepflanzten Vorkommen ist. Der **Ausbreitungswert** (A) sagt etwas über die Wahrscheinlichkeit aus, mit der eine Naturverjüngung auf einer UF ohne gepflanzte Vorkommen der gleichen Art auftritt. Dies ist indirekt eine Aussage zur Ausbreitungstendenz, da die Art von außen eingewandert sein muss. Er wird wie folgt berechnet: $A = c \times 100/d$, wobei d die Gesamtzahl der UF mit spontanen Vorkommen und c die Zahl der UF ist, auf denen ein spontanes Vorkommen nicht mit einem gepflanzten zusammenfällt. Unterschiedliche Werte für gleiche Arten in Tab. 26 sind plausibel, da die Werte auch die Eignung der jeweiligen Flächen als Safe Sites für die Keimung integrieren (z. B. die Pflegeintensität).

3.3.2 Naturgärten und Heckenpflanzungen

Die Naturgartenbewegung hat die Nachfrage nach einheimischen Gehölzen und Stauden beträchtlich gesteigert. Auch bei Heckenpflanzungen im Außenbereich (beispielsweise im Rahmen der Flurbereinigung oder der Begrünung von Verkehrswegen), werden heute bevorzugt einheimische Arten verwendet. Mit der besten Absicht, etwas für „die Natur" zu tun, werden allerdings regelmäßig biologische Invasionen unterhalb der Artebene eingeleitet:

- weil das Saatgut häufig aus Gebieten stammt, in denen es wegen niedriger Lohnkosten billiger als in Deutschland zu sammeln oder zu produzieren ist – dies ist in süd- und südosteuropäischen Ländern und auch in Nordamerika der Fall;
- weil viele Stauden und Gehölze ausschließlich vegetativ vermehrt werden; in Stückzahlen von Hunderttausenden abgesetztes Pflanzenmaterial kann daher genetisch weitgehend identisch sein;
- weil die Vertriebswege von Saatgut und Baumschulgehölzen überregional, häufig auch supranational sind, sodass beinahe zwangsläufig andere als gebietstypische Genotypen ausgebracht werden.

Viele bei Gartenfreunden beliebte einheimische Wasser- und Sumpfpflanzen weisen Kulturmerkmale auf: Sie weichen genetisch von gebietstypischen Sippen ab,

Tab. 26 Unterschiedliches Verjüngungs- und Ausbreitungsverhalten von Gehölzarten in Gärten und Grünflächen (V- und A-Werte nach KOWARIK 1983a, RINGENBERG 1994). Spalte (a) Kinderspielplätze in Berlin, Spalte (b) Wohnbebauung in Hamburg.

Art	Verjüngungswert [V] (a)	(b)	Ausbreitungswert [A] (a)	(b)
Crataegus monogyna	●	●	●	●
Acer campestre	●	●	●	●
* Viburnum lantana	●	●	●	●
Cornus sanguinea	●	•	●	●
Lonicera xylosteum	●	•	●	●
* Ailanthus altissima	●	–	●	–
* Mahonia aquifolium	●	●	●	●
* Laburnum anagyroides	●	●	●	O
* Sorbus intermedia	–	●	–	●
Corylus avellana	•	●	●	•
Taxus baccata	•	●	•	·
Euonymus europaea	●	●	●	●
* Ribes aureum	·	●	●	●
Ligustrum vulgare	•	●	·	·
* Berberis thunbergii	•	●	·	·
* Ribes alpinum	•	·	●	●
* Rosa rugosa	•	·	●	O
* Ribes sanguineum	·	·	O	•
* Symphoricarpus albus	·	·	O	•
* Acer saccharinum	·	●	O	O
* Colutea arborescens	●	–	O	–
* Rhodotypos kerrioides	●	–	O	–
* Caragana arborescens	●	–	O	–
* Philadelphus coronarius	•	•	O	O
* Berberis julianae	·	•	O	O
* Potentilla fruticosa	•	·	O	O
* Prunus laurocerasus	–	•	–	O
* Forsythia x intermedia	·	·	O	O
* Pyracantha coccinea	·	·	O	O
* Viburnum rhytidophyllum	·	·	O	O

*: in Hamburg oder Berlin nichteinheimische Arten. Verjüngungs- oder Ausbreitungstendenz (V-, A-Werte): stark (● >50), mittel (● 25–49), mäßig (• 10–24), schwach (· <10), fehlend (O <1); – keine Angaben

werden aber dennoch häufig auch in naturnahe Gewässer ausgebracht (siehe Kap. 3.3.13).

Auch Verwechslungen spielen eine Rolle: Laxmanns Rohrkolben (*Typha laxmannii*) ist seit wenigen Jahren aus Kleingewässern, Gräben und Sandgruben bekannt. Sein natürliches Areal reicht vom Balkan bis nach China. Die Ausbreitung läuft nach MELZER (1991) über den Gartenhandel, der die Art auch unter dem Namen heimischer Rohrkolben vertreibt. *Typha laxmannii* kann so unbeabsichtigt bei Gartenteichbepflanzungen, aber auch bei der Renaturierung von Feuchtgebieten im Außenbereich verwendet werden. Mit dem Wind können sich *Typha*-Arten von Gärten auch in nahe gelegene Feuchtgebiete ausbreiten.

Eine genaue Analyse der Situation ist schwierig, da die Herkünfte der Arten schwer nachvollziehbar sind. Das Interesse der Pflanzenproduzenten an einer Offenlegung ihrer Quellen ist begrenzt. Ein Bild lässt sich jedoch aus den Ergebnissen anonymer Umfragen und aus Nachweisen fremder Herkünfte gewinnen, beispielsweise durch genetische Untersuchungen oder durch Vergleichskulturen. SPETHMANN (1995) hat die Situation für 159 **einheimische Gehölzarten** folgendermaßen dargestellt: Etwa ein Fünftel der Arten ist gewerblich nicht erhältlich. Ein knappes Drittel wird in Baumschulen ausschließlich vegetativ vermehrt. Fast jede zweite Art ist zwar im Samenhandel käuflich, jedoch hat die Nachfrage zu 41 wichtigen Gehölzarten ergeben, dass überwiegend oder sogar ausschließlich andere als deutsche Herkünfte verwendet werden (Tab. 27). Da auch eine deutsche Herkunft nicht mit einer gebietstypischen gleichzusetzen ist, kann man davon ausgehen, dass bei Anpflanzungen einheimischer Gehölze meist gebietsfremdes Material verwendet wird (zu den Folgen vgl. Kap. 6.2.6). Bei Stauden dürfte die Situation ähnlich sein.

Beispiel

Für Haselnussschokolade beispielsweise werden die Nüsse tonnenweise vor allem aus der Türkei eingeführt. Es ist ein offenes Geheimnis, dass zu kleine Nüsse als Saatgut an Baumschulen weitergegeben werden. Pflanzen von *Corylus avellana* südlicher Herkunft können in strengen Wintern ausfallen sowie mit gebietstypischen Herkünften hybridisieren (siehe Kap. 6.2.6). Auch Obstkerne, die bei der Marmeladenherstellung anfallen, finden als Saatgut für „Wildlinge" Verwendung, was im Sinne einer „ökologischen Kreislaufwirtschaft" an sich sinnvoll ist, jedoch zum Rückgang von Wildobstarten beitragen kann (siehe Kap. 6.3.9).

Die Produktionszahlen deutscher Baumschulen veranschaulichen die Quantität, in der zum größten Teil gebietsfremdes Pflanzmaterial auf den Markt gelangt (Abb. 18). Hinzu kommen die Importe aus Nachbarländern. Die Produktion herkunftsgesicherter gebietstypischer (autochthoner) Gehölze ist dagegen vergleichsweise unbedeutend, nimmt jedoch an Gewicht zu.

Für **Heckenpflanzungen** in der landwirtschaftlich geprägten Kulturlandschaft werden Gehölze in Stückzahlen von Millionen ausgebracht. So wurden allein in Westfalen-Lippe zwischen 1976 und 1991 8,9 Millionen Bäume und Sträucher dazu bereitgestellt. Von den in diesem Gebiet nach 1955 verwendeten 75 Gehölzarten war ein Viertel nicht einheimisch oder standortgerecht. Berücksichtigt man die Stückzahl, so schrumpft der Anteil dieser Arten auf unter 5%. Hinzu kommen die „verwechselten" Arten: *Alnus incana* wurde häufiger auch als *A. glutinosa*, *Prunus serotina* als *P. padus* gepflanzt. In letzter Zeit wird stärker das regionaltypische Gehölzspektrum verwendet, nach 1980 auch Rosen, Weißdorn und Schlehe, wobei die Rot-Erle als Pioniergehölz nicht mehr dominiert (TENBERGEN 1993, TENBERGEN & STARKMANN 1995a).

Neophyten werden regional sehr unterschiedlich für Hecken verwendet. REIF & AULIG (1993) haben in Bayern unterschiedlich alte Hecken untersucht. Die älteren sind reich an nichteinheimischen Arten. Nach 1980 wird eher das regionaltypische Gehölzartenspektrum berücksichtigt, und heute werden selbst die früher vernachlässigten Schlehen und Weißdornarten wieder gepflanzt. Diese Arten prägen viele naturnahe Hecken, sind aber aus übertriebener Furcht vor ihrer Rolle als Zwischenwirte für Krankheitserreger (Feuerbrand) lange von Pflanzungen ausgeschlossen worden (PFADENHAUER & WIRTH 1988).

In Thüringen beherbergen Flurgehölze aus den 70er-Jahren neben Obstgehölzen eine große Zahl nichteinheimischer Arten, darunter *Populus × euramericana*, *Physocarpus opulifolius* und *Acer negundo*. In einem Teilgebiet waren sogar 75% der Arten nichteinheimisch. Auf der Ostbrandenburgischen Platte überwiegen dagegen einheimische Arten. Im Oderbruch, wo der Robinienanbau eine lange Tradition hat (KRAUSCH 1988, KOWARIK 1990b), sind Robinien, aber auch Hybridpappeln, regelmäßig anzutreffen (KRETSCHMER et al. 1995).

3.3.3 Rasen- und Wiesenansaaten

Seitdem Grünland angesät wird, werden gebietsfremde Arten verbreitet, da das Saatgut häufig aus anderen Gebieten stammt und meist Beimengungen verschiedener Arten enthält. So dürften charakteristische Wiesenpflanzen wie Glatthafer (*Arrhenatherum elatius*) und Wiesen-Lieschgras (*Phleum pratense*) in weiten Teilen des nördlichen Mitteleuropas neophytisch sein (siehe Kap. 6.2.5).

Tab. 27 Saatgutherkunft in deutschen Baumschulen angezogener einheimischer Gehölzarten (HANSKE 1991)

ausschließlich in Deutschland geerntet	überwiegend in Deutschland geerntet	überwiegend importiert	ausschließlich importiert
Castanea sativa	Frangula alnus	Berberis vulgaris	Acer monspessulanum
Cotoneaster integerrimus	Hedera helix	Colutea arborescens	Buxus sempervirens
Lonicera xylosteum	Prunus avium	Cornus mas	Clematis vitalba
	Rosa glauca	Cornus sanguinea	Cytisus scoparia
	Rosa pimpinellifolia	Corylus avellana	Quercus pubescens
	Rosa rubiginosa	Daphne mezereum	Ribes alpinum
	Sorbus aucuparia	Hippophae rhamnoides	Rubus fruticosus agg.
	Viburnum lantana	Ilex aquifolium	Ulex europaeus
		Ligustrum vulgare	Juniperus communis
		Malus sylvestris	Pinus cembra
		Mespilus germanica	Pinus mugo
		Prunus mahaleb	subsp. mugo
		Prunus padus	Pinus mugo
		Prunus spinosa	subsp. uncinata
		Pyrus pyraster	
		Rosa pendulina	
		Sambucus nigra	
		Sambucus racemosa	

Eine besondere Gruppe alter Saatgutbegleiter sind die Grassamenankömmlinge (HYLANDER 1943). Sie fanden im 19. Jahrhundert mit Saatgut für Parkrasen weite Verbreitung und zählen heute zu Charakterpflanzen historischer Parkanlagen (siehe Kap. 6.1.5.2). Häufig wurden Wiesen in Landschaftsgärten zusätzlich durch schön blühende Geophyten und andere Kräuter angereichert (VON KROSIGK 1998).

Mit Saatgut für Zier- und Landschaftsrasen werden heute noch biologische Invasionen angestoßen, und zwar auf zwei Ebenen: mit der absichtlichen Ansaat gebietsfremder Sippen einheimischer Arten (siehe Kap. 6.2.5.1) und mit der unbeabsichtigten Ausbringung nichteinheimischer Arten (SCHOLZ 1970, WALTER 1980, MÜLLER 1988). Südeuropäische Begleitarten sind Ackerröte (*Sherardia arvensis*), Höckerfrüchtiger Wiesenknopf (*Sanguisorba muricata*), Italienisches Raygras (*Lolium multiflorum*) und verschiedene *Anthemis*-Arten. Aus Nordamerika stammt beispielsweise der Rauhaarige Sonnenhut (*Rudbeckia hirta*). Ein Kuriosum ist die tonnenweise Einfuhr der südeuropäischen *Agrostis castellana* (in der Sorte 'Highland Bent') aus Nordamerika. Sie ist mit der einheimischen *Agrostis tenuis* „verwechselt" worden und tritt immer noch gelegentlich in frisch angesäten Rasen auf (SCHOLZ 1966, MELZER 1993). *Strobolus neglectus*, das Verkannte Samenwerfergras, kommt ebenfalls aus Nordamerika und wird seit Jahrzehnten in südlichen Ländern für Begrünungssaaten benutzt. Seit jüngerer Zeit taucht es auch in Kärnten an Straßenrändern auf (MELZER 1995).

Artenreiche Saatmischungen für moderne „Blumenwiesen" enthalten viele einjährige Arten, häufig auch archäophytische Ackerunkräuter wie *Agrostemma githago*. Sie sorgen schnell für einen schönen Blütenflor und verschwinden, sobald die ausdauernden Arten ihre Keimplätze besetzt haben.

Anpflanzungen und Ansaaten als Ausgangspunkt biologischer Invasionen unterhalb der Artebene sollten sehr differenziert bewertet werden. Mögliche Auswirkungen werden am Beispiel von Wiesenansaaten und Heckenpflanzungen noch näher erläutert (siehe Kap. 6.2.5.1 und 6.2.6). Die Forderung nach „autochthonen Herkünften" ist für den Außenbereich gerechtfertigt, für den Siedlungsbereich jedoch nicht.

3.3.4 Landwirtschaft und Gartenbau

Von der Vielzahl der Gemüse-, Getreide-, Obst-, Gewürz- und Heilpflanzen haben sich nur wenige erfolgreich ausbreiten können. In naturnaher Vegetation sind beispielsweise eingebürgert (LOHMEYER & SUKOPP 1992):
als alte Heilpflanzen Kalmus (*Acorus calamus*) und Eisenkraut (*Verbena officinalis*), als Gemüsepflanzen Meerrettich (*Armoracia rusticana*) und Topinambur (*Helianthus tuberosus*); Färber-Waid (*Isatis tinctoria*) als Färbepflanze, Blut-Hirse (*Digitaria sanguinalis*) als alte Getreidepflanze, Edelkastanie (*Castanea sativa*), Kultur-Apfel und -Birne (*Malus domestica, Pyrus communis*) und die Walnuss (*Juglans regia*) als Nuss- und Obstarten. Auch die Kultur-Heidelbeere (*Vaccinium corymbosum × angustifolium*) gehört in diese Gruppe.

Als problematisch gelten vor allem *Helianthus tuberosus* (siehe Kap. 6.4.5) und *Vaccinium corymbosum × angustifolium* (siehe Kap. 6.5.1). In den klimatisch begünstigten Weinbaugebieten ist die Robinie besonders ausbreitungsstark. Sie wurde oft auch auf schlecht nutzbaren Restflächen angepflanzt, um Rebstöcke zu gewinnen.

Viele Unkräuter sind koevolutiv mit Kulturpflanzen entstanden (Beispiele bei SCHOLZ 1995, SUKOPP & SCHOLZ 1997) und damit „hausgemachte" biologische Invasionen. Besonders deutlich wird dies bei herbizidresistenten Maisunkräutern (siehe Kap. 6.2.3).

Zur Problematik der gentechnisch veränderten Organismen (GVO) gehört auch die Frage, ob das Einfügen von Resistenzen gegen Herbizide, Pathogene oder die Veränderung von Wuchseigenschaften die Ausbreitung der Arten außerhalb von Kulturflächen begünstigt. Eine zweite Frage ist die nach der Übertragung genetischer Informationen auf verwandte Wildsippen. Dies kann beispielsweise für Mais, nicht jedoch für die Gattungen *Brassica* und *Beta*, und damit auch nicht für Raps und Zuckerrüben ausgeschlossen werden (NÖH 1996, SCHMIDT & BARTSCH 1996). Nach einer niederländischen Untersuchung ist nur bei jeder zweiten von 42 untersuchten Kulturarten das Risiko einer Hybridisierung mit verwandten Sippen auszuschließen (DE VRIES et al. 1992). Befürchtet wird, dass Sippen mit Unkrauteigenschaften auftreten und gebietstypische Sippen durch Kreuzung und Rückkreuzung verloren gehen (siehe Kap. 2.8). Beide Phänomene sind bereits von traditionell gezüchteten Kulturpflanzen bekannt (beispielsweise bei Unkrautsippen von Getreidearten, SCHOLZ 1995 und beim Gentransfer zwischen Wild- und Kultursippen von Apfel und Birne, SPETHMANN 1997).

3.3.5 Forstwirtschaft

Seit dem Mittelalter sind forstliche Anpflanzungen und Ansaaten aus Deutschland belegt (MANTEL 1990). Zunächst wurden einzelne einheimische Arten gefördert (beispielsweise Eichen wegen ihrer Früchte, der vielfältigen Verwendbarkeit ihrer Rinde und ihres Holzes und wegen ihrer Regenerationsfähigkeit im Niederwaldbetrieb). Ein weiterer Schritt hin zur planmäßigen Forstwirtschaft war die Ansaat ertragsstarker einheimischer Nadelbäume auch außerhalb ihres natürlichen Areals und auf potentiellen Laubwaldstandorten (z. B. *Pinus sylvestris* seit 1368 im Nürnberger Reichswald).

Intensive Holznutzungen wie Waldweide und Streunutzung hatten bis zum Ausgang des 18. Jahrhunderts zu beträchtlichen Waldzerstörungen geführt. Die Nachhaltigkeit der Holzproduktion war nicht mehr gesichert, in Sandlandschaften schritt die Erosion voran. Planmäßige Aufforstungen sollten der steigenden Holznachfrage und der zunehmenden Degradierung noch vorhandener Waldflächen abhelfen. Zuerst wurden Kiefern und Fichten gepflanzt, später auch Lärchen, Douglasien (*Pseudotsuga menziesii*) und Stroben (*Pinus strobus*). Ende des 18. Jahrhunderts setzte eine Experimentierphase des „Exotenanbaues" ein. Zu ihren Propagandisten gehörten WANGENHEIM (1781) und VON BURGSDORF, der in seiner Tegelschen Baumschule bei Berlin

Tab. 28 Forstwirtschaftlich bedeutsame nichteinheimische Bäume in Deutschland nach ihrer Bedeutung auf dem Holzmarkt (nach KNOERZER & REIF 2002)

Art	Herkunft	Bedeutung für Holzmarkt	Nebennutzungen
Pseudotsuga menziesii	N-Amerika	••••	WB, SR
Pinus strobus	N-Amerika	•••	WB, SR
Larix kaempferi	Japan	•••	
Quercus rubra	N-Amerika	••	
Populus balsamifera	N-Amerika	••	
Populus × euramericana	N-Amerika/Europa	••	
Picea sitchensis	N-Amerika	••	WB, SR
Pinus nigra	S-Europa	••	
Robinia pseudoacacia	N-Amerika	••	Honig
Abies grandis	N-Amerika	•	WB, SR
Abies nordmanniana	N-Amerika	•	WB, SR
Picea pungens	N-Amerika	•	WB, SR
Castanea sativa	W-Asien	•	Früchte
Juglans nigra	N-Amerika	•	
Juglans regia	W-Asien	•	Früchte
Prunus serotina	N-Amerika	♦	

jährliche Vermarktung in qm³: •••• > 200 000, ••• 50 000–100 000, •• 10 000 - 50 000, • < 10000; ♦ nicht von *Prunus avium* getrennt;
Nebennutzungen: WB – Weihnachtsbaum, SR – Schmuck- und Deckreisig

1777–1792 Versuchspflanzungen von 674 Arten (1790) anlegte (WIMMER 1991). Die meisten stammten aus Nordamerika. Einige empfahl BURGSDORF (1806) in seinem Forsthandbuch emphatisch für Holzplantagen, Schutzpflanzungen und andere Begrünungen. Vor allem an die Robinie (*Robinia pseudoacacia*) wurden große Hoffnungen geknüpft.

Es gab auch frühe Kritiker: GLEDITSCH (1767) befürwortete zwar die Pflanzung schnell wüchsiger Gehölze wie der Robinie, stand dem übermäßigen Anbau nordamerikanischer Gehölze aber skeptisch gegenüber: „Einige darunter mögen die Kosten und Mühen überaus wohl belohnen, ein großer Theil hingegen wird, ausser der Schönheit, diejenigen Vortheile bey uns schwerlich zeigen, die sich viele davon versprechen; am wenigsten werden sie gar eine oder die andere von unseren Holzarten an Güte und Werth übertreffen, und deswegen ganz entbehrlich machen" (nach KRAUSCH 1977). Die Skepsis war hinsichtlich der Robinie berechtigt. Sie wird zwar heute noch in sommerwarmen Gebieten angebaut, hat die damalige Holznot aber nicht beheben können.

Im 19. Jahrhundert haben sich nach zahlreichen Versuchspflanzungen nur wenige „Exoten" als anbauwürdig erwiesen (Tab. 28). An erster Stelle steht die Douglasie (*Pseudotsuga menziesii*), deren Anbaufläche heute noch zunimmt (siehe Kap. 6.3.3). Robinien werden in sommerwarmen Teilen Deutschlands angebaut (GÖHRE 1952), in Ungarn sogar als wichtigster Forstbaum (KERESZTESI 1988). In Auen und in Flurgehölzen werden verschiedene Pappelhybriden gepflanzt (BÖCKER & KOLTZENBURG 1996). Andere forstlich verbreitete nichteinheimische Arten sind die Japanische Lärche (*Larix kaempferi*), die Rot-Eiche (*Quercus rubra*) und die Strobe (*Pinus strobus*). Vereinzelt werden die Schwarz-Kiefer (*Pinus nigra*) in trockenwarmen Lagen (KORELL 1953) und die Küsten-Tanne (*Abies grandiflora*) im Küstengebiet angebaut. In Südwestdeutschland wird die von den Römern eingebrachte Edelkastanie (*Castanea sativa*) forstlich genutzt (LANG 1970). Auch *Larix europaea* und ihr Bastard mit der Japanischen Lärche (*Larix × marschlinsii*) ist in allen Anbaugebieten nichteinheimisch. In den Sandgebieten Mitteleuropas ist seit dem Ende des 19. Jahrhunderts die aus Nordamerika stammende Spätblühende Traubenkirsche (*Prunus serotina*) als „dienende Holzart" in größeren Mengen eingebracht worden (STARFINGER 1990). Die meisten forstlich verwendeten Arten verjüngen sich auf ihren Anbauflächen und breiten sich zum Teil in angrenzende Biotope aus (zu den Folgen vgl. Kap. 6).

Auch einige einheimische Arten wurden durch forstliche Anpflanzungen weit außerhalb ihrer ursprünglichen Wuchsgebiete verbreitet. Hierzu zählen *Pinus sylvestris, Picea abies, Larix europaea, Acer pseudoplatanus, A. platanoides* und *Alnus incana.* Die Etablierung und Ausbreitung dieser Arten wird häufig übersehen oder mit größerer Gelassenheit als bei nichteinheimischen Gehölzen betrachtet. Die ökosystemaren Folgen der Arealerweiterung einheimischer Arten können jedoch ebenso nachhaltig sein. Alle Arten können die zukünftige Walddynamik beeinflussen, da sie sich oft an ihren Ausbringungsstandorten nachhaltig vermehren (zu *Picea* ZERBE 1992, 1996; zu *Larix* und *Alnus* ADOLPHI 1995, zu *Acer* siehe Kap. 6.3.10).

Die großflächigen Wiederaufforstungen im 19. und 20. Jahrhundert initiierten zahlreiche biologische Invasionen unterhalb der Artebene: Das verwendete Saatgut auch einheimischer Arten wurde häufig importiert, sodass andere Pflanzen als die gebietstypischer Herkünfte angepflanzt und über Naturverjüngung teilweise in die Bestände integriert worden sind. Auf unerwünschte Folgen des Anbaues ungeeigneter Flachlandherkünfte in Hochlagen der Mittelgebirge ist bereits am Beispiel der Fichte im Harz eingegangen worden. Auch ein Teil der Symptome des „Waldsterbens" wird auf den Anbau ungeeigneter Herkünfte zurückgeführt (ELLENBERG 1996a, b).

3.3.6 Baumpflanzungen an Verkehrswegen

Unter den städtischen Straßenbäumen sind nichteinheimische Arten stark vertreten (Tab. 29). Häufig prägen wenige Arten den gesamten Bestand. Im Hamburg bilden zehn Arten 70% des 197000 Bäume umfassenden Bestandes. Insgesamt wurden dort etwa 100 Arten als Straßenbaum gepflanzt, darunter etwa 75 nichteinheimische (RINGENBERG 1994). Ulmen waren noch zu Beginn des Jahrhunderts beliebte Straßenbäume, sind nach 1920 jedoch weitgehend der „Holländischen Ulmenkrankheit" zum Opfer gefallen (siehe Kap. 8.1). Viele einheimische Arten sind den ungünstigen Bedingungen an der Straße nicht mehr gewachsen (HÖSTER 1993). Nach den Vorschlägen der Konferenz der Gartenamtsleiter sollen daher als „stadthart" bekannte nichteinheimische Arten (*Gleditsia, Ginkgo, Platanus, Robinia, Sophora*) oder bestimmte Sorten und Hybriden einheimischer Herkünfte gepflanzt werden anstelle gebietstypischer. So wird beispielsweise die Hybride *Tilia platyphyllos* × *cordata* anspruchsvollere einheimische Sippen zunehmend ersetzen. Von Straßenbaumpflanzungen haben sich einige Bäume mittlerweile in Siedlungen (siehe Kap. 6.1.5), aber auch darüber hinaus ausgebreitet (Berg-, Spitz-Ahorn, siehe Kap. 6.3.10).

Auch im Außenbereich von Siedlungen haben Pflanzungen nichteinheimischer Bäume an Straßen eine lange Tradition. Alleen aus Obst- und Nussbäumen, Rosskastanien oder Pyramiden-Pappeln sind zu prägenden Bestandteilen mancher Kulturlandschaften geworden (TENBERGEN & STARKMANN 1995a, b für Westfalen). In der Nachkriegszeit sind neue, von nichteinheimischen Arten geprägte Vegetationsstrukturen an Autobahnen entstanden. Zu keiner Zeit wurden so viele Gehölze an Straßen gepflanzt wie in den letzten 30 Jahren. Jährlich sollen es in Westdeutschland rund 15 Millionen Bäume und Sträucher sein (KÜSTER 1987). Nach STOTTELE (1992) sind die nach 1970 angelegten Gehölzstreifen gekennzeichnet durch:

- ein großes Artenspektrum mit vielen nichteinheimischen und standortfremden Arten,
- einen künstlichen Charakter der Pflanzungen durch Mischung nichteinheimischer, standortfremder und standortgerechter Arten,
- häufige Dominanz von Bäumen und Pionierarten bei gleichzeitigem Fehlen landschaftstypischer Sträucher,
- Strukturarmut einheitlich aufgebauter und zumeist sehr dicht gepflanzter Bestände,

Tab. 29 Nichteinheimische Bäume im Straßenbaumbestand deutscher Städte (nach KÜRSTEN 1983, Angaben für Hannover aus HÖSTER 1991, für Hamburg nach RINGENBERG 1994; für Berlin 1996 aus BALDER et al. 1997; Jahresangabe = Aufnahmejahr)

Baumgattung	Düsseldorf 1982	West-Berlin 1975/76	Berlin 1996	Hannover 1989	Karlsruhe 1975	Essen 1980	Köln 1980	Hamburg 1992
Tilia (E / N)	25,2	41,7	36,3	29,6	11,5	25,8	37,2	8,7
Acer (E / N)	18,3	16,2	18,6	14,7	24,0	21,2	12,5	15,3
Platanus (N)	16,1	5,2	6,1	7,8	9,7	19,3	22,8	5,6
Robinia (N)	8,5	3,9	3,7	3,8	4,9	0,8	6,4	2,5
Aesculus (N)	8,4	7,1	5,3	4,3	4,4	6,1	0,8	3,0
Populus (N)	6,2	1,8	2,8	1,9	2,1	4,3	2,0	2,1
Sorbus (E, N)	5,3	3,5	4,0	5,8	4,9	6,5	3,0	4,6
Quercus (E, N)	4,3	7,5	8,3	17,2	9,9	0,6	0,9	20,9
Crataegus (N, E)	3,8	2,4	2,1	2,1	1,9	1,5	6,8	0,6
Fraxinus (E)	3,8	1,8	2,2	1,7	1,1	6,3	0,7	2,8
Ulmus (N,E)	–	1,3	0,7	1,7	2,1	1,4	0,3	–
Betula (E)	–	3,6	3,1	2,7	7,2	0,1	3,3	6,2
Carpinus (E)	–	–	0,8	1,4	7,3	0,2	1,7	2,6
Corylus (N)	–	–	1,3	1,1	0,9	3,6	0,1	0,9
Prunus (N)	–	–	1,8	0,8	6,7	0,2	0,1	2,2
Alnus (N, E)	–	–	–	0,7	–	1,1	0	1,6
Sonstige	–	4,0	2,8	2,3	1,4	1,0	1,4	20,4
Summe	100,0	100,0	100,0	100,0	100,0	100,0	100,0	100,0
Gesamtbestand	41 700	143 135	398 149	29 936	17 170	9 680	7 887	196 962

E – Straßenbäume aus der Gattung sind in Deutschland einheimisch (einschließlich züchterisch bearbeiteter Sippen) bzw. N – nichteinheimisch. Die Reihenfolge von E und N kennzeichnet einen Schwerpunkt innerhalb einer Gattung mit einheimischen und nichteinheimischen Arten. – keine Angaben

- ein weitgehendes Fehlen landschaftstypischer Säume und einen geringen Anteil an Wald- und Gebüscharten im Unterwuchs.

In Nordhessen entfallen auf einen Kilometer Bundes-, Landes- und Kreisstraße 1,1 Hektar straßenbegleitende Grünfläche, auf einen Kilometer Autobahn sogar 4,1 Hektar (STOTTELE & WAGNER 1992). In den fünf untersuchten Straßenmeistereien variiert der Anteil der Rasenflächen zwischen 63 und 94%, derjenige der Gehölzflächen zwischen 5,7 und 37%. An den Autobahnen ist der Flächenanteil der Gehölzpflanzungen mit 27 bis 63% größer. Diese Werte veranschaulichen die Dimension, in der Gehölzpflanzungen angelegt und Ansaaten ausgebracht worden sind. Sie sind aber nicht zu verallgemeinern, da die straßenbegleitenden Grünflächen je nach Naturraum und Besiedlungsdichte variieren.

STOTTELE & SCHMIDT (1988) haben Straßenrandgehölze in 14 repräsentativen Landschaftsräumen der alten Bundesrepublik untersucht. 34% von 105 Gehölzarten waren nicht in Deutschland einheimisch, darunter *Rosa rugosa* und die ausbreitungsstarke *Prunus serotina*. Außerdem entsprachen zwischen 38 und 52% der Gehölze nicht dem ursprünglichen Landschaftspotential der Naturräume. Häufig gepflanzte standortfremde Arten sind Erlen (*Alnus glutinosa, A. incana*), Faulbaum (*Frangula alnus*) und der nur an der Küste und entlang der Alpenflüsse Süddeutschlands beheimatete Sanddorn (*Hippophae rhamnoides*). Vor allem während der intensiven Aufbauphase des Straßennetzes in den 70er-Jahren wurden viele nichteinheimische Arten gepflanzt. Hierfür gibt es folgende Gründe (nach STOTTELE 1992):

- In einschlägigen Regelwerken sind Pflanzlisten zu wenig standörtlich und naturräumlich differenziert. Unter den

73 Gehölzarten, die in der Richtlinie für Planung, Ausführung und Pflege straßenbegleitender Grünflächen (RAS-LG; FGSV 1980) enthalten sind, sind 18 nichteinheimische Arten oder Sorten sowie 21 einheimische Arten, deren ursprüngliche Vorkommen regional begrenzt oder an Sonderstandorte gebunden sind. Wichtige einheimische Arten fehlen dagegen.

- Die Auslegung von Schutzverordnungen, die den Obstbau vor Schädlingen bewahren sollen, geht zu weit. Aus diesem Grund wurde lange auf wichtige Gehölze wie Weißdorn, Schlehe, Berberitze u. a. verzichtet. Angesichts der bereits vorhandenen Vorkommen dieser Arten ist ein Verzicht jedoch unsinnig (KRAUSE & LOHMEYER 1980).
- Es kommt zu Verwechslungen oder Ersatzlieferungen durch Baumschulen, bei denen anstatt einheimischer Arten nichteinheimische der gleichen Gattung geliefert werden (z. B. *Lonicera tatarica* statt *L. xylosteum*, *Prunus serotina* statt *P. padus*).
- Gut anwachsende Pionierarten und salzresistente Gehölze werden bevorzugt. Starke Salzschäden können bis zu 10 Meter neben der Fahrbahn und an besonders windexponierten Stellen auftreten. Ansonsten wird die Gefährdung durch Streusalz, vor allem an Landes- und Bundesstraßen, allgemein überschätzt. Der Einsatz salztoleranter Arten (z. B. von *Rosa rugosa*), unter denen auch einheimische sind, könnte daher reduziert werden (GIESA & GUMPRECHT 1990).

Viele Merkmale der Straßenbepflanzungen gelten auch für Kanalbegrünungen. Wegen fehlender Salzbelastung sind salztolerante Arten dort weniger verbreitet. Weiden werden dagegen häufiger an Kanälen als an Straßen eingesetzt. Dies hat dazu geführt, dass mehrere einheimische Arten über ihr natürliches Verbreitungsgebiet hinaus kultiviert und zusätzlich zahlreiche Kulturformen ausgebracht worden sind. Ein Beispiel sind ältere Begrünungen am Rhein-Main-Donau-Kanal (ASMUS 1979). Bei neueren Pflanzungen werden stärker einheimische Arten verwendet.

3.3.7 Ingenieurbiologische Begrünungen

Einige der als Erosionsschutz und zur Böschungsstabilisierung gepflanzten nichteinheimischen Arten haben sich mittlerweile als problematisch herausgestellt. An der Küste sind dies die zur Dünenbefestigung gepflanzte Kartoffel-Rose (*Rosa rugosa*, siehe Kap. 6.6.3) und das zur Landgewinnung ausgebrachte Schlickgras (*Spartina anglica*, siehe Kap. 6.6.1). Im Binnenland zählt die Robinie (*Robinia pseudoacacia*, siehe Kap. 6.2.5.5) dazu, mit der im 18. Jahrhundert Binnendünen in Brandenburg (Sandschollen) befestigt worden waren (GLEDITSCH 1776). Auch heute werden Robinien häufig zur Stabilisierung und, an Schienenwegen, als Brandschutz angepflanzt. In sommerwarmen Gebieten können sie zu einer Ausbreitungsquelle werden. In vielen Mittelgebirgen werden Böschungen mit der subalpinen Grün-Erle (*Alnus viridis*) befestigt, die sich von solchen Pflanzungen ausbreitet.

Zur Begrünung von Fließgewässern werden ebenfalls teilweise gebietsfremde Sippen und Hybriden gepflanzt. Nach LOOS (1991) ist bei Hybriden wie der Trauerweide eine Ausbreitung über bewurzelungsfähige, mit Wasser verfrachtete Sprossteile möglich.

Bei Bergwerkshalden und Müllbergen werden zur Begrünung häufig nichteinheimische Gehölze verwendet (ASMUS 1987a, KOSMALE 1989, GUTTE 1991, BORCHARDT et al. 1995). JOCHIMSEN (et al. 1995) hat Bergehalden erfolgreich mit Ansaatmischungen begrünt, deren Zusammensetzung an Ruderalgesellschaften orientiert ist und auch zahlreiche hierfür typische nichteinheimische Arten enthält.

3.3.8 Garten- und andere Abfälle

Einigen Arten gelingt der Transfer in eine naturnahe Umgebung mit abgelagertem Gartenabfall. In Niedersachsen gehen wenigstens 17% der problematischen Vorkommen von *Fallopia* und 13% der von *Heracleum mantegazzianum* auf Gartenablagerungen zurück (Tab. 25). Vor allem klonal wachsende Arten wie Goldruten, Astern, Knollen-Sonnenblume und Silbernessel (*Lamium argentatum*, siehe Kap. 6.3.11) wachsen an Ablagerungsstellen gut weiter. *Fallopia*-Sippen können sich beispielsweise aus oberirdischen Sprossabschnitten regenerieren (BROCK et al. 1995). Auch Geophyten werden mit Gartenabfall verfrachtet (z. B. *Crocus*-, *Galanthus*-, *Narcissus*-Arten), bleiben wegen fehlender Fernausbreitung aber meist auf die Ablagerungsstellen beschränkt. Goldruten und Astern werden dagegen mit dem Wind weiter ausgebreitet. Punktuelle Ablagerungen können somit den Auftakt einer großflächigen Ausbreitung bilden. Besonders problematisch sind Gartenabfälle an Fließgewässern, da mit dem Hochwasser leicht Früchte (z. B. von *Heracleum mantegazzianum*) oder regenerationsfähige Sprossteile (z. B. von *Fallopia*) verfrachtet werden.

Der Sonderbare Lauch (*Allium paradoxum*) kann von Gartenabfallablagerungen aus mit Hilfe seiner Brutzwiebeln über 100 Quadratmeter große Populationen in stadtnahen Wäldern bilden. Spaziergänger begründen zusätzliche Populationen, wenn sie nach Knoblauch duftende Blumensträuße wieder wegwerfen. *Heracleum mantegazzianum* wird auch durch den Transport von Fruchtständen verbreitet.

Anders als bei nichteinheimischen Arten sind Umfang und Auswirkungen der Verfrachtung einheimischer Arten fremder oder unbekannter Herkunft aus Gärten schwer einzuschätzen. Auch mit Abwasser, Klärschlamm und Müll werden zahlreiche Neophyten verbreitet. Müllberge und andere Deponien sind reich an Zier- und Nutzpflanzen, besonders in der ersten durch Vogelfutterpflanzen und Tomaten charakterisierten Besiedlungswelle (KUNICK & SUKOPP 1975, HETZEL & ULLMANN 1995). Anders als früher sind heute kaum noch Woll-, Südfrucht-, Ölsaat- und Saatgutbegleiter vertreten. HETZEL & MEIEROTT (1998) fanden auf 50 fränkischen Deponien 583 Sippen, unter denen Zier- und Nutzpflanzen als „Kulturflüchtlinge" mit 333 Sippen die größte Gruppe stellen. Insgesamt wurden etwa 250 Neophyten nachgewiesen.

3.3.9 Pflanzmaterial

Mit Pflanzen aus Baumschulen und Staudengärtnereien werden auch einige ihrer Unkräuter verbreitet (z. B. *Rorippa sylvestris*, *Cardamine hirsuta*). Besonders auffällig ist der Kubaspinat (*Claytonia perfoliata*. In Hannover hält er sich bislang über zehn Jahre in einer Rosenrabatte. *Claytonia* kommt auch in der Dünenvegetation vor (BERNHARDT 1994). Möglicherweise ist sie mit *Rosa rugosa*-Pflanzungen in diese Bereiche eingebracht worden. Ein weiterer mit Pflanzmaterial verschleppter Neophyt ist *Chenopodium ficifolium*, das auch auf Äckern vorkommt (BRANDES 1986, OTTE 1991). Auch die heute allgemein häufige *Galinsoga parviflora* wurde in der Anfangsphase ihrer Ausbreitung mit Pflanzware verbreitet (SALISBURY 1953). PRACH et al. (1995) stellten in böhmischen Aufforstungen 39 Arten fest, die zusammen mit Forstpflanzen eingebracht worden waren. 14 davon konnten sich etablieren, darunter auch das Drüsige Weidenröschen (*Epilobium ciliatum*). Es gehört in Mitteleuropa zu den ausbreitungsstärksten Neophyten der letzten Jahrzehnte (JÄGER 1986). Zusammen mit Forstpflanzen wird auch *Calamagrostis villosa* außerhalb ihres ursprünglichen Verbreitungsgebietes verschleppt (PRACH et al. 1995, ZERBE 1996). Wasserpestarten werden mit Pflanzmaterial von anderen Wasser- und Sumpfpflanzen ausgebreitet (KUMMER & JENTSCH 1997).

Mit eingeführten Pflanzen sind auch Parasiten und Prädatoren eingebracht und weiter verbreitet worden (SYKORA 1990). Der Welkepilz *Cryphonectrica* (*Endothia*) *parasitica* erreichte 1900 mit ostasiatischer Baumschulware Nordamerika und löste dort das katastrophale Kastaniensterben aus. Nach Deutschland gelangte er u. a. mit Esskastanien, die Urlauber aus Südfrankreich mitgebracht hatten (siehe Kap. 8.2). Der Rostpilz *Cronartium ribicola* wurde Ende des 19. Jahrhunderts mit *Pinus strobus* von Europa nach Nordamerika eingeschleppt und hat dort die ursprünglichen Strobenbestände stark geschädigt. Maßnahmen der Pflanzenquarantäne haben bislang den Transfer der

Eichenwelke von Nordamerika nach Europa verhindert und entsprechende Regelungen sind auch nötig, um die Weiterverbreitung des Neuseelandplattwurms *Artioposthia triangulata* zu begrenzen. Er ist durch Pflanzenimporte aus Neuseeland auf die Britischen Inseln gelangt (Erstfund 1963 in Belfast). Seine Ausbreitung kann erhebliche ökologische Folgen haben, da er Regenwurmpopulationen als wesentliche Komponente des Bodenlebens dezimiert und damit indirekt Struktur und Fruchtbarkeit der Böden beeinträchtigt (BAUFELD et al. 1996, ALFORD 1998, UNGER 1998).

3.3.10 Böden und Gesteinsmaterial

Im Landschafts-, Straßen-, Eisenbahn- und Wasserbau werden häufig große Mengen an Boden- und Gesteinssubstraten umgelagert. Hiermit werden Pflanzen verschleppt, die eine dauerhafte Samenbank aufbauen oder sich aus unterirdischen Sprossteilen regenerieren können. Dies gilt auch für den Auftrag humosen Oberbodens (Mutterboden). Er nivelliert neben den Nährstoffbedingungen auch den Artenbestand der neuen Standorte. Viele problematische Neophyten, vor allem Geophyten, werden sehr effektiv mit Bodentransporten verschleppt (Tab. 24).

In Südwestdeutschland hat sich diese Form der anthropogenen Ausbreitung bei *Fallopia* als so problematisch erwiesen, dass eine kostenspielige Reinigung des Bodens bei wasserbaulichen Arbeiten erwogen wird (KRETZ 1994, 1995). Im Harz gelangt *Fallopia* auch über Erdaufträge an Böschungen in bislang noch nicht von ihr besiedelte Täler. Liegt die Böschung an einem Fließgewässer, sind die Folgen bald flussabwärts zu spüren (SCHEPKER 1998). Auch das scheinbare „Wandern" von *Fallopia* gegen die Fließrichtung geht auf verfrachtetes Bodenmaterial zurück (KRETZ 1994, ALBERTERNST 1998). *Impatiens glandulifera* wird mit Auenkies für den Wegebau auch in gewässerferne Waldgebiete verschleppt (SCHULDES 1995). Die Erdmandel (*Cyperus esculentus*) ist mit Zwiebeleinfuhren in die Niederlande gelangt und wird mit Boden, Feldfrüchten und an Fahrzeugen und Geräten haftend weiter verbreitet (Abb. 29). Die Wild-Tulpe (*Tulipa sylvestris*) wird mit Erdaushub aus historischen Gärten verfrachtet (GREGOR 1993).

Einige typische Straßenbegleitarten werden u.a. auch mit Boden weiter verbreitet: *Atriplex*-Arten, *Dittrichia graveolens*, wahrscheinlich auch *Bunias orientalis* (siehe Kap. 6.2.5.2), *Cochlearia danica* und *Senecio inaequidens*, das auch mit anthropogenem Bodensubstrat im Ruhrgebiet transportiert wird (DUNKEL 1987, SCHNEDLER & BÖNSEL 1989, KOPECKY & LHOTSKA 1990, DETTMAR & SUKOPP 1991, NOWACK 1993). Nach HENKER (1996) gelangte *Senecio inaequidens* wahrscheinlich mit Baumaterial nach Mecklenburg-Vorpommern.

Außerdem kann Eisenbahnschotter zum Ausbreitungsmedium werden (Schotterbegleiter, KREH 1960), wie für den Schmalblättrigen Hohlzahn (*Galeopsis angustifolia*), der natürlich in Gesteinsgeröll und sekundär in Steinbrüchen vorkommt (HILBIG 1971, MATTHEIS & OTTE 1989). Mit Kalktuffblöcken, die in gärtnerischen Anlagen Verwendung finden, werden Kalk liebende Moose außerhalb ihres ursprünglichen Verbreitungsgebietes verfrachtet (z. B. KOPERSKI 1986; nach SCHAEPE 1986 fünf Arten für Berlin) und mit Kalkschotter werden beim Bau von Waldwegen zahlreiche gebietsfremde Arten in Waldgebiete mit sauren Ausgangsgesteinen eingeschleppt (GREGOR 1995). Gebietsfremde Substrate können Invasionen aber auch indirekt begünstigen. So haben sich auf dem Brocken im Harz Kalk liebende Alpenpflanzen aus dem Brockengarten entlang von Wegen ausgebreitet. Diese waren zuvor durch Grenztruppen der DDR mit Kalkschotter befestigt worden (*Linaria alpina, Saxifraga caespitosa, Veronica fruticans, Campanula cochlearifolia*; G. KARSTE brieflich).

3.3.11 Auto- und Eisenbahnverkehr

Straßen sind bekannte „Wanderwege" von Neophyten, aber auch von einheimischen Arten, die ihre Vorkommen an Straßenrändern entlang in andere Höhenlagen ausdehnen können (KOPECKY 1971, 1988). Zahlreiche Arten werden direkt mit Autos transportiert. Daran sind nichteinheimische Arten oft überproportional beteiligt (Tab. 30). Von den 224 Arten, die im Schlamm einer australischen Autowaschanlage nachgewiesen wurden, waren beispielsweise 72% nichteinheimisch. Neben Störungszeigern (*Polygonum aviculare, Conyza, Chenopodium*) wies WACE (1977) auch Wiesenpflanzen (*Dactylis glomerata*) und Gehölze (*Betula, Buddleja davidii*) nach. Mit dem Straßenverkehr können Neophyten auch in Schutzgebiete gelangen, in denen sie zuvor fehlten (LONSDALE & LANE 1994, GREENBERG et al. 1997). In Deutschland bestimmt der südafrikanische *Senecio inaequidens* die auffälligste Ausbreitungswelle der letzten Jahre, vornehmlich an Verkehrswegen.

Das Schmalblättrige Greiskraut (*Senecio inaequidens*) ist als seltene Adventivpflanze seit 100 Jahren in Deutschland bekannt, begann sich aber erst in den letzten Jahrzehnten massenhaft im Rheinland und im Ruhrgebiet auszubreiten (KUHBIER 1996). Die Gründe hierfür sind unbekannt. Eine genetische Anpassung könnte daran beteiligt sein. Einige Autoren vermuten, dass die Blütezeit der heutigen Vorkommen sehr viel länger andauert, als von den Erstvorkommen bekannt ist. Hierdurch stiege die Wahrscheinlichkeit einer erfolgreichen Ausbreitung. *Senecio inaequidens* besiedelt heute ein breites Spektrum an Ruderalstandorten. Als Pionierart kann sie sehr große Populationen aufbauen, wird jedoch im Laufe der Sukzession meist durch andere Arten abgelöst. Eine Verdrängung einheimischer Arten ist nach ADOLPHI (1997) nicht zu befürchten. Jedoch sollte sorgfältig beobachtet werden, ob auf Felsstandorten seltene einheimische Arten gefährdet werden. Die Erstbesiedlung neuer Gebiete erfolgt häufig durch ein „Wandern" an Autobahnmittelstreifen und -rändern. Inzwischen hat *S. inaequidens* auch Mecklenburg und Brandenburg erreicht und sich nach Süddeutschland ausgedehnt (MAZOMEIT 1991, WERNER et al. 1991, KÖNIG 1995, GRIESE 1996, HENKER 1996, ERNST 1998). BORNKAMM & PRASSE (1999) vermuten, dass der erhöhte Güteraustausch nach der deutschen Einigung die Ausbreitung ostwärts gefördert haben könnte.

Lineare Ausbreitungsmuster an Straßen kommen durch eine Kombination verschiedener Mechanismen zustande:
• Der Sog des Fahrwindes transportiert Diasporen, die nach ihrer Landung im endlosen Band offener Störungsstandorte entlang der Fahrbahnen häufig geeignete Keimungsstellen finden. So breitet sich *Puccinellia maritima* an Fahrbahnen in der Richtung des Verkehrsstromes schneller aus als entgegen (SCOTT & DAVISON 1985).
• An Reifen und Karosserie der Fahrzeuge können Diasporen haften, die auf der Strecke oder an Parkplätzen abfallen und neue Populationen begründen. Dies kann auch Tieren gelingen: So ist die flügellose mediterrane Eichenschrecke (*Meconema meridionale*) mit Autos und Eisenbahnwagen bis nach Mitteleuropa gelangt. Selbst bei 80 Kilometer pro Stunde wurde sie nicht von der Frontscheibe eines Autos abgewehrt (TRÖGER 1986).
• An Straßenrändern werden viele Begrünungsansaaten vorgenommen, die Neophyten als Beimengung enthalten können (siehe Kap. 3.3.3). MELZER (1995) nimmt an, dass Ausbreitungssprünge bei *Senecio inaequidens* auch hierdurch zustande kommen.
• Durch Auftrag von Mutterboden oder Komposterde werden Arten mit einer dauerhaften Samenbank verbreitet (Beispiel: *Cochlearia danica* und *Atriplex* in siehe Kap. 3.3.10).

Auch die binnenländische Ausbreitung des Salzschwaden (*Puccinellia distans*) wird durch die typische Kombination anthropogener Ausbreitungsmechanismen und offener Störungsstandorte an Straßen gefördert. Bei diesem Beispiel bewirkt der Streusalzeinfluss eine indirekte Förderung der salztoleranten Küstenart. Sie nimmt etwa seit 1970 an Straßen zu, kommt aber

Tab. 30 Autos als Ausbreitungsvektoren nichteinheimischer Arten. Aufgeführt sind die jeweils fünf häufigsten Arten, deren Diasporen an Autos nachgewiesen worden sind

CLIFFORD 1959 (Nigeria)	WACE 1977 (Australien)	SCHMIDT 1989 (Deutschland)	MILBERG 1991 (Schweden)	HODKINSON & THOMPSON 1997 (England)
Eleusine indica	unbestimmte Gräser	Poa annua	unbestimmte Gräser	Plantago major*
Ageratum conyzoides	Polygonum aviculare*	Plantago major*	Matricaria discoidae*	Poa annua
Oldenlandia lancifolia	Betula spec.*	Epilobium roseum	Polygonum aviculare*	Poa trivialis
Sporobolus pyramidalis	Eleusine tristachya*	Stellaria media*	Plantago major*	Urtica dioica
Digitaria velutina	Poa annua*	Poa trivialis	Sagina procumbens	Matricaria discoidea*

* im jeweiligen Gebiet nichteinheimische Arten

auch auf Industrieflächen häufiger vor (SEYBOLD 1973, HEINRICH 1984, DETTMAR 1993). Auch *Atriplex sagitatta* breitet sich als salztolerante Art verstärkt an Straßen aus (MANDÁK & PYŠEK 1998). Anfang der 90er-Jahre fand man auffällig viele Salzpflanzen auf salzhaltigen Halden in Niedersachsen, die zuvor nur aus dem Osten Deutschlands bekannt waren (u.a. die beiden neophytischen Gipskrautarten *Gypsophila scorzonerifolia, G. perfoliata*). GARVE (1999) führt dies auf die Bahn- und Schwerlasttransporte zurück, die seit der Wiedervereinigung 1989 auch die Haldenstandorte miteinander verbinden.

Mit der Anlage von Eisenbahntrassen und mit dem Eisenbahnverkehr werden seit Mitte des 19. Jahrhunderts eine Vielzahl von Arten gepflanzt, angesät und verschleppt (KREH 1960). Die Ausbreitungsgeschichte von *Senecio squalidus* in England zeigt anschaulich die Schlüsselfunktion von Eisenbahnen für Invasionen: Die Art gelangte Ende des 17. Jahrhunderts aus Sizilien in den Botanischen Garten von Oxford. Lange waren ihre Verwilderungen auf diese Stadt beschränkt, obwohl sie mit ihren Pioniereigenschaften auf einer Vielzahl von Störungsstandorten hätte wachsen können. Erst 1844, nach dem Bau der Eisenbahn nach London, setzte die Ausbreitung ein, die das „Oxford Ragwort" heute zu einem weit verbreiteten Neophyten Großbritanniens gemacht hat (ELLIS 1993).

Der Wanzensame (*Corispermum leptopterum*) wurde im Osten Deutschlands zuerst 1876 am Schöneberger Bahnhof in Berlin gefunden (Abb. 14). Mit dem Ausbau der Ringbahn mehrten sich rasch die Funde im Stadtgebiet und im Umland. Heute ist er vor allem im Osten Deutschlands an Eisenbahnanlagen, auf ruderalisierten Sanden und an der Küste häufig zu finden, kommt aber auch in anderen Teilen Deutschlands ruderal oder auf Sand vor (BERGER-LANDEFELDT & SUKOPP 1965, PHILIPPI 1971, KÖCK 1986, 1988, KRISCH 1987, PASSARGE 1988).

Mit der Bahn werden heute aufgrund der modernen Verpackung der transportierten Güter weniger Arten als früher neu eingeschleppt. Im Ruhrgebiet sind viele der noch in der ersten Hälfte des 20. Jahrhunderts unbeständig vorkommenden Arten heute zurückgegangen. Stattdessen bestimmen nun eher absichtlich eingeführte und dann verwilderte Pflanzen die Gruppe der unbeständigen Neophyten (KEIL & LOOS 2002). Dennoch bieten Eisenbahntrassen immer noch effektive Ausbreitungsmöglichkeiten für Neophyten. So konzentrieren sich Neufunde in ländlichen Gebieten häufig auf Bahnanlagen (z. B. *Ailanthus altissima* im Landkreis Soltau-Fallingbostel, FEDER 2001). Ein jüngeres Beispiel ist die Ausbreitung des mediterra-

Sekundäre Ausbringungen

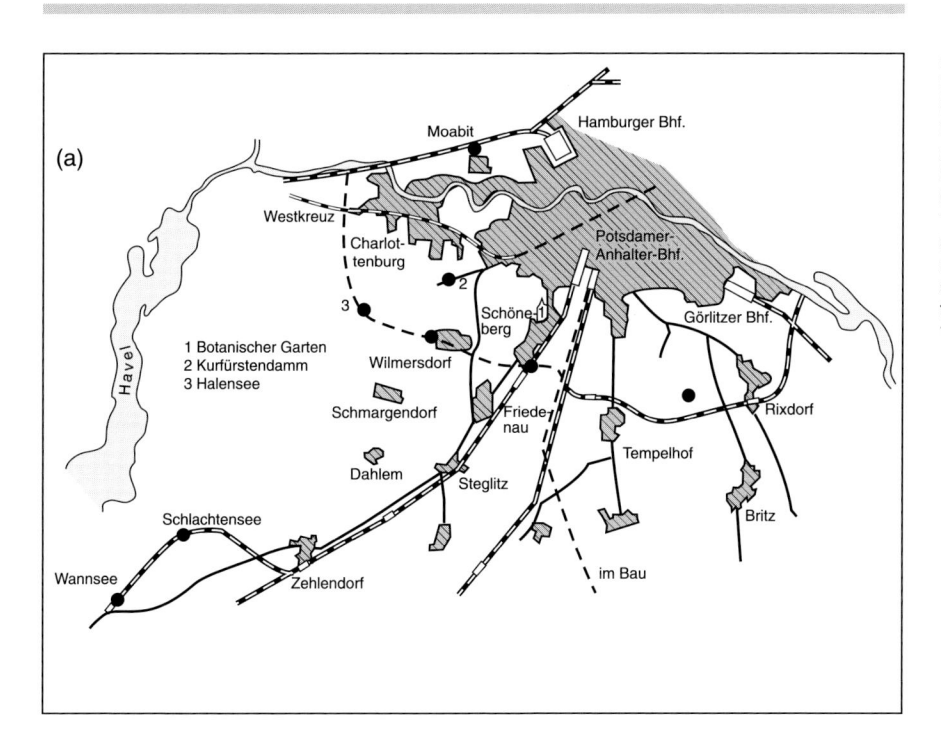

Abb. 14
Die Ausbreitung des Schmalflügligen Wanzensamens (*Corispermum leptopterum*) im Osten Deutschlands: (a) erste Fundorte ab 1876 an Berliner Bahnanlagen, (b) Bestandsentwicklung, dargestellt am Vorkommen in Messtischblattquadranten bis 1975 (nach KÖCK 1986).

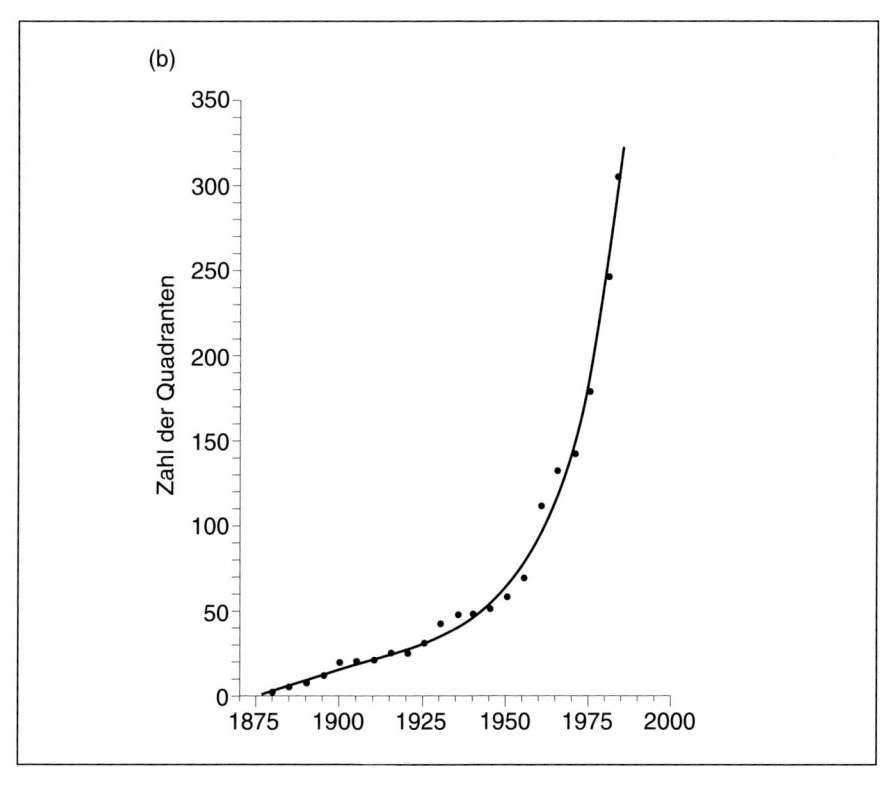

nen *Geranium purpureum* auf Bahnschotter (HÜGIN et al. 1995, MELZER 1995). Entlang vieler Trassen ziehen sich auffällige Bänder aus Neophyten. *Senecio inaequidens* breitet sich dabei vom Westen Deutschlands ostwärts aus, *Kochia scoparia* subsp. *densiflora* in umgekehrter Richtung (BRANDES 1993, WERNER et al. 1991). Solche Wanderungen sind im Wesentlichen auf die oben für Straßen beschriebene Kombination anthropogener Ausbreitungsmechanismen und offener Störungsstandorte zurückzuführen. Als Besonderheit kommt bei Eisenbahnen die regelmäßige Herbizidausbringung hinzu, die Einjährige indirekt begünstigt.

3.3.12 Jagd und Imkerei

Jäger und Imker können mit ausgebrachten Äsungs-, Deckungs- oder Bienenfutterpflanzen biologische Invasionen in großem Maßstab initiieren. Dies tritt vor allem auf, wenn Neophyten fernab sonstiger Ausbreitungswege angepflanzt oder angesät werden. Manche dieser Arten sind sehr ausbreitungsstark oder halten sich über Jahrzehnte an ihren Ausbringungsstandorten (Tab. 31, vgl. auch Tab. 24).

Jäger haben vor allem zur Ausbreitung von *Fallopia*-Sippen und von *Helianthus tuberosus* als Äsungs- und Deckungspflanzen beigetragen. Auch *Lupinus polyphyllus* wird oft als Äsungspflanze und zur Böschungsbefestigung ausgebracht. Selbst das wegen seiner späten Entwicklung und seines frühen Absterbens eigentlich ungeeignete *Heracleum mantegazzianum* wurde als Deckungspflanze empfohlen. In den „Richtlinien für die Anlage von Hegebüschen" (Landesjägerschaft Niedersachsen 1980) werden auch *Prunus serotina, Robinia pseudoacacia* und *Hippophae rhamnoides* als standortgemäß empfohlen. Sofern kein Fließgewässer erreichbar ist, breiten sich *Helianthus* und *Fallopia* im Gegensatz zu den anderen Arten im Wald meist kaum aus. Aus kleinen, mit Anpflanzung oder Ablagerung von Gartenabfall begründeten Populationen können jedoch auch im Wald große Bestände erwachsen, beispielsweise wenn Rhizome bei der Unterhaltung von Forstwegen weiter transportiert werden. So berichtet SCHEPKER (1998) von einem in 15 Jahren von 5 auf 1000 Quadratmeter angewachsenen *Fallopia*-Bestand im Landkreis Göttingen.

Die Intensivierung der Landnutzungen hat den Blütenreichtum und damit auch die Nahrungsquellen vieler Insekten erheblich verringert. Manche Neophyten blühen reich in blütenärmeren Jahreszeiten, etwa im Spätsommer oder Herbst. Dies hat Imker seit langem veranlasst, Neophyten auf einem breiten Standortspektrum anzupflanzen oder anzusäen. Es umfasst Ruderalstandorte, Eisenbahnböschungen, aber auch naturnahe Bereiche an Weg-, Wiesen-, Wald- und Bachrändern sowie landwirtschaftliche Brachflächen aller Art. Im Folgenden soll auf die Initiierung biologischer Invasionen durch ausgebrachte „Bienenpflanzen" hingewiesen werden. Die allgemeine Bedeutung von Neophyten für Blüten besuchende Insekten und andere Tiere wird in Kap. 7 diskutiert.

Imker haben zahlreiche Populationen auch ausbreitungsstarker Neophyten begründet (z. B. *Heracleum mantegazzianum, Solidago*-Arten, *Impatiens glandulifera*). In Niedersachsen konnten mehrere problematische Bestände der Herkulesstaude (*Heracleum mantegazzianum*) im Außenbereich direkt auf Ansaaten durch Imker zurückgeführt werden (siehe Kap. 6.4.3). Häufig haben von Imkern ausgebrachte Kugeldisteln dagegen einen Schwerpunkt auf ruderalen Standorten. Klonal wachsende Gehölze wie die Schneebeere (*Symphoricarpos albus*) und Spiersträucher können auch in naturnaher Umgebung Jahrzehnte an ihren Pflanzstellen überdauern und ihre Bestände durch Ausläuferbildung und Legetriebe erweitern. Bei der mehrfach genannten *Spiraea salicifolia* soll es sich in Mitteleuropa immer um *S. alba* oder *S.* × *billardii* handeln (ADOLPHI 1995). Auch *Robinia* kann sich in trockenwarmen Gebieten von Pflanzungen als Bienenfutterpflanze ausbreiten. War es zu Beginn des Jahrhundertwende vor allem Unkenntnis, die Imker zur Ausbringung problematischer Arten veranlasst hat, so sind sich seit der Nachkriegszeit viele Bienenzüchter der Naturschutzrele-

Tab. 31 Von Imkern und Jägern als Bienen-, Äsungs- oder Deckungspflanzen ausgebrachte nichteinheimische Arten mit Angaben zu deren Persistenz und Ausbreitungsdynamik (nach ADOLPHI 1995, AUGE 1997, HÜGIN & LOHMEYER 1993, KRUMBIEGEL & KLOTZ 1995, WALTER 1979b, 1992 u. a.)

Art	Imker	Jäger	Ausbreitungsdynamik	Persistenz als Kulturrelikt
Fagopyron esculentum	•	•	keine	keine
Phacelia tanacetifolia	•		keine	keine
Impatiens glandulifera	•		sehr hoch an Gewässern u. in Überflutungsgebieten	groß
Heracleum mantegazzianum	•	•	sehr hoch	groß
Solidago-Sippen	•		hoch	groß
Fallopia-Sippen	•		sehr hoch an Gewässern u. in Überflutungsgebieten, sonst gering	groß
Lupinus polyphyllus		•	mittel	groß
Helianthus tuberosus		•	gering, größer an Gewässern	groß
Aster-Sippen		•	gering, größer an Gewässern	mittel
Prunus serotina	•	•	hoch in Heckenlandschaften, mittel in Forsten	sehr groß
Spiraea-Sippen	•	•	gering	sehr groß
Symphoricarpos albus	•	•	gering	sehr groß
Physocarpus opulifolius		•	gering	mittel
Mahonia aquifolium	•		mittel	sehr groß
Echinops-Sippen	•		mittel	mittel
Robinia pseudoacacia	•	•	mittel	sehr groß

vanz ihres Tuns durchaus bewusst. Seit einigen Jahren scheinen diese Kenntnisse auch verstärkt zu einer Verhaltensänderung zu führen.

3.3.13 Liebhaberbotanik

Seit dem 19. Jahrhundert finden viele Liebhaberbotaniker Freude an der „Bereicherung" der Natur durch das Ansiedeln von Pflanzen, die sie von Reisen mitbringen oder von besonderen Standorten auf andere umsetzen oder ansäen („ansalben", vgl. WAGENITZ 2000). In vielen Fällen waren diese erfolgreich, denn solche Ansalbungen können sich viele Jahrzehnte an einem Ort halten, und bei einigen war dies auch der Beginn einer starken Ausbreitung. Den erheblichen Umfang von Ansalbungen zeigt eine oberfränkische Untersuchung, nach der 75 Arten als angesalbt erkannt wurden.
Ein historisches und ein aktuelles Beispiel veranschaulichen die Intensität und

Ansalbungen lassen sich folgenden Gruppen zuordnen (nach MERKEL et al. 1991 ergänzt):

a) In Deutschland einheimische Arten
- Auf Felsstandorten der Mittelgebirge ausgebrachte **Alpenpflanzen**; darunter viele Sukkulenten (z. B. *Sempervivum*-, *Sedum*-Arten). Einige solcher Vorkommen, beispielsweise bei Berneck, lassen sich bis auf die Tätigkeit des 1772 geborenen Apothekers Funck zurückführen. Auch Edelweiß (*Leontopodium alpinum*) und Alpenveilchen (*Cyclamen purpurascens*) werden angesalbt.
- Leicht ansiedelbare seltene **Wasser- und Sumpfpflanzen**. Die Wassernuss (*Trapa natans*) war 1882 im Ketschendorfer Schlossteich schon völlig eingebürgert. Nach Presseberichten über das letzte südbayrische Wassernussvorkommen gab es in den 90er-Jahren vermehrt Neu-

funde, die wahrscheinlich auf eine Ansalbungswelle nach dem Motto „kein bayrischer Fischteich ohne seine Wassernuss" zurückzuführen sind. Weiter gehören zu dieser Gruppe: *Calla palustris, Stratiotes aloides, Nymphoides peltata, Nymphaea alba* (häufig auch rotblühende Hybriden), *Iris pseudacorus, I. sibirica, Butomus umbellatus* u. a.
- Im Gebiet einheimische, aber stark rückläufig oder schon ausgestorbene **floristische Seltenheiten**; darunter zahlreiche Orchideen und attraktive Halbtrockenrasenarten. Eine Untergruppe sind Arten, bei denen es sich möglicherweise um bislang unbekannte Reliktvorkommen handeln könnte.
- Andere auffällige, häufig schön **blühende Arten**, die zwar in Deutschland heimisch sind, im Gebiet jedoch fehlen. Hierzu gehören beispielsweise in Oberfranken Diptam (*Dictamnus albus*), Straußenfarn (*Matteuccia struthiopteris*) und einige Orchideen.

b) In Deutschland nichteinheimische Arten
- **Wasser- und Sumpfpflanzen** (siehe Kap. 6.4): Zu den ältesten und ausbreitungsstärksten Arten zählt die Kanadische Wasserpest (*Elodea canadensis*) Sie wurde 1859 vom Berliner Botanischen Garten in drei Seen im Berliner Umland ausgebracht. Die Folge war eine bislang beispiellose Ausbreitung einer nichteinheimischen Wasserpflanze. Weitere Beispiele sind *Elodea nuttallii, Sagittaria latifolia* und, in jüngster Zeit, wahrscheinlich auch *Crassula helmsii*. Aquarianer setzen gelegentlich auch subtropische und tropische Wasserpflanzen aus. *Pistia stratiotes* und *Lemna aequinoctialis* konnten sich einige Zeit in der durch Kühlwassereinleitung erwärmten Erft halten. Aus dieser Gruppe hat sich der Algenfarn (*Azolla filiculoides*) in wintermilden Gebieten einbürgern können.
- **Pflanzen oligotropher Moore**; darunter vor allem Heidekrautgewächse wie *Kalmia angustifolia*. Sie wurde von Herman Löns im Altwarmbüchener Moor bei Hannover entdeckt und wächst noch immer dort. Weitere Arten sind *Vaccinium macrocarpon, Aronia × prunifolia* und die aus Sachsen und Brandenburg bekannt gewordene amerikanische *Sarracenia purpurea*.
- **Mauerpflanzen**: Das mediterran verbreitete Mauer-Zymbelkraut (*Cymbalaria muralis*) wird spätestens seit dem 19. Jahrhundert in Mauerritzen angesät. Dies dürfte seine Karriere zur Charakterart der Mauervegetation, zu der sie in weiten Teilen Mitteleuropas geworden ist, nachhaltig unterstützt haben. Ebenso ist der attraktive Gelbe Lerchensporn (*Pseudofumaria lutea*) gefördert worden.

Reichweite von Ansalbungen. Das erste wird von SEIDEL (1894) beschrieben, der die Mühe der Ansalber am Beispiel von *Cymbalaria muralis* anschaulich geschildert hat: „Auf dem Moospolster eines Brückenpfeilers stand das Pflänzchen sehr üppig schon im zweiten Jahre, das Resultat von gewiss mehr als fünftausend darübergestreuten Samen, denn ich kam täglich dort vorbei, und jedesmal regnete es eine kleine Priese dort hinab, bis es endlich dastand." Er beschreibt auch das Spannungsverhältnis zu professionellen Botanikern: „Ebensowenig wie jeder andere Sterbliche liebt es der brave Pflanzengelehrte, ‚hineinzufallen'. Und dieses Schicksal ist ihm in neuerer Zeit durch das Überhandnehmen verruchter Florafälscher oft genug bereitet worden." MERKEL et al. (1991) berichten über eine bundesweit tätige Bewegung namens „Florahilfe", bei der 1980 angeblich 40 000 „Florahelfer" mitgewirkt haben sollen. Auf deren Konto sollen zahlreiche Ansalbungen seltener und gefährdeter Arten gehen. Sie werden zum Teil außerhalb ihres Verbreitungsgebietes gepflanzt, wobei auch Naturschutzgebiete „bereichert" werden.

Verschiedene Gründe können bei einer Ansalbung zusammentreffen: die naive

Freude an einer vermeintlichen Bereicherung der Natur, der gärtnerische Stolz über das Gelingen, die Rettung und Vermehrung seltener Arten als ein individueller Beitrag zum Naturschutz. Dies ist jedoch ein Missverständnis. Ansalbungen sind aus gutem Grund nach § 41 (2) des Bundesnaturschutzgesetzes genehmigungspflichtig (siehe Kap. 2.9.2).

3.4 Störungen und Standortveränderungen

Nichteinheimische Organismen gelten häufig als Störfaktoren, die naturnahe oder „heimische" Lebensgemeinschaften beeinträchtigen. Invasionsbiologische Arbeiten haben jedoch wiederholt gezeigt, dass zuvor natürliche wie anthropogene Störungen die Etablierung und Ausbreitung nichteinheimischer Arten begünstigt haben. Häufig sind Invasionen daher Symptome vorgeschalteter Veränderungen, die oft auf menschliche Aktivitäten zurückgehen. Ohne Kenntnis dieses kausalen Hintergrundes, der in diesem Kapitel geschildert wird, gerät man jedoch leicht in die Gefahr, Symptome mit Ursachen zu verwechseln.

3.4.1 Anthropogene Störungen

Schon die Adventivfloristen wussten zu Beginn des 20. Jahrhunderts, dass nichteinheimische Arten verstärkt im Gefolge des Menschen auftreten (THELLUNG 1912, LINKOLA 1916/21). In die gleiche Zeit reichen Ansätze zurück, Standorte und Lebensgemeinschaften nach ihrer kulturellen Beeinflussung zu differenzieren. Das Hemerobiekonzept (JALAS 1955, SUKOPP 1969, 1972, KOWARIK 1988, 1999b) ist als einer dieser Ansätze heute in Mitteleuropa allgemein angenommen. Es wird hier gebraucht, um den Zusammenhang zwischen dem Vorkommen nichteinheimischer Arten und der anthropogenen Störung ihrer Standorte zu veranschaulichen. Abb. 15 zeigt, wie viele einheimische und nichteinheimische Arten auf Standorten

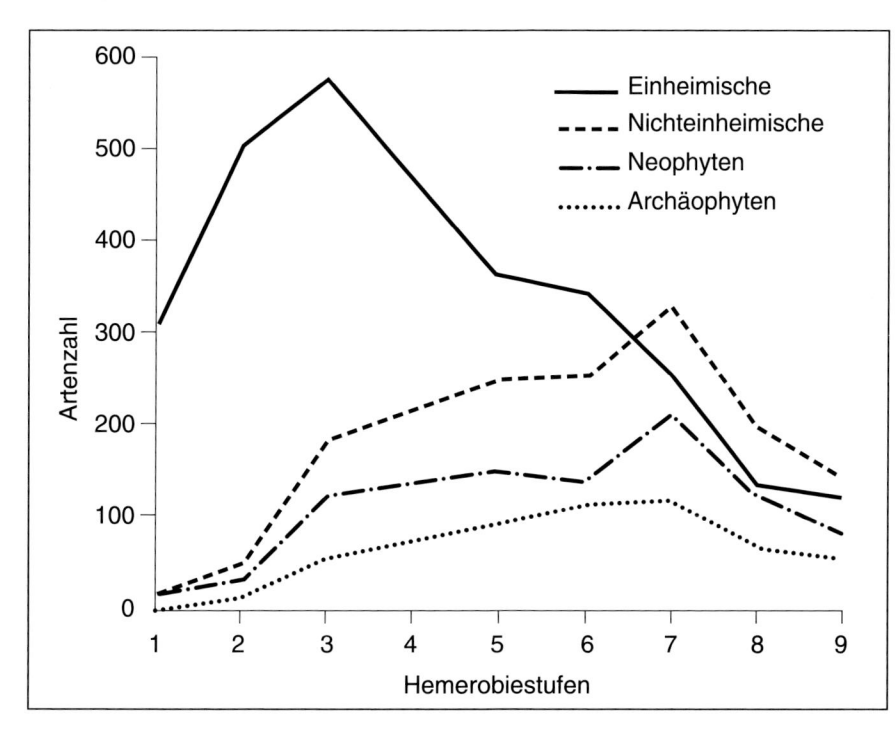

Abb. 15
Vorkommen von einheimischen Arten sowie von Archäophyten und Neophyten (auch zusammengefasst als Nichteinheimische) auf unterschiedlich stark gestörten Standorten in Berlin (Hemerobiestufe 1: sehr geringe, Hemerobiestufe 9: sehr starke menschliche Beeinflussung. Datengrundlage: 5136 Vegetationsaufnahmen; nach KOWARIK 1988).

Abb. 16
Zusammenhang zwischen der anthropogenen Beeinflussung (mittlere Hemerobiezeigerwerte) und dem Anteil nichteinheimischer Arten in der Vegetation des Berliner Gebietes (Datengrundlage: 5136 Vegetationsaufnahmen, gruppiert nach pflanzensoziologischen Verbänden; Spearmans Korrelationskoeffizient R = 0,948, P < 0,01; nach KOWARIK 1995b).

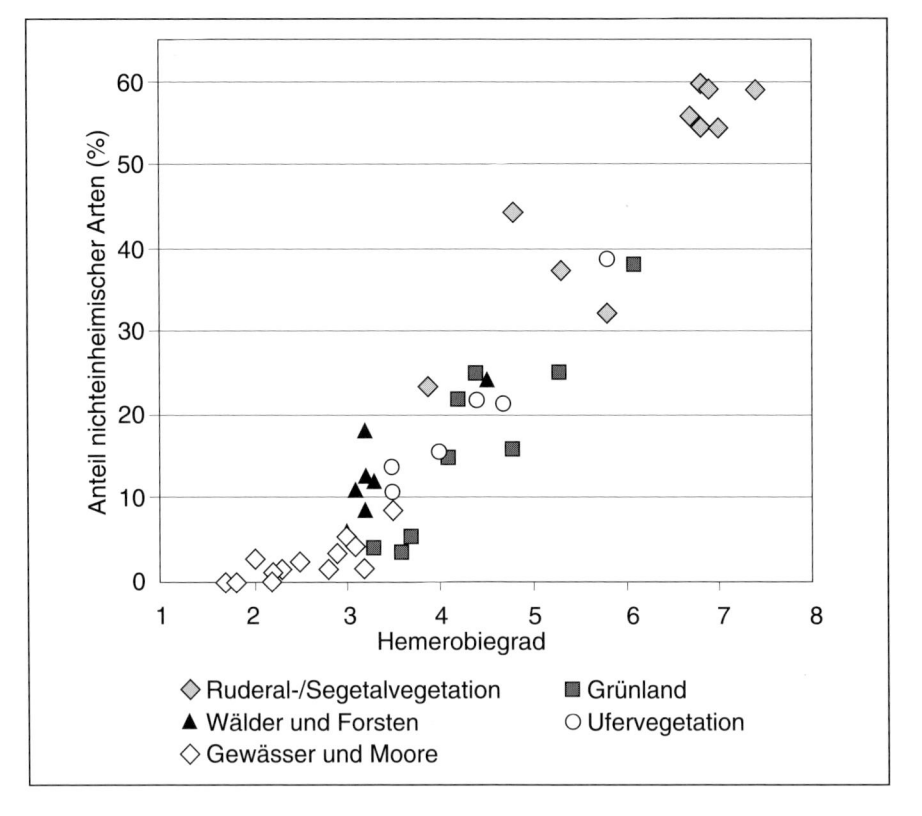

in Berlin vorkommen, die sich hinsichtlich ihrer anthropogenen Störung, differenziert nach neun Hemerobiestufen, unterscheiden. Die Tendenz ist eindeutig: Die meisten einheimischen Arten kommen auf gering bis mäßig gestörten Standorten vor. Archäophyten und Neophyten sind dagegen auf anthropogenen Störungsstandorten häufiger und übertreffen hier in ihrer Anzahl sogar die einheimischen Arten.

Für die Darstellung in Abb. 15 wurde der Hemerobiegrad von 5136 durch Vegetationsaufnahmen abgebildeten Standorten eingeschätzt. Das Vorkommen nichteinheimischer Arten spielte hierbei keine Rolle. Arten mit schwerpunktmäßigem Vorkommen auf einer Hemerobiestufe wurden als Hemerobieindikatoren gewertet. Für die Vegetationsaufnahmen wurden analog zu ELLENBERG et al. (1992) mittlere Hemerobiewerte berechnet.

In Abb. 16 sind Vegetationseinheiten (pflanzensoziologische Verbände) nach dem Ausmaß ihrer anthropogenen Beeinflussung dargestellt. Die Spanne reicht von gering beeinflusster Moorvegetation (z. B. Rhynchosporion) bis zu stark gestörter Ruderalvegetation (z. B. Salsolion). Der Anteil nichteinheimischer Arten korreliert eng mit dem Hemerobiegrad.

Dass nichteinheimische Arten durch anthropogene Störungen und Standortveränderungen begünstigt werden, lässt sich auf verschiedene Art erklären:
- Die Bildung anthropogener Pflanzengesellschaften anstelle der ursprünglichen Wälder begünstigt lichtbedürftige Arten offener Standorte (Beispiel: Wiesenarten, Ruderalvegetation).
- Mechanische Störungen des Bodens schaffen Lücken und erlauben die Etablierung neuer Arten, die in geschlossener Vegetation keine Keimungsmöglichkeiten hätten (Beispiel: Arten der Ruderal- und Segetalvegetation).
- Neue Formen von Störungen (z. B. Beweidung in Neuseeland) fördern Arten, die sich in ihren Ursprungsgebieten an vergleichbare Störungsregime anpassen konnten (siehe Kap. 2.3).

Störungen und Standortveränderungen

Abb. 17 Begünstigung der Ausbreitung des nordamerikanischen Neophyten *Mahonia aquifolium* durch anthropogene Standortveränderungen (Eintrag kalkhaltiger Flugstäube) in der Dübener Heide. Dargestellt sind positive Korrelationen zwischen der Biomasse von vier Monate alten Mahonienkeimlingen und dem pH-Wert des Substrats (Gewächshausversuch, links) und zwischen der Wahrscheinlichkeit der Keimlingsetablierung und der Entfernung zum Emittenten in Kiefernforsten (Aussaatversuch, rechts; aus AUGE 1997).

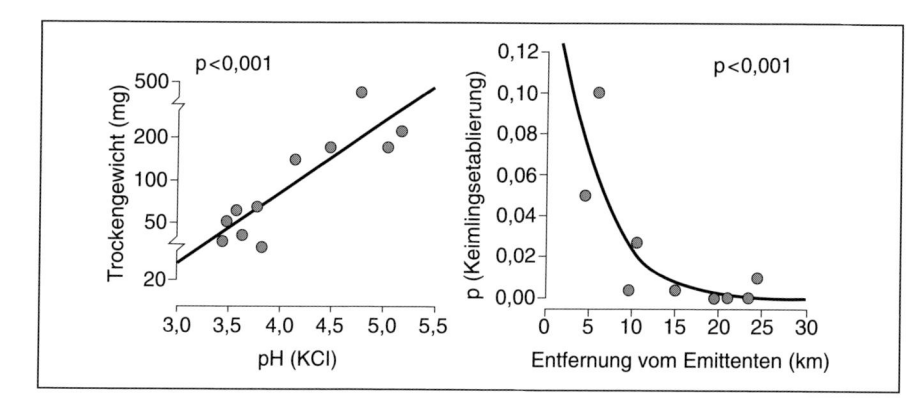

- Veränderungen physikalischer und chemischer Eigenschaften der Böden öffnen den Zugang zu Ressourcen, die von anderen als den bereits vorhandenen Arten besser genutzt werden können (Beispiel: Kalk liebende Arten in Gebieten mit überwiegend sauren Substraten, vgl. *Mahonia aquifolium* in Abb. 17).
- Zur gleichen Konsequenz führen anthropogene Abwandlungen des Mikro- und Mesoklimas. Im Ergebnis haben Arten in Siedlungen Konkurrenzvorteile, die aus wärmeren oder trockeneren Gebieten stammen oder eine ins Warmtrockene erweiterte physiologische Amplitude aufweisen (z. B. zahlreiche Archäo- und Neophyten in Kleinstädten, SARISAALO-TAUBERT 1963, *Ailanthus altissima* in größeren Städten, siehe Kap. 6.1.1).
- Bei der Erstbesiedlung großer, ursprünglich vegetationsfreier Flächen werden Arten bevorzugt, die von anthropogener Ausbreitung profitieren. Dies können überproportional nichteinheimische Arten sein (z. B. auf industriellen Brachen).
- Mit dem Ausmaß und der Dauer anthropogener Störung steigt die Wahrscheinlichkeit, dass neue Arten mit sekundären Ausbreitungsmechanismen an die Störungsstandorte gelangen.
- Sehr lange (z. B. infolge von Ackerbau) und/oder sehr extreme Störungen (z. B. infolge eines Herbizideinsatzes) bewirken einen Selektionsdruck, der die evolutive Weiterentwicklung von Arten fördert (Anökophyten auf Ruderal- und Segetalstandorten, z. B. *Oenothera coronifera*).

Die Einwanderung einiger Arten ist ohne vorausgehende anthropogene Umweltveränderungen kaum erklärbar. So konnte sich das windverbreitete Frühlings-Greiskraut (*Senecio vernalis*) nach 1850 wohl nur etablieren, da anthropogene Sekundärstandorte verfügbar waren (BÜTTNER 1883). Ob dies tatsächlich die Voraussetzung für eine geglückte Ansiedlung ist, bleibt allerdings oft unklar (Beispiel: *Cirsium dissectum* in Nordwestdeutschland, BUCK-SORLIN 1993).

In Niedersachsen hat SCHEPKER (1998) an 98 problematischen Neophytenbeständen gezeigt, dass menschliche Einflüsse auch ein wichtiger Schlüsselfaktor für die Entstehung invasionsbedingter Konflikte sind. In 49 % der Fälle waren direkte Einbringungen und Veränderungen von Standort und Nutzung (z. B. Entwässerung von Feuchtgebieten, Einführung landwirtschaftlicher Nutzung, Aufgabe von Mahd und Beweidung) die Voraussetzung für den Aufbau der Bestände. Die Neophyten sind hier Symptom anthropogener Landschaftsveränderungen und die damit verbundenen Probleme hausgemacht.

3.4.2 Anthropogene Klimaveränderungen

Da das Klima ein wesentlicher Bestimmungsfaktor von Pflanzenarealen ist, werden die zahlreichen aus wärmeren Gebieten stammenden Neophyten und Neozoen von der prognostizierten Erwärmung profitieren. Erwärmung und andere Aspekte des „Global Change", wie erhöhte CO_2-Gehalte der Luft, gelten als wichtige Triebfedern biologischer Invasionen (VITOUSEK et al. 1997, DUKES & MOONEY 1999, SIMBERLOFF 2000). Unter diesen Voraussetzungen werden sich unbeständige Arten einbürgern, seltene Arten häufiger werden und weitere eine Arealausweitung hin zu kühleren Gebieten vornehmen. Die Folgen erhöhter CO_2-Werte sind noch nicht im Einzelnen absehbar. SMITH et al. (2000) konnten jedoch zeigen, dass dadurch einjährige Gräser in ariden Ökosystemen gefördert werden, was, neben Konkurrenzwirkungen, auch die Häufigkeit von Feuern steigern kann (MACK et al. 2000).

Der in Städten erhöhte Anteil an Neophyten kann zum Teil auf die urbane Wärmeinsel zurückgeführt werden. So konnte für den Götterbaum (*Ailanthus altissima*) ein positiver Zusammenhang zwischen Biomasseentwicklung und Wärmesumme in der Vegetationsperiode nachgewiesen werden (siehe Kap. 6.1.1) und für *Amaranthus powellii* und *A. bouchonii* eine Förderung der Keimung durch höhere Bodentemperaturen (SCHMITZ 2002). Pflanzen, die ihre Photosynthese nach dem C_4-Modus betreiben, profitieren von höheren Temperaturen. Bei einigen von ihnen ist in der letzten Zeit bereits eine Zunahme beobachtet worden (HOFFMANN 1994, BRANDES 1995).

Eine Erwärmung kann landwirtschaftliche Unkräuter begünstigen, die bislang nur im südöstlichen Mitteleuropa Schäden verursachen (Liste bei RIES 1992). Hierzu zählen *Amaranthus*-Arten, die bereits in den wärmsten Gebieten Deutschlands stark verbreitet sind und sonst eher unbeständig vorkommen (HÜGIN 1986).

Am Südrand der Alpen, im insubrischen Gebiet, wird seit einiger Zeit die verstärkte Ausbreitung immergrüner Gehölze beobachtet (Laurophyllisation) und mit einer Erwärmung des Klimas in Zusammenhang gebracht (GIANONI et al. 1988, KLÖTZLI et al. 1996, WALTHER 1999, 2000). Einige dieser Arten, wie *Prunus laurocerasus*, nehmen allerdings auch in anderen Gebieten zu, *Mahonia aquifolium* selbst im winterkühlen Brandenburg (KOWARIK 1992b, ADOLPHI 1995, MEDUNA et al. 1999). *Paulownia tomentosa*, die am Alpensüdrand schon in natürlicher Felsvegetation vorkommt, breitet sich zunehmend auch in mitteleuropäischen Städten aus (RICHTER & BÖCKER 2001). Andere Arten, wie die Palme *Trachycarpus fortunei* oder *Ligustrum lucidum*, sind noch auf Insubrien beschränkt.

3.4.3 Natürliche Umweltdynamik

Aus der Häufung nichteinheimischer Arten auf menschlichen Störungsstandorten ist häufig eine „Resistenz" oder „Immunität" der natürlichen Vegetation gegen Invasionen abgeleitet worden. TREPL (1990, 1994) hat derartige Resistenzhypothesen ausführlich diskutiert. Sie lassen sich bereits mit den zahlreichen Fällen falsifizieren, in denen sich Arten erfolgreich in naturnaher Vegetation etablieren konnten. In Mitteleuropa ist dies bislang 277 Agriophyten gelungen (LOHMEYER & SUKOPP 1992, 2001). Viele der Agriophyten kommen im Überflutungsbereich von Flüssen, an der Küste oder auf anderen Standorten vor, die durch starke natürliche Störungen geprägt sind. Offensichtlich fördert die natürliche Umweltdynamik das Auftreten nichteinheimischer Arten ebenso wie anthropogene Störungen (TREPL 1983a). Überflutungen, Hangrutschungen, Brände und andere natürliche Störungen führen zu offenen, konkurrenzarmen Standorten, auf denen sich neue Arten leichter als in geschlossener Vegetation etablieren können. Die Auswirkungen natürlicher und anthropogener Mechanismen überlagern sich häufig, wie das Beispiel des Indischen Springkrautes veranschaulicht:

Die Samen des Indischen Springkrautes (*Impatiens glandulifera*) werden im Geschiebe von Fließgewässern verbreitet und gelangen, vor allem mit Hochwasser, an offene Standorte wie Hanganrisse und frische Sedimentationsstellen. Solche Etablierungsstandorte kommen natürlich in Auen vor, sind aber durch menschliche Störungen (z. B. Uferverbau) vermehrt und zum Teil auch besser nutzbar geworden (erhöhte Lichtversorgung durch Auflockerung oder Beseitigung der Auenwälder). *Impatiens* wird mit dem Wasser verbreitet, ist an vielen Gewässerrändern aber auch von Imkern angesät worden. Zusätzlich können *Impatiens*-Samen durch wasserbauliche Erdarbeiten transportiert werden. Hinzu kommt die Ausbreitung aus Gärten im Einzugsbereich von Fließgewässern (LHOTSKA & KOPECKY 1966, KOPECKY 1967, HARTMANN et al. 1995).

Analog kann das häufige Auftreten vieler Neophyten an Fließgewässern erklärt werden. Bei natürlicher wie anthropogener Störung und Fernausbreitung spielen mehrere Faktoren zusammen, von denen jeder einzelne bereits invasionsbegünstigend wirkt. Vor diesem Hintergrund wird auch verständlich, warum naturnahe Wälder meist arm an Neophyten sind. Viele nordamerikanische Waldpflanzen hatten mangels geeigneter Ausbreitungsvektoren überhaupt nicht die Chance, sich in mitteleuropäischen Wäldern zu etablieren (SCHROEDER 1972). Wie schnell sich dies durch neue anthropogene Ausbreitungswege ändern kann, zeigen die schon besprochenen Beispiele von *Impatiens parviflora* (Abb. 12) und *Heracleum mantegazzianum* (siehe Kap. 6.4.3). In den artenarmen Wäldern Mitteleuropas dürfte eine „Resistenz" also keine Rolle spielen

(TREPL 1990b). Im Urwaldgebiet von Bialowieza sind beispielsweise einige Neophyten erst nach dem Bau von Wegen, Straßen und Eisenbahnen in die naturnahe Vegetation eingedrungen, ohne dass diese zuvor gestört wurde. Entscheidend war die Aufhebung der Isolation zwischen Ausbreitungsquellen und geeigneten Wuchsorten FALINSKI (1986). Auch in tropischen Gebieten fördert die Erschließung und Nutzung von Urwäldern Invasionen von „Inselbergen". Sie sind durch steile ökologische Gradienten von ihrer Umgebung abgesetzt, sodass sich ihre Tier- und Pflanzenwelt weitgehend abgeschirmt entwickelt hat (POREMBSKI 2000).

Solche Ergebnisse zeigen, dass Isolationseffekte bei der Frage der Resistenz eine große Rolle spielen. Eine eindeutige Klärung ist jedoch noch nicht erreicht. Bei einer Transektuntersuchung in Kenia fanden STADLER et al. (2000) beispielsweise eine positive Korrelation zwischen hohen Zahlen an einheimischen und nichteinheimischen Arten. Ob eine hohe Artenvielfalt eine Resistenz gegen das Eindringen nichteinheimischer Arten bewirkt, wurde mehrfach, auch experimentell, mit widersprüchlichen Ergebnissen untersucht (LEVINE & D'ANTONIO 1999, STOHLGREN et al. 1999, LEVINE 2000, NAEEM et al. 2000).

4 „Exoten" – eine Lust und Last der Gartenkultur

Fast alle problematischen Neophyten sind als Zierpflanzen eingeführt und über Gärten weit verbreitet worden. Gehört daher die Gartenkultur auf den Prüfstand? Die Problematik wird durch die Analyse der Ausbreitungswege und -ursachen bereits etwas relativiert: Tatsächlich breiten sich nur wenige problematische Neophyten unmittelbar aus Gartenanlagen aus (siehe Kap. 6.1.5). Oft kommen Invasionserfolge erst durch anthropogene Umweltveränderungen und sekundäre Ausbringungsmechanismen zustande, wie Kap. 3.3 und 3.4 gezeigt haben.

Neben der möglichen Ausbreitung von Gartenpflanzen steht deren ökosystemare Einbindung in der Diskussion. In diesem Zusammenhang wird häufig gefordert, nichteinheimische Arten durch einheimische zu ersetzen, da diese der Tierwelt vermeintlich bessere Nahrungsgrundlagen bieten. Die Stichhaltigkeit dieser ökologischen Argumentation wird in Kap. 7 überprüft. Unabhängig hiervon ist eine Grundsatzfrage zu beantworten: Sollen Gärten als explizite Kulturprodukte auch dann nach Naturschutzkriterien gestaltet werden, wenn hiermit ein wesentlicher Bestandteil der Gartenkultur infrage gestellt wird, nämlich das traditionell verwendete Arten- und Sortenspektrum?

Ein Primat für einheimische Pflanzen stellt nicht nur Massenpflanzungen von *Cotoneaster*, *Rhododendron* u. a. infrage, sondern auch einen wichtigen Teil der historischen Pflanzenverwendung. So gab es im thüringischen Greiz Einwände von der Naturschutzseite, als bei der Rekonstruktion des Schlossparks „exotische" Gehölze nachgepflanzt werden sollten, die Bestandteil des ursprünglichen Entwurfes waren (THIMM 1998). Akzeptiert man, dass Gärten nicht ausschließlich Naturschutzzwecken dienen sollen, muss der ökologischen die kulturhistorische Perspektive zur Seite gestellt werden. Dies soll in diesem Kapitel geschehen. Der Blick in die Geschichte der Pflanzenverwendung wird zeigen, wie „Exotenlust" zu fein differenzierten historischen Schichtungen im gärtnerischen Pflanzenbestand geführt hat (siehe Kap. 4.1). Er wird weiter erkennen lassen, dass die aktuelle Diskussion pro und contra nichteinheimische Pflanzen historische Vorläufer hat. Xenophilie und Xenophobie waren früh gepaart. Was heute unter ökologischen Vorzeichen diskutiert wird, war früher Gegenstand ästhetischer Auseinandersetzungen bis hin zu den ideologischen Verstrickungen des Nationalsozialismus (siehe Kap. 4.2.1).

4.1 Historische und aktuelle Pflanzenverwendung

Vita SACKVILLE-WEST (1937) hat es auf den Punkt gebracht: „Für jeden wahren Blumenfreund kommt unweigerlich der Augenblick, in dem sich seine Neigungen auch dem weniger geläufigen und alltäglichen zuwenden". Was lag näher, als exotische Raritäten in die Gärten und Parks zu holen? Hatte jeder das Besondere entdeckt, geriet es zum Banalen und musste durch Neues ersetzt werden. Natürlich gab es immer Traditionalisten, die Herkömmliches in den Gärten bewahrten, und Avantgardisten, die sich über den etablierten Trend hinwegsetzten. In der Folge wurden nichteinheimische Pflanzen nie einheitlich verwendet. Das Artenspektrum hat sich durch die in Kap. 3.1 beschriebenen Einführungen stetig erweitert, neue Modepflanzen haben ältere ersetzt, aber nicht gänzlich und auch nicht überall.

Als Einleitung seiner „Flora der Bauerngärten" beschreibt KERNER (1855) die regionale Variabilität folgendermaßen: „Das gesteigerte Interesse des Publikums an der Blumenzucht ... bring(t) eine Unzahl von Gewächsen in unsere Gartenbeete. ... Unter unseren Augen wechselt mit der Mode der Charakter der Gartenflora. Nur in den von grösseren Städten und Verkehrsstrassen entfernten Orten, ganz vorzüglich in den abgeschlossenen Gebirgsthälern ist der Character der Gartenflora unangetastet ... Jahrhunderte hindurch bis in die Gegenwart derselbe geblieben."

Bereits im 16. Jahrhundert spielten nichteinheimische Pflanzen in GESNERS Gartenverzeichnis der „Horti Germaniae" von 1561 (siehe Kap. 3.1.2) eine große Rolle. Einheimische Arten waren besonders als Heilpflanzen weit verbreitet:

Milzfarn (*Ceterach officinarum*) wurde bei Milzleiden gebraucht, Rosenwurz (*Sedum rosea*) gegen Kopfschmerz, Diptam (*Dictamnus albus*) gegen Epilepsie, Verstopfung, Podagra und Frauenleiden, Salbei-Gamander (*Teucrium scorodonia*) gegen Pest und der Sud der Polei-Minze (*Mentha pulegium*) für zahlreiche innere und äußere Anwendungen. Die meisten Arten dürften auch außerhalb ihres ursprünglichen Herkunftsgebietes kultiviert worden sein. Später kamen besonders „exotische" unter den Einheimischen in die Gärten, nämlich Arten mit Wuchsanomalien und Farbabänderungen. GESNERS Verzeichnis enthält zehn Arten mit gefüllten Blüten (z. B. *Caltha palustris, Aquilegia vulgaris, Bellis perennis*). Bis 1600 sind 16 weitere solcher Arten belegt (z. B. *Hepatica nobilis, Cardamine pratensis, Parnassia palustris*). 1561 werden sechs Arten mit Farbabänderungen genannt (z. B. weißblühende Akelei); 1613 sind es im „Hortus Eystettensis" schon 19, darunter auch *Agrostemma githago* als Archäo- und *Adonis aestivalis* als Neophyt. Das heute noch in Bauerngärten beliebte „Bandgras" (*Phalaris arundinacea* var. *picta*) ist seit 1588 aus Gärten belegt. Es stammt vermutlich aus Westfrankreich (WEIN 1914) und wäre damit eine eingeführte Varietät einer einheimischen Art.

Die überaus reichen Einführungen aus Amerika und Ostasien (Abb. 5), haben im 19. Jahrhundert dazu verlockt, die arkadischen Gefilde des Landschaftsgartens mit exotischen Raritäten aufzufüllen. KIERMEIER (1988) hat dies anschaulich als Wechsel von „Arkadien" zu „Arboretien" geschildert. Beides sind Zwischenstationen auf dem im Folgenden skizzierten Weg von der ältesten zur jüngsten Exotenleidenschaft. Er beginnt in „Orangien" und hat gegenwärtig „Biotopien" erreicht.

4.1.1 „Orangien"

Eines der vielen Mittel absolutistischer Repräsentationslust war die Sammlung seltener und kostbarer Pflanzen, die bereits in der Renaissance zur Anlage artenreicher Blumengärten nach italienischem Vorbild führte. Ein Beispiel eines solchen Gartens ist der „Hortus Eystettensis", der die Sammelleidenschaft des Fürstbischofs von Eichstätt belegt. Anfang des 16. Jahrhunderts entstanden die ersten Orangerien, die das Überleben auch frostempfindlicher Pflanzen sicherten. Darunter waren viele *Citrus*-Gewächse und Kübelpflanzen mediterranen Ursprungs, die im Sommer in den ornamentalen Außenanlagen aufgestellt wurden. In Brandenburg ließ der Große Kurfürst „aus Italien, Frankreich, England und Holland ... alle zu seiner Zeit bekannten Samen, Gewächse und Baumarten bringen. Seine auswärtig residierenden Minister und Residenten konnten sich nicht beliebter machen, als durch Übersendung von vorbesagten Gewächsen" (NICOLAI 1779, nach WENDLAND 1979).

1664 wurden im Berliner Lustgarten 950 Pflanzenarten kultiviert. Acht Jahre später konnten im „Pomeranzenhaus" allein 586 *Citrus*- und *Punica*-Bäume, 56 Feigen und viele weitere Arten inventarisiert werden und hundert Jahre später, nämlich 1765, sollen sich bereits 6000 Pflanzen im königlichen Lustgarten befunden haben (URBAN 1881, WENDLAND 1979). Ein Zitat aus der Chronik von J. C. BEKMANN (1751 bis 1753) veranschaulicht den hohen Repräsentationswert der nichteinheimischen Arten: „Ausländische Gewächse, Exotica, sein zwar keine früchte des Märkischen Erdbodens: iedoch gereichet es dem Lande und den Besitzern zum ruhm, wann auch diese durch kunst und geschiklichkeit gezogen und erhalten werden. Und sein die Lustgärten zu Berlin ... bekannt, welche ausser andern seltenen ausländischen Gewächsen mit einer erstaunlichen

Beispiel

menge von Orangen und anderen kostbaren fruchtbringen, theils außerordentlich grossen Bäumen gepranget" (nach WENDLAND 1979: 251).

Adlige, aber auch Bürger folgten dem höfischen Vorbild. Das Pflanzenverzeichnis von 1737 aus dem brandenburgischen Trebnitz zeigt, dass viele Arten kurz nach ihrer Einführung bereits in der Provinz kultiviert wurden (KRAUSCH 1996). Aus Berliner Privatgärten sind sogar Erstnachweise nordamerikanischer Gehölze für Deutschland belegt. Auch die gartenbaulichen Vertriebswege festigten sich: Schon 1640 war die erste Baumschule in Hamburg gegründet worden. In ihrem Verkaufskatalog von 1753 bot „Krauses Gärtnerei" in Berlin bereits 1202 Arten und Sorten an. Ein Teil barocker Exotenlust galt Tulpen und anderen Zwiebelpflanzen. Zu Beginn des 17. Jahrhunderts wurde in den Niederlanden eine wahre Tulipomanie entfesselt. Ihr Sog erfasste die gesamte mitteleuropäische Gartenkultur.

1554 entdeckte Ogier Ghislain de Busbeque, Gesandter Kaiser Ferdinands I., in Konstantinopel die in Mitteleuropa bislang unbekannte Blütenpracht von Tulpen, Narzissen, Kaiserkronen und Hyazinthen. Auf dem diplomatischen Weg kamen Tulpenzwiebeln an den Wiener Hof. Weitere Arten wurden über den venezianischen Levante-Handel eingeführt. GESNER sah schon 1559 in Augsburg blühende Tulpen, die aus Italien stammten, und verfasste 1561 die erste Artbeschreibung. Linné nannte die Garten-Tulpe ihm zu Ehren *Tulipa gesneriana*. Es handelte sich aber bereits um Hybriden verschiedener vorderasiatischer Tulpenarten. Hyazinthen tauchten 1561 in Deutschland zuerst in Torgau auf (WEIN 1914). Als der flämische Botaniker CLUSIUS 1593 nach Leiden kam, brachte er zahlreiche Zwiebelpflanzen mit, woraus sich in den Niederlanden bald eine florierende Zwiebelzucht entwickelte. In mannigfaltigen Farbvarianten gehandelt, wurde die Tulpe zur Modepflanze und zum hoch bezahlten Statussymbol. In den Niederlanden gab es Sammlungen mit über 500 klassifizierten Tulpen. 3000 Gulden für eine seltene Tulpenzwiebel waren keine Ausnahme, eine Zwiebel der Sorte 'Semper Augustus'

wechselte sogar für 13 000 Gulden ihren Besitzer. Nach 1634 wurde mit Tulpen-Wertpapieren spekuliert, bis eine Verordnung 1637 die Spekulation einschränkte. Nach DASH (1999) dürfte der Umsatz des niederländischen Tulpenhandels zwischen 1633 und 1637 nicht unter 40 Millionen Gulden gelegen haben. Um welche Werte es hierbei ging, veranschaulicht die Warenmenge, die man für den Gegenwert einer selteneren Tulpenzwiebel erzielen konnte (Tab. 32). Die Sammelleidenschaft ging weit über die Niederlande hinaus. 1661 wuchsen beispielsweise im Berliner Lustgarten 126 Tulpen-, 7 Hyazinthen- und 5 Kaiserkronensorten (KRAUSCH 1990).

Tab. 32 Gegenwert einer Tulpenzwiebel im Wert von 3000 Gulden zur Zeit der Tulipomanie in den Niederlanden (nach einer zeitgenössischen Rechnung von 1636; aus DASH 1999)

acht fette Schweine	240 Gulden
vier fette Ochsen	480 Gulden
zwölf fette Schafe	120 Gulden
24 Tonnen Weizen	448 Gulden
48 Tonnen Roggen	558 Gulden
zwei große Fässer Wein	70 Gulden
vier Fässer Bier	32 Gulden
2000 Kilo Butter	192 Gulden
500 Kilo Käse	120 Gulden
ein silberner Kelch	60 Gulden
ein Ballen Stoff	80 Gulden
ein Bett mit Matratze und Bettzeug	100 Gulden
ein Schiff	500 Gulden
	3000 Gulden

Im geometrischen Muster der Renaissance- und Barockgärten kamen Kübelpflanzen und auch kleinere Geophyten gut zur Geltung. Der von den Römern in Germanien verbreitete und auch in den mittelalterlichen Klostergärten beliebte Buchsbaum (*Buxus sempervirens*) bildete nach dem Vorbild italienischer und französischer Gärten oft die Fassung. Für die großräumigen Dimensionen des Landschaftsgartens waren sie weniger geeignet. Auch in den kleineren Privatgärten des 19. und 20. Jahrhunderts wurden viele der traditionellen Geophyten durch auffälligere Arten ersetzt. Als Zeugnisse barocker Tulipomanie haben sich einige Arten fest einbürgert, beispielsweise die Wild-Tulpe (*Tulipa sylvestris*) und mehrere Milchsternarten (*Ornithogalum umbellatum, O. nutans, O. boucheanum*). An manchen Stellen sind diese Arten aus historischen Parkanlagen auf angrenzende Äcker, Weinberge, Wiesen oder in lichte Gehölzbestände übergegangen. Häufig haben sie die Überführung geometrischer Gärten in den landschaftlichen Stil überstanden und erinnern hier als „Zeiger alter Gartenkultur" an frühere Kulturphasen der Anlagen (siehe Kap. 6.1.5.2).

4.1.2 „Arkadien"

Nach 1750 wurden fast alle Renaissance- und Barockgärten zunächst in England und dann auch in Mitteleuropa durch die neuen Formen des Landschaftsgartens abgelöst. Die geometrische Zucht von Pflanzen war nun als Symbol absolutistischer Selbstdarstellung verpönt. Das der höfischen Pracht entgegengesetzte ländliche Leben wurde in der Gedankenwelt der Aufklärung als „natürlich" identifiziert und im Landschaftsgarten als arkadische Hirtenlandschaft inszeniert. Traditionelle Weidelandschaften wurden hierzu „ästetisiert, ästhetisch nobilitiert und symbolisch aufgeladen". Sie dienten nicht mehr primär der Erzeugung von Wolle, Milch und Fleisch: „das eigentliche Produktionsziel war jetzt die unsterbliche Pastorale" (HARD 1985). Beweidetes Grünland, sanft modellierte Wiesen mit einzelnen Baumgruppen werden im Landschaftsgarten „Auftritte der Natur". „Sie rufen liebliche Bilder der arkadischen Hirtenwelt zurück, und scheinen auf eine vorzügliche Art der Empfindung der Ruhe und der stillen Ergötzung des Landlebens gewidmet zu seyn" (HIRSCHFELD 1771). Hierzu waren exotische Arten unnötig. Stattdessen bestimmten Eichen, Ulmen und Eschen das Bild der klassischen englischen Anlagen von L. C. BROWN (1716 bis 1783) oder H. REPTON (1725 bis 1808). Auch die bislang hoch geschätzten gefüllten Blumen wurden unmodern und als „Monstrositäten" verurteilt, da sie nicht natürlich, sondern durch gärtnerischen Kunstfleiß und Geschäftssinn erzeugt wären (POPPENDIECK 1996a mit Hinweis auf eine 1751 erschienene Schrift von Linné).

In deutschen Landschaftsgärten wurden zum Ausgang des 18. Jahrhunderts nach JORK & WETTE (1986) zwar 800 Gehölzarten gepflanzt, häufig jedoch in gebäudenahen Gartenteilen. So versuchte F. L. v. SCKELL, der Schöpfer des Englischen Gartens in München, Exoten in Prunkgärten zu konzentrieren und aus den Parks fernzuhalten. Nach seinem Lehrbuch von 1825 sollten Gehölzgruppen vornehmlich mit einheimischen Arten aufgebaut werden, die man aus nahen Wäldern umpflanzen könne. Bereits barocke Alleen wurden so begründet und durch Nachpflanzungen ergänzt (PALM 1998). In seinen berühmten „Andeutungen über Landschaftsgärtnerei" begründet Hermann Fürst von Pückler-Muskau (1834) den zurückhaltenden Einsatz nichteinheimischer Pflanzen:

„Im Park benutze ich in der Regel nur inländische oder völlig acclimatisirte Bäume und Sträucher, und vermeide gänzlich alle ausländischen Zierpflanzen; denn auch die idealisierte Natur muss dennoch immer den Charakter des Landes und Climas tragen, wo sich die Anlage befindet, damit sie wie von selbst so erwachsen erscheinen könne, und nicht die Gewalt verrathe, die ihr angethan ward. ... Aber wenn man eine Centifolie, einen chinesischen Flieder ... mitten in der Wildniss findet, so macht dies eine höchst widrig affectirte Wirkung, ausgenommen, sie befänden sich in einem getrennten, für sich abgeschlossenen Raume, ... welches schon wieder die Nähe und Cultur des Menschen hinlänglich durch sich selbst anzeigt" (PÜCKLER 1834). Folgerichtig wurden die auffälligen „Exoten" meist in hausnahen, intensiver gepflegten Gartenteilen („pleasure ground") konzentriert.

In Landschaftsgärten mit ihren weit reichenden Sichten gab es neue Einsatzmöglichkeiten für Wildpflanzen. Sie wurden an Gebüsch- und Gewässerrändern, unter Bäumen und auf Wiesen gebraucht. Zum Einsatz kamen attraktive Pflanzen der Umgebung sowie eingeführte Arten. Solche mit guter Fernausbreitung sind inzwischen weit verbreitet (z. B. *Fallopia*-Sippen und *Heracleum mantegazzianum* an Gewässern). Andere kommen noch heute vornehmlich in historischen Gärten vor (z. B. die aus den subalpinen Hochstaudenfluren Südosteuropas und Vorderasiens stammende *Telekia speciosa*). Sie haben als „Zeiger alter Gartenkultur" überdauern können. Hierzu zählen auch die über den Samenhandel in die Anlagen gelangten „Grassamenankömmlinge" (siehe Kap. 6.1.5.2).

4.1.3 „Arboretien"

Die Neueinführungen fremder Arten sprengten im ausgehenden 18. und im 19. Jahrhundert alle bisher bekannten Dimensionen: Viele hundert Gehölzarten aus Ostasien und Nordamerika gelangten im 19. Jahrhundert nach Europa, darunter so spektakuläre Koniferen wie Mammutbäume (*Sequoia, Sequoiadendron*), Sumpfzypresse (*Taxodium*) und farbenprächtige *Rhododendron*-Arten (Abb. 5). Welche Herausforderung für die Gartenkünstler! Sollten sie den Idealen arkadischer Einfachheit treu bleiben oder sich aus dem reichen Füllhorn exotischer Raritäten bedienen? Die Antwort lässt sich noch heute in vielen alten Landschaftsgärten ablesen: Wo Platz war, wurden auf engstem Raum ohne Rücksicht auf Raumkonzept und Sichtbeziehungen möglichst viele Arten in möglichst ausgefallenen Sorten gepflanzt. Der Landschaftsgarten wurde zum Ort exotischer Raritäten. „Arkadien ging unter, Arboretien obsiegte" (KIERMEIER 1988). Auch bedeutende Anlagen wie die von Stourhead veränderten so ihren Charakter (Tab. 33). J. C. LOUDON (1783–1843), streitbarer Vorkämpfer der Exotenverwendung in England, suchte den radikalen Stilwechsel theoretisch zu untermauern:

„Jede Gartenschöpfung sollte klar als Kunstwerk erkennbar sein, damit dieses niemals für eine Bildung der Natur gehalten werden könnte". Dies könne man mit dreierlei erreichen: nur auserlesene Pflanzen verwenden, darauf achten, dass sie nicht heimischen Ursprungs seien und sie so anordnen, dass man sie deutlich als Exoten ansprechen könne. „Bach, See oder Fluss sind als Kunstwerk (nur) dann geeignet, wenn Exoten – Gehölze wie Stauden – entlang der Ufer in einer naturähnlichen Anpflanzung gesetzt werden, wobei darauf zu achten ist, daß alle einheimischen Pflanzen sorgfältig zu entfernen sind". Wer doch Einheimisches verwenden wollte, dem galt der leicht ironische Rat: „Sollten heimische Bäume und Sträucher zu irgendeinem Zeitpunkt in der modernen Landschaftsgestaltung Eingang finden, muß die größte Sorgfalt aufgewendet werden, daß sie nicht überhandnehmen. Zum Beispiel würde ein Gartenkünstler, sofern er sein Handwerk versteht, in einer Landschaft, wo die Eiche natürlich vorkommt, diesen Baum nie in seinen künstlerischen Pflanzungen einfügen." (Zitate nach KIERMEIER 1988).

Wie die Idee des Landschaftsgartens setzte sich auch das englische Vorbild auf dem Kontinent durch. Alte Anlagen, wie der Pillnitzer Schlosspark, wurden mit exotischen Raritäten aufgefüllt, neue häufig mit artenreichen Pflanzungen versehen. Der Einsatz von Koniferen wurde auch durch die Idee des nordischen Gartens gefördert. Zu ihm gehören dunkle Koniferen, und sein eher schwermütiger Eindruck konkurriert mit den heiteren arkadischen Gefilden (ROTERS 1995). Inwie-

Tab. 33 Von „Arkadien" nach „Arboretien": Von den Nachfolgern von Henry Hoare II (1705–1785), dem Begründer des Parkes von Stourhead (Wiltshire, England), zusätzlich gepflanzte Baumarten (nach WOODBRIDGE 1991)

	alle Baumarten	einheimisch	nichteinheimisch	davon Koniferen
vor 1791	13	9	4	4
Ergänzungen 1791–1838	30	5	25	1
1813–1894	25	–	25	25
1894–1946	75	3	72	35

weit in Landschaftsgärten der Exotenlust Tribut gezollt wurde, war auch eine Frage der persönlichen gartenkünstlerischen Handschrift. SCKELL und PÜCKLER waren eher zurückhaltend, J. P. LENNÉ weniger. 1825 ließ er für den Glienicker Park 2400 *Robinia pseudoacacia,* 800 *Pinus strobus,* 2500 *Spiraea,* 1800 *Ligustrum,* 2000 *Syringa,* 300 *Populus alba* und 40 *Prunus mahaleb* pflanzen (SEILER 1982). LENNÉ förderte auch über die von ihm 1824 initiierte Landesbaumschule in Potsdam Produktion und Absatz nichteinheimischer Gehölze, „um so das Nutzbarste aus allen Weltgegenden dem Vaterlande anzueignen" (LENNÉ 1824).

Auch das Vorbild der englischen Staudenrabatte setzte sich in Deutschland durch. Nach MOSBAUER (1982) wurde der Höhepunkt bei der Arten- und Sortenvielfalt in der Zeit vor dem ersten Weltkrieg erreicht. In nur zehn Jahren gab die Firma Arends 17 Namenssorten von *Astilbe arendsii,* 9 von *Aster amellus* und 10 von *Phlox arendsii* in den Handel. SILVA-TAROUCA (1910) veranlasste die Beschreibung und Kulturanleitung für etwa 2000 Staudenarten.

4.1.4 „Katalogien"

Das 20 Jahrhundert brachte für die traditionelle Pflanzenverwendung tiefe Einschnitte. Die nationalsozialistische Blut- und-Boden-Ideologie traf auch nichteinheimische Gartenpflanzen (siehe Kap. 4.2.1). In den Notzeiten wurden wieder mehr Gemüse und Obst gezogen, der Zierpflanzenanteil ging in den Gärten zurück. KOSMALE (1981a) hat diesen Wandel beispielhaft aus dem Erzgebirgsvorland beschrieben. Wie schnell sich das Pflanzeninventar unter dem Einfluss wirtschaftlicher Veränderungen wandelt, zeigt das Beispiel einer in den 50er-Jahren angelegten Kleinsiedlung in Berlin-Heiligensee: Die Gärten der Hilfswerksiedlung hatten eine einheitliche Grundausstattung aus Nutzpflanzen, darunter viele hochstämmige Obstbäume. Nach vier Jahrzehnten hat sich eine Differenzierung in drei Gartentypen ergeben (Tab. 34). Nur noch die „Obstgärten" erinnern an die alte Ausstattung, die „Koniferengärten" repräsentieren den modernen Gartentyp. Er enthält viele immergrüne, zumeist nichteinheimische Arten, häufig auch teure Solitärpflanzen wie *Abies koreana.* Der „Strauchgarten" ist ein Übergangstyp. Die meisten der 196 erfassten Arten (86%) sind nicht in Berlin einheimisch (KRONENBERG & KOWARIK 1989).

Der Vergleich zwischen traditionellen und neuen Hausgärten in Oberfranken erbringt ähnliche Tendenzen. Alte Gartenpflanzen wie Flieder, Nussbaum oder Holunder fehlen in modernen Gärten. Sie werden häufig von nichteinheimischen Immergrünen wie *Mahonia, Cotoneaster* und *Rhododendron* geprägt (SCHUSTER 1980). Die Verstädterung vieler ländlicher Gebiete zeichnet sich auch im Pflanzenbestand der Gärten und in der Ruderalvegetation ab (z. B. DECHENT 1988 zum Mainzer Einzugsgebiet). Aus der Bepflanzung von Kinderspielplätzen lässt sich der aktuelle Trend für Durchschnittsgrünflächen gut ablesen: 21 von 52 Baum- und 62 von 74 Straucharten, die auf 61 untersuchten Berliner Spielplätzen wachsen, sind im Gebiet nicht einheimisch (KOWARIK 1983a).

Die hohe Präsenz nichteinheimischer Arten in Gärten und Grünanlagen ist kein neuer, sondern ein durchaus traditioneller Aspekt der Gartenkultur und schon im 16. Jahrhundert zu finden (vgl. Kap. 3.1.2). Ein Teil dieser Arten wurde als Heilpflanzen oder anderweitig genutzt, war fest in das Brauchtum einbezogen (z. B. Buchsbaum in katholischen Gegenden). Bereits vor 1900 waren nichteinheimische Gehölzarten stark in alten Bauerngärten des Mittelrheingebietes vertreten (LOHMEYER o.J.). HÜGINS (1991) detaillierte Schwarzwaldstudie zeigt einen weiteren Aspekt der traditionellen Pflanzenverwendung, nämlich die genetische Vielfalt der Kulturpflanzen, die in zahlreichen Sorten ihren Ausdruck findet und mit ihren Volksnamen auch die kulturelle Verwurzelung nichteinheimischer Pflanzen zeigt.

Bei alltäglichen Gartenpflanzen wurde im letzten Viertel des 20. Jahrhunderts zunehmend auf ein geringes und vereinheitlichtes Arten- und Sortenspektrums zurückgegriffen, und zwar bei einheimischen wie nichteinheimischen Arten. Vielfach

Tab. 34 Umwandlung des Gehölzbestandes von Hausgärten, die in den 1950er-Jahren einheitlich als Obstgärten angelegt worden waren. Von ursprünglich 30 Obstgärten sind inzwischen 19 zu Strauchgärten und 14 zu Koniferengärten geworden (Hilfswerksiedlung, Berlin-Heiligensee, nach KRONENBERG & KOWARIK 1989)

	Obstgärten [%]	Strauchgärten [%]	Koniferengärten [%]
in Obstgärten am häufigsten			
Ribes uva-crispa	100	47	36
Pyrus communis	100	47	43
Ribes rubrum	100	63	50
Prunus domestica	100	63	64
Prunus cerasus	100	79	79
Rubus idaeus	86	32	21
Ribes nigrum	71	32	7
Vaccinium vitis-idaea	57	5	0
Corylus avellana	57	32	36
in Obstgärten am seltensten			
Rhododendron catawbiense u.a.	57	90	93
Kletterrosen	29	58	71
in Strauchgärten am häufigsten			
Ligustrum vulgare	43	74	36
Weigela × hybrida	29	53	7
Mahonia aquifolium	29	53	29
in Koniferengärten am häufigsten			
Chamaecyparis lawsoniana	43	53	93
Picea pungens	57	58	86
Pinus mugo	71	58	86
Taxus baccata	29	53	79
Picea omorica	43	58	79
Juniperus communis	29	37	71
Thuja occidentalis	43	58	71
Picea glauca	57	47	71
in Koniferengärten am seltensten			
Forsythia × intermedia	86	84	64
Syringa vulgaris	71	79	64
in allen Gartentypen ähnlich häufig			
Rosen	100	90	100
Malus domestica	199	95	86
Picea abies	71	74	79
Juniperus chinensis	57	47	50

kam genetisch einheitliches Material zum Einsatz (siehe Kap. 3.3.2). Die Heranzucht vieler traditioneller Gartenpflanzen ist zur Aufgabe von Spezialgärtnereien und -baumschulen geworden. Die Massenvertriebswege der modernen Pflanzenproduzenten mit ihren millionenfachen Hauswurfsendungen stimulieren die Nachfrage und speisen die Durchschnittsgärten. Aus „Arboretien" wird „Katalogien". Auf engem Raum ersetzen heute Zwerg-Koniferen die Mammutbäume als Leitpflanzen. Der jüngere Wandel in modernen Gärten auf dem Weg nach „Katalogien" erfolgte durch verschiedene Schritte:
• den Rückgang traditioneller Nutzpflanzen, beispielsweise hochstämmiger Obstbäume und Gemüsekulturen,

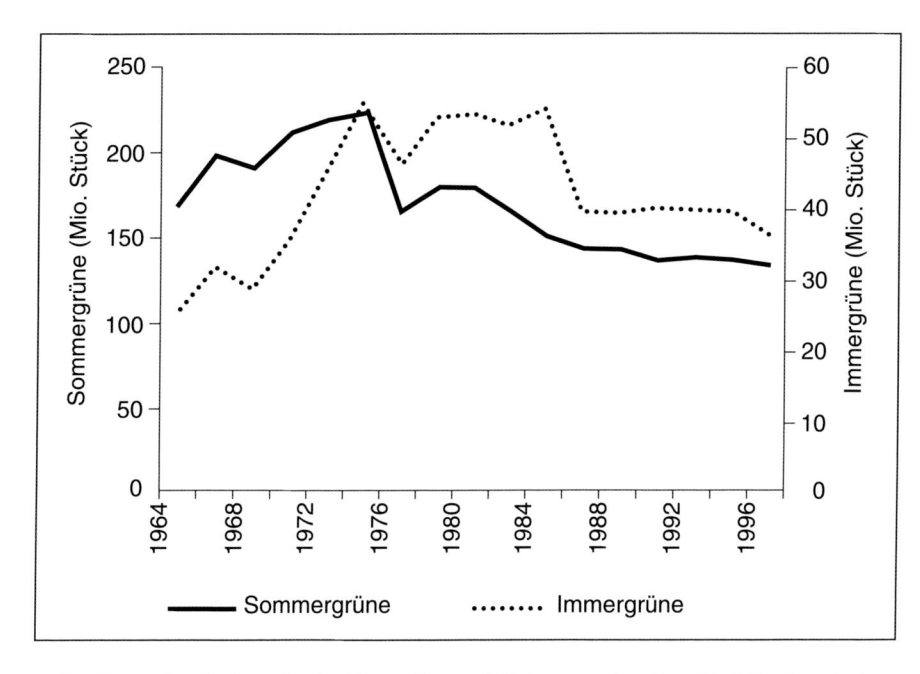

Historische und aktuelle Pflanzenverwendung

Abb. 18
Anzahl der in deutschen Baumschulen produzierten Gehölze. In den 70er-Jahren verstärkt sich der Trend zu Immergrünen (jeweils in Millionen Stück und ohne Forstgehölze, nach Daten des statistischen Bundesamtes).

- den Ersatz Laub abwerfender Ziersträucher und Heckenpflanzen durch immergrüne Gehölze, vor allem Koniferen- und *Rhododendron*-Arten,
- den Ersatz von Staudenpflanzungen durch Rasenansaaten und Bodendecker (*Cotoneaster, Pachysandra* u. a., auch kleinwüchsige Sorten immergrüner Arten),
- den Ersatz traditioneller, häufig regional verbreiteter Sorten von Zierpflanzen durch einheitliches, überregional vertriebenes Pflanzenmaterial, darunter viele Koniferenarten mit Wuchs- und Farbanomalien.

Die Anbauzahlen deutscher Baumschulen belegen den Trend (Abb. 18): Zwischen 1965 und 1977 hat sich der Anbau von Obstgehölzen fast um ein Drittel verringert. Dagegen sind zwei Drittel mehr Nadelgehölze und sogar 90% mehr Rhododendren produziert worden. Die Zahlen für andere Laubsträucher sind dagegen nur um 15% gestiegen. Das Mengenverhältnis zwischen Immergrünen und sommergrünen Laubgehölzen schrumpfte von 1 zu 4 im Jahr 1965 auf 1 zu 2,4 zwölf Jahre später. Wie viele der Immergrünen bereits die Gärten erobert haben, zeigen zwei Gartenstudien: Im Gehölzbestand der Hamburger Wohnbebauung sind von 489 Arten 160 immergrün. Das Verhältnis zwischen Sommer- und Immergrünen beträgt hier 1 zu 3 (RINGENBERG 1994). Im wärmeren Freiburg verengt es sich sogar auf 1 zu 1,7 (GRÖGER 1989).

4.1.5 „Biotopien"

Die Idee des Naturgartens reicht bis in das 19. Jahrhundert zurück. Der Aufschwung der Umweltbewegung in den 1970er-Jahren brachte den Durchbruch. Die Ideale des Naturgartens beeinflussen bis heute Gestaltung, Pflanzenverwendung und Pflege von Gärten und Grünanlagen. Als Gegenmodell zur katalogischen Einfalt vieler Anlagen entsteht „Biotopien": Gärten, in denen die Nähe zur Natur häufig mit einheimischen Pflanzen und angereicherten „Biotopen" gesucht wird. Die konzeptionelle Vielfalt innerhalb der Naturgartenbewegung ist groß, und auch die Pflanzenverwendung ist alles andere als einheitlich. Die verschiedenen Ansätze der beiden Holländer L. LEROY und G. LONDO zeigen es bereits. LeRoy, dessen einflussreiches Buch „Natur einschalten – Natur ausschalten" 1978 erschien, plädiert beispielsweise für eine unorthodoxe Mischung von Pflanzenarten, die nach Farbe, Form und Herkunft völlig verschieden sind und aus denen sich ein neues Gleichgewicht der Natur entwickeln solle. Wichtig sei hierbei die Einbindung der Pflanzen in natürliche Prozesse. Londo setzt dagegen auf angewandte Landschaftsökologie und versucht, mit der künstlichen Variation von Standortbedingungen attraktive, auch seltenere Pflanzengesellschaften zu initiieren. In diese Richtung gingen bereits die niederländischen „Heemparks", in denen Ende der 30er-Jahre Parklandschaften mit Nieder- und Hochmoorelementen aufgebaut worden sind (KONINGEN & LEOPOLD 1995). Ein anderer Trend bestimmt die „ecological parks" in englischen Städten. Hier werden selbst auf ruderalen Ausgangsstandorten Versatzstücke ursprünglicher Vegetation mit einheimischen Arten aufgebaut, zumeist im Zusammenhang mit künstlich angelegten Gewässern.

Eine umfassende Analyse der zeitgenössischen Naturgartenbewegung steht noch aus. Ihr gemeinsamer Nenner ist wahrscheinlich eher im gesuchten Kontrast zur Gestaltungs- und Pflegeroutine öffentlicher Grünanlagen zu finden als in der kompromisslosen Verbannung nichteinheimischer Arten. Protagonisten der Naturgartenbewegung vertreten gegensätzliche Positionen zur Verwendung nichteinheimischer Pflanzen. Sie reichen von grundsätzlicher Ablehnung (z. B. SCHWARZ 1980) bis zur Toleranz (z. B. NEUENSCHWANDER 1988, NIEMEYER-LÜLLWITZ 1989, 1997).

In den 70er-Jahren gerieten in Deutschland die öffentlichen Grünanlagen in die Diskussion. Kritisiert wurden vor allem eingeschränkte Nutzungsmöglichkeiten und die Monotonie der gärtnerischen Gestaltung (ANDRITZKI & SPITZER 1981). „*Cotoneaster* und Konsorten" wurden beliebte Angriffspunkte, jedoch wohl eher wegen ihres massenhaft monotonen Einsatzes als wegen ihrer Herkunft. Jüngere Befragungen (z. B. Münster, TAUCHNITZ 1994) lassen eine vielfältige Erwartungshaltung der Parkbesucher erkennen: Gewünscht werden sowohl naturnahe als auch gärtnerisch intensiver gestaltetere Elemente – und damit indirekt auch die Kontinuität eines breiten Spektrums an Zierpflanzen. In jüngerer Zeit wird auch versucht, nichteinheimische Wildpflanzen, beispielsweise aus den Prärien Nordamerikas, oder attraktive Ruderalpflanzen gezielt in Grünanlagen einzubringen (KÜHN 1999, 2000).

Mitte der 70er-Jahre wurden urbanindustrielle Brachflächen als Alternative zu traditionellen Grünflächen entdeckt. Deren Attribute von Wildnis und Natürlichkeit faszinierten ebenso wie die Anpassungsfähigkeit der spontanen Vegetation an menschliche Nutzungen. Inzwischen sind vor allem im Ruhrgebiet und in Berlin mehrere Brachflächen in städtische Grünsysteme integriert worden (REBELE & DETTMAR 1996, KNOLL et al. 1997). Da hiermit eine Flächengestaltung verbunden ist, entsteht eine neuartige Kategorie von (Natur-) Gärten, deren grüne Substanz zum ersten Mal durch die bereits vorhandene, urbanindustrielle Natur bestimmt wird (KOWARIK 1993a). Ein wesentliches, nunmehr positiv besetztes Kennzeichen dieser Anlagen ist die für städtische Standorte bezeichnende Fülle nichteinheimischer Arten.

4.2 Ökologismus in der Gartenkultur

Im 19. Jahrhundert wurde der Landschaftsgarten in das enge Korsett des Hausgartens gepresst. Es entstanden „lächerliche Zwerglandschaften" (ENCKE 1923). Heute hat die Popularisierung der Naturgartenbewegung die Privatgärten erreicht. In zahlreichen populärwissenschaftlichen Publikationen ist nachzulesen, wie sie in „Naturzellen" (BRIEMLE et al. 1981) zu verwandeln seien, und zwar mit den Standardrequisiten: Blumenwiese, frei wachsende Blütenhecke und Teich. Der Folienteich als „Biotop" ist zum Statussymbol geworden, die Verwendung einheimischer Arten ist vielen selbstverständlich. Dies wird häufig als „Biotopismus" belächelt. Aber warum sollte sich eigentlich nicht ein Teil Katalogiens nach dem Geschmack der Gartenbesitzer zu „Biotopien" wandeln? Passt das Arche-Noah-Motiv nicht in eine Zeit, in der Umweltzerstörung und Artenrückgang zu allgemein diskutierten Phänomenen geworden sind? Was dabei beunruhigt, ist die Ausschließlichkeit mancher Forderungen, die über die Sphäre des eigenen Gartens hinaus das Pflanzen einheimischer Arten zur allgemeinen Aufgabe der Pflanzenverwendung und des Naturschutzes erklären.

In einem Kosmos-Artikel hat WITT (1986) unmissverständlich formuliert: „Reißt die Rhododendren raus!". Seine Begründung ist einfach, und sie ist die gleiche, die BARTH (1988) in einer praktischen Naturschutzanleitung gibt: Nur einheimische Gehölze gehörten in „unsere Ökosysteme". Nur sie könnten „mit anderen Organismen in Gemeinschaft leben". In diesem Sinne fordert auch SCHWARZ (1980), fremdländische Gehölze im Garten durch einheimische zu ersetzen. Spätestens hier schließt sich die Verbindung zwischen Pflanzenverwendung und Naturschutz, zwischen der Artenwahl für Gärten und den Anstrengungen zur Neophytenbekämpfung. In beiden Fällen wird die angeblich fehlende Einbindung nichteinheimischer Arten in ökosystemare Zusammenhänge zur Begründung angeführt. Diese Argumentation hat einen ökologischen Hintergrund. Die Zuspitzung ist jedoch, wie Kap. 7 zeigen wird, im Sinne des Naturschutzes unangemessen.

Wie und mit welchen Pflanzen Gärten zu gestalten seien, ist eine Geschmacksfrage und kann nicht wissenschaftlich, und damit auch nicht ökologisch beantwortet werden. Wenn Autoren wie BARTH (1988) naturwissenschaftlich unhaltbare Verallgemeinerungen in scheinbar ökologisch begründete Handlungsempfehlungen ummünzen, so ist dies „Ökologismus". Hier – wie in vielen anderen Fällen – wird Ökologie als Leitwissenschaft oder zumindest als Etikett missbraucht (TREPL 1983b). Ärgerlich an der ausschließlichen Forderung nach einheimischen Pflanzen ist ihre Ignoranz gegenüber der facettenreichen, bereits aus Tab. 16 ablesbaren Tradition der Pflanzenverwendung. Problematisch ist die fachliche Schwäche ihrer ökologischen Begründung, gefährlich ihre glatte Einfachheit, die viele überzeugen wird, die in bester Absicht „der Natur" Gutes tun wollen. Ihre Parallelität mit entsprechenden Forderungen aus der Zeit des Nationalsozialismus muss beunruhigen – umso mehr, als sie in eine Zeit fällt, in der Rechtsradikale den Heimat- und Naturschutz wieder als Thema entdecken (SIEGLER 1994). Vielleicht fielen emotionsgeladene Diskussionen und übersteigerte Forderungen zum Pro und Kontra der Verwendung einheimischer und nichteinheimischer Pflanzen differenzierter und sachlicher aus, wären sich die Wortführer ihrer historischen Vorläufer bewusst.

4.2.1 Historische Vorläufer

Die heutige Auseinandersetzung um die Verwendung nichteinheimischer Pflanzen wurde ähnlich heftig im 19. Jahrhundert geführt. Damals standen allerdings ästhetische Gesichtspunkte im Zentrum, wogegen es heute ökologische sind. LOUDON als Verächter einheimischer und Befürworter nichteinheimischer Pflanzen ist bereits in Kap. 4.1.3 zitiert worden. Eine Gegenposition hat der Ire ROBINSON (1838–1935) eingenommen, dessen Gartenbuch „The Wild Garten" von 1870 heute noch erhältlich ist. Sein Buch „The English Flower Garden" (1883) erlebte 15 Auflagen. Robinson verdammte alles, was ihm verkünstelt schien und beanstandete die Einseitigkeit der Pflanzenwahl, zu pflegeaufwendige und teure Gartenmotive und den Formschnitt an Buchs und Eibe. Vehement setzte er sich für einheimische Pflanzen ein, ließ jedoch Kombinationen mit nichteinheimischen Arten durchaus zu. So verwendete er den Japanischen Staudenknöterich (*Fallopia japonica*) gerne in seinen „wilden" Gärten. Hier zwei seiner Aussprüche:

„Viele unserer wunderschönen Wildpflanzen, sogar Bäume und Sträucher, sind Fremdlinge im eigenen Garten. Ich kann nichts Besseres tun, als zu zeigen, welchen Charme die eigene Flora für unsere Gartenanlage und Naturgärten hat."
... „Wir erforschen die Welt nach Blütensträuchern – nicht einer ist hübscher als *Viburnum opulus*" (ROBINSON 1870, nach KIERMEIER 1988).

In Deutschland hat der Gartenarchitekt Willy LANGE (1864–1941) eine ähnlich breite Wirkung wie Robinson in England erzielt. WOLSCHKE-BULMAHN (1992) hat gedankliche Verbindungen zwischen beiden aufgezeigt, aber auch betont, dass weder Robinson noch Lange als erste Vordenker des Naturgartens zu bezeichnen sind. Aber beide waren wirkungsvoller als andere zuvor. In zahlreichen Publikationen setzte sich LANGE für einen neuen „deutschen Gartenstil" ein. Nach GROENING & WOLSCHKE-BULMAHN (1989, 1992) wurden dabei naturwissenschaftliche und künstlerische mit rassistischen Perspektiven verbunden: Unter Berücksichtigung der neueren ökologischen Kenntnisse setzte sich Lange für eine standortgemäße Verwendung von Pflanzen nach Vorbildern der Natur ein. Dabei plädierte er für eine künstlerische Steigerung der Natur, auch unter Einsatz physiognomisch passender nichteinheimischer Arten. So schlug er beispielsweise die Unterpflanzung von Birken mit Forsythien oder mit dem aus dem Kaukasus stammenden *Sedum spurium* als Bodendecker vor. Lange suchte aber auch nach einer Gartengestalt als Ausdruck „der nordischen, germanischen Rasse" und meinte, man könne mit dem Konzept des „deutschen Gartenstiles" zur intellektuellen Entwicklung anderer Rassen beitragen (LANGE 1927).

Wie stark nationalistisches Gedankengut schon zu Beginn des Jahrhunderts die Verwendung von Pflanzen beeinflusste, zeigt das Beispiel zweier Berliner Volksparke. Der Weddinger Humboldthain wurde 1902 noch wegen des Reichtums seiner Gehölzsammlung mit 773 Arten gerühmt (DIEKMANN 1902). Wenige Jahre später schreibt Fischer über die Bepflanzung des neu geschaffenen Schiller-Parkes im gleichen Stadtteil:

„Die pflanzliche Ausgestaltung des Parkes soll einen durchaus heimischen Charakter tragen, ausländische Gehölze sind verpönt. Der Schillereiche, dem deutschsten aller Bäume, werden also nur heimische Pflanzen folgen. So wird Berlin hier einen Volkspark zu eigen nennen, dessen Wesen und Gestalt ebenso urdeutsch ist wie sein Name" (FISCHER 1909). Bei der Ausführung wurden allerdings in großem Maßstab nichteinheimische Ross-Kastanien (*Aesculus hippocastanum*) verwendet.

Dieses Beispiel zeigt, dass zwischen pointierten programmatischen Äußerungen und deren Umsetzung erhebliche Unterschiede bestehen können.

Alwin SEIFERT plädiert in den 30er-Jahren polemisch gegen die Verwendung nichteinheimischer Pflanzen bei der Landschaftsgestaltung, bei der eine „schicksalsgegebene Pflanzenarmut" zu akzeptieren sei. Nichts Fremdes sollte in der Landschaft verwendet, aber auch nichts Einheimisches ausgelassen werden. Er stempelte die Blaufichte (*Picea pungens* fo. *glauca*) „zum Staatsfeind Nr. 1" und erklärte allen Stadtgärtnern, die *Pinus montana* pflanzten, den Krieg (SEIFERT 1941). Als „Reichslandschaftsanwalt" setzte er sich nach 1940 für die Verwendung einheimischer Arten bei der Autobahnbegrünung ein (NIETFELD 1985). Die Brüchigkeit seiner Argumentation hat bereits PNIOWER (1952) deutlich herausgearbeitet. Hinsichtlich der Verwendung nichteinheimischer Arten war Seiferts Position allerdings differenzierter, als manchmal dargestellt. Anders als im Außenbereich sollten nichteinheimische Arten im Garten durchaus eingesetzt werden. Wichtiges Kriterium war die „Bodenständigkeit" der Arten, die nicht zwingend von ihrer Heimat bestimmt ist. Fremdes war erlaubt, solange die Einheit von Garten und Landschaft gewährleistet sei. Hiermit ist die Richtung zu standortgemäßer Pflanzenverwendung eingeschlagen.

Auch manche Pflanzensoziologen stellten ihre noch junge Disziplin dem „Blut-und-Boden-verbundene(n) Garten" (KRÄMER 1936) in Dienst. TÜXEN forderte 1939 in der Zeitschrift Gartenkunst, „die deutsche Landschaft von unharmonischer, fremder Substanz zu reinigen". Die Arbeitsgemeinschaft sächsischer Botaniker rief 1942 dazu auf, *Impatiens parviflora* als „mongolischen Eindringling" wie die „Plage des Bolschewismus auszurotten" (nach TREPL 1984). Entsprechende Forderungen werden auch heute noch im gleichen sprachlichen Gewand gestellt. DISKO (1996) will beispielsweise *Impatiens glandulifera* „bis zur letzten Pflanze" ausrotten. Dass solche Ansprüche Teil der nationalsozialistischen Blut-und-Boden-Ideologie waren, macht sie unerträglich und sollte doch zu differenzierterem Nachdenken über ihren Anlass anregen. Sicher wäre es voreilig und wohl überwiegend ungerechtfertigt, die heute vielfach erhobenen Forderungen nach einer Bevorzugung einheimischer Pflanzen pauschal in eine Entwicklungslinie mit dem Rassenwahn des Nationalsozialismus zu stellen. Eine gründliche Analyse ihrer Begründungen steht noch aus. Neben der Angst vor der Veränderung des Gewohnten durch Fremdes wären dabei vielleicht auch Belege zu finden, für überzogene Reaktionen auf die Monotonie katalogischer Pflanzungen, für ein fehlgeleitetes Ökologieverständnis und für nachvollziehbare naturschutzfachliche Gründe. Auch die Verwendung von Pflanzen nach „Prinzipien der Natur" sollte nicht vorschnell als Biologismus interpretiert werden, von dem es nur einen Schritt zum Sozial-Darwinismus bräuchte. Gemeint ist damit zumeist nichts anderes, als dass man Pflanzen in Kenntnis ihrer ökologischen Ansprüche und des vorliegenden Standortpotentials verwenden möchte. Beides ist jedoch ohne die Grundsatzentscheidung zwischen einheimisch oder nichteinheimisch zu lösen: durch den überlegten Einsatz von Pflanzen unterschiedlicher Eigenschaft und Herkunft im Bewusstsein einer wohl tausendjährigen Gartentradition. Vielleicht hilft die Kenntnis auch der Schattenseiten dieser Tradition, Radikalitäten jeglicher Art zu überwinden.

5 Invasionsprozesse und deren Prognose

Voraussetzung biologischer Invasionen ist die durch Menschen vermittelte Einführung von Organismen in ein Gebiet, das sie natürlicherweise zuvor nicht erreicht haben (siehe Kap. 1.1). Bei einem Bruchteil der vielen Tausend eingeführten Arten setzt mit der ersten generativen Reproduktion ein Invasionsprozess ein. Was dann folgt, wird häufig als linearer Vorgang beschrieben: Die Arten erreichen verschiedene Erfolgsstufen (HEGER 2000) oder überwinden Barrieren (RICHARDSON et al. 2000), bis schließlich einige von ihnen erfolgreiche Invasionsarten werden. Diese Perspektive ist bereits mit den adventivfloristischen Arbeiten des 19. und frühen 20. Jahrhundert eingeführt worden. THELLUNG (1912, 1915) unterschied beispielsweise eingeführte, sich aber nicht vermehrende Arten von Unbeständigen und solchen, die in anthropogener Vegetation und schließlich unter natürlichen Bedingungen eingebürgert waren. Bis heute prägt diese Sichtweise invasionsbiologische Arbeiten in Europa (aber nur hier!) und hat vielfach zur Bilanzierung von Arten auf einzelnen „Erfolgsstufen" geführt (für Deutschland zuerst in KOWARIK & SUKOPP 1986; aktuelle Angaben in Tab. 71).

Auch die „tens rule", die nach WILLIAMSON (1996, WILLIAMSON & FITTER 1996) die Wahrscheinlichkeit von Ausbreitung und Einbürgerung angibt, folgt dieser Tradition. Es gibt jedoch einen wesentlichen Unterschied. Williamson wertet das Auslösen unerwünschter Folgen, den Status einer „pest species", als letzte Stufe des Invasionsgeschehens. In mitteleuropäischer Tradition ist dies dagegen der Agriophytenstatus.

Solche Diskrepanzen kommen auch in der Auseinandersetzung über die zutreffende Definition „invasiver" Arten zum Ausdruck. DAVIS & THOMPSON (2000) setzen bei diesen Arten voraus, dass sie weitreichende Folgen auslösen. DAEHLER (2001) weist dies mit dem Verweis auf die darin enthaltene anthropozentrische Perspektive zurück und unterstützt den Vorschlag von RICHARDSON et al. (2000). Dieser nennt Arten, die sich in „beachtlicher Entfernung" (mehr 100 Meter in 50 Jahren) von der Ausgangspflanze etabliert haben, invasive Arten. In diesem Buch wird noch einen Schritt weitergegangen, indem alle Arten als invasiv bezeichnet werden, die sich in einer beliebigen Phase eines Invasionsprozesses befinden (siehe Kap. 1.1). Auch die in der „tens rule" (WILLIAMSON 1996) beschriebene Wahrscheinlichkeit für das Auftreten von „pest species" ist problematisch, da deren Definition von subjektiven oder zwischen Interessengruppen stark variierenden Wertmaßstäben abhängt.

5.1 Invasionen als mehrdimensionale Prozesse

Wesentlicher als die Entscheidung, was nun die richtige Definition invasiver Arten sei, ist die Erkenntnis des mehrdimensionalen Charakters von Invasionsprozessen. Er ist aus den unterschiedlichen Definitionen ablesbar. Invasionen können folglich auch aus unterschiedlicher Perspektive analysiert werden:

- **in populationsbiologischen Dimensionen.** Idealerweise wird von einem logistischen Verlauf des Populationswachstums ausgegangen. Nach einer sich nur langsam steigernden Vermehrung setzt ein stark beschleunigtes Wachstum ein, das abklingt, wenn das potentielle Areal ausgefüllt ist oder andere Faktoren (z. B. biotische Gegenspieler) begrenzend wirken (CRAWLEY 1989, MACK et al. 2000). Neben Wachstumsraten können auch Übergangswahrscheinlichkeiten im Lebenszyklus der Arten bestimmt werden (z. B. MEYER & SCHMID 1991 für *Solidago*).

- **in räumlichen Dimensionen.** Die Vermehrung einer eingeführten Art leitet über neu besiedelte Wuchsorte oder Habitate den Aufbau eines (sekundären) Areals ein. Er kommt zum Abschluss, wenn die Gebiete mit geeigneten Umweltbedingungen besiedelt sind (Beispiele zur Arealbildung bei JÄGER 1988 und HENGEVELD 1989). Parallel können Ausbreitungsprozesse zur Verdichtung der Wuchsorte im bereits besiedelten Areal führen. Andere räumliche Dimensionen bestehen in der Höhenverteilung oder, bei Gewässern, in der Tiefenverteilung der Organismen.
- **in zeitlichen Dimensionen.** Populationswachstum und Ausbreitungsprozesse sind im Ergebnis beschreibbar (in der Populations- und Arealgröße), aber auch durch die Geschwindigkeit ihres Ablaufes. Bei beiden Prozessen ist mit erheblichen Zeitverzögerungen (Timelags) zwischen einzelnen Phasenabschnitten zu rechnen (siehe Kap. 5.2.1). Ein weiterer Gesichtspunkt ist die Dauerhaftigkeit von Populationen. Sie wird traditionell mit der Unterscheidung von Einbürgerungs- oder Etablierungsgraden beantwortet (siehe Kap. 1.4), ist aber auch bei anderen Parametern interessant (z. B. Persistenz von Diasporen in der Samenbank).
- **in ökologischen Dimensionen.** Meist werden Pflanzengesellschaften, Ökosystemtypen oder Umweltbedingungen beschrieben, die Invasionen durch bestimmte Arten zulassen oder sie ausschließen. Auch Analysen von Invasionsprozessen in Hinblick auf ihre vielfältigen Auswirkungen gehören dazu (PARKER et al. 1999).
- **in anthropozentrischen Dimensionen.** Die Abhängigkeit der Invasionsprozesse von menschlicher Mitwirkung (z. B. anthropogene Standortveränderungen, Ausbreitungsmechanismen) kann hier analysiert werden (siehe Kap. 3.3 und 3.4.1). Weiterhin ist die Klassifizierung von Invasionen nach verursachten Problemen oder Schäden wegen der eingeschlossenen normativen Ebene anthropozentrisch.

Neobiota durchschreiten die in verschiedenen Dimensionen aufeinander folgenden Phasen eines Invasionsprozesses weder gleich schnell noch gleich gerichtet: Arten mit schnell wachsender Populationsgröße breiten sich nicht zwingend rasch im Raum aus. Sie durchlaufen auch nicht zwangsläufig ökologische Gradienten, etwa von jungen zu alten Sukzessionsstadien oder von gestörten zu ungestörten Biotopen. Weiterhin verursachen sie nicht erst geringe, dann zunehmend erhebliche ökologische Folgen oder ökonomische Schäden. All dies ist zwar im Gleichklang durchaus möglich, es ist aber die Ausnahme. Biologische Invasionen werden eher als Entwicklung in einem mehrdimensionalen Raum verständlich, in dem die Koordinaten der Arten in räumlich, zeitlich, ökologisch oder anthropozentrisch bestimmbaren Dimensionen erheblich variieren.

Der Beginn eines Invasionsprozesses ist immer der gleiche, markiert durch die erste generative Reproduktion einer eingeführten Art. Schon auf dem Weg zur nächsten Stufe, der Etablierung, treten erhebliche Unterschiede auf. Viele, aber nicht alle der etablierten Arten sind häufiger oder stärker verbreitet als unbeständige. Die Frage nach dem „Erfolg" einer Invasionsart ist unsinnig, wie STARFINGER (1998) einleuchtend am Beispiel nordamerikanischer Neophyten in Deutschland gezeigt hat, wenn nicht zuvor die zu bemessene Dimension bestimmt worden ist. Auch der Vergleich dreier Datensätze aus Deutschland veranschaulicht, wie unterschiedlich der Erfolg von Invasionsarten in Abhängigkeit vom ausgewählten Erfolgsparameter ausfällt. Die Gruppen der häufigsten Neophyten und Archäophyten (Tab. 73) überschneiden sich nur teilweise mit denen der bekämpften (Tab. 70) oder in naturnaher Vegetation eingebürgerten Arten (LOHMEYER & SUKOPP 1992, 2001). So gelten die beiden häufigsten Neophyten (*Matricaria discoidea, Conyza canadensis*) als weitgehend unproblematisch, wogegen auch deutlich seltenere Arten (z. B. *Pinus strobus, Vaccinium corymbosum × angustifolium*) Konflikte auslösen, vor allem wenn sie in naturnahe Vegetation eindringen. Dies gelingt definitionsgemäß allen 277 Agriophyten Deutschlands, aber nur ein kleiner Teil von ihnen steht auf der Liste der bekämpften Arten. Die Folge der Prozentangaben in Tab. 71 ist daher nicht zwangsläufig, sondern bezieht sich auf zwei von mehreren möglichen Erfolgsparametern: die Etablierungsfähigkeit in naturnaher Vegetation und mögliche Folgen, die wegen ihres Ausmaßes bekämpft werden. Der „Erfolg" einer Invasionsart ist jedoch auch in anderen Dimensionen definierbar. Welches die sinnvolle ist, hängt vom Zweck der Analyse ab.

5.2 Vorhersage von Invasionen

Nach Art- und Umwelteigenschaften, die es ermöglichen, das Invasionsverhalten neu eingeführter Arten vorherzusagen, ist lange und ziemlich erfolglos gesucht worden. BAKER (1965) hat Merkmale „idealer Unkräuter" benannt, die im SCOPE-Programm zur „Ecology of Biological Invasions" (siehe Kap. 2.2) um andere erweitert und vielfach geprüft worden sind. Hierzu gehören typische Pioniereigenschaften wie Kurzlebigkeit, hohe Samenproduktion, eine breite ökologische Amplitude, mangelnde Anpassungen an Bestäubung, Ausbreitung und Keimung u. v. a. Diese Suche nach allgemein gültigen Schlüsselmerkmalen darf aus mehreren Gründen als gescheitert gelten:
- Angesichts mehrerer Dimensionen von Invasionsprozessen (siehe Kap. 5.1) ist die Suche nach allgemein gültigen Erfolgsparametern, selbst wenn es sie gäbe, ohne Verständigung auf die zu bearbeitenden Parameter wenig Erfolg versprechend. Dies unterblieb im SCOPE-Projekt weitgehend. WILLIAMSON (1999) fordert daher zu Recht, im Einzelfall genauer zu definieren, welcher Erfolgsparameter wie bemessen werden soll.
- Viele Invasionsarten haben tatsächlich gemeinsame Eigenschaften (REJMÁNEK 1999). Gleiches gilt für Ökosystemtypen, deren Invasibilität beispielsweise durch Störungen begünstigt wird (siehe Kap. 3.4). Solche Gemeinsamkeiten lassen sich jedoch nur begrenzt Prognosen zu. Im britischen SCOPE-Bericht heißt es treffend: „Obwohl bestimmte Eigenschaften der Umwelt und von Arten eine Invasion und Etablierung wahrscheinlicher machen, sind diese Eigenschaften für den Invasionserfolg weder notwendig noch hinreichend" (WILLIAMSON & BROWN 1986).
- Umwelt- oder Artmerkmale, die bei anderen Arten Invasionen gefördert haben, sind keine Gewähr für das Eintreten weiterer Einbürgerungen. Vielmehr kommt es darauf an, ob die spezifischen Umweltanforderungen der jeweiligen Art erfüllt werden (HEGER 2000, HEGER & TREPL im Druck). Dies ist rückblickend nach erfolgten Invasionen leichter zu erklären als vorherzusagen oder auszuschließen, da die Merkmale der Umwelt und anderer Steuerungsgrößen von Invasionen einer erheblichen Variabilität unterliegen (Tab. 35).
- Selbst wenn günstige Umweltbedingungen in einem Gebiet bestehen, sind Invasionen hieran angepasster Arten nicht zwangsläufig, da die Zugänglichkeit der Wuchsorte (Accessibilität, HEIMANS 1954) nicht vorauszusetzen ist. Für hoch mobile Tierarten (z. B. viele Vögel) ist dies weniger problematisch als für höhere Pflanzen, deren natürliches Ausbreitungspotential vielfach auf wenige Dutzend Meter beschränkt ist (HARPER 1977). Eine darüber hinausgehende Fernausbreitung (und damit die Arealerweiterung) als wichtiger Erfolgsparameter) kann nur durch seltene natürliche Zufallsausbreitungen (CAIN et al. 2000) oder durch sekundäre anthropogene Ausbringungen erreicht werden (KOWARIK im Druck, siehe Kap. 3.3). Die Wirkung beider Mechanismen entzieht sich jedoch sicheren Prognosen.

Aus der Summe der mitteleuropäischen Erfahrungen mit Invasionen ist die Größenordnung abschätzbar, in der sich neu eingeführte oder ausgebrachte Arten verbreiten und etablieren (Tab. 71). Welche Arten sich aber in neuer Umgebung wann und mit welchen Folgen verhalten werden, ist nicht sicher zu beantworten. Es gibt offensichtlich keine allgemein gültigen Regeln, die auf Basis von Art- und Umwelteigenschaften sichere Prognosen über Eintreten und Verlauf von Invasionen erlauben. Dennoch sind Aussagen zu Wahrscheinlichkeiten möglich, die umso genauer ausfallen, je stärker die betreffende Artengruppe taxonomisch und regional

Tab. 35 Variabilität von Faktoren, die den Verlauf von Invasionen entscheidend bestimmen können

Determinanten des Invasionserfolges	Variabilität in der Zeit	Beispiele für Prozesse	Beispiele für Arten
Arteigenschaften	gering/mittel	Sippenbildung unter anthropogenem Selektionsdruck, Hybridisierung/Rückkreuzung, gentechnische Veränderungen	Koevolution von Unkräutern u. Kulturpflanzen, Entstehung von Anökophyten (z. B. Leinunkräuter, herbizidresistente Maisunkräuter); Entstehung neuer *Oenothera*-Sippen; Bildung von *Spartina anglica* aus *S. townsendii* und *S. maritima*; veränderte Blühphasen bei *Trifolium subterraneum*, möglicherweise auch bei *Senecio inaequidens*
natürliche Umweltdynamik	mittel	sukzessionsabhängige Prozesse, natürliche Störungen, natürliche Klimaveränderungen	Etablierung vieler Neophyten (*Conyza canadensis, Chenopodium-, Amaranthus*-Arten) auf natürlichen Störungsstandorten in Flussauen; Ausbreitung nach klimatischer Erwärmung bei *Amelanchier spicata* (in Finnland), *Impatiens glandulifera, Fallopia japonica*; Förderung von C_4-Pflanzen
anthropogene Standortveränderungen	hoch	anthropogene Störungen, Schaffung von Sonderstandorten, Eutrophierung, Aufkalkung, Veränderungen des Wasserhaushaltes, anthropogene Klimaveränderungen	Förderung segetaler oder ruderaler Neophyten durch anthropogene Störungen, z. B. *Galinsoga-, Amaranthus-, Chenopodium*-Arten auf Äckern; *Chenopodium botrys, Senecio inaequidens, Dittrichia graveolens, Buddleja davidii, Robinia pseudoacacia* auf urbanindustriellen Standorten; *Puccinellia distans* an salzbelasteten Straßen und auf Industriegelände; *Amaranthus albus, Salsola kali* an herbizidbehandelten Bahnstrecken; *Impatiens parviflora, Sambucus racemosa* in eutrophierten Wäldern; *Elodea canadensis* in eutrophierten Gewässern; *Pistia stratiotes* und die tropische Rotalge *Compsopogon hookeri* in der künstlich erwärmten Erft (Niederrheingebiet); *Mahonia aquifolium* in aufgekalkten Wäldern; *Vaccinium corymbosum* × *angustifolium* in entwässerten Mooren; Begünstigung zahlreicher Arten im städtischen Wärmearchipel
anthropogene Ausbreitungsvektoren	hoch	Einführung u. Veränderung von Landnutzungen u. a. wirksamen Verbreitungsagenzien (z. B. Wanderschäferei, Eisenbahn, Autoverkehr, Ballastwasser); Aufhebung von Ausbreitungsbarrieren (z. B. Kanalbauten), Handel, Erholungs- u. Reiseverhalten	Wechsel von alten zu modernen Saatgut-/Getreidebegleitern: z. B. *Agrostemma githago* als Archäophyt, *Adonis aestivalis* als alter, *Bunias orientalis, Iva xanthiifolia* als jüngere Neophyten; Saatgutbegleiter d. 19. Jh.: *Thlaspi alpestre*, d. 20. Jh.: *Achillea lanulosa, Downingia elegans*; *Matricaria discoidea* als alter, *Senecio inaequidens, Dittrichia graveolens* als jüngere straßenbegleitende Neophyten; *Sisymbrium loeselii, Corispermum leptopterum* als alte, *Oenothera coronifera, Kochia scoparia, Geranium purpureum* als neuere Eisenbahnpflanzen; *Elodea canadensis* als alte, *Sargassum muticum* als jüngere Ballastwasserpflanze; *Centaurea solstitialis* als alter (mit Wolle), *Solanum karoliniense* als neuerer Transportbegleiter (mit Sojaschrot); *Poa bulbosa* als Folger traditioneller Schafbeweidung und später als „Erholungsfolger", *Veronica filiformis* als Folger motorisierter Rasenmahd

Tab. 35 Fortsetzung

Determinanten des Invasionserfolges	Variabilität in der Zeit	Beispiele für Prozesse	Beispiele für Arten
anthropogene Veränderungen natürlicher Ausbreitungsvektoren	mittel	anthropogene Isolationseffekte, Erhöhung/Verminderung der Effektivität von Verbreitungsvektoren	Begrenzung des Ausbreitungserfolges durch Eindeichungen u. ä. von Arten, die mit Hochwasser transportiert werden; Veränderungen der Dichte und des Ausbreitungsradius von Tieren als Verbreitungsvektoren
sekundäre anthropogene Ausbringungen	hoch	Veränderungen des verwendeten Artenspektrums in Landwirtschaft, Forstwirtschaft, Garten- u. Landeskultur; Moden der Pflanzenverwendung	Kulturrelikte: Römerzeit (*Castanea sativa*), Mittelalter (*Conium maculatum*), frühe Neuzeit (*Acorus calamus*), Barockzeit (*Ornithogalum nutans*), 19. Jh. (*Galinsoga parviflora, Impatiens parviflora, Robinia pseudoacacia*), 20. Jh. (*Heracleum mantegazzianum, Pseudotsuga menziesii*); Massenausbreitung seit 1950 nach Massenpflanzungen: *Prunus serotina, Vaccinium corymbosum* × *angustifolium; Robinia pseudoacacia, Solidago canadensis* als ältere, *Heracleum mantegazzianum* als jüngere Bienenfutterpflanzen; *Cymbalaria muralis* als alte, *Elodea nuttallii* als jüngere nicht kommerzielle Ausbringung

eingegrenzt wird. Im Extrem führt dies dazu, Vorhersagen zur Invasibilität einer Art auf das Verhalten der gleichen Art in anderen Gebieten zu begründen. Tatsächlich hat sich das Kriterium „invades elsewhere" als vergleichsweise zuverlässiger Prädiktor erwiesen (WILLIAMSON 1999). Sein Vorteil ist seine Komplexität. Es integriert die Ganzheit biologischer und kulturell bestimmter Bedingungen, also neben abiotischen und biotischen Umweltfaktoren auch die Wirkung von Landnutzungen und anthropogenen Ausbreitungsvektoren.

Taxonomische und regionale Spezifizierungen sind in jüngerer Zeit erfolgreich für Prognoseansätze genutzt worden. So konnten REJMÁNEK & RICHARDSON (1996) für die Gattung *Pinus* Merkmale isolieren, die eng mit dem Invasionserfolg von Kiefern korrelieren: Invasive Kiefernarten gelangen schneller als nichtinvasive zur Fruchtreife, haben kleinere Samen, die über längere Zeit ausgebreitet werden können, und weisen geringere Abstände zwischen Mastjahren auf. Solche invasionsfördernden oder -hemmenden Merkmale fasst Abb. 19 mit einigen Querbezügen zusammen. Jedoch gilt auch hier, dass weder ihr Fehlen noch Vorhandensein sichere Prognosen zulässt. Die Übersicht in Tab. 36 veranschaulicht, wie unterschiedlich gleiche Merkmale bei verschiedenen Untersuchungsobjekten zur Differenzierung erfolgreicher oder weniger erfolgreicher Invasionsarten taugen. Die Gültigkeit der Ergebnisse ist taxonomisch oder regional beschränkt.

Arten, die im Ursprungsgebiet koevolutiv mit natürlichen oder anthropogenen Störungen entstanden sind, werden an vergleichbaren Standorten in ihrem neophytischen Areal mit erhöhter Wahrscheinlichkeit erfolgreich sein. Standortkompatibilität zwischen alter und neuer Heimat bietet jedoch keine Gewähr für erfolgreiche Invasionen, da andere Bedingungen limitierend wirken können. So erklären bereits fehlende Ausbreitungsmöglichkeiten das geringe Vorkommen nordamerikanischer Waldpflanzen in mitteleuropäischen Wäldern (TREPL 1984). Aber auch wenn ähnliche Standorte wie im Herkunftsgebiet fehlen, ist ein Invasionserfolg möglich. Andere biozönotische Verhältnisse (z. B.

Tab. 36 Artbezogene Eigenschaften, deren Korrelation mit einem Invasionserfolg für verschiedene Artengruppen und geographische Bezugsräume geprüft worden ist (nach einer Zusammenstellung von KOWARIK & SCHEPKER in ZOGLAUER et al. 2000)

	Eignung	untersuchte Gruppe	Gebiet	Quellen
(a) morphologische Merkmale				
maximale Pflanzenhöhe	●	Gefäßpflanzen	GB	CRAWLEY et al. 1996,
	(●)	◆ Gefäßpflanzen	CZ	WILLIAMSON & FITTER 1996
	○	annuelle Arten	GB	PYSEK et al. 1995
	○	24 *Pinus*-Arten	global	PERRINS et al. 1992
				REJMÁNEK & RICHARDSON 1996
Blattgröße	●	Gefäßpflanzen	GB	WILLIAMSON & FITTER 1996
	●	annuelle Arten	GB	PERRINS et al. 1992
Blattform	○	Gefäßpflanzen	GB	WILLIAMSON & FITTER 1996
Größe/Breite	●	Gefäßpflanzen	GB	WILLIAMSON & FITTER 1996
Lebensform	●	Gefäßpflanzen	GB	WILLIAMSON & FITTER 1996
	○	Gefäßpflanzen	GB	CRAWLEY et al. 1996
	●	◆ Gefäßpflanzen	CZ	PYSEK et al. 1995
Samengewicht	●	*Pinus*-Arten	SAfr & global	RICHARDSON et al. 1990, REJMÁNEK & RICHARDSON 1996
	○	annuelle Arten	GB	PERRINS et al. 1992
	○, ●	Gefäßpflanzen	GB	WILLIAMSON & FITTER 1996, CRAWLEY et al. 1996
Größe der Samen	○	Gehölze	NAm	REICHARD 1997
	●	annuelle Arten	GB	PERRINS et al. 1992
Menge der Samen	○	Gefäßpflanzen	GB	WILLIAMSON & FITTER 1996
	○	annuelle Arten	GB	PERRINS et al. 1992
Samenmasse/ (Samenlänge/ Flügellänge)	●	*Pinus*-Arten	SAfr	RICHARDSON et al. 1990
	○	*Pinus*-Arten	global	REJMÁNEK & RICHARDSON 1996
(b) Reproduktionssystem/genetische Merkmale				
Geschlechtsaufbau der Blüte	○	Gehölze	NAm	REICHARD 1997
	●	Gefäßpflanzen	GB	WILLIAMSON & FITTER 1996
Bestäubungstyp	●	Gefäßpflanzen	GB	CRAWLEY et al. 1996,
	○	annuelle Arten	GB	WILLIAMSON & FITTER 1996
	○	◆ Gefäßpflanzen	CZ	PERRINS et al. 1992 PYSEK et al. 1995
Selbstkompatibilität	●	Gehölze	NAm	REICHARD 1997
Agamospermie	●	Gehölze	NAm	REICHARD 1997
Polyploidie	○	annuelle Arten	GB	PERRINS et al. 1992
	○	Gehölze	NAm	REICHARD 1997
Genomgröße	●	*Pinus*-, *Briza*-Arten	global	REJMÁNEK 1995, 1996a
Dichogamie	○	Gefäßpflanzen	GB	WILLIAMSON & FITTER 1996
Mono-/Polykarpie	○	Gefäßpflanzen	GB	WILLIAMSON & FITTER 1996
vegetative Vermehrung	●	Gehölze	NAm	REICHARD & HAMILTON 1997
	●	Gehölze	SO-Aus	MULVANEY 199
	○	◆ Gefäßpflanzen	CZ	PYSEK et al. 1995
	○	annuelle Arten	GB	PERRINS et al. 1992

Tab. 36 Fortsetzung				
	Eignung	untersuchte Gruppe	Gebiet	Quellen
(c) populationsbiologische Merkmale				
Lebensdauer Pflanze	○	*Pinus*-Arten	global	REJMÁNEK & RICHARDSON 1996
Lebensdauer Blatt	●	Gehölze	NAm	REICHARD & HAMILTON 1997
	○	Gefäßpflanzen	GB	WILLIAMSON & FITTER 1996
Keimungszeitpunkt	○	Gefäßpflanzen	GB	WILLIAMSON & FITTER 1996
	○	annuelle Arten	GB	PERRINS et al. 1992
Keimungsrate	○	*Pinus*-Arten	global	REJMÁNEK & RICHARDSON 1996
	○	Gehölze	NAm	REICHARD 1997
Stratifikation erforderlich	●	Gehölze	NAm	REICHARD 1997
	○	annuelle Arten	GB	PERRINS et al. 1992
Dauer juvenile Phase	●	*Pinus*-Arten	SAfr & global	RICHARDSON et al. 1990, REJMÁNEK & RICHARDSON 1996
	●	Gehölze	NAm	REICHARD 1997
Wachstumsrate	○	Gefäßpflanzen	GB	WILLIAMSON & FITTER 1996
	●	annuelle Arten	GB	PERRINS et al. 1992
Blüte im 1. Jahr	●	Gefäßpflanzen	GB	WILLIAMSON & FITTER 1996
Beginn/Ende der Blüte	●	Gefäßpflanzen	GB	CRAWLEY et al. 1996
Länge der Blütezeit	○	Gehölze	NAm	REICHARD 1997
	●	annuelle Arten	GB	PERRINS et al. 1992
	○	Gefäßpflanzen	GB	WILLIAMSON & FITTER 1996
Länge der Fruchtperiode	●	Gehölze	NAm	REICHARD 1997
	●	noxious weeds	Aus	PARSONS & CUTHBERTSON 1992
Zeitpunkt Samenabgabe	●	*Pinus*-Arten	SAfr	RICHARDSON et al. 1990
jahreszeitliche Verbreitung v. Diasporen	○	Gefäßpflanzen	GB	WILLIAMSON & FITTER 1996
Abstände zw. Mastjahren	●	*Pinus*-Arten	global	REJMÁNEK 1996
	●	*Pinus*-Arten	SAfr	RICHARDSON et al. 1990
persistente Samenbank	●	*Pinus*-Arten	SAfr	RICHARDSON et al. 1990
	●	annuelle Arten	GB	PERRINS et al. 1992
	●	Gehölze	SO-Aus	MULVANEY 1991
	●	Gefäßpflanzen	GB	CRAWLEY et al. 1996
abiotische/biotische Diasporen-Ausbreitung	○	Gehölze	NAm	REICHARD 1997
	○	Gehölze	SO-Aus	MULVANEY 1991
anthropogene Diasporen-Ausbreitung	●	◆ Gefäßpflanzen	CZ	PYSEK 1995
	●	Gefäßpflanzen	GB	CRAWLEY et al. 1996
Feuer-Toleranz-Index	○	*Pinus*-Arten	global	REJMÁNEK & RICHARDSON 1996
	●	*Pinus*-Arten	SAfr	RICHARDSON et al. 1990

Tab. 36 Fortsetzung

	Eignung	untersuchte Gruppe	Gebiet	Quellen
(d) biogeographische Merkmale				
weite klimatische Amplitude	● ●	agrar. Unkräuter Gehölze	Aus SO-Aus	Scott & Panetta 1993 Mulvaney 1991
weite geographische Amplitude	● ● ● ● ●	*Bromus*-Arten *Echium*-Arten Gehölze Asteraceae, Poaceae Fabaceae	global Aus NAm NAm NAm	Roy et al. 1991 Forcella et al. 1986 Reichard 1997 Rejmánek 1995 Rejmánek 1996
bioklimatische Übereinstimmung mit Ursprungsgebiet	●	Gefäßpflanzen	Aus	Panetta 1993
invasiv außerhalb des Ursprungs-gebietes	● ● ●	Gefäßpflanzen agrar. Unkräuter Gehölze	Aus Aus NAm	Panetta 1993 Scott & Panetta 1993 Reichard 1997
invasive Arten in gleicher Gattung	● ●	Gefäßpflanzen agrar. Unkräuter	Aus Aus	Panetta 1993 Scott & Panetta 1993
zur Apophytie fähig	●	◆ Gefäßpflanzen	D/NAm	Starfinger 1998
Unkrautstatus im Ursprungsgebiet	●	agrarische Unkräuter	Aus	Scott & Panetta 1993

● = geeignet, ○ = ungeeignet; ◆ Teilgruppe der genannten Artengruppe;
GB = Großbritannien, CZ = Tschechien, SAFr = Südafrika, NAm = Nordamerika,
SO-Aus = Südostaustralien, Aus = Australien, D = Deutschland

die Abwesenheit von Konkurrenten, Phytophagen, -parasiten) können die Besiedlung eines anderen Standortspektrums erlauben. In welchem Ausmaß solche Standortwechsel geschehen, veranschaulicht der Übergang einheimischer Arten der mitteleuropäischen Naturlandschaft auf neue Kulturstandorte. Heute kommt etwa je ein Drittel der einheimischen Arten der Flora Berlins auf mittel und auf stark gestörten Standorten vor (261 oder 269 von 839 Arten; Kowarik 1988). Alles spricht dafür, dass Neophyten in ähnlichem Ausmaß ihre Standortsamplitude erweitern können.

Populationswachstum und Ausbreitungsgeschwindigkeit lassen sich durchaus modellieren, wie beispielsweise für Vögel, Ackerunkräuter und Pathogene gezeigt worden ist (Übersicht über Modellansätze bei Higgins & Richardson 1996). Häufig werden solche biologischen Prozesse jedoch von anthropogenen in ihrer Wirkung überlagert oder sogar erst angestoßen. Dieses Zusammenspiel ist naturwissenschaftlich weder zu bestimmen noch vorherzusagen, sondern Ausdruck historischer Ereignisse oder Prozesse – mithin auch des Zufalls. Dies wird besonders an Time-lag-Effekten und ihren Ursachen deutlich.

5.2.1 Time-lag-Effekte und ihre Ursachen

Bei nur wenigen der eingeführten Arten kommt es zu Invasionen. Auch wenn mit der ersten spontanen Vermehrung der Auftakt einer Invasion gelingt, zeigen nicht alle Arten den idealtypischen Verlauf eines Populationswachstums, das langsam beginnt, dann sehr schnell zunimmt und schließlich wieder abflacht. Die meisten Arten gelangen nicht zur Massenausbreitung, sondern bleiben vergleichsweise selten. Dennoch wird es immer wieder drastische Veränderungen in der Häufigkeit einzelner Arten geben (siehe Kap. 10.2.1.2). Die spannenden Fragen sind dabei, welche Arten dies sein werden und

Abb. 19
Eigenschaften höherer Pflanzenarten, die deren Invasionspotential fördern (+) oder hemmen (−). Ausgezogene Pfeile kennzeichnen sicher erkannte Zusammenhänge, gestrichelte zeigen vermutete Wirkungsbeziehungen (nach REJMÁNEK 1996a, ergänzt).

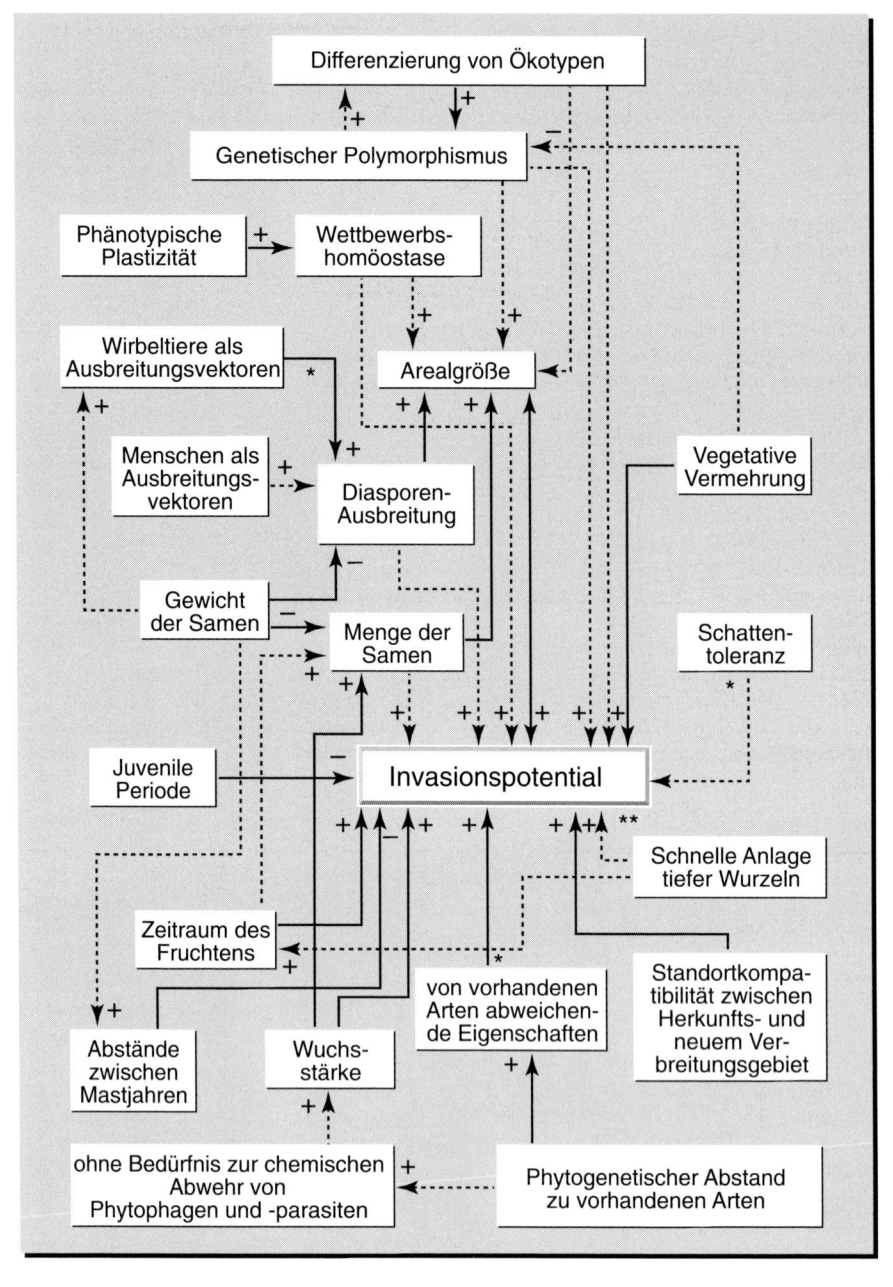

wann damit zu rechnen ist. Aus der Kenntnis biologischer Eigenschaften oder durch Hochrechnen von Vermehrungs- und Ausbreitungsraten ist dies für viele Arten, vor allem die Masse der (noch) seltenen, kaum bestimmbar.

Die Ausbreitungsgeschichte vieler Arten ist durch Time-lags (Latenzphasen) gekennzeichnet, die erhebliche zeitliche Verzögerungen im Ablauf von Invasionsprozessen bedingen (KOWARIK 1995b, CROOKS & SOULÉ 1996, WILLIAMSON 1996). JÄGER (1988) hat die Ausbreitungsdynamik einiger amerikanischer Neophy-

Vorhersage von Invasionen

ten untersucht, die ihr potentielles sekundäres Areal innerhalb eines Zeitraumes von einigen Jahrzehnten bis zu zwei Jahrhunderten ausgefüllt haben, isolierte Gebiete aber auch später besiedelten. Diese Aussage ist auf Arten begründet, die sich bereits erfolgreich etabliert und ausgebreitet haben. Schließt man die Vielzahl der weniger erfolgreichen Arten in die Betrachtung ein, so erhöht sich die Variabilität im zeitlichen Ausbreitungsgeschehen erheblich. Dies gilt bereits für das erste zu überwindende Time-lag: die Phase zwischen der Ersteinführung und dem Beginn einer Invasion.

Für 184 nichteinheimische Gehölzarten ist die Einführungs- und Ausbreitungsgeschichte in Berlin und Brandenburg rekonstruiert worden (Abb. 20). Im Mittel von 184 Arten liegen etwa anderthalb Jahrhunderte zwischen Ersteinführung und beginnender Naturverjüngung (147 Jahre als Mittel aller Arten, 170 Jahre für Bäume, 131 Jahre für Sträucher). Die einzelnen Werte streuen erheblich (Tab. 37): Nur 6% der Arten begannen sich innerhalb der ersten 50 Jahre nach ihrer Einführung auszubreiten. Bei 25% der Arten umfasste das Time-lag bis zu 100 Jahre, bei 51% bis zu 200 Jahre, und bei 18% der Gehölzarten setzte der Invasionsprozess noch später ein.

Die schnelle Ausbreitung von *Prunus serotina*, 29 Jahre nach der Ersteinführung, ist gut verständlich, da die Art bereits nach sieben Jahren fruchtet und gleich auf passende Waldstandorte gepflanzt wurde. *Quercus rubra* als Art späterer Sukzessionsstadien fruchtet erst nach 50 Jahren reichlich, sodass ihre spätere Ausbreitung, 114 Jahre nach der Ersteinführung, ebenfalls plausibel ist. Bei Pionierarten wie *Acer negundo* und *Ailanthus altissima* übersteigt das Time-lag jedoch die zur Ausbildung der ersten Diasporen benötigte Zeit um ein Mehrfaches. Diese Differenz kann nicht populationsbiologisch erklärt werden. Ausschlaggebend für *Ailanthus* waren wahrscheinlich die offenen Pionierstandorte im zerstörten Berlin nach dem Krieg sowie die Erwärmung des Stadtklimas, die sie als thermophile Art begünstigte. Beides ist als Ergebnis historischer Prozesse nicht vorhersehbar (vgl. auch Kap. 6.1.1).

Die heutige Häufigkeit der Gehölze ist nicht mit den Time-lags korreliert. Ein schneller Invasionsbeginn garantiert also kein rasches Populationswachstum, ebenso wenig wie eine ausbleibende Na-

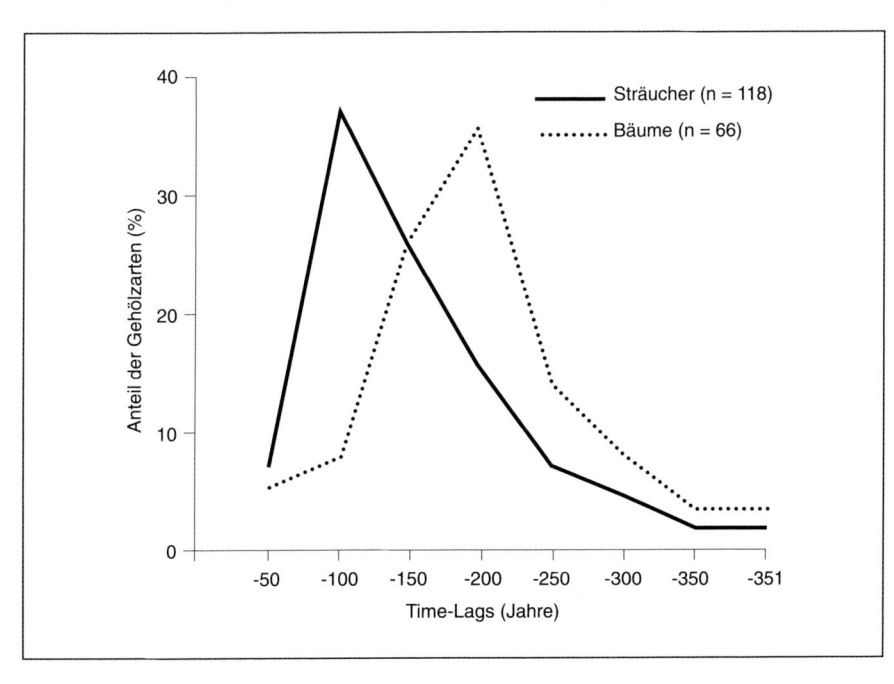

Abb. 20
Time-lags zwischen der ersten Einführung einer nichteinheimischen Gehölzart nach Brandenburg und dem Beginn ihrer Ausbreitung in diesem Gebiet. Gezeigt wird, wie sich bei 118 Strauch- und 66 Baumarten die Time-lags auf Jahresklassen verteilen (nach Kowarik 1995b).

Tab. 37 Time-lags zwischen der Ersteinführung nichteinheimischer Gehölzarten nach Brandenburg (einschließlich Berlin) und dem Beginn nachfolgender Invasionen (KOWARIK 1992b, 1995b)

Baumarten	Time-lag in Jahren	Straucharten und Lianen	Time-lag in Jahren
Prunus persica[1]	415	*Prunus laurocerasus*	319
Juglans regia[1]	374	*Colutea arborescens*	265
Thuja occidentalis	324	*Parthenocissus inserta*	221
Fraxinus ornus	246	*Clematis vitalba*[2]	220
Corylus colurna	222	*Pyrancantha coccinea*	217
Laburnum anagyroides	198	*Rubus odoratus*	203
Acer negundo	183	*Caragana arborescens*	195
Celtis occidentalis	172	*Rosa rugosa*	119
Robinia pseudoacacia	152	*Sorbaria sorbifolia*	108
Aesculus hippocastanum	124	*Lonicera tatarica*	94
Ailanthus altissima	122	*Viburnum rhytidophyllum*	78
Pinus strobus	117	*Philadelphus coronarius*	183
Quercus rubra	114	*Symphoricarpos albus*	65
Sorbus intermedia	112	*Ribes aureum*	61
Pseudotsuga menziesii	112	*Buddleja davidii*	56
Prunus mahaleb	54	*Amelanchier alnifolia*	53
Prunus serotina	29	*Mahonia aquifolium*	38
Mittel aller Arten[3]	**170**	**Mittel aller Arten**[3]	**131**

[1] wahrscheinlich schon vor 1594 in Brandenburg kultiviert; [2] Angabe aus KOWARIK (1992) korrigiert; [3] bezogen auf den Datensatz von 184 untersuchten Gehölzarten

turverjüngung zukünftige Invasionen ausschließt. Wegen der Time-lag-Effekte wird es immer wieder zu neuen Invasionen aus dem Pool der bereits vorhandenen Arten kommen, obwohl mit dem 19. Jahrhundert der Höhepunkt der Neueinführungen von Pflanzen überschritten worden ist (KOWARIK 1995b). Bei Neozoen ist dagegen eine exponentielle Zunahme neu beobachteter Arten im 20. Jahrhundert zu verzeichnen (GEITER & KINZELBACH 2002a).

Innerhalb eines Invasionsprozesses sind weitere Zeitverzögerungen zwischen dem Aufbau erster Populationen und dem Einsetzen von Massenvermehrungen möglich. SALISBURY (1961) stellte bei Ackerunkräutern fest, dass eine Massenvermehrung erst eintritt, wenn eine bestimmte „infection size" erreicht ist. Dies ist im Wesentlichen biologisch erklärbar (JOHNSTONE 1986, CRAWLEY 1989). In der Anfangsphase der Populationsentwicklung kommt es häufig zum lokalen Aussterben, da ungünstige, häufig unvorhersehbare Änderungen der Umwelt, z. B. der Witterung, das Populationswachstum verhindern, bis dann die Schwelle der „Minimum Viable Population" (MVP, SHAFFER 1981) überschritten ist. Bei den hierbei ablaufenden Vermehrungs-, Etablierungs- und Ausbreitungsprozessen haben sich anthropogene Interaktionen zumindest in Mitteleuropa als häufig entscheidende Steuerungsfaktoren herausgestellt. Sie können:

• vorhandene Standortbedingungen verändern oder neuartige schaffen. Dies sind Voraussetzungen für die Begründung und Etablierung von Populationen sowie für ihr starkes Wachstum; zumindest begünstigen diese diese (siehe Kap. 3.4.1 und 3.4.2);

• die Initialpopulation durch häufig wiederholt ausgeführte sekundäre Ausbringungen (Anpflanzungen, Ansaaten, Aussetzungen, unbeabsichtigter Diasporentransport) stützen und damit zu ihrer Etablierung oder zum Aufbau einer Minimum Viable Population beitragen (MACK 2000, siehe Kap. 3.3);

• durch ein breites Spektrum sekundärer Ausbringungen die räumliche Isolation zwischen geeigneten, aber mit natürlichen Ausbreitungsvektoren nicht oder erst sehr viel später erreichbaren Lebensräumen überwinden (KOWARIK im Druck, siehe Kap. 3.3);

- genetische Prozesse anstoßen, die zu Sippen mit erhöhtem Invasionspotential führen. Das Aufheben geographischer Barrieren begünstigt Hybridisierung und Introgression, neuartige Standortbedingungen oder Landnutzungsformen fördern adaptive Evolutionen. Schließlich können neue Invasionsorganismen auch aus Züchtung oder gentechnischer Veränderung hervorgehen (ABBOT 1992, SANDLUND et al. 1996, ELLSTRAND & SCHIERENBECK 2000).

Beispiele zur Abfolge verschiedener Ausbreitungsphasen von Neophyten in Warschau hat SUDNIK-WOJCIKOWSKA (1988) dokumentiert. Hier und in vielen anderen kriegszerstörten Städten Mitteleuropas zeigt das Beispiel von Trümmerschuttpflanzen, wie schnell sich zuvor seltene Neophyten massenhaft ausbreiten können, wenn ungeahnte, neuartige, konkurrenzarme Standorte zur Verfügung stehen.

Ein Extrembeispiel ist der Klebrige Gänsefuß (*Chenopodium botrys*), dessen Heimat vom östlichen Mittelmeergebiet weit nach Asien reicht. Er kam schon in der Römischen Kaiserzeit in Deutschland vor (STIKA 1995), gehörte im 16. Jahrhundert zu den seltenen Gartenpflanzen der „Horti Germaniae" (Tab. 16) und war den Adventivfloristen des 19. Jahrhunderts als ebenfalls seltene Ruderalpflanze bekannt. Erst nach 1945 begann die Massenausbreitung auf offenen Trümmerschuttflächen in Berlin. Weitere große Bestände wachsen auf Industriestandorten des Ruhrgebiets mit chemisch und physikalisch stark veränderten Standorteigenschaften (SUKOPP 1971, DETTMAR & SUKOPP 1991).

Häufig werden mit dem Entstehen neuartiger Standortbedingungen auch neue Ausbreitungsvektoren wirksam. So können weitgehend unvorhersehbare historische Ereignisse wie die Bomben auf Berlin auch in ausbreitungsbiologischer Hinsicht wesentliche Schlüsselfaktoren für den Invasionserfolg nichteinheimischer Arten sein.

Das Pennsylvanische Glaskraut (*Parietaria pensylvanica*) hatte über einen Zeitraum von etwa 100 Jahren in Berlin seine einzigen großen und dauerhaften Vorkommen in Europa. Als Ursprung wird der Botanische Garten angenommen. Bis zum 2. Weltkrieg wurde nur über einen Fundort berichtet, danach tauchte die Art „explosionsartig" in der gesamten Innenstadt auf (SUKOPP & SCHOLZ 1964). Möglicherweise haben die Aufwirbelungen infolge der Bombardierungen die Isolation zwischen der Ursprungspopulation und ihren potentiellen Wuchsorten überbrückt. Dass sich die Pflanze etwa 50 Jahre später auch im polnischen Brunau auszubreiten beginnt (SAWILSKA & MISIEWICZ 1998), ist wiederum nur mit einem anthropogenen Diasporentransport erklärbar. Die Bomben auf Berlin schafften großflächige Pionierstandorte für Neopyhten und ermöglichten die Ausbreitung von 25 Waschbären aus einer zerstörten Pelztierfarm. Auch die nordfranzösische Population bei Laon ist kriegsbedingt. Amerikanische Soldaten ließen 1966 die als Maskottchen gehaltenen Tiere vor ihrer Verlegung nach Vietnam frei (HOHMANN & BARTUSSEK 2001).

Auch in jüngerer Zeit vollziehen sich auffällige Ausbreitungsschübe. In Niedersachsen hat sich in nur 16 Jahren die Anzahl der Rasterfelder mit *Heracleum mantegazzianum* fast verdreifacht (Tab. 38). Bei *Impatiens glandulifera* war eine Zunahme von 90 % zu verzeichnen. *Prunus serotina* nahm weniger stark zu, *I. parviflora* und die *Solidago*-Arten blieben etwa konstant. Die Einschätzung des Ausbreitungsverhaltens durch Forst- und Naturschutzvertreter deckt sich nicht mit diesen Zahlen: *I. glandulifera* wurde stark unterschätzt, die übrigen Arten eher überschätzt. Die Ausbreitungsgeschichte von *Impatiens glandulifera* und *Heracleum mantegazzianum* in Tschechien veranschaulicht die häufig lange Vorgeschichte von Massenausbreitungen und die Rolle anthropogener Interaktionen hierbei (Abb. 21).

Beide Arten wurden im 19. Jahrhundert eingeführt. 1896 begann in Tschechien die Ausbreitung bei *Impatiens*, aber erst in der Nachkriegszeit nahmen die Vorkommen so stark zu, dass nach 1960 von einer Massenausbreitung zu sprechen war. Erste Fundorte konzentrierten sich bei *Impatiens* wie *Heracleum* auf Siedlungen; weitere auf Fließgewässer. In jüngerer Zeit werden verstärkt auch fließgewässerferne

Tab. 38 Ausbreitungsdynamik häufiger Neophyten in Niedersachsen zwischen 1980 und 1996 (nach Daten des Niedersächsischen Landesamtes für Ökologie) und Einschätzung der Ausbreitungsrate durch Vertreter von Naturschutz- und Forstbehörden (nach KOWARIK & SCHEPKER 1998)

Neophyt	Vorkommen in Rasterfeldern 1980	1996	+/− [%]	Einschätzung der Ausbreitungsrate hoch [%]	mittel [%]	gering [%]	(n)
Herkulesstaude (*Heracleum mantegazzianum*)	47	179	+281	58	33	9	77
Indisches Springkraut (*Impatiens glandulifera*)	87	165	+90	36	44	20	25
Spätblühende Traubenkirsche (*Prunus serotina*)	187	256	+37	63	31	6	142
Japan. Staudenknöterich (*Fallopia japonica*	196	230	+21	37	56	7	71*
Sachalin-Staudenknöterich (*Fallopia sachalinensis*)	58	63	+9				
Riesen-Goldrute (*Solidago gigantea*)	215	221	+3	33	67	−	12*
Kanadische Goldrute (*Solidago canadensis*)	186	190	+2				
Kleinblütiges Springkraut (*Impatiens parviflora*)	212	204	−5	36	45	18	11

* bei *Fallopia* und *Solidago* ohne Differenzierung auf Artebene

Standorte besiedelt. Die Herkulesstaude wächst heute beispielsweise großflächig auf Wiesen- und Ackerbrachen im böhmischen Kaiserwald. Auffällig ist, dass die Massenausbreitung von *Impatiens* in verschiedenen mitteleuropäischen Gebieten annähernd gleichzeitig nach 1960 einsetzte, obwohl die Art zuvor regional unterschiedlich lange präsent war: So waren 1950 in Tschechien schon 50 Quadranten mit *Impatiens* bekannt, aus der Bundesrepublik Deutschland dagegen nur drei Vorkommen (PYŠEK 1991, PYŠEK & PRACH 1993, 1994). Dieses kann als Ergebnis eines ausschließlich biologisch bestimmten Prozesses kaum erklärt werden, wohl aber durch das Zusammenspiel mit anthropogenen Umweltveränderungen (Gewässerausbau und -eutrophierung) und sekundären Ausbringungen als Bienenfutterpflanzen, die beide Arten zumindest in Deutschland stark gefördert haben, *Heracleum mantegazzianum*, jedoch deutlich später als *Impatiens glandulifera*. Am Beispiel des Deisters bei Hannover ist nachvollziehbar, wie ein isoliertes Waldgebiet nach einer einzigen Imkeransaat durch *Heracleum* besiedelt werden kann; siehe Kap. 6.4.3, Tab. 50).

5.2.2 Wie sinnvoll sind Prognosen?

Das in jüngerer Zeit erheblich vermehrte Verständnis von Mechanismen, die Invasionen hemmen oder begünstigen, bietet Erklärungsansätze, regt zur Bildung und Prüfung von Hypothesen an und lässt schließlich auch Aussagen über Wahrscheinlichkeiten zu: zum Invasionspotential bestimmter Arten ebenso wie zur Gefährdung bestimmter Ökosystemtypen. Dies kann und sollte in Risikoabschätzungen genutzt werden. Am weitesten sind entsprechende Ansätze im Zusammenhang mit Freisetzung und Inverkehrbringen gentechnisch veränderter Organismen

Vorhersage von Invasionen

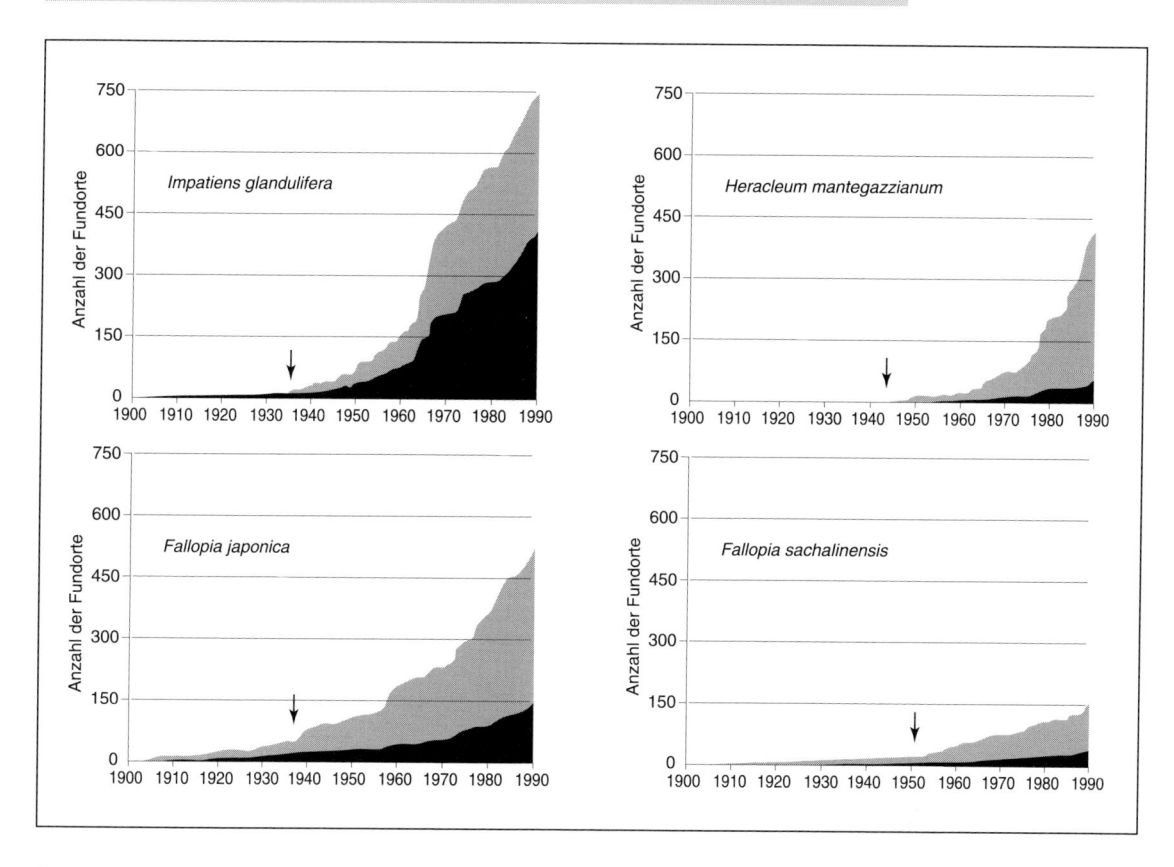

fortgeschritten (SRU 1998). Weitere Anwendungsfälle betreffen die Ersteinführung neuer Arten und sekundäre Ausbringungen bereits eingeführter Arten, die nach dem Bundesnaturschutzgesetz genehmigungsbedürftig sind. Die Treffsicherheit von Prognosen und vor allem die Dauer ihrer Gültigkeit sind jedoch beschränkt. Die Unwägbarkeiten resultieren aus der Vielzahl miteinander verflochtener art- und umweltbezogener Steuerungsfaktoren und ihrer durch anthropogene Interaktionen noch vermehrten Variabilität in Zeit und Raum (Tab. 35). Zusammenfassend bleibt mit WILLIAMSON (1996, 1999) festzuhalten, dass vielfach das Verhalten nichteinheimischer Organismen in neuer Umgebung nicht sicher vorhersagbar ist.

Was unter Status Quo-Bedingungen gilt, ist nicht einfach in die Zukunft hochzurechnen. Im Rahmen von „global changes" werden sich das Klima und der Wasserhaushalt dramatisch ändern. Die Kontinuität vieler Landnutzungen ist infrage gestellt. Der globale Austausch an Waren und Menschen wird weiter steigen, sodass sich immer wieder neue Einführungs- und Ausbreitungsmöglichkeiten für nichteinheimische Arten eröffnen werden. Risikoprüfungen, Frühwarnsysteme u.ä. sind unverzichtbar, um Invasionsrisiken zu mindern. Auszuschließen sind solche Risiken jedoch nicht; dies ist ein starkes Argument für mehr Vorsicht bei Neueinführungen oder Freisetzungen und für das „polluter pays-Prinzip", nach dem der Verursacher für unerwünschte Folgen haftet.

Abb. 21
Ausbreitungsdynamik von *Impatiens glandulifera*, *Heracleum mantegazzianum*, *Fallopia japonica* und *Fallopia sachalinensis* in Tschechien mit einer Differenzierung der kummulativ dargestellten Fundnachweise in gewässernahe (schwarz) und gewässerferne (punktiert). Der Pfeil kennzeichnet den Beginn eines verstärkten Ausbreitungstrends (nach PYŠEK & PRACH 1993).

6 Neophyten in mitteleuropäischen Lebensräumen

Nichteinheimische Arten kommen in fast jedem Lebensraum Mitteleuropas vor. Hinsichtlich ihrer Artenzahl und Menge bestehen jedoch große regionale Unterschiede. Abb. 22 zeigt die Verbreitungsschwerpunkte von Neophyten in den Ballungsräumen und den großen Flusstälern Deutschlands. Deutlich weniger Arten kommen im Mittelgebirge und den Alpen sowie in den stark landwirtschaftlich geprägten Gebieten Norddeutschlands sowie im Alpenvorland vor. Auch innerhalb verschiedener Vegetationstypen variiert der Stellenwert nichteinheimischer Arten stark, wie Abb. 23 am Beispiel der Vegetation des Berliner Gebietes veranschaulicht.

In dieser Abbildung werden die Anteile von Archäo- und Neophyten sowie einheimischer Arten am Artenbestand pflanzensoziologisch differenzierter Verbände dargestellt. Die kurzlebige Ruderal- und Segetalvegetation Berlins wird zu über 50% von Archäo- und Neophyten geprägt. In der ausdauernden Ruderalvegetation sinkt deren Anteil auf etwa ein Drittel. Die Feuchtgebietsvegetation, vor allem Moore, wird dagegen durch einheimische Arten dominiert. Ausnahmen bestehen in Vegetationstypen mit hoher natürlicher Dynamik, häufig an Gewässerrändern (z. B. Nanocyperion, Agropyro-Rumicion, Bidention, Chenopodion rubri). Trockenes bis frisches Grünland ist reicher an nichteinheimischen Arten als feuchtes. Der Neophytenanteil an der Forst- und Waldvegetation ist mit etwa 10% im regionaltypischen Quercion robori-petraeae gering. Fern von Siedlungen dürfte die Präsenz nichteinheimischer Arten noch geringer sein. Dies gilt auch für Buchenwälder, die in Berlin nur kleinflächig vorkommen und meist gärtnerisch beeinflusst sind (KOWARIK 1988, 1995b).

Bereits eine Art kann erhebliche Folgen auslösen, sofern sie in größerer Menge auftritt. Die folgende Besprechung der Rolle problematischer Neophyten konzentriert sich daher nicht auf besonders neophytenreiche Lebensräume, sondern schließt beispielsweise auch Moore oder Wälder ein. Die Kapitel zu den einzelnen Arten enthalten Angaben zur Herkunft und Einführung nach Mitteleuropa, zu aktuellen Vorkommen und Erfolgseigenschaften der Arten. Weiter werden die von ihnen ausgelösten Probleme, Steuerungsmaßnahmen und deren Sinnhaftigkeit diskutiert. Hier kommen Bewertungen zum Tragen, die weder neutral noch objektiv sein können. Ob ein bestimmter ökologischer Effekt positiv oder negativ eingeschätzt wird, hängt von Interessen und Wertvorstellungen ab. Es wird versucht, bestehende Probleme so darzulegen, dass sie nachzuvollziehen sind und über sie diskutiert werden kann. Objektive Wahrheiten, etwa die Trennung „gefährlicher" und „ungefährlicher" Arten, kann eine solche Diskussion nicht erbringen. Vielmehr soll sie eine differenzierte Auseinandersetzung mit dem Einzelfall anregen.

6.1 Urbanindustrielle Lebensräume

Städte sind besonders reich an nichteinheimischen Pflanzen. Ihr Anteil am Artenbestand steigt mit der Siedlungsgröße und erreicht im Inneren mitteleuropäischer Großstädte 40 bis 50%. Dies ist kein reiner Flächeneffekt, wie KLOTZ am Beispiel ostdeutscher Städte zeigen konnte (Abb. 24). Nichteinheimische Arten können sämtliche Entwicklungsstadien der städtischen Vegetation prägen. Hierbei spielen ausbreitungsgeschichtliche und standörtliche Gründe zusammen (KUNICK 1982, SUKOPP 1990, WITTIG 1991, PYŠEK 1998, KOWARIK 1995b):
- Städte sind traditionelle Einführungs- und Anbauzentren für Nutz- und Zierpflanzen, die über lange Zeiträume und

Urbanindustrielle Lebensräume 123

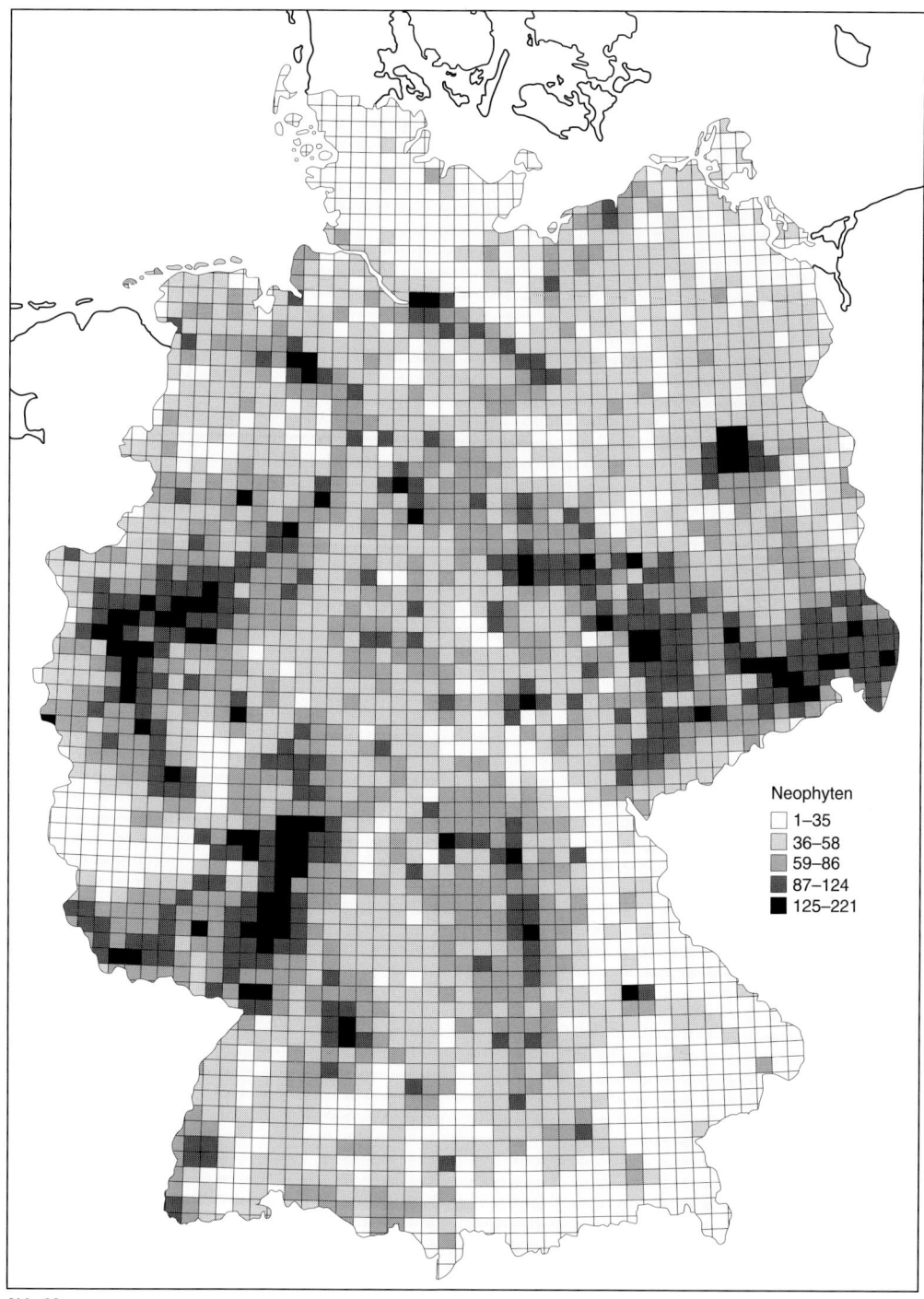

Abb. 22
Neophyten in Deutschland (Anzahl nachgewiesener Neophyten pro Messtischblatt; Quelle: Datenbank Pflanzen, Bundesamt für Naturschutz, 2001).

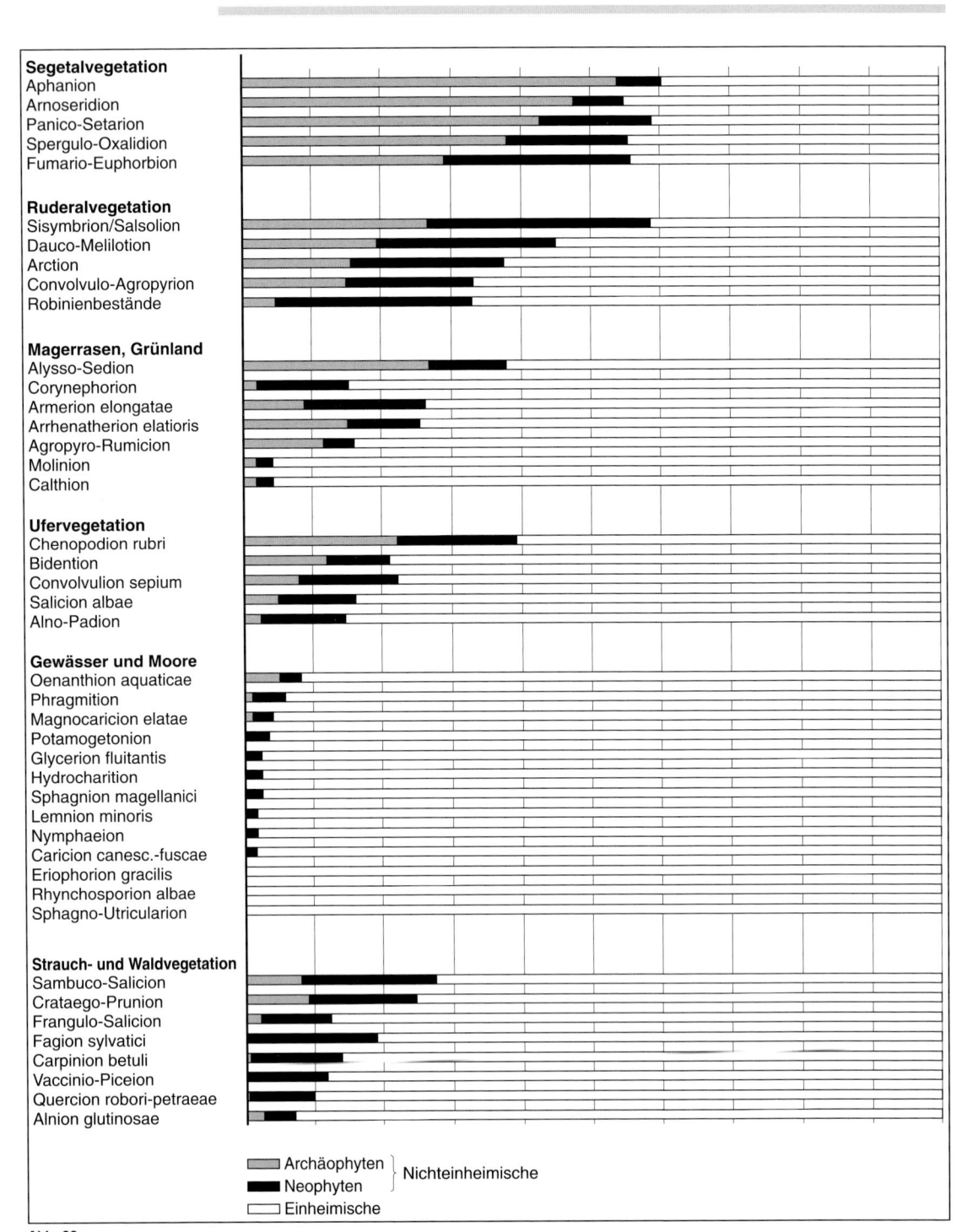

Abb. 23
Mittlerer Anteil nichteinheimischer Pflanzenarten am Artenbestand verschiedener Vegetationstypen in Berlin. Angegeben ist der mittlere Anteil von Archäophyten, Neophyten und Indigenen in insgesamt 5136 Vegetationsaufnahmen, die pflanzensoziologischen Verbänden zugeordnet worden sind (nach KOWARIK 1988, 1995b).

teilweise in großen Stückzahlen kultiviert werden. Zugleich sind sie Zentren der Einschleppung nichteinheimischer Arten, da Import, Umschlag und Weiterverarbeitung von Waren und Gütern sowie die Reisetätigkeit von Menschen hier kulminieren.
- Durch die weitreichende Umwandlung der ursprünglichen Vegetation entstehen konkurrenzarme, offene Wuchsplätze, die häufig von naturnahen Ausbreitungsquellen isoliert sind. Dies verschafft anthropogen ausgebreiteten nichteinheimischen Arten einen Vorsprung bei der Wiederbesiedlung und verzögert die Einwanderung einheimischer Konkurrenten.
- Durch die Abwandlung urbaner Standortbedingungen hin zu extrem warmen, trockenen und basenreichen Bereichen („Stadt als Wärme- und Kalkinsel") können einheimische Arten mittlerer Standorte benachteiligt sein. Neophyten haben in Städten Vorteile, wenn ihre physiologische Amplitude zum Warmen und Trockenen erweitert ist. Viele der in Städten erfolgreichen nichteinheimischen Arten stammen aus wärmeren Gegenden.
- Auf neuartigen urbanindustriellen Standorten können Bedingungen herrschen, die in der traditionellen Natur- und Kulturlandschaft keine Entsprechung haben und an die einheimische Arten folglich nicht angepasst sind. In Sandgegenden gilt dies schon für Mauern und Gebäude als „künstliche Felsen", allgemein für technogene Substrate auf

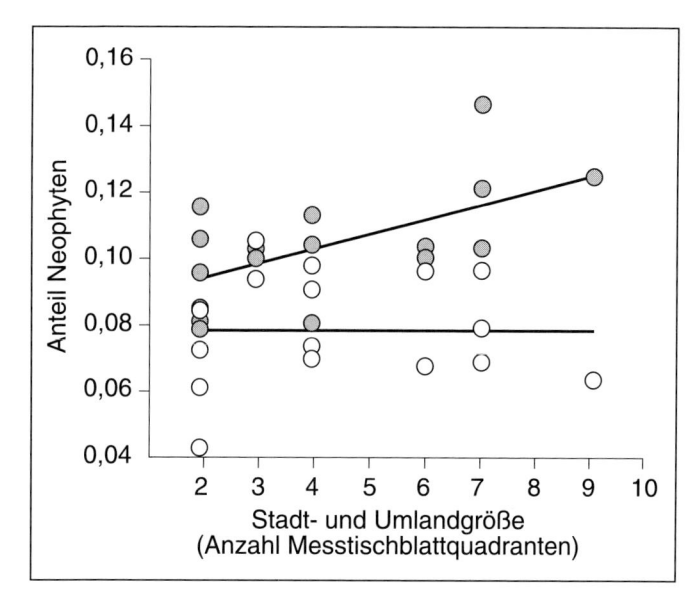

Abb. 24
Städtische Lebensräume begünstigen Neophyten. In ostdeutschen Städten steigt der Neophytenanteil mit der Größe städtisch geprägter Aufnahmeflächen (ausgefüllte Kreise), wogegen bei Umlandflächen (offene Kreise) keine Zunahme zu verzeichnen war (Auswertung der floristischen Kartierung von BENKERT et al. 1996, Original Klotz).

Tab. 39 Zunahme nichteinheimischer Arten entlang eines Stadt-Land-Gradienten. Angegeben sind Anteile indigener, archäophytischer und neophytischer Arten am Artenbestand verschiedener Stadtzonen Berlins (KUNICK 1982) und naturnaher brandenburgischer Gebiete (KLEMM 1975). Zusätzlich ist der Anteil an Berliner Rasterflächen mit *Ailanthus altissima* angegeben (BÖCKER & KOWARIK 1982); langjähriges Mittel der Lufttemperatur für Berlin (1961–1980) aus Umweltatlas (1985), für Dahme und Spreewald aus Klimaatlas (1953)

	Archäo-phyten [%]	Neo-phyten [%]	Archäo- & Neophyten [%]	indigene Arten [%]	Götterbaumvorkommen [%]	Jahresmittel d. Lufttemperatur [°C]
Berlin						
geschlossene Bebauung	15,2	34,6	49,8	50,2	92,2	> 10,5
aufgelockerte Bebauung	14,1	32,8	46,9	53,1	46,1	10–10,5
innere Randzone	14,5	28,9	43,4	56,6	24,8	9,5–10
äußere Randzone	10,2	18,3	29,5	71,5	3,2	8,5–9,5
Brandenburg						
Dahme	10,6	11,0	21,6	78,4	–	8–9
Spreewald	10,4	10,3	20,7	79,3	–	8–9

Tab. 40 Typische Neophyten urbanindustrieller Lebensräume

	Herkunft	typische Lebensräume	Quellen
Verkehrsflächen			
Eragrostis minor Kleines Liebesgras	S-Europa	Mosaiksteinpflaster	KÜSEL 1968, KRAMER 1991
Hordeum murinum Mäusegerste	S-Europa	Straßenränder, Baumscheiben	HARD & KRUCKEMEYER 1990, WITTIG 1995, HARD 1998
Amaranthus albus Weißer Fuchsschwanz	M-Amerika	Bahnflächen	PASSARGE 1988, BRANDES 1983a, b, 1993
Corispermum leptopterum Geflügelter Wanzensame	O-Europa	Verkehrsflächen, ruderalisierte Sandflächen	KÖCK 1986, 1988, PASSARGE 1988, LANGER 1995
Salsola kali subsp. *ruthenica* Salz-Melde	EurAs	Bahnflächen	GUTTE 1992, BRANDES 1993
Bunias orientalis Orientalische Zackenschote	O-Europa	Straßenränder	WALTER 1982, HEINRICH 1985, STEINLEIN et al. 1996
Puccinellia distans Salzschwaden	Küsten	salzbelastete Straßenränder	SEYBOLD 1973, KRACH & KOEPF 1980, DETTMAR 1993
Senecio inaequidens Schmalblättriges Greiskraut	O-Afrika	Autobahnränder, Ruderalflächen	WERNER et al. 1991, MELZER 1991b, KUHBIER 1996
Buddleja davidii Sommerflieder	O-Asien	Eisenbahn-, Brachflächen	KREH 1952, KOSTER 1991, SCHMITZ 1991, DETTMAR 1992
Brachflächen			
Sisymbrium loeselii Lösels Rauke	N-Amerika	offene Ruderalstellen	GUTTE 1972
Conyza canadensis Katzenschweif	N-Amerika	offene Ruderalstellen	GUTTE 1972
Chenopodium botrys Klebriger Gänsefuß	W-Asien, S-Europa	offener Trümmerschutt, Sand, Kies, Kohlengrus	BORNKAMM & SUKOPP 1971, SUKOPP 1971, DETTMAR & SUKOPP 1991
Dittrichia graveolens Klebriger Alant	S-Europa	Bergematerial	GÖDDE 1984, DETTMAR 1992
Solidago canadensis Kanadische Goldrute	N-Amerika	ältere Ruderalflächen	REBELE 1986, CORNELIUS 1990a, b ADOLPHI 1995
Robinia pseudoacacia Robinie	N-Amerika	ältere Ruderalflächen	KOHLER & SUKOPP 1964a, b, KOWARIK 1990b, 1992b, 1996b, c
Ailanthus altissima Götterbaum	O-Asien	Ruderal-, Bebauungs-, Grünflächen	KOWARIK & BÖCKER 1984, GUTTE et al. 1987, KRAMER 1995
Grünflächen			
Galinsoga ciliata Zottiges Franzosenkraut	S-Amerika	gehackte Beete u. ä.	SCHULZ 1984, KRAUSCH 1991
Claytonia perfoliata Kubaspinat		gehackte Gehölzpflanzungen	FISCHER 1993
Impatiens parviflora Kleinblütiges Springkraut	M-Asien	Säume, Parkforste	TREPL 1984

Veronica filiformis	Fadenförmiger Ehrenpreis	Kaukasus	Scherrasen	MÜLLER & SUKOPP 1993
Bidens frondosa	Schwarzfrüchtiger Zweizahn	N-Amerika	Gewässerränder	KÖCK 1988, KEIL 1999
Mahonia aquifolium	Mahonie	N-Amerika	Hecken, Parkforste, Ruderalflächen, Stadtwälder	KOWARIK 1992b, RINGENBERG 1994, ADOLPHI 1995
Mauern				
Cymbalaria muralis	Mauer-Zimbelkraut	S-Europa	Mauern, Gebäude	BRANDES 1992, ADOLPHI 1995
Pseudofumaria lutea	Gelber Lerchensporn	S-Europa	Mauern	SEGAL 1972, ADOLPHI 1995
Deponien				
Solanum lycopersicon	Tomate	Amerika	Müll, Klärschlamm	KUNICK & SUKOPP 1975, HETZEL & ULLMANN 1995

Halden, Deponien oder Aufschüttungsflächen mit extremen physikalischen und chemischen Eigenschaften.

Intensität und Wirkungsdauer dieser Faktoren nehmen meist vom äußeren Stadtrand zum Zentrum zu. Dies führt zu einer fortschreitenden Überprägung von Böden, Klima, Wasserhaushalt sowie der Pflanzen- und Tierwelt. Entlang eines Stadt-Land-Gradienten nimmt der Anteil nichteinheimischer Arten meist von außen nach innen zu. So bilden in der Innenstadt Berlins Archäo- und Neophyten zusammen etwa die Hälfte des Artenbestandes, am Stadtrand knapp ein Drittel und im ländlich geprägten Spreewaldgebiet nur noch etwa ein Fünftel (Tab. 39).

Nahezu jeder städtische Lebensraum ist durch bestimmte Neophyten charakterisiert (Tab. 40). Nur wenige sind in urbanindustriellen Gebieten problematisch (siehe Kap. 6.1.2). Andere können auch positiv bewertet werden: Das Beispiel der Brachflächen veranschaulicht positive Funktionen für den Naturhaushalt (siehe Kap. 6.1.3), das der Grünanlagen die kulturhistorische Bedeutung mancher Neophyten (siehe Kap. 6.1.5.2).

6.1.1 Beispiel Götterbaum *(Ailanthus altissima)*

Der Götterbaum (*Ailanthus altissima*) ist in Mitteleuropa ein typischer Neophyt urbaner Zentren. Sein Beispiel zeigt, wie nichteinheimische Arten durch das Zusammenwirken historischer und ökologischer Faktoren gefördert werden können.

Der in China und dem Norden Koreas heimische Götterbaum gelangte gegen 1740 durch den Jesuiten Pierre d'Incarneville nach Paris und fand als dekorativer Zierbaum rasch in der Alten wie Neuen Welt Verbreitung. 40 Jahre später wurde er in Berlin kultiviert, begann sich hier aber erst nach 1945 auszubreiten. Heute sind wild wachsende Götterbäume in der Berliner Innenstadt sehr häufig, werden zum Stadtrand hin jedoch immer seltener und sind in Brandenburg nur in Städten zu finden (Tab. 39, Abb. 23). Auch in anderen Gebieten ist *Ailanthus* zum charakteristischen Stadtbaum geworden. Erstfunde aus ländlichen Gebieten werden häufig von Bahnhöfen gemeldet (KOWARIK & BÖCKER 1984, GUTTE et al. 1987, MÜLLER 1987, PUNZ 1993, KRAMER 1995).

Die Bindung des Götterbaums an urbane Wuchsorte kann ausbreitungsgeschichtlich und standortökologisch erklärt werden. Da *Ailanthus*-Früchte selten mehr als 100 Meter vom Wind verfrachtet werden, ist die Ausbreitung zunächst eng an Pflanzungen gebunden. Historische Anpflanzungen in Siedlungen erklären damit die Besiedlung urbaner Wuchsorte, aber nicht die vielerorts fortwährende Bindung an sie. Von außerstädtischen Pflanzungen geht in Brandenburg beispielsweise häufig keine Ausbreitung aus. In Berlin konnte *Ailanthus* nach 1945 Trümmerflächen als Sprungbrett für den Aufbau spontaner Populationen nutzen. Geeignete Wuchsorte gab es schon früher. Sie waren aber seltener und wahrscheinlich stärker gepflegt.

Ein Blick nach Süden weist auf klimatische Ursachen der verzögerten Ausbreitung und der Stadtbindung von *Ailanthus* in weiten Teilen Mitteleuropas hin: Im Mittelmeergebiet wie in den wärmsten Teilen Ungarns wächst *Ailanthus* auch siedlungsfern. Teilweise dringt er sogar in naturnahe Vegetation ein, etwa in Auenwälder (KOWARIK 1983b, GUTTE et al. 1987, CELESTI GRAPOW et al. 2001). Da viele Wärme liebende Tier- und Pflanzenarten städtische „Wärmeinseln" für nördliche Vorposten nutzen, könnte auch *Ailanthus* in Mitteleuropa vom Stadtklima profitieren. In Berlin konzentrieren sich die *Ailanthus*-Wuchsorte in den überwärmten Zonen (Abb. 25). Ein Ausbringungsver-

Abb. 25
Der aus Ostasien stammende Götterbaum (*Ailanthus altissima*) als charakteristischer Stadtbaum. Dargestellt ist die weitgehende Bindung der wild wachsenden Vorkommen an die überwärmten Gebiete der westlichen Berliner Innenstadt. Die Jahresmittelwerte der Temperatur betrugen 1982 in Zone 6 (Innenstadt, dunkel dargestellt) 11,3 °C, in der angrenzenden Zone 5 (grau dargestellt) 10,5 °C sowie in Zone 1 (äußerer Stadtrand) 8,1 °C; Zone 1 bis 4 sind nicht differenziert (KOWARIK & BÖCKER 1984).

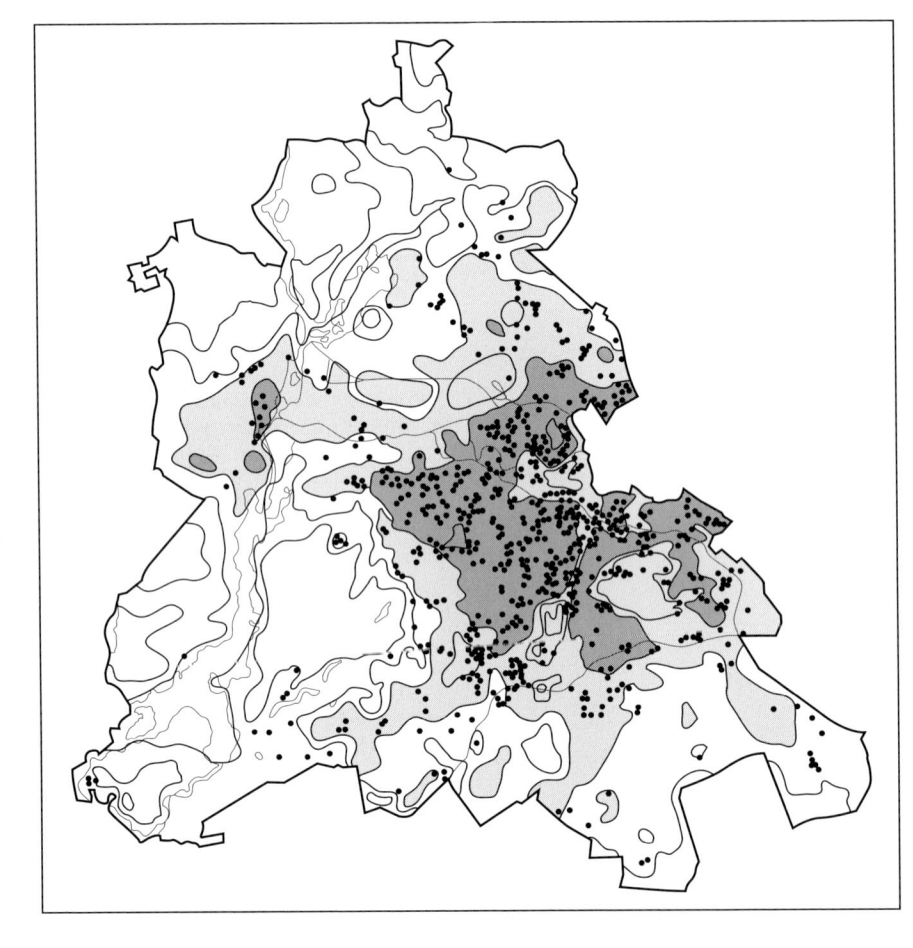

such entlang eines Stadt-Land-Gradienten in Hannover veranschaulicht die Förderung des Götterbaumes durch den veränderten urbanen Wärmehaushalt: In der Innenstadt sind Frostschäden im Vergleich zum Umland vermindert, das Höhenwachstum ist dagegen signifikant erhöht (Abb. 26). *Ailanthus* toleriert zudem den von urbanen Luftverunreinigungen ausgehenden Stress besser als andere Stadtbäume (RANK 1997). In Wien ist neben dem Götterbaum auch der *Ailanthus*-Spinner (*Samia cynthia*) an die überwärmten Stadtgebiete gebunden. Er wurde 1856 aus Asien zur Seidengewinnung eingeführt und kommt seit 1924 als Neozoon in Wien vor (PRUSCHA et al. 1991, PUNZ 1993).

In Deutschland sind die urbanen *Ailanthus*-Vorkommen ebenso wie die wenigen in naturnaher Umgebung (z. B. auf Xerothermstandorten am Mittelrhein, LOHMEYER 1976) bislang weitgehend unproblematisch. Die Begrünungsfunktion auf urbanindustriellen Standorten kann positiv bewertet werden, aber auch zu erhöhtem Pflegeaufwand führen. In Basel wird ein *Ailanthus*-Aufwuchs in den Uferbefestigungen des Rheins regelmäßig begrenzt. Im pannonischen Gebiet, in dem *Ailanthus* auch in Windschutzhecken gepflanzt und teilweise forstlich genutzt wird, ist seine Ausbreitung in besonders schutzwürdige Mager- und Felsrasen kritisch (z. B. im ungarischen Aggtelek Nationalpark, UDVARDY 1999).

6.1.2 Problematische Neophyten

Die gleichen Ursachen, die den Neophytenreichtum von Städten bedingen, führen offensichtlich auch bei einheimischen Pflanzen zu hohen Artenzahlen: In ostdeutschen Städten sind die Artenzahlen beider Gruppen positiv korreliert (Abb. 27). Die hohe Präsenz von Neophyten in Städten ist demnach nicht pauschal als Ursache für den Rückgang anderer Arten zu interpretieren.

Zu den Pflanzen, die als „Unkräuter" in gärtnerischen Kulturen oder auf anderen Flächen unerwünscht sind, gehören Einheimische, Archäo- und Neophyten

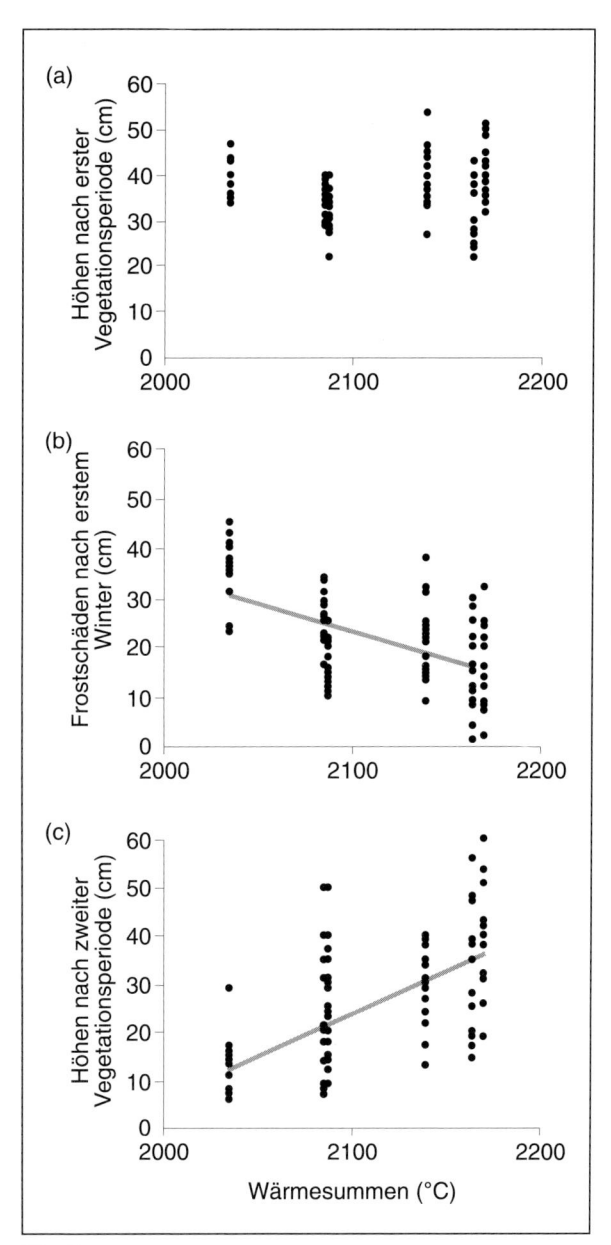

Abb. 26
Förderung des wärmeliebenden Götterbaumes (*Ailanthus altissima*) auf klimatisch begünstigten Standorten. Im Großraum Hannover wurde ein Keimungsexperiment entlang eines Stadt-Land-Gradienten durchgeführt. Im Zentrum Hannovers (Welfenplatz) betrug die Wärmesumme in der Vegetationsperiode im Jahr 1994 2170,3 °C, am Umlandstandort Ruthe dagegen nur 2034,6 °C. Nach der ersten Vegetationsperiode gibt es keine signifikanten Unterschiede in der Größe der Keimlinge (a). Nach dem ersten Winter sind die Verluste durch ein Zurückfrieren negativ mit dem Wärmehaushalt der Standorte korreliert (b), die Höhenverteilung am Ende der zweiten Vegetationsperiode dagegen positiv (c). Dies ist als Konkurrenzvorteil für die Innenstadtpflanzen zu deuten (nach Daten von HEMPEL 1994 und SCHNEIDER 1995).

gleichermaßen. Unter den Hackunkräutern sind nichteinheimische Arten besonders stark vertreten (Abb. 23). Es wäre jedoch übertrieben, hier von speziellen Archäo- oder Neophytenproblemen zu sprechen, da einheimische Unkräuter ihre Rolle wahrscheinlich größtenteils übernehmen würden. Die von Naturschutzseite kontrovers diskutierte Rolle nichteinheimischer Arten für die Tierwelt steht im Mittelpunkt von Kap. 7.

Besondere Probleme bereitet allerdings die Herkulesstaude als **Giftpflanze** (siehe Kap. 6.4.3). Ihre Vorkommen in Grünflächen, an Wegen, Straßen und Gewässern beinhalten Risiken für die menschliche Gesundheit. Der Pollen einiger Korbblütler, insbesondere nordamerikanischer *Ambrosia*arten, ist allergen und verschärft die Belastung von Allergikern (KOPECKY 1990, SRU 1999). Dies gilt bislang vor allem für das südöstliche Mitteleuropa, wo *Ambrosia*arten wesentlich häufiger als in Deutschland sind. Ein wachsendes Allergierisiko ist allerdings aus dem Anstieg der Sensibilisierungsrate von Allergikern in Wien ablesbar (Abb. 28). Die Kosten für das Gesundheitswesen sind erheblich (REINHARDT et al. 2003).

6.1.3 Urbanindustrielle Ruderalflächen

Urbanindustrielle Ruderalflächen (*lat.* rudera = Schutt, Trümmer) und andere anthropogene Sonderstandorte sind häufig erheblich wärmer und trockener als naturnahe Standorte, haben auffallend hohe oder niedrige pH-Werte oder sind toxisch belastet. Dies kann Pflanzen aus wärmeren Gebieten Konkurrenzvorteile gegenüber einheimischen Arten verschaffen. Das Phänomen ist erstmals bei der Wiederbegrünung von Trümmerflächen erkannt worden. Neophyten können auch die **Erstbesiedlung** urbanindustrieller Brachflächen, Müllkippen, Deponien, Halden und brachgefallener Bahnanlagen prägen. Siedlungsferne Halden, Tagebau- und andere Abbaugebiete werden dagegen meist langsamer und überwiegend von ein-

Abb. 27
Positive Korrelation zwischen der Anzahl an Neophyten und einheimischen Arten in ostdeutschen Städten (Auswertung der floristischen Kartierung von BENKERT et al. 1996; nach BRANDL et al. 2001).

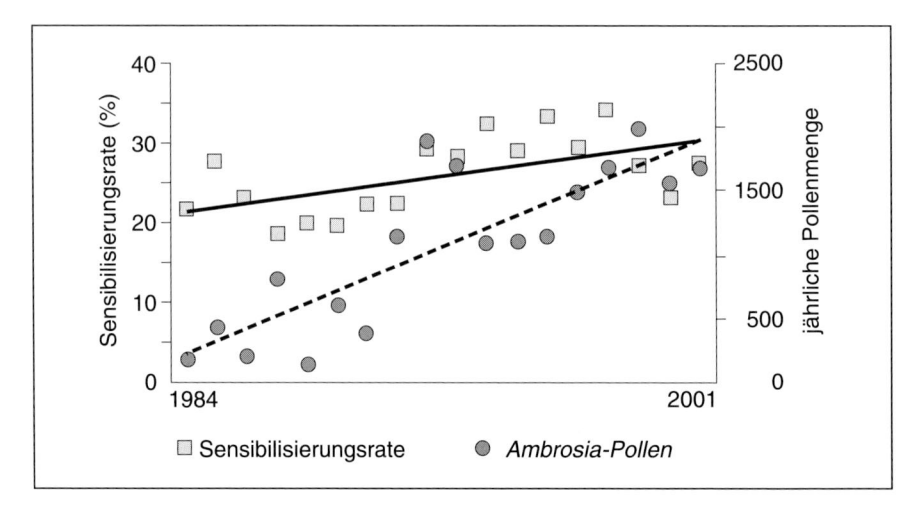

$r^2 = 0{,}67; P < 0{,}001$
Steigung = 1,1

Abb. 28
Zunahme des Allergierisikos durch *Ambrosia*-Pollen in Wien. Dargestellt ist die jährliche Pollenmenge von *Ambrosia* und die Sensibilisierungsrate von Allergikern gegenüber diesen Pollen im Zeitraum von 1984 bis 2001 (Original S. JÄGER).

> **Ausbreitung einiger Neophyten auf Ruderalflächen:**
>
> Auf Stuttgarter Trümmern hat sich in der Nachkriegszeit der ostasiatische Sommerflieder (*Buddleja davidii*) „meteorartig" ausgebreitet (KREH 1952). Ähnlich war es bei *Galinsoga ciliata* und *Senecio squalidus* in London und bei *Chenopodium botrys, Ailanthus altissima, Acer negundo* u. a. in Berlin. *Conyza canadensis, Sisymbrium loeselii, Atriplex sagittata, Tripleurospermum inodorum* sowie die Archäophyten *Lactuca serriola, Melilotus alba, M. officinalis* u. a. sind Pioniere auf Halden und anderen Aufschüttungen. Neophyten zählen auch zu den Erstbesiedlern von Eisenbahnflächen (z. B. *Conyza canadensis, Matricaria discoidea*). Ältere Sukzessionsstadien werden oft von *Solidago canadensis* dominiert. Auch *Robinia pseudoacacia* kann als Erstbesiedler auftreten. Auf Flächen des Braunkohlentagebaues ist das Kaktusmoos (*Campylopus introflexus*) einer der ersten Pioniere (siehe Kap. 6.6.2).

heimischen Arten besiedelt (z. B. PRACH & PYŠEK 1994).

Im Ruhrgebiet kommen nach DETTMAR (1992) viele Neophyten schwerpunktmäßig in industriell geprägten Stadtgebieten vor (z. B. *Chenopodium botrys, Hordeum jubatum, Dittrichia graveolens, Puccinellia distans, Salsola kali*) oder sind sogar ausschließlich an Industrieflächen gebunden (z. B. *Apera interrupta, Oenothera chicaginensis, O. rubricaulis*). Der Klebrige Alant (*Dittrichia graveolens*) veranschaulicht mögliche positive Funktionen von Neophyten auf Extremstandorten. Die mediterrane Art besiedelt vornehmlich Bergehalden und planiertes Bergematerial auf Zechenbrachen, seltener auch Salzstellen an Kaliminen, Schlacken, Asche und Sand. Das Bergematerial ist ausgesprochen arm an Nährstoffen und Feinerde und wird im Sommer wegen seiner dunklen Farbe stark aufgeheizt (bis zu 60 °C). Vom Frühjahr zum Hochsommer vollzieht sich ein oft extremer Wechsel zwischen Vernässung und scharfer Austrocknung.

Bevor sich *Dittrichia* nach 1980 massenhaft auszubreiten begann, waren solche Standorte jahrelang vegetationsfrei. *Dittrichia* leitet ihre Belebung ein, indem sie Aufheizung und Stauberosion begrenzt und mit der Ansammlung organischer Substanz die weitere Vegetationsentwicklung fördert (DETTMAR & SUKOPP 1991). Sie ist auch für die Tierwelt nutzbar, ebenso wie *Senecio inaequidens* und *Buddleja davidii*, zwei weitere charakteristische Pionierpflanzen des Ruhrgebietes (s. Kap. 7.2.2.1). *Dittrichia graveolens* breitet sich in jüngster Zeit auch an Autobahnrändern aus (NOWACK 1993, RADKOWITSCH 1996). Ihre Diasporen werden dabei durch den Wind sowie mit Autos und Maschinen transportiert, die zur Pflege der Mittel- und Seitenstreifen eingesetzt werden.

Das Aufkommen neuer Arten hat immer wieder zur Entstehung neuartiger, neophytenbestimmter Lebensgemeinschaften geführt: So bildeten sich in Leipzig nach 1900 das Atriplicetum nitentis und Descuraino-Atriplicetum oblongifoliae, nach 1918 das Sisymbrietum loeselii, nach 1950 das Chenopodietum stricti und nach 1960 oder 1970 *Artemisia tournefortiana*- und *Kochia scoparia*-Gesellschaften (GUTTE 1986). Im Ruhrgebiet sind erst jüngst Lebensgemeinschaften mit *Dittrichia graveolens* und *Senecio inaequidens* entstanden. In Essen prägen Neophyten 55 von insgesamt 262 Pflanzengemeinschaften (REIDL & DETTMAR 1993).

Im Verlauf der **Sukzession** werden die meisten nichteinheimischen Arten von konkurrenzstärkeren einheimischen abgelöst: Archäo- und vor allem Neophyten dominieren den Artenbestand des von einjährigen Pionieren gebildeten Sisymbrion mit einem Anteil von etwa 60 %. Schon in der Folgevegetation des Dauco-Melilotion kommen meist mehr einheimische Arten vor, und im Arction, hier dominieren Stauden, sinkt der Anteil nichteinheimischer Arten auf unter 40 %. Dennoch können Neophyten auch ältere Vegetationsstadien prägen. Dies gelingt:
• auf Sonderstandorten mit andauernd geringem Konkurrenzdruck einheimischer Arten (z. B. *Cymbalaria muralis* auf Mauern, *Conyza canadensis* und *Chenopodium botrys* auf schwelenden Halden, KOSMALE 1989),

- wenn Störungen die Weiterentwicklung behindern (z. B. *Buddleja*-Bestände auf Bahnanlagen),
- bei Arten mit starkem klonalen Wachstum; z. B. *Solidago canadensis* auf urbanindustriellen und landwirtschaftlichen Brachen (siehe Kap. 6.2.5.3) und
- bei Bäumen, die sich wie *Robinia pseudoacacia* (siehe Kap. 6.2.5.5) über das Pionierstadium hinaus behaupten können.

Auch die urbanindustrielle Gehölzflora und -vegetation ist reich an nichteinheimischen Arten (KUNICK 1985, BRANDES 1987a, DIESING & GÖDDE 1989, KOWARIK 1992b). So wird die Gehölzvegetation Berliner Brachflächen nach etwa 40-jähriger Entwicklung immer noch zur Hälfte von nichteinheimischen Bäumen dominiert (KOWARIK 1992b).

6.1.4 Altlastensanierung mit Repositionspflanzen

Zahlreiche Industrieflächen und militärisch genutzte Standorte sind mit Schwermetallen und organischen Schadstoffen verunreinigt. Die konventionelle Sanierung ist aufwendig: Das kontaminierte Substrat wird in Öfen auf 800 °C erhitzt und danach deponiert. Als Alternative wird der Einsatz von Pflanzen diskutiert, die toxische Verbindungen in hohen Konzentrationen aufnehmen und so den Boden reinigen können (Repositionspflanzen, SEITZ 1995). *Fallopia sachalinensis* kann 200 bis 300 Tonnen Biomasse pro Hektar bilden und dabei 322 Kilogramm Zink, 24 Kilogramm Blei und 1,3 Kilogramm Kadmium aufnehmen (HACHTEL 1997). Weitere Versuche laufen mit Chinaschilf (*Miscanthus sinensis, M. × giganteus*), Riesenschilf (*Arundo donax*) und Mais (*Zea mays*) (KAHL et al. 1994). *Solidago* fördert den Abbau chlorierter Kohlenwasserstoffe (KÜHN 1996). Die Entsorgung der pflanzlichen Biomasse dürfte billiger als die der kontaminierten Substrate sein. Vor einer großflächigen Anwendung müssten die Risiken abgeklärt werden, da es denkbar ist, dass die aufgenommenen Schwermetalle in Nahrungsketten gelangen oder sich die Repositionspflanzen auszubreiten beginnen. Dies wäre im Fall von *Fallopia* und *Solidago* bedenklich, da sie zu den problematischen Neophyten zählen (siehe Kap. 6.2.5.3 und 6.4.4).

6.1.5 Gärten und Grünanlagen

Der Einsatz nichteinheimischer Pflanzen hat lange Tradition in der Gartenkunst (siehe Kap. 4.1). Ebenso lange wirken gärtnerische Pflanzungen als Ausbreitungsquelle nichteinheimischer Arten. In diesem Kapitel soll aus zwei Betrachtungsrichtungen gezeigt werden, wie unterschiedlich dieses Phänomen bewertet werden kann. Es geht dabei einerseits um die Rolle gärtnerischer Pflanzungen als Sprungbrett für die Ausbreitung problematischer Neophyten, andererseits um deren mögliche Funktion als „Zeiger alter Gartenkultur".

6.1.5.1 Gärten als Sprungbrett problematischer Neophyten?

Fast alle der heute gefürchteten Neophyten wurden ursprünglich als Gartenpflanze eingeführt und über Gärten weiter verbreitet (Tab. 24), und darüber hinaus haben mehrere Hundert Gartenpflanzen begonnen sich auszubreiten. Damit hat die Gartenkultur zweifellos die erste Voraussetzung für Neophytenvorkommen geliefert, die heute von vielen als problematisch angesehen werden. Die Forderung, deshalb alle „Exoten" aus Gärten und Grünflächen zu verbannen, schießt jedoch weit über das Ziele einer verantwortungsbewussten Pflanzenverwendung hinaus. Gärten können durchaus als Sprungbrett für biologische Invasionen wirken, aber dies ist eher die Ausnahme als die Regel.

Die spontane Vermehrung der meisten Gartenpflanzen ist relativ eng an den Ort ihrer Kultur oder an benachbarte Siedlungsstandorte gebunden. In Grünanlagen und auf Ruderalstandorten sind viele Neophyten verbreitet, die ursprünglich als Gartenpflanzen verwendet worden sind

(z. B. *Impatiens parviflora, Matricaria discoidea, Galinsoga parviflora, Conyza canadensis*; Tab. 40) oder immer noch gärtnerisch kultiviert werden (z. B. *Solidago*-Arten). Durch Vögel ausgebreitete Arten gelangen häufig auch auf andere Siedlungsstandorte (z. B. *Mahonia aquifolium*). Auch Bäume, die durch Wind verbreitet werden, können sich direkt aus Gärten oder von Straßenbaumpflanzungen ausbreiten. Im Berliner Bezirk Mitte (Spandauer Vorstadt) sind die Neophyten Götterbaum und Eschen-Ahorn neben Berg- und Spitz-Ahorn am häufigsten spontan in die Strauch- und Baumschicht aufgewachsen (KOWARIK 1993b).

Die Ausbreitung gärtnerisch gepflanzter Arten kann im Siedlungsbereich auch positiv gewürdigt werden: als willkommene Selbstbegrünung ruderaler oder anderer, gärtnerisch unbewältigter Standorte; auch als Ausdruck einer „nachhaltigen" Pflanzenverwendung, wenn eingebrachte Arten sich ohne weitere gärtnerische Mühe auf geeigneten Standorten erhalten. Dies kann natürlich Gestaltungs- und Pflegekonzepten widersprechen. Besondere Probleme treten im Siedlungsgebiet bislang wohl nur in zwei Fällen auf, bei *Heracleum mantegazzianum* wegen gesundheitlicher Risiken (siehe Kap. 6.4.3) und bei Ahornarten.

Spitz- und Berg-Ahorn (*Acer platanoides, A. pseudoplatanus*) werden häufig in Gärten, Parkanlagen und an Straßen gepflanzt. Sie breiten sich von solchen Pflanzungen auch in Gegenden aus, in denen sie nicht einheimisch sind oder früher sehr selten waren. Beide Arten vermehren sich so effektiv, dass die Naturverjüngung das Bestandsbild von Gehölzpflanzungen überprägen kann. Dies kann ästhetisch unerwünscht sein. In historischen Parkanlagen entstehen Konflikte mit der Gartendenkmalpflege, wenn Sichtschneisen zuwachsen oder die Bestände vereinheitlicht werden (SUKOPP & SEILER 1998). In solchen Fällen ist eine Gegensteuerung angebracht. Über Straßenbaumpflanzungen erreichen beide Arten auch naturnahe Waldstandorte (siehe Kap. 6.3.10).

Wenigen Neophyten gelingt die direkte Ausbreitung aus Gärten in **naturnahe Bereiche** (zu Alpengärten siehe Kap. 6.8). Siedlungsnahe Wälder und Forste sind zwar häufig reich an Arten, die auch in Gärten angepflanzt werden (ASMUS 1981, AMARELL 1997). Es wäre jedoch voreilig, diese Vorkommen als Beleg für die Reichweite der sich aus Gärten ausbreitenden Arten zu werten, denn häufig werden unter der Rubrik „Gartenflüchtling" zwei Fallgruppen vermengt:

- Arten, die sich tatsächlich mehrere hundert Meter aus Gärten in benachbarte Waldgebiete ausbreiten (z. B. Berg- und Spitz-Ahorn sowie *Taxus baccata* und *Mahonia aquifolium*, die durch Vögel in siedlungsnahe Gehölzbestände getragen werden). Im Urwaldgebiet von Bialowieza ist ein gehölzreicher Landschaftspark zum Ausbreitungszentrum zahlreicher Neophyten geworden (*Sambucus racemosa, Acer negundo, A. pseudoplatanus, Quercus rubra* u. a., ADAMOWSKI & MEDRZYCKI 1999).
- Arten, die erst durch menschliche Mithilfe an naturnahe Standorte gelangen, beispielsweise über die Ablagerung von Gartenmüll oder durch Anpflanzungen und Ansaaten (siehe Kap. 3.3, Tab. 24, Tab. 25).

Am problematischsten sind Gärten im Einzugsbereich von Fließgewässern, da das Wasser Samen oder abgelagerte Sprossteile weit in die Landschaft hinausgetragen kann und so Neophytenbestände auch in naturnaher Umgebung begründet werden können.

Beispiel

SCHEPKER (1998) konnte die mehrere Hektar großen Vorkommen von *Heracleum mantegazzianum* in der Auschnippeaue nördlich von Dransfeld (Lkr. Göttingen) auf eine einzige Gartenpflanze zurückführen, die 1982 im Ortskern nahe am Bach wuchs. Wie in anderen Gegenden, sind auch im Schwarzwald *Fallopia*-Sippen an Bächen stark verbreitet (siehe Kap. 6.4.4). KRETZ (1994) berichtet, wie eine neue Population in einem bislang *Fallopia*-freien Tal begründet wurde: Nach ihrer Heirat nahm eine Bäuerin die ihr vertraute Gartenpflanze mit. Bald darauf war der nahe Bach unterhalb des Gartens vom Staudenknöterich bewachsen.

Noch größere Bedeutung für die Überbrückung der räumlichen Isolation zwischen Ausbreitungsquellen und geeigneten Wuchsorten haben sekundäre Ausbringungen im Außenbereich (siehe Kap. 3.3). Sie führen häufig zur Begründung unerwünschter Populationen von Gartenpflanzen (Tab. 24, Tab. 25), gehen aber nicht auf Gärten, sondern auf menschliche Aktivitäten zurück, die über Ablagerung von Gartenmüll u.a. Pflanzen verfrachten. Steuerungsmaßnahmen müssten hier ansetzen – abgesehen vom Spezialfall bachnaher Gärten ist die Kultur der Arten in Gärten unproblematisch.

6.1.5.2 „Zeiger alter Gartenkultur" in historischen Gärten und Parkanlagen

Einige Gartenpflanzen können sich Jahrzehnte und Jahrhunderte im engeren Umfeld ihrer Kulturstellen halten, selbst wenn sie inzwischen aus der Mode gekommen sind und in Parkforsten, Gebüschen, Säumen, alten Rasen und Wiesen, unter Einzelbäumen oder an Mauern Refugien gefunden haben. Solche Arten haben eine Indikationsfunktion als „Zeiger alter Gartenkultur".

> **„Stinsenplanten" oder „Zeiger alter Gartenkultur":**
>
> Die Überdauerungsfähigkeit von Gartenpflanzen war schon den „Parkbotanikern" des 19. Jahrhunderts bekannt (z.B. BÜTTNER 1883, BOLLE 1887). Seit den 1950er-Jahren werden solche Arten in den Niederlanden als „Stinsenplanten" (unterschiedlich geschrieben) bezeichnet. „Stins" ist ein Steinhaus, das in Friesland zu einer Burganlage gehört und in dessen Umfeld bestimmte Artenkombinationen aufgefallen sind. Stinsenplanten sind nach BAKKER (1986) Arten, „die innerhalb eines bestimmten Gebietes in ihrer Verbreitung beschränkt sind auf Wasserburgen, Schloßparke, Landsitze (Gutsparke), alte Bauernhöfe, Gärten und verwandte Standorte wie Friedhöfe, Bastionen und Stadtwälle. Es sind Arten und Varietäten mit auffälligen Blüten, die vorher als Zierpflanzen in Gärten und Parken ausgepflanzt wurden und anschließend verwildert und eingebürgert sind. Bestimmte Arten können sich aber auch spontan aus der Umgebung angesiedelt haben". Da der inhaltliche Zusammenhang mit der „Stins" einer friesischen Burganlage schwach ist, ist es sinnvoller, das gartenhistorisch so wichtige Phänomen im Kern zu bezeichnen und solche Arten „Zeiger alter Gartenkultur" zu nennen (KOWARIK 1998). Hiermit sind Pflanzen gemeint, die durch vergangene Gartenkultur absichtlich oder unabsichtlich gefördert worden sind und im engen räumlichen Kontext zu den ursprünglichen Orten ihrer Kultur überdauern.

Die älteste Schicht von Zeigern alter Gartenkultur ist an Burgen aufzuspüren, insbesondere wenn diese lange Zeit aufgegeben und von Siedlungen isoliert sind (LOHMEYER 1976, SCHUMACHER 1994, SIEGL 1998). Hierzu zählen viele Zierpflanzen, aber auch Arten wie Schierling (*Conium maculatum*), Bilsenkraut (*Hyoscyamus niger*) und Gift-Lattich (*Lactuca virosa*), die u.a. als Betäubungsmittel in mittelalterlichen Operationssälen dienten (siehe Kap. 6.7, Tab. 54 und Tab. 55).

Zu Zeiten barocker „Tulipomanie" standen Zwiebelpflanzen hoch im Kurs. Einige konnten die Umwandlung der Barock- zu Landschaftsgärten überdauern und verweisen heute mit ihren scheinbar naturnahen Vorkommen in Säumen, Gebüschen und im Trauf von Einzelbäumen auf ältere Phasen der Gartenkultur. Nach NATH (1990), die dieses Phänomen eingehend untersucht hat, konzentrieren sich Milchsternarten (*Ornithogalum nutans*, *O. boucheanum*) im Biebricher Park (Wiesbaden) auf die ursprünglich barocken Partien der Anlage. Weitere Geophyten als Zeiger alter Gartenkultur sind *Scilla*-Arten und die Wild-Tulpe (*Tulipa sylvestris*). Sie kommen vor allem in historischen Parkanlagen, aber auch auf alten Friedhöfen vor (z.B. RAABE 1988). Massenvorkommen alter Gartenpflanzen können auch heute noch den Charakter historischer Parkanlagen bestimmen, beispielsweise die Wild-Tulpe in Celler Anlagen oder das Apenninen-Windröschen (*Anemone appenina*) im Seibersdorfer Schlosspark bei Wien (KAISER 1993, MELZER & BARTA 1994). Oft hat sich jedoch der räumliche Zusammenhang zwischen alten Pflanzungen und heutigen Vorkommen mit der Zeit gelockert.

Die Spanische Ochsenzunge (*Pentaglottis sempervirens*) wurde gegen 1800 als Rarität am Schloss Dyck (Kreis Neuss) gepflanzt. Am ursprünglichen Ausbringungsort kommt sie nicht mehr vor, hat sich aber in nahen, halbschattigen Parkbereichen massenhaft ausgebreitet (MOLL 1990). *Ornithogalum*-Arten und *Tulipa sylvestris* sind gelegentlich auch in Obstwiesen und Weinberge verschleppt und durch Hochwässer in Auen verbreitet worden (JÄGER 1973, 1989, WOHLGEMUTH 1998). SCHROEDER (1966) führt Massenvorkommen der Wild-Tulpe mit 50 bis 70 000 Exemplaren auf einer Wiese bei Nienberge auf gärtnerische Anpflanzungen einer Hofanlage des 17. Jahrhunderts zurück. In wärmeren Gegenden kennzeichnen die gelben Blüten von Goldlack (*Cheiranthus cheiri*) und Färber-Waid (*Isatis tinctoria*) weithin viele Burgberge.

Isatis stammt ursprünglich eigentlich aus Steppengebieten Osteuropas und war als Lieferant blauen Farbstoffes (Indigo) lange in Kultur. Caesar berichtet, dass sich die Britannier im Krieg gegen die Römer mit Hilfe von *Isatis* eine furchterregende Kriegsbemalung zugelegt hätten. In Deutschland wurde *Isatis* seit dem hohen Mittelalter schwerpunktmäßig in Thüringen angebaut.

Nach der Entdeckung des Seeweges nach Indien (1560) wurde sie durch importierten Indigo (aus Indigostrauch = *Indigofera*) teilweise und Ende des 19. Jahrhunderts, mit der synthetischen Herstellung von Indigo, endgültig als Kulturpflanze verdrängt. Heute kommt Färber-Waid in wärmebegünstigten Gebieten auch auf Felsen und in Weinbergen vor.

Tab. 41 Grassamenankömmlinge als Zeiger alter Gartenkultur in historischen Parkanlagen Berlins und Potsdams (nach SUKOPP 1968, PESCHEL 1999). Die Einteilung nach der Herkunft des Saatgutes folgt HYLANDER (1943), ist aber nicht immer eindeutig (siehe PESCHEL 1999)

	Park Sanssouci	Park Babelsberg	Großer Tiergarten	Pfaueninsel	Klein-Glienicke	Schlossp. Charlottenburg	Botan. Garten Dahlem
Französische Gruppe							
Bromus erectus	●		○	●	●	●	●
Trisetum flavescens	●			●	●	●	●
Arrhenatherum elatius	●	●		●	●	●	●
Sanguisorba minor				●		●	
Galium pumilum			○	●			
Leontodon saxatilis				●		○	●
Crepis nicaeensis	●					○	
Deutsche Gruppe							
Poa chaixii	●	●	○	●	●	●	
Luzula luzuloides	●	●	○	●	●		
Dactylis polygama	●	●		●	●		
Teucrium scorodonia	○	●	○	○			
Festuca heterophylla	●		○				
Phyteuma nigrum	●		○				
Myosotis sylvatica	●			●	●		
Hieracium glaucinum	●						
unsichere Provenienz							
Thlaspi alpestre	●	●			●		

● Funde nach 1960, ○ nur ältere Funde

Beispiel

In Landschaftsgärten mit ihrem gesteigerten Potential an optischen Fernreizen gab es neue Einsatzmöglichkeiten für höher wüchsige Stauden. Hierzu zählte neben *Fallopia sachalinensis* auch *F. japonica*, die noch 1879 in der englischen Gartenliteratur wegen ihres starken Wuchses hoch gelobt wurde (SALISBURY 1964). Anders als die Staudenknötericharten sind Telekie (*Telekia speciosa*) und Milchlattich (*Cicerbita marophylla*) wegen fehlender Fernausbreitung noch heute weitgehend an Landschaftsgärten gebunden (KNAPP & HACKER 1984, SAUERWEIN 1998).

Große, häufig neu angelegte Wiesen sind ein Charakteristikum von Landschaftsgärten. Das Saatgut kam meist aus dem überregionalen Samenhandel, um die großen Mengen sicherzustellen und besondere Bedürfnisse zu erfüllen, beispielsweise nach schattenverträglichen Gräsern für den Unterwuchs von Baumgruppen. Mit den Sämereien wurden auch noch nicht im Gebiet vorkommende Gräser und Kräuter verbreitet: absichtlich bestellt oder unbeabsichtigt als Saatgutverunreinigung. Diese „**Grassamenankömmlinge**" bilden eine besondere Gruppe der Zeiger alter Gartenkultur (Tab. 41).

HYLANDER (1943) hat das Phänomen der Grassamenankömmlinge, die er sprachlich inkorrekt Grassameneinkömmlinge nannte, systematisch in schwedischen Parks untersucht. Er fand Artengruppen, die auf die Herkunft des Saatgutes und indirekt auf den Anlagezeitpunkt oder das Alter der Rasenflächen schließen lassen. Einige dieser Arten konnten auch in Deutschland nördlich der Mittelgebirge nachgewiesen werden (Tab. 41). Gruppe I enthält überwiegend Arten trockener Wiesen, deren Saatgut von Südostfrankreich und der westlichen Schweiz weit nach Norden verbreitet wurde. Aus Gruppe II mit Arten ungewisser Herkunft kommt im Potsdamer Raum nur *Thlaspi alpestre* vor. Weit verbreitet sind die Wald- und Schattenpflanzen der Gruppe III, deren Saatgut meist aus Mittel- und Süddeutschland bezogen wurde. Die Gruppe II und III fehlen im Dahlemer Botanischen Garten, denn er entstand 1897 bis 1903, und damit nach der Perfektionierung der Saatgutreinigung in den 1890er-Jahren. Dass Gruppe III nicht mehr im Tiergarten vorkommt, liegt an dessen Zerstörung, Neuanlage und starker Nutzung in der Nachkriegszeit.

Um die Blühaspekte von Rasen und Wiesen zu steigern, wurden attraktive Arten eingebracht, vor allem Frühjahrsblüher (z. B. *Galanthus nivalis, Scilla sibirica, Tulipa sylvestris*) oder Sommerblüher mit auffälligem Blütenschmuck (z. B. *Campanula glomerata, Polemonium caeruleum*; VON KROSIGK 1998). Mit Hochwasser konnten vor allem die Zwiebeln dieser Geophyten weiter verbreitet werden (z. B. *Tulipa* in der Alleraue oder *Galanthus* im Erzgebirgsvorland, WOHLGEMUTH 1998, KOSMALE 1981a). Bereits seit 1631 wird auch das Einbringen von Zierpflanzen auf Baumscheiben empfohlen (POPPENDIECK 1996a).

Auch im 20. Jahrhundert befördert der Samenhandel den überregionalen Austausch von Gräsern und Kräutern. Es sind jedoch andere Arten, die heute aus überseeischen Gebieten, wie beispielsweise *Achillea lanulosa* aus Nordamerika, eingeführt werden (siehe Kap. 3.3.3). Besonders auffällig ist der aus dem Kaukasus stammende Fadenförmige Ehrenpreis (*Veronica filiformis*), der ausschließlich vegetativ verbreitet wird und – an Scherblättern und Maschinenteilen haftend – in der Spur des motorisierten Rasenmähers Einzug in die modernen Grünanlagen gehalten hat (MÜLLER & SUKOPP 1993).

Eine weitere Fallgruppe der Zeiger alter Gartenkultur sind Pflanzen, die in aufgelassenen Siedlungen, **Wüstungen**, Jahrzehnte bis Jahrhunderte überdauern, selbst wenn die Standorte inzwischen wieder bewaldet sind. Hierzu gehört das Immergrün (*Vinca minor*), das beispielsweise in der Wittstocker Heide auf mittelalterliche Wüstungen weist (KRAUSCH nach LOHMEYER & SUKOPP 1992). Die Rosskastanie (*Aesculus hippocastanum*) kann auch in verwilderten Parkwäldern lange überdauern. Übersichten von Zeigern alter Gartenkultur bieten BAKKER & BOEVE (1985), BAKKER (1986), NATH (1990), FISCHER (1993a, 1997), GREGOR (1993), POPPENDIECK (1996b) und PESCHEL (2000). JEHLÍK (1971) hat aufgelassene Dörfer in Böhmen systematisch untersucht.

6.2 Landwirtschaftlich geprägte Lebensräume

6.2.1 Dörfer

In der dörflichen Ruderalvegetation spielen nichteinheimische Arten eine große Rolle, wobei Archäophyten hier stärker als Neophyten hervortreten (BRANDES et al. 1990 zu niedersächsischen Dörfern, PYŠEK & PYŠEK 1990, 1991 zu böhmischen Siedlungen). Die zunehmende Verstädterung dörflicher Lebensräume gefährdet viele früher häufige Archäophyten, wie das Beispiel des Guten Heinrichs (*Chenopodium bonus-henricus*) zeigt (KRAUSS 1977, WITTIG 1989). Problemfälle nichteinheimischer Arten sind mit Ausnahme von Herkulesstaude und Staudenknöterricharten, die sich von bachnahen Dorfgärten in die weitere Landschaft ausbreiten können, nicht bekannt. Vielfach wird versucht, die an alte, aber heute nicht mehr verbreitete Pflege- und Bewirtschaftungsmaßnahmen angepasste Dorfvegetation zu erhalten oder zu fördern: direkt in Dörfern oder beispielhaft in Freilandmuseen. Archäo- und Neophyten werden hiermit zum Gegenstand von Schutzbemühungen (SUKOPP 1986, OTTE 1988, OTTE & LUDWIG 1990; zur Kritik solcher Ansätze HARD 1998).

6.2.2 Archäo- und Neophyten als Schutzobjekt

In der Begleitvegetation von Hackfrucht- und Getreideäckern herrschen nichteinheimische Arten vor (siehe Abb. 23 mit Anteilen von mehr als 50% im Aphanion und Panico-Setarion). Die Frage, ob es sich hierbei um schützenswerte Wild- oder um problematische Unkräuter handelt, veranschaulicht die Spanne der Reaktionsmöglichkeiten. Sie schließt Förderung, Duldung und gezielte Bekämpfung nichteinheimischer Arten ein.

Seit der Einführung des Kunstdüngers Mitte des 19. Jahrhunderts und verstärkt nach 1950 ist die Landbewirtschaftung in weiten Teilen Mitteleuropas enorm intensiviert worden (verstärkte Düngung, Herbizideinsatz, Meliorationen). Dies hat zur Gefährdung vieler Arten, vornehmlich von **Archäophyten** geführt (HÜPPE & POTT 1993, SCHNEIDER et al. 1994).

Der Rückgang betrifft verschiedene Gruppen (HILBIG & BACHTHALER 1992a): Die Diasporen von Saatunkräutern haben sich morphologisch und in ihrer Keimungsbiologie so stark an die Kulturpflanzen angepasst, dass sie auf die wiederkehrende Ausbringung mit deren Saatgut angewiesen sind (speirochore Arten, KORNAS 1988). Durch die Ende des 19. Jahrhunderts perfektionierte Saatgutreinigung sind sie stark rückläufig (z. B. *Agrostemma githago*, *Bromus secalinus*, *Lolium temulentum*). Auch andere Ackerpflanzen mit großen Diasporen werden durch Saatgutreinigung stark zurückgedrängt (z. B. *Adonis flammea*, *A. aestivalis*, *Scandix pecten-veneris*, die nach KÜSTER 1994 Neophyten sind). Durch veränderte Landbewirtschaftung, z. B. verstärkten Herbizideinsatz, sind auffällige Arten wie *Centaurea cyanus* und *Papaver rhoeas* selten geworden. Düngung gefährdet Arten armer Standorte, z. B. *Orlaya grandiflora*, die vor 150 Jahren in den Kalkgebieten Thüringens ein lästiges Unkraut war und heute auf Roten Listen geführt wird. Auch Arten armer, stark saurer Sandböden (z. B. *Arnoseris minima*) sind durch Düngung oder Auflassen der Kultur gefährdet. Melioration drängt Feuchtezeiger, tiefere Bodenbearbeitung Zwiebelgeophyten wie *Lathyrus tuberosus* und *Ornithogalum umbellatum* zurück. Einige dieser Geophyten kommen noch in Weinbergen vor (siehe Kap. 6.2.2.1).

Mit dem Rückgang und drohendem Aussterben von Ackerunkräutern ist das Ergebnis einer langen Koevolution von Wild- und Kulturpflanzen gefährdet. Massenvorkommen dieser Arten sind ökonomisch unerwünscht, teilweise sogar schädlich (z. B. toxische Wirkungen von Kornradensamen). Dennoch besteht innerhalb des Naturschutzes der Konsens, archäo- und neophytische Begleitpflanzen der Ackerkulturen auf Dauer zu erhalten. Arten, die wie die Leinunkräuter an spezielle Kulturen angepasst sind, können nur in Feldflorareservaten und Freilichtmuseen erhalten werden, oft zusammen mit historischen Nutzpflanzen. Andere können durch Ackerrandstreifenprogramme erfolgreich gefördert werden (SCHUMACHER 1980, 1986, PLARRE 1986, ILLIG & KLÄGE 1994, MATTHEIS & OTTE 1994 und SCHNEIDER et al. 1994.)

6.2.2.1 Weinbergsarten

Problematisch unter den Weinbergsunkräutern sind vor allem einheimische Arten wie Acker-Winde, Quecke und Acker-Kratzdistel. Problematische Neophyten, beispielsweise Goldruten und Robinien, breiten sich überwiegend auf brachliegenden Weinbergen aus (siehe Kap. 6.2.5.3 und 6.2.5.5). Zu den charakteristischen Lebensgemeinschaften bewirtschafteter Weinberge gehören einige auffällige Archäophyten und Neophyten, vor allem Zwiebelpflanzen. Sie sind gut an traditionelle Bewirtschaftungsformen angepasst (WILMANNS 1989): Die Weinbergs-Traubenhyazinthe (*Muscari racemosum*) treibt schon im Spätsommer aus, der Dolden-Milchstern (*Ornithogalum umbellatum*) im Herbst, die Wild-Tulpe (*Tulipa sylvestris*) im Winter. Diese Geophyten können daher assimilieren und sich vegetativ vermehren, bevor die Bekämpfung durch Herbizide einsetzt. Sie werden jedoch durch intensivere Bodenbearbeitung, wie Fräsen, zurückgedrängt. Zum gleichen Ergebnis führt eine extensivierte Bodenbearbeitung, wenn durch Mulchen ausdauernde Grünlandstreifen in die Weinberge integriert werden. Die genannten Arten werden heute in verschiedenen Roten Listen als gefährdet geführt.

Bei einigen Weinbergspflanzen ist umstritten, ob sie Archäophyten oder Neophyten sind. Weinbergsunkräuter können mit Reben verschleppt werden. In der Oberlausitz, in der seit dem Mittelalter Weinbau betrieben wurde, kommen einige dieser Arten auch heute noch vornehmlich in ehemaligen Weinbauorten vor (MILITZER 1968). Attraktive Geophyten können jedoch auch aus Gärten verwildern. Es gibt keinen Beleg dafür, dass die Wild-Tulpe (*Tulipa sylvestris*) oder Milchsternarten bereits mit dem Weinbau der Römer ins besetzte Germanien gelangt sind. Die Quellen sprechen vielmehr dafür, dass *Tulipa* wie die Milchsternarten erst in der Neuzeit gärtnerisch verwendet wurden und sekundär auf Weinberge und andere Standorte wie Obstwiesen übergegangen sind. Hierfür spricht auch, dass *Tulipa* und die genannten Milchsternarten in Weinbergen nur kleinflächig vorkommen und durch die Bewirtschaftungsweisen offensichtlich kaum weiter verbreitet werden. Nördlich des Limes ist *Tulipa* sicher ein Neophyt und in Niedersachsen beispielsweise nicht an ehemalige Weinbauorte gebunden.

Unabhängig von ihrem Status als Archäo- oder Neophyt sind die Weinbergs-Traubenhyazinthe, die Wild-Tulpe oder Milchsternarten charakteristische Elemente historischer Kulturlandschaften und als solche schutzwürdig und -bedürftig.

6.2.3 Problematische Ackerunkräuter

Unter den zahlreichen Ackerunkräutern gelten etwa 30 Arten als „Problemunkräuter", wenn sie in großen Mengen vorkommen und erhebliche Ernteausfälle verursachen. Nach der Übersicht in Tab. 42 sind die Hälfte davon Archäophyten (48,4%). Der Anteil der Einheimischen beträgt ein Drittel (32,2%); ein Fünftel (19,4%) entfällt auf Neophyten. ARLT et al. (1995) haben die Verbreitung problematischer Unkrautarten genauer für die neuen Bundesländer dargestellt und potentielle Ertragsverluste von 4 bis 5 Dezitonnen pro Hektar im Wintergetreide und etwa eine Dezitonne pro Hektar im Sommergetreide berechnet. Eine Übersicht der im Weltmaßstab problematischsten Unkräuter (World's worst weeds) geben HOLM et al. (1977).

Die Zunahme schwer bekämpfbarer Unkräuter steht meist in direktem Zusammenhang mit veränderten Bewirtschaftungsmethoden. Die meisten Arten profitieren vom gesteigerten Nährstoffangebot infolge verstärkter Ausbringung von

Gülle und mineralischem Dünger: 1950 wurden in der BRD 26 Kilogramm pro Hektar Stickstoff ausgebracht, 1990 mit 126 Kilogramm pro Hektar fast das Fünffache. Auch der Herbizideinsatz hat sich erheblich erhöht, beispielsweise in der DDR von 1980 bis 1989 um nahezu 100% in Raps- und Zuckerrübenkulturen (ARLT et al. 1995). Dies begünstigt herbizidtolerante Arten, indem ihre Konkurrenten ausgeschaltet werden. Vor allem bei Maisunkräutern hat der herbizidbedingte Selektionsdruck zu Resistenzbildungen geführt. Dabei werden Sippen bevorzugt, in deren Populationen bereits resistente Gene vorhanden waren (BACHTHALER 1985). Dies ist in Mitteleuropa bislang bei etwa 50 Arten bekannt. Besonders betroffen sind neben den in Tab. 42 bezeichneten Arten der einheimische *Senecio vulgaris*, der Archäophyt *Atriplex patula*, die Neophyten *Bidens tripartita*, *Conyza canadensis* und verschiedene *Chenopodium*-Arten (GLAUNINGER & FURLAN 1983, AMMON & BEURET 1984, HILBIG & BACHTHALER 1992b). 1990 waren weltweit 107 herbizidresistente Unkrautbiotypen bekannt, darunter 57 Arten mit einer Triazinresistenz und 50 Arten mit Resistenzen gegen andere Herbizide. Die zunehmend beobachtete Herausbildung von Biotypen mit einer Kreuzresistenz oder mit multiplen Resistenzen gegen mehrere Herbizidklassen wird als ernste Herausforderung für die chemische Unkrautbekämpfung angesehen (GIFAP Bulletin 1990).

In Südafrika ist *Senecio inaequidens* als Ackerunkraut problematisch, da es Getreideprodukte vergiften kann. Es sollte daher genau beobachtet werden, ob die sich in Deutschland stark ausbreitende Art auch bewirtschaftete Äcker besiedelt (BÖHMER et al. 2001). Auch zukünftig sind weitere schwer zu bekämpfende Unkräuter als Ergebnis folgender Prozesse zu erwarten, die sich gegenseitig verstärken können. Es sind dies:
• die fortwährende Anpassung an landwirtschaftliche Kulturformen, beispielsweise Herausbildung weiterer herbizidresistenter Sippen, auch mit multiplen Resistenzen und die evolutive Entstehung neuer Unkrautarten;
• die Einführung und sekundäre Verbreitung neuer Arten; Beispiele sind verschiedene Hirseartige wie *Panicum dichotomiflorum*, das in der Schweiz schnell zum Problemunkraut in Maiskulturen geworden ist (HUBER 1992), und die in den Niederlanden bereits energisch bekämpfte Erdmandel (*Cyperus esculentus*, siehe Kap. 6.2.3.1);
• Begünstigung bislang unproblematischer Arten durch klimatische Erwärmung. Arten mit großen Vorkommen in warmtrockenen Gebieten (z. B. *Amaranthus*-Arten im Oberrheingebiet, HÜGIN 1986) und andere bislang wenig beachtete Arten werden an Bedeutung stark zunehmen. RIES (1992) hat eine Übersicht solcher potentieller Problemunkräuter für Österreich erstellt. Die meisten darunter sind Neophyten. Bei *Amaranthus* laufen bereits Versuche zur biologischen Kontrolle (*A. retroflexus*, *A. powellii*, *A. bouchonii*; IIBC 1995).

Die Kontrolle über landwirtschaftliche Unkrautarten hängt vom Stand der Bekämpfungstechnologien sowie von den gewählten Anbauverfahren ab. Der „Problemstatus" der Arten ist daher dynamisch. Dies zeigen retrospektiv *Agrostemma githago* und *Senecio vernalis*, die im 19. Jahrhundert amtlich bekämpft wurden, heute unproblematisch sind und, im Fall der Kornrade, sogar auf Roten Listen stehen.

6.2.3.1 Erdmandel (*Cyperus esculentus*)

Die aus Südostasien stammende Erdmandel (Knollen-Zyperngras) ist heute weltweit verbreitet und steht an 16. Stelle der 18 „world's worst weeds" (HOLM 1977). Als alte Gartenpflanze gelangte sie bereits im 16. Jahrhundert über Frankreich nach Deutschland und wurde 1561 als „nicht selten" beschrieben (WEIN 1914, Tab. 16). Möglicherweise gilt dies der Varietät *sativus*, die wegen ihrer essbaren Knollen in wärmeren Gebieten angebaut wird. Die heutigen problematischen Vorkommen gehen wahrscheinlich auf Einschleppungen mit Gladiolenzwiebeln zurück. Hieraus haben sich in den Niederlanden nach 1970 Massenvorkommen entwickelt, die 1984 Bekämpfungsprogramme ausgelöst haben (ROTTEVEEL & NABER 1988). Mittler-

Tab. 42 Schwer zu bekämpfende Problemunkräuter auf Äckern in Deutschland (nach HOFMEISTER & GARVE 1998, ergänzt um Angaben aus ARLT et al. 1995)

Art/ botanischer Name	Deutscher Name	Status	Schwerpunkt in Kulturen	Einsatz spezifischer Herbizide	bekannte Herbizidresistenzen	
Indigene (10 Sippen)						
Apera spica-venti	Gewöhnlicher Windhalm	I	W		R, G	
Capsella bursa-pastoris	Gewöhnliches Hirtentäschel	I	W/S			
Cirsium arvense	Acker-Kratzdiestel	I	W/S			
Digitaria ischaemum	Kahle Fingerhirse	I	S		M	
Elymus repens	Gewöhnliche Quecke	I	W/S		R	
Galium aparine	Kletten-Labkraut	I	W/S		K, M, G	
Poa trivialis	Gewöhnliches Rispengras	I	W			
Polygonum lapathifolium	Ampfer-Knöterich	I	S			•
Polygonum persicaria	Floh-Knöterich	I	S			•
Veronica hederifolia	Efeu-Ehrenpreis	I	W		G	
Archäophyten (15 Sippen)						
Fallopia convolvulus	Windenknöterich	A	W/S			•
Alopecurus myosuroides	Ackerfuchsschwanz	A	W		R, M, G	
Chrysanthemum segetum (lokal)	Saatwucherblume	A				
Matricaria recutita	Echte Kamille	A	W		R, M, G	
Mercurialis annua	Einjähriges Bingelkraut	A				
Setaria viridis u. a.	Grüne Borstenhirse	A	S		M	
Solanum nigrum	Schwarzer Nachtschatten	A	S		M	•
Thlaspi arvense	Acker-Hellerkraut	A	W/S			
Tripleurospermum perforatum	Geruchlose Kamille	A	W/S		R, M, G	
Viola arvensis	Feldstiefmütterchen	A	W/S		R, M, G	
Avena fatua	Flug-Hafer	A, www	W/S		R, M, G	
Echinochloa crus-galli	Gewöhnliche Hühnerhirse	A, www	S		M	
Lamium purpureum	Purpurrote Taubnessel	A?	W/S		R, G	
Stellaria media	Vogelmiere	A?	W/S		R, G	•
Chenopodium album u. a.	(Weißer) Gänsefuß	A?, www	S		M	•

weile sind Vorkommen aus Frankreich, der Schweiz und Deutschland bekannt (SCHROEDER & WOLKEN 1989). TER BORG et al. (1998) haben den aktuellen Wissensstand zusammengefasst:

Erfolgsmerkmale: Der Erfolg der Erdmandel als Ackerunkraut hat im Wesentlichen zwei Ursachen: die effektive, in Mitteleuropa ausschließlich vegetative Vermehrung und die Verschleppung durch landwirtschaftliche Tätigkeiten (Abb. 29). C. esculentus ist ein Geophyt. Aus den höchstens 1 mal 1,5 Zentimeter großen Knollen entwickeln sich Rhizome, sobald die Bodentemperatur Ende April 9 bis 10° C erreicht. Bis Oktober kann sich aus einer einzigen Knolle bei optimalen Bedingungen ein Klon mit einem Durchmesser von bis zu 2,5 Metern bilden. Hierbei werden bis zu 1500 Knollen neu angelegt.

Landwirtschaftlich geprägte Lebensräume

Tab. 42 Fortsetzung

Art/ botanischer Name	Deutscher Name	Status	Schwerpunkt in Kulturen	Einsatz spezifischer Herbizide	bekannte Herbizidresistenzen
Neophyten (6 Sippen)					
Amaranthus retroflexus	Zurückgebogener Amarant	N	S		•
Anthoxanthum aristatum	Grannen-Ruchgras	N	W		
Cyperus esculentus (lokal)	Erdmandel	N	M		
Galinsoga ciliata	Zottiges Franzosenkraut	N	S	K, R	•
Galinsoga parviflora	Kleinblüt. Franzosenkraut	N	S	K, R	
Veronica persica	Persischer Ehrenpreis	N	W/S	G	

I = Einheimische, A = Archäophyten, N = Neophyten (Einschätzung nach ROTHMALER 1996); www = gehört zu den weltweit bedeutendsten Unkräutern („world's worst weeds", HOLM et al. 1977); Verbreitungsschwerpunkt in W = Winterfruchtkulturen, S = Sommerfruchtkulturen, W/S Winter- u. Sommerfruchtkulturen; Einsatz spezifischer Herbizide (nach „Faustzahlen") in Kulturen von Kartoffel (K), Rüben (R), Mais (M) und anderem Getreide (G)

Die bis 75 Zentimeter hohen Luftsprosse, die Rhizome sowie ein großer Teil der oberflächennahen Knollen sterben nach Frosteinwirkung ab. Die Varietät *leptostachyus* ist forsthärter als die seltenere var. *macostachyus* und produziert auch mehr Knollen. Selbst aus nur millimetergroßen Knollen entstehen neue Pflanzen. In größeren Bodentiefen können Knollen einige Jahre überdauern.

Größere Knollen der Erdmandel ähneln denen der Gladiolen, kleinere können mit Maissaatgut verwechselt werden. Dies begünstigt die primäre Einschleppung mit importiertem Material ebenso wie die sekundäre Ausbreitung bei dessen Vermehrung. Da die Anbauflächen der Gladiolen aus Pflanzenschutzgründen jedes Jahr wechseln, hat sich *C. esculentus* in den Niederlanden innerhalb weniger Jahre stark ausgebreitet. Die Vorkommen sind dabei nicht an den Gladiolenanbau gebunden. Knollen werden massenhaft auch mit Bodenmaterial und an Fahrzeugen und Maschinen haftend verbreitet (Abb. 29, Abb. 30). Auch Vögel können mit verfrachteten Rhizomteilen neue Populationen begründen.

Problematik: Als C_4-Pflanze benötigt *C. esculentus* volles Licht. Massenbestände wachsen deshalb vorwiegend in offenen Hackfruchtkulturen (z. B. Zuckerrüben, Kartoffeln, Spargel, Zwiebeln) sowie in sich spät schließenden Maiskulturen. 1985 waren in den Niederlanden 759 Felder betroffen. Die erheblichen Ertragseinbußen hatten strenge Quarantäneauflagen zur Folge wie: Anbauverbote für Hackfrüchte und Zwiebelkulturen, Vernichtung von Ernte und Vermehrungsgut, Reinigungszwang für Arbeitsgeräte, intensive Kontrollen durch den Pflanzenschutzdienst und die Behandlung der *Cyperus*-Flächen mit Herbiziden (NABER & ROTTEVEEL 1986). Inzwischen sind die staatlichen Quarantänemaßnahmen aufgehoben und die Massenvorkommen zurückgedrängt worden. Immer wieder neu auftretende Vorkommen sind nun der Kontrolle und fortwährenden Bekämpfung durch die Bauern überlassen.

Aus anderen Ländern gibt es bislang nur vereinzelte Meldungen, meist zu Maiskulturen (z. B. SCHROEDER & WOLKEN 1989). Da erhebliche Ertragseinbußen möglich sind, ist eine Bekämpfung der Erdmandel jedoch unabdingbar, aber aufgrund der vielfältigen Verschleppungsmöglichkeiten langwierig, wie das Beispiel der Niederlande zeigt. An der Loire kommt die Erd-

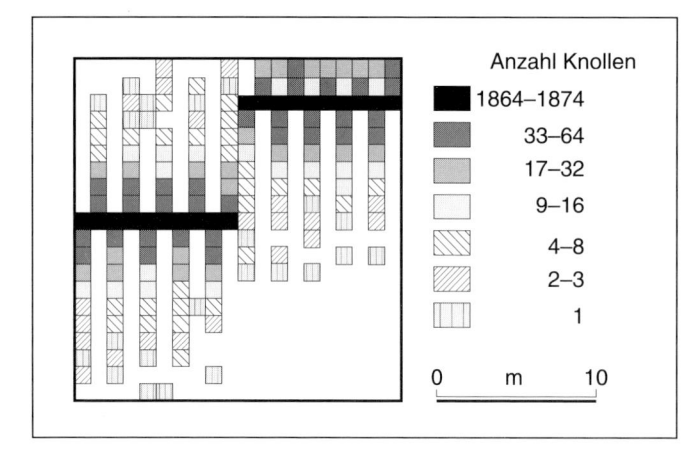

Abb. 29 Verschleppung von Knollen der Erdmandel (*Cyperus esculentus*) innerhalb eines Feldes durch landwirtschaftliche Fahrzeuge (Fahrspuren!). Die schwarzen Flächen markieren den Ausgangsbestand, die übrigen Symbole zeigen die innerhalb eines Jahres erzielte „Verschleppungsleistung". Mit landwirtschaftlichem Gerät wird Cyperus auch in bislang unbesiedelte Felder verschleppt (aus TER BORG et al. 1998).

Anzahl Knollen
- 1864–1874
- 33–64
- 17–32
- 9–16
- 4–8
- 2–3
- 1

mandel auch auf Kiesbänken vor. Entsprechende naturnahe Vorkommen sind aus Mitteleuropa noch nicht bekannt. Ob dies klimatisch bedingt ist oder am fehlenden Diasporeneintrag liegt, ist unklar.

Steuerungsmöglichkeiten: *C. esculentus* ist mit Herbiziden gut zu bekämpfen, wobei die Varietät *leptostachyus* dauerhafter als die Varietät *macrostachyus* ist. Unterstützung bietet ein Fruchtwechsel mit stark schattenden Kulturpflanzen, da die Erdmandel wenig schattentolerant ist. Detaillierte Bekämpfungsempfehlungen fassen SCHROEDER & WOLKEN (1989) zusammen. Neue Einschleppungen werden sich nicht vermeiden lassen. Nach den niederländischen Erfahrungen sollten Bekämpfungen in Mais- und Hackfruchtkulturen intensiv und frühzeitig beginnen. Weitere Verschleppungen mit Feldfrüchten, Maschinen und Fahrzeugen sollten sorgfältig vermieden werden.

6.2.4 Nachwachsende Rohstoffe

Der Anbau von Pflanzen zur Gewinnung von Öl, Fasern oder Energie erlangt zunehmend an Bedeutung. Hierbei werden neben traditionellen Kulturpflanzen wie Raps auch neue Arten eingesetzt. So eignet sich das aus Ostasien stammende Chinaschilf (*Miscanthus sinensis*, *M. × giganteus*) als Industrie- und Rohstoffpflanze (SCHWARZ et al. 1995). In der anfänglichen Euphorie wurde das Ertragspotential von 40 bis 80 Tonnen Trockenmasse pro Hektar überschätzt. Es sollte das Abschalten sämtlicher deutscher Atomkraftwerke ermöglichen (ALT 1993). Allerdings sind solche Erträge nur bei 600 bis 800 Millimeter Niederschlag zu erreichen. Wo der fällt, werden jedoch die Temperaturansprüche der C_4-Art meist nicht erfüllt. Auch wenn die Erwartungen inzwischen reduziert worden sind, ist mit großflächigen Anbauten zu rechnen. In der Schweiz waren 1995 bereits 265 Hektar mit *Miscanthus* bepflanzt (LOEFFEL & NENTWIG 1997).

In vielen Invasionsfällen, beispielsweise dem der Kultur-Heidelbeeren (siehe Kap. 6.5.1), war der flächenhafte Anbau Voraussetzung für eine nachfolgende Ausbreitung. Dass dieses bei *Miscanthus* auszuschließen sei, bezweifelt NEFF (1998) in Kenntnis spontaner Vorkommen in Mannheim. Andere sind aus England bekannt (RYVES et al. 1996). Demnach wäre in wärmeren Gebieten und als Folge möglicher Klimaerwärmungen auch das Risiko der Ausbreitung von *Miscanthus* zu prüfen. Bei *Miscanthus × giganteus* ist eine generative Ausbreitung allerdings nicht zu erwarten, da die Hybriden steril sind. Alle in Europa landwirtschaftlich angebauten Pflanzen sollen im Ursprung auf eine 1935 aus Japan nach Dänemark eingeführte Pflanze zurückgehen. Die Auswirkungen des Chinaschilfanbaues auf den Naturhaushalt beurteilen LOEFFEL & NENTWIG (1997) überwiegend positiv. In der Dauerkultur werden, abgesehen von der Begründungsphase, Erosion und Nährstoffaustrag begrenzt. Nach LIPS et al. (1999) sind Chinaschilfkulturen wegen der kontinuierlicheren Standortbedingungen besser als andere Kulturen als Lebensraum von Spinnen und Laufkäfern geeignet. Die Auswirkungen auf das Landschaftsbild sind allerdings fraglich. Weitere Versuche mit dem Anbau von Neophyten als „nachwachsende Rohstoffe" laufen u. a. bei *Helianthus tuberosus*. Die Erträge liegen bei 300 bis 500 Dezitonnen pro Hektar an Knollen und 500 bis 700 Dezitonnen pro Hektar an Grünmasse, die als Vieh- und Wildfutter genutzt werden kann. Als Industrierohstoff können Fruktose und Inulin gewonnen werden (FRANKE 1992, AID 1992).

6.2.5 Grünland, Heiden und Brachestadien

Problematische Invasionen von Neophyten sind in bewirtschafteten Wiesen, Weiden oder Heiden eher selten. Mit wenigen Ausnahmen resultieren diese Vegetationstypen Mitteleuropas aus traditionellen Landnutzungen. Bei fortdauernder Nutzung haben Neophyten kaum eine Chance zur Ausbildung problematischer Dominanzbestände. Ihr Eindringen ist zumeist Symptom veränderter Landnutzungen. So spielen Neophyten in Brachestadien von zuvor intensiv oder auch extensiv genutztem Grünland oder von Heiden eine viel größere Rolle als in der Vorgängervegetation. Arten wie Robinie oder Staudenlupine profitieren jedoch auch von extensivierten Nutzungsformen, wenn beispielsweise traditionelle Arten der Landbewirtschaftung durch Pflegemaßnahmen des Naturschutzes ersetzt werden. Wird eine Nutzungsaufgabe nicht durch Pflege kompensiert, können Neophyten in einzelnen Gebieten erhebliche Probleme auslösen. Noch höhere Anstrengungen bei Pflege und Management von Brachestadien verursachen jedoch einheimische Arten, die zu „Vertrespung", „Versaumung", „Verbuschung" und Wiederbewaldung führen (z. B. *Brachypodium pinnatum, Calamagrostis epigejos, Prunus spinosa;* REICHHOF & BÖHNERT 1978, QUINGER et al 1994). Weniger auffällig als die Ausbreitung von Goldruten, Lupinen oder Robinien sind biologische Invasionen, die durch Grünlandansaaten ausgelöst werden, da hiermit gebietsfremde Pflanzen in großem Ausmaß und mit noch nicht absehbaren Folgen in der freien Landschaft ausgebracht werden.

6.2.5.1 Grünlandansaaten

Die meisten Grünlandarten sind im Zuge der anthropogenen Entstehung des Grünlandes allmählich von Naturstandorten auf Weiden und Wiesen übergegangen. Sie sind, wie das in Wäldern oder Flussauen vorkommende Knaulgras (*Dactylis glomerata*), Apophyten der Wiesen und Weiden. Andere Arten haben sich zusammen mit dem Grünland entwickelt. Vier heute weit verbreitete Arten, die gemeinhin als einheimisch angesehen werden, sind nach KÖRBER-GROHNE (1990) wahrscheinlich nach Mitteleuropa eingeschleppt worden: das Kammgras (*Cynosurus cristatus*), das Wiesen-Lieschgras (*Phleum pratense*), der Wiesen-Fuchsschwanz (*Alopecurus pratensis*) und der Glatthafer (*Arrhenatherum elatius*). Erst im Mittelalter tauchten die beiden letztgenannten Arten in der Grünlandvegetation auf, wobei die Nachweissituation allerdings schwierig ist.

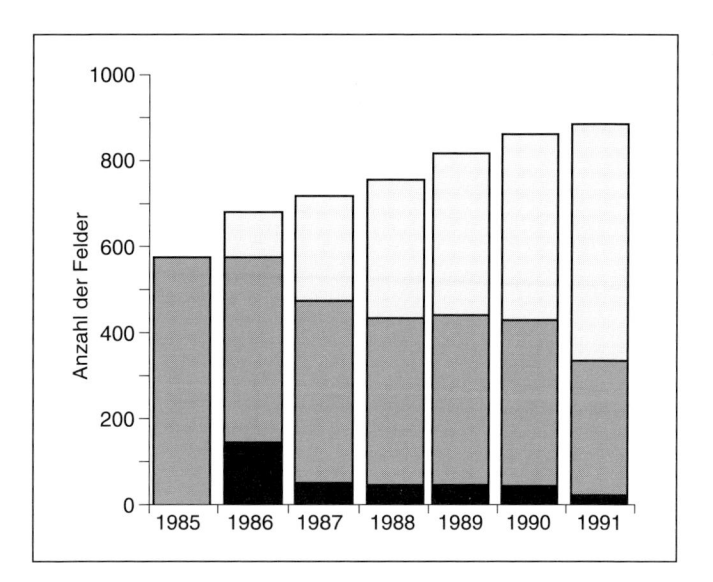

Für Glatthafer (*Arrhenatherum elatius*) werden Naturvorkommen in Laubwäldern Westasiens und auf Felsschutthalden Süddeutschlands und Südwesteuropas angenommen. Gezüchtet wurde *Arrhenatherum* zuerst in Südfrankreich und kam von dort als „Französisches Raygras" nach Mitteleuropa (ZOLLER 1954, ELLENBERG 1996a.). Glatthafervorkommen wären demnach zumindest im Tiefland neophytisch. Für die übrigen Wiesenpopulationen wird eine Herkunft aus Kreuzungen mit mittel- und südeuropäischen Gebirgssippen sowie submediterranen Sippen angenommen (LANDOLT & GROSSMANN 1968, LANDOLT 1970; vgl. auch das *Dactylis*-Beispiel im folgenden Abschnitt).

Bei Grünlandansaaten werden in der Landwirtschaft wie im Siedlungsbereich

Abb. 30
Erfolg von Quarantäne- und Bekämpfungsmaßnahmen beim Zurückdrängen der Erdmandel (*Cyperus esculentus*) in den Niederlanden zwischen 1985 und 1991 (schwarz: neu besiedelte Felder; dunkelgrau: noch mit *Cyperus* besiedelte Felder; hellgrau: ehemals mit *Cyperus* besiedelte Felder; aus TER BORG et al. 1998).

und an Verkehrswegen in der Regel einheimische Gräser verwendet. Dies kann in erheblichem Umfang zu Invasionen unterhalb der Artebene führen, denn das Saatgut enthält meist nicht die gebietstypischen Ökotypen, sondern Kultursorten oder unbekannte Herkünfte. Saatgutimporte waren bereits im 19. Jahrhundert auf der Tagesordnung: *Lolium perenne* kam meist aus Schottland, *Alopecurus pratensis* aus Skandinavien und Schlesien, *Festuca ovina* aus Niedersachsen, *Holcus lanatus* aus Dänemark und Mecklenburg, *Trisetum flavescens* und *Arrhenatherum elatius* aus Frankreich, *Dactylis glomerata, Poa pratensis, P. nemoralis* u. a. aus deutschen Mittelgebirgen (VON KROSIGK 1985). Noch heute lösen Grünlandansaaten auf Landwirtschaftsflächen und an Verkehrsflächen zahlreiche biologische Invasionen aus, und zwar auf zwei Ebenen. Mit Saatgut werden beispielsweise

- nichteinheimische Begleitarten verschleppt (aktuelle Beispiele in siehe Kap. 3.3.3; zu historischen Saatgutbegleitern als Zeiger alter Gartenkultur siehe Kap. 6.1.5.2) sowie
- Kultursorten und einheimische Gräser und Kräuter unbekannter Herkünfte ausgebracht, die sich genetisch von den gebietstypischen Vorkommen unterscheiden.

Über den Vertrieb zertifizierter Sorten ist das Herkunftsspektrum der angesäten Gräser stark vereinheitlicht worden. Nach MOLDER & SKIRDE (1993) ist der naturräumliche Bezug zwischen Herkunfts- und Ausbringungsstandort bei der zentralistischen Organisation großer Saatgutfirmen kaum zu gewährleisten.

Derzeit gibt es insgesamt 20 Regelsaatgutmischungen (RSM) für Zier-, Gebrauchs-, Sport-, Golf-, Parkplatz- und Landschaftsrasen sowie für Dachbegrünungen. Müller nennt folgende Gräser als häufigste Bestandteile (in Klammern: Zahl der verwendeten Sorten): *Agrostis stolonifera* agg. (2), *Agrostis tenuis* (7), *Festuca rubra* agg. (81), *Lolium perenne* (75), *Poa pratensis* (60; MÜLLER (1989)). Auch die häufig für Naturschutzzwecke verwendeten RSM enthalten diese und andere Arten nicht als Wildsippen, sondern als landwirtschaftliche Ertragssorten.

Problematik: Angesäte Sorten können zu dauerhaften Bestandteilen der Grünlandvegetation werden und damit an die Stelle gebietstypischer Sippen der gleichen Art treten (KRAUSE 1989 mit Dauerflächenuntersuchungen an Autobahnrändern). Zudem kann das genetische Reservoir der Wildvorkommen durch Konkurrenz oder durch Hybridisierung und Rückkreuzung verändert werden. Das Beispiel des heute weltweit verbreiteten Knaulgrases (*Dactylis glomerata*) zeigt mögliche ökologische Folgen: Es wird in Deutschland in zwölf zugelassenen Sorten als Futtergras, für Klee-Gras-Mischungen und zur Anlage von Dauergrünland angesät. Wildsippen des Knaulgrases kommen aber auch in naturnaher und traditionell bewirtschafteter Vegetation vor, und zwar auf einer weiten Standortamplitude von Fettwiesen, Halbtrockenrasen bis hin zu Wäldern. Ansaaten von Kultursorten können Auswirkungen auf gebietstypische Sippen der gleichen Art haben, wie ein in Spanien untersuchter Fall zeigt:

In Galizien haben sich mitteleuropäische Hochleistungssorten, die in den 70er-Jahren für die Heuproduktion angesät worden waren, in kurzer Zeit auch in naturnahe Weideflächen ausgebreitet. Es kam zu Kreuzungen mit gebietstypischen, auf Galizien beschränkten Ökotypen der gleichen Art, die nun zunehmend durch Hybride und die mitteleuropäischen Sorten ersetzt werden. Dies schränkt die biologische Vielfalt ein und berührt auch die Landnutzung: Die mitteleuropäischen Sorten und deren Hybriden sowie die galizischen eignen sich zwar zur Heuproduktion, jedoch weniger als Weidegras. Ihre Blätter sind härter, und der Zuwachs hört zum Ende des Winters auf. Die galizischen Sippen wachsen dagegen ganzjährig (LUMARET 1990).

Über die Einschränkung der genetischen Vielfalt hinaus können solche Vorgänge Rückwirkungen auf die Tierwelt haben. So wurde an *Dactylis* und Rotklee (*Trifolium pratense*) festgestellt, dass verschiedene Insekten bestimmte Sorten stärker als andere besiedeln.

Bei *Dactylis* wurden die in den Halmen lebenden endo- sowie ektophytischen Insektenarten untersucht: Die deutsche Herkunft (Sorte 'Lidacta') besiedelten 18 der 21 untersuchten Arten stärker als die polnische Herkunft (Sorte 'Oberweihst'). Dabei waren Blattläuse und Zikaden sogar zwei- bis dreimal häufiger. Bei beiden angesäten Sorten wurde bei nur 5 % der Halme das Halminnere besiedelt, wogegen bei anderen Individuen am Ackerrand und in der unmittelbaren Umgebung 20 % der Halme bewohnt waren. Diese Unterschiede sind mit einer erhöhten Resistenz der Kultursorten gegen Herbivorie zu erklären (WESSERLING & TSCHARNTKE 1993). Weitere Untersuchungen an sechs Gräsern (*Alopecurus pratensis, Festuca arundinacea, F. pratensis, Lolium perenne, Phleum pratense, Poa pratensis*) ergaben eine geringere Parasitierung und ein vermindertes Räuber-Beute-Verhältnis auf den Kultursorten im Vergleich zu den Wildsippen (NEUGEBAUER & TSCHARNTKE 1997, TSCHARNTKE 2000).

Viele Saatmischungen, auch für Ansaaten an Autobahnen, enthalten Ökotypen einheimischer Kräuter, die anders als die gebietstypischen Herkünfte wachsen (z. B. höhere Biomasseproduktion, stärkere Ausläuferbildung) und blühen. Dies ist bei *Achillea millefolium, Leucanthemum vulgare, Galium verum, Lotus corniculatus* u. a. beobachtet worden (MOLDER & SKIRDE 1993). Bei genauerem Hinsehen kann sich eine für einheimisch gehaltene Sippe sogar als nichteinheimisch erweisen:

Der Wundklee (*Anthyllis vulneraria*) wird auch außerhalb seines natürlichen Verbreitungsgebietes für Begrünungsansaaten verwendet. An bayrischen Autobahnen wächst anstatt der einheimischen Unterart *A. vulneraria* subsp. *carpatica* die mediterrane subsp. *vulneraria*, die aus Saatgut französischer Provenienz stammt. Nach Dauerflächenbeobachtungen kann sich diese Sippe gut etablieren, ausbreiten und andere Arten der Ansaaten verdrängen (MÜLLER 1988). Hybridisierungen mit anderen *Anthyllis vulneraria*-Sippen sind ebenfalls möglich (JALAS 1950). Auch die Wiesen-Margerite eignet sich gut für die Anlage blütenreicher Wiesen. Häufig enthält das Saatgut jedoch nicht das einheimische *Leucanthemum vulgare*, sondern andere Arten. MANG et al. (1995) nennen aus Hamburg vier Arten oder Unterarten, die sich aus Ansaaten ausbreiten und auch ruderale Standorte besiedeln. Häufig wird auch *Sanguisorba muricata* anstelle von *S. minor* und das vom Oberlauf des Nils stammende *Cichorium calvum* als *C. intybus* verwendet (MOLDER 1990).

In solchen Fällen kann die Ausbreitung nichteinheimischer Sippen den Rückgang einheimischer der gleichen Art verschleiern – vor allem auch dessen Ursachen. Weitere Beispiele sind die Ausbreitung bunt blühender Kultursippen der Akelei (*Aquilegia vulgaris*) oder Gartenformen der Eselsdistel, deren Ausbreitung den Rückgang des Archäophyten *Onopordon acanthium* verdeckt (WALTER 1989). Auf die Ausbreitung von *Taxus* aus Gärten und Parks ist schon in Kap. 1.2 hingewiesen worden.

Schlussfolgerungen: Im Gegensatz zur Ausbreitung vieler Neophyten sind unterhalb der Artebene verlaufende Invasionsprozesse wenig auffällig. Angesichts der Mengen ausgebrachten Saatgutes (Parallelfall: Pflanzung gebietsfremder Gehölze, siehe Kap. 6.2.6.1) werden die Folgen für die innerartliche genetische Vielfalt und die Rückwirkungen auf die Tierwelt jedoch erheblich unterschätzt. Dies unterstreicht zunächst die Bedeutung einer alten Grünlandvegetation, die nicht beliebig oder gedankenlos durch Neuansaaten ersetzt werden sollte. Wenn immer möglich, sollten Grünlandumbruch und Neuansaat vermieden werden. Sind Grünlandansaaten im Rahmen von Ausgleichs- und Ersatzmaßnahmen des Naturschutzes oder bei der Stilllegung von Ackerflächen vorgesehen, sollte gebietstypisches Saatgut von alten Beständen verwendet oder eine Selbstbegrünung zugelassen werden.

Im Außenbereich ist der Gebrauch von Saatmischungen mit zertifizierten Sorten nach § 41 (2) des Bundesnaturschutzgesetzes genehmigungsbedürftig, da es sich hierbei um eine Form des Ausbringens gebietsfremder Pflanzen handelt (siehe Kap. 2.9.2). Hier besteht jedoch ein Konflikt mit dem Saatgutverkehrsgesetz, das für Gräser und Leguminosen zertifizierte Sorten vorsieht und damit die Verwendung von Wildherkünften indirekt ausschließt. Als Alternative müsste herkunftsgesichertes „Ökotypensaatgut" zugelassen werden, das beispielsweise mit Heudruschsaat gewonnen oder mit Heumulchandeckung verbreitet werden kann (MOLDER 2002).

6.2.5.2 Orientalische Zackenschote (*Bunias orientalis*)

Herkunft und Einführung: *Bunias orientalis* ist eine südosteuropäische Art, deren Areal bis nach Sibirien reicht. Sie hat sich in den vergangenen 200 Jahren mit zunehmender Tendenz über weite Teile Ost- und Mitteleuropas ausgebreitet. Während der Befreiungskriege zu Beginn des 19. Jahrhunderts soll sie im Futtergetreide der Kosaken bis nach Mitteleuropa gelangt sein und auch zur „Belagerungsflora" von Paris gehört haben (LEHMANN 1895).

Aktuelle Vorkommen: Bis in das zweite Drittel des 20. Jahrhunderts werden regelmäßig Einzelfunde, vor allem von Ruderalstellen gemeldet. Seit etwa 20 Jahren verstärkt sich die Ausbreitung. In Thüringen nimmt *Bunias* seit 1940 zu. Dominanzbestände werden aber erst nach 1980 bemerkt. Massenvorkommen, besonders an Straßenrändern, konzentrieren sich auf die warmen Muschelkalkgebiete Nordbayerns, Hessens und Thüringens. Darüber hinaus kommt *Bunias* als Ackerunkraut, im Grünland, in Weinbergen und an Ruderalstellen vor (WALTER 1982, HEINRICH 1985, ULLMANN et al. 1988; zur Vergesellschaftung BRANDES 1991).

Erfolgsmerkmale: *Bunias* gehört zu den populationsökologisch gut untersuchten Arten, sodass ihr Etablierungserfolg in so unterschiedlichen Bioptypen wie Äckern und Grünland verständlich wird (DIETZ et al. 1996, 1998, 1999, DIETZ & ULLMANN 1997): *Bunias* ist eine mehrjährige, raschwüchsige Staude, die bereits im Jahr nach der Keimung zur Blüte gelangen und auf nährstoffreichen Störungsstellen schneller als mögliche Konkurrenten dichte Populationen aufbauen kann. Hierbei könnten allelopathische Effekte verrottenden Laubes begünstigend wirken. Bodenstörungen fördern die vegetative Regeneration der Pflanzen, aber auch die Keimungsaktivität, die bis in den Sommer hineinreicht. *Bunias* wird somit durch Störungen gefördert, kann aber auch in ausdauernder Vegetation überleben, sofern sie nicht beschattet wird. Als Halbrosettenpflanze braucht sie viel Licht. Ihre Vorkommen konzentrieren sich daher auf frühe bis mittlere Sukzessionsstadien mit mittlerer und hoher Ressourcenverfügbarkeit und auf Standorte, an denen anthropogene Nutzungen oder Störungen die Konkurrenz beschattender Arten vermindern. Dies ist beispielsweise auf Wiesen der Fall. Hier wird *Bunias* durch die Mahd zudem indirekt begünstigt, da ein zweiter Wachstumsschub im Herbst Vorteile gegenüber der Begleitvegetation bietet. Auch wenn öfter als zweimal pro Jahr gemäht wird, kann *Bunias* mehrere Jahre überdauern.

Die zahlreich gebildeten Samen fallen zwischen Juli und dem folgenden Frühjahr aus, sind jedoch nicht an natürliche Mechanismen zur Fernausbreitung angepasst. *Bunias* wird auch heute noch mit Saatgut und Getreide verbreitet (HEINRICH 1985). Die Massenvorkommen an Straßenrändern gehen aber wahrscheinlich nicht hierauf, sondern auf den anthropogenen Transport von Diasporenbänken mit Bodenmaterial zurück. Neben Samen kommen hierbei auch Wurzelfragmente infrage, aus denen sich die Pflanze gut und deutlich besser als einheimische Konkurrenten regenerieren kann (STEINLEIN et al. 1996, DIETZ & STEINLEIN 1998).

Problematik und Diskussion: Bislang werden vor allem die Grünlandvorkommen als problematisch gesehen. *Bunias* kann hier dauerhafte Dominanzbestände bilden, sofern es selten oder unregelmäßig geschnitten wird. Charakteristische Grünlandarten könnten hierdurch mit der Zeit verdrängt werden. Im Zuge einer ungestörten Brachflächensukzession wird die Art dagegen auf mittlere Sicht von höherwüchsigen Konkurrenten verdrängt. Ein Eindringen in ungestörte Vegetation ist nicht zu erwarten. Vereinzelt wurde *Bunias* auch als Weinbergsunkraut bekämpft.

Von den etablierten Beständen der Orientalischen Zackenschote scheint jedoch keine Fernausbreitung auszugehen. In diesem Sinne sind Massenvorkommen Indikatoren der Störungsfaktoren, die zu ihrer Etablierung führten. Hierzu zählen Bodenauftrag und andere, noch nicht geklärte Ausbreitungsvektoren. An vielen Straßenrändern füllt *Bunias* potentielle sekundäre Lebensräume von Grünland- oder Magerrasenarten aus. Nach Untersuchungen von ULLMANN & HEINDL (1986) und STOTTELE & SOLLMANN (1992) sollte deren Bedeutung wegen der starken Randeinflüsse an vielen Straßenrändern jedoch nicht überschätzt werden. Hiergegen abzuwägen sind positive Funktionen wie die attraktiven Blühaspekte. Bekämpfungen, etwa durch besonders hohe Mahdfrequenzen, sind nicht zielführend, da hiermit verbundene Störungen nach den populationsbiologischen Befunden *Bunias* eher fördern. Vorkommen in bewirtschaftetem Grünland sowie in Äckern und Weinbergen sollten aber weiter beobachtet werden.

6.2.5.3 Kanadische und Riesen-Goldrute (*Solidago canadensis, S. gigantea*)

Herkunft und Einführung: Beide Goldrutenarten stammen aus Nordamerika, wo ihre ursprünglichen Vorkommen in Prärien liegen (WERNER et al. 1980). Die Kanadische Goldrute gehört zu den ältesten, aus Nordamerika eingeführten Gartenpflanzen. Sie ist seit 1645 aus England bekannt. Die Riesen-Goldrute wurde 1758, gut 100 Jahre später, eingeführt. Beide Arten wurden als Gartenpflanze und Bienenweide weit verbreitet. Die taxonomische Einordnung der sehr variablen *S. canadensis* ist umstritten. In jüngerer Zeit wird diskutiert, ob sich hinter ihr die nah verwandte nordamerikanische *S. altissima* verberge. SCHOLZ (1993) bezweifelt dies und vermutet, dass sich in Mitteleuropa eine neue anthropogene Sippe gebildet habe („*Solidago anthropogena*"). Nach WEBER (1997, 2000a) sollten alle mitteleuropäischen Vorkommen der Kanadischen Goldrute unter *Solidago altissima* gefasst werden. Offensichtlich sind jedoch genetische Anpassungsprozesse bei beiden Goldrutenarten erfolgt. Ihre morphologische und phänologische Variabilität ist in Europa mit der geographischen Breite korreliert und kann als Anpassung an unterschiedliche klimatische Bedingungen verstanden werden (WEBER & SCHMID 1998).

Aktuelle Vorkommen: Beide Goldrutenarten sind in Mitteleuropa vom Tiefland bis in mittlere Gebirgslagen verbreitet, wobei größere Lücken bei der später eingeführten *S. gigantea* bestehen. Dominanzbestände treten vor allem in sommerwarmen Gebieten sowie auf urbanindustriellen Brachflächen auf. Beide Arten wachsen auf einem breiten Standortspektrum, und zwar unter trockenen bis feuchten und nährstoffarmen bis nährstoffreichen Bedingungen. Die Amplitude von *S. gigantea* ist zu feuchten Standorten hin erweitert, wogegen die Schwesterart besser mit trockenen Bedingungen zurechtzukommen scheint. Goldruten besiedeln ruderale Standorte (urbanindustrielle Brachflächen, Bahn- und Straßenböschungen, Halden) und brachgefallene Gärten, Äcker, Wiesen, Magerrasen und Weinberge. Daneben wachsen sie in naturnahen Säumen, in der uferbegleitenden Hochstaudenvegetation und in verlichteten Wäldern und Forsten, vor allem in Auen. Insbesondere *S. gigantea* ist an Flussufern und in Auen der wärmeren Gebiete Süd- und Westdeutschlands stark verbreitet. Sie besiedelt hier eher höher gelegene Stellen, da sie lang andauernde Überflutungen nicht erträgt. Im oberrheinischen Taubergießengebiet kommt *S. gigantea* besonders im Übergangsbereich zwischen Weich- und Hartholzaue vor und bildet vor allem an den lichteren Säumen der Hartholzaue dichte Bestände aus (HÜGIN 1962, KOPECKY 1967, 1985a, LOHMEYER 1969, GÖRS 1974, BRANDES 1981a, VOSER-HUBER 1983, SCHWABE & KRATOCHWIL 1991, LOHMEYER & SUKOPP 1992, ADOLPHI 1995, BRANDES & SANDER 1995, HARTMANN et al. 1995, GRUNICKE 1996).

Erfolgsmerkmale: Goldruten werden aktiv durch Menschen verbreitet. Als auffällige Spätblüher sind sie attraktive Gartenpflanzen, die seit Beginn ihrer starken Ausbreitung, etwa nach 1960, an Beliebtheit eingebüßt haben. Dennoch sind sie in Siedlungen allgegenwärtig. Da der Wind ihre Früchte über weite Entfernungen transportiert, werden geeignete siedlungsnahe Standorte schnell besiedelt. Hierzu trägt auch die vegetative Regeneration aus Wurzelfragmenten bei, die häufig mit Gartenabfall verfrachtet werden. Große Bedeutung für den Transfer in siedlungsferne Gebiete kommt Imkern zu, die *Solidago* als Bienenweide fördern, obwohl Nektar- und Pollenwert mäßig sind (WALTER 1987, SCHICK & SPÜRGIN 1997). Attraktiv für Honigbienen sind jedoch die Massenvorkommen und der späte Blühzeitpunkt.

Abb. 31
Solidago canadensis-Bestände in einer Weinbergslandschaft im Remstal (Gemarkung Remshalden) mit Angaben zur Anzahl der Blütenstände. Nach einer Hochrechnung produziert ein Blütenstand 20700 Diasporen, von denen wahrscheinlich bis zu 80 % über den Nahbereich von 9 Meter mit Wind ausgebreitet werden (GRUNICKE 1996).

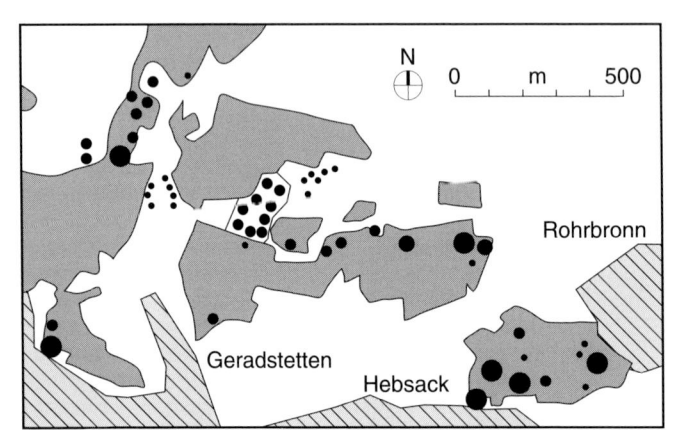

S. canadensis soll auch als Fasanenfutter ausgebracht worden sein (HARTMANN et al. 1995).

Hinsichtlich der **Nährstoff- und Wasserversorgung** ist *S. canadensis* sehr tolerant (zur Schwesterart liegen keine Untersuchungen vor). Sie wächst in frischen Auen ebenso wie auf trockenheißen Ruderalstandorten. Längere Überflutungen werden hingegen nicht ertragen (LOHMEYER 1969). Düngung fördert die Biomasseentwicklung, jedoch erlaubt ein interner Stickstoffkreislauf auch auf nährstoffarmen Böden ein gutes Wachstum: Zu Beginn der Vegetationsperiode wird Stickstoff aus den Rhizomen mobilisiert und im Herbst hierhin zurückverlagert. Im Wurzelstock werden neben Nährstoffen auch Wasser und Photosyntheseprodukte gespeichert. Auch bei Trockenheitsstress läuft die Nettophotosynthese bis zu einem Wassersättigungsdefizit von 50 %. Kurz danach, bei 60 %, beginnen die Blätter zu vertrocknen. Dieses hohe Risiko wird kompensiert, indem die Pflanze bei verbesserten Feuchtigkeitsbedingungen neue Seitentriebe anlegt oder sich vollständig aus Rhizomknospen regeneriert. So kommt eine hohe Trockenheitsresistenz ohne morphologische Anpassung zustande. Durch eine längere Photosyntheseaktivität im Herbst hat *S. canadensis* Konkurrenzvorteile gegenüber anderen Hochstauden wie *Artemisia vulgaris* oder *Urtica dioica*, insbesondere bei nährstoffärmeren Verhältnissen (CORNELIUS & FAENSEN-THIEBES 1990, REBELE 1992, SCHMIDT 1981, 1983, 1986).

S. canadensis ist besonders **licht- und wärmebedürftig**. Die Keimung beginnt bei 10 °C, aber 25 bis 30 °C gelten als optimale Keimungstemperatur (WERNER et al. 1980). *S. gigantea* keimt nach VOSER-HUBER (1983) bei 3 bis 5 °C niedrigeren Temperaturen als die Schwesterart und ist nach ADOLPHI (1995) auch etwas schattentoleranter. Die Photosynthese verläuft zwischen 12 und 28 °C optimal, wobei der Kompensationspunkt mit 50 °C extrem hoch liegt. Keimlinge werden erst ab 40 °C geschädigt (CORNELIUS 1990a, b).

Drei Schlagworte kennzeichnen den Erfolg von Goldruten bei der Brachflächensukzession: Schnelligkeit, Dominanz und Persistenz. Dies erreicht *Solidago*, indem sie zwei Strategien vereint: eine effektive Fernausbreitung mit generativen Diasporen und eine nachhaltige Standortbesetzung durch klonales Wachstum. Auf Weinbergsbrachen im Remstal hat GRUNICKE (1996) die Produktion und Ausbreitung **generativer Diasporen** untersucht: *S. canadensis* erzeugt bis zu 20700 Früchte (Achänen) pro Blütenstand, die mit dem Wind vom Herbst bis zum Frühjahr weit transportiert werden. Im Bereich bis 50 Meter gehen beträchtliche Diasporenmengen nieder. Die maximale Reichweite der Ausbreitung ist nicht bekannt. Da Goldruten neben bereits besiedelten Brachen häufig auch in Säumen und anderen Kleinstrukturen vorkommen, sind ihre Diasporen nahezu allgegenwärtig. Im Remstal sind sie in allen Brachestadien und auch in bewirtschafteten Weinbergen in größerer Menge nachweisbar (Abb. 31). Untersuchungen der **Samenbank** von Brachflächen ergaben bis zu 17 000 Diasporen pro Quadratmeter. Diasporen waren im Boden noch bewirtschafteter Weinberge ebenso wie in 30-jährigen Brachen enthalten.

In Feuchtgebieten breiten sich Goldruten oftmals an Grabenrändern aus, bevor sie beispielsweise in Streuwiesen eindringen. HARTMANN & KONOLD (1995) schließen hieraus auf eine Ausbreitung von Früchten und Rhizomteilen mit dem Wasser.

Landwirtschaftlich geprägte Lebensräume

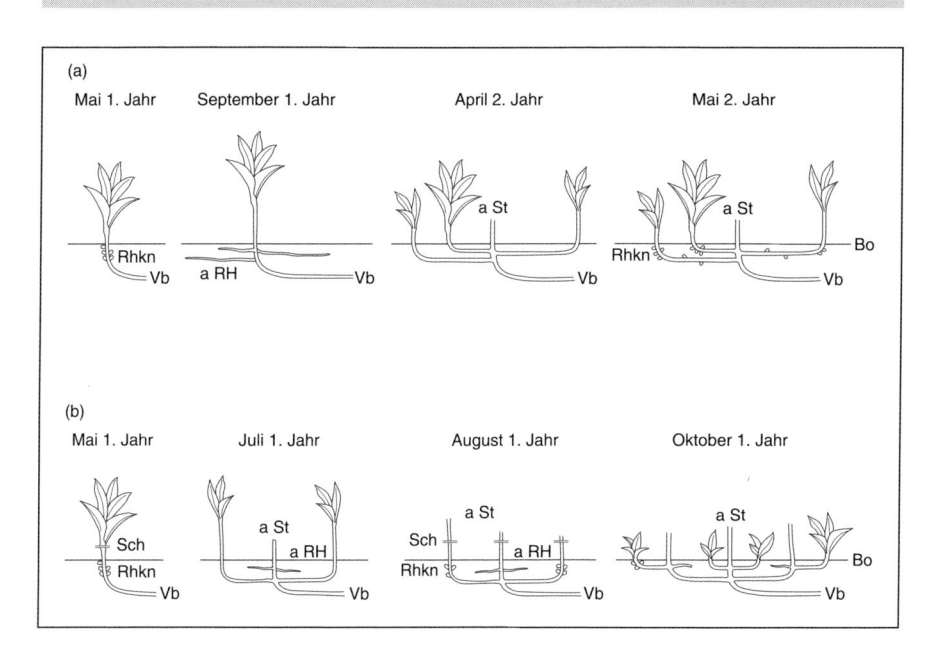

Abb. 32
Entwicklung eines Goldrutenrhizoms (a) im ungestörten Zustand sowie (b) nach einem Schnitt im Mai und August (Bo: Bodenoberfläche, RhKn: Rhizomknospen, a Rh: auswachsendes Rhizom, Vb: Verbindung zur Mutterpflanze, a St: alter Stängel, Sch: Schnittstelle; nach HARTMANN et al. 1995).

Keimlinge können sich auf Störungsstellen, Rohhumus und Streuauflagen etablieren, sodass *Solidago* auch in Magerrasen oder aufgelichtete Gehölzbestände eindringen kann (CORNELIUS 1990b). In den eigenen, älteren Beständen erfolgt die Verjüngung ausschließlich durch **klonales Wachstum** (MEYER & SCHMID 1991). Hierzu werden Rhizome gebildet, deren Knospen bereits wenige Wochen nach der Keimung angelegt werden. Sie wachsen im Sommer parallel zur Bodenoberfläche aus und bilden im folgenden Herbst oder Frühjahr neue Luftsprosse. Dies ist auch im Sommer nach einer Störung möglich, sodass sich die Pflanzen schnell regenerieren können. Eine Mahd im Spätsommer bricht die Knospenruhe und führt zur Überwinterung der neu gebildeten Blattrosette (Abb. 32). Bis zum Ende der Vegetationsperiode werden bei *S. canadensis* im Schnitt 36, bei *S. gigantea* 50 Rhizomknospen angelegt. Ältere Rameten bilden im Mittel etwa ein Dutzend neuer Rhizome. Das Rhizomwachstum wird durch gute Wasserversorgung sowie durch ein hohes Stickstoffangebot gefördert (VOSER-HUBER 1983, CORNELIUS 1990b).
Vom Zentrum aus wächst der Klon in alle Richtungen. Dabei werden auf ungünstigen Standorten längere Rhizome als auf günstigen gebildet. Hiermit steigt die Wahrscheinlichkeit, bessere Standorte zu erreichen, auf denen dann dichte klonale Populationen gebildet werden. Aus Nordamerika sind Klone mit einem Durchmesser von 2,5 bis zu 10 Metern bekannt. Innerhalb der klonalen Population besteht eine Art soziales Gefüge: Wasser, Nährstoffe und Photosyntheseprodukte werden zwischen den einzelnen Rameten ausgetauscht, sodass kleinstandörtlich benachteiligte oder mechanisch geschädigte Rameten gestützt werden. Die Bestände sind so dicht, dass Gehölze als potentielle Konkurrenten kaum eindringen können (WERNER et al. 1980, HARTNETT & BAZZAZ 1985).

Problematik: Trotz ihrer weiten Verbreitung treten in den größten Teilen Deutschlands (zu Niedersachsen siehe Tab. 75), insbesondere in Siedlungsgebieten sowie in höheren Lagen der Mittelgebirge, relativ wenige Konflikte mit Goldruten auf. Vielerorts liegen die Verbreitungsschwerpunkte auf Ruderalstandorten und in Siedlungsnähe. Problematische Vorkommen konzentrieren sich auf sommerwarme Gebiete West- und Süddeutschlands und hier vornehmlich auf Kulturlandschaftsstandorte. Das Spektrum reicht von Streuwiesen bis zu Weinbergterrassen (SCHULDES & KÜBLER 1990, HARTMANN et al. 1995). Bei aller stand-

örtlichen Verschiedenheit besteht eine Gemeinsamkeit: Goldruten gelangen schnell zur Dominanz, sobald die traditionelle Form der Landnutzung aufgegeben wird. Ihre starke Zunahme seit den 60er-Jahren korreliert beispielsweise mit der Zunahme landwirtschaftlicher Brachen. Schutzwürdige, auf Nutzungskontinuität angewiesene Lebensgemeinschaften verändern sich auch ohne Goldruten. Deren Eindringen verschärft jedoch das Problem auf verschiedene Art:
- Die schutzwürdige Vorgängervegetation wird wesentlich schneller abgebaut, als dies sonst im Zuge der Sukzession geschähe. Hiervon sind beispielsweise Streuwiesen und Halbtrockenrasen betroffen. Nach verschiedenen Untersuchungen wird deren Artenzahl nach Überführung in Goldrutenbestände um etwa die Hälfte verringert, wobei insbesondere charakteristische Magerrasenarten ausfallen (HARTMANN et al. 1995). In der Folge müssen Pflegemaßnahmen intensiviert werden, um ehemalige Nutzungen zu kompensieren und den Konkurrenzdruck der Goldruten zu begrenzen.
- Nach dem Auflassen von Äckern und Weinbergen wird der offene Boden schnell von Goldruten besiedelt, die häufig an Wegrändern, Säumen und anderen Kleinstrukturen in Warteposition stehen (Abb. 31). Dies ist vor allem in Siedlungsnähe sowie auf eutrophierten Flächen der Fall. Die rasche Etablierung von Goldruten behindert die Ansiedlung anderer Arten, die auf Brachflächen sonst Ersatzlebensräume finden könnten. Auf Weinbergterrassen im Kraichgau wären dies beispielsweise Halbtrockenrasenarten (HARTMANN et al. 1995). Goldruten können so das Potential von Brachflächen (analog von Kies- und Sandgruben) für den Arten- und Biotopschutz beeinträchtigen. Nach Beobachtungen im Rheingau setzen sich allerdings auf Weinbergsbrachen ohne Goldrute innerhalb weniger Jahre Gehölze durch, sodass blütenreiche, krautige Vegetationstypen das Bild nur vorübergehend bestimmen (BAUMGART & KIRSCH-STRACKE 1988).
- Goldrutendominanzbestände können auf landwirtschaftlichen und anderen Brachflächen als langjährige „Sukzessionssperre" fungieren, sofern sich nicht zuvor Gehölze etabliert haben. Die Sukzession läuft erst weiter, wenn *Solidago* seitlich beschattet oder durch Wurzelausläufer benachbarter Gehölze (z. B. Schlehen und Blut-Hartriegel) unterwachsen wird. Auch seitlich einwachsende Brombeeren und Rosen können zum gleichen Ergebnis führen (HARD 1975, CORNELIUS & FAENSEN-THIEBES 1990, HÖCHTL & KONOLD 1998, SCHMIDT 1998).

Die Neubegründung forstlicher Kulturen kann durch Goldrutendominanzbestände ebenfalls erschwert werden. OBERDORFER (1979) führt *S. gigantea* als „unduldsamen Forstschädling". Bei der Erneuerung von Pappelforsten im Oberrheingebiet ist dies allerdings ein hausgemachtes forstwirtschaftliches Problem, da sich *Solidago* flächig erst nach dem Ersatz naturnaher Auenwälder durch lichtere Pappelforste ausgebreitet hat. Im südlichen Oberrheingebiet haben zudem Grundwasserabsenkungen beim Bau des „Grand Canal d'Alsace" die Pflanze gefördert (HÜGIN 1981, SCHWABE & KRATOCHWIL 1991).

Goldruten dringen auch ohne Nutzungswandel in bestehende Vegetation ein, vornehmlich in Saumgesellschaften an Wegen, Waldrändern und seltener an Gewässerrändern. Zu den Folgen besteht kein einheitliches Bild, beispielsweise ob die Etablierung der Goldruten zum regionalen Rückgang von Pflanzen und Tieren beiträgt. Nach Einschätzung mancher Autoren (z. B. LOHMEYER & SUKOPP 1992, NEZADAL & BAUER 1996) bleibt das Artenspektrum trotz Mengenverschiebungen erhalten. Im Einzelfall können jedoch auch stark gefährdete Arten bedrängt werden, beispielsweise die Schellenblume (*Adenophora liliifolia*) durch *S. gigantea* in lichten Auwäldern an der unteren Isar (GAGGERMEIER 1991). Nach HARTMANN et al. (1995) dringen Goldruten auch in Streuwiesen ein und haben in verschiedenen Naturschutzgebieten Baden-Württembergs Bekämpfungen ausgelöst.

Am Beispiel von *Solidago canadensis* ist experimentell nachgewiesen worden, dass ein Teil ihrer Konkurrenzstärke auf den im Vergleich zum Ursprungsgebiet geringeren Phytophagenbesatz zurückgeht (AUGE et al. 2001). Die **biozönotische Einbindung** der Goldruten wird unterschiedlich beurteilt, je nachdem welche Tiergruppen betrachtet werden. Um keimfähige Samen zu bilden, ist *Solidago* auf Insektenbestäubung angewiesen. Hierbei spielen Hautflügler und Fliegen die größte Rolle. Sie profitieren vom großen Blütenangebot, das in eine relativ blütenarme Jahreszeit fällt. Im Naturschutzgebiet Taubergießen nördlich von Breisach haben SCHWABE & KRATOCHWIL (1991) bei 91 Beobachtungen 5 Wildbienen-, 18 Tagfalter- und 3 Schwebfliegenarten bei der Nektar- und Pollenaufnahme an *S. gigantea* beobachtet. Darunter waren vier in der Roten Liste aufgeführte Arten. Nach WESTRICH (1989) profitieren nur wenige Wildbienenarten von Goldruten, sodass deren Ausbreitung unerwünscht sei, da hierdurch wertvolle Wildbienenfutterpflanzen verdrängt würden. Dies ist für Magerrasen nachvollziehbar, in denen Goldruten nach Auflassen der Nutzung zur Dominanz gelangen. Bei der Wiederbesiedlung offenen Bodens auf Acker-, Weinbergs- und urbanindustriellen Standorten ist dies jedoch weniger der Fall. Hier könnten Goldruten blütenbesuchende Insekten begünstigen, indem sie die Dominanz von Gräsern verhindern und das Aufkommen von Gehölzen verzögern.

Interessant sind indirekte Wirkungen auf **Phytoparasiten**: Die heimische Schmarotzerwinde *Cuscuta europaea* geht von der Großen Brennnessel nicht auf *S. gigantea* über. Dies gelingt jedoch der eurasiatischen *C. lupuliformis*, die daher als Neophyt im westlichen Mitteleuropa durch Goldruten gefördert wird (LOHMEYER & SUKOPP 1992). Sie wird zudem effektiver mit Wasser ausgebreitet als die einheimische *C. europaea*, da ihre Diasporen bis zu dreimal länger schwimmen (LÖSCH et al. 1995). *C. gronowii* wächst an der Mosel häufig auf ebenfalls aus Nordamerika stammenden *Aster*-Arten und ist auch auf der mittelasiatischen *Impatiens parviflora* gefunden worden (LOHMEYER 1975a, MELZER 1992).

Steuerungsmöglichkeiten: Als Bracheizeiger können Goldruten am effektivsten kontrolliert werden, indem die traditionelle Landnutzung fortgesetzt oder in ihrer Wirkung durch andere Maßnahmen ersetzt wird. Wo dies nicht möglich ist, steht die Wahl zwischen Vorbeugung, Bekämpfung oder Akzeptanz.

Vorbeugende Maßnahmen sind sinnvoll, um die Erst- oder Wiederbesiedlung schutzwürdiger Biotope mit Goldruten zu begrenzen. Dabei kann auf Ausbreitungsquellen wie auf potentielle Invasionsstandorte Einfluss genommen werden. Wo Goldruten noch nicht stark vertreten sind, sollten Neuansiedlungen (Ausbringung durch Imker, Transport mit Gartenabfall u. ä.) im Einzugsbereich geeigneter und zugleich schutzwürdiger Etablierungsstandorte (z. B. Halbtrockenrasen und Streuwiesen) verhindert oder durch Ausreißen rückgängig gemacht werden. HARTMANN & KONOLD (1995) empfehlen das Ausgraben der Rhizome im Mai oder das Ausreißen der Stängel bei feuchter Witterung kurz vor der Blüte, um einen möglichst großen Teil der Rhizome mit zu entfernen. Ohne genauere Untersuchungen zur Effektivität der Fernausbreitung kann die kritische Distanz, die eine Etablierung zwar nicht ausschließt, aber quantitativ begrenzt, nur abgeschätzt werden. Sie dürfte im Bereich von 100 bis 300 Metern liegen. Ist *Solidago* bereits so häufig wie im Remstal (Abb. 31) oder im Rheingau, ist dies praktisch aussichtslos. In solchen Fällen kann der Etablierung von Dominanzbeständen durch eine Einsaat brachfallender Äcker begegnet werden.

Wegen ihrer ausgezeichneten vegetativen Regenerationsfähigkeit sind Goldruten nachhaltig nur zurückzudrängen, wenn die **Bekämpfungsmaßnahmen** intensiv und über mehrere Jahre betrieben werden. Auch dies ist vergebens, wenn eine Neueinwanderung anschließend nicht langfristig unterbunden wird.

> **Bekämpfungsmöglichkeiten, die in der Schweiz und in Baden-Württemberg geprüft worden sind (VOSER-HUBER 1983, HARTMANN et al. 1995, HARTMANN & KONOLD 1995):**
> Ein schnelles Zurückdrängen kann mit starken Eingriffen erzielt werden, die allerdings auch den Standort und die Begleitvegetation beeinträchtigen. Das **Abdecken** gemähter Bestände mit

UV-undurchlässiger Folie ist ebenso wie das **Fräsen** nur auf kleineren Flächen praktikabel, zerstört die Begleitvegetation und schafft Offenstandorte, auf denen sich Goldruten erneut etablieren können. Um dies auszuschließen, ist eine Ansaat sinnvoll. Das gleiche gilt für den Einsatz der **DUTZI Maschine**, der auf lössreichen Acker- und Weinbergsbrachen im Kraichgau erprobt wurde. Sie lockert den Boden und wirft einen Großteil der *Solidago*-Rhizome an die Oberfläche, wo sie bei heißtrockener Witterung im Sommer rasch absterben. Mit einer Ansaat von konkurrenzstarken Gräsern und Leguminosen wurde der Regeneration im Boden verbliebener Pflanzenteile und der erneuten Keimlingsetablierung entgegengewirkt. Die Dichte der Goldruten konnte hierdurch stark reduziert werden, jedoch führt die Maßnahme zu einem Zielkonflikt: Um die Goldruten erfolgreich zurückzudrängen, müssen konkurrenzstarke Arten angesät werden, die dann auch die Etablierung weniger konkurrenzstarker Zielarten des Naturschutzes behindern. Zudem werden mit konventionellem Saatgut meist gebietsfremde Herkünfte ausgebracht, die Invasionen unterhalb der Artebene auslösen (siehe Kap. 6.2.5.1).

Die **Mahd** hat den Vorteil, dass Reste der vorausgehenden Vegetation gefördert werden, neue Arten kontinuierlich einwandern können und Ansaaten unnötig sind. Nach dem Mähen erhöht sich zunächst die Stängelzahl durch Austreiben aus oberirdischen Stängelknospen (vor allem bei zu hohem Schnitt) und aus Rhizomknospen (Abb. 32). Über mehrere Jahre sind daher zwei Pflegegänge pro Jahr nötig, die nach einem starken Zurückdrängen der Goldrute auf einen Spätschnitt reduziert werden können. Dabei ist das Risiko der Regeneration von *Solidago* kaum auszuschließen, sodass die Flächen auch nach Abschluss der Maßnahmen kontrolliert werden sollten. Darüber hinaus ist eine Kombination mit **Beweidung** möglich, da Schafe junge Goldruten gerne ganz fressen, aber nur die Blätter älterer Pflanzen aufnehmen.

Auch nach dreijähriger Mahd waren auf einem trockenen Lössstandort im Kraichgau bei vier Versuchsvarianten mehr Stängel als zuvor vorhanden. Nur bei einer Variante gab es eine geringe Abnahme. Der Deckungsgrad von *Solidago* konnte allerdings bei den Varianten mit einer zweimaligen Behandlung von 100% auf bis zu 40% reduziert werden. Die Unterschiede zwischen einer Mahd mit Abtransport des Schnittgutes oder ohne (Mulchen) waren gering. Das **Mulchen** ist weniger aufwendig, behindert jedoch durch den Streuanfall die erwünschte Etablierung von Halbtrockenrasenarten. Im Mai sollte zum ersten Mal, im August, möglichst vor der Blüte der Goldrute, zum zweiten Mal gemäht werden. Eine dreimalige Mahd bringt keinen Vorteil, da *Solidago* nach der Mahd im August im rosettigen Stadium überdauert und so einer späteren Behandlung entgeht.

Bei den Versuchen auf feuchten Standorten innerhalb eines Streuwiesenkomplexes im Bodenseegebiet konnte die Deckung von *S. gigantea* noch effektiver begrenzt werden: auf unter 20% durch zweimalige Mahd sowie durch kombiniertes Mähen und Mulchen; durch zweimaliges Mulchen auf 40%. Wie auf den trockenen Standorten begünstigt das Mähen im Gegensatz zum Mulchen biotoptypische Arten. Auf einem feuchten nährstoffreichen Standort im Überschwemmungsbereich eines Baches reichte einmaliges Mähen oder Mulchen Anfang Juni, um *Solidago* zugunsten wuchsstarker Lianen und Hochstauden zu verdrängen. Allerdings konnte sich hier später *Impatiens glandulifera* etablieren, deren Diasporen wohl mit Hochwasser angeschwemmt worden waren.

Diskussion: Dominante Goldrutenbestände sind in erster Linie Symptom eines

Nutzungswandels, der ihren Erfolg erst ermöglicht. Dies gilt für aufgelassene Gärten und städtische Ruderalflächen ebenso wie für Magerrasen und Weinberge. Entsprechend zeigt ihre starke Ausbreitung in Magerrasen-Naturschutzgebieten in den meisten Fällen deren unzureichende Pflege an. Letztere beeinträchtigt auch ohne Mitwirkung von Neophyten die Qualität vieler Schutzgebiete (HAARMANN & PRETSCHER 1993). Es gibt jedoch Ausnahmen: In Streuwiesen können sich Goldruten trotz der traditionellen Mahd im Herbst ausbreiten. In Schutzgebieten mit trockenen oder feuchten Magerrasen sollten Goldruten nur bekämpft werden, wenn eine anschließende und dauerhafte Pflege oder Nutzung sicherstellt, dass sie sich nicht regenerieren oder erneut einwandern können. Alles andere wäre angesichts der Ausbreitungs- und Regenerationsstärke der Art kostspieliger Aktionismus.

Die notwendige Intensität zwingt zu einer Konzentration der Maßnahmen. Größere Vorkommen an Waldinnen- und Außenrändern, wie beispielsweise in den Auwäldern des Oberrheingebietes, sind kaum praktikabel zu bekämpfen und daher wohl oder übel zu akzeptieren. Hier sollten vorbeugende Maßnahmen Vorrang haben. Auch wenn sich die Probleme heute in den wärmsten Gebieten Deutschlands konzentrieren, sollte die Bestandsentwicklung der Goldruten angesichts der erwarteten Klimaerwärmung allgemein beobachtet werden.

Der sukzessionshemmenden Wirkung von Goldruten sind auch positive Aspekte abzugewinnen. Sie fördert das Offenhalten nicht mehr genutzter Kulturlandschaften, allerdings um den Preis ihrer Veränderung. Treibende Kraft ist das Brachfallen, nicht *Solidago*. Ihr Blütenschmuck im Spätsommer und frühen Herbst könnte auch als Bereicherung für das Landschaftsbild angesehen und in touristisch genutzten Weinbaugegenden geschätzt werden. Dass Sukzessionsstadien mit Beteiligung von *Solidago* nicht zwangsläufig zu eintönigen Dominanzbeständen führen müssen, haben HÖCHTL & KONOLD (1998) für das Jagsttal festgestellt.

In Siedlungsgebieten und an Verkehrsstrassen besteht im Allgemeinen kaum Handlungsbedarf. Hier fallen positive Wirkungen von *Solidago* stärker ins Gewicht. Sie fördern eine, auch ästhetisch ansprechende Begrünung von Pionierstandorten, tolerieren verschiedene Schadstoffe (z. B. Kadmium und Ozon) und begünstigen teilweise ihren Abbau, beispielsweise von chlorierten Kohlenwasserstoffen (MEYER 1981, KÜHN 1996). Entlang von Verkehrswegen sowie auf vielen Restflächen dürfte ihr Blütenangebot zahlreichen Insektenarten zugute kommen, zumal wenn auf solchen Standorten ansonsten windbestäubte Gräser oder Gehölze dominieren. Dennoch sollten Goldruten auf Ödland nicht aktiv gefördert werden (z. B. durch Imker): Das Potential dieser Flächen als Ersatzstandort für Offenlandbewohner unter den Pflanzen und Tieren könnte nämlich in manchen Fällen, wie in Sand- und Kiesgruben, beeinträchtigt werden. Dies ist auch auf nährstoffarmen, trockenen Bahnbrachen in Berlin der Fall, wo Goldruten in sekundäre Sandtrockenrasen einwandern (KOWARIK & LANGER 1994). Da die Inanspruchnahme geeigneter Ersatzlebensräume von den Einwanderungsmöglichkeiten der betroffenen Arten abhängt, kann die Rolle von *Solidago* auf solchen Standorten nicht pauschal bewertet werden. Vor allem auf nährstoffreichen Brachflächen dürften die Konflikte so gering sein, dass Bekämpfungen unnötig sind.

6.2.5.4 Stauden-Lupine (*Lupinus polyphyllus*)

Verwendung und Vorkommen: Die aus dem pazifischen Nordamerika stammende und 1829 nach Europa eingeführte Stauden-Lupine ist eine beliebte und weit verbreitete Gartenpflanze. Sie wird zudem auf bodensauren Standorten häufig zur Bodenfestlegung, Gründüngung, als Zwischensaat in Gehölzpflanzungen sowie als Wildfutter ausgebracht. Hierdurch sind zahlreiche Vorkommen auf Straßen- und Eisenbahnböschungen, an Säumen sowie in verlichteten Wäldern und Forsten begründet worden. Lupinen sind in Hochstaudenvegetationen und lichten Waldgesellschaften eingebürgert (FALINSKI 1986 zum Urwald von Bialowieza). Sie können von Anpflanzungen auch in benachbartes Grünland eindringen. Hiervon sind auch besonders schutzbedürftige Bergwiesen und Borstgrasrasen in silikatischen Mittelgebirgen betroffen.

Erfolgsmerkmale: Aus Ansaaten können sich Dominanzbestände bilden. Die Fähigkeit der Lupine zur symbiotischen Stickstoffbindung ist auf nährstoffarmen Böden besonders vorteilhaft, da sie ein rasches Wachstum und den Aufbau von Beständen ermöglicht. Letztere überragen häufig die Ausgangsvegetation des Grünlandes. Klonales Wachstum fördert anschließend den Bestandsschluss. Durch Beschattung und Stickstoffeintrag kommt es in der Regel zu einem schnellen Wechsel der Begleitvegetation, der auch von anderen stickstofffixierenden Neophyten bekannt ist (z. B. *Robinia pseudoacacia,* siehe Kap. 6.2.5.5; *Gunnera tinctoria,* HICKEY & OSBORNE 1998; *Elaeagnus angustifolia,* SIMONS & SEASTEDT 1999). Im Nationalpark von Bialowieza haben Lupinen, die als Wildfutter ausgebracht wurden, den Biomasseaufwuchs der Krautschicht erheblich erhöht und Umschichtungen im Artenbestand verursacht (FALINSKI 1998).

Aus einzelnen Pflanzen können sich rasch große Populationen entwickeln, wie Untersuchungen in der Rhön ergeben haben (VOLZ & OTTE 2001, OTTE et al. 2002): Eine Pflanze kann bis zu 2000 Samen produzieren, die ohne Mitwirkung des Windes durch einen Schleudermechanismus bis zu einer Entfernung von 5,5 Meter um die Mutterpflanze verteilt werden. Die meisten Samen gelangen allerdings im Nahbereich auf den Boden. Die Keimung gelingt auf offenen Bodenstellen, die im Schatten der Mutterpflanze, durch Pflegearbeiten oder tierische Aktivitäten entstehen. Auf einer Dauerfläche in der Rhön nahm die von *Lupinus* bewachsene Fläche in zwei Jahren um 17% zu. Eine Fernausbreitung ist durch Weidetiere möglich, die verzehrte Samen nach einer Retentionszeit wieder ausscheiden. OTTE et al. (2002) konnten experimentell zeigen, dass Lupinensamen mehr als vier Tage im Verdauungstrakt von Schafen überdauern können und danach zum Teil noch keimfähig sind.

Problematik: Der dichte, hohe Wuchs der Lupinen und der Eintrag symbiotisch fixierten Stickstoffs bewirken nachhaltige Vegetationsveränderungen, von denen auch seltene Arten betroffen sein können (KORNECK & SUKOPP 1988). KRAUSE (1989) hat nachgewiesen, dass Lupinen von Böschungsansaaten an Verkehrswegen aus auch in benachbarte Magerrasen eindringen. Als besonders problematisch gelten größere Lupinenbestände in den Hochlagen silikatischer Mittelgebirge (Bayerischer Wald, Fichtelgebirge, Schwarzwald, Rhön). Sie führen zur Veränderung schutzbedürftiger Bergwiesen und Borstgrasrasen, wie das Beispiel der Rhön zeigt (VOLZ & OTTE 2001, OTTE et al. 2002):

Im heutigen **Biosphärenreservat Rhön** wurden in den 40er-Jahren Lupinen als Untersaat von Aufforstungen eingebracht, da man sich von ihrer Stickstoffbindung ein besseres Wachstum der Bäume versprach. Daneben wurden Lupinen vereinzelt auch auf Böschungen und an Wegrändern gesät. Im Naturschutzgebiet Lange Rhön waren dann 1998 knapp 6% der 2666 Hektar großen Fläche mit *Lupinus* bewachsen. Seine Ausbreitung im Offenland wurde in der Nachkriegszeit durch den Niedergang der traditionellen Heuwiesenbewirtschaftung gefördert. Lupinen wachsen heute in Borstgrasrasen, Storchschnabel-Goldhaferwiesen und anderen schutzwürdigen Vegetationstypen wie Feuchtwiesen und Kleinseggenrasen. Massenbestände treten vor allem in vernässten Muldenlagen auf. *Lupinus* fördert in der Rhön die Umwandlung schutzbedürftiger Pflanzengesellschaften, die für die Kulturlandschaft des Biosphärenreservats charakteristisch sind und auch zahlreiche gefährdete Arten enthalten (z. B. *Arnica montana*). Zugleich profitieren nitrophile, meist weit verbreitete Arten wie *Urtica dioica, Galium aparine* und *Galeopsis tetrahit* von der Stickstoffbindung.

Steuerungsmaßnahmen: Ansaaten von Lupinen zur Bodenstabilisierung an Böschungen, zur Bodenverbesserung oder als Futterpflanzen sollten in Reichweite schutzbedürftiger Vegetationseinheiten unterlassen werden. Werden Stauden-Lupinen nicht als land- oder forstwirtschaftliche Anbaupflanzen ausgebracht (z. B.

Böschungsansaaten und Wildfutter), ist ihre Ausbringung nach § 41 (2) BNatSchG genehmigungsbedürftig. Zur Bekämpfung von Dominanzbeständen kommen Mahd und Beweidung infrage. In der Rhön verliefen Versuche mit einer **Beweidung** durch Rinder und Rhönschafe Erfolg versprechend (OTTE et al. 2002): Stauden-Lupinen sind wegen ihrer hohen Gehalte an Rohproteinen attraktive Futterpflanzen. Der den Futterwert mindernde Alkaloidgehalt kann durch die Aufnahme rohfaserhaltiger Nahrung ausgeglichen werden. Um den Ferntransport aufgenommener Samen durch die Tiere zu vermeiden, sollte die Beweidung deutlich vor der Zeit des Fruchtens (Mitte Juli bis Ende August) aufgenommen werden, möglichst Ende Juni/Anfang Juli. Nach Erfahrungen aus der Rhön ist ein früher Mahdtermin mit dem Schutz von Orchideen und anderen seltenen Arten vereinbar. OTTE et al. (2002) empfehlen weiter einen Viehbestand von mindestens 1,3 Großvieheinheiten pro Hektar mit kurzer, aber zweimaliger Beweidung pro Jahr, um der Regeneration der Lupine entgegenzuwirken. Da solche Maßnahmen aufwendig sind, sollten sie auf besonders schutzwürdige Bereiche konzentriert werden, in denen der Bestandsanteil der Lupine noch unter 50 % liegt und die aufgrund ihrer Morphologie oder anderer Gegebenheiten nicht maschinell offen zu halten sind.

6.2.5.5 Robinie
(*Robinia pseudoacacia*)

Herkunft: Die Robinie stammt aus Nordamerika. Der östliche Teil ihres Ursprungsgebietes deckt sich in etwa mit dem Gebirgszug der Appalachen. Der westlichere umfasst Teile von Arkansas, Oklahoma und Missouri. Das Klima ist humid mit jährlichen Niederschlägen zwischen 1020 und 1830 Millimetern. Die Robinie kommt bis zu einer Höhe von 1620 Metern vor und wächst auf einem breiten Spektrum von Böden (pH-Werte von 4,6 bis 8,2), meidet jedoch stark verdichtete sowie staunasse Standorte. Von Anpflanzungen ausgehend hat sie auch in Nordamerika ihr Verbreitungsgebiet räumlich und standörtlich stark erweitert. Dabei wird sie als Pionierbaum durch anthropogene und natürliche Störungen gefördert. Wie in Europa ist *Robinia* auf Böden und in Gegenden erfolgreich, die wesentlich trockner als im Ursprungsgebiet sind (HUNTLEY 1990).

In den Appalachen wirkt *Robinia* als „Katastrophenbaum", der als Pionier nach Störungen (Feuer, Tornados, Kahlschlag) die Waldregeneration einleitet. Bereits nach 20 bis 30 Jahren wird sie von höher wüchsigen, stark Schatten spendenden Arten wie dem Tulpenbaum (*Liriodendron tulipifera*) verdrängt. In älteren Wäldern sinkt ihr Anteil an Stammzahl und Basalfläche auf weniger als 4 % (BORING & SWANK 1984a).

Einführung und Verwendung: Die Robinie gelangte zwischen 1623 und 1635 nach Paris (1601 ist nach WEIN 1930 falsch). Wenige Jahrzehnte später wurde sie in Deutschland kultiviert (1670 im Berliner Lustgarten), blieb aber bis Ende des 18. Jahrhunderts eine exotische Besonderheit. Die danach einsetzende Robinien-Euphorie, die zu zahlreichen Anbauten führte, hatte zwei Gründe: Robinien waren als Bodenfestiger gefragt, da durch Übernutzung viele Wälder zerstört waren und in Sandlandschaften zahlreiche Wanderdünen die Landnutzung bedrohten. Auch heute noch werden erosionsgefährdete Hänge und Böschungen mit Robinien befestigt. Ende des 17. Jahrhunderts erhoffte man sich vom Robinienanbau eine Lösung der durch die beginnende Industrialisierung vermehrten Holznot. Die übersteigerten Erwartungen wurden nicht erfüllt. Jedoch dauert der Robinienanbau als Flur- und Forstgehölz mit Schwerpunkt in Sandgebieten bis heute an. Auch sekundäre Felsfluren, Trocken- und Halbtrockenrasen wurden mit Robinien aufgeforstet (z. B. Xerothermstandorte im Mansfelder Hügelland, WESTHUS 1981). Eine Ausweitung wird diskutiert, da die Nachfrage nach Robinienholz als Alternative zu importiertem Tropenholz zunimmt. Weltweit verzehnfachte sich die Anbaufläche zwischen 1958 (227 000 Hektar) und 1986 (3 264 000 Hektar) Nach Eukalyptus und Pappelhybriden ist *Robinia* weltweit die drittwichtigste Hartholzart, wobei besonders in Südkorea große Anbauflächen existieren (KERESZ-

TESI 1988). In ungarischen Zuchtprogrammen wird versucht, Wuchsleistung, Schaftform und Nektarproduktion zu kombinieren, wobei die geradschäftige Schiffsmast-Robinie als Ausgangsform genutzt wird (SCHÜTT et al. 1994). Seit kurzem laufen auch gentechnische Experimente, um die Stammform und Insektenresistenz zu verbessern (ZOGLAUER et al. 2000).

In Teilen Ungarns und der Slowakei ist *Robinia* der wichtigste Forstbaum. Im Niederwaldbetrieb sind Umtriebszeiten von 20 bis 30 Jahren auf armen und von 40 Jahren auf guten Böden üblich. In semiariden Ländern wird *Robinia* als Brennholzlieferant in Kurzumtriebsplantagen angebaut. Daneben wird ihr nährstoffreiches Laub (23 bis 24% Rohprotein) als Rinderfutter verwendet. Das Holz der Robinien ist von guter Qualität und gegen Holzfäule widerstandsfähig. Es kann bis zu 100 Jahre im Boden überdauern und wird als Bau- und Möbelholz für Pfähle sowie zur Zellstoffgewinnung und Papierherstellung genutzt. In Ungarn, aber auch in Brandenburg ist die Honigtracht die wirtschaftlich wichtigste Nebennutzung der Robinie. Als bedeutende Frühsommertrachtpflanze bringt sie in guten Jahren bis zu 60% der Honigernte (BARRETT et al. 1990, SCHÜTT et al. 1994).

Aktuelle Vorkommen: Die Robinie wird im gesamten Mitteleuropa kultiviert. Ausbreitungsstark ist sie jedoch nur in (sub-)kontinentalen und submediterranen Gebieten, da sie auf eine hohe Wärmesumme in der Vegetationsperiode angewiesen ist (DRACEA 1926, KOHLER 1963). In sommerwarmen Gebieten Mittel-, Ost- und Südwestdeutschlands breitet sie sich von Anpflanzungen ausgehend vor allem an Waldrändern, Verkehrswegen, auf trockenwarmen Waldgrenzstandorten, auf Weinbergsbrachen sowie auf urbanindustriellen Standorten aus. Sie dringt auch in Sandtrocken- und Kalkmagerrasen ein und kann die Sukzession über mehrere Jahrzehnte prägen (KOHLER 1964, WESTHUS 1981, KOWARIK 1992b, BÖCKER 1995, GRUNICKE 1996, DZWONKO & LOSTER 1997). Im Oberrheingebiet kommt sie in der Trockenaue des Rheins sowie gelegentlich in der Weichholzaue vor. Daneben wächst sie in Flaumeichenwäldern, die aus durchgewachsenen Niederwäldern hervorgegangen sind (WILMANNS & BOGENRIEDER 1995). *Robinia* besiedelt also ein breites Standortspektrum und meidet, wie im Heimatgebiet, nur staunasse und stark verdichtete Böden (BÖCKER 1995). Im Ruhrgebiet wurden Robinien häufig zur Böschungsbefestigung und zur Begrünung von Halden verwendet, wo sie sich jedoch vorwiegend vegetativ ausbreiten.

Erfolgsmerkmale: Die Robinie vermehrt sich vegetativ wie generativ. Sie fruchtet früh im Alter von sechs Jahren. Die Samen werden mit dem Wind verbreitet, meist an der Hülse oder einer ihrer Hälften haftend. Die Früchte sind „Wintersteher" mit Ausbreitungschancen zwischen September und April (HUNTLEY 1990). Der Ausbreitungserfolg ist räumlich und standörtlich eng begrenzt, da die Diasporen wegen ihres hohen Gewichtes nur ausnahmsweise mehr als 100 Meter transportiert werden.

Zur **Keimung** werden konkurrenzfreie Standorte benötigt. Die Samen keimen zwar im Schatten, überleben aber nur an gut belichteten Stellen (KOWARIK 1990b). Der Grenzwert der Schattentoleranz liegt für Jungpflanzen bei 10 bis 12% der Freilandhelligkeit (LYR et al. 1965). Die Chance, auf generativem Wege in eine geschlossene krautige Vegetation einzudringen, ist daher ebenso gering wie die zur Etablierung in geschlossenen Waldgesellschaften. *Robinia* legt eine persistente Samenbank an. Die Lebensdauer der Samen ist unbekannt, aber sicher vieljährig. Nach SCHUBERT (1992) sind Samen 30 Jahre lang lagerungsfähig. Die Samenbank wird nur in kleinen Schritten durch Keimung abgebaut (GRUNICKE 1996). Die erfolgreiche generative Verjüngung ist daher auf Offenstandorte in der Nähe von Samenbäumen angewiesen oder auf Bodenstörungen, welche die Samenbank aktivieren.

In geschlossene Magerrasen dringt *Robinia* nur mit Wurzelausläufern ein. Das **klonale Wachstum** wird durch Störungen begünstigt. So hat sich zwei Jahre nach einer Aufgrabung des Wurzelsystems die Menge der Rameten verzehnfacht (WOLF 1985). Mechanische Bekämpfungen fördern die Erneuerung und Verdichtung von Robinienbeständen ebenso wie Brände. Wurzelsprosse werden jedoch auch ohne Störungen gebildet. Sie führen zur räum-

Landwirtschaftlich geprägte Lebensräume

Tab. 43 Klonales Wachstum bei *Robinia pseudoacacia* im Vergleich zu einheimischen Gehölzarten. Angegeben ist die maximale Entfernung, die Wurzelausläufer beim Einwachsen in Magerrasen im Jahr überwinden können

Art	Vegetation	max. Wuchsleistung der Rameten [m/a]	Gebiet	Quelle
Zitter-Pappel (*Populus tremula*)	Halbtrockenrasen	0,75 bis 1,15	Kaiserstuhl	WILMANNS 1989
Schlehe (*Prunus spinosa*)	Trocken-/ Halbtrockenrasen	< 0,5	Mitteldeutschland	REICHHOFF & BÖHNERT 1978
		< 1	Schwäb. Alb	SCHREIBER 1995
		< 1,2	Neckarland	WOLF 1984
Robinie (*Robinia pseudoacacia*)	ruderale Sandtrockenrasen	< 1	Berlin	KOWARIK 1996c

lichen Erweiterung der klonalen Population und zur Verdichtung eines bereits etablierten Bestandes (KOWARIK 1996c). Wurzelausläufer der Robinie wachsen ähnlich schnell in Magerrasen ein wie die einheimischer Gehölzarten (Tab. 43).

Als Leguminose bindet *Robinia* symbiotisch **Luftstickstoff**. Symbiosepartner sind Bakterien der Gattung *Rhizobium*. Der in den Wurzelknöllchen gebundene Stickstoff gelangt vornehmlich über den Laubfall in den Boden und ist schnell pflanzenverfügbar, da sich das Laub rasch zersetzt (HOFFMANN 1961). Die Angaben zur Stickstoffanreicherung bei der Robinie variieren stark (100 bis 300 Kilogramm pro Hektar und Jahr, nach HOFFMANN 1961, 30 Kilogramm nach BORING & SWANK 1984b). Auf armen Standorten sind stickstofffixierende Arten begünstigt, wenn Stickstoff Mangelfaktor ist (VITOUSEK 1990). Da stickstoffbindende Bäume in der einheimischen Gehölzflora Mitteleuropas nicht vertreten sind (Ausnahme: Erlen auf feuchten Standorten), haben Robinien Konkurrenzvorteile. Sie erreichen auf nährstoffarmen Ausgangsstandorten höhere Basalflächen als ähnlich alte Kiefern-Eichen-Forste (KOWARIK 1992b).

Robinien sind in Europa nicht vor **tierischen Feinden und Krankheiten geschützt**, wie gelegentlich behauptet wird (siehe Kap. 7.2.2.2). Ihre Vitalität wird hierdurch jedoch nicht wie in ihrer Heimat eingeschränkt (KEHR & BUTIN 1996). Der Wildverbiss ist mäßig (ELLENBERG 1988).

Da die räumliche Reichweite der generativen wie vegetativen Vermehrung eng begrenzt ist, geht die Ausbreitung der Robinie in ortsferne Magerrasen zumeist auf **initiale Pflanzungen** in unmittelbarer Nähe zurück. Der Ausbreitungserfolg der Robinie ist enger an die menschliche Kulturtätigkeit gebunden als bei Neophyten mit effektiverer Fernausbreitung, beispielsweise mit fließendem Wasser. Robinien werden in Mitteleuropa seit dem 18. Jahrhundert für verschiedene landeskulturelle Zwecke gepflanzt (GÖHRE 1952, KRAUSCH 1977, KOWARIK 1990b, WILMANNS et al. 1989, KRETSCHMER et al. 1995, TENBERGEN & STRATMANN 1995):

- als Bestandteil von Heckenpflanzungen und Flurgehölzen sowie als Forst-, Straßen- und Parkbaum,
- zum Erosionsschutz an Böschungen und in Steillagen sowie bei der Rekultivierung von Halden und Deponien,
- zur Festlegung von offenen, durch Übernutzung entstandenen Sandflächen,
- als Bienenweide und
- als Lieferant von Grubenholz und von Holzpfählen für den Weinbau, die wegen ihrer langen Haltbarkeit sehr beliebt waren.

Die Rolle initialer Pflanzungen für den Ausbreitungserfolg der Robinie wird häufig unterschätzt. Das Einwachsen in besonders wertvolle Trockenrasen des Mainzer Sandes ging z. B von Anpflanzungen in der engeren Umgebung aus. An den Oderhängen gefährden Robinien Trockenrasen, die reich an *Adonis vernalis* sind. Hierzu hat auch der Reichsarbeitsdienst mit Pflanzungen in den 30er-Jahren beigetragen (H.-D. KRAUSCH, mündlich).

Problematik: Die lange bekannte Fähigkeit der Robinie zur symbiotischen Stickstoffbindung führt zu raschen und nachhaltigen **Vegetationsveränderungen** (z. B. CHAPMAN 1935, GÖHRE 1952, JURKO 1963). Anspruchsvolle Arten wachsen schneller, höher oder dichter als auf den mit Stickstoff angereicherten Böden als Magerrasenarten und verdrängen diese bald. In Sandtrockenrasen oder Kalkmagerrasen sind hiervon häufig gefährdete Pflanzenarten und an sie gebundene Tierarten betroffen. Sie werden durch weit verbreitete Robinienbegleiter ersetzt. Hierzu zählen u. a. *Chelidonium majus, Urtica dioica, Poa compressa, P. nemoralis, P. trivialis, Rubus caesius* und, in den älteren Robinienbeständen, *Sambucus nigra*. Beispiele prominenter Schutzgebiete mit Robinienvorkommen sind der Mainzer Sand (Abb. 33), die Sandhausener Dünen (ROHDE 1994), Spitzberg bei Tübingen (KOHLER 1964) und der Badberg im Kaiserstuhl. Hier wächst *Robinia* im Mesobrometum, kann aber die Waldgrenze in den natürlichen Volltrockenrasen des Xerobrometum nicht überwinden (WILMANNS et al. 1989). Auf Xerothermstandorten des Mansfelder Hügellandes kommt es unter Robinie zu einem raschen Ersatz von Arten der Felsfluren (Teucrio-Melicetum) und Xerothermrasen durch mesophile Arten. Im Zuge der weiteren Sukzession prägen immer mehr nitrophile Robinienbegleiter das Bestandsbild (WESTHUS 1981). Auch Trockenrasen in Österreich und Ungarn sind stark vom Eindringen der Robinie betroffen (siehe unten).

Abb. 33
Robinienbekämpfung im Naturschutzgebiet Mainzer Sand, dessen Kalksandrasen zahlreiche seltene Steppenarten beherbergen. Auf den grau gekennzeichneten Flächen wurden 1982 bis 1987 kontinuierlich Maßnahmen durchgeführt (aus BITZ 1987). Ausbreitungsquelle waren Anpflanzungen auf den Wällen einer benachbarten Schießanlage, aber auch unmittelbare Anpflanzungen am südöstlichen Rand des Schutzgebietes.

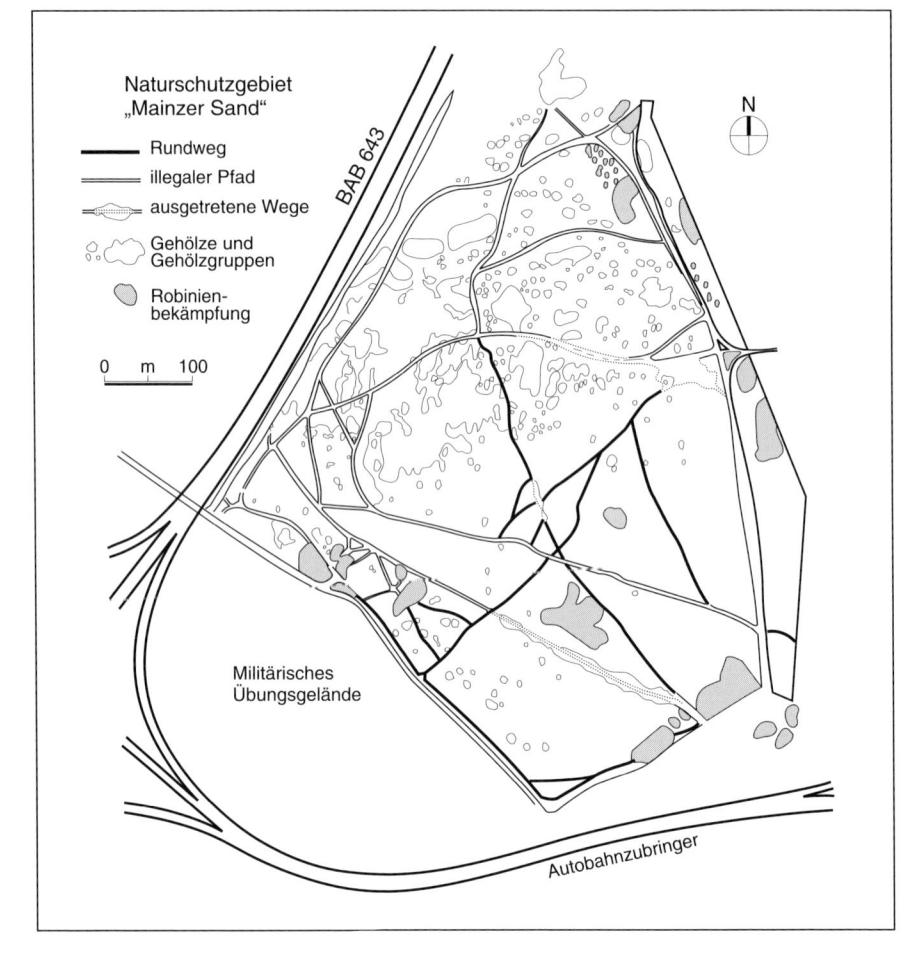

Robinien bewirken nachhaltige Veränderungen physikalischer und chemischer **Bodeneigenschaften**. Hierzu gehören die Bildung von Humus- und Mullauflagen und die Auflockerung von Böden (KOHLER 1968). Letzteres kann Hohlwege als charakteristisches Kulturlandschaftselement von Lössgebieten schädigen: Auf der Hohlwegschulter wachsende Robinien können die darunter liegende Wand durch starkes Dickenwachstum ihrer Wurzeln destabilisieren, was aber auch anderen Gehölzen gelingt (WOLF & HASSLER 1993, WILMANNS 1989).

Die mit dem Einwachsen in Magerrasen verbundenen Auswirkungen auf die **Artenvielfalt von Pflanzen und Tieren** veranschaulicht eine Sukzessionsstudie, bei der die Entwicklung unter Einfluss von Robinie und Sand-Birke (*Betula pendula*) als einheimischem Pionierbaum verglichen worden ist (KOWARIK 1992b, 1995c, PLATEN & KOWARIK 1995, Tab. 44). Auf dem Südgelände, einem seit der Nachkriegszeit brach liegenden Berliner Güterbahnhof, entstand in etwa 40 Jahren ein Vegetationsmosaik aus Gehölz- und Offenlandvegetation. Robinie und Sand-Birke sind zu etwa gleichen Teilen vertreten. Beide wachsen eng benachbart auf gleichem Standorttyp (Gleisanlagen auf Sand-Schotter-Aufschüttungen), sodass ihre Auswirkungen gut verglichen werden können. Tab. 44 zeigt, wie schnell das Einwachsen der Robinie in einen Sandtrockenrasen (Centaureo-Festucetum) dessen Artenzusammensetzung verändert:

Bereits nach zwei Jahren ist die Zahl der Blütenpflanzen fast halbiert. Sämtliche Pflanzen der Magerrasen sind wenigen Saum- und Waldarten gewichen. Die floristische Verarmung geht mit einem Wechsel dominanter Arten einher (Abb. 34). Der Raublatt-Schwingel (*Festuca brevipila*) wird als beherrschende Sandtrockenrasenart durch das Hain-Rispengras (*Poa nemoralis*) ersetzt, nach einer vorübergehenden Zunahme des Platthalm-Rispengrases (*Poa compressa*). *Poa nemoralis* fällt im Robinienaltbestand aus, da durch die dichte Strauchschicht des Holunders nur noch zwischen 1,3 und 3% des Lichtes auf den Boden gelangen. Hierdurch wird die jahreszeitliche Einpassung des einjährigen Efeu-Ehrenpreises (*Veronica sublobata*) möglich – analog zu den Frühjahrsgeophyten in Buchenwäldern. Er erreicht im Jahresverlauf sein Optimum, bevor das Blätterdach des Holunders voll schließt. Überraschend ist der Artenreichtum des 35-jährigen Robinienbestandes, der bei Blütenpflanzen durch den zoochoren Eintrag von Gehölzarten aus der Umgebung begünstigt wird.

Eine Robinienbedeckung verändert die Spinnen- und Laufkäferfauna ebenso tief greifend wie den pflanzlichen Unterwuchs (Tab. 44). Besonders schnell reagieren die Spinnen. Bereits nach zweijähriger Überdeckung mit Robinien bestehen kaum noch Gemeinsamkeiten mit der Artenzusammensetzung des Trockenrasens. In den älteren Stadien sinkt das Ähnlichkeitsniveau bei allen drei Artengruppen in etwa gleich weit ab. Die biologische Vielfalt ist jedoch in unterschiedlicher Weise betroffen: Die Zahl der Spinnenarten bleibt in allen Robinienstadien in etwa konstant, steigt mit der Zeit sogar leicht an. Die Anzahl der Laufkäferarten sinkt im Altersstadium, wogegen die Blütenpflanzen hier, nach vorigem steilem Abfall, ihr Maximum erreichen.

Der Birkenbestand ist altersmäßig mit dem mittleren Robinienstadium vergleichbar. Die sukzessionsbedingten Veränderungen sind unter *Betula* deutlich geringer als unter *Robinia*. Dies zeigen die höhere Ähnlichkeit mit Sandtrockenrasen und der verbliebene Mengenanteil der Trockenrasenpflanzen. Erhebliche Umschichtungen innerhalb der beiden Tiergruppen werden aber auch durch den heimischen Pionierbaum ausgelöst.

Ob der Aufwuchs von Robinienwäldern insgesamt zu einer **Vereinheitlichung der Vegetation** führt, ist fraglich. Mehrere Robiniengesellschaften sind pflanzensoziologisch beschrieben und differenziert worden (z. B. JURKO 1963, KLAUCK 1986, KOWARIK & LANGER 1994, KOWARIK 1995c). Sie widerlegen in ihrer Vielfalt die Auffassung einer uniformen, in ganz Mitteleuropa einheitlichen *Robinia pseudoacacia*-Gesellschaft. So weicht bereits in Berlin die Artenzusammensetzung etwa 40-jähriger, spontan auf Trümmerschutt aufgewachsener Robinienbestände deutlich von gleichaltrigen Beständen auf den Sand- und Schotteraufschüttungen der

Abb. 34
Rascher Dominanzwechsel im Unterwuchs einer in einen Sandtrockenrasen (Centaureo-Festucetum) einwachsenden Robinienpopulation auf dem Schöneberger Südgelände in Berlin. Entlang eines 21 Meter langen Transektes wurden die Deckung der Robinie sowie charakteristischer Krautschichtarten 1989 und 1994 bestimmt (mittlere Braun-Blanquet-Werte, Flächengröße zwei Quadratmeter). Robinienrameten waren 1989 auf Fläche 3 17 Jahre, auf Fläche 9 sechs Jahre und auf Fläche 17 ein Jahr alt. Im Randbereich der Robinienpopulation geht *Festuca brevipila* (Fb) als typische Sandtrockenrasenart rasch zugunsten von *Poa compressa* (Pc) zurück. Im Kernbereich entwickelt sich nach wenigen Jahren ein *Poa nemoralis*-Dominanzbestand (Pn), in dem 1994 bereits einzelne Jungpflanzen von *Sambucus nigra* enthalten waren, die die Altersphase von Robinienwäldern prägt (aus KOWARIK 1995c).

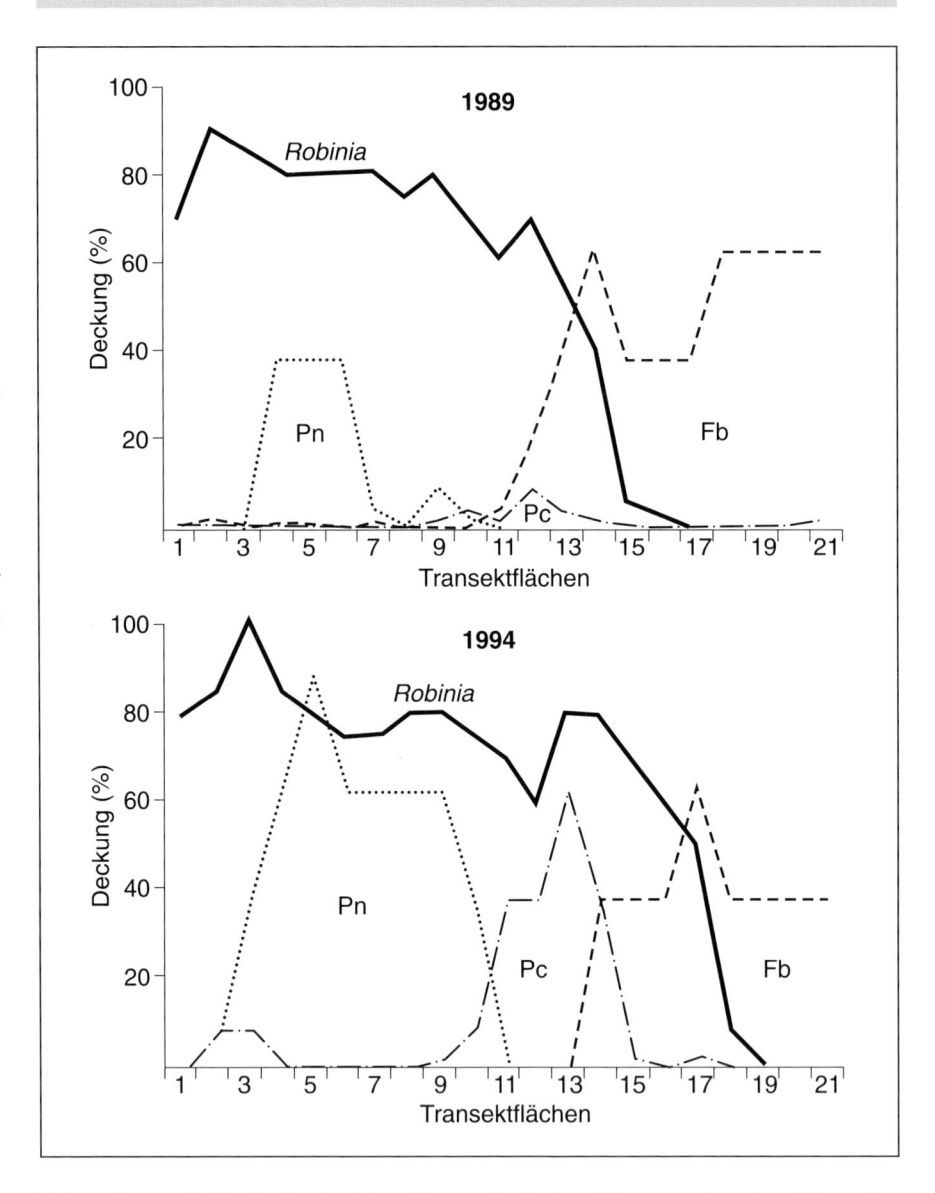

Bahnanlagen ab. Nach den Berliner Untersuchungen lenkt *Robinia* die Sukzession in eine andere Richtung als einheimische Baumarten: hin zu anspruchsvollen Laubwaldgesellschaften der Fagetalia, wogegen auf gleichen nährstoffarmen Ausgangsstandorten die Sukzession über Sand-Birke und Zitter-Pappel wahrscheinlich zu Kiefern-Eichen-Wäldern des Quercion führt (KOWARIK 1992b, 1995c). Innerhalb eines größeren Gebietes würde hierdurch die Vegetationsvielfalt erhöht, sofern die Robinie nicht zur alles dominierenden Baumart wird.

Auch einheimische Gehölzarten wie die Schlehe verdrängen Offenlandarten. Die Robinie verschärft allerdings das Problem, da sie viel schneller als einheimische Gehölzarten einen **Übergang zur Formation Wald** bewirkt. Sie schafft das mit der ihr eigenen Kombination zweier Merkmale, die allen anderen an der Magerrasenverbuschung beteiligten Baumarten fehlt: der symbiotischen Stickstofffixierung und

Tab. 44 Veränderungen von Vegetation, Flora und Fauna unter dem Einfluss der Robinie (*Robinia pseudoacacia*) bei der Brachflächensukzession (Schöneberger Südgelände, Berlin). Robinien dringen mit Wurzelausläufern in sekundäre Sandtrockenrasen ein. Verglichen wird ein gehölzfreies Centaureo-Festucetum mit angrenzenden 2-, 17- und 35-jährigen Robinienstadien sowie einem benachbarten 18-jährigen Birken-Zitterpappel-Bestand (Daten aus KOWARIK 1992b, PLATEN & KOWARIK 1995)

	Sand-trockenrasen	Robinienstadien			Sand-Birke
		2 Jahre	17 Jahre	35 Jahre	18 Jahre
Deckung dominanter Pflanzenarten	4	4	.	.	3
Festuca brevipila	.	4	5	5	.
Robinia pseudoacacia	.	+	1	4	.
Veronica sublobata	.	.	3	.	.
Poa nemoralis	.	.	.	4	2
Sambucus nigra	.	.	.	.	2b
Betula pendula	.	.	.	.	2b
Populus tremula	.	.	.	.	
Artenzahl					
Blütenpflanzen	31	17	8	46	35
Spinnen	58	56	60	63	50
Laufkäfer	37	35	39	29	14
Dominanzanteil*)					
Trockenrasenarten	94,3	93,3	0	0,2	62,5
Blütenpflanzen	35,1	26,0	21,0	17,0	7,0
Spinnen	41,4	28,6	30,0	11,1	26,0
Laufkäfer					
Dominanzanteil*)					
Saum-/Waldarten	0,5	0,4	89,9	59,8	0,7
kraut. Blütenpflanzen	0	0	0	30,3	5,8
Gehölzarten	16,0	39,0	37,0	54,0	40,0
Spinnen	11,0	23,0	26,0	38,0	43,0
Laufkäfer					
Ähnlichkeit mit Trockenrasen)**	100	46	12	7	30
Blütenpflanzen	100	25	16	5	21
Spinnen	100	63	10	7	4
Laufkäfer					

*) bei Pflanzen: Deckungsanteil berechnet mit transformierten Deckungsgraden nach Braun-Blanquet; bei den Tiergruppen Dominanzanteile. **) Jaccard-Index

dem klonalen Wachstum. Ersteres erlaubt ein schnelles Wachstum, letzteres fördert die Ausdehnung, Verdichtung und Regeneration der Bestände und wahrscheinlich auch ihre Beständigkeit. Als indirekte Folge der Stickstofffixierung bilden sich unter älteren Robinien selbst auf armen Ausgangsstandorten dichte Strauchschichten, meist aus Schwarzem Holunder (*Sambucus nigra*). Daher entsteht ein Waldinnenklima, obwohl die Robinie selbst eher lockere Bestände aufbaut.

Die Lichtbedingungen können denen geschlossener Buchenwälder gleichen. Wie schnell und inwieweit Robinien durch andere Bäume abgelöst werden, bleibt trotz verschiedener Sukzessionsuntersuchungen eine immer noch offene Frage.

Als Ergebnis der Brachflächensukzession können auf naturnahen wie ruderalen Standorten **langlebige Robinienwälder** entstehen. Pionierstadien solcher Bestände wurden in den 60er-Jahren am Tübinger Spitzberg und auf Berliner Trümmerschuttflächen untersucht (KOHLER 1964, KOHLER & SUKOPP 1964b). Damals kam man zu dem Schluss, dass die Robinie als Pionierbaum nach wenigen Jahrzehnten von anderen Bäumen abgelöst werde, namentlich von Ahornarten. Dies ist jedoch auch heute nicht in Sicht. Nach BÖCKER (1995) ist in den nunmehr 60- bis 70-jährigen Beständen am Spitzberg kein Wechsel der dominanten Baumart absehbar. Potentielle Konkurrenten sind dort, wie auch in den Robinienwäldern des Saarlandes (KLAUCK 1986), selten. Ob sie auf den trockenen Standorten die Robinie verdrängen können, ist zudem ungewiss.

In den 40- bis 50-jährigen Berliner Beständen sind potentielle Konkurrenten zahlreich vorhanden, aber nur in Einzelfällen in die Baumschicht aufgewachsen. Diese Konkurrenten wie Berg- und Spitz-Ahorn könnten aufgrund ihres Schattendruckes die Robinie verdrängen und deren Regeneration ausschließen (KOWARIK 1990b, Abb. 35). Auffällig ist, dass die Robinie im eigenen Bestand häufig subvitale Wurzelsprosse aufbaut und knapp oberhalb der Strauchschicht platziert. Dieses, auch bei *Ailanthus altissima* beobachtete Verhalten ist als „klonale Oskar-Strategie" gedeutet worden (KOWARIK 1995d, 1996c). Mit ihrer Hilfe könnte bei einem altersbedingten Absterben der Hauptstämme die vegetative Regeneration der Population beschleunigt werden, bevor sich Konkurrenten etablieren. Da einzelne Robinien auch ohne Konkurrenz anderer Baumarten abzusterben beginnen, wird diese Hypothese mit Dauerflächenuntersuchungen zu überprüfen sein. Auch jetzt ist schon eindeutig, dass Robinienbestände in Mitteleuropa wesentlich persistenter sind als innerhalb ihres nordamerikanischen Ursprungsgebietes. In den Appalachen werden sie beispielsweise bereits nach 20 bis 30 Jahren nahezu vollständig von Schattholzarten abgelöst. Das Absterben auch jüngerer Stämme wird hier durch zahlreiche Insekten, insbesondere den Stammbohrer *Megacyllene robiniae* (BORING & SWANK 1984a) gefördert. In den europäischen Beständen ist der Phytophagendruck dagegen zu vernachlässigen.

Für die Befürchtung, *Robinia* dränge in **naturnahe Waldgesellschaften** ein und baue diese ab, gibt es aus Deutschland keinen Beleg. Die aus den Flaumeichenwäldern des Oberrheingebietes bekannten Vorkommen (z. B. am Limberg bei Sasbach) sind im Zuge der Niederwaldnutzung entstanden (WILMANNS & BOGENRIEDER 1995). Als regenerationsstarke, klonal wachsende Art wird *Robinia* durch die Niederwaldwirtschaft begünstigt. Da diese Waldwirtschaft jedoch vor dem 2. Weltkrieg aufgegeben wurde, haben sich die Bestände stärker geschlossen. Die Robinie wird sich daher als besonders lichtbedürftige Art in den Flaumeichenwäldern nicht weiter ausbreiten, sondern eher zurückgehen. Die in die Weichholzauen von Oberrhein und Donau eingesprengten Vorkommen zeigen keine Tendenz zur Dominanzbildung und lassen hier eher die Einfügung der Robinie in einen natürlicherweise hoch dynamischen Waldtyp annehmen.

In den wärmeren Gebieten **Österreichs und Ungarns** kommen Robinien auch in Trockenwäldern und auf Waldgrenzstandorten vor (WENDELBERGER 1954, KARRER & KILIAN 1990). Im Kiskunság-Nationalpark breiten sie sich von forstlichen Anpflanzungen aus und gefährden die charakteristischen Trockenrasen (HALASSY &

Abb. 35
Anteil von Robinien, anderen Pionierbäumen sowie potentiellen Konkurrenten (höher wüchsige, schattentolerante Baumarten) in verschiedenen Höhenstufen von spontan aufgewachsenen Robinienwäldern auf Berliner Brachflächen (100 % entspricht der Gesamtsumme an Stämmen in den jeweiligen Höhenklassen; aus KOWARIK 1990b).

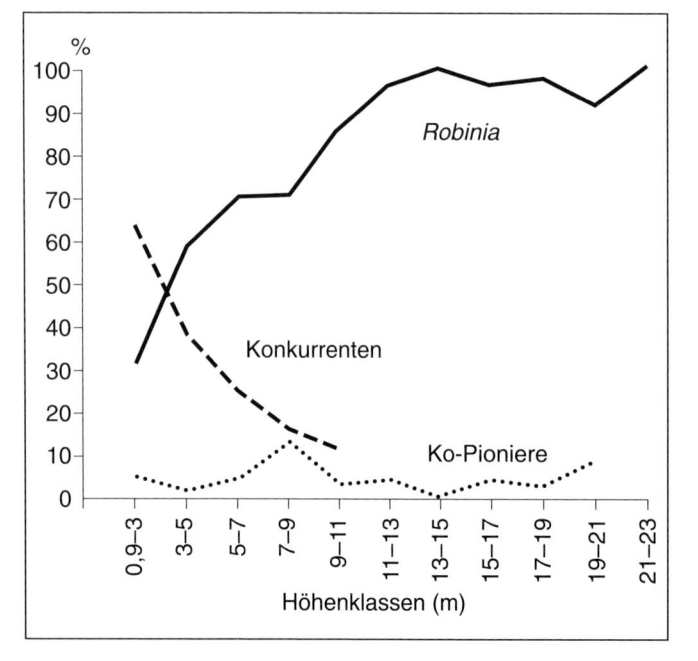

TÖRÖK 1996, MOLNAR 1998). Nach PAAR et al. (1994) ist das Einwandern von Gehölzen die häufigste Gefährdungsursache für österreichische Trockenrasen. In 86 von 141 untersuchten Flächen, und damit in jedem zweiten Fall, ist die Robinie an der Gehölzsukzession beteiligt. Sie trägt damit zur Gefährdung von rund 30 % der bedeutenden österreichischen Trockenrasen bei. Im Burgenland bedrängt ein vermutlich am Böschungsfuß gepflanzter Robinienbestand durch seine Ausbreitung hangaufwärts den einzigen österreichischen Bestand von *Kraschenikovia ceratoides*.

Steuerungsmöglichkeiten: Das hohe Regenerationsvermögen der Robinie durch Stockausschlag und Wurzelausläufer schränkt die Bekämpfungsmöglichkeiten stark ein. So führt ein einmaliges Abschlagen der Stämme und Wurzelausläufer ebenso wie das Abbrennen zur Regeneration der Bestände, die schließlich dichter sind als zuvor. Es gibt einige Bekämpfungsempfehlungen und -erfahrungen, deren Aufwand und Erfolg meist nicht genau dokumentiert sind. QUINGER et al. (1994) vermuten, dass die für die Schlehenbekämpfung empfohlenen Maßnahmen auch bei *Robinia* greifen: Ein Abholzen der Bestände und ein zweimaliges Nachschneiden der Austriebe während der Vegetationsperiode, und zwar über mehrere Jahre.

In Berlin wird eine auf Jacob zurückgehende Methode des „Ringeln" angewandt (BÖCKER 1995): Mit einer Säge wird im Sommer die Rinde mit Ausnahme eines schmalen Steges entfernt. Wird dieser im Folgejahr ebenfalls entfernt, stirbt der Baum häufig ab, ohne dass sich, wie sonst nach Beschädigungen, vermehrt Wurzelsprosse bilden. Diese Maßnahme hat sich in Berliner Naturschutzgebieten, insbesondere auf nährstoffarmen, trockenen Standorten als aufwendig, aber erfolgreich erwiesen (WAGNER 2002). In den USA wird *Robinia* mit „Round-Up" und anderen Herbiziden bekämpft. In Ungarn werden seit 1995 ertragsschwache Robinienforste im Kiskunság-Nationalpark gerodet, um die charakteristischen Sandtrockenrasen zu regenerieren. Die Rodungsflächen werden erfolgreich mit Herbiziden behandelt. Zur Rückführung der Stickstoffanreicherung laufen verschiedene Versuche (HALASSY & TÖRÖK 1996).

Im Naturschutzgebiet Mainzer Sand führte die einmalige Behandlung abgeschlagener Robinienstämme mit Herbiziden zu undurchdringlichen Stockausschlägen. Zwischen 1981 und 1985 wurden diese Bestände daraufhin drei- bis fünfmal pro Jahr mit Motorsägen, Freischneidern und Astsägen entfernt. Es wurde in der Vegetationsperiode gearbeitet, um einen möglichst großen Nährstoffentzug zu bewirken. Erst im vierten Bearbeitungsjahr starben die alten Robinienstümpfe ab. Danach mussten noch einzelne Wurzelschösslinge per Hand entfernt werden. In der Folgezeit regenerierten sich die Sandtrockenrasen wieder (BITZ 1987). In den Sandhausener Dünen wurden nach der Rodung auch die Hauptwurzeln der Robinien entfernt. „In den folgenden Vegetationsperioden blieb das mehrmalige Entfernen der Schösslinge eine dauerhafte Aufgabe" (ROHDE 1994).

Bekämpfungen von Robinien sind im Allgemeinen aufwendig, teuer und langwierig. Selbst nach gelungenem Zurückdrängen ist zweifelhaft, ob das Schutzziel erreicht ist. Die robinienbedingten Standortveränderungen dürften bei älteren Beständen nur durch ein tiefgründiges Abschieben des Oberbodens umzukehren sein. Folgendes ist daher zu empfehlen:

- Auf Pflanzungen in Reichweite gefährdeter Vegetationstypen haben muss verzichtet werden. Ein Sicherheitsabstand von 200 Metern zu Magerrasen in sommerwarmen Gebieten dürfte angesichts der eingeschränkten Ausbreitungsmöglichkeiten der Robinie ausreichen. HARD (1975) gibt als kritische Ausbreitungsdistanz für windverbreitete Bäume 50 bis 100 Meter an. Ausnahmen bestehen bei Arten mit sehr leichten Diasporen. So können Birken 1600 und Wald-Kiefern 2000 Meter überwinden (MÜLLER-SCHNEIDER 1986).
- Wachsen einzelne Robinien in gefährdeten Vegetationstypen auf, sollten sie frühzeitig mit Wurzeln entfernt werden. Die Stellen sind weiter zu beobachten, um einen etwaigen Austrieb beseitigen zu können. Die im Einzugsbereich wachsenden Robinien sollten ebenfalls entfernt werden, um ein Wiedereinwandern auszuschließen.

Diskussion: Dringen Robinien in Magerrasen ein, sind tief greifende und nachhaltige Veränderungen von Standort, Pflanzen- und Tierwelt die Folge. Hiervon sind häufig seltene und gefährdete Arten und Biotoptypen betroffen. Dies ist beim Eindringen einheimischer Gehölzarten ebenso der Fall, geht bei Robinien jedoch wesentlich schneller, wie das Beispiel des Schöneberger Südgeländes (Tab. 44) zeigt. Ebenso wie die Schlehe und die Zitter-Pappel ist die Robinie als klonal wachsende Art schwer zu bekämpfen, und die von ihr bewirkten Veränderungen sind in vielen Fällen praktisch nicht rückholbar. Die Ausbreitung der Robinien kann daher aus naturschutzfachlicher Sicht sehr problematisch sein.

Überreaktionen, die auf die Ausrottung aller Individuen oder auf ein völliges Pflanzverbot im besiedelten wie unbesiedelten Bereich zielen, sind aus ökologischen und kulturhistorischen Gründen unangebracht:

- Das Ausbreitungspotential der Robinie wird in seiner Reichweite häufig überschätzt, wozu die Unkenntnis des kulturellen Ursprungs vieler Vorkommen verleiten dürfte. Die weite Verbreitung der Robinie ist primär ein Abbild von Anpflanzungen und nur scheinbar das einer „aggressiven" Ausbreitung. Dies relativiert nicht die Probleme in gefährdeten Biotoptypen, verweist aber auf deren anthropogene Ursache und den Sinn vorbeugender Maßnahmen, beispielsweise durch die Anwendung von § 41 (2) BNatSchG (siehe Kap. 2.9.2).
- Die ökologischen Auswirkungen auf Magerrasen sind beträchtlich und sollten mit vertretbarem Aufwand begrenzt werden. Bei der Bekämpfung alter, großer Bestände dürfte der Aufwand den Nutzen übersteigen, sodass sich als Alternative die Akzeptanz einer Naturwaldentwicklung mit der Robinie anbietet.
- Behauptungen, dass Robinien nicht in biologische Prozesse eingebunden seien, zu einer biologischen Verarmung führten und daher „ökologisch wertlos" seien, sind unsachgemäß. In Kap. 7.2.2.2 wird die biozönotische Einbindung der Robinie skizziert. Tab. 44 veranschaulicht bereits, dass die biolo-

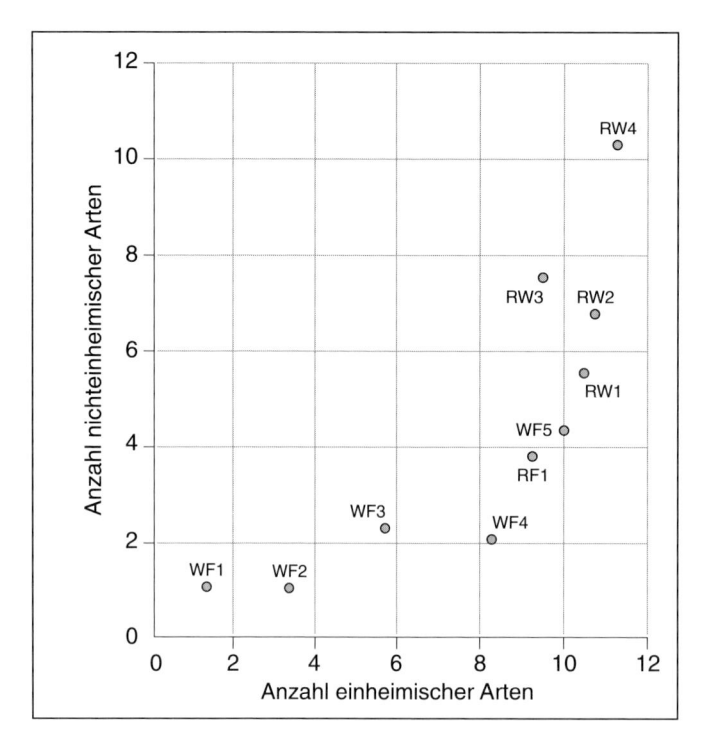

Abb. 36 Zusammenhang zwischen der räumlichen Isolation von Robinienbeständen und ihrem Reichtum an Gehölzarten. Robinienforste in reinen Kieferanbaugebieten (WF1, 2) sind artenärmer als Flurgehölze im Kontakt zu Laubmischwäldern (WF3, 4). Am artenreichsten sind siedlungsnahe Robinienforste (WF5, RF1) und städtische ruderale Robinienwälder (RW 1 bis 4). Daten aus gepflanzten Robinienforsten (WF) und spontan aufgewachsenen Robinienwäldern (RW) aus dem östlichen Brandenburg, dem Potsdamer Gebiet und aus Berlin; aus KOWARIK 1996b).

- Das Beseitigen großer und älterer Robinienbestände ist so aufwendig und mit solch starken Eingriffen verbunden, dass es nur in besonderen Ausnahmefällen gerechtfertigt ist. Solche Bestände sollten daher im Regelfall der ungestörten Waldentwicklung überlassen werden.
- Grenzen Magerrasen unmittelbar an große, ältere Robinienbestände, sollte deren Ausdehnung durch kontinuierliche Pflegemaßnahmen verhindert werden. Es wäre zu prüfen, ob das Einwachsen von Ausläufern in Offenlandbiotope verhindert werden kann, indem alte Robinienbestände mit einem Strauchmantel eingefasst werden.
- Der gelegentlich geäußerte Vorschlag, Magerrasen präventiv mit leicht entfernbaren Bäumen (Kiefern, Fichten) aufzuforsten, um dem Eindringen klonal wachsender Arten einen Riegel vorzuschieben, ist naturschutzfachlich problematisch. Einbußen im Artenbestand sind vorgezeichnet, da nur ein Teil der Magerrasenarten dauerhafte Samenbänke aufbaut (POSCHLOD & KIEFER 1996).

gische Vielfalt im Zuge der Robiniensukzession zeitabhängig ist und für verschiedene Organismengruppen differenziert interpretiert werden muss. Die hohen Artenzahlen im älteren Robinienstadium können nicht verallgemeinert werden, da sie auch von den Einwanderungsbedingungen abhängen. Sie belegen jedoch das Potential von Robinienbeständen als Lebensraum anderer Arten (Abb. 36).
- Auch wenn ältere Robinienbestände artenreich sein können, handelt es sich dabei meist um ungefährdete und weit verbreitete euryöke Arten. Es gibt jedoch Ausnahmen, beispielsweise bei Pilzen (WINTERHOFF 1991, WINTERHOFF & BON 1994). So folgert WINTERHOFF (1981) für badische Flugsandgebiete, die weitere Ausbreitung von Robinien in Sandtrockenrasen zu verhindern, alte Bestände mit seltenen, gefährdeten Pilzarten jedoch zu schonen. Eine Waldentwicklung führt immer zur Verdrängung von Magerrasenarten. Sie verläuft bei *Robinia* zwar schneller, begünstigt aber auch bei einheimischen Bäumen ungefährdete Arten, da die meisten gefährdeten an das offene Land gebunden sind.
- In verschiedenen Gegenden ist die Robinie seit dem 18. Jahrhundert ein prägendes Element historischer Kulturlandschaften geworden. In Brandenburg verweist sie u.a. auf die traditionelle Pflanzenverwendung in historischen Gärten, auf frühe Landschaftsverschönerungen und auf Anpflanzungen als Bienengehölz, zum Erosionsschutz und als Flurgehölz oder Forstbaum (KRAUSCH 1977, 1991, KOWARIK 1990b). In vielen Dörfern und Städten ist sie ein traditioneller Zier- und Straßenbaum.
- Ruderale Robinienwälder, die in der Nachkriegszeit in wärmeren Gegenden auf kriegszerstörten Flächen aufgewachsen sind, haben einen historischen Zeugniswert und erinnern an die Ursachen ihrer Entstehung. In Berlin werden sie auch in Schutzgebiete wie das Naturschutzgebiet Schöneberger Südgelände einbezogen, um die langfristige Entwicklung urbaner Wälder zu garantieren (KOWARIK & LANGER 1994).
- In urbanindustriellen Gebieten sind die protektiven Funktionen der Robinie für den Naturhaushalt und die menschliche Umwelt zu bedenken. Pioniereigenschaften, schnelles Wachstum, hohes Regenerationsvermögen, geringe Standortansprüche, weitgehende Trockenheitsresistenz und Verträglichkeit gegenüber staub- und gasförmigen Immissionen sowie Streusalz machen die Robinie zu einem wertvollen Baum, der auf schwierigen urbanindustriellen Standorten besser als viele einheimische Arten wächst (MEYER et al. 1978).

Zusammengefasst gibt es also gute Gründe, Robinien inner- und außerhalb von Siedlungen zu pflanzen oder hiervon abzusehen, sie zu bekämpfen oder zu erhalten. Die Entscheidung sollte im Einzelfall getroffen werden, wobei neben dem Artenschutz auch die übrigen Aufgaben des Naturschutzgesetzes zu beachten sind.

6.2.5.6 Andere Arten

Im Folgenden werden weitere Neophyten beschrieben, die in Grünland und Heiden eingewandert sind: Das **Indische Springkraut** (*Impatiens glandulifera*, siehe Kap. 6.4.2) dringt beispielsweise gelegentlich in Streuwiesen ein (z.B. HARTMANN et al. 1995). Die **Herkulesstaude** (*Heracleum mantegazzianum*, siehe Kap. 6.4.3) wird mit landwirtschaftlichen Geräten und Fahrzeugen auch in Grünland und Äcker eingeschleppt. Fallen solche Flächen brach, entwickeln sich schnell Massenbestände (SCHEPKER 1998, PYŠEK 1991). **Schwarzkiefern** (*Pinus nigra*) werden gelegentlich in Süd- und Mitteldeutschland auf trockenen, kalkreichen Böden zur Aufforstung von Magerrasen verwendet (KORELL 1953, MÖRMANN 1969). Von solchen Anpflanzungen können sie in Kalkmagerrasen einwandern und zu deren Wiederbewaldung beitragen (z.B. SPRANGER & TÜRK 1993 zu oberfränkischen Muschelkalkstandorten). In küstennahe Heiden dringt gelegentlich die **Berg-Kiefer** (*Pinus mugo*) ein (zu *Campylosus inflexus* und *Rosa rugosa* in Küstendünen siehe Kap. 6.6) und auf Bergwiesen und an einigen Wegrändern im Harz breiten sich gepflanzte **Spiersträucher** durch klonales Wachstum aus (J. FUNCKE, mündlich). Dabei handelt es sich wahrscheinlich um *Spiraea alba* oder *S.* × *billardii*, die beide auch an der Selke im Harz vorkommen (ADOLPHI 1997). Die problematischen Vorkommen der **Spätblühenden Traubenkirsche** (*Prunus serotina*) in Offenlandbiotopen werden zusammen mit Forstvorkommen in Kap. 6.3.2 behandelt.

6.2.6 Hecken und andere Gehölzpflanzungen

Bei der Flurbereinigung, der Begrünung von Verkehrswegen und im Rahmen der Eingriffsregelung werden überaus große Mengen an einheimischen und nichteinheimischen Gehölzen ausgebracht (siehe Kap. 3.3.2). Zweierlei ist hierbei problematisch: der Aufbau gebietsuntypischer Gehölzbestände durch einheimische Arten fremder oder ungewisser Herkunft und die Funktion der neuen Hecken als Sprungbrett biologischer Invasionen.

6.2.6.1 Etablierung gebietsfremder Gehölze

Die Anlage von Hecken oder Flurgehölzen fördert gebietsfremde Gehölze:
• wenn nichteinheimische Arten absichtlich oder irrtümlich anstelle einheimischer Arten (z. B. *Prunus serotina* als *P. padus*) ausgebracht werden;
• wenn Arten verwendet werden, die zwar im Land, aber nicht im Naturraum einheimisch sind (z. B. *Hippophae rhamnoides* im Binnenland oder *Alnus incana*, *Acer pseudoplatanus* im Flachland);
• wenn im Naturraum einheimische Arten auf Standorte außerhalb ihrer synökologischen Amplitude gepflanzt werden (z. B. *Alnus glutinosa*, *Salix*-Arten auf trockenen Standorten);
• und wenn fremde oder unbekannte Herkünfte gebietstypischer Arten Verwendung finden.
Die Hoffnung, standortgemäße Arten setzten sich im Zuge der Bestandsetablierung „von selbst" durch, ist häufig zu optimistisch. *Alnus glutinosa* und *Prunus padus* wachsen leicht an und wurden deshalb früher auch auf Standorten außerhalb ihres synökologischen Optimums bevorzugt. STARKMANN (1993) hat an unterschiedlich alten Hecken im Münsterland gezeigt, dass solche Pioniere wesentlich persistenter sind als angenommen und anderen Gehölzen noch nicht gewichen sind. Auch im tertiären Hügelland Bayerns fehlen selbst älteren flurbereinigten Hecken die meisten Arten naturnaher Hecken (PFADENHAUER & WIRTH 1988). Dies kann an begrenzten Einwanderungsmöglichkeiten, aber auch an der unterschätzten Persistenz der Pionierpflanzen liegen. Ein Extrem ist *Robinia pseudoacacia*, die dauerhafte Bestände bilden kann (siehe Kap. 6.2.5.5).

Im Gegensatz zu früher werden heute überwiegend standortgemäße einheimische Gehölze im Außenbereich verwendet (siehe Kap. 3.3.2). Dennoch sind solche Pflanzungen problematisch, da das Baumschulmaterial vieler Arten vegetativ vermehrt oder unbekannter, jedenfalls nicht gebietstypischer Herkunft ist (Tab. 27). Dies fällt zwar weniger als die Ausbreitung von Neophyten auf, ist aber wegen der Menge der ausgebrachten Arten in naturnahem Umfeld mindestens genauso problematisch. Heckenpflanzungen als naturschutzfachliche Ausgleichsmaßnahmen können hierdurch zu neuen Eingriffen führen (REIF & NICKEL 2000). Die Verwendung von gebietsfremdem Pflanzenmaterial kann zu folgenden Konsequenzen führen:

Ökonomische Einbußen durch verminderte Vitalität: Morphologische, physiologische und phänologische Unterschiede führen dazu, dass Pflanzen verschiedener Herkünfte unterschiedlich gut anwachsen, Höhenzuwachs erzielen, ungünstige Witterungsbedingungen tolerieren oder gegen Pathogene resistent sind (SPETHMANN 1997): Gebietsfremde Herkünfte einheimischer Arten sind daher nicht von vornherein weniger standorttauglich (z. B. Herkünfte der Weiß-Tanne aus Kalabrien). Sie können jedoch klimatisch weniger gut angepasst sein, deshalb schlechter wachsen und bei extremer Witterung sogar ganz ausfallen. So wachsen nordische Herkünfte der Hänge-Birke in Deutschland schlechter und sind für einen Befall mit dem Pilz *Myxosporium devastans* extrem anfällig. Türkische und italienische Herkünfte von Haselnuss und Schlehe sind nicht ausreichend frosthart, italienische Weißdornherkünfte im Vergleich zu deutschen anfälliger gegenüber Mehltau und Blattlausbefall. Hierdurch sind Mehrkosten bei Begründung und Erhaltung von Pflanzungen möglich.

Verminderte innerartliche Vielfalt durch vereinheitlichte Pflanzungen: Bei vielen Arten hat sich unterhalb der Artebene ein großer Reichtum an nur regional verbreiteten Unter- und Kleinarten sowie taxonomisch nicht unterscheidbaren Ökotypen herausgebildet. Offensichtlich ist dies bei vielen Rosengewächsen (*Rubus, Rosa, Crataegus, Sorbus*). Diese Vielfalt geht fast unbemerkt verloren, wenn bei Ersatz- und Neupflanzung zwar die gleichen Arten, aber genetisch einheitliche Pflanzen oder andere Herkünfte und Unterarten verwendet werden. So sind nur drei statt 15 typischer Rosensippen und nur eine statt sieben typischer Weißdornsippen bei Neupflanzungen in einem Gebiet der Schwäbischen Alp verwandt worden (MÜLLER 1982). Auch in alten Hecken des Flämings wachsen zahlreiche Weißdorn- und Rosensippen, von denen jedoch nahezu ausschließlich *Crataegus monogyna* und *Rosa canina* nachgepflanzt werden (Tab. 45).

Verminderte innerartliche Vielfalt durch Hybridisierung und Introgression: Es kann zu Hybridisierungen und Rückkreuzungen mit gebietstypischen Sippen der gleichen oder verwandter Arten kommen. Hiervon sind beispielsweise Weißdornpopulationen, die regional sehr stark genetisch differenziert sein können, in großem Maße betroffen. Die Folgen für die regional differenzierte Biodiversität sind noch weitgehend unerforscht.

Die **Schlussfolgerung** aus dieser Betrachtung zielt darauf, bevorzugt gebietstypische Herkünfte einheimischer Arten in der freien Landschaft zu verwenden. Hiermit sollen einerseits die beschriebenen Risiken ausgeschlossen werden. Andererseits soll die regional differenzierte genetische Vielfalt durch Nachpflanzungen gebietstypischen Materials erhalten werden. Die rechtlichen Grundlagen hierfür liefert das Bundesnaturschutzgesetz mit § 41. Hiernach ist die Genehmigung für die Ausbringung gebietsfremder Pflanzen in freier Natur zu versagen, wenn eine „Verfälschung" der Pflanzen- und Tierwelt oder eine Gefährdung von Arten nicht auszuschließen ist (siehe Kap. 2.9.2). In diesem Zusammenhang ist der Hinweis wichtig,

Tab. 45 Biologische Vielfalt alter Hecken im Fläming (Brandenburg, n = 34). Viele der dort vorkommenden Gehölzsippen werden bei Neupflanzungen nicht verwendet (SEITZ 2002)

Art	in alten Fläming-Hecken (%)	aktuelle Neupflanzungen
Sambucus nigra	94	×
Rosa canina	68	×
Crataegus monogyna	62	×
Prunus spinosa	53	×
Rosa subcanina	41	
Crataegus × subsphaericea	29	
Rosa corymbifera	29	
Frangula alnus	24	×
Rhamnus cathartica	24	×
Rosa inodora	21	
Euonymus europaea	15	×
Crataegus × macrocarpa	12	
Crataegus × media	12	
Rosa rubiginosa	9	
Rosa sherardii	6	
Rosa subcollina	6	
Acer campestre	3	×
Corylus avellana	3	×
Crataegus laevigata	3	

dass die Definition des Artbegriffs in § 10 BNatSchG eindeutig die genetische Vielfalt innerhalb der Arten einschließt. Für die Praxis bedeutet dies tief greifende Veränderungen bei Ausschreibungen für Pflanzmaßnahmen und bei der Produktion von Gehölzen. Anders als in der gängigen Praxis muss hierbei sichergestellt werden, dass es sich bei entsprechend deklarierten Pflanzen tatsächlich um gebietstypisches Material handelt. Hierfür sind Zertifizierungen notwendig, die vor allem in Bayern und Baden-Württemberg erprobt sind und ein neues Marktsegment für Baumschulen eröffnet haben. Die Beiträge in SEITZ & KOWARIK (2002) veranschaulichen den Stand der aktuellen Diskussion.

An dieser Stelle ist aber auch auf mögliche Übertreibungen hinzuweisen. Im Siedlungsbereich und auf stark veränderten anthropogenen Standorten können Pflanzen gebietsfremder Herkünfte oder sogar nichteinheimische Arten besser wachsen als gebietstypische. Letztere sollten daher vor allem im naturnahen Umfeld gefördert werden.

6.2.6.2 Auffällige Neophyten

Die nordamerikanische **Kupfer-Felsenbirne** (*Amelanchier lamarckii*) ist ein altes Ziergehölz, das vor allem in Norddeutschland auch im Außenbereich in Hecken gepflanzt worden ist. Zwischen 1976 und 1991 wurden allein in Westfalen-Lippe 10245 Stück für freiwillige Heckenpflanzungen bereitgestellt (TENBERGEN 1993). Als „Korinthenbaum", dessen Früchte u. a. zur Marmeladenherstellung verwendet wurden, ist die Felsenbirne in einigen Gebieten kulturhistorisch bedeutsam. Sie wird durch Vögel weiter ausgebreitet und kann sich an Waldrändern, in naturnahen Gebüschgesellschaften und in Kiefernforsten etablieren (zur Einführungs- und Ausbreitungsgeschichte vgl. SCHROEDER 1972). In Eichen-, Birken- und Erlen-Wäldern ist sie ein seltener Agriophyt. Probleme werden hiermit bislang nicht verbunden. Dies gilt auch für die verwandten *A. spicata* und *A. alnifolia* (KRAUSCH 1973, AMARELL & WELK 1995).

PFADENHAUER & WIRTH (1988) haben bayerische flurbereinigte Hecken untersucht. Bei den Pflanzungen wurden sehr häufig gebietsfremde Ahorn- und Weidenarten sowie Ulmen und Hainbuchen verwendet. In jeder fünften der untersuchten Hecken kam die **Spätblühende Traubenkirsche** (*Prunus serotina*) vor, die sich innerhalb der Hecken gut vermehrte. Bei einer Erfolgskontrolle im Münsterland war sie in 217 Pflanzungen die einzige Art, die nach 24 Jahren in höheren Stückzahlen als ursprünglich gepflanzt vorkam (TENBERGEN 1993). Solche Heckenpflanzungen, die immer noch als Vogelschutzgehölz empfohlen werden, können als Sprungbrett für die Ausbreitung in schutzwürdige Magerrasen und Heiden fungieren und sollten daher vermieden werden (siehe Kap. 6.3.2).

6.3 Wälder und Forste

In Wäldern wachsen weit weniger Neophyten als an Gewässern, in Siedlungen und auf Äckern. Lange dachte man, dies läge an einer erhöhten „Resistenz" relativ naturnaher Waldökosyteme gegenüber dem Eindringen neuer Arten. Sicher werden hier viele Arten durch die abiotischen Charakteristika geschlossener Gehölzbestände ausgeschlossen, beispielsweise besonders lichtbedürftige Pionierarten durch Schatten. Bestätigt wird dies durch die Tatsache, dass die offenere xerotherme Gehölzvegetation im Übergang zu Waldgrenzstandorten deutlich reicher an Neophyten ist (zum Mittelrheingebiet: LOHMEYER 1976, LOHMEYER & SUKOPP 1992).

Die Umstände der relativen Neophytenarmut von Wäldern haben in Deutschland vor allem SCHROEDER (1972) und TREPL (1984, 1990, 1993) diskutiert. Demnach ist wohl nicht mit einer „biotischen Resistenz" zu rechnen, die durch Artenvielfalt im Allgemeinen oder durch Interaktionen mit Konkurrenten, Predatoren oder Parasiten im Besonderen aufgebaut werde. Inzwischen ist beispielsweise mehrfach belegt worden, dass artenreiche Lebensgemeinschaften auch besonders reich an nichteinheimischen Arten sein können

(z. B. REJMANEK 1996b, STOHLGREN et al. 1999). Andere Untersuchungen kommen zu unterschiedlichen Ergebnissen (LEVINE & D'ANTONIO 1999, NAEEM et al. 2000), sodass zumindest nicht mit einem einfachen Zusammenhang zwischen der Artenvielfalt und Invasibilität von Ökosystemen zu rechnen ist.

Die Ausbreitungsgeschichte von Arten wie *Impatiens parviflora* (siehe Kap. 6.3.1, Abb. 12) veranschaulicht die häufig unterschätzte ursächliche Bedeutung der Bedingungen, unter denen nichteinheimische Arten in Wäldern einwandern können. In vielen Fällen ist das Fehlen von Neophyten allein ausbreitungsbiologisch oder -geschichtlich erklärbar, insbesondere wenn es sich um isolierte Waldstandorte handelt. Hierfür spricht auch, dass siedlungsnahe Wälder neophytenreicher als siedlungsferne sind.

Neophyten in Wäldern und Forsten
- Arten, die sich von forstlichen Pflanzungen ausbreiten (*Prunus serotina*, *Pseudotsuga menziesii*, *Pinus strobus* und die meisten der in diesem Kapitel besprochenen problematischen Neophyten);
- Arten, die durch natürliche Ausbreitungsvektoren von siedlungsnahen Standorten in Wälder gelangen, beispielsweise die anemochoren *Acer platanoides* und *A. pseudoplatanus* von Straßenbaum- und gärtnerischen Pflanzungen (siehe Kap. 6.3.10), oder die zoochoren *Taxus baccata* und *Mahonia aquifolium* aus Parks und Gärten;
- Arten, die durch menschliche Aktivitäten in siedlungsnahe Wälder verschleppt werden, beispielsweise mit Gartenabfall *Lamium argentatum* und *Heracleum mantegazzianum* (Tab. 25), mit Bodenmaterial für den Wegebau *Fallopia*-Sippen und *Impatiens glandulifera* (siehe Kap. 6.4.4 und 6.4.2) sowie *Impatiens parviflora* mit Fahrzeugen (siehe Kap. 6.3.1);
- Arten, die von Jägern zur Wildäsung und -deckung eingebracht werden; beispielsweise *Helianthus tuberosus* (siehe Kap. 6.4.5), *Lupinus polyphyllus* (siehe Kap. 6.2.5.4);
- Arten, die von Imkern im Waldbereich, zumeist an Rändern oder lichten Stellen als Bienenfutterpflanzen angesät werden; beispielsweise *Heracleum mantegazzianum* (siehe Kap. 6.4.3, Tab. 50), *Solidago*-Sippen und *Impatiens glandulifera* (siehe Kap. 6.2.5.3, 6.4.2);
- Arten, die von „Liebhabern" angesalbt werden, beispielsweise *Lysichiton americanus* im Taunus (siehe Kap. 6.4.6).

Eine weitere Fallgruppe umfasst Arten, die in offenen Biotopen ihrerseits die Entwicklung neophytendominierter Wälder einleiten. Beispiele sind *Prunus serotina* auf degenerierten Hochmoorflächen und in Heiden (siehe Kap. 6.3.2) und *Robinia pseudoacacia* auf landwirtschaftlichen und städtischen Brachen (siehe Kap. 6.2.5.5). Im urbanindustriellen Bereich spielen bestandsbildende Gehölzneophyten eine besonders große Rolle.

6.3.1 Kleinblütiges Springkraut (*Impatiens parviflora*)

Herkunft, Einführung und aktuelle Vorkommen: Die aus Mittelasien stammende *I. parviflora* wurde 1824 in Genf beschrieben und breitete sich gegen 1837 erstmals aus den Botanischen Gärten von Dresden und Genf aus. TREPL (1984) hat die Ausbreitungsgeschichte folgendermaßen rekonstruiert (Abb. 12): In den ersten Jahrzehnten kam *Impatiens* vor allem in Gärten und Parks vor, wo sie wegen ihrer faszinierenden Springfrüchte häufig angesät wurde. Erst in der zweiten Hälfte des 19. Jahrhunderts wurden verstärkt ruderale Fundorte gemeldet. Vielleicht ist die Art mit Gartenabfall, Blumensträußen oder mit Erde, die keimfähige Samen enthielt, an diese Standorte gelangt. Möglich ist auch, dass die inzwischen eingeführte, attraktivere *I. glandulifera* ihre unscheinbare Verwandte als Gartenpflanze ersetzt hat. Mit der intensivierten Erholungsnutzung und forstlichen Bewirtschaftung der Wälder gelangte *I. parviflora* schließlich auch in siedlungsferne Gebiete. Sie ist heute der häufigste und am weitesten verbreitete Neophyt mitteleuropäischer Wälder und Forste. Erstaunlich ist ihre breite soziologische Amplitude: *I. parviflora* kommt in mindestens sieben pflanzensoziologischen Klassen mit 20 Verbänden vor. Häufig ist sie in Kalk- und Braunmullbuchenwäldern, Eichen-Hainbuchen-Wäldern, Erlenbrüchen, in verschiedenen Waldgesellschaften der Hart- und Weichholzaue sowie in zahlreichen Forstgesellschaften. Darüber hinaus ist sie in nitrophilen Saum- und Verlichtungsgesellschaften sowie auf Ruderalstandorten verbreitet.

Erfolgsmerkmale: Auf natürlichem Wege kann sich *I. parviflora* nur bis zu 3,4 Meter pro Jahr mit ihren Springfrüchten ausbreiten. Vorkommen in Astgabeln zeigen, dass auch Vögel gelegentlich zur Ausbreitung beitragen (MASING 1995). Der überragende Ausbreitungserfolg ist jedoch den oben geschilderten anthropogenen Ausbreitungsvektoren zu verdanken.

Die standörtliche Amplitude von *I. parviflora* ist deutlich breiter als die des einheimischen Rührmichnichtan (*I. noli-tangere*), das schattig-feuchte Bedingungen vorzieht. Sie reicht von trockenen bis zu feuchten, von nährstoffarmen bis -reichen Standorten, wobei die Art durch ein höheres Nährstoffangebot gefördert wird und daher auch von der allgemeinen Eutrophierung profitiert. Aufgrund ihrer Schattentoleranz und der nur flach ausstreichenden Wurzeln kann *I. parviflora* auch in ansonsten krautschichtfreien Buchenwaldtypen wachsen. Sie füllt hier eine Nische, die von einheimischen Arten nicht besetzt werden kann. Diese wurzeln meist tiefer und können daher der Wurzelkonkurrenz der Bäume nicht so gut ausweichen wie *I. parviflora* (TREPL 1984). Im Vergleich zum einheimischen *I. noli-tangere* produziert die neophytische Art mehr Samen und keimt auch schneller und zahlreicher, sodass die einheimische Verwandte im standörtlichen Überschneidungsbereich bei der Etablierung behindert wird (WEISE 1966/67).

Problematik und Diskussion: In Wäldern und Forsten sowie an zahlreichen Waldinnen- und -außensäumen tritt *I. parviflora* oft aspektbestimmend auf. Hieraus wird gelegentlich auf eine Verarmung der Krautschicht und auf Konflikte mit dem Arten- und Biotopschutz geschlossen. *I. parviflora* gilt daher als problematischer Neophyt (Tab. 75). Sie könnte jedoch ein gutes Beispiel für eine Art sein, deren auffälliges Vorkommen im deutlichen Kontrast zu den hiermit verbundenen Folgen steht. Beeinträchtigungen anderer Arten der Krautschicht sind auszuschließen, wenn *Impatiens* Lücken ausfüllt, die von einheimischen Arten nicht besiedelt werden. Gründe dafür sind der Schattendruck oder die Wurzelkonkurrenz der Waldbäume oder zu hohe Streuauflagen. In geophytenreichen Laubwäldern erlaubt die unterschiedliche jahreszeitliche Einnischung eine Koexistenz zwischen Frühjahrsblühern und der als Annuellen erst später dominierenden *I. parviflora* (Beobachtung in der Hannoverschen Eilenriede).

Innerhalb der nitrophilen Saumvegetation konkurriert *Impatiens* mit Saumarten, die vor allem in ihrem Jugendstadium von dem höher wüchsigen Neophyten beschattet werden. Es gibt jedoch keine Hinweise, dass solche oder andere Pflanzenarten durch das Kleinblütige Springkraut innerhalb eines Gebietes zurückgedrängt worden sind. Dies dürfte auch für die einheimische Verwandte *I. noli-tangere* gelten. Nur auf trockeneren, ihr weniger zusagenden Standorten ist sie *I. parviflora* unterlegen, sodass mit Dominanzverschiebungen, aber nicht mit einem Rückgang dieser Art zu rechnen ist (nach TREPL 1984).

Die **biozönotische Einbindung** verschiedener *Impatiens*-Arten ist von SCHMITZ (1991) untersucht und zusammenfassend dargestellt worden (Tab. 58), sodass an ihrem Beispiel Folgewirkungen der Etablierung eines Neophyten auf die Tierwelt sichtbar werden. *I. parviflora* begünstigt vor allem zwei Tiergruppen: Schwebfliegen und blattlausverzehrende Insekten (Aphidophage).

Wälder und Forste

> **Beispiel**
>
> **Folgewirkungen von *Impatiens*-Arten auf die Tierwelt**
>
> Für beide neophytische *Impatiens*-Arten ist die neozoische Blattlaus *Impatientinum asiaticum* von Bedeutung. Sie stammt aus dem Heimatgebiet von *I. parviflora*, wurde 1967 für Europa erstmals in Moskau und seit den 70er-Jahren auch in Mitteleuropa nachgewiesen. Sie ist inzwischen auch im synanthropen Verbreitungsgebiet ihrer Wirtspflanze häufig und ist auch auf *I. glandulifera* übergegangen. Das Neozoon ist seinerseits zum Wirt von mindestens drei Parasiten und zum Beutetier von 21 weiteren Arten geworden. Von der einheimischen *I. noli-tangere* sind dagegen nur vier aphidophage Arten bekannt (Tab. 58). Viele der Schwebfliegenarten, die während der langen Blütezeit von *I. parviflora* von Mitte Mai bis Oktober deren Pollen und Nektar aufnehmen, ernähren sich im Larvalstadium von Blattläusen. Sie werden also zweifach durch die Ausbreitung des Neophyten und seines neozoischen Parasiten gefördert. Bisher konnten insgesamt 40 aphidophage Arthropoden (ohne Spinnen) nachgewiesen werden, die durch die großen Blattlauskolonien und/oder die Blüten von *I. parviflora* gefördert werden. Darunter sind auch häufige Ubiquisten, die in landwirtschaftlichen Kulturen als Nutzinsekten eine Rolle spielen und durch benachbarte *Impatiens*-Bestände gefördert werden. Auch für pilzliche und pflanzliche Parasiten hat *I. parviflora* Bedeutung. Bislang sind fünf phytoparasitäre Pilze an ihr festgestellt worden, darunter auch der aus ihrer Heimat stammende Neomycet *Puccinia komarovii*, der Mitte der 30er-Jahre nach Ost- und Mitteleuropa gelangte. Daneben nutzen verschiedene einheimische und neophytische *Cuscuta*-Arten *Impatiens* als Wirtspflanze (nach SCHMITZ 1998a, b).
>
> Schwebfliegen und krautbewohnende Spinnen profitieren von *Impatiens*-Vorkommen auf zuvor krautschichtfreien oder blütenarmen Standorten. Arten, die wie die Fruchtfliege *Phytoliriomyza melampyga* von *I. noli-tangere* auf *I. parviflora* übergehen konnten, erfuhren hierdurch eine Erweiterung ihres Lebensraumspektrums auf trockenere Standorte. Nach den bilanzierten Literaturangaben leben an *I. parviflora* weniger Phytophage, als an der einheimischen Verwandten oder an nitrophilen Saumarten mit denen sie in Konkurrenz treten kann (z. B. *Geum urbanum*, *Geranium robertianum*). Wenn *I. parviflora* Dominanzverschiebungen in der Saumvegetation bewirkt, ist eine Verarmung der Tierwelt jedoch nicht zwangsläufig die Folge: Unter den konkreten Bedingungen eines Standortes ist nur mit einem Ausschnitt aus dem Spektrum der Tierwelt zu rechnen, mit dem eine bestimmte Pflanzenart assoziiert (siehe Kap. 7.2.2). SCHMITZ (1998a) berichtet von einer der seltenen Vergleichsuntersuchungen, bei der Vegetationsausschnitte unter annähernd gleichen standörtlichen Bedingungen hinsichtlich der Präsenz verschiedener Insektengruppen analysiert worden sind, und zwar einmal mit und einmal ohne Vorkommen eines Neophyten.
>
> Im Kottenforst bei Bonn wurden benachbarte Alliarion-Bestände mit und ohne *I. parviflora* untersucht. Es zeigte sich, dass die Individuenzahl der Arthropoden (ohne Collembolen und Spinnen) in den Proben mit zunehmendem Blattflächenanteil von *Impatiens* steigt, was vor allem an den dichten Kolonien der an *Impatiens* gebundenen Blattlaus *Impatientinum asiaticum* liegt. Die Aufschlüsselung der Artengruppe ergab keine Unterschiede bei den Spinnen sowie bei den Phytophagen, die an den beteiligten Pflanzen leben. *Impatiens*-dominierte Bestände hatten jedoch signifikant mehr Aphidophage, Bodentiere (Isopoda, Myriapoda, Opiliones, Pseudoscorpiones, terrestrische Insektenlarven) und Sonstige (Psocoptera, Dermaptera sowie an den Pflanzen nicht phyto- oder aphidophag lebende adulte Diptera, Coleoptera und Hymenoptera). In diesem Fall scheint das Eindringen von *Impatiens* in die Saumvegetation die Bedingungen für die Entomofauna eher verbessert zu haben. Dieser Befund ist nicht allgemeingültig, zeigt jedoch, wie differen-

ziert biozönotische Auswirkungen von Neophyten zu beurteilen sind.

Zusammenfassend zeigt sich, dass *I. parviflora* mit ihren verbreiteten Dominanzbeständen auffällige Veränderungen des Vegetationsaspektes bewirkt. Dominanzverschiebungen erfolgen besonders in Saumgesellschaften, ohne dass hierdurch andere Arten zum Rückgang gebracht werden. Wo *Impatiens* im Sommer ansonsten krautschichtfreie Standorte einnimmt, ist eine biologische Bereicherung zu erwarten, die auch neue Nahrungsressourcen für die Tierwelt bedeuten kann. Vor diesem Hintergrund ist die Notwendigkeit von Bekämpfungen infrage zu stellen.

6.3.2 Spätblühende Traubenkirsche (*Prunus serotina*)

Herkunft: *Prunus serotina* kommt in verschiedenen Varietäten im östlichen Nordamerika von Nova Scotia in Kanada bis Florida im Süden, Minnesota im Westen sowie im Südwesten bis zum Bergland Guatemalas vor. Im trockeneren Süden und Südwesten und am nördlichen Arealrand bleibt sie eher strauchförmig, wächst aber unter optimalen feuchten Bedingungen auf dem Allegheny Plateau (Pennsylvania, New York, West Virginia) bei Niederschlägen zwischen 970 und 1120 Millimeter zu stattlichen Bäumen heran. Sie kann hier zur dominanten Waldart werden, und zwar in 60 bis 100-jährigen Sukzessionsstadien, die sich nach flächigen, bis in die 30er-Jahre unternommenen Kahlschlägen entwickelt haben. In urwaldähnlichen Beständen kommt sie dagegen kaum noch dominant vor. Nach anthropogenen und natürlichen Störungen wie Waldbränden und Tornados leitet *P. serotina* wieder die Waldregeneration ein. Im Laufe der Sukzession nimmt ihre Populationsdichte erheblich zugunsten länger lebender, stark schattender Arten (*Fagus grandifolia, Acer rubrum*) ab. Wegen ihres wertvollen Holzes wird sie forstwirtschaftlich gefördert (MARQUIS 1983, 1990, STARFINGER 1990).

Einführung und Verwendung: Die Spätblühende Traubenkirsche gelangte 1623 als Ziergehölz nach Frankreich und ist seit 1685 sicher für Deutschland nachgewiesen (WEIN 1930). Bis in das 19. Jahrhundert war sie mit ihren attraktiven Blüten, Früchten und der Herbstfärbung als Zierbaum in vielen europäischen Gärten und Parks vertreten. In der zweiten Hälfte des 19. Jahrhunderts begannen planmäßige forstliche Versuchsanbauten, die allerdings zahlen- und flächenmäßig beschränkt blieben (z. B. 11 Reviere mit 1,72 Hektar in preußischen Versuchsanstalten). Der auf armen Sandböden erhoffte schnelle Holzzuwachs trat nicht ein, da *Prunus serotina* hier nur selten gerad-, sondern eher krummschäftig und zur Zwieselbildung neigend wuchs (SINNER 1926). Stattdessen wurde die Art nun vermehrt in Sandgebieten Deutschlands, Belgiens und der Niederlande als „dienende Holzart" eingesetzt (VON WENDORFF 1952, STARFINGER 1990).

Seit etwa 1920 wurde sie in Belgien und den Niederlanden und nach 1950 in Norddeutschland zur Festlegung binnenländischer Dünen und bei Aufforstungen zusammen mit Kiefern und Lärchen gepflanzt. Dies geschah reihenweise innerhalb der Nadelholzbestände und an Bestandsinnen- und -außenrändern. Hiervon versprach man sich einen erhöhten Wind- und Brandschutz, eine Unterdrückung unerwünschter Unkräuter sowie eine verbesserte Bodenfruchtbarkeit. Die leichte Zersetzbarkeit der *Prunus*-Blätter mit einem niedrigen Kohlenstoff/Stickstoff-Verhältnis (17 bis 20) sollte den Abbau der Nadelstreu beschleunigen. Daneben erhoffte man sich Holzerträge sowie zahlreiche Nebennutzungen. Das Holz ist wertvoll und wird in der Vermarktung nicht von Kirschholz unterschieden. Während in den Niederlanden Ende der 50er-Jahre schon mit Bekämpfungen begonnen wurde, dauerten die Pflanzungen in Deutschland wenigstens bis Anfang der 80er-Jahre an. *P. serotina* wurde in großem Maße auf sandigen, seltener auf moorigen Böden gepflanzt, beispielsweise bei den Aufforstungen im Emsland (oft in Lärchenkulturen). Im Regierungsbezirk Lüneburg wurde sie verstärkt nach den Reparationshieben der Nachkriegszeit und den großen Waldbränden der 70er-Jahre eingesetzt. Kiefernkulturen fasste man allseitig entlang der Wege mit drei Reihen von *P. serotina* ein. Innerhalb der Kulturen wurde die Art oft entlang von Rückewegen in Reihe gepflanzt und ersetzte hierbei häufig die zur Brandverhütung angelegten, aber stark von Kaninchen verbissenen Lärchenstreifen (VON WENDORFF 1952, STARFINGER 1990, SCHULTE mündlich).

Bis heute wird *P. serotina* als ästhetisch attraktives und an Vogelnahrung reiches, schnell wachsendes Gehölz in Feldgehölzen, Hecken (siehe Kap. 6.2.6.2), Gärten sowie im Straßenbegleitgrün verwendet und als Bienenweide empfohlen. In den niedersächsischen Landesforsten ist ihre Verwendung durch einen ministeriellen Erlass seit dem 31.1.1989 verboten.

Aktuelle Vorkommen: *P. serotina* ist in Mitteleuropa weit verbreitet. Größere Vorkommen bestehen auf armen Sandböden von Polen, über die norddeutsche Tiefebene bis nach den Niederlanden und Belgien (EIJSACKERS & OLDENKAMP 1976, STARFINGER 1990, SCHEPKER 1998, MUYS et al. 1992). Auch in süddeutschen Sandgebieten kommen Dominanzbestände vor, beispielsweise im Mainzer Lennebergwald, in Baden sowie im Nürnberger Reichswald (BITZ 1985, HAAG & WILHELM 1998).

Die meisten und größten Vorkommen befinden sich in **Wirtschaftsforsten** auf bodensauren Sandböden, wo *P. serotina* unter gepflanzten Kiefern, Lärchen und Eichen häufig dichte Strauchschichten aufbaut (Tab. 48).

Darüber hinaus vermehrt sie sich auch gut in landwirtschaftlichen Hecken: Im Münsterland war sie bei 217 untersuchten Heckenpflanzungen die einzige Art, die nach 24 Jahren in höheren Stückzahlen als ursprünglich gepflanzt vorkam (TENBERGEN 1993).

Als Pionierbaum besiedelt die Spätblühende Traubenkirsche auch **gehölzfreie Lebensräume**. Hiervon sind Magerrasen, vor allem Sandtrockenrasen, *Calluna*-Heiden sowie entwässerte Feuchtgebiete betroffen. Daneben kommt sie auch in städtischen Grünanlagen sowie bei der Brachflächensukzession vor (KOWARIK 1992b). Die Etablierung gelingt selbst in offenen Silbergrasrasen des Spergulo-Corynephoretum mit ihrem extremen Feuchtigkeits- und Temperaturhaushalt (BÖCKER 1990). Begrenzend wirkt dagegen ein hoher Grundwasserstand. *P. serotina* ist nicht überflutungstolerant (LYR et al. 1992) und fehlt daher in intakten Auenlandschaften. *P. serotina* kann sich auch an Moorrändern etablieren. In entwässerten Mooren wie im Ostenholzer Moor (Landkreis Celle, Soltau-Fallingbostel) können großflächige Bestände aufwachsen. Hier besiedelt *P. serotina* beispielsweise etwa 350 Hektar auf ehemaligen Hochmoorflächen, die abgetorft, entwässert oder in Grünland umgewandelt wurden und danach brachgefallen sind (SCHEPKER 1998).

Erfolgsmerkmale: Ausgangspunkt für die fast flächendeckenden *Prunus*-Vorkommen in Sandgebieten sind forstliche und andere **Anpflanzungen**. Wie oben beschrieben, wurde die Spätblühende Traubenkirsche zur Holzproduktion, Bodenverbesserung und -festlegung, Waldbrandprophylaxe, als Windschutz-, Deckungs- und Vogelschutzgehölz sowie als Bienenweide gepflanzt. Noch 1980 werden in den „Richtlinien für die Anlage von Hegebüschen" der Landesjägerschaft Niedersachsen *P. serotina*, daneben auch *Robinia pseudoacacia* und *Hippophae rhamnoides*, als „standortgemäß" empfohlen. Gelegentlich wird *P. serotina* bei Heckenpflanzungen unbeabsichtigt (?) anstelle der einheimischen *Prunus padus* gepflanzt (TENBERGEN 1993).

Die Spätblühende Traubenkirsche wird oft für besonders ausbreitungsstark gehalten. Vor allem die in Forsten häufigen Dominanzbestände gelten als Ergebnis und Beleg ihrer vermeintlich „aggressiven" **Ausbreitungskraft**. In Niedersachsen waren allerdings 98% aller untersuchten Vorkommen direkt auf forstliche Anpflanzungen zurückzuführen (Tab. 25), was bedeutet, dass praktisch keines der problematischen Vorkommen ohne initiale Pflanzung entstanden ist. Auch in Berliner Forsten beobachteten STARFINGER (1990) und SEIDLING (1993) einen häufig abrupten Wechsel zwischen Bereichen mit dichter und solchen mit fehlender oder sehr geringer *Prunus*-Deckung und führten dies eher auf Anpflanzungs- als auf Ausbreitungsmuster zurück. Dass sich die Traubenkirschen von Anpflanzungen aus-

Tab. 46 Reichweite der räumlichen Ausbreitung der Spätblühenden Traubenkirsche (*Prunus serotina*) in verschiedenen Biotoptypkomplexen Niedersachsens. Angaben ist der maximale Abstand zwischen dem Rand der Initialpflanzung und den am weitesten hiervon entfernten spontanen Individuen. Die Ausbreitung kann über verschiedene Generationen erfolgt sein. Dominanzbestände sind sehr viel enger an die Ausgangspflanzungen gebunden

Gebiet	Biotoptyp-komplex	Alter der Initial-pflanzung in Jahren	maximale Reichweite der Aus-breitung [m]	Errechnete Ausbreitungs-geschwindig-keit pro Jahr [m/a]	Quelle
Celle	Kiefernforst	40	240	7	SCHULTE & SCHULZE unveröff.
Schotenheide	Kiefernforst	27	430	16	MÜLLER & WENDE-BOURG 1996
Salzdetfurth	Laub-mischwald	45	550	12	SCHEPKER 1998
Solling	Fichtenforst	42	700	17	SCHEPKER 1998
Burgdorf	Feldflur	41	900	22	SCHULTE & SCHULZE unveröff.

Abb. 37
Reichweite der Ausbreitung von *Prunus serotina* in einer Offenlandschaft (Feldflur von Burgsdorf, Landkreis Hannover) ausgehend von einer Heckenpflanzung zu Beginn der 50er-Jahre. Als Ausbreitungsleistung einer Generation wurde die kürzeste Entfernung zwischen einem nichtfruchtenden und dem nächsten fruchtenden Individuum ermittelt (oberes Spektrum). Das untere Spektrum veranschaulicht die räumliche Struktur der gesamten spontanen Population, die innerhalb von etwa 41 Jahren nach der Heckenpflanzung entstanden ist. Hierzu wurden die Distanzen zwischen den spontanen und nächstgelegenen gepflanzten Individuen ermittelt (nach Daten von Schulte & Schulze aus KOWARIK 1995e).

breiten, ist unstrittig. Die Frage nach der Reichweite dieses Prozesses muss für Offenlandschaften und Forstgebiete allerdings differenziert beantwortet werden.

P. serotina wird durch Vögel und Säugetiere (Füchse, Marder, Damwild) ausgebreitet. Ihre Früchte werden in Mitteleuropa von 60 Vogelarten gefressen (TURCEK 1961). In geschlossenen Gehölzbeständen besteht, wie bei anderen ornithochor verbreiteten Bäumen, ein enger räumlicher Zusammenhang zwischen der Ausbreitungsquelle und den von Vögeln abgesetzten Samen. Im amerikanischen Heimatareal fand SMITH (1975) 71% der *Prunus*-Früchte in einem Abstand von weniger als 25 Meter vom Baum entfernt; die meisten sogar in einem Umkreis von 5 Metern. Füchse und andere Säugetiere sowie größere Vögel können Initialpopulationen auch in größerer Entfernung begründen. So wird in den Heidegebieten des Emslandes die Ausbreitung von *P. serotina* durch das von Jägern eingeführte Damwild extrem beschleunigt. Mit der Losung transportiert dieses hoch mobile Neozoon die Traubenkirschensamen in großen Mengen auch auf gehölzfreie Flächen, wo hektargroße Bestände aufwachsen können.

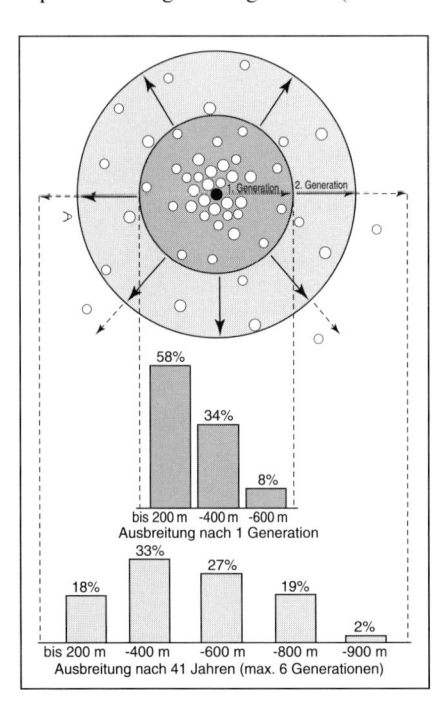

Zur Abschätzung des **Ausbreitungserfolges** von *P. serotina* müssen gepflanzte und spontane Bestände unterschieden werden. Tab. 46 fasst Untersuchungen zusammen, in denen dies mit Hilfe forstarchivalischer Daten gelungen ist. Hiernach breitet sich die Traubenkirsche in Forsten deutlich langsamer aus als in landwirtschaftlich geprägten Heckenlandschaften aus. Im Zeitraum von etwa 40 Jahren konnten sich Einzelindividuen in Kiefernforsten etwa 400 Meter, in der Burgsdorfer Heckenlandschaft dagegen bis zu 900 Meter von der

Wälder und Forste

Ausgangspflanzung entfernt etablieren (Abb. 37). Dieser Unterschied ist mit einer früheren und reicheren Fruchtproduktion im Freistand sowie mit dem Verhalten der Vögel zu erklären, die im Offenland gezielt auch weiter entfernte vertikale Strukturelemente anfliegen (MCDONNEL & STILES 1983). Hierdurch entstehen unregelmäßige Verbreitungsmuster, wogegen im Forst die Individuendichte meist exponentiell mit der Entfernung zur Ausbreitungsquelle abnimmt.

Allgemein fördern Durchforstungen und Bodenverwundungen die Ausbreitung von *P. serotina* in Forsten. In Brandenburg sollen Stickstoffemissionen aus Masttierhaltungen begünstigend gewirkt haben (HOFMANN & HEINSDORF 1990). Für Ostberliner Forste, die teilweise aus der Luft mit Harnstoff gedüngt worden waren, konnte SEIDLING (1993) dagegen keinen Zusammenhang zwischen Stickstoffeinträgen und *P. serotina*-Vorkommen feststellen.

Das Untersuchungsbeispiel aus der Schotenheide lässt erkennen, wie eng spontan aufgewachsene **Dominanzbestände** an die Ausgangspflanzung gebunden sind (Tab. 47, Abb. 38): Nach etwa 100 Metern vollzieht sich ein abrupter Übergang zwischen einer dicht deckenden, 5 bis 6 Meter hohen Strauchschicht und einem Bereich mit nur noch vereinzelt aufwachsenden Individuen. Altersanalysen lassen drei Phasen des Ausbreitungs- und Etablierungsprozesses von *P. serotina* in Kiefernforsten erkennen (Tab. 47). Einzelne Individuen etablieren sich bereits im dichten 25 bis 30-jährigen Kiefernforst (Phase I). Nach der Durchforstung gelangt mehr Licht auf den Waldboden, sodass nun *Prunus*-Dominanzbestände heranwachsen (Phase II). Nach STARFINGER (1990) ist hierzu ein Lichtgenuss von mehr als 10% notwendig. Die weitere Ausbreitung der Dominanzbestände wird dann durch eine dichte Vegetationsschicht aus

Tab. 47 Ausbreitungs- und Etablierungsprozess von *Prunus serotina* im Kiefernforstgebiet der Schotenheide (Landkreis Soltau-Fallingbostel, Niedersachsen, nach MÜLLER & WENDEBOURG 1996)

Phase	Zeitraum (Jahre)	Populationsentwicklung von *Prunus serotina*	fördernde/hemmende Faktoren
I	0	Anlage der Ausgangspflanzung (Windschutzhecke im Freistand) mit dreijährigen Pflanzen	
	3	Beginn der spontanen Ausbreitung durch Vögel	Eintritt der gepflanzten Individuen in die adulte Phase (unter Kiefer später),
	4–10	Etablierung einzelner Individuen im angrenzenden Kiefernbestand, langsames Wachstum (Oskar-Phase)	geringer Lichtgenuss im ca. 25–30j. Kiefernreinbestand
II	11–20	verstärkte Etablierung nach Durchforstung, Aufwachsen von Dominanzbeständen im Umkreis von ca. 100 m um die Ausbreitungsquelle	erhöhtes Diasporenangebot der Ausbreitungsquelle, verbesserte Lichtbedingungen nach Durchforstung, hohes Angebot an günstigen Etablierungsstandorten (safe sites) auf weitgehend vegetationsfreien Waldboden
III	21–28	weitere Etablierung einzelner Individuen bis max. 430 m von primärer Ausbreitungsquelle entfernt, aber: nur noch geringe Erweiterung des Dominanzbestandes	Eintritt spontaner Individuen in adulte Phase, mögliche Einschränkung des Angebots an safe sites durch „Vergrasung" des Waldbodens außerhalb der *Prunus*-Dominanzbestände (?)

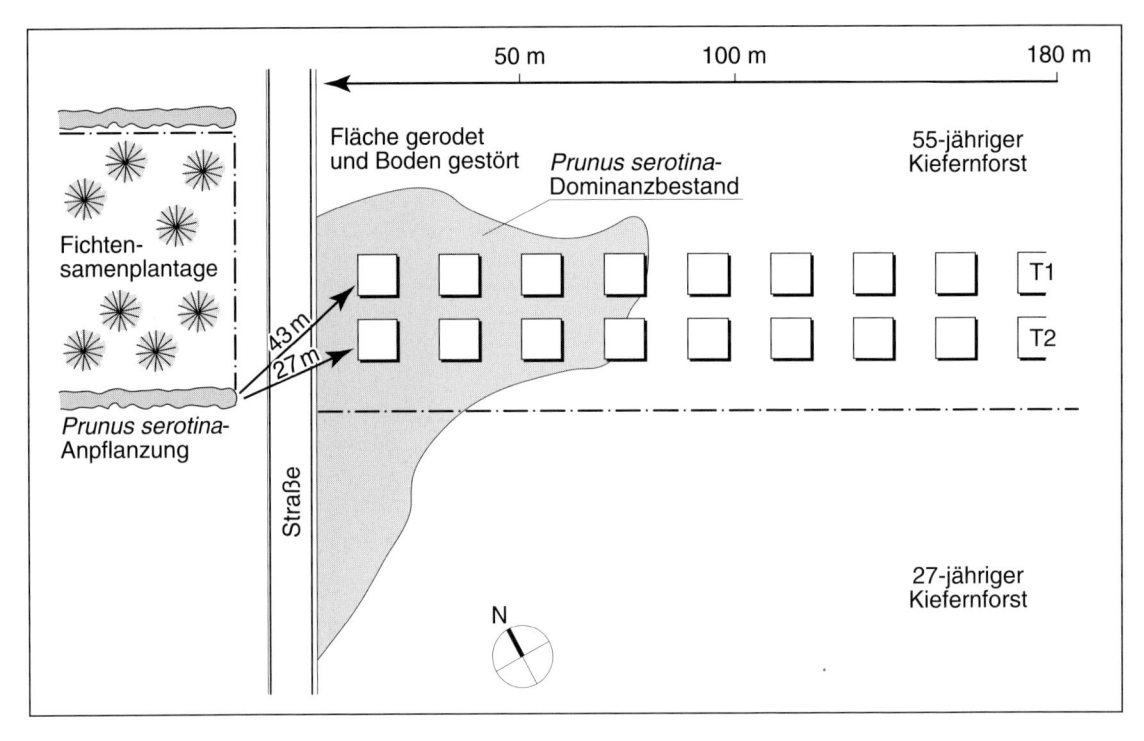

Abb. 38
Charakteristisches Ausbreitungsmuster von *Prunus serotina* in Kiefernforsten der Schotenheide (Landkreis Soltau-Fallingbostel, Niedersachsen). Ausbreitungsquelle für den 1995 untersuchten Dominanzbestand ist eine benachbarte, 1968 gepflanzte und 1983 wieder gerodete Hecke aus *Prunus serotina*. Über einen Ausbreitungszeitraum von etwa 25 Jahren sind einzelne Individuen bis 436 Meter weit in die benachbarten Kiefernforste eingewandert. Dominanzbestände der Spätblühenden Traubenkirsche sind dagegen nur bis zu einer Entfernung von 120 Metern zur Ausbreitungsquelle aufgebaut worden (T1, T2: Transekt 1 und 2; nach RODE et al. 2002).

Draht-Schmiele (*Avenella flexuosa*) gehemmt, die außerhalb des Traubenkirschenbestandes inzwischen aufgewachsen ist. Sie profitiert ebenfalls von der Durchforstung und erlaubt nur noch die Etablierung vereinzelter *Prunus*-Pflanzen (Phase III). Ob dieses Wechselspiel auch in anderen Gebieten zur Entstehung der mehrfach beschriebenen dichten „Ausbreitungsfronten" von *P. serotina* geführt hat, bleibt weiteren Untersuchungen vorbehalten. In Berliner Forsten schließen sich beispielsweise dichte Vorkommen von *P. serotina* und *Calamagrostis epigejos* aus (SEIDLING 1993). Das Sandrohr könnte hier die Ausdehnung von Dominanzbeständen der Traubenkirsche begrenzen und sich womöglich nach deren erfolgreicher Bekämpfung seinerseits als gefürchtetes Forstunkraut ausbreiten.

Der Ausbreitungserfolg von *P. serotina* wird durch **Pioniereigenschaften** begünstigt. Sie blüht und fruchtet im Freistand schon nach sechs Jahren. In geschlossenen Forsten setzt die Fruchtproduktion dagegen erst nach etwa 20 Jahren ein (STARFINGER 1990). An Waldrändern sowie im Freistand reifen alljährlich große Mengen an Früchten, die von Vögeln, Fuchs, Marder, Wildschwein und Damwild ausgebreitet werden.

Ungünstige Etablierungsbedingungen (z. B. starker Schatten) überdauert *P. serotina* auf zwei Wegen: Sie baut eine Samenbank auf, die mindestens fünf Jahre überdauert (WENDELL 1977) und vor allem nach Störungen reaktiviert wird. MARQUIS (1975) fand im Boden eines von *P. serotina* dominierten Mischbestandes im Mittel 75 Samen pro Quadratmeter. Keimlinge können mehrere Jahre auch bei ungünstigen Lichtbedingungen mit geringem Jahreszuwachs überdauern, was selbst in dichten Fichtenbeständen gelingt. Solche schwachwüchsigen Überlebenskünstler heißen nach SERNANDER (1936) „arme Zwerge". SILVERTOWN (1987) nannte sie in Anspielung an Günther Grass' Blechtrommel „Oskars". Sobald sich die Lichtbedingungen verbessern, beispielsweise nach Durchforstungen, nutzen diese Oskars den Etablierungsvorsprung und bauen vor anderen Gehölzen eine dichte Strauchschicht auf.

Ältere Bäume werden häufig von dem parasitischen Pilz *Chondrostereum purpu-*

reum befallen, der die Lebenserwartung der Traubenkirsche zu begrenzen scheint. Obwohl weitere Parasiten sowie phytophage Insekten an *Prunus* vorkommen (SPAETH et al. 1994, FOTOPOULOS & NICOLAI 2002) scheinen diese noch nicht die Ausbreitung der Traubenkirsche zu begrenzen.

Zu den Pioniereigenschaften der Traubenkirsche gehört auch ein starkes **vegetatives Regenerationsvermögen**. Im nordamerikanischen Ursprungsgebiet ist dies eine Anpassung an natürliche Störungen. In Tornadoschneisen tritt *P. serotina* als Waldpionier auf (MARQUIS 1990). Nach mechanischen Beschädigungen werden schnell Stock- und Wurzelausschläge gebildet. Eine ausschließlich mechanische Bekämpfung fördert daher eher die Bestandsverjüngung und führt zu einer erhöhten Populationsdichte. Nach einer Lichtstellung wachsen neue Pflanzen verstärkt aus der Samen- und Keimlingsbank nach. Im emsländischen Forstamt Lingen haben beispielsweise die schweren Eisbruchschäden des Jahres 1989 bei Kiefer (*Pinus*) und Lärche (*Larix*) die Ausbreitung von *P. serotina* begünstigt (SCHEPKER 1998).

Auch im **Wurzelraum** erweist sich *P. serotina* als Pionier, der Eichen und Kiefern in Störungssituationen überlegen ist (KALHOFF 2000): Trocknet der Boden im Sommer aus, sterben bei allen Baumarten Feinwurzeln und regenerieren sich erst, wenn der Boden wieder feucht ist. Die Traubenkirsche reagiert auf verschlechterte wie verbesserte Bedingungen schneller als Eichen und Kiefern. Die Feinwurzeln der Traubenkirsche wachsen schneller nach und haben hierdurch einen Vorsprung bei der Nutzung von Wasser und Nährstoffen. Auch nach einer Kalkung des Waldbodens wächst die Wurzelmasse rascher als bei einheimischen Baumarten. In Mischbeständen konzentriert *Prunus* die für die Wasser- und Nährstoffaufnahme entscheidenden Feinwurzeln in der organischen Auflage und den obersten fünf Zentimeter des anschließenden Mineralbodens. In dieser Schicht ist durch Mineralisation und Leaching die Nährstoffnachlieferung trotz der Entnahme durch Kiefern- und Eichenwurzeln so hoch, dass sie von der Traubenkirsche genutzt werden kann. So vermeidet sie die Wurzelkonkurrenz mit Eiche und Kiefer in tieferen Bodenschichten. Hier können die an Nährstoffarmut angepassten einheimischen Baumarten die Ressourcen so effektiv ausschöpfen, dass sie der Traubenkirsche nicht mehr zur Verfügung stehen. Undurchwurzelte Bereiche, die beispielsweise nach Störungen entstehen, erschließt sie mit ihren Feinwurzeln schneller als Eichen und Kiefern, wobei sie in solchen Fällen wegen fehlender Konkurrenz auch in tiefere Bodenhorizonte einwächst.

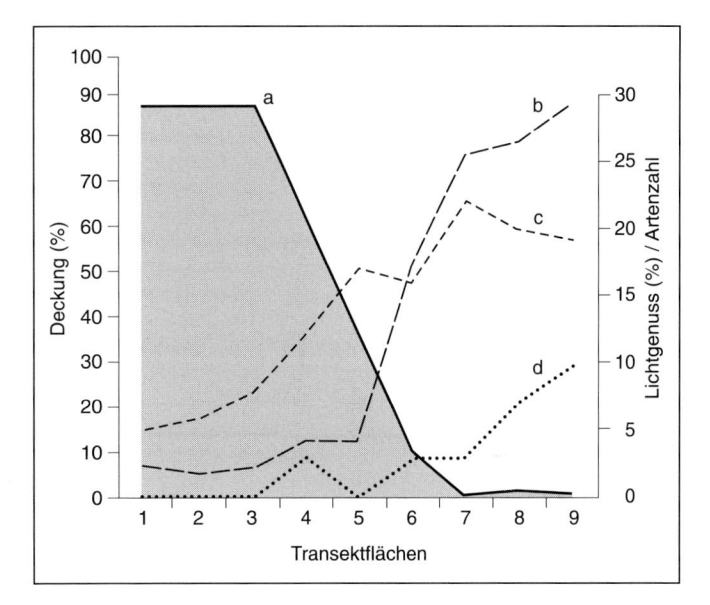

Problematik: *P. serotina* gilt im norddeutschen Tiefland (Tab. 74), in anderen Sandgebieten Deutschlands sowie in den Niederlanden und Belgien als besonders ausbreitungsstarker, problematischer Neophyt. Aus Sicht des Naturschutzes ist das Eindringen in angrenzende Offenlandbiotope bedenklich. Für den **Forstbetrieb** sind vor allem die dichten Strauchschichten problematisch, die *Prunus* im Gegensatz zu einheimischen Gehölzarten auch auf bodensauren, nährstoffarmen Standorten aufbaut.

Es wird vor allem befürchtet, dass die Ausdunklung der Krautschicht zugleich die Naturverjüngung erwünschter Forstbäume behindere (Verdämmung) und damit die langfristige Umwandlung von Nadelholzforsten in Laubmischbestände erschwere. Dies widerspräche auch dem

Abb. 39
Dominanzbestände von *Prunus serotina* bewirken tief greifende Veränderungen in Kiefernforsten (Beispiel Schotenheide, Transekt 1 in Abb. 40). Der mittlere Deckungsgrad von *Prunus serotina* (a) korreliert negativ mit dem relativen Lichtgenuss oberhalb der Krautschicht (b), der Gesamtartenzahl (c) sowie der Individuenzahl naturverjüngter Gehölze (d). Eine Beeinträchtigung des Wachstums der gepflanzten Kiefern konnte dagegen nicht nachgewiesen werden (nach RODE et al. 2002).

Wunschbild eines naturnahen Waldes. In dichten *Prunus*-Beständen fällt zudem forstliches Arbeiten schwerer, beispielsweise wenn Gehölze eingebracht, erntereife Stämme ausgezeichnet und entnommen sowie danach Neuanpflanzungen vorgenommen werden (BORRMANN 1987, KRAUSS et al. 1990, SPAETH et al. 1994, SCHEPKER 1998).

Der Stellenwert der forstbetrieblichen Bewirtschaftungsprobleme ist unumstritten. Anders verhält es sich mit den gelegentlich angenommenen konkurrenzbedingten **Zuwachseinbußen** bei forstlichen Zielbaumarten. Dies wurde bislang nur für niederländische Lärchenforste berechnet und ist methodisch umstritten. SCHEPKER (1998) konnte auf sechs Vergleichsstandorten mit und ohne *Prunus*-Dominanz keinen Zuwachsverlust bei Kiefern feststellen. In zwei Fällen wiesen Kiefern mit einer dichten *Prunus*-Strauchschicht sogar höhere Brusthöhendurchmesser als die Vergleichsbäume auf. Auch die Transektanalyse in der Schotenheide (Abb. 38) ergab keine Variation im Zuwachs der Kiefern. Wie allgemein gültig diese Befunde sind und welche kausalen Bezüge hier wirken, bedarf allerdings noch weiterer Untersuchungen.

Der Aufbau einer dichten Strauchschicht führt zu einer radikalen Veränderung des **Lichtklimas** am Waldboden. In den ansonsten recht lichten älteren Nadelholzforsten werden damit Bedingungen geschaffen, die an Buchen- oder Ahorn-Wälder erinnern. Nach STARFINGER (1990) gelangen in *Prunus*-Dominanzbeständen nur noch 0,3 bis 5% des Tageslichtes auf den Waldboden. Tab. 48 veran-

Tab. 48 Auswirkungen der Spätblühenden Traubenkirsche (*Prunus serotina*) in niedersächsischen Forsten auf Bestandsstruktur, Deckung der Strauch-, Kraut- und Moosschicht und auf die Artenzahl (nach SCHEPKER 1998)

	1		2		3		4		5		6		7	
	a	b	a	b	a	b	a	b	a	b	a	b	a	b
Deckung d. Forstbäume														
Kiefer	3	3	2b	2a	3	3	2b	2b	2b	3	.	.	.	.
Lärche	.	.	.	.	.	.	.	.	.	.	3	2b	.	.
Eiche	.	.	.	.	.	.	.	.	.	.	.	.	2b	2a
Alter d. Forstbäume in Jahre	56		45		40		50		66		35		117	
maximales Alter		30/		39/		40/		?/		20/		35/		41/
v. *Prunus serotina* in Jahren		18		15		18		14		?		17		22
(Pflanzung/Naturverjüngung)														
Deckung v. *Prunus serotina*														
Baumschicht (5–12 m)	.	.	.	.	.	.	4	1	4	.	5	.	.	3
Strauchschicht (0,9–5 m)	+	5	.	3	+	4	1	1	1	+	.	1	1	3
Krautschicht (< 0,9 m)	r	1	+	+	+	.	+	+	1	r	r	+	+	+
Deckung d. Vegetationsschicht														
Strauchschicht	<1	95	<1	45	<1	70	2	4	40	<1	2	3	4	30
Krautschicht	90	<1	50	1	30	<1	50	<1	20	<1	50	<1	50	<1
Moosschicht	70	10	70	0	70	<1	45	<1	30	0	70	0	0	0
Artenzahl	21	7	12	5	10	5	11	7	17	5	21	3	14	7

Spaltennummer 1 bis 7 Standorte (Landkreis): 1 Schotenheide (Soltau-Fallingbostel), 2 Elbergen (Emsland), 3 Stedden (Celle), 4 Wehlen (Harburg), 5 Ristedt (Diepholz), Dreeßel (Rotenburg/Wümme), 6 Großenheidorn (Hannover); (a) Kontaktvegetation ohne *Prunus serotina* auf gleichem Standort und mit gleicher forstlicher Nutzung wie bei (b); (b) *Prunus serotina*-Dominanzbestände. Flächengröße jeweils 100 m^2. Deckungsangaben für die Vegetationsschichten in %, für die Arten Deckungsklassen nach Braun-Blanquet (r, + = < 1%, 1 = < 5%, 2a = 5 bis 12,5%, 2b = 12,5 bis 25%, 3 = 25 bis 50%, 4 = 50 bis 75%, 5 = 75 bis 100%)

schaulicht den Zusammenhang zwischen vermindertem Lichtgenuss und sinkender Artenzahl. Der **verminderte Artenreichtum** von Blütenpflanzen in *P. serotina*-Beständen ist auch für das Berliner Gebiet beschrieben worden (STARFINGER 1990). SCHEPKER (1998) hat dieses Phänomen in niedersächsischen Forsten mit Vergleichsaufnahmen angrenzender Flächen mit und ohne *Prunus*-Dominanz genauer untersucht (Tab. 48). Neben der reduzierten Artenzahl fällt vor allem die wesentlich verminderte Deckung von Kraut- und Moosschicht auf. Die ökologische Relevanz der im Labor nachgewiesen allelopathischen Wirkungen für das Freiland ist, ebenso wie in anderen Fällen, hingegen ungewiss.

Die von forstlicher Seite häufig beklagte Behinderung der **Naturverjüngung** von Bäumen konnte SCHEPKER (1998) mit seinen Vergleichsaufnahmen nicht voll bestätigen. Auch in Beständen ohne *Prunus*-Dominanz wuchsen nur wenig mehr naturverjüngte Baumarten in der Kraut- und Strauchschicht. Dies kann bei Eichen an mangelnden Diasporenquellen in großflächigen Kiefernforstgebieten liegen. Starker Wildverbiss begrenzt häufig das Aufwachsen anderer Baumarten auch außerhalb von *Prunus*-Dominanzbeständen. Schattendruck durch *P. serotina* ist in diesem Fall nur einer von drei limitierenden Faktoren bei der Verjüngung von Lichtbaumarten. Bei Kiefern ist eine nennenswerte Naturverjüngung unter eigenem Schirm ohnehin nicht zu erwarten, da *Pinus* als Mineralbodenkeimer offene oder Störungsstandorte bevorzugt. Experimentelle Untersuchungen zur Klärung der Frage, wie *P. serotina* die Etablierung anderer Gehölzarten unter Einschluss möglicher allelopathischer Wirkungen beeinflusst, stehen noch aus.

Die zumindest früher häufig erhoffte **Bodenverbesserung** konnte bei Untersuchungen in einem niedersächsischen Kiefernforst nicht nachgewiesen werden. Es bestehen im Gegenteil Hinweise dafür, dass trotz erhöhter Vorräte an Gesamtstickstoff die Stickstoffverfügbarkeit in Dominanzbeständen im Boden nicht verbessert wird und auch das Kationenangebot infolge einer tiefgehenden Bodenversauerung eingeschränkt ist (RODE et al. 2002, STARFINGER et al. im Druck).

Indirekt wird die Traubenkirsche von dichtem **Wildbesatz** begünstigt, da Reh- und Muffelwild sie verschmähen. Die ganze Pflanze enthält das Blausäureglykosid Prunasin, das bei Weidetieren Vergiftungen hervorrufen kann. Von Rotwild wird sie jedoch verbissen (SCHEPKER 1998).

Aus Sicht des **Artenschutzes** sind Floren- und Vegetationsveränderungen durch die Ausbreitung von *P. serotina* innerhalb von Forsten häufig wenig problematisch, da sie im Allgemeinen weder besonders schutzwürdige Biotoptypen noch seltene und gefährdete Pflanzenarten betreffen (SCHEPKER 1998 zu Niedersachsen). Die befürchtete Konkurrenz zu dem hochgradig gefährdeten Rautenfarn *Botrychium matricariifolium* in lichten Kiefernforsten oder Birkenmischbeständen Berlins (KLEMM & RISTOW 1995) zeigt allerdings, dass mit Ausnahmen von der Regel zu rechnen ist. Vor allem in anthropogen aufgelichteten und nur durch sporadische Nutzung von starker Beschattung freigehaltenen Waldbereichen sowie an Waldinnen- und -außenrändern kann die schnelle Etablierung der Traubenkirsche zum Rückgang seltener Licht liebender Arten beitragen.

Die durch die weitreichenden Strukturwechsel in Forsten bewirkten Veränderungen der **Tierwelt** sind noch nicht umfassend untersucht. Die eingefügte Strauchschicht sowie das reiche Blüten- und Fruchtangebot bieten zusätzliche Nahrungsquellen und Habitatrequisiten. Sofern die Biotoptypen der lichten, weitgehend strauchschichtfreien Nadelholzforste mit ihren Zoozönosen nicht gänzlich verloren gehen, könnten die Wirkungen für die Tierwelt insgesamt positiv sein. Ein Vergleich der Rüsselkäferfauna in Berliner Waldgebieten hat unerwartet die höchste Artendiversität an *P. serotina* ergeben, wobei sich das an ihr festgestellte Arten- und Dominanzgefüge am meisten von dem der Vergleichsbaumarten (*Fagus sylvatica*, *Quercus petraea*, *Q. rubra*) abhebt (FOTOPOULOS & NICOLAI 2002). An *P. serotina* lebende Käfer werden auch von höhlenbrütenden Singvögeln genutzt, darunter auch der sich in letzter Zeit stark ausbreitende Blattkäfer *Gonioctena quinquepunctata* (KLAIBER 1999, WIMMER & WINKEL 2000).

In **Offenlandbiotopen** wie Magerrasen und Heiden beschleunigt *P. serotina* die Sukzession. Dies ist meist unerwünscht, da es sich oft um gesetzlich geschützte Biotope handelt. Das Risiko der Verdrängung gefährdeter Arten ist hier wesentlich größer als in Forsten. Aus Niedersachsen sind fünf Fälle bekannt, in denen *Prunus* mit gefährdeten Arten konkurriert (*Antennaria dioica, Arnica montana, Lycopodium annotinum* u. a., SCHEPKER 1998). In waldfreien Biotopen ist die Etablierung der Traubenkirsche meist ein Indikator aufgegebener oder verminderter Bewirtschaftung. Pflegemaßnahmen des Naturschutzes können dadurch aufwendiger werden. So ist *P. serotina* in der Lüneburger Heide durch Beweidung schwerer zurückzudrängen als die Birke, da Heidschnucken sie weitgehend verschmähen (LÜTKEPOHL mündlich). Auch die Erhaltung von Kulturdenkmälern kann behindert werden, wenn, wie in Niedersachsen, Hügelgräber mühsam von *Prunus* freigehalten werden müssen (SCHÜNEMANN 1994).

Beispiel

Das Beispiel des Ostenholzer Moores veranschaulicht die Problematik in Feuchtgebieten: Da *P. serotina* stauende Nässe nicht erträgt, konnte sie erst nach der Entwässerung des Hochmoores einwandern. Sie bewächst heute, vor allem auf abgetorften Flächen, etwa 350 Hektar. Hierbei handelt es sich um Birken-Kiefern-Bruchwälder und verschiedene De- und Regenerationsstadien des Moores, insbesondere Moorheide und Pfeifengrasstadien (SCHEPKER 1998). In solchen Fällen ist *P. serotina* zwar nicht ursächlich für den Rückgang der moortypischen Vegetation verantwortlich, erschwert jedoch, falls beabsichtigt, deren Regeneration. Durch Ausdunklung, Nährstoffeintrag und Wasserentzug aufgrund erhöhter Evapotranspiration können darüber hinaus reliktisch vorkommende Moorarten beeinträchtigt werden.

Steuerungsmöglichkeiten: Die Bekämpfung von *P. serotina* hat, vor allem in den Niederlanden, eine lange Tradition. In Niedersachsen ist sie der am häufigsten bekämpfte Neophyt. 77% der landesweit gemeldeten problematischen Vorkommen wurden Kontrollmaßnahmen unterworfen. Hierfür wurden nach einer überschlägigen Schätzung für einen 10-Jahreszeitraum etwa eine Million DM (ca. 510 000 €) jährlich aufgebracht (SCHEPKER 1998). Die Maßnahmen führten in nur 27% zur völligen oder erheblichen Zurückdrängung. Bei anderen Arten ist der Bekämpfungserfolg allerdings noch geringer (Abb. 40).

Eine ausschließlich mechanische Bekämpfung (Zurück-, Abschneiden, Mulchen u. ä.) ist wegen der starken vegetativen Regeneration wenig erfolgreich und führt im Gegenteil zu erhöhten Sprosszahlen pro Flächeneinheit (Erfolgsquote in Niedersachsen: 16%). Auch die alleinige Anwendung von Herbiziden (zumeist Round-Up) verfehlt ihren Zweck (Erfolgsquote: 0%), da eine Überkopfspritzung nicht alle Traubenkirschen erreicht. Zudem ist mit Auswirkungen auf andere Organismen zu rechnen. Wirksamer sind kombinierte mechanisch-chemische Maßnahmen (Erfolgsquote: 41%), beispielsweise das Abschneiden der Stämme und Einstreichen der Schnittstelle mit Round-Up (SCHEPKER & KOWARIK 2002). In belgischen Versuchen war das Einkerben der Stämme in ein Meter Höhe mit anschließendem Besprühen der Kerbe mit einem Herbizid im Sommer am erfolgreichsten. Dagegen war das Einstreichen der Stümpfe mit dem Pilz *Chondrostereum purpureum* als biologische Bekämpfungsmethode weniger wirksam (VAN DEN MEERSCHAUT & LUST 1997). Gegen diese Methode spricht weiter, dass der Pilz auch auf einheimische *Prunus*-Arten übergehen und hier die Bleiglanzkrankheit hervorrufen kann. Im Umkreis von 5 Kilometer gilt dieses Risiko als hoch (STARFINGER 1990). Auch FEILHABER & BALDER (2002) empfehlen, Herbizide mit dem Kerbverfahren anzuwenden, weisen aber darauf hin, dass dies nicht durch die seit dem 1.7.2001 geltende Gebotsindikation von Pflanzenschutzmitteln gedeckt sei.

In den Berliner Forsten wird auf eine Herbizidanwendung verzichtet. *P. serotina* wird hier seit Anfang der 80er-Jahre mechanisch entfernt. Kleinere Pflanzen werden per Hand herausgezogen, größere abgesägt und am Stumpf mit einem Teil der Wurzeln von Pferden herausgezogen (SPAETH et al. 1994). Bei dieser mechani-

Wälder und Forste

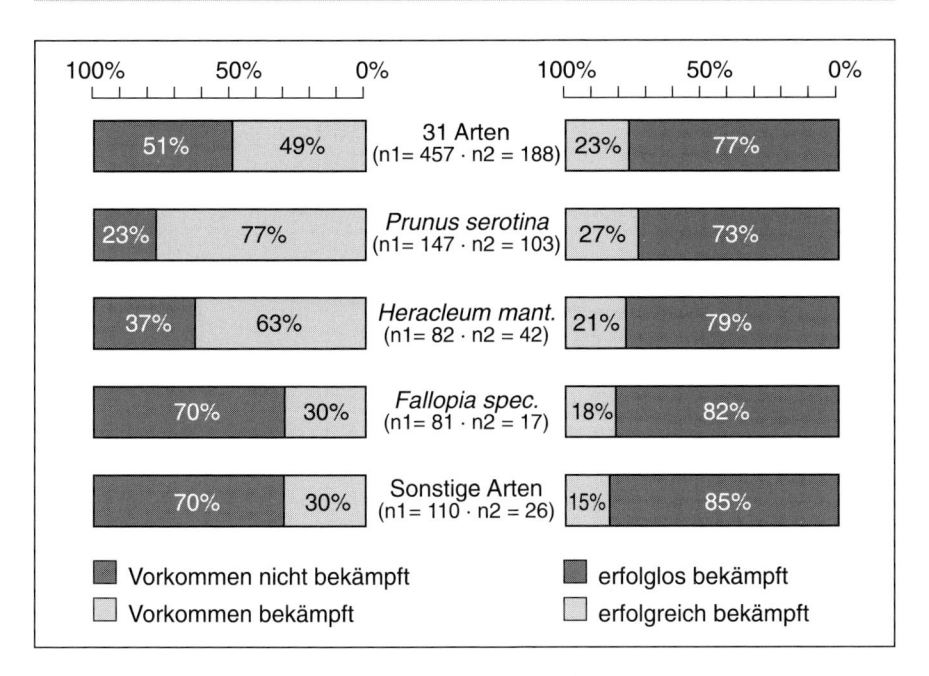

100%	50%	0%		100%	50%	0%
51%		49%	31 Arten (n1= 457 · n2 = 188)	23%		77%
23%		77%	Prunus serotina (n1= 147 · n2 = 103)	27%		73%
37%		63%	Heracleum mant. (n1= 82 · n2 = 42)	21%		79%
70%		30%	Fallopia spec. (n1= 81 · n2 = 17)	18%		82%
70%		30%	Sonstige Arten (n1= 110 · n2 = 26)	15%		85%

■ Vorkommen nicht bekämpft   ■ erfolglos bekämpft
□ Vorkommen bekämpft   □ erfolgreich bekämpft

Abb. 40
Häufigkeit, Erfolg und Misserfolg der Bekämpfung problematischer Neophytenbestände in Niedersachsen nach Angaben befragter Forst- und Naturschutzvertreter (KOWARIK & SCHEPKER 1998). Insgesamt wurden 31 Arten bekämpft, die Ergebnisse für *Prunus serotina*, *Heracleum mantegazzianum* und *Fallopia* spec. sind differenziert dargestellt (n1 = Anzahl der Bekämpfungen, n2 = Anzahl der Angaben zur Wirkung der Maßnahmen; nach SCHEPKER 1998).

schen Bekämpfung ist langjähriges Nacharbeiten notwendig. Die langfristigen Auswirkungen dieser Maßnahmen sind nicht dokumentiert.

Als Störungsopportunist wird *P. serotina* durch Bekämpfungen zunächst begünstigt, da die Bodenverwundungen die Samenbank aktivieren. Außerdem fördert die Auflichtung die Etablierung neuer Keimlinge, das schnelle Heranwachsen von Jungpflanzen sowie die vegetative Regeneration aus Wurzel- und Stockausschlägen. Alle Bekämpfungsmaßnahmen haben daher nur dann die Chance eines Erfolgs, sofern sehr genau gearbeitet wird und die Kontrollbemühungen über mehrere Jahre lang aufrechterhalten werden. Zudem muss sichergestellt sein, dass sich im Einzugsbereich keine Diasporenquellen befinden. In vielen Situationen wird aus besitzrechtlichen Gründen keine Einwirkung auf solche potentielle Ausbreitungsquellen zu nehmen sein, beispielsweise bei den eng verzahnten Staats- und Privatwaldflächen in Niedersachsen oder bei linearen Biotopen entlang von Verkehrswegen.

Als Erfolg versprechend haben sich waldbauliche Ansätze in Niedersachen erwiesen. Hier wurden einige *Prunus*-Bestände mit der Rot-Buche unterpflanzt, um die meist weniger als 20 Meter hohen Traubenkirschen und deren Nachwuchs mittelfristig durch Beschattung zu verdrängen. Dies scheint auch mit der Douglasie zu gelingen, wirft aber die Frage auf, ob hiermit langfristig ein ausbreitungsstarker Neophyt durch einen anderen ersetzt werden soll.

Diskussion: Bei näherer Ansicht erweist sich der „Fall" der Späten Traubenkirsche weniger eindeutig als meist angenommen. Wohl ist sie in den **Wirtschaftsforsten** der Sandgebiete der häufigste Neophyt und verursacht hier erhebliche forstbetriebliche Probleme. Ihr Ausbreitungspotential wird jedoch häufig überschätzt (Tab. 38). Zoochor hat *P. serotina* in den untersuchten Fällen Entfernungen bis zu etwa einem Kilometer überwunden (Tab. 46). Die dichten, häufig in der Strauchschicht ausgebildeten und forstwirtschaftlich unerwünschten Dominanzbestände gehen jedoch nach den niedersächsischen Ergebnissen fast immer auf ursprünglich forstliche Anpflanzungen zurück (Tab. 25) und sind räumlich eng an diese gebunden. Nach Durchforstungen kommt es häufig zu einer räumlichen Ausdehnung. Dieser Prozess scheint jedoch natürliche Grenzen zu haben, deren Zustandekommen noch nicht voll verstanden ist (Konkurrenz der

Krautschicht?). In Wirtschaftsforsten ist *P. serotina* damit in erster Linie ein hausgemachtes Problem der Forstwirtschaft. Dominanzbestände der Traubenkirsche sind hier weniger Resultat „aggressiver Ausbreitung" als vielmehr Ergebnis vielfacher Anpflanzungen.

Die in vielen Sandgebieten erheblichen forstwirtschaftlichen Bekämpfungsmaßnahmen sind wegen ihrer notwendigen Kontinuität kostenaufwendig und vielfach trotz langjährigen Einsatzes ineffektiv geblieben (Abb. 40). Dies sollte dazu anregen, die Notwendigkeit von Bekämpfungen sowie alternative Perspektiven des Umgangs mit den Beständen vorurteilsfrei zu prüfen. Hierbei sind Gesichtspunkte wie ökonomische Einbußen, das Leitbild der Naturentwicklung, die Integration von *P. serotina* in diese Entwicklung und die Nutzung der Traubenkirsche als Zielbaumart zu bedenken, die im Folgenden beschrieben werden:

Ökonomische Einbußen: Obwohl in den Forsten vor allem ökonomische Gründe (Mehraufwand bei Bewirtschaftung und Bestandsverjüngung) für die Bekämpfungsmaßnahmen angegeben werden (SCHEPKER 1998), gibt es offenbar keine vorgeschalteten Kosten-Nutzen-Analysen. Da der ökonomische Erfolg der Forstwirtschaft auf armen bodensauren Sandstandorten häufig begrenzt ist, seien Zweifel an der ökonomischen Begründung der Maßnahmen erlaubt. Auch die gelegentlich angenommenen Ertragseinbußen bei Forstbäumen sind zumindest unsicher. Daneben bleibt offen, ob die Naturverjüngung forstlicher Zielbäume tatsächlich und in ökonomisch relevantem Umfang von *Prunus* als entscheidendem Steuerungsfaktor behindert wird oder ob zusätzlich andere limitierende Faktoren wie ein hoher Wilddruck und fehlende Diasporenquellen wirken.

Leitbild Naturwaldentwicklung: Der Umbau von Nadelholzreinbeständen in „naturnahe" Mischbestände ist inzwischen ein allgemeines Ziel der Forstpolitik geworden. Hierbei wird *P. serotina* in der Regel als Störgröße betrachtet, da sie als Neophyt kein Bestandteil natürlicher Waldvegetation sei. Die Frage der Natürlichkeit kann jedoch in zweifacher Perspektive beantwortet werden: historisch und aktualistisch (KOWARIK 1999b). Die Wahl der einen oder anderen prädisponiert auch die Bewertung der zukünftigen Rolle von Neophyten wie *P. serotina*. In historischer Perspektive wird sie negativ ausfallen, da die Traubenkirsche nicht zur ursprünglichen Vegetation gehört. Diese allgemein als forstliches Leitbild anzustreben, kann jedoch nicht ernsthaft durchgehalten werden. Dagegen sprechen zahlreiche Unwägbarkeiten bei der Konstruktion der ursprünglichen Vegetation (die Wahl des Bezugszeitraumes, der Klimawandel, die Rolle von Megaherbivoren, u.a.) und der Zweifel, ob sich eine wie auch immer zu definierende ursprüngliche Vegetation angesichts anthropogener Umweltveränderungen (beispielsweise anthropogene Stoffeinträge, prognostizierte Klimaveränderungen) als zukunftsfähige Wahl erweisen werde.

Die von forstlicher Seite entwickelte Idee des Prozessschutzes (SCHERZINGER 1990) verweist auf die andere, die aktualistische Sicht der Natürlichkeit. Demnach gilt als natürlich, was sich auf der Basis des gegenwärtigen, auch anthropogene Modifikationen einschließenden Standortpotentials als Ergebnis natürlicher Prozesse (beispielsweise Sukzessionen und natürliche Störungen) einstellt. Zum biotischen Teil des aktuellen Standortpotentials gehören neben den einheimischen auch solche Neophyten, die sich in naturnaher Vegetation behaupten können (Agriophyten) und die auch bei der Konstruktion der potentiellen natürlichen Vegetation (PNV) zu berücksichtigen sind (KOWARIK 1987, 1999b, ZERBE 1998). Es ist verschiedentlich versucht worden, solche Neophyten aus dem Konzept eines dynamischen Naturschutzes ebenso wie aus dem der PNV „hinauszudefinieren". Dies könnte so verstanden werden, dass man zwar natürliche Prozesse anstrebe, aber auf die Zusammensetzung der hieran beteiligten Organismen Einfluss nehmen wolle. Die Inkaufnahme eines solchen Paradoxons ist akzeptabel, wenn historische natürliche Vegetationstypen erhalten oder beispielhaft wiederhergestellt werden sollen. Die Beseitigung der Neophyten wäre hier eine Variante des „initiierenden prozessorientierten Naturschutzes" (RODE 1998). Sie ist jedoch eine logisch inkonsistente und nicht die einzige denkbare Variante der Naturwaldentwicklung – und im Fall von *P. serotina* sicher keine besonders praktikable.

Integration von *Prunus serotina* in die Naturwaldentwicklung: Die Spätblühende Traubenkirsche tritt vor allem in relativ jungen Forsten auf, die nach 1950 angelegt wurden. Durchforstungen der Zielbaumarten oder Bekämpfungen fördern sie häufig. Die ökologische Analogie beider Maßnahmen besteht darin, dass Bodenverwundungen und Bestandslücken geschaffen werden. Beides begünstigt *Prunus* als Störungsopportunisten und Waldpionier. STARFINGER (1990, 1997) konnte aus vergleichenden Populationsstudien in nordamerikanischen Laubmischwäldern und Berliner Forsten Hinweise auf eine abnehmende Dominanz der Traubenkirsche im Zuge der Sukzession ableiten. Demnach würde *P. serotina* zwar dauerhaft als beigemischte Baumart im Bestand verbleiben, jedoch mit der Zeit ihre dominierende Rolle zugunsten anderer Baumarten verlieren. Dies ist umso beachtenswerter, als die Ergebnisse auch in Beständen gewonnen wurden, in denen konkurrenzstarke Schatthölzer wie die Rot-Buche keine Rolle spielen. Nichtstun wäre damit eine unaufwendige, langfristig aussichtsreiche Form der Bekämpfung und sollte wenigstens in Dauerflächenversuchen geprüft werden.

Dass in vielen Gebieten Diasporenquellen fehlen und die Etablierung anderer Bäume durch hohen Wilddruck behindert wird, ist kein *Prunus*-spezifisches Problem. Der Unterbau mit Buchen ist hier eine Erfolg versprechende Variante, natürliche Prozesse zu beschleunigen, begünstigte jedoch – großflächig angewandt – wiederum eine vereinheitlichte Waldvegetation. In den Niederlanden ist *P. serotina* bereits in manchen Gebieten wieder seltener geworden. Nach einigen Jahren intensiver und nur begrenzt erfolgreicher Bekämpfung hat man sich darauf eingestellt, mit der Traubenkirsche zu leben (OLSTHOORN & VAN HEES 2002).

Nutzung von *P. serotina* als Zielbaumart: In vielen Gebieten dürfte eine Bekämpfung aus pragmatischen Gründen aussichtslos sein. So scheitert im emsländischen Revier Elbergen die ordnungsgemäße Bewirtschaftung der Lärchen- und Kiefernbestände wegen der hohen Traubenkirschenpräsenz (SCHEPKER 1998). Da die Ertragsaussichten bei Kiefern auf armen Sandstandorten auch ohne Traubenkirsche begrenzt sind, bietet sich ein Perspektivenwechsel an. Richtungsweisend könnten Erfahrungen aus dem Mannheimer Käferwald sein, in dem aus der (Bekämpfungs-) Not eine Tugend gemacht wird. *Prunus* wird hier zur Produktion von Wertholz in den Beständen herausgepflegt, indem die immer wieder vorkommenden geradschäftigen Stämme vorsichtig freigestellt werden. Das Holz erzielt als „Kirschholz" hohe Erlöse, sodass sich das Management als ökonomisch tragfähig erweisen könnte (HAAG & WILHELM 1998). Egal, ob die bei uns vorherrschende Krummschäftigkeit und die häufige Zwieselbildung bei *P. serotina* genetisch oder standörtlich bedingt sind, zeigt dieses Beispiel alternative Nutzungsperspektiven.

Aus Gründen des **Naturschutzes** ist besonders die Einwanderung in Magerrasen, Heiden und Feuchtgebiete problematisch. Die Etablierung der Traubenkirsche folgt hier meist tief greifenden Landnutzungsänderungen. Ein Einwirken auf die Ursachen des Erfolges ist hier sinnvoller als die Behandlung seiner Symptome. Viel versprechend ist beispielsweise die Wiedervernässung von Feuchtgebieten, da *Prunus* stauende Nässe nicht erträgt. Dies wird nicht überall möglich sein. Wo frühere Bedingungen nicht wiederherzustellen sind (z. B. Beweidung von Magerrasen oder Heidewirtschaft), steht die Wahl zwischen langfristig zu finanzierenden Kontrollmaßnahmen und dem Modifizieren örtlicher Naturschutzziele an diesen Standorten.

6.3.3 Douglasie (*Pseudotsuga menziesii*)

Herkunft und Einführung: Im ursprünglichen Areal der Douglasie, das im westlichen Nordamerika von Kanada bis Nordmexiko reicht, kommen zahlreiche Ökotypen mit umstrittenem taxonomischen Rang vor. 1827 gelangte die Douglasie nach Europa. Aus der Phase des versuchsweisen „Exotenanbaues" ging sie wegen ihrer Holzeigenschaften und ihres schnellen Wuchses als erfolgreichste Art hervor (erste forstliche Versuchsanbauten gegen 1880 im Sachsenwald, bei Gadow und Belzig; GÖHRE 1958). Für die Holzproduktion ist die Douglasie in Deutschland von zunehmender Bedeutung (HAPLA 2000), sodass der forstliche Anbau ausgeweitet werden soll. Nach der niedersächsischen Waldbauplanung soll beispielsweise der Douglasienanteil von 7000 auf 36000 Hektar steigen. Dies wären etwa 10% der Landeswaldfläche (OTTO 1987). In Baden-Württemberg bestimmt die Douglasie heute 2,3% der öffentlichen Waldfläche. Die Tendenz ist steigend, vor allem auch im Privatwald, der nicht in die Statistiken eingeht. In 20-jährigen Jungbeständen hat sie bereits einen Flächenanteil von über 10%, in Teilen des Odenwaldes und des Westschwarzwaldes ist sie wesentlich stärker vertreten, im Freiburger Gebiet bereits bestandsbestimmend (KNOERZER et al. 1995). Nach KLEINSCHMIT (1992) soll die Douglasie mittelfristig in Frankreich, den Niederlanden, Belgien, Deutschland, Dänemark und Großbritannien eine der wichtigsten Waldbaumarten mit Flächenanteilen über 10% werden.

Aktuelle Vorkommen: Außerhalb von Siedlungen, in denen sich die Douglasie in Gärten und Parkanlagen verjüngt, ist ihre Ausbreitung stark an forstliche Pflanzungen und deren näheres Umfeld (z. B. Wegböschungen) gebunden. Die Verbreitung stimmt daher weitgehend mit den forstlichen Anbaugebieten überein, die sich auf bodensaure Standorte im Flachland und in der collinen und submontanen Stufe der Mittelgebirge konzentrieren. In höheren Lagen ist ihr zumeist die Fichte in der Wuchskraft überlegen. Auf Karbonatstandorten ist die Douglasie schüttegefährdet. Abgesehen von Douglasienforsten, in denen sich die Art gut verjüngt, wandern Douglasien auch in Kiefern- oder Lärchenforste ein, in Laubwaldgesellschaften auf Buchenwaldstandorten dagegen kaum. Eine Ausnahme bilden Birken-Traubeneichen-Wälder auf flachgründigen, bodensauren Felsstandorten. Hier kommt die Douglasie ebenso wie auf natürlich waldfreien Felsstandorten als Agriophyt vor (SISSINGH 1975, GÜRTH 1987, KNOERZER et al. 1995, KNOERZER 1999, ZERBE 1999, ZERBE et al. 2000). Nach OTTO (1995) könnten Douglasien im norddeutschen Tiefland auch die Dynamik von Buchenwäldern beeinflussen und neuartige Waldgesellschaften zusammen mit der Rot-Buche bilden.

Erfolgsmerkmale: KNOERZER (1999) hat die Naturverjüngung der Douglasie im Schwarzwald und die sie steuernden Prozesse eingehend untersucht: Als Mineralbodenkeimer verjüngen sich Douglasien gut auf ärmeren Waldstandorten, auch auf Moder und in Felsspalten. Trockene und felsige Standorte werden tiefer als von Fichten oder Wald-Kiefern durchwurzelt, sodass auch auf Waldgrenzstandorten stattliche Bäume heranwachsen können. Auf Standorten des Traubeneichenwaldes sind Douglasien allen einheimischen Arten an Wachstumsgeschwindigkeit und Wuchshöhe überlegen (Abb. 41). Je ärmer die Ausgangsstandorte sind, desto eher ist mit zahlreicher Verjüngung und deren erfolgreicher Etablierung zu rechnen. Auf nährstoffreichen, frischen (Buchen-) Standorten verjüngt sich die Douglasie dagegen weniger.

Allgemein fördern Bodenstörungen das Auflaufen von Keimlingen. Hohe Wildbestände begünstigen Douglasien indirekt, da sie weniger als andere Baumarten verbissen werden und wildbedingte Stammschäden schneller ausheilen. Douglasien keimen auch im Schatten unter dem Schirm der eigenen oder anderer Arten. Sie können eine Sämlingsbank bilden, aus der nach Auflichtungen eine spontane Generation heranwächst. Somit können sich aus Aufforstungen wiederum douglasiengeprägte Bestände entwickeln. Über Windverbreitung können Douglasien zudem auch in angrenzende Forst- und Waldgesellschaften eindringen (KNOERZER 1999).

Nach amerikanischen Erfahrungen gehen die meisten der windverbreiteten Samen im Umkreis von 100 Meter nieder. Es wird aber auch „nicht selten" von größeren Beständen berichtet, die sich ein bis zwei Kilometer entfernt von Samenbäumen etabliert haben (HERMANN & LAVENDER 1990). KNOERZER (1999) fand junge

Wälder und Forste

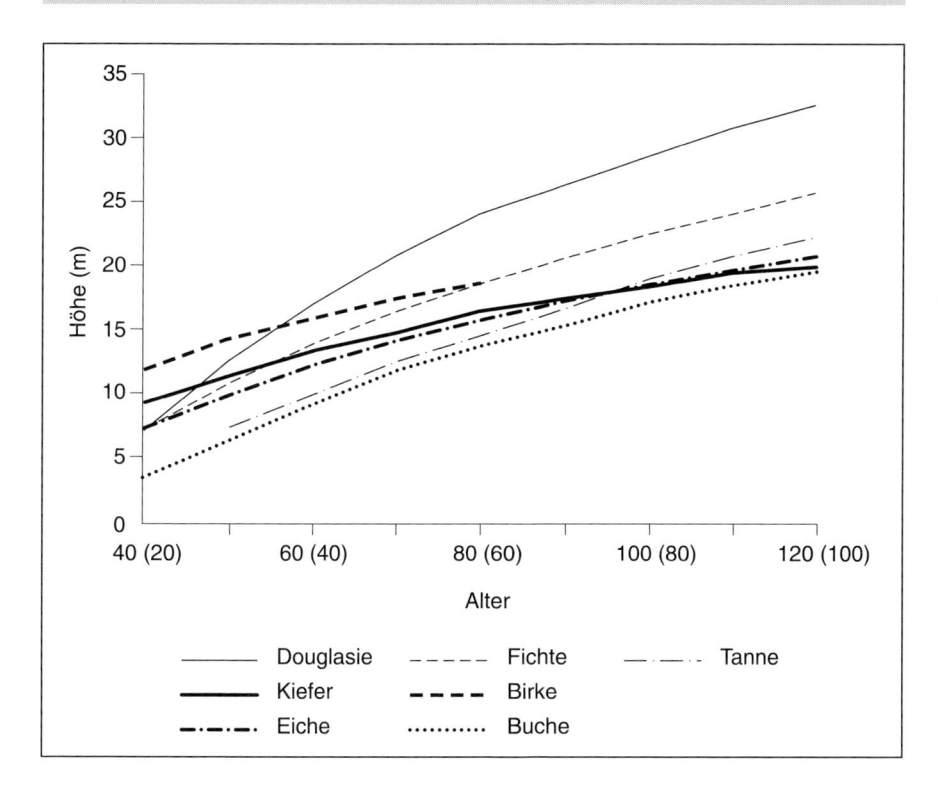

Abb. 41
Höhenentwicklung einheimischer Waldbäume und der Douglasie auf sauren, nährstoffarmen und lichten Standorten bei 20-jährigem Wuchsvorsprung der einheimischen Arten vor der Douglasie. Die Jahreszahlen in Klammern beziehen sich auf die Douglasie (nach KNOERZER 1999).

Douglasien auch in Birken-Traubeneichen-Wäldern, die bis zu 300 Meter entfernt von Douglasienforsten wuchsen.
Problematik: Trotz der erheblichen ökonomischen Bedeutung der Douglasie ist vergleichsweise wenig über die mit ihr verbundenen ökosystemaren Folgen bekannt. Dies ist bedauerlich, da wegen des geringen Alters der meisten großflächigen Bestände die Phase der Massenausbreitung in vielen Gebieten erst einsetzt. Damit besteht, anders als bei vielen Neophyten, die Chance einer vorbeugenden Risikominderung. Dennoch lassen sich einige ökologische Auswirkungen in Umrissen erkennen (KNOERZER et al. 1995, KNOERZER 1999 mit Untersuchungen aus dem Westschwarzwald): Bereits jetzt ist das Eindringen auf **Sonderstandorte** erkennbar problematisch. Dies kann auf flachgründigen, nährstoffarmen Felsrücken oder in Blockmeeren, beispielsweise im Buntsandstein von Schwarzwald und Odenwald der Fall sein (z.B. das Felsenmeer bei Heidelberg und der Schonwald „Höllenwald" bei Staufen). Die ursprünglichen Traubeneichen-Wälder (Betulo-Quercetum) können sich hier nicht mehr verjüngen, da Eichen wegen des hohen Wilddruckes nicht mehr hochkommen. Sie werden in absehbarer Zeit von Douglasien ersetzt – sofern deren Diasporen verfügbar sind. Auf ursprünglich waldfreien Felsstandorten sind durch Beschattung und Substratveränderung Einbußen bei den Spezialisten der Tier- und Pflanzenwelt zu erwarten, die an besonnte Felsstandorte angepasst sind. Da diese sich vom Wald abhebenden Felsen für den Schwarzwald typisch sind, bewirkt deren Einwachsen zudem eine unerwünschte Veränderung des Landschaftsbildes.

Auch in den **Traubeneichenwäldern** trockener und saurer Silikatstandorte sind Veränderungen der Lebensgemeinschaften infolge der Versauerung tieferer Bodenschichten und der Stickstoffanreicherung durch den Nadelfall zu erwarten. In Douglasienforsten auf Birken-Eichen-Standorten zeichnet sich in älteren Beständen eine Entwicklung der Krautschicht hin zu nitrophilen Schlagfluren ab. Die Deckung der Krautschicht nimmt zu und beim Artenbestand kommt es zu Umschichtungen, die auch gefährdete Arten betreffen. Insgesamt zeichnet sich eine Verschiebung zu stärker dominanzgeprägten Lebensgemeinschaften ab (KNOERZER 1999).

Auch bei verschiedenen **Tiergruppen** wird erwartet, dass besonders wärme- und lichtbedürftige Spezialisten durch Ubiquisten ersetzt werden. Nach KRUEL & TEUCHER (1958) leben etwa 40 Insektenarten an der Douglasie, darunter mit der Douglassamenwespe (*Megastigmus spermotrophus*) und der Douglasienwolllaus (*Gillettella cooleyi*) auch zwei Neozoen. Dies sind deutlich weniger als an Fichte und lässt indirekte Folgen besonders für Phytophage erwarten, sofern die Douglasie einheimische Bäume in größerem Umfang ersetzt. Die zweijährige Untersuchung der Käfergemeinschaften in Baumkronen gleichaltriger Douglasien und Fichten hat keine signifikanten Unterschiede der Artenzahlen ergeben (GOSSNER & SIMON 2002). Deutlich wurden jedoch Verschiebungen in der Artenzusammensetzung und Dominanzstruktur. Auf der Fichte kommen mehr Xylo- und Phytophage vor, auf der Douglasie dagegen mehr Insekten, die sich von Holz abbauenden Pilzen ernähren. Räuberisch lebende Arten waren ähnlich verteilt. Diese Ergebnisse scheinen für eine weitgehende biozönotische Integration der Douglasie zu sprechen. GOSSNER & SIMON (2002) relativieren sie jedoch mit dem Hinweis auf die ungesättigten Insektengemeinschaften der untersuchten Fichten, die in Naturwäldern erheblich artenreicher als auf den untersuchten Forstflächen seien. Aus diesem Grund und auch wegen der Benachteiligung von Phytophagen, sprechen sie sich gegen großflächige Douglasienanbauten aus.

Da Honigtau produzierende Blattläuse auf Douglasien fehlen, werden diese auch nicht von Ameisen besucht. Brutvögel können in Fichtenforsten eine höhere Abundanz als in vergleichbaren Douglasienforsten erreichen (GÖSSWALD 1990, MÜLLER & STOLLENMEIER 1994). Nach 1930 haben zwei amerikanische Schüttepilze (*Rhabdocline pseudotsugae*, *Phaeocryptopus gäumannii*) einen Teil der europäischen Douglasienforste zerstört. Durch verbesserte Standortwahl und die Verwendung anderer Provenienzen ist diesen Arten aber erfolgreich begegnet worden. Dennoch sind Massenbestände der Douglasie, wie die anderer Arten, durch neu auftretende Schädlinge besonders gefährdet.

Die **standörtlichen Auswirkungen** der Douglasie lassen sich noch nicht abschließend beurteilen. Nach KNOERZER et al. (1995) wird ihre Streu besser als die anderer Nadelbäume zersetzt, sodass Bodenversauerungen wie beim Fichtenanbau nicht zu erwarten sind. Auch in nordostdeutschen Beständen waren Streuzersetzung und Krautschicht gut entwickelt, wenn in älteren, mindestens 50-jährigen Beständen ausreichend Licht auf den Boden gelangte (BERGMANN 1994). Jedoch können tiefere Bodenschichten versauern und Boden-Humus-Bestandteile destabilisiert werden (HÜTTL & SCHAAF 1995, MARQUES & RANGER 1997).

Auf sämtlichen Standorten wird die Problematik durch die Tatsache verschärft, dass die meisten gepflanzten Douglasienbestände gerade massenhaft zu fruchten beginnen und daher die bereits bekannten Invasionsfolgen erst die Spitze des Eisberges markieren.

Steuerungsmöglichkeiten und Diskussion: Bei der Anlage großflächiger Douglasienforste muss zwischen Naturschutzzielen und denen einer effektiven Holzproduktion abgewägt werden. Die forstliche Bedeutung der Douglasie ist unbestreitbar: Sie produziert schneller Holz als alle einheimischen Baumarten, hat gute Holzeigenschaften, wenige Schädlinge und heilt Stammschäden schnell aus. Da ältere Douglasienbestände relativ licht sind, ist die Krautschicht unter Douglasien dichter als unter Buchen. Auf Vergleichsflächen im Schwarzwald kamen unter Douglasien kaum weniger Arten als unter Buchen vor. Die Dominanzstruktur war jedoch erheblich verändert, und auf Standorten des Birken-Eichen-Waldes sowie auf den Sonderstandorten der Felsen ist mit einer erheblichen Veränderung schutzbedürftiger Lebensgemeinschaften zu rechnen.

KAISER & PURPS (1991) weisen darauf hin, dass ein großflächiger Douglasienanbau, vor allem in Laubwaldgebieten, das Landschaftsbild beeinträchtigen kann, wenn Douglasien an die Stelle von Laubbäumen treten. Auch in Mittelgebirgen Süddeutschlands wird das Erscheinungsbild von Waldgrenzstandorten gestört, wenn sie von Douglasien eingewachsen werden und nicht mehr als landschaftsprägende Elemente wahrnehmbar sind.

Die Diskussion um die Douglasie wird häufig mit großer Emotionalität geführt, bei der sie entweder verdammt oder als risikoloser optimaler Holzproduzent dargestellt wird. Nach KNOERZER (1999) sind jedoch differenzierte Bewertungen und Schlussfolgerungen sinnvoll, um schutzwürdige Sonderstandorte zu sichern und mit waldbaulichen Maßnahmen die Douglasienverjüngung zu begrenzen:

In den als „Waldbiotop" ausgewiesenen Traubeneichenwäldern des Freiburger Stadtwaldes wird der Douglasienaufwuchs manuell beseitigt. Für schwer zugängliche Felsbereiche ist dies ebenso wie für Blockhalden keine adäquate Lösung, da die Maßnahmen unfallträchtig und teuer sind: Außerdem sind sie regelmäßig zu wiederholen, sofern die angrenzenden Diasporenquellen fortbestehen. In der Nähe besonders schutzwürdiger Biotope sollte daher vorausschauend ganz auf den Douglasienanbau verzichtet werden, um zu verhindern, dass Douglasien in schutzwürdige naturnahe Traubeneichenwälder und ihre Kontaktgesellschaften auf Felsstandorten einwandern. Dies setzt einen Strategiewechsel in der Anbauplanung voraus, da heute im Schwarzwald gerade auf armen und exponierten Standorten Bestandsbegründungen vorgesehen sind. Solange aus Mitteleuropa nicht genau bekannt ist, wie weit der Samenflug der Douglasie unter welchen Bedingungen reicht, sollten Pufferzonen nach Erfahrungen aus dem nordamerikanischen Ursprungsgebiet bemessen werden.

HERMANN & LAVENDER (1990) berichten, dass sich größere Bestände „nicht selten" ein bis zwei Kilometer von Samenbäumen entfernt etabliert haben. Die Pufferzone sollte daher mehrere hundert Meter bis zu zwei Kilometer im Umkreis eines gefährdeten Biotops umfassen. Sind innerhalb der Pufferzone bereits Douglasien vorhanden, sollten sie geerntet werden, bevor die Samenproduktion einsetzt. Dies ist Erfolg versprechend, da die Douglasie keine langlebige Samenbank anlegt:

Ihre Ausbreitung hängt vom aktuellen Diasporennachschub ab. Douglasien können schon mit 12 bis 15 Jahren zu fruchten beginnen. Die Samenproduktion ist jedoch zunächst gering und auch später unregelmäßig. Sie erreicht erst nach 200 bis 300 Jahren ihr Maximum. Mastjahre treten im Schnitt alle 14 Jahre auf.

Sofern auf potentiellen Buchenstandorten das Ziel einer rentablen Holzproduktion mit Douglasien verfolgt werden soll, schlagen KNOERZER et al. (1995) anstelle von Reinbeständen eine gruppenweise Mischung mit Buchen vor. KNOERZER (1999) spricht sich zudem dafür aus, Douglasien eher auf reicheren als auf ärmeren Standorten anzubauen, da sie sich auf ersteren weniger stark verjüngt. Das Beispiel der flachgründigen Felsstandorte zeigt jedoch auch, dass auf diesen nicht nur Probleme mit Neophyten zu lösen sind. Selbst wenn Douglasien ferngehalten werden, ist die Regeneration der standorttypischen Eichen bei konstant hoher Wilddichte unsicher.

6.3.4 Strobe (*Pinus strobus*)

Herkunft und Einführung: In ihrem ursprünglichen Areal im Osten Nordamerikas gehört die Strobe zu den forstwirtschaftlich wichtigen Baumarten. Sie wurde 1705 nach Mitteleuropa eingeführt. An die ersten forstlichen Versuchsanbauten wurden im 19. Jahrhundert hohe Erwartungen gestellt, die allerdings durch den Befall mit dem ebenfalls aus Nordamerika stammenden Neomyceten *Cronartium ribicola* (Blasenrost) erheblich getrübt wurden. Heute wird die Strobe nur noch vereinzelt forstlich angebaut.

Aktuelle Vorkommen: Stroben können sich im eigenen Bestand, in Fichten- und Kiefernforsten sowie auf Wegböschungen gut verjüngen (ZERBE 1999 zum Spessart, SCHEPKER 1998 zu Niedersachsen). Von forstlichen Pflanzungen breiten sie sich auch auf waldfreie Standorte aus und besiedeln beispielsweise im böhmischen Teil des Elbsandsteingebirges Felswände und -kuppen erfolgreicher als einheimische Baumarten. Die Strobe wächst dort auch zusammen mit *Pinus sylvestris* auf kiefernbeherrschten Sandsteinstandorten (HANZÉLYOVÁ 1998). In der Sächsischen Schweiz ist sie seltener, da sie dort weniger forstlich gepflanzt wird. Dennoch nimmt die Ausbreitung zu, und Stroben gelten hier auf Felsstandorten als Agriophyten (DRESSEL 1998).

Erfolgsmerkmale: Stroben produzieren schon mit 6 bis 10 Jahren erste Früchte. Größere Mengen werden nach 20 Jahren erzeugt. Im Bestandesinneren werden die Samen etwa 60 Meter, außerhalb über 210 Meter verbreitet, u. a. durch Eichhörnchen. Die Keimung gelingt auf Mineralböden und Störungsstandorten ebenso wie in lockerer Vegetation und auf Moospolstern. Auf frischen Standorten wird die volle Besonnung ertragen, aber auch im Schatten können Stroben keimen. Keimlinge benötigen zur Etablierung eine Beleuchtungsstärke von mehr als 10 bis 13%. Optimales Wachstum tritt nach langsamem Jugendwachstum bei einem Lichtgenuss von über 45% ein. In Nordamerika ist *Pinus strobus* ein erfolgreicher Pionier auf mittleren Standorten, auf trockensandigen Standorten sogar eine langlebige Schlusswaldart (WENDEL & SMITH 1990).

Die vor etwa 20 Jahren einsetzende rasche Ausbreitung in Nordböhmen wird mit der Umweltbelastung der Waldstandorte durch saure Depositionen und durch einen starken atmosphärischen Stickstoffeintrag erklärt. Nach HANZÉLYOVÁ (1998) toleriert die Strobe Stress besser als die einheimische Waldkiefer. Konkurrenzvorteile entstehen daher auf stark versauerten Standorten (pH < 4,0) sowie auf extrem nährstoffarmen oder nährstoffreichen Standorten.

Problematik: Die gute Naturverjüngung von Stroben ist forstlich häufig unerwünscht, da ihre Holzqualität nicht mehr geschätzt wird. Im böhmischen Elbsandsteingebirge wachsen Keimlingskohorten seit etwa 20 Jahren verstärkt zu dichten, gleichaltrigen Beständen auf. Dies führt langfristig zu einem Wandel der Waldvegetation, der durch anthropogene Stoffeinträge noch stimuliert wird (HANZÉLYOVÁ 1998). Das Vorkommen auf Felsen im Nationalpark Sächsisches Elbsandsteingebirge sind aus verschiedenen Gründen unerwünscht: Da Stroben hier höher als Birken und Waldkiefern werden, kommt es zu Veränderungen des Landschaftsbildes. Deren Reichweite ist allerdings noch nicht absehbar. Außerdem sind Konkurrenzeffekte für spezialisierte Felsbewohner (Moose, Flechten, Insekten) wahrscheinlich, aber sie wurden noch nicht untersucht.

Steuerungsmöglichkeiten und Diskussion: Da sich Stroben nicht vegetativ vermehren, können sie durch Abtrieb oder Herausreißen junger Pflanzen relativ leicht bekämpft werden. Problematisch ist dies auf schwer zugänglichen Felsstandorten, wo leicht unerwünschte Standortveränderungen ausgelöst werden können. Hier ist fraglich, ob der Aufwand gerechtfertigt ist. Das langjährige Wuchsverhalten, die Persistenz der Vorkommen innerhalb der Felsformationen sowie ihre ökologischen Auswirkungen müssten hierzu besser bekannt sein. Selbst wenn diese erheblich wären, sind Bekämpfungen nur dann sinnvoll, wenn zugleich die Wiedereinwanderung auszuschließen ist. Hierzu müssten alle fruchtenden Stroben im Umkreis von mindestens 300 Metern entfernt werden. In der Kernzone des Nationalparks im Elbsandsteingebirge sind solche Maßnahmen grundsätzlich fraglich. Wie in jedem Nationalpark besteht das Entwicklungsziel darin, die natürliche Dynamik zuzulassen, selbst wenn dies zu anderen als den gewohnten Ökosystemausprägungen führen sollte (vgl. auch Diskussion zur Rot-Eiche in Kap. 6.3.5).

6.3.5 Rot-Eiche (*Quercus rubra*)

Herkunft, Einführung und Verwendung: Die Rot-Eiche besiedelt ein weites Areal im östlichen Nordamerika mit jährlichen Niederschlägen zwischen 760 und 2030 Millimeter. Sie kommt auf einer breiten Standortamplitude von den südlichen Appalachen bis nach Kanada in mehreren Mischwaldtypen vor und meidet nur verdichtete und staunasse Standorte (SANDER 1990). 1724 wurde sie nach Europa eingeführt und ist hier in Grünanlagen und als Straßenbaum weit verbreitet. Gelegentlich

Wälder und Forste

wird sie auch als Forstgehölz auf bodensauren Standorten angebaut (zur forstlichen Eignung GÖHRE & WAGENKNECHT 1955).

Aktuelle Vorkommen: Die Rot-Eiche verjüngt sich in forstlichen Anpflanzungen, kann aber durch Vögel in angrenzende Wald- und Forstgesellschaften eingetragen werden (z.B. HAUG 1995 zum Freiburger Stadtwald, ZERBE 1999 zum Spessart). Über ornithochore Fernausbreitung können Eicheln auch auf Waldgrenzstandorte gelangen. So sind Rot-Eichen beispielsweise innerhalb der Felskomplexe der Sächsischen Schweiz etabliert (DRESSEL 1998). In Siedlungen kommen in der Nähe von Mutterbäumen häufig Jungpflanzen auf, die beispielsweise bei günstigen Lichtbedingungen auf Brachflächen oder Bahndämmen auch in die Baumschicht aufwachsen können (KOWARIK 1992b).

Erfolgsmerkmale: Hinsichtlich der Fähigkeit Dominanzbestände aufzubauen sind Rot-Eichen in Mitteleuropa weniger erfolgreich als Gehölzneophyten mit Pioniereigenschaften. Außerdem ist sie eher eine Art mittlerer und älterer Sukzessionsstadien und fruchtet recht spät: im Freistand mit 25, im geschlossenen Bestand mit 50 Jahren. Mastjahre treten alle 2 bis 5 Jahre auf, wobei in guten Jahren bis 80 %, in schlechten bis zu 100 % der Eicheln gefressen werden sollen, vornehmlich von Eichhörnchen und Mäusen (SANDER 1990). Während diese Eicheln meist nur über kurze Distanzen ausbreiten, besorgt der Eichelhäher in Mitteleuropa, analog zum Blauhäher in Nordamerika, eine weitere Ausbreitung. Bestehen Wahlmöglichkeiten, zieht er allerdings Früchte einheimischer Eichen vor (BOSSEMA 1979). Ein Eichelhäher soll bis zu 5000 Eicheln im Herbst sammeln und einzeln in Verstecken bis etwa 5 Kilometer entfernt (maximal bis 10 Kilometer) vergraben. Etwa die Hälfte dieser Eicheln soll überleben und zum Keimen gelangen (OTTO 1994). In der sächsischen Schweiz kamen die meisten naturverjüngten Rot-Eichen in einer Entfernung von bis zu 900 Meter zu Rot-Eichen-Forsten vor (maximal bis 1,4 Kilometer). Verbiss durch Schalenwild ist häufig, kann aber durch ein sehr gutes Regenerationsvermögen ausgeglichen werden. Deutlich weniger als benachbarte Trauben-Eichen werden Rot-Eichen dagegen von Phytophagen beeinträchtigt (DRESSEL 1998, WEHRMAKER 1990).

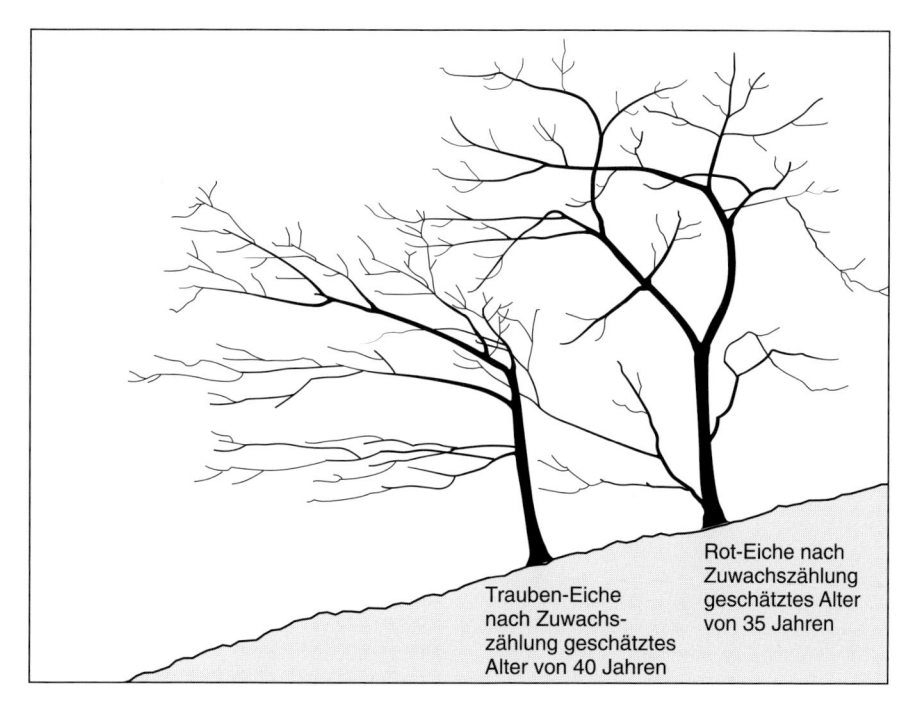

Abb. 42
Konkurrenz zwischen der einheimischen Traubeneiche (*Quercus petraea*) und der nordamerikanischen Rot-Eiche (*Q. rubra*) auf einem Felsstandort in der Sächsischen Schweiz. Die besser wüchsige Rot-Eiche hat die Traubeneiche schon weit abgedrängt (nach DRESSEL 1998).

Trauben-Eiche nach Zuwachszählung geschätztes Alter von 40 Jahren

Rot-Eiche nach Zuwachszählung geschätztes Alter von 35 Jahren

Keimlinge und Jungpflanzen sind wenig schattentolerant und wachsen langsam, was die Etablierung in Wirtschaftsforsten und in anderer geschlossener Vegetation erschwert und Rot-Eichen in naturnaher Vegetation auf Extremstandorte abdrängt. An einigen Waldgrenzstandorten können sie sich allerdings besser als einheimische Eichen etablieren. Auf vornehmlich südexponierten Felsen der Sächsischen Schweiz (Felsriffs, -terrassen, -kanten, Plateaulagen sowie Hangfüße) sind sie schnell wüchsiger als die hier ansonsten vorkommende *Quercus petraea* (Abb. 42). *Q. rubra* scheint vertikale Felsspalten effektiver als Wurzelraum nutzen zu können und ist auf solchen Standorten wie *Pinus strobus* (siehe Kap. 6.3.4) als Agriophyt einzuschätzen (DRESSEL 1998).

Problematik und Diskussion: Rot-Eichen-Laub ist schwerer abbaubar als das einheimischer Eichen, wodurch die Bodenvegetation beispielsweise in Forsten unterdrückt wird (NEUMANN 1951). DRESSEL (1998) hat dieses Phänomen auch auf Felsstandorten der Sächsischen Schweiz beobachtet. Im Freiburger Stadtwald entsteht auf Eichen-Hainbuchen-Standorten unter der Rot-Eiche eine schwerer zersetzbare Mullform (F-Mull statt L-Mull), sodass eine Oberbodenverschlechterung absehbar ist (HAUG 1995).

Die meisten neophytischen Rot-Eichen-Vorkommen sind unproblematisch. Bei den naturnahen Vorkommen auf Felsstandorten des Elbsandsteingebirges empfiehlt DRESSEL (1998) allerdings eine Bekämpfung mit folgender Begründung: Die Rot-Eiche hat sich schon jetzt in naturnahen Felswäldern etabliert und wird sich beschleunigt ausbreiten, da die Wilddichte derzeit sinkt. Bislang werden Rot-Eichen bis zu einer Höhe von einem Meter stark verbissen. In der Folge würde die einheimische Trauben-Eiche mit ihrer standorttypischen knorrigen Wuchsform zurückgedrängt, und das Waldbild auf einem relativ seltenen Standorttyp veränderte sich. Folgen für Tierarten, die an die Trauben-Eiche gebunden sind, sind denkbar, aber ungewiss, zumal die Trauben-Eiche nicht völlig aus dem Gebiet verschwinden und ebenfalls vom nachlassenden Wilddruck profitieren wird. DRESSEL (1998) schlägt eine vollständige mechanische Entfernung sämtlicher Rot-Eichen-Altbäume und Jungpflanzen von den Felsstandorten und ihrem Einzugsbereich mit anschließender Bekämpfung des Stockausschlages vor, was allerdings unpraktikabel erscheint.

Die Analyse ist nachvollziehbar, erlaubt jedoch wie beim ähnlich gelagerten Fall von *Pinus strobus* (vgl. Diskussion in Kap. 6.3.4) auch andere Schlüsse. Verteilung und Menge der Baumarten auf den Felsstandorten sind nicht natürlich, da historische Nutzungen den Felswald verändert und insgesamt zurückgedrängt haben. Bei einer natürlichen Entwicklung würde die Rot-Buche eine größere Rolle als heute spielen. Dabei ist ungewiss, inwieweit sie in Felsbiotope einwachsen und hier zur Konkurrentin von Trauben- und auch Rot-Eiche werden würde. In solchen Fällen wäre die Rot-Eiche wohl nur die Vorbotin einer sich auch ohne ihre Beteiligung verdichtenden Waldvegetation mit einer stärkeren Beteiligung der Rot-Buche (mit entsprechenden Folgen für lichtliebende oder an Trauben-Eiche gebundene Tierarten). Welches Mengenverhältnis sich mit und ohne Beteiligung von Neophyten unter den Baumarten einspielt, ist nur schwer vorherzusagen.

Naturschutzargumente lassen sich für beide Szenarien finden: für die Erhaltung des aktuellen, bekannten und geschätzten Waldbildes (Landschaftsbild, Lebensraum seltener Arten) ebenso wie für die natürliche Vegetationsdynamik (Naturwaldentwicklung mit Verzicht auf menschliche Eingriffe). Beides sind entgegengesetzte, jedoch legitime und auch räumlich koppelbare Ziele. Der Entscheidung für oder gegen die Rot-Eichen- (analog: Stroben-) Bekämpfung sollte eine klare Auswahl des angestrebten Leitbildes vorausgehen. Soll der Status Quo erhalten werden, sind die Neophyten ebenso wie die sich wahrscheinlich stärker ausbreitenden Rot-Buchen zurückzudrängen. Wird dagegen die Naturwaldentwicklung angestrebt, stellt sich die Frage, inwiefern ihr die Neophyten überhaupt entgegenstehen. Auch andere Bestimmungsgrößen der zukünftigen Ökosystemdynamik waren und werden weiter anthropogenen Veränderungen unterworfen (nutzungsbedingte Förderung oder Benachteiligung von Arten, Isolationseffekte, veränderte Ausbreitungsbedingungen, Stoffeinträge, Spektrum und Dichte von Herbivoren, Beutegreifern u. a.). Wie im Fall der Neophyten ist fraglich, ob eingegriffen werden soll, damit es zur „richtigen" Naturwaldentwicklung kommt, oder ob als deren Prinzip der Verzicht auf sämtliche weitere Eingriffe anerkannt wird. Letzteres fällt Naturschützern wie Forstleuten bekanntermaßen schwer. Zumindest in der Kernzone eines Nationalparks sollte jedoch deren ungestörte Entwicklung als Prinzip ernst genommen werden. Für das Beispiel der Sächsischen Schweiz hieße dies, in der Kernzone die Entwicklung der Felswälder mit Stroben und Rot-Eichen zuzulassen, in anderen Bereichen dagegen das traditionelle Landschaftsbild zu bewahren und bestimmte Arten, darunter auch Neophyten, zurückzudrängen. Dies böte auch die Chance, die Ökosystementwicklung mit und ohne Beteiligung von Neophyten langfristig zu analysieren und damit Defizite über die Kenntnis ihrer Auswirkungen abzubauen.

6.3.6 Hybridpappeln (*Populus* × *euramericana* u. a.)

An Gewässerrändern, in Auen und grundwassernahen Niederungen werden raschwüchsige Pappeln häufig in Reinbeständen angepflanzt. Am verbreitetsten sind die seit etwa 1700 bekannten Hybriden der einheimischen Schwarz-Pappel (*Populus nigra*) mit nordamerikanischen Pappeln (*P.* × *euramericana*, synonym für *P.* × *canadensis*), die in zahlreichen Sorten gepflanzt werden. Die meisten Pappelaufforstungen erfolgten zwischen 1945 und 1965, um der kriegsbedingten Holzarmut entgegenzuwirken. Bis Mitte der 60er-Jahre spielten Hybridpappeln auch im Flurholzanbau eine große Rolle („Populitis", STARKMANN & TENBERGEN 1996, KRETSCHMER et al. 1995, BÖCKER & KOLTZENBURG 1996).
Erfolgsmerkmale: Reinbestände von Hybridpappeln sind ausschließlich aufgeforstet worden, sodass ihre weite Verbreitung unmittelbar auf menschliche Kultur zurückgeht. Die gepflanzten Sorten können sich zum Teil vegetativ vermehren. Pappelsamen können mit dem Wind über 15 Kilometer und zusätzlich auch mit dem Wasser verbreitet werden (DÜLL & KUTZELNIGG 1994). Die Etablierung gelingt auf offenen Rohböden, die störungsbedingt häufig in Auen und in Siedlungen entstehen. Darüber hinaus ist denkbar, dass sich mit fließendem Wasser verdriftete Sprossteile von Hybridpappeln fernab der ursprünglichen Anpflanzungen bewurzeln, wie dies LOOS (1991) bei Weiden beobachtet hat. Kreuzung und Rückkreuzung sind mit einheimischen Schwarz-Pappeln möglich, sodass auf diesem Weg Teile des Genoms der Hybridpappeln weiter verbreitet werden.
Problematik: Lineare oder flächige Anpflanzungen von Hybridpappeln an Gewässerrändern sind problematisch, da Pappelwurzeln den dauerhaft vernässten Grund meiden und das Ufer weniger effektiv als Rot-Erlen festigen. Hybridpappeln sind zudem windanfällig (KRAUSE 1992). Der Ersatz naturnaher Wälder durch **Pappelforste** hat neben dem unmittelbaren Verlust ursprünglicher Vegetation Sekundärfolgen für die Artenzusammensetzung. Als unerwünscht angesehene Arten können begünstigt, andere dagegen benachteiligt werden: Lichtliebende Neophyten wie *I. glandulifera* und *Solidago*-Arten, die in naturnahen, dicht geschlossenen Auenwäldern beschränkte Etablierungschancen haben, profitieren beispielsweise im Oberrheingebiet von den lichteren Pappelforsten, wodurch ihre Ausbreitung im gesamten Auensystem gefördert wurde (HÜGIN 1962).

Da grundwassernahe Standorte vor einer Aufforstung meist entwässert werden und die Kronen der Pappeln mehr Licht durchlassen, kommt es zu starken **Vegetationsveränderungen** im Vergleich zu naturnahen Waldgesellschaften. Nach HÄRDTLE et al. (1996) fördern die in Pappelforsten besseren Licht- und Mineralisationsbedingungen im mittleren Elbegebiet vor allem Brennnesseln und *Rubus*-Arten. Im Vergleich zu naturnahen Wäldern gehen die Autoren von einem „Artenschwund um 60%" aus. Für den Oberspreewald kommen ZERBE & VATER (2000) zu anderen Ergebnissen. Im heutigen Biosphärenreservat wurden vornehmlich nach 1945 zahlreiche Pappelforste auf

Standorten des Erlenbruchs und des Erlen-Eschen-Waldes angelegt. Auf beiden Standorttypen haben sich unterschiedliche Forstgesellschaften ausgebildet, deren Artenzusammensetzung Gemeinsamkeiten mit naturnahen Waldgesellschaften, aber auch deutliche Unterschiede zeigen. In den lichteren Pappelforsten ist die Deckung der häufig einen Meter hohen üppigen Krautschicht bis zu 15 % höher. Vor allem Licht- und Halblichtpflanzen treten in den Forsten stärker hervor, darunter auch die Neophyten *Bidens frondosa* und *Impatiens parviflora*. Die Artenzahlen liegen jedoch nur wenig niedriger als in naturnahen Wäldern, wobei diese Unterschiede statistisch nicht gesichert sind.

WINTERHOFF (1993) hat einen naturnahen Erlen-Eschen-Wald im Oberrheingebiet mit einer Pappelaufforstung auf einem vergleichbaren alten Waldstandort verglichen. Unter Pappel wuchsen 43 Arten gegenüber 35 im naturnahen Wald. Dies darf jedoch nicht darüber hinwegtäuschen, dass Spezialisten der Auenvegetation in den Forsten geringere Entwicklungsmöglichkeiten haben. So war der Reichtum vor allem an Holz bewohnenden Pilzarten geringer (Tab. 49), obwohl der untersuchte Pappelforst mehr Totholz als der Erlen-Eschen-Wald enthielt und noch Reste der Vorgängervegetation (Stubben u. ä.) vorhanden waren. Dies liegt nach WINTERHOFF (1993) am höheren Baumartenreichtum und am ausgeprägteren Waldinnenklima des naturnahen Bestandes. Pappelaufforstungen auf sekundären Waldstandorten dürften wesentlich artenärmer sein.

Populus × euramericana ist in großen Flussauen auch zum Bestandteil der **naturnahen Vegetation** geworden (LOHMEYER & SUKOPP 1992), größere Dominanzbestände sind jedoch nicht bekannt. Zur einheimischen Schwarz-Pappel (*Populus nigra*) bestehen keine Kreuzungsbarrieren, sodass der genetische Austausch zwischen beiden Sippen zur Gefährdung der ursprünglichen Vorkommen der einheimischen Art beitragen könnte. Folgerichtig ist sie in forstgenetische Erhaltungsprogramme aufgenommen worden (KLEINSCHMIT et al. 1995, WEISGERBER & JANSSEN 1998). Hybridpappelpflanzungen sind daher in Gebieten besonders problematisch, in denen noch ursprüngliche Vorkommen einheimischer Schwarz-Pappeln existieren. Dies sind nach HEGI (1957) vor allem die wärmeren Täler von Donau, Rhein, Main, Elbe, Saale, Oder und Weichsel. Um reine Schwarz-Pappeln für Erhaltungskulturen zu gewinnen, wurden

Tab. 49 Biologische Vielfalt eines 20-jährigen Hybridpappelforstes im Vergleich zu einem benachbarten naturnahen Erlen-Eschen-Wald auf gleichem Standorttyp im Oberrheingebiet. Angegeben sind Artenzahlen für Farn- und Blütenpflanzen sowie für Pilzarten (nach WINTERHOFF 1993)

	Erlen-Eschen-Wald	Pappelforst
Beobachtungszeitraum in Jahren	6	6
Pilzgänge	22	22
Flächengröße [ha]	0,54	0,54
Deckung der Krautschicht [%]	90	90
Farn- u. Blütenpflanzen	35	43
Pilzarten	188	121
darunter:		
Holzbewohner	113	70
Streu- u. Bodenbewohner	53	36
Mykorrhizapilze	6	6
Rindenbewohner	4	1
Kraut- u. Grasbewohner	6	5
Moosbewohner	2	1
Pilzbewohner	3	1
Mistbewohner	1	1
seltene Pilzarten	9	7

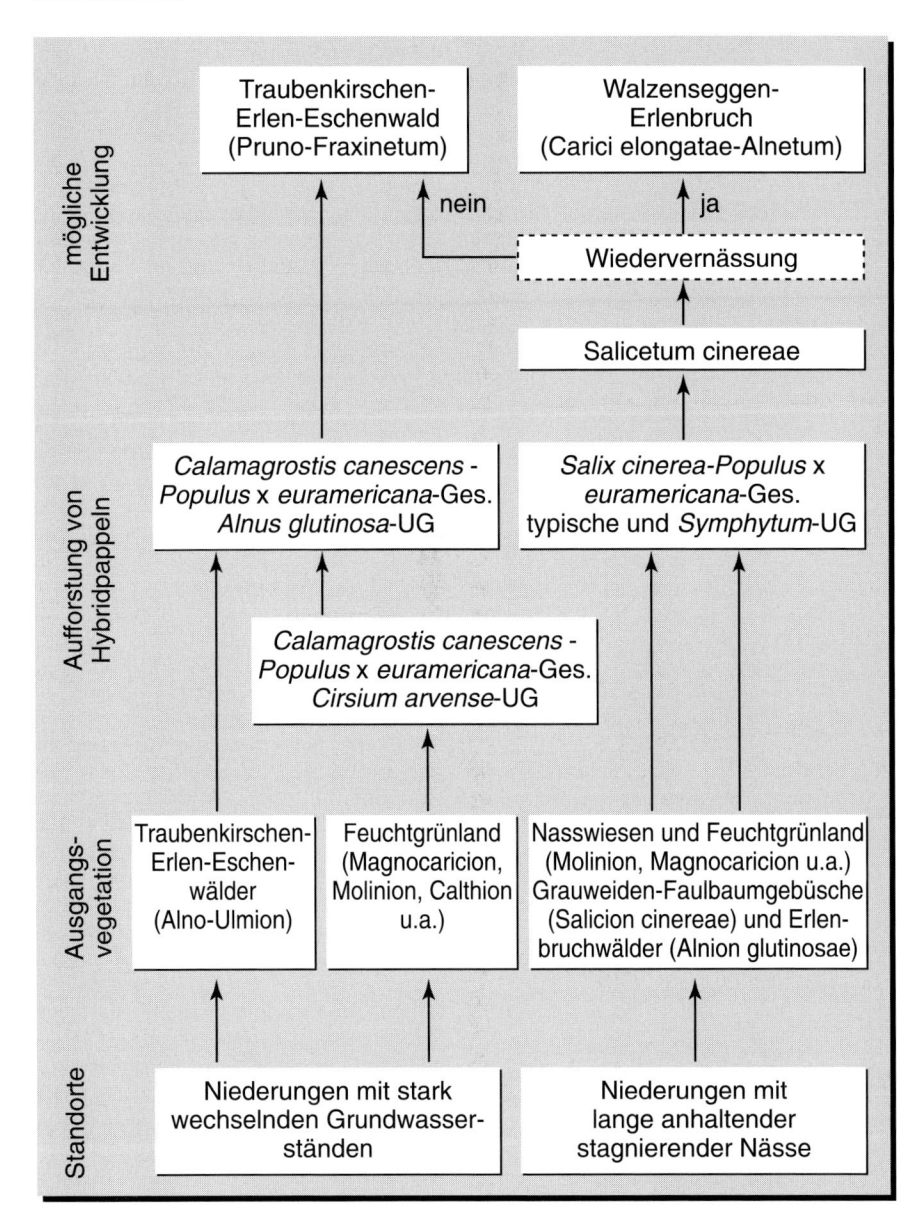

Abb. 43
Mögliche Entwicklung von Pappelforsten auf Niederungsstandorten im Oberspreewald mit und ohne Wiedervernässung (nach ZERBE & VATER 2000).

mögliche Entwicklung:
- Traubenkirschen-Erlen-Eschenwald (Pruno-Fraxinetum) ← nein
- Walzenseggen-Erlenbruch (Carici elongatae-Alnetum) ← ja
- Wiedervernässung
- Salicetum cinereae

Aufforstung von Hybridpappeln:
- *Calamagrostis canescens - Populus x euramericana*-Ges. *Alnus glutinosa*-UG
- *Salix cinerea-Populus x euramericana*-Ges. typische und *Symphytum*-UG
- *Calamagrostis canescens - Populus x euramericana*-Ges. *Cirsium arvense*-UG

Ausgangsvegetation:
- Traubenkirschen-Erlen-Eschen-wälder (Alno-Ulmion)
- Feuchtgrünland (Magnocaricion, Molinion, Calthion u.a.)
- Nasswiesen und Feuchtgrünland (Molinion, Magnocaricion u.a.) Grauweiden-Faulbaumgebüsche (Salicion cinereae) und Erlenbruchwälder (Alnion glutinosae)

Standorte:
- Niederungen mit stark wechselnden Grundwasserständen
- Niederungen mit lange anhaltender stagnierender Nässe

DNA-Analysen an Bäumen mit typischen Merkmalen der Schwarz-Pappel vorgenommen. Etwa ein Drittel der nach morphologischen Merkmalen als *P. nigra*-nah eingeschätzten Bäume erwiesen sich als Hybride (JANSSEN 1998).
Steuerungsmöglichkeiten: Auf hoch produktiven Auenstandorten mit einer dichten Krautschicht können sich Hybridpappeln schlecht verjüngen. Standorttypische Gehölze wie Eschen und Erlen wandern dagegen ein, sodass die Ablösung der Pappeln im Zuge eines natürlichen Prozesses erfolgt. Unterpflanzungen und Abtrieb beschleunigen den Prozess. Allerdings spricht aus Sicht des Naturschutzes einiges für einen langsameren Übergang. Alte Pappelforste sind reich an Baumhöhlen und bieten in ihrer Abbauphase ein reiches Angebot für Holz bewohnende Organis-

men. In den Donauauen bei Hainburg werden Pappelforste daher in den Nationalpark integriert.

Am Rußheimer Altrhein deutet das Aufkommen von Feldulme und Blut-Hartriegel auf eine Entwicklung der Pappelforste zu Ulmenauenwäldern (PHILIPPI 1978a). In den Niederungen des Oberspreewaldes zeigt die Naturverjüngung der Gehölze dagegen eine langsame Entwicklung zu Erlen-Eschen-Wäldern (Pruno-Fraxinetum) an, die allerdings durch Wildverbiss behindert wird. Einzäunung fördert demnach die Umwandlung zu naturnahen Wäldern, wobei auch Erlenbruchwälder nach einer Wiedervernässung erneut entstehen können (Abb. 43).

Unklar ist, wie ursprüngliche Schwarz-Pappeln vor der Kreuzung und Rückkreuzung mit Hybridpappeln bewahrt werden können, da die Produkte beider Prozesse wohl auch in naturnahen Beständen verbreitet sind. Hierzu gibt es zwei Wege:
• Die Aufforstungen mit Hybridpappeln in der Nähe autochthoner Restvorkommen von *Populus nigra* sollten unterlassen oder wieder entfernt werden;
• ex situ-vermehrte reine Schwarz-Pappeln sollten auf geeigneten Standorten außerhalb des Einzugsbereiches von Hybridpappeln wieder ausgebracht werden. Dies bietet sich beispielsweise bei Gewässerrenaturierungen an. An der mittleren Elbe werden Schwarz-Pappeln in Klongemischen erfolgreich ausgepflanzt (NATZKE 1998).

6.3.7 Edelkastanie (*Castanea sativa*)

Herkunft, Einführung und Verwendung: Die Edelkastanie stammt aus Kleinasien und wurde wahrscheinlich im 5. Jh. v. Chr. nach Griechenland und danach nach Italien, Spanien und Frankreich eingeführt. Mit den Römern ist sie ebenso wie die Weinrebe in die besetzten Gebiete Germaniens gelangt, möglicherweise jedoch schon früher (LANG 1970). Sie wurde nicht nur wegen ihrer Früchte angebaut, sondern in Weinbaugebieten auch im Niederwaldbetrieb, um Rebstecken zu gewinnen.

Aktuelle Vorkommen: Die Hauptvorkommen der Edelkastanie liegen im Rheintal mit seinen wärmebegünstigten Nebentälern (SEEMANN et al. 2001). Größere Bestände bestehen in der Pfalz, in der klimatisch begünstigten westlichen Randzone von Odenwald und Schwarzwald, im südlichen Spessart und in bodensauren Eichenmischwaldgebieten im Südwesten Westfalens (WATTENDORFF 1960, LANG 1970, WILMANNS 1995, HOCHHARDT 1996, ZERBE 1999).

In der Randzone des Schwarzwaldes sind noch einige, ursprünglich als Niederwald genutzte Bestände auf bodensauren und basenreichen Buchenwaldstandorten erhalten. Da die Edelkastanie wärmebedürftig ist, konzentrieren sich die Vorkommen auf Höhenlagen zwischen 200 und 450 Meter über Normalnull. Sie gehen auf Aufforstungen von Hanglagen zurück, die ehemals als „Reutberge" wechselnd als Niederwald, Acker und Weide bewirtschaftet wurden. 1833 wurden Wald und Weide getrennt. Nach 1855 wurde aufgeforstet, in rebflurnahen Lagen auch mit der Edelkastanie. Ihre Stämme waren als Rebstecken, die Streu als Dünger oder Einstreu und die Blüten als Bienenweide geschätzt (WILMANNS 1995).

Problematik: Edelkastanien haben sich in naturnaher Vegetation eingebürgert (LOHMEYER & SUKOPP 1992). Tannen- und Eichelhäher tragen sie von Anpflanzungen auch in naturnahe Waldgesellschaften ein, beispielsweise in wärmebegünstigte Bestände des Luzulo-Fagetum im mittleren Schwarzwald (LUDEMANN 1992). Problematische Folgen sind bislang noch nicht bekannt geworden. Die Herausforderung für den Naturschutz besteht vielmehr in der Erhaltung der kulturhistorisch bedeutsamen Vorkommen. Im Schwarzwald sind die meisten der durch Niederwaldnutzung geprägten Kastanienbestände überaltert. Da die Edelkastanie, anders als Eichen, auch im hohen Alter wieder gut ausschlägt, ist die Wiederaufnahme der traditionellen Nutzung möglich und auf Beispielsflächen erfolgreich getestet worden (HOCHHARDT 1996). In Westfalen werden die traditionell verwendeten Edelkastanien auch heute noch bewusst im Außenbereich gepflanzt (TENBERGEN & STARKMANN 1995b).

Der vom neomycetischen Schlauchpilz *Cryphonectria parasitica* ausgelöste Kastanienrindenkrebs hat zu starken Einbrüchen bei nordamerikanischen *Castanea*-Beständen geführt. Er kommt seit etwa 1948 auch südlich der Alpen und seit 1992 in Süddeutschland auf *Castanea sativa* vor, sodass Quarantänemaßnahmen vorgenommen werden müssen (siehe Kap. 8.2).

6.3.8 Eschen-Ahorn (*Acer negundo*)

Herkunft und Einführung: In seiner nordamerikanischen Heimat ist *Acer negundo* die am weitesten verbreitete einheimische Ahornart mit Vorkommen von Kanada bis nach Guatemala. Anders als in Europa sind Dominanzbestände in naturnahen Auenwäldern selten. Gefördert durch Anpflanzungen in Windschutzhecken und als Straßenbaum ist der Eschen-Ahorn heute auch außerhalb seines ursprünglichen Verbreitungsgebietes (z. B. in den Great Plains) und auf Sekundärstandorten sehr häufig (OVERTON 1990, SACHSE 1992). Er gelangte 1688 nach Europa und wurde in Deutschland zuerst 1699 in Leipzig kultiviert (WEIN 1931). Bis heute wird er in weiten Teilen Europas als anspruchsvoller, schnell wüchsiger Pionierbaum in Grünanlagen, Hecken und an Verkehrswegen gepflanzt.

Aktuelle Vorkommen: Geographisch und standörtlich gehört *A. negundo* zu den Neophyten mit der in Europa breitesten Amplitude. Er wächst auf Ruderalstandorten Osteuropas ebenso wie im Mittelmeergebiet. Aus Mitteleuropa sind Vorkommen in der Auenvegetation, aus Sandtrockenrasen, Hecken sowie von Ruderalstandorten beschrieben worden (z. B. FORSTNER 1984, MARKSTEIN 1981, KOWARIK 1992b, LOHMEYER & SUKOPP 1992, BÖCKER 1990, KRETSCHMER et al. 1995, KUNSTLER 1999).

Erfolgsmerkmale: Der Eschen-Ahorn ist anders als die übrigen Ahornarten ausschließlich windblütig. Seine Zweihäusigkeit könnte dazu beigetragen haben, dass die Ausbreitung relativ spät nach der Ersteinführung in Europa begann (DOYLE 1995 mit Untersuchungen zur Geschlechtsverteilung bei spontanen Populationen). Die Samenbildung setzt früh und sehr zahlreich nach etwa acht Jahren ein. Die Früchte werden mit dem Wind vom Herbst bis zum Frühjahr ausgebreitet und gelangen hierdurch auf ein großes Spektrum möglicher Keimungsstandorte. Die Etablierung gelingt auf offenen, gut belichteten Standorten. Insofern wird *A. negundo* durch Störungen gefördert. Mechanisch beschädigte Individuen, beispielsweise in Auen, können sich durch Stamm- oder Wurzelausschlag gut regenerieren. Überflutungen werden etwa 30 Tage ausgehalten (OVERTON 1990). Die unspezifischen Ansprüche an Feuchtigkeit, Nährstoffangebot und Klima fördern in Europa wie in ihrer nordamerikanischen Heimat die weite Verbreitung der Art.

Problematik und Diskussion: Als problematisch gelten Vorkommen des Eschen-Ahorns in naturnaher Auenvegetation (z. B. VOGGESBERGER 1992). In der Rheinaue profitiert er vom Rückgang der Ulmen und hat deren Lücken teilweise ausgefüllt, z.B. auf der Mannheimer Reißinsel (BÜCKING & KRAMER 1982). Als Licht liebende, kaum über 60 Jahre alte und 23 Meter hoch werdende Pionierart ist der Eschen-Ahorn wohl nicht in der Lage, höher wachsende und Schatten tolerantere Baumarten zu verdrängen. Dominanzbestände am Mittellauf der Weichsel sind artenärmer als andere Auenwaldgesellschaften (KUNSTLER 1999). Im Auenwaldrest der Mannheimer Reißinsel stellte *A. negundo* Ende der 80er-Jahre 17% der lebenden Bestandsindividuen. Weibliche Bäume wurden 1995 aus dem Schonwaldbereich entfernt, um eine weitere Ausbreitung zu verhindern. Im weitgehend ungestörten Bannwaldbereich hat *A. negundo* einen flussnahen Schwerpunkt im Bereich zwischen 0,5 und 2,0 Metern über der Mittelwasserlinie und damit auf potentiellen Silberweidenstandorten. Er wird hier von der durch die Flussregulierungen verringerten Überflutungsdynamik gefördert, die zuvor die Silberweiden begünstigt hat. Seine Ausbreitung wird als stagnierend und „nicht so dramatisch wie ursprünglich angenommen" eingeschätzt (WEBER 1997).

Das Beispiel der Reißinsel zeigt die auffällige Ausbreitung von *A. negundo* eher als Symptom denn als Ursache unerwünschter Umweltveränderungen. Der Neophyt profitiert hier vom Ausfall der Ulmen und von der eingeschränkten Überflutungsdynamik des Rheins. Ähnliches gilt für die Wiener Donauaue (ZUKRIGEL 1995). Konkrete Konflikte mit Zielen des Artenschutzes sind nicht bekannt und vielleicht auch nicht zu erwarten, da das örtliche Arteninventar im Umfeld von Beständen des Eschen-Ahorns wohl meist erhalten bleibt. Hierzu stehen eingehende Untersuchungen noch aus. Die Ausbreitung von *A. negundo* passt nicht zum Bild ursprünglicher Waldgesellschaften. Dieses sollte an ausgewählten Stellen erhalten werden, beispielsweise durch das Zurückdrängen des Eschen-Ahorns ebenso wie durch gezielte Nachpflanzungen einheimischer Baumarten, die sich ansonsten wie Schwarz- oder Silber-Pappeln kaum noch verjüngen können. Schlüsselproblem des Naturschutzes in den großen Flussauen ist jedoch die Einengung der natürlichen Auendynamik, nicht die Ausbreitung von Neophyten. Hier anzusetzen scheint sinnvoller, als Neophyten zu bekämpfen. Sofern dies nicht möglich ist, sollte die Einfügung von *A. negundo* in die Auenvegetation im Sinne eines prozessorientierten Naturschutzes akzeptiert und genau beobachtet werden.

6.3.9 Kultur-Apfel und Kultur-Birne

Der **Kultur-Apfel** (*Malus domestica*) besitzt als Abkömmling verschiedener Wildarten aus dem asiatischen Raum kein eigenes Ursprungsareal. Er kann sich generativ und vegetativ auf anthropogenen und naturnahen Standorten ausbreiten und ist beispielsweise fest in thermophilen Schlehen-Liguster-Gebüschen und in Trauben-Eichenwäldern am Mittelrhein sowie in anderen Gebieten etabliert. Mit Wurzelsprossen können klonale Populationen aufgebaut werden. In Dünen ist zudem eine Wurzelbildung an Ästen und Zweigen nach Übersandung beobachtet worden (LOHMEYER 1976, LOHMEYER & SUKOPP 1992).

Auch die **Kultur-Birne** (*Pyrus communis*) ist aus vielzähligen Hybridisierungen hervorgegangen, an denen verschiedene Wildarten, darunter auch die in Deutschland einheimische Wild-Birne (*Pyrus pyraster*), beteiligt waren. Kultur-Birnen verjüngen sich generativ wie vegetativ auf Siedlungsstandorten und wachsen auch in naturnaher Vegetation, etwa in den Auenwäldern von Elbe und Rhein, auf Trockenrasen, an Waldrändern oder in Trockengebüschen und -wäldern auf flachgründigen, basenreichen Süd- und Westhängen im Mittelgebirgsraum (LOHMEYER 1976, LOHMEYER & SUKOPP 1992, HOFMANN 1993, LOOS 1992).

Weniger problematisch als die Ausbreitung von Kultur-Apfel oder -Birne ist deren Rückkreuzung mit Wildobstsippen, die zu ihren Ahnen gehören oder mit denen sie genetisch kompatibel sind. Innerhalb der Unterfamilie der Maloideae sind beispielsweise Gattungsbastarde von *Pyrus* mit *Crataegus*, *Cydonia*, *Malus* und *Sorbus* möglich. Eine interspezifische Hybridisierung ist ebenso häufig wie die Kreuzung von Kultur- und Wildformen (KUTZELNIGG & SILBEREISEN 1995).

Der Holz-Apfel (*Malus sylvestris*) und die Wild-Birne (*Pyrus pyraster*) gehören zu den seltenen und rückläufigen einheimischen Baumarten. Nach SPETHMANN (1997) haben Hybridisierungen mit Kultursippen erheblich zu ihrer Gefährdung beigetragen. Ihr Rückgang wird zudem wahrscheinlich durch Rückkreuzung mit Kultursorten verschleiert, die nicht leicht zu erkennen sind und häufig zu Verwechslungen führen. Nach DOSTALEK (1989) und LOOS (1992) sind die unter *Pyrus × amphigenea* zusammengefassten Hybriden zwischen Kultur- und Holz-Birne weit verbreitet. Ähnliches ist für Rückkreuzungen mit dem Holz-Apfel anzunehmen. Nach WAGNER (1996) können Wild- und Kultursippen des Apfels morphologisch getrennt werden. REMMY & GRUBER (1993) vermuten jedoch, dass zumindest in Südwestdeutschland keine ursprünglichen Wildformen des Holz-Apfels mehr zu finden sind durch die hier seit mehr als 2000 Jahren erfolgte Bastardbildung mit Kultursorten. Gleiches wird für Birnen angenommen, bei denen nur noch den Wildformen nahe stehende verwilderte Kultur-

Birnen vorkommen sollen (HOFMANN 1993).

Für die Erhaltung forstlicher Genressourcen ist aus der weiten Verbreitung der Rückkreuzungen die Schlussfolgerung gezogen worden, dass Holz-Apfel und Wild-Birne vornehmlich in Ex-situ-Kulturen zu erhalten seien. Bis 1993 sind 252 Erhaltungsbestände für Wildobstarten mit einer Fläche von 56,4 Hektar angelegt worden (KLEINSCHMIT et al. 1995). Auch für die Gattung *Ribes* wird eine Gefährdung ursprünglicher Sippen durch genetischen Austausch mit Kultursippen angenommen (SPETHMANN 1997). Solche Konsequenzen sind in der mitteleuropäischen Kulturlandschaft weder zu verhindern, noch rückführbar. Jedoch erlaubt die Einsicht in derartige, vielfach wohl über tausendjährige Invasionsprozesse einige Schlussfolgerungen:

- Vermutlich gebietstypische Sippen sollten in Erhaltungsprogramme aufgenommen werden, wie dies bereits von forstlicher Seite praktiziert wird (KLEINSCHMIT et al. 1995, WAGNER & KLEINSCHMIT 1995).
- Bei Gehölzpflanzungen im naturnahen Außenbereich sollte insbesondere im Einzugsbereich möglicher Wildvorkommen auf nachweisbar gebietstypisches Pflanzgut zurückgegriffen werden. Wie angebracht dies ist, zeigt SPETHMANN (1997), der berichtet, wie bei der Marmeladenherstellung ausgesiebte Kerne gelegentlich an Baumschulen zum Zweck der Ansaat von „Wildobstarten" verkauft werden.
- Wenn die aktuellen gentechnischen Versuche an fast allen der kultivierten Obstgehölze (ZOGLAUER et al. 2000) zum Anbau dieser Sippen führen, sollte der Transfer der manipulierten Gene so weit wie möglich durch „Containment-Maßnahmen" verhindert werden. Dies bedeutete beispielsweise einen Sicherheitsabstand der Plantagen zum Vorkommen von kompatiblen Wild- und Kultursippen, der durch die Reichweite von Bienen als Ausbreitungsagenzien des Pollens zu definieren wäre.

6.3.10 Berg- und Spitz-Ahorn (*Acer pseudoplatanus, A. platanoides*)

Berg- und Spitz-Ahorn gehören zu den Baumarten der mitteleuropäischen Flora, die durch anthropogene Standortveränderungen am meisten gefördert werden. Sie besiedeln ein breites Spektrum anthropogener Standorte (SACHSE 1989, PASSARGE 1990, KOWARIK 1992b) und dringen auch in naturnahe Waldgesellschaften ein. Pflanzungen in Grünflächen und an Straßen, vereinzelt auch in Forsten, haben dafür gesorgt, dass Spitz- und Berg-Ahorn weit außerhalb ihres ursprünglichen Verbreitungsgebietes vorkommen oder dort, wo sie ursprünglich selten waren, heute sehr häufig zu finden sind. Beide Arten profitieren von der allgemeinen Eutrophierung der Landschaft (FISCHER 1975, SACHSE 1989). Die Unterscheidung zwischen gebietstypischen und gebietsfremden Vorkommen ist oftmals schwierig. In weiten Teilen des norddeutschen Flachlandes dürften zumindest die Vorkommen von *A. pseudoplatanus* neophytisch sein.

Im Berliner Umland werden seltene Naturvorkommen auf nährstoffreichen, feuchten Sonderstandorten vermutet. WILLDENOW (1787) nennt nur ganz wenige Fundorte. Heute zählen Berg- wie Spitz-Ahorn zu den häufigsten Gehölzarten in Berlin (KOWARIK 1992b). Da zu ihrer Pflanzung mit großer Wahrscheinlichkeit keine gebietstypischen Herkünfte vermehrt worden sind, gehen die heutigen Vorkommen auf eingeführte Sippen zurück.

Auch die Vorkommen des Spitz-Ahorns im Nordwesten Deutschlands dürften zumeist neophytisch sein. Nach KRAUSE (1972) werden Berg- und Spitz-Ahorn bei Straßenbegrünungen in Nordrhein-Westfalen reichlich und regelmäßig außerhalb ihrer ursprünglichen Wuchsgebiete gepflanzt. Auch in Westsachsen kommt *A. platanoides* nicht natürlich vor. Er breitet sich seit etwa 1900 von Anpflanzungen (vor allem an Straßen) in viele Waldgesellschaften aus, auch in naturnahe Hangwälder. Aus diesem Grund gilt er in Westsachsen, neben *Fallopia japonica*, als größte Problempflanze, wobei die dichten Verjüngungsschichten andere Arten benachteiligen und auf längere Sicht zu einer starken Veränderung der Waldvegetation führen werden. KOSMALE (2000) empfiehlt daher, im Außenbereich Samenbäume in der Nähe noch artenreicher Gehölzbestände zu entfernen und hier auf weitere Pflanzungen zu verzichten. Nur wenn der Diasporennachschub unterbunden wird, sind das Roden größerer oder die Mahd kleinerer Jungpflanzen langfristig Erfolg versprechend.

Starke Naturverjüngung und ein erfolgreiches Aufwachsen bis in die Baumschicht wird auch aus Auenwäldern gemeldet, die durch Gewässerregulierungen nicht mehr oder doch nur selten überschwemmt werden. So sagt ZUGKRIGEL (1995) für die Donauauen bei Wien voraus, dass Pappeln (*Populus nigra, P.* × *canescens*) und Ulmen (*Ulmus campestris, U. laevis*) wegen der Veränderungen der Auendynamik (die Feld-Ulme auch wegen der Holländischen Ulmenkrankheit) ihre prägende Stellung in der Auenvegetation verlieren und durch Ahornarten abgelöst werden. Obwohl die Etablierung der beiden stark beschattenden Ahornarten erhebliche Einflüsse auf die betroffenen Biozönosen haben wird, ist diesem Invasionsphänomen in Mitteleuropa, anders als auf den Britischen Inseln (BINGGELI 1993, 1994a, b), kaum Aufmerksamkeit zuteil geworden. Dies mag vielleicht daran liegen, dass beide hier vertrauter als andere, leicht als „Fremdlinge" identifizierbare Arten sind.

6.3.11 Andere Arten

Die **Florentiner Goldnessel** oder auch Silbernessel (*Lamium argentatum*) ist an der kräftigen silbrigen Zeichnung der Blätter leicht erkennbar. Sie wurde früher als gärtnerische Form der in Mitteleuropa einheimischen Goldnessel angesehen, gilt heute jedoch als eigene Art. Synonyme Bezeichnungen sind: *Galeobdolon argentatum, Lamium galeobdolon* subsp. *galeobdolon* f. *argentatum, Lamiastrum galeobdolon* cv. Variegatum, cv. Florentinum u.v.a. (LOOS 1997). Entstehungsort und -zeit sind unbekannt. Die Florentiner Goldnessel ist in Gärten, Friedhöfen und Parkanlagen als anspruchsloser Bodendecker beliebt und wird wegen ihres starken klonalen Wachstums häufig mit Gartenabfällen verfrachtet. Sie ist in Mitteleuropa weit verbreitet und bildet vor allem in siedlungsnahen Waldgebieten und in Parkanlagen mit oberirdischen Ausläufern über hundert Quadratmeter große klonale Populationen (MANG 1990, KUNICK 1991, WALTER 1992a, GREGOR 1993). SLUSCHNY (1996) fand sie in Mecklenburg auch in ortsfernen Gehölzbeständen. Ob sie zum Rückgang anderer Arten führt, ist unklar.

Der Rankende Lerchensporn (*Ceratocapnos claviculata*) ist eine atlantische Art, die sich seit ungefähr 30 Jahren über ihr ursprüngliches Areal hinaus ausbreitet und vor allem in Forsten, aber auch in bodensauren Eichen-Birken- und in Moorwäldern vorkommt. Als Ursachen der anthropogenen Arealerweiterung werden Stickstoffeinträge sowie Verschleppungen mit Forstkulturen diskutiert (POTT & HÜPPE 1991, BENKERT et al. 1995, MEYER & VOIGTLÄNDER 1996, SONNBERGER 1996).

Das **Immergrün** (*Vinca minor*) ist eine weiträumig verbreitete Waldbodenpflanze, die nach LOHMEYER & SUKOPP (1992) in großen Teilen Mitteleuropas nicht einheimisch, sondern archäo- oder neophytisch ist. Ursprüngliche Vorkommen soll es allenfalls in „südlichen Regionen" Mitteleuropas geben. Das Immergrün kommt bevorzugt in der Nähe alter, auch längst aufgelassener Siedlungen vor und gilt beispielsweise in der Wittstocker Heide als Kulturrelikt ehemaliger, inzwischen wieder mit Wald bedeckter mittelalterlicher Siedlungen.

Amerikanische Kultur-Heidelbeeren (*Vaccinium corymbosum* × *angustifolium*) verwildern stark aus Anbauflächen und breiten sich in nordwestdeutschen Kiefernforsten aus. Problematischer ist das Aufwachsen in Mooren (siehe Kap. 6.5.1, auch mit Angaben zu Forstvorkommen).

Felsenbirnen (*Amelanchier lamarckii, A. spicata, A. alnifolia*) kommen vor allem in Sandlandschaften in lichten Wäldern und Forsten, in Hecken sowie an Waldrändern vor (SCHROEDER 1972, KRAUSCH 1973, TENBERGEN & STARKMANN 1995a). Die Felsenbirnenarten breiten sich aus

Gärten und Heckenpflanzungen aus. Die Gattung wurde beispielsweise bei 60% der neu bepflanzten nordrheinwestfälischen Straßen verwendet (KRAUSE 1972). Allerdings sind die spontanen Vorkommen bislang noch nicht als problematisch empfunden worden.

Bei **Mahonien** (*Mahonia aquifolium*) handelt es sich überwiegend um Hybriden zwischen den nordamerikanischen Ausgangsarten *M. aquifolium* mit *M. repens* (nach AHRENDT 1961). Mit einem Versuch belegte AUGE (2001), dass aus mitteleuropäischen Populationen stammende Individuen höher als die Abkömmlinge der amerikanischen Ausgangsarten wachsen. Sie verjüngen sich in Grünanlagen sehr effektiv (Tab. 26) und werden durch Vögel häufig auch in stadtnahe Wälder eingebracht, wobei die Etablierung durch erhöhte Stickstoff- und pH-Werte begünstigt wird. In ruderalen Wäldern Berlins ist *Mahonia* ein typischer Robinienbegleiter, in den Kiefernforsten der Dübener Heide profitiert sie vom Eintrag basischer Flugasche (KOWARIK 1992b, AUGE 1997, Abb. 17). Auch in der xerothermen Gehölzvegetation des Mittelrheins ist sie eingebürgert (LOHMEYER 1976). Gelegentlich wird *Mahonia* als Bienenfutterpflanze auch in Wäldern ausgebracht und kann dort durch klonales Wachstum mehrere 100 Quadratmeter große Populationen bilden (SCHEPKER 1998).

Die **Gemeine Schneebeere** (*Symphoricarpos albus*) wurde 1817 aus Nordamerika eingeführt und gehört heute zu den meist gepflanzten Straucharten im Siedlungsbereich. Durch Vogelausbreitung gelangt sie auf ein breites Spektrum von Siedlungsstandorten (KOWARIK 1992b, ADOLPHI 1995), kommt jedoch spontan meist nur vereinzelt vor. Als problematisch werden größere Vorkommen empfunden, die in Waldgebieten vor allem entlang von Wegen und an Waldinnenrändern bestehen. Aufgrund ihrer geringen Ausbreitungs- und Verjüngungstendenz (Tab. 26) ist es allerdings unwahrscheinlich, dass solche Vorkommen auf den Diasporeneintrag durch Vögel zurückgehen. Wahrscheinlich sind es beabsichtigte Pflanzungen durch Imker, Jäger oder Förster als Bienen- oder Deckungspflanze, „Abpflanzungen" von Waldwegen oder andere Kulturrelikte in Wäldern, die sich durch klonales Wachstum verdichtet und vergrößert haben. In den 1937 aufgelassenen Siedlungen auf dem Truppenübungsplatz Baumholder breitet sich die Schneebeere vegetativ von ehemaligen Begrenzungshecken aus (ROHNER 1995).

Auch bei der gartenkünstlerischen Umformung von Wäldern zu Parkwäldern wurden Schneebeeren schon im 19. Jahrhundert eingesetzt (BERGER-LANDEFELDT & SUKOPP 1966). Ihre Bestände sind zumeist Kulturrelikte, sie können sich jedoch vegetativ erheblich erweitern, was aus Sicht der Gartendenkmalpflege häufig unerwünscht ist (SUKOPP & SEILER 1998, AHRENS & ZERBE 2001). Bekämpfungsversuche des Berliner Pflanzenschutzamtes (Schnitt und Herbizidanwendung) waren bislang weitgehend erfolglos, da die Schneebeeren über eine hohe Regenerationsfähigkeit mittels klonalen Wachstums verfügen.

Spiersträucher (nach ADOLPHI & NOWACK 1983 und ADOLPHI 1995 meist *Spiraea alba* oder *S.* × *billardii*) werden gelegentlich als Deckungsgehölz gepflanzt (Fasanenspiere). Ihre Bestände können sich auch im Unterstand von Bäumen durch klonales Wachstum stark erweitern. SCHEPKER (1998) beschreibt ein solches Vorkommen aus einem Erlen-Eschen-Wald im Landkreis Lüchow-Dannenberg, bei dem eine Konkurrenz zu gefährdeten Waldpflanzen (*Equisetum sylvaticum* u. a.) absehbar ist. Nach ADOLPHI (in WISSKIRCHEN & HAEUPLER 1998) kommen beide Spiersrauchaten auch in naturnaher Vegetation an Bachläufen im Harz und Westerwald vor. Auch auf Rekultivierungsflächen des Lausitzer Bergbaugebietes kommt es zur unerwünschten Ausbreitung von Spiersträuchern (KONOLD, mündlich).

Robinien (*Robinia pseudoacacia*) können sich von forstlichen und anderen Pflanzungen ausgehend auf Offenlandbiotope ausbreiten, dringen in Deutschland jedoch noch nicht in Wälder ein. Im Zuge der Brachflächensukzession können sie jedoch selbst Wälder aufbauen, die dauerhafter als häufig vermutet sind. Die Eigenschaften und Problematik der Robinie sowie Steuerungsmöglichkeiten werden in Kap. 6.2.5.5 beschrieben.

Die **Grau-Erle** (*Alnus incana*) ist in Deutschland nur in Teilen Süddeutschlands einheimisch. Sie wird aber weit außerhalb ihres ursprünglichen Verbreitungsgebietes in Heckenpflanzungen verwendet (auch versehentlich anstelle der Rot-Erle, TENBERGEN 1993) und zudem ingenieurbiologisch eingesetzt. Bei der Begrünung von Kalirückstandshalden hat sie sich mit am besten bewährt und auch die extreme Trockenperiode im Sommer 1994 gut überstanden (BORCHARDT et al. 1995). *Alnus incana* wird in Mittelgebirgen, in denen sie nicht zur ursprünglichen Vegetation gehört, zur Vorwaldbegründung eingesetzt und hat sich hier nach WALTER (1992) zu einem Forstunkraut entwickelt: Durch ihre starke Naturverjüngung benachteiligt sie andere Gehölze. Nach dem Fällen verjüngt sie sich zudem durch Stockausschlag. Im Spessart wurde mit Grau-Erlen wahrscheinlich die hier nichteinheimische *Calamagrostis villosa* verschleppt (ZERBE 1996).

Die **Rot-Esche** (*Fraxinus pennsylvanica*) kommt vereinzelt ruderal, im Umfeld forstlicher Pflanzungen sowie an Gewässerufern vor (FISCHER 1988, KOWARIK 1992b). In der Hartholzaue der March (Niederösterreich) hat sie stellenweise die einheimische und gefährdete Feld-Esche (*F. angustifolia*) in den unteren Altersklassen ersetzt (DISTER & DRESCHER 1987, BARTHA 1996).

6.4 Gewässer und Auen

Flusstäler sind lange als Wanderwege von Pflanzen bekannt. Hiervon profitieren einheimische wie nichteinheimische Arten gleichermaßen. Doch für viele Neophyten scheint die Beschreibung „Wandern" unangemessen. Stürmisch breiteten sich viele in nur kurzer Zeit aus. (z. B. Abb. 21). Eine Kombination natürlicher und anthropogener Faktoren begründet den Reichtum von Flüssen und Auen an nichteinheimischen Arten:
- Das fließende Wasser kann Samen, Früchte oder regenerationsfähige Sprossteile von Pflanzen über weite Strecken verbreiten. So schwimmen Samen der amerikanischen Weiden-Seide (*Cuscuta gronovii*) bis zu drei Wochen im Wasser und können danach noch zur Keimung gelangen (LÖSCH et al. 1995). Tiere transportieren Diasporen auch gegen die Fließrichtung, und mit Hochwasser gelangen sie auch in weiter entfernte Bereiche der Aue. Die Erfolgsgeschichte heute so häufiger und in den folgenden Kapiteln näher beschriebener Neophyten wie *Heracleum mantegazzianum*, *Fallopia* oder *Impatiens glandulifera* wäre ohne Hydrochorie nicht zustande gekommen.
- Wasserstandsschwankungen, Treibgut und Eisgang verursachen eine Vielzahl natürlicher Störungsstandorte, die aufgrund ihrer Offenheit günstige Ansiedlungsmöglichkeiten bieten (Sedimentationsstellen, Sand- und Kiesbänke, Ufer- und Geländeanrisse sowie Auflichtungen der Auwälder). Gewässer und Auen sind daher diejenigen Ökosystemtypen, in denen die meisten nichteinheimischen Arten in naturnaher Vegetation vorkommen (KORNAS & MEDWECKA-KORNAS 1967, LOHMEYER & SUKOPP 1992).
- Die traditionelle Nutzung von Flüssen und Auen als Verkehrswege fördert nichteinheimische Arten mehrfach: Mit Schiffen können Arten über sehr weite Strecken transportiert werden, z. B. als Beimengung von Getreideladungen oder als Ballastpflanzen (z. B. JEHLIK 1981, 1989 zum „Moldau-Elbe-Wasserweg"). An den zahlreichen Güterumschlagsstellen können Diasporen solcher Arten dann direkt auf günstige Offenstandorte gelangen oder sekundär weiter mit Wasser verbreitet werden. Dies gilt auch für Arten im Siedlungsbereich, deren Diasporen in Fließgewässer gelangen. Knapp die Hälfte (43%) der 86 an der Elbe zwischen dem Böhmischen Mittelgebirge und Lauenburg beobachteten Neophyten sind verwilderte Gartenpflanzen (BRANDES & SANDER 1995). Nach MANG (1990) haben 198 Pflanzenarten Hamburg auf natürlichem Weg über die Elbe erreicht. Legt man die Summe aller 3372 im Hafen notierten Arten zugrunde, so ist etwa das 17fache an Arten mit dem Schiffsverkehr ins Gebiet gelangt.

Gewässer und Auen

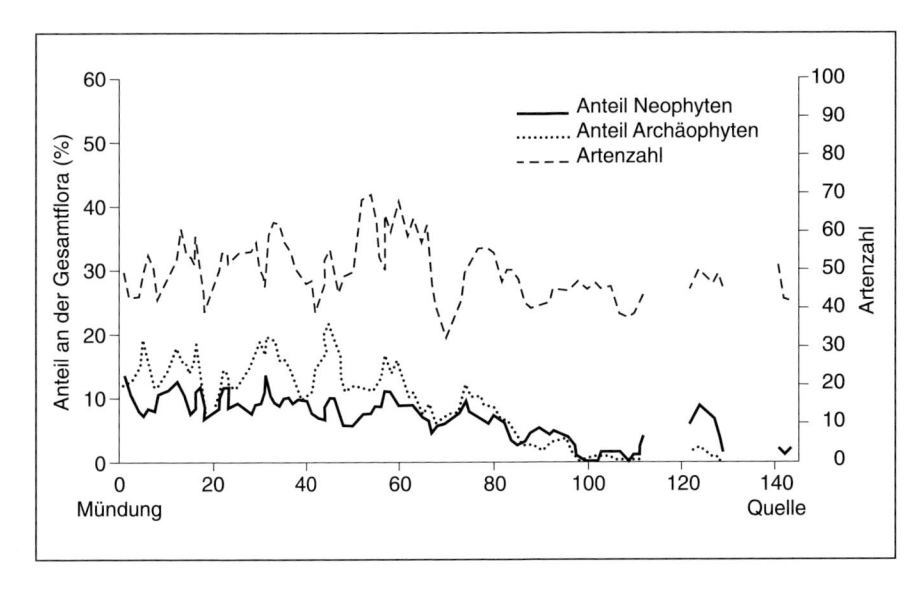

Abb. 44
Steigender Anteil von Archäophyten und Neophyten an der Uferflora der Eifel-Rur von der Quelle im Hohen Venn (= 145) bis zur Mündung in die Maas (= 0; nach KASPEREK 1999).

- Mit Kanalbauten werden isolierte Gewässersysteme verbunden, sodass ein überregionaler Austausch aquatischer Organismen möglich wird (siehe Kap. 3.2.2.5).
- Unter menschlichem Einfluss wurden Gewässer wie Auen nachhaltig verändert. Verschiedene Maßnahmen wie das Zurückdrängen der Auenwälder, das Befestigen von Ufern und die Veränderungen von Gewässerdynamik und -chemismus haben eine gemeinsame Wirkung: Die Konkurrenzbedingungen für die vorhandene Vegetation verändern sich und die Etablierung neuer Arten wird begünstigt (MÜLLER 1995). Das Indische Springkraut (*Impatiens glandulifera*) besiedelt beispielsweise auch naturnahe Gewässerränder, wird jedoch durch Uferverbauung und Gewässereutrophierung noch gefördert (KOPECKÝ 1967). Auch die Goldruten haben sich nach den verschiedenen Eingriffen in die Hydrologie im Oberrheingebiet stark ausgebreitet (HÜGIN 1962).
- Die Unter- und Mittelläufe von Fließgewässern sind in der Regel anthropogen stärker beeinflusst als die Oberläufe. Sie sind weniger von potentiellen Ausbreitungsquellen isoliert und bieten zudem ein breiteres, für nichteinheimische Arten besser erschließbares standörtliches Spektrum. In der Folge steigt der Anteil an Archäophyten und Neophyten meist von der Quelle zur Mündung, wie das Beispiel der Eifel-Rur zeigt (Abb. 44).

Dank dieser günstigen Einwanderungs- und Ansiedlungsbedingungen bestimmen Neophyten häufig die heutige Pioniervegetation in Flusstälern (z. B. das Polygono-Chenopodietum). Immer wieder wird von der Ausbreitung neuer, zumeist annueller Arten berichtet, so von *Xanthium saccharatum* an Rhein und Mosel, *Impatiens capensis* an der Lahn sowie *Artemisia annua*, *Eragrostis albensis*, *E. multicaulis* und *E. muricata* an der Elbe (WISSKIRCHEN 1989, FISCHER & KRAUSCH 1993, BRANDES & SANDER 1995, SCHOLZ 1995a, 1995b, SOMMER 1995).

Innerhalb der Aue bestimmt die Überschwemmungsdauer die Verbreitungsmuster vieler Neophyten. Die Einjährigen konzentrieren sich auf die offenen, vom Frühjahrshochwasser freigegebenen Stellen. *Impatiens glandulifera* wächst zusätzlich wassernah innerhalb der ausdauernden Vegetation, wo sich auch verschiedene *Aster*-Arten als besonders überflutungsresistent erwiesen haben. *Helianthus tuberosus*, *Fallopia*- und vor allem *Solidago*-Arten bevorzugen dagegen höher gelegene Stellen (KOPECKY 1967, SCHWABE & KRATOCHWIL 1991, LOHMEYER & SUKOPP 1992). Meist wachsen diese Arten in Ersatzgesellschaften von Auenwäldern, sodass die Erkenntnis von MOOR (1958: 261) immer noch gelten dürfte: „Das sicherste Bekämpfungsmittel bleibt ... die Beschattung".

6.4.1 Wasserpestarten (*Elodea canadensis, E. nuttallii*)

Einführung und aktuelle Vorkommen: In Mitteleuropa sind zwei nordamerikanische Wasserpestarten weit verbreitet: *Elodea canadensis* und *E. nuttallii*. Sie kommen in künstlichen und natürlichen Stillgewässern, in Gräben und in langsam fließenden Bächen und Flüssen vor. *E. nuttallii* besiedelt auch schnell fließende Gewässer (WOLFF 1980).

Die Kanadische Wasserpest (*E. canadensis*) trat zum ersten Mal 1836 in Irland auf und gelangte von dort in botanische Gärten Deutschlands. Gegen 1859 wurden Pflanzenteile aus dem Berliner Botanischen Garten in nahe gelegene Gewässer ausgesetzt. Dies war der Beginn einer rasanten Ausbreitung, die schnell die mit Kanälen verbundenen Flusssysteme von Havel und Oder erfasst hat (BOLLE 1865). Die Art ist heute weit verbreitet (KOHLER 1995).

Etwa 100 Jahre später 1939 wurde *E. nuttallii* in Belgien bemerkt, 1953 in Münster. Die Art wurde zunächst im nordwestdeutschen Tiefland gefunden, hat sich aber wahrscheinlich unbemerkt auch in Südwestdeutschland seit 1960 ausgebreitet und inzwischen den Osten Deutschlands und auch Bayern erreicht. *E. canadensis* hat einen Schwerpunkt in meso- bis eutrophen Gewässern, *E. nuttallii* in eu- bis hypertrophen. An vielen Orten tritt *E. canadensis* heute anstelle von *E. nuttallii* auf (WOLFF 1980, VÖGE 1995, KOHLER 1995, KUMMER & JENTSCH 1997, TREMP 2001).

Erfolgsmerkmale: Die rasche Ausbreitung der *Elodea*-Arten vollzieht sich ausschließlich durch vegetative Vermehrung. Aus kleinsten Sprossfragmenten entstehen neue Pflanzen. Eine generative Vermehrung ist in Europa noch nicht beobachtet worden. Sprossteile werden mit fließendem Wasser, dem Schiffsverkehr und mit Wasservögeln weit transportiert. Sicher stützen sekundäre Ausbringungen durch Liebhaberbotaniker oder Aquarianer, die sich überflüssiger Wasserpflanzen entledigen wollen, den Ausbreitungserfolg. Ungewollt werden *Elodea*-Arten auch mit Pflanzmaterial anderer Wasserpflanzen ausgebracht.

Nach einem Jahrhundert rasanter Ausbreitung ist bei *E. canadensis* bereits ein Rückgang zu verzeichnen. Dies ist auf den Britischen Inseln schon etwa 50 Jahre nach den Erstfunden beobachtet worden. Bislang ist unklar, ob die sich weiter ausbreitende *E. nuttallii* die zuvor eingeführte Schwesterart direkt verdrängt. Denkbar ist auch, dass sie natürliche Gegenspieler inzwischen als Nahrungsquelle erschlossen haben (Nematodenbefall an den Vegetationspunkten). Als weitere Rückgangsursache kommen gewässerchemische Veränderungen infrage. In ursprünglich oligotrophe Gewässer dringt *E. canadensis* erst nach deren Verunreinigung ein. Sie ist hier *E. nuttallii* überlegen, da sie Nährstoffe wie Phosphat besser verwerten kann. Allerdings könnte durch Nährstoffentzug auch eine Mangelsituation entstehen, den den Bestand der Wasserpestpopulation begrenzt. Auf der anderen Seite wird *E. canadensis* durch eine weitergehende Gewässerverschmutzung benachteiligt, da *E. nuttallii* toleranter gegenüber Verunreinigungen ist. Sie überlebt sogar Ammoniumkonzentrationen von bis zu 27,2 Milligramm pro Liter und wird durch stärkere Gewässerverunreinigungen indirekt begünstigt (WOLFF 1980, MÜNCH 1989, LOHMEYER & SUKOPP 1992, KOHLER 1995, TREMP 2001).

Sofern ausreichend Nährstoffe vorhanden sind, wächst *E. nuttallii* schneller als ihre Schwesterart. Ihre besonderen Wuchsmerkmale (zurückgekrümmte und gedrehte Blätter) könnten sie zusätzlich begünstigen, da sie hiermit das Licht in getrübtem Wasser und in größerer Tiefe besser nutzen kann (KUNDEL 1990, TREMP 2001). Sie wächst auch bei niedrigen Temperaturen und bei wenig Licht in planktongetrübten Gewässern, und zwar bis zu einer Tiefe von 13 Metern. Zwei bis sechs Jahre nach dem Erstnachweis in Hamburger Gewässern konnte VÖGE (1993) bereits Dominanzbestände nachweisen.

Problematik: Die Ausbreitung der Kanadischen Wasserpest hat im vergangenen

Jahrhundert hohe Wellen geschlagen. Man befürchtete, sie werde Wasserläufe verstopfen, einheimische Wasserpflanzen verdrängen sowie den Schiffsverkehr, den Fischfang und die Teichwirtschaft behindern (BOLLE 1865, SEEHAUS 1870). Nach der Einschätzung von SUKOPP (1995) sollten die umfangreichen Bekämpfungsmaßnahmen des „grünen Gespenstes" (Hermann Löns) auch von landeskulturellen Problemen ablenken. Die starke Biomasseentwicklung der *Elodea*-Arten verändert sicher die quantitative Zusammensetzung limnischer Lebensgemeinschaften. Ob dies jedoch zum Artenrückgang führt, ist fraglich. So ergab eine Untersuchung von 608 Fließgewässerabschnitten im Oberrheingebiet, dass in Bereichen mit hohen Deckungsgraden von *Elodea nuttallii* mehr Wasserpflanzen vorkommen als in Gewässerabschnitten, in denen der Neophyt weniger dominant ist. Offensichtlich ist der Umfang des Nischenangebots innerhalb der untersuchten Gewässersysteme für die Vielfalt an Wasserpflanzen bedeutsamer als die Dominanz von *Elodea* (TREMP 2001).

Wie früher bei *E. canadensis* sind heute bei *E. nuttallii* ökonomisch relevante Beeinträchtigungen, beispielsweise der Teichbewirtschaftung, anzunehmen. Im saarländischen Bostalstausee wurde 1981/82 der Bade- und Segelbetrieb durch Massenbestände von *E. nuttallii* lahmgelegt (KUMMER & JENTSCH 1997). Trotz der über 100-jährigen Ausbreitungsgeschichte von *Elodea*-Arten mangelt es jedoch an umfassenden Analysen der hiermit verbundenen ökologischen und ökonomischen Folgen.

Steuerungsmöglichkeiten: Die Wasserpestarten können am besten zurückgedrängt werden, indem die anthropogene Trophierung potentiell oligo- bis mesotropher Gewässer zurückgeführt wird. In eu- bis polytrophen Gewässern dürften beide Arten dagegen auf Dauer fest etabliert sein. Mechanische Maßnahmen zur Räumung von Fließgewässern müssen periodisch wiederholt werden. Als Alternative bietet sich der Aufbau bachbegleitender Gehölzbestände an, deren Schatten den Aufwuchs von Wasserpflanzen allgemein vermindert. Im Bostalstausee haben ausgesetzte Chinesische Graskarpfen (*Ctenopharyngodon idella*) *E. nuttallii* zurückgedrängt (KUMMER & JENTSCH 1997). Im Hannoveraner Maschsee sollten 18 000 Graskarpfen Armleuchteralgen zurückdrängen, die den Wassersport behinderten. Dies gelang, jedoch füllte *E. nuttallii* die Lücken trotz des Weidedruckes der Karpfen so schnell, dass die Situation schlimmer war als zuvor (WEBER-OLDEKOP 1976). Erfolg versprechend soll das Ablassen und winterliche Ausfrieren von Weihern sein, das auch der Verlandung entgegenwirkt (SEEHAUS 1992, ZINTZ & POSCHLOD 1996).

Diskussion: Die Bewertung der ökologischen Folgen der *Elodea*-Arten ist schwierig. Die Auswirkungen sind im Einzelnen ungeklärt, vor allem hinsichtlich ihrer Dauerhaftigkeit. Veränderungen durch Dominanzbestände müssen nicht zur nachhaltigen Verdrängung anderer Arten führen (WOLFF 1980, TREMP 2001). Wasserpestarten werden auch als zusätzliche Nahrungsquelle von Vögeln und als Baumaterial von Köcherfliegenlarven genutzt. Nehmen sie den Platz anderer Arten ein, die durch Gewässerverunreinigungen oder andere anthropogene Eingriffe zuvor verdrängt worden sind, so sind sie nicht Ursache, sondern Symptom unerwünschter Umweltveränderungen. Ihr Auftreten kann in solchen Situationen sogar positiv bewertet werden, da sie die biologische Selbstreinigung belasteter Gewässer stärken und auch der Tierwelt Nahrungsgrundlagen bieten. Können die Ursachen des Ausbreitungserfolges der *Elodea*-Arten nicht beseitigt werden (z. B. in eutrophen Fischteichen), sind Gewässerräumungen als Teil der Gewässerpflege in Kauf zu nehmen. Werden Graskarpfen zur Bekämpfung eingesetzt, so sind deren unerwünschte Nebenwirkungen abzuwägen (KORTE & LELEK 1996).

6.4.2 Indisches Springkraut (*Impatiens glandulifera*)

Herkunft, Einführung und Verwendung: Das Indische Springkraut stammt aus dem westlichen Himalaya (Kaschmir bis Nepal, etwa 1800 bis 3000 Meter über Normalnull), wo es ähnlich wie im anthropogenen Verbreitungsgebiet an Bachufern wächst. Es gelangte 1839 als Zierpflanze nach England und wurde von dort in viele europäische Gärten gebracht (HARTMANN et al. 1995). Noch heute ist das Indische Springkraut eine beliebte Gartenpflanze (Bauernorchidee). Wegen seiner Massentracht im Hochsommer ist es besonders für Hummeln und auch für Honigbienen attraktiv (von HAGEN 1991). In der Imkerliteratur wird daher seit langem zu Ansaaten aufgefordert, wodurch die Art auch auf siedlungsferne Standorte gelangt ist.

Aktuelle Vorkommen: *I. glandulifera* kommt heute im gesamten Mittel- und Westeuropa vor, wobei sich eine großflächige Ausbreitung erst in der zweiten Hälfte des 20. Jahrhunderts vollzogen hat (HARTMANN et al. 1995). Für Tschechien ist die Ausbreitungsgeschichte gut bekannt (Abb. 21). Der rapide Anstieg der Vorkommen in den letzten Jahrzehnten wurde auch durch Ansaaten und anthropogen verschleppte Diasporen begünstigt. Für den Fall einer Klimaerwärmung erwartet BEERLING (1994) eine weitere Ausbreitung im nördlichen Europa. Die mitteleuropäischen Hauptvorkommen bestehen auf Standorten mit guter Feuchtigkeits- und Nährstoffversorgung, also an Gewässerrändern und in deren Überflutungsbereich. *Impatiens* wächst in diesen Bereichen vom Halbschatten bis zur vollen Sonne auf Kiesbänken, frischen Sedimentationsstellen und anderen Standorten mit hoher Umweltdynamik, kommt aber auch in dicht geschlossenen Uferstaudengesellschaften, Feuchtwiesen, Grabenrändern und in lichten, halbschattigen Auenwäldern und -Forsten vor. Daneben wächst die Art vereinzelt ruderal im Siedlungsbereich, in Straßengräben sowie an Waldwegen und Waldinnenrändern. Die größten Dominanzbestände finden sich an Fließgewässern in Mittelgebirgen. In den Alpen kommt die Art bis etwa 1000 Meter vor (KOPECKÝ 1967, GÖRS 1974, SCHWABE 1987, LOHMEYER & SUKOPP 1992, PYŠEK & PRACH 1993, PYŠEK 1995b, HARTMANN et al. 1995, DRESCHER & PROTS 1996).

Erfolgsmerkmale: *I. glandulifera* ist ein Musterbeispiel eines Neophyten, dessen Ausbreitungserfolg aus dem Ineinandergreifen vielfältiger anthropogener und natürlicher Ausbreitungsmechanismen resultiert. Als beliebte Gartenpflanze wird das Indische Springkraut in vielen Gärten und Parkanlagen angesät, als Bienenfutterpflanze auch außerhalb von Siedlungen, beispielsweise an Waldrändern und Gewässerufern. HARTMANN et al. (1995) fanden viele Bestände in der Nähe stationärer Bienenhäuser. Daneben können Samen mit Gartenabfall und auenbürtigem Bodenmaterial verfrachtet werden. Durch wasserbauliche Erdarbeiten werden so „Wanderungen" auch gegen die Fließrichtung möglich. In Wäldern können große Populationen begründet werden, wenn beim Bau von Waldwegen ausgebaggerter Auenkies verwendet wird (ADOLPHI 1995, HARTMANN et al. 1995, PYŠEK & PRACH 1993, SCHEPKER 1998).

Aus anthropogenen Bestandsbegründungen können sich unter günstigen Bedingungen (gute Wasserversorgung, insbesondere auf voll besonnten Standorten) schnell größere Populationen bilden. Als einjährige Art produziert *I. glandulifera* während einer über etwa drei Monate reichenden Blüte- und Fruktifikationszeit bis zu 2500 Samen pro Pflanze. In einem Reinbestand sind dies etwa 32000 Samen pro Quadratmeter. Die Samen keimen bereits im folgenden Frühjahr, können aber mehrere (eventuell sechs) Jahre im Boden überdauern, sodass sich Dominanzbestände beim Wechsel zwischen günstigen (Feuchtigkeit) und ungünstigen Entwicklungsbedingungen (Trockenheit, Spätfrost, längere Überflutungen) schnell neu bilden können (KOENIES & GLAVAC 1979).

Mit dem Aufspringen der Fruchtkapsel werden die Samen aus einer Höhe von 2 Metern bis zu 7 Meter weit davongeschleudert. Hierdurch können bei günstigen Bedingungen aus einem einzigen Individuum bereits im Folgejahr dichte Populationen entstehen. Gelangen die Samen in Fließgewässer, beispielsweise aus bachnahen Gärten, ist eine Fernausbreitung möglich. Dabei sinken die Samen rasch ab und werden wie das Geschiebe im Flussbett transportiert. Dieser Transportweg führt besonders dann zu neuen Populationsbegründungen, wenn die Samen beim Zurückgehen des Hochwassers im Überflutungsbereich abgesetzt werden (LHOTSKA & KOPECKÝ 1966). Günstige Etablierungsstandorte wie Störungsstellen am Ufer und frische Sedimentationsstellen kommen natürlicherweise in Auen vor, sind in ihrer Anzahl aber durch menschliche Störungen (z. B. Uferverbau und Aufschüttungen) erhöht und zum Teil auch besser nutzbar geworden. Dazu gehören: eine erhöhte Lichtversorgung durch Auflockerung, Beseitigung oder Umwandlung der Auenwälder in Pappelforste und die Eutrophierung (HÜGIN 1962, KOPECKÝ 1967, GÖRS 1974, HARTMANN et al. 1995).

Gärtnerische Ansaaten waren der Ausgangspunkt für die Besiedlung vieler Flussufer. So wurde die obere Weser von den Nachkommen weniger Pflanzen besiedelt, die etwa um 1923 an Zuflüssen der Eder und der Fulda ausgebracht worden waren (PREYWISCH 1964). Da Imkeransaaten meist nicht dokumentiert werden, sind natürliche und anthropogen begründete Vorkommen in Auen schwer zu unterscheiden. Eine Fernausbreitung auf natürlichem Wege erfolgt effektiv nur über das Wasser, sodass bei Vorkommen außerhalb des Überschwemmungsbereiches von Fließgewässern eine zumindest initiale anthropogene Bestandsbegründung durch Ansaat oder verschleppte Diasporen anzunehmen ist.

Dass *I. glandulifera* als Therophyt frische Sedimentationsstellen besiedelt, überrascht wenig. Erstaunlich dagegen ist ihre Fähigkeit, sich in dichter Hochstaudenvegetation (z. B. der Convolvuletalia) zu etablieren. Abb. 45 veranschaulicht das Erfolgsgeheimnis: Es besteht in einer Kombination aus Schattentoleranz, die ein spätes Keimen in bereits aufwachsenden Brennnesselbeständen erlaubt, mit einem, alle einheimischen Annuellen übertreffenden Höhenwachstum bis etwa zwei Meter. Je tiefer der Schatten reicht, desto schneller wachsen die jungen Pflanzen in die Höhe. Bereits im Juli können Brennnessel, Rohrglanzgras und andere Stauden überwachsen sein. *Impatiens* bestimmt nun den Aspekt, ohne allerdings die übrigen Arten zu verdrängen. Die Konkurrenz mit anderen Arten stimuliert die Entwicklung ihrer Blattmasse, wovon auch die Samenproduktion profitiert (KOENIES & GLAVAC 1979).

Problematik: *Impatiens*-Vorkommen haben in weiten Teilen Mittel- und Westeuropas innerhalb weniger Jahrzehnte stark zugenommen (Abb. 21 für Tschechien). In Baden-Württemberg gab es 1976 Nachweise aus 24, 1989 aus 127 von insgesamt 174 Messtischblättern (HARTMANN et al. 1995). In Niedersachsen verdoppelten sich die Nachweise für Messtischblattquadranten beinahe in 16 Jahren (Tab. 38). Aufgrund der Auffälligkeit der Art wird hieraus wohl oft auf nachhaltige ökologische Folgen geschlossen. DISKO (1996) spricht von „Monokulturen" und sieht eine „landesweit sich anbahnende Ökokatastrophe". In Großbritannien wird die Verdrängung einheimischer Vegetation befürchtet (BEERLING & PERRINS 1993), und auch in Deutschland wird *I. glandulifera*

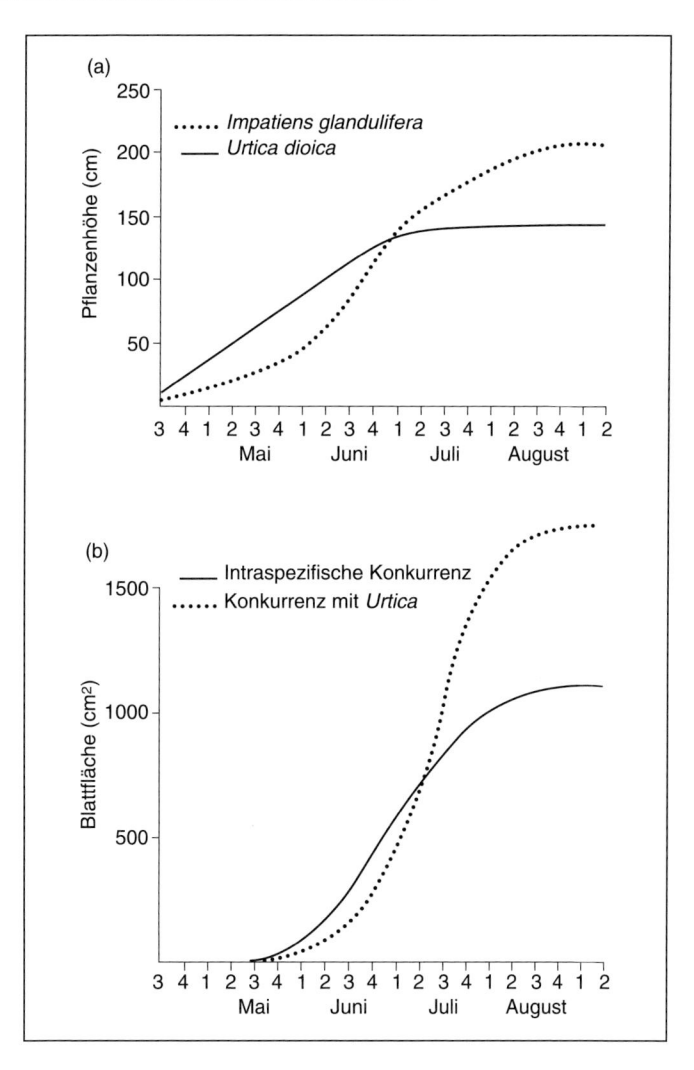

Abb. 45
Schattentoleranz und Höhenwachstum als Schlüsselfaktoren für die Einfügung des einjährigen Indischen Springkrautes (*Impatiens glandulifera*) in die ausdauernde Uferstaudenvegetation (Brennnesselbestände) der Fuldaaue: (a) Verlauf des Höhenwachstums von *Impatiens* und *Urtica dioica*; (b) Entwicklung der Blattfläche von *Impatiens* in Reinbeständen sowie in Konkurrenz zu *Urtica* (nach KOENIES & GLAVAC 1979).

als problematischer Neophyt bekämpft (Tab. 70 und Tab. 75).

Was die ökologischen und ökonomischen Folgen angeht, so scheint der auffällige Hochsommeraspekt wie bei keinem anderen Neophyten fragliche Ferndiagnosen auszulösen. Bei näherem Hinsehen wird sich vielerorts herausstellen, dass die *Impatiens*-Bestände als zusätzlich etablierte Vegetationsschicht dominieren, die entweder an zuvor vegetationsfreien Wuchsorten (z. B. frische Sedimentationsstellen) oder über der vorhandenen Vegetation aufgebaut worden sind (Abb. 45). Selbstverständlich bleibt dies ökologisch nicht folgenlos, da der Lichtentzug durch die *Impatiens*-Schicht die photosynthetische Aktivität der beschatteten Uferstauden oder Waldbodenpflanzen hemmt. Die zeitlich beschränkte Konstanz des Massenaufwuchses relativiert allerdings die Konsequenzen: Ausdunklungseffekte treten aufgrund der Wuchsdynamik erst im Hochsommer auf, und die Einnahme der Wuchsplätze sowie der hier erzielte Deckungsgrad können von Jahr zu Jahr stark schwanken (KOENIES & GLAVAC 1979, LOHMEYER & SUKOPP 1992). In der Folge wird die Vitalität der übrigen Arten viel weniger als in *Solidago-, Fallopia-* oder *Helianthus*-Beständen beeinträchtigt (KOPECKÝ 1967, LOHMEYER & SUKOPP 1992, PYŠEK 1995b).

Nach Daueruntersuchungen an der Ahr bleibt der Artenbestand der Pestwurzgesellschaft (Petasitetum hybridi) unter Beteiligung von *I. glandulifera* weitgehend erhalten, wogegen die Etablierung von *Fallopia japonica* zu einer deutlichen Verarmung geführt hat (Tab. 14, 16 in LOHMEYER & SUKOPP 1992). Auch wenn diese Untersuchungsergebnisse nicht ungeprüft auf andere Gebiete und Vegetationstypen übertragen werden können, bleibt festzuhalten, dass bei *I. glandulifera* die Diskrepanz zwischen vermuteten und nachgewiesenen Folgen hinsichtlich der Verdrängung anderer Arten besonders groß ist. Vieles deutet darauf hin, dass wir hier eher einem Beispiel einer Einfügung eines Neophyten in die vorhandene Vegetation gegenüberstehen, das mit auffälligen strukturellen und phänologischen Veränderungen einhergeht. Als Folge sind Vitalitätseinbußen bei beschatteten Arten wahrscheinlich. Ob dies über Mengenverschiebungen am Wuchsort auch zum Artenrückgang beiträgt, ist ungewiss.

Die Veränderung des Raumwiderstandes und des Blütenangebotes beeinflusst auch die Tierwelt. Für verschiedene Nahrungsgilden, insbesondere für Blütenbesucher, wird dies überwiegend positiv beurteilt (siehe Kap. 7.2.1 und Tab. 58). Ob der starke Blütenbesuch bei *I. glandulifera* die Samenproduktion anderer Pflanzen unter Freilandbedingungen vermindert, wie dies CHITTKA & SCHÜRKENS (2001) im Versuch mit *Stachys palustris* feststellten, wäre weitere Untersuchungen wert.

Als problematisch gelten Massenvorkommen in Forsten, die sich negativ auf die Naturverjüngung der Bäume auswirken sollen (HARTMANN et al. 1995). Genauere Untersuchungen liegen hierzu nicht vor. Ob *Impatiens* wegen fehlender Wurzelfestlegung zur Ufererosion beiträgt, wie es HARTMANN et al. (1995) für das Oberrheingebiet vermuten, bleibt zu überprüfen. Da die Dominanzbestände meist entweder auf zuvor entblößten oder neu entstandenen Wuchsorten oder innerhalb ausdauernder Vegetation wachsen, wären ökonomisch relevante Effekte überraschend. Im norddeutschen Tiefland spielen wasserwirtschaftliche Probleme kaum eine Rolle (Tab. 75).

Steuerungsmöglichkeiten: Als einjährige Art ist *I. glandulifera* einfacher als Geophyten wie *Fallopia* und *Solidago* zu bekämpfen. HARTMANN et al. (1995) haben verschiedene Bekämpfungsmöglichkeiten in Baden-Württemberg untersucht: Mähen mit Abtransport des Mähguts, Schwaden (ganze gemähte Pflanzen liegenlassen) und Mulchen (zerkleinerte Pflanzen liegenlassen). Für den Erfolg ist die Terminierung wichtiger als die Art der Maßnahme. Empfohlen wird das Zeitfenster zwischen beginnender Blüte und einsetzender Fruchtbildung. Bei früherer Mahd können sich neue Keimlinge etablieren, oder im Wachstum zurückgebliebene Pflanzen werden übergangen. Mäht man später, kommt es durch die effektive Samenbildung zu einer Erneuerung der Population.

In Uferbereichen haben sich Freischneider bewährt, auf befahrbaren Flächen Mulchgeräte. Es sollte so tief wie möglich geschnitten werden. Das Mähgut kann liegen bleiben. Wichtig sind gründliches Arbeiten sowie eine Kontrolle nach einigen Wochen, da sich zu hoch gemähte oder nur umgeknickte Pflanzen schnell regenerieren können. Im Nahbereich von Gehölzen ist Handarbeit notwendig. Dies gilt auch für Maßnahmen in Wäldern. Hier kommt das besonders arbeitsaufwendige Ausreißen der Pflanzen kurz vor der Blüte infrage, das bei gründlicher Arbeit auch zum Erfolg führt.

Mit der Bekämpfung soll die Bildung neuer Samen verhindert werden. Dies führt nur zum nachhaltigen Erfolg, wenn von anderen Gebieten keine neuen Samen eingetragen werden, beispielsweise mit Hochwasser. Ansonsten geraten Bekämpfungen leicht zur Dauerpflege. Mit den Maßnahmen sollte daher möglichst im oberen Einzugsbereich von Fließgewässern begonnen werden. In den Folgejahren muss kontrolliert und gegebenenfalls nachgearbeitet werden, da sich neue Populationen auch aus der Samenbank bilden können. Nach Beobachtungen von HARTMANN et al. (1995) spielt der Neueintrag von Diasporen allerdings eine größere Rolle.

Angesichts der Größe von *Impatiens*-Populationen ist es völlig aussichtslos, diese Art „bis zur letzten Pflanze" auszurotten, wie es DISKO (1996) wohl in Unkenntnis der Biologie und der Folgen dieses Neophyten fordert. Mehr als fraglich ist es, ob die bislang bekannten ökologischen Folgen tatsächlich schwerwiegende Konflikte mit Naturschutzzielen auslösen. Weniger als der Artenschutz könnte der Biotopschutz betroffen sein, indem bestimmte Lebensräume durch die Etablierung des Indischen Springkrautes ihr Erscheinungsbild verändern. Im Sinne eines wohl verstandenen konservativen, am Status Quo orientierten Naturschutzes kann es durchaus sinnvoll sein, beispielsweise in ausgewählten Naturschutzgebieten das traditionelle Erscheinungsbild der Vegetation zu bewahren und *I. glandulifera* hier zu bekämpfen. Dies wäre eine von vielen möglichen, ortsbezogen Pflegemaßnahmen, jedoch keine allgemeine Strategie gegenüber der Art (SCHULDES 1995).

Handlungsspielraum besteht auch in bislang noch nicht besiedelten Gebieten. Hier sollten Neuansiedlungen durch Aufklärungsarbeit beschränkt (Zielgruppe: Imker, bachnahe Gärtner, Beteiligte am Wasser- und Waldwegebau) und erste Populationsbegründungen gegebenenfalls rückgängig gemacht werden. Ist die Art schon häufig, sind Gegenmaßnahmen wenig Erfolg versprechend. Große Dominanzbestände sind daher, wenn nicht wegen ihrer Schönheit, so doch im Wissen um mangelnde Alternativen zu akzeptieren.

6.4.3 Herkulesstaude (*Heracleum mantegazzianum*)

Herkunft, Einführung und Verwendung: Die Herkulesstaude (= Riesen-Bärenklau) stammt aus dem westlichen Kaukasus, wo sie in Hochstaudenfluren entlang von Flüssen und Bächen, an Waldrändern und -verlichtungen und auf Wiesen wächst (PYŠEK & PYŠEK 1995, OCHSMANN 1996). Sie wurde 1890, möglicherweise auch früher, nach Europa eingeführt und findet bis heute als Zierpflanze in Gärten und Parks Verwendung. Daneben wird sie wegen ihres Blütenreichtums und der Ausbildung von Massenbeständen als Trachtpflanze für Honigbienen empfohlen und vielfach auch in der freien Landschaft angesät. Trotz begrenzter Eignung wird sie von Jägern als Deckungspflanze sowie zur Böschungssicherung eingesetzt (HARTMANN et al. 1995, SCHEPKER 1998).

Aktuelle Vorkommen: *Heracleum mantegazzianum* ist heute in Europa von Zentralrussland bis Frankreich und die Britischen Inseln, von Norwegen bis Ungarn und von den Alpentälern bis zur Küste verbreitet (OCHSMANN 1996, TILEY et al. 1996). Spontane Vorkommen bestehen auf einem breiten Spektrum anthropogener und naturnaher, sehr unterschiedlich genutzter Standorte: an großen und kleinen Fließgewässern, am Rand von Verkehrswegen, auf Halden und Ruderalstandorten, in Gärten und Parkanlagen, in der Saumvegetation von Hecken und Waldrändern, in Waldverlichtungen, Kahlschlägen und Schonungen sowie auf brachgefallenen und selbst auf bewirtschafteten Wiesen und Äckern (PYŠEK 1991, 1994, PYŠEK & PYŠEK 1995, HARTMANN et al. 1995, TILEY et al. 1996, SCHEPKER 1998). Nach OCHSMANN (1996) gehören alle in Deutschland sich ausbreitenden und gelegentlich als *H. pubescens* oder *H. sosnowskyi* bezeichneten Sippen zu *H. mantegazzianum*. Daneben kommen selten Hybriden mit dem einheimischen *H. sphondylium* vor.

Anders als im Kaukasus ist die Herkulesstaude im synanthropen Areal nicht auf höhere Regionen begrenzt, sondern breitet sich auch in wärmeren Klimaten und auf trockenen Standorten aus (PYŠEK 1994). In Mecklenburg konzentrierte sich Anfang der 80er-Jahre etwa die Hälfte der *Heracleum*-Fundorte auf Parkanlagen (KNAPP & HACKER 1984). Besonders große Populationen gibt es an Fließgewässern sowie auf Acker- und Wiesenbrachen (WEBER 1976, HARTMANN et al. 1995). Wie in Böhmen (Abb. 21) wurden vielerorts zunächst die Ufer von Fließgewässern und erst später gewässerferne Standorte besiedelt. Ihre Zahl scheint in vielen Gebieten exponentiell anzusteigen. So kam *Heracleum* 1980 in Niedersachsen in 47 Rasterfeldern vor; bis 1996 hat sich die Anzahl um 281% auf 179 Felder erhöht. Die Herkulesstaude hat sich hier sehr viel stärker vermehrt als andere Neophyten (Tab. 38).

Erfolgsmerkmale: *H. mantegazzianum* ist eine zwei- bis mehrjährige Art, die zumeist im Jahr nach der Keimlingsetablierung zur Blüte gelangt, dabei stattliche Wuchshöhen bis etwa 3 Meter erreicht und dann abstirbt. Bei ungünstigen Bedingungen kann die Pflanze mehrere Jahre vegetativ überdauern. Die Dolden einer einzigen Pflanze können über 80 000 Einzelblüten tragen und bis zu 20 000 bis 30 000 Merikarpien als Diasporen erzeugen (OCHSMANN 1996, TILEY & PHILIP 1997). Nach TILEY et al. (1996) können potentiell sogar 100 000 pro Pflanze ausgebildet werden. Solche großen **Diasporenmengen** sind für Pflanzen mit Pioniereigenschaften nicht überraschend, bilden jedoch durch das Zusammenspiel mit den folgenden zwei Faktoren die Basis des ungewöhnlichen Ausbreitungserfolges der Herkulesstaude:
- der Fähigkeit zur natürlichen und anthropogenen Fernausbreitung und
- der vielfältigen Begründung von Initialpopulationen durch anthropogene Ausbringungen.

Die **natürliche Ausbreitung** von *H. mantegazzianum* vollzieht sich mit dem Wind, dem Wasser und gelegentlich epizoochor durch Tiere. Mit dem Wind werden bis 100 Meter (OCHSMANN 1996), in den von OTTE & FRANKE (1998) untersuchten Beständen nur bis 8 bis 10 Meter überbrückt. Die Hauptmenge der Samen verblieb hier im unmittelbaren Bereich der Mutterpflanze. Wachsen die Pflanzen am Gewässerrand, können wesentlich größere Distanzen überwunden werden, da die Diasporen bis zu drei Tage schwimmfähig sind (CLEGG & GRACE 1974, OCHSMANN 1996) und mit Hochwasser im gesamten Auenbereich verteilt werden können. Hydrochorie erlaubt eine Fernausbreitung und erklärt, warum der Ausbreitungsprozess von *Heracleum* durch Fließgewässer gefördert wird (Abb. 21). Wie kommt die Herkulesstaude als beliebte Gartenpflanze jedoch an den Rand von Fließgewässern?

Eine Möglichkeit ist die Ausbreitung aus **bachnahen Gärten**. SCHEPKER (1998) konnte die Vorkommen an der Auschnippe nördlich von Dransfeld auf eine einzige bachnahe Pflanze im Ortszentrum zurückführen (Abb. 46). Ihre Diasporen haben wahrscheinlich alle bachbegleitenden Populationen an der Auschnippe begründet. Vom Gewässerrand ausgehend wurden vor allem angrenzende Wiesen und Weiden, vereinzelt auch Äcker, Gebüsch- und Wegränder besiedelt. Die mittlere Entfernung vom Bach lag bei 30 Metern (5 bis 110 Meter). Auf einem brachgefallenen Acker sind etwa 2,5 Hektar bis zu 50% mit *Heracleum* bedeckt. Auch auf mehrschürigen Mähwiesen und -weiden ist die Herkulesstaude etabliert und gelangt trotz Mahd und Tritt zur Blüte. Auf Maisfeldern kamen nur Keimlinge, auf anderen Getreidefeldern auch blühende Pflanzen vor. Diese Vorkommen außerhalb des Überschwemmungsbereiches der Auschnippe weisen darauf hin, dass Diasporen auch mit Fahrzeugen und landwirtschaftlichen Geräten ausgebreitet werden.

Eine landesweite Umfrage in Niedersachsen vermittelt einen Einblick in den Stellenwert **anthropogener Ausbreitungs-**

Gewässer und Auen

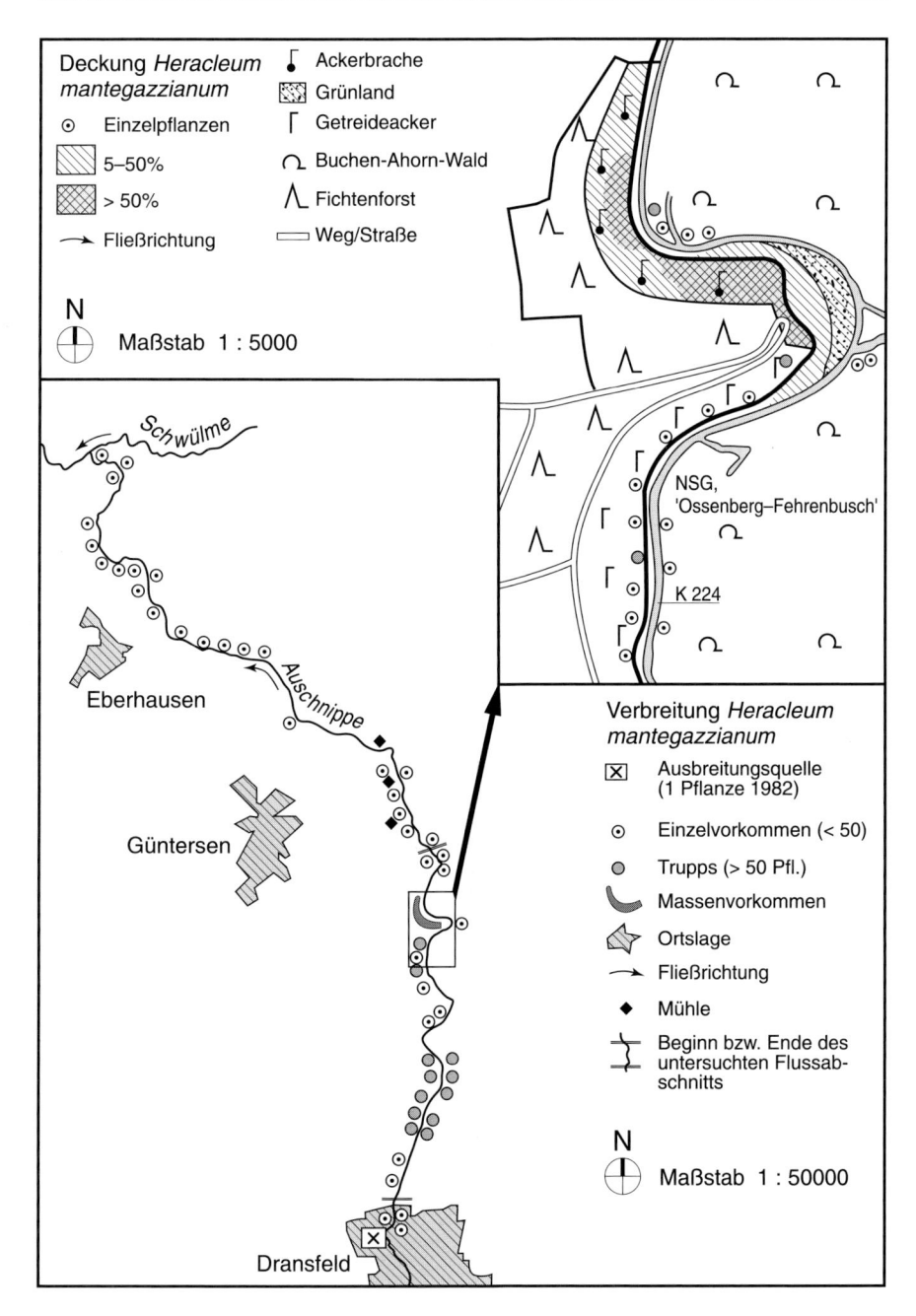

Abb. 46
Vorkommen von *Heracleum mantegazzianum* an der Auschnippe (Lkr. Göttingen) im Sommer 1996. Als wahrscheinliche Ausbreitungsquelle konnte eine 1982 in einem bachnahen Dransfelder Garten wachsende Pflanze identifiziert werden (nach Schepker 1998).

vektoren (Tab. 25): 18% der problematischen *Heracleum*-Bestände sind demnach durch Ausbreitung aus Gärten entstanden, zu gleichem Anteil sind die Populationen mit Gartenabfall begründet worden, der *Heracleum*-Diasporen enthielt. Der Transport mit Boden spielt dagegen, anders als bei *Fallopia*, keine große Rolle (4%). Wesentlich dürften Ansaaten die Ausbreitung an und vor allem abseits von Gewässern angekurbelt haben. 29% der problematischen Bestände waren in Niedersachsen direkt auf solche Ausbringungen zurückzuführen.

Anders als bei den bereits früher in der Imkerliteratur empfohlenen *Solidago* und *Impatiens glandulifera* wird zur **Ansaat** von *H. mantegazzianum* im Außenbereich erst seit Anfang der 70er-Jahre massiv angeraten. Es ist daher wahrscheinlich, dass die verstärkte Zunahme der Fundpunkte in den letzten Jahrzehnten nicht ausschließlich das Ergebnis natürlicher Wachstums- und Ausbreitungsprozesse ist, sondern erheblich von fortwährenden anthropogenen Ausbringungen gestützt wird. Verantwortlich hierfür sind vor allem Imker, aber auch Jäger, die *H. mantegazzianum* als Bienenfutter- oder Deckungspflanze für das Wild ausbringen.

BÖHM (1997) hat im Kleinen Deister, einem Buchenwaldgebiet bei Hannover, anthropogene Ausbringungen untersucht. Hier entstanden aus solchen Ansaaten große Populationen in fließgewässerfernen Gebieten, die *Heracleum* mit natürlichen Ausbreitungsvektoren nie erreicht hätte. Die Untersuchung ergab auch, wie nach der sekundären Ausbringung anthropogene und natürliche Ausbreitungsvektoren zusammenwirken können.

Anthropogene und natürliche Ausbreitungsvektoren können zusammenwirken:

Am Kleinen Drakenberg hat ein Imker Mitte der 80er-Jahre *Heracleum mantegazzianum* angesät. 12 bis 15 Jahre später wachsen am Ausbringungsstandort etwa 2000 Pflanzen auf 2500 Quadratmetern, darunter 300 bis 400 blühende. Darüber hinaus kommt *Heracleum* in einer Entfernung von bis zu 3,5 Kilometer an Wegrändern, Lagerplätzen, auf Kahlschlagsflächen und in lichten Waldbeständen vor. Da befürchtet wurde, *Heracleum* gefährde Erholungssuchende und Waldarbeiter und behindere die Naturverjüngung von Waldbäumen, bekämpft die Forstverwaltung die Pflanze seit 1991 mechanisch und chemisch – allerdings ohne nachhaltigen Erfolg. Bezieht man die maximale Entfernung von der Ansaatstelle auf einen Ausbreitungszeitraum von 15 Jahren, hat sich *Heracleum* rechnerisch pro Jahr 233 Meter ausgebreitet. Dies kann nicht allein mit natürlicher Windausbreitung erklärt werden. Aufschluss gibt die standörtliche Verteilung der Vorkommen: Sie konzentrieren sich an anthropozoogenen Verkehrswegen (siehe Tab. 50). *Heracleum mantegazzianum* wächst überproportional häufig an stark genutzten Hauptwegen mit regelmäßigem Kfz-Verkehr sowie an Rückewegen und Wildwechseln. Dies lässt auf einen effektiven Transport der Diasporen durch Autoverkehr und Wanderer, durch forstliche Arbeiten und die im Gebiet häufigen Wildschweine schließen.

Nach OCHSMANN (1996) wurden in *Heracleum*-Beständen bis zu 2500 Diasporen pro Quadratmeter gefunden. Sofern sie dem Licht ausgesetzt sind, gelangen sie im Frühjahr nach dem Samenfall zur Keimung, können sonst aber auch eine mehrjährige **Diasporenbank** aufbauen (OTTE & FRANKE 1998). Die Diasporen sollen bis zu 15 Jahre keimfähig bleiben. Bei einem Versuch mit Schafbeweidung traten allerdings schon nach sieben Jahren keine neuen Keimlinge mehr auf (VOGT ANDERSON & CALOV 1996).

Die frühe und massenhafte **Keimung** (z. T. bereits Anfang bis Mitte Februar) sichert einen Etablierungsvorsprung vor potentiellen Konkurrenten. Eine hohe Mortalitätsrate lässt nur die stärksten Pflanzen bestehen. Ein- und mehrjährige Pflanzen erreichen bereits Anfang Mai eine **Wuchshöhe** von einem Meter Höhe und haben bis Ende Mai ein etwa 1,5 Meter hohes dichtes Blätterdach ausgebildet. Die fast waagerecht abstehenden Blätter absorbieren 80% des einfallenden Lichtes. Ausgewachsene Pflanzen erreichen Ende Juni mit ihren mächtigen Blütenständen Höhen bis zu 3,2 Meter und sind damit wesentlich größer als einheimische Arten der gleichen Lebensform (TAPPEINER & CERNUSCA 1990, HARTMANN et al. 1995, OTTE & FRANKE 1998).

In Bezug auf Bodenreaktion und Was-

Tab. 50 Vorkommen von *Heracleum mantegazzianum* an unterschiedlichen Wegeverbindungen im Saupark Springe (Kleiner Deister). Maßeinheit eines Vorkommens ist ein mit *Heracleum* besetztes Quadrat mit einer Seitenlänge von 10 Metern, das von der Wegeverbindung mittig geteilt wird (nach BÖHM 1997)

Wegtyp	untersuchte Länge [m]	potentielle *Heracleum*-Vorkommen	tatsächliche *Heracleum*-Vorkommen
Hauptwege (mehrere Kfz täglich, Spaziergänger häufig)	7300	730	145 (19,9 %)
Nebenwege (2–3 Kfz monatlich, Spaziergänger selten)	7700	770	4 (0,5 %)
Fußwege (Verbindungswege zwischen Hauptwegen, Spaziergänger gelegentlich)	600	60	3 (5 %)
Rückewege (im Abstand von Jahren kurzzeitig für Holzeinschlag u. Durchforstung genutzt)	270	27	5 (18,5%)
Wildwechsel (vornehmlich Wildschweine)	1050	105	13 (13,3 %)

serversorgung hat *Heracleum* eine **weite ökologische Amplitude**. Die relativ hohen Lichtansprüche begrenzen jedoch die Ausbreitung (PYŠEK 1994, OCHSMANN 1996). Die Keimung gelingt auch an schattigen Standorten, jedoch gelangen die Jungpflanzen hier nicht zur Blüte. Wie lange sie in der vegetativen Phase überdauern können, ist nicht bekannt. In einem Keimungsexperiment mit unterschiedlichen Substraten scheiterte die Etablierung auf stark versauerten Böden. Bei pH-Werten zwischen 5,5 und 7,5 lag die Keimungsrate zwischen 61 und 70%. In der Variante mit einem pH-Wert von 3,3 keimten noch 14% der ausgebrachten Samen, jedoch starben alle Keimlinge bis Anfang Juni.

Nach mechanischen Beschädigungen, beispielsweise durch Mahd, nutzt *Heracleum* sein erhebliches **Regenerationspotential** und bildet aus dem Vegetationskegel Nachtriebe und Notblüten (PYŠEK et al. 1995). Wird bei Bekämpfungen die Blütenbildung dauerhaft verhindert, können die Pflanzen vegetativ mehrere Jahre überdauern. Hierbei wird das Speicherreservoir der unterirdischen Organe genutzt, die eine stärkehaltige, rübenartigen Verdickung von Spross und Wurzeln darstellen und es der Pflanze ermöglichen, im zeitigen Frühjahr auszutreiben und sich nach einer Mahd und ähnlichem zu regenerieren. Erst durch die Blüten- und Samenbildung wird das Speicherreservoir des Wurzelstockes aufgebraucht und sein Absterben eingeleitet (HARTMANN et al. 1995, Abb. 47).

Abb. 47
Der Wurzelstock von *Heracleum mantegazzianum* als rübenartige Verdickung des Sprosses (S) und der Wurzel (W). Aus dem Vegetationskegel des Sprossteiles können Seitentriebe (St) gebildet werden (Bn = Blattnarben, Sw = Seitenwurzeln); bei mechanischer Bekämpfung sollte der Vegetationskegel entfernt werden (aus HARTMANN et al. 1995).

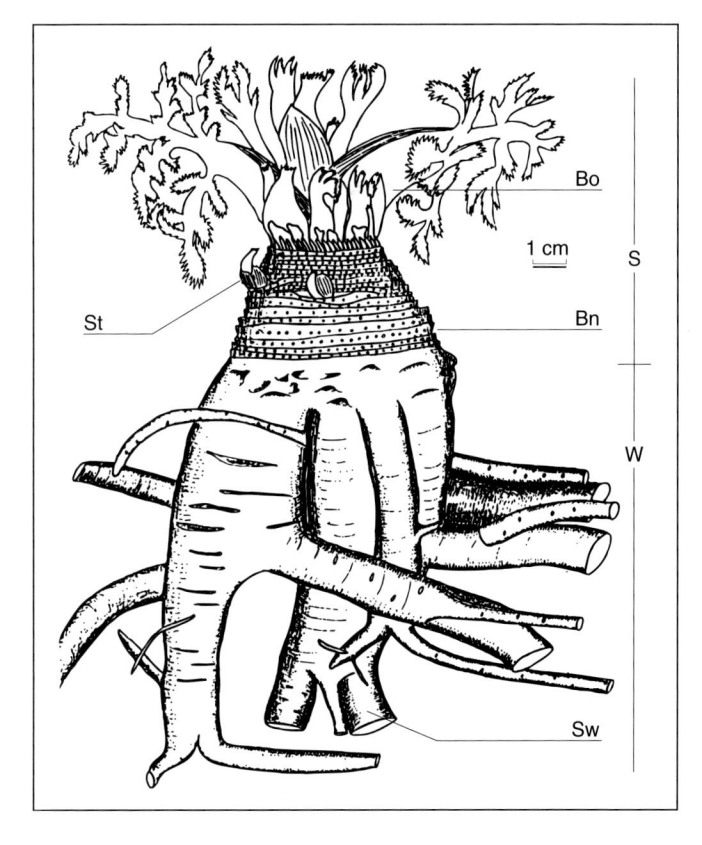

An der Herkulesstaude kommen nach SAMPSON (1994) mehr **Phytophage** als am einheimischen Wiesen-Bärenklau (*H. sphondylium*) vor. Daneben tritt Pilz- und Virusbefall auf, ohne jedoch die Blüten- und Samenbildung wesentlich zu verhindern. Das reiche Blütenangebot wird von Honigbienen und zahlreichen anderen Pollen und Nektar suchenden Insekten genutzt (SCHWABE & KRATOCHWIL 1991).

Problematik: Die Herkulesstaude gilt in Deutschland wie in vielen europäischen Ländern als ausgesprochen problematisch. Dass ihre Ausbreitung besonders emotionale Reaktionen hervorruft („grüne Gefahr aus dem Kaukasus") mag ihrem auffälligen Wuchs und vor allem der Tatsache zukommen, dass sie – wie kein anderer Neophyt in Europa – erhebliche **Risiken für die menschliche Gesundheit** in sich birgt (CLEGG & GRACE 1974, PYŠEK 1991, JORGENSEN 1996, SCHULDES & KÜBLER 1990, KOWARIK & SCHEPKER 1998). Der Saft der Pflanze kann unangenehme Hautschädigungen hervorrufen. Diese Gefahr besteht beim Pflücken der Blüten, Stängel oder Blätter, bei unbeabsichtigten Beschädigungen ebenso wie bei Bekämpfungsmaßnahmen.

Gesundheitsrisiken durch die Herkulesstaude:

Der Saft der Herkulesstaude enthält phototoxische Furanocumarine (u. a. Bergapten, Pimpinellin, Xanthotoxin). Sie verursachen eine schwerwiegende Photodermatitis, wenn die Haut während oder nach der Benetzung mit Pflanzensaft dem Sonnenlicht ausgesetzt wird. Mögliche Folgen sind Juckreiz, Rötung, Schwellung und Blasenbildung der Haut. Letztere kann so großflächig wie bei Verbrennungen 1. und 2. Grades sein. Auch Fieber, Schweißausbrüche und Kreislaufschocks kommen vor. Die Entzündungen können schmerzhaft, langwierig (1 bis 2 Wochen) und mit Pigmentveränderungen verbunden sein. Für die Therapie gibt es keine spezifischen Gegenmittel, jedoch lindern abschwellende und antiphlogistische Mittel, sodass eine ärztliche Behandlung anzuraten ist. Zahlreiche Fälle mit schwerwiegenden Verbrennungen 1. und 2. Grades sind aus verschiedenen Ländern beschrieben worden (FROHNE & PFÄNDER 1981, RITTER 1995).

Auch einheimische Arten der Gattungen *Heracleum, Pastinaca, Peucedanum* und *Angelica* enthalten Furanocumarine und können eine „Wiesendermatitis" auslösen. Die Symptome sind bei der Herkulesstaude aber wesentlich stärker, sodass ein in dieser Größenordnung neuartiges Gesundheitsrisiko in Mitteleuropa entstanden ist. Es ist mit dem des „poison ivy" (*Rhus toxicodendron, R. radicans*) in nordamerikanischen Wäldern vergleichbar. Als Neophyt hat diese Art auch in Brandenburg gesundheitliche Schäden verursacht und ist möglicherweise deswegen Ende des 19. Jahrhunderts wieder ausgerottet worden (KOWARIK 1992b).

Heracleum-Bestände können auch den Zugang zu Gewässerufern für Angler, Kanuten u. a. erschweren (WADE et al. 1997), was zugleich auch einer Störung empfindlicher Uferbereiche entgegenwirken könnte. In Schweden ist *Heracleum* zudem als Sichthindernis an Straßen aufgefallen.

An Gewässerrändern wird mit einer erhöhten **Erosionsgefahr** gerechnet, da *Heracleum*-Wurzeln keine uferfestigende Wirkung haben (PYŠEK 1991). SCHEPKER (1998) hat einen Fall dokumentiert, in dem Treibgut aus abgestorbenen Teilen der Herkulesstaude zu einem Aufstau vor Durchlässen und zu Auswaschungen an Böschungen geführt hat. Trotz dieser Befunde scheint die Art jedoch keine erheblichen wasserwirtschaftlichen Probleme zu verursachen.

Dominanzbestände weisen im Vergleich zur benachbarten Vegetation geringere Artenzahlen und Deckungsgrade der Krautschicht auf (PYŠEK & PYŠEK 1995, SCHEPKER 1998), treten aber weniger regelmäßig als etwa bei *Fallopia* auf. Meist wächst die Herkulesstaude auf anthropogenen Standorten, an denen keine gefährdeten

Arten vorkommen. Da die Bestände häufig linear ausgebildet sind, bleiben die Vegetationsveränderungen infolge des Seitenlichteinfalls begrenzt (Pyšek 1994, Ochsmann 1996). Gelegentlich können jedoch auch Arten der Roten Liste betroffen sein. Ein Beispiel bietet das Naturdenkmal „Kalksinterquellen" bei Asse (Landkreis Wolfenbüttel). Hier hat sich die Herkulesstaude von einer Anpflanzung ausgehend ausgebreitet, konkurriert in Magerrasen mit *Primula veris* und *Cirsium eriophorum* und erschwert die Pflegemaßnahmen des Naturschutzes (Schepker 1998). Dierschke (1984) beschreibt einen *Heracleum*-Bestand im Naturschutzgebiet „Heiliger Hain" bei Gifhorn (zu problematischen Vorkommen in Süddeutschland Hartmann et al. 1995).

Das Eindringen in Äcker und Wiesen kann zu Ertragsverlusten führen. Zudem ist *H. mantegazzianum* ein möglicher Zwischenwirt für Krankheiten und kann auch mit dem einheimischen Wiesen-Bärenklau hybridisieren (Pyšek 1991, Ochsmann 1996). Eine offensichtliche Folge der Ausbreitung von *Heracleum* ist jedoch die Veränderung des Landschaftsbildes, die häufig als negativ wahrgenommen wird, sofern sie vom Gewohnten abweicht.

Steuerungsmöglichkeiten: Die Herkulesstaude gehört zu den am häufigsten bekämpften Neophyten. Aus Unwissenheit über die Risiken des Kontaktes mit dem Saft kommt es hierbei immer wieder zu unangenehmen Verletzungen. Die Maßnahmen sollten mit Schutzkleidung und möglichst nicht bei Sonnenwetter durchgeführt werden.

H. mantegazzianum lässt sich **mechanisch** mühsam, aber erfolgreich bekämpfen (Hartmann et al. 1995): Keimlinge können im Frühjahr herausgezogen, einzelne Pflanzen mitsamt der Wurzel im Frühjahr oder Herbst ausgegraben oder der obere Teil des Wurzelsystems mitsamt des verdickten Vegetationskegels im Frühjahr (spätestens April) oder Herbst (spätestens Oktober) mit einem Spaten abgestochen werden. Da bei größeren Populationen meist nicht alle Pflanzen mit solchen Maßnahmen erreicht werden, muss im gleichen oder in den Folgejahren nachgearbeitet werden. Dies ist ohnehin nötig, da sich über mehrere Jahre erneut Pflanzen aus dem Diasporenpool regenerieren werden. Zu Beginn oder während der Blüte führt auch eine Mahd zum Absterben der Pflanzen. Danach ist die Kontrolle gemähter Bestände anzuraten, um Nachblüten zu entfernen und die Samenbank nicht aufzufüllen. Hierauf kann man verzichten, wenn nach einer Mahd der Vegetationskegel mit einem Spaten abgestochen wird (Zerhacken reicht nicht). Dolden mit Fruchtansatz sollten entsorgt werden, da sie nachreifen können. Vor der Blütezeit ist eine Mahd wirkungslos, da aus dem Vegetationskegel in erheblichem Ausmaß Seitentriebe mit Ersatzblüten nachgetrieben werden. Dominanzbestände können auch erfolgreich mit einer Traktorfräse bearbeitet werden (Hartmann et al. 1995 mit weiteren Details).

Die Bekämpfung mit Herbiziden ist nur erfolgreich, wenn sie im zeitigen Frühjahr auf die jungen Blätter aufgetragen werden (Dodd et al. 1994). Eine Beweidung durch Schafe reduziert das Wachstum und lässt die Entwicklung anderer Arten zu. Eine siebenjährige Beweidung hat sogar zum vollständigen Rückgang von *Heracleum* und zur offensichtlichen Erschöpfung der Samenbank geführt, da Keimlinge fortan ausblieben (Vogt Anderson & Calov 1996). Nach Tiley & Philip (1994) sollen auch Kühe und Schweine *Heracleum* fressen, dagegen sprechen allerdings Berichte über den Verlust von Kühen nach dem Verzehr der Herkulesstaude (Pyšek 1991).

Diskussion: Aufgrund ihrer Blütenpracht gehört die Herkulesstaude zu den schönsten, wegen der mit ihr verbundenen Gesundheitsrisiken zu den meistgehassten Neophyten. In Niedersachsen wurden 63% der landesweit gemeldeten 82 problematischen Bestände bekämpft. Nur bei 26% haben die Maßnahmen zu einer völligen oder erheblichen Rückdrängung der Art geführt (Abb. 40). Dass die Erfolgsquote der überwiegend mechanischen Bekämpfungen mäßig ist, veranschaulicht die Notwendigkeit sorgfältiger und vor allem langfristig anzulegender Maßnahmen. Diese sind in Gebieten, in denen *H. mantegazzianum* bereits stark vertreten ist, aus pragmatischen Gründen aussichtslos: einerseits wegen des erheblichen Aufwands, andererseits, weil die Chance der vollständigen Entfernung der Herkulesstaude aus einem Gebiet nur realistisch ist, wenn alle potentiellen Diasporenquellen beseitigt werden. So sind beispielsweise Maßnahmen von absehbar begrenztem Erfolg, wenn im Einzugsbereich eines Fließgewässers oberhalb der Bekämpfungsstelle noch Ausbreitungsquellen vorhanden sind – oder neu geschaffen werden. Öffentlichkeitswirksamer Aktionismus ist also auch bei dieser Art unangebracht. Entsprechend zurückhaltend reagiert zum Beispiel die Landesanstalt für Ökologie in Nordrheinwestfalen mit ihren Empfehlungen zum Umgang mit *H. mantegazzianum* (WOLFF-STRAUB 1998).

Ein Großteil der *Heracleum*-Populationen geht auf direkte anthropogene Ausbringungen zurück (Tab. 25). Vorbeugend sollte die Begründung neuer Populationen begrenzt werden, indem auf die bekannten Ausbringungsvektoren eingewirkt wird. Das bedeutet:
- eine Aufklärung von Gartenbesitzern und Imkern mit dem Ziel, weitere unbedachte Ansaaten im Außenbereich und die Verschleppung mit Gartenmüll u. ä. zu verhindern sowie auf die Kultur der Herkulesstaude im näheren Einzugsbereich von Fließgewässern aller Art zu verzichten;
- die Inanspruchnahme des § 41 (2) BNatSchG, nach dem das Ausbringen gebietsfremder Arten im Außenbereich genehmigungspflichtig ist; diese Vorschrift kommt in der Praxis bislang kaum zur Anwendung (siehe Kap. 2.9.2); ob sie auch den Weg zu haftungsrechtlichen Konsequenzen eröffnet, ist unklar;
- die Bekämpfung einzeln auftretender Pflanzen außerhalb von Gärten, die große Folgepopulationen begründen können. Wegen der Auffälligkeit der Art sind die Erfolgsaussichten solcher Maßnahmen wesentlich größer als bei anderen Neophyten.

Heracleum mantegazzianum völlig aus Landschaften zu entfernen, in die sie vielfach angesät und sich danach ausgebreitet hat, ist unrealistisch. Die Bevölkerung, insbesondere Kinder und Jugendliche, sollten daher über die Risiken des Kontakts mit der Pflanze und die Möglichkeiten, sie zu vermeiden, aufgeklärt werden. In verschiedenen Städten (beispielsweise Kiel) sind solche Aufklärungsaktionen bereits gelaufen.

Bekämpfungen in Siedlungen sollten schwerpunktmäßig an Stellen vorgenommen werden, die Kleinkinder häufig aufsuchen. Gegen eine allgemeine Bekämpfung und ein völliges, auch auf Gärten bezogenes Kulturverbot sprechen die Umsetzungsschwierigkeiten, der Respekt vor dem gärtnerischen Gestaltungsspielraum und das Gebot der Verhältnismäßigkeit. Arzneien und Haushaltsmittel verursachen weit mehr Vergiftungen als die Summe aller Pflanzen. Nach KRIENKE & ZAMINER (1973) gingen 1971 nur 5,5% der vermuteten 5525 Vergiftungsfälle auf Pflanzen zurück. Für den Zeitraum 1970 bis 1991 überliefert RITTER (1995) 146 Vergiftungsfälle mit Beteiligung von *Heracleum*.

Äcker und Grünland, auf denen *Heracleum* bereits vorhanden ist, wenn auch nicht immer zur Blüte gelangt, sind ein idealer Ausgangspunkt für zukünftige Massenbestände. Vor der Aufgabe der landwirtschaftlichen Nutzung sollte *Heracleum* aus solchen Flächen entfernt werden. Da hier leicht mit Maschinen gearbeitet werden kann, ist dies beispielsweise durch Fräsen der besiedelten Stellen möglich.

Aus Gründen des Naturschutzes ist es im Außenbereich sinnvoll, die Begründung von Initialpopulationen vornehmlich im Anfangsstadium zu bekämpfen. Wo bereits größere Populationen bestehen, sollten die für Bekämpfungen vorhandenen Ressourcen nur in bestimmten Fällen genutzt werden: zum einen bei Standorten, in denen seltene und gefährdete Arten nachweisbar betroffen sind, oder bei solchen, in denen eine Population das Sprungbrett für die weitere Besiedlung einer bislang noch nicht von *Heracleum* belegten Gegend sein wird. In Fließgewässersystemen sollte dabei unbedingt im Oberlauf begonnen werden. In allen anderen Fällen, und das wird die Mehrheit sein, bleibt wohl nichts anderes übrig, als mit der Herkulesstaude zu leben, ihre Risiken zu bedenken und sich vielleicht doch ein wenig über ihre Schönheit zu freuen.

6.4.4 Staudenknöterricharten (*Fallopia japonica, F. sachalinensis, F. × bohemica*)

Der Japan- und der Sachalin-Staudenknöterich (*Fallopia japonica, F. sachalinensis*) stammen aus Ostasien. Beide Arten sowie deren Hybride werden hier zusammen behandelt, da ihre Auswirkungen in Mitteleuropa ähnlich sind. Als weitere Polygonaceae verwildert der Himalaya-Knöterich (*Polygonum polystachyum*) gelegentlich in Baden-Württemberg ohne bislang als problematisch hervorzutreten (KRETZ 1994, 1995). Das gleiche gilt für einen kleinen Bestand im Bonner Gebiet (ADOLPHI 1997; BRANDES 1989 zu Vorkommen in Oberösterreich, im Tessin und der Bretagne). Ein spontanes Vorkommen der in Japan alpin verbreiteten Varietät *compacta* von *F. japonica* ist nahe Baden-Baden bekannt (KRETZ 1995).

Herkunft: Die Vorkommen beider Arten in ihren Herkunftsgebieten haben SUKOPP & SUKOPP (1988) und SUKOPP & STARFINGER (1995) zusammenfassend beschrieben: *F. japonica* (synonym: *Reynoutria japonica, Polygonum cuspidatum*) kommt in ozeanischen und submeridionalen Gebieten Chinas, Koreas und Japans vor. In Japan wachsen verschiedene Varietäten ruderal sowie in Auenwäldern, auf Flussbänken und -schottern, nassen nitrathaltigen Standorten, Fels- und Schutthalden und auch auf vulkanischen Aschen und frischen Lavafeldern. Am Fudschijama besiedelt die alpine *F. japonica* var. *compacta* als Pionier vulkanische Basaltkiese bis in eine Höhe von 2600 Metern. Sie fördert auf vulkanischen Böden die Bodenentwicklung und damit die Sukzession zur Gehölzvegetation. *F. sachalinensis* (synonym: *Reynoutria sachalinensis, Polygonum sachalinense*) ist in Ostasien auf die temperate Zone beschränkt. Ihr wesentlich kleineres Verbreitungsgebiet reicht vom westlichen Mittel-Honshu in Japan bis Südsachalin und zu den südlichen Kurilen (Arealkarten bei JÄGER 1995). Sie bildet in Japan dichte Bestände an Waldinnen- und -außenrändern, auf küstennahen Felsstandorten und Kliffs, an Verkehrswegen sowie als Pionier auf anthropogenen und natürlichen Störungsstandorten (wie Hangrutschungen und vulkanischen Böden). Der Sachalin-Knöterich wächst in seiner Heimat ebenso hoch wie in Europa, wogegen der Japan-Knöterich dort meist nur 1,5 Meter hoch wird.

Die Hybride beider Arten, *F. × bohemica*, ist erstmalig in Europa beschrieben worden und wahrscheinlich erst im neophytischen Areal der Elternarten entstanden. Sie nimmt in vielen Merkmalen eine Zwischenstellung zwischen ihnen ein und ist lange nicht von *F. japonica* unterschieden worden (BAILEY 1994, ALBERTERNST 1998 mit Bestimmungsschlüssel, zytologischen und morphologischen Detailuntersuchungen).

Einführung und Verwendung: *F. japonica* wurde 1823 als Zierpflanze nach Europa eingeführt, *F. sachalinensis* 1863 und damit 40 Jahre später. Neben der Nutzung als exotische Garten- und Parkpflanzen werden beide Arten bis heute als Viehfutter, zur Wildäsung, als Deckungspflanze für Fasane (vor allem *F. sachalinensis*) und zur Böschungsbefestigung auch in naturnaher Umgebung ausgebracht (ALBERTERNST 1998). *F. japonica* wurde in Sachsen auch zur Begrünung von Halden eingesetzt (KOSMALE 1981b). Beide Arten können für den biologischen und integrierten Landbau genutzt werden: Extrakte des Sachalin-Knöterichs wirken vorbeugend gegen Mehltau und erhöhen die Resistenz gegenüber Feuerbrand (HERGER et al. 1988, MENDE et al. 1994). Ein Extrakt des Japan-Knöterichs kann gegen Krautfäule an Tomaten und Grauschimmel an Paprika eingesetzt werden. *F. japonica* ist in Ostasien als Heilpflanze bekannt und hat durchblutungsfördernde, entgiftende und harntreibende Wirkung. Auszüge des Sachalin-Knöterichs sind seit 1990 als pflanzliches Stärkungsmittel („Milsana") im Handel (ALBERTERNST 1998). Beide Arten können erhebliche Mengen an Schwermetallen aufnehmen. In Deutschland laufen Versuche zur Sanierung schwermetallbelasteter Böden unter Verwendung von *F. sachalinensis* (HAASE 1988, SEITZ 1995, HACHTEL 1997, siehe Kap. 6.1.4). Daneben wird auch überlegt, die Pflanze als nachwachsenden Rohstoff zu nutzen (HOTZ 1990).

Aktuelle Vorkommen: Als Neophyten sind der Japan- und Sachalin-Knöterich heute in Nordamerika, in West- und Mitteleuropa sowie in Teilen Süd- und Südosteuropas eingebürgert (JÄGER 1995 mit Arealkarten). Einzelvorkommen reichen bis zum 63. Breitengrad, könnten sich aber hier nach einer Klimaveränderung verdichten (BEERLING 1994). Der Sachalin-Knöterich ist in der Regel seltener als die Schwesterart und fehlt weitgehend im wärmeren Süd- und Südosteuropa. Nach JÄGER (1995) liegt das an einer im Vergleich zum Japan-Knöterich engeren Ozeanitätsamplitude. Auch in Mitteleuropa ist *F. japonica* durchweg häufiger. Sie kommt in Baden-Württemberg beispielsweise in 73% aller Messtischblätter vor, *F. sachalinensis* hingegen nur in 19% (HARTMANN et al. 1995). Die geringe Häufigkeit von *F. sachalinensis* in klimatisch passenden Gebieten könnte auch auf ihre 40 Jahre spätere Einführung zurückgehen.

Erste spontane Vorkommen wurden bei beiden Arten etwa 50 Jahre nach ihrer Ersteinführung aus Mittel- und Westeuropa gemeldet. Die Rekonstruktion der Ausbreitungsgeschichte für Böhmen lässt Folgendes erkennen (PYŠEK & PRACH 1993): Die Ausbreitung von *F. sachalinensis* verläuft zeitlich versetzt zu der von *F. japonica*. Etwa in der zweiten Hälfte des 20. Jahrhunderts setzt bei beiden Arten ein rapider Anstieg der Vorkommen ein. Die meisten Fundorte konzentrieren sich an Fließgewässern, wobei in den beiden letzten Jahrzehnten der Anteil an gewässerfernen Vorkommen zunimmt (Abb. 21). Da die Hybride *F. × bohemica* erst seit 1983 erkannt wird, ist das Ausmaß ihrer Verbreitung unklar. So gehören beispielsweise etwa 12% der von ADLER (1993) im Wolfachtal kartierten Bestände des Japan-Knöterichs zur Hybride (ALBERTERNST 1998; zum Ruhrgebiet KEIL & ALBERTERNST 1995).

Standörtlich haben alle drei *Fallopia*-Sippen einen Verbreitungsschwerpunkt an **Fließgewässern**, und zwar in naturnahen wie in anthropogen veränderten Uferbereichen, auf feuchten, gelegentlich überschwemmten Standorten bis in Höhen von etwa 700 Meter. Sie kommen jedoch mit einer außerordentlich breiten ökologischen Amplitude auch in vielen anderen Biotopen vor, im Erzgebirgsvorland beispielsweise auf Kalkböden ebenso wie auf Haldenrohböden mit pH-Werten von 3,5 (KOSMALE 1981b). Höher wüchsige Dominanzbestände konzentrieren sich auf gehölzfreie oder nur lückig mit Sträuchern und Bäumen bewachsene Uferabschnitte etwa ein Meter oberhalb der Mittelwasserlinie (SCHWABE 1987, ALBERTERNST 1998). *Fallopia* dringt hier in Staudengesellschaften ein, die ansonsten von Pestwurz, Brennnessel und Zaunwinde bestimmt werden. Etwas wuchsschwächer gedeihen sie auch unter Gehölzen, zumal wenn Seitenlicht einfällt. Vorkommen aus lichten erlenreichen Auwäldern sind beispielsweise aus dem Harz beschrieben worden (DIERSCHKE et al. 1983, SCHEPKER 1998).

An großen Flüssen wie dem Rhein werden ufernahe Hochstaudengesellschaften dagegen häufig zu lange überschwemmt, als dass sich *Fallopia*-Dominanzbestände dauerhaft halten könnten. An der Elbe konzentrieren sich Vorkommen in Artemisietea-Gesellschaften auf die (sub-)montanen Bereiche. Auf den Sandufern fehlen Dominanzbestände fast völlig (BRANDES & SANDER 1995). Sie treten wieder auf Steinschüttungen im Unterlauf der Elbe auf. Besonders gut sind Vorkommen im Schwarzwald untersucht worden (ALBERTERNST 1998).

Von Gewässerrändern können sich die *Fallopia*-Sippen rasch in angrenzendes Grünland ausbreiten, sofern dies nicht mehr bewirtschaftet wird. Wuchskräftig sind die *Fallopia*-Sippen auch auf ruderalen und anderen anthropogenen Standorten an Straßen- und Wegrandern, auf Böschungen, urbanindustriellen Brachflächen und auf Aufschüttungsstandorten (ALBERTERNST 1998 mit zahlreichen Quellen). Vereinzelt kommen die Knöterichsippen auch in gewässerfernen Wäldern vor, wobei forstliche Deckungspflanzungen häufig Ausgangspunkt der Ausbreitung waren (SCHMITZ & STRANK 1986, SCHEPKER 1998).

Erfolgsmerkmale: Die *Fallopia*-Sippen gehören zu den erfolgreichsten Neophyten an mitteleuropäischen Gewässern. Die Besiedlung zahlreicher Gewässerabschnitte mit dauerhaften Dominanzbeständen wird einerseits durch menschliche Einflüsse auf die Ausbreitung der Arten und ihre potentiellen Standorte gefördert. Andererseits verfügen die *Fallopia*-Sippen über biologische Eigenschaften, die ohne Vergleich in der einheimischen Pflanzenwelt sind.

Die **Förderung durch Menschen** beginnt wie bei den meisten problematischen Neophyten durch die Einführung als Garten- und Parkpflanze. Bis heute werden die Knöterricharten in naturnahem Umfeld als Deckungs- und Äsungspflanze und zur Böschungsbefestigung ausgebracht. Weitere Populationen werden durch entsorgten **Gartenabfall** begründet. Geschieht dies im Einzugsbereich von Fließgewässern, können Spross- und vor allem Rhizomteile mit dem Wasser weit transportiert werden und zur Etablierung neuer Populationen führen. In den Schwarzwaldtälern soll die Ausbreitung von *Fallopia*-Sippen ihren Ursprung in den zahlreichen, zumeist bachnahen Parks von Kurkliniken genommen haben (ADLER 1993). Nach KRETZ (1995) wurde in einem bislang *Fallopia*-freien Tal ein neues Ausbreitungszentrum etabliert, indem eine durch Heirat hinzugezogene Bäuerin sechs Pflanzen aus ihrem elterlichen Garten mitnahm, die sich alsbald entlang des Baches talabwärts ausbreiteten. Gewässernahe Gärten sind von vielen Bächen und Flüssen als Ausbreitungsquelle bekannt (z. B. BRANDES & SANDER 1995 zur oberen Elbe, KRAUSE 1990 zur Ahr).

Ein zweiter Ausbreitungspfad ermöglicht die scheinbare Wanderung der Bestände entgegen der Fließrichtung des Wassers: Mit wasserbaulichen oder auch anderen **Erdarbeiten**, beispielsweise an Straßenrändern, Böschungen oder Dämmen, bei Brückenbauten oder Leitungsarbeiten werden häufig Rhizomteile verschleppt, aus denen sich sehr gut neue Pflanzen regenerieren können. Im Schwarzwald wurden Knöterrichrhizome beim Waldwegebau mit gewässerbürtigem Kies eingebracht. Weitere Populationen wurden begründet, indem Bankette an Straßen mit rhizomhaltigem Boden aufgefüllt wurden. Hauptausbreitungswege sind jedoch wasserbauliche Maßnahmen, bei denen über Jahre belastetes Material entnommen und an anderer Stelle wieder eingebaut worden ist (HARTMANN et al. 1995, KRETZ 1994, 1995, WALSER 1995, SCHEPKER 1998). Die Pflanzen wachsen nach **Aufschüttungen** oder Böschungsarbeiten selbst aus tieferen Bodenschichten auf und konnten sich im Versuch auch nach einer zwei Meter mächtigen Überschüttung regenerieren (KRETZ 1995). In Japan erlaubt dies eine Anpassung an natürliche Störungen, etwa bei der Überschüttung mit vulkanischem Material (TSUYUZAKI 1987).

Auch wenn Wasser eine erfolgreiche Fernausbreitung ermöglicht, dürfte ein beträchtlicher Teil der *Fallopia*-Vorkommen auf direkte Einbringungen zurückgehen. In Niedersachsen waren etwa zwei Drittel der als problematisch gemeldeten Bestände auf Pflanzungen, Gartenabfall oder Bodeneinträge zurückzuführen (Tab. 25).

Fallopia-Sippen können auch in lichten Auwäldern wachsen. Deren starke Rückdrängung oder zumindest die Reduktion zu schmalen Galeriewäldern hat die Menge optimaler, da gut belichteter Standorte wesentlich erhöht. Auch der **Gewässerausbau** fördert dichte *Fallopia*-Bestände, wobei sich nach ALBERTERNST (1998) ein differenziertes Bild ergibt. An der Wolfach kommt *Fallopia* an unbefestigten wie an durch Mauern oder Blocksatz befestigten Ufern gleichermaßen vor, tritt jedoch auf Erd-, Block- oder Steinschüttungen gehäuft auf. Dass Steinschüttungen an anderen ansonsten *Fallopia*-reichen Gewässern weniger stark besetzt sind (SCHULZ et al. 1995), deutet auf das Einbringen von Rhizomen mit den Schüttungen an der Wolfach hin. An der Kinzig besteht ein klarer Zusammenhang zwischen dem massiven Auftreten von *Fallopia* und dem Flussausbau. Zahlreiche Populationen sind wahrscheinlich mit Erdarbeiten begründet worden, die zur Unterhaltung des hier angelegten Doppeltrapezprofils notwendig waren. Dies führt zum Schluss, dass *Fallopia* bei ausreichendem Licht naturnahe und anthropogene Uferabschnitte gleichermaßen besiedeln kann und hierbei durch natürliche (eine hohe Hochwasserdynamik) und anthropogene Faktoren (Diasporenquellen in Ufernähe, eine Rhizomverschleppung bei Schüttungen und Erdarbeiten) gefördert wird.

Die Konkurrenzstärke und Persistenz von *Fallopia*-Beständen wird durch verschiedene **biologische Eigenschaften** er-

Abb. 48
Aufbau des Sprosssystems bei *Fallopia japonica* und ober- und unterirdische Verteilung der Biomasse (Trockengewicht). Die Wurzeln machen nur einen geringen Anteil der unterirdischen Biomasse aus und wurden nicht berücksichtigt (nach ADLER 1993).

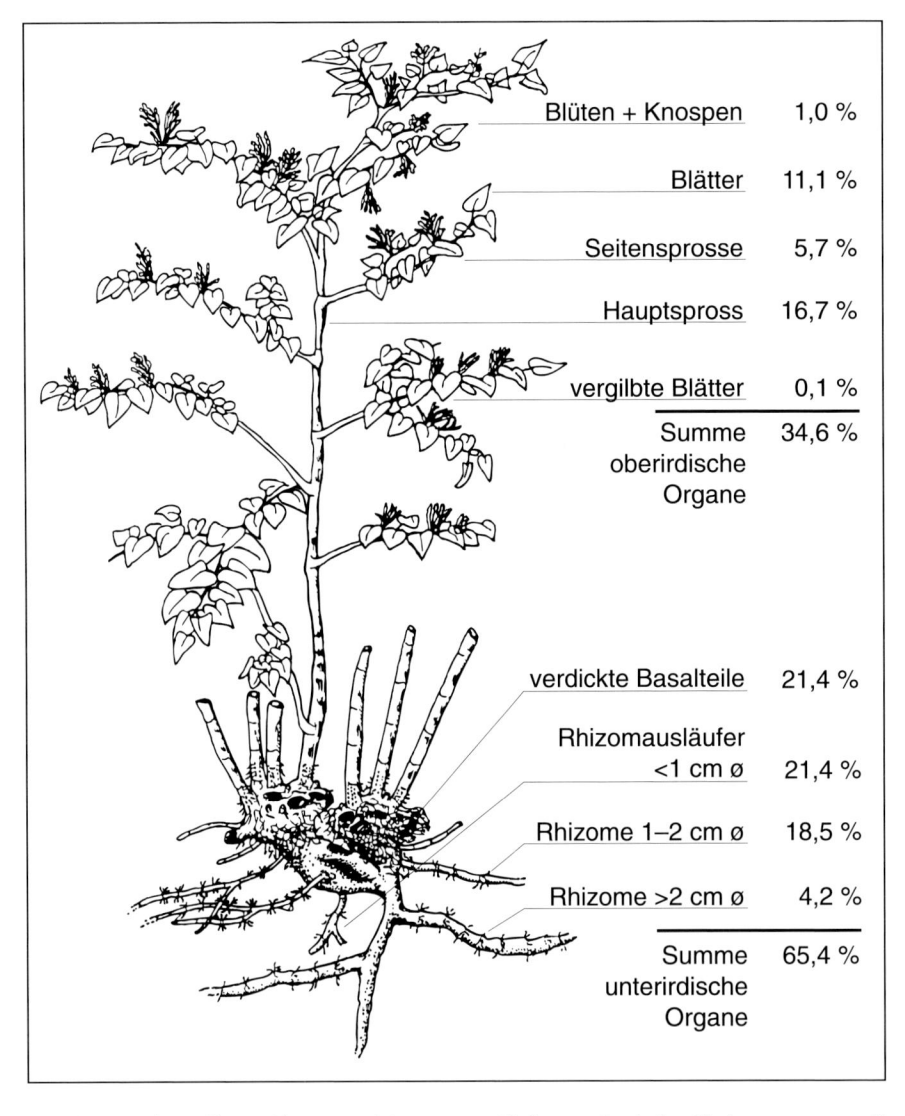

Blüten + Knospen	1,0 %
Blätter	11,1 %
Seitensprosse	5,7 %
Hauptspross	16,7 %
vergilbte Blätter	0,1 %
Summe oberirdische Organe	34,6 %
verdickte Basalteile	21,4 %
Rhizomausläufer <1 cm ø	21,4 %
Rhizome 1–2 cm ø	18,5 %
Rhizome >2 cm ø	4,2 %
Summe unterirdische Organe	65,4 %

möglich. Die *Fallopia*-Sippen gehören, ebenso wie die Herkulesstaude und das Indische Springkraut, zu den Neophyten, die einheimische Arten der gleichen Lebensform erheblich an **Wuchshöhe** übertreffen. *F. sachalinensis* wird auf optimalen Standorten in Mitteleuropa bis 4 Meter, *F. japonica* bis 3 Meter und die Hybride beider Arten sogar bis zu 4,5 Meter hoch (Angaben von ALBERTERNST 1998 aus der Ortenau). Hierdurch ergibt sich ein Konkurrenzvorteil bei der Ausnutzung der Lichtressourcen und der Ausdunklung schattenempfindlicher Arten.

Viele neophytische Vorkommen von *F. japonica* sind hochwüchsiger als im Ursprungsgebiet. So wird die Art an japanischen Flüssen nur bis 1,5 Meter hoch, in Mitteleuropa dagegen bis zu 3 m. Nach SUKOPP & SUKOPP (1988) könnte dies standortbedingt sein, da alle Flüsse in Japan gebirgsnah sind und deshalb kiesigsteinige Sedimente haben. Im Einzelnen sind die Gründe für die Wuchsunterschiede jedoch nicht bekannt. Zumindest alle britischen Pflanzen sollen auf die Einführung eines einzigen Klones zurückgehen (BAILEY 1994). So könnten auch ge-

Gewässer und Auen

netische Unterschiede zur Erklärung des Wuchsverhaltens beitragen.

Sprossaufbau und Beblätterung: Die Sprosse der *Fallopia*-Sippen entspringen horizontal im Erdreich verlaufenden Ausläufern (Rhizomen) und verdickten Basalteilen (Innovationskomplexe bei HAGEMANN 1995, Abb. 48, Abb. 49). Sie treiben Anfang April aus, legen in ihrer Hauptwachstumszeit von Mai bis Mitte Juni bis zu 15 Zentimeter pro Tag zu und sterben nach den ersten Herbstfrösten ab. Die durch die Wuchshöhe erreichten Konkurrenzvorteile werden durch den Sprossaufbau und die Beblätterung noch gesteigert: Die oberen Blätter der *Fallopia*-Sippen sind zweizeilig und fast vertikal, die unteren eher horizontal ausgerichtet. Auch die Seitenzweige haben eine zweizeilige Beblätterung, wodurch sie besonders viel Licht aufnehmen und potentiellen Konkurrenten entziehen (SUKOPP & SCHICK 1992, 1993). Blüten- und Blattmerkmale variieren bei allen Sippen stark, wobei auch Unterschiede zwischen weiblichen und männlichen Pflanzen auftreten (Bestimmungsschlüssel bei ALBERTERNST et al. 1995, 1998).

Etwa zwei Drittel der Biomasse ist in den meist horizontal wachsenden Rhizomen gebunden, die bis zu 10 Zentimeter Durchmesser erreichen können (Abb. 48, SUKOPP & STARFINGER 1995). Dies ist die Basis einer sehr effektiven **vegetativen Ausbreitung und Regenerationskraft**. Aus den Rhizomknospen können neue Luftsprosse oder weitere Verzweigungen des Rhizoms gebildet werden. Die Bestände erweitern sich so polyzentrisch bis zu einem Meter pro Jahr, vereinzelt bis zu zwei Metern (ADLER 1993, HAYEN 1995, KRETZ 1995, Abb. 49). Die vegetative Regeneration von Sprossabschnitten gelingt auch aus kleinsten, 1 bis 1,5 Zentimeter großen Rhizomteilen, sofern sie eine Knospe enthalten. Auch Stängelfragmente können sich bewurzeln (BROCK et al. 1995). Diese Fähigkeit eröffnet effektive Möglichkeiten der

Abb. 49
Ausläufersystem von *Fallopia* (AL = Ausläufer, ALP = sukzessive Plagiopodien von Ausläufern mit dazugehörigen Orthopodien (ALO), PS = photophile Sprosssysteme, IK = sukzessiv angelegte Innovationskomplexe, BW = basale Wurzeln an Innovationstrieben, AW = Ausläuferwurzeln, PGO = positiv geotrophe Orthopodien; nach HAGEMANN 1995).

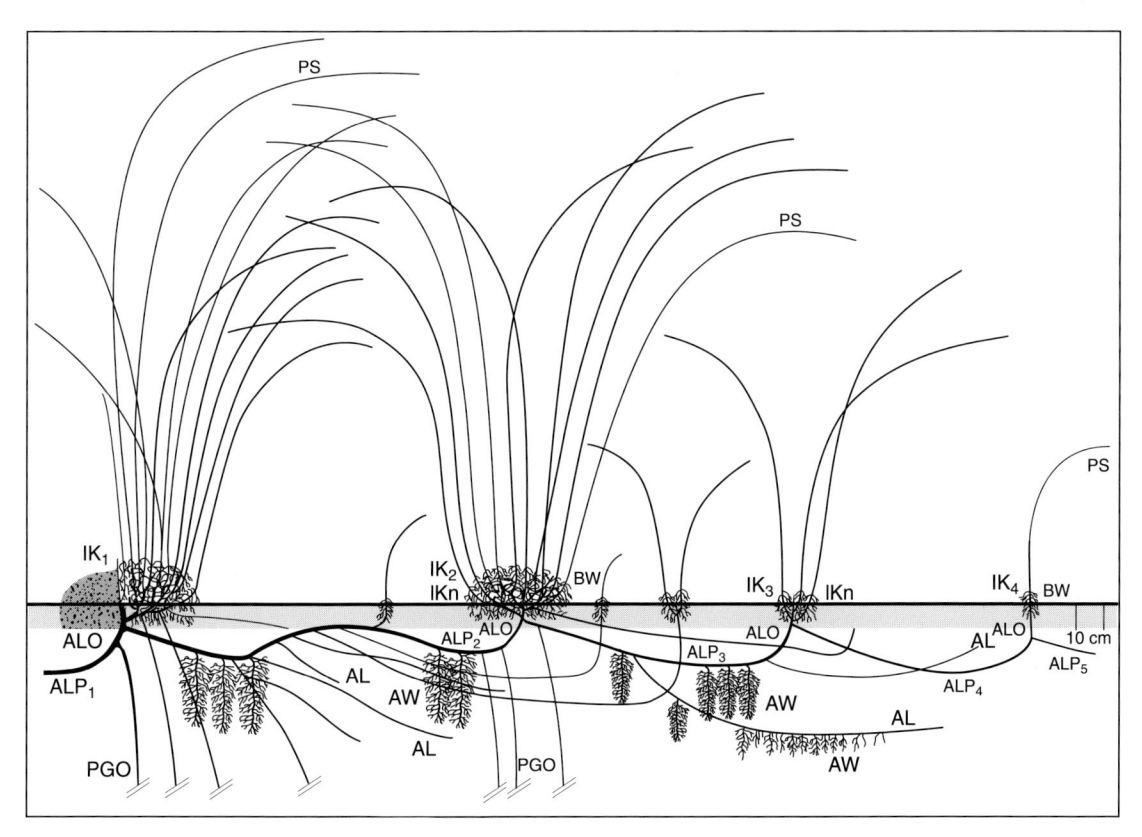

Fernausbreitung: Sprossteile, vor allem aber Rhizomstücke, die durch Hochwasser freigespült und abgerissen werden, können mit dem fließenden Wasser weit verdriftet und im Überflutungsbereich des Fließgewässers abgesetzt werden. Im Zwickauer Raum breitete sich *F. japonica* beispielsweise nach dem besonders starken Muldehochwasser von 1954 „sprunghaft" aus (KOSMALE 1989). An der Wieda im Harz gehen die Bestände auf Gartenabfälle zurück, die mit Hochwasser in den Auenwald getragen wurden (SCHEPKER 1998). Auf die anthropogene Fernausbreitung durch rhizomhaltiges Bodenmaterial ist schon hingewiesen worden.

Im Vergleich zur vegetativen sind die **generative Vermehrung und Ausbreitung** nachrangig. *Fallopia*-Sippen sind funktionell zweihäusig, das heißt sie haben „männliche" Staubblattblüten mit reduzierten Fruchtknoten und „weibliche" Fruchtknotenblüten mit reduzierten Staubblättern. Zahlreiche Zwischenformen der Blütentypen kommen vor, wobei keine zur Selbstbestäubung befähigt ist (ALBERTERNST 1998). In Großbritannien treten bei *F. japonica* nur weibliche Populationen auf, die wahrscheinlich alle auf einen etwa 1848 eingeführten Klon zurückgehen (BAILEY 1994). Auch im Schwarzwald überwiegen weibliche Pflanzen. Dennoch wurde eine generative Vermehrung in Deutschland mehrfach an offenen, konkurrenzarmen Standorten beobachtet (z. B. KOSMALE 1981b, SCHWABE & KRATOCHWIL 1991). Sie ist für das Zustandekommen der meisten Dominanzbestände von untergeordneter Rolle, kann jedoch durch **Hybridisierung** zur Bildung neuer Sippen führen, wie das Beispiel von *F.* × *bohemica* zeigt. Die Hybride hat nach Untersuchungen von ALBERTERNST (1998) in der Ortenau einen höheren Wuchs als die Elternarten und war in Mahd-, Verbiss- und Konkurrenzversuchen wuchsstärker als *F. japonica*. Auch bei mechanisch-chemischen Bekämpfungsversuchen zeigte sich die Hybride widerstandsfähiger als die Elternarten, was auf Konkurrenzvorteile hinweist (BIMOVA et al. 2001).

Problematik: *Fallopia*-Sippen gelten in vielen Ländern West- und Mitteleuropas und in Nordamerika als problematisch (CONOLLY 1977, WEEDA 1987, PYŠEK & PRACH 1993). Konflikte bestehen mit Zielen des Naturschutzes, der Wasserwirtschaft und mit einigen anderen Landnutzungen.

Für den **Naturschutz** ist die hohe Konkurrenzkraft der Knöterichsippen problematisch. In ihren Dominanzbeständen werden Arten der Vorgängervegetation stark zurückgedrängt und gelangen wegen des Schattendrucks kaum noch zur Blüte. Hiervon sind in der Erlen- und Weidenzone vieler kleinerer Fließgewässer nitrophile Gesellschaften mit Pestwurz, Brennnessel und Zaunwinde betroffen. An

Abb. 50
Vergleich der Vegetationsdeckung in Dominanzbeständen von *Fallopia japonica* und in der Kontaktvegetation (Wiedaaue, Harz). Die Artenzahl ist in den Dominanzbeständen reduziert, aber wegen der Frühjahrsblüher noch relativ hoch. Diese können sich auch unter *Fallopia* gut entwickeln, was aus der hohen Deckung der Krautschicht im Frühjahr ablesbar ist (nach SCHEPKER 1998).

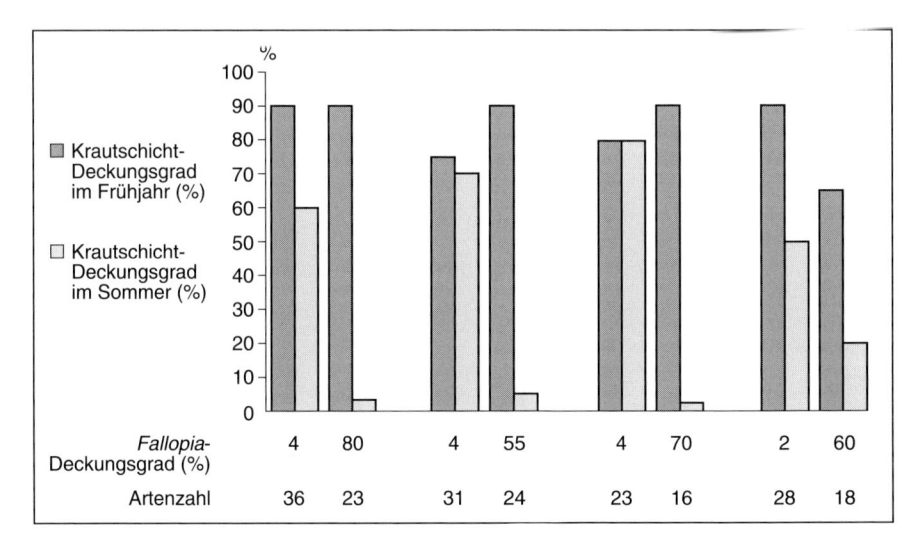

großen Flüssen schließt das Sommerhochwasser häufig *Fallopia*-Dominanzbestände aus. Im Sommer gemähte *Fallopia*-Bestände regenerieren ihr Sprosssystem meist innerhalb der gleichen Vegetationsperioden. Solche Bestände sind dann reicher an Grünlandarten als ungemähte (ADLER 1993, ALBERTERNST 1998).

Da die oberirdischen Sprosse nach dem ersten Frost absterben und erst nach den letzten Frösten, meist im April, wieder neu gebildet werden, können winterannuelle Therophyten und Geophyten diese Lücke nutzen. So kommen auf nährstoffreichen frischen Auenböden unter *Fallopia* zahlreiche Geophyten, wie beispielsweise das Scharbockskraut vor (LOHMEYER & SUKOPP 1992, DIERSCHKE et al. 1983). In der mit Erlen und Eschen bestandenen Wiedaaue im Harz deckt die Krautschicht unter *Fallopia* im Sommer nur etwa 5% des Bodens, im Frühjahr dagegen, ähnlich wie an *Fallopia*-freien Stellen, um die 80% (Abb. 50). In der Wiedaaue kommt im Kontakt zu *Fallopia*-Beständen auch der Straußenfarn (*Matteuccia struthiopteris*) als gefährdete Art vor. Er scheint hier unter *Fallopia* zu überdauern, was mit Langzeituntersuchungen zu klären ist (SCHEPKER 1998). An der Mulde sowie an der Steinach im Odenwald soll er durch *Fallopia* zurückgedrängt werden (KOSMALE 1981b, HARTMANN et al. 1995), wogegen SCHLÜPMANN (2000) für das Volmetal bei Hagen eine Koexistenz beider Arten annimmt. Bei den Waldvorkommen von *Fallopia* wird forstlicherseits gelegentlich die Behinderung der Naturverjüngung von Gehölzen befürchtet.

Konkurrenz zu seltenen Pflanzenarten scheint jedoch die Ausnahme zu sein. Zumeist drängen die *Fallopia*-Sippen häufige Arten der Ufervegetation zurück, die ihrerseits in vielen Fällen zuvor durch die Lichtstellung und den Ausbau von Gewässern gefördert worden sind. Problematisch ist hier weniger der botanische Artenschutz als vielmehr die auffällige Veränderung der Vegetation naturnaher und ausgebauter Ufer. Hiermit werden auch Auswirkungen auf die **Tierwelt** verbunden sein. *Fallopia*-Sippen sind in Europa kaum mit Phytophagen, Parasiten und Krankheitserregern besetzt (DIAZ & HURLE 1995, CZUBAK et al. 1999), da diese nicht an die Inhaltsstoffe beziehungsweise die Blütenbesucher nicht an die Blütenmorphologie angepasst sind. In Japan sind beispielsweise Schmetterlingslarven in den Stängeln so verbreitet, dass sie traditionell als Köder beim Angeln genutzt werden (SUKOPP & STARFINGER 1995). In Europa sind die *Fallopia*-Sippen unattraktiv für Phytophage. Arten dieser Gruppe oder Blütenbesucher, die an Uferpflanzen gebunden sind (z. B. die gefährdete, sich von den Blüten des Blutweiderichs ernährende Langhornbiene *Tetralonia salicariae*) finden nach der Verdrängung dieser Pflanzen in *Fallopia*-Beständen keinen Ersatz. Inwieweit sich dies auf die Populationssituation dieser Arten und die Artenvielfalt der Ufervegetation unter Einschluss anderer Tierarten oder -gruppen auswirkt, ist noch nicht systematisch untersucht worden. Das Beispiel von *Impatiens parviflora* zeigt, dass die allgemein geringere Einbindung eines Neophyten in Nahrungsbeziehungen nicht zwangsläufig zu einer weniger vielfältigen Begleitfauna führen muss (siehe Kap. 6.3.1). *Fallopia*-Bestände werden wie auch andere Arten in naturnaher Umgebung von mehr Blütenbesuchern (Zweiflügler, Wildbienen, Honigbienen und einige Käferarten) aufgesucht als in anthropogen stark veränderten Biotopen. Darunter sind auch einige seltene und gefährdete Arten (SCHWABE & KRATOCHWIL 1991).

In Mitteleuropa ist die natürliche Auflösung großer *Fallopia*-Bestände noch nicht beobachtet worden, wenn man von deren natürlicher Zerstörung durch Umlagerung von Ufersedimenten oder längeres Sommerhochwasser absieht (SUKOPP & SUKOPP 1988). Auch scheinen sich Gehölze nicht innerhalb der klonalen Populationen etablieren zu können. *Fallopia* kann daher eine **Verzögerung der Sukzession** an gehölzarmen Gewässerrändern zu Auwäldern bewirken. Aus dem Heimatgebiet von *F. japonica* ist von vulkanischen Pionierstandorten bekannt, dass sich über 100 Quadratmeter große Bestände nach etwa 50 Jahren in der Mitte aufzulockern beginnen. Damit lassen sie die Einwanderung von Gehölzen zu und fördern letztlich durch akkumulierte Nährstoffe die Waldentwicklung (ALBERTERNST 1998). Ob sich auch in Mitteleuropa sehr alte klo-

Abb. 51
Im Doppeltrapezprofil der Kinzig (Oberrheintal) sind *Fallopia*-Dominanzbestände ca. 1 m oberhalb der Wassermittellinie weit verbreitet. Wasserwirtschaftliche Probleme resultieren aus der Lockerung der Uferbefestigung und in geringerem Maße aus der Einengung des künstlichen Flussbettes. Die genannten Arten kommen oft gemeinsam mit *Fallopia* vor (aus ALBERTERNST 1998).

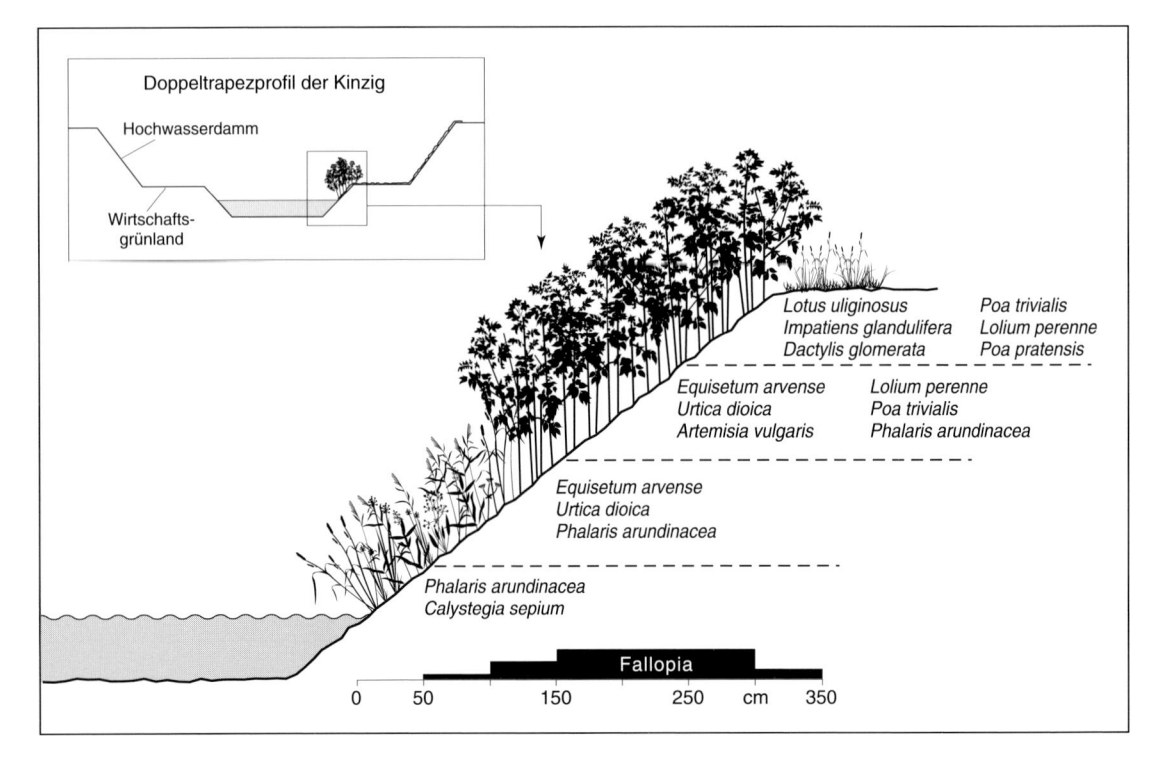

nale Populationen auflockern, wäre lohnend zu beobachten. In den bekannten Beständen ist die künstliche Etablierung auentypischer Gehölze derzeit sehr aufwendig, da sie über Jahre freigeschnitten werden müssen.

Aus einigen Gebieten werden **wasserwirtschaftliche Probleme** gemeldet: *Fallopia* kann den Hochwasserabfluss behindern, da die wenig elastischen Sprosse die Fließgeschwindigkeit herabsetzen, Treibgut fangen, die Sedimentation und damit die Erhöhung des Ufers fördern (LOHMEYER 1969, 1971, BAUER 1995). Dies dürfte meist unproblematisch sein. Eine Ausnahme sind jedoch Gebiete mit besonders hoher Hochwasserdynamik, in denen die Retentionsräume innerhalb der Auen durch wasserbauliche Maßnahmen stark eingeschränkt sind und die verbliebenen Bereiche zwischen den Hochwasserschutzdämmen deshalb weitgehend frei von höherer Vegetation gehalten werden müssen. Dies ist bei den stark verbauten Rheinzuflüssen aus dem Schwarzwald der Fall. Abb. 51 zeigt das Beispiel der Kinzig, an der zwischen Wolfach und Biberach etwa die Hälfte der Ufer mit *Fallopia* bewachsen ist. Viele Populationen wurden hier wahrscheinlich durch Rhizomverfrachtung bei Erdarbeiten zur Unterhaltung des Doppeltrapezprofils begründet (ALBERTERNST 1998). Nach dem „Jahrhunderthochwasser" 1991 wurden Dammschäden (Unterspülungen, Auskolkungen, Herauslösen von Pflastersteinen) an Rench, Kinzig und Erlenbach im Bereich von *Fallopia*-Dominanzbeständen festgestellt. Leider wurde nicht mitgeteilt, ob die Schäden an Knöterich-freien Stellen geringer waren (SCHWABE & KRATOCHWIL 1991, KRETZ 1994). Aus anderen Gebieten ist von solchen Schäden nicht berichtet worden. In Niedersachsen konzentrieren sich beispielsweise die wenigen wasserbaulichen Probleme im Zusammenhang mit *Fallopia* auf die beschränkte Zugänglichkeit der Ufer zur Gewässerpflege (Tab. 75). An der Leine fand SCHWAKE (1994) in *Fallopia*-Beständen nicht mehr Abbruchstellen als in anderer krautiger Ufervegetation.

Nach Frosteinwirkung sterben die oberirdischen Teile von *Fallopia* ab. Obwohl die

Bodenoberfläche wegen des starken Schattendruckes meist nicht von Stauden oder Gräsern bedeckt ist, tragen die dicht verzeigten, aber feinwurzelarmen *Fallopia*-Rhizome nach LOHMEYER (1969) und SUKOPP & SUKOPP (1988) zur **Ufersicherung** bei. Dies schließt Uferschäden bei besonders starken Hochwässern natürlich nicht aus. Dass hier natürliche Auwälder und genügend große Retentionsbereiche den besten Schutz bieten, sei nur am Rande erwähnt.

Weitere Probleme werden vor allem von den Britischen Inseln gemeldet, wo *Fallopia*-Sippen den Anglern den Zugang zu Gewässerufern erschweren, Asphaltdecken durchbrechen und die Wiedernutzung urbanindustrieller Brachflächen erschweren (CHILD et al. 1992). Nach KRETZ (1995) können an Brücken und Straßenrändern eingebaute Rhizome zu Sichtbehinderungen führen und Schwachstellen im Belag durchbrechen.

Steuerungsmöglichkeiten: Gegen *Fallopia* ist ein breites Spektrum von Bekämpfungsmaßnahmen erprobt worden. Erfahrungen aus England haben CHILD & WADE (2000) zusammengefasst. Nach den Befunden aus Deutschland ergibt sich folgendes Bild (KRETZ 1994, 1995, WALSER 1995):

Mahd (und Beweidung) schwächen die Bestände. *Fallopia*-Dominanzbestände sind jedoch mit für Grünland typischen Mahdfrequenzen nicht zurückzudrängen. Nach über fünfjähriger Mahd fand ADLER (1993) noch eine Rhizommenge, die dem Ertrag einer mittleren Kartoffelernte entsprach. Um *Fallopia* vollständig zurückzudrängen, sollte gemäht werden, sobald die Sprosse eine Höhe von 40 Zentimetern erreicht haben (KRETZ 1994). Dies muss über mehrere Jahre durchgehalten werden, wobei im ersten Jahr 6 bis 8, im dritten Jahr noch 4 bis 6 Arbeitseinsätze anfallen können. Abgesehen vom hohen Arbeitsaufwand erbringen solche Maßnahmen dichte Grasnarben, die für den Hochwasserschutz, jedoch nicht aus Naturschutzsicht erstrebenswert sind. Geringere Mahdfrequenzen führen zu keiner deutlich erkennbaren Schwächung der klonalen Populationen, erhöhen jedoch die Artenvielfalt innerhalb der Bestände, da sie zwischenzeitliche Lücken für andere Arten schaffen.

Die **Beweidung** mit gekoppelten Schafen wird nach Erfahrungen mit Heidschnucken als „Wunderwaffe" favorisiert. Die Schafe ziehen den Japan-Knöterich anderen Kräutern und Gräsern vor, fressen aber nur ausgereifte Blätter, also keine frisch ausgetriebenen. Nach zwei Jahren war der Neuaustrieb eines etwa ein Hektar großen Dominanzbestandes nur noch schwach und vereinzelt. Versuche zur Triftbeweidung laufen. Auch Galloway-Rinder sollen geeignet sein. An den Hochwasserdämmen der Mulde hat sich eine Schafbeweidung zur Bekämpfung von *Fallopia*-Beständen schon in den 70er-Jahren bewährt (KOSMALE 1981b). Nach CONOLLY (1977) sollen Pferde und Kühe gerne junge Schösslinge fressen.

Das **Überpflanzen** der Bestände mit Gehölzen bedarf einer erhöhten Anwuchspflege mit einem drei- bis viermaligen Ausmähen der gepflanzten Gehölze. Über den Erfolg liegen keine Informationen vor.

Unter den getesteten **Herbiziden** war nur das Totalherbizid Glyphosat (Round-Up) wirksam. Es hinterlässt vegetationsfreie Flächen und darf in Deutschland nur in einer Entfernung von mehr als zehn Meter vom Gewässerrand eingesetzt werden. Empfohlen wird die Anwendung im Juli oder August nach vorbereitender Mahd und einer Bestandshöhe von etwa 60 Zentimetern. Zwei Wochen danach sollten die Flächen gemäht, abgeräumt und eingesät werden. Im Folgejahr ist eine Nachbehandlung notwendig (CHILD et al. 1998). HAGEMANN (1995) empfiehlt als umweltschonende Maßnahme, kleine Bestände mit Injektionen von Round-Up zu behandeln. Das Herbizid wirkt bis 1,6 Meter in Wachstumsrichtung der Ausläufer. Als **ungeeignet** erwiesen sich ätzende, thermische Verfahren und Infrarotbestrahlung sowie das manuelle Ausgraben der Rhizome und das Abschlagen oder Ausreißen der Triebe. Eine Abdeckung mit schwarzer Folie ist unpraktikabel. Das Überdecken mit Boden und anderen Substraten ist nur Erfolg versprechend, wenn die Aufschüttungen mehr als zwei Meter umfassen.

An Gewässerrändern von Schwarzwaldflüssen war der ingenieurbiologische Einbau von 100 %igen **Weidenspreitlagen** doppelt erfolgreich. Die geschädigten Ufer wurden gefestigt und die dort zuvor vertretenen *Fallopia*-Bestände konnten sich nur noch im Randbereich entwickeln.

Das **mechanische Reinigen** rhizombelasteten Bodens ist aufwendig und führte bei verschiedenen Verfahren zu keinem rhizomfreien Material. Bei leichten Böden kann eine mechanische Trennung mit Trommelsieben (auf Äckern, im Gartenbau) vorgenommen werden. Dagegen war die **Kompostierung** rhizombelasteten Bodens unter Zusatz von Frischkompost zu gleichen Teilen sehr erfolgreich und führte zu marktfähigem Kompost.

Diskussion: Aufgrund ihrer weiten Verbreitung und der Dauerhaftigkeit ihrer Bestände ist eine allgemeine Bekämpfung der *Fallopia*-Sippen unangebracht. Aus wasserbaulichen Gründen ist sie generell auch nicht nötig. Die an den Rheinzuflüssen des Schwarzwaldes auftretenden wasserbaulichen Probleme sind in erster Linie hausgemacht und können nicht verallgemeinert werden. Auch wenn Vegetationsveränderungen in naturnahem Umfeld, beispielsweise an Mittelgebirgsbächen, und an ausgebauten Gewässern aus Gründen des Naturschutzes als nachteilig eingeschätzt werden, gibt es zu deren Akzeptanz aus pragmatischen Gründen kaum eine Alternative. Ausdunklungseffekte sind unumstritten. Jedoch sind Anzahl und Deckung anderer Arten in *Fallopia*-Beständen nicht immer so niedrig, wie es den Anschein hat, zumal wenn im Sommer nicht nachweisbare Geophyten eingerechnet werden (LOHMEYER & SUKOPP 1992, NEZADAL & BAUER 1996, SCHEPKER 1998). Eine Konkurrenz mit gefährdeten Arten ist wohl eher die Ausnahme.

Bekämpfungen sind wegen ihres großen Aufwandes (z. B. Mahdfrequenz) oder ihrer eingeschränkten Praktikabilität (z. B. Beweidungskonzepte für lineare oder fragmentierte Bestände) daher nur im Einzelfall empfehlenswert und müssen dann über mehrere Jahre durchgehalten werden. Bei Erdarbeiten an Gewässern, aber auch sonst in der Landschaft, sollte darauf geachtet und beispielsweise in Ausschreibungen abgesichert werden, dass nur knöterichfreier Boden eingebaut wird. Priorität sollten vorbeugende Maßnahmen haben, in erster Linie solche, die zum Aufbau naturnaher Ufergehölze führen. Sie können *Fallopia*-Bestände zwar nicht völlig verdrängen, jedoch einengen und dienen zudem dem Uferschutz.

6.4.5 Knollen-Sonnenblume (*Helianthus tuberosus*)

Herkunft, Einführung, Verwendung: Die Knollen-Sonnenblume oder Topinambur stammt aus dem östlichen Nordamerika, wo sie wegen ihrer inulinhaltigen Knollen schon von Indianern kultiviert wurde. Sie gelangte 1607 als Gemüsepflanze nach Paris und lässt sich bereits für 1626 aus dem landgräflichen Garten in Kassel nachweisen. In der ersten Hälfte des 17. Jahrhunderts wurde sie wegen ihrer Knollen häufig angebaut, danach aber durch die ebenfalls aus Amerika stammende Kartoffel weitgehend verdrängt (WEIN 1963). Bis heute ist *Helianthus* eine beliebte Gartenpflanze. Sie gilt auch als wertvolle Bienenweide (JAESCH 1992). Daneben gibt es vereinzelte Anbauten zur Produktion von Schnaps (etwa 300 Hektar in Baden), als Äsungspflanze in Wildäckern sowie Viehfutter (in Frankreich über 130000 Hektar). Weiter laufen Versuchsanbauten als „nachwachsender Rohstoff". Pro Hektar können 500 bis 700 Dezitonnen Grünmasse (Vieh- und Wildfutter) sowie 300 bis 500 Dezitonnen Knollen produziert werden, die Fruktose und Alkohol als Industrierohstoffe liefern (AID 1992). Angebaute Pflanzen haben kartoffelähnliche Knollen, Populationen an Flussufern spindelförmige. Die Taxonomie der Art ist schwierig (WAGENITZ 1979). Verwandte Arten mit spontanen mitteleuropäischen Vorkommen sind *H. giganteus, H. decapetalus* und *H.* × *laetiflorus* (ADOLPHI 1995).

Aktuelle Vorkommen: *H. tuberosus* kommt vereinzelt an Ruderalstellen, in größeren Beständen vor allem im Überschwemmungsbereich von Fließgewässern vor. Die größten, teilweise kilometerlangen Vorkommen liegen dabei in den wärmsten Gebieten Deutschlands, beispielsweise an Neckar, Mosel und Lahn. Die Pflanze besiedelt frische, nährstoffreiche Sand- und Lehmböden. Schwerpunkte liegen an ausgebauten Flussabschnitten, jedoch gibt es an natürlich waldfreien Auenstandorten auch agriophytische Vorkommen. Am Neckar besiedelt *Helianthus tuberosus* großflächig ehemalige, regelmäßig überflutete Standorte des Silberweidenwaldes, dringt auch in tiefer gelegene Bereiche knapp oberhalb der Line des mittleren Sommerhochwassers und selbst auf kiesigsandige Standorte vor, die sonst mit einjähriger Vegetation besiedelt werden (LOHMEYER & SUKOPP 1992, HARTMANN et al. 1995).

Die Knollen-Sonnenblume breitet sich auch in anderen Gebieten an Fließgewässern aus, jedoch selten auf gewässerfernen Standorten. So bestehen nur vereinzelte Vorkommen auf trockeneren ruderalen Standorten, Bahndämmen, Erddeponien und an Straßenrändern. Gepflanzte Bestände findet man auf Wildäckern und anderen, oft nur wenige Quadratmeter großen Stellen in der Kulturlandschaft (KOSMALE 1981a, WALTER 1992b, ADOLPHI 1995, HARTMANN et al. 1995).

Erfolgsmerkmale: Der Ausbreitungserfolg der Knollen-Sonnenblume ist im Wesentlichen auf Fließgewässerränder beschränkt. Dominanzbestände kommen fast nur an **Ufersäumen** vor, weil hier die hohen Ansprüche der Art an die Vorsorgung mit Licht, Wasser und Nährstoffen erfüllt werden. Unter lichten Gehölzen wächst *Helianthus* auch, gelangt als Volllichtpflanze jedoch nicht zur Blütenbildung. Sie wird damit durch die Auflichtung und Zerstörung der Auenwälder gefördert. Wegen ihrer späten Blüte (September/Oktober) und der Schädigung durch die ersten Nachtfröste bildet *Helianthus* in Mitteleuropa keine keimfähigen Samen aus und ist daher auf eine **vegetative Vermehrung** angewiesen. Kleinräumig gelingt dies mit länglich spindelförmigen Sprossknollen. Sie werden im Juli und August gebildet, dienen der Speicherung von Kohlenhydraten und können, nachdem die übrigen Teile des Sprosses und die Wurzeln nach den ersten Frösten abgestorben sind, Frost bis zu –30 °C ertragen. Mitte bis Ende April treiben die Knollen aus und ermöglichen die rasche Bildung der Luftsprosse. Ende Juni sind sie aufgebraucht und sterben ab (HARTMANN et al. 1995).

Das vielerorts unregelmäßige Verbreitungsmuster der Knollen-Sonnenblume geht meist auf abgelagerte Gartenabfälle und aufgelassene gewässernahe Gärten zurück. Mit den Knollen kann *Helianthus* auch in dicht geschlossene Brennnessel- oder Pestwurzbestände einwachsen und deren **Dominanzbestände** durch Beschattung zurückdrängen (Abb. 52). Dies gelingt ihr, da sie mit Wuchshöhen von etwa 3,5 Meter alle einheimischen Uferstauden überragt. Ihre Dominanzbestände an Flussufern scheinen dauerhaft zu sein. Bestände auf Wildäckern können bis zu 20 Jahre alt werden (HARTMANN et al. 1995). An Gewässern ist auch eine **Fernausbreitung** möglich: Mit dem Wasser werden freigespülte oder von Tieren freigelegte Knollen flussabwärts, mit Tieren auch flussaufwärts transportiert, sodass kilometerlange Bänder an Ufern sowie Einzelvorkommen im Überflutungsbereich entstehen können (LOHMEYER 1969).

Abseits von Ufern werden zahlreiche Populationen durch Jäger begründet, die *H. tuberosus* als **Äsungspflanze** schätzen. Weitere Vorkommen entstehen durch abgelagerte Gartenabfälle. Sofern solche Standorte fernab von Fließgewässern liegen, ist die Ausbreitungsgefahr begrenzt, da *Helianthus* keine reifen Samen produziert und sich die Ausläuferknollen nur am Standort vermehren. Ein starkes Wachstum mit Wuchshöhen von etwa 3 Metern stellt sich nur bei guter Wasser- und Nährstoffversorgung ein (LOHMEYER 1971).

Problematik: Wie die Staudenknöterricharten ist *Helianthus* ein Geophyt. Nach dem ersten Frost stirbt die Pflanze bis auf die Ausläuferknollen ab, die 10 bis 20 Zentimeter unterhalb der Bodenoberfläche eingebettet sind. Danach ist der Boden im Winterhalbjahr weitgehend vegetationsfrei, sodass die **Erosionsgefahr** durch Hochwasser verstärkt wird. Nach Beobachtungen von LOHMEYER (1969, 1971) werden die stärkereichen Knollen häufig von Nagetieren ausgegraben, wobei Wundstellen an den Böschungen als weitere Angriffspunkte für das Frühjahrshochwasser entstehen. In Ufersäumen können unterirdische Ausläuferknollen auch in bestehende Vegetation einwachsen und dichte **Dominanzbestände** bilden, in denen andere Arten durch Beschattung zurückgedrängt werden. Solche Dominanzbestände sind artenärmer und verhindern auch die Naturverjüngung einheimischer Ufergehölze weitgehend (LOHMEYER &

Abb. 52
Bildung und Erweiterung von Dominanzbeständen der Knollen-Sonnenblume (*Helianthus tuberosus*). Die obere Abbildung zeigt, wie *Helianthus* mit Ausläuferknollen in dichte Brennnesselbestände (Cuscuto-Convolvuletum) einwächst. Die anschließend gebildeten Luftsprosse überwachsen die Vorgängervegetation und verdrängen sie durch Beschattung (untere Abbildung; aus LOHMEYER 1971).

SUKOPP 1992, NEZADAL & HEIDER 1994). Nach HARTMANN et al. (1995) behindern jedoch Hochstaudenfluren, die frei von *Helianthus* sind, dafür aber von der Brennnessel dominiert werden, ebenfalls die Etablierung typischer Gehölzarten der Weichholzaue.

Steuerungsmöglichkeiten: Die Knollen-Sonnenblume lässt sich nach den Versuchsergebnissen von HARTMANN et al. (1995) gut mechanisch bekämpfen: Im Frühjahr können junge Pflanzen mitsamt der Knollen bei feuchter Witterung herausgezogen oder ausgegraben werden. Größere Bestände werden zurückgedrängt, wenn über einen Zeitraum von zwei Jahren Ende Juni und im August mit einem Freischneider, einem Kreisel- oder Balkenmäher gemäht oder mit einem Mulchgerät gemulcht wird. Wichtig sind tiefe Schnitthöhen, um den Wiederaustrieb zu begrenzen, und ein genaues Arbeiten. Nach einer Kontrolle im Folgejahr muss gegebenenfalls nachgearbeitet werden. Durch einmaliges Mulchen mit nachfolgendem Fräsen im Zeitraum nach dem Absterben der alten und vor der Bildung neuer Knollen (meist Ende Juni/Anfang Juli) kann eine Population bereits in einem Jahr beseitigt werden. Gehölzpflanzungen innerhalb von *Helianthus*-Beständen sind wegen der mehrjährigen Anwuchspflege zu aufwendig. Ihre Etablierung wird durch die sich vielerorts als Ersatzvegetation einstellenden nitrophilen Hochstaudenbestände behindert (HARTMANN et al. 1995). Dagegen ist es sinnvoll, nach einer Bekämpfung gebietstypische Gehölze zu pflanzen.

Diskussion: *H. tuberosus* ist eine alte Kulturpflanze, deren Verwendung und Vorkommen außerhalb der Gewässerauen in sommerwarmen Gebieten bislang weitgehend unproblematisch sind. Auch wenn Arten der gebietstypischen Gewässerrandvegetation in den Dominanzbeständen der Knollen-Sonnenblume stark an Vitalität einbüßen (LOHMEYER & SUKOPP 1992), ist nicht mit ihrem völligen Verschwinden zu rechnen. In große Populationen sollte nur punktuell eingegriffen werden, wenn seltene und gefährdete Arten konkret betroffen sind. Ansonsten sollten sich die Aktivitäten darauf beschränken, Neuansiedlungen an Gewässern, wie beispielsweise die Anlage von Wildäckern im Überschwemmungsbereich von Bächen und Flüssen, zu unterlassen sowie erstmals in einem Gewässereinzugsbereich auftretende Initialpopulationen zu entfernen.

6.4.6 Scheinkalla (*Lysichiton americanus*)

Einführung und Vorkommen: Die Scheinkalla (oder Stinktierkohl) ist ein attraktiv gelb blühendes Aronstabgewächs, das aus dem Westen Nordamerikas stammt. Es wurde 1861 erstmals auf den Britischen Inseln angepflanzt und ist heute dort an mehreren Stellen eingebürgert. Vom europäischen Festland sind bislang nur Vorkommen aus dem Taunus bekannt (ALBERTERNST & NAWRATH 2002): An einigen Bachläufen wird seit Anfang der 80er-Jahre eine verstärkte Ausbreitung beobachtet. Sie geht auf die wiederholte Ansalbung durch einen Gärtner zurück. Bis zum Jahr 2000 haben sich von den Anpflanzungen ausgehend 75 Teilbestände entwickelt, die auf einer Fließstrecke von insgesamt etwa 14,6 Kilometern an verschiedenen Taunusbächen vorkommen. Die Art besiedelt hier vor allem feucht-schattige, zumeist sumpfige, naturnahe Standorte und kommt auch in stehendem und fließendem Wasser vor.

Problematik: *Lysichiton*-Pflanzen können unter günstigen Bedingungen auf halbschattigen, nährstoffreichen und sauren Standorten in Gewässernähe bis 1,2 Meter hoch werden und bis zu 50 Zentimeter breite Blätter entfalten. Durch die hierdurch erzielte Konkurrenzwirkung können Feuchtgebietsarten unter den Pflanzen und Tieren zurückgedrängt werden, die im Taunus allgemein von Drainierung und Melioration betroffen sind. Bei 67% der Bestände wurden Jungpflanzen unterschiedlicher Altersstadien gefunden, sodass eine dauerhafte Etablierung der Populationen absehbar ist. *Lysichiton*-Samen werden hydrochor und möglicherweise auch zoochor transportiert, wodurch sich die Populationen aller Voraussicht nach entlang der Bachufer erweitern werden.

Lysichiton besiedelt auch Standorte, an denen sonst keine höheren Pflanzen existieren, da sie zu nass, zu dunkel und zu sauer sind. Ob dies ein neues Beispiel der Inanspruchnahme einer leeren Nische durch Neophyten ist (analog zu *Impatiens parviflora* in einigen Buchenwäldern), bleibt zu prüfen. Erste Bekämpfungen wurden bereits vorgenommen und sind in diesem vergleichsweise frühen Stadium des Invasionsprozesses aussichtsreich (nach ALBERTERNST & NAWRATH 2002).

6.4.7 Andere Arten

Das wintermilde Oberrheingebiet besiedelt der **Algenfarn** (*Azolla filiculoides*) seit 1870. Periodisch kommt es zu einer massenhaften Entwicklung in Altarmen des Rheines, in deren Folge auch der bereits durch die Eutrophierung stark gefährdete Schwimmfarn *Salvinia natans* vorübergehend verdrängt werden kann. *Azolla*-Vorkommen sind in der badischen Rheinebene jedoch nicht dauerhaft, sondern werden diskontinuierlich mit Hochwasser aus dem wärmeren Gebiet um Straßburg eingeschwemmt. Die Ausbildung von Massenbeständen beeinflusst daher die Gewässerflora nicht nachhaltig (PHILIPPI 1978b). In weniger wärmeren Gebieten ist *Azolla filiculoides* eher unbeständig und auf wiederholte Ausbringungen angewiesen (BERNHARDT 1991).

Die **Wasserlinse** *Lemna minuscula* (= *minuta*) ist ein Beispiel einer sich scheinbar problemlos in die bestehende Vegetation einfügenden Art (WOLFF 1991, BRAMLEY et al. 1995). Die aus Australien stammende *Crassula helmsii* gehört dagegen auf den Britischen Inseln zu den gezielt bekämpften Wasserpflanzen (CHILD & SPENCER 1995). Die jüngeren Funde in Deutschland gehen möglicherweise auf Aquarianer zurück (Übersicht bei KÜPPER et al. 1996). Die Art scheint in Deutschland nicht so ausbreitungsstark wie auf den Britischen Inseln zu sein. In Schleswig-Holstein ist *Crassula* nur teilweise an ihren früheren Fundorten etabliert (CHRISTENSEN 1993). Vorkommen in einem Teichgebiet in der Lüneburger Heide haben sich über 14 Jahre nicht wesentlich ausgebreitet (HÄRDTLE & WEDI-PUMPE 2001).

WOLFF (1980) gibt einen Überblick über weitere **neophytische Wasserpflanzen**, deren Vorkommen wahrscheinlich von Aquarianern begründet worden sind: Die aus Südafrika stammende Schein-Wasserpest *Lagarosiphon major* wurde 1966 in einem Allgäuer See und 1977 in einer Quarzitgrube im Hunsrück gefunden. Die Art ist hier winterhart und kann in kalkarmen Stillgewässern dichte Bestände bis 1,5 Meter Tiefe bilden. Im Allgäu sind schon Räumungen notwendig geworden. Weitere unbeständige Arten sind *Egeria densa* (synonym = *Elodea densa*) und *Hydrilla verticillata*. Die wärmebedürftige *Elodea callitrichoides* (= *E. ernestiae*) ist nur in eutrophen Gewässern im wintermilden Oberrheingebiet eingebürgert. Aus dem Elster-Saale-Kanal ist *Myriophyllum heterophyllum* schon seit 1962 bekannt und tritt dort massenhaft auf (CASPER et al. 1980; zu weiteren Vorkommen WIMMER 1997). Alle genannten Arten gehören zu den problematischen Wasserpflanzen wärmerer Gebiete (ASHTON & MITCHELL 1989).

Goldruten, insbesondere *Solidago gigantea*, sind an Flussufern und in Auen vor allem in wärmeren Gebieten Süd- und Westdeutschlands sowie im pannonischen Gebiet stark verbreitet. Sie können auf höher gelegenen, nur kurzzeitig überschwemmten Standorten Dominanzbestände aufbauen und sind auch in verlichteten Forsten und an Gehölzsäumen in der Hartholzaue vertreten (Details zu den Arten, zur Problematik und zu möglichen Gegensteuerungsmaßnahmen in Kap. 6.2.5.3).

Die aus Nordamerika stammende **Gauklerblume** (*Mimulus guttatus*) wächst vor allem im Mittelgebirge kleinflächig in Bachröhrichten und gilt als Beispiel für die Einfügung eines Neophyten in die vorhandene Vegetation (SCHWABE & KRATOCHWIL 1991, LOHMEYER & SUKOPP 1992). Als nahe Verwandte kommt auch *M. moschatus* vor (JENTSCH 1986).

Der ebenfalls aus Nordamerika stammende **Bleibusch** oder Bastardindigo (*Amorpha fruticosa*) hat sich in Auen des südöstlichen Mitteleuropas und Südosteuropas bereits stark ausgebreitet, beispielsweise an Donau, Theiss und Save sowie in der Poebene (ZAVAGNO & D'AURIA 2001). Er baut dort in Feuchtwäldern ausgedehnte Außen- und Innensäume auf und breitet sich mit seinen schwimmfähigen Diasporen entlang von Gräben aus. Von dort kann die Art in angrenzende Biotope eindringen und beispielsweise feuchte Brachflächen besiedeln. Durch klonales Wachstum entstehen artenarme Dominanzbestände, in denen andere Arten durch dichte Streuauflagen behindert werden (TREMP 2002). Im Osten Deutschlands wurde die Art häufig in Windschutzhecken sowie gelegentlich als Ziergehölz gepflanzt. Sie wird auch bei Rekultivierungen in Bergbaufolgelandschaften eingesetzt (z. B. Tagebau Goitzsche), da sie anspruchslos ist, den Boden intensiv durchwurzelt und mit klonalem Wachstum rasch dichte Bestände bildet. Die in Deutschland eher seltenen spontanen Vorkommen gelten noch als unproblematisch. TREMP (2002) attestiert dem Bleibusch jedoch ein großes Ausbreitungspotential, beispielsweise am Rhein, wo eine starke Ausbreitung nach Überschreiten einer kritischen Populationsgröße absehbar sei. Diasporen werden hydrochor weit transportiert, sodass es sinnvoll ist, die Initialpopulationen zu begrenzen. ADOLPHI (1997) berichtet von einem fruchtenden Exemplar am Kölner Rheinufer.

Der **Kalmus** (*Acorus calamus*) ist in naturnahen Röhrichten eingebürgert und wird durch Mahd gefördert, da er schnittverträglicher als Schilf ist. Er gilt als Beispiel eines Neophyten, der sein potentielles Areal in Mitteleuropa weitgehend besiedelt und sich dabei in die bestehende Vegetation eingefügt hat (LOHMEYER & SUKOPP 1992). Als alte Heilpflanze ist er auch kulturhistorisch bedeutsam (Einführungs- und Nutzungsgeschichte bei WEIN 1939–42).

Mit Hochwasser werden auch **seltenere Geophyten** verbreitet, beispielsweise die Wild-Tulpe (*Tulipa sylvestris*) aus historischen Parkanlagen Celles in der Alleraue (WOHLGEMUTH 1997), das Schneeglöckchen (*Galanthus nivalis*) aus Gärten im Erzgebirgsvorland (KOSMALE 1981a) oder der Seltsame Lauch (*Allium paradoxum*) aus Parkvorkommen in der Berliner Havelaue. Nach Loos (1991) werden auch bewurzelungsfähige Sprossteile gepflanzter Weiden mit dem Wasser verfrachtet (Pflanzen gebietsfremder Herkünfte oder Hybriden, beispielsweise der Trauer-Weide).

Als weitere auffällige Neophyten hat KEIL (1999) *Angelica archangelica* subsp. *litoralis*, *Bidens frondosa* und *Rorippa austriaca* im Fluss- und Kanalsystem des Ruhrgebietes genauer untersucht. Danach verdrängt die nordamerikanische ***Bidens frondosa*** die einheimische *B. tripartita* nicht. Der Neophyt hat eine breitere standörtliche Amplitude und besiedelt daher auch Standorte wie Steinschüttungen, die der einheimischen Verwandten als typischer Art der Schlammufergesellschaften verschlossen bleiben. Ein Rückgang der indigen und die Ausbreitung der neophytischen Art wären demnach Symptome tief greifender anthropoger Veränderungen der Gewässerufer, die direkt nicht kausal miteinander verbunden sind.

6.5 Moore

Intakte mitteleuropäische Flach- und Hochmoore sind relativ arm an nichteinheimischen Arten. Ihre hinsichtlich des Wasser- und Nährstoffhaushaltes extremen Bedingungen verhindern das Eindringen der meisten Neophyten. Eine Artengruppe ist jedoch in Hochmooren überrepräsentiert: von Liebhabern angesalbte Moorpflanzen, zu denen vor allem Heidekrautgewächse der Gattungen *Kalmia*, *Vaccinium* und *Aronia* gehören (siehe Kap. 3.3.13). Viele dieser Vorkommen sind dauerhaft etabliert (LOHMEYER & SUKOPP 1992), ohne dass es zu auffälligen Ausbreitungen gekommen wäre. Eine Ausnahme sind konfliktträchtige Verwilderungen von Kultur-Heidelbeeren (siehe Kap. 6.5.1). Nach anthropogenen Entwässerungen der Moore können zudem Neophyten einwandern, die eine Regeneration der Feuchtgebiete erschweren und den Rückgang moortypischer Arten beschleunigen. Dies betrifft, neben den Kultur-Heidelbeeren, vor allem *Prunus serotina* (siehe Kap. 6.3.2).

6.5.1 Amerikanische Kultur-Heidelbeeren (*Vaccinium corymbosum* × *angustifolium*)

Herkunft und Einführung: Amerikanische Kultur-Heidelbeeren werden seit 1929 in Deutschland auf inzwischen 900 Hektar kommerziell angebaut. 90 % hiervon liegen in Niedersachsen. Mit wenigen Ausnahmen werden die Heidelbeeren meist im Nebenerwerb auf ein bis zwei Hektar großen Flächen produziert. Kulturen sind auf sauren Böden mit pH-Werten zwischen 3,0 und 4,8 erfolgreich. Hieraus ergeben sich Anbauschwerpunkte auf Podsolböden und in entwässerten Hochmooren. Weitere Anbauflächen liegen in den Nachbarländern Polen und Niederlande (LIEBSTER 1961, NAUMANN 1993).

Die angebauten Kultur-Heidelbeeren gehören zur Untergattung *Cyanococcus*,

Tab. 51 Vorkommen verwilderter Kultur-Heidelbeeren (*Vaccinium corymbosum* × *angustifolium*) in niedersächsischen Naturschutzgebieten – die Verwilderungsfläche wurde grob geschätzt (nach SCHEPKER et al. 1997)

Naturschutzgebiet (Landkreis)	Fläche [ha]	Fläche mit verwilderten Kultur-Heidelberen [ha]
Benthullener Moor (Oldenburg)	71	3
Bissendorfer Moor (Hannover)	498	v
Everstenmoor (Stadt Oldenburg)	105	v
Feerner Moor (Stade)	184	10
Goldenstedter Moor (Vechta)	640	37
Großes Moor (Celle, Soltau-Fallingbostel)	850	28
Grundloses Moor (Soltau-Fallingbostel)	295	v
Itterbecker Heide (Grafschaft Bentheim)	86	v
Krähenmoor (Nienburg)	230	4
Lichtenmoor (Soltau-Fallingbostel)	236	39
Moor bei Revenahe (Stade)	32	v
Moor in der Schotenheide (Soltau-Fallingb.)	37	17
Torfkanal u. Randmoore (Osterholz)	197	v
Weißer Graben (Nienburg/Weser)	502	78

v = vereinzelte Vorkommen

die in Mitteleuropa sonst nicht vertreten ist. Es handelt sich dabei um Hybriden in großer Sortenvielfalt, die überwiegend das Erbgut zweier nordamerikanischer Wildarten enthalten: *Vaccinium corymbosum* und *V. angustifolium* (LIEBSTER 1961, HANCOCK & SIEFKER 1982). Beide gelangten bereits im 18. Jahrhundert als Ziergehölze nach Europa (1765 beziehungsweise 1776, GOEZE 1916).

Aktuelle Vorkommen: In den Niederlanden sind spontane Kultur-Heidelbeeren seit 1949 bekannt (ADEMA 1986). In Niedersachsen breiten sich die Kultur-Heidelbeeren seit etwa 30 Jahren aus, wobei dieses Phänomen erst in jüngerer Zeit untersucht worden ist (alle folgenden Angaben nach KOWARIK & SCHEPKER 1995, SCHEPKER et al. 1997, SCHEPKER & KOWARIK 1998). Da nur Hybriden gepflanzt werden, müssen auch die Verwilderungen als solche angesprochen werden (*V. corymbosum* × *angustifolium*). Sie variieren stark zwischen den nordamerikanischen Ausgangsarten. Bis drei Meter hohe Individuen mit nur gelegentlich gebildeten Wurzelausläufern stehen *V. corymbosum* nahe, flachwüchsige mit starkem klonalen Wachstum und kleineren Blättern *V. angustifolium*.

Verwilderungen sind inzwischen aus 20 Landkreisen Niedersachsens bekannt. Sie konzentrieren sich auf Hoch- und Heidemoore (einschließlich ihrer De- und Regenerationsstadien, Tab. 51) sowie auf Kiefernforste. Seltener kommen Kultur-Heidelbeeren an Weg- und Grabenrändern und in Heiden vor. Zu kommerziellen Plantagen als Ausbreitungsquelle besteht ein enger räumlicher Zusammenhang (Abb. 53). Eine Untersuchung in der Umgebung von 21 Plantagen ergab für die südliche Lüneburger Heide, dass die Fläche mit Heidelbeerverwilderungen die Anbaufläche um das 14fache übertrifft.

Erfolgsmerkmale: Die Verwilderung der Kultur-Heidelbeeren steht in engem Zusammenhang mit der anhaltenden Erweiterung der Anbauflächen. Die hier massenhaft nach drei bis fünf Jahren erzeugten Früchte werden zu einem Teil von Vögeln in angrenzende Biotope verfrachtet. Neben Staren, die noch in den 60er-Jahren große Ernteeinbußen verursacht haben, sind Amseln, Krähen, Eichelhäher und Tauben beim Fressen der Beeren beobachtet worden.

Abb. 53 veranschaulicht die Effektivität des ornithochoren Diasporeneintrags in der Nachbarschaft einer Heidelbeerplantage. Als maximale Ausbreitungsentfernung wurden 1700 Meter im Umfeld einer isoliert gelegenen 43-jährigen Anbaufläche festgestellt. Dabei ist die Deckung der verwilderten Kultur-Heidelbeeren jedoch nicht gleichmäßig, sondern sinkt mit zunehmender Entfernung von der Anbau-

Moore

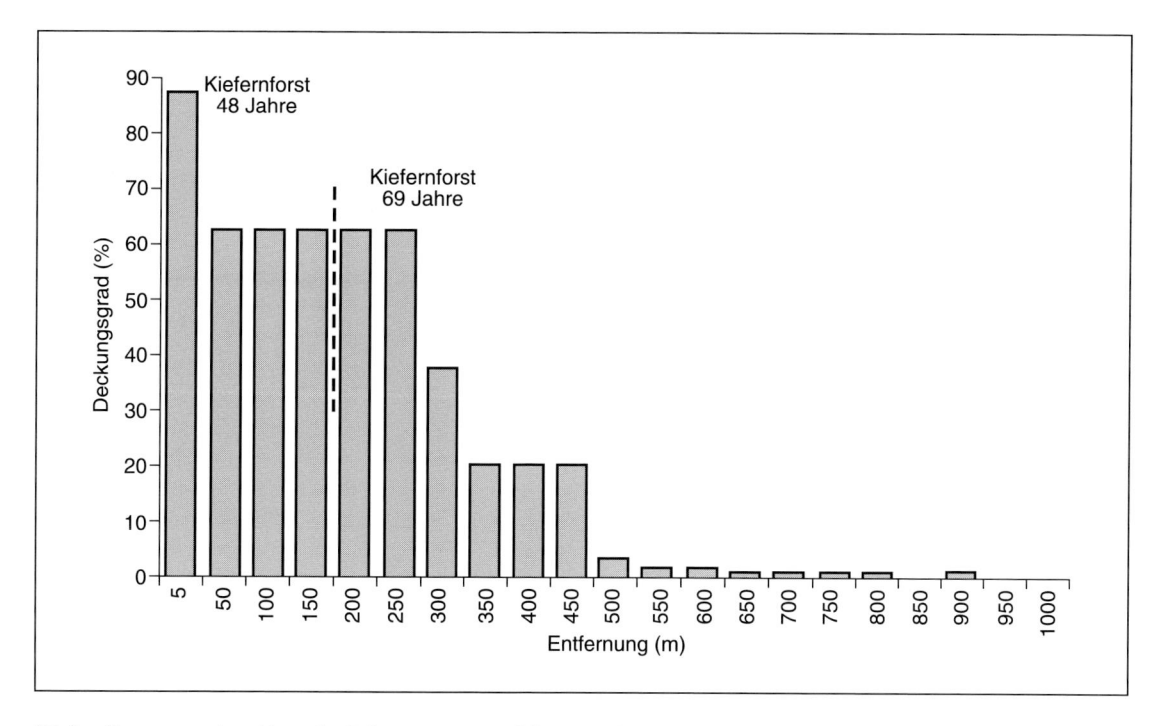

[Figure: Bar chart showing Deckungsgrad (%) vs. Entfernung (m), with markers "Kiefernforst 48 Jahre" and "Kiefernforst 69 Jahre"]

fläche. Setzt man das Alter der Pflanzungen als maximalen Ausbreitungszeitraum mit der Ausbreitungsleistung der am weitesten von den Plantagen entfernt vorkommenden spontanen Individuen in Bezug, ergibt sich rechnerisch eine jährliche Ausbreitungsleistung von 24 Metern. Die Etablierung gelingt auf sauren Standorten, die schattig (Kiefernforste) bis voll besonnt (Moore) sein können. Mit klonalem Wachstum können die Heidelbeeren dichte Bestände bilden und sich nach mechanischen Beschädigungen schnell regenerieren.

Problematik: Eine erhebliche Ausbreitung kann von jeder Heidelbeerplantage ausgehen. Die Größe der Anbaufläche – und damit der Umfang des Diasporenangebotes – hat sich in den untersuchten Fällen nicht als Minimumfaktor erwiesen. Vielmehr hängt die Reichweite der Ausbreitung vom hierfür zur Verfügung stehenden Zeitraum sowie vom Vorhandensein geeigneter Wuchsorte ab. Ist die Plantage von Landwirtschaftsflächen umgeben, sind keine erheblichen Verwilderungen zu erwarten. Bei angrenzenden Kiefernforsten und Feuchtgebieten ist es nur eine Frage der Zeit, bis die Verwilderung und Etablierung der Kultur-Heidelbeeren beginnt.

In **Kiefernforsten** kann *V. corymbosum* × *angustifolium* dichte, zwei bis drei Meter hohe Strauchschichten bilden. Die Bodenvegetation wird dabei durch Beschattung verdrängt. Gefährdete Pflanzenarten sind hiervon nach bisherigem Wissen nicht betroffen. In den dichten Beständen ist die forstliche Bewirtschaftung erschwert (Behinderung von Auszeichnungsarbeiten und Durchforstungen). Dichte Bestände wurden bislang im Nahbereich der Heidelbeer-Plantagen (300 bis 400 Meter, Abb. 53) gefunden, jedoch ist mit weiterer Ausbreitung zu rechnen.

Verwilderte Kultur-Heidelbeeren sind bislang aus 14 niedersächsischen Naturschutzgebieten bekannt. In allen Fällen ist dabei auch die naturnahe Moorvegetation betroffen. In **Mooren** kommt *V. corymbosum* × *angustifolium* auf hektargroßen Flächen vor (Tab. 51), wobei selten geschlossene Bestände gebildet werden. Einzelpflanzen können jedoch zu mehreren Quadratmeter großen klonalen Populationen heranwachsen. Im Naturschutzgebiet Moor in der Schotenheide, einem renaturierten Torfstich, wurde genauer unter-

Abb. 53
Kommerzielle Kultur-Heidelbeerplantagen als Ausbreitungsquelle. In benachbarten Kiefernforsten bildet *Vaccinium corymbosum* x *angustifolium* Dominanzbestände, einzelne Individuen werden durch Vögel etwa einen Kilometer weit ausgebreitet (transformierte Braun-Blanquet-Werte als Deckungsangabe; aus Schepker et al. 1997).

Abb. 54
Vorkommen verwilderter Amerikanischer Kultur-Heidelbeeren (*Vaccinium corymbosum* x *angustifolium*) im Naturschutzgebiet „Moor in der Schotenheide" im Jahr 1993 (Landkreis Soltau-Fallingbostel, Niedersachsen). Unterschieden wurden den jeweiligen Elternarten nahe stehende eher flach wachsende und eher hoch wachsende Individuen (Vegetationsdifferenzierung nach DIECKMANN 1990; aus KOWARIK & SCHEPKER 1995).

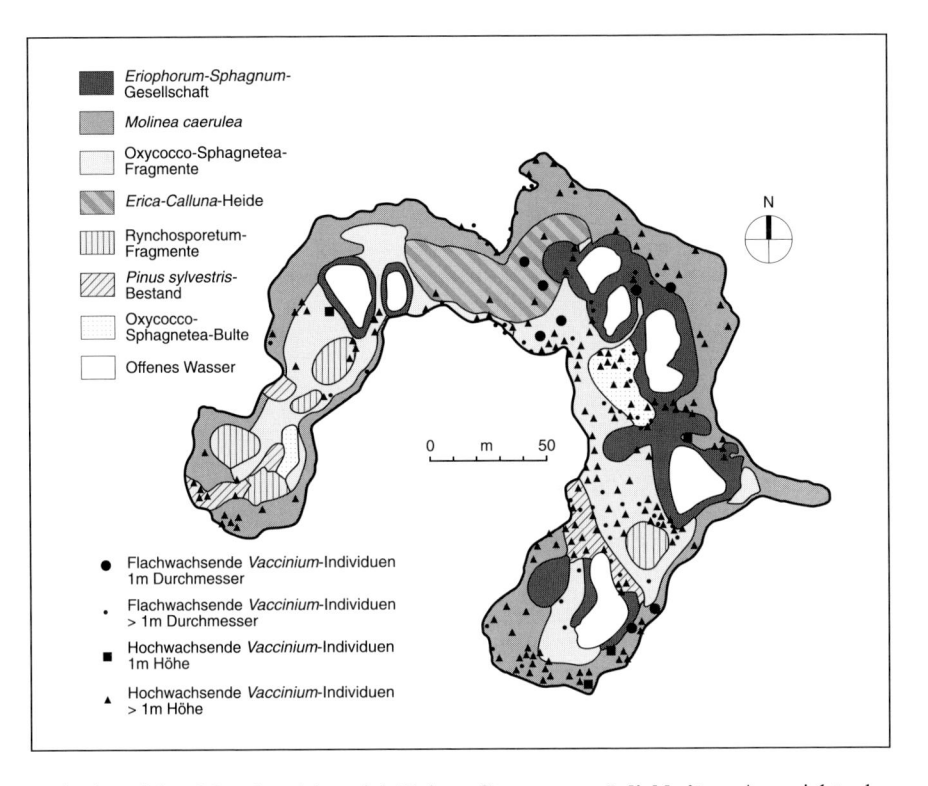

sucht, in welchen Moorbereichen sich Kultur-Heidelbeeren etablieren können (siehe Abb. 54): Die meisten kommen in dem mit *Molinia* bewachsenen Randbereich vor. Einige konnten auch in Feuchtheiden und Oxycocco-Sphagnetea-Fragmenten, nicht jedoch in feuchteren Schlenken mit *Rhynchospora* Fuß fassen. Wenn auf Bulten etablierte Kultur-Heidelbeeren Absenker ausbilden, können allerdings auch Schlenken beeinflusst werden. Durch Beschattung und möglicherweise durch erhöhte Evapotranspiration können moortypische, darunter auch gefährdete Arten zurückgedrängt werden. Das Beispiel zeigt, dass insbesondere Randbereiche intakter Moore sowie entwässerte oder abgetorfte Hochmoore gute Möglichkeiten für das Aufwachsen der Kultur-Heidelbeeren bieten. Im abgetorften Ostenholzer Moor (Truppenübungsplatz Bergen) kommen Kultur-Heidelbeeren auf über einem Quadratkilometer teilweise sogar bestandsbildend auf. Der Kernbereich naturnaher Moore ist vom Eindringen verwilderter Kultur-Heidelbeeren jedoch weniger betroffen.

Steuerungsmöglichkeiten: Angesichts der biologischen Eigenschaften der Kultur-Heidelbeeren (starkes regeneratives sowie klonales Wachstum) ist eine oberirdische Bekämpfung wenig Erfolg versprechend. Die Pflanzen müssten mit ihren Wurzeln ausgegraben werden. Dieses Vorgehen ist bei kleinen Vorkommen in Mooren denkbar, wobei der Nutzen gegen mögliche Beeinträchtigungen empfindlicher Moorökosysteme abzuwägen ist. Bekämpfungen sind nur Erfolg versprechend, wenn eine nachfolgende Wiedereinwanderung ausgeschlossen wird. Deshalb sollte bei der Anlage neuer Heidelbeerplantagen vorbeugend das Risiko in schutzwürdige Biotope einzudringen, verringert werden, indem ein Mindestabstand zu den Schutzobjekten (vor allem zu Mooren) eingehalten wird. Beträgt dieser Sicherheitsabstand etwa drei Kilometer, wäre nach bisheriger Kenntnis die Einwanderung in Moore auch längerfristig zu begrenzen.

Diskussion: Die Vorkommen in Kiefernforsten und Mooren erfordern eine differenzierte Bewertung. In Kiefernforsten sind die Verwilderungen wenig problematisch. Allerdings könnten sie in einzelnen Fällen als Zwischenstation zu empfindlicheren Biotoptypen dienen. Dominanzbestände in der Nähe der Anbauflächen erschweren die Bewirtschaftung von Kiefernforsten. Es sollte allerdings überprüft werden, ob der Aufwand für Bekämpfungen in einem sinnvollen Verhältnis zum forstwirtschaftlichen Ertrag auf den armen Sandböden steht. Zudem gibt es Hinweise, dass die Heidelbeeren als Ammengehölz für naturverjüngte Eichen fungieren, indem sie Jungpflanzen gegen Wildverbiss schützen. Mit ihrer auffälligen Herbstfärbung, die mit kräftigen Farbtönen zwischen Gelb und Rot variiert, und dem Angebot an Beeren sind die verwilderten Kultur-Heidelbeeren für Erholungssuchende attraktiv. In Fremdenverkehrsgebieten wie der weiträumig durch Kiefernforste geprägten Lüneburger Heide sind solche positiven Funktionen gegenüber möglichen forstlichen Einschränkungen abzuwägen.

In Mooren sind zumeist Naturschutzgebiete und gesetzlich geschützte Biotope betroffen. Die Etablierung von *V. corymbosum* × *angustifolium* wird hier durch anthropogene Standortveränderungen (Entwässerungen, Abtorfungen) begünstigt. Sein Erfolg ist daher eher Indikator als Ursache für Ökosystemveränderungen. Die Tier- und Pflanzenwelt intakter Moore dürfte durch die Verwilderungen nicht gefährdet sein. Allerdings könnten die Heidelbeeren die Degeneration entwässerter Moore sowie die Regeneration wiedervernässter Moore beeinflussen, indem sie durch Beschattung, Nährstoffanreicherung und Wasserentzug den Rückgang moortypischer Arten beschleunigen oder ihre Wiederansiedlung behindern. Die Tragweite dieser Prozesse ist noch nicht abschätzbar und wäre zu überprüfen, bevor gehandelt wird. Besonders interessant ist die Frage, ob die Verwilderungen mittelfristig durch Wiedervernässungen zurückzudrängen sind. Weiter wäre zu klären, ob sich *V. corymbosum* × *angustifolium* aus Mooren schonend und zugleich nachhaltig entfernen lässt. Ohne Zweifel sinnvoll ist dagegen die Einhaltung eines Sicherheitsabstandes von etwa drei Kilometer zwischen Moor-Naturschutzgebieten und neu geplanten Heidelbeerplantagen.

6.6 Marine Ökosysteme, Küsten und Dünengürtel

Weltweit haben der Schiffsverkehr und die Anlage von Aquakulturen zu einem transozeanischen Artenaustausch geführt. Wesentlicher Ausbreitungspfad ist dabei das Ballastwasser von Schiffen, mit dem rechnerisch pro Tag 2,7 Millionen marine Organismen nach Deutschland transportiert werden (CARLTON 1996, GOLLASCH 1996, 1999). Nach REISE et al. (1999) sind mindestens 80 nichteinheimische Arten in den Gewässern der deutschen Nordseeküste eingebürgert (nähere Angaben zur Ostsee in Kap. 9.4). Der Großteil der neophytischen Algen stammt aus dem Pazifik. Sie sind meist mit pazifischen Austern eingeschleppt worden und haben sich von Austernkulturen ausgebreitet. Die meisten Neozoen kommen aus dem Atlantik und sind mit dem Schiffsverkehr in die Nordsee gelangt (Tab. 52). Am stärksten sind die neobiotischen Arten in küstennahen Gewässern, im brackigen Wasser der Ästuare von Ems, Weser, Elbe und Eider, in Häfen oder nahe von Austernbänken verbreitet. An der offenen Küste beträgt der Anteil nichteinheimischer Arten am Makrobenthos etwa 6%, in den Mündungsgebieten der Flüsse bis zu 20%. Bislang sind keine wesentlichen Verdrängungseffekte beobachtet worden. Ob das auch in Zukunft so sein wird, bleibt abzuwarten. Deswegen wird von internationalen Organisationen nach Regelungen gesucht, um die Risiken der Ausbreitung von Organismen mit Ballastwasser zu begrenzen, beispielsweise durch den Austausch des Ballastwassers und Spülen der Tanks auf hoher See (REISE et al. 1999).

In Ihrer Übersicht zu 26 sicheren und 13 ungewissen Neozoen des Makrobenthos der Deutschen Nordseeküste nennen NEHRING & LEUCHS (1999) für einige Arten Konkurrenzeffekte, die zu einer Abnahme der Populationen einheimischer Arten, aber nicht zu deren Aussterben geführt haben. Unter den elf von GOLLASCH et al. 1999 dokumentierten Fallstudien zu problematischen Arten befinden sich die Kieselalge *Coscinodiscus wailesii*, der Dinoflagellat *Gyrodinum aureolum* sowie die

Tab. 52 An der deutschen Nordseeküste etablierte Neobiota mit Angaben zum Ursprungsgebiet und zu Einführungspfaden (einschließlich Doppelnennungen; aus REISE et al. 1999)

	Arten-zahl	Herkunft		Einführungspfad	
		Atlantik	Pazifik	Schiffsverkehr	Aquakultur
Phytoplankton	9	1	8	5	3
Macroalgae	20	1	18	5	16
Poaceae	1	1	–	1	–
Summe der Neophyten	**30**	**3**	**26**	**11**	**19**
Protozoa	3	3	–	–	3
Cnidaria	8	2	3	7	2
Mollusca	11	8	3	4	5
Annelida	9	5	3	8	3
Crustacea	14	7	7	9	3
andere Invertebraten	5	1	3	4	1
Summe der Neozoen	**50**	**26**	**19**	**32**	**17**
Summe	**80**	**29**	**45**	**43**	**36**

Braunalgen *Undaria pinnatifida* und *Sargassum muticum*, der Japanische Beerentang. Diese Arten führen zu Konkurrenzeffekten und teilweise auch zu ökonomischen Beeinträchtigungen, beispielsweise von Aquakulturen. Im dänischen Limfjorden hat sich *Sargassum muticum* jährlich bis zu 17 Kilometern ausgebreitet und ist zur dominanten Makroalge geworden, ohne die Artenzahl und Diversität der anderen Großalgen insgesamt zu beeinträchtigen. Die Abnahme einiger von ihnen wird allerdings als Konkurrenzwirkung interpretiert (STAEHR et al. 2000). Ob die im Plankton der Nord- und Ostsee vorkommenden Dinoflagellaten *Alexandrium tamarense, Gyrodinium aureolum* und *Gymnodinium catenatum* (NEHRING 1995) hier wie in ihren heimischen, zumeist subtropischen Gewässern Toxine bilden, ist noch ungeklärt (GOLLASCH 1995).

Als problematisch haben sich bislang die im Watt und in Salzwiesen vorkommenden Schlickgrasarten (siehe Kap. 6.6.1) sowie der aus dem Indischen Ozean stammende Pfahlwurm (Schiffsbohrmuschel) *Teredo navalis* erwiesen, der Millionenschäden an Holzbauwerken verursacht (GOLLASCH 1996). In den Dünengürteln der Küsten treten mit dem Kaktusmoos (*Campylopus introflexus*, siehe Kap. 6.6.2) und der Kartoffel-Rose (*Rosa rugosa*, siehe Kap. 6.6.3) zwei auffällige Neophyten in Erscheinung, die als problematisch angesehen werden. Der in den Dünen Mecklenburg-Vorpommerns eingebürgerte Tataren-Lattich (*Lactuca tatarica*) steht dagegen für eine Art, bei der bislang keine Beeinträchtigung von naturnaher Vegetation festgestellt worden ist (LITTERSKI & BERG 2000).

6.6.1 Schlickgrasarten (*Spartina anglica, S. townsendii*)

Herkunft und Ausbreitungsgeschichte: Um 1800 gelangte das amerikanische Schlickgras *Spartina alternifolia* (2n = 62) unbeabsichtigt mit Ballastwasser nach Großbritannien (THOMPSON 1991). Nach etwa 70 Jahren wurden 1892 Hybriden dieser Art mit *Spartina maritima* (2n = 60) entdeckt. Letztere ist an westafrikanischen Küsten verbreitet und wurde im 16. Jahrhundert nach Großbritannien eingeschleppt. Die Hybride, Townsends Schlickgras (*S. townsendii*), ist mit 2n = 61 Chromosomen steril. Nach 1890 begann dennoch eine Massenausbreitung, die in den Küstengewässern Southamptons einsetzte und bis heute weite Teile der Nordseeküste erreicht hat. Dieser Ausbreitungserfolg wird der Verdoppelung des Chromosomensatzes von *S. townsendii* zugeschrieben. Ergebnis war eine junge allotetraploide Art: das Englische Schlickgras (*S. anglica*, 2n = 122). Sie ist kräftiger

Marine Ökosysteme, Küsten und Dünengürtel

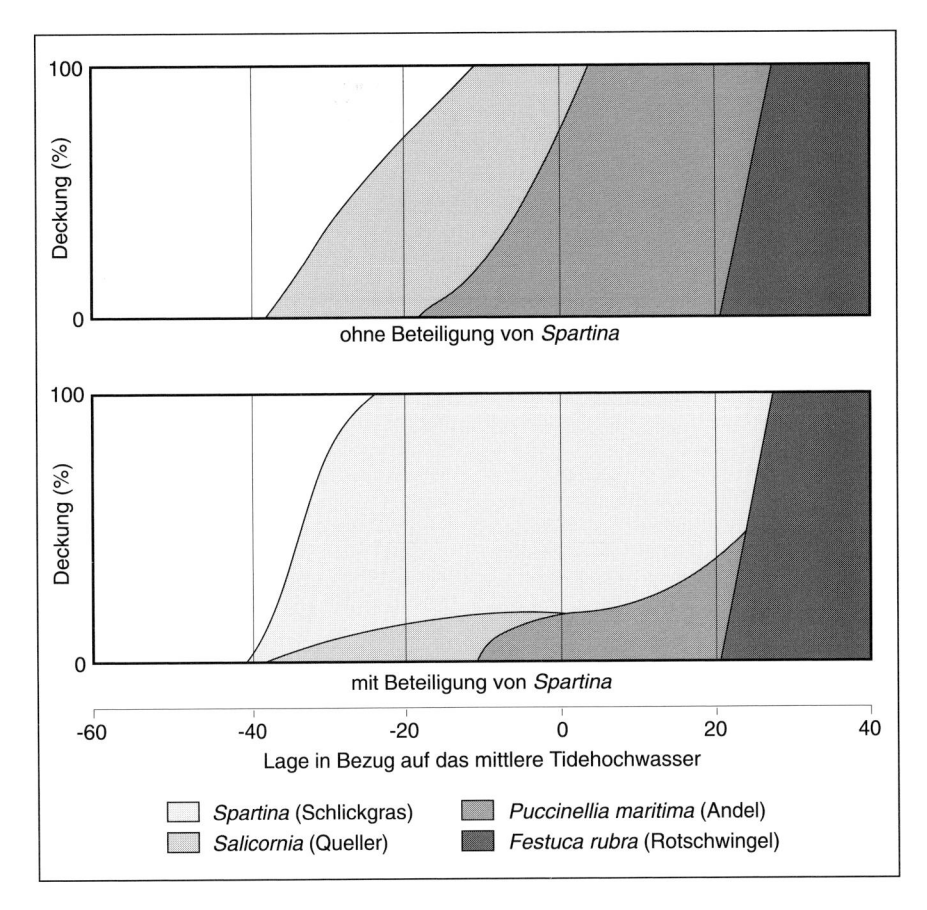

Abb. 55
Zonierung der Watt- und Salzwiesenvegetation an der schleswig-holsteinischen Nordseeküste. Das Schlickgras (*Spartina anglica*) wächst sowohl im Quellerwatt (*Salicornia*) als auch in den Andelrasen (*Puccinellia maritima*) (nach KÖNIG 1948).

Deckung (%)
ohne Beteiligung von *Spartina*

Deckung (%)
mit Beteiligung von *Spartina*

Lage in Bezug auf das mittlere Tidehochwasser

☐ *Spartina* (Schlickgras)   ▨ *Puccinellia maritima* (Andel)
▤ *Salicornia* (Queller)   ▪ *Festuca rubra* (Rotschwingel)

als der Bastard und zudem fertil. Neben der neuen Art kommt auch noch die infertile Ausgangsform vor. Die Ausbreitung wurde durch Anpflanzungen zur Landgewinnung gestützt (GRAY et al. 1991).
Aktuelle Vorkommen: An der Nordseeküste und auf den Inseln können beide *Spartina*-Sippen dichte Bestände auf Schlick und Sand bilden. Das Englische Schlickgras ist dabei die häufigere Art. Die Vorkommen konzentrieren sich auf den Bereich zwischen 20 Zentimeter oberhalb und 40 Zentimeter unterhalb der mittleren Tidehochwasserlinie (Abb. 55), und zwar an geschützten Stellen mit schwachem Wellengang. Bei tieferen Vorkommen, wie in der Leybucht oder an der Küste des Ärmelkanals, dürfte es sich um besonders ruhige Orte mit starkem Tidehub handeln. *Spartina* ist in zwei benachbarten, jedoch ökologisch und physiognomisch sehr verschiedenen Vegetationstypen erfolgreich:

im Quellerwatt, das von der einjährigen *Salicornia europaea* aufgebaut wird, und in den ausdauernden, vom Andel (*Puccinellia maritima*) beherrschten Salzwiesen (KÖNIG 1948, SCHERFOSE 1986, 1989).
Erfolgsmerkmale: Schlickgräser tolerieren eine Überflutung bis zu sechs Stunden pro Tide und verfügen über effektive Anpassungen an den hohen Salzgehalt im Wasser: Natriumchlorid wird über Salzdrüsen ausgeschieden, und als C_4-Pflanzen können sie auch bei geschlossenen Spaltöffnungen CO_2 assimilieren und hiermit den Wasserverlust gering halten (REISE 1994).
Spartina wächst horstförmig und erweitert ihre Bestände durch unterirdische Ausläufer. Sie lässt sich daher leicht vermehren und wird weltweit an Küsten angepflanzt. Die 36 000 Hektar, die *S. anglica* 1980 in China einnahm, sollen auf 21, 1963 eingeführte Individuen zurückgehen. Bereits seit Anfang des Jahrhunderts

Tab. 53 Konkurrenzbestimmende Merkmale von Schlickgras (*Spartina anglica*) im Vergleich zum einheimischen Queller (*Salicornia europaea* agg.) und Andel (*Puccinellia maritima*)

	Salicornia europaea	Spartina anglica	Puccinellia maritima
Überflutungstoleranz		sehr hoch	hoch
Salztoleranz		sehr hoch	hoch
Lebensform	einjährig		ausdauernd
Blattdauer	sommergrün		überwinternd grün
Vermehrung	generativ		generativ und vegetativ
Wuchshöhe	bis 0,3 m	bis 1,3 m	bis 0,6 cm

wurde *Spartina* zur Landgewinnung zunächst in England und den Niederlanden, nach 1927 auch an der deutschen Nordseeküste gepflanzt. Ihre heutige Verbreitung ist damit das Produkt von Anpflanzungen und natürlicher Ausbreitung. Beide Arten vermehren sich klonal, *S. anglica* auch generativ. Samenproduktion und Etablierungserfolg der Keimlinge sind unregelmäßig. Lange Phasen einer ausschließlich klonalen Bestandserweiterung können daher von generativen Ausbreitungsschüben unterbrochen werden. Das Zusammenspiel der hierfür verantwortlichen hydrologischen, edaphischen und klimatischen Faktoren ist im Einzelnen noch unklar (GRAY et al. 1991).

Die Schlickgräser sind in so unterschiedlichen Vegetationstypen wie dem Quellerwatt und den Salzwiesen erfolgreich, weil sie Eigenschaften einheimischer Arten beider Vegetationsgürtel verbinden und höher als diese wachsen (Tab. 53). Sie sind ebenso salz- und überflutungstolerant wie der Queller, diesem aber als Stauden an Wuchskraft und Ausdauer überlegen. In den Salzwiesen kann *Spartina* den niedrig wüchsigen Andel verdrängen.

Problematik: Zwischen den hohen Sprossen der Schlickgräser kann jährlich 0,2 bis 2 Zentimeter sedimentiert werden. Da die dichten Rhizome vor Erosion schützen, kann in einzelnen Horsten die Sedimentationsoberfläche bis zu 15 Zentimeter über der Umgebung liegen. An der Nordsee hoffte man daher, mit dem Einbringen der ausdauernden Art in das Therophytenreich des Quellers und in noch tiefer gelegene Bereiche, dem Watt schneller Land abzuringen. Diese Erwartungen wurden jedoch enttäuscht. Im deutschen Wattenmeer blieben Dichte und Höhe der Sprosse und folglich auch die Sedimentationsraten weit hinter den Erwartungen zurück. Am besten wächst das Gras mit Höhen bis zu einem Meter in bereits geschützten Bereichen entlang der Festlandsküste auf Schlickböden (GRAY et al. 1991, REISE 1994).

Schon 1925 war bekannt, dass die wuchsstärkere *Spartina anglica* ihre Stammformen, die amerikanische *S. alternifolia* und die europäische *S. maritima* zurückdränge (GRAY et al. 1991). Im deutschen Wattenmeer hat sich *S. anglica* vor allem auf Kosten des Quellers ausgebreitet. Sie wächst seewärts auch weiter als der Queller und dringt landwärts in Andelrasen ein (Abb. 55), nach REISE (1994) jedoch nur, wenn dort durch Abplacken, Erosion oder mangelnde Pflege Senken entstanden sind. Allgemein bildet *Spartina* meist keine großflächigen Wiesen, sondern wächst im Mosaik mit anderen Salzwiesenpflanzen. Die Lebensgemeinschaften des Watts werden durch die erhebliche Biomasse von *Spartina* beeinflusst, die wenig von Insekten gefressen wird und daher fast ganz als Detritus in die Nahrungsnetze eingeht. Für Wattvögel sind die hierdurch geförderten Würmer in den dichten Beständen jedoch nicht erreichbar. In naturnahen Salzwiesen wird eine weitere Ausbreitung von *Spartina* befürchtet, da die dicht stehenden Schlickgräser den Wasserabfluss bremsen und so eine Vernässung der empfindlichen Biotope begünstigen können (REISE 1994). In England verursacht der Pilz *Clavipes purpurea*, der in Nordamerika auf der hierher stammenden Ursprungsart lebt, ein Absterben ganzer Bestände von *S. anglica* (GRAY et al. 1991).

Die ökosystemaren Folgen eines solchen plötzlichen Ausfalls sind unwägbar.

6.6.2 Kaktusmoos (*Campylopus introflexus*)

Herkunft und Vorkommen: Das Kaktusmoos stammt aus der australen Klimazone der südlichen Hemisphäre. In Europa wurde es erstmalig 1941 in England und 1967 in Deutschland beobachtet (BENKERT 1971). Es breitete sich zunächst im ozeanischen und subozeanischen Klimabereich über das nordwestliche Mitteleuropa bis nach Nordeuropa aus (GRADSTEIN & SIPMAN 1978) und ist daher auf den westlichen der friesischen Inseln häufiger als auf den östlichen und nördlichen (POTT 1992). *Campylopus* kommt inzwischen auch im östlichen Deutschland vor (BENKERT 1971). Als Pionier besiedelt es offene, naturnahe oder anthropogene Standorte, zumeist oberflächlich trockene, saure Sandböden. Es wächst in Silbergrasfluren der Küstendünen und des Binnenlandes, in Zwergstrauch-Heiden, in Flechten-Kiefern-Wäldern und auf anthropogenen Sekundärstandorten (WOLF 1985, DANIELS et al. 1993, JENTSCH 1995, BIERMANN 1996, LANDECK 1997); in Großbritannien auch in Hochmooren und Feuchtheiden (EQUIHUA & USHER 1993).

Erfolgsmerkmale: Vegetativ und mit Sporen erreicht *Campylopus* selbst isolierte Standorte. Teile von Moospolstern werden mit dem Wind und durch Tiere verbreitet, nachdem sie beim Austrocknen zerbrochen oder von Nahrung suchenden Tieren gelockert worden sind. Innerhalb der Polster erfolgt die Vermehrung durch abbrechende Sprossspitzen, aus denen sich neue Pflanzen entwickeln. Solche Sprossspitzen werden verstärkt in jungen Etablierungsstadien gebildet, wodurch der Erfolg der Erstbesiedlung gestützt wird. Bei älteren Pflanzen wird die vegetative weitgehend von der generativen Vermehrung abgelöst (BIERMANN 1996). Ein Dauerflächenversuch im Rheinischen Braunkohlenrevier zeigt, dass *Campylopus* in zehn Jahren mehrere hundert Quadratmeter große Dominanzbestände auf sandigkiesigen Rohböden bilden kann (VON HÜBSCHMANN 1985). Ungeklärt ist, ob und wie die anthropogene Versauerung und Eutrophierung naturnaher oligotropher Standorte den Etablierungserfolg und die Konkurrenzstärke von *Campylopus* beeinflussen.

Problematik: In den Sandtrockenrasen der Küstendünen kann *Campylopus* große Dominanzbestände innerhalb des Violo-Corynephoretum ausbilden. Dies hat zu der Sorge Anlass gegeben, dass *Campylopus* sich „wie ein Leichentuch" über die Dünen lege, dass zahlreiche Vorkommen von Dünengesellschaften vernichtet würden und dass das Kaktusmoos kaum weitere Arten neben sich aufkommen ließe (POTT 1992, PETERS 1996). Die Auswirkungen auf die biologische Vielfalt der Silbergrasfluren sind nach BIERMANN (1996) aber differenziert zu bewerten: *Campylopus*-Dominanzbestände sind artenärmer als andere Silbergrasfluren. Die Individuenzahl der meisten charakteristischen Arten geht zurück. Jedoch bleibt die charakteristische Kombination niederer und höherer Pflanzen in der Regel erhalten. Selbst Pioniere des offenen Sandes können überleben, da die Moospolster regelmäßig aufbrechen oder durch die Aktivität von Tieren (z. B. der ebenfalls nichteinheimischen Fasane und Kaninchen) geöffnet werden. Im niederländischen Nationalpark „De hoge Veluwe" wird *Campylopus* durch einen erhöhten Wildbesatz gefördert (BIERMANN & DANIELS 1997). Bislang ist unklar und Gegenstand von Dauerflächenuntersuchungen, ob *Campylopus*-Dominanzbestände ausschließlich aus der Besiedlung offener Sandstellen oder auch aus einer Verdrängung anderer, zuvor dominanter Arten hervorgehen (BIERMANN 1996).

Aus binnenländischen Sandtrockenrasen des östlichen Deutschlands sind keine größeren Dominanzbestände bekannt. Die Vorkommen sind zumeist auf wenige Quadratzentimeter beschränkt und bedecken in flechtenreichen Kiefernforsten nur ausnahmsweise einige Quadratmeter (KÜRSCHNER & RUNGE 1997). In der Bergbaufolgelandschaft der Niederlausitz ist *Campylopus* Pionier auf quartären, trockenen Sanden. Dauerhafte Dominanzbestände entstehen nicht, da sich im Zuge der Sukzession höhere Pflanzen durchsetzen. Auf solchen Standorten kann seine Pionierfunktion positiv bewertet werden. Das Substrat wird festgelegt und die Begrünung eingeleitet (JENTSCH 1995). Zur Weiterentwicklung von Forst- und Waldgesellschaften gibt es unterschiedliche Hypothesen, aber noch keine gesicherten Erkenntnisse.

Schlussfolgerung: Die bisherigen Kenntnisse lassen den Schluss zu, dass *C. introflexus* im atlantischen und subatlantischen Bereich die quantitative Zusammensetzung und das Erscheinungsbild von Silbergrasfluren stark verändern kann. Offenbar bleibt das typische Artenspektrum dabei erhalten, sodass noch keine Gefährdung von Sandtrockenrasenarten erkennbar ist. Über Auswirkungen auf die Tierwelt und die langfristige Ökosystemdynamik ist ebenso wenig bekannt wie über die standörtlichen Ursachen des Erfolges von *Campylopus*. Angesichts seiner Ausbreitungsfähigkeit sind Gegenmaßnahmen aussichtslos.

Folgende **Moose** kommen ebenfalls als Neophyten in Mitteleuropa vor, wobei unerwünschte Folgen ihrer Ausbreitung nicht bekannt sind: *Orthodontium lineare*, *Lunularia cruciata*, *Octodiceras fontanum* und *Pterogonium gracile* (WEEDA 1987, BERG & MEINUNGER 1988, HERBEN 1995, TREMP & VULPUS 1997, ZECHMEISTER et al. 2002).

6.6.3 Kartoffel-Rose (*Rosa rugosa*)

Herkunft und Verwendung: Die Kartoffel-Rose stammt aus Ostasien und gelangte gegen 1845 nach Europa (GOEZE 1916). Wegen der guten Wuchseigenschaften auf extremen, auch salzbeeinflussten Standorten, aber auch wegen ihrer schönen, stark duftenden Blüten und des hohen Vitamin C-Gehalts ihrer Hagebutten wird sie häufig gepflanzt. Dabei bestehen neben den zahlreichen gärtnerischen Pflanzungen drei Schwerpunkte im Außenbereich: an Straßen, in Windschutzhecken sowie im Küstenbereich. Nach MANG (1985) werden unter dem Namen *R. rugosa* verschiedene Varietäten, Hybriden sowie nahe verwandte Sippen gepflanzt.

Kartoffel-Rosen werden wegen ihrer Salztoleranz häufig an Autobahnen, besonders auf Mittelstreifen gesetzt und sind beispielsweise in 70% des neu angelegten Straßenbegleitgrüns Nordrhein-Westfalens zu finden (KRAUSE 1972). Weiter kommen sie in vielen Windschutzhecken an der Küste, aber auch im Binnenland vor (SCHULZE 1996). An der Nord- und Ostsee sowie auf den Inseln ist *R. rugosa* teilweise landschaftsprägend geworden. Auf einigen ostfriesischen Inseln hat sie der Lehrer Otto Leege um die Jahrhundertwende gezielt gefördert. Bis heute wird *R. rugosa* zur Lenkung der Besucherströme in Feriengebieten häufig an Grundstücksgrenzen und entlang von Wegen oder auch in Dünen gepflanzt. Gelegentlich wird sie ingenieurbiologisch zur Festlegung von Sandböden, zum Erosionsschutz an Kliffs sowie zur Begrünung von Kalirückstandshalden eingesetzt (EIGNER 1992, BORCHARDT et al. 1995, JØRGENSEN 1996, SCHEPKER 1998).

Aktuelle Vorkommen: *R. rugosa* breitet sich im Binnenland nur vereinzelt aus. Spontane Vorkommen häufen sich im Küstenbereich von Ostsee (HYLANDER 1971, SCHULZE 1996) und Nordsee. Hier wächst die Kartoffel-Rose von den Niederlanden bis hinauf nach Dänemark in naturnaher Vegetation, beispielsweise auf Stranddünen und in Krähenbeerheiden (LOHMEYER 1976, WEEDA 1987, LOHMEYER & SUKOPP 1992, JØRGENSEN 1996). Nach MANG (1985) kommt neben der weit verbreiteten Varietät *thunbergiana* auch die kaum Ausläufer treibende var. *ferox* sowie *R.* × *iwara* und *R. kamtschatica* vor. Letztere soll auch in Dänemark lange eingebürgert gewesen sein.

Erfolgsmerkmale: Sprungbrett für die spontane Ausbreitung in Dünen und Küstenheiden sind die zahlreichen Pflanzungen innerhalb und in unmittelbarer Nähe der naturnahen Küstenvegetation. Zur Fernausbreitung tragen auch Silbermöwen bei, die Früchte fressen und Samen unverdaut ausscheiden (LOHMEYER & SUKOPP 1992). Außerdem werden Samen mit dem Wasser entlang der Küste transportiert. Die Fähigkeit zur vegetativen Vermehrung hat an der Küste besondere Vorteile: Mit Ausläufern vergrößern sich die Initialbestände und überdauern auch eine

Übersandung. Eingesandete Sprosse bewurzeln sich und wachsen mit der Düne hoch. Ein starkes regeneratives Wachstum schließt den Erfolg einfacher mechanischer Bekämpfungen nahezu aus (JØRGENSEN 1996).
Problematik: *R. rugosa* bewirkt auffällige Veränderungen in Weiß- und Graudünen sowie in Küstenheiden. Ihre dichten Bestände sind deutlich artenärmer als die benachbarte Dünenvegetation. Dabei kommt es auch zur Konkurrenz mit seltenen und gefährdeten Arten, beispielsweise mit *Eryngium maritimum, Phleum arenarium, Rosa pimpinellifolia* (EIGNER 1992, TÜRK 1995, SCHEPKER 1998). Am Geestkliff der Duhner Heide bei Cuxhaven wird die Kartoffel-Rose beispielsweise bekämpft, da sie nach RAUHUT (1996) die Krähenbeerheide und Strandnelkenrasen gefährdet. Die Ausbreitungsgeschwindigkeit scheint in verschiedenen Gebieten sehr unterschiedlich zu sein.
Steuerungsmöglichkeiten: Die Vitalität der Kartoffel-Rose kann durch Abschneiden und wiederholtes Abmähen (zwei- bis dreimal im Jahr) geschwächt werden. Unterbleiben Nachbehandlungen in den Folgejahren, ist eine solche Bekämpfung allerdings vergebens und dient eher der Bestandsverjüngung. Nur intensives Nacharbeiten über mehrere Jahre erlaubt nachhaltige Erfolge (EIGNER 1992). Wie mühsam dies ist, zeigen Versuche in der Duhner Heide bei Cuxhaven. Hier wurde *R. rugosa* 1996 dreimal mit einem Freischneider gemäht. Obwohl im Folgejahr in 14-tägigem Abstand mit Hacke, Spaten und Freischneider nachgearbeitet wurde, kamen immer wieder neue Austriebe aus Wurzelresten. Erfolgreicher war der Einsatz eines Baggers, mit dem die Pflanzen im Winter entnommen und durch Sieben vom Substrat getrennt wurden. Im Sommer wurden die wenigen Pflanzen, die sich aus Wurzelresten regeneriert hatten, mit Schaufeln ausgegraben (RAUHUT mündlich).

Nach JØRGENSEN (1996) ist eine Beweidung durch Schafe nach der mechanischen Bekämpfung zwar möglich, aber in Dünen und steilen Küstenabschnitten unpraktikabel. Ein nachhaltiges Zurückdrängen ist nur bei anhaltend hohem Weidedruck zu erwarten. Dies schädigt die an nährstoffarme Bedingungen angepassten Lebensgemeinschaften mechanisch und durch Eutrophierung. Erfahrungen zur Mahd mit anschließender Folienabdeckung, die auf Sylt versucht wird, liegen noch nicht vor.
Diskussion: *R. rugosa*-Vorkommen sind in Dünen und Küstenheiden aus Gründen des Arten- und Biotopschutzes unerwünscht. Halbwegs Erfolg versprechende Bekämpfungen sind allerdings so aufwendig, dass ihr Sinn besonders sorgfältig geprüft werden sollte. Eine erste Frage gilt hierbei der Notwendigkeit der Maßnahmen. *R. rugosa* kann zwar aus eigener Kraft (oder durch Vögel oder mit Wasser) in die schutzbedürftige Vegetation eindringen. Jedoch ist ungewiss, zu welchen Anteilen die problematischen größeren Bestände auf die Etablierung einzelner Pflanzen zurückgehen. In Dünen und Küstenheiden sind spontane von angepflanzten Vorkommen schwer zu trennen, da lineare und punktuelle Pflanzungen zur Lenkung der Besucherströme und Dünenfestlegung häufig vorgenommen, aber selten dokumentiert worden sind – und vielleicht auch angesichts unerwünschter Folgen gelegentlich „vergessen" werden. Nötig sind genauere Untersuchungen zur Bestandsgeschichte wie zur Reichweite und Effektivität der Fernausbreitung von *R. rugosa* sowie zu ihrer Nahausbreitung durch klonales Wachstum.

Mit dem heutigen Kenntnisstand fällt es schwer, den von etablierten Beständen ausgehenden Besiedlungsdruck auf noch unbesiedelte Bereiche realistisch einzuschätzen. Wäre er gering, könnte eine Abwägung von Aufwand und Nutzen dazu führen, vorrangig neu etablierte Jungpflanzen auszugraben anstatt ältere Bestände aufwendig zu bekämpfen. Wie differenziert das Ausbreitungsverhalten zu bewerten ist, zeigen Langzeituntersuchungen auf Sylt: Hier haben sich *R. rugosa*-Bestände in der Braderuper Heide ausgebreitet, in den Dünen des Naturschutzgebietes Hörnum Odde über einen Zeitraum von zehn Jahren jedoch nicht (Naturschutzgemeinschaft Wattenmeer unveröff.). In den Strandhaferdünen der norddänischen Insel Laesø breitet sich die Art ebenfalls stark aus (LOHMEYER 1976).

Eine weitere Frage gilt der Zielabwägung. Aus gutem Grund ist *R. rugosa* zur

Lenkung der Besucher in empfindlichen Dünengebieten verwendet worden. Hieraus resultierende Schutzfunktionen sind bei einer innerfachlichen Naturschutzbewertung gegen mögliche Beeinträchtigungen schutzbedürftiger Biotope abzuwägen. Das Beispiel des Geestkliffs an der Duhner Heide bei Cuxhaven, die mit ihren Krähenbeerheiden als Schutzgebiet gesamtstaatliche Bedeutung hat (RAUHUT 1996), veranschaulicht weitere Zielkonflikte. Die versuchsweise Bekämpfung stieß bei Anliegern, die eine Destabilisierung des Kliffs fürchten, auf Widerstand. In einigen Abschnitten verweigerte die Deichbehörde aus Küstenschutzgründen eine Bekämpfung. Die Kurverwaltung hatte schließlich Bedenken, da die duftende und reizvoll blühende Kartoffel-Rose von Touristen als prägender Bestandteil der Küstenlandschaft angesehen wird (SCHEPKER 1998). Der gebräuchliche Name „Sylt-Rose" veranschaulicht die Beliebtheit der Pflanze, die auch in Dänemark Bekämpfungen erschwert (JØRGENSEN 1996).

Als **Schlussfolgerung** bietet sich eine differenzierte Naturschutzstrategie mit folgenden Elementen an:
- eine allgemeine Akzeptanz von *R. rugosa* als kulturell prägenden Bestandteil der Küstenlandschaft,
- ein weitgehender Verzicht auf neue Pflanzungen in Dünen, um eine weitere Ausbreitung zu verhindern,
- die Konzentration von Bekämpfungen auf solche Fälle, in denen sich die Bestände nachweislich stark ausdehnen

Tab. 54 Häufige nichteinheimische und einheimische Pflanzenarten auf Felsen und Mauern mittelalterlicher Burgen. Untersucht wurden 56 Burgstandorte in verschiedenen Kalkgebieten Deutschlands. Nachweis der Arten für: I <20%, II 20–30%, III 40–60%, IV 60–80%, V 80–100% der untersuchten Burgen (A = Archäophyten, N = Neophyten; nach DEHNEN-SCHMUTZ 2000)

	Alle Gebiete	Altmühltal	Fränk. Schweiz	Neckar	Schwäb. Alb	Saale
Burgen	56	9	14	10	15	8
Artenzahl	371	180	153	126	157	150
Archäophyten	**60**	**23**	**17**	**22**	**15**	**29**
Neophyten	30	7	14	17	6	20
Nichteinheimische						
Echium vulgare (A)	III	IV	II	II	II	IV
Syringa vulgaris (N)	III	I	IV	IV	I	IV
Bromus sterilis (A)	II	II	II	III	I	III
Ballota nigra agg. (A)	II	I	I	II	I	V
Anthemis tinctoria (A)	II		III	I		III
Sedum spurium (N)	II	I	II	II	I	III
Cymbalaria muralis (N)	II		I	III	I	II
Cerastium tomentosum (N)	I	I	I	II		II
Iris spec. (A)	I	I	I	I	I	II
Artemisia absinthium (A)	I	II			I	I
Helianthus annuus (N)	I	I	I		I	II
Impatiens parviflora (N)	I	II	I			I
Lactuca serriola (A)	I	II	I	II		
Lycium barbarum (N)	I					IV
Einheimische						
Chelidonium majus	V	V	IV	V	III	V
Sedum album	V	V	V	V	V	I
Asplenium ruta-muraria	IV	V	IV	V	III	IV
Taraxacum officinale agg.	IV	V	III	V	III	V
Geranium robertianum	IV	IV	IV	III	IV	IV
Euphorbia cyparissias	IV	IV	IV	II	III	IV

oder als Ausgangspunkt zur Besiedlung schutzbedürftiger Biotope dienen,
- sowie ein vorbeugendes Ausgraben isolierter Jungpflanzen, sofern sich aus ihnen unter den konkreten Bedingungen größere klonale Populationen bilden könnten.

Zu den beiden letzten Punkten bestehen erhebliche Wissensdefizite. Alternativ zu *R. rugosa* könnte die einheimische Dünen-Rose (*R. pimpinellifolia* subsp. *pimpinellifolia*) in Dünen gepflanzt werden. Auch dies ist nicht problemlos. Baumschulmaterial umfasst unter ihrem Namen nach MANG (1985) zahlreiche nichteinheimische Unterarten sowie Hybriden. Auf gebietstypische Herkünfte ist also zu achten.

6.7 Felsen und Mauern

Felsen als natürliche und Mauern als künstliche Waldgrenzstandorte sind besonders reich an nichteinheimischen Arten, vor allem, wenn sie nahe an Siedlungen oder Burgen liegen. Viele Archäo- und Neophyten können sich hier dauerhaft als Agriophyten etablieren (z. B. *Robinia pseudoacacia*, *Syringa vulgaris*, *Fraxinus ornus*, *Laburnum anagyroides*, *Lycium barbarum*, *Mahonia aquifolium*). Oft sind alte, verwilderte Zier- und Nutzpflanzen darunter, die mit ihrem Blütenschmuck vor allem in wärmeren Gegenden landschaftsprägend sein können wie der Goldlack (*Cheiranthus cheiri*) und der Färber-Waid (*Isatis tinctoria*) beispielsweise auf Felsen des Rhein-, Mosel-, Nahe- und Maastals (LOHMEYER 1976, LOHMEYER & SUKOPP 1992). Der Flieder (*Syringa vulgaris*) als charakteristischer Gehölzpionier auf alten Mauern und Burgbergen ist weiter verbreitet (Tab. 54). In Siedlungen sind Mauer-Zymbelkraut (*Cymbalaria muralis*) und Gelber Lerchensporn (*Pseudofumaria lutea*) häufige und charakteristische Mauerpflanzen geworden (BRANDES 1992).

Die Hälfte der 66 Archäophyten, die DEHNEN-SCHMUTZ (2000) an Burgen gefunden hat, wurde im Mittelalter zur Ernährung (z. B. *Allium schoenoprasum*), als Heilpflanze (z. B. *Malva sylvestris*), als Zauberpflanze (*Ruta graveolens*) oder für sonstige Zwecke genutzt, beispielsweise die mit den Römern nach Mitteleuropa gelangten Glaskräuter *Parietaria officinalis* und *P. judaica* zum Glasreinigen oder *Anthemis tinctoria* und *Reseda lutea* als Färbepflanzen (Tab. 55). Die Vorkommen sol-

Tab. 55 Mittelalterliche Nutzung von Archäophyten der Flora von 56 Burgen (aus DEHNEN-SCHMUTZ 2000)

Archäophyten	Nutzung	Archäophyten	Nutzung
Anthemis tinctoria	T,M	*Lilium bulbiferum*	Z
Antirrhinum majus	Z	*Malva neglecta*	M,E
Artemisia absinthium	M,G	*Malva sylvestris*	M,E
Asparagus officinalis	E,M	*Nepeta cataria*	M,E
Ballota nigra	M	*Parietaria judaica*	T
Bryonia dioica	M	*Parietaria officinalis*	T
Capsella bursa-pastoris	M	*Pastinaca sativa*	E
Cynoglossum officinale	M	*Plantago lanceolata*	M
Erysimum cheiri	Z,M	*Pyrus communis* agg.	M,E
Hyoscyamus niger	M	*Reseda luteola*	T
Hyssopus officinalis	M,G	*Ruta graveolens*	M,A,G
Iris germanica	Z	*Solanum nigrum*	M,E
Iris sambucina agg.	Z	*Tanacetum parthenium*	M
Iris spec.	Z	*Verbena officinalis*	M,A
Juglans regia	E,M	*Vinca minor*	Z
Lactuca serriola	E	*Viola odorata*	M,Z
Lepidium latifolium	E,M		

A = Zauberpflanze, E = Nahrungspflanze, G = Gewürzpflanze, M = medizinische Verwendung, T = technische Verwendung, Z = Zierpflanze

cher Arten sind daher auch kulturhistorisch bedeutsam.

Die bereits um 800 im Capitulare de Villis Karls des Großen erwähnte, aus Südeuropa stammende Weinraute (*Ruta graveolens*) wurde medizinisch und als Gewürzpflanze verwendet. Als Zauberpflanze vertrieb sie böse Feinde, Teufel und Schlangen (MARZELL 1922). Ihre Vorkommen an der Burg Hohenneuffen (Schwäbische Alb) sind seit mindestens 200 Jahren belegt. Aufgrund der Quellenlage ist eine Kontinuität des Vorkommens seit dem Mittelalter zumindest möglich (DEHNEN-SCHMUTZ 2000).

6.8 Gebirge

Zahlreiche Archäophyten und Neophyten kommen auch in höheren Lagen der Mittelgebirge und der Alpen bis etwa 2000 Meter vor. Mehrere Faktoren bestimmen dabei die Ausbildung der Höhengrenzen (HÜGIN 1992, HÜGIN & HÜGIN 1996):

Das mit zunehmender Höhe kühlere und feuchtere Klima schließt zahlreiche Arten wärmerer Gebiete aus. So hat *Solidago canadensis* beispielsweise einen Schwerpunkt in wärmeren Tieflagen, da erst ab 15°C eine effektive Keimung einsetzt (CORNELIUS 1990a, b). *Impatiens glandulifera* hat geringere Temperaturansprüche und ist daher, wie die vegetativ verbreiteten *Fallopia*-Sippen, auch an vielen Mittelgebirgsbächen zu finden. In klimatisch begünstigten Regionen, wie dem insubrischen Gebiet am Südrand der Alpen, breitet sich dagegen ein breites Neophytenspektrum aus (KLÖTZLI et al. 1996, WALTHER 1999). Die Höhengrenze mancher Arten ist wegen der benötigten anthropogenen Wuchsplätze an menschliche Dauersiedlungen gebunden. In höheren Lagen sinkt die Wirksamkeit anthropogener Verbreitungsmechanismen, nur an Straßenrändern können sich einige Arten in höhere Lagen vorschieben (KOPECKÝ 1974, 1988). *Matricaria discoidea* gehört hier zu den am weitesten verbreiteten Neophyten (WITTIG 1981 zum Fichtelgebirge).

In Mittelgebirgen sind Ausbreitungen aus forstlichen Pflanzungen von großer Bedeutung. Es handelt sich hierbei um häufig unterhalb ihrer natürlichen Höhenlage gepflanzte montane oder subalpine Baumarten (*Picea abies, Larix europaea, Alnus viridis*) sowie um die nordamerikanischen *Pseudotsuga menziesii* (siehe Kap. 6.3.3), *Pinus strobus* (siehe Kap. 6.3.4) und *Quercus rubra* (siehe Kap. 6.3.5). Problematisch ist auch die Ausbreitung von *Lupinus polyphyllus* in Höhenlagen silikatischer Mittelgebirge (siehe Kap. 6.2.5.4). Wärmebegünstigte felsige Waldgrenzstandorte in der Nähe von Burgen oder Siedlungen sind bevorzugte Etablierungsorte verwilderter Zier- und Nutzpflanzen. Diese Vorkommen gelten nicht als problematisch, sondern wegen ihrer kulturgeschichtlichen Bedeutung als erhaltenswürdig (siehe Kap. 6.7).

Problematische Invasionen oberhalb der Baumgrenze sind aus mitteleuropäischen Gebirgen bislang nicht bekannt. Weitgehend ungeklärt ist allerdings die Rolle von Alpengärten, in denen seit dem 19. Jahrhundert Pflanzen alpiner Gebiete angepflanzt werden. Dass sie Ausbreitungszentren fremder Arten werden können, zeigt der 1890 auf der Brockenkuppe gegründete Alpenpflanzengarten, in dem seltene gebietstypische Arten, aber auch alpine Pflanzen verschiedener Kontinente kultiviert werden. Einige dieser Arten kommen inzwischen auch außerhalb des Gartens in hoher Individuenzahl vor wie *Hieracium gombense, H. picroides, H. amplixicaule, Saxifraga caespitosa, Ligusticum mutellina;* weit entfernt vom Brockenplateau auch *Alchemilla alpina, Campanula scheuchzeri, Poa alpina, Hieracium aurantiacum* und *Saxifraga caespitosa* (KARSTE, brieflich). Einige darunter sind, wie *Poa alpina*, auch in naturnaher Vegetation etabliert (KARSTE 1997). Bemerkenswert sind weiterhin spontan im Garten entstandene Enzianhybriden, die nun auch außerhalb auftreten (*Gentiana pannonica* × *lutea, G. punctata* × *purpurea*). Als problematisch könnte sich die Ausbreitung des konkurrenzstarken Alpen-Ampfers (*Rumex alpinus*) erweisen, der von hohen atmosphärischen Stickstoffeinträgen (80 Kilogramm pro Jahr) profitiert und dessen Bekämpfung auf dem Brocken diskutiert wird (KARSTE, brieflich).

7 Einfluss von Neophyten auf die Tierwelt

Nichteinheimische Pflanzen beeinflussen die Tierwelt über das Angebot an Nahrung und Habitatelementen sowie indirekt über die Förderung oder Verdrängung anderer, für Tiere wichtiger Pflanzen. Die Rolle von Neophyten wird hierbei sehr verschieden bewertet. Einige setzen sie mit nutzlosen Plastikpflanzen gleich, andere gestehen ihnen wichtige Ersatzfunktionen zu.

Häufig wird postuliert, einheimische Pflanzen würden gegenüber nichteinheimischen als Nahrungsquelle bevorzugt. Dies ist eindeutig bei Insekten, die an Pflanzen fressen oder saugen (Phytophage, Phytosuge) und sich evolutiv an deren Inhaltsstoffe angepasst haben (siehe Kap. 7.1). Bei Blütenbesuchern spielt die Form der Blüte eine größere Rolle (SCHMITZ 1995). Bei vielen Weidegängern und bei Bodentieren, die tote Biomasse abbauen, ist die Bindung an bestimmte Nahrungspflanzen weniger eng oder fehlt völlig. Parasitoide oder Beutegreifer werden indirekt von Pflanzen beeinflusst, wenn diese das Vorkommen ihrer Wirte oder Beutetiere bestimmen. Fast alle Tiergruppen werden darüber hinaus von pflanzlich bestimmten Habitateigenschaften berührt. Hierbei kommt es weniger auf die chemische Zusammensetzung als auf Struktur und Raumwiderstand der pflanzlichen Biomasse an. In dieser Hinsicht bestehen keine grundsätzlichen Unterschiede zwischen Neophyten und einheimischen Arten.

Angesichts der vielgestaltigen Beziehungen zwischen Pflanzen und Tieren sind pauschale, auf das gesamte Tierreich und darüber hinaus zielende Schlussfolgerungen sachlich unangemessen. Ein ärgerliches Beispiel hierfür ist die folgende „Naturschutzanleitung" (BARTH 1988):

„Nur einheimische Arten gehören ... in unser Ökosystem, und nur sie können mit anderen Organismen (Pflanzen, Moosen, Flechten, Pilzen, Insekten) in Gemeinschaft leben. Bei fremdländischen Ziergehölzen können sich derartige Lebensgemeinschaften nicht bilden. Einige Organismen können sich aber auf sie spezialisieren (z. B. Wollläuse), finden dort keine Widersacher und können sich demzufolge leicht unkontrollierbar vermehren. Der Griff zur Giftspritze scheint dann verführerisch .... Wenn der Anbau fremdländischer Ziergehölze im Garten zwangsläufig zur Giftspritze führt, dann ist das Aufstellen von Plastikbäumen immer noch besser ...!"

Als Handlungsanweisung verleiten solche Einschätzungen zu einem Aktionismus, der im Austausch nichteinheimischer durch einheimische Arten Umweltprobleme zu lösen sucht und dabei in zwei Gefahren gerät: die ursächliche Beteiligung von Neophyten hieran zu überschätzen, deren positive Funktionen – ökologische wie kulturelle – dagegen zu unterschätzen (vgl. auch Kap. 4.2). Die Bedeutung nichteinheimischer Arten für die Pflanzenverwendung ist in Kap. 4 besprochen worden. In diesem Kapitel wird differenziert, welche Rolle die Neophyten für die Tierwelt einnehmen können.

7.1 Eigenschaften von Nahrungspflanzen

Unabhängig von ihrer Herkunft spielt die Lebensform von Pflanzen eine wichtige Rolle für ihre Nutzbarkeit durch phytophage Insekten. Sie steigt mit zunehmender struktureller Vielfalt und Lebensdauer der Pflanzen in einer Reihe von Einjährigen über kurz- und langlebige Stauden und Sträucher bis hin zu Bäumen (STRONG et al. 1984, Tab. 5 in KLAUSNITZER 1993). Vergleiche sind damit nur zwischen Pflanzen gleicher Lebensform sinnvoll.

Die Größe des Verbreitungsgebietes und die Häufigkeit hierin beeinflussen die Chance (ko-) evolutiver Anpassungen

Abb. 56
(a) Unterschiedliche Nutzung des Adlerfarns (*Pteridium aquilinum*) durch Insektengruppen in 1 Nordengland, 2 Papua-Neuguinea und 3 Neu-Mexiko (geschlossene Kreise: offene und geschlossene Waldstandorte, offene Kreise: nur offene Standorte).
(b) Zusammenhang zwischen der Anzahl herbivorer Insekten auf dem Adlerfarn und der Größe des Gebietes, in dem er vorkommt (offene Kreise: unsicher, sehr selten oder Arten mit unsicherem Status; nach Lawton und Winterborn aus BEGON et al. 1991, verändert).

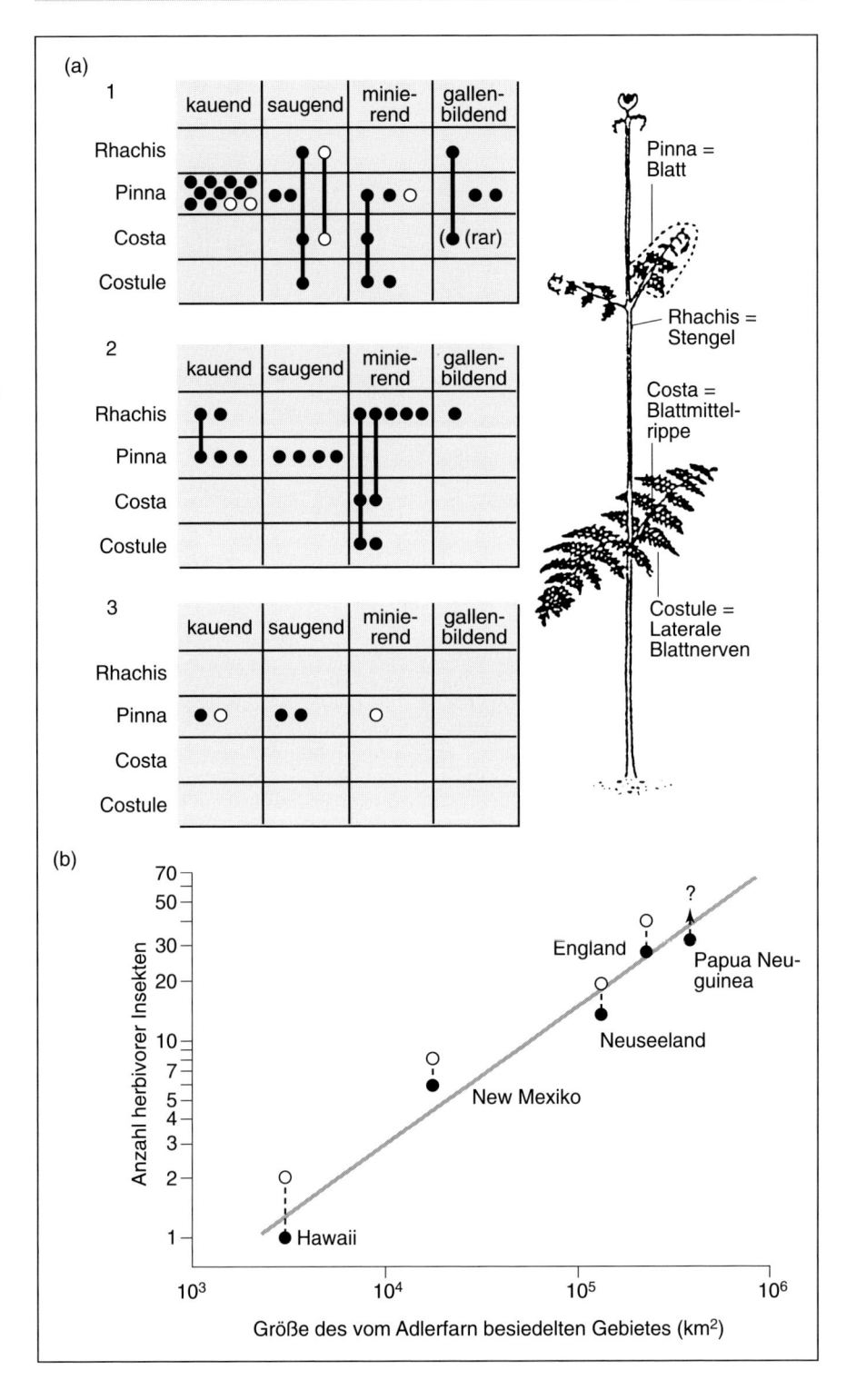

Pinna = Blatt
Rhachis = Stengel
Costa = Blattmittelrippe
Costule = Laterale Blattnerven

Eigenschaften von Nahrungspflanzen

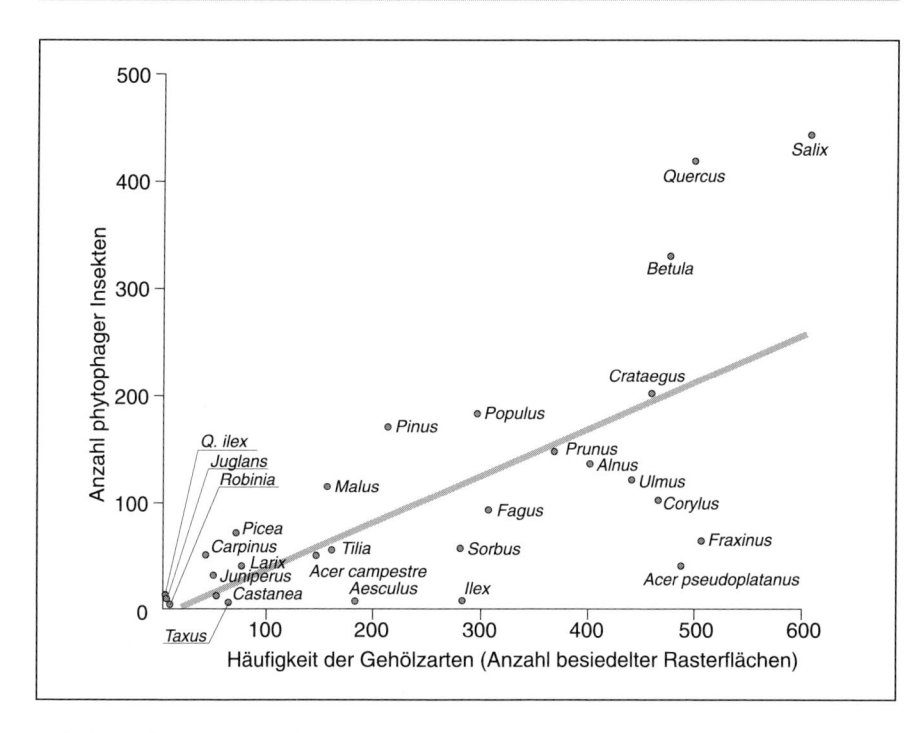

Abb. 57
Zusammenhang zwischen der Häufigkeit einheimischer und nichteinheimischer Baumarten in Großbritannien (ausgedrückt im Vorkommen in Rasterfeldern) und der Anzahl der sich von ihnen ernährenden phytophagen Insekten (*Acer pseudoplatanus* ist auf den Britischen Inseln nicht einheimisch; nach KENNEDY & SOUTHWOOD 1984).

zwischen Pflanzen und Tieren. Das Beispiel des weit verbreiteten Adlerfarns (*Pteridium aquilinum*) zeigt, dass die gleiche Art qualitativ und quantitativ von umso mehr Insekten genutzt wird, je größer das von ihr besiedelte Gebiet ist (Abb. 56a, b). KENNEDY & SOUTHWOOD (1984) stellen diesen Zusammenhang auch für eine große Pflanzengruppe dar, nämlich für einheimische und nichteinheimische Baumarten in Großbritannien (Abb. 57).

Die Bäume mit den meisten phytophagen Insekten (Weiden: 450, Eichen: 423, Birken: 334 Arten) zählen zu den am weitesten verbreiteten. Seltenere werden – obwohl einheimisch – deutlich weniger genutzt: Hainbuchen beispielsweise von 51, Heide-Wacholder von 32 Arten. Die Vergleichszahlen für noch seltenere, nichteinheimische Pflanzen sind marginal (Robinie: 2, Walnuss: 7, Rosskastanie: 9, Esskastanie: 11 Arten). Da weder die Insektengruppen noch die einzelnen Pflanzenarten vergleichbar umfassend untersucht worden sind, sollten weniger die absoluten Zahlen als die Verhältnisse zwischen den Arten interpretiert werden (entsprechend für die weitgehend auf Schleswig-Holstein bezogenen Angaben bei HEYDEMANN 1982). FRENZEL et al. (2000) haben mit einem ähnlichen Überblick für Deutschland bestätigt, dass nichteinheimische Gehölze eine geringere Insektendiversität als einheimische haben, wobei sich die Zeitspanne nach der Ersteinführung als wichtiger Erklärungsparameter erwiesen hat.

Da nichteinheimische Arten tendenziell seltener als einheimische sind (siehe Kap. 10.2.1.2), besteht eine Korrelation, aber keine zwangsläufige kausale Beziehung zwischen Herkunft und Annahme einer Pflanze als Nahrungsquelle. Nach TURCEK (1961) fressen beispielsweise deutlich mehr Vogelarten Diasporen von einheimischen als von nichteinheimischen Gehölzen derselben Gattung, beispielsweise 23 Vogelarten Früchte von *Cornus sanguinea*, aber nur 8 die Früchte von *Cornus alba* (Übersichtstabellen bei KOWARIK 1986, 1989). Ob dies an der fehlenden Eignung der nichteinheimischen Art oder einfach an ihrer meist deutlich geringeren Häufigkeit liegt, muss bis zu einer experimentellen Prüfung offen bleiben.

Abb. 57 lässt am Beispiel des in Großbritannien neophytischen Berg-Ahorns erkennen, dass auch die Herkunft einer Art neben der Größe ihres Verbreitungsgebietes oder ihrer Häufigkeit hierin eine Rolle zu spielen scheint. *Acer pseudoplatanus* ist ähnlich weit verbreitet wie Birken, wird aber von nur 43 Insektenarten gegenüber 334 an Birken genutzt. Eine Erklärung wäre die unterschiedliche Dauer der Anwesenheit im Gebiet, die neben der Größe des Verbreitungsgebietes auch die Chance (ko-) evolutiver Anpassungen in säkularen Zeiträumen beeinflusst. Sie ist bei nichteinheimischen Arten immer geringer als bei einheimischen. Es gibt jedoch offensichtliche Ausnahmen. Bei Kreuzblütlern wurden keine signifikanten Unterschiede zwischen der Insektenbesiedlung einheimischer und nichteinheimischer Arten gefunden. Dies wird auf die speziellen Inhaltsstoffe der Brassicaceae zurückgeführt, die den hieran angepassten Insekten den Zugang zu neuen Arten der gleichen Familie erleichtern (FRENZEL & BRANDL 1997).

Als Ergebnis von Anpassungsprozessen werden auch Neophyten aus anderen Pflanzenfamilien von phytophagen Insekten angenommen. Polyphage Arten werden hierbei über-, Monophage unterrepräsentiert sein. In diese Richtung könnte man den Vergleich zwischen Berg- und Feld-Ahorn in Abb. 57 interpretieren.

Es gibt auch einheimische Insekten, die trotz ursprünglich enger Bindung an eine Pflanzenart (oder -gattung) Neophyten nutzen. *Euceraphis punctipennis* ist von *Betula* zu *Platanus* übergegangen (OLTHOFF 1986), die Fruchtfliege *Rhagoletis meigenii* von *Berberis vulgaris* auf *Mahonia aquifolium* (SOLDAAT & AUGE 1998), die Blattlaus *Uromelan solidaginis* von *Solidago virgaurea* auf *S. canadensis* (KLAUSNITZER 1993). Zudem sind einigen Neophyten heimatliche Antagonisten in das synanthrope Verbreitungsgebiet gefolgt (KLAUSNITZER 1995, Tab. 57).

Solche Anpassungen heben die Unterschiede zwischen einheimischen und nichteinheimischen Arten als Nahrungspflanzen nicht grundsätzlich auf. Allerdings sind auch innerhalb der Einheimischen die Verhältnisse sehr unterschiedlich, wie die Streuung in Abb. 57 zeigt. Obwohl ähnlich weit verbreitet wie Eichen, werden Eschen in Großbritannien von deutlich weniger

Abb. 58
Biozönotische Einbindung von Pflanzen im Zusammenspiel von herkunftsunabhängigen und herkunftsbeeinflussten Faktoren. Das allgemeine Potential wird von biologischen Arteigenschaften und von indirekt herkunftsbeeinflussten Faktoren bestimmt (Merkmale auf der Typusebene). Die Einlösung dieses Potentials hängt von Merkmalen der Umwelt der betreffenden Tierart ab, die unabhängig von der Herkunft der Nahrungspflanze sind (Merkmale auf der Objektebene).

biozönotische Einbindung von Pflanzen abhängig von:

Merkmalen der Pflanze (Typusebene)		Umweltmerkmalen vor Ort (Objektebene)
spezifische Arteigenschaften • Lebensform • Art der Blüten, Früchte, u. a. morphologische Merkmale • Angebot / Zusammensetzung von Nektar/Pollen • biochemische Inhaltsstoffe • Insekten-/Windbestäubung • biotische/abiotische Ausbreitungsvektoren • taxonomische Isolation	Vorkommen im Areal der Tierart • Größe des anthrop. Verbreitungsgebietes* • Häufigkeit der Vorkommen* • Dauer der Anwesenheit*	Bedingungen für die Tierart • Vorkommen der Nahrungspflanze im Aktionsradius der Tierart • zeitliche Verfügbarkeit, Zustand und Menge der Nahrungspflanze • Angebot (anderer) Habitatrequisiten und Nahrungspflanzen (ggf. für verschiedene Entwicklungsstadien) • günstige klimatische, edaphische u. a. Umweltbedingungen • Ausschluss limitierender natürlicher und anthropogener Faktoren (Umweltdynamik, Vorkommen von Feinden, Störungen, Isolationseffekte u.a.)
nein	ja	nein

beeinflusst von der Herkunft der Pflanze

*über säkulare Zeiträume, mit Einfluss auf (ko-) evolutive Anpassungen

Insekten genutzt. Rein quantitativ stehen sie dem neophytischen Berg-Ahorn näher als Eichen oder Birken (Abb. 57). Offensichtlich beeinflussen neben Herkunft und Häufigkeit andere, nämlich biologische Merkmale von Pflanzen ihre Einbindung in biozönotische Beziehungen (Abb. 58, linke Spalte).

Welche **Schlussfolgerungen** sind hieraus zu ziehen? Die Herkunft der Pflanze spielt indirekt eine wichtige Rolle für ihre Eignung als Nahrungspflanze (Abb. 58, Mittelspalte), schließt aber ihre Nutzung durch Tiere nicht aus. Diese fällt bei verschiedenen Tierarten oder -gruppen sehr unterschiedlich aus. Es gibt auch Beispiele von Neophyten, die für bestimmte Tiergruppen attraktiver als einheimische, sogar verwandte Pflanzen sind (Tab. 58). Auch bei Einheimischen bestehen große Unterschiede, die in naturschutzfachlichen Zusammenhängen jedoch meist keine Rolle spielen. So kommt wohl niemand auf die Idee, Eschen und Hainbuchen gegen die für Phytophage attraktiveren Birken und Eichen auszutauschen.

7.1.1 Grenzen von Verallgemeinerungen

Zahlenmäßige Vergleiche haben den Vorteil der Übersichtlichkeit, jedoch den Nachteil fehlender ökologischer und naturräumlicher Differenzierungen. Wie viele Arten insgesamt in Bezugsgebieten wie Deutschland oder Großbritannien an bestimmen Pflanzen leben, ist wissenschaftlich von Interesse, beispielsweise zur Hypothesenbildung. Für angewandte Fragen des Naturschutzes oder der Pflanzenverwendung ist jedoch wichtiger, welche Chancen der ökosystemaren Einbindung von Pflanzen unter den konkreten Bedingungen eines bestimmten Landschaftsausschnittes bestehen. Während das biozönotische Potential von Pflanzen teilweise von ihrer Herkunft beeinflusst wird, wird seine Einlösung von anderen, herkunftsunabhängigen Faktoren gesteuert, nämlich den Bedingungen vor Ort (Abb. 58, rechte Spalte). Dies wird gelegentlich übersehen. Vor dem Hintergrund angewandter Fragen sollte die biozönotische Einbindung nichteinheimischer Pflanzen daher mit einem konkreten ökosystemaren Bezug diskutiert werden (siehe Kap. 7.2).

Bei der Interpretation summarischer Zahlenvergleiche besteht eine weitere methodische Einschränkung: Über die biozönotische Einbindung einheimischer Pflanzen ist viel häufiger als über die nichteinheimischer gearbeitet worden, sodass die Datengrundlage hinsichtlich der Intensität und Homogenität der untersuchten Artengruppen selten vergleichbar und nur eingeschränkt zu verallgemeinern ist. Sinnvoll sind Attraktivitätsvergleiche unter vergleichbaren Außenbedingungen und mit gleicher Stichprobengröße.

In diese Richtung geht die Untersuchung von KLIPFEL & TSCHARNTKE (1997), die fünf Neophyten (*Solidago canadensis, Heracleum mantegazzianum, Impatiens glandulifera, Erigeron canadensis, Matricaria matricarioides*) an gleichen Standorten mit fünf ähnlich häufigen und großen einheimischen Arten in Hinblick auf die in Blättern, Halmen und Früchten lebenden Tiere verglichen haben. Bei den Neophyten kamen 37% weniger Arten an Herbivoren und 61% weniger an Parasitoiden vor. Halme und Früchte waren deutlich weniger befallen, bei Blattminen gab es dagegen keine Unterschiede. FOTOPOULOS & NICOLAI (2002) haben in Berliner Waldgebieten Rüsselkäfer an verschiedenen Baumarten untersucht und bei der nordamerikanischen *Quercus rubra* eine ähnliche Arten- und Dominanzidentität wie bei der einheimischen *Q. petraea* festgestellt. Nach einer überregionalen Synthese sind die in Großbritannien einheimischen Eichen dagegen deutlicher reicher an Insektenarten als *Q. rubra* (ASHBOURNE & PUTMAN 1987).

> **Drei Beispiele, die zeigen, wie unvollständiges Wissen zu Fehlschlüssen führen kann:**
>
> ELTON (1966) qualifizierte **Gärten** als „biologische Wüsten" ab, in denen eingeführte Arten oft nicht in Nahrungsketten eingebunden seien. OWEN (1991) hat dieses Urteil jedoch widerlegt. Sie hat einen Garten 15

Jahre lang genauer studiert und Schmetterlingsraupen an Gartenpflanzen beobachtet (Tab. 56). 41% der 98 einheimischen Pflanzenarten wurden von insgesamt 46 Schmetterlingsarten befressen, 50% der 151 nichteinheimischen Pflanzenarten von immerhin 38 Arten. Dabei wurden auch Pflanzen genutzt, von denen dies zuvor nicht bekannt war (z. B. 9 Schmetterlingsarten an *Potentilla fruticosa*). Der Schmetterlingsstrauch (*Buddleja davidii*) wird von einem besonders großen Artenspektrum in Anspruch genommen (OWEN & WHITEWAY 1980). Der biologische Reichtum von Gärten hängt demnach weniger von der Herkunft als von der Vielfalt der Gartenpflanzen ab (SCHMIDT-ADAM & STUHR 1995 zu Blüten besuchende Insekten an Gartenpflanzen). Die Große Wollbiene (*Anthidium manicatum*) bevorzugt im artenreichen Berliner Botanischen Garten beispielsweise Futterpflanzen mediterraner Herkunft (SCHICK & SUKOPP 1998), auf einem Ruderalgelände dagegen die archäophytische Schwarz-Nessel (*Ballota nigra*; SAURE 1993). Daneben bestimmen auch andere Faktoren wie die Art und Intensität der Pflege, die Standort- und Strukturvielfalt sowie das Umfeld den Artenreichtum von Gärten und Parkanlagen.

Tab. 56 Einbindung einheimischer und nichteinheimischer Gartenpflanzen in Nahrungsbeziehungen: Beispiel eines englischen Gartens, in dem die Nutzung von Pflanzen aus unterschiedlichen Familien durch Schmetterlingsraupen beobachtet worden ist (nach OWEN 1991)

	Anzahl der Nahrungspflanzen von Schmetterlingen[1]		Anzahl der Schmetterlingsarten auf		
	einheimische Arten	nichteinheimische Arten	einheimischen Arten	nichteinheimischen Arten	Summe
Berberidaceae	0 (0)	1 (2)	–	3	3
Betulaceae	1 (2)	0 (0)	4	–	4
Boraginaceae	1 (1)	3 (6)	2	4	5
Buddlejaceae	0 (0)	1 (1)	–	18	18
Caprifoliaceae	2 (2)	1 (2)	5	4	8
Caryophyllaceae	0 (6)	2 (6)	–	3	3
Chenopodiaceae	0 (3)	1 (1)	1	4	4
Compositae	2 (18)	13 (40)	2	13	13
Convolvulaceae	1 (2)	1 (1)	4	2	4
Cruciferae	1 (8)	7 (13)	4	8	10
Grossulariaceae	2 (3)	1 (1)	5	7	8
Guttiferae	1 (1)	0 (2)	2	–	2
Labiatae	2 (9)	8 (15)	3	12	12
Leguminosae	1 (7)	5 (8)	3	6	8
Malvaceae	1 (1)	2 (2)	3	6	6
Oleaceae	1 (2)	2 (3)	1	3	4
Onagraceae	2 (2)	2 (5)	4	2	5
Ranunculaceae	1 (2)	2 (8)	1	5	6
Rosaceae	7 (10)	5 (11)	21	13	27
Salicaceae	3 (3)	0 (0)	10	–	10
Saxifragaceae	0 (0)	2 (4)	–	4	4
Scrophulariaceae	1 (6)	1 (5)	3	1	3
Solanaceae	2 (4)	3 (10)	3	4	4
Umbelliferae	0 (5)	1 (4)	–	5	5
Urticaceae	1 (1)	0 (1)	5	–	5

[1] in Klammern: Gesamtzahl der Pflanzenarten im Garten

Eigenschaften von Nahrungspflanzen

Tab. 57 Aufhebung der geographischen Isolation zwischen Neophyten und nunmehr als Neozoen oder Neomyceten auftretenden Tieren und Pilzen (meist durch unbeabsichtigte Einschleppung nach Mitteleuropa gelangt)

Neophyt	Herkunft/Einführung	Neozoon/Neomycet	Herkunft/Einführung	Quellen
Ahornblättrige Platane (*Platanus hispanica*)	Elternarten: östl. Mittelmeergebiet/ Nordamerika Hybride seit 1640 aus England bekannt	Platanen-Netzwanze (*Corythucha ciliata*)	Nordamerika, seit 1964 in Italien, seit 1983 in Südwestdeutschland	MACELJSKI & BALARIN 1974, BILLEN 1985, BRECHTEL 1996, HOFFMANN 1997
		Platanen-Miniermotte (*Phyllonorycter platani*)	Mittelmeergebiet, seit 1920 in Deutschland	BORKOWSKI 1973, VAN FRANKENHUYSEN 1983
		Erreger der Platanenwelke: *Ceratocystis fimbriata*	Nordamerika, seit ca. 1940 im Mittelmeergebiet, vor 1985 in Schweiz	FERRARI & PICHENOT 1976
		Erreger der Platanenbräune: *Gnomonia platani*	?, vor 1925 in Deutschland	WEISSE 1925
Götterbaum (*Ailanthus altissima*)	Ostasien (ca. 1740)	Ailanthus-Seidenspinner (*Samia cynthia*)	Ostasien, 1856 zur Seidengewinnung eingeführt, seit 1924 spontane Populationen in Wien	REBEL 1925, DESCHKA 1995
Robinie (*Robinia pseudoacacia*)	Nordamerika, seit 1623/35 in Europa	Robinien-Miniermotte (*Phyllonorycter robiniella*)	Nordamerika; seit 1983 in Mitteleuropa (Basel), seit 1990 auch in Norddeutschland	RIETSCHEL 1996, 1997, BATHON 1998, KASCH & NICOLAI 2002
Kleinblütiges Springkraut (*Impatiens parviflora*)	Mittelasien, seit 1837 in Europa	*Impatientinum asiaticum* (Blattlaus) *Puccinia komarovii* (Rostpilz)	seit 1969 in Mitteleuropa seit 1933 in Mitteleuropa	LAMPEL 1978 SYDOW 1935
Mahonie (*Mahonia aquifolium*)	Nordamerika, seit 1822 in Deutschland	Mahonienrost (*Cumminsiella mirabilissima*)	seit 1928 in Europa, 1929 in Baden,	WILDE 1947
Bastardindigo (*Amorpha fruticosa*)	Nordamerika, seit 1724 in Europa	*Acanthoscelides pallidipennis* (Samenkäfer)	nach 1980 in Südosteuropa, seit 1990 in Deutschland	WENDT 1981, 1991, TREMP 2001

Platanen (*Platanus hispanica*) gelten als unattraktiv für Insekten. Auch dieses Bild muss nach einer Untersuchung von OLTHOFF (1986) an Hamburger Straßenbäumen etwas relativiert werden. Er fand ein bemerkenswert breites Artenspektrum (65 Arten). Neben den überwiegend polyphagen Insekten, die die Platane direkt nutzen, gab es auch zoophage Arten, Detritus- und Aufwuchsfresser, die von Moosen und Flechten auf *Platanus* profitieren, sowie unter der Borke lebende Arten. In sächsischen Städten und in Berlin fand KLAUSNITZER (1988) ebenfalls zahlreiche Wirbellose, nämlich 16 Wanzen- und 24 Käferarten, die unter Platanenborken überwintern. Daneben kommen auch zwei Neozoen als monophage Arten vor: die Platanen-Miniermotte und, bislang in Süddeutschland, die Platanen-Netzwanze (Tab. 57). Auch für Stieglitze sind die bis in das Frühjahr hinein verfügbaren Platanensamen eine wichtige Nahrungsquelle in urbanen Gebieten (SACHSLEHNER 1998). Wahrscheinlich trifft der Einwand zu, dass einheimische Straßenbäume noch stärker in biozönotische Beziehungen eingebunden sind. Wegen der limitierenden Rolle des Umfeldes wären hier direkte Attraktivitätsvergleiche besonders interessant.

Ein anschauliches Beispiel für gewandelte Werturteile bietet die Einschätzung der **Silber-Linde** (*Tilia tomentosa*). Früher wurde ihre Pflanzung als „hummelmordende Silberlinde" (DE LA CHEVALLERIE 1986) abgelehnt. Von häufiger unter Silber-Linden liegenden Hummeln wurde auf deren Vergiftung durch den Nektar geschlossen. Dies ist inzwischen widerlegt. Nach Untersuchungen aus Münster wird die Silber-Linde nun wegen ihrer späten Blütezeit sogar als ergänzendes Nahrungsangebot für Hummeln empfohlen. Die gehäuften Todesfälle werden mit einem jahreszeitlichen Nahrungsengpass erklärt: Silber- und auch Krim-Linden (*Tilia × euchlora*) bilden in Siedlungen gegen Ende der Winter-Lindenblüte und danach oft die einzige späte Massentracht und locken große Mengen Tracht suchender Hummeln an. Wegen der hohen Konkurrenz um das Nektarangebot spät blühender Linden als häufig einzig erreichbarer Massentracht kommt es zu Energieengpässen, die zum Tod der Hummeln führen. Besserung brächte nicht das Entfernen der nichteinheimischen Linden, sondern die Vermehrung des allgemeinen Blütenangebotes im Hochsommer, wozu in Siedlungen auch Pflanzungen von Silber-Linden beitragen könnten. Eine 100-jährige Linde produzierte dabei soviel Nektar wie ein Fußballfeld mit Buchweizen (MÜHLEN et al. 1994, SURHOLT & BAAL 1995 u. a.). ZUCCHI (1996) schließt allerdings aus der Koinzidenz zwischen „Hummelsterben" unter Silber-Linden und regem „Hummelleben" in zeitgleich blühenden Naturgärten auf unbekannte Wirkungen der Silber-Linde, die noch zu erforschen sind.

7.2 Von Einzelinformationen zum ökosystemaren Bezug

Der Weg von der Einzelinformation, beispielsweise zur Nutzung eines Neophyten durch eine bestimmte Tiergruppe, hin zu einer komplexen Beurteilung seiner ökosystemaren Bedeutung ist angesichts der vorhandenen Kenntnisdefizite nur näherungsweise zu beschreiben. Hierbei sollten mehrere Tiergruppen, möglichst verschiedener Trophieebenen, einbezogen (siehe Kap. 7.2.1) und auch die Rolle des Umfeldes beachtet werden, da die ökosystemare Funktion eines Neophyten in unterschiedlichen Biotoptypen stark divergieren kann (siehe Kap. 7.2.2).

7.2.1 Differenzierungen zur biozönotischen Einbindung am Beispiel *Impatiens*

Innerhalb der Gattung *Impatiens* (Springkraut) gibt es in Mitteleuropa eine einheimische und zwei weit verbreitete nichteinheimische Arten (Tab. 58; Genaueres zu den Neophyten in Kap. 6.3.1 und 6.4.2). Die Untersuchungen von SCHMITZ (1995, 1998a, b) lassen gut erkennen, wie stark die Einschätzung der biozönotischen Einbindung der drei Arten von der Auswahl der jeweils betrachteten Tiergruppe abhängt. In Tab. 58 sind Artenzahlen für verschiedene Tiergruppen summiert, die als Primär- oder Sekundärkonsumenten von den *Impatiens*-Arten profitieren.

Zu den Primärkonsumenten zählen Phytophage sowie Nektar- und/oder Pollenfresser. Unter den Blütenbesuchern wurden nur regelmäßig vorkommende Arten bilanziert. Bei *I. glandulifera* sind an Blattstiel und -grund extraflorale Nektarien ausgebildet. Hiervon profitieren meist sehr kleine, häufig übersehene und auch in dieser Untersuchung nicht vollständig erfasste Insekten. Bei den Phytophagen sind nur solche Arten aufgenommen, die ihre gesamte Larvalentwicklung auf der Pflanze vollziehen. Das Phytophagenspektrum geht also darüber hinaus. Alle *Impatiens*-Arten werden von mobileren und zugleich polyphagen Arten, beispielsweise unter den Schnecken, Springschwänzen oder Weichwanzen, genutzt. Als Sekundärkonsumenten wurden Blattlausfresser (Aphidophage) untersucht, von denen viele an bestimmte Blattlausgruppen und diese wiederum meist an bestimmte Wirtspflanzen gebunden sind.

Tab. 58 veranschaulicht, dass die drei *Impatiens*-Arten je nach Ernährungstyp und trophischer Ebene sehr unterschiedlich genutzt werden. Erwartungsmäß ernährt die einheimische Art mehr Phytophage als die Neophyten. Nur zwei ursprünglich an *I. noli-tangere* gebundene Arten schafften den Wirtswechsel zu den Neophyten, an denen ansonsten polyphage Arten dominieren. Die vor rund 30 Jahren aus dem Heimatgebiet von *I. parviflora* eingeschleppte Blattlaus *Impatientinum asiaticum* kommt inzwischen als Neozoon in weiten Teilen Europas auf ihrer ursprünglichen Wirtspflanze vor und wird ihrerseits als Wirt und Beute von mindestens 24 Insektenarten genutzt. Sie ging hier auch auf die ebenfalls neophytische *I. glandulifera*, nicht aber auf die einheimische *Impatiens*-Art über. Die relativ geringe Anzahl an Phytophagen auf den Neophyten bedeutet nicht zwangsläufig eine Verarmung, beispielsweise infolge des Eindringens von *I. parviflora* in die nitrophile Saumvegetation, wie ein in Kap. 6.3.1 geschildertes Versuchsergebnis veranschaulicht.

Beide Neophyten werden von Blütenbesuchern stärker als die einheimische Art angenommen. Bei *I. parviflora* dominieren Schwebfliegen, bei *I. glandulifera* Hummeln. Nach DAUMANN (1967) spielen auch Honigbienen eine große Rolle. Für *I. glandulifera* wurden ein ähnliches Spektrum an Blütenbesuchern, aber deutlich mehr Arten und Individuen als bei *I. noli-tangere* festgestellt. Offensichtlich bietet das Indische Springkraut ein attraktiveres Pollen- und Nektarangebot, was blütenbiologisch (Blütezeit, Blütenangebot, Nektar- und

Tab. 58 Nutzung einheimischer und neophytischer Springkraut- (*Impatiens*-) Arten durch verschiedene Insektengruppen (nach SCHMITZ 1995, 2001)

	einheimisch	nichteinheimisch	
	Impatiens noli-tangere	*Impatiens parviflora*	*Impatiens glandulifera*
Phytophage	**21**	12	8
Blütenbesucher	16	21	**33**
Besucher extrafloraler Nektarien	–	1	**25**
Blattlausfresser (Aphidophage)	4	**29**	21
Ameisen als Trophobioten	?	7	5

Pollenmenge, Duft und Farbe) und standörtlich (Vorkommen an offenen Standorten) zu erklären ist. Auch für die Besucher der extrafloralen Nektarien ist *I. glandulifera* attraktiver, da solche Organe bei der einheimischen Art gar nicht und bei *I. parviflora* nur gering ausgebildet sind. Die Blattlausfresser treten hingegen bevorzugt an *I. parviflora* auf, da hier die neozoische Blattlausart regelmäßig dichte Kolonien bildet. Dies könnte bei der Schädlingseindämmung in Forsten und angrenzenden Kulturflächen eine positive Rolle spielen (nach SCHMITZ 1995).

7.2.2 Die Rolle des Umfeldes

Anzahl und Spektrum der Tierarten, die Neophyten als Nahrung oder Habitat nutzen, hängen einerseits von den artspezifischen Eigenschaften der Neophyten und ihrer (indirekt durch die Herkunft beeinflussten) Präsenz im Gebiet ab (Abb. 58, linke und mittlere Spalte, siehe Kap. 7.1). Beides bestimmt das Potential eines Neophyten als Nahrungspflanze. Inwieweit es unter den konkreten Bedingungen eines bestimmten Landschaftsausschnittes eingelöst wird, hängt jedoch vom Zusammenspiel mit Umweltmerkmalen auf der Objektebene ab, die das Vorkommen einer Tierart begünstigen oder limitieren (Abb. 58, rechte Spalte). Dies gilt natürlich auch für einheimische Pflanzenarten. Die Vorstellung, man bräuchte nur eine einheimische Art zu pflanzen, um die hieran gebundenen Tiere beobachten zu können (BARTH 1988), ist naiv, da sie die Rolle des Umfeldes außer Acht lässt. Zwei Beispiele zeigen seine Bedeutung auch für die Nutzung einheimischer Arten:

Beispiel

Auf Mittelstreifen in der Stuttgarter Innenstadt kommen kaum Schmetterlinge vor, obwohl gut geeignete Nahrungspflanzen gezielt angesät worden waren. Entweder verhindert das Umfeld ihre Inanspruchnahme oder andere Faktoren limitieren das Vorkommen der Schmetterlinge. Ein zweites Beispiel bieten die an Wildrosen vorkommenden Insekten. In Göttingen sind Rosenbüsche in der Innenstadt, am Stadtrand sowie im Außenbereich untersucht worden. Das Spektrum der jeweils festgestellten Tiergruppen weicht trotz gleicher Nahrungspflanzen stark voneinander ab (KLAUSNITZER 1993). Wie stark sich Isolationseffekte auf Tier-Pflanze-Interaktionen auswirken, ist gut an Wirbellosen demonstriert worden, die Gallen von unterschiedlich stark vereinzelten Wildrosen besiedeln (FERRARI et al. 1997).

Auch die Diversität der Blütenbesucher eines Neophyten wird wesentlich vom Umfeld bestimmt. Dies beginnt bereits mit den standörtlichen Lichtverhältnissen: Ein teilweise beschatteter *Buddleja*-Strauch wurde von deutlich weniger Schmetterlingen als ein benachbarter, aber voll besonnter besucht (PFITZNER 1983). Allgemein gilt: Je vielfältiger das Umfeld ist, desto reichhaltiger ist auch die Blütenbesuchergilde. SCHWABE & KRATOCHWIL (1991) zeigten dies mit einem Vergleich von *Fallopia*-Beständen an ausgebauten und naturnahen Fließgewässerabschnitten. Wie sich die Präsenz eines Neophyten auf die Blütenbesucher auswirkt, müsste mit direkten Vergleichsuntersuchungen an der Kontaktvegetation geprüft werden. Solche Ansätze ergaben für *Impatiens parviflora* und *Robinia pseudoacacia* unerwartet positive Ergebnisse (Tab. 44, Tab. 58). Auch im Vergleich zwischen Douglasie und Fichte wurde eine ähnliche Artenvielfalt – wenn auch eine andere Artenzusammensetzung – der in den Baumkronen lebenden Käfergemeinschaften festgestellt. Dieser Gleichklang gilt jedoch nur für den untersuchten Forstbestand, da in Naturwäldern Fichten sehr viel reicher an Insekten sind (GOSSNER & SIMON 2002). Solche Befunde dürfen demnach nicht ohne weiteres verallgemeinert werden. Sie zeigen jedoch, dass zwischen den Gruppen der potentiell und real von einer Pflanze profitierenden Tierarten große Unterschiede bestehen können.

Ein Beispiel für die Bedeutung des Zustandes potentieller Nahrungspflanzen bieten die xylobionten Käfer, die sich von totem Holz und teilweise auch von darin entwickelten Pilzen ernähren. Günstig ist vor allem stark dimensioniertes, stehendes und daher unterschiedlich feuchtes, wenigstens teilweise besonntes Totholz (MÖLLER 1991, KLAUSNITZER 1998). Viele hochgradig gefährdete Arten sind bei Eichen nachgewiesen worden. Aus einem Vergleich zwischen unterschiedlich zersetztem Eichen- und Fichtentotholz folgern HILT & AMMER (1994), dass bei älterem Totholz die Bedeutung des Zersetzungsgrades und der Feuchtigkeit gegenüber derjenigen der Ausgangsbaumart zurücktritt. Ob dies auch für neophytische Baumarten gilt, bleibt zu untersuchen. Angesichts des geringen Ausbreitungsvermögens vieler Totholzspezialisten sind hierfür direkte Attraktivitätsvergleiche auf alten Waldstandorten oder im urbanindustriellen Umfeld anzustreben.

7.2.2.1 Beispiel: Schmetterlingsstrauch (*Buddleja davidii*)

Der häufig gepflanzte, erst 1890 aus Ostasien eingeführte Schmetterlingsstrauch hat sich in der Nachkriegszeit stark in wintermilden Gebieten Mittel- und Westeuropas auf urbanindustriellen Ruderalflächen und an Eisenbahnrändern ausgebreitet (KREH 1952, DIESING & GÖDDE 1989, SCHMITZ 1991). Sein Beispiel lässt die Grenzen sowie das Potential von Neophyten als Nahrungspflanzen für Insekten erkennen. *Buddleja* wird von mindestens 21 Schmetterlingsarten besucht, darunter auch von drei, ursprünglich auf Braunwurzgewächse angewiesenen Arten (OWEN & WHITEWAY 1980, KLAUSNITZER 1993). *Buddleja* lockt also tatsächlich Schmetterlinge an.

Ein direkter Attraktivitätsvergleich zwischen einem *Buddleja*-Strauch in einem Garten und einem Bestand des Blutweiderichs (*Lythrum salicaria*) an einem angrenzenden Bach zeigte jedoch, dass sämtliche beobachtete Schmetterlingsarten *Lythrum* häufiger als *Buddleja* besuchten (PFITZNER 1983). In Chemnitz wurden 21 Schmetterlingsarten an *Buddleja* beobachtet. 96 % der Individuen entfielen auf sechs Arten, die allesamt Ubiquisten waren (insbesondere Kleiner Fuchs, Tagpfauenauge). Überwiegend waren es durchziehende Falter mit geringer Standorttreue (KLAUSNITZER 1993).

Buddleja wird zwar von vielen Schmetterlingen besucht, kann das Spektrum einheimischer Nahrungspflanzen jedoch nicht ersetzen. Dies ist dort von Nachteil, wo *Buddleja* anstelle attraktiverer Nahrungspflanzen kultiviert wird oder sich auf deren Kosten ausbreitet. In Gärten wie auf Ruderalstandorten, auf denen *Buddleja* in großen Stückzahlen auftritt, ist das wohl eher die Ausnahme als die Regel. Die Vorkommen in Mauern, auf teilversiegelten Industrieflächen, Aufschüttungen aus Bergematerial u. ä. und entlang herbizidbeeinflusster Bahnstrecken bieten Schmetterlingen vielmehr zusätzliche Nahrungsquellen, da wichtige Nahrungspflanzen wie der Blutweiderich auf solchen Standorten meist keine Rolle spielen.

Auf ähnlichen, zuvor häufig noch nicht begrünten Flächen kommt auch das südafrikanische *Senecio inaequidens* massenhaft vor, was beispielsweise die auf die Gattung *Senecio* spezialisierte Wanze *Nysius senecionis* fördert. Sie kann auf dem Neophyten bis zu drei statt der üblichen zwei Generationen bilden, da *S. inaequidens* länger als einheimische *Senecio*-Arten blüht (WERNER 1994). Bislang sind 62 phytophage Insektenarten an *Senecio inaequidens* festgestellt worden (SCHMITZ & WERNER 2000). Auf schwer besiedelbaren Sekundärstandorten stellt sich der Vergleich mit möglicherweise attraktiveren Nahrungspflanzen praktisch nicht, da sich diese aufgrund von Isolationseffekten oder extremen Standortbedingungen nur begrenzt etablieren können. Zudem ist hier der Beitrag nichteinheimischer Arten zur Bodenbildung und Standortentwicklung zu würdigen.

7.2.2.2 Beispiel: Robinie (*Robinia pseudoacacia*)

Das Beispiel der Robinie veranschaulicht, wie umfassend ein Neophyt, der als nicht sonderlich attraktiv für Insektenarten gilt, in biozönotische Zusammenhänge einbezogen ist. Als Primärkonsumenten nennen KENNEDY & SOUTHWOOD (1984) für Großbritannien nur zwei phytophage Arten. KRUEL (1952) führt etwa 60 Tierarten für Mitteleuropa auf, die Robinien als

Nahrungsquelle nutzen. Darunter sind 48 meist polyphage Insektenarten. Neben der schon lange vorkommenden Blattwespe *Pteronidea tibialis* wird seit 1983 mit der Robinien-Miniermotte (*Phyllonorycter robinella*) ein weiteres aus Nordamerika stammendes Neozoon an Robinien beobachtet. Es wurde zuerst in der Baseler Gegend gefunden und hat inzwischen auch Norddeutschland erreicht (BATHON 1998). Minen dieses Schmetterlings werden auch von anderen Tieren genutzt. So kamen in 10% der in Berlin untersuchten Minen Chalcididae (Hymenoptera) als Parasiten vor (KASCH & NICOLAI 2002).

Dass in Mitteleuropa mehr Insektenarten an Robinien gefunden wurden als in Großbritannien, kann durch die Art der Untersuchungen bedingt sein, aber auch vom größeren Verbreitungsgebiet und der Häufigkeit der Robinie in sommerwarmen Gebieten abhängen. In jedem Fall sind Anzahl und Wirkung der Phytophagen hier geringer als im Heimatareal.

In den nordamerikanischen Appalachen begrenzen zahlreiche Phytophage, besonders der Robinienbohrer *Megacyllene robiniae*, die Vitalität und das Alter der Robinien (BORING & SWANK 1984a). HARGROVE (1986) nennt allein für die südlichen Appalachen 75 Insektenarten. In Mitteleuropa gibt es dagegen keine nennenswerten Beeinträchtigungen des Robinienwachstums durch Insekten. *Pinus radiata*, deren natürliches Areal auf Kalifornien begrenzt ist, hat sich weltweit stark von Anpflanzungen ausgebreitet – in Chile jedoch nicht, was auf herbivore Insekten zurückgeführt wird (KRUGER et al. 1989).

Für viele Blütenbesucher ist Robiniennektar eine wichtige Nahrungsquelle (Honigbienen, einige Wildbienenarten), als Pollenspender ist die Pflanze dagegen weniger bedeutend. Robinien werden vom Wild mäßig beäst. Symbiosen mit Bakterien der Gattung *Rhizobium* (Stickstofffixierung) und mit Wurzelpilzen erleichtern die Besiedlung von Pionierstandorten. Im Oberrheingebiet hat WINTERHOFF (1981, 1991) zahlreiche fakultative Mykorrhizapilze an *Robinia* festgestellt, darunter auch seltene und gefährdete. Aus Ungarn ist die Symbiose mit der Trüffelart *Terfezia terfezioides* bekannt (BRATEK et al. 1996). Insgesamt ist mit etwa 230 saprophytisch oder parasitär an Robinie lebende Pilzarten zu rechnen (LIESE 1952). Die meisten zersetzen die tote Biomasse. Unter den in das lebende Holz eindringenden Parasiten ist der Schwefelporling am häufigsten. Als pflanzlicher Halbparasit besiedelt die Mistel (*Viscum album*) in einigen Gegenden Robinien (FISCHER 1985). Aufgrund des günstigen C/N-Verhältnisses ihres schnell abbaubaren Laubes fördert die Robinie auch die biologische Aktivität im Boden (GEMEINHARDT 1959/60).

Die Robinie ist ein attraktiver Nistbaum für Vögel (TURCEK 1961). Im Saarland wurden in robinienreichen Wäldern eine höhere Artenzahl und Dichte an Brutvögeln beobachtet als in benachbarten robinienfreien Beständen (JANSSEN & KLEIN 1992). Dass Robinienbestände gerne von Vögeln aufgesucht werden, lassen auch die zahlreichen durch Vögel verbreiteten Gehölzarten erkennen, die in Berliner Robinienbeständen in weitaus größerer Menge als in Birkenbeständen aufwachsen (KOWARIK 1992b). Hier können auch Rückkopplungseffekte zum Tragen kommen: Durch die symbiotische Stickstofffixierung bildet sich in älteren Robinienbeständen selbst auf ursprünglich nährstoffarmen Ausgangsstandorten eine dichte Strauchschicht des anspruchsvollen Schwarzen Holunders (*Sambucus nigra*), dessen Beeren für Vögel besonders attraktiv sind. Die bei *Robinia* früher als bei anderen Bäumen beginnende Höhlenbildung bietet außerdem Habitatangebote u. a. für Fledermäuse (BRINKMANN mündlich).

Wenn Robinien in Magerrasen eindringen, verändert sich deren Tier- und Pflanzenwelt erheblich. Eine Verarmung ist möglich, aber nicht zwangsläufig, wie Untersuchungen zu Spinnen, Laufkäfern und Blütenpflanzen auf dem Berliner Südgelände zeigen. Die etwa 35-jährigen Robinienbestände erwiesen sich als artenreicher als benachbarte Birken-Pappel-Bestände (Tab. 44). Auch wenn Robinien für Phytophage eine geringere Rolle als beispielsweise Birken spielen, so sind die von ihnen direkt oder indirekt geschaffenen Habitatbedingungen durchaus günstig für andere Artengruppen. Viele der in älteren städtischen Robinienbeständen vorkommenden Pflanzen sind durch Vögel eingetragen worden. Dass Robinienforste in Kiefernforstgebieten häufig wesentlich artenärmer sind, liegt wesentlich an der Isolation von Ausbreitungsquellen und nicht an der mangelnden Habitateignung der Robinienbestände (KOWARIK 1996b).

Um Missverständnisse auszuschließen: Das Einwandern der Robinie in Magerrasen ist ebenso wie das Einwachsen anderer (auch einheimischer) Gehölze aus Naturschutzsicht meist unerwünscht, da seltene und gefährdete Arten eher ans Offenland als an Gehölzbiotope angepasst sind. Die Wiederbewaldung von Magerrasen ist jedoch kein spezielles Neophytenproblem, sondern eines der Landbewirtschaftung. Allerdings bewirkt *Robinia* schnellere und auch nachhaltigere Veränderungen als andere Gehölzarten (siehe Kap. 6.2.5.5). Das Argument ihrer fehlenden biozönotischen Einbindung ist jedoch nicht stichhaltig.

7.2.3 Neophyten als „Lückenfüller"

Blüten besuchende Insekten sind auf die Kontinuität der Blütentracht angewiesen, da sie Trachtlücken meist nicht wie Honigbienen mit gespeicherten Vorräten überbrücken können. Vielerorts klaffen Lücken in der Trachtpflanzenkette, da blütenreiche Kleinstrukturen und der Blütenreichtum des Grünlandes allgemein reduziert worden sind. Neophyten können solche Lücken nicht völlig und auch nicht für alle Insekten, aber doch zu einem Teil kompensieren. Damit kommt ihnen eine Lückenfüllerfunktion zu, solange die Ursachen des verminderten Blütenangebotes nicht beseitigt werden (VON HAGEN 1991). Während die Honigbiene durch die Ansaat guter Bienenweidepflanzen (z. B. *Phacelia tanacetifolia*) effektiv gefördert werden kann, ist für Wildbienen ein artenreiches Spektrum günstiger, beispielsweise auf selbstbegrünten Ackerbrachen (STEFFAN-DEWENTER & TSCHARNTKE 1996) oder auf Ruderalflächen. Wichtige Pollenlieferanten sind Schmetterlings- und Korbblütler, darunter auch Neophyten wie die Rispen-Flockenblume (*Centaurea stoebe*; WESTRICH 1989, SAURE 1993).

Spät blühende Neophyten unterstützen das Pollen- und Nektarangebot vom Sommer bis zum Herbst, das früher blütenreiche Wiesen und, nach deren Schnitt, Säume geboten haben.

Die Bedeutung spät blühender Neophyten an Gewässerrändern haben SCHWABE & KRATOCHWIL (1991) skizziert:

- *Aster*-Arten verlängern das Nektar- und Pollenangebot für einige spät fliegende Wildbienen (Furchen-, Schmalbienen, Hummeln), Schwebfliegen und viele Tagfalter, besonders für Bläulinge.
- *Solidago canadensis* und *S. gigantea* werden ebenfalls von Wildbienen, Schwebfliegen, Schmetterlingen und anderen Insekten genutzt.
- Imker fördern Goldruten häufig, obwohl ihr Nektar und Pollen als mäßig für die Honigbiene gelten. Wegen des späten Blühtermins ergibt sich, wie bei Astern, oft keine schleuderbare Tracht für die Honiggewinnung.
- *Impatiens glandulifera* kommt eine große Bedeutung als Pollen und Nektar spendende Hummelblume zu. Sie kann zu einer dominanten Pollensammelpflanze einzelner Hummelvölker werden (Abb. 59), zumal wenn ihre Blüte mit dem Zeitraum der großflächigen Wiesenmahd zusammentrifft. Auch andere Insektengruppen nutzten sie (Tab. 58).
- *Heracleum mantegazzianum* wird reichlich von Nektar und Pollen suchenden Insekten besucht und gilt auch als wertvolle Nahrungsquelle für Honigbienen.
- *Fallopia*-Arten verfügen über Nektarien am Blattgrund, die Ameisen, möglicherweise auch anderen Insekten zugute kommen (SUKOPP & SCHICK 1992). Ihre Blüten werden überwiegend von Zweiflüglern, namentlich von Schwebfliegen, aber auch von Wildbienen und einigen Käfern besucht. Hierunter fanden sich in naturnaher Umgebung auch seltene und gefährdete Arten.

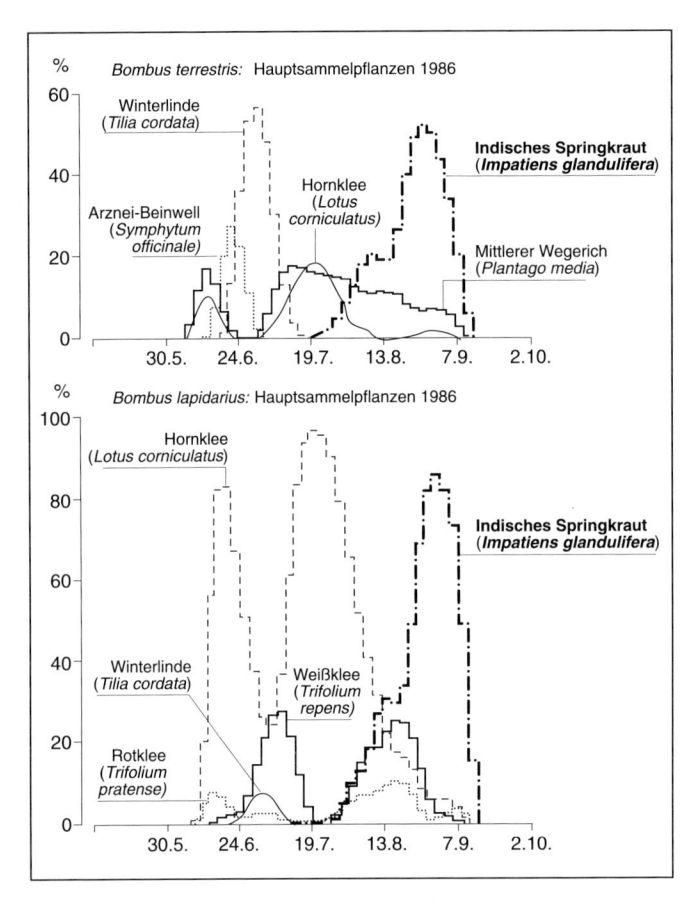

Abb. 59
Impatiens glandulifera als eine Hauptsammelpflanze von zwei Hummelarten im Spätsommer. Dargestellt ist die prozentuale Verteilung des von Arbeiterinnen eingetragenen Pollens auf verschiedene Pflanzenarten (aus SCHWABE & KRATOCHWIL 1991).

Auch im **Siedlungsbereich** füllen Neophyten das Blütenangebot im Sommer und verlängern es bis in den Herbst hinein (vgl. auch das Beispiel der Silber-Linde auf S. 250). Im Frühjahr helfen einige häufig gepflanzte Arten aus den Gattungen *Mahonia, Ribes, Berberis, Symphoricarpos* und *Cotoneaster* Lücken beispielsweise zwischen der Salweiden- und Obstblüte zu überbrücken. Die bei Naturschützern wenig beliebten *Cotoneaster*-Arten gelten als wichtige Nahrungsquelle auch seltener Faltenwespen (LAUTERBACH 1993).

7.3 Schlussfolgerungen für Naturschutz und Landschaftspflege

Die Herkunft von Pflanzen beeinflusst als wichtiger, aber nicht alleiniger Faktor ihre Einbindung in das vielfältige Geflecht von Nahrungsbeziehungen. Letztendlich entscheiden die Bedingungen des Umfeldes, inwieweit das Potential einer Nahrungspflanze von Tieren überhaupt in Anspruch genommen werden kann (Abb. 58). Dort, wo Neophyten als Pionierpflanzen auftreten, zusätzliche Vegetationsschichten aufbauen oder sich besser als einheimische Arten gegenüber ungünstigen Bedingungen behaupten können, können sie beispielsweise phytophage Insekten begünstigen, selbst wenn es für diese attraktivere Nahrungspflanzen gibt. Werden letztere allerdings bei der Magerrasensukzession, in blütenreichen Säumen oder an Gewässerrändern von Neophyten ersetzt, sind negative Rückwirkungen für Tiere möglich.

Dies ist im **Außenbereich** angesichts der allgemeinen Eutrophierung und der Blütenarmut von Landwirtschaftsflächen jedoch nicht die Regel, sodass auch hier das Vorkommen einiger Neophyten als „Lückenfüller" positiv zu beurteilen ist. Auch wenn Neophyten anstelle besonders attraktiver Vegetationstypen dominieren, bedeutet der Ersatz nicht zwangsläufig die Verdrängung. Um der Rolle von Neophyten in solchen Situationen gerecht zu werden, sollten die kausalen Bezüge differenziert werden. Hierbei stellt sich die folgende Grundfrage: Werden einheimische Pflanzen oder Vegetationstypen, die besonders attraktiv für faunistische Zielarten sind, ursächlich durch Neophyten verdrängt oder limitieren andere Faktoren (Eutrophierung, anthropogene Störungen, Isolationseffekte, Veränderungen der Landnutzung, Pflege usw.) ihr Vorkommen? Im ersten Fall sind unerwünschte Auswirkungen den Neophyten unmittelbar zuzuschreiben, im zweiten sind sie eher Symptom anderer Ursachen, die ihrerseits Neophyten begünstigt haben. Sofern sie nicht zu beheben sind, verspricht die Neophytenbekämpfung einen allenfalls vorübergehenden Erfolg.

Zudem bestehen methodische Probleme. Wird die Bedeutung einer Pflanzenart für „die Tierwelt" bewertet, darf nicht vergessen werden, wie stark das Bewertungsergebnis von der Auswahl der betrachteten Tiergruppe vorbestimmt wird. Welche Tiergruppen wertbestimmende Indikatoren sind, hängt vom Landschaftszusammenhang und besonders von den betroffenen Biotoptypen ab (zur Auswahl geeigneter Indikatorartengruppen siehe BRINKMANN 1998). Die häufig vorgenommene Konzentration auf phytophage Insekten hat eine gewisse Berechtigung, da diese Gruppe direkt durch Veränderungen im Spektrum der Nahrungspflanzen betroffen wird. Phytophage stehen jedoch nur für einen Ausschnitt der Tierwelt, sodass die sie betreffenden Bewertungen nicht verallgemeinert werden können. Häufig entscheiden auch bei Phytophagen erst die konkreten Bedingungen vor Ort über die biozönotische Wirkung von Neophyten. Bewertungen auf der Basis von Bilanzierungen der Gesamtzahl der mit einer Pflanze assoziierten Tierarten sind daher für ökosystemare Betrachtungen wenig zielführend.

Für den **Siedlungsbereich**, und hier besonders für die Pflanzenwahl in Gärten und öffentlichen Grünanlagen, stellen sich weitere Fragen. Die Tierwelt der Städte unterscheidet sich stark von der ländlicher Gebiete. Einige Gruppen, wie Phytophage, sind weniger artenreich vertreten. Dies hängt wegen anderer limitierender Faktoren nur zum Teil von der starken Präsenz nichteinheimischer Pflanzen in der Ruderalvegetation und in Grünflächen ab. Insgesamt ist weder die urbane Pflanzennoch die Tierwelt weniger vielfältig als die des Umlandes. Für Pflanzen und für viele Tiergruppen gilt eher das Gegenteil. Der Benachteiligung von Phytophagen steht die Förderung anderer Tiergruppen gegenüber (KLAUSNITZER 1993).

7.3.1 Gehören nichteinheimische Arten in die Gärten?

Sollten in Grünflächen nichteinheimische gegen einheimische Pflanzen ausgetauscht werden, damit auch eng spezialisierten Tieren bessere Entwicklungsmöglichkeiten geboten werden können? Diese Debatte könnte auf die Grundfrage gebracht werden, ob die städtische Umwelt der ländlichen (welcher auch immer) anzupassen sei. Abgesehen von der real existierenden biologischen Vielfalt in Siedlungen sprechen einige Einwände dagegen.

Das Wesen gärtnerischer Gestaltung besteht im Suchen nach einer **künstlerischen Ausdrucksform**, die auf Imitation oder Übersteigerung natürlicher Vorbilder ebenso wie auf den schroffen Gegensatz zu ihnen zielen kann. Auch ein „Naturgarten" bleibt ein Garten mit anthropogen gesteuerten Strukturen und Prozessen. Identität mit konkreten Landschaftsausschnitten erreichen zu wollen, führte die Idee des Gartens ad absurdum. Die Gestaltidee kann nicht durch ein „Naturdiktat" (KIENAST 1981) ersetzt werden. Möglichst vollständige biozönotische Beziehungen nach außerstädtischen Vorbildern zu erhalten, scheidet daher als prioritäres Ziel der Gartengestaltung aus. Im Sinne eines nutzungsorientierten Naturschutzes können Naturschutzziele durchaus in denkmalwürdigen wie alltäglichen Gärten umgesetzt werden, ohne allerdings deren spezifischen Charakter infrage zu stellen (KOWARIK et al. 1998). Auch in Grünflächen können die Bedingungen für die Tierwelt verbessert werden, ohne das jeweilige Gestaltungskonzept zu sprengen. Hierbei ist die unterschiedliche Repräsentanz verschiedener Nahrungsgilden als Spezifikum des Stadtbereichs zu akzeptieren.

Eine **Förderung bestimmter Tiergruppen** gerät dort an Grenzen, wo sie mit Nutzungsansprüchen (z. B. der Bespielbarkeit von Rasen, Stadtverträglichkeit von Straßenbäumen, Artenspektrum für die Fassadenbegrünung) oder gestalterisch-ästhetischen Zielen konkurriert. Nichteinheimische Gehölze eröffnen beispielsweise ein weites Blütenspektrum, wogegen bei einheimischen Arten eher unscheinbare Farbtöne vorherrschen (KIEMEIER 1990). Ein eingeschränktes Repertoire an nichteinheimischen Pflanzen widerspräche zudem einer traditionellen Pflanzenverwendung, die nicht ausschließlich, aber immer auch auf die Vielfalt eingeführter Arten gesetzt hat (siehe Kap. 4). Wozu die extreme Forderung, so genannte Exoten nicht mehr zu pflanzen, führen würde, beschrieb bereits 1892 der Direktor des Botanischen Gartens in Halle: „Wenn plötzlich ... eine Gigantenhand über unsere Stadt führe und mit einem Schlage von Pflanzen alles entfernte, was nicht schon seit Menschengedenken von selbst bei uns gewachsen ist, da würden wir dann hinaustreten in eine abschreckende Wildnis" (KRAUS 1892).

Viele Neophyten profitieren im sekundären Areal vom geringeren Druck durch **Phytophage und Parasiten**. Dass einige hier höher als in ihrer Heimat wachsen, wird auf freie Ressourcen zurückgeführt, mit denen sonst tierische Feinde abgewehrt werden müssten (BLOSSEY & NÖTZOLD 1995). Vor allem auf schwierigen Standorten wie Straßen, auf denen die Pflanzen einer Vielzahl von Stressfaktoren unterworfen sind, kann die verminderte Rolle biotischer Gegenspieler als Vorteil gewertet werden. In Gärten ist der Spielraum größer, wobei auch hier gegenläufige Ziele bei der Integration der Pflanzen in Nahrungsbeziehungen und ihrer Gesundheit oder dem ästhetischen Erscheinungsbild bestehen. Einbindung in biozönotische Beziehungen beschränkt sich ja nicht auf das Anlocken attraktiver Schmetterlinge, sondern schließt auch den Befall mit Blattläusen, Pilzen sowie Fraßspuren an Blättern und Blüten ein.

Aus der Perspektive eines umfassenden Naturschutzansatzes im Sinne von § 1 des Bundesnaturschutzgesetzes sind neben speziellen Gesichtspunkten des Artenschutzes auch Funktionen von Pflanzen für den abiotischen Teil des Naturhaushaltes sowie für das kulturell geprägte Landschaftsbild zu berücksichtigen. In diesem Sinne ist die Förderung biozönotischer Beziehungen ein wichtiges, aber nicht das einzige Naturschutzziel. Für die gärtnerische Pflanzenwahl führt dies zusammenfassend zur Schlussfolgerung, anstelle eines pauschalen Verzichts auf nichteinheimische Arten eher auf arten- und strukturreiche Pflanzungen innerhalb des gewählten gestalterischen Rahmens hinzuwirken und hierbei auch, aber nicht ausschließlich für vernachlässigte einheimische Arten zu werben. Wird dies mit einem vielfältigen Habitatangebot und einer Erweiterung des Spielraumes für ökologische Prozesse verbunden, dürfte viel für die biologische Vielfalt von Grünflächen gewonnen sein.

8 Neomyceten

Übersichten zu Neomyceten liegen für verschiedene Pilzgruppen vor (SCHOLZ & SCHOLZ 1988, SCHOLLER 1996, KREISEL 2000, VOGLMAYR & KRISAI-GREILHUBER 2002). Wirtschaftliche Schäden lösen vor allem phytoparasitäre Pilze aus, von denen rund 60 Arten in Deutschland und weitere 15 in Nachbarländern vorkommen. 35 obligat phytoparasitäte Neomyceten sind in Deutschland eingebürgert. Darunter sind die meisten holarktische Arten, fünf stammen aus Südamerika, je eine aus Südafrika und Australien (SCHOLLER 1996). Durch die Aufhebung geographischer Isolation kann auch bei pathogenen Pilzen ein Genfluss stattfinden, der zu aggressiveren Formen führt (BRASIER 2001).

Katastrophale Folgen hat 1842 der aus Amerika eingeführte Erreger der Knollenfäule der Kartoffel, *Phytophthora infestans*, mit dem Auslösen einer Hungerkatastrophe in Irland bewirkt (HAMPSON 1992). Auch heute gehören Neomyceten zu den wirtschaftlich bedeutenden Parasiten in Landwirtschaft und Gartenbau (Tab. 60; Abschätzung der Kosten pathogener Organismen in Tab. 11). Der Erreger der Holländischen Ulmenkrankheit hat beispielsweise erhebliche Einbußen bei einheimischen Ulmen bewirkt (siehe Kap. 8.1). Andere Neomyceten sind ihren Wirten ins sekundäre Areal gefolgt, wobei ein erheblicher Time-lag-Effekt zwischen den Erstnachweisen von Wirt und Parasit besteht (Tab. 59, SCHOLLER 1996).

Tab. 59 Time-lag zwischen der Einführung von Neophyten und auf ihnen parasitierenden Neomyceten (nach SCHOLLER 1996)

Neophyten als Wirtspflanzen	Erstnachweis	Neomyceten als Parasiten	Erstnachweis	time lag
Oenothera parviflora agg.	1614	*Peronospora arthurii*	1902	288
		Erysiphe howeana	1956	342
Oxalis fontana	1807	*Ustilago oxalidis*	1927	120
Mimulus guttatus	1830	*Peronospora jacksonii*	1968	138
Juncus tenuis	1834	*Uromyces silphii*	1981	147
Impatiens parviflora	1837	*Puccinia komarovii*	1933	96
Lactuca tatarica	1902	*Puccinia minussensis*	1921	19

Tab. 60 Beispiele für Neobiota als Schadorganismen in Land- und Forstwirtschaft sowie im Gartenbau (nach HOFFMANN et al. 1994, erweitert)

Schaderreger/ Krankheit	Herkunft	sekundäres Verbreitungsgebiet	betroffene Pflanzen
Neozoen			
Eriosoma lanigerum (Blutlaus)	Nordamerika	Europa (Ende 18. Jh.)	Apfel
Viteus vitifoliae (Reblaus)	Nordamerika	Europa (1863)	Wein
Quadraspidiotus perniciosus (San José-Schildlaus)	Zentralasien	Nordamerika (1873) Europa (1927)	Obst, v. a. Kernobst

Tab. 60 Fortsetzung

Schaderreger/ Krankheit	Herkunft	sekundäres Verbreitungsgebiet	betroffene Pflanzen
Ostrinia nubilalis (Maiszünsler)	Europa	Nordamerika (1908)	Mais
Leptinotarsa decemlineata (Kartoffelkäfer)	Nordamerika	Europa (1922)	Kartoffel
Corythucha ciliata (Platanennetzwanze)	Nordamerika	Italien (1964) Deutschland (1983)	Platanen
Liriomyza huidobrensis (Minierfliege)	Amerika, Hawaii	Europa (1980)	v. a. an Gemüse/Zierpflanzen unter Glas, auch im Freiland
Frankliniella occidentalis (Kalifornischer Blütenthrips)	Nordamerika	Europa (1980)	an zahlreichen Gemüse- u. Zierpflanzen v. a. in Gewächshäusern
Phenacoccus manihoti (Maniokschmierlaus)	Südamerika	Afrika (1984)	Maniok
Diuraphis noxia (Russische Getreideblattlaus)	Eurasien	Nordamerika (1986)	Gräser
Neomyceten			
Phytophthora infestans (Kraut-, Knollenfäule der Kartoffel)	Mittel-/ Nordamerika	Europa (1842)	Kartoffel (Tomaten)
Uncinula necator (Echter Mehltau an Wein)	Nordamerika, Ostasien	Europa (1845)	Weinrebe, Wilder Wein (*Vitis, Ampelopsis, Parthenocissus*)
Hemileia vastatrix (Kaffeerost)	Zentral-, Ostafrika	Ceylon (1868), Sumatra (1876), Westafrika (1954), Brasilien (1970)	Kaffee
Plasmopara viticola (Falscher Mehltau an Wein)	USA	Europa (1878)	Weingewächse (*Ampelopsis, Cissus, Vitis*)
Cronartium ribicola (Weymouthskiefer/ Johannisbeerrost)	Europa	Nordamerika (1906)	Weymouthskiefer, *Ribes* (Johannis-, Stachelbeere)
Endothia parasitica (Kastaniensterben)	Ostasien	Nordamerika (1906) Europa (1923)	Esskastanien (*Castanea dentata, C. sativa*)
Pseudoperonospora humuli (Falscher Mehltau an Hopfen)	Japan	Europa (1924)	Hopfen
Ceratocystis ulmi (Ulmensterben)	Ostasien	Europa (Anfang 20. Jh.), Nordamerika (1930)	Ulmen, außer ostasiatische Arten, z. B. *U. parviflora, U. pumila*
Puccinia polysora (Maisrost)	Mittelamerika	Westafrika (1949)	Mais

Tab. 60 Fortsetzung			
Schaderreger/ Krankheit	Herkunft	sekundäres Verbreitungsgebiet	betroffene Pflanzen
Peronospora tabacina (Falscher Mehltau an Tabak)	USA, Australien	Europa (1957)	Nachschattengewächse (*Capsicum, Lycopersicon, Nicotiana, Solanum*)
Ascochyta chrysanthemi	USA	Europa (1961)	Chrysanthemen
Puccinia pelargoniizonalis (Pelargonienrost)	Afrika	Europa (1962)	Pelargonien
Puccinia horiana (Weißer Chrysanthemenrost)	Afrika	Europa (1964)	Chrysanthemen
Erysiphe spec. (Echter Mehltau an Tomate)	Asien, östliches Mittelmeergebiet	USA (1978) Europa (1986)	Tomate
Viren			
Scharkavirus	Balkan	Deutschland (1961)	Pflaumen, Aprikosen, (Pfirsich)
BNYVV (Rhizomania d. Zuckerrübe)	Italien	Deutschland (1978)	Zuckerrübe
Bakterien			
Erwinia amylovora (Feuerbrand)	Nordamerika	England (1958) Deutschland (1971)	Obstgehölze (*Pomoideae*), Rosengewächse, v. a. *Crataegus, Cotoneaster*
Rhizomonas suberifaciens (Korkkrankheit an Eisbergsalat)	USA	Europa (1989)	Eisbergsalat

8.1 Holländische Ulmenkrankheit

Ophiostoma (= *Ceratocystis*) *ulmi* ist ein ostasiatischer Welkepilz, der wahrscheinlich mit Nutzholz nach Europa eingeschleppt und zuerst in Holland beschrieben worden ist (daher „Holländische Ulmenkrankheit"). Er hat in Europa große Einbußen bei Feld- und Berg-Ulme (*Ulmus minor, U. glabra*), in Nordamerika bei *U. americana* bewirkt. Diese Arten sind wegen ihrer großlumigeren Gefäße stärker als ostasiatische Ulmen gefährdet. Die Beiträge in KLEINSCHMIT & WEISGERBER (1993) bieten eine Zusammenfassung zu Ursachen und Folgen der Krankheit sowie zu Handlungsmöglichkeiten.

Der Neomycet wird meist von einheimischen Ulmensplintkäfern übertragen. Nach Nordamerika gelangte er mit europäischem Ulmenholz, mit dem auch der Kleine Ulmensplintkäfer (*Scolytus multistriatus*) eingeschleppt wurde. Dort wirkt die Krankheit durch die Kombination Neomycet als Erreger und Neozoon als Überträger. Nach der Infektion des Xylems kommt es zu einer Abschottungsreaktion, durch die höher gelegene Kronenteile vom Stofftransport abgeschnitten werden und absterben. Infektionen sind auch über Wurzelkontake möglich, beispielsweise zwischen Ulmen in Alleen.

Eine erste Epidemie begann in Europa gegen 1910 und klang nach 1940 wegen der verminderten Aggressivität von *Ophiostoma ulmi* aus. Dieser Neomycet verursacht heute in Europa und Nordamerika nur noch leichtere Erkrankungen. Seit Ende der 60er-Jahre tritt jedoch eine neu entstandene, wesentliche aggressivere Form auf, die als *Ophiostoma novo-ulmi* beschrieben wurde (Entstehung eines Anökomyceten in Analogie zur Anökophytie, siehe Kap. 1.2). Sie befällt auch Ulmen, die gegen *O. ulmi* resistent sind und hat beispielsweise in Österreich diese Art bereits verdrängt. Auch *O. novo-ulmi* könnte an Aggressivität verlieren, was sich aber noch nicht abzeichnet (VOGLMAYR & KRISAI-GREILHUBER 2002).

Ein großer Teil der europäischen Ulmen soll der Krankheit bereits zum Opfer gefallen sein, in Südengland beispielsweise zwischen 1971 und 1978 rund 70% der etwa 22 Millionen Ulmen (MCNABB 1971). Die europäischen Ulmen werden wahrscheinlich dennoch nicht aussterben, da sie sich in Strauchform regenerieren und auch vermehren können. Ihre Rolle als prägende Baumgestalten verschiedener Laubwaldtypen und als Straßenbaum haben sie jedoch eingebüßt. So bestehen in Thüringischen Naturschutzgebieten nur noch die Hälfte der vor 1970 bekannten *Ulmus minor*-Vorkommen. Bei *U. glabra* war der Rückgang mit 6% geringer. Beide Arten kommen jedoch kaum noch in der Baumschicht vor (WESTHUS & HAUPT 1990). In Hessen hat die Schadfläche von 1988 bis 1991 um das 40fache zugenommen (KLEINSCHMIT & WEISGERBER 1993). In Auenwäldern am Rhein ist die Feld-Ulme besonders stark zurückgegangen, beispielsweise auf der Mannheimer Reißinsel zwischen 1971 und 1980 von 29% auf 7% (BÜCKING 1982). Die Lücken sind weitgehend geschlossen, wozu auch der Eschen-Ahorn (*Acer negundo*) beiträgt (siehe Kap. 6.3.8).

Seit den 50er Jahren wird intensiv nach resistenten Ulmen gesucht. Das Auftreten von *O. novo-ulmi* hat erste Erfolge von Resistenzzüchtungen zunichte gemacht. Amerikanische Züchtungen, bei denen auch ostasiatische Ulmen eingekreuzt wurden, sind unter dem Markenzeichen Resista-Ulme auch auf dem deutschen Markt zu finden (z. B. die *Ulmus*-Sorten 'Rebona', 'Revera', 'Reverti'). Sie sollen ein hohes Resistenzniveau auch gegenüber *O. novo-ulmi* besitzen (BÄRTELS 1997). Allerdings handelt es sich hierbei um Kulturpflanzen mit beschränkter genetischer Vielfalt. Im Siedlungsbereich ist ihr Einsatz unproblematisch. Sie können in Grünanlagen einzeln, am besten in Gruppen anderer Bäume gepflanzt werden, um die Wirtsfindung der Splintkäfer zu erschweren (GRUBER 1996). Auch die weniger anfällige Flatter-Ulme kann in Grünanlagen gepflanzt werden. Beide Maßnahmen können die genetische Vielfalt der einheimischen Ulmen jedoch nicht ersetzen. Hierzu tragen die laufenden forstlichen Erhaltungsprogramme bei. Neben Erhaltungskulturen und der Einlagerung vermehrungsfähigen Materials können Feld- und Berg-Ulme auf passenden Standorten auch vereinzelt im Inneren von Beständen gepflanzt werden (nicht an Wald- oder Gewässerrändern oder in Alleen), um Neuinfektionen zu begrenzen.

Zu Hygienemaßnahmen gibt es gegensätzliche Vorschläge. Häufig wird gefordert, erkrankte Bäume sofort zu beseitigen und das Holz zu verbrennen (z. B. ZIMMERMANN 1993). Wenn dies aus Verkehrssicherheitsgründen nötig ist, gibt es keine Alternative. Ansonsten ist die große Bedeutung absterbenden und toten Holzes für hieran angepasste, oft hochgradig gefährdete Tiere zu bedenken (KLAUSNITZER 1998). Gegen radikale Hygienemaßnahmen spricht die Erfahrung, dass sie die Ausbreitung der Krankheit nur sehr begrenzt verzögert haben. Die verheerende Wirkung der zweiten Epidemie auf die verbliebenen, zuvor resistenten Ulmen relativiert die Erfolgsaussichten von Hygienemaßnahmen und Resistenzzüchtungen (gegensätzliche Meinung bei ZIMMERMANN 1993). Es bleibt die Hoffnung, dass einzelne Ulmen im Waldinneren überleben und die Aggressivität des Erregers abklingt.

8.2 *Cryphonectria parasitica*

Der um die Jahrhundertwende aus Asien nach Nordamerika eingeschleppte Erreger des Kastanienrindenkrebses, der Neomycet *Cryphonectria* (*Endothia*) *parasitica*, hat dort zum größten neuzeitlichen Artenwandel innerhalb von Laubwäldern geführt. Binnen weniger Jahrzehnte wurde mit *Castanea dentata* eine häufige und wirtschaftlich bedeutende Baumart fast völlig zurückgedrängt. Inzwischen haben andere Arten die Lücken ausgefüllt (ELTON 1958, STEPHENSON 1986). Südlich der Alpen ist seit 1938 die Esskastanie (*Castanea sativa*) betroffen, die allerdings weniger anfällig ist. Wenige Jahre nach der Einschleppung des Pilzes haben sich zudem, ganz anders als beim Erreger der Ulmenkrankheit, weniger virulente Erreger etabliert (Hypovirulenz), sodass die Krankheit hier weniger dramatisch verläuft. Seit 1989 wird der Pilz auch auf der Alpennordseite, seit 1992 auch in Deutschland (Ortenaukreis) beobachtet. Der Beginn der Infektion geht wahrscheinlich bis auf das Jahr 1985 zurück. 2001 waren neun Befallsherde aus Baden-Württemberg und der Pfalz bekannt. Ein Vorkommen ging von Esskastanien aus, die Urlauber aus Südfrankreich mitgebracht hatten. Die Ausbreitungsgeschwindigkeit der Pilzinfektion liegt zwischen 100 und 400 Meter pro Jahr. Quarantänemaßnahmen sind nach der Pflanzenbeschauverordnung in ausgewiesenen Befallsgebieten notwendig, wobei die Hoffnung besteht, die weitere Ausbreitung der Krankheit einzudämmen, bis hypovirulente Pilzstämme natürlich auftreten oder künstlich ausgebracht werden können (SEEMANN et al. 2001).

9 Neozoen

(PETER BOYE)

Wie Pflanzen sind auch zahllose Tierarten zu biologischen Invasoren geworden. Auch bei ihnen werden vor allem jüngere Invasionen als problematisch angesehen. Daher konzentriert sich dieses Kapitel auf Neozoen, das heißt auf die nach 1492 eingeschleppten oder eingeführten und nun in Mitteleuropa wild lebenden Tierarten (zur Ableitung des Begriffs und zur Abgrenzung gegen Archäozoen siehe Kap. 1.6 und Tab. 4). Im Mittelpunkt stehen hierbei Neozoen, deren ursprüngliche Verbreitungsgebiete in anderen Faunenregionen oder Kontinenten liegen. In vielen regionalen oder lokalen Faunen kommen darüber hinaus auch Neozoen vor, die anderswo in Europa oder Deutschland einheimisch sind (z. B. terrestrische Säugetiere auf Nordseeinseln).

9.1 Einleitung

Fast überall in Europa haben Neozoen den ursprünglichen Tierartenbestand erweitert. Aber für nur wenige Gebiete und Artengruppen sind solche Faunenveränderungen gut dokumentiert. Meist handelt es sich hierbei um Arten, die in der Nähe des Menschen leben (z. B. in Parks oder Wohnungen, KLAUSNITZER 1993, WEIGMANN 1996) oder menschliche Nutzungen in irgendeiner Weise beeinträchtigen. Weniger auffällige Arten werden oft erst untersucht, wenn sie Lebensgemeinschaften wesentlich verändern. Neozoen werden zuweilen nicht als solche erkannt und irrtümlich als einheimisch gewertet. Aus Deutschland sind derzeit 1123 Neozoen bekannt, darunter mindestens 262 etablierte Arten. Die meisten sind Insekten (Tab. 61).

Sich rasch ausbreitende und etablierende Neozoen verfügen oft über Eigen-

Tab. 61 Verteilung der 1123 in Deutschland vorkommenden Neozoen auf Artengruppe mit Angaben zur Etablierung der Arten (nach GEITER & KINZELBACH 2002a)

Artengruppe	Artenzahl	etablierte Arten	Arten mit fraglichem Status
Säugetiere (*Mammalia*)	21	11	0
Vögel (*Aves*)	162	11	9
Reptilien (*Reptilia*)	14	0	1
Amphibien (*Amphibia*)	8	0	1
Knochenfische (*Osteichthyes*)	51	8	22
Spinnentiere (*Arachnida*)	32	10	20
Insekten (*Insecta*)	536	115	238
Krebse (*Crustacea*)	63	26	28
Ringelwürmer (*Annelida*)	34	10	20
Sonstige Gliedertiere	20	7	1
Weichtiere (*Mollusca*)	83	40	36
Rundwürmer (*Nemathelminthes*)	24	4	10
Plattwürmer (*Plathelminthes*)	36	8	20
Nesseltiere (*Cnidaria*)	7	5	1
einzellige Tiere (*Protozoa*)	19	3	8
sonstige Arten	13	4	5
Summe	1123 (100%)	262 (23,3%)	420 (37,4%)

schaften, die ihnen eine erfolgreiche Invasion erleichtern. Es sind zumeist Tierarten, die auch in ihrem ursprünglichen Verbreitungsgebiet konkurrenzstark und anpassungsfähig sind und deshalb in großen Arealen häufig vorkommen. Damit erhöht sich zugleich die Wahrscheinlichkeit einer Verfrachtung. Ihr Nahrungsspektrum ist entweder relativ groß, oder sie sind als Parasiten auf eine vom Menschen häufig angebaute oder gehaltene Art spezialisiert. Viele Neozoen besitzen eine hohe Besiedlungspotenz, etwa weil sie neu entstandene Lebensräume als Pioniere besiedeln, zahlreichen Nachwuchs hervorbringen oder sehr mobil sind und dadurch gut geeignete Lebensräume aufsuchen können. Einige der eingebrachten Tierarten trafen in Europa auch auf eine konkurrenzlose Situation, das heißt die Lebensgemeinschaften und Lebensräume boten eine ökologische Nische, die durch einheimische Arten nicht besetzt war (STREIT 1991, KINZELBACH 1996, GEITER & KINZELBACH 2002a).

Die Invasion fremder Tierarten erfolgt in terrestrischen Lebensräumen meist schneller als in marinen. Das überrascht etwas, denn im Meer könnten sich die Tiere mit Strömungen schnell und weit verdriften lassen. Aber in marinen Systemen existieren offenbar weniger stabile Ausbreitungsbedingungen, sodass die Arten an Land mit einer kontinuierlicheren Arealvergrößerung langfristig doch effektiver sind. Die jährliche Ausbreitungsdistanz kann auch bei einer Art in verschiedenen Gebieten unterschiedlich sein. So breitete sich die Europäische Strandkrabbe (*Carcinus maenas*) an der Küste Kanadas mit einer Geschwindigkeit von bis zu 100 Kilometer pro Jahr aus. In Kalifornien waren es etwa 25 Kilometer und in Südafrika nur etwa 17 Kilometer pro Jahr (GROSHOLZ 1996).

9.2 Wirbeltiere

In Deutschland sind derzeit je elf Säugetier- und Vogelarten sowie acht Fischarten sicher etablierte Neozoen. Nahezu alle sind ursprünglich absichtlich eingeführt worden (Tab. 61 und Tab. 62). Ein Teil wurde absichtlich ausgesetzt, nämlich zur Bereicherung der Jagd- und Fischereierträge oder zur Verschönerung der belebten Umwelt. Andere sind aus Gefangenschaftshaltungen entwichen (Beispiele in Tab. 63).

Die heutige **Fischfauna** enthält viele Arten mit anthropogen veränderten Vorkommen. Vor allem in den 60er-Jahren wurden zur Erhöhung der Produktivität von Stillgewässern Graskarpfen (*Ctenopharyngodon idella*) ausgesetzt, die die aquatische Vegetation abweiden sollten. Der Import des Mosquitofisches (*Gambusia affinis*) sollte der Bekämpfung von Stechmücken dienen. In den 70er-Jahren wurden nach teilweise katastrophalen Gewässerverschmutzungen Fische wiederangesiedelt, ohne darauf zu achten, woher diese Arten stammten und ob die Gewässer zu ihrem natürlichen Verbreitungsgebiet gehörten. Im Rhein waren davon beispielsweise der Zährte (*Vimba vimba*), der Rapfen (*Aspius aspius*) und der Zander (*Stizostedion lucioperca*) betroffen (LELEK 1996). Auch das als Wiederansiedlung propagierte Pro-

Tab. 62 Unterschiedliche Bedeutung absichtlicher Einführungen und unbeabsichtigter Einschleppungen bei Wirbeltieren und Wirbellosen der Neozoenfauna Deutschlands (Auswertung für 626 Arten, nach GEITER & KINZELBACH 2002a)

Art der Einführung oder Ausbringung	Wirbeltierarten	Wirbellosenarten
ursprünglich eingeführt		
• absichtlich ausgesetzt	145 (47%)	53 (17%)
• aus Gefangenschaft entwichen	152 (50%)	–
unbeabsichtigt eingeschleppt		
• mit Tierimporten	3 (1%)	61 (19%)
• mit Warenimporten	2 (1%)	117 (36%)
• mit Transportmitteln	2 (1%)	91 (28%)

Tab. 63 Beispiele für Neozoen unter den Wirbeltieren in Deutschland

Neozoen	Herkunft	in Deutschland seit	Einführungsweise	Vorkommen in Deutschland	Literatur
Säugetiere (Mammalia)					
Bisam (*Ondatra zibethicus*)	Nordamerika	1914	zur Bereicherung von Parkgewässern ausgesetzt	an Gewässern in ganz Deutschland etabliert	PELZ (1996)
Nutria (*Myocastor coypus*)	Südamerika	30er-Jahre	aus Pelztierzuchten entwichen	an Flüssen und Teichen in Ost-, West- und Südwestdeutschland etabliert	NIETHAMMER (1963)
Waschbär (*Procyon lotor*)	Nordamerika	1927	aus Pelztierfarmen entwichen, zur Bereicherung jagdbaren Wildes ausgesetzt	in ganz Deutschland etabliert, vorwiegend in Wäldern	NIETHAMMER (1963), HOHMANN & BARTUSSEK (2001)
Marderhund (*Nyctereutes procyonoides*)	Ostasien	50er-Jahre	1928 Ansiedlung als Pelztier westl. Ural, danach Ausbreitung westwärts	in ostdeutschen Feuchtgebieten, Donautal etabliert, Einzeltiere auch im übrigen Deutschland	NOWAK (1977) u.a.
Mink (*Mustela vison*)	Nordamerika	30er-Jahre	aus Pelztierfarmen entwichen	in Feuchtgebieten Nordwest- und Ostdeutschlands etabliert	NIETHAMMER (1963)
Sikahirsch (*Cervus nippon*)	Ostasien	1930	zur Bereicherung des jagdbaren Wildes ausgesetzt	in Waldgebieten in Schleswig-Holstein, Nordrhein-Westfalen, Baden-Württemberg und Bayern etabliert	NIETHAMMER (1963) u.a.
Mufflon (*Ovis orientalis*)	Mittelmeerinseln	Anfang 18. Jh.	zur Bereicherung des jagdbaren Wildes ausgesetzt	in Waldgebieten in vielen Teilen Deutschlands außerhalb der Tiefebenen etabliert	NIETHAMMER (1963)
Vögel (Aves)					
Nilgans (*Alopochen aegyptiacus*)	Afrika, südl. Sahara, Niltal	1977	aus Haltungen entflogen	am Niederrhein etabliert, auch in Feuchtgebieten anderer Bundesländer brütend	MOOIJ (1998)
Mandarinente (*Aix galericulata*)	Ostasien	Wende 19./20. Jh.	aus Haltungen entflogen	vorwiegend an Parkgewässern etabliert	NIETHAMMER (1963)

Art	Herkunft	Jahr	Einbringung	Status	Quelle
Chileflamingo (*Phoenicopterus chilensis*)	Südamerika	1982	aus Haltungen entflogen	im Zwillbrocker Venn mit Brutkolonie etabliert	GRIESOHN-PFLIEGER (1995)
Wildtruthuhn (*Meleagris gallopavo*)	Nordamerika	50er-Jahre	zur Bereicherung der jagdbaren Wildes	im Kottenforst bei Bonn dank mehrfacher Ansiedlungen etabliert	SPITTLER (1998)
Halsbandsittich (*Psittacula krameri*)	Afrika und südl. Asien	60er-Jahre J.	aus Haltungen entflogen	in vielen Großstädten etabliert	BEZZEL (1996)
Großer Alexandersittich (*Psittacula eupatria*)	südl. Asien	80er-Jahre	aus Haltungen entflogen	erste Ansiedlungen in Parks in Köln und Wiesbaden	OSTWALD (1996)
Hirtenmaina (*Acridotheres tristis*)	Mittel- bis Südostasien	20. Jh.	aus Haltungen entflogen	sporadische Vorkommen in Großstädten, z.B. 1970er-Jahre in Hamburg	BAUER et al. (1997) u.a.
Fische (Osteichthyes)					
Graskarpfen (*Ctenopharyngodon idella*)	Ostasien	um 1963	aus fischereiwirtschaftl. Gründen u. zur Beweidung d. Gewässervegetation eingebracht	in vielen Fließ- und Stillgewässern vorkommend, Fortpflanzung bisher nicht nachgewiesen	LELEK (1996)
Silberkarpfen (*Hypophthalmichthys molitrix*)	Ostasien	70er-Jahre	zur Beweidung der Wasservegetation eingebracht	in vielen Fließ- und Stillgewässern durch ständiges Einsetzen vorkommend	LELEK (1996)
Blaubandbärbling (*Pseudorasbora parva*)	Ostasien	80er-Jahre	zur Angelfischerei ausgesetzt	in Nebengewässern des Oberrheins	LELEK (1996)
Zwergwels (*Ictalurus melas*)	Nordamerika	90er-Jahre	aus fischereiwirtschaftlichen Gründen eingebracht	in Donau und Rhein, möglicherweise auch Elbe und anderen Gewässern etabliert	LELEK (1996)
Amerikanischer Hundsfisch (*Umbra pygmea*)	Nordamerika	Mitte 20. Jh.	aus Aquarienhaltung entkommen	in Rhein und Elbe sowie einigen Still- und Moorgewässern etabliert	LELEK (1996) u.a.
Bachsaibling (*Salvelinus fontinalis*)	Nordamerika	Ende 19. Jh.	zur Fischzucht und Angelfischerei ausgesetzt	in Donau, Rhein und Elbe etabliert	LELEK (1996)
Sonnenbarsch (*Lepomis gibbosus*)	Nordamerika	Ende 19. Jh.	aus fischereiwirtschaftlichen Gründen eingebracht	in Donau, Rhein, Elbe und vielen anderen Gewässern etabliert	LELEK (1996)

gramm „Lachs 2000" ist wahrscheinlich eine Ansiedlung von Neozoen, weil die ursprüngliche Rheinpopulation des Lachses restlos erloschen war und deshalb Tiere aus anderen europäischen Flüssen ausgesetzt wurden, über deren Artzugehörigkeit heute keine Klarheit mehr besteht.

In den großen Flusssystemen Mitteleuropas leben inzwischen 35 Neozoen, weitere 11 kommen in anderen Gewässern des Binnenlandes vor. 17 bis 26 Arten reproduzieren auch im Freiland und sind damit lokal etabliert (LELEK 1996). Als Beispiel sei der Bodensee genannt, in dem heute 13 neue Fischarten regelmäßig vorkommen (LÖFFLER 1996).

Unter den **Lurchen und Kriechtieren** gibt es in Deutschland bisher keine dauerhaft etablierten Neozoen. Dennoch treten im Freiland viele Arten auf, die von Liebhabern aus der Terrarienhaltung illegal ausgesetzt wurden. Von 1970 bis 1988 kamen beispielsweise in Wuppertal 13 Amphibien- und Reptilientaxa fremder Herkunft wild lebend vor, darunter Arten von Mittelmeerinseln (*Tarentola mauretanica, Lacerta pityusensis*), vom Balkan (*Bufo viridis, Testudo hermanni*), aus Spanien (*Natrix natrix astreptophora*) und Amerika (*Rana pipiens, Trachemys* spec.; ECKSTEIN & MEINIG 1989). In Bayern haben sich Vorkommen der Chinesischen Rotbauchunke (*Bombina orientalis*) und des Karpatenmolchs (*Triturus montandoni*) vermutlich über mehrere Jahre gehalten und auch reproduziert (KRACH & HEUSINGER 1992). Ansiedlungen von Mauereidechsen (*Podarcis muralis*) außerhalb ihres natürlichen Verbreitungsgebietes bestehen an klimatisch besonders günstigen Standorten. Ob sich die relativ häufig von Liebhabern ausgesetzten Ochsenfrösche (*Rana catesbeiana*, etabliert in Norditalien) und Rotwangen-Schmuckschildkröten (*Trachemys scripta*) in Deutschland fortpflanzen, ist ungewiss. Da Schmuckschildkröten erst mit etwa zehn Jahren geschlechtsreif werden und eine Lebenserwartung von über 30 Jahren haben, ist langfristig mit ihrer Etablierung zu rechnen. Im Rhein-Ruhr-Ballungsraum sind sie schon heute die auffallendsten und verbreitetsten Kriechtierarten (GEIGER & WAITZMANN 1996, KORDGES 1990; Abb. 60).

Abb. 60
Verbreitung von Schmuckschildkröten (*Trachemys, Chrysemys*) im mittleren und östlichen Ruhrgebiet (aus KORDGES 1990).

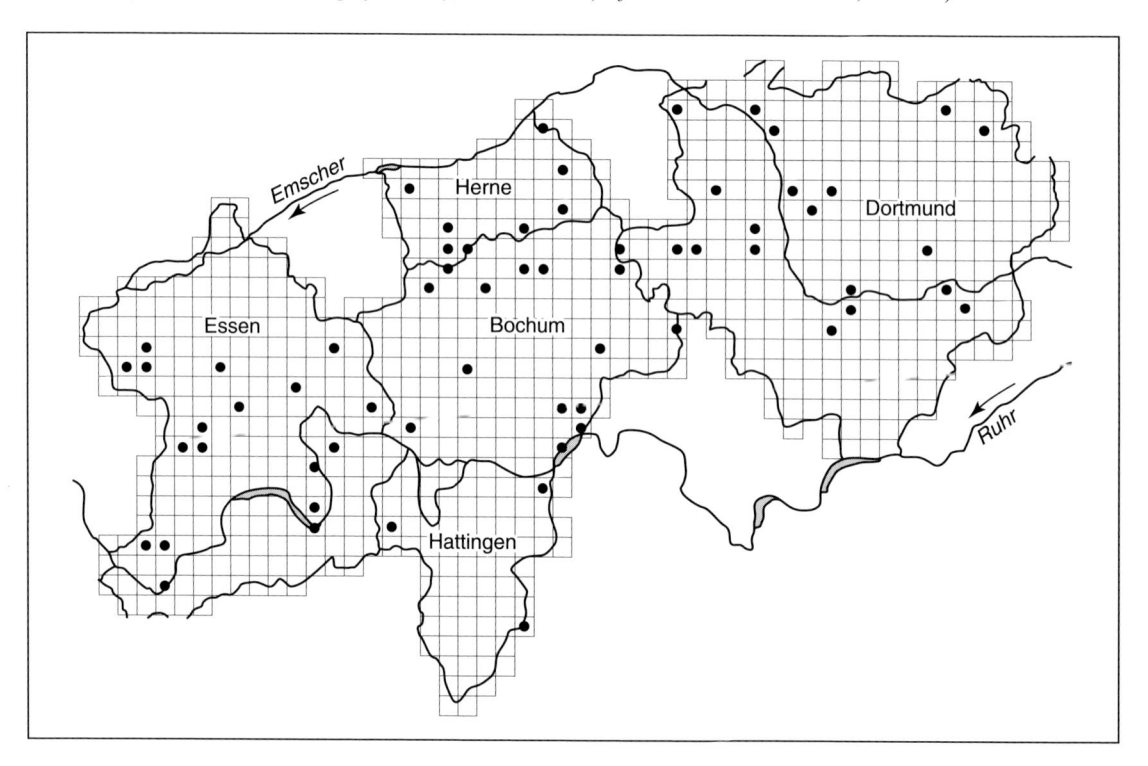

Die Liste der **Brutvögel** Europas enthält 31 etablierte Neozoen. In Deutschland sind elf der insgesamt 162 gefiederten Neozoen eingebürgert (HAGEMEIJER & BLAIR 1997, Tab. 61). Während die europäischen Arten Haussperling (*Passer domesticus*) und Star (*Sturnus vulgaris*) im Laufe von 100 Jahren Nordamerika fast flächendeckend besiedelt haben, hat keiner der gefiederten Neozoen den europäischen Kontinent so gut wie ganz besiedeln können. Die Gründe dafür mögen in der starken klimatischen und landschaftlichen Diversität Europas liegen. Die erfolgreichste Neusiedlergruppe sind die Entenvögel, allen voran die Kanadagans (*Branta canadensis*). 1929 wurde in Schweden mit ihrer Ansiedlung begonnen, bis 1982 stieg der Bestand auf 5000 Brutpaare. Heute brüten Kanadagänse auch in Norwegen, Finnland, Großbritannien, Irland, Frankreich, Belgien, den Niederlanden und Österreich (BEZZEL 1996). Etwa 5000 Kanadagänse kommen ganzjährig in Deutschland vor. Verteilt auf etwa 25 ortsfeste Gruppen leben die Tiere überwiegend siedlungsnah (Abb. 61). An der Ostseeküste überwintern außerdem über 20 000 skandinavische Wintergäste. Sie beteiligen sich jedoch nicht am Aufbau der deutschen Brutpopulationen, die durch absichtliche Ansiedlungen begründet worden sind. Bei den Gänsen treten über 25 Art- und Gattungshybride auf, am häufigsten die Kanadagans × Grauganshybride (GEITER & HOMMA 2002).

Eine weitere Wasservogelart, die sich anschickt, ein ebenso erfolgreiches Neozoon wie die Kanadagans zu werden, ist die Nilgans (*Alopochen aegyptiacus*). Bereits im 17. Jahrhundert in England eingeführt und heute mit einem Bestand von 800 bis 1000 Vögeln auf den Britischen Inseln lebend, breitet sie sich seit Ende der 60er-Jahre von den Niederlanden her nach Belgien, Frankreich und Deutschland aus. Nachdem 1977 das erste Brutpaar am Niederrhein beobachtet wurde, stieg der Bestand dort bis Mitte der 80er-Jahre auf 12 Paare an. 1995 wurden 120 bis 150 Brutpaare geschätzt und in der weiteren Umgebung weitere 20 bis 30 Paare registriert. Darüber hinaus existieren kleine Brutvorkommen in Schleswig-Holstein, Niedersachsen, Hessen und Baden-Württemberg. Der Gesamtbestand in Europa wird auf 2300 bis 2800 Brutpaare geschätzt (MOOIJ 1998).

Besonders exotisch wirken die in Deutschland brütenden Flamingos und Papageien. Im Naturschutzgebiet Zwillbrocker Venn (Münsterland) nistet seit 1982 eine Flamingobrutkolonie inmitten einer der größten Lachmöwenkolonien Europas. Die ersten Chileflamingos (*Phoenicopterus chilensis*) waren wohl aus der Gefangenschaft geflüchtet. 1995 bestand die Brutkolonie aus über 25 Paaren und zwei Arten, denn es sind seit 1994 auch Rosaflamingos (*P. ruber*) dabei (GRIESOHN-PFLIEGER 1995). Halsbandsittiche (*Psittacula krameri*) brüten heute in vielen deutschen Städten, so in Hamburg, Berlin, Düsseldorf, Köln, Brühl, Bonn, Kassel, Wiesbaden, Worms, Heidelberg, Mannheim und Stuttgart (OSTWALD 1996, MICHELS 1997). In Köln brütet außerdem der Große Alexandersittich (*Psittacula eupatoria*). Im Stuttgarter Rosensteinpark gibt es eine wachsende Kolonie von Gelbscheitelamazonen (*Amazona ochrocephala*).

Aus jagdlichem Interesse wurden in den 50er-Jahren Amerikanische Wildtruthühner in drei rheinländischen Waldgebieten ausgesetzt. Nur im Kottenforst bei Bonn und im Mindener Wald hielten sich die Populationen bis Anfang der 70er-Jahre. Als 1972 auch die Mindener erloschen und das Bonner Vorkommen auf etwa 30 Vögel zusammengeschmolzen war, setzte man dort bis 1981 erneut aufgezogene Truthühner aus. Da der Bestand auch 1997 nicht 40 Individuen überstieg, erscheint ihre langfristige Erhaltung unsicher. Von jagdlicher Seite wird deshalb unter Hinweis auf „emotionale Heimatrechte" vorsichtig auf eine Dezimierung der im Kottenforst vorkommenden Rotfüchse (*Vulpes vulpes*), Habichte (*Accipiter gentilis*) und Wildschweine (*Sus scrofa*) zum Wohle dieses Neozoons hingearbeitet (z. B. SPITTLER 1998).

Unter den **Säugetieren** Deutschlands sind heute mindestens elf etablierte Neozoen. Die meisten wurden absichtlich angesiedelt und haben auch heute ein nur kleines Verbreitungsgebiet. Arten mit dynamischer Arealvergrößerung wie Nutria, Bisam, Waschbär und Mink (siehe Kap. 9.5.1 und 9.5.2) haben zumeist andere Le-

Abb. 61
Verbreitung der Kanadagans (*Branta canadensis*) in Deutschland (ohne skandinavische Wintergäste). Die Größe der Kreise symbolisiert die unterschiedliche Gruppengröße der Tiere (nach GEITER & HOMMA 2002).

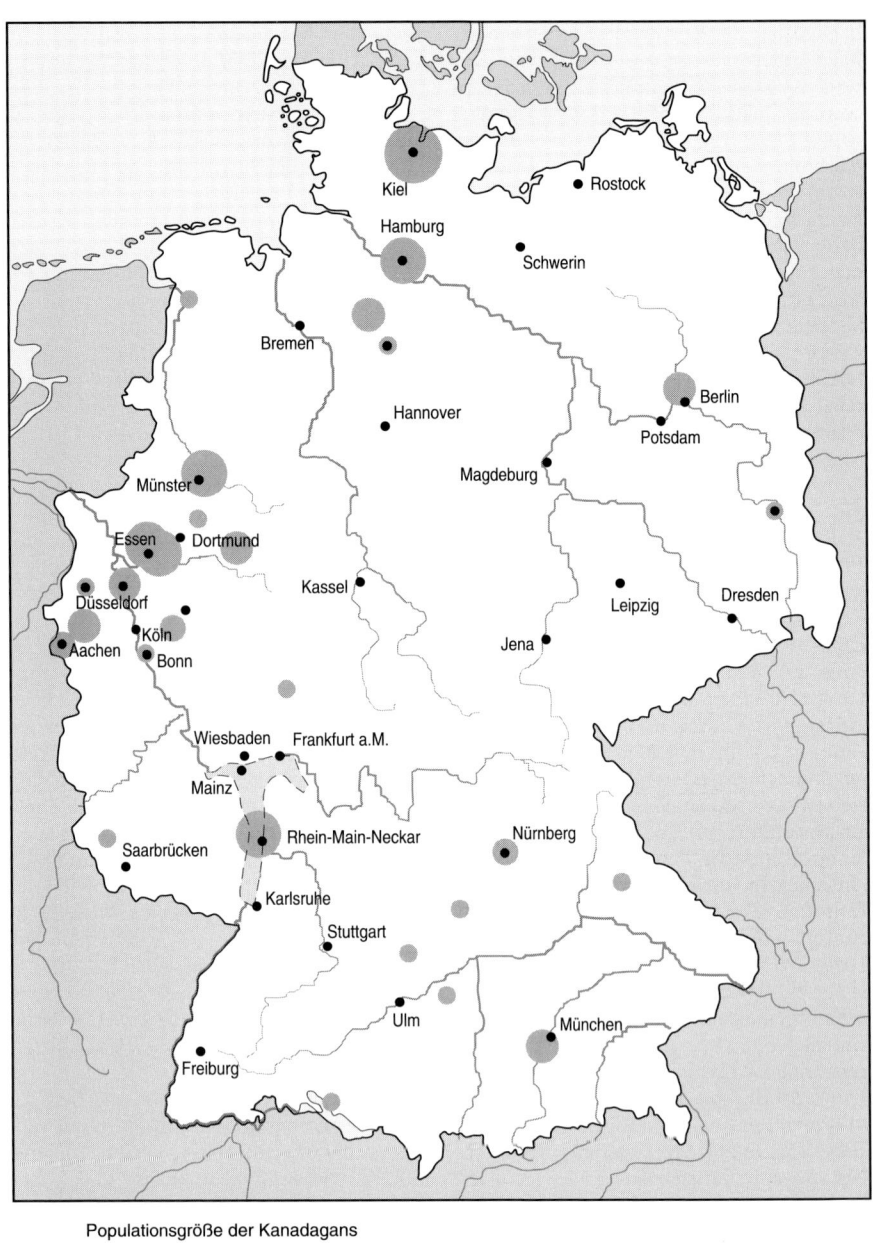

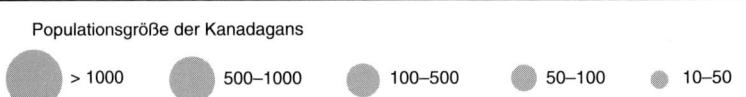

Populationsgröße der Kanadagans

> 1000   500–1000   100–500   50–100   10–50

bensweisen als einheimische Arten. Lediglich Marderhund und Grauhörnchen (*Sciurus carolinensis*), das bisher nur in Großbritannien und Norditalien eingeführt worden ist, konkurrieren direkt mit dem Rotfuchs oder Eichhörnchen (*Sciurus vulgaris*). Das Grauhörnchen besetzt auf den Britischen Inseln Habitate, die vom einheimischen Eichhörnchen im Zuge natürlicher Populationsdynamik aufgegeben wurden, verhindert deren Wiederbesiedlung und verdrängt so das Eichhörnchen zunehmend. Es breitet sich auch von norditalienischen Populationen aus und hat bereits die Alpen erreicht (GENOVESI & AMORI 1999, GURNELL 1991).

9.3 Terrestrische Wirbellose

Wirbellose Tierarten werden in großer Zahl mit Waren und Gütern unbemerkt eingeschleppt. Sie sind bei weitem die artenreichste Gruppe unter den Neozoen. Allein an Insekten kommen heute über 500 Arten in Deutschland vor (Tab. 61). Nur ein kleiner Anteil der Wirbellosen kann sich wild lebend etablieren, aber insgesamt sind es in Europa wohl schon hunderte, allein in Deutschland mindestens 150 Arten (Beispiele in Tab. 64). Allein unter den Käfern sind 73 Arten fest eingebürgert (darunter 40 Neozoen), 200 eingeschleppten Arten ist dies noch nicht gelungen (Übersicht in MÜLLER-MOTZFELD 2000). Die wohl bekanntesten wirbellosen Neozoen sind der Kartoffelkäfer (*Leptinotarsa decemlineata*, Abb. 62) und die Reblaus (*Viteus vitifolii*). Hinzu kommen fast 40 Insektenneozoen, die in Glashäusern des Zier- und Nutzpflanzenbaus vorkommen. Nur wenige Arthropodenarten wurden und werden absichtlich freigesetzt, zumeist im Rahmen der biologischen Schädlingsbekämpfung. So wurden die Schlupfwespen *Encarsia californica* und *E. formosa* gegen die als Tabakschädlinge gefürchteten eingeschleppten Weißen Fliegen *Bemisia tabaci* und *Trialeurodes vaporariorum* eingesetzt (ALBERT 1996).

Die Einschleppung von Tieren mit Transportgütern wird durch die modernen Containerverpackungen wesentlich begünstigt. Der Anteil dieser Verpackungsart lag bei Stückgut im Hamburger Hafen 1996 bei durchschnittlich 84%, bei Rohkaffee und Gemüse waren es um 95%. Die Reisezeiten per Schiff nach Europa betragen heute von Zentral- und Südamerika 23 bis 29 Tage, von Westafrika 16 bis 36 Tage und aus dem pazifischen Raum 40 bis 82 Tage. Auf vegetabilen Waren können viele Arthropoden diese Zeiten überleben oder sich sogar im Container fortpflanzen. SCHLIESSKE (1998) fand zwischen 1990 und 1995 in Hamburg insgesamt 84 Insektenarten in Importen von Rohkaffee, Rohkakao, Erdnüssen, Aprikosenkernen und Verpackungshölzern. Viele dieser Arten werden laufend neu eingeschleppt, ohne sich dauerhaft etablieren zu können. Anders ist es bei Holz bohrenden Käfern wie *Dinoderus minutus* oder *Lyctus africanus*, die mit Holzpaletten ständig weiter versandt werden und so eine weltweite Verbreitung erlangen (SCHLIESSKE 1998).

Holz bewohnende Käfer und Schmetterlingsraupen werden auch mit Rundholzimporten eingeschleppt. Die Forstwirtschaft befürchtet in diesen Neozoen zusätzliche Schädlinge (BOGENSCHÜTZ 1996). In Österreich sind inzwischen neun solcher Holzkäfer- und sechs Schmetterlingsarten fremder Herkunft gefunden worden (HOLZSCHUH 1995). Schäden an mitteleuropäischen Obstbäumen kann die aus Nordamerika eingeschleppte Büffelzikade (*Strictocephala bisonia*) anrichten. Platanen sind zuweilen durch Massenbefall der ebenfalls aus Nordamerika stammenden Platanen-Netzwanze (*Corythucha ciliata*) in Mitleidenschaft gezogen (BRECHTEL 1996; Abb. 63, vgl. auch Tab. 57). In weiten Teilen Mitteleuropas ist die Rosskastanienmotte (*Cameraria ohridella*) inzwischen ein auffälliges Neozoon der Siedlungen geworden, denn die Schmetterlinge fliegen an Spätsommerabenden in großen Wolken unter Rosskastanien („Biergartenmotte"). Die durch die Minierung hervorgerufene Braunfärbung der Blätter beinträchtigt die Schmuckwirkung der Rosskastanien und möglicherweise auch ihre Vitalität. Wegen der prächtigen Erscheinung ihrer Imagines sind der Japanische Eichenseidenspinner (*Antheraea yamamai*) und der Ailanthusspinner (*Samia cynthia*) bekannt. Beide wurden zur

Tab. 64 Beispiele für wirbellose Neozoen in Deutschland

Neozoen	Herkunft	in Deutschland seit	Einführungsweise	Vorkommen in Deutschland	Literatur
Weichtiere (Mollusca)					
Flusssteinkleber (*Lithoglyphus naticoides*)	Osteuropa	Ende 19. Jh.	mit Schiffen eingeschleppt	in Donau, Rhein und Gewässern Nordostdeutschlands etabliert	JUNGBLUTH (1996)
Spanische Wegschnecke (*Arion lusitanicus*)	Südwesteuropa	1969	massenhaft eingeschleppt	Vorkommen mit rascher Ausbreitung in allen Landesteilen	JUNGBLUTH (1996) u.a.
Grobgestreifte Körbchenmuschel (*Corbicula fluminea*)	Asien oder Nordamerika	ca. 1985	mit Schiffen eingeschleppt	im Rhein und in der Unterweser z.T. massenhaft etabliert	GLÖER et al. (1992)
Wandermuschel (*Dreissena polymorpha*)	Südosteuropa, Westasien	seit 19. Jh.	mit Schiffen eingeschleppt	im Bodensee, Rhein und vielen Gewässern Norddeutschlands z.T. massenhaft etabliert	JUNGBLUTH (1996)
Amerikanische Schwertmuschel (*Ensis americanus*)	amerikanische Atlantikküste	70er-Jahre	im Ballastwasser von Schiffen eingeschleppt	im Wattenmeer z.T. massenhaft etabliert	REISE (1998)
Krebse (Crustacea)					
Süßwassergarnele (*Atyaephyra desmaresti*)	Mittelmeer	Mitte 19. Jh.	eingewandert nach dem Bau von Kanälen	in Donau, Rhein und Kanälen Nordwestdeutschlands etabliert	TITTIZER (1996)
Amerikanischer Flusskrebs (*Orconectes limosus*)	Nordostamerika	1890	aus fischereiwirtschaftlichen Gründen eingebracht	in Rhein, Oder und vielen weiteren Gewässern etabliert	TITTIZER (1996)
Wollhandkrabbe (*Eriocheir sinensis*)	China	Anfang 20. Jh.	mit Schiffen eingeschleppt	in Rhein, Elbe, Ems und weiteren Flüssen Norddeutschlands	TITTIZER (1996)
Donauassel (*Jaera istri*)	Schwarzes/ Kaspisches Meer	1958	mit Schiffen und durch Kanäle verschleppt und verbreitet	in Donau, Rhein-Main-Donau-Kanal, Main und Oberrhein etabliert	TITTIZER (1996)
Mittelmeer-Wasserassel (*Proasellus meridianus*)	westliches Mittelmeer	1948	mit Schiffen eingeschleppt	in Rhein und Saar etabliert	TITTIZER (1996)
Schlickkrebs (*Corophium curvispinum*)	Südosteuropa, Westasien	20. Jh.	mit Schiffen verschleppt und durch Kanäle verbreitet	in allen Flusssystemen etabliert, z.T. massenhaft vorkommend	TITTIZER (1996)

Terrestrische Wirbellose

Art	Herkunft	Zeitpunkt	Einschleppungsweg	Status	Quelle
Flohkrebs (*Echinogammarus berilloni*)	Südwesteuropa	Anfang 20. Jh.	Ausbreitung über Kanäle nach Norden	in Saar, Mosel und Rhein vorkommend	TITTIZER (1996)
Gefleckter Flussflohkrebs (*Gammarus tigrinus*)	Nordwestamerika	1957	in der Weser ausgesetzt und durch Schiffe verschleppt	in vielen Fließ- und Stillgewässern und z.T. sehr zahlreich vorkommend	TITTIZER (1996)
Insekten (Insecta)					
Platanen-Netzwanze (*Corythucha ciliata*)	Nordamerika	1983	mit Kulturpflanzen und Verkehrsmitteln verschleppt	auf Platanen in West- und Südwestdeutschland vorkommend	BRECHTEL (1996)
Büffelzirpe (*Stictocephala bisonia*)	Nordamerika	1971	mit Kulturpflanzen und Verkehrsmitteln verschleppt	im Oberrheingebiet etabliert	BRECHTEL (1996)
Kartoffelkäfer (*Leptinotarsa decemlineata*)	Nordamerika	1877	mit Kartoffelpflanzen verschleppt	in ganz Deutschland etabliert	BRECHTEL (1996)
Reblaus (*Dactylosphaera vitifoliae*)	Nordamerika	1874	mit Weinreben verschleppt	in vielen Weinbaugebieten vorkommend	ZEBITZ (1996)
San-José-Schildlaus (*Quadraspidiotus perniciosus*)	Asien	40er-Jahre	mit Obstbäumen eingeschleppt		ZEBITZ (1996)
Erzwespe *Prospaltella perniciosi*	Nordamerika	1953	zur Bekämpfung von San-José-Schildläusen ausgesetzt	zumindest in Südwestdeutschland etabliert	ZEBITZ (1996)
Ringelwürmer (Annelida)					
Vielborster (*Marenzelleria viridis*)	amerik. Atlantikküste	80er-Jahre	im Ballastwasser von Schiffen eingeschleppt	im Wattenmeer etabliert, z.B. massenhaft in der Unterweser	TESCH (1998)
Vielborster (*Hypania invalida*)	Südosteuropa, Westasien	50er-Jahre	durch Schiffe verschleppt	in der Donau etabliert und sich langsam ausbreitend	TITTIZER (1996)
Strudelwürmer (Turbellaria)					
Gefleckter Strudelwurm (*Dugesia tigrina*)	Nordamerika	Anfang 20. Jh.	aus Aquarienhaltung entkommen	in Still- und Fließgewässern weit verbreitet und etabliert	TITTIZER (1996)
Nesseltiere (Cnidaria)					
Keulenpolyp (*Cordylophora caspia*)	Südosteuropa, West-Asien	19. Jh.	angeheftet an Schiffe verschleppt	in Still- und Fließgewässern weit verbreitet und etabliert	TITTIZER (1996)

Abb. 62
Die Ausbreitung des Kartoffelkäfers (*Leptinotarsa decemlineata*) in Europa im Zeitraum von 1922 bis 1980 (aus HOFFMANN et al. 1994).

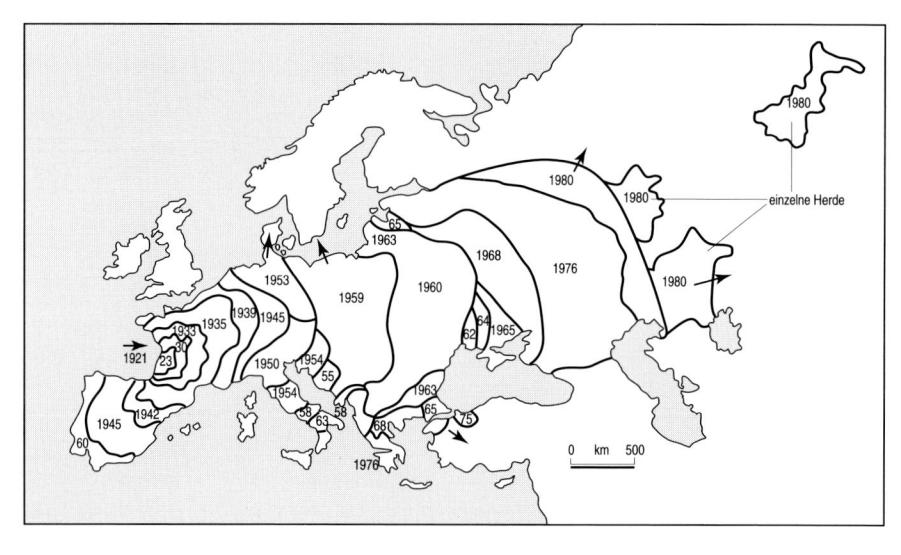

Abb. 63
Ausbreitung der Platanen-Netzwanze (*Corythucha ciliata*) in Europa (Erstfund 1964 in Italien, erste Vorkommen in Südwestdeutschland 1983; aus BRECHTEL 1996).

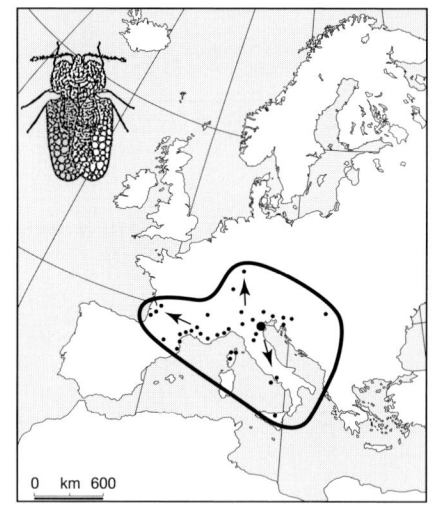

Seidengewinnung eingeführt und kommen nun in wärmeren Gebieten Österreichs und Tschechiens wild vor (DESCHKA 1995; zum Götterbaum als Nahrungspflanze des Ailanthusspinners vgl. 6.1).

Eine rasante Ausbreitung ist derzeit bei der Spanischen Wegschnecke (*Arion lusitanicus*) zu beobachten, die in Gärten und Kulturen oft schon massenhaft auftritt. Sie sieht der einheimischen Roten Wegschnecke (*Arion rufus*) zum Verwechseln ähnlich, ist aber erst seit den 60er-Jahren aus ihrem ursprünglichen westeuropäisch-atlantischen Verbreitungsgebiet ins übrige Europa verschleppt worden. In vielen Gebieten, vor allem im Siedlungsbereich, hat sie inzwischen die Rote Wegschnecke verdrängt (STRÄTZ 1997).

9.4 Aquatische Wirbellose

In die Lebensgemeinschaften der Seen, Flüsse und Meere dringen zunehmend Neozoen ein, wobei der Schifffahrt und den Kanalbauten eine ursächliche Bedeutung zukommt. Die Artenzahl der Neozoen im Rhein hat sich seit der Jahrhundertwende verfünffacht. Von 1976 bis 1995 wuchs sie bei den limnischen Mollusken in Deutschland von null auf 16. Ihr Anteil an der Gesamtfauna (Süßwasserschnecken 15%, Muscheln 16%) ist deutlich höher als bei den Landschnecken (7,5%; JUNGBLUTH 1996).

In Gewässern mit extremen Lebensbedingungen (z. B. bei Nährstoffarmut, starker Strömung oder Brandung oder periodischem Austrocknen) und wenig menschlicher Nutzung ist der Neozoenanteil der Fauna gering. Die meisten wirbellosen Neozoen etablierten sich im Süßwasser in stark verbauten, verschmutzten oder erwärmten Bereichen. Ihr Anteil an der Makroinvertebratenfauna (ohne Oligochaeta und Chironomidae) liegt in den meisten Bundeswasserstraßen zwischen 6 und 16% (Durchschnitt 12%), in den norddeutschen Kanälen bei 18 % (TITTIZER 1996). Unterhalb von Großkraftwerken am Rhein umfasst das Makrozoobenthos der Rheinsohle 15 % Neozoen (BERNAUER et al. 1996).

Der Bau von Kanälen, die neue Verbindungswege zwischen Gewässersystemen herstellen, hat die Ausbreitung vieler Tierarten begünstigt. Über Rhein-Marne- und Rhein-Rhone-Kanal konnten mediterrane Arten nach Mitteleuropa vordringen, und der Pripjet-Bug-Kanal ermöglichte einen Ost-West-Faunenaustausch (KINZELBACH 1995). Seit der Fertigstellung des Rhein-Main-Donau-Kanals 1992 ist die Besiedlung des Main-Rhein-Systems durch Arten aus der Donau zu verfolgen (z. B. die Flohkrebse *Dikerogammarus haemobaphes*, *D. villosus* und *Corophium curvispinum*; Abb. 11). Einige sind im Main schon weit verbreitet, beispielsweise der Ringelwurm *Hypania invalida* und die Assel *Jaera istri*; andere, wie der Strudelwurm *Dendrocoelum romanodanubiale* kommen neu hinzu (SCHLEUTER & SCHLEUTER 1998, SCHMIDT et al. 1998).

In marine Lebensgemeinschaften der Flachmeere, Küsten und Ästuare Europas werden viele Tierarten durch Schiffe aus anderen Meeresgebieten eingebracht. Zum einen sind es Organismen, die als Aufwuchs am Schiffsrumpf anhaften und ihre Larvenstadien ins Wasser entlassen. Zum anderen sind es Planktonarten, die mit dem Ballastwasser der Schiffe aufgenommen und anderswo wieder ins Meer gepumpt werden (siehe Kap. 3.2.2.4). Entscheidend für ihr Überleben im Ballastwasser ist ihre Toleranz gegenüber Schwankungen der abiotischen Bedingungen, insbesondere der Temperatur und des Sauerstoffgehalts. Bei einer Untersuchung von Schiffen im Hamburger Hafen wurden 150 nichteinheimische Arten festgestellt, mit unterschiedlich großem Potential, sich in der neuen Umwelt anzusiedeln. Ballastwasser hat sich damit als wichtiger Vektor für marine Neozoen erwiesen, zumal allein in den Deutschen Häfen jährlich etwa eine Million Kubikmeter abgelassen werden. Daraus ergibt sich ein Eintrag von 2,7 Millionen Organismen pro Tag (GOLLASCH 1996, 1999). In schwedische Gewässer gelangen jährlich etwa 23 Millionen Kubikmeter Ballastwasser (JANSSON 1998). An den Küsten Schwedens haben sich bisher 23 wirbellose Neozoen angesiedelt (JANSSON 1994), in den Seegewässern Großbritanniens 31 (ENO 1996). Übersichten zur deutschen Nordseeküste geben REISE et al. (1999) sowie NEHRING & LEUCHS (1999; vgl. auch Tab. 52).

Einen weiteren Einwanderungsweg für marine Organismen bietet die Verfrachtung von Mollusken für Aquakulturen (Tab. 52).

Vermutlich sind mindestens 19 Neozoen mit eingeführten Austern (*Ostrea edulis*, *Crassostrea virginica*, *C. gigas*) nach Europa gekommen (MINCHIN 1996).

9.5 Auswirkungen der Neozoenausbreitung

EBENHARD (1988) hat folgende Auswirkungen von Neozoen unterschieden:
- die Veränderung von Flora und Vegetation durch Herbivorie,
- die Veränderung der Fauna durch Prädation und Konkurrenz,
- die Einschleppung von Krankheiten und Parasiten,
- die Veränderung des Genpools durch Hybridisierung und Rückkreuzung,
- die Vergrößerung des Beuteangebots für einheimische Prädatoren.

Die Wirkungen werden meist erst eine gewisse Latenzzeit nach der Ansiedlung spürbar (Abb. 64). Zwischen Erstansiedlung und Massenausbreitung kann wie bei

Abb. 64
Einflussintensität neu angesiedelter und sich etablierender Tierarten auf Lebensgemeinschaften im Zeitverlauf. Nach der Ansiedlung (t0) nimmt der Einfluss zunächst stark zu (über E2), pendelt sich nach einiger Zeit (t3) auf einem niedrigeren Niveau (unter E2) ein, bei dem die Lebensgemeinschaft um den Einflussfaktor E verändert bleibt. Ist nur ein geringerer Einfluss (E1) akzeptabel, müssten schon sehr früh (zwischen t1 und t2) Gegenmaßnahmen ergriffen werden, obwohl das langfristige Niveau der Veränderungen dann noch völlig unabsehbar ist (aus BOYE 1996).

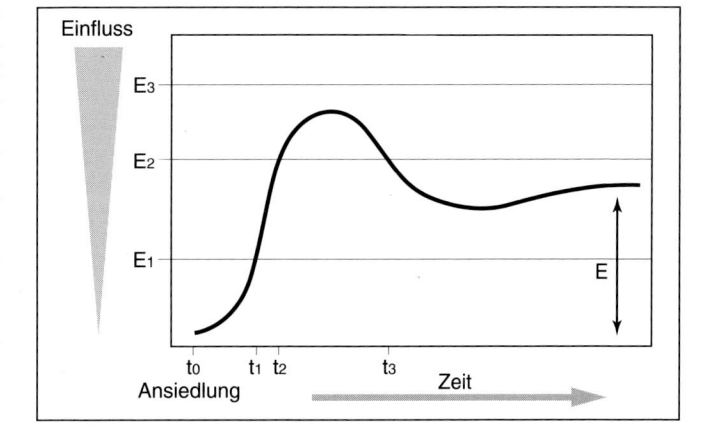

Neophyten (siehe Kap. 5.2.1) geraume Zeit verstreichen (CROOKS & SOULÉ 1996). Viele Neozoen üben kurzfristig einen größeren Einfluss auf andere Arten aus als bei einer späteren langfristigen Etablierung. Die folgenden Beispiele zeigen, welche Auswirkungen im Einzelfall auftreten und wie unterschiedlich sie bewertet werden können.

9.5.1 Ergänzung bestehender Lebensgemeinschaften

Ökosysteme werden heute hinsichtlich ihrer Artenausstattung meist als ungesättigt angesehen, sodass Neozoen ebenso wie Neophyten ökologische Nischen besetzen können, ohne dabei zwangsläufig mit einheimischen Arten in Konkurrenz zu treten (vgl. TREPL 1990b). In stark genutzten Landschaften sind ökologische Nischen manchmal unbesetzt, weil ursprüngliche Arten zurückgedrängt wurden oder sich nicht an die neuartigen Bedingungen anpassen konnten. Anthropogene Störungen fördern die Etablierung von Neozoen ebenso wie die von Neophyten (siehe Kap. 3.4). Auch wenn keine einheimischen Tierarten direkt beeinträchtigt werden, können Neozoen Lebensgemeinschaften verändern und damit Arten indirekt beeinflussen.

Die Rotwangen-Schmuckschildkröte: Ein Neozoon ohne bislang bekannte Einflüsse auf seine neue Umwelt ist die Rotwangen-Schmuckschildkröte. Wo sie am häufigsten ausgesetzt wird, kam die Europäische Sumpfschildkröte meist nicht mehr vor. Eine Konkurrenz beider Arten konnte auch im Versuch nicht bestätigt werden (LUISELLI et al. 1997). Die Schmuckschildkröten nutzen offensichtlich andere ökologische Nischen als die in Deutschland vom Aussterben bedrohte Sumpfschildkröte. Ihr Vorkommen kann als Ergänzung bestehender Lebensgemeinschaften gewertet werden. Da die Auswirkungen von Invasionsarten jedoch von der Auswahl der betrachteten Parameter sowie der Maßstabsebene abhängen (PARKER et al. 1999), ist die Trennung zwischen „Ergänzung" und „Veränderung" oft nicht eindeutig. Dies gilt auch für den Bisam (*Ondatra zibethicus*), der kleinräumig erhebliche ökosystemare Veränderungen bewirken kann.

Der Bisam: 1905 setzte der Fürst Colloredo-Mannsfeld fünf Bisame, die er aus Alaska mitgebracht hatte, auf seinem Gut südwestlich von Prag aus. Die Folgen sind beispiellos. In kurzer Zeit breiteten sich ihre Nachkommen aus (Abb. 65a), erreichten in knapp zehn Jahren das Gebiet der heutigen Bundesrepublik und 1952 über die Elbe die Nordsee. 1974 waren bereits große Teile Deutschlands besiedelt. Die in Abb. 65b erkennbaren westlichen Populationen gehen auf Tiere zurück, die aus Zuchten in Frankreich und Belgien entwichen sind (SCHRÖPFER & ENGSTFELD 1983, GEITER & KINZELBACH 2002b).

Warum ist der Bisam so erfolgreich in Mitteleuropa? Offensichtlich war die ökologische Nische eines mittelgroßen, semiaquatischen Pflanzenfressers hier nicht besetzt. Zuvor wurde hier die Wasser- und Ufervegetation von der viel kleineren Schermaus (*Arvicola terrestris*), dem wesentlich größeren Biber (*Castor fiber*) und in Flussauen auch vom Rothirsch (*Cervus elaphus*) beweidet. Biber und Rothirsch waren zu Beginn dieses Jahrhunderts aus den meisten Auen Mitteleuropas verschwunden, wodurch die schnelle Ausbreitung des Bisams begünstigt wurde. Hinzu kam seine Herkunft aus einem ähnlichen Klimabereich, seine hohe Reproduktivität und ausgeprägte Wanderlust sowie das Fehlen spezialisierter Fressfeinde (NIETHAMMER 1963, SCHRÖPFER & STUBBE 1992).

Für die mitteleuropäischen Ökosysteme brachte das Eindringen des Bisams keine wesentlichen Umwälzungen. Zwar ist lokal eine starke Beeinflussung der Vegetation durch den selektiven Fraß von Wasser- und Uferpflanzen belegt, aber es kam nirgends zu naturschutzrelevanten Veränderungen. Vielmehr wurde vor allem in Nordeuropa festgestellt, dass Bisame durch ihre Tätigkeiten durchaus eine vielfältige Gewässervegetation und die Ansiedlung von Wasservögeln fördern können. Im Umkreis ihrer aus aufgeschichtetem Pflanzenmaterial bestehenden Behausungen werden Röhrichte reduziert. Offene Wasserflächen entstehen und

Auswirkungen der Neozoenausbreitung 277

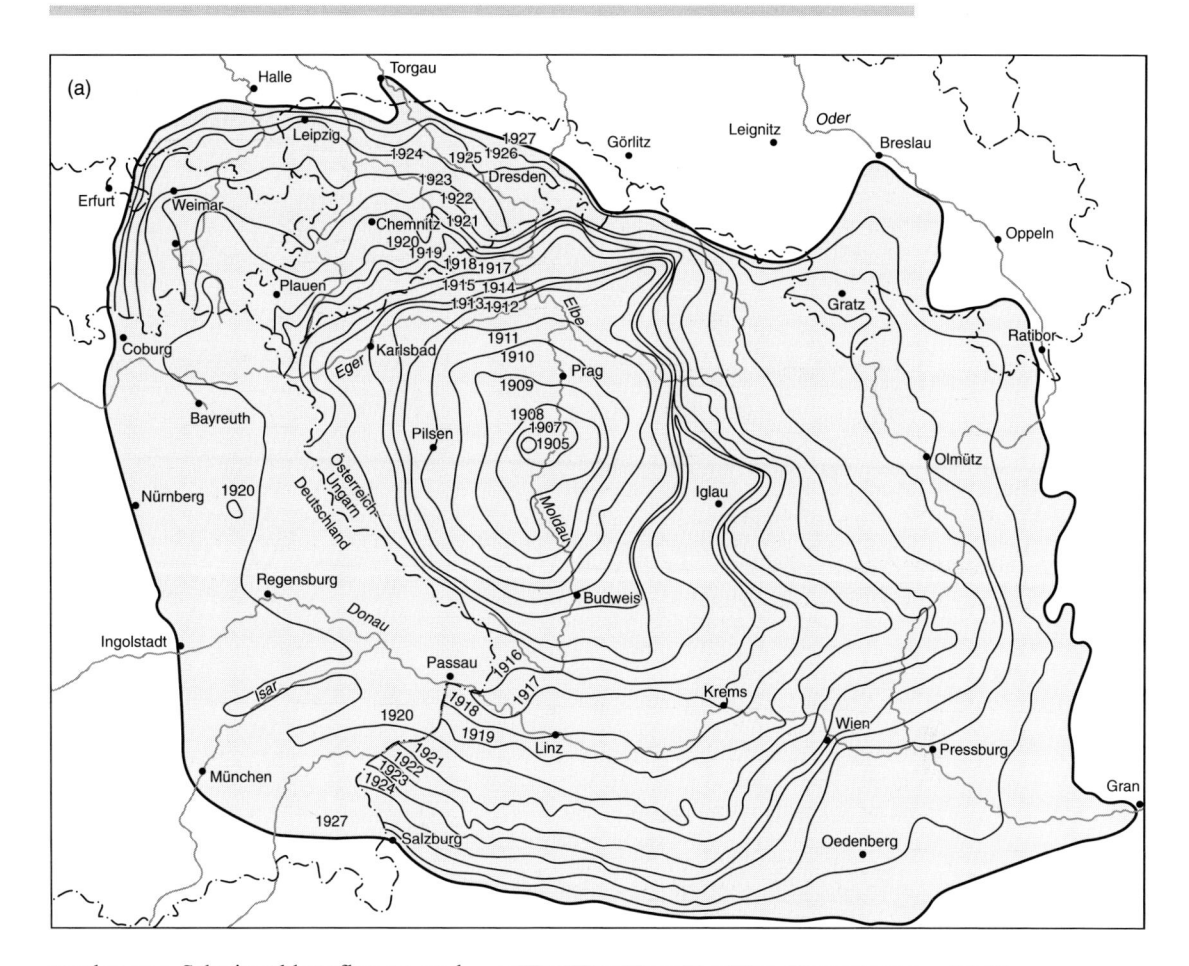

werden von Schwimmblattpflanzen und Wasservögeln besiedelt. Wandern die Bisame ab oder sterben sie, schließt sich die Lücke im Röhricht wieder (DANELL 1977). An ausgebauten und begradigten Fließgewässern sind Wühlstellen der Bisame oft die ersten Signale einer Wiederherstellung der ursprünglichen Vielfalt und Dynamik der Ufer. Gelegentlich wird eine Gefährdung von Großmuschelarten (*Unio, Anodonta, Pseudanodonta*) durch die Nager angenommen, weil Bisame im Winter gern Muscheln fressen und die Schalen an ihren Fressplätzen sichtbare Ansammlungen bilden. Solange Vergleiche zwischen ungestörten Muschelpopulationen und vom Bisam genutzten Beständen fehlen, kann der Einfluss des neuen Räubers nicht objektiv bewertet werden. Zudem kommt der Fischotter (*Lutra lutra*) als Muschelprädator an vielen Gewässern heute nicht mehr

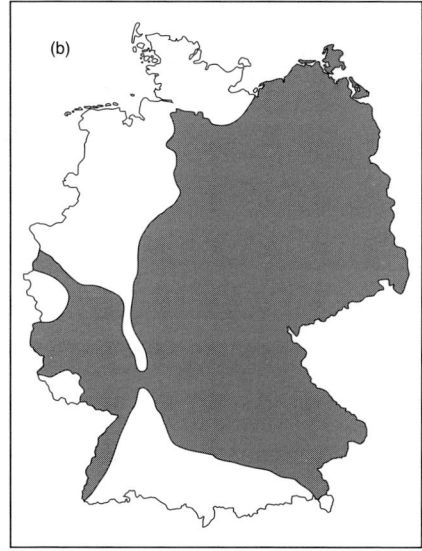

Abb. 65
Ausbreitung des Bisams (*Ondatra zibethicus*):
(a) Ausbreitungszentrum südwestlich von Prag (ELTON 1958 nach ULBRICH 1930),
(b) heutiges Vorkommen in Deutschland (GEITER & KINZELBACH 2002b).

Beispiel

vor. Dennoch wurden Bisame lange Zeit erbittert bekämpft:

Schon vor ihrem Auftreten in Deutschland waren Bisame als Schädlinge verschrien, vor allem wegen ihrer Wühltätigkeit zur Nahrungssuche und Bauanlage an Gewässerufern. Mitten im ersten Weltkrieg (1915) wurde in Bayern mit der Bisambekämpfung begonnen und 1917 eine gesetzliche Grundlage hierfür geschaffen, die von anderen deutschen Ländern weitgehend übernommen wurde. Wegen knapper Mittel und mangelnder Koordination zwischen den Ländern war sie wenig wirksam. 1935 wurde ein „Reichsbeauftragter für die Bisamrattenbekämpfung" ernannt, der seine Aufgabe dem Zeitgeist entsprechend, unterstützt von 36 Mitarbeitern, geradezu militärisch aber erfolglos anging. In den letzten beiden Kriegsjahren kam die Bekämpfung praktisch zum Erliegen. Nach einem erneuten Aufleben versucht man seit den 60er-Jahren nur noch, die Besiedlungsdichte der Tiere zu senken und Hochwasserschutzanlagen vor ihrer Wühltätigkeit zu schützen. Heute existiert in Deutschland praktisch keine planmäßige, behördlich gelenkte Bisambekämpfung mehr (PELZ 1996). Da trotzdem katastrophale Schäden ausbleiben, muss gefragt werden, ob die alljährliche Tötung hunderttausender Tiere überhaupt zur Populationsbegrenzung notwendig ist. In den Fallen sterben zudem auch viele andere Tiere.

Der Waschbär (nach HOHMANN & BARTUSSEK 2001): Der aus Nordamerika stammende Waschbär (*Procyon lotor*) hat heute weite Teile Deutschlands besiedelt. Die Ausbreitung begann im Ederseegebiet in Nordhessen, in dem 1934 Freilassungen erfolgten, und am östlichen Berliner Stadtrand, wo 1945 nach einem Bombenangriff 25 Tiere aus einer Käfiganlage entwichen. 1970 wird der Gesamtbestand in Deutschland auf über 20 000 Tiere geschätzt. In ganz Europa sollen heute bereits einige Hunderttausend Waschbären leben. Die aus Deutschland bekannten Populationsgrößen (ein bis zwei pro 100 Hektar im Solling, einem Teil des Weserberglandes) sind geringer als in Nordamerika (7 bis 20 pro 100 Hektar). Die Tiere leben meist versteckt in Wäldern. Nach Untersuchungen in Bad Karlshafen können im Randbereich von Siedlungen, ähnlich wie in Nordamerika, 50 bis 150 Tiere pro 100 Hektar vorkommen.

Der Waschbär wird in Deutschland seit 1954 ohne Schonzeit und ohne wesentlichen Effekt auf seine Populationsentwicklung bejagt, da man ihm negative Effekte zuschrieb, vor allem die Dezimierung von Vögeln und Kleinsäugern. Eine Beeinträchtigung der Populationsentwicklung anderer Arten ist aus Mitteleuropa jedoch nicht belegt. Ungefähr ein Drittel der Waschbärnahrung ist pflanzlichen Ursprungs, ein Drittel stammt von Wirbellosen wie Insekten und Würmern, das restliche Drittel von Wirbeltieren, meist von Fischen und Amphibien. Natürlich werden gelegentlich auch Nester ausgenommen, doch führt dies selbst in Gebieten mit hoher Waschbärdichte, wie in Eichenwäldern des Sollings, nicht zum Rückgang von Höhlenbrütern, da das Nahrungsangebot in Gestalt von Beeren, Insekten, Schnecken und Würmern meist leichter erreichbar ist. Im Randbereich von Siedlungen können die sozial lebenden und daher oft gruppenweise auf günstige Ressourcen zugreifenden Waschbären Ernteeinbußen bei Beerensträuchern und Obstbäumen bereiten und stören, wenn sie Mülltonnen durchwühlen oder Dachböden u.ä. als Schlafquartiere nutzen. Kinder sollten von ihren Ausscheidungen ferngehalten werden, da über sie, wie bei anderen Wildtieren auch, Parasiten verbreitet werden können. Der Waschbärspulwurm (*Baylisascaris procyonis*) kann auch auf Menschen übergehen. 74,4% der in Hessen untersuchten Waschbären, aber keine der brandenburgischen Tiere waren hiermit befallen. Wie bei anderen Wildtieren muss man sich solcher gesundheitlicher Risiken bewusst sein. Hinsichtlich der ökosystemaren Folgen der weit fortgeschrittenen Einbürgerung ist nach bisherigen Kenntnissen eher von einer Einfügung des Waschbären auszugehen, die zu keinen nachteiligen Auswirkungen auf die Populationsentwicklung anderer Arten geführt hat (nach HOHMANN & BARTUSSEK 2001).

Auswirkungen der Neozoenausbreitung

9.5.2 Verdrängung einheimischer Tierarten

Durch Konkurrenz, Prädation, Lebensraumveränderungen und Hybridisierung können Neozoen die Populationen einheimischer Tierarten beeinträchtigen. Zur völligen Verdrängung ursprünglich vorkommender Arten kommt es aber offenbar nur in Fällen, wo deren Lebensbedingungen ohnehin ungünstig sind – meist als Ergebnis anthropogener Landschaftsveränderungen. Auch eine natürlicherweise geringe Populationsgröße kann sich als ungünstig erweisen, beispielsweise auf kleinen Inseln oder in begrenzten Lebensräumen (Habitatinseln).

Ein Beispiel für umwälzende Veränderungen bietet die **Fauna des Rheins**. Zu Anfang des 20. Jahrhunderts wurden zwischen Bodensee und Delta etwa 270 makrozoobenthische Arten festgestellt, darunter 112 Insekten. Durch Gewässerverschmutzungen, wasserbauliche Maßnahmen und den Wellenschlag der Schiffe reduzierte sich bis Anfang der 70er-Jahre die Artenzahl drastisch. Unter den nun im Rhein lebenden Tierarten waren bereits zehn Neozoen. Abgesehen von einem kurzfristigen Rückschlag infolge des Chemieunfalls bei der Firma Sandoz in Schweizerhalle, regenerierte sich die Lebensgemeinschaft im Fluss bis heute kontinuierlich aufgrund der verbesserten Wasserqualität. Die wachsende Artenzahl umfasst immer mehr Neozoen (Abb. 66). Meist sind es Wirbellose, die höhere Temperaturen, Salz- und Schadstoffgehalte ertragen, eingesetzte Fische sowie südosteuropäische Arten, die über die Rhein-Main-Donau-Verbindung eingewandert sind. Mit der Zunahme von Neozoen gingen teilweise drastische Abnahmen der Populationsdichten einheimischer Arten einher, ohne dass es bislang zu einer völligen Verdrängung einheimischer Makroinvertebraten durch konkurrierende Neozoen gekommen ist. Da viele Neozoen ein vermehrtes Nahrungsangebot für Fische darstellen, können auch einheimische Arten von ihnen profitieren (KINZELBACH 1987, LELEK 1996, TITTIZER 1996).

Der Mink: Als Paradebeispiel für die Gefährdung einheimischer Tiere durch eingeführte Prädatoren gilt der Mink (Amerikanischer Nerz, *Mustela vison*). Er wird in vielen Gegenden Europas als Pelztier gezüchtet. Wiederholt sind Minke aus solchen Haltungen entwichen und konnten im Freiland überleben. Auch heute erfolgen ständig Freisetzungen – versehentlich oder vorsätzlich wegen verfallender Pelzpreise. Wild lebende Minke kommen inzwischen fast überall in Fennoskandien (einem Teil des europäischen Urkontinents), den Baltischen Republiken, Däne-

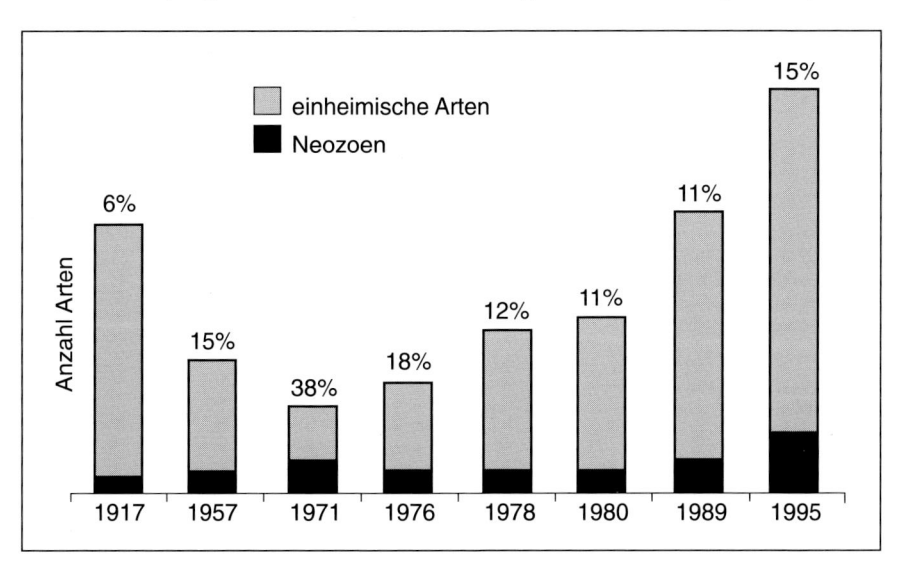

Abb. 66
Das Verhältnis von Neozoen und einheimischen Arten des Makrozoobenthos im Rhein im Bereich der großen Störung durch Abwasserbelastungen um 1970. Die Prozentangabe bezeichnet den jeweiligen Neozoenanteil an der Gesamtzahl der Makrofauna (nach GEITER & KINZELBACH 2002).

mark, Island und den Britischen Inseln vor, außerdem in Teilen der Niederlande, Belgiens, Frankreichs, Spaniens, Italiens sowie in Nord- und Ostdeutschland. In Island, wo der Mink seit den 30er-Jahren wild lebt, war seine Wirkung als Fressfeind von See- und Wasservögeln zunächst alarmierend. Betroffen waren Vögel, die an Ufern und auf kleinen Inseln brüteten. Inzwischen haben die Vögel ihr Brutverhalten aber geändert und suchen heute vorwiegend Nistplätze abseits der Ufer oder in schützenden Brutkolonien von Möwen und Seeschwalben auf (SKIRNISSON 1992). Auch in Fennoskandien und Großbritannien wurden lokal starke Prädationseffekte von Minken in Vogelkolonien festgestellt, aber auch dort haben sich die Verhältnisse durch neue Feindvermeidungsstrategien der Vögel entspannt (DUNSTONE 1993). Neuerdings wird der Mink in England und den Niederlanden für den Bestandsrückgang der Schermaus (*Arvicola terrestris*) an Fließgewässern verantwortlich gemacht. In Deutschland wird ihm eine verheerende Wirkung auf gefährdete Tierarten der Feuchtgebiete nachgesagt (z. B. in einer Pressemitteilung des Deutschen Jagdschutz-Verbandes im Dezember 1998). Dabei werden Formulierungen gebraucht, die genauso reißerisch und falsch schon vor über 20 Jahren in englischen Tageszeitungen zu lesen waren. Anders als in Nord- und Nordwesteuropa trifft der Mink in Mitteleuropa auf einen einheimischen Konkurrenten, nämlich den Iltis (*Mustela putorius*). Bisher gibt es kaum Erkenntnisse, wie beide Arten Lebensraum und Beute teilen. Durch den Iltis sind viele am Boden brütende Vogelarten an diesen Prädatorentyp gewöhnt, weshalb der Mink in Feuchtgebieten wahrscheinlich keine starken Brutbestandseinbrüche auslösen wird.

Gras- und Silberkarpfen: Zu andauernden, tief greifenden Veränderung ihrer Lebensräume sind nur wenige Neozoen fähig. Zu ihnen werden Gras- und Silberkarpfen (*Ctenopharyngodon idella*, *Hypophtalmichthys molitrix*) gerechnet, weil sie die submerse Vegetation intensiv beweiden. Sie werden deshalb in viele Gewässer eingesetzt, um den angeblich übermäßigen Pflanzenwuchs zu reduzieren. Mit der Vegetation verlieren viele einheimische Fischarten jedoch wichtige, für ihre Fortpflanzung unabdingbare Requisiten. Die Reduktion der Wasserpflanzen führt auch zu einer vermehrten Verfügbarkeit von Nährstoffen im freien Wasser, was eine Massenentwicklung des Phytoplanktons begünstigt. Genauere Vorhersagen zur Veränderung der Fischfauna durch Graskarpfen sind jedoch noch nicht möglich (LEVER 1994). Da die Graskarpfen nur unter ganz speziellen Bedingungen reproduzieren, gehen sämtliche Vorkommen auf Aussetzungen zurück.

Einige Neozoen vermischen sich mit nahe verwandten einheimischen Arten (Hybridisierung, Rückkreuzung). Damit kann ein Teil der ursprünglich vorhandenen biologischen Vielfalt verloren gehen. Bei manchen Vogelarten sind Kreuzungen aus dem Freiland belegt. So sind Hybriden zwischen Kanadagänsen und anderen Gänsearten sehr häufig (GEITER & HOMMA 2002). Dramatisch scheint sich der Fall der paläarktischen Weißkopf-Ruderente (*Oxyura leucocephala*) zu entwickeln. Sie hat sehr ähnliche Lebensraumansprüche wie die in West- und Südwesteuropa eingeführte amerikanische Schwarzkopf-Ruderente (*O. jamaicensis*). Die Männchen des Neozoons sind jedoch aggressiver, sodass sie die Männchen der einheimischen Art aus dem Brutrevier vertreiben und Kopulationen mit deren Weibchen erzwingen können. Die Paarungen bringen offenbar fertile Hybriden hervor. Da die Weißkopf-Ruderente nach früheren Bestandseinbrüchen ohnehin weltweit gefährdet ist, wird die starke Ausbreitung und Populationszunahme der Schwarzkopf-Ruderente ihren Rückgang wahrscheinlich verschärfen (BAUER 1993, BAUER et al. 1997).

9.5.3 Konflikte mit menschlichen Nutzungsinteressen

Viele Neozoen werden aus ökonomischen Gründen angesiedelt und zwar zur biologischen Schädlingsbekämpfung oder zur unmittelbaren Nutzung der Tiere (Tab. 62). Von den Fischen Baden-Württembergs verdanken sechs ständig nachweisbare sowie vier weitere Neozoen ihre Vorkommen dem Wunsch von Fischereiwirtschaft und Anglern nach einer Erweiterung von Fangerträgen und der Fangpalette (LÖFFLER 1996). Aus jagdlichem Interesse wurden in Deutschland auch viele Säugetier- und Vogelarten ausgesetzt, von denen einige inzwischen etabliert sind (siehe Kap. 9.2). Fehl schlugen Ansiedlungsversuche dagegen mit dem Helmperlhuhn (*Numida meleagris*), Schneehühnern (*Lagopus lagopus, L. mutus, L. scoticus*), der Baumwachtel (*Colinus virginianus*), dem Bankivahuhn (*Gallus gallus*) und dem Königsfasan (*Syrmaticus reevesii*; LACHENMAIER 1996). Die wirtschaftlichen Vorteile absichtlicher Ansiedlungen sind relativ gering. Selbst bei erfolgreicher Etablierung räuberischer Arten zur Bekämpfung anderer, schädlicher Neozoen, kommt es oft nur zu Verschiebungen in der Lebensgemeinschaft, ohne dass sich der Prädatorendruck insgesamt erhöht (ELLIOTT et al. 1996).

Viele Neozoen haben ökonomische Schäden verursacht (vgl. auch Kap. 2.6). Bekannt sind die mit Kulturpflanzen eingeschleppten Pflanzenschädlinge, zu deren Bekämpfung Land- und Forstwirtschaft erhebliche Mittel aufwenden. Hierzu gehören verschiedene Spinnmilbenarten (*Tretranychus*), der Kartoffelkäfer (*Leptinotarsa decemlineata*), die Reblaus (*Viteus vitifolii*), die San-José-Schildlaus (*Quadraspidiotus perniciosus*), die Blutlaus (*Eriosoma lanigerum*), die Tannentrieblaus (*Dreyfusia nordmannianae*) und die Sitkafichten-Gallenlaus (*Gilletteella cooley*; BOGENSCHÜTZ 1996, ZEBITZ 1996; Übersicht in Tab. 60, Kostenschätzung in Tab. 11). Vielen Haushalten und Betrieben entstehen Kosten durch Insekten fremdländischer Herkunft, wie beispielsweise dem Heimchen (*Acheta domestica*), der Amerikanische Großschabe (*Periplaneta americana*), der Küchenschabe (*Blatta orientalis*) und der Pharaoameise (*Monomorium pharaonis*). Auch Krankheitserreger und Parasiten wurden mit Neozoen eingeführt und auf genutzte Arten sowie Menschen übertragen (siehe Kap. 2.7). In der Austernzuchtwirtschaft haben solche Fälle schon mehrfach zu Verlusten geführt (REISE 1998a). Als weitere Arten mit einem sehr hohen Gefahrenpotential nennen GEITER & KINZELBACH (2002a) die Schiffsbohrmuschel (*Teredo navalis*), die Spanische Wegschnecke (*Arion lusitanicus*), die Stadttaube (*Columba livia*), die Wanderratte (*Rattus norvegicus*) und verwilderte Hauskatzen (*Felix catus* f. *domestica*).

9.6 Mitteleuropäische Neozoenproblematik im Vergleich zu anderen Gebieten

Weltweit betrachtet sind die Auswirkungen von Neozoen auf ursprüngliche Lebensgemeinschaften und Ökosysteme in subtropischen und tropischen Gebieten weitaus dramatischer als in Mitteleuropa. Auf ozeanischen Inseln und in Seen haben Neozoen sogar zum Aussterben von Arten geführt (siehe Kap. 2.3, Tab. 7 bis 9). Auf Kontinenten und in Meeresgebieten werden andere Arten dagegen nur sehr selten von Neozoen völlig verdrängt, sondern eher in ihrer Verbreitung und Häufigkeit eingeschränkt (CASE 1996). Beispiele sind die Meeresschildkröten der südöstlichen USA und Puerto Ricos, die bei ihrer Eiablage am Strand von eingeführten Feuerameisen (*Solenopsis wagneri*) überfallen werden (WETTERER 1998), oder die Flachwasserfauna an den Küsten Australiens, die durch den Nordpazifischen Seestern (*Asterias amurensis*), den Riesenröhrenwurm (*Sabella spallanzanii*) und die Europäische Strandkrabbe (*Carcinus maenas*) stark verändert wird (PARSONS 1997).

Auf kleinen Inseln mit vielen Neozoen ist die Aussterberate höher als auf großen Inseln oder solchen mit nur wenigen Neozoen. Auf vielen kleinen tropischen und subtropischen Inseln fehlten ursprünglich große Pflanzenfresser oder Prädatoren, sodass solche Neozoen die ursprünglichen Biozönosen zerstören, bevor sich die Lebensgemeinschaften an die neuen Verhältnisse anpassen können. Dabei spielt die geringe Individuenzahl der begrenzten Inselpopulationen eine wichtige Rolle. In Mitteleuropa sind solche Mechanismen kaum für geographische Inseln relevant. Sie könnten jedoch auf kleine Populationen bedrohter Arten in „verinselten" Lebensräumen (Habitatinseln) ähnlich wirken. Bei Maßnahmen zu einem Biotopverbund sollte deshalb vermieden werden, dass konkurrierende Neozoen die Rückzugsgebiete von isolierten Populationen leichter erreichen.

Ebenso wie Neophyten profitieren Neozoen oft eher von menschlichen Störungen und von der Zerstörung ursprünglicher Lebensgemeinschaften, als dass sie diese verursachen (MACK & D'ANTONIO 1998, DUKES & MOONEY 1999, siehe Kap. 3.4). Die Etablierung von Neozoen wird zudem begünstigt, wenn ähnliche Arten zuvor durch anthropogene Einflüsse verdrängt worden sind. Die Geschichte anthropogener Umweltveränderungen reicht in Europa und großen Teilen Asiens sehr viel weiter zurück als in Amerika und Afrika und hat möglicherweise auch in Nordamerika schon mit der ersten menschlichen Besiedlung begonnen (Dezimierung der nacheiszeitlichen Großtierfauna, BUNZEL-DRÜKE 1997). Die Tier- und Pflanzenwelt Eurasiens ist deshalb an menschliche Störungen besser angepasst als die der erst in jüngerer Zeit erschlossenen Gebiete (siehe Kap. 2.1). Außerdem erlauben die klimatischen Verhältnisse Europas nur den Arten ein Überleben, die aus ähnlichen Klimaregionen eingeführt wurden. In den Tropen und Subtropen können dagegen auch Tierarten aus gemäßigten Zonen existieren, sodass sich hier ein potentiell größeres Artenspektrum etablieren kann.

9.7 Handlungsperspektiven

In den letzten Jahrzehnten hat sich die Haltung gegenüber Neozoen grundlegend gewandelt. Während man sie früher eher als wirtschaftlich vorteilhaft, die Umwelt bereichernd oder als zoologisch-wissenschaftlich interessante Experimente ansah (z. B. NIETHAMMER 1963, ROOTS 1976), herrschen heute Besorgnis und Ablehnung vor. Weltweit wird versucht, die Neuansiedlungen und Ausbreitung von Neozoen zu begrenzen.

Hierzu verpflichten eine Reihe internationaler Vertragswerke, allen voran das Übereinkommen über die biologische Vielfalt (siehe Kap. 2.9.1). Weitere, gegen Neozoen gerichtete Richtlinien und Resolutionen für bestimmte Gebiete, Lebensräume oder Wirtschaftszweige (GLOWKA & DE KLEMM 1996, SHINE et al. 2000) sind auch für Deutschland relevant. Ihre Umsetzung in Vorsorgemaßnahmen gegen unbeabsichtigte Einfuhren und Freisetzungen von Tieren sowie Verbote absichtlicher Ansiedlungen regeln die deutschen Naturschutzgesetze (siehe Kap. 2.9.2) sowie spezielle Vorschriften für den Güter- und Transportverkehr, insbesondere die Schifffahrt.

Da die völlige Ausrottung eines bereits etablierten Neozoons schwierig, aufwendig oder sogar unmöglich ist (Beispiel: Bisam in Kap. 9.5.1), sollte im Einzelfall geprüft werden, ob solche Maßnahmen überhaupt Erfolg versprechend sind. Sinnvoll wären sie aus Sicht des Naturschutzes nur, wenn andere Arten oder Lebensgemeinschaften in natürlichen oder naturnahen Lebensräumen nachweislich gefährdet würden. Wie bei Neophyten sollten vorsorgende Maßnahmen Vorrang vor Bekämpfungen haben (siehe Kap. 10.3). Möglichkeiten der Kontrolle und Ausrottung unerwünschter Neozoen wurden im Auftrag der Berner Konvention für terrestrische Wirbeltierarten zusammengestellt und bewertet (ORUETA & RAMOS 1998, vgl. auch Council of Europe 1999). Die Ausführung solcher Maßnahmen scheitert aber oft an rechtlichen Unklarheiten und ethischen Hemmungen. So genießen etablierte Neozoen und Neophyten in Deutschland einen allgemeinen Schutz als „heimische" Arten (siehe Kap. 2.9.2). Das Tierschutzgesetz schützt zudem alle Wirbeltiere. Tierschutzaspekte, also der Schutz von Individuen, stoppten 1997 auch eine zunächst erfolgreiche Bekämpfung des Grauhörnchens in Norditalien (GENOVESI & AMORI 1999).

10 Versuch einer Synthese

In Mitteleuropa sind biologische Invasionen seit Mitte des 19. Jahrhunderts Gegenstand der Wissenschaft, seit den 80er-Jahren auch Thema eines öffentlichen Diskurses. Massenmedien haben den Sensationswert des Phänomens entdeckt: aus „Pflanzenwanderungen unter dem Einfluss des Menschen" (THELLUNG 1915) wurden „Invasionen von Killerpflanzen". Invasionsphänome haben die Öffentlichkeit sensibilisiert, Naturschützer mobilisiert und die Produzenten und Verwender nichteinheimischer Pflanzen irritiert. Politik und Verwaltung sind auf dem Weg, die mit der Biodiversitätskonvention und anderen internationalen Vereinbarungen eingegangenen Verpflichtungen zur Begrenzung biologischer Invasionen einzulösen. Wie dies geschehen soll – hierüber wird heftig gestritten. Bislang fehlt solchen Diskussionen die Basis einer Verständigung über den Stellenwert biologischer Invasionen in Deutschland. Die Einschätzungen hierzu variieren stark, sind durch Übertreibung wie Verharmlosung gekennzeichnet.

Dem Hinweis auf die dramatische Situation in anderen Teilen der Welt wird häufig mit dem Einwand begegnet, bei uns sähe es ganz anders aus. Beides ist zweifelsohne richtig, verhilft aber nicht zu einer realistischen Einschätzung des Konfliktpotentials in Mitteleuropa. Hierzu ist zunächst eine sachliche Beurteilung von Art, Ausmaß und Reichweite invasionsbedingter Auswirkungen notwendig. Erst danach folgt die Bewertung von Konflikten mit privaten Interessen und übergeordneten Zielen, die als gesellschaftlicher Konsens rechtlich fixiert sind. Die hier in mitteleuropäischer Perspektive vorgenommene Einschätzung des Stellenwertes biologischer Invasionen basiert auf den in den vorigen Kapiteln beispielhaft dargestellten Auswirkungen, Konflikten und Erfahrungen mit gegensteuernden Maßnahmen. Auf allen drei Feldern bestehen erhebliche Erkenntnisdefizite, sodass die abgeleiteten Schlussfolgerungen vorläufig sind. Sie dienen aber als Grundlage einer wachsenden Verständigung über die Bedeutung von Neobiota in Mitteleuropa und die mit ihnen verbundenen Risiken wie Chancen.

10.1 Auswirkungen biologischer Invasionen

Biologische Invasionen verändern die genetische Struktur von Populationen ebenso wie Verbreitungsmuster von Arten im lokalen, regionalen, kontinentalen und globalen Maßstab. Ihre Folgen sind daher ökologisch und in höchstem Maße auch evolutionär und biogeographisch relevant, da in erdgeschichtlich kurzer Zeit Veränderungen erfolgen, die natürlicherweise nie oder nur in sehr langen Zeiträumen geschehen würden (vgl. auch Tab. 5). Die Wirkungsebenen, auf denen sich Invasionen abzeichnen, reichen von Individuen, Populationen, Lebensgemeinschaften und Ökosystemausschnitten bis hin zu Arten und anderen Taxa, die in ihrer Gesamtheit als Typus betroffen sind. Tab. 65 veranschaulicht mit einigen mitteleuropäischen Beispielen das Spektrum invasionsbedingter Auswirkungen auf verschiedenen Ebenen. Die Wirkungspfade verlaufen dabei in vielen Fällen nicht linear, sondern spielen synergistisch zusammen, lösen Wirkungskaskaden von der Populations- bis hin zur Ökosystemebene aus, wie am Beispiel der Robinie zu erkennen ist.

Die Robinie (siehe Kap. 6.2.5.5) verdrängt durch Konkurrenz lichtliebende Magerrasenarten, bietet zugleich aber Wurzelknöllchenbakterien optimale Entwicklungsbedingungen als Symbiosepartner, wodurch der Stickstoffhaushalt des Standortes nachhaltig verändert wird. Davon profitieren nitrophile Arten, die durch Beschattung Offenlandarten noch weiter ver-

Beispiel

Tab. 65 Ökologische, evolutionäre und biogeographische Auswirkungen biologischer Invasionen, differenziert nach der Wirkungsebene und beteiligten Prozessen

Wirkungsebene	Prozesse	Auswirkungen (mitteleuropäische Beispiele)
Individuen, Populationen	interspezifische Konkurrenz	• Abundanzverminderungen, Erlöschen von Individuen und Teilpopulationen von Uferpflanzen durch Staudenknöterichsippen, von Waldbodenpflanzen durch die Spätblühende Traubenkirsche, von Magerrasenarten durch Goldruten und Staudenlupinen, von Felsbewohnern durch Douglasien, beim Eichhörnchen infolge der Ausbreitung des Grauhörnchens • verminderte Biomasseproduktion anderer Arten in Dominanzbeständen von Uferhochstauden, von Kulturpflanzen durch archäo- und neophytische Ackerunkräuter • verminderte Übergangswahrscheinlichkeiten im Lebenszyklus anderer Arten (z. B. geringerer Regenerationserfolg bei Eichen infolge der Beschattung durch *Prunus serotina*) • Erlöschen von (Meta-) Populationen, z. B. im standörtlichen Überschneidungsbereich von *Impatiens noli-tangere* und *I. parviflora*
	Herbivorie	• Rückgang von Dünen- und Grünlandpflanzen infolge der Beweidung durch Kaninchen • Beeinträchtigung der Gehölzverjüngung durch Damhirsche • der Bisam als (Teil-) Ursache des Röhrichtrückgangs • Rückgang von Wasserpflanzen nach Beweidung durch Graskarpfen • Beeinträchtigung von Kulturpflanzen durch die San-José-Schildlaus, den Maiszünsler, Kartoffelkäfer und Nacktschnecken
	Prädation	• Verluste bei See- und Wasservögeln durch den Mink mit anschließenden Verhaltensänderungen der Vögel (Feindvermeidungsstrategien) • Förderung von Beutegreifern wie Fuchs u. a. durch Vorkommen von Kaninchen, Fasan • Nutzung neozoischer Planktonarten in limnischen und marinen Gewässern durch Vertreter höherer trophischer Stufen • Reduktion von Regenwurmpopulationen durch den Neuseelandplattwurm (NW Europa) • Förderung von Wasservögeln durch das Nahrungsangebot der Dreikantmuschel
	Parasitismus	• Erhöhung von Seneszenz und Mortalität bei Ulmenarten nach Befall mit den Neomyceten *Ophiostoma ulmi*, *O. novo-ulmi* • verminderte Biomasseproduktion von Uferhochstauden durch neophytische *Cuscuta*-Arten, von Kultur- und Zierpflanzen durch neomycetische Mehltauarten
	Allelopathie	• Unterdrückung des Unterwuchses vermutet bei *Prunus serotina, Aesculus hippocastanum, Ailanthus altissima, Juglans nigra, Bunias orientalis*

Tab. 65 Fortsetzung

Wirkungs-ebene	Prozesse	Auswirkungen (mitteleuropäische Beispiele)
Arten/Taxa	Areal-erweiterung	• Aufbau und Erweiterung sekundärer Areale von Neobiota, z. B. *Impatiens parviflora* und die hierauf angewiesene Blattlaus *Impatientinum asiaticum* in Mitteleuropa
	Rückgang	• Aussterben indigener Taxa oder Einschränkung ihres Areals (auf Artebene für Mitteleuropa wenig relevant, unterhalb der Artebene keine Einschätzung möglich) • Beitrag zu Gefährdung und Rückgang indigener Taxa innerhalb ihres Areals (z. B. Verdrängung von Magerrasen-arten durch *Robinia*, *Lupinus*; das Grauhörnchen als Rück-gangsfaktor für das Eichhörnchen auf den Britischen Inseln) • Gefährdung von Wildobstsippen durch Hybridisierung und Rückkreuzung mit Kultursippen • Rückgang von Wildsippen von Grünlandarten durch Hybridisierung mit Kultursippen • Rückgang gebietstypischer Gehölzsippen durch Hybridi-sierung mit Pflanzen unbekannter oder fremder Herkünfte • Gefährdung der Weißkopf-Ruderente durch Hybridisie-rung mit der Schwarzkopf-Ruderente • Rückgang von (Rest-) Populationen einheimischer Tier-arten durch Vermischung mit ausgesetzten fremden Her-künften einheimischer Arten (z. B. Biber, Forellen, Lachs, Hecht, Zander) oder mit ausgesetzten Neozoen (z. B. Stockenten, Wildgänse)
	Sippenneubil-dung durch Hybridisierung, Introgression, Mutation	• Sippenneubildung durch Hybridisierung zwischen einhei-mischen und nichteinheimischen (z. B. *Heracleum mante-gazzianum* × *H. sphondylium*) bzw. unter nichteinheimi-schen Sippen (*Fallopia* × *bohemica*, *Spartina anglica*) • Art- und Gattungshybriden bei Gänsen (*Anser*, *Branta*) • Entstehen anthropogener Sippen (z. B. Leinunkräuter, *Oenothera*-Sippen, herbizidresistente Sippen von *Cheno-podium*, *Amaranthus*, *Conyza*)
Lebens-gemein-schaften	Erweiterung des Ressourcen-angebots	• neue biozönotische Beziehungen durch Arealerweiterung bei Neomyceten und Neozoen im Gefolge ihrer Wirts- bzw. Nahrungspflanzen (z. B. der Pilz *Puccinia komarovii* und die Blattlaus *Impatientinum asiaticum* auf *Impatiens parviflora*) sowie Begünstigung ihrer Prädatoren • Erweiterung des Wirtsspektrums bei Phytophagen (über-wiegend polyphage Arten) und Begünstigung ihrer Parasi-ten und deren Prädatoren (Abundanzerhöhung) • Erhöhung der Generationsfolge bei der Wanze *Nysius senecionis* durch *Senecio inaequidens* • Förderung bestimmter Nahrungsgilden, z. B. der Nutzer extrafloraler Nektarien an *Impatiens glandulifera* • standörtliche Erweiterung der Populationen von Parasiten und deren Räuber, z. B. bei *Senecio inaequidens* auf Berge-halden, bei *Impatiens parviflora* im Buchenwald • Förderung nitrophiler Pflanzen durch N-Bindung von Robinie, Staudenlupine

Tab. 65 Fortsetzung

Wirkungs-ebene	Prozesse	Auswirkungen (mitteleuropäische Beispiele)
	Einschränkung des Ressourcenangebots	• Benachteiligung steno- und oligophager Insekten sowie ihrer Gegenspieler infolge der Verdrängung ihrer Nahrungspflanzen durch Neophyten • Benachteiligung (auch: Förderung) von Phytophagen sowie ihrer Gegenspieler durch veränderte Eigenschaften (Inhaltsstoffe, Oberflächenstruktur) fremder Herkünfte oder Kultursorten ihrer Nahrungspflanzen • Benachteiligung xerothermer Arten durch beschattende Neophyten • Benachteiligung annueller Pionierarten durch ausdauernde Neophyten • Beeinträchtigung der Gehölzverjüngung mittels Beschattung durch *Prunus serotina*
	Veränderung von Vegetationsstrukturen	• Etablierung neuer Lebensformen (Annuelle auf vegetationsfreien Standorten, Ausdauernde anstatt Annueller, Gehölze anstatt Krautiger, Bäume anstatt Sträucher) • Einfügung zusätzlicher Vegetationsschichten (z. B. *Impatiens parviflora* in krautschichtfreien Buchenwaldgesellschaften, *Robinia*, *Pinus strobus*, *Pseudotsuga* auf Waldgrenzstandorten, *Prunus serotina* in lichten Kiefernforsten)
	Vegetationsdynamik	• Hemmung der Sukzession durch Behinderung der Etablierung von Folgearten, z. B. von Gehölzarten in *Fallopia*- und *Solidago*-Populationen • Beschleunigung und Ablenkung der Sukzession durch *Robinia pseudoacacia* • Beschleunigung der Vegetationsentwicklung auf Extremstandorten, z. B. durch *Campylopus introflexus* auf tertiären Sanden, *Dittrichia graveolens*, *Senecio inaequidens*, *Buddleja davidii* auf Industriestandorten
Ökosysteme	Veränderung des Wasserhaushaltes	• Beeinflussung der Abflussmengen von Fließgewässern durch aufwuchsstarke Uferneophyten (z. B. *Fallopia*), in Rohrleitungen durch Überzüge mit Dreikantmuscheln • erhöhte Retentionsfähigkeit durch Neophyten auf zuvor vegetationsfreien Standorten • Beeinträchtigung von Feuchtgebieten durch erhöhte Evapotranspiration, z. B. bei *Vaccinium corymbosum* × *angustifolium*, *Prunus serotina* in degenerierten Mooren • Vernässung von Salzwiesen infolge des durch *Spartina* behinderten Wasserabflusses • Verminderung der Drainwirkung in Grünlandböden (Schottland) nach Reduktion von Regenwurmpopulationen durch den Neuseelandplattwurm
	Veränderung des Strahlungshaushaltes	• veränderte Strahlungsbilanz in zuvor lichten Kiefernforsten durch Einfügung dichter Strauchschichten von *Prunus serotina* • verminderte Aufheizung der Oberflächen zuvor unbesiedelter Standorte durch Neophyten als Pionierpflanzen

Tab. 65 Fortsetzung		
Wirkungs-ebene	Prozesse	Auswirkungen (mitteleuropäische Beispiele)
	Sedimentation	• Förderung der Verlandung durch aufwuchsstarke Neophyten, z. B. *Elodea* in Stillgewässern, *Spartina* im Wattenmeer • Veränderung der Sedimentationsprozesse in Fließgewässern durch aufwuchsstarke Neophyten
	Erosion	• Förderung der Erosion an Deichen und Ufern durch Bisam und Neophyten mit geringem Unterwuchs (z. B. *Fallopia, Helianthus*) • Festlegung offener Sande durch *Rosa rugosa, Campylopus introflexus*; Böschungsfestlegung durch *Robinia*
	Nährstoffdynamik und Bodenchemismus	• Veränderung des Stickstoffhaushaltes durch N-fixierende Arten (*Robinia, Lupinus*) • Senkung des pH-Wertes durch Nadelgehölze (z. B. *Pseudotsuga menziesii, Pinus strobus*) • Abbau des Schafdungs in Australien nach Einführung europäischer Regenwürmer
	Bodenbildung	• Beschleunigung durch Pionierbesiedler, z. B. *Senecio inaequidens, Buddleja davidii* auf Bergehalden • Beeinflussung der Humusbildung durch *Robinia, Larix, Pseudotsuga*

drängen und dadurch „Safe Sites" für Waldarten schaffen, die langfristig die Ökosystemdynamik prägen werden. Immer sind Sukzessionen mit dem lokalen Erlöschen von Individuen und Populationen verbunden. Bei Robinien betrifft dies seltene Magerrasenarten, sodass die Gefährdung von Individuen und Populationen auch den Rückgang von Arten in einem größeren Gebiet begünstigen kann.

Inwieweit das Ausmaß und die Reichweite invasionsbedingter Folgen erkannt werden, hängt von der untersuchten Wirkungsebene und der Art der eingesetzten Methoden ab. Die in den vorangegangenen Kapiteln dargestellten Beispiele belegen ein breites Spektrum weitreichender und nachhaltiger Invasionsfolgen (Tab. 65). Wir wissen damit in etwa, welche Konsequenzen Invasionen in Mitteleuropa haben können. Erstaunlicherweise sind Invasionsfolgen selbst bei den auffälligsten Arten in Deutschland bislang meist nur in Einzelaspekten genau analysiert und quantifiziert worden und ursächliche Wirkungsmechanismen noch nicht in größeren Zusammenhängen verstanden.

Viele Fragen zu Ursachen und Folgen biologischer Invasionen bleiben damit unbeantwortet. Dies gilt auch für die Beurteilung der Folgen für die Biodiversität, die seit Rio 1992 häufig im Mittelpunkt der Diskussion steht.

10.1.1 Auswirkungen auf die Biodiversität

In globaler Perspektive gelten biologische Invasionen – nach der Veränderung von Landnutzungen – als zweitgrößter Gefährdungsfaktor der biologischen Vielfalt (U. S. Congress 1993, SANDLUND et al. 1999, VITOUSEK et al. 1997, WILCOVE et al. 1998). So tragen Neobiota nach WILCOVE et al. (1998) zum Rückgang von 57% der gefährdeten Arten der Vereinigten Staaten bei. Sie sind ohne Zweifel vor allem in der südlichen Hemisphäre ein wichtiger Schlüsselfaktor bei der Gefährdung und Ausrottung von Arten (Kap. 2, Tab. 7). Aus Mitteleuropa ist dagegen kein Fall bekannt, in dem eine nichteinheimische Art zum Aussterben einer indigenen Art geführt hätte. Auch hier fördern Neobiota den Artenrückgang, aber doch weniger als in anderen, vor allem südlicheren Gebieten (siehe Kap. 10.1.2.1).

Warum bedeutet dies **keine Entwarnung** für Deutschland und Mitteleuropa? Aussagen zum Aussterben und Artenrückgang betreffen einen wichtigen, besonders augenfälligen Ausschnitt der Biodiversität, aber doch nur einen von vielen. Wie die Beispiele der vorigen Kapitel zeigen, lösen biologische Invasionen auch in Mitteleuropa erhebliche Veränderungen auf allen Ebenen der Biodiversität aus. (Neobiota beeinflussen die Vielfalt an Arten, Biozönosen, Biotopen und Ökosystemen und ebenso die genetische Vielfalt innerhalb von Arten; siehe Tab. 65 und Tab. 66). Sie ausschließlich nach ihrer Rolle für den Artenrückgang zu beurteilen, verengt die Perspektive unzulässig. Dass alle Ebenen der Biodiversität zu beachten sind, verlangt auch die Biodiversitätskonvention mit einer entsprechenden Definition der Schutzgüter. Auch das Bundesnaturschutzgesetz geht mit dem Bezug auf die „Tier- und Pflanzenwelt" sowie die Landschaftsebene weit über den Artenschutz hinaus.

Wegen der Vielfalt der auf verschiedenen Organisationsstufen ausgeprägten Biodiversität sind eindimensionale Bewertungen des Einflusses biologischer Invasionen unangemessen. Ob Neobiota die Biodiversität erhöhen oder vermindern, hängt im Einzelnen von folgenden Punkten ab:

- der jeweils betrachteten Dimension der Biodiversität,
- dem gewählten räumlichen Bezugssystem und
- der Auswahl der Messgröße (z. B. Artenzahl pro Fläche, Shannon-Index, Evenness und Strukturvielfalt).

Biologische Invasionen können die Biodiversität auf verschiedenen Ebenen erhöhen oder vermindern, je nachdem, welcher räumliche Bezug gewählt wird (Abb. 67). Die Etablierung von Neobiota kann die Biodiversität lokal einschränken (z. B. in Dominanzbeständen vieler Neophyten), aber auch erhöhen, wenn neue Arten hinzutreten ohne vorhandene zu verdrängen. Ob sich solche Biodiversitätsveränderungen von Wuchsorten auf höhere räumliche Ebenen fortsetzen, ist in Mitteleuropa noch nicht systematisch untersucht worden. Ohne Zweifel verändern biologische Invasionen auch in Mitteleuropa die Biodiversität auf mehreren Ebenen erheblich. Auf der Ebene von Gebietsfloren und -faunen führt dies aber eher zu einer Erweiterung, wie das Beispiel der Flora Deutschlands zeigt (siehe Kap. 10.1.2.1).

10.1.2 Globale Homogenisierung oder regionale Diversifizierung der Artenvielfalt?

Biodiversität hat sich in erdgeschichtlich langen Zeiträumen weltweit sehr unterschiedlich differenziert (MYERS et al.

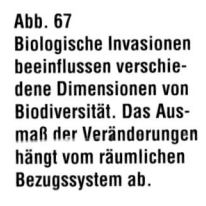

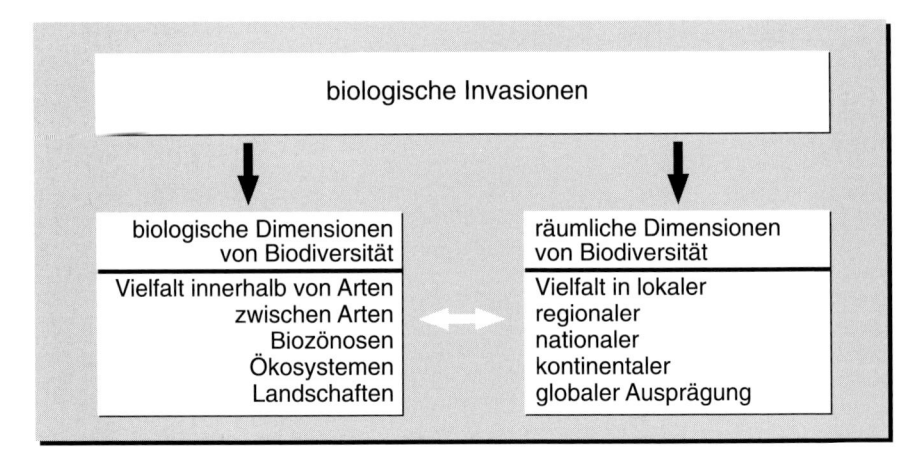

Abb. 67
Biologische Invasionen beeinflussen verschiedene Dimensionen von Biodiversität. Das Ausmaß der Veränderungen hängt vom räumlichen Bezugssystem ab.

biologische Invasionen

biologische Dimensionen von Biodiversität	räumliche Dimensionen von Biodiversität
Vielfalt innerhalb von Arten zwischen Arten Biozönosen Ökosystemen Landschaften	Vielfalt in lokaler regionaler nationaler kontinentaler globaler Ausprägung

2000). In vergleichsweise kurzer Zeit führen biologische Invasionen nun zu einem Austausch zwischen den Floren und Faunen bislang isolierter Gebiete und bewirken damit, so eine häufige Befürchtung, eine Homogenisierung und damit globale Angleichung des Artenbestandes. Vereinheitlichung und Entdifferenzierung werden gemeinhin mit einem Biodiversitätsverlust gleichgesetzt (KINZELBACH 1996). Salopp wird von globaler „MacDonaldisierung" der biologischen Vielfalt oder von „biological pollution" durch biologische Invasionen gesprochen.

Die Diskussion um die globale Homogenisierung von Floren und Faunen („biologische Globalisierung" bei BARTHLOTT et al. 1999) ist häufig mit drei Schwierigkeiten behaftet:
- Datendefizite bei der Beurteilung der Angleichung von Gebietsfloren und -faunen,
- fehlende Differenzierung zwischen sachlicher Beurteilung und Bewertung des Phänomens,
- Vermischung von Skalen bei der Gleichsetzung von Folgen einzelner Arten mit denen der Gesamtheit der Neobiota eines Gebietes.

Auf das Gesamtsystem Erde bezogen führen biologische Invasionen zu einer Homogenisierung des Artenbestandes. Regional differenzierte Unterschiede werden abgeschwächt, wenn beispielsweise Arten, die ursprünglich nur auf einem Kontinent vorkamen, nunmehr zugleich Europa und Amerika besiedeln. Inwieweit Gebietsfloren und -faunen auf räumlichen Ebenen unterhalb der globalen ebenfalls an Ungleichheit verlieren, sich ähnlicher werden, bleibt allerdings zu prüfen. Diese Frage der interregionalen Homogenisierung ist bislang wenig systematisch untersucht worden.

Abb. 68 veranschaulicht beispielhaft, wie Neobiota die **regionale und interregionale Artenvielfalt** verändern können. Die interregionale Biodiversität wird hier als reziprokes Maß für die Vereinheitlichung von Gebietsfaunen oder -floren verstanden. Sie nimmt im Vergleich zweier Gebiete ab, wenn differenzierend wirkende Arten wegfallen und Neobiota hinzutreten, die beiden Gebieten gemeinsam sind. Beide Prozesse können, müssen aber nicht kausal verbunden sein, worauf beispielsweise die Koinzidenz zwischen hohen Artenzahlen an Indigenen und Neobiota hinweist (z. B. STOHLGREN et al. 1999, STADLER et al. 2000). Sterben mehr regional differenzierende einheimische Arten aus als Neobiota neu hinzutreten, sinkt die regional ausgebildete Artenvielfalt ebenso wie die interregionale. Übertrifft die Anzahl der Neobiota die der zurückgehenden indigenen Arten, nimmt die Artenvielfalt regional zu. Ob die interregionale Artenvielfalt hierdurch zu- oder abnimmt, hängt davon ab, wie gebietsspezifisch der durch die neu hinzutretenden Neobiota gebildete Artenpool ist. Bei Variante A in Abb. 68 steigt die interregionale Biodiversität, da die natürlichen oder kulturellen Bedingungen der Vergleichsgebiete zu einer unterschiedlichen Zusammensetzung ihres jeweiligen Neobiota-Bestandes geführt haben. Bei Variante B sinkt sie dagegen, da in beiden Gebieten Neobiota in ähnlicher Artenzusammensetzung auftreten. Biologische Invasionen können demnach sowohl zu einer Homogenisierung als auch zu einer Diversifizierung des Artenbestandes verschiedener Gebiete führen.

Trotz der zunehmend erkannten Bedeutung der biologischen Vielfalt und des Aufschwungs der Biodiversitätsforschung sind die Kenntnisse über die globale Verteilung von Arten noch sehr lückenhaft (LINSENMAIR 1998, BARTHLOTT et al. 1999, JÜRGENS 2001). Deswegen kann auch noch nicht abschließend beurteilt werden, inwieweit und wo die in Abb. 68 gezeigten Varianten zutreffen. Wahrscheinlich finden sich die meisten Beispiele für eine gleichgerichtete Abnahme regionaler und interregionaler Vielfalt auf ozeanischen Inseln, auf denen weit verbreitete Neobiota wie Ratten erhebliche Einbußen

Abb. 68
Mögliche Auswirkungen biologischer Invasionen auf die regionale und interregionale Biodiversität am Beispiel der Artenvielfalt. Steuerungsgrößen sind der Zugang an Neobiota und der Rückgang indigener Arten in einem Gebiet (○ = Anzahl an Neobiota < Anzahl zurückgehender Indigener; ● = Anzahl Neobiota > Anzahl zurückgehender Indigener; Zusammensetzung des Neobiotaartenpools: Variante A = gebietsspezifisch; Variante B = gebietsunspezifisch; ☐ zunehmende regionale/interregionale Diversität, ■ abnehmende regionale/interregionale Diversität).

Rückgang Indigene	Zugang Neobiota Variante A	Zugang Neobiota Variante B	Auswirkungen auf Biodiversität regional	Auswirkungen auf Biodiversität interregional
stark	○	–	☐	☐
stark	–	○	☐	☐
gering	●	–	■	■
gering	–	●	■	☐

bei differenzierend wirkenden indigenen Arten auslösen. In Mitteleuropa steigern biologische Invasionen dagegen eher die regionale Artenvielfalt, da die Anzahl der Neobiota die der ausgestorbenen Arten deutlich übertrifft (Beispiel: Flora Deutschlands, siehe Kap. 10.1.2.1). Wie Neobiota die interregionale Vielfalt beeinflussen, bleibt eine offene Frage. Zu prüfen wäre die hier abgeleitete Hypothese, dass biologische Invasionen zu globaler Homogenisierung, zugleich aber zu regionaler Diversifizierung führen.

Zur Prüfung eignen sich Städte besonders, da sie reich an Neobiota sind und zu vermuten wäre, dass sich ihr Artenbestand infolge biologischer Invasionen im Laufe der Zeit immer mehr angleicht. Die wenigen hierzu vorliegenden Untersuchungen weisen jedoch eher auf das Gegenteil hin. KLOTZ (in ERNST et al. 2000) stellte am Beispiel 17 ostdeutscher Städte fest, dass die nichteinheimischen Arten nicht zu einer größeren Ähnlichkeit der Stadtfloren untereinander führen (Abb. 69). Sie scheinen in ihrer Zusammensetzung eher alte biogeographische Muster nachzuzeichnen. KLOTZ & IL'MINSKICH (1988) haben die Flora einer deutschen und einer russischen Stadt im 19. und 20. Jahrhundert verglichen und festgestellt, dass der Artenbestand beider Städte trotz des Einflusses biologischer Invasionen über ungefähr hundert Jahre unähnlicher geworden ist, wozu auch Neophyten beitrugen.

Die Frage nach invasionsbedingten Veränderungen der Biodiversität ist hier auf der Ebene der Artenvielfalt (genauer: der Artenzahlen für bestimmte Gebiete) diskutiert worden. Wie oben betont wurde, berühren invasionsbedingte Veränderungen auch andere Ebenen der Biodiversität (Tab. 66), diese sind aber noch nicht umfassend einzuschätzen. Bei den ausstehenden Analysen ist, wie auch sonst, zwischen der wissenschaftlichen Beurteilung eines Phänomens und seiner auf normativen Grundlagen fußenden Bewertung zu trennen.

Für die **Bewertung von Biodiversitätsveränderungen** fehlen bislang anerkannte Zielwerte und Kriterien. Die Tatsache der Veränderung an sich ist in einer Welt, die zunehmend durch anthropogene Umweltveränderungen geprägt wird, nicht grundsätzlich negativ zu bewerten. Entscheidend ist die Frage, welche Auswirkungen die Veränderung von Biodiversität auf den verschiedenen räumlichen Ebenen hat. Dies ist mit einer Bilanzierung von Artenzahlen oder durch die Berechnung von Diversitäts- oder Ähnlichkeitsindices nicht zu klären. Insofern greifen Bewertungen zu kurz, wenn sie nicht mit Informationen über negative und positive Auswirkungen der Arten im Einzelfall verbunden werden.

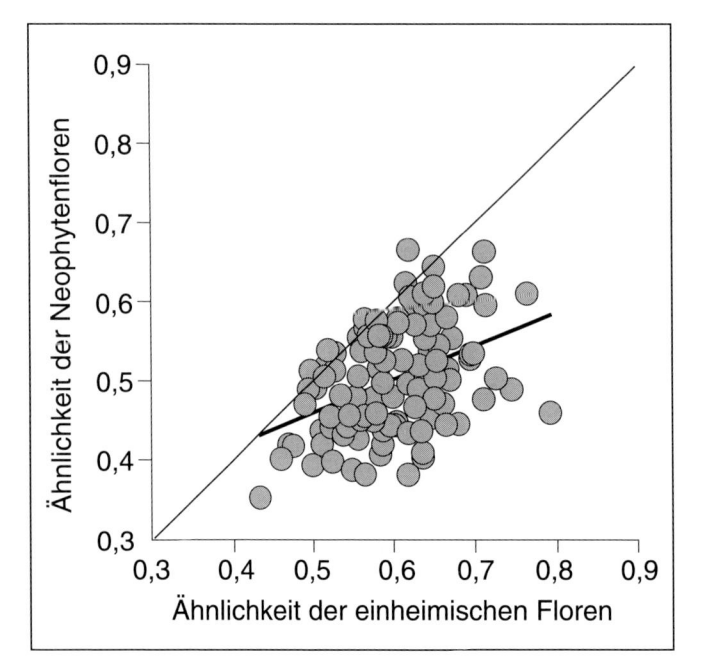

10.1.2.1 Regionale Diversifizierung am Beispiel der deutschen Flora

Im Zuge der nacheiszeitlichen Erwärmung hat sich die Flora Mitteleuropas stetig erweitert, indem Arten auf natürlichen Wegen in die vom Eis befreiten Gebiete zurückgewandert sind. Spätestens seit der neolithischen Revolution vor etwa 6500 Jahren beeinflussen biologische Invasionen die Florendynamik. Dabei war der Zustrom neuer Arten in verschiedenen Epochen unterschiedlich; in der Römischen Kaiserzeit beispielsweise stärker als zur Zeit der Völkerwanderung (WILLERDING

Abb. 69
Biologische Invasionen erhöhen die Unterschiede zwischen urbanen Floren. Dargestellt sind Ähnlichkeitsvergleiche zwischen den Floren ostdeutscher Städte (Original von Klotz). Die Anordnung der Punktwolke unterhalb der Winkelhalbierenden belegt, dass die einheimischen Stadtfloren untereinander ähnlicher sind als die nichteinheimischen. Insofern verringern die Neophyten die Ähnlichkeit der Stadtfloren und erhöhen die interregionale biologische Vielfalt.

Tab. 66 Mögliche Auswirkungen biologischer Invasionen von Pflanzen auf verschiedene Dimensionen der Biodiversität

Biodiversität	potentielle Minderung von Biodiversität durch	mitteleuropäische Beispiele	potentielle Erhöhung von Biodiversität durch	mitteleuropäische Beispiele
innerartliche genetische Vielfalt	Verdrängung lokal angepasster Sippen (Ökotypen, gebietstypische Herkünfte) durch Hybridisierung, Introgression oder intraspezifische Konkurrenz	Gefährdung von Obstgehölzwildsippen durch Kultursippen, von gebietstypischen Gehölz- und Grünlandsippen durch fremde Herkünfte, von Gebirgssippen der Fichte durch Hybridisierung mit Flachlandherkünften	erhöhte Sippenvielfalt durch Entstehung neuer Sippen infolge evolutiver Anpassung an anthropogene Bedingungen bzw. durch Hybridisierung mit anderen Sippen	evolutive Herausbildung von Ackerunkräutern (Unkraut-Kulturpflanzen-Komplex); Bildung neogener Endemiten bei *Oenothera*
Artenvielfalt	Verdrängung einheimischer Arten durch interspezifische Konkurrenz oder interspezifische Hybridisierung; Rückgang infolge von Parasitismus	Zurückdrängen von Arten der Vorgängervegetation durch Neophyten mit Dominanzbildung (*Fallopia*, *Prunus serotina* u. a.); Rückgang von Ulmen durch den parasitierenden Neomyceten *Ophiostoma ulmi*, Gefährdung der Weißkopf-Ruderente durch Hybridisierung mit der amerikanischen Schwarzkopf-Ruderente	Einfügung nichteinheimischer Arten in bestehende Lebensgemeinschaften ohne vorhandene Arten zu verdrängen; nichteinheimische Arten als Pioniere auf zuvor unbesiedelten oder nicht mehr besiedelten Standorten, Entstehung neuer Sippen durch interspezifische Hybridisierung mit und ohne Beteiligung einheimischer Arten	zahlreiche kurzlebige Neophyten in der Pioniervegetation auf Kiesbänken; *Impatiens glandulifera* in vielen Uferstaudengesellschaften; fast alle Neophyten, die keine Dominanzbestände ausbilden; *Senecio inaequidens*, *Dittrichia graveolens* auf industriellen Sonderstandorten, Hybridisierung eingeführter Sippen untereinander (z. B. *Fallopia* × *bohemica* aus *F. japonica*, *F. sachalinensis*) und mit bereits vorhandenen Sippen (z. B. *Solidago* × *niederedi* aus *S. canadensis*, *S. virgaurea*)
Vielfalt an Lebensgemeinschaften und Ökosystemen	Verdrängung vorhandener Lebensgemeinschaften (direkt durch Konkurrenz oder indirekt durch Standortveränderungen) Benachteiligung hoch spezialisierter Tierarten (z. B. Phytophage) durch ungeeignetes Nahrungsangebot Veränderung von Dominanzverhältnissen, Evenness oder anderer Diversitätsparameter	Nivellierung der Vegetation durch klonal wachsende Neophyten mit hoher Persistenz (*Fallopia* u. a.); Standortveränderungen durch N₂-Fixierung (*Robinia* u. a.); Veränderung ursprünglich baumfreier Felsvegetation durch Gehölze (*Pseudotsuga menziesii* u. a.); engeres Phytophagenspektrum von *Impatiens parviflora* im Vergleich zu *I. noli-tangere*	Entstehung neuer, durch Archäo- oder Neophyten geprägter Lebensgemeinschaften, oft in Anpassung an anthropogene Bedingungen; positive Rückwirkungen auf Tierarten, für die das Nahrungs- u. Habitatangebot nichteinheimischer Pflanzen nutzbar sind	die meisten Lebensgemeinschaften auf Ruderal- und Segetalstandorten; von Agriophyten gebildete Phytozönosen (z. B. mit *Acorus calamus*, *Spartina anglica*, *Impatiens parviflora*); Förderung bestimmter Insektengruppen durch *Impatiens glandulifera* u. *I. parviflora*

Abb. 70
Natürliche und anthropogene Erweiterung der Flora Mecklenburgs (FUKAREK 1988).
N1: 978 einheimische Sippen; N2–N4: nichteinheimische Sippen; darunter sind 69 auch in naturnaher Vegetation eingebürgert (N2, Agriophyten), 441 nur in anthropogener Vegetation (N3, Epökophyten); 727 sind (noch) nicht eingebürgert (N4, Ephemerophyten).

1986). Maximale Einführungs- oder Einschleppungszahlen für Pflanzen werden für das 19. Jahrhundert angenommen (JÄGER 1988). Obwohl seitdem weniger Arten neu nach Deutschland eingeführt werden, wird die Anzahl an Neobiota aus verschiedenen Gründen weiter zunehmen: Das Beispiel aquatischer Arten veranschaulicht, wie neue Einführungsschübe zustande kommen können: durch technischen Fortschritt (Reisegeschwindigkeit von Überseeschiffen), neue Kulturformen (Anlage von Austernbänken mit pazifischen Arten) und historische Ereignisse wie die Überwindung von Wasserscheiden durch Kanalbauten. Auch von den bereits im Gebiet kultivierten Arten werden in Zukunft weitere Invasionen ausgehen, da eine oft erhebliche Zeitverzögerung zwischen Ersteinführung und Ausbreitungsbeginn einzurechnen ist (siehe Kap. 5.2.1). Andere, sich bereits ausbreitende Arten werden neue Teilgebiete besiedeln. So nahm beispielsweise in Mecklenburg-Vorpommern die Zahl neu auftretender Neophyten nach 1950 erheblich zu (BERG 1997).

Bilanzierung der Florendynamik für Mecklenburg:

Die Bilanzierung veranschaulicht den zeitlichen Prozess des Zugangs neuer Arten (FUKAREK 1988, Abb. 70): Der Zugang an nichteinheimischen Arten (Gruppen N2–N4) begann in Mecklenburg mit der Kultur der Trichterbecherleute um 3200 v. Chr. Heute stehen 978 indigenen Arten (N1) 1237 Archäo- und Neophyten gegenüber, von denen 510 etabliert sind (N2, N3). Bislang sind 41 Arten ausgestorben. Biologische Invasionen haben damit eine erhebliche Erweiterung der mecklenburgischen Flora bewirkt. Der Anteil nichteinheimischer Arten beträgt 56% oder 34%, wenn nur etablierte Arten berücksichtigt werden. LANDOLTS (1991a, 1992) Bilanzierung für Zürich erbringt ähnliche Ergebnisse.

Dank der anthropogenen Florenerweiterung fällt die Florenbilanz für Deutschland trotz des massiven Artenrückgangs insgesamt positiv aus: Wesentlich mehr Arten sind neu hinzugekommen als ausgestorben. Aktuell enthält die Florenliste Deutschlands 2705 einheimische und eingebürgerte Arten (WISSKIRCHEN & HAEUPLER 1998). Darunter sind 627 etablierte nichteinheimische Arten (Tab. 67). Unberücksichtigt bleibt bei dieser Rechnung die sicher mehrere tausend Arten umfassende Gruppe der unbeständigen Neophyten (Ephemerophyten). Ihre Bilanzierung ergab allein für Berlin 744 Arten (PRASSE et al. 2001). Das Verhältnis zwischen eingebürgerten nichteinheimischen und einheimischen Arten der Flora Deutschlands beträgt etwa 1 zu 3,3. Die Zahl der etablierten nichteinheimischen Arten übersteigt die der ausgestorbenen

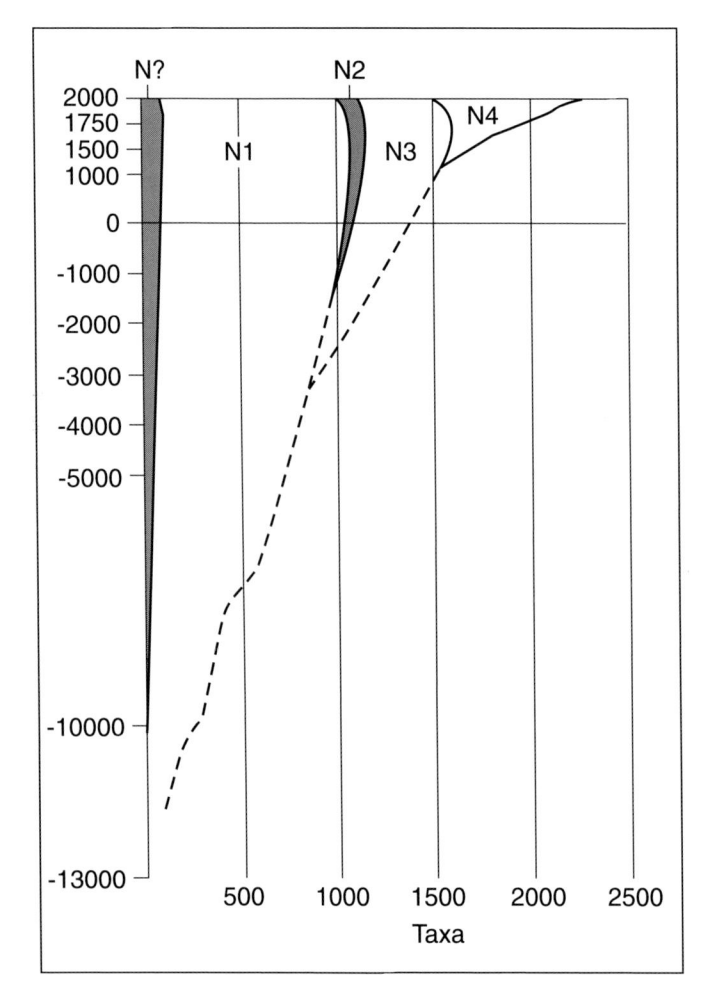

Tab. 67 Stellenwert nichteinheimischer Pflanzenarten in der Flora Deutschlands
(Datengrundlage: KORNECK et al. 1996, WISSKIRCHEN & HAEUPLER 1998,
LOHMEYER & SUKOPP 2001; Tab. 42 und Tab. 70)

Flora Deutschlands	Artenzahl	%
Gesamtflora[*)]	**2705**	**100**
Indigene	2078	76,8
Archäo- und Neophyten*)	627	23,2
Archäophyten	247	9,1
etablierte Neophyten	380	14,1
ausgestorbene und verschollene Arten	47	1,7
vom Aussterben bedrohte Arten	118	4,4
Neobiota[*)]	**627**	**100**
Archäophyten	247	39,4
etablierte Neophyten	380	60,6
in naturnaher Vegetation etablierte Archäo- und Neophyten (Agriophyten)	277	44,2
spezifisch bekämpfte Archäo- und Neophyten	50	8,0

[*)] ohne Berücksichtigung unbeständiger Neophyten

indigenen Arten etwa um das 13fache, die der vom Aussterben bedrohten um das 5fache. Auch die Anzahl der in naturnaher Vegetation eingebürgerten Arten übertrifft die der ausgestorbenen indigenen Arten knapp um das 6fache. Zahlenmäßig gleichen Archäo- und Neophyten damit den Verlust ausgestorbener Arten mehr als aus.

Mit dem Aussterben einer Art, auch einer Sippe unterhalb des Artranges, geht ein Teil der mit ihr verbundenen Informationen und Nutzungsoptionen unwiederbringlich verloren. Insofern kann das Aussterben einer einheimischen Art nicht durch das Auftreten einer oder mehrerer Neobiota ausgeglichen werden. Wichtig ist in diesem Zusammenhang der Hinweis, dass in ganz Mitteleuropa keine ausgestorbene Art auf das Konto von Neophyten geht. Ihr Beitrag zum Artenrückgang ist hier deutlich geringer als in vielen Gebieten der südlichen Hemisphäre: In Deutschland tragen nichteinheimische Pflanzen zum Rückgang von 6% der in der Roten Liste verzeichneten Arten bei (KORNECK & SUKOPP 1988). Bei etwa 5% der von SCHEPKER (1998) untersuchten problematischen Neophytenpopulationen in Niedersachsen tritt eine Konkurrenzsituation zu gefährdeten Pflanzenarten auf.

10.1.3 Veränderungen der genetischen Vielfalt

Unterhalb der Artebene entfaltet sich die biologische Diversität in einer Differenzierung von Kleinarten, Unterarten, Varietäten sowie von taxonomisch nicht beschreibbaren Genotypen (z. B. Ökotypen und Provenienzen). Diese innerartliche genetische Vielfalt zu erhalten, ist ein anerkanntes Naturschutzziel (z. B. SCHMIDT 1992, BLAB et al. 1995), das durch die Biodiversitätskonvention verpflichtend geworden ist. EHRLICH (1988) schätzt den Verlust genetischer Vielfalt auf der Populationsebene als genauso bedeutsam wie den Verlust ganzer Arten ein. Die innerartliche Sippendifferenzierung ist das Ergebnis evolutiver Prozesse, zu deren Voraussetzungen die räumliche Trennung genetisch kompatibler Sippen gehört. Diese Isolation kann durch eingeführte oder sekundär ausgebrachte kompatible Taxa durchbrochen werden. In der Folge kann die genetische Vielfalt innerhalb der Arten erhöht, aber auch verringert werden (Abb. 71). Die evolutiven Folgen sind sicher erheblich, aber in ihrem Ausmaß noch nicht absehbar (HURKA 2002).

Durch **Ersatzpflanzungen** oder Ansaaten kann die gebietstypische innerartliche

Abb. 71
Veränderung der innerartlichen Vielfalt durch direkte und indirekte menschliche Einflussnahme.

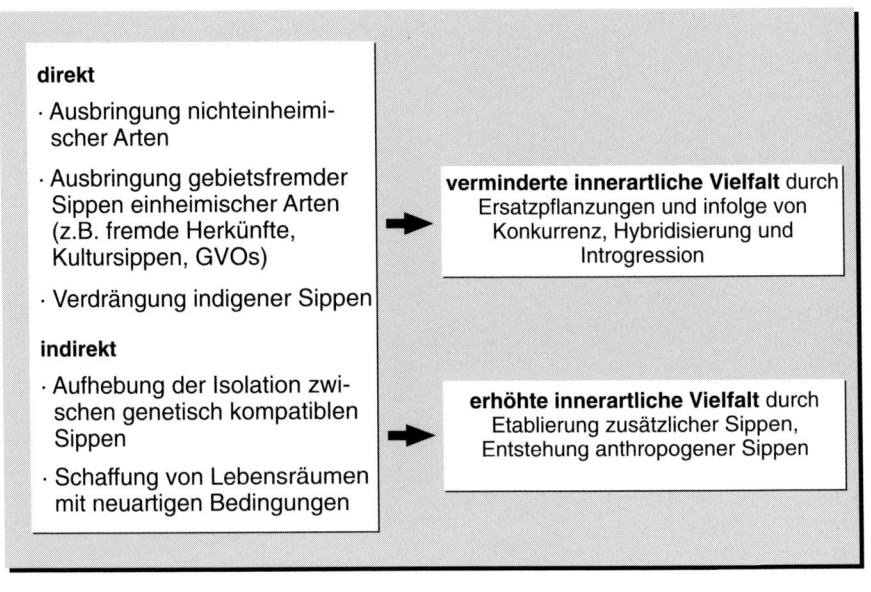

direkt
- Ausbringung nichteinheimischer Arten
- Ausbringung gebietsfremder Sippen einheimischer Arten (z.B. fremde Herkünfte, Kultursippen, GVOs)
- Verdrängung indigener Sippen

indirekt
- Aufhebung der Isolation zwischen genetisch kompatiblen Sippen
- Schaffung von Lebensräumen mit neuartigen Bedingungen

→ **verminderte innerartliche Vielfalt** durch Ersatzpflanzungen und infolge von Konkurrenz, Hybridisierung und Introgression

→ **erhöhte innerartliche Vielfalt** durch Etablierung zusätzlicher Sippen, Entstehung anthropogener Sippen

Vielfalt eingeschränkt werden, wenn Kultursippen oder fremde Herkünfte anstelle gebietstypischer Sippen ausgebracht werden. Dies ist in Deutschland bei Gehölzpflanzungen und Grünlandansaaten ein in seinen ökologischen und evolutionären Auswirkungen bislang stark unterschätztes Massenphänomen, da in der Regel von einheimischen Arten Kultursippen statt Wildsippen oder gebietsfremde statt gebietstypischer Sippen ausgebracht werden (siehe Kap. 6.2.5.1 und 6.2.6.1). Ein Teil davon ist wegen vegetativer Vermehrung zudem genetisch einheitlich. Die regional differenzierte genetische Vielfalt wird hierdurch verringert, wenn die ausgebrachten Sippen gebietstypische bei Pflanzungen oder Ansaaten ersetzen (z.B. formenreichen *Rosa*- und *Crataegus*-Sippen), durch Konkurrenz verdrängen (Beispiel *Dactylis glomarata*, LUMARET 1990) oder ein Teil gebietsspezifischer Vielfalt durch Hybridisierung (Kreuzung) und Introgression (Rückkreuzung) verloren geht. Der Ersatz von Wild- durch Kultursippen kann sich auch auf die **Tierwelt** auswirken. So werden Kultursorten von Gräsern weniger als deren Wildformen von spezialisierten Insekten besiedelt. Auch das Räuber-Beute-Verhältnis ist auf den Sorten kleiner Pflanzenarten (TSCHARNTKE 2000). Nach HILBECK et al. (1998) wirken *B.t.*-Toxine in gentechnisch verändertem Mais über die Zielorganis-

men hinaus und erhöhen beispielsweise die Mortalität der Grünen Florfliege (*Chrysoperla carnea*), eines wichtigen „Nützlings" in Agrarökosystemen.

Zwischen- und innerartliche **Hybridisierung und Introgression** sind natürliche Phänomene, die in langen Zeiträumen zur Erweiterung der biologischen Vielfalt beigetragen haben. Nach STACE (1975) sind beispielsweise 975 von etwa 2000 Arten der Britischen Flora hybridogenen Ursprungs. Die Beteiligung nichteinheimischer Arten an Hybridisierungsvorgängen erhöht zunächst die genetische Vielfalt, da hierdurch das Spektrum der vorhandenen durch neue Genotypen erweitert wird. In welchem Umfang dies geschieht, zeigt die Bilanzierung der anthropogenen Sippen (Anökophyten) für die Flora Tschechiens (Tab. 68). Zwischen Einheimischen, Archäo- und Neophyten entstanden hier insgesamt 112 Hybride, 28 wurden eingeführt und 44 Taxa entstanden auf Landwirtschaftsflächen.

Allerdings können durch Hybridisierung und Introgression auch angepasste oder seltene Genotypen verloren gehen. LEVIN et al. (1996) sehen hierin einen wichtigen Faktor für den Rückgang seltener Pflanzenarten. SIMBERLOFF (1996 mit Neozoenbeispielen) schätzt dieses Risiko als hoch und zugleich schwer kalkulierbar ein, da Hybridisierungen häufig nur mo-

Tab. 68 Bilanzierung von Hybriden und anthropogenen Sippen innerhalb der Flora Tschechiens (nach PYŠEK et al. 2002)

	Hybride mit			auf Landwirtschaftsflächen entstanden	eingeführte Hybride	Gesamtzahl	Anteil [%] Gesamtzahl der Taxa
	Archäophyten	Neophyten	Einheimischen				
Archäophyten	12	–	31	12	7	62	18,7
Neophyten	6	28	35	32	21	122	11,7
Summe	–	–	–	44	28	184	13,3

lekulargenetisch nachweisbar sind. In Deutschland gelten beispielsweise Wildsippen von Obstbaumarten (*Malus sylvestris, Pyrus pyraster, Ribes uva-crispa*) durch den Genaustausch mit Kulturpflanzen als gefährdet, sodass Erhaltungsmaßnahmen notwendig wurden (siehe Kap. 6.3.9). Auch bei einigen der gentechnisch bearbeiteten Pflanzenarten wird das Risiko des Gentransfers mit Wildsippen als hoch eingeschätzt (Übersichten bei PASCHER & GOLLMANN 1999, ZOGLAUER et al. 2000, SCHÜTTE et al. 2001).

Bei Tieren sind Hybridisierungen vor allem bei Gänsen und Enten, Großfalken und einigen Finkenvögeln bekannt (GEITER & HOMMA 2002). Die Weißkopf-Ruderente gilt wegen der Hybridisierung mit der nordamerikanischen Schwarzkopf-Ruderente als gefährdet (siehe Kap. 9.5.2). Der Fall der Europäischen Auster (*Ostrea edulis*) offenbart weit reichende Folgen eines Gentransfers zwischen verschiedenen Herkünften gleicher Arten:

Da Austernlarven nur ein bis zwei Wochen im Plankton treiben, gibt es keinen Austausch über einzelne Küstenabschnitte hinweg. Hierdurch entstanden Rassen mit lokalspezifischen Anpassungen, die im nordfriesischen Wattenmeer ein Überleben auch strenger Winter ermöglichen. Zur Stützung überfischter Austernbänke wurden hier weniger kältetolerante holländische, englische und französische Austern eingeführt. Dass in den strengen Wintern 1927 bis 1929 auch die Reste der nordfriesischen Bestände nahezu verschwanden, wird auf die Einkreuzung von Importaustern zurückgeführt, die eine verminderte Widerstandsfähigkeit der Gesamtpopulation bewirkte (REISE 1999b). Auch bei Gehölzen wurde festgestellt, dass Herkünfte aus wärmeren Gebieten weniger kältetolerant als gebietstypische sein können (SPETHMANN 1997, RUMPF 2002).

Biologische Invasionen können auch die Bildung **anthropogener Sippen** begünstigen und so zur Erweiterung des Sippeninventars beitragen. Dies ist auf verschiedenen Wegen möglich: durch die selektive Anpassung an neuartige anthropogene Umweltbedingungen und durch Hybridisierungsprozesse, die durch Allopolyploidie zu neuen Arten führen. Beide Prozesse spielen auch bei einheimischen Arten eine Rolle (z. B. Bildung segetaler Sippen bei *Veronica hederifolia*). Sofern unter den Ausgangsarten anthropogener Sippen nichteinheimische sind, werden sie hier zu den Neobiota gezählt. Selektive Anpassungsprozesse sind vor allem bei Ackerunkräutern bekannt und haben z. B. zur Bildung spezifischer Leinunkräuter geführt (KORNAS 1988). Wahrscheinlich sind viele segetale Archäophyten erst auf Äckern als „obligatorische Unkräuter" (Anökophyten) entstanden (SCHOLZ 1991, SUKOPP & SCHOLZ 1997 mit Übersichten). Die meisten anthropogenen Sippen haben Verbreitungsschwerpunkte auf Kulturlandschaftsstandorten (neben vielen Ackerunkräutern auch die durch Allopolyploidie entstandenen *Oenothera*-Sippen). Einige besiedeln auch naturnahe Lebensräume und erweisen sich hier konkurrenzstärker als die Ausgangsarten (z. B. *Spartina anglica*, siehe Kap. 6.6.1; möglicherweise auch *Fallopia × bohemica*, siehe Kap. 6.4.4). ELLSTRAND & SCHIERENBECK (2000) geben eine Übersicht über Arten, bei denen genetische Prozesse wahrscheinlich den Erfolg von Invasionen begünstigt haben. Ein Genfluss bei zuvor geographisch getrennten Sippen kann auch bei pathogenen Pilzen zur Entstehung aggressiverer Formen führen (BRASIER 2001).

Tab. 69 Erweiterung des Sippeninventars durch anthropogene Sippendifferenzierung: Entstehung von Anökophyten unter Beteiligung nichteinheimischer Ausgangsarten (unterteilt nach wahrscheinlichem Entstehungszeitraum und Vorhandensein kultigener Merkmale; nach KOWARIK & SUKOPP 2000)

wahrscheinlicher Entstehungszeitraum	Anökophyten mit kultigenen Merkmalen (konvergenter Entwicklungstyp)	Anökophyten ohne kultigene Merkmale (divergenter Entwicklungstyp)
vor 1500 entstanden (archäophytische Anökophyten)	**Unkraut-Kulturpflanzen-Komplex** *Bromus secalinus, Agrostemma githago, Lolium remotum, L. temulentum, Silene linicola, Fagopyrum tataricum* (?), *Avena fatua, Cannabis ruderalis* (*C. sativa* var. *spontanea*), *Setaria viridis* *Pyrus-, Malus-, Prunus*-Sippen	**eurasische Ursprungsarten** *Papaver rhoeas, Rumex alpinus, R. crispus, Senecio vulgaris, S. vernalis, Elytrigia repens, Capsella bursa-pastoris, Diplotaxis muralis* Kosmopolitisch: *Portulaca oleracea; Cynodon dactylon* (in Mitteleuropa neophytisch)
nach 1500 entstanden (neophytische Anökophyten)	**Unkraut-Kulturpflanzen-Komplex** *Panicum miliaceum* subsp. *agricolum; Panicum miliaceum* subsp. *ruderale* *Vaccinium corymbosum* × *angustifolium, Solidago-* (?), *Aster-*Sippen (?)	**Ursprungsarten aus Amerika** *Oenothera-, Xanthium-, Epilobium-*Sippen, *Amaranthus bouchonii* Ursprungsarten aus Ostasien: *Reynoutria* × *bohemica* in anderen Teilen Europas entstanden, nach Mitteleuropa eingeführt: *Artemisia verlotiorum, Corispermum leptopterum*, einige *Xanthium-* u. *Oenothera-*Sippen

Tab. 69 veranschaulicht das Spektrum anthropogener Sippen, die nach ihrem Entstehungszeitraum, der Herkunft ihrer Ursprungsarten und dem Vorkommen kultigener Merkmale unterteilt werden können. Bei manchen Sippen sind Herkunft und Entstehungszeit unsicher. Zudem ist vielfach umstritten, inwieweit in Mitteleuropa vorkommende Sippen noch mit ihren außereuropäischen Ausgangsformen übereinstimmen (z. B. SCHOLZ 1993 zu *Solidago, Aster salignus*). Da anthropogene Sippen nirgendwo natürliche Vorkommen besitzen, kann ihre Ausbreitung, anders als bei anderen Untergruppen der Neobiota, nicht zur Homogenisierung von Gebietsfloren beitragen. Durch ihrer Entstehung wird die biologische Vielfalt im Gegenteil erhöht: regional wie im globalen Maßstab.

10.2 Konfliktpotential in Deutschland

Anfang der 40er-Jahre stellte der amerikanische Ökologe Frank EGLER (1942) bedauernd fest, die Diskussion über biologische Invasionen werde häufig aus einer „sentimentalen, anthropozentrischen Perspektive" geführt, in der Altes gegen Neues und einheimische gegen „exotische" Arten ausgespielt würden. Diese Haltung scheint auch heute noch einen gewichtigen Teil der Diskussion in Deutschland über biologische Invasionen zu prägen. Die „Heimat" gegen „das Fremde" verteidigen zu wollen, ist nach den Analysen von ESER (1998) und KÖRNER (2000) ein verbreitetes Denkmuster, das die Argumentation wissenschaftlicher wie angewandter, beispielsweise naturschutzbezogener Arbeiten zu biologischen Invasionen beeinflusst. Dieses durchaus nicht auf Deutschland beschränkte Phänomen (EDWARDS 1998), äußert sich in einer häufig fehlenden Differenzierung zwischen einer sachlichen, naturwissenschaftlich fundierten

Beurteilung von Invasionsvorgängen und ihrer Bewertung. Sich auffällig ausbreitende Arten werden oft pauschalierend negativ bewertet, ohne ihre Auswirkungen zuvor im Einzelnen zu analysieren und die der Bewertung zugrunde liegenden Wertmaßstäbe und Kriterien offen zu legen. So dürfte eine Liste angenommener negativer Invasionsfolgen, die bestimmten Arten zugeschrieben werden, wesentlich länger als eine Aufstellung sachlich belegter Konflikte ausfallen. Andere Probleme dagegen werden beispielsweise im Zusammenhang mit Invasionen, die sich unterhalb der Artebene vollziehen, in ihrem Ausmaß und ihren Konsequenzen wahrscheinlich stark unterschätzt.

Diese Einschätzung relativiert keinesfalls den Stellenwert biologischer Invasionen in Deutschland, sondern erklärt vielmehr, warum eine Darstellung des Konfliktpotentials von Neobiota erst in groben Umrissen möglich und auf Grundlage genauerer Kenntnisse fortzuschreiben ist. So wurde als ein Ergebnis der interdisziplinären Neobiota-Konferenz festgehalten (KOWARIK & STARFINGER 2002), dass allgemein erhebliche Defizite bei der Analyse und Bewertung von Invasionsfolgen in Deutschland bestehen. Dies gilt für ökologische und besonders für evolutionäre und ökonomische Konsequenzen von Invasionen, die noch nicht zu übersehen sind. Während die Kenntnisse über nichteinheimische Organismen, welche die Gesundheit von Menschen, Pflanzen oder Tieren beeinträchtigen, traditionell eher gut sind, ist es noch nicht möglich, die Gruppe der Neozoen genauer einzugrenzen, die darüber hinausgehend Probleme verursachen. Der Kenntnisstand zu Neophyten erlaubt dagegen eine auch quantitative Einordnung ihres Konfliktpotentials, welches hier zusammenfassend von zwei Seiten beleuchtet wird: einmal mit Blick auf die in Deutschland problematischen Arten (siehe Kap. 10.2.1) und das andere Mal mit einer Skizzierung des Stellenwertes von Neophytenproblemen aus Sicht hierfür zuständiger Fachleute (siehe Kap. 10.2.2).

10.2.1 Problematische Archäophyten und Neophyten im Überblick

Ob eine Art problematisch ist oder nicht, hängt von den zugrunde liegenden Werten und Zielen ab, mit denen sie in Konflikt gerät. Solche Wertvorstellungen variieren bekanntlich subjektiv und auch zwischen Gruppen. Die Biodiversitätskonvention und das Bundesnaturschutzgesetz bieten eine rechtliche Plattform. Sie verpflichten zum Handeln gegenüber Neobiota – jedoch nicht allgemein, sondern nur für die Fälle, in denen nichteinheimische Arten Schäden verursachen, beispielsweise Ökosysteme „gefährden" oder die Tier- und Pflanzenwelt „verfälschen" (siehe Kap. 2.9). Was dies im Einzelnen heißt, bleibt allerdings unbestimmt. Ein wesentlicher, noch fehlender Baustein einer rationalen Strategie gegenüber biologischen Invasionen ist die Verständigung auf Kriterien und Schwellenwerte, die für den Einzelfall eine Differenzierung problematischer und unproblematischer Fälle zuließe. Eine solche Verständigung steht jedoch noch aus, und so bleibt die Frage, wie die problematischen Arten zu bestimmen seien.

Alle Arten aufzulisten, denen negative Folgen zugeschrieben wurden, ist wegen der Variabilität der zugrunde liegenden Bewertungskriterien wenig ergiebig. Für die Übersicht in Tab. 70 wurde stattdessen ein Kriterium genutzt, das nachvollziehbar ist und zugleich erhebliche Konflikte im Zusammenhang mit den betreffenden Arten anzeigt: die Tatsache, dass sie in wenigstens einem Teilgebiet Deutschlands gezielt bekämpft werden. Auf diese Weise können 15 Archäophyten und 35 Neophyten identifiziert werden. Die Problemlage ist bei diesen Arten im Detail sehr unterschiedlich, wie die Einzeldarstellungen in Kap. 6 zeigen. Wichtig in diesem Zusammenhang ist der Hinweis, dass Bekämpfungen über wahrgenommene Probleme Auskunft geben, nicht aber wie schwerwiegend sie sind. So ist neben der Spätblühenden Traubenkirsche (*Prunus serotina*), die erhebliche forstbetriebliche Probleme und Naturschutzkonflikte verursacht, das gelegentlich bekämpfte

Kleinblütige Springkraut (*Impatiens parviflora*) aufgeführt, bei dem negative Folgen nicht belegt worden sind (siehe Kap. 6.3.1). Das Kaktusmoos (*Campylopus introflexus*) wurde in die Liste der problematischen Arten aufgenommen, da ihm erhebliche Ökosystemveränderungen zugeschrieben werden (siehe Kap. 6.6.2), auf eine Bekämpfung aber wird wegen mangelnder Erfolgsaussichten verzichtet.

Tab. 70 lässt die Größenordnung besonders problematischer Arten erkennen. Sie ist jedoch weder abschließend noch umfassend, sondern muss als vorsichtige Schätzung gelten, da:
- die Kenntnisse über nachteilige ökologische und ökonomische Folgen nichteinheimischer Arten lückenhaft sind,
- viele Bekämpfungsmaßnahmen und deren Auslösefaktoren nicht dokumentiert sind und
- kein Konsens über geeignete Bewertungsansätze besteht, die zu Bekämpfungen führen. Die Anwendung anderer Kriterien könnte die Identifikation weiterer Arten auslösen. Dies gilt beispielsweise für indirekte Folgen, etwa für die Tierwelt oder abiotische Ökosystembestandteile, und für Invasionen, die unterhalb der Artebene von gebietsfremden Sippen einheimischer Arten ausgehen (siehe Kap. 6.2.5.1 und 6.2.6.1).

Die problematischen Arten oder Hybriden verteilen sich auf alle Lebensformen, wobei Gehölze und Geophyten überrepräsentiert sind. Bis auf Erdmandel, Kaktusmoos und die meisten Ackerunkräuter sind sie ursprünglich absichtlich eingeführt worden. Die Zuordnung der Arten zu Ökosystemtypen und Konfliktpartnern veranschaulicht, dass die ausgelösten Konflikte meist sehr stark innerhalb des sekundären Verbreitungsgebietes variieren. Häufig treten Probleme nur in speziellen Ökosystemtypen oder Gegenden auf und betreffen nur bestimmte Nutzergruppen. Für andere können die Auswirkungen der Art neutral oder sogar positiv sein. Die Etablierung der Robinie in Halbtrockenrasen ist meist problematisch, ihre Ausbreitung auf Ruderalstandorten kann willkommen sein, und ihre ästhetischen und ökosystemaren Funktionen als stadtverträglicher Straßenbaum werden allgemein positiv eingeschätzt. Inwieweit die in Tab. 70 genannten Arten oder auch andere als Problemarten auftreten, hängt von den Verhältnissen vor Ort ab, von den ökosystemaren Bedingungen ebenso wie von Nutzungsansprüchen. Hieraus lässt sich das **Prinzip der Einzelfallbehandlung** ableiten, nach dem die Bewertung von Neobiota in Bezug auf die spezifischen Bedingungen des Ortes vorzunehmen ist, an dem sie vorkommen oder wo sie ausgebracht werden sollen. Einen methodischen Zugang zu solchen Einzelfallbewertungen bietet § 41 (2) des Bundesnaturschutzgesetzes, nach dem die Risiken einer Art vor deren Ausbringung im Außenbereich differenziert zu bewerten sind (siehe Kap. 2.9.2). Wie relativ solche Bewertungen sein können, veranschaulicht ein Blick in die Wahrnehmungsgeschichte vieler Arten. Die Spätblühende Traubenkirsche (*Prunus serotina*) wurde beispielsweise zunächst wegen erwarteter positiver Auswirkungen hoch geschätzt, nach verschiedenen Enttäuschungen pauschal verdammt und bekämpft und erst in jüngster Zeit wieder etwas differenzierter behandelt (STARFINGER et al. im Druck). Bemerkenswert – und wohl über dieses Beispiel zu verallgemeinern – ist die schwache empirische Basis vieler Bewertungen.

Weitere problematische Arten in Nachbarländern: Viele Neophyten sind wärmebedürftig und nur eingeschränkt winterhart. Folgerichtig kommen in wärmeren Gebieten der Nachbarländer weitere problematische Arten vor. Diese hier nur kurz skizzierten Arten sollten auch in Deutschland aufmerksam beobachtet werden, da ihr Invasionspotential mit der erwarteten Klimaerwärmung zunehmen wird.

In wärmeren Gebieten Österreichs, Tschechiens, der Slowakei und Ungarns sind eine Reihe landwirtschaftlicher, hirseähnlicher Unkräuter besonders problematisch (RIES 1992). Eine Übersicht von „Quarantäne-Unkräutern" haben HEJNY et al. (1973) für die Tschechoslowakei zusammengestellt. In den Auen wird die Ausbreitung der amerikanischen Eschen-Art *Fraxinus pennsylvanica* sowie der Robinie als problematisch angesehen (DISTER & DRESCHER 1987). *Robinia* ist hier, wie auch in Teilen Frankreichs und Italiens, auch außerhalb der Auen ausbreitungsstärker als in Deutschland (FORSTNER 1984,

Tab. 70 Übersicht zu nichteinheimischen Pflanzen, die in Deutschland als besonders problematisch gelten, mit Angaben zu betroffenen Lebensräumen und Landnutzungen (erweitert nach KOWARIK 1999a)

Neophyt		Lebens-form	Herkunft	betroffene Lebensräume	Betroffene Landnutzung N L F W G
Campylopus introflexus	Kaktusmoos	M	SAfr	Dünen, Sandtrockenrasen	•
Avena fatua u.a.*)	Flug-Hafer u.a.*)	T	NAm	Äcker	•
Impatiens glandulifera	Indisches Springkraut	T	OAs	Fließgewässer, Ufer, Auen	?
Impatiens parviflora	Kleinblütiges Springkraut	T	MAs	Wälder, Forsten, Säume	•
Heracleum mantegazzianum	Herkulesstaude, Riesen-Bärenklau	H	WAs	Säume, Weg-, Gewässerränder, Acker-, Wiesenbrachen, Ruderalflächen, Grünflächen	•
Bunias orientalis	Orientalische Zackenschote	H	OEur	Straßenränder, Grünland	•
Spartina anglica	Englisches Schlickgras	G	(NAm) [b]	Wattenmeer	•
Cyperus esculentus	Erdmandel, Knollen-Zyperngras	G	OAs	Mais-, Hackfruchtkulturen	•
Helianthus tuberosus	Knollen-Sonnenblume	G	NAm	Ufer, Auen	•
Lupinus polyphyllus	Stauden-Lupine	G	NAm	Bergwiesen, Borstgrasrasen	•
Lysichiton americanus	Stinktierkohl, Scheinkalla	G	NAm	Gewässer, Feuchtgebiete	•
Fallopia japonica	Japan-Staudenknöterich	G	OAs	Ufer, Auen	• •
Fallopia sachalinensis	Sachalin-Staudenknöterich	G	OAs	Ufer, Auen	• •
Fallopia × bohemica	Böhmischer Staudenknöterich	G	(Oas) [a]	Ufer, Auen	• •
Solidago canadensis	Kanadische Goldrute	G	NAm	Brachen, Weinberge	• •
Solidago gigantea	Riesen-Goldrute	G	NAm	(auch feuchte) Brachen, Auwälder, Forste	• •
Elodea canadensis	Kanadische Wasserpest	Hy	NAm	Fließ-, Stillgewässer	•
Elodea nuttallii	Nuttalls Wasserpest	Hy	Nam	Fließ-, Stillgewässer	•
Rosa rugosa	Kartoffel-Rose	nP	OAs	Küstendünen	• •
Symphoricarpos albus	Gemeine Schneebeere	nP	NAm	Forsten, Parkanlagen	•
Vaccinium corymbosum × angustifolium	Amerikanische Kultur-Heidelbeere	nP	(NAm) [a]	Forsten	•
Acer negundo	Eschen-Ahorn	P	NAm	Feuchtgebiete	•
Pinus nigra	Schwarz-Kiefer	P	SEur	Auenwälder	•
Pinus strobus	Strobe	P	NAm	Magerrasen	•
Populus × euramericana	Kanadische Pappel	P	(NAm) [b]	Felsstandorte, Moorränder	•
Prunus serotina	Spätblühende Traubenkirsche	P	NAm	Gehölzvegetation mit Populus nigra Forste, Waldinnen-/außenränder Heiden, entwässerte Feuchtgebiete	•
Quercus rubra	Rot-Eiche	P	NAm	Felsstandorte	•
Robinia pseudoacacia	Robinie, Falsche Akazie	P	NAm	Magerrasen, Waldgrenzstandorte	•
Pseudotsuga menziesii	Douglasie	P	NAm	Waldgrenzstandorte, Laubwälder	•

*) weitere landwirtschaftliche Problemunkräuter in Tab. 42; Lebensform: M = Moos, T = Therophyt (Einjährige), H = Hemikryptophyt (Art mit Überdauerungsknospen an der Erdoberfläche), G = Geophyt (Art mit unterirdischen Überdauerungsorganen), Hy = Hydrophyt (Wasserpflanze), nP = Nanophanerophyt (Sträucher), P = Phanerophyt (Bäume); bei Hybriden: a = Herkunftsgebiet beider Elternarten, b = Herkunftsgebiet einer Elternart; Landnutzungen: N = Naturschutz, L = Landwirtschaft, F = Forstwirtschaft, W = Wasserwirtschaft u. Küstenschutz, sowie G = menschliche Gesundheit

HRUSKA 1991, ZUKRIGL 1995). Gleiches gilt für den Götterbaum (*Ailanthus altissima*), der beispielsweise in Ungarn in schutzwürdige Magerrasen eindringt (UDVARDY 1999). Am Südrand der Alpen, im insubrischen Gebiet, wird seit einiger Zeit die auffällige Ausbreitung immergrüner Gehölze beobachtet, zu denen neben *Prunus laurocerasus* und *Ligustrum lucidum* auch die Palme *Trachycarpus fortunei* zählt (WALTHER 1999).

Einen Überblick über biologische Invasionen in den Niederlanden geben JOENJE et al. (1987). Eine Besonderheit ist hier die Invasion von *Cyperus esculentus* in Mais- und Hackfruchtkulturen (siehe Kap. 6.2.3.1), der in Deutschland erst vereinzelt auftritt. In Mooren gilt *Aronia × prunifolia* als problematisch (WEEDA 1987). Für die Britischen Inseln geben KORNBERG & WILLIAMSON (1987) einen Überblick. Viele der in Deutschland problematischen Arten werden auch hier bekämpft. Spezielle Beiträge zu *Fallopia*, *Heracleum* und *Impatiens glandulifera* sind in den Symposiumsbänden von DE WAAL et al. (1994) und PYŠEK et al. (1995) enthalten. Hier wird auch über die Wasserpflanze *Crassula helmsii* berichtet (DAWSON 1994), deren Ausbreitung in Deutschland noch nicht weit fortgeschritten ist. *Rhododendron ponticum* hat sich in Wales und in Irland massenhaft ausgebreitet und zählt hier zu den am meisten bekämpften Arten (CROSS 2002). In Deutschland sind die vereinzelten *Rhododendron*-Verjüngungen unproblematisch (KNORR & SOMMER 1983). Auf den Britischen Inseln wird auch gegen einige Arten vorgegangen, die in Deutschland einheimisch sind, Großbritannien jedoch auf natürlichem Wege in der Nacheiszeit nicht mehr erreicht haben. Hierzu gehören der bereits in der Einleitung besprochene Berg-Ahorn (*Acer pseudoplatanus*; DIERSCHKE 1985, BINGGELI 1993) und in Irland auch der Sanddorn (*Hippophae rhamnoides*; BINGGELI et al. 1992).

10.2.1.1 Die Eisberghypothese

Eine der wichtigen Weichenstellungen bei der Beantwortung der Frage, wie biologischen Invasionen zu begegnen sei, ist die Entscheidung zwischen Einzelfallbetrachtungen und Maßnahmen, die pauschal gegen alle Neobiota gerichtet sind. Eine grundsätzlich abwehrende Haltung gegenüber nichteinheimischen Arten wäre gerechtfertigt, stellten die erkannten problematischen Fälle die Spitze eines Eisbergs dar, unter der ein Vielfaches an weiteren konfliktträchtigen Organismen verborgen läge. Obwohl die hier vorgenommene Eingrenzung problematischer Pflanzenarten wegen der im vorigen Kapitel genannten Einschränkungen nur vorläufig sein kann, lässt sich diese Eisberghypothese jedoch einfach falsifizieren. Die Mengenverhältnisse zwischen den insgesamt ins Gebiet gelangten nichteinheimischen Arten und den hieraus hervorgegangenen Invasionsarten sprechen eine klare Sprache: Erstens sind nur ungefähr 5% der eingeführten Arten inzwischen dauerhaft etabliert, und zweitens liegt der Anteil problematischer Arten im Promillebereich (Tab. 71).

In Tab. 71 sind zwei voneinander unabhängige Stichproben enthalten. Für die Gruppe der Gehölze wurde eine Umfrage der Deutschen Dendrologischen Gesellschaft (BARTELS et al. 1991) ausgewertet. Demnach werden derzeit etwa 3150 nichteinheimische Baum- und Straucharten (inklusive holzige Lianen) in deutschen Parkanlagen kultiviert (KOWARIK 1992b). Für Berlin/Brandenburg ist der Erfolg eingeführter Gehölzarten genauer bilanziert worden. Diese Ergebnisse sind in Spalte 2 auf die Gesamtzahl der in Deutschland kultivierten nichteinheimischen Gehölzarten bezogen worden. Für die Gesamtgruppe der Gefäßpflanzen werden zwei Bezugsgrößen genannt. nach einer Schätzung von SUKOPP (1980) sind mindestens 12 000 Pflanzenarten nach Mitteleuropa eingeführt oder eingeschleppt worden; nach einer Hochrechnung von RAUER et al. (2000) werden ungefähr 50 000 Arten in deutschen Botanischen Gärten kultiviert (einschließlich Warmhauspflanzen).

Die berechneten Einzelwerte sollten nicht überinterpretiert werden, da die Einführungszahlen auf Schätzungen und Umfragen beruhen und die geographischen Bezugsräume nicht deckungsgleich sind. Es wird jedoch deutlich, dass beide Berechnungen zu Ergebnissen in gleicher Dimension führen. Ähnliche Mengenver-

Tab. 71 Wahrscheinlichkeit beginnender Invasionen mit nachfolgendem Erfolg oder Misserfolg nichteinheimischer Arten am Beispiel von Gefäßpflanzen und Gehölzarten (nähere Erläuterung im Text)

	Gehölzarten		Gefäßpflanzen	
eingeführte Arten	> 3150	100%	ca. 12 000 (ca. 50 000)[1]	100% (100%)[1]
Ausbreitung hat begonnen	> 210	> 6,7%	?	?
wieder ausgestorben	> 34	> 1%	?	?
unbeständig	> 114	> 3,6%	?	?
dauerhaft etabliert	> 64	> 2%	627[2]	5,2% (1,3%)[1]
– in naturnaher Vegetation	> 32	> 1%	277	2,8% (0,6%)[1]
spezifisch bekämpft	ca. 10	ca. 0,3%	ca. 50	0,4% (0,1%)[1]
– ohne landwirtsch. Unkräuter	–	–	ca. 30	0,3% (0,06%)[1]

[1] mit Arten der Botanischen Gärten; [2] 247 Archäophyten, 380 Neophyten;
Datengrundlage: SUKOPP 1980, LOHMEYER & SUKOPP 2001, KOWARIK 1992b, 1999a, WISSKIRCHEN & HAEUPLER 1998, RAUER 2000 sowie Tab. 42 und Tab. 70

hältnisse sind auch aus anderen europäischen Ländern bekannt. In den Niederlanden sind 220 (3,9%) der eingeführten und eingeschleppten Pflanzen (ohne Zimmerpflanzen) eingebürgert, 75 (1,3%) auch in naturnahe Vegetation (WEEDA 1987), und auf den Britischen Inseln 1,5% der eingeführten Arten (WILLIAMSON & BROWN 1986). WILLIAMSON (1993) hat eine Zehner-Regel aufgestellt („tens rule"), nach der sich ungefähr 10% der eingeführten Arten ausbreiten, 10% hiervon einbürgern und wiederum 10% hiervon als „pest species" Probleme bereiten sollen. USHER (1988) hat darauf hingewiesen, dass in subtropischen und tropischen Gebieten, vor allem auf Inseln, ein sehr viel höherer Prozentsatz der eingeführten Arten eingebürgert sein kann. Auf Hawaii sind dies beispielsweise 20% (LOOPE & MÜLLER-DOMBOIS 1989).

Zumindest für Pflanzen ist die Eisberghypothese damit zu verwerfen. Etwa 90%, und damit die überwältigende Mehrzahl der eingeführten Arten, haben nicht den Sprung zum wild wachsenden Vorkommen geschafft. Ungefähr 5% der eingeführten oder eingeschleppten Arten sind dauerhaft etabliert. Problematische unter den im Gebiet vorkommenden Neobiota sind eher die Ausnahme als die Regel. Das aus Tab. 71 ablesbare Verhältnis zwischen eingeführten und sich ausbreitenden Arten ist nicht stabil, sondern wird sich zugunsten der letztgenannten Gruppe auf Grund von Time-lag-Effekten verändern (siehe Kap. 5.2.1). An der Dimension der Mengenverhältnisse zwischen eingeführten und Invasionsarten wird sich jedoch absehbar nichts ändern. Wer also sämtliche nichteinheimische Arten bekämpfen oder von Pflanzungen ausschließen will, weil einige unter ihnen konflikträchtig sind, reagiert überzogen. Weit angemessener ist es, Gegensteuerungsmaßnahmen auf bestehende oder absehbare problematische Einzelfälle zu konzentrieren.

10.2.1.2 Wie häufig sind nichteinheimische Arten?

Einige der in Kap. 6 besprochenen Neophyten breiten sich rasant aus und prägen dabei ganze Landschaften, beispielsweise *Impatiens glandulifera* an Mittelgebirgsbächen, *Prunus serotina* in Kiefernforstgebieten Norddeutschlands, *Solidago canadensis* auf Weinbergsbrachen oder *Senecio inaequidens* an Verkehrswegen. So auffällig diese und auch andere Neophyten sind – allgemein sind nichteinheimische Pflanzenarten in Deutschland immer noch deutlich seltener als einheimische Arten. Dies gilt selbst für städtische Ballungsgebiete, die besonders neophytenreich sind (siehe Kap. 6.1). Abb. 72 zeigt dies am Beispiel der Berliner Flora, deren Arten hier verschiedenen Häufigkeitsgruppen zugeordnet worden sind.

Die Häufigkeit von Arten ist jedoch veränderlich, wie die langfristige Entwicklung bei Einheimischen, Archäophyten

Abb. 72
Verteilung der einheimischen und nichteinheimischen Arten der Flora Berlins auf Häufigkeitsgruppen (nach KOWARIK 1995).

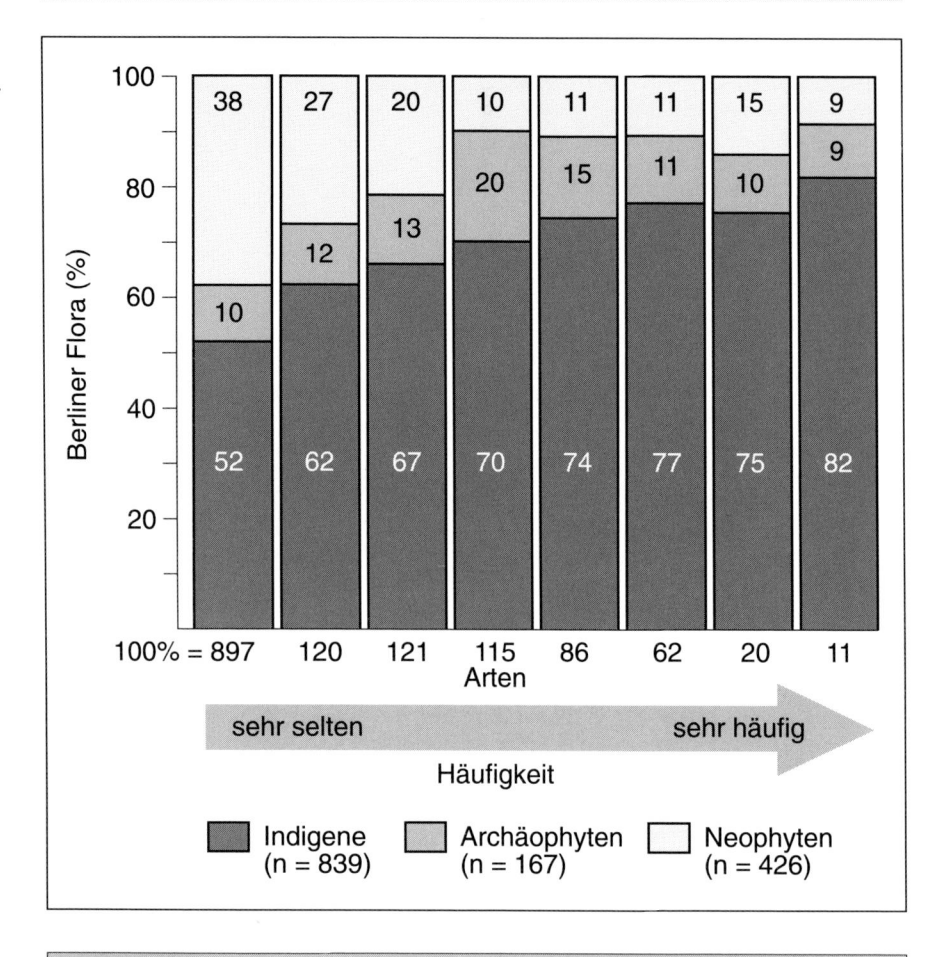

Tab. 72 Unterschiedliche Entwicklungstrends bei der Häufigkeit von Einheimischen, Archäophyten und eingebürgerten Neophyten in den Niederlanden zwischen 1900/49 und 1950/75 (nach HAECK & HENGEVELD 1980/81), der DDR (FRANK 1991) und Berlin zwischen 1864 und 1980 (nach KUTSCHKAU 1982)

	zunehmend [%]	gleich bleibend [%]	abnehmend [%]
Niederlande			
Einheimische (n = 1310)	3	38	59
Neophyten (n = 137)	44	35	21
DDR			
Einheimische (n = 1055)	4	43	53
Archäophyten (n = 94)	6	47	47
Neophyten (n = 180)	48	32	20
Berlin			
Einheimische (n = 819)	12	10	78
Archäophyten (n = 160)	18	10	72
Neophyten (n = 321)	74	5	21

Tab. 73 Die am weitesten verbreiteten Archäophyten und Neophyten der Flora Deutschlands nach der Messtischblattfrequenz ihrer Vorkommen (Datengrundlage: Bundesamt für Naturschutz und Zentralstelle für die Phytodiversität Deutschlands, Datenstand: Dezember 2000)

Neophyten		n	%	Archäophyten		n	%
1. Matricaria discoidea		2961	98,7	1. Plantago lanceolata		2974	99,1
2. Conyza canadensis		2869	95,6	2. Bellis perennis		2970	99,0
3. Veronica persica	●	2813	93,8	3. Lamium purpureum	●	2942	98,1
4. Galinsoga ciliata	●	2715	90,5	4. Myosotis arvensis		2940	98,0
5. Impatiens parviflora	○	2594	86,5	5. Fallopia convolvulus	●	2935	97,8
6. Solidago canadensis	○	2581	86,0	6. Veronica arvensis		2930	97,7
7. Lolium multiflorum		2566	85,5	7. Lamium album		2918	97,3
8. Galinsoga parviflora	●	2554	85,1	8. Tanacetum vulgare		2912	97,1
9. Armoracia rusticana		2535	84,5	9. Viola arvensis	●	2908	96,9
10. Juncus tenuis		2524	84,1	10. Atriplex patula		2851	95,0
11. Robinia pseudoacacia	○	2462	82,1	11. Sisymbrium officinale		2849	95,0
12. Raphanus raphanistrum		2387	79,6	12. Euphorbia helioscopa		2839	94,6
13. Viola odorata		2386	79,5	13. Melilotus albus		2834	94,5
14. Lupinus polyphyllus	○	2292	76,4	14. Thlaspi arvense	●	2831	94,4
15. Solidago gigantea	○	2272	75,7	15. Matricaria recutita	●	2809	93,6
16. Fallopia japonica	○	2243	74,8	16. Sinapis arvensis		2799	93,3
17. Elodea canadensis	○	2243	74,8	17. Geranium pusillum		2797	93,2
18. Epilobium ciliatum		2210	73,7	18. Melilotus officinalis		2787	92,9
19. Impatiens glandulifera	○	2151	71,7	19. Vicia angustifolia		2763	92,1
20. Geranium pyrenaicum		2002	66,7	20. Echium vulgare		2757	91,9
21. Amaranthus retroflexus	●	1991	66,4	21. Anagallis arvensis		2756	91,9
22. Senecio vernalis		1932	64,4	22. Centaurea cyanus		2744	91,5
23. Acorus calamus		1926	64,2	23. Spergula arvensis		2723	90,8
24. Symphoricarpos albus	○	1851	61,7	24. Malva neglecta		2715	90,5
25. Vicia villosa		1834	61,1	25. Fumaria officinalis		2712	90,4
26. Aesculus hippocastanum		1802	60,1	26. Papaver rhoeas		2708	90,3
27. Berteroa incana		1775	59,2	27. Crepis capillaris		2680	89,3
28. Medicago × varia		1761	58,7	28. Urtica urens		2678	89,3
29. Hesperis matronalis		1759	58,6	29. Euphorbia peplus		2672	89,1
30. Heracleum mantegazzianum	○	1656	55,2	30. Lamium amplexicaule		2629	87,6
31. Cymbalaria muralis		1639	54,6	31. Cichorium intybus		2606	86,9
32. Erigeron annuus		1639	54,6	32. Bromus sterilis		2563	85,4
33. Sisymbrium altissimum		1591	53,0	33. Solanum nigrum	●	2516	83,9
34. Bidens frondosa		1587	52,9	34. Crepis biennis		2502	83,4
35. Prunus serotina	○	1587	52,9	35. Arctium lappa		2490	83,0
36. Quercus rubra	○	1545	51,5	36. Anthemis arvensis		2458	81,9
37. Cardaria draba		1476	49,2	37. Aphanes arvensis		2427	80,9
38. Datura stramonium		1462	48,7	38. Anchusa arvensis		2384	79,5
39. Veronica filiformis		1449	48,3	39. Stellaria media	●	2365	78,8
40. Helianthus tuberosus	○	1418	47,3	40. Tripleurospermum perforatum	●	2361	78,7
41. Syringa vulgaris		1356	45,2	41. Spergularia rubra		2357	78,6
42. Oxalis corniculata		1354	45,1	42. Cerastium glomeratum		2339	78,0
43. Sedum spurium		1283	42,8	43. Geranium dissectum		2329	77,6
44. Onobrychis viciifolia		1246	41,5	44. Echinochloa crus-galli	●	2326	77,5
45. Eragrostis minor		1198	39,9	45. Vinca minor		2301	76,7
46. Fallopia sachalinensis	○	1191	39,7	46. Setaria viridis	●	2295	76,5
47. Bunias orientalis	○	1157	38,6	47. Chenopodium album	●	2287	76,2
48. Diplotaxis tenuifolia		1121	37,4	48. Papaver argemone		2274	75,8
49. Papaver somniferum		1118	37,3	49. Ballota nigra		2271	75,7
50. Atriplex sagittata		1110	37,0	50. Geranium molle		2254	75,1

100 % = 3000 Messtischblätter; ○ Arten mit lokalen oder regionalen Naturschutzkonflikten; vgl. Tab. 70; ● landwirtschaftliche Problemunkräuter; vgl. Tab. 42

und eingebürgerten Neophyten in drei Gebieten zeigt (Tab. 72): Zunehmende Arten konzentrieren sich überall auf die Gruppe der Neophyten (ohne Unbeständige), rückläufige auf Einheimische und Archäophyten. In urban geprägten Gebieten wie Berlin ist die Florendynamik besonders ausgeprägt, beim Artenrückgang ebenso wie bei der Zunahme einzelner Arten. Welchen Stellenwert Neobiota in der Flora und Vegetation zukünftig einnehmen werden, wird sich also zuerst in Siedlungen zeigen.

Sind die problematischen Arten nun zugleich die in Deutschland am weitesten verbreiteten? Die Antwort ist aus den Ergebnissen der floristischen Kartierung Deutschlands (HAEUPLER & SCHÖNFELDER 1989, BENKERT et al. 1996) ablesbar, aus denen u. a. hervorgeht, in wie vielen der etwa 3000 Messtischblättern (MTBs) Deutschlands eine Art wenigstens einmal vorkommt.

Tab. 73 zeigt die 50 am weitesten verbreiteten Neophyten und Archäophyten Deutschlands. Archäophyten sind demnach weiter als Neophyten verbreitet, was auch für Tschechien gilt (PYŠEK et al. 2002). Nach den aus Tab. 42 und Tab. 70 übernommenen Angaben zu Problemarten sind unter den am weitesten verbreiteten Arten viele unproblematische. Umgekehrt können auch seltenere Arten problematisch werden, wie beispielsweise die Strobe (*Pinus strobus*) im Elbsandsteingebirge, Amerikanische Kultur-Heidelbeeren (*Vaccinium corymbosum* × *angustifolium*) in norddeutschen Feuchtgebieten oder die Scheinkalla (*Lysichiton americanus*) im Taunus. Ausdrücklich zu betonen ist, dass die allermeisten der problematischen Arten nicht überall innerhalb ihres Verbreitungsgebietes, sondern eher lokal oder regional Konflikte verursachen und sich diese meist auf einen bestimmten Ausschnitt des insgesamt besiedelten Spektrums an Ökosystemtypen konzentrieren (Tab. 70). Daher ist auch bei den Problemarten eine Einzelfallbetrachtung statt einer pauschalen Bewertung angemessen.

10.2.2 Wie verbreitet sind Naturschutz- und Landnutzungskonflikte?

Eine Untersuchung aus Niedersachsen zeigt beispielhaft aus Sicht zuständiger

Tab. 74 Einschätzung des Konfliktpotentials von Neophyten durch zuständige Fachbehörden und außeramtliche Naturschützer in Niedersachsen. Zusammengefasst sind Befragungsergebnisse zu Vorkommen und Bekämpfung problematischer Neophyten, zum Bekämpfungserfolg und zur Notwendigkeit weiterer Maßnahmen (nach KOWARIK & SCHEPKER 1997, 1998, SCHEPKER 1998)

	Forstwirtschaft n = 163 [%]	Wasserwirtschaft 76 [%]	amtl. Naturschutz* 49 [%]	n. amtl. Naturschutz 47 [%]	Grünflächenämter 10 [%]	Behördenvertreter* 303 [%]	alle Befragten 350 [%]
problematische Neophytenvorkommen							
• sind bekannt	80	41	88	81	60	71	72
• werden bekämpft	64	44	41	32	88	53	49
• erfolgreich bekämpft	26	9	19	24	29	23	23
Zukünftige Bekämpfung nötig							
• mit hoher Priorität	42	22	17	23	44	31	29
• mit mittlerer Priorität	15	8	15	8	22	15	13
• mit geringer Priorität	5	14	7	4	0	6	6
• nur im Einzelfall	30	43	47	41	22	37	38
• überhaupt nicht	8	14	14	23	11	11	14

* einschließlich 7 Vertreter des Küstenschutzes, n = Zahl der ausgewerteten Fragebögen

Behördenvertreter, in welchem Ausmaß nichteinheimische Pflanzenarten Naturschutzkonflikte auslösen und Landnutzungen beeinträchtigen (KOWARIK & SCHEPKER 1997, 1998, SCHEPKER 1998). Landesweit wurden alle Vertreter der Forst- und Naturschutzverwaltungen sowie der Wasserwirtschaft, des Küstenschutzes, der städtischen Grünflächenämter sowie zusätzlich ehrenamtliche Naturschützer befragt. Tab. 74 zeigt zusammenfassend, inwieweit sich die Befragten in ihrem Zuständigkeitsbereich mit problematischen Neophytenvorkommen konfrontiert sehen, in welchem Ausmaß und wie erfolgreich Problemfälle bekämpft werden und welche Konsequenzen für zukünftiges Handeln gefordert werden.

Probleme mit Neophyten sind in der Forstwirtschaft und im Naturschutz nahezu allgegenwärtig: Über 80% der Antworten verweisen hierauf. Amtliche und nichtamtliche Naturschutzvertreter schätzen die Lage ähnlich ein. Der Schritt von der Wahrnehmung zur Bekämpfung problematischer Neophytenvorkommen wird überraschend häufig vorgenommen: Insgesamt wurden 49% der genannten Problemfälle bekämpft; in der Forstwirtschaft sogar zwei Drittel der Fälle. Die Erfolgsquote der Maßnahmen ist mit durchschnittlich 23% erschreckend niedrig. Dennoch befürworten die meisten Fachvertreter weitere Maßnahmen. 42% sprechen sich dafür aus, Neophyten generell mit hoher oder mittlerer Priorität zu bekämpfen, 38% plädieren für eine Bekämpfung im Einzelfall. Eine Verschärfung rechtlicher Möglichkeiten unterstützen zusätzlich 11%.

Tab. 75 schlüsselt die von den Betroffenen genannten Neophytenprobleme genauer auf. Zu 457 Neophytenvorkommen wurden insgesamt 592 Konflikte genannt, die in der Auswertung sechs Problemkategorien zugeordnet wurden. Bei 13% der Angaben wird bereits die Tatsache der Ausbreitung als problematisch empfunden, ohne konkrete Folgen hiermit zu benennen. Gut die Hälfte der Nennungen betrifft unerwünschte Vegetationsveränderungen. Gut ein Viertel hiervon wird als nachteilig für Landnutzungen gesehen. Die Forstleute fürchten vor allem die verdämmende Wirkung von Neophyten (Behinderung der Naturverjüngung von Forstbäumen). Seitens der Wasserwirtschaft wird eine Behinderung der Gewässerunterhaltung und des Abflusses angeführt. Eine Sonderkategorie sind Gesundheitsrisiken, die vor allem *Heracleum mantegazzianum* betreffen (siehe Kap. 6.4.3).

Interessant ist, dass über 450 problematische Neophytenvorkommen genannt und auch lokalisiert worden sind, aber nur in 166 Fällen die Frage nach einer genaueren Beschreibung der unerwünschten Auswirkungen beantwortet wurde. Dies kann an der beschränkten Zeit zum Ausfüllen des Fragebogens liegen. Möglicherweise deutet sich hier jedoch auch eine Diskrepanz an zwischen der allgemeinen Problemzuschreibung zu bestimmten Arten und der Kenntnis der tatsächlich auftretenden Folgen. In 92 der 166 präzisierten Fälle handelt es sich um Konflikte mit Zielen des Arten- und Biotopschutzes. Die meisten betreffen unerwünschte Veränderungen von Lebensgemeinschaften. In 30 Fällen wurde die Verdrängung von Arten der Roten Liste befürchtet. Dies sind etwa 5% aller für Niedersachsen genannten 592 Konflikte (Auflistung betroffener Arten in Tab. 5 bei SCHEPKER 1998). Aus 148 der 671 niedersächsischen Naturschutzgebiete sowie aus den beiden Nationalparks wurden problematische Neophytenvorkommen gemeldet. Insgesamt wurden 31 problematische Neophyten genannt. 80% der Konflikte konzentrieren sich aber auf 9 Sippen, die mit abnehmender Bedeutung unter dem Stichpunkt „problematische Neophytenvorkommen" in Tab. 75 aufgeführt sind. Um Verwechslungsmöglichkeiten auszuschließen, wurden Staudenknöterich-, Goldruten- und Wasserpestarten auf Gattungsebene zusammengefasst.

Der Forstwirtschaft bereitet *Prunus serotina* auf Sandböden des Flachlandes die größten Probleme. Im Naturschutz werden die meisten Schwierigkeiten mit krautigen Arten sowie mit verwilderten Kultur-Heidelbeeren (*Vaccinium corymbosum* × *angustifolium*) gesehen. *Heracleum mantegazzianum*, *Fallopia*-Sippen und *Impatiens glandulifera* sind landesweit, also auch in den Mittelgebirgen verbreitet. Ansonsten gibt es naturräumliche und standörtliche

Tab. 75 Reichweite der Neophytenproblematik in Niedersachsen aus der Perspektive zuständiger Fachbehörden und außeramtlicher Naturschutzvertreter sowie die artspezifische Differenzierung der von ihnen gesehenen Probleme (KOWARIK & SCHEPKER 1997, SCHEPKER 1998)

	n	Ausbreitungsphänomene abs. [%]		Vegetationsveränderungen abs. [%]		forstbetriebliche Probleme Verdämmungen abs. [%]		andere abs. [%]		wasserwirt. Probleme abs. [%]		Gesundheitsrisiken abs. [%]	
Fachbehörden													
Forstverwaltungen	282	25	9	127	45	82	29	39	14	1	<1	8	3
Naturschutzbehörden	137	24	18	97	71	5	4	1	1	1	1	9	7
Wasserwirtschaft	56	6	11	15	27	1	2	–	–	28	50	6	11
Grünflächenämter	11	3	27	3	27	–	–	–	–	–	–	5	45
außeramtlicher Naturschutz	99	16	16	74	75	1	1	–	–	2	2	6	6
gesamt[1]	592	74	13	323	55	89	15	40	7	32	5	34	6
problematische Neophytenvorkommen													
Prunus serotina	147	18	7	109	45	76	31	37	15	2	1	–	–
Heracleum mantegazzianum	82	16	15	55	51	1	1	–	–	4	4	31	29
Fallopia spec.	81	9	10	69	78	5	6	1	1	4	5	–	–
Impatiens glandulifera	29	7	23	21	68	1	3	–	–	2	6	–	–
Elodea spec.	19	–	–	8	36	–	–	–	–	13	59	–	–
Vaccinium corymbosum × *angustifolia*	16	4	22	10	56	2	11	2	11	–	–	–	–
Solidago spec.	15	2	14	11	79	–	–	–	–	1	7	–	–
Impatiens parviflora	11	4	40	5	50	1	10	–	–	–	–	–	–
Rosa rugosa	10	1	10	9	90	–	–	–	–	–	–	–	–
Robinia pseudoacacia	7	1	10	4	40	–	–	–	–	2	20	3	30
andere Arten	40	12	29	22	54	3	8	–	–	4	10	–	–
gesamt[2]	457	74	13	323	55	89	15	40	7	32	5	34	6

[1] Gesamtzahl gemeldeter Probleme mit Mehrfachnennungen für einzelne Neophyten; inklusive 7 Nennungen aus dem Bereich Küstenschutz; [2] Gesamtzahl der gemeldeten problematischen Vorkommen; n = Zahl der ausgewerteten Fragebögen

Differenzierungen der Problemlage. Bei *Rosa rugosa*, *Spartina* und *Campylopus* sind Konflikte auf die Meeresküste und die vorgelagerten Inseln beschränkt. Feuchtgebiete des Flachlandes sind ebenfalls von Invasionen verwilderter Kultur-Heidelbeeren betroffen. Unter den selten genannten Arten ist mit *Crassula helmsii* auch eine aus den Feuchtgebieten Australiens und Neuseelands stammende Art, die in Großbritannien bereits energisch bekämpft wird (DAWSON & HENVILLE 1991, CHILD & SPENCER-JONES 1995). Die *Elodea*-Arten sind als Wasserpflanzen naturgemäß auf Still- und Fließgewässer beschränkt. *Prunus serotina* hat einen Schwerpunkt auf Sandstandorten des Flachlandes. *Pseudotsuga menziesii* kommt dagegen auch auf bodensauren Standorten höherer Lagen vor.

Diese Ergebnisse belegen klar den **hohen Stellenwert** der Neophytenproblematik in der Praxis, der in der Vielzahl genannter Probleme, in den verbreiteten Bekämpfungsaktionen und im Bedarf nach weiteren Maßnahmen zum Ausdruck kommt. In anderen Naturräumen spielen einige der in Norddeutschland problematischen Neophyten keine Rolle, andere treten dagegen stärker in den Vordergrund, beispielsweise *Solidago*-Arten im Südwesten (HARTMANN et al. 1995). Zusammenfassend bleibt festzuhalten, dass auch in Deutschland Neophyten in regional unterschiedlichen Kombinationen erhebliche Konflikte für den Naturschutz und die Landnutzung auslösen. Sie tragen auch in Mitteleuropa zum **Artenrückgang** bei, nur werden hier andere Naturschutzprobleme und Landnutzungskonflikte aktuell stärker gewichtet. Dies wird bereits aus zwei Zahlen deutlich: Bei nur 5% der problematischen Neophytenvorkommen in Niedersachsen spielt die Konkurrenz zu Arten der Roten Liste eine Rolle (SCHEPKER 1998). Bundesweit tragen Neophyten nach KORNECK & SUKOPP (1988) zum Rückgang von 43 Arten oder von 6% der insgesamt gefährdeten Arten bei.

Artenrückgang und Ausbreitung nichteinheimischer Arten sind zwei Prozesse, die sich in Mitteleuropa seit Mitte des 19. Jahrhunderts stark beschleunigt haben. Sie verlaufen ungefähr parallel und hängen im Wesentlichen kausal, jedoch nur indirekt zusammen. Die gleichen anthropogenen Ursachen, die zu Rückgang und Aussterben von Arten führen, fördern häufig auch die Ausbreitung und Etablierung von Neobiota: indirekt durch Änderungen von Nutzungsformen und Standorteigenschaften (siehe Kap. 3.4). Häufig fördern sie Neobiota aber auch ganz direkt mit der Populationsbegründung problematischer Neophyten durch vielfältige Formen sekundärer Ausbringung (siehe Kap. 3.3). Ungefähr zwei Drittel der aus Niedersachsen bekannten problematischen Neophytenbestände sind beispielsweise aus der direkten Einbringung von Diasporen durch menschliche Aktivitäten hervorgegangen (Tab. 25). Die hieraus resultierenden Konflikte sind also zum Teil hausgemacht. Dass nichteinheimische Arten häufig anstelle zurückgedrängter einheimischer auftreten, ist daher in vielen Fällen **eher Symptom als Ursache** des Artenrückgangs. Dies schließt unerwünschte Sekundärfolgen durch Invasionsprozesse durchaus ein (beispielsweise einen erhöhten Aufwand bei Pflege- oder Renaturierungsmaßnahmen und negative Auswirkungen auf bestimmte Tiergruppen), sollte den Blick jedoch nicht von anthropogenen Landnutzungsänderungen als den wesentlichen Rückgangsursachen ablenken. Das Ausbreitungsvermögen problematischer Neophyten wird tendenziell überschätzt, der anthropogene Anteil ihres Erfolges dagegen eher unterschätzt. Die genaue Kenntnis der hierbei zugrunde liegenden Mechanismen ist wichtig, da sie Ansatzpunkte für effiziente Gegensteuerungsmaßnahmen erkennen lässt.

10.3 Ansätze zur Gegensteuerung

Biologische Invasionen fordern zum Handeln heraus. Viele der problematischen Arten werden bereits bekämpft, wenn auch mit beschränktem Erfolg (siehe Kap. 10.3.2). Ein Überdenken der bisherigen Strategien liegt also nahe. Bislang sind sie allzu häufig auf die Behandlung von Symptomen statt auf die zugrunde liegenden Ursachen ausgerichtet. Der Übergang zwischen effizienter Gegensteuerung und wohlgemeintem Aktionismus ist dabei, vorsichtig gesagt, sehr fließend. Neben der Bekämpfung sollten andere Strategien verstärkt zur Begrenzung biologischer Invasionen genutzt werden. Die Biodiversitätskonvention sieht hierzu verschiedene Handlungsoptionen vor (siehe Kap. 2.9.1). Nach Artikel 8h ist die Einbringung gebietsfremder Arten, die Ökosysteme, Lebensräume oder andere Arten gefährden – soweit möglich und angebracht – zu verhindern, und diese Arten sind zu kontrollieren oder zu beseitigen. Dieser rechtlich bindende Handlungsauftrag, der in Teilaspekten von verschiedenen internationalen Vereinbarungen verstärkt wird (vgl. Tab. 13) baut auf drei Prinzipien auf: der **Vorbeugung** bei absehbaren Problemen (Einführung und weitere Ausbringung verhin-

Tab. 76 Strategien zur Begrenzung biologischer Invasionen, die nach der Biodiversitätskonvention und anderen internationalen Vereinbarungen geboten sind (vgl. Tab. 13) mit einer Einschätzung des Standes der rechtlichen Regulierung und der Praxis in Deutschland

	Arten im Gebiet vorkommend nein	ja	Rechtliche Regelung in Deutschland	Stand in Deutschland
Strategien zur Gegensteuerung				
Vorbeugung				
• Ersteinführung verhindern	●		Pflanzenschutzrecht u. a.	traditionelle Anwendung auf Krankheitserreger
• sekundäre Ausbringungen steuern		●	§ 41 (2) BNatSchG	rechtliche Möglichkeiten werden nicht ausgeschöpft
Kontrolle und Beseitigung vorhandener Populationen		●	für Neozoen und Neophyten fehlend	weit verbreitet, bei Neozoen und Neophyten wenig effektiv
Bausteine zur effizienten Umsetzung				
Bewertung der Gefährdungssituation	●	●	–	transparente Bewertungsverfahren fehlen weitgehend
Kosten-Nutzen-Analysen vor Durchführung von Maßnahmen	●	●	–	bei Krankheitserregern teilweise vorhanden, sonst weitgehend fehlend
Monitoring und Erfolgskontrolle der Maßnahmen		●	–	bei Krankheitserregern vorhanden, sonst weitgehend fehlend
Informationssysteme zu Arten und Maßnahmen	●	●	–	nur Einzelinformationen in der Literatur

dern), dem **Management** bestehender Konflikte (Arten kontrollieren oder beseitigen) und einer den Maßnahmen vorausgehenden **Bewertung** (Maßnahmen werden erst eingesetzt, wenn Schutzgüter gefährdet sind und wenn sie möglich und angebracht sind). Tab. 76 fasst hieraus abgeleitete Strategien zur Begrenzung biologischer Invasionen und Bausteine zu ihrer effizienten Umsetzung zusammen.

10.3.1 Vorbeugung

Unerwünschten Auswirkungen biologischer Invasionen kann vorbeugend entgegengewirkt werden, indem die Ersteinführung problematischer Arten verhindert und Invasionsprozesse bei bereits im Gebiet vorhandenen Arten begrenzt werden. Bislang liegt der Schwerpunkt prophylaktischer Maßnahmen eindeutig bei der **Abwehr an den Außengrenzen**. Hierzu bestehen eine Reihe internationaler Handelsvereinbarungen und Quarantänebestimmungen, die sich in der Praxis bei Krankheitserregern gut bewährt haben, aber weniger auf Arten mit unerwünschten ökologischen Folgen angewandt werden. Das Pflanzenschutzrecht (SCHRADER & UNGER 2002) und andere internationale Regelungen bieten hierzu verstärkt nutzbare Ansatzpunkte (Übersicht in SHINE et al. 2000, vgl. auch Tab. 13). Die Anstrengungen der IMO (International Maritime Organisation) zur Reduzierung der Einführung von Neobiota mit dem Schiffsverkehr, insbesondere mit Ballastwasser, sind ein Beispiel für vorbeugende Maßnahmen, die nicht dezidiert Krankheitserregern oder ökonomisch problematischen Arten gelten, sondern versuchen, weitgehend unbekannte Risiken vorausschauend auszuschalten.

Vorbeugende Maßnahmen sind bislang eher ein Produkt von Zufall und gutem Willen. Mit ihnen könnte eine beginnende oder weitere Ausbreitung von Arten, die bereits **innerhalb Deutschlands** vorkommen, begrenzt werden. Hierzu sind Aktivitäten einzelner Kommunen, Naturschutzverbände oder anderer Interessengruppen zu rechnen, die ihre Ansprechpartner über die Risiken besonders problematischer Arten aufklären. Sie versuchen zu verhindern, dass eine Ausbreitung durch Unkenntnis gefördert wird (z. B. Faltblatt der Stadt Kiel zu *Heracleum mantegazzianum*). So löblich solche Aktivitäten sind, so unbefriedigend bleiben sie, da sie das erhebliche Steuerungspotential biologischer Invasionen bei bereits im Land vorkommenden Arten nur bruchstückhaft nutzen. Eine adressatenorientierte Aufklärung über Risiken wie Chancen von Neobiota ist sicher sehr sinnvoll. Entsprechende Informationssysteme sollten unter Nutzung der modernen Medien weiter ausgebaut werden.

Was bislang jedoch weitgehend fehlt, ist die systematische Nutzung des bestehenden Spielraums zur Prophylaxe biologischer Invasionen im amtlichen Naturschutzalltag. Die meisten Einzelbeispiele und die Zusammenfassung in Tab. 24 zeigen, wie sehr viele Invasionsprobleme unmittelbar durch menschliche Aktivitäten initiiert werden, und zwar oft in ziemlich engem räumlichen Kontakt zu den Orten, an denen sie später auftreten. Die Ersteinführung einer Art ist Voraussetzung für deren erfolgreiche Invasion. Ob, wo und wie schnell sie dann abläuft, hängt jedoch sehr oft von absichtlichen oder unbeabsichtigten **sekundären Ausbringungen** durch Menschen ab. Dieses Verhalten ist steuerbar, und den rechtlichen Ansatz bietet hierzu § 41 (2) des Bundesnaturschutzgesetzes. In der Verwaltung wird dieses Instrument jedoch kaum genutzt (siehe Kap. 2.9.2) und damit eine Chance vertan, die Neubegründung problematischer Populationen zu steuern. Sinnvoll wäre hier ein zwischen den Bundesländern abgestimmtes einheitliches Vorgehen bei der Risikobewertung und Genehmigungspraxis. Sanktionen bei Verstößen gegen § 41 (2), die bisher weitgehend ausblieben, hätten wahrscheinlich eine erhebliche bewusstseinsbildende Signalwirkung. In seiner bestehenden Form bietet § 41 (2) ein nutzbares Instrument, das zur Vorbeugung unerwünschter Invasionsfolgen wesentlich stärker als bisher eingesetzt werden sollte. Bei zukünftigen Novellierungen sollten die Ausnahmeregelungen für Forst- und Landwirtschaft bei der Ausbringung gebietsfremder Anbaupflanzen entfallen, da Pflanzungen solcher Arten, vor allem im Forstbereich, regelmäßig zum Ausgangspunkt von Invasionen werden. Hier ist eine Annäherung an die strengere Regelungspraxis des Gentechnikgesetzes anzustreben. Weiter ist es sinnvoll, das Haftungsrecht auf Invasionsorganismen anzuwenden, das heißt Kosten, die eine Invasionsart verursacht, dem Verursacher zuzuordnen („polluter pays policy" als Ziel internationaler Präventionsmaßnahmen, RICHARDSON 1996).

Ein viel versprechender Weg zur Begrenzung von Invasionen ist die **Aufklärung von Maßnahmeträgern** über die Risiken, die mit der derzeitigen Ausbringungspraxis von Pflanzen oder Tieren bestehen. Unabhängig von rechtlichen Zwängen zeigen einige positive Beispiele, dass erhebliche Veränderungen mit gutem Willen erreichbar sind. Ein Beispiel ist die Artenwahl bei Gehölzpflanzungen auf Landwirtschaftsflächen und an Verkehrswegen. Wurden hier früher vielfach nichteinheimische Arten in großen Stückzahlen ausgebracht, liegt der Schwerpunkt seit den 1980er-Jahren eindeutig bei einheimischen Arten. Das Erkennen von Invasionsrisiken unterhalb der Artebene im Zusammenhang mit fremden Provenienzen oder Kultursippen einheimischer Arten hat in jüngster Zeit die Bereitschaft erhöht, statt dessen herkunftsgesicherte gebietstypische Pflanzen im naturnahen Umfeld zu verwenden. Im Forstbereich wird schon länger daran gearbeitet, auch bei Straucharten gebietstypisches Pflanzenmaterial zu vermehren und zu pflanzen. Im Zuge von Ausgleichsmaßnahmen werden durch die Verwendung fremder Provenienzen einheimischer Arten letztlich neue Eingriffe in Form von Invasionen unterhalb der Artebene provoziert (siehe Kap. 6.2.5.1 und 6.2.6.1). Dieser Hinweis wird auch die

Naturschutzbehörden und andere zuständige Behörden (z. B. Straßenbauämter) zunehmend anregen, bei Ausschreibungen für Gehölzpflanzungen und Grünlandansaaten im Kontakt zu naturnahen Ökosystemen auf gebietstypisches Pflanzenmaterial zu achten. Zur Minimierung von Eingriffen ist dies unabhängig von den höheren Kosten auch geboten. Um die große Nachfrage zu befriedigen, sollten bestehende Erzeugerstrukturen weiter ausgebaut und die Qualität der Produkte mit Zertifizierungsansätzen gesichert werden.

Wichtig ist an dieser Stelle der Hinweis, dass solche Anstrengungen im naturnahen Umfeld angemessen, innerhalb des besiedelten Bereiches jedoch meist übertrieben sind. Der Garten am Dorfbach ist wegen des Ausbreitungsvektors Bach durchaus eine Ausbreitungsquelle für einige problematische Neophyten. Mit Information und Aufklärung über die Risiken solcher Arten könnte ihre Pflanzung durch die entsprechenden Gartennutzer beeinflusst werden. Aus den allermeisten **Gärten und Grünflächen** des besiedelten Bereiches gelangen Gartenpflanzen, unter denen zahlreiche problematische Invasionsarten sind, jedoch nicht direkt, sondern auf anderen Wegen in die freie Landschaft (Tab. 24). Ausnahmen bestehen beispielsweise bei Baumpflanzungen an Straßen, die naturnahe Wälder queren. Hier sollte beispielsweise auf Arten mit hohem Invasionspotential verzichtet werden. Im besiedelten Bereich ist die höhere Stadteignung vieler nichteinheimischer Arten dagegen von Vorteil, und für die Gartenkultur ist der Rückgriff auf das große Spektrum nichteinheimischer Arten unverzichtbar (siehe Kap. 4). Da die Risiken der Ausbringung nichteinheimischer Arten im besiedelten Bereich im Allgemeinen wesentlich geringer als außerhalb sind, sollte auf eine Regulierung der Pflanzenverwendung in Gärten und anderen Grünflächen des Siedlungsbereiches verzichtet werden (vgl. Diskussion in Kap. 7.3.1). Eine solche Haltung schließt die Werbung für einen höheren Stellenwert einheimischer Arten im städtischen Grün natürlich nicht aus.

10.3.2 Bekämpfung

Die Bekämpfung nichteinheimischer Arten hat in Deutschland eine lange Tradition. Schon 19 Jahre nach seinem ersten Auftreten wurden 1869 amtliche Bekämpfungsmaßnahmen gegen das Frühlings-Greiskraut (*Senecio vernalis*) auf Äckern eingeleitet (ARLT et al. 1991). Heute zählt es zu den am weitesten verbreiteten Neophyten Deutschlands (Tab. 73). Auch die Kanadische Wasserpest (siehe Kap. 6.4.1), der Bisam und der Waschbär (siehe Kap. 9.5.1) wurden planmäßig, mit großem Aufwand und geringem Erfolg bekämpft oder bejagt. Aufgrund von Untersuchungen in Niedersachsen und Baden-Württemberg gehört die Bekämpfung von Neophyten zum Alltagsgeschäft von Naturschutz, Forstwirtschaft, Wasserwirtschaft und anderen (SCHULDES & KÜBLER 1990). Nach den niedersächsischen Untersuchungen ist der Erfolg solcher Maßnahmen allerdings beschränkt: Nur 23% der Bekämpfungsanstrengungen führten zum Erfolg (Abb. 40, Tab. 74). Dessen Nachhaltigkeit ist zudem unsicher. Offensichtlich verpufft ein beträchtlicher Teil der eingesetzten personellen und finanziellen Ressourcen. In Niedersachsen werden nach einer vorsichtigen Schätzung pro Jahr über 511 000 € für Bekämpfungen eingesetzt (SCHEPKER 1998), in Berlin sind es ca. 10% der Naturschutzmittel (WAGNER 2002). Hinzu kommt das Engagement vieler Ehrenamtlicher. Bei den Ursachen für die unbefriedigende Bekämpfungspraxis spielen mehrere Faktoren zusammen:

- In Unkenntnis effizienter Steuerungsmaßnahmen werden ungeeignete Maßnahmen durchgeführt.
- Geeignete Maßnahmen werden nicht in der notwendigen Intensität und Genauigkeit umgesetzt.
- Maßnahmen werden nicht über Zeiträume von mehreren Jahren durchgehalten, oder ihre Dauerhaftigkeit wird nicht organisatorisch oder finanziell gewährleistet.
- Auf Erfolgskontrollen mit der Option, die Maßnahmen den Bedingungen vor Ort entsprechend zu optimieren, wird meist verzichtet.

Ansätze zur Gegensteuerung

- Die Maßnahmen führen zwar zum Rückgang oder Auslöschen der bekämpften Population, verhindern jedoch nicht die Etablierung neuer Populationen von angrenzenden Ausbreitungszentren oder aus der Diasporenbank.
- Die Erfahrungen mit bestimmten Maßnahmen werden selten dokumentiert und stehen damit auch nicht für Vergleichsfälle zur Verfügung.

Eine Lehre vieler mehr oder weniger gescheiterter Bekämpfungsmaßnahmen ist, dass ihre **Erfolgsaussichten** erheblich überschätzt werden. Theoretisch ist bei entsprechender Intensität und Dauer wohl fast jede Pflanzen- und Tierpopulation auszurotten. Auf einigen Inseln ist dies beispielsweise bei Ratten gelungen (Übersicht zu entsprechenden Maßnahmen in Council of Europe 1999). Besonders im Anfangsstadium der Populationsbegründung und der beginnenden Ausbreitung sind Bekämpfungen viel versprechend, so wie auch die zunächst erfolgreiche Bekämpfung des Grauhörnchens (*Sciurus carolinensis*) in Norditalien. Meist werden Bekämpfungen erst dann eingeleitet, wenn die erfolgreiche Etablierung und der Aufbau individuenstarker Populationen mit starkem Expansionsdrang den Anlass hierfür bieten. In solchen Fällen sind Neobiota jedoch kaum noch rückholbar, zumal wenn die (Wieder-) Einwanderungsmöglichkeiten nicht auszuschließen sind. Dies war und ist beispielsweise beim Bisam der Fall (siehe Kap. 9.5.1) und gilt wohl auch für das Grauhörnchen, dessen Ausbreitung kaum noch steuerbar ist. Insofern besteht das in Abb. 64 dargestellte Dilemma, dass Bekämpfungen eigentlich nur sinnvoll sind, wenn ihre Notwendigkeit noch nicht absehbar ist. Alle Arten daher vorbeugend zu bekämpfen (DISKO 1996 mit dem Motto „in dubio contra reum"), ist jedoch unsinnig, da eine solche Strategie:

- organisatorisch und finanziell nicht zu gewährleisten ist,
- die Erfolgsaussichten der Maßnahmen stark überschätzt,
- den geringen quantitativen Stellenwert problematischer Arten im Vergleich zur Gesamtgruppe der Neobiota verkennt und
- positiv einzuschätzende Folgen von Neobiota ignoriert.

Selbst Maßnahmen, die in räumlich begrenzten Gebieten mit erbitterter Konsequenz und erheblichem Einsatz vollzogen werden, sind hinsichtlich der Nachhaltigkeit ihrer Wirkung zweifelhaft. Ein Beispiel hierfür ist die Bekämpfung von *Prunus serotina* in den Forsten des westlichen Berlin. Hierzu wurden seit 1980 ungefähr 20 Millionen DM (ca. 10 200 000 €) für 750 Hektar eingesetzt (STARFINGER et al. im Druck). Die Spätblühende Traubenkirsche kann jedoch meist wieder von Populationen ausgehend einwandern, auf die kein Zugriff möglich ist. In Niedersachsen sind dies zahlreiche mit den Staatsforsten verzahnte Privatwälder, in Berlin Bestände entlang von Verkehrswegen, sodass die Bekämpfungsmaßnahmen hier wie dort eher den Charakter dauerhaft notwendiger Pflege haben. Ob dies wegen der erheblichen Kosten und der mit den Aktionen immer wieder verbundenen Störungen wirtschaftlich sinnvoll und auch naturschutzverträglich ist, darf hinterfragt werden. In den Niederlanden ist man nach 30 Jahren intensiver *Prunus*-Bekämpfung dazu übergegangen, sich mit der Art zu arrangieren (OLSTHOORN & HEES 2001).

Vor dem Einsatz von Bekämpfungsmaßnahmen sind mögliche negative Nebenwirkungen auf andere als die Zielorganismen oder die abiotische Umwelt zu bedenken. So haben einige früher verwendete Herbizide erhebliche Nebenwirkungen und der zur Kontrolle von *Prunus serotina* in den Niederlanden eingesetzte Pilz *Chondrostereum purpureum* kann auch auf andere *Prunus*-Arten im Umkreis von fünf Kilometern übergehen. Ein besonders gravierendes Beispiel ist die seit den 1970er-Jahren übliche Beimengung von Tributylzinn (TBT) zu Schiffsanstrichen, mit denen der Aufwuchs mariner Neozoen und Neophyten am Schiffsrumpf verhindert werden soll. Dies gelang, aber auf Kosten der weltweit an den Küsten vorkommenden natürlichen Populationen, vor allem von Muscheln und Schnecken. Bis zum Jahr 2003 soll die Verwendung von TBT daher eingestellt werden (REISE 1999b).

Diese und andere Erfahrungen führen zur Schlussfolgerung, dass Bekämpfungen **kein Allheilmittel**, sondern eher eine Notlösung zur Steuerung biologischer Invasionen sind. In Mitteleuropa ist es schwer vorstellbar, dass die Auswirkungen von Neophyten oder Neozoen den erheblichen Aufwand für die Ausrottung einer Art in ihrem anthropogenen Arealteil rechtfertigen könnten. Bekämpfungen sind eher sinnvoll, wenn sie räumlich begrenzt auf einzelne Populationen bezogen werden. So ist es Erfolg versprechend, die Populationsbegründung problematischer Arten in neuen Gebieten in ihrem Anfangsstadium zu verhindern. Beispiele hierfür sind die beginnende Ausbreitung von *Lysichiton americanus* an Taunusbächen (siehe Kap. 6.4.6) und die Besiedlung neuer Gebiete mit *Heracleum mantegazzianum* (siehe Diskussion in Kap 6.4.3).

Wie können Bekämpfungsmaßnahmen effizienter werden? Abb. 73 zeigt, wie die Entscheidungsfindung zur Bekämpfung von Neobiota im Einzelfall ablaufen kann, um die Maßnahmen oder Alternativen zu ihnen möglichst effizient zu gestalten. Grundprinzip ist die **Einzelfallprüfung und -bewertung**. Ein frühes Plädoyer hierfür hat EGLER (1942) mit dem Hinweis geliefert, dass für die Reichweite einer Invasion vor allem die Ökologie einer einzelnen Art entscheidend sei und nicht die pauschale Zuordnung zu einer Herkunftsgruppe. Bewertungen im Einzelfall sind angebracht, da nicht alle Neobiota, und auch nicht die als problematisch bekannten Arten, überall unerwünschte Folgen verursachen. Die meisten sind nur in einem Ausschnitt des von ihnen besiedelten Ökosystemspektrums oder Arealteils problematisch (Tab. 70), woanders dagegen neutral oder sogar positiv zu bewerten. Mit Einzelfallprüfungen können zudem begrenzte Ressourcen auf die dringendsten Einsatzfälle konzentriert werden.

Zu Beginn des Verfahrens in Abb. 73 steht ein Bewertungsschritt. Grundlage hierfür ist eine Analyse über die Auswirkungen der betreffenden Art oder Population im konkreten Einzelfall. Anschließend ist zu prüfen, ob durch sie ausgelöste negative Folgen mögliche positive überwiegen. Wie bei jedem Bewertungsverfahren gilt auch hier: Der Bezug auf die gewählten normativen Grundlagen und Bewertungskriterien sollte transparent gemacht werden. Im zweiten Schritt ist zu entscheiden, ob Bekämpfungen unter den konkreten Bedingungen des Ortes langfristig Erfolg versprechend sind. Maßnahmen sollten nur dann eingeleitet werden, wenn die im dritten Schritt durchgeführte Kosten-Nutzen-Analyse Vorteile für die Bekämpfung ergeben hat. So konnten beispielsweise CHILD et al. (1998) belegen, dass eine Bekämpfung von *Fallopia* im Vorgriff auf neue Nutzungen von Brachflächen ökonomisch vorteilhaft sein kann. Wie bei anderen Maßnahmen des Naturschutzes ist eine Kombination mit einer Erfolgskontrolle sinnvoll. Mit ihrer Hilfe können die Maßnahmen, die gewöhnlich über längere Zeiträume laufen müssen, zielführend angepasst werden. Dokumentation und Auswertung der Maßnahmen sind auch eine Voraussetzung, um die gesammelten Erfahrungen für vergleichbare Anwendungsfälle nutzen zu können. Auf solche Rückkoppelungsschritte wird häufig aus Kostengründen verzichtet. Dies ist auch ökonomisch kurzsichtig, wie die durch zahlreiche, überwiegend ineffektive und zugleich kostenträchtige Maßnahmen geprägte aktuelle Bekämpfungspraxis zeigt.

Hier – wie insgesamt bei der Bekämpfungspraxis – bestehen deutliche Defizite bei der Bildung und Akzeptanz von Standards zum methodischen Vorgehen. Eine wichtige Voraussetzung hierfür wäre die Umsetzung der in Artikel 8h der Biodiversitätskonvention enthaltenen Pflicht zur „Kontrolle und Beseitigung" in deutsches Recht. Bislang ist dies nicht im Bundesnaturschutz enthalten.

Verspricht eine Bekämpfung keinen nachhaltigen Erfolg, können Maßnahmen bei gravierenden Konflikten trotz einer nur vorübergehenden Wirkung sinnvoll sein, gleichen dann aber eher kontinuierlichen Pflegemaßnahmen – so wie die Entkusselung eines Magerrasens auch nur mittelfristig die Wiederbewaldung verhindert. Statt von Bekämpfung sollte man in solchen Fällen besser von Kontrolle sprechen. In Hinblick auf einen sparsamen Ressourceneinsatz können vorbeugende gegensteuernde Maßnahmen die unerwünschten Folgen biologischer Invasionen wahrscheinlich effizienter begrenzen.

Prunus serotina ist beispielsweise nicht mehr aus dem norddeutschen Tiefland zu

Ansätze zur Gegensteuerung

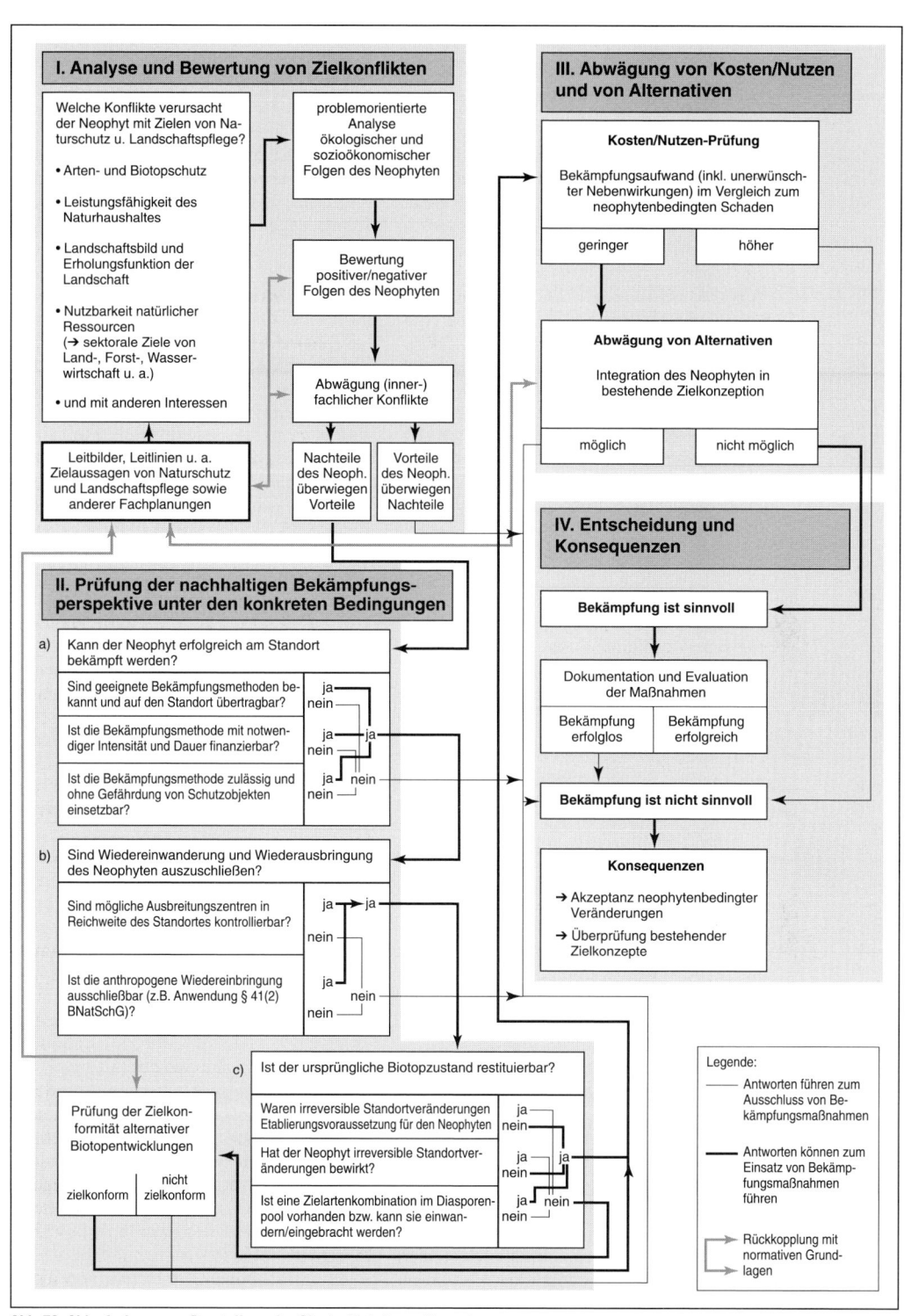

Abb. 73 Ablaufschema zur Beurteilung der Sinnhaftigkeit von Bewertungen.

entfernen. Bekämpfungen wären hier beispielsweise auf schutzbedürftige Feuchtgebiete zu konzentrieren, wogegen sie in den großflächigen Forstkulturen in traditioneller Form ziemlich aussichtslos sind. Hier bieten sich biologische Varianten an, beispielsweise die Förderung von Baumarten, die mit *Prunus* erfolgreich konkurrieren können. Eine Bekämpfung kann auch durch veränderte Entwicklungsziele obsolet werden. Entsprechende Ansatzpunkte zur Überprüfung und Weiterentwicklung von Zielvorstellungen sind an mehreren Stellen in Abb. 73 enthalten. Durch Zulassen einer ungestörten Sukzession können Störungsopportunisten wie *Prunus serotina* im Laufe der Zeit an Dominanz verlieren und sich dann in naturnahe Wälder einfügen. Aus der Populationsdynamik der Spätblühenden Traubenkirsche kann eine solche Perspektive abgeleitet werden (STARFINGER 1990). „Nichtstun" wäre hier eine Variante von „Bekämpfung", die in ausgewählten Fällen systematisch erprobt werden sollte – wenn nicht aus Überzeugung in die Tragfähigkeit solcher biologischer Lösungen, so doch vor dem Hintergrund des Scheiterns der meisten großflächig angelegten Bekämpfungsvorhaben.

10.3.3 Akzeptanz

Bei fehlender Aussicht auf nachhaltige Bekämpfungserfolge besteht eine Alternative darin, Neobiota und ihre ökosystemaren wie evolutionären Konsequenzen als Symptome und Zeugnis anthropogener Umweltveränderungen zumindest in Teilen zu akzeptieren. In kulturell so lange geprägten Landschaften wie den mitteleuropäischen gehört es bereits zum traditionellen Auftrag von Naturschutz und Landschaftspflege, neben den Relikten ursprünglicher Ökosysteme auch einen Teil ihrer vielfältigen anthropogenen Umwandlungsstadien zu erhalten. Hiervon Neobiota und die von ihnen geprägten Lebensgemeinschaften und Biotope grundsätzlich auszunehmen, wäre unlogisch. Bei den vor 1500 n. Chr. eingeführten Arten ist die Akzeptanzschwelle weitgehend überschritten. Indigene und Archäophyten werden beispielsweise bei Gefährdungsanalysen in Roten Listen häufig nicht mehr differenziert. Die berechtigten Gründe, grundsätzlich auch Archäophyten und Archäozoen in Naturschutzüberlegungen einzubeziehen, gelten allerdings auch jenseits der zeitlichen Trennlinie zwischen Archäo- und Neophyten. Insofern ist der Bezug des Artenschutzes auf „heimische" Arten in § 10 des Bundesnaturschutzgesetzes sprachlich zwar missverständlich (eindeutiger ist der Terminus „etablierte wild lebende Tiere und Pflanzen"), inhaltlich jedoch gerechtfertigt (siehe Kap. 1.2 und 2.9.2). Sofern eine (zuvor) etablierte Art gefährdet ist, sollte sie daher ohne Ansehen ihrer Einwanderungs- oder Einführungszeit in Rote Listen aufgenommen werden (KOWARIK 1991a), was in den jüngeren Listen zunehmend praktiziert wird (z. B. KORNECK et al. 1996).

Die Integration von Neobiota in Naturwälder oder andere naturnahe Ökosysteme wird häufig im Gegensatz zum Ziel einer Bewahrung oder Entwicklung möglichst natürlicher Ökosysteme gesehen. Solche Konflikte treten beispielsweise offen bei der Frage zutage, wie auf Neophyten in der Kernzone von Nationalparks zu reagieren sei (Beispiel *Pinus strobus*, siehe Kap. 6.3.4, und *Quercus rubra*, siehe Kap. 6.3.5). Die meisten mitteleuropäischen Ökosysteme werden direkt oder indirekt durch vergangene oder gegenwärtige Nutzungsformen und durch Veränderungen der abiotischen Umwelt beeinflusst, direkt oder durch Fernwirkungen. Neobiota sind ein Teil solcher anthropogener Umweltveränderungen. Es ist sicher angebracht, diese in ausgewählten Gebieten so weit wie möglich zurückzuführen, ebenso wie beispielsweise überhöhte Wilddichten oder Veränderungen des Wasserhaushaltes. So können beispielsweise Samenbäume von Douglasien, Rot-Eichen oder Stroben in der Nähe naturnaher Felsbiotope vorausschauend entfernt werden, bevor solche Standorte von den Anpflanzungen ausgehend besiedelt werden. Sind Neobiota allerdings bereits fest in naturnahen Ökosystemen etabliert, liegt es nahe, sie als Teil einer anthropogen initiierten, aber dann natürlichen Prozessen zu überantwortenden Umweltdynamik zu akzeptieren. Eine solche Strategie ist durchaus mit dem Leitbild höchst möglicher Natürlichkeit zu vereinen, wenn diese im Sinne des Hemerobiekonzeptes folgendermaßen verstanden wird: als ein durch weitgehende Selbstregulation und die Freiheit von direkten anthropogenen Einwirkungen geprägter Zustand (KOWARIK 1999b). In der Praxis ist dies eine Variante eines prozessorientierten Naturschutzes, der nicht mehr auf historische Vorbilder, sondern auf die Dynamik ökosystemarer Prozesse abzielt. Genau dies soll die Kernzone von Nationalparks gewährleisten.

Vorbeugung und andere Gegensteuerungsmaßnahmen bleiben unverzichtbare und dringend zu optimierende Strategien gegenüber Neobiota. Realistisch können sie aber nicht die einzige Antwort auf Invasionsphänomene sein. Auch einheimische Arten werden trotz des allgemeinen Artenschutzes ähnlich wie Neobiota bekämpft, nur wird dies meistens Pflege oder Biotopmanagement genannt. In Naturschutzgebieten Großbritanniens sind beispielsweise solche Maßnahmen mehr auf einheimische als auf nichteinheimische Arten bezogen (WILLIAMSON 1998). Dies ist nicht nur scheinbar ein Paradoxon, sondern belegt vielmehr den sinnvollerweise großen Spielraum bei der Belebung allgemeiner Prinzipien in der Praxis. So problematisch biologische Invasionen im Einzelfall auch in Mitteleuropa sein können – ein beträchtlicher Teil der Fälle ist als Ausdruck einer Anpassungsleistung der Natur an neue, durch Menschen gestaltete Bedingungen durchaus zu schätzen. Biologische Invasionen im Einzelfall differenziert wahrzunehmen, zu analysieren und zu bewerten, ist daher eine der Vielgestalt des Phänomens angemessene Reaktion.

Literaturverzeichnis

ABBOTT, R.J. (1992): Plant invasions, interspecific hybridization and evolution of new plant taxa. TREE 7 (12): 401–404.

ADAMOWSKI, W. & Medrzycki, P. (1999): The manor park in Biolowieza as a nascent focus of plant invasions in Bialowieza forest (NE Poland). Proceedings 5th International Conference on the Ecology of Invasive Alien Plants, 13–16 October, La Maddalena, Italia, p. 2.

ADEMA, F. (1986): *Vaccinium corymbosum* L. in Nederland ingeburgerd. Gorteria 13: 65–69.

ADLER, C. (1993): Zur Strategie und Vergesellschaftung des Neophyten *Polygonum cuspidatum* unter besonderer Berücksichtigung der Mahd. Tuexenia 13: 373–398.

ADOLPHI, K. (1995): Neophytische Kultur- und Anbaupflanzen als Kulturflüchtlinge des Rheinlandes. Nardus 2: 1–272.

ADOLPHI, K. (1997): Neophytische Kultur- und Anbaupflanzen als Kulturflüchtlinge des Rheinlandes, 1. Nachtrag. Osnabrücker Naturwiss. Mitt. 23: 27–36.

ADOLPHI, K. & NOWACK, R. (1983): *Spiraea alba* DU ROI und *Spiraea* × *billardii* HERINQ, zwei häufig mit *Spiraea salicifolia* L. verwechselte Taxa. Gött. Flor. Rundbr. 17 (1/2): 1–7.

AHRENDT, L.W.A. (1961): *Berberis* and *Mahonia*: a taxonomic revision. Journal of the Linnaean Society, Botany 57: 1–410.

AHRENS, S. & ZERBE, S. (2001): Historische und floristisch-vegetationskundliche Untersuchungen im Landschaftspark Märkisch-Wilmersdorf (Brandenburg) als Beitrag zur Gartendenkmalpflege. Landschaftsentwickl. u. Umweltforsch. 117, 154 S.

AID (1992): Nachwachsende Rohstoffe und ihre Verwendung. Informationsbroschüre Nr. 1219, Bonn.

ALBERT, R. (1996): Bedeutung eingeschleppter Arthropoden für die gärtnerische Praxis. In: GEBHARDT, H., R. KINZELBACH & S. SCHMIDT-FISCHER (Hrsg.): Gebietsfremde Tierarten. ecomed/Landsberg, S. 169–185.

ALBERTERNST, B. (1995): Kontrolle des Japan-Knöterichs an Fließgewässern. II. Untersuchungen zu Biologie und Ökologie der neophytischen Knöterich-Arten. Handbuch Wasser 2 LfU Ba.-Wü. 18, 66 S.

ALBERTERNST, B. (1998): Biologie, Ökologie, Verbreitung und Kontrolle von *Reynoutria*-Sippen in Baden-Württemberg. Culterra 23, 198 S.

ALBERTERNST, B., BAUER, M., BÖCKER, R. & KONOLD, W. (1995): *Reynoutria*-Arten in Baden-Württemberg. Schlüssel zur Bestimmung und ihre Verbreitung entlang von Fließgewässern. Florist. Rundbr. 29 (2): 113–124.

ALBERTERNST, B. & NAWRATH, S. (2002): *Lysichiton americanus* in Kontinental-Europa. Bestehen Chancen für die Bekämpfung in der Frühphase ihrer Einbürgerung? In: KOWARIK, I. & STARFINGER, U. (eds.): Biologische Invasionen: Herausforderung zum Handeln? Neobiota 1: 91–99.

ALFORD, D.V. (1998): Potential problems posed by non-indigenous terrestrial flatworms in the United Kingdom. Pedobiologia 42: 574–578.

ALT, F. (1993): Schilfgras statt Atom. Piper, München.

AMARELL, U. (1997): Anthropogene Vegetationsveränderungen in den Kiefernforsten der Dübener Heide. In: FELDMANN, R., HENLE, K., AUGE, H., FLACHOWSKI, J., KLOTZ, S. & KRÖNERT, R. (Hrsg.): Regeneration und nachhaltige Landnutzung. Springer, S. 110–117.

AMARELL, U. & WELK, E. (1995) *Amelanchier alnifolia* (NUTT.) NUTT. ein unbeachteter Neophyt in Mitteldeutschland. Mitt. Florist. Kartierung (Halle) 20: 21–23.

AMMON, H.U. & BEURET, E. (1984): Verbreitung Triazin-resistenter Unkräuter in der Schweiz und bisherige Bekämpfungsverfahren. Z. Pflanzenkrankheiten Pflanzenschutz (Sonderheft) 10: 183–191.

ANDRITZKY, M. & SPITZER, K. (Hrsg.) (1981): Grün in der Stadt. Rohwolt, Reinbek, 478 S.

ARLT, K., ENZIAN, S. & PALLUTT, B. (1995): Verbreitung landwirtschaftlich wichtiger Unkrautarten in den östlichen Bundesländern Deutschlands. Mitt. Biol. Bundesanst. Land-Forstwirtsch. 312: 1–77.

ARLT, K., HILBIG, W. & ILLIG, H. (1991): Ackerunkräuter, Ackerwildkräuter. Die Neue Brehm-Bücherei Band 607: 160 S.

ASHBOURNE, R.R.C. & PUTMAN, R.J. (1987): Competition resource partitionning and species richness in the phytophagous insects of red oak and aspen in Canada and the UK. Acta Oecologica 8 (1): 43–56.

ASHTON, P.J. & MITCHELL, D.S. (1989): Aquatic plants: patterns and modes of invasion, attributes of invading species and assessment of control programmes. In: DRAKE, J.A. et al. (eds.): Biological invasions: a global perspective. J. Wiley, Chichester, pp. 111–154.

ASMUS, U. (1979): Zur Verbreitung von Weiden

Literaturverzeichnis

am Europakanal zwischen Forchheim und Fürth (Bayern). Göttinger Florist. Rundbr.13 (2): 44–49.

ASMUS, U. (1981): Der Einfluß von Nutzungsänderung und Ziergärten auf die Florenzusammensetzung stadtnaher Forste in Erlangen. Ber. Bayer. Bot. Ges. 52: 117–121.

ASMUS, U. (1987): Spontane Vegetationsentwicklung auf Bergehalden des Aachener Reviers. NZNRW Seminarberichte 1 (1): 40–46.

ATKINSON, I.A.E. (1985): The spread of commensal species of *Rattus* to oceanic islands and their effects on island avifaunas. In: MOORS, P. J. (ed.): Conservation of island birds. International Council for Bird Preservation, Cambridge, pp. 35–81.

AUGE, H. (1997): Biologische Invasionen: Das Beispiel *Mahonia aquifolium*. In: FELDMANN, R., HENLE, K., Auge, H., Flachowsky, J., Klotz, S. & Krönert, R.: Regeneration und nachhaltige Landnutzung: Konzepte für belastete Regionen, S. 124–129, Springer, Berlin.

AUGE, H. (2001): Variation between native and invasive *Mahonia* populations: growth and biomass allocation. Verh. Ges. Ökologie 31: 327.

AUGE, H., KLOTZ, S., PRATI, D. & BRANDL, R. (2001): Die Dynamik von Pflanzeninvasionen: ein Spiegel grundlegender ökologischer und evolutionsbiologischer Prozesse. Rundgespräche der Kommission für Ökol. Bd. 22, „Gebietsfremde Arten, die Ökologie und der Naturschutz", München, S. 41–58.

AULD, B.A. & TISDELL, C.A. (1986): Impact Assessment of biological invasions. In: GROVES, R.H., BURDON, J.J. (eds.): Ecology of biological invasions: an australian perspective. pp. 79–88.

BACHTHALER, G. (1985): Nebenwirkungen von Agrochemikalien auf Pflanzen – dargestellt am Beispiel von Pflanzenschutz-Wirkstoffen. Angew. Botanik 59: 125–145.

BAILEY, J.P. (1994): Reproductive biology and fertility of *Fallopia japonica* (Japanese knotweed) and its hybrids in the British Isles. In: DE WAAL L.C., CHILD L.E., WADE P.M. & BROCK J.H. (eds): Ecology and Management of Invasive Riverside Plants, pp 141–171. J Wiley, Chichester.

BAKER, H.G. (1965): Characteristics and modes of origin of weeds. In: BAKER, H.G. & STEBBINS, G.L. (eds.): The genetics of colonizing species, Academic Press, New York, London, pp. 147–172.

BAKKER, P.A. (1986): Erhaltung von Stinzenplanten (Zwiebel- und Knollengewächse an alten Burgen). Schr.R. d. Stiftung z. Schutz gefährdeter Pflanzen. 4: 105–116.

BAKKER, P.A. & BOEVE, E. (1985): Stinzenplanten. Uitgeverij Terra Zutphen, 168 p.

BALDER, H., EHLEBRACHT, K. & MAHLER, E. (1997): Straßenbäume: Planen, Pflanzen, Pflegen am Beispiel Berlin. Patzer, Berlin, Hannover, 240 S.

BARRETT, R.P., MEBRAHTU, T. & HANOVER, J.W. (1990): Black Locust: a multi-purpose tree species for temperate climates. In: JANICK, J. & SIMON, J.W. (eds.): Advances in new crops. Timber Press, Portland, OR.

BÄRTELS, A. (1997): Neue Resista-Ulmen. Dt. Dendrol. Ges. (Kurzmitteilungen) 65: 19–20.

BARTELS, H., BÄRTELS, A., SCHROEDER, F.G. & SEEHANN, G.R. (1991): Erhebung über das Vorkommen winterharter Freilandgehölze. II. Die Gehölze und ihre Verbreitung in den Gärten und Parks. Mitt. Dt. Dendrol. Ges. 74: 1–377.

BARTH, W.E. (1988): Praktischer Umwelt- und Naturschutz. Anregungen für Jäger und Forstleute, Landwirte, Städte- und Wasserbauer sowie alle anderen, die helfen wollen. Hamburg, Berlin.

BARTHA, D. (1996): Die ausgestorbenen und gefährdeten Baum- und Straucharten in Mitteleuropa. Mitt. Dt. Dendrol. Ges. 82: 43–49.

BARTHLOTT, W., KIER, G. & MUTKE, J. (1999): Globale Artenvielfalt und ihre ungleiche Verteilung. Cour. Forsch.-Inst. Senckenberg 215: 7–22.

BATHON, H. (1998): Neozoen an Gehölzen in Mitteleuropa. Gesunde Pflanzen 50: 20–25.

BAUER, H.-G. (1993): Die Gefährdung der global bedrohten Weißkopf-Ruderente *Oxyura leucocephala* durch die Ausbreitung der Schwarzkopf-Ruderente *O. jamaicensis* in Europa. Ber. z. Vogelschutz 31: 67–70.

BAUER, H.-G., K. BURDORF & P. HERKENRATH (1997): „Exoten und Gänsemix". Folgen und Gefahren der Aussetzung, Fremdansiedlung und Gefangenschaftsflucht nichtheimischer und heimischer Vogelarten für die indigene Avifauna: Eine Übersicht mit Handlungsempfehlungen. Ber. z. Vogelschutz 35: 67–90.

BAUER, M. (1995): Verbreitung neophytischer Knötericharten an Fließgewässern in Baden-Württemberg. In: BÖCKER, R., GEBHARDT, H., KONOLD, W., SCHMIDT-FISCHER, S. (Hrsg.): Gebietsfremde Pflanzen. Auswirkungen auf einheimische Arten, Lebensgemeinschaften und Biotope, Kontrollmöglichkeiten und Management. ecomed, Landsberg, S. 105–112.

BAUFELD, P., MOTTE, G. & UNGER, J.-G. (1996): Der Neuseelandplattwurm *Artioposthia triangulata* (Plathelminthes, Geoplanidae). Ein Schädling im Grenzbereich zwischen Pflanzengesundheit und Naturschutz. Nachrichtenblatt Deutscher Pflanzenschutzdienst 48: 14–17.

BAUMGART, J. & KIRSCH-STRACKE, R. (1988): Ökologisches Gutachten zur Flurbereinigung Lorch im Rheingau. Im Auftrag des Hessischen Landesamtes für Ernährung, Landwirtschaft und Landentwicklung, Abt. Landentwicklung, Wiesbaden. Unveröffentlicht, 204 S. + Anhang.

BEERLING, D.J. (1994): Predicting the response of the introduced species *Fallopia japonica* and *Impatiens glandulifera* to global climatic change. In: DE WAAL, L.C. et al.: Ecology and management of invasive riverside plants, pp.135–140.

BEERLING, D.J. & PERRINS, J.M. (1993): *Impatiens glandulifera* Royle (*Impatiens roylei* Walp.) Journal of Ecology 81: 367–382.

BEGON, M., HARPER, J.L. & TOWNSEND, C.R. (1991): Ökologie. Birkhäuser Verlag, Basel, 1024 S.

BENKERT, D. (1971): *Campylopus introflexus* auch in Mitteleuropa. Feddes Repert. 81: 651–654.

BENKERT, D., FUKAREK, F. & H. KORSCH (Hrsg.) (1996): Verbreitungsatlas der Farn- und Blütenpflanzen Ostdeutschlands. Gustav Fischer, Stuttgart, Jena, 615 S.

BENKERT, D., HOFFMANN, J. & FISCHER, W. (1995): *Corydalis claviculata* (L.) DC. – ein Neubürger der märkischen Flora. Schr.R. Vegetationskd. (Sukopp-Festschrift) 27: 353–363.

BERG, C. (1997): Wie beeinflußte der Mensch die Flora Mecklenburg-Vorpommerns? Arch. Freunde Naturgeschichte Mecklenbg. 36: 159–172.

BERG, C. & MEINUNGER, L. (1988): Neophytic Bryophytes in the German Democratic Republic. Proceedings of the sixth CEBWG Meeting, pp. 103–105.

BERGER-LANDEFELDT, U. & SUKOPP, H. (1965): Zur Synökologie der Sandtrockenrasen, insbesondere der Silbergrasflur. Verh. Bot. Ver. Provinz Brandenburg 102: 41–98.

BERGER-LANDEFELDT, U. & SUKOPP, H. (1966): Bäume und Sträucher der Pfaueninsel. Ein dendrologischer Führer. Verh. Bot. Ver. Provinz Brandenburg 103: 2–48.

BERNAUER, D., KAPPUS, B. & JANSEN, W. (1996): Neozoen in Kraftwerksproben und Begleituntersuchungen am nördlichen Oberrhein. In: GEBHARDT, H., KINZELBACH, R. & SCHMIDT-FISCHER, S.: Gebietsfremde Tierarten. Umweltforschung in Baden-Württemberg. 87–96.

BERNHARDT, K.G. (1991): Zur aktuellen Verbreitung von *Azolla filiculoides* Lam. (1783) und *Azolla caroliniana* Willd. (1810) in Nordwestdeutschland. Florist. Rundbr. 25 (1): 14–19.

BERNHARDT, K.G. (1994): Soziologie und Dynamik der *Claytonia perfoliata*-Bestände auf der ostfriesischen Insel Baltrum. Florist. Rundbr. 28 (1): 62–67.

BEZZEL, E. (1996): Neubürger in der Vogelwelt Europas: Zoogeographisch-ökologische Situationsanalyse. Konsequenzen für den Naturschutz. In: GEBHARD, H., KINZELBACH, R. & SCHMIDT-FISCHER, S. (Hrsg.): Gebietsfremde Tierarten. Auswirkungen auf einheimische Arten, Lebensgemeinschaften und Biotope. Situationsanalyse. ecomed, Landsberg, S. 241–260.

BIERMANN, R. (1996): *Campylopus introflexus* (Hedw.) Brid. in Silbergrasfluren ostfriesischer Inseln. Ber. Reinh.-Tüxen-Ges. (Hannover) 8: 61–68.

BIERMANN, R. & DANIELS, F.J.A. (1995): *Campylopus introflexus* (Dicranaceae, Bryopsida) in flechtenreichen Silbergrasfluren Mitteleuropas. In: DANIELS, F.J.A., SCHULZ, M. & REINE, J. (Hrsg.): Flechten Follmann. Contributions to lichenology in honour of Gerhard Follmann. S. 493–500.

BIERMANN, R. & DANIELS, F.J.A. (1997): Changes in a lichen-rich dry sand grassland vegetation with special reference to lichen synusiae and *Campylopus introflexus*. Phytocoenologia 27 (2): 257–273.

BILLEN, W. (1985): Die Platanennetzwanze nun auch in der Bundesrepublik Deutschland. Gesunde Pflanzen 37 (12): 530–531.

BILLINGS, W.D. (1990): *Bromus tectorum*, a biotic cause of ecosystem impoverishment in the Great Britain. In: WOODWELL, G.M.: 301–321.

BÍMOVÁ, K., MANDÁK, B. & PYŠEK, P. (2001): Experimental control of *Reynoutria* congeners: a comparative study of a hybrid and its parents. In: BRUNDU, G., BROCK, J., CAMARDA, I., CHILD, L. & WADE, M. (eds.): Plant invasions. Species ecology and ecosystem management. Backhuys Publishers, Leiden, pp. 283–290.

BINGGELI, P. (1993): The conservation value of Sycamore. Quart. J. For. 87: 143–146.

BINGGELI, P. (1994a): Misuse of terminology and anthropomorphic concepts in the description of introduced species. Bull. Brit. Ecol. Soc. 25 (1) L: 10–13.

BINGGELI, P. (1994b): Controlling the invader. TREE News, Autumn, pp. 14–15.

BINGGELI, P. (1996): A taxonomic, biogeographical and ecological overview of invasive woody plants. J. Veg. Sci. 7: 121–124.

BINGGELI, P., EAKIN, M., MACFADYEN, A., POWER, J. & MCCONELL, A. (1992): Impact of alien seabuckthorn (*Hippophae rhamnoides* L.) on sand dune ecosystems in Ireland. In: CARTER, C. & SHEEHY-SKETTINGTON (eds.): Coastal Dunes, pp. 325–337, Rotterdam.

BINGGELI, P. & HAMILTON, A.C. (1993): Biological invasion by *Maesopsis eminii* in the east Usambara forests, Tanzania. Opera Botanica 121: 229–235.

BITZ, A. (1985): Zur Situation des Naturschutzes im Lennebergwald bei Mainz. Natursch. u. Ornith. Rheinl.-Pfalz 4 (1): 1–26.

BITZ, A. (1987): Anmerkungen zu Pflege- und Entwicklungsmaßnahmen im NSG „Mainzer

Literaturverzeichnis

Sand" und angrenzenden Gebieten. Mainzer Naturwiss. Arch. 25: 583–604.

BLAB, J., KLEIN, M. & SSYMANK, A. (1995): Biodiversität und ihre Bedeutung in der Naturschutzarbeit. Natur und Landschaft 70 (1): 11–18.

BLONDEL. J. & ARONSON, J. (1999): Biology and wildlife of the Mediterranean Region. University Press, Oxford.

BLOSSEY, B. & NÖTZOLD, R. (1995): Evolution of increased competitive ability in invasive non-indigenous plants: a hypothesis. Journal of Ecology 83: 887–889.

BÖCKER, R. (1990): Auswertungen von Daueruntersuchungen auf dem Windmühlenberg in Berlin-Gatow. Verh. Berliner Bot. Ver. 8: 161–168.

BÖCKER, R. (1995): Beispiele der Robinien-Ausbreitung in Baden-Württemberg. In: BÖCKER, R., GEBHART, H., KONOLD, W. & SCHMIDT-FISCHER, S. (Hrsg.): Gebietsfremde Pflanzenarten, S. 57–65.

BÖCKER, R. & DIRK, M. (1997): Die Aus- und Verbreitung neophytischer Gehölze in Südwest-Deutschland und Beiträge zur Keimungsbiologie. Ber. Inst. Landschafts- u. Pflanzenök. Univ. Hohenheim 6: 85–102.

BÖCKER, R., GEBHARDT, H., KONOLD, W. & SCHMIDT-FISCHER, S. (Hrsg., 1995): Gebietsfremde Pflanzen. Auswirkungen auf einheimische Arten, Lebensgemeinschaften und Biotope, Kontrollmöglichkeiten und Management. ecomed-Verlag, Landsberg, 215 S.

BÖCKER, R. & KOLTZENBURG, M. (1996): Pappeln an Fließgewässern. Landesanstalt für Umweltschutz Baden-Württemberg (Hrsg.), Handbuch Wasser 2, 137 S.

BÖCKER, R. & KOWARIK, I. (1982): Der Götterbaum (*Ailanthus altissima*) in Berlin (West). Berliner Naturschutzbl. 26 (1): 4–9.

BOGENSCHÜTZ, H. (1996): Die Bedeutung eingeschleppter Insektenarten für die Forstwirtschaft Südwestdeutschlands. In: GEBHARDT, H., R. KINZELBACH & S. SCHMIDT-FISCHER (Hrsg.): Gebietsfremde Tierarten. ecomed/ Landsberg, S. 187–197.

BÖHM, A. (1997): Ausbreitung der Herkulesstaude. Ökologische Grenzen und praktische Schlußfolgerungen. Diplomarbeit, Inst. f. Landschaftspflege und Naturschutz, Universität Hannover.

BÖHMER, H. J., HEGER, T. & TREPL, L. (2001): Fallstudien zu gebietsfremden Arten in Deutschland. Texte des Umweltbundesamtes 13: 1–126.

BOLLE, C. (1865): Eine Wasserpflanze mehr in der Mark. Verh. Bot. Ver. Prov. Brandenburg 7: 1–15.

BOLLE, C. (1887): Andeutungen über die freiwillige Baum- und Strauchvegetation der Provinz Brandenburg. Verlag des Märkischen Provinzial-Museums, Berlin, 115 S.

BONN, S. & POSCHLOD, P. (1998): Ausbreitungsbiologie der Pflanzen Mitteleuropas. Grundlagen und kulturhistorische Aspekte. Wiesbaden: Quelle & Meyer, 404 S.

BORCHARDT, W., LISSNER, J. & PACALAJ, C. (1995): Möglichkeiten der kulturbodenlosen Begrünung von Kalirückstandshalden im Südharzgebiet durch Tier- und Schrägpflanzung von Gehölzen. Versuche im deutschen Gartenbau Nr. 7.

BORING, L.R. & SWANK, T. (1984a): The role of black locust (*Robinia pseudoacacia*) in forest succession. J. Ecol. 72: 749–766.

BORING, L.R. & SWANK, T. (1984b): Symbiotic nitrogen fixation in regeneration Black Locust (*Robinia pseudoacacia* L.) stands. Forest Sci. 30: 528–537.

BORKOWSKI, A. (1973): Arealausweitung bei einigen minierenden Lepidopteren durch anthropogene Pflanzenverbreitung. Polskie Pismo Entomol. 43: 461–467.

BORNKAMM, R. & PRASSE, R. (1999): Die ersten Jahre der Einwanderung von *Senecio inaequidens* DC. in Berlin und dem südwestlich angrenzenden Brandenburg. Verhandlungen des Botanischen Vereins von Berlin und Brandenburg 132: 131–139.

BORNKAMM, R. & SUKOPP, H. (1971): Die ökologische Konstitution von *Chenopodium botrys*. Verhandlungen des Botanischen Vereins der Provinz Brandenburg 108: 64–74.

BORRMANN, K. (1987): Einbürgerung, Ausbreitung und Vorkommen der Späten Traubenkirsche (*Padus serotina* Borkh) in der Oberförsterei Lüttenhagen (Kr. Neustrelitz). Bot. Rundbr. Bez. Neubrandenburg 19: 13–18.

BOSSEMA, I. (1979): Jays and oaks: an eco-ethological of a symbiosis. Behavior 70: 1–117.

BOUDOURESQUE, C.F. (1996): The red seamediterranean link: unwanted effects of canals. In: SANDLUND, O.T., SCHEI, P.J. & VIKEN, A. (eds.): Proceedings of the Norway / UN Conference on alien species. Trondheim, pp. 107–115.

BOYE, P. (1996): Der Einfluß neu angesiedelter Säugetierarten auf Lebensgemeinschaften. In: GEBHARDT, H., R. KINZELBACH & S. SCHMIDT-FISCHER (Hrsg.): Gebietsfremde Tierarten. ecomed/Landsberg, S. 279–286.

BRAMLEY, J.L., REEVE, J.T. & DUSSART, G.B.J. (1995): The Distribution of *Lemna minuta* within the British Isles: Identification, Dispersal and Niche Constraints. In: PYŠEK, P., Prach, K., REJMÁNEK, M. & P.M. WADE (eds.): Plant Invasions. General Aspects and Special Problems. SPB Academic Publishing, Amsterdam, pp. 181–185.

BRANDES, D. (1981): Neophytengesellschaften der Klasse *Artemisietea* im südöstlichen Niedersachsen. Braunschw. Naturkdl. SchrR. 1(2): 183–211.

BRANDES, D. (1983a): Flora und Vegetation der

Bahnhöfe Mitteleuropas. Phytocoenologia 11 (1): 31–115.
BRANDES, D. (1983b): Vegetation von Eisenbahnanlagen. Dokumentation f. Umweltsch. u. Landespfl. (Sonderh.) 4 (23) N.F. 45: 27–37.
BRANDES, D. (1986): Notiz zur Ausbreitung von *Chenopodium ficifolium* Sm. in Niedersachsen. Göttinger Florist. Rundbr. 20 (2): 116–120.
BRANDES, D. (1987): Zur Kenntnis der Ruderalvegetation des Alpensüdrandes. Tuexenia 7: 121–138.
BRANDES, D. (1989): Hinweis auf Verwilderungen von *Polygonum polystachyum* Wall. ex Meisn. Floristische Rundbriefe 23: 50–51.
BRANDES, D. (1991): Untersuchungen zur Vergesellschaftung und Ökologie von *Brunias orientalis* L. im westlichen Mitteleuropa. Braunschw. Naturkdl. SchrR. 3 (4): 857–875.
BRANDES, D. (1992): Flora und Vegetation von Stadtmauern. Tuexenia 12: 315–340.
BRANDES, D. (1993): Eisenbahnanlagen als Untersuchungsgegenstand der Geobotanik. Tuexenia 13: 415–444.
BRANDES, D. (1995): Breiten sich die C_4-Pflanzen in Mitteleuropa aus? SchrR. Vegetationskde. (Sukopp-Festschrift) 27: 365–372.
BRANDES, D. (Hrsg., 2001): Adventivpflanzen. Beiträge zu Biologie, Vorkommen und Ausbreitungsdynamik von gebietsfremden Pflanzenarten in Mitteleuropa. Braunschweiger Geobotanische Arbeiten 8, 331 S.
BRANDES, D., GRIESE, D. & KÖLLER, U. (1990): Die Flora der Dörfer unter besonderer Berücksichtigung von Niedersachsen. Braunschw. naturkdl. Schr. 3 (3): 569–593.
BRANDES, D. & SANDER, C. (1995): Neophytenflora der Elbufer. Tuexenia. 15: 447–472.
BRANDL, R. KLOTZ, S., STADLER, J. & AUGE, H., (2001): Nischen, Lebensgemeinschaften und biologische Invasionen. Rundgespräche der Kommission für Ökologie Bd. 22, „Gebietsfremde Arten, die Ökologie und der Naturschutz", München, S. 81–98.
BRASIER, C.M. (2001): Rapid evolution of introduced plant pathogens via interspecific hybridization. Bioscience 51 (2): 123–133.
BRATEK, Z., JACUCS, E., BOTA, K & SZEDLAY, G. (1996): Mycorrhizae between black locust (*Robinia pseudoacacia*) and *Terfezia terfezioides*. Mycorrhiza 6 (4): 271–274.
BRECHTEL, F. (1996): Neozoen. Neue Insektenarten in unserer Natur? In: GEBHARDT, H., R. KINZELBACH & S. SCHMIDT-FISCHER (Hrsg.): Gebietsfremde Tierarten. ecomed/Landsberg, S. 127–154.
BRIEMLE, H., SEMMELROCH, H., WEIGER, H. & KERN, H. (o.J.): Der Garten als Lebensraum. Bund Naturschutz Bayern, 65 S.
BRIGHT, C. (1998): Life out of bounds. Bioinvasion in a borderless world. Norton, New York, 287 S.

BRINKMANN, R. (1998): Berücksichtigung faunistisch-tierökologischer Belange in der Landschaftsplanung. Informationsdienst Naturschutz Niedersachsen 18 (4): 57–128.
BROCK, J.H. (1994): *Tamarix* spp. (Salt Cedar), an invasive exotic woody plant in arid and semi-arid riparian habitats of western USA. In: DE WAAL, L.C. et al.: Ecology and managment of invasive riverside plants, pp. 27–44.
BROCK, J.H., CHILD, L.E., DE WAAL, L.C. & WADE, P.M. (1995): The invasive nature of *Fallopia japonica* is enhanced by vegetative regeneration from stem tissues. In: PYŠEK, P., PRACH, K., REJMÁNEK, M. & P.M. WADE (eds.): Plant Invasions. General Aspects and Special Problems. SPB Academic Publishing, Amsterdam, pp. 131–139.
BROWN, C. J. MACDONALD, I.A.W. & BROWN, S.E. (eds, 1985): Invasive alien organisms in South West Africa/ Namibia. South African Scientific Programmes Report. No. 119, CSIRO, Pretoria.
BRUNDU, G., BROCK, J., CAMARDA, I., CHILD, L. & WADE, M. (eds., 2001): Plant invasions. Species ecology and ecosystem management. Backhuys Publishers, Leiden, 338 p.
BRYAN, R.T. (1996): Alien species and emerging infectious diseases: past lessons and future implications. In: SANDLUND, O.T., SCHEI, P.J. & VIKEN, A. (eds.): Proceedings of the Norway / UN Conference on alien species. Trondheim, pp. 74–80.
BUCHAN, L.A.J. & PADILLA, D.K. (1999): Estimating the probability of long-distance overland dispersal of invading aquatic species. Ecological Applications 9 (1): 254–265.
BUCK-SORLIN, G. (1993): Ausbreitung und Rückgang der Englischen Kratzdistel – *Cirsium dissectum* (L.) Hill in Nordwestdeutschland. Tuexenia 13: 183–192.
BÜCKING, W. & KRAMER, F. (1982): Wenn der Wald zum Urwald werden soll! Bann- oder Schonwald Mannheimer Reißinsel? Allgemeine Forstzeitschrift 37 (23): 677–681.
BUNZEL-DRÜKE, M. (1997): Klima oder Übernutzung. Wodurch starben Großtiere am Ende der Eiszeitalter aus? Natur- und Kulturlandschaft 2: 152–193.
BURGSDORF, F.A.L. VON (1806): Forsthandbuch. Allgemeiner theoretisch-praktischer Lehrbegriff sämtlicher Försterwissenschaften. Berlin.
BÜSCHER, D. (1991): Über die Erforschung der Wolladventivflora von Kettwig/Rhld. und Dülmen/Westfl. durch den Dortmunder Apotheker Julius Herbst in den Dreißiger Jahren dieses Jahrhunderts. Florist. Rundbr. 25 (1): 40–45.
BUTIN, H. (1989) Krankheiten der Wald- und Parkbäume. G. Thieme Verlag, Stuttgart, 216 S.

BÜTTNER, R. (1883): Flora advena marchica. Abhandl. Bot. Ver. Brandenburg 25: 1–59.
CAIN, M.L., DAMMAN, H. & MUIR, A. (1998): Seed dispersal and the Holocene migration of woodland herbs. Ecological Monographs 68: 325–347.
CAIN, M.L., MILLIGAN, B.G. & STRAND, A.E. (2000): Long-distance seed dispersal in plant populations. American Journal of Botany 87 (9): 1217–1227.
CANDOLLE, A. de (1855): Géographie botanique raisonnée. Paris.
CARLTON, J.T. (1996): Invasions in the world's seas: six centuries of re-organizing earth's marine life. In: SANDLUND, O.T., SCHEI, P.J. & VIKEN, A. (eds.): Proceedings of the Norway / UN Conference on alien species. Trondheim, pp. 99–102.
CASE, T.J. (1996): Global patterns in the establishment and distribution of exotic birds. Biol. Conservation 78: 69–96.
CASPER, J., JENTSCH, H. & GUTTE, P. (1980): Beiträge zur Taxonomie und Chorologie europäischer Wasser- und Sumpfpflanzengesellschaften. 1. *Myriophyllum heterophyllum* Michaux bei Leipzig und Spremberg. Hercynia N.F. 17: 365–374.
CELESTI GRAPOW, L., DI MARZIO, P. & BLASI, C. (2001): The importance of alien and native species in the urban flora of Rome (Italy). In: BRUNDU, G., BROCK, J., CAMARDA, I., CHILD, L. & WADE, M. (eds.): Plant invasions. Species ecology and ecosystem management. Backhuys Publishers, Leiden, pp. 209–220.
CHAMISSO, A. VON (1827): Übersicht der nutzbarsten und der schädlichsten Gewächse, welche wild oder angebaut in Norddeutschland vorkommen. Nebst Ansichten von der Pflanzenkunde und dem Pflanzenreiche. In: SCHNEEBELI-GRAF, R. 1987: Adalbert von Chamisso. Illustriertes Heil-Gift- und Nutzpflanzenbuch. Dietrich Reimer Verlag Berlin, 391 S.
CHAPMAN, A.G. (1935): The effects of black locust on associated species with special reference to forest trees. Ecol. Monogr. 5: 37–60.
CHEVALLERIE, H. DE LA (1986): Die hummelordende Silberlinde. Gartenamt 35 (4): 248.
CHILD, L.E. & SPENCER-JONES, D.H. (1995): The use of herbicides to control *Crassula helmsii* – a case study. In: PYŠEK, P., PRACH, K., REJ-MÁNEK, M. & P.M. WADE (eds.): Plant Invasions. General Aspects and Special Problems. SPB Academic Publishing, Amsterdam, pp. 195–202.
CHILD, L.E. & WADE, P.M. (2000): The Japanese Knotweed Manual. Packard Publishing Limited, Chichester, 123 pp.
CHILD, L.E., WAAL, L.C.D. & WADE, P.M. (1992): Control and management of *Renoutria* species (Knotweed). Aspects Applied Biol. 29: 295–307.
CHILD, L.E., WADE, P.M. & WAGNER, M. (1998): Cost effective control of *Fallopia japonica* using combination treatments. In: STARFINGER, U., EDWARDS, K., KOWARIK, I. & WILLIAMSON, M. (eds.): Plant invasions: ecological mechanisms and human response. Backhuys Publishers, Leiden, pp. 143–154.
CHITTKA, L. & SCHÜRKENS, S. (2001): Successful invasion of a floral market. An exotic Asian plant has moved on Europe's riverbanks by briding pollinators. Nature 411 (6838): 653–663.
CHRISTENSEN, E. (1993): *Crassula helmsii* (T. Kirk) Cockayne – neu für Schleswig-Holstein. Kieler Notizen 22: 1–7.
CLEGG, L. M. & GRACE, J. (1974): The distribution of *Heracleum mantegazzianum* (Somm. & Levier) near Edinburgh. Transactions from the Proceedings of the Botanical Society of Edinburgh. 42 (2): 223–229.
CLIFFORD H. T., 1959: Seed dispersal by motor vehicles. J. Ecol. 47: 311–315.
CLOUT, M.N. & LOWE, S.J. (1996): Reducing the impacts of invasive species on global biodiversity: the role of the IUCN invasive species specialist group. In: SANDLUND, O.T., SCHEI, P.J. & VIKEN, A. (eds.): Proceedings of the Norway / UN Conference on alien species. Trondheim, pp. 34–38.
CONOLLY, A.P. (1977): The distribution and history in the British Isles of some alien species of *Polygonum* and *Reynoutria*. Watsonia 11: 291–311.
CORNELIUS, R. (1990a): The strategies of *Solidago canadensis* L. in relation to urban habitats I. Resource requirements. Acta Oekologica 11 (1): 19–34.
CORNELIUS, R. (1990b): The strategies of *Solidago canadensis* L. in relation to urban habitats III. Conformity to habitat dynamics. Acta Oekologica 11 (3): 301–310.
CORNELIUS, R. & FAENSEN-THIEBES, A. (1990): The strategies of *Solidago canadensis* L. in relation to urban habitats. II. Competitive ability. Acta Oekologica 11 (2): 145–153.
CORNELIUS, R., SCHULTKA, W. & MEYER, G. (1990): Zum Invasionspotential florenfremder Arten. Verh. Ges. Ökol. 19 (2): 20–29.
Council of Europe (1999): Workshop on the control and eradication of non-native terrestrial vertebrates. Proceedings, Malta, 3–5 June 1999. Environmental Encounters No. 41, Council of Europe Publishing, Strasbourg, 147 pp.
CRAWLEY, M.J. (1989): Chance and timing in biological invasions. In: DRAKE, J.A. et al. (eds.): Biological invasions: a global perspective, pp. 407–423.
CRAWLEY, M. J., HARVEY, P. H. & PURVIS, A. (1996): Comparative ecology of native and alien floras of the British Isles. Phil. Trans. R. Soc. Lond. B 351: 1251–1259.

CRONK, Q.C.B. & FULLER, J.L. (1995): Plant invaders. The threat to natural ecosystems. Chapman & Hall, London.

CROOKS, J & M.E. SOULÉ (1996): Lag times in population explosions of invasive species: causes and implications. In: SANDLUND, O.T., P.J. SCHEI & A. VIKEN (eds.): Proceedings of the Norway/UN Conference on alien species. Trondheim, p. 39–46.

CROSBY, A.W. (1991): Die Früchte des weißen Mannes. Ökologischer Imperialismus 900–1900. Frankfurt, New York, Campus, 280 S.

CROSS, J.R. (2002): The invasion and control of *Rhododendron ponticum* L. in native Irish vegetation. In: KOWARIK, I. & STARFINGER, U. (eds.): Biologische Invasionen: Herausforderung zum Handeln? Neobiota 1: 329–341.

CZUBAK, J., HÄUSLER, R & TOPP, W. (1999): Lokale Adaptionen von phyllophagen Insekten an Neophyten der Gattung *Reynoutria* (Polygonaceae) in Mitteleuropa. Verh. Ges. f .Ökologie 29: 185–191.

DAEHLER, C.C. (2001): Two ways to be an invader, but one is more suitable for ecology. Bulletin of the Ecological Society of America 82 (1): 101–102.

DANELL, K. (1977): Short-term plant successions following the colonization of a Northern Swedish lake by the muskrat, *Ondatra zibethica*. J. Appl. Ecol. 14, 933–948.

DANIELS, F.J.A., BIERMANN, R. & BREDER, C. (1993): Über Kryptogamen-Synusien in Vegetationskomplexen binnenländischer Heidelandschaften. Ber. Reinh.-Tüxen-Ges. 5: 199–219.

DARWIN, C. (1859): On the Origin of Species. John Murray, London.

DASH, M. (1999): Tulpenwahn. Die verrückteste Spekulation der Geschichte. Claasen, München, 319 S.

DAUMANN, E. (1967): Zur Bestäubungs- und Verbreitungsökologie dreier *Impatiens*-Arten. Preslia 39: 43–58.

DAVIS, M.A. & THOMPSON, K. (2000). Eight ways to be a colonizer; two ways to be an invader: a proposed nomenclature scheme for invasion ecology. Bulletin of the Ecological Society of America 81: 226–230.

DAWSON, F.H. (1994): Spread of *Crassula helmsii* in Britain. In: DE WAAL, L.C. et al.: Ecology and Management of invasive riverside plants, pp. 1–14.

DAWSON, F.H. & HENVILLE, P. (1991): An Investigation of the Control of *Crassula helmsii* by Herbicidal Chemicals (with interim guidlines on control). Final Report. Nature Conservancy Council, 107pp.

DE WAAL, L.C., CHILD, L.E., WADE, P.M. & BROCK J.H. (1994): Ecology and management of riverside plants. J. J. Wiley, Chichester, 217 p.

DEAN, W.R.J., MILTON, S.J., RYAN, P.G. & MOLONEY, C.L. (1994): The role of disturbance in the establishment of indigenous and alien plants at Inaccessible and Nightingale Islands in the South Atlantic Ocean. Vegetatio 113: 13–23.

DECHENT, H.J. (1988): Wandel der Dorfflora, gezeigt am Beispiel einiger Dörfer Rheinhessens. KTBL-Schriften 326: 162 S.

DEHNEN-SCHMUTZ, K. (2000): Nichteinheimische Pflanzen in der Flora mittelalterlicher Burgen. Diss. Bot. 334, 119 S.

DESCHKA, G. (1995): Schmetterlinge als Einwanderer. In: Land Oberösterreich, OÖ Landesmuseum (Hrsg.): Einwanderer. Neue Tierarten erobern Österreich, Stapfia 37: 77–128.

DETTMAR, J. (1992): Industrietypische Flora und Vegetation im Ruhrgebiet. Diss. Bot. 191: 1–397.

DETTMAR, J. (1993): *Puccinellia distans*-Gesellschaften auf Industrieflächen im Ruhrgebiet. Vergesellschaftung von *Puccinellia distans* in Europa. Tuexenia 13: 445–465.

DETTMAR, J. & SUKOPP, H. (1991): Vorkommen und Gesellschaftsanschluß von *Chenopodium botrys* L. und *Inula graveolens* (L.) Desf. im Ruhrgebiet (Westdeutschland) sowie im regionalen Vergleich. Tuexenia 11: 49–65.

DI CASTRI, F.D. (1989a): History of biological invasions with special emphasis on the Old World. In: DRAKE, J.A. et al. (eds.): Biological invasions: a global perspective. J. Wiley, Chichester, pp: 2–30.

DI CASTRI, F.D. (1989b): On invading species and invaded ecosystems: the interplay of historical chance and biological necessity. In: DI CASTRI, F.D., HANSEN, A.J. & DEBUSSCHE, M. (eds.): Biological invasions in Europe and the Mediterranean Basin. Kluwer Academic Publications, Dordrecht, pp. 3–16.

DI CASTRI, F.D., HANSEN, A.J. & DEBUSSCHE, M. (1990): Biological invasions in Europe and the Mediterranean Basin. Kluwer Academic Publications, Dordrecht.

DIAZ, M. & HURLE, K. (1995): Am Japanknöterich vorkommende Pathogene: Ansatz zu einer biologischen Regulierung. In: BÖCKER, R., GEBHARDT, H., KONOLD, W., SCHMIDT-FISCHER, S. (Hrsg.): Gebietsfremde Pflanzen. Auswirkungen auf einheimische Arten, Lebensgemeinschaften und Biotope, Kontrollmöglichkeiten und Management. ecomed, Landesberg, S. 173–178.

DIEKMANN, H. (1902): Beschreibung der dendrologischen Abteilung im Humboldthain zu Berlin. Die Gartenkunst 4 (6): 106–109.

DIERSCHKE, H. (1984): Ein *Heracleum mantegazzianum*-Bestand im NSG „Heiliger Hain" bei Gifhorn (Nordwest-Deutschland). Tuexenia 4: 251–254.

DIERSCHKE, H. (1985): Anthropogeous areal extension of central european woody species on the British Isles and its significance for the judgement of the present potential natural vegetation. Vegetatio 59: 171–175.

DIERSCHKE, H., OTTE, A. & NORDMANN, H. (1983): Die Ufervegetation der Fließgewässer des Westharzes und seines Vorlandes. Schr.R. Natursch. u. Landschaftspf. Nds., Beiheft 4, 83 S.

DIESING, D. & GÖDDE, M. (1989): Ruderale Gebüsch- und Vorwaldgesellschaften nordrhein-westfälischer Städte. Tuexenia 9: 225–251

DIETZ, H., STEINLEIN, T. (1998): The impact of anthropogenic disturbance on life stage transitions and stand regeneration of the invasive alien plant *Bunias orientalis* L. In: STARFINGER, U., EDWARDS, K., KOWARIK, I., WILLIAMSON, M. (eds): Plant Invasions: Ecological Mechanisms and Human Responses, pp. 169–184, Backhuys Publishers, Leiden.

DIETZ, H., STEINLEIN, T. & ULLMANN, I. (1998): The role of growth form and correlated traits in competitive ranking of six perennial ruderal plant species in unbalanced mixtures, Acta Oecologia 19: 25–36.

DIETZ, H., STEINLEIN, T. & ULLMANN. I. (1999): Establishment of the invasive perennial herb *Bunias orientalis* L.: an experimental approach. Acta Oecologia 20: 621–632.

DIETZ, H., STEINLEIN, T., WINTERHALTER, P. & ULLMANN, I. (1996): Role of allelopathy as a possible factor associated with the rising dominance of *Bunias orientalis* L. (*Brassicceae*) in some native plant assemblages. J. Chem. Ecol. 22 (10): 1797–1811.

DIETZ, H. & ULLMANN, I. (1997): Phenological shifts of the alien colonizer *Bunias orientalis*: image-based analysis of temporal niche separation. J. Veg. Sci. 8 (6): 839–846.

DISKO, R. (1996): In dubio contra reum! Mehr Intoleranz gegen fremde Arten. Nationalpark 4/91: 38–42.

DISTER, E. & DRESCHER, A. (1987): Zur Struktur, Dynamik und Ökologie lang überschwemmter Hartholzauenwälder an der unteren March (Niederösterreich). Verh. Ges. Ökol. 15: 295–302.

DODD, F.S., DE WAAL, L.C., WADE, P.M. & TILEY, G.E.D. (1994): Control and management of *Heracleum mantegazzianum* (Giant hogweed). In: DE WAAL L.C., CHILD L.E., WADE P.M. & BROCK J.H. (eds): Ecology and Management of Invasive Riverside Plants, p. 111–126, J. Wiley, Chichester.

DOSTALEK, J. (1989): *Pyrus × amphigenea*, seine Taxonomie und Nomenklatur. Folia Geobot. Phytotax. 24: 103–108.

DOYLE, U. (1995): Geschlechtsspezifischer Dimorphismus und Verteilung von männlichen und weiblichen Individuen des Eschenahorns (*Acer negundo* L.). Schr.R. Vegetationskd. (Sukopp-Festschrift) 27:373–380.

DOYLE, U. (2002): Ist die rechtliche Regulierung gebietsfremder Organismen in Deutschland ausreichend? In: KOWARIK, I. & STARFINGER, U. (eds.): Biologische Invasionen: Herausforderung zum Handeln? Neobiota 1: 259–272.

DRACEA, M.D. (1926): Beiträge zur Kenntnis der Robinie in Rumänien unter besonderer Berücksichtigung ihrer Kultur auf Sandböden in der Oltenia. Diss. Bukarest.

DRAKE, J.A., MOONEY, H.J., DI CASTRI, F., GROVES, R.H., KRUGER, F.J., REJMANEK, M. & WILLIAMSON, M.(1989): Biological invasions: a global perspective. J. Wiley, Chichester.

DRESCHER, A. & PROTS, B. (1996): *Impatiens glandulifera* Royle im südöstlichen Alpenvorland. Geschichte, Phytosoziologie und Ökologie. Mitt. Naturwiss. Ver. Steiermark 126: 145–162.

DRESSEL, R. (1998): Untersuchungen zur Biologie der Roteiche (*Quercus rubra* L.) und zu ihrer Rolle bei der Waldentwicklung in der Hinteren Sächsischen Schweiz (Südost Sachsen). Unveröff. Diplomarbeit Institut für Geobotanik, Martin-Luther-Universität Halle-Wittenberg.

DRESSEL, R. & JÄGER, E.J. (2002): Beiträge zur Biologie der Gefäßpflanzen des herzynischen Raumes. 5. *Quercus rubra* L. (Roteiche): Lebensgeschichte und agriophytische Ausbreitung im Nationalpark Sächsische Schweiz. Hercynia N.F. 35: 37–64.

DUKES, J.S. & H.A. MOONEY (1999): Does global change increase the success of biological invaders? Trends in Ecology and Evolution 14 (4): 135–139.

DÜLL, R. & KUTZELNIGG, H. (1994): Botanisch-ökologisches Exkursionstaschenbuch. 5. Aufl., Quelle & Meyer, Wiesbaden, 590 S.

DUNKEL, F.G. (1987): Das Dänische Löffelkraut (*Cochlearia danica* L.) als Straßenrandhalophyt in der Bundesrepublik. Florist. Rundbr. 21 (1): 39.

DUNSTONE, N. (1993): The Mink. Poyser/London, 232 p.

DZWONKO, Z. & LOSTER, S. (1997): Effects of dominant trees and anthropogenic disturbances on species richness and floristic composition of secondary communities in southern Poland. J. Appl. Ecol. 34: 861–870.

EBENHARD, T. (1988): Introduced birds and mammals and their ecological effects. Swedish Wildlife Research Viltrevy 13 (4): 1–107.

ECKSTEIN, H.P. & H. MEINIG (1989): Umsiedlungen und Aussetzungen von Amphibien und Reptilien in Wuppertal. Jb. f. Feldherpetologie 3: 168–176.

EDWARDS K.R (1998): A critique of the general approach to invasive plant species. In: STARFINGER, U., EDWARDS, K., KOWARIK, I., WILLIAMSON, M. (1998): Plant Invasions: Ecological Mechanisms and Human Responses. Backhuys, Leiden, p. 85–94.

EDWARDS, K.R., ADAMS, S.M. & KVET, J. (1995): Invasion history and ecology of *Lythrum salicaria* in North Amerika. In: PYŠEK, P., PRACH, K., REJMANEK, M. & WADE, M. (eds.): Plant invasions. General aspects and special problems. SPB Academic Publishing, Amsterdam, pp. 161–180.

EGLER, F. (1942): Indigene versus alien in the development of arid Hawaiian vegetation. Ecology 23 (1): 14–23.

EGLER, F. (1947): Arid southeast Oahu vegetation, Hawaii. Ecol. Monogr. 17: 383–435.

EHRLICH, P. (1988): The loss of diversity: causes and consequences. In: WILSON, E.O. (ed.): Biodiversity. National Academy Press, Washington D.C., pp. 21–27.

EIGNER, J. (1992): Problems with the neophyt „*Rosa rugosa*" in dune landscapes of Schleswig-Holstein. In: HILGERLOH, G. (ed.): Dune management in the wadden sea area. pp. 95–96.

EIJSACKERS, H. & OLDENKAMP, L. (1976): Amerikaanse vogelkers, aanwaarding of of beperking? Landbouwkundig TijdSchrR. 88: 366–375.

ELLENBERG, H. (1988): Eutrophierung – Veränderungen der Waldvegetation. Folgen für den Reh-Wildverbiss und dessen Rückwirkungen auf die Vegetation. Schweiz. Z. Forstwes. 139 (4): 261–282.

ELLENBERG, H. (1996a): Vegetation Mitteleuropas mit den Alpen aus ökologischer, dynamischer und historischer Sicht. 5. Aufl., Ulmer Verlag, Stuttgart, 1096 S.

ELLENBERG, H. (1996b): Lokale bis regionale Waldschäden sind Realitäten, das allgemeine Waldsterben bleib ein Konstrukt. Verh. Ges. Ökol. 26: 49–52.

ELLENBERG, H. (1989): *Opuntia dillenii* als problematischer Neophyt im Nordjemen. Flora 182: 3–12.

ELLENBERG, H., H.E. WEBER, R. DÜLL, V. WIRTH, W. WERNER, & D. PAULISSEN (1992): Zeigerwerte von Pflanzen in Mitteleuropa. Scripta Geobotanica 18: 1–258.

ELLIOTT, N., R. KIECKHER & W. KAUFFMAN (1996): Effects of an invading coccinellid on native coccinellids in an agricultural landscape. Oecologia 105: 537–544.

ELLIS, R.G. (1993): Aliens in the british flora. British Plant Life 2: 47.

ELLSTRAND, N.C. & SCHIERENBECK, K.A. (2000): Hybridisation as a stimulus for the evolution of invasiveness in plants? Proc. Natl. Acad. Sci. USA 97: 7043–7050.

ELTON, C.S. (1958): The ecology of invasions by animals and plants. London, Methuen, 181 p.

ELTON, C.S. (1966): The pattern of animal communities. Methuen, London.

ENCKE, F. (1923): Berechtigung der Landschaftsgartenkunst in den öffentlichen Grünanlagen der Städte. Gartenkunst 36: 76–78.

ENO, N.C. (1996): Non-native marine species in British waters: effects and controls. Aquatic Cons.: Marine and Frechwater Ecosystems 6: 215–228.

EQUIHUA, M. & USHER, M.B. (1993): Impact of carpets of the invasive moss *Campylopus introflexus* on *Calluna vulgaris* regeneration. J. Ecol. 81: 359–365.

ERNST, D., B. FELINKS, K. HENLE, S. KLOTZ, H. SANDERMANN & C. WIENCKE (2000): Von der numerischen zur funktionellen Biodiversität: Neue Forschungsansätze. Gaia 9 (2): 140–145.

ERNST, W.H.O. (1998): Invasion, dispersal and ecology of the South African neophyte *Senecio inaequidens* in the Netherlands: From wool alien to railway and road alien. Acta Botanica Neerlandica 47: 131–151.

ESER, U. (1998): Der Naturschutz und das Fremde. Ökologische und normative Grundlagen der Umweltethik. Frankfurt am Main/New York: Campus Verlag.

ESSL, F. & RABITSCH, W. (2002): Neobiota in Österreich. Umweltbundesamt, Wien, 432 S.

FALÍNSKI, J.B. (ed., 1971): Synanthropization of plant cover. II. Synanthropic flora and vegetation of towns connected with their natural conditions, history and function. Mater. Zakladu Fitosocjol. Stosowanej UW 27: 1–317.

FALÍNSKI, J.B. (1986): Vegetation dynamics in temperate lowland primeval forests. Ecological studies in Bialowieza forest. Geobotany vol. 6, Dordrecht, Boston, Lancaster, 546 p.

FALÍNSKI, J.B. (1998): Invasive alien plants and vegetation dynamics. In: STARFINGER, U., EDWARDS, K., KOWARIK, I. & WILLIAMSON, M. (1998): Plant invasions: Ecological mechanisms and Human responses. Backhuys Publishers, Leiden, p. 3–21.

FEDER, J. (2001): 15 Jahre floristische Kartierung im Gebiet von Schwarmstedt (Landkreis Soltau-Fallingbostel). Floristische Notizen aus der Lüneburger Heide 9: 25–30.

FEILHABER, I. & BALDER, H. (2002): Bekämpfung der Spätblühenden Traubenkirsche (*Prunus serotina* Ehrh.). In: KOWARIK, I. & STARFINGER, U. (eds.): Biologische Invasionen: Herausforderung zum Handeln? Neobiota 1: 363–369.

FERRARI, J., KRUESS, A & TSCHARNTKE, T. (1997): Auswirkung der Fragmentierung von Wildrosen auf deren Insektenlebensgemeinschaften. Mitt. Dtsch. Ges. Allg. Angw. Ent. 11: 87–90.

FERRARI, J.P. & PICHENOT, M. (1976): The canker stain disease of plane tree in Marseilles and in the south of France. European Journal of Forest Pathology, 6:18–25.

FISAHN, A. (1999): Legal regulations concerning the release of alien species in comparison to those on genetically modified organisms. Texte des Umweltbundesamtes 18/99: 104–116.

FISAHN, A. & WINTER, G. (1999): Die Aussetzung gebietsfremder Organismen. Recht und Praxis. Texte des Umweltbundesamtes 55/99, Berlin, 204 S.

FISCHER, R. (1909): Der Schillerpark zu Berlin. Gartenflora 58: 207–213.

FISCHER, S., POSCHLOD, P. & BEINLICH, B. (1995): Die Bedeutung der Wanderschäferei für den Artenaustausch zwischen isolierten Schaftriften. Beih. Veröff. Natursch. u. Landschaftspfl. Bad.-Württ. 83: 229–256.

FISCHER, S., POSCHLOD, P. & BEINLICH, B. (1996): Experimental studies on the dispersal of plants and animals on sheep in calcareous grasslands. J. Appl. Ecol. 33: 1206–1222.

FISCHER, W. (1975): Vegetationskundliche Aspekte der Ruderalisation von Waldstandorten im Berliner Gebiet. Arch. Natursch. u. Landschaftsforsch. 15 (1): 21–32.

FISCHER, W. (1985): Die Laubholzmistel im Stadtkreis Potsdam. Gleditschia 13 (2): 251–256.

FISCHER, W. (1986): Mitteilungen zur Propagation und Soziologie von Neophyten Brandenburgs. Gleditschia 14: 291–304.

FISCHER, W. (1988): Neophyten und Vegetationsdynamik. Wiss. Z. Päd. Hochsch. Potsdam 32 (3): 549–556.

FISCHER, W. (1991): Zum Auftreten getreidebegleitender Adventivpflanzen in Potsdam 1989 und 1990. Gleditschia 19 (2): 309–313.

FISCHER, W. (1993a): Beobachtungen zur brandenburgischen Adventivflora in den Jahren 1989 bis 1993. Verh. Bot. Ver. Berlin und Brandenburg 126: 181–190.

FISCHER, W. (1993b): Zur Einbürgerung von Parkpflanzen in Brandenburg (Teil 1). Ein Beitrag zur Neophytenflora. Verh. Bot. Ver. Berlin und Brandenburg 126: 190–200.

FISCHER, W. (1997): Zur Einbürgerung von Parkpflanzen in Brandenburg (Teil 2). Verh. Bot. Ver. Berlin und Brandenburg 130: 159–184.

FISCHER, W. & KRAUSCH, H.D. (1993): *Eragrostis multicaulis* Steudel am Elbufer bei Wittenberg. Verh. Bot. Ver. Berlin und Brandenburg 126: 201–202.

FISCHER-BENZON, R. von (1894): Altdeutsche Gartenflora. Lipsius & Tischler, Kiel.

FORCELLA, F., WOOD, J.T. & S.P. DILLON (1986): Characteristics distinguishing invasive weeds within *Echium* (Bugloss). Weed Res. 26: S. 351–364

FORSTNER, W. (1984): Ruderale Vegetation in Ost-Österreich Teil 2. Wiss. Mitt. Niederösterreich. Landesmuseum 3: 11–91.

FOTOPOULOS, L. & NICOLAI, V. (2002): Vergleich der Phytophagenfauna am Beispiel der Rüsselkäfer (Co., Curculionidae) an zwei einheimischen (*Fagus sylvatica, Quercus petraea*) und zwei fremdländischen Baumarten (*Prunus serotina, Quercus rubra*). In: KOWARIK, I. & STARFINGER, U. (eds.): Biologische Invasionen: Herausforderung zum Handeln? Neobiota 1: 181–190.

FOX, M.D. (1990): Mediterranean weeds: exchanges of invasive plants between the five mediterranean regions of the world. In: DI CASTRI, F., HANSEN, A.J. & DEBUSSCHE, M. (eds.): Biological invasions in Europe and the Mediterranean Basin. pp. 179–200.

FRANK, D. (1991): Interpretation biologischökologischer Indikatormerkmale der Gefäßpflanzenflora Ostdeutschlands. Diss. Martin-Luther-Univ. Halle-Wittenberg, 97 S. + Anhang.

FRANKE, W. (1992): Nutzpflanzenkunde. Nutzbare Gewächse der gemäßigten Breiten, Subtropen und Tropen. 5. Aufl., Thieme, Stuttgart, 540 S.

FRANKENHUYSEN, A. van (1983): *Phyllonorycter platani* (Staudinger, 1870) (Lep.: Gracillariidae), een bladmineerder op Plataan in Nederland. Ent. Ber. 43: 19–25.

FRENZEL, M. & BRANDL, R. (1997): The structure of the phytophagous fauna on neophytic Brassicaceae. Mitt. Deutsch. Ges. Allgem. Angew. Entomol. 11: 891–894.

FRENZEL, M., BRÄNDLE, M. & BRANDL, R. (2000): The colonization of alien plants by native phytophagous insects. Proccedings 41th IAVS Symposium, pp. 223–225, Uppsala.

FRIEDRICH, G. (1966): *Compsopogon hookeri* MONTAGNE neu für Deutschland. Nova Helwegia 12: 399–403.

FRITZ-KÖHLER, W. (1994): Zur Auswirkung herbizidfreier Ackerrandstreifen auf phytophage Käfer. SchrR. Aus Liebe zur Natur 5: 141–149.

FROHNE, D. & PFÄNDER, H.J. (1981): Doldengewächse als Giftpflanzen. Dt. Apotheker Z. 121 (42): 2269–2275.

FROMKE, A. & JÄGER, E.J. (1992): Der Artenbestand der Zierpflanzen in den Gärten ausgewählter Gebiete Mitteldeutschlands. Wiss. Z. Univ. Halle 41 (2): 61–77.

FUKAREK, F. & HENKER, H. (1983): Neue kritische Flora von Mecklenburg (1.Teil). Arch. Freunde Naturgeschichte Mecklenbg. 23: 28–133.

FUKAREK, F. & HENKER, H. (1984): Neue kritische Flora von Mecklenburg (2.Teil). Arch. Freunde Naturgeschichte Mecklenb. 14: 11–94.

FUKAREK, F. & HENKER, H. (1985): Neue kritische Flora von Mecklenburg (3.Teil). Arch. Freunde Naturgeschichte Mecklenb. 25: 5–79.

FUKAREK, F. (1988): Ein Beitrag zur Entwicklung und Veränderung der Gefäßpflanzenflora von Mecklenburg. Gleditschia 16 (1): 69–74.

FUNK, B., HENKER, G. & HENKER, H. (1981): Die Segetalflora von Perserklee-Ansaaten.

Bot. Rundbr. Bez. Neubrandenburg 12: 32–36.

GAGGERMEIER, H. (1991): Die Waldsteppenpflanze *Adenophora liliifolia* (L.) A. DC. in Bayern. Hoppea 50: 287–322.

GARVE, E. (1999): Neu aufgetretene Blütenpflanzen salzhaltigen Rückstandshalden in Niedersachsen. Braunschweiger Geobotanische Arbeiten 6: 171–191.

GEBHARDT, H., KINZELBACH, R. & SCHMIDT-FISCHER, S. (Hrsg., 1996): Gebietsfremde Tierarten. Umweltforschung in Baden-Württemberg. ecomed, Landsberg, 314 S.

GEIGER, A. & M. WAITZMANN (1996): Überlebensfähigkeit allochthoner Amphibien und Reptilien in Deutschland. Konsequenzen für den Artenschutz. In: GEBHARDT, H., R. KINZELBACH & S. SCHMIDT-FISCHER (Hrsg.): Gebietsfremde Tierarten. ecomed/ Landsberg, S. 227–240.

GEITER, O. (1999): Was sind Neozoen? Begriffsbestimmungen und Definitionen. In: Umweltbundesamt (Hrsg.): Gebietsfremde Organismen in Deutschland. Ergebnisse eines Arbeitsgespräches am 5. und 6. März 1998, UBA Texte 55/99, S. 44–50.

GEITER, O. & HOMMA, S. (2002): Bestandsaufnahme und Bewertung von Neozoen in Deutschland. 2. Modellfall Gänse (Anatidae) unter besonderer Berücksichtigung der Kanadagans (*Branta canadensis*). Texte des Umweltbundesamtes 25: 1–31.

GEITER, O. & KINZELBACH, R. (2002a): Bestandsaufnahme und Bewertung von Neozoen in Deutschland. 1. Allgemeines. Texte des Umweltbundesamtes 25: 1–173, Anhang.

GEITER, O. & KINZELBACH, R. (2002b): Bestandsaufnahme und Bewertung von Neozoen in Deutschland. 3. Artensteckbriefe. Texte des Umweltbundesamtes 25: 1–52.

GEMEINHARDT, H. (1959/60): Bodenmikrobiologische Beiträge zum Robinienproblem. 1. Mitt. Arch. f. Forstwesen 8: 1078–1116, 2. Mitt. Arch. f. Forstwesen 9: 1082–1104.

GENOVESI, P. & AMORI, G. (1999): Conservation of *Sciurus vulgaris* and eradication of *Sciurus carolinensis* in Italy. In: Council of Europe (1999): Workshop on the control and eradication of non-native terrestrial vertebrates. Proceedings, Malta, 3–5 June 1999, pp. 101–106. Environmental Encounters No. 41, Council of Europe Publishing, Strasbourg.

GIANONI, G., CARRARO, G. & KLÖTZLI, F. (1988): Thermophile, an laurophyllen Pflanzenarten reiche Waldgesellschaften im hyperinsubrischen Seenbereich des Tessins. Ber. Geobot. Inst. ETH, Stiftung Rübel 54: 164–180.

GIESA, S. & GUMPRECHT, G. (1990): Einfluß des Streusalzes auf die Lebensbedingungen der Gehölze an Außerortsstraßen. Straße und Autobahn 41 (9): 204–210.

GLAUNINGER, J. & FURLAN, H. (1983): Atrazinresistente Biotypen von Unkrautarten in Österreich. Die Bodenkultur 34 (2): 161–166.

GLÖER, P., C. MEIER-BROOK & O. OSTERMANN (1992): Süsswassermollusken. 10. Aufl. Deutscher Jugendbund für Naturbeobachtung/ Hamburg, 111 S.

GLOWKA, L. & C. DE KLEMM (1996): Non-Indigenous Species Introductions: References in International Instruments. IUCN Commission on Environmental Law/Bonn, 17 p.

GÖDDE, M. (1984): Zur Ökologie und pflanzensoziologischen Bindung von *Inula graveolens* (L.) Desf. in Essen. Natur u. Heimat 44 (4): 101–108.

GOEZE, E. (1916): Liste der seit dem 16. Jahrhundert bis auf die Gegenwart in die Gärten und Parks Europas eingeführten Bäume und Sträucher. Mitt. Dt. Dendrol. Ges. 26: 160–188.

GÖHRE, K. (Hrsg., 1952): Die Robinie und ihr Holz. Deutscher Bauernverlag, Berlin, 344 S.

GÖHRE, K. (Hrsg, 1958): Die Douglasie und ihr Holz. Akademie-Verlag, Berlin, 595 S.

GÖHRE, K. & WAGENKNECHT, E. (1955): Die Roteiche und ihr Holz. Deutscher Bauernverlag, Berlin.

GOLDSCHMIDT, T. (1996): Darwin's dreampond. Drama in Lake Victoria. Massachusetts Institute of Technology Press, Cambridge, Massachusetts.

GOLLASCH, S. (1996): Untersuchungen des Arteintrages durch den internationalen Schiffsverkehr unter besonderer Berücksichtigung nichtheimischer Arten. Verlag Dr. Kovac/ Hamburg, 262 S.

GOLLASCH, S. (1999): Introduction of unwanted non-indigenous organisms in marine and brackish waters by international shipping and aquaculture activities: the need for enforced guidelines by the International Maritime Organization and International Coucil for the exploration of the sea. In: Umweltbundesamt (Hrsg.): Gebietsfremde Organismen in Deutschland. Ergebnisse eines Arbeitsgespräches am 5. und 6. März 1998, UBA Texte 55/99, S. 84–97

GOLLASCH, S. (1995): Nicht-heimische Organismen in Nord- und Ostsee. Mitt. Hamb. Zool. Mus. Inst. 92 (Ergbd.): 255–258.

GOLLASCH, S., MINCHIN, D., ROSENTHAL H. & VOIGT, M. (eds., 1999): Exotics across the ocean. Case histories on introduced species: their general biology, distribution, range expansion and impact. Logos Verlag, Berlin, 78 pp.

GOLZ, C. (1999): Stand der internationalen Regulierung von gentechnisch veränderten Organismen und der Risikoabschätzung. In: Gebietsfremde Organismen in Deutschland. Ergebnisse des Arbeitsgespräches am 5. und 6. März 1998, Texte des Umweltbundesamtes 55/99: 99–107.

GÖRGER, A. (1989): Freiburger Hausgärten: Ein Vergleich nach Struktur und Artenzahl in verschiedenen Stadtteilen. Mitt. Bad. Landesver. Naturkunde und Naturschutz 14 (4): 829–868.

GÖRS, S. (1974): Nitrophile Saumgesellschaften im Gebiet des Taubergießen. In: Landesstelle für Naturschutz und Landschaftspflege Baden-Württemberg (Hrsg.): Das Taubergießengebiet. Eine Rheinlandschaft. Die Natur- und Landschaftsschutzgebiete Baden-Württembergs 7: 325–354.

GOODLAND, T.C.R. & HEALEY, J.R. (1996): The invasion of Jamaican montane rainforests by the Australian tree *Pittosporum undulatum*. University of Wales, Bangor. 54 pp.

GOSSNER, M. & SIMON, U. (2002): Introduced Douglas fir (*Pseudotsuga menziesii* (Mirb.) Franco) affects community structure of tree-crown dwelling beetles in a managed European forest. In: KOWARIK, I. & STARFINGER, U. (eds.): Biologische Invasionen: Herausforderung zum Handeln? Neobiota 1: 167–179.

GÖSSWALD, E. (1990): Die Waldameise. Aula Verlag, Wiesbaden, 510 S.

GRADSTEIN, S.R. & SIPMAN, H.J.M. (1978): Taxonomy and world distribution of *Campylopus introflexus* and *C. pilifer* (= *C. polytichoides*): a New Synthesis. The Bryologist 81: 114–121.

GRAY, A.J., MARSHALL, D.F. & RAYBOULD, A.F. (1991): A century of evolution in *Spartina anglica*. Advances Ecological Research 21: 1–62.

GREENBERG C. H., CROWNOVER S. H., GORDON D. R., 1997: Roadside soils: a corridor for invasion of xeric scrub by nonindigenous plants. Natural Areas Journal **17** (2): 99–109.

GREGOR, T. (1993): Verwilderte Pflanzenarten im Schloßpark Schlitz (Vogelsbergkreis, Hessen). Hess. Flor. Br. 42 (1): 1–11.

GREGOR, T. (1995): Artenverteilung in der Kulturlandschaft am Beispiel des Schlitzerlandes/Hessen. SchrR. Vegetationskde. (Sukopp-Festschrift) 27: 381–387.

GRIESE, D. (1996): Zur Ausbreitung von *Senecio inaequidens* DC. an Autobahnen in Nordostdeutschland. Braunschw. Naturkundl. Schr. 5: 193–204.

GRIESOHN-PFLIEGER, T. (1995): Neues aus Zwillbrock: Jetzt brüten auch Karibische Flamingos! Der Falke 9/95: 278–279.

GROENENDAEL, J.M.V. & HABEKOTTE, B. (1988): *Cyperus esculentus* L.. Biology, populations dynamics, and possibilities to control this neophyte. ZeitSchrR. PflKrankh. Pfl.Schutz, Sonderh. 11: 61–69.

GROENING, G. & WOLSCHKE-BULMAHN, J. (1989): Changes in the philosophy of garden architecture in the 20th century and their impact upon the social and spatial environment. J. Garden History 9 (2): 53–70.

GROENING, G. & WOLSCHKE-BULMAHN, J. (1992): Some Notes on the Mania for Native Plants in Germany. Landscape Journal 11 (2): 116–126.

GROSHOLZ, E.D. (1996): Contrasting rates of spread for introduced species in terrestrial and marine systems. Ecology 77 (6): 1680–1686.

GROVES, R.H. & BURDON, J.J. (1986): Ecology of biological invasions: an australian perspective. Australian Academie of Science, Canberra.

GROVES, R.H. & DI CASTRI, F. (eds, 1991): Biogeography of Mediterraneum Invasions. Cambridge University Press, Cambridge.

GRUBER, H. (1996): Ulmensterben (*Ceratocystis ulmi/Ophiostoma novo-ulmi*). Deut. Dendr. Ges. Kurzmittlg. 61: 8–12.

GRUNICKE, U. (1996): Populations- und ausbreitungsbiologische Untersuchungen zur Sukzession auf Weinbergsbrachen am Keuperstufenrand des Remstals. Diss. Bot. 261, 210 S.

GURNELL, J. (1991): Squirrels. In: CORBET, G.B. & S. HARRIS (eds.): The Handbook of British Mammals. Third Edition. Blackwell Scientific Publications/Oxford, London, Edinburgh, p. 176–191.

GÜRTH, P. (1987): Zur Naturverjüngung der Douglasie im Südwestschwarzwald. Forst- u. Holzwirt 42 (1): 59–63.

GUTTE, P. (1972): Ruderalpflanzengesellschaften West- und Mittelsachsens. Feddes Repertorium, 83: 11–122.

GUTTE, P. (1986): Dynamik der Ruderalvegetation in Siedlungsbereichen. Arch. Natursch. Landschaftsforsch. 26 (2): 99–104.

GUTTE, P. (1991): Gehölzaufwuchs auf einem alten Müllberg. Florist. Rundbr. 25 (1): 57–62.

GUTTE, P., KLOTZ, S., LAHR, C. & TREFFLICH, A. (1987): *Ailanthus altissima* (Mill.) Swingle – eine vergleichend pflanzengeographische Studie. Folia Geobot. Phytotax. 22: 241–262.

HAAG, C. & WILHELM, U. (1998): Arbeiten mit „unerwünschter" Baumart oder Verschleppung einer Katastrophe? Allgemeine Forstzeitschrift 53 (6): 276–279.

HAARMANN, K. & PRETSCHER, P. (1993): Zustand und Zukunft der Naturschutzgebiete in Deutschland. Die Situation im Süden und Ausblicke auf andere Landesteile. Schr.R. Landschaftspfl. Natursch. 39: 1–266.

HAASE, E. (1988): Pflanzen reinigen Schwermetallböden. Umwelt 7/8: 342–344.

HACHTEL, W. (1997): Bodenentgiftung mit spezialisierten Pflanzen. Spektr. Wiss. 5: 19–21.

HAECK, J. & HENGEVELD, R. (1980/81): Changes in the occurrences of Dutch plant species in relation to geographical range. Biol. Conserv. 19: 189–197.

HAEUPLER, H. & SCHÖNFELDER, P.H. (1989):

Atlas der Farn- und Blütenpflanzen der Bundesrepublik Deutschland. Ulmer, Stuttgart, 768 S.

HAGEMANN, W. (1995): Wuchsform und individuelle Bekämpfung des Japanknöterichs durch Herbizidinjektionen: ein vorläufiger Bericht. In: BÖCKER, R., GEBHARDT, H., KONOLD, W., SCHMIDT-FISCHER, S. (Hrsg.): Gebietsfremde Pflanzen. Auswirkungen auf einheimische Arten, Lebensgemeinschaften und Biotope, Kontrollmöglichkeiten und Management. ecomed-Verlag, Landsberg, S. 179–194.

HAGEMEIJER, J.M. & M.J. BLAIR (1997): The EBCC Atlas of European breeding birds: Their distribution and abundance. Poyser/London, 903 p.

HAGEN, H.-H. VON (1991): Zur ökologischen Bedeutung fremdländischer Blütenpflanzen für die heimische Insektenfauna. NNA-Ber. 4 (1): 35–38.

HALASSY, M. & TÖRÖK, K. (1996): First year experiences in the restoration of sandy grasslands at clear-cut forest sites in the Kiskunsag National Park. Proceedings of „Research, Conservation, Management" Conference Aggtelek, Hungary, 1.-5. May 1996: 213–222.

HAMANN, H. & KOSLOWSKI, I. (1988a): Zur Einbürgerung bemerkenswerter Adventivpflanzen auf einem Gelsenkirchener Hafengelände. Florist. Rundbr. 21 (2): 101–103.

HAMANN, M. & KOSLOWSKI, I. (1988b): Zur Verbreitung gefährdeter Pflanzenarten auf urban-industriellen Standorten. Natur- u. Landschaftskde. 24: 13–16.

HÄMET-AHTI, L. (1983): Human impact on closed boreal forest (Taiga). In: HOLZNER, W., WERGER, M.J.A. & IKUSIMA, I. (eds.): Man's impact on vegetation. Geobotany 5: 201–211.

HAMPSON, M.C. (1992): Some thoughts on demography of the Great Potato Famine. Plant disease 76 (12): 1284–1286.

HANCOCK, J.F. & SIEFKER, J.H. (1982): Levels of inbreeding in highbush blueberry cultivars. HortScience 17 (3): 363–366.

HANSKE, C. (1991): Verfügbarkeit, Herkünfte und Qualität von heimischem Gehölzsaatgut. Unveröff. Diplomarbeit, Universität Hannover, Institut für Obstbau und Baumschule.

HANZÉLYOVÁ, D. (1998): A comparative study of *Pinus strobus* L. and *Pinus sylvestris* L.: growth at different soil acidties and nutrient levels. In: STARFINGER, U., EDWARDS, K., KOWARIK, I. & WILLIAMSON, M. (1998): Plant invasions: Ecological mechanisms and Human responses. Backhuys Publishers, Leiden, p. 185–194.

HAPLA, F. (2000): Douglasie. Eine Bauholzart mit Zukunft. Forst und Holz 55 (22): 728–732.

HARD, G. (1975): Vegetationsdynamik und Verwaldungsprozesse auf den Brachflächen Mitteleuropas. Die Erde 106: 243–276.

HARD, G. (1985): Städtische Rasen, hermeneutisch betrachtet. Ein Kapitel aus der Geschichte der Verleugnung der Stadt durch die Städter. Klagenfurter Geograph. SchrR. 6: 29–52.

HARD, G. (1993): Neophyten und neophytenreiche Pflanzengesellschaften auf einem Werksgelände (VSG, ehem. Klöckner) in Osnabrück. Natur u. Heimat 53 (1): 1–16.

HARD, G. (1998): Ruderalvegetation. Ökologie & Ethnoökologie, Ästhetik und „Schutz". Notizbuch 49 der Kasseler Schule. 396 S.

HARD, G. & KRUCKEMEYER, F. (1990): Die Mäusegerste und ihre Gesellschaft in Osnabrück 1978–1990. Über den Zusammenhang von Stadt- und Vegetationsentwicklung. Osnabrücker Naturwiss. Mitt. 16: 133–156.

HÄRDTLE, W., BRACHT, H. & HOBOHM, C. (1996): Vegetation und Erhaltungszustand von Hartholzauen (Querco-Ulmetum Iss. 1924) im Mittelelbegebiet zwischen Lauenburg und Havelberg. Tuexenia. 16: 25–38.

HÄRDTLE, W. & WEDI-PUMPE, S. (2001): Zur Bestandsentwicklung von *Crassula helmsii* in den Holmer Teichen (Lüneburger Heide). Floristische Notizen aus der Lüneburger Heide 9: 30–33.

HARGROVE, W.W. (1986): An annotated species list of insect herbivores commonly associated with black locust, *Robinia pseudoacacia*, in the southern appalachians. Entom. News 97 (1): 36–40.

HARPER, J.L. (1977): Population biology of plants. Academic Press, London, 892 pp.

HARTMANN, E. & KONOLD, W. (1995): Späte und Kanadische Goldrute (*Solidago gigantea* et *canadensis*): Ursachen und Problematik ihrer Ausbreitung sowie Möglichkeiten ihrer Zurückdrängung. In: BÖCKER, R., GEBHARDT, H., KONOLD, W., SCHMIDT-FISCHER, S. (Hrsg.): Gebietsfremde Pflanzen. Auswirkungen auf einheimische Arten, Lebensgemeinschaften und Biotope, Kontrollmöglichkeiten und Management. ecomed-Verlag, Landsberg, S. 93–104.

HARTMANN, F., SCHULDES, H., KÜBLER, R. & KONOLD, W. (1995): Neophyten. Biologie, Verbreitung und Kontrolle ausgewählter Arten. ecomed, Landsberg, 301 S.

HARTNETT, D.C. & BAZZAZ, F.A. (1985): The genet and ramet population dynamics of *Solidago canadensis* in an abandoned field. J. Ecology 73: 407–413.

HAUG, T., (1995): Die Auswirkungen des bestandsweisen Roteichenanbaus auf die Vegetation des Waldunterwuchses. Diplomarbeit, Lehrstuhl für Landespflege, Albert-Ludwigs-Universität, Freiburg.

HAYEN, B. (1995): Populationsökologische Untersuchungen an *Reynoutria japonica*. Erste Ergebnisse. In: BÖCKER, R., GEBHARDT, H., KONOLD, W., SCHMIDT-FISCHER,

S. (Hrsg.): Gebietsfremde Pflanzen. Auswirkungen auf einheimische Arten, Lebensgemeinschaften und Biotope, Kontrollmöglichkeiten und Management. ecomed-Verlag, Landsberg, S. 125–140.

HEGER, T. (2000): Biologische Invasionen als komplexe Prozesse: Konsequenzen für den Naturschutz. Natur und Landschaft 75: 250–255.

HEGER, T. & L. TREPL, L. (in press). Predicting Biological Invasions. Biological Invasions.

HEGI, G. (1957): Illustrierte Flora von Mitteleuropa. Band III.1. 2. Auflage Carl Hanser Verlag, München., 452 S.

HEHN, V. (1870): Kulturpflanzen und Hausthiere in ihrem Übergang aus Asien nach Griechenland und Italien sowie in das übrige Europa. Berlin.

HEIMANS, J. (1954): L'accessibilité terme nouveau en phytogeographie. Vegetatio 5/6: 142–146.

HEINRICH, W. (1984): Bemerkungen zum binnenländischen Vorkommen des Salzschwadens (*Puccinellia distans* (Jacq.) Parl.). Haussknechtia 1: 27–41.

HEINRICH, W. (1985): Verbreitung und Vergesellschaftung der Orientalischen Zackenschote (*Bunias orientalis* L.) in Thüringen. Wiss. Z.SchrR. Friedrich-Schiller-Univ. Jena, Naturwiss. R. 34 (4): 577–583.

HEJNY, S., JEHLIK, V., KOPECKÝ, K., KROPAK, Z. & LHOTSKA, M. (1973): Quarantäneunkräuter der Tschechoslowakei (in Tschechisch). Academia, Praha, 156 S.

HEMPEL, S. (1994): Keimungs- und Wachstumsverhalten von *Ailanthus altissima* auf einem Stadt-Land-Gradienten. Diplomarbeit, Inst. f. Landschaftspflege und Naturschutz, Universität Hannover.

HENGEVELD, R. (1989): Dynamics of biological invasions. Chapman and Hall, New York, 160 p.

HENKER, H. (1980): Die Ruderalflora aufgelassener Schweine- (Wald-) Mastanlagen. Bot. Rundbr. Bez. Neubrandenburg 11: 52–59.

HENKER, H. (1996): Erstnachweise und Einbürgerung bemerkenswerter Pflanzenarten in Mecklenburg-Vorpommern. Botan. Rundbr. f. Mecklenburg-Vorpommern 29:135–140.

HERBEN, T. (1995): Interspecific interactions and persistence of an invasive moss, *Orthodontium lineare*, in invaded communities of indigenous cryptogams. In: PYŠEK P., WADE M., PRACH K. & REJMÁNEK M. (eds.): Plant invasions: General apects and special problems, pp. 187–192, SPB Academic Publ., Amsterdam.

HERGER, G., KLINGAUF, F., MANGOLD, D., POMMER, E.-H. & SCHERER, M. (1988): Die Wirkung von Auszügen aus dem Sachalin-Staudenknöterich, *Reynoutria sachalinensis* (F. Schmidt) Nakai, gegen Pilzkrankheiten, insbesondere Echte Mehltau-Pilze. Nachrichtenblatt Deutscher Pflanzenschutzdienst 40 (4): 56–60.

HERMANN, R.K. & LAVENDER, D.P. (1990): *Pseudotsuga menziesii* (Mirb.) Franco. In: BURNS, R.M., HONKALA, B.: Silvics in North America, Volume 1, Conifers, Agriculture Handbook 271, Washington D.C., pp. 527–540.

HERR, W. (1985): *Elodea nuttallii* (Planch.) St.John in schleswig-holsteinischen Fließgewässern. Kieler Notizen 17 (1): 1–8.

HETZEL, G. & MEIEROTT, L. (1998): Zur Anthropochorenflora fränkischer Deponiestandorte. Tuexenia 18: 377–416.

HETZEL, G. & ULLMANN, I. (1995): Die *Citrullus lanatus-Solanum lycopersicum*-Gesellschaft. Eine neogene Zönose der Mülldeponien und Kläranlagen. Tuexenia 15: 437–446.

HEYDEMANN, B. (1982): Der Einfluß der Waldwirtschaft auf die Waldökosysteme aus zoologischer Sicht. In: Waldwirtschaft und Naturwirtschaft. Schr.R. Deutscher Rat für Landespflege 40: 926–944.

HICKEY, B. & OSBORNE, B. A. (1998): Effect of *Gunnera tinctoria* (Molina) Mirbel on semi-natural grassland habitats in the west of Ireland. In: STARFINGER, U., EDWARDS, K., KOWARIK, I. & WILLIAMSON, M. (eds.): Plant invasions: ecological mechanisms and human response. Backhuys Publishers, Leiden, pp. 195–208.

HIGGINS, S.I. & RICHARDSON, D.M. (1996): A review of models of alien plant spread. Ecological Modelling 87: 249–265.

HILBECK, A., BAUMGARTNER, M., FRIED, P. M. & BIGLER, F. (1998): Effects of transgenic *Bacillus thuringiensis* corn-fed prey on mortality and development time of immature *Chrysoperla carnea* (Neuroptera: Chrysopidae). Environmental Entomology 27 (2): 480–487.

HILBIG, W. (1971): Kalkschuttgesellschaften in Thüringen. Hercynia N. F. 8 (2): 85–95.

HILBIG, W. & BACHTHALER, G. (1992a): Wirtschaftsbedingte Veränderung der Segetalvegetation in Deutschland im Zeitraum von 1950–1990. 2. Zunahme herbizidverträglicher Arten, nitrophiler Arten, von Ungräsern, vermehrtes Auftreten von Rhizom- und Wurzelunkräutern, Auftreten und Ausbreitung von Neophyten, Förderung gefährdeter Ackerwildkrautarten, Integrierter Pflanzenbau. Angew. Bot. 66: 201–209.

HILBIG, W. & BACHTHALER, G. (1992b): Wirtschaftsbedingte Veränderung der Segetalvegetation in Deutschland im Zeitraum von 1950–1990. 1. Entwicklung der Aufnahmeverfahren, Verschwinden der Saatunkräuter, Rückgang von Kalkzeigern, Säurezeigern, Feuchtezeigern, Zwiebel- und Knollengeophyten, Abnahme der Artenzahlen. Angew. Bot. 66: 192–200.

HILT, M. & AMMER, U. (1994): Totholzbesiedelnde Käfer im Wirtschaftswald. Forstw. Centralblatt 113: 245–255.

HINDAR, K., RYMAN, N. & UTTER, F. (1991): Genetic effects of cultured fish on natural fish populations. Can. J. Fish. Aquat. Sci. 48: 945–957.

HOBBS, R.K. & HUENNEKE, L.F. (1992): Disturbance, diversity and invasion: implications for conservation. Cons. Biol. 6: 324–337.

HOBHOUSE, P. (1999): Illustrierte Geschichte der Gartenpflanzen. Vom alten Ägypten bis heute. Scherz München, 334 S.

HOCHHARDT, W. (1996): Vegetationskundliche und faunistische Untersuchungen in den Niederwäldern des Mittleren Schwarzwaldes unter Berücksichtigung ihrer Bedeutung für den Arten- und Biotopschutz. SchrR. Inst. f. Landespfl. Univ. Freiburg. 21, 252 S.

HÖCHTL, F. & KONOLD, W. (1998): Dynamik in Weinberg-Ökosystemen. Nutzungsbedingte raum-zeitliche Veränderungen im unteren Jagsttal. Naturschutz u. Landschaftsplanung 30 (8/9): 249–253.

HODKINSON, D.J. & THOMPSON, K. (1997): Plant dispersal: the role of man. Journal of Applied Ecology 34: 1484–1496.

HOFFMANN, G. (1961): Die Stickstoffbindung der Robinie (*Robinia pseudoacacia* L.). Arch. f. Forstwesen 10: 627–631.

HOFFMANN, G.M., NIENHAUS, F., POEHLING, H.M., SCHÖNBECK, F., WELTZIEN, H.C. & WILBERT, H. (1994): Lehrbuch der Phytomedizin. 3. Aufl., Blackwell Wissenschafts-Verlag, Berlin, 542 S.

HOFFMANN, H.J. (1997): Die Platanengitterwanze *Corythucha ciliata* (SAY) weiter auf dem Vormarsch (Heteroptera: Tingidae). Entomol. Z. 107: 122–126.

HOFFMANN, J. (1994): Spontan wachsende C_4-Pflanzen in Deutschland und Schweden – eine Übersicht unter Berücksichtigung möglicher Klimaänderungen. Angew. Bot. 68: 65–70.

HOFMANN, G., HEINSDORF, D. & KRAUSS, H.-H. (1990): Zur landschaftsökologischen Wirkung von Stickstoff-Emissionen aus Tierproduktionsanlagen, insbesondere auf Waldbestände. Tierzucht 44 (11): 500–504.

HOFMANN, H. (1993): Zur Verbreitung und Ökologie der Wildbirne (*Pyrus communis* L.) in Süd-Niedersachsen und Nordhessen sowie ihrer Abgrenzung von verwilderten Kulturbirnen (*Pyrus domestica* Med.). Mitt. Dt. Dendr. Ges. 81: 27–69.

HOFMEISTER, H. & GARVE, E. (1998): Lebensraum Acker. 2. Aufl., Parey, Berlin, 322 S.

HOHMANN, U. & BARTUSSEK, I. (2001): Der Waschbär. Verlagshaus Reutlingen, Oertel & Spörer, Reutlingen, 220 S.

HOLM, L. G., D. L. PLUCKNETT, J. V. PANCHO, & HERBERGER, J. P. (1977): The world's worst weeds: Distribution and biology. The University Press of Hawaii, Honolulu.

HOLT, A. (1996): An alliance of biodiversity, agriculture, health, and business interests for improved alien species management in Hawaii. In: SANDLUND, O.T., SCHEI, P.J. & VIKEN, A. (eds.): Proceedings of the Norway / UN Conference on alien species. Trondheim, pp. 155–160.

HOLZSCHUH, C. (1995): Forstschädlinge, die in den letzten fünfzig Jahren in Österreich eingewandert sind oder eingeschleppt wurden. In: Land Oberösterreich, OÖ Landesmuseum (Hrsg.): Einwanderer. Neue Tierarten erobern Österreich, Stapfia 37: 129–141.

HÖSTER, H.R. (1991): Zur Situation der Straßenbäume in Hannover. Erfahrungen mit einem Baumkataster und Hinweise zu Baumschutzsatzungen. Natursch. u. Landschaftspl. 23 (2): 63–68.

HÖSTER, H.R. (1993): Baumpflege und Baumschutz. Grundlagen, Diagnosen, Methoden. Stuttgart Ulmer, 225 S.

HOTZ, A. (1990): Nachwachsende Rohstoffe in der Landschaft. Dt. Gartenbau 25: 1636–1638.

HOWE, H.F. & SMALLWOOD, J. (1982): Ecology of seed dispersal. Annual Review of Ecology and Systematics 13: 201–228.

HRUSKA, K. (1991): Human impact on the forest vegetation in the western part of the Pannonic Plain (Yugoslavia). Vegetatio 92: 161–166.

HUBER, W. (1992): Zur Ausbreitung von Blütenpflanzenarten an Sekundärstandorten der Nordschweiz. Bot. Helv. 102: 93–108.

HÜBSCHMANN, A.V. (1985): Moos- und Flechtenbewuchs. In: WOLF, G. (1985): Primäre Sukzession auf kiesig-sandigen Rohböden im Rheinischen Braunkohlenrevier. SchrR. Vegetationskde. 16: 73–77.

HÜGIN, G. (1962): Wesen und Wandlung der Landschaft am Oberrhein. Beitr. z. Landespflege 1: 185–250. Stuttgart.

HÜGIN, G. (1981): Die Auenwälder des südlichen Oberrheintals. Ihre Veränderung und Gefährdung durch den Rheinausbau. Landschaft u. Stadt 13 (2): 78–91.

HÜGIN, G. (1986): Die Verbreitung von *Amaranthus*-Arten in der südlichen und mittleren Oberrheinebene sowie einigen angrenzenden Gebieten. Phytocoenologia 14 (3): 289–379.

HÜGIN, G. (1991): Hausgärten zwischen Feldberg und Kaiserstuhl. Versuch einer Landschaftsgliederung mit Hilfe von Unkräutern, Zier- und Nutzpflanzen der Gärten in Schwarzwald, Vogesen, Baar und Oberrheintal. Beih. Veröff. Natursch. Landespfl. Bad.-Württ. 59: 1–176.

HÜGIN, G. (1992): Höhengrenzen von Ruderal- und Segetalpflanzen im Schwarzwald. Natur u. Landsch. 67 (10): 465–472.

HÜGIN, G. & HÜGIN, H. (1996): Neue Höhenrekorde für Ruderal- und Segetalpflanzen in den Alpen. Ber. Bayer. Bot. Ges. 66/67: 161–174.

Literaturverzeichnis

HÜGIN, G. & HÜGIN, H. (1997): Die Gattung *Chamaesyce* in Deutschland. Bestimmungsschlüssel, Wuchsorte, Fundortskarten und Fragen zur Einbürgerung. Ber. Bayer. Bot. Ges. 68: 103–121.

HÜGIN, G. & LOHMEYER, W. (1993): Bastardbildung und intraspezifische Sippengliederung bei *Echinops sphaerocephalus* (Asteraceae, Cardueae) in Mitteleuropa. Willdenowia 23: 83–89.

HÜGIN, G., MAZOMEIT, J. & WOLFF, P. (1995): *Geranium purpureum* – ein weit verbreiteter Neophyt auf Eisenbahnschotter in Südwestdeutschland. Flor. Rundbr. 29 (1): 37–41.

HUNTLEY J. C. (1990): *Robinia pseudoacacia* L. Black Locust. In: BURNS, R. M. & B. H. HONKALA (eds.): Silvics of North America, Agriculture Handbook 654, Vol. 2., Washington D.C., pp. 755–761.

HÜPPE, J. & POTT, R. (1993): Perspektiven der Genese moderner Agrarlandschaften unter Berücksichtigung vegetationskundlicher Aspekte. Z. f. Kulturtechnik u. Landentwicklung 34: 233–242.

HÜTTL, R.F. & SCHAAF, W. (1995): Nutrient supply of forest soils in relation to management and site history. Plant and Soil 168/169: 31–41.

HURKA, H. (2002): Evolutionary consequences of biological invasions. In: KOWARIK, I. & STARFINGER, U. (eds.): Biologische Invasionen: Herausforderung zum Handeln? Neobiota 1: 203-204.

HYLANDER, N. (1943): Die Grassameneinkömmlinge schwedischer Parke. Symp. Bot. Upsala 7 (1): 1–432.

HYLANDER, N. (1971): Prima loca plantarum Sueicae. Svensk Botanisk Tidskrift. 64, Suppl.: 1–332.

IIBC (International Institute of Biological Control) (1995): Annual Report 1995. Ascot, 106 p.

ILLIG, H. & Kläge, H.-C. (1994): Feldflorareservate und Ackerschonstreifen in Brandenburg. Aus Liebe zur Natur. Schr.R. (5): 181–186

ILLUECA, J. (1996): Speech for Trondheim meeting on invasive species. In: SANDLUND, O.T., SCHEI, P.J. & VIKEN, A. (eds.): Proceedings of the Norway / UN Conference on alien species. Trondheim, pp. 13–16.

IUCN. The world Conservation Union (2000): IUCN Guidelines for the prevention of biodiversity loss due to biological invasion (approved by the IUCN Council, February 2000).

JAESCH, B. (1992): Blütenstauden als Bienenweide. Gartenpraxis Heft 6: 54–57.

JÄGER, E.J. (1973): Zur Verbreitung und Lebensgeschichte der Wildtulpe (*Tulipa sylvestris* L.) und Bemerkungen zur Chorologie der Gattung *Tulipa* L. Hercynia N.F. 10: 429–448.

JÄGER, E.J. (1976): Areal und Ausbreitungsgeschichte des Neophyten *Telekia speciosa* (Schreb.) Baumg. Mitt. Florist. Kart. Halle 2: 40–44.

JÄGER, E.J. (1977): Veränderungen des Artenbestandes von Floren unter dem Einfluß des Menschen. Biol. Rundsch. 15: 287–300.

JÄGER, E.J. (1986): *Epilobium ciliatum* Raf. (*E. adenocaulon* Hausskn.) in Europa. Wiss. Z. Univ. Halle 5: 122–134.

JÄGER, E.J. (1988): Möglichkeiten der Prognose synanthroper Pflanzenausbreitungen. Flora 180: 101–131.

JÄGER, E.J. (1989): *Ornithogalum nutans* L. und *O. boucheanum* (Kunth) Aschers. Heimatareal, synanthrope Ausbreitung und Lebensgeschichte. Bot. Rundbr. Bez. Neubrandenburg 21: 13–18.

JÄGER, E.J. (1995): Klimabedingte Arealveränderungen von anthopochoren Pflanzen und Elementen der natürlichen Vegetation. Angew. Landschaftsökol. 4: 51–58.

JÄGER, E.J. (1995a): Die Gesamtareale von *Reynoutria japonica* Houtt. und *R. sachalinensis* (F. Schmidt) Nakai, ihre klimatische Interpretation und Daten zur Ausbreitungsgeschichte. Schr.R. Vegetationskd. (Sukopp-Festschrift) 27: 395–403.

JALAS, J. (1950): Zur Kausalanalyse der Verbreitung einiger nordischer Os- und Sandpflanzen. Ann. Bot. Soc. Zool.-Bot. Fenn. „Vannamo" 24, 365 S.

JALAS, J. (1955): Hemerobe und hemerochore Pflanzenarten. Ein terminologischer Reformversuch. Acta Soc. Fauna Flora Fenn. 72 (11): 1–15.

JALAS, J. (1961): Fälle von Introgression in der Flora Finnlands hervorgerufen durch die Tätigkeit des Menschen. Fennia 85: 58–81.

JANSSEN, A. & KLEIN, R. (1992): Robinienwälder im Stadtgebiet von Saarbrücken und ihre Bedeutung für die Avifauna. Naturschutzforum 5/6: 177–200.

JANSSEN, A. (1998): Artbestimmung von Schwarzpappeln (*Populus nigra* L.) mit Hilfe von Isoenzymmustern und Überprüfung der Methode an Altbäumen, Absaaten von kontrollierten Kreuzungen und freien Abblüten sowie Naturverjüngungen. In: WEISGERBER, H. & JANSSEN, A. (Hrsg.): Die Schwarzpappel. Probleme und Möglichkeiten bei der Erhaltung einer gefährdeten heimischen Baumart. Forschungsberichte der Hessischen Landesanstalt für Forsteinrichtung, Waldforschung und Waldökologie, Band 24: 32–42.

JANSSON, K. (1994): Främmande arter i marin miljö. Naturvardsverket/Solna, 78 p.

JANSSON, K. (1998): Ballast water transport in Swedish waters. Naturvardsverket/Stockholm, 4 p.

JAUCH, F. (1938): Fremdpflanzen auf den Karlsruher Güterbahnhöfen. Beitr. Naturkde. Forsch. Südwestdeutschland 3: 76–147.

JEHLIK, V. (1981): Beitrag zur synanthropen (besonders Adventiv-) Flora des Hamburger Hafens. Tuexenia 1: 81–98.

JEHLIK, V. (1989): Zweiter Beitrag zur synanthropen (besonders Adventiv-) Flora des Hamburger Hafens. Tuexenia 9: 253–266.

JEHLIK, J. & HEJNY, S. (1974): Main migration routes of adventitious plants in Czechoslovakia. Folia Geobot. Phytotax. 9: 241–248.

JENKINS, P. (1996): Free trade and exotic species introductions. In: SANDLUND, O.T., SCHEI, P.J. & VIKEN, A. (eds.): Proceedings of the Norway / UN Conference on alien species. Trondheim, pp. 145–147.

JENTSCH, H. (1986): Ein neues Vorkommen der Moschus-Gauklerblume *Mimulus moschatus* (Douglas ex Lindley) in der Niederlausitz. Naturschutzarb. Berlin Brandenburg 22 (2): 44–48.

JENTSCH, H. (1995): Über das Vorkommen des neophytischen Kaktusmooses (*Campylopus introflexus*) in der Niederlausitz. Biol. Stud. Luckau 24: 47–49.

JENTSCH, H., ILLIG, H., KLEMM, G., OTTO, H.W. & RAUSCHERT, S. (1982): Die Neophyten der Niederlausitz. Niederlausitzer Florist. Mitt. 10: 3–30.

JOCHIMSEN, M., HARTUNG, J. & FISCHER, I. (1995): Spontane und künstliche Begünung der Abraumhalden des Stein- und Braunkohlenbergbaus. Ber. Reinh.-Tüxen-Ges. (Hannover). 7: 69–88.

JOENJE, W., BAKKER, K. & VLIJM, L. (eds, 1987): The ecology of biological invasions. Proceedings of the Koninklijke Nederlandse Akademie van Wetenschappen, 90 (1): 1–80.

JOHNSTONE, I.M. (1986): Plant invasion windows: A time-based classification of invasion potential. Biological Review 61: 369–394.

JØRGENSEN, H. (1996): Control of alien species in Denmark, legislation and practical experience. In: SANDLUND, O.T., SCHEI, P.J. & VIKEN, A. (eds.): Proceedings of the Norway / UN Conference on alien species. Trondheim, pp. 136–140.

JORK, F. & WETTE, W. (1986): Gehölzverwendung in deutschen Landschaftsgärten des ausgehenden 18. Jahrhunderts. Mitt. Deutsch. Dendrol. Ges. 76: 105–148.

JUNGBLUTH, J.H. (1996): Einwanderer in der Molluskenfauna von Deutschland. I. Der chorologische Befund. In: GEBHARDT, H., R. KINZELBACH & S. SCHMIDT-FISCHER (Hrsg.): Gebietsfremde Tierarten. ecomed/ Landsberg, S. 105–125.

JÜRGENS, N. (2001): Biodiversity, the living resource: Challenges and research strategies. In: Contributions to Global Change Research. A Report by the German National Committee on Global Change Research, pp. 122–130, Bonn.

JURKO, A. (1963): Die Veränderungen der ursprünglichen Waldvegetation durch die Introduktion der Robinie (in tschechisch, dt. Zusammenfassung). Ceskoslovensá ochrana prirody 1: 56–75.

KAHL, L., SÄNGER, H. & URBAN, B. (1994): Bodenreinigung durch Pflanzen. Landschaftsarchitektur 5: 44–47.

KAISER, T. (1993): Bemerkenswerte Pflanzenvorkommen in alten Parkanlagen Celles. Floristische Notizen aus der Lüneburger Heide 1: 5–6.

KAISER, T. & PURPS, J. (1991): Der Anbau fremdländischer Baumarten aus der Sicht des Naturschutzes – diskutiert am Beispiel der Douglasie. Forst- u. Holzwirt 46 (11): 304–305.

KALHOFF, M. (2000): Das Feinwurzelsystem in einem Kiefern-Eichen-Mischbestand. Struktur, Dynamik und Interaktion. Diss. Bot. 332, 199 S.

KARRER, G. & KILIAN, W. (1990): Standorte und Waldgesellschaften im Leithagebirge. Mitt. Forstl. Bundesversuchsanst. Wien 165: 1–247.

KARSTE, G. (1997): Beobachtungen zur Populationsdynamik von *Pulsatilla alba* Rchb. auf der Brockenkuppe im Harz. Hercynia N.F. 30:273–283.

KASCH, K. & NICOLAI, V. (2002): *Phyllonorycter robiniella*. Ein nordamerikanischer Schmetterling neu in Berlin. In: KOWARIK, I. & STARFINGER, U. (eds.): Biologische Invasionen: Herausforderung zum Handeln? Neobiota 1: 193–202.

KASPEREK, G. (1999): Neophytie unter arealkundlichen und standortökologischen Aspekten, dargestellt an einer Fallstudie aus dem Flußgebiet der Eifel-Rur / Westdeutschland. Erdkunde 53: 330–348.

KEGEL, B. (1999): Die Ameise als Tramp. Amman, Zürich, 417 S.

KEHLENBECK, H. (1998a): Kosten und Nutzen der Auswirkungen neuer EG-Binnenmarktregelungen zur Pflanzengesundheit. Teil 1: Einführung und Kosten der Pflanzenbeschau. Nachrichtenblatt Deutscher Pflanzenschutzdienst 50 (8): 200–204.

KEHLENBECK, H. (1998b): Kosten und Nutzen der Auswirkungen von EG-Binnenmarktregelungen zur Pflanzengesundheit. Teil 2: Nutzen der Pflanzenbeschau und zusammenfassende Wertung. Nachrichtenblatt Deutscher Pflanzenschutzdienst 50 (9): 217–224.

KEHLENBECK, H., MOTTE, G. & UNGER, J.-G. (1997): Zur Analyse des Risikos und der Folgen einer Einschleppung von *Tilletia indica* (Syn. *Neovossia indica*) nach Deutschland. Nachrichtenblatt Deutscher Pflanzenschutzdienst 49 (4): 65–74.

KEHR, R. & BUTIN, H. (1996): Blattkrankheiten der Robinie. NachrBl. Dt. PflSchDienst. 48 (10): 197–200.

KEIL, P. (1999): Ökologie der gewässerbegleitenden Agriophyten *Angelica archangelica* ssp. *litoralis*, *Bidens frondosa* und *Rorippa austriaca* im Ruhrgebiet. Diss. Bot. 321, 186 S.

KEIL, P. & ALBERTERNST, B. (1995): *Reynoutria × bohemica* Chrtek & Chrtkova im westlichen Ruhrgebiet. Natur und Heimat 55 (3): 85–88.

KEIL, P. & LOOS, G.H. (2002): Dynamik der Ephemerophytenflora im Ruhrgebiet. Unerwünschter Ausbreitungspool oder Florenbereicherung? In: KOWARIK, I. & STARFINGER, U. (eds.): Biologische Invasionen: Herausforderung zum Handeln? Neobiota 1: 37–49.

KENNEDY, C.E.J. & SOUTHWOOD, T.R.E. (1984): The number of species of insects associated with british trees: a re-analysis. J. Animal. Ecol. 53: 455–478.

KERESZTESI, B. (1988): The black locust. Akademiai Kiado, Budapest.

KERNER, A. (1855): Die Flora der Bauerngärten in Deutschland. Ein Beitrag zur Geschichte des Gartenbaues. Verh. Zool.-Bot. Ver. Wien 5: 787–826.

KIENAST, D. (1981): Vom Gestaltungsdiktat zum Naturdiktat – oder: Gärten gegen Menschen? Landschaft u. Stadt 13 (3): 120–128.

KIERMEIER, P. (1988): Einen Garten ohne Exoten könnte man mit der Natur verwechseln. Das Gartenamt 37 (6): 369–375.

KINZELBACH, R. (1972): Einschleppung und Einwanderung von Wirbellosen in Mittel- und Oberrhein. Mainzer Naturwiss. Arch. 11: 109–150.

KINZELBACH, R. (1987): Die Tierwelt im Rhein nach dem November 1986. Natur und Landschaft 62 (12): 521–526.

KINZELBACH, R. (1995): Neozoans in European waters. Exemplifying the worldwide process of invasion and species mixing. Experientia 51: 526–538.

KINZELBACH, R. (1996): Die Neozoen. In: GEBHARDT, H., R. KINZELBACH & S. SCHMIDT-FISCHER (Hrsg.): Gebietsfremde Tierarten. ecomed/Landsberg, S. 3–14.

KISON, H.U. (1995): Einbeziehung von Nationalparken zur Erhaltung genetischer Ressourcen. SchrR. Genet. Ressourcen 1: 39–47.

KLAIBER, C. (1999): Massenvermehrung des Blattkäfers *Gonioctena quinquepunctata* an der Spätblühenden Traubenkirsche. Allgemeine Forstzeitschrift 54 (25): 1351–1352.

KLAUCK, E.J. (1986): Robinien-Gesellschaften im mittleren Saartal. Tuexenia 6: 325–334.

KLAUSNITZER, B. (1988): Zur Kenntnis der winterlichen Insektenvergesellschaftung unter Plantanenborke (Heteroptera, Coleoptera). Entomol. Nachr. Ber. 32 (3): 107–112.

KLAUSNITZER, B. (1993): Ökologie der Großstadtfauna. 2. Aufl., Fischer, Jena, 454 S.

KLAUSNITZER, B. (1995): Thermophile Insekten und Stadtpflanzen. SchrR. Vegetationskde. (Sukopp-Festschrift) 27: 133–140.

KLAUSNITZER, B. (1998): Vom Wert alter Bäume als Lebensraum für Tiere. In: KOWARIK, I., SCHMIDT, E. & SIGEL, B. (Hrsg.) 1998: Naturschutz und Denkmalpflege. Wege zu einem Dialog im Garten. vdf Hochschulverlag Zürich, S. 237–249.

KLEINSCHMIT, J. (1991): Prüfung von fremdländischen Baumarten für den forstlichen Anbau. Möglichkeiten und Probleme. In: Norddt. Naturschutzakad. (Hrsg.): Einsatz und unkontrollierte Ausbreitung fremdländischer Pflanzen. Florenverfälschung oder ökologisch bedenkenlos? NNA-Ber. 1: 48–55.

KLEINSCHMIT, J., BEGEMANN, F., HAMMER, K. (Hrsg.) (1995): Erhaltung pflanzengenetischer Ressourcen in der Land- und Forstwirtschaft. Schr.R. Genet. Ressourcen 1, 187 S.

KLEINSCHMIT, J. & WEISGERBER, H. (Hrsg., 1993): Ist die Ulme noch zu retten? Forschungsberichte d. Hess. Forstl. Vers. Anst., Hann. Münden, Band 16, 98 S.

KLEMM, G. (1975): Pflanzengeographischer Vergleich neuerer brandenburgischer Lokalfloren. Gleditschia 3: 35–52.

KLEMM, G. & RISTOW, M. (1995): Floristisch-vegetationskundliche Untersuchungen im NSG Wilhelmshagen-Woltersdorfer Dünenzug (Berlin-Köpenick). Verh. Bot. Ver. Berlin und Brandenburg 128 (2): 193–228.

KLIPFEL, S. & TSCHARNTKE, T. (1997): Die Besiedlung von Neophyten durch phytophage Insekten und ihre Gegenspieler. Mitt. Dtsch. Ges. Allg. Angw. Ent. 11: 735–738.

KLOTZ, S. & IL´MINSKICH, N. G. (1988): Uveličivaetsja li schodstvo flor gorodov v chode ich istoričeskogo razvitija? [Erhöht sich die Ähnlichkeit städtischer Floren im Verlauf ihrer historischen Entwicklung?] In: GORČAKOVSKIJ P.L., GRODZINSKIJ A.M., IL´MINSKICH N.G., MIRKIN, B.M., TUGANAEV, V.V. (eds): Tezisy vsesojuznogo soveščanija „Agrofitozenozy i ekologičeskie puti povyšenija ich stabil´nosti i produktivnosti". Iževsk, 134–138.

KLÖTZLI, F., WALTER, G.R., CARRARO, G. & GRUNDMANN, A. (1996): Anlaufender Biomwandel in Insubrien. Verh. Ges. Ökol. 26: 537–558.

KNAPP, H.D. & HACKER, E. (1984): Zur Einbürgerung von *Telekia speciosa* (Schreb.) Baumg. in Mecklenburg. Gleditschia 12 (1): 85–106.

KNOERZER, D. (1999): Zur Naturverjüngung der Douglasie im Schwarzwald. Inventur und Analyse von Umwelt- und Konkurrenzfaktoren sowie eine naturschutzfachliche Bewertung. Diss. Bot. 306, 283 S., Anhang.

KNOERZER, D., KÜHNEL, U., THEODOROPOULOS, K. & REIF, A. (1995): Zur Aus- und Verbreitung neophytischer Gehölze in Südwestdeutschland mit besonderer Berücksichtigung der Douglasie (*Pseudotsuga menziesii*)

In: BÖCKER, R., GEBHARDT, H., KONOLD, W. & SCHMIDT-FISCHER, S. (Hrsg.): Gebietsfremde Pflanzen. Auswirkungen auf einheimische Arten, Lebensgemeinschaften und Biotope, Kontrollmöglichkeiten und Management. ecomed, Landsberg, S. 67–82.

KNOERZER, D. & REIF, A. (2002): Fremdländische Baumarten in deutschen Wäldern. Fluch oder Segen? In: KOWARIK, I. & STARFINGER, U. (eds.): Biologische Invasionen: Herausforderung zum Handeln? Neobiota 1: 27–35.

KNOLL, H., KOWARIK, I. & LANGER, A. (1997): Natur-Park Südgelände. Garten und Landschaft, 107 (7): 14–17.

KNORR, B. & SOMMER, S. (1983): Zur natürlichen Verbreitung immergrüner, großblättriger Rhododendren im sächsischen Teil des Elbsandsteingebirges. Beitr. Gehölzkd., S. 32–39.

KÖCK, U. (1986): Verbreitung, Ausbreitungsgeschichte, Soziologie und Ökologie von *Corispermum leptopterum* (Aschers.) Iljin in der DDR. 1. Verbreitung und Ausbreitungsgeschichte. Gleditschia 14 (2): 305–325.

KÖCK, U. (1988): Verbreitung, Ausbreitungsgeschichte, Soziologie und Ökologie von *Corispermum leptopterum* (Aschers.) Iljin. in der DDR. 2. Soziologie, Syndynamik, Synökologie. Gleditschia 16: 33–48.

KOENIES, H. & GLAVAC, V. (1979): Über die Konkurrenzfähigkeit des Indischen Springkrautes (*Impatiens glandulifera* Royle) am Fuldaufer bei Kassel. Phillipia 4 (1): 47–59.

KOHLER, A. (1963): Zum pflanzengeographischen Verhalten der Robinie in Deutschland. Beitr. Naturk. Forsch. SW-Deutschl. 12 (1): 3–18.

KOHLER, A. (1964): Das Auftreten und die Bekämpfung der Robinie in Naturschutzgebieten. Veröff. d. Landesstelle f. Natursch. u. Landschaftspfl. Bad.- Württ. 32: 43–46.

KOHLER, A. (1968): Zum ökologischen und soziologischen Verhalten der Robinie (*Robinia pseudo-acacia* L.) in Deutschland. Ber. ISVV, S. 402–407.

KOHLER, A. (1995): Neophyten in Fließgewässern. Beispiele aus Süddeutschland und dem Elsaß. Schr.R. Vegetationskd. (Sukopp-Festschrift) 27: 405–412.

KOHLER, A. & SUKOPP, H. (1964a): Über die Gehölzentwicklung auf Berliner Trümmerstandorten. Ber. Dt. Bot. Ges. 76 (10): 389–406.

KOHLER, A. & SUKOPP, H. (1964b): Über die soziologische Struktur einiger Robinienbestände im Stadtgebiet von Berlin. S.Ber. Ges. Naturf. Freunde N.F. 4 (2): 74–88.

KÖNIG, D. (1948): *Spartina townsendii* an der Westküste von Schleswig-Holstein. Planta 36: 34–70.

KÖNIG, P. (1995): *Senecio inaequidens* – nun auch in Berlin. Verh. Bot. Ver. Berlin und Brandenburg 128 (2):159–164.

KONINGEN, H. & LEOPOLD, R. (1995): Heemparks Amstelveen. Garten und Landschaft, Heft 5: 14–17.

KOPECKÝ, K. (1967): Die flußbegleitende Neophtengesellschaft Impatienti-Solidaginetum in Mittelmähren. Preslia 39: 151–166.

KOPECKÝ, K. (1971): Der Begriff der Linienmigration der Pflanzen und seine Analyse am Beispiel des Baches Studeny und der Straße in seinem Tal. Folia Geobot. Phytotax. 6: 303–320.

KOPECKÝ, K. (1974): Die anthropogene nitrophile Saumvegetation des Gebirges Orlicke hory (Adlergebirge) und seines Vorlandes. Acad. Praha 84 (1): 173 S.

KOPECKÝ, K. (1985a): Die Gesellschaften der Convuletalia sepium und des Convolvulion sepium in der Tschechoslowakei. Preslia 57: 235–246.

KOPECKÝ, K. (1988): Einfluß der Straßen auf die Synanthropisierung der Flora und Vegetation nach Beobachtungen in der Tschechoslowakei. Folia Geobot. Phytotax. 23: 1–172.

KOPECKÝ, K. (1990): Changes of vegetation and pollen respiratory tract allergies on Prague sample. In: SUKOPP, H., HEJNI, S. & KOWARIK, I. (eds.): Urban Ecology. SPB Academic Publishing, The Hague, pp. 267–271.

KOPECKÝ, K. & LHOTSKA, M. (1990): Zur Ausbreitung der Art *Atriplex sagittata*. Preslia 62: 337–349.

KOPERSKI, M. (1986): Bryologisch Interessante Sekundärstandorte in Bremen. I-III. Göttinger Florist. Rundbr. 20 (2): 140–154.

KÖRBER-GROHNE, U. (1990): Gramineen und Grünlandvegetation vom Neolithikum bis zum Mittelalter in Mitteleuropa. In: GRAU, J., HIEPKO, P. & LEINS, P. (Hrsg.): Bibliotheca Botanica. Original-Abhandlungen aus dem Gesamtgebiet der Botanik. E. Schweizerbart'sche Verlagsbuchhandlung, Stuttgart, 105 S.

KORDGES, T. (1990): Faunenverfälschung im Ballungsraum, dargestellt am Beispiel nordamerikanischer Rotwangen-Schmuckschildkröten (*Chrysemys scripta elegans*). NZ NRW Seminarber. 9: 36–41.

KORELL, U. (1953): Die Anbauwürdigkeit der Schwarzkiefer im Gebiete der Deutschen Demokratischen Republik. In: Gehölzkunde und Landeskultur, Urania, Jena, S. 192–199.

KORNAS, J. (1988): Speirochore Ackerwildkräuter: Von ökologischer Spezialisierung zum Aussterben. Flora 180: 83–91.

KORNAS, J. (1996): Five centuries of exchange of synanthropic flora between the Old and the New World. (Piec wiekow wymiany flor synantropijnych miedzy starym i nowym swiatem). Wiadomosci Botaniczne 40 (1): 11–19.

KORNAS, J. & MEDWECKA-KORNAS, A. (1967): The status of introduced plants in the natural vegetation of Poland. IUCN Publ. N.S. 9: 38–45.

KORNBERG, H. & WILLIAMSON, M.H. (eds, 1987): Quantitative Aspects of the Ecology of Biological Invasions. Royal Society, London.

KORNECK, D. & SCHNITTLER, M. (1994): *Glyceria striata* und *Scirpus atrovirens* im Rheinland. Florist. Rundbr. 28 (1): 29–36.

KORNECK, D., SCHNITTLER, M. & VOLLMER, I. (1996): Rote Liste der Farn- und Blütenpflanzen (Pteridophyta et Spermatophyta) Deutschlands. SchrR. Vegetationskde. 28: 21–187.

KORNECK, D. & SUKOPP, H. (1988): Rote Liste der in der Bundesrepublik Deutschland ausgestorbenen, verschollenen und gefährdeten Farn- und Blütenpflanzen und ihre Auswertung für den Arten- und Biotopschutz. SchrR. Vegetationskde. 19: 1–210.

KÖRNER, S. (2000): Das Heimische und das Fremde. Die Werte Vielfalt, Eigenart und Schönheit in der konservativen und in der liberal-progressiven Naturschutzauffassung. In: GROENEMEYER, R., SCHOPF, R. & WIESSMEIER, B. (Hrsg.): Fremde Nähe Beiträge zur interkulturellen Diskussion, Bd. 14. Münster, Hamburg, London, 115 S.

KORTE, E. & LELEK, A. (1996): Fisch-Neozoa. Welchen Einfluß haben sie auf unsere Gewässer? In: Umweltbundesamt (Hrsg.): Faunen- und Florenveränderung durch Gewässerausbau. Neozoen und Neophyten. UBA Texte 74/96: 94–103.

KOSMALE, S. (1981a): Die Wechselbeziehungen zwischen Gärten, Parkanlagen und der Flora der Umgebung im westlichen Erzgebirge. Hercynia N.F. 18 (4): 441–452.

KOSMALE, S. (1981b): Die Einwanderung von *Reynoutria japonica* Houtt. Bereicherung unserer Flora oder Anlaß zur Besorgnis? Flor. Mitteilungen d. Ges. f. Natur u. Heimat Bez. Dresden 3: 6–11.

KOSMALE, S. (1989): Die Haldenvegetation im Steinkohlenbergbaurevier Zwickau – ein Beispiel für das Verhalten von Pflanzen an Extremstandorten, Rekultivierung und Flächennutzung. Hercynia N.F. 26 (3): 253–274.

KOSMALE, S. (2000): Ausbreitungsgeschichte und Behandlung problematischer Neophyten am Beispiel Westsachsens. In: MAYR, C. & KIEFER, A. (Red.): Was macht der Halsbandsittich in der Thujahecke. Zur Problematik von Neophyten und Neozoen und ihrer Bedeutung für den Erhalt der biologischen Vielfalt. NABU-Naturschutzfachtagung. Bonn, S. 83–88.

KOSTER, A. (1991): Spoorwegen, toevluchtsoord voor plant en dier. Stichting Uitgeverij van de Koninklijke Nederlandse Natuurhistorische Vereniging, Utrecht.

KOWARIK, I. (1983a): Flora und Vegetation von Kinderspielplätzen in Berlin (West). Ein Beitrag zur Analyse städtischer Grünflächen. Verh. Berliner Bot. Ver. 2: 5–49.

KOWARIK, I. (1983b): Zur Einbürgerung und zum pflanzengeographischen Verhalten des Götterbaumes (*Ailanthus altissima* (Mill.) Swingle) im französischen Mittelmeergebiet (Bas-Languedoc). Phytocoenologia 11 (3): 389–405.

KOWARIK, I. (1986): Ökosystemorientierte Gehölzartenwahl für Grünflächen. Forderung nach Bevorzugung einheimischer Arten und Untersuchungsergebnisse zur Gehölzartenverteilung in Berliner Durchschnittsgrünflächen. Gartenamt 35 (9): 524–532.

KOWARIK, I. (1987): Kritische Anmerkungen zum theoretischen Konzept der potentiellen natürlichen Vegetation mit Anregungen zu einer zeitgemäßen Modifikation. Tuexenia 7: 53–67.

KOWARIK, I. (1988): Zum menschlichen Einfluß auf Flora und Vegetation. Theoretische Konzepte und ein Quantifizierungsansatz am Beispiel von Berlin (West). Landschaftsentwicklung und Umweltforschung 56, 280 S.

KOWARIK, I. (1989): Einheimisch oder nichteinheimisch? Einige Gedanken zur Gehölzverwendung zwischen Ökologie und Ökologismus. Garten u. Landsch. 99 (5): 15–18.

KOWARIK, I. (1990a): Ecological consequences of the introduction and dissemination of new plant species. An analogy with the release of genetically engineered organisms. In: LESKIEN, D. & SPANGENBERG, J. (eds.): European workshop on law and genetic engineering. BBU-Verlag, Bonn, pp. 67–71.

KOWARIK, I. (1990b): Zur Einführung und Ausbreitung der Robinie (*Robinia pseudoacacia* L.) in Brandenburg und zur Sukzession ruderaler Robinienbestände in Berlin. Verh. Berliner Bot. Ver. 8: 33–67.

KOWARIK, I. (1990c): Some responses of flora and vegetation to urbanization in Central Europe. In: SUKOPP, H., HEJNI, S. & KOWARIK, I. (eds.): Urban Ecology. SPB Academic Publ., The Hague, pp. 5–74.

KOWARIK, I. (1991a): Berücksichtigung anthropogener Standort- und Florenveränderungen bei der Aufstellung Roter Listen. In: AUHAGEN, A., PLATEN, R. & SUKOPP, H. (Hrsg.): Rote Listen der gefährdeten Pflanzen und Tiere in Berlin. Landschaftsentwicklung und Umweltforschung (Berlin) Sonderheft 6: 25–56.

KOWARIK, I. (1992a): Berücksichtigung von nichteinheimischen Pflanzenarten, von „Kulturflüchtlingen" sowie von Vorkommen auf Sekundärstandorten bei der Aufstellung „Roter Listen". SchrR. Vegetationskde. 23: 175–190.

KOWARIK, I. (1992b): Einführung und Ausbreitung nichteinheimischer Gehölzarten in Berlin und Brandenburg. Verh. Bot. Ver. Berlin Brandenburg, Beih. 3, 188 S.

KOWARIK, I. (1993a): Stadtbrachen als Niemandsländer, Naturschutzgebiete oder Gartenkunstwerke der Zukunft? Geobot. Kolloq. 9: 3–24.

Kowarik, I. (1993b): Vorkommen einheimischer und nichteinheimischer Gehölzarten auf städtischen Standorten in Berlin. In: Gandert, K.-D. (Hrsg.): Beiträge zur Gehölzkunde 1993, Rinteln, S. 93–104.

Kowarik, I. (1995a): Time-lags in biological invasions. In: Pyšek, P., Prach, K., Rejmánek, M. & Wade, M. (eds.): Plant invasions. General aspects and special problems., SPB Academic Publ., Amsterdam, pp. 15–38

Kowarik, I. (1995b): On the role of alien species in urban flora and vegetation. In: Pyšek, P., Prach, K., Rejmánek, M. & Wade, M. (eds.): Plant invasions. General aspects and special problems. SPB Academic Publ., Amsterdam, pp. 85–103.

Kowarik, I. (1995c): Wälder und Forsten auf usprünglichen und anthropogenen Standorten. Ber. Tüxen-Ges. 7: 47–67.

Kowarik, I. (1995d): Clonal growth in *Ailanthus altissima* on a natural site in West Virginia. J. Veg. Sci. 6: 853–856.

Kowarik, I. (1995e): Ausbreitung nichtheimischer Gehölzarten als Problem des Naturschutzes? In: Böcker, R., Gebhardt, H., Konold, W. & Schmidt-Fischer, S. (Hrsg.): Gebietsfremde Pflanzen. Auswirkungen auf einheimische Arten, Lebensgemeinschaften und Biotope, Kontrollmöglichkeiten und Management. ecomed, Landsberg, S. 33–56.

Kowarik, I. (1996a): Auswirkungen von Neophyten auf Ökosysteme und deren Bewertung. Texte des Umweltbundesamtes 58: 119–155.

Kowarik, I. (1996b): Primäre, sekundäre und tertiäre Wälder und Forsten. Mit einem Exkurs zu ruderalen Wäldern in Berlin. Landschaftsentwicklung und Umweltforschung 104: 1–22.

Kowarik, I. (1996c): Funktionen klonalen Wachstums von Bäumen bei der Brachflächen-Sukzesssion unter besonderer Beachtung von *Robinia pseudoacacia*. Verh. Ges. Ökol. 26: 173–181.

Kowarik, I. (1998): Historische Gärten und Parkanlagen als Gegenstand eines Denkmalorientierten Naturschutzes. In: Kowarik, I., Schmidt, E . & Sigel, B. (Hrsg.) 1998: Naturschutz und Denkmalpflege. Wege zu einem Dialog im Garten. vdf Hochschulverlag Zürich, S. 111–139, Zürich.

Kowarik, I. (1999a): Neophyten in Deutschland: quantitativer Überblick, Einführungs- und Verbreitungswege, ökologische Folgen und offene Fragen. In: Gebietsfremde Organismen in Deutschland. Ergebnisse des Arbeitsgespräches am 5. und 6. März 1998, Texte des Umweltbundesamtes 55/99: 17–43.

Kowarik, I. (1999b): Natürlichkeit, Naturnähe und Hemerobie als Bewertungskriterien. In: Konold, W., Böcker, R. & Hampicke, U. (Hrsg.): Handbuch für Naturschutz und Landschaftspflege. V-2.1, S. 1–18, Ecomed, Landsberg.

Kowarik, I. (im Druck): Human agency in biological invasions: secondary releases foster naturalisation and population expansion of alien plant species. Biological Invasions.

Kowarik, I. & Böcker, R. (1984): Zur Verbreitung, Vergesellschaftung und Einbürgerung des Götterbaumes (*Ailanthus altissima* (Mill.) Swingle) in Mitteleuropa. Tuexenia 4: 9–29.

Kowarik, I., Heink, U., Schmitz, G. & Starfinger, U. (2002): Evaluation of effects of non-native plant species on nature conservation. Conceptual framework of a research project. In: Kowarik, I. & Starfinger, U. (eds.): Biologische Invasionen: Herausforderung zum Handeln? Neobiota 1: 297–298.

Kowarik, I. & Langer, A. (1994): Vegetation einer Berliner Eisenbahnfläche (Schöneberger Südgelände) im vierten Jahrzehnt der Sukzession. Verh. Bot. Ver. Berlin Brandenburg 127: 5–43.

Kowarik, I. & Schepker, H. (1995): Zur Einführung, Ausbreitung und Einbürgerung nordamerikanischer *Vaccinium*-Sippen der Untergattung *Cyanococcus* in Niedersachsen. SchrR. Vegetationskde. (Sukopp-Festschrift) 27: 413–421.

Kowarik, I. & Schepker, H. (1997): Risiken der Ausbreitung neophytischer Pflanzenarten in Niedersachsen. Unveröff. Forschungsbericht, Inst. Landschaftspfl. und Natursch., Univ. Hannover, 174 S.

Kowarik, I. & Schepker, H. (1998): Plant invasions in northern Germany: human perception and response. In: Starfinger, U., Edwards, K., Kowarik, I. & Williamson, M. (eds.): Plant invasions: ecological mechanisms and human response. Backhuys Publishers, Leiden, pp. 109–120.

Kowarik, I., Schmidt, E. & Sigel, B. (Hrsg., 1998): Naturschutz und Denkmalpflege. Wege zu einem Dialog im Garten. vdf Hochschulverlag ETH, Zürich, 376 S.

Kowarik, I. & Starfinger, U. (Eds.), 2001: Biological Invasions in Germany. A Challenge to Act? Contributions and results of a conference in Berlin, October 4th–7th, 2000. BfN Scripten 32, Bonn, 104 pp.

Kowarik, I. & Starfinger, U. (Eds.), 2002: Biologische Invasionen: Herausforderung zum Handeln? Neobiota 1: 1–377.

Kowarik, I. & Sukopp, H. (1986): Ökologische Folgen der Einführung neuer Pflanzenarten. Gentechnologie 10: 111–135.

Kowarik, I. & Sukopp, H. (2000): Zur Bedeutung von Apophytie, Hemerochorie und An-

Literaturverzeichnis

ökophytie für die biologische Vielfalt. SchrR. f. Vegetationskde. 32: 167–182.

KRACH, E. & KOEPFF, B. (1980): Beobachtungen an Salzschwaden in Südfranken und Nordschwaben. Göttinger Florist. Rundbr. 13 (3): 61–75.

KRACH, J.E. & HEUSINGER, G. (1992): Anmerkungen zur Bestandsentwicklung und Bestandssituation der heimischen Amphibien. Sch.R. Bayer. Landesamt f. Umweltschutz 112: 19–64.

KRÄMER, A. (1936): Pflanzensoziologie und der Blut-und-Bodenverbundene Garten. Gartenkunst 49 (3): 40–43.

KRAMER, H. (1991): Pflastersteine und Zäune. Zur Natur in der Stadt und ihrem Umland. Natur und Museum 121 (6): 161–172.

KRAMER, H. (1995): Über den Götterbaum. Natur und Museum 125 (4): 101–121.

KRAUS, G. (1892): Über die Bevölkerung Europas mit fremden Pflanzen. Gartenflora 42: 142–175.

KRAUSCH, H.D. (1973): Felsenbirnen in den brandenburgischen Bezirken. Naturschutzarb. Berlin Brandenburg 9 (3): 77–80.

KRAUSCH, H.D. (1977): Das Wirken von Johann Gottlieb Gleditsch auf dem Gebiete der Landeskultur. Gleditschia 5: 5–35.

KRAUSCH, H.-D. (1988): Bemerkenswerte Bäume im Gubener Land (5). Die Robinie. Gubener Heimatkalender 32: 89–93.

KRAUSCH, H.D. (1990): Die Einführung der Zierpflanzen nach Mitteleuropa. In: Kulturbund e.V. Gesellschaft für Denkmalpflege (Hrsg.): Denkmalpflege. Beiträge zur Gartendenkmalpflege Blumenverwendung in historischen Gärten. S. 7–19 u. 111–112.

KRAUSCH, H.D. (1991): Zur Einbürgerungsgeschichte einiger Neophyten in Brandenburg. Gleditschia 19 (2): 297–308.

KRAUSCH, H.D. (1996): Der 'Catalogus Plantarum ... Trebnitzii 1737' als Quelle zur Einführungsgeschichte von Gartenpflanzen und Neophyten in Brandenburg. Verh. Bot. Ver. Berlin und Brandenburg 129: 5–23.

KRAUSE, A. (1972): Zur Holzartenwahl an öffentlichen Verkehrswegen in Nordrhein-Westfalen. Natur u. Landsch. 47: 81–82.

KRAUSE, A. (1989): Rasenansaaten und ihre Fortentwicklung an Autobahnen. Beobachtung zwischen 1970 und 1988. SchrR. Vegetationskde. 20, 125 S.

KRAUSE, A. (1990): Neophyten an der Ahr. Stand der Ausbreitung 1988. Tuexenia 10: 49–56.

KRAUSE, A. (1992): Bewuchs an Wasserläufen. AID 1087, 23 S.

KRAUSE, A. & LOHMEYER, W. (1980): Schränken Pflanzenschutzbestimmungen unser Wildstrauchsortiment ein? Zur Frage verfemter Holzarten. Natur u. Landsch. 55 (9): 335–336

KRAUSS, G. (1977): Über den Rückgang der Ruderalpflanzen, dargestellt an *Chenopodium bonus-henricus* L. im alten Landkreis Göttingen. Mitt. Florist.-Soz. Arbeitsgem. N.F. 19/20: 67–72.

KRAUSS, M., LOIDL, H., MACHATZI, B. & WALLACHER, J. (1990): Vom Kulturwald zum Naturwald. Landschaftspflegekonzept Grunewald. Veröffentlichungsreihe der Berliner Forsten, Band 1, 261 S.

KREH, W. (1935): Pflanzensoziologische Untersuchungen an Stuttgarter Auffüllplätzen. Jahresh. Ver. Vaterländ. Naturk. Württ. 91: 59–120.

KREH, W. (1952): Der Fliederspeer (*Buddleia variabilis*) als Jüngsteinwanderer unserer Flora. Aus der Heimat 60 (1).

KREH, W. (1957): Zur Begriffsbildung und Namensgebung in der Adventivfloristik. Mitt. Florist.-soz. Arbeitsgem. N.F. 6/7: 90–95.

KREH, W. (1960): Die Pflanzenwelt des Güterbahnhofs in ihrer Abhängigkeit von Technik und Verkehr. Mitt. Florist.-soz. Arbeitsgem. N.F. 8: 86–109.

KREISEL, H. (2000): Ephemere und eingebürgerte Pilze in Deutschland. In: MAYR, C. & KIEFER, A. (Red.): Was macht der Halsbandsittich in der Thujahecke. Zur Problematik von Neophyten und Neozoen und ihrer Bedeutung für den Erhalt der biologischen Vielfalt. NABU-Naturschutzfachtagung. Bonn, S. 73–76, Anhang.

KREISEL, H. & SCHOLLER, M. (1994): Chronology of Phytoparasitic Fungi Introduced to Germany and Adjacent Countries. Bot. Acta 107: 387–392.

KREMER, B.P., KUHBIER, H. & MICHAELIS, H. (1983): Die Ausbreitung des Brauntanges *Sargassum muticum* in der Nordsee. Eine Reise um die Welt. Natur und Museum 113 (5): 125–156.

KRETSCHMER, H., PFEFFER, H., HOFFMANN, J., SCHRÖDL, G. & FUX, I. (1995): Strukturelemente in Agrarlandschaften Ostdeutschlands. ZALF-Ber. 19.

KRETZ, M. (1995): Praktische Bekämpfungsversuche des Japanknöterichs (Reynoutria japonica) in der Ortenau. In: BÖCKER, R., GEBHARDT, H., KONOLD, W., SCHMIDT-FISCHER, S. (Hrsg.): Gebietsfremde Pflanzen. Auswirkungen auf einheimische Arten, Lebensgemeinschaften und Biotope, Kontrollmöglichkeiten und Management. ecomed, Landsberg, S. 151–160.

KRETZ, M. (Bearb., 1994): Kontrolle des Japan-Knöterichs an Fließgewässern. I. Erprobung ausgewählter Methoden. In: Landesanstalt für Umweltschutz Baden-Württemberg (Hrsg.): Handbuch Wasser 2, 59 S.

KRIENKE, E.G. & ZAMINER, A. (1973): Pflanzenvergiftungen auf Kinderspielplätzen. Öffentl. Gesundheitswesen 35 (8): 458–474.

KRISCH, H. (1987): Zur Ausbreitung und Soziologie von *Corispermum leptopterum* (Ascherson) Iljin an der südlichen Ostseeküste. Gleditschia 15: 25–40.

KRONENBERG, B. & KOWARIK, I. (1989): Naturverjüngung kultivierter Pflanzenarten in Gärten. Verh. Berliner Bot. Ver. 7: 3–30.

KROSIGK, K. VON (1985): Wiesen-, Rasen- und Blumenflächen in landschaftlichen Anlagen. In: HENNEBO, D. (Hrsg.): Die Gartendenkmalpflege. Ulmer, Stuttgart.

KROSIGK, K. VON (1998): Parkwiesen und Parkrasen als historische Denkmäler. In: KOWARIK, I., SCHMIDT, E., SIGEL, B. (Hrsg.): Naturschutz und Denkmalpflege. Wege zu einem Dialog im Garten. vdf Hochschulverlag ETH Zürich, S. 203–216.

KRUEL, W. (1952): Die tierischen Feinde der Robinie. In: GÖHRE, K. (Hrsg.): Die Robinie und ihr Holz. Deutscher Bauernverlag, Berlin, S. 287–326.

KRUEL, W. & TEUCHER, G. (1958): Die tierischen Feinde der Douglasie. In: GÖHRE, K. (Hrsg.): Die Douglasie und ihr Holz, S. 405–436. Akademie-Verlag, Berlin.

KRUGER, F.J., BREYTENBACH, G.J., MACDONALD, I.A.W. & RICHARDSON, D.M. (1989): The characteristics of invaded mediterranean-climate regions. In: DRAKE, J.A. et al. (eds.): Biological invasions: a global perspective. J. Wiley, Chichester, pp: 181–213.

KRUMBIEGEL, A. & KLOTZ, S. (1995): Bestimmungsschlüssel spontan oder synanthrop vorkommender Arten der Gattung *Echinops* in Mitteldeutschland. Florist. Rundbr. 29 (2): 109–112.

KUHBIER, H. (1996): 100 Jahre *Senecio inaequidens* in Bremen. Abh. Naturwiss. Ver. Bremen (FestSchrR. Cordes). 43 (2): 531–536.

KÜHN, B. (1996): Schadstoffe aus der Natur entfernen. Pflanzen und Bakterien helfen. Stadt und Grün Heft 7: 496–497.

KÜHN, N. (1999): Ökologie und Staudenverwendung. Stadt und Grün 48 (11): 819–824.

KÜHN, N. (2000): Spontane Pflanzen für urbane Freiräume. Garten und Landschaft 110 (4): 11–14.

KUMMER, V. & JENTSCH, H. (1997): *Elodea nuttallii* (Planch.) St. John nun auch in Brandenburg. Verh. Bot. Ver. Berlin und Brandenburg 130: 185–198.

KUNDEL, W. (1990): *Elodea nuttallii* (Planchon) St. John in Flußmarschgewässern bei Bremen. Tuexenia 10: 41–48.

KUNICK, W. (1970): Der Schmetterlingsstrauch (*Buddleia davidii* Franch.) in Berlin. Berliner Naturschutzbl. 14 (49): 407–410.

KUNICK, W. (1982): Zonierung des Stadtgebietes von Berlin (West). Ergebnisse floristischer Untersuchungen. Landschaftsentw. u. Umweltforsch. 14: 1–164.

KUNICK, W. (1985): Gehölzvegetation im Siedlungsbereich. Landschaft u. Stadt 17 (3): 120–133.

KUNICK, W. (1991): Ausmaß und Bedeutung der Verwilderung von Gartenpflanzen. NNA-Ber. 4 (1): 6–13.

KUNICK, W. & SUKOPP, H. (1975): Vegetationsentwicklung auf Mülldeponien Berlins. Berliner Naturschutzbl. 19 (56): 141–145.

KUNSTLER, P. (1999): The role of *Acer negundo* L. in the structure of floodplain forests in the middle course of the Vistula river. Proceedings 5th International Conference on the Ecology of Invasive Alien Plants, 13–16 October, La Maddalena, Italia, p.74.

KÜPPER, F., KÜPPER, H. & SPILLER, M. (1996): Eine aggressive Wasserpflanze aus Australien und Neuseeland: *Crassula helmsii* (Kirk) Cockayne (ein neuer Fund in Westfalen und eine Literaturübersicht). Florist. Rundbr. 30 (1): 24–29.

KÜRSCHNER, H. & RUNGE, S. (1997): Vegetationskundliche Untersuchungen ausgewählter Binnendünen- und Talsandstandorte im Dahme-Seengebiet (Brandenburg) und ihre Entwicklungspotentiale. Verh. Bot. Ver. Berlin und Brandenburg 130: 79–110.

KÜRSTEN, E. (1983): Luftbild-Folge-Inventuren und Baumkataster als Grundlagen für eine nachhaltige Sicherung innerstädtischer Vegetationsbestände dargestellt am Beispiel der Stadt Düsseldorf. Diss. Göttingen, 169 S., Anhang.

KÜSEL, H. (1968): Zur Einbürgerung des kleinen Liebesgrases (*Eragrostis poaeoides* PB.) in Nordwestdeutschland. Mitt. Florist.-soz. Arbeitsgem. N.F. 13: 10–13.

KÜSTER, F. (1987): Straßenbegleitende Ökosysteme. Rolle des Vegetationspotentials im Landschaftshaushalt sowie Möglichkeiten und Grenzen einer Sukzessionslenkung dieser Vegetationsflächen aus ökologischer Sicht. In: SCHUBERT, R. & HILBIG, W. (Hrsg.): Erfassung und Bewertung anthropogener Vegetationveränderungen. Teil 1. Kongress- und Tagungsbericht Martin-Luther-Universität Halle-Wittenberg, Wiss. Beitr. 4 (P 26): 218–226.

KÜSTER, H. (1985): Herkunft und Ausbreitungsgeschichte einiger Secalietea-Arten. Tuexenia 5: 89–98.

KÜSTER, H. (1994): Die Geschichte einiger Ackerunkräuter seit der Jungsteinzeit. Aus Liebe zur Natur. Schr.R. (5): 29–35.

KUTSCHKAU, H. (1982): Rückgang und Ausbreitung in der Gefäßpflanzenflora von Berlin (West) seit 1860. Unveröff. Diplom-Arbeit FU Berlin.

KUTZELNIGG, H. & SILBEREISEN, R. (1995): Unterfamilie *Maloidae*. In: HEGI, G.: Illustrierte Flora von Mitteleuropa (Hrsg. H. SCHOLZ). 2. Aufl., Blackwell Wissenschafts-Verlag Berlin, Wien: 250–445.

LACHENMAIER, K. (1996): Neubürger der Vogelwelt Baden-Württembergs – zur Situation jagdbarer Arten. In: GEBHARDT, H., R. KINZELBACH & S. SCHMIDT-FISCHER (Hrsg.): Gebietsfremde Tierarten. ecomed, Landsberg, S. 265–278.

Literaturverzeichnis

LAMAR ROBERT, G. & HABECK, D.H. (eds.) (1983): *Mimosa pigra* management. Proceedings of an international Symposium. IPPC doc. no. 48–A-83.

LAMPEL, G. (1978): *Impatientinum asiaticum* News., 1929, eine asiatische Blattlausart, neu im Botanischen Garten Freiburg/Schweiz. Bull. Soc. Frib. Sc. Nat. 67 (1): 69–72.

LANDECK, I. (1997): Bemerkenswerte Moosfunde aus bergbaulich beeinflußten Gebieten der westlichen und südwestlichen Niederlausitz. Verh. Bot. Ver. Berlin und Brandenburg 130: 247–258.

Landesjägerschaft Niedersachsen (1980): Richtlinien für die Anlage von Hegebüschen. Niedersächsischer Jäger 4.

LANDOLT, E. (1970): Mitteleuropäische Wiesenpflanzen als hybridogene Abkömmlinge von mittel- und südeuropäischen Gebirgssippen und submediterranen Sippen. Feddes Repert. 81: 61–66.

LANDOLT, E. (1991): Die Entstehung einer mitteleuropäischen Stadtflora am Beispiel der Stadt Zürich. Annali di Botanica 49: 109–147.

LANDOLT, E. (1992): Veränderungen der Flora der Stadt Zürich in den letzten 150 Jahren. Bauhinia 10: 149–164.

LANDOLT, E. & GROSSMANN, F. (1968): Zur vermutlich hybridogenen Entstehung von einigen Wiesenpflanzen des schweizerischen Mittellandes. Verh. Schweiz. Naturf. Ges. 148: 114–117.

LANG, W. (1970): Die Edelkastanien, ihre Verbreitung und ihre Beziehung zu den naturgegebenen Grundlagen. Mitt. Pollichia 17 (3): 81–124.

LANGE, W. (1927): Gartenpläne. Leipzig.

LANGER, A. (1995): Verbreitung und Vergesellschaftung von *Chenopodium botrys* L., *Corispermum leptopterum* (Aschers.) Iljin, *Atriplex nitens* Schkuhr und *Sisymbrium irio* L. auf Straßenstandorten in Berlin. SchrR. Vegetationskde. (Sukopp-Festschrift) 27: 153–159.

LAUTERBACH, K.-E. (1993): Der Wespenbaum. Ber. Naturwiss. Ver. Bielefeld u. Umgegend 34: 163–169.

LE MAITRE, D.C., WILGEN, B.W.V., CHAPMAN, R.A. & MCKELLY, D.H. (1996): Invasive plants and water ressources in the western Cape Province, South Africa: modelling the consequences of a lack of management. J. Appl. Ecol. 33: 161–172.

LEHMANN, E. (1895): Flora von Polnisch-Livland. 9. Die advenen Florenelemente (Synanthropen) und ihre Verbreitung durch den Menschen und seine Transportmittel (Schiffe und Eisenbahnen). Arch. f. Naturkde. Liv-, Est- u. Kurlands. Ser. Biol. 11: 100–119.

LELEK, A. (1996): Die allochthonen und die beheimateten Fischarten unserer großen Flüsse. Neozoen der Fischfauna. In: GEBHARDT, H., R. KINZELBACH & S. SCHMIDT-FISCHER (Hrsg.): Gebietsfremde Tierarten. ecomed/Landsberg, S. 197–215.

LENNÉ, P.J. (1824: Grundzüge zur Errichtung einer Landes-Baumschule bei Potsdam. Verhandlungen des Vereins zur Beförderung des Gartenbaues, S. 27–33.

LENZ J., ANDRES, H.G., GOLLASCH S. & DAMMER M. (2000): Einschleppung fremder Organismen in Nord- und Ostsee: Untersuchungen zum ökologischen Gefahrenpotenzial durch den Schiffsverkehr. UBA Texte 5/00, 273 S., Anhang.

LEVER, C. (1994): Naturalized Animals: The Ecology of Successfully Introduced Species. Poyser/London, 354 p.

LEVIN, D.A., FRANCISCO-ORTEGA, J. & JANZEN, R.K. (1996): Hybridization and the extinction of rare plant species. Conserv. Biol. 10: 10–16.

LEVINE, J.M. (2000): Species diversity and biological invasions: Relating local process to community pattern. Science 288 (5467): 852–854.

LEVINE, J.M. & D'Antonio, C.M. (1999): Elton revisited: a review of evidence linking diversity and invasibility. Oikos 87 (1): 15–26.

LHOTSKA, M. & KOPECKÝ, K. (1966): Zur Verbreitungsbiologie und Phytozönologie von *Impatiens glandulifera* ROYLE an den Flußsystemen der Svitava, Svratka und oberen Odra. Preslia 38: 376–385.

LHOTSKA, M. & SLAVIK, B. (1969): Zur Karpobiologie, Karpologie und Verbreitung der Art *Iva xanthiifolia* Nutt. in der Tschechoslowakei. Folia Geobot. Phytotax. 4: 415–434.

LIEBSTER, G. (1961): Die Kulturheidelbeere. Paul Parey, Berlin, Hamburg.

LIEBSTER, G. (1984): Das Baumschulwesen. In: FRANZ, G. (Hrsg.): Deutsche Agrargeschichte 6: 206–222.

LIESE, J. (1952): Krankheiten der Robinie. In: GÖHRE, W. (Hrsg.): Die Robinie und ihr Holz. Deutscher Bauernverlag, Berlin, S. 271–283.

LINKOLA, K. (1916/21): Studien über den Einfluß der Kultur auf die Flora in den Gegenden nördlich vom Ladogasee. Acta Soc. Fauna Flora Fenn. 45 (1/2).

LINSENMAIR, K.-E. (1998): Biodiversity research: General aspects and state of the art in Germany. In: EHLERS, E. & KRAFFT, T. (eds.): German Global Change Research 1998, National Committee on Global Change Research, Bonn, pp. 12–37.

LIPS, A., JABERG, C., FREY, C. & DUBOIS, D. (1999): Besiedlung nachwachsender Rohstoffe durch Flora & Fauna. Agrarforschung 6 (8): 305–308.

LISKA, J. & PISUT, I. (1997): On invasions in lichens (in Tschechisch). Zpravy Ces. Bot. Spolec., Praha, 32, Mater. 14: 21–32.

LITTERSKI, B. (1997): Zur Ausbreitung epiphy-

tischer Flechtenarten in Mecklenburg-Vorpommern. Tuexenia 17: 341–348.
LITTERSKI, B. & BERG, C. (2000): Naturräumliche Bindung und Einbürgerung von Neophyten in Mecklenburg-Vorpommern. In: MAYR, C. & KIFFER, A. (Red.): Was macht der Halsbandsittich in der Thujahecke. Zur Problematik von Neophyten und Neozoen und ihrer Bedeutung für den Erhalt der biologischen Vielfalt. NABU-Naturschutzfachtagung. Bonn, S. 55–64.
LOBIN, W. & ZIZKA, G. (1987): Einteilung der Flora (Phanerogamae) der Kapverdischen Inseln nach ihrer Einwanderungsgeschichte. Cour. Forsch.-Inst. Senckenberg 95: 127–153.
LODGE, D.M. (1993): Biological invasions: Lessons for ecology. Trends in Ecology and Evolution 8: 133–137.
LOEFFEL, K. & NENTWIG, W. (1997): Ökologische Beurteilung des Anbaus von Chinaschilf (*Miscanthus sinensis*) anhand faunistischer Untersuchungen. Verlag Agrarökologie Bern, Hannover, 133 S.
LÖFFLER, H. (1996): Neozoen in der Fischfauna Baden-Württembergs – ein Überblick. In: GEBHARDT, H., R. KINZELBACH & S. SCHMIDT-FISCHER (Hrsg.): Gebietsfremde Tierarten. ecomed/Landsberg, S. 217–226.
LOHMANN, M., SALAZAR DA COSTA, E. & LIETH, H. (1997): Wiederaufforstung von Tagebauflächen nach Bauxitabbau im Amazonasgebiet. In: BÖCKER, R. & KOHLER, A. (Hrsg.): Abbau von Bodenschätzen und Wiederherstellung der Landschaft. Heimbach, Ostfildern, S. 265–268.
LOHMEYER, W. (1969): Über einige bach- und flußbegleitende nitrophile Stauden und Staudengesellschaften in Westdeutschland und ihre Bedeutung für den Uferschutz. Natur u. Landsch. 44 (10): 271–273.
LOHMEYER, W. (1971): Über einige Neophyten als Bestandsglieder der bach- und flußbegleitenden nitrophilen Staudenfluren in Westdeutschland. Natur u. Landsch. 46 (6): 166–168.
LOHMEYER, W. (1972): Einwanderung von Neubürgern in die einheimische Flora und Probleme der Wiedereinbürgerung bodenständiger Gehölze. SchrR. Landschaftspfl. u. Natursch. 7: 87–89.
LOHMEYER, W. (1975a): Über flußbegleitende nitrophile Hochstaudenfluren am Mittel- und Niederrhein. Schr.Reihe Vegetationskde. 8: 79–98.
LOHMEYER, W. (1975b): Über Sproßkolonien auf Flugsand- und Kiesböden. Natur u. Landsch. 50 (2): 39–42.
LOHMEYER, W. (1976): Verwilderte Zier- und Nutzgehölze als Neuheimische (Agriophyten) unter besonderer Berücksichtigung ihrer Vorkommen am Mittelrhein. Natur u. Landsch. 51 (10): 275–283.
LOHMEYER, W. o. J. [1983]: Liste der schon vor 1900 in Bauerngärten beiderseits des Mittel- und südlichen Niederrheins kultivierten Pflanzen (mit drei Gartenplänen). SchrR. Aus Liebe zur Natur 3: 109–131.
LOHMEYER, W. & SUKOPP, H. (1992): Agriophyten in der Vegetation Mitteleuropas. SchrR. Vegetationskde. 25: 1–185.
LOHMEYER, W. & SUKOPP, H. (2001): Agriophyten in der Vegetation Mitteleuropas. Erster Nachtrag. Braunschweiger Geobotanische Arbeiten 8: 179–220.
LONSDALE W. M., LANE A. M., 1994: Tourist vehicles as vectors of weed seeds in Kakadu National Park, Northern Australia. Biological Conservation 69: 277–283.
LOOPE, L.L. & MUELLER-DUMBOIS, D. (1989): Characteristics of invaded islands, with special reference to Hawaii. In: DRAKE, J.A. et al. (eds.): Biological invasions: a global perspective. Publ. by John J. Wiley & Sons Ltd., Scope, pp. 257–280.
LOOS, G.H. (1991): Kritische Anmerkungen zur Florenliste von Nordrhein-Westfalen. Nr. 3. Zu sich selbständig vermehrenden Hybriden in der Gattung *Salix* L.. Florist. Rundbr. 25 (1): 10–13.
LOOS, G.H. (1992): Hybriden bei Wildbirnen und Wildäpfeln. Flor. Rundbr. 26: 45–47.
LOOS, G.H. (1997): Zur Taxonomie der Goldnesseln (*Lamium* L. subgenus *galeobdolon* (Adans.) Aschers.). Florist. Rundbr. 31 (1): 39–50.
LÖSCH, R., SCHMITZ, U. & COURS, F. (1995): *Cuscuta* am Niederrhein: Verbreitungsfähigkeit und Wasserpotentialgradienten zwischen Wirt und Parasit. Verh. Ges. Ökol. (24): 567–570.
LOTZ, A. (1998): Flora und Vegetation des Frankfurter Osthafens: Untersuchung mit Diskussion der verwendeten Analysekonzepte. Tuexenia 18: 417–450.
LOUSLEY, J.E. (1953): The recent influx of aliens into the british flora. In: LOUSLEY, J.E. (ed.): The changing flora of Britain. The botanical society of the british isles, Oxford, pp. 140–159.
LUDEMANN, T. (1992): Im Zweribach. Vom nacheiszeitlichen Urwald zum „Urwald von morgen". Die Vegetation einer Tallandschaft im Mittleren Schwarzwald und ihr Wandel im Lauf der Jahreszeiten und Jahrhunderte. Beih. Veröff. Natursch. Landschaftspfl. Bad.-Württ. 63, 268 S.
LUISELLI, L., M. CAPULA, D. CAPIZZI, E. FILIPPI, V. TRUJILLO JESUS & C. ANIBALDI (1997): Problems for Conservation of Pond Turtles (*Emys orbicularis*) in Central Italy: is the Introduced Red-Eared Turtle (*Trachemys scripta*) a Serious Threat? Chelonian Conservation and Biology 2 (3): 417–419.
LUMARET, R. (1990): Invasion of natural pastures by a cultivated grass (*Dactylis glomerata*

L.) in Galicia, Spain: process and consequence on plant-cattle interactions. In: DI CASTRI, F., HANSEN, A.J., DEBUSSCHE, M. (eds.): Biological invasions in Europe and the Mediterranean Basin. pp. 392–397.

LYR, H., HOFFMANN, G. & ENGEL, W. (1965): Über den Einfluß unterschiedlicher Beschattung auf die Stoffproduktion von Jungpflanzen einiger Waldbäume. 2. Mitt. Flora 155: 305–330.

LYR, H., FIEDLER, H.J. & TRANQUILLINI, W. (Hrsg., 1992): Physiologie und Ökologie der Gehölze. Gustav Fischer, Jena, 620 S.

MACDONALD, I.A.W. & JARMAN, M.L. (eds, 1985): Invasive alien plants in the terrestrial ecosystems of Natal, South Africa. South African Scientific Programmes Report. No. 118, CSIRO, Pretoria.

MACDONALD, I.A.W., KRUGER, F.J. & FERRAR, A.A. (1986): The ecology and management of biological invasions in southern Africa. Cape Town.

MACELJSKI, M. & BALARIN, I. (1974): Untersuchungen über einen neuen amerikanischen Schädling in Europa, die Platanen-Netzwanze *Corythucha ciliata* (Say). Anz. Schädlingskde. Pflanzen Umweltsch. 47: 170–172.

MACK, R.N. (1986): Alien plant invasions into the intermountain West. In: MOONEY, H.A. & DRAKE, J.A.: Ecology of biological invasions of North America and Hawaii. Ecol. Studies 58: 191–213.

MACK, R.N. (2000): Cultivation fosters plant naturalization by reducing environmental stochasticity. Biological Invasions 2: 111–122.

MACK, M.C. & D'ANTONIO, C.M. (1998): Impacts of biological invasions on disturbance regimes. Trends Ecol. Evol. 13 (5): 195–198.

MACK, R.N., SIMBERLOFF, D., LONSDALE, M., EVANS, H., CLOUT, M. & BAZZAZ, F. (2000): Biotic invasions: Causes, epidemiology, global consequences, and control. Ecological Applications 10 (3): 689–711.

MANDÁK B. & PYŠEK P. (1998): History of the spread and habitat preferences of *Atriplex sagittata* (Chenopodiaceae) in the Czech Republic. In: STARFINGER, U., EDWARDS, K., KOWARIK, I. & WILLIAMSON, M. (eds.): Plant invasions: ecological mechanisms and human response. Backhuys Publishers, Leiden, pp. 209–224.

MANG, F. (1985): Einige Bemerkungen zur „schädlichen Rose" *Rosa rugosa* in Schleswig-Holstein und Hamburg. Berichte Bot. Ver. Hamburg 7: 32–35.

MANG, F.W.C. (1990): Goldnessel-Probleme. Ber. Bot. Vereins Hamburg 11: 100, 102.

MANG, F., SAMU, S., VOSSEN, B. & WIEDEMANN, D. (1995): Neues und Altes zur Flora von Hamburg. Ber. Bot. Ver. Hamburg 15: 62–72.

MANTEL, K. (1990): Wald und Forst in der Geschichte. Schaper, Alfeld, Hannover, 518 S.

MARKSTEIN, B. (1981): Nutzungsgeschichte und Vegetationsbestand des Berliner Havelgebietes. Landschaftsentwicklung und Umweltforschung 6, 205 S.

MARQUES, R. & RANGER, J. (1997): Nutrient dynamics in a chronosequence of Douglas fir (*Pseudotsuga menziesii* (Mirb.) Franco) stands on the Beaujolais Mounts (France). Forest Ecology and Management 91: 225–277.

MARQUIS, D.A. (1975) : Seed storage and germination under northern hardwood forests. Can. J. For. Res. 5: 478–484.

MARQUIS, D.A. (1983): Regeneration of black cherry in the Alleghenies. 11th annual hardwood symposium, pp 106–119. Hardwood Research Council, Cashiers, NC.

MARQUIS, D.A. (1990) : *Prunus serotina* Ehrh. black cherry. In: BURNS, R. M. & B. H. HONKALA (eds.): Silvics of North America, Agriculture Handbook 654, Vol. 2., Washington D.C., pp. 594–604.

MARTIN, P.S. & KLEIN, R.G. (1984): Quaternary extinctions: a prehistoric revolution. University of Arizona Press, Tucson, AZ.

MARVAN, P., KERSNER, V. & KOMAREK, J. (1997): Invasive cyanophytes and algae (in Tschechisch). Zpravy Ces. Bot. Spolec., Praha, 32, Mater. 14: 13–19.

MARZELL, H. (1922): Unsere Heilpflanzen, ihre Geschichte und ihre Stellung in der Volkskunde. TH. Fischer, Freiburg.

MASING, V. (1995): Gefäßpflanzen als Gelegenheitsepiphyten in den Städten Estlands. SchrR. Vegetationskde. (Sukopp-Festschrift) 27: 169–173.

MATTHEIS, A. & OTTE, A. (1989): Die Vegetation der Bahnhöfe im Raum München-Mühldorf-Rosenheim. Ber. ANL 13: 77–143.

MATTHEIS, A. & OTTE, A. (1994): Ergebnise der Erfolgskontrollen zum „Ackerrandstreifenprogramm" im Regierungsbezirk Oberbayern 1985–1991. Aus Liebe zur Natur. Schr.R. (5): 56–71.

MATTHIES, H. (1925): Die Bedeutung der Eisenbahnen und der Schiffahrt für die Pflanzenverbreitung in Mecklenburg. Diss. Univ. Rostock. Arch. d.V.d.F.d.N.

MAURER, U. (2002): Pflanzenverwendung und Pflanzenbestand in den Wohnsiedlungen der 1920er und 1930er Jahre in Berlin. Ein Beitrag zur historischen Pflanzenverwendung. Diss. Bot. 353, 221 S.

MAYR, C. & KIEFER, A. (Red.) (2000): Was macht der Halsbandsittich in der Thujahecke. Zur Problematik von Neophyten und Neozoen und ihrer Bedeutung für den Erhalt der biologischen Vielfalt. NABU-Naturschutzfachtagung. Bonn, 97 S.

MAZOMEIT, J. (1991): *Senecio inaequidens* DC. Nun auch in Baden, im Saarland und in der Pfalz. Florist. Rundbr. 25 (1): 37–39.

MCDONNELL, M.J. & STILES, E.W. (1983) The

structure complexity of old field vegetation and the recruitment of bird-dispersed plant species. Oecologia 56: 109–116.
McNabb, H. (1971): A new look at dutch elm disease control. The Ames Forester 58: 14–18.
McNeely, J.A. (1996a): Costs and benefits of alien species. In: Sandlund, O.T., Schei, P.J. & Viken, A. (eds.): Proceedings of the Norway / UN Conference on alien species. Trondheim, pp. 176–181.
McNeely, J.A. (1996b): The great reshuffling: how alien species help feed the global economy. In: Sandlund, O.T., Schei, P.J. & Viken, A. (eds.): Proceedings of the Norway / UN Conference on alien species. Trondheim, pp. 53–59.
Meduna, E., Schneller, J.J. & Holderegger, R. (1999): *Prunus laurocerasus* L., eine sich ausbreitende nichteinheimische Gehölzart: Untersuchungen zu Ausbreitung und Vorkommen in der Nordostschweiz. Z. Ökologie u. Naturschutz 8 (3): 147–155.
Meersschaut, D.V.D. & Lust, N. (1997): Comparison of mechanical, biological and chemical methods for controlling Black cherry (*Prunus serotina*) in Flanders (Belgium). Silva Gandavensis 62: 90–109.
Meinesz, A. (1999): Killer Algae. Translated by Daniel Simberloff, 360 p. University of Chicago Press.
Melzer, H. & Barta, T. (1994): Neues zur Flora von Wien, Niederösterreich und dem Burgenland. Verh. Zool.-Bot. Ges. Österreich 131: 107–118.
Melzer, H. (1991): *Typha laxmannii* Lepechin, Laxmanns Rohrkolben. Neu für Österreich. Linzer Biol. Beitr. 23 (2): 649–652.
Melzer, H. (1991b): *Senecio inaequidens* Dc., das Schmalblättrige Greiskraut, neu für die Flora von Steiermark und Oberösterreich. Linzer Biol. Beitr. 23 (1): 365–369.
Melzer, H. (1992): Neues zur Flora von Steiermark, XXXIII. Mitt. Naturwiss. Ver. Steiermark 122: 123–133.
Melzer, H. (1993): Über *Amaranthus bouchonii* Aellen, Bouchons Fuchsschwanz, *Agrostis castellane* Boissier & Reuter, das Kastilische Straußgras, und andere bemerkenswerte Blütenpflanzen Kärntens. Carinthia II 183/193: 715–722.
Melzer, H. (1995): *Geranium purpureum* L., der Purpur-Storchschnabel – neu für Kärnten und weiteres Neues zur Flora dieses Bundeslandes. Carinthia II 185/105: 585–598.
Mende, A., Mosch, J. & Zeller, W. (1994): On the induced resistance of plant extracts to fire blight (*Erwinia amylovora*). Zeitschrift für Pflanzenkrankheiten und Pflanzenschutz 101 (2): 141–147.
Merkel, J., Walter, E. & Rebhahn, H. (1991): Naturschutz in Oberfranken. Zur Problematik der Einbürgerung von Pflanzen und Tieren. Heimatbeil. Amtl. Schulanz. RegBez. Oberfranken 178, 64 S.
Meusel, H. (1943): Vergleichende Arealkunde. Berlin.
Meyer, A.H. & Schmid, B. (1991): Der Beitrag der Populationsbiologie zum Verständnis biologischer Invasionen. Verh. Ges. Ökol. 21: 285–294.
Meyer, F.H., Blauermel, G., Hennebo, D., Koch, W., Miess, M. & Ruge, U. (1978): Bäume in der Stadt. Ulmer, Stuttgart, 327 S.
Meyer, G. (1981): Wirkungen von Ozon und Cadmium auf den Wasserhaushalt von *Solidago canadensis* L. (Kanadische Goldrute). Verh. Ges. f. Ökologie 9: 283–288.
Meyer, N. & Voigtländer, U. (1996): Zur Verbreitung und Soziologie des Rankenden Lerchensporns (*Corydalis claviculata* (L.) Lam. et DC.) in Mecklenburg-Vorpommern. Botan. Rundbr. Mecklenburg-Vorpommern 29: 69–72.
Meyer, U., Meinesz, A. & Vaugelas, A. de (1998): Invasion of the accidentally introduced tropical alga *Caulerpa taxifolia* in the Mediterranean Sea. In: Starfinger, U., Edwards, K., Kowarik, I. & Williamson, M. (eds.): Plant invasions: ecological mechanisms and human response. Backhuys Publishers, Leiden, pp. 225–234.
Michels, H. (1997): Zur Verbreitung und Bestandsentwicklung des Halsbandsittichs (*Psittacula krameri*) in Düsseldorf. Jber. naturwiss. Ver. Wuppertal 50: 129–132.
Milberg, P. (1991): Bildäck som fröspridare. Fauna och flora 86: 266–270.
Militarz, M. (1968): Oberlausitzer Neophyten als einstige Weinbaubegleiter. Abh. Ber. Naturkundemuseum Görlitz 43 (6): 9–16.
Minchin, D. (1996): Management of the introduction and transfer of marine molluscs. Aquatic Cons. Marine and Freshwater Ecosystems 6: 229–244.
Miyawaki, A. & Fujiwara, K. (1988): Restoration of natural environment by creation of environmental protection forests in urban areas. Growth and development of environmental protection forests on the Yokohama National University Campus. Bull. Inst. Environ. Sci. Technol. 15 (1): 95–102.
Moffat, A.S. (1996): Moving forest trees into the modern genetic area. Science 271: 760–761.
Molder, F. (1990): Ökotypenanalyse an Wildkräutern in Hinsicht auf extensive Gras-Kräuter-Ansaaten. Z. Vegetationst. 13: 68–74.
Molder, F. (1995): Vergleichende Untersuchungen mit Verfahren der oberbodenlosen Begrünung unter besonderer Berücksichtigung areal- und standortbezogener Ökotypen. Boden und Landschaft, Band 5. 242 S.
Molder, F. (2002): Gefährdung der Biodiversität durch Begrünungen mit handelsüb-

Literaturverzeichnis

lichem Saat- und Pflanzgut und mögliche Gegenmaßnahmen. In: KOWARIK, I. & STARFINGER, U. (eds.): Biologische Invasionen: Herausforderung zum Handeln? Neobiota 1:199–308.

MOLDER, F. & SKIRDE, W. (1993): Entwicklung und Bestandsdynamik artenreicher Ansaaten. Natur u. Landsch. 68 (4): 173–180.

MOLL, W. (1990): *Pentaglottis sempervirens*, die Spanische Ochsenzunge, seit 180 Jahren im Schloßpark Dyck. Rh. Heimatpfl. 4: 274–277.

MÖLLER, G. (1991): Schutz- und Entwicklungskonzepte für holzbewohnende Insekten in den Berliner Forsten am Beispiel des Spandauer Stadtparkes. Berliner Naturschutzbl. 35 (4): 143–158.

MOLNAR, Z. (1998): Interpreteing present vegetation features by landscape historical data: an example from a woodland-grasland-moasik landscape (Nagykörös wood, Kiskunság, Hungary). In: KIRBY, K.J. & WATKINS, C. (eds.): The ecological history of european forests, pp. 241–263, CAB International, Cambridge.

MOOIJ, J.H. (1998): Die Nilgans – ein etablierter Neubürger in Westeuropa. Der Falke 45 (11): 338–343.

MOONEY, H.A. (1996): Biological invasions and global change. In: SANDLUND, O.T., SCHEI, P.J. & VIKEN, A. (eds.): Proceedings of the Norway / UN Conference on alien species. Trondheim, pp. 123–126.

MOONEY, H.A. & DRAKE, J.A. (eds.) (1986): Ecology of biological invasions of North America and Hawaii. Ecol. Studies 58: 1–321.

MOOR, M. (1958): Pflanzengesellschaften schweizerischer Flußauen. Mitt. Schweiz. Anst. Forstl. Versuchswesen 34: 221–360.

MOORE, D.M. (1983): Human impact on island vegetation. In: HOLZNER, W., WERGER, M.J.A. & IKUSIMA, I. (eds.): Man's impact on vegetation. Geobotany 5: 237–246.

MÖRMANN, P. (1969): Erfahrungen mit der österreichischen Schwarzkiefer (*Pinus nigra* var. *austriaca*) im Bereich der nordbadischen Muschelkalkplatte. Schriftenreihe der Landesforstverwaltung Baden-Württemberg 29, 119 S.

MOSBAUER, H. (1982): Die Staudenverwendung in deutschen Gärten des 19. und frühen 20. Jahrhunderts. In: Deutsche Gesellschaft für Gartenkunst und Landespflege, Landesgruppe Baden-Württemberg (Hrsg.): Pflanzenverwendung in historischen Anlagen. Referate des Fachseminars vom 7. und 8.10. 1992, S. 234–251.

MÜHLEN, W., RIEDEL, V., BAAL, T. & SURHOLT, B. (1994): Insektensterben unter blühenden Linden. Natur u. Landsch. 69 (3): 95–100.

MÜLLER, J. & STOLLENMEIER, S. (1994): Auswirkungen des Douglasienanbaus auf die Vogelwelt. Allgemeine Forstzeitschrift 49 (5): 237–239.

MÜLLER, N. (1987): *Ailanthus altissima* (Miller) Swingle und *Buddleja davidii* Franchet – zwei adventive Gehölze in Augsburg. Bayer. Bot. Ges. 58: 105–107.

MÜLLER, N. (1988): Über südbayerische Grassamenankömmlinge, insbesondere *Leontodon saxatilis* Lam. Ber. Bayer. Bot. Ges. 59: 165–171.

MÜLLER, N. (1989): Zur Umwandlung von Parkrasen in Wiesen. Teil 3: Gezielte Artenanreicherung durch Einsaaten. Gartenamt 38: 375–379.

MÜLLER, N. (1995): Zum Einfluß des Menschen auf Flora und Vegetation von Flußauen. SchrR. Vegetationskde. (Sukopp-Festschrift) 27: 289–297.

MÜLLER, N. & SUKOPP, H. (1993): Synanthrope Ausbreitung und Vergesellschaftung des Fadenförmigen Ehrenpreises – *Veronica filiformis* Smith. Tuexenia 13: 399–414.

MÜLLER, T. & WENDEBOURG, T. (1996): Ausbreitung der Spätblühenden Traubenkirsche (*Prunus serotina* Ehrh.) in nordwestdeutschen Kiefernforsten und ihre Folgen. Unveröff. Diplomarbeit, Universität Hannover, Inst. f. Landschaftspflege und Naturschutz.

MÜLLER, T. (1982): Weißdorne und Rosen auf der Münsinger Alp. In: Stadt Münsingen (Hrsg.): Münsingen. Geschichte, Landschaft, Kultur. Münsingen, S. 639–658.

MÜLLER-BOGE, M. (1996): Die Neozoen im aktuellen Recht. Aussetzung und Einfuhr. In: GEBHARDT, H., R. KINZELBACH & S. SCHMIDT-FISCHER (Hrsg.): Gebietsfremde Tierarten. ecomed/Landsberg, S. 15–23.

MÜLLER-MOTZFELD, G. (2000): Neue Käfer in Mitteleuropa. Folgen nacheiszeitlicher Besiedlung oder „fünfte Kolonne" der Urbanisierung? In: MAYR, C. & KIEFER, A. (Red.): Was macht der Halsbandsittich in der Thujahecke. Zur Problematik von Neophyten und Neozoen und ihrer Bedeutung für den Erhalt der biologischen Vielfalt. NABU-Naturschutzfachtagung. Bonn, S. 13–22, Anhang.

MÜLLER-SCHNEIDER, P. (1986): Verbreitungsbiologie der Blütenpflanzen Graubündens. Veröff. Geobot. Instituts ETH 85, 263 S.

MULVANEY, M.J. (1991): Far from the garden path: an identikit picture of woody ornamental plants invading South-eastern Australian bushland. Ph.D. dissertation, Australian National University, Canberra, Australia.

MÜNCH, D. (1989): Untersuchungen zur Stickstoffernährung von *Elodea canadensis* Michx. und anderen Süßwasser-Hydrocharietaceae. Diss. TU München.

MUSGRAVE, T., GARDNER, C. & MUSGRAVE, W. (1999): Pflanzensammler und -entdecker. 200 Jahre abenteuerliche Expeditionen. Christian Verlag, München.

MUYS, B., MADDELEIN, D. & LUST, N. (1992): Ecology, practice and policy of black cherry

(*Prunus serotina* Ehrh.) management in Belgium. Silva Gandavensis 57: 28–45.

MYERS, K. (1986): Introduced vertebrates in Australia, with emphasis on the mammals. In: GROVES, R.H. & BURDON, J.J. (eds.): Ecology of biologivcal invasions: an australian perspective. pp: 120–135.

MYERS, N., MITTERMEIER, R.A., DA FONSECA, G.A.B. & KENT, J. (2000): Biodiversity hotspots for conservation priorities. Nature 403: 853–858.

NABER, H. & ROTTEVEEL, A.J.W. (1986): Legal measures concerning *Cyperus esculentus* L. in the Netherlands. Med. Fac. Landbouww. Rijksuniv. Gent 51 (2a): 355–357.

NAEEM, S., KNOPS, J.M.H., TILMAN, D, HOWE, KM, KENNEDY, T., & GALE, S. (2000): Plant diversity increases resistance to invasion in the absence of covarying extrinsic factors. Oikos 91 (1): 97–108.

NATH, M. (1990): Historische Pflanzenverwendung in Landschaftsgärten. Auswertung für den Artenschutz. Wernersche Verlagsgesellschaft, Worms, 236 S.

NATH-ESSER, M. (1993): Zur Verbreitung des Sonderbaren Lauchs (*Allium paradoxum*) auf der Pfaueninsel. Mitt. Pücklerges. 9: 79–96.

NATZKE, E. (1998): Erfassung, Identifizierung, Vermehrung und Wiederansiedlung der Schwarzpappel (*Populus nigra*) in Sachsen-Anhalt. In: WEISGERBER, H. & JANSSEN, A. (Hrsg.): Die Schwarzpappel. Probleme und Möglichkeiten bei der Erhaltung einer gefährdeten heimischen Baumart. Forschungsberichte der Hessischen Landesanstalt für Forsteinrichtung, Waldforschung und Waldökologie, Band 24: 99–111.

NAUMANN, W.D. (1993): Overview of the *Vaccinium* industry in western Europe. Acta Horticulturae 346: 53–55.

NAYLOR, R. (1996): Invasions in agriculture. Assessing the cost of the Golden Apple Snail in Asia. Ambio 25 (7): 443–446.

NEFF, C. (1998): Neophyten in Mannheim. Beobachtungen zu vegetationsdynamischen Prozessen in einer Stadtlandschaft. Beiträge zur Landeskunde Südwestdeutschlands und angewandten Geographie. Mannheimer Geograph. Arbeiten 46: 65–110.

NEHRING, S. (1995): Dinoflaggelate resting cysts as factor of phytoplankton ecology of the North Sea. Helgoländer Meeresunhtersuchungen 49: 375–392.

NEHRING, S. & LEUCHS, H. (1999): Neozoa (Makrozoobethos) an der deutschen Nordseeküste: eine Übersicht. Bundesanstalt für Gewässerkunde, Koblenz, Bericht BfG 1200, 131 S.

NEUENSCHWANDER, E. (1988): Niemandsland. Umwelt zwischen Zerstörung und Gestalt. Birkhäuser, Basel, 195 S.

NEUGEBAUER, A. & TSCHARNTKE, T. (1997): Insektengesellschaften auf Gräsern unterschiedlicher Sorten. Mitt. Dtsch. Ges. Allg. Angw. Ent. 11: 755–758.

NEUMANN, O. (1951): Die Roteiche. Forst und Holz 6 (20): 292–295.

NEZADAL, W. & BAUER, M. (1996): Der Einfluß von Neophyten auf die uferbegleitende Vegetation an Fließgewässern in Mittelfranken. Braunschweiger Geobotanische Arbeiten 4: 243–258.

NEZADAL, W. & HEIDER, G. (1994): Ruderalpflanzengesellschaften der Stadt Erlangen. Teil II: Mehrjährige Ruderalgesellschaften (Artemisietea). Hoppea, Denkschr. Regensb. Bot. Ges. 55: 193–253.

NIEMEYER-LÜLLWITZ, A. (1989): Arbeitsbuch Naturgarten. Otto Meyer, Ravensburg.

NIEMEYER-LÜLLWITZ, A. (1997): Ziele, Möglichkeiten und Grenzen des Naturschutzes in Kleingärten. Mitt. NNA 3: 33–36.

NIETFELD, A. (1985): Reichsautobahn und Landschaftspflege. Landschaftspflege im Nationalsozialismus am Beispiel der Reichsautobahnen. Werkstattber. Instituts Landschaftsökonomie TU Berlin 13, 110 S.

NIETHAMMER, G. (1963): Die Einbürgerung von Säugetieren und Vögeln in Europa. Hamburg, Berlin, 319 S.

NNA (Norddeutsche Naturschutzakademie, Hrsg.) (1991): Einsatz und kontrollierte Ausbreitung fremdländischer Pflanzen. Florenverfälschung oder ökologisch bedenkenlos? NNA-Ber. 4 (1): 4–55.

NÖH, I. (1996): Risikoabschätzung bei Freisetzungen transgener Pflanzen: Erfahrungen des Umweltbundesamtes beim Vollzug des Gentechnikgesetzes (GenTG). Texte des Umweltbundesamtes 58/96: 9–26.

NOWACK, R. (1993): Massenvorkommen von *Dittrichia graveolens* (L.) Greut. (Klebriger Alant) an Autobahnen in Süddeutschland. Florist. Rundbr. 27 (1): 38–40.

NOWAK, E. (1977): Die Ausbreitung der Tiere. Neue Brehm-Bücherei 480, 2. Aufl., A. Ziemsen Verlag/Wittenberg Lutherstadt, 144 S.

OBERDORFER, E. (1979): Pflanzensoziologische Exkursionsflora. Ulmer, Stuttgart.

OCHSMANN, J. (1996): *Heracleum mantegazzianum* Sommier & Levier (Apiaceae) in Deutschland. Untersuchungen zur Biologie, Verbreitung, Morphologie und Taxonomie. Feddes Repert. 107 (7–8): 557–595.

ODUOR, G. (1996): Biological pest control and invasives. In: SANDLUND, O.T., SCHEI, P.J. & VIKEN, A. (eds.): Proceedings of the Norway/UN Conference on alien species. Trondheim, pp. 116–122.

OGUTO-OHWAYO, R. (1996): Nile perch in Lake Viktoria: effects on fish species diversity, ecosystem functions and fisheries. In: SANDLUND, O.T., SCHEI, P.J. & VIKEN, A. (eds.): Proceedings of the Norway / UN Conference on alien species. Trondheim, pp. 93–98.

OLECH, M. (1998): Synanthropization of the flora of Antarctica: an issue. Phytocoenosis 10, Supplementum Cartographiae Geobotanicae 9: 269–274.

OLSTHOORN, A. & VAN HEES, A. (2002): 40 years of Black Cherry (*Prunus serotina*) control in the Netherlands: lessons for management of invasive tree species. In: KOWARIK, I. & STARFINGER, U. (eds.): Biologische Invasionen: Herausforderung zum Handeln? Neobiota 1: 339–341.

OLTHOFF, T. (1986). Untersuchungen zur Insektenfauna Hamburger Straßenbäume. Ent. Mitt. Zool. Mus. Hamburg 8 (127): 213–219.

OPRAVIL, E. (1983): *Xanthium strumarium* L. ein europäischer Archäophyt? Flora 173: 71–79.

ORUETA, J.F. & Y.A. RAMOS (1998): Methods to control and eradicate non native terrestrial vertebrate species. Berne Convention Standing Committee, Doc. T-PVS (98) 67, 90 p.

OSTWALD, H. (1996): Stadtpapageien. Grünstift 11–12/96: 35–37.

OTTE, A. (1988): Möglichkeiten und Grenzen für die Erhaltung dörflicher Ruderalvegetation. Bayer. Landwirtschaftliches J.Buch 65: 279–286.

OTTE, A. (1991): Veränderungen im Keimungs- und Auflaufverhalten bei *Chenopodium ficifolium* im Vergleich von 1950 zu 1985–88. In: MAHN, E.-G. & TIETZE, F. (Hrsg.): Agro-Ökosysteme und Habitatinseln in der Agrarlandschaft. Halle, S. 38–48.

OTTE, A. & FRANKE, R. (1998): The ecology of the Caucasian herbaceous perennial *Heracleum mantegazzianum* Somm. et Lev. (Giant Hogweed) in cultural ecosystems of Central Europe. Phytocoenologia 28 (2): 205–232.

OTTE, A. & LUDWIG, T. (1990): Planungsindikator dörfliche Ruderalvegetation. Bd. 1, 2. Materialien zur ländlichen Neuordnung (München) 18–19.

OTTE, A. & MATTONET, B., 2001: Die Bedeutung von Archäophyten in der heutigen Vegetation ländlicher Siedlungen in Deutschland. In: BRANDES, D. (Hrsg.): Adventivpflanzen. Beiträge zu Biologie, Vorkommen und Ausbreitungsdynamik von gebietsfremden Pflanzenarten in Mitteleuropa. Braunschweiger Geobotanische Arbeiten 8: 22 –247.

OTTE, A., OBERT, S., VOLZ, H. & WEIGAND, E. (2002): Effekte von Beweidung auf *Lupinus polyphyllus* Lindl. in Bergwiesen des Biosphärenreservates Rhön. In: KOWARIK, I. & STARFINGER, U. (eds.): Biologische Invasionen: Herausforderung zum Handeln? Neobiota 1: 101–133.

OTTO, H.J. (1987): Skizze eines optimalen Douglasienwaldanbaues in Nordwestdeutschland. Forst u. Holz 19: 515–522.

OTTO, H.J. (1994): Waldökologie. Ulmer, Stuttgart, 392 S.

OTTO, H.J. (1995): Die sukzessionale Variabilität von Wäldern des niedersächsischen Pleistozäns als Grundlage eines naturnahen Waldbaus. Forstarchiv 4: 133–140.

OVERTON, R.P. (1990): *Acer negundo* L. Boxelder. In: BURNS, R. M. & B. H. HONKALA (eds.): Silvics of North America, Agriculture Handbook 654, Vol. 2., Washington D.C., pp. 41–45.

OWEN, D.F. (1986): Do native plants support a richer lepidoperan fauna than alien plants? Environm. Conserv. 13 (4): 359–362.

OWEN, J. (1991): The ecology of a garden. The first fifteen years. Cambridge University Press, Cambridge.

OWEN, D.F. & WHITEWAY, W.R. (1980): *Buddleia davidii* in Britain: history and development of an associated fauna. Biol. Conserv. 17: 149–155.

PAAR, M., TIEFENBACH, M. & WINKLER, I. (1994): Trockenrasen in Österreich. Umweltbundesamt (Wien), Reports UBA-94–107.

PALM, H. (1998): Die Alleen des Großen Gartens in Hannover-Herrenhausen. Ein Versuch der Annäherung an das historische Bild. In: KOWARIK, I., SCHMIDT, E., SIGEL, B. (Hrsg.): Naturschutz und Denkmalpflege. Wege zu einem Dialog im Garten. vdf Hochschulverlag an der ETH, Zürich, S. 251–266.

PARKER, I.M., SIMBERLOFF, D., LONSDALE, W.M., GOODELL, K., WONHAM, M., KAREIVA, P.M., WILLIAMSON, M.H., VON HOLLE, B., MOYLE, P.B., BYERS, J.E. & GOLDWASSER, L. (1999) Impact: towards a framework for understanding the ecological effects of invaders. Biological Invasions 1: 3–19.

PARSONS, K. (1997): Community monitoring of introduced marine pests in Australia. Aliens 6: 14.

PARSONS, W.T. & E.G. CUTHBERTSON (1992): Noxious weeds of Australia. Inkata, Melbourne, Australia. (zit. nach MACK 1996)

PASCHER, K. & GOLLMANN, G. (1999): Ecological risk assessment of transgenic plant releases. An Austrian perspective. Biodiversity & Conservation. 8 (8): 1139–1158.

PASSARGE, H. (1988): Neophyten-reiche märkische Bahnbegleitgesellschaften. Gleditschia 16 (2): 187–197.

PASSARGE, H. (1990): Ortsnahe Ahorn-Gehölze und Ahorn-Parkwaldgesellschaften. Tuexenia 10: 369–384.

PASSARGE, H. (1996): Bemerkenswerte Ruderalgesellschaften am Postdamer Platz (Berlin). Tuexenia. 16: 539–552.

PELZ, H.-J. (1996): Zur Geschichte der Bisambekämpfung in Deutschland. Mitt. Biol. Bundesanst. Land-Forstwirtsch. Berlin-Dahlem 317: 219–234.

PERRINGS, C., WILLIAMSON, M. & DALMAZZONE S.. eds. (2000): The economics of biolo-

gical invasions. Edward Elgar, Cheltenham, 249 pp.
PERRINS, J., WILLIAMSON, M.H. & A. FITTER (1992): Do annual weeds have predictable characters? Acta Oecologica 13 (5): S. 517–533
PESCHEL, T. (2000): Vegetationskundliche Untersuchungen der Wiesen- und Rasengesellschaften historischer Gärten in Potsdam. Ibidem Verlag, Stuttgart, 109 S., Anhang.
PETERS, M. (1996): Vergleichende Vegetationskartierung der Insel Borkum und beispielhafte Erfassung der Veränderung von Landschaft und Vegetation einer Nordseeinsel. Diss. Bot. 257.
PFADENHAUER, J. & WIRTH, J. (1988): Alte und neue Hecken im Vergleich am Beispiel des Tertiärhügellandes im Landkreis Freising. Ber. ANL 12: 59–69.
PFITZNER, G. (1983): Der Stellenwert eines *Buddleja*-Beobachtungsnetzes für die Erfassung von Tagfalterbeständen. Öko L 5 (2): 10–16.
PHILIPPI, G. (1971): Zur Kenntnis einiger Ruderalgesellschaften der nordbadischen Flugsandgebiete um Mannheim und Schwetzingen. Beitr. z. naturkl. Forsch. in Südwestdt. 30(2): 113–131.
PHILIPPI, G. (1978a): Die Vegetation des Altrheingebietes bei Rußheim. In: Der Rußheimer Altrhein. Eine nordbadische Auenlandschaft. Natur- und Landschaftsschutzgebiete Bad.-Württ. 10: 103–267, Karlsruhe.
PHILIPPI, G. (1978b): Veränderungen der Wasser- und Uferflora im badischen Oberrheingebiet. Veröff. Natursch. Landschaftspfl. Bad.-Württ., Beih. 11: 99–134.
PIMENTEL, D.L., LACH, R.Z., ZUNIGA, R. & MORRISON, D. (2000): Environmental and economic costs of non-indigenous species in the United States. BioScience 50: 53–65.
PLACHTER, H. (1991): Naturschutz. Fischer, Stuttgart, Jena, 463 S.
PLACHTER, H. (1996): Bedeutung und Schutz ökologischer Prozesse. Verh. Ges. Ökol. 26: 287–302.
PLARRE, W. (1986): Erhaltung historischer Kulturpflanzen. SchrR. Stiftung Schutz gef. Pflanzen 4: 40–58.
PLATEN, R. & KOWARIK, I. (1995): Dynamik von Pflanzen-, Spinnen- und Laufkäfergemeinschaften bei der Sukzession von Trockenrasen zu Gehölzgesellschaften auf innerstädtischen Brachflächen in Berlin. Verh. Ges. f. Ökol. 24: 431–439.
PNIOWER, G. (1952): Naturschutz im Spiegel der Landeskultur. Natur und Heimat, Heft 2: 4–22.
POELT, J. & TÜRK, R. (1994): *Anisomeridium nyssaegenum*, ein Neophyt unter den Flechten in Österreich und Süddeutschland. Herzogia 10: 75–81.

POPPENDIECK, H.H. (1996a): Stinzenpflanzen in Schleswig-Holstein und Hamburg. In: v. BUTTLAR, A. & MEYER, M.M. (Hrsg.): Historische Gärten in Schleswig-Holstein. Boyens & Co., Heide, 748 S.
POPPENDIECK, H.H. (1996b): Historische Zierpflanzen in schleswig-holsteinischen Gärten und Parkanlagen. In: v. BUTTLAR, A. & MEYER, M.M. (Hrsg.): Historische Gärten in Schleswig-Holstein. Boyens & Co., Heide, 748 S.
POR, F.D. (1978): Lessepsian migration. The influx of Red Sea Biota into the Mediterranean by way of the Suez Canal. Berlin, 228 S.
POREMBSKI, S. (2000): The invasibility of tropical granite outcrops ('inselbergs') by exotic weeds. J. Royal Society Western Australia 83: 131–137.
POSCHLOD, P. & KIEFER, S. (1996): Restoration of fallow or afforested calcareous grasslands by clear-cutting. In: SETTELE, J., MARGULES, C.R., POSCHLOD, P. & HENLE, K. (eds.): Species survival in fragmented landscapes. pp. 209–218.
POSCHLOD, P., BAKKER, J., BONN, S. & FISCHER, S. (1996): Dispersal of plants in fragmented landscapes. In: SETTLE, J., MARGULES, C.R., POSCHOLD, P. & Henle, K. (eds.): Species survival in fragmented landscapes. pp. 123–127.
POTT, R. (1992): Die Pflanzengesellschaften Deutschlands. Ulmer, Stuttgart.
POTT, R. & HÜPPE, J. (1991): Die Hudelandschaften Nordwestdeutschlands. Abh. Westfälisches Mus. Naturkde. 1/2, 313 S.
PRACH, K., HADINEC, J., MICHALEK, J. & PYŠEK, P. (1995): Forest planting as a way of species dispersal. Forest Ecol. Manage. 76: 191–195.
PRACH, K. & PYŠEK, P. (1994): Spontaneous establishment od woody plants in central european derelict sites and their potential for reclamation. Restoration Ecology 2 (3): 190–197.
PRASSE, R., RISTOW, M., KLEMM, G., MACHATZI, B., SCHOLZ, H., STOHR, G. & H. SUKOPP (2001): Liste der wildwachsenden Gefäßpflanzen des Landes Berlin mit Roter Liste. – Herausgegeben von Senatsverwaltung für Stadtentwicklung und Umweltschutz der Stadt Berlin / Der Landesbeauftragte für Naturschutz und Landschaftspflege, 85 S.
PREYWISCH, K. (1964): Vorläufige Nachricht über die Ausbreitung des Drüsigen Springkrauts (*Impatiens glandulifera* Royle) im Wesergebiet. Natur und Heimat 24 (5): 101–104.
PROBST, R. (1949): Wolladventivflora Mitteleuropas. Solothurn.
PRUSCHA, H., DOLLFUSS, H., KÄFER, K. & STREBL, F. (1991): Frostresistenz und räumliche Verbreitung von *Philosamia cynthia*. Entomologen-Tagung, Wien.
PUNZ, W. (1993): Stadtökologie. Forschungsansätze und Perspektiven. SchrR. Ver. Verbrei-

tung naturwiss. Kenntnisse in Wien 132: 89–120.

PYŠEK, A., OSBORNOVA, J. & PYŠEK, P. (1984): Zur Vegetation der Prager Mühlen. Acta Bot. Slov. Acad. Sci. Sclovacae, Ser. A, Suppl. 1: 267–271.

PYŠEK, P. (1991): *Heracleum mantegazzianum* in the Czech Republik: dynamics of spreading from the historical perspective. Folia Geobot. Phytotax. 26: 439–

PYŠEK, P. (1994): Ecological aspects of invasion by *Heracleum mantegazzianum* in the Czech Republic. In: DE WAAL, L.C. et al.: Ecology and managment of invasive riverside plants. pp. 45–54.

PYŠEK, P. (1995a): Recent trends in studies on plant invasions (1974–1993). In: PYŠEK, P., PRACH, K., REJMANEK, M. & WADE, M. (eds.): Plant invasions. General aspects and special problems. SPB Academic Publishing, Amsterdam, pp. 223–236.

PYŠEK, P. (1995b): Invasion dynamics of *Impatiens glandulifera* – a century of spreading reconstructed. Biol. Conserv. 74: 41–48.

PYŠEK, P. (1995c): Invasion by *Heracleum mantegazzianum* in different habitats in the Czech Republic. Journal of Vegetation Science 6: 711–718.

PYŠEK, P. (1997): Clonality and plant invasions: can a trait make a difference? In: DE KROON, H. & VAN GROENENDAL, J. (eds.): The ecology and evolution of clonal plants. Backhuys Publ., Leiden, pp. 405–427.

PYŠEK, P. (1998): Alien and native species in Central European urban floras: a quantitive comparison. J. Biogeogr. 25: 155–163.

PYŠEK, P., KUCERA, T., PUNTIERI, J. & MANDAK, B. (1995): Regeneration in *Heracleum mantegazzianum*. Response to removal of vegetative and generative parts. Preslia 67: 161–171.

PYŠEK, P. & PRACH, K. (1993): Plant invasions and the role of riparian habitats: a comparison of four species alien to Central Europe. J. Biogeogr. 20: 413–420.

PYŠEK, P. & PRACH, K. (1994): How important are rivers for supporting plant invasions? In: DE WAAL, L.C. et al.: Ecology and managment of invasive riverside plants. pp. 19–26.

PYŠEK, P., PRACH, K. & P. SMILAUER (1995): Relating invasion sucess to plant traits: an analysis of the czech alien flora. In: PYŠEK, P., PRACH, K., REJMÁNEK, M. & P.M. WADE (eds.): Plant invasions. general aspects and special problems. SPB Academic Publishing, Amsterdam, pp. 39–60.

PYŠEK, P. & PYŠEK, A. (1990): Comparison of the vegetation and flora of the West Bohemian villages and towns. In: SUKOPP, H., HEJNY, S. & KOWARIK, I. (eds.): Urban ecology. Plants and plant communities in urban environments, SPB Acad. Publ., The Hague, pp. 105–112.

PYŠEK, P. & PYŠEK, A. (1991): Vergleich der dörflichen und städtischen Ruderalflora, dargestellt am Beispiel Westböhmens. Tuexenia 11: 121–134.

PYŠEK, P. & PYŠEK, A. (1995): Invasion of *Heracleum mantegazzianum* in different habitats in the Czech Republic. J. of Vegetation Science 6: 711–718.

PYŠEK, P., SÁDLO, J. & MANDÁK, B. (2002): Catalogue of alien plants of the Czech Republic. Preslia 74: 97–186.

QUINGER, B., BRÄU, M. & KORNPROBST, M. (1994): Lebensraumtyp Kalkmagerrasen. Landschaftspflegekonzept Bayern, Band II. 1 (Projektleiter A. Ringler). Bayerisches Staatsministerium für Landesentwicklung und Umweltfragen und Akademie für Naturschutz und Landespflege (Hrsg.), München, 581 S.

RAABE, U. (1988): Zum Vorkommen von Goldstern-Arten (*Gagea* spec.) und Wilder Tulpe (*Tulipa sylvestris*) auf Kirch- und Friedhöfen im Raum Hamburg-Lauenburg. Florist. Rundbr. 21 (2): 104–106.

RADKOWITSCH, A. (1996): Der Klebrige Alant – *Dittrichia graveolens* (L.) Desf. Aktueller Stand der Ausbreitung in Bayern. Hoppea, Denkschr. Regensb. Bot. Ges. 57: 473–482.

RAMAKRISHNAN, P.S., (ed., 1991): Ecology of biological invasions in the Tropics. International Scientific Publications, New Dehli.

RANDIG, W. & BRANDES, D. (1989): Adventivarten in *Trifolium resupinatum*-Äckern in Niedersachsen. Florist. Rundbr. 23 (1): 52–53.

RANK, B. (1997): Oxidative stress response and photosystem 2 efficiency in trees of urban areas. Photosynthetica 33 (3–4): 467–481.

RAUER, G., VON DEN DRIESCH, M., LOBIN, W., IBISCH, P.L. & BARTHLOTT, W. (2000): Beitrag der deutschen Botanischen Gärten zur Erhaltung der Biologischen Vielfalt und Genetischer Ressourcen. Bestandsaufnahme und Entwicklungskonzept. Bundesamt für Naturschutz, Bonn, 246 S.

RAUHUT, B. (1996): Errichtung und Sicherung schutzwürdiger Teile von Natur und Landschaft mit gesamtstaatlich repräsentativer Bedeutung. Projekt: Krähenbeer-Küstenheiden, Niedersachsen. Natur und Landschaft 71 (7/8): 295–303.

REBEL, H. (1925): Der Ailanthusseidenspinner, ein heimisch gewordener Großschmetterling, seine Lebensweise und Zucht, Rassen, Verbreitung und Einbürgerung, sowie dessen Bedeutung als Seidenspinner. Wien.

REBELE, F. (1986): Die Ruderalvegetation der Industriegebiete von Berlin (West) und deren Immissionsbelastung. Landschaftsentw. u. Umweltforsch. 43: 1–224.

REBELE, F. (1992): Colonization and early succession on anthropogenic soils. J. of Veg. Sci. 3: 201–208.

REBELE, F. & DETTMAR, J. (1996): Industriebrachen. Ökologie und Management. Ulmer, Stuttgart

REGAL, P.J. (1986): Models of genetically engineered organisms and their ecological impact. In: MOONEY, H.A. & DRAKE, J.A.: Ecology of biological invasions of North America and Hawaii. Ecol. Studies 58: 111–132.

REICHARD, S.H. (1997): Prevention on invasive plant introductions on national and local levels. In: LUKEN, J.O. & J.W. THIERET (eds.), 1997: Assessment and management of plant invasions. Springer, New York, Berlin, Heidelberg, S. 215–227

REICHARD, S.H. & C.W. HAMILTON (1997): Predicting invasions of woody plants introduced into North America. Conservation Biology 11 (1): S. 193–203.

REICHHOFF, L. & BÖHNERT, W. (1978): Zur Pflegeproblematik von Festuco-Brometea-, Sedo-Scleranthetea- und Corynephoretea-Gesellschaften in Naturschutzgebieten im Süden der DDR. Arch. Naturschutz Landschaftsforsch. 18 (2): 81–102.

REIDL, K. & DETTMAR, J. (1993): Flora und Vegetation der Städte des Ruhrgebietes, insbesondere der Stadt Essen und der Industrieflächen. Ber. z. dt. Landeskde. 67 (2): 299–326.

REIF, A. & AULIG, G. (1993): Künstliche Neupflanzung naturnaher Hecken. Natursch. u. Landschaftspl. 25 (3): 85–93.

REIF, A. & NICKEL, E. (2000): Pflanzung von Gehölzen und „Begrünung". Ausgleich oder Eingriff in Natur und Landschaft? Naturschutz und Landschaftsplanung 32 (10): 299–308.

REINHARDT, F., HERLE, M., BASTIANSEN, F. & STREIT, B. (2003): Ökonomische Folgen der Ausbreitung von Neobiota. Forschungsbericht 201 86 211 im Auftrag des Bundesministeriums für Umwelt, Naturschutz und Reaktorsicherheit, J. W. Goethe-Universität Frankfurt.

REISE, K. (1994): Das Schlickgras *Spartina anglica*: die Invasion einer neuen Art. In: LOZÁN. J.M., RACHOR, E., REISE, K. & WESTERNHAGEN, H.v. (Hrsg.), S. 211–214, Blackwell, Berlin.

REISE, K. (1998a): Pacific Oysters Invade Mussel Beds in the European Wadden Sea. Senckenbergiana Maritima 28: 167–175.

REISE, K. (1998b): Seminar in der Wattenmeerstation auf Sylt zur Ökologie eingeschleppter Arten. Wattenmeer International 1–98: 21–22.

REISE, K. (ed.) (1999a): Exotic invaders of the North Sea shore. Helgoländer Meeresuntersuchungen 52: 217–400.

REISE, K., 1999b: Exoten der Nordsee. Biologie in unserer Zeit 29: 286–291.

REISE, K., GOLLASCH, S. & WOLFF, W.J. (1999): Introduced marine species of the North Sea coasts. Helgoländer Meeresuntersuchungen 52: 219–234.

REJMÁNEK, M. (1995): What makes a species invasive? In: PYŠEK, P., Prach, K., REJMÁNEK, M. & P.M. WADE (eds.): Plant Invasions. General Aspects and Special Problems. SPB Academic Publishing, Amsterdam, S. 3–13.

REJMÁNEK, M. (1996a): Invasive plant species and invasible ecosystems. In: SANDLUND, O.T., SCHEI, P.J. & Viken, A.: Norway / UN Conference on Alien Species. The Trondheim Conferences on Biodiversity, 1–5 July 1996, Proceedings, pp. 60–68.

REJMÁNEK, M. (1996b): A theory of seed plant invasivness: The first sketch. Biol. Conserv. 78: 171–181.

REJMÁNEK, M. (1996c): Species richness and resistance to invasions. Diversity vs. stability. In: ORIANS, G.H., DIRZO & CUSHMAN (eds.): Biodiversity and ecosystem processes in tropical forests. Springer, Berlin, Heidelberg, pp. 153–171.

REJMÁNEK, M. (1999): Invasive plant species and invasible ecosystems. In: SANDLUND, O.T., SCHEI, P.J. & VILKEN, A. (eds): Invasive species and biodiversity management. Kluwer Academic Publishers, Dordrecht, pp. 79–102.

REJMÁNEK, M. & RICHARDSON, D. M. (1996): What attributes make some plant species more invasive? Ecology 77 (6): 1655–1661.

REMMY, K. & GRUBER, F. (1993): Untersuchungen zur Verbreitung und Morphologie des Wild-Apfels (*Malus sylvestris* (L.) Mill.). Mitt. Dt. Dendrol. Ges. 81: 71–94.

RICHARDSON, D.M. (1996): Forestry trees as alien invaders: the current situation and propects for the future. In: SANDLUND, O.T., SCHEI, P.J. & VIKEN, A. (eds.): Proceedings of the Norway / UN Conference on alien species. Trondheim, pp. 127–134.

RICHARDSON, D.M., COWLING, R.M. & D.C. LE MAITRE (1990): Assessing the risk of invasive success in *Pinus* and *Banksia* in South African mountain fynbos. J. Veg. Science 1: S. 629–642.

RICHARDSON, D.M., PYŠEK, P., REJMÁNEK, M., BARBOUR, M.G., PANETTA, F.D. & West, C.J. (2000): Naturalization and invasion of alien plants: concepts and definitions. Diversity and Distributions 6: 93–107.

RICHARDSON, D.M., WILLIAMS, P.A. & HOBBS, R.J. (1994): Pine invasions in the southern hemisphere: determinants of spread and invadability. J. Biogeogr. 21: 511–527.

RICHTER, M. & BÖCKER, R. (2001): Städtisches Vorkommen und Verbreitungstendenzen des Blauglockenbaumes (*Paulownia tomentosa*) in Südwestdeutschland. Mitt. Dt. Dendrol. Ges. 86: 125–132.

RIES, C. (1992): Überblick über die Ackerunkrautvegetation Österreichs und ihre Entwicklung in neuerer Zeit. Diss. Bot. 187.

RIETSCHEL, G. (1996): Zum Auftreten von *Phyl-*

lonorycter robinella (Clemens, 1859) (Lepidoptera, Gracillariidae), einer Miniermotte in Süddeutschland. Philippia 7 (4): 315–318.

RIETSCHEL, G. (1997): Ein Überwinterungsquartier der Robinien-Miniermotte *Phyllonorycter robinella* (Clemens, 1895) (Lepidoptera, Gracillariidae). Philippia 8 (1): 73–76.

RIETSCHEL, G. (1998): Neu auftretende Blattschädlinge an Bäumen des Stadtgrüns. Die Robinienminiermotte *Phyllonorycter robinella* (Clemens 1859), die Platanenmotte *Phyllonorycter plantani* (Staudinger, 1870) und die Platanenwanze *Corythucha ciliata* (Say, 1823). Stadt + Grün Heft 7: 495–499.

RINGENBERG, J. (1994): Analyse urbaner Gehölzbestände am Beispiel der Hamburger Wohnbebauung. Dr. Kovac, Hamburg, 220 S.

RITTER, S. (1995): Vergiftungsfälle mit Pflanzen. In: V. MÜHLENDAHL, K.E., OBERISSE, U., BUNJES, R. & RITTER, S. (Hrsg.): Vergiftungen im Kindesalter. 3. Aufl., F. Enke, Stuttgart, S. 340–401.

RODE, M. (1998): Sukzessionen in Heidegebieten. Grenzen und Definitionen eines prozeßorientierten Naturschutzes in einer Kulturlandschaft. Naturschutz u. Landschaftsplanung 30 (8/9): 285–290.

RODE, M., KOWARIK, I., MÜLLER, T. & WENDEBOURG, T. (2002): Ökosystemare Auswirkungen von *Prunus serotina* auf norddeutsche Kiefernforsten, In: KOWARIK, I. & STARFINGER, U. (eds.): Biologische Invasionen: Herausforderung zum Handeln? Neobiota 1: 135–148.

ROHDE, U.H. (1994): Die Sandhausener Dünen. Naturkundliche Beiträge zu den Naturschutzgebieten „Pferdstrieb" und „Pflege Schönau-Galgenbuckel". Beih. Veröff. Natursch. u. Landschaftspfl. Bad.-Württ. 80, 387 S.

ROHNER, M.S. (1995): Zur Flora und Vegetation aufgelassener Siedlungen (Wüstungen) auf dem Truppenübungsplatz Baumholder. SchrR. Vegetationskde. (Sukopp-Festschrift) 27: 209–215.

ROOTS, C. (1976): Animal Invaders. David & Charles/London, 203 p.

ROTERS, E. (1995): Jenseits von Arkadien. Die romantische Landschaft. Reihe art in context. Dumont, Köln, 176 S.

ROTHMALER, W. (Begr.) (1996): Exkursionsflora von Deutschland. Band 2: Gefäßpflanzen, Grundband. 16., stark bearb. Aufl., Fischer, Jena, 639 S.

ROTTEVEEL, A.J.W. & NABER, H. (1988): Changes in the chemical control of yellow nutsedge (*Cyperus esculentus* L.) in Maize. Med. Fac. Landbouww. Rijksuniv. Gent 53 (3b): 1241–1250.

ROY, J., NAVAS, M.L. & L. SONIÉ (1991): Invasion by annual brome grasses. A case study challenging the homocline approach to invasions. In: GROVES, R.H. & F. DI CASTRI (eds.): Biogeography of Mediterranean invasions. Cambridge University Press, Cambridge, S. 207–224.

RÜDENAUER, B., RÜDENAUER, K. & SEYBOLD, S. (1974): Über die Ausbreitung von *Helianthus*- und *Solidago*-Arten in Württemberg. Jh. Ges. Naturkde. Württemberg 129: 65–77.

RUMPF, H. (2002): Welche Erkenntnisse aus der forstlichen Generhaltung können bei der Anzucht autochthoner Sträucher genutzt werden? In: Neobiota 2 (im Druck).

RYVES, T.B., CLEMENT, E.J. & FOSTER, M.C. (1996): Alien grasses of the British Isles. Bot. Soc. Brit. Isles, London, 181.

SAARISALO-TAUBERT, A. (1963): Die Flora in ihrer Beziehung zur Siedlung und Siedlungsgeschichte in den Südfinnischen Städten Porvoo, Loviisa und Hamina. Ann. Bot. Soc. 'Vanamo' 35 (1), 190 S.

SACHSE, U. (1989): Die anthropogene Ausbreitung von Berg- und Spitzahorn. Ökologische Voraussetzungen am Beispiel Berlins. Landschaftsentw. u. Umweltforsch. 63, 132 S.

SACHSE, U. (1992): Invasion patterns of boxelder on sites with different levels of disturbance. Verh.Ges Ökol. 21: 103–112.

SACHSLEHNER, L.M. (1998): Zur Bedeutung von Platanen (*Platanus × hispanica* M.) als Nahrungsressource für Stieglitze (*Carduelis carduelis* L.) in Wien. Egretta 41: 90–101.

SACKVILLE-WEST, V. (1937): Some Flowers. Cobden-Sanderson, illustrated by Graham Rust. Reprint 1993, Pavillion Books, London.

SALISBURY, E. (1953): A changing flora as shown in the study of weeds of arable land and waste places. In: LOUSLEY, J.E. (ed.): The changing flora of Britain. The botanical society of the British Isles, Oxford, pp. 130–139.

SALISBURY, E. (1961): Weeds and Aliens. Collins, London, 384 p. (2nd ed. 1964).

SAMPSON, C. (1994): Cost and Impact of Current Control Methods used against *Heracleum mantegazzianum* (Giant Hogweed) and the Case for Instigating a biological Control programme. In: DE WAAL, L.C., CHILD, L.E., WADE, P.M. and BROCK, J.H. (eds): Ecology and Management of Invasive Riverside Plants, pp 55–66. J Wiley, Chichester.

SANDER, I.L. (1990): *Quercus rubra* L. northern red oak. In: BURNS, R.M. & B.H. HONKALA (eds.): Silvics of North America, Agriculture Handbook 654, Vol. 2., Washington D.C., pp. 727–733.

SANDLUND, O.T., SCHEI, P.J. & VIKEN, A. (1996): Proceedings of the Norway / UN conference on alien species. Directorate for Nature Management and Norwegian Insitute for Nature Research, Trondheim, 233 pp.

SANDLUND, O.T., SCHEI, P.J. & VIKEN, A. (1999): Invasive species and biodiversity management. Kluwer, Dordrecht, 431 S.

SAURE, C. (1993): Beitrag zur Stechimmenfauna des ehemaligen Flugplatzes Johannisthal (Insecta: Hymenoptera aculeata). Berliner Naturschutzbl. 37(4): 144–158.

SAWILSKA, A. K. & MISIEWICZ, J. (1998): New localities for *Parietaria pensylvanica* (Urticaceae) in Poland. Fragm. Flor. Geobot. 43 (2): 231–236.

SCHAEPE, A. (1986): Veränderungen der Moosflora von Berlin (West). Bryophytorum Bibliotheca 33: 392 S.

SCHEPKER, H. (1998): Wahrnehmung, Ausbreitung und Bewertung von Neophyten. Eine Analyse der problematischen nichteinheimischen Pflanzenarten in Niedersachsen. ibidem Verlag, Stuttgart, 246 S.

SCHEPKER, H., KOWARIK, I. & GARVE, E. (1997): Verwilderungen nordamerikanischer Kultur-Heidelbeeren (*Vaccinium* subg. *Cyanococcus*) in Niedersachsen und deren Einschätzung aus Naturschutzsicht. Natur und Landschaft 72 (7/8): 346–351.

SCHEPKER, H. & KOWARIK, I. (1998): Invasive North American Blueberry Hybrids (*Vaccinium corymbosum* × *angustifolium*) in northern Germany. In: STARFINGER, U., EDWARDS, K., KOWARIK, I. & WILLIAMSON, M. (eds.): Plant invasions. Ecology and human response. pp 253–260, Backhuys, Leiden.

SCHEPKER, H. & KOWARIK, I. (2002): Bekämpfung von Neophyten in Niedersachsen: Ursachen, Umfang, Erfolg. In: KOWARIK, I. & STARFINGER, U. (eds.): Biologische Invasionen – Herausforderung zum Handeln? Neobiota 1: 343–354.

SCHERFOSE, V. (1986): Pflanzensoziologische und ökologische Untersuchungen in Salzrasen der Nordseeinsel Spiekeroog. I. Die Pflanzengesellschaften. Tuexenia 6: 219–248.

SCHERFOSE, V. (1989): Salzmarsch-Pflanzengesellschaften der Leybucht. Einflüsse der Rinderbeweidung und Überflutungshäufigkeit. Drosera 1 (2): 105–112.

SCHERZINGER, W. (1990): Das Dynamik-Konzept im flächenhaften Naturschutz. Zieldiskussion am Beispiel der Nationalpark-Idee. Natur und Landschaft 65 (6): 292–298.

SCHICK, B. & SPÜRGIN, A. (1997): Die Bienenweide. Ulmer, Stuttgart.

SCHICK, B. & SUKOPP, H. (1998): Blumen-Bestäuber-Systeme in urbanen Grünflächen: Über Blütenbesuche der Großen Wollbiene (*Anthidium manicatum* L.) im Botanischen Garten Berlin-Dahlem. Z. für Ökologie u. Naturschutz 7: 73–83.

SCHLEUTER, A. & M. SCHLEUTER (1998): *Dendrocoelum romanodanubiale* (Turbellaria, Tricladida) und *Hemimysis anomala* (Crustacea: Mysidacea) zwei weitere Neozoen im Main. Lauterbornia 33: 125–127.

SCHLIESSKE, J. (1998): Zur Einschleppung von Insekten durch moderne Transportfazilitäten im Seegüterverkehr. Verh. Westdt. Entomolog. Tagung 1997: 57–65.

SCHLÜPMANN, M. (2000): Zur Neophyten-Flora der Volmeaue im Hagener Stadtgebiet. Decheniana 153: 37–49.

SCHMIDT, E. (1973): Die Wolladventivpflanzen der Kämmerei Döhren/Hannover. Göttinger Florist. Rundbr. 7 (4): 75–80.

SCHMIDT, M. & BARTSCH, D. (1996): Zum Einfluß der Zuckerrüben-Saatgutproduktion auf Wildrüben. Ein Beitrag zur ökologischen Risikoabschätzung von gentechnisch veränderten Kulturpflanzen. Verh. Ges. Ökol. 26: 575–580.

SCHMIDT, P.A. (1992): Intraspezifische Sippen in Roten Listen am Beispiel der Gehölzflora. SchrR. Vegetationskde. 23: 169–173.

SCHMIDT, P.A. & KRAUSE, A. (1997): Zur Abgrenzung von Herkunftsgebieten bei Baumschulgehölzen für die freie Landschaft. Natur u. Landsch. 72 (2): 92–95.

SCHMIDT, P.A. & WILHELM, E.G. (1995): Die einheimische Gehölzflora – ein Überblick. Beitr. Gehölzkde. (Rinteln), S. 50–75.

SCHMIDT, W. (1981): Über das Konkurrenzverhalten von *Solidago canadensis* und *Urtica dioica*. Verh. Ges. Ökol. 9: 173–188.

SCHMIDT, W. (1983): Experimentelle Syndynamik. Neuere Wege zu einer exakten Sukzessionsforschung, dargestellt am Beispiel der Gehölzentwicklung auf Ackerbrachen. Ber. Deutsch. Bot. Ges. 96: 511–533.

SCHMIDT, W. (1986): Über das Konkurrenzverhalten von *Solidago canadensis* und *Urtica dioica*. III Stickstoff- und Phosphathaushalt. Verh. Ges. Ökol. 14: 537–550.

SCHMIDT, W. (1989): Plant dispersal by motor cars. Vegetatio 70: 147–152.

SCHMIDT, W. (1998): Langfristige Sukzession auf brachliegenden landwirtschaftlichen Nutzflächen. Naturschutz und Landschaftsplanung 30 (8/9): 254–258.

SCHMIDT, W.-D., I. KAISER & I. SCHULLER (1998): Zwei Neuankömmlinge aus der Donau. *Hypania invalida* (Polychaeta) und *Jaera istri* (Isopoda). Lauterbornia 33: 121–123.

SCHMIDT-ADAM, H. & STUHR, J. (1995): Untersuchungen zum Blütenbesuch von tagaktiven Insekten an Gartenzierpflanzen. Faun.-ökol. Mitt., Suppl. 19: 47–77.

SCHMITZ, G. (1991): Nutzung der Neophyten *Impatiens glandulifera* Royle und *I. parviflora* D.C. durch phytophage Insekten im Raum Bonn. Entomol. Nachr. Ber. 35 (4): 260–264.

SCHMITZ, G. (1995): Neophyten und Fauna. Ein Vergleich neophytischer und indigener Impatiensarten. In: BÖCKER, R., GEBHARDT, H., KONOLD, W. & SCHMIDT-FISCHER, S. (Hrsg.): Gebietsfremde Pflanzen. Auswirkungen auf einheimische Arten, Lebensgemeinschaften und Biotope, Kontrollmöglichkeiten

und Management. ecomed, Landsberg, S. 195–204.
SCHMITZ, G. (1998a): *Impatiens parviflora* D.C. (Balsaminaceae) als Neophyt in mitteleuropäischen Wäldern und Forsten. Eine biozönotische Analyse. Z. Ökol. Natursch. 7: 193–206.
SCHMITZ, G. (1998b): Alien plant-herbivore systems and their importance for predatory and parasitic arthropods: The example of *Impatiens parviflora* D.C. (Balsaminaceae) and *Impatientinum asiaticum* Nevsky (Hom.: Aphididae). In: STARFINGER, U., EDWARDS, K., KOWARIK, I. & WILLIAMSON, M. (eds.): Plant invasions: ecological mechanisms and human response. Backhuys Publishers, Leiden, pp. 335–345.
SCHMITZ, G. (2001): Beurteilungen von Neophytenausbreitungen aus zoologischer Sicht. In: BRANDES, D. (Hrsg.): Adventivpflanzen. Beiträge zu Biologie, Vorkommen und Ausbreitungsdynamik von gebietsfremden Pflanzenarten in Mitteleuropa. Braunschweiger Geobotanische Arbeiten 8: 269–285.
SCHMITZ, G. & WERNER, D.J. (2000): The importance of the alien plant *Senecio inaequidens* DC. (Asteraceae) for phytophageous insects. J. Nat. Conserv. 9 (3): 153–160.
SCHMITZ, J. (1991): Vorkommen und Soziologie neophytischer Sträucher im Raum Aachen. Decheniana 144.
SCHMITZ, J. & STRANK, K.J. (1986): Zur Soziologie der *Reynoutria*-Sippen (Polygonaceae) im Aachener Stadtwald. Decheniana 139: 141–147.
SCHMITZ, U. (2002): Untersuchungen zum Vorkommen und zur Ökologie neophytischer Amaranthaceae und Chenopodiaceae in der Ufervegetation des Niederrheins. Diss. Bot. 364, 140 S.
SCHMITZ, U. & LÖSCH, R. (1995): Vorkomen und Soziologie der *Cuscuta*-Arten in der Ufer-Vegetation des Niederrheins. Tuexenia 15: 373–386.
SCHNEDLER, W. & BÖNSEL, D. (1989): Die großwüchsigen Melde-Arten *Atriplex micrantha* C.A. Meyer in Ledeb. (= *A. heterosperma* Bunge), *Atriplex sagittata* Borkh. (= *A. nitens* Schkuhr = *A. acuminata* W. & K.) und *Atriplex oblongifolia* W. & K. an den hessischen Autobahnen im Sommer 1987. Hess. Florist. Br. 38 (4): 50–61.
SCHNEIDER, C. (1995): Anpassung des Götterbaumes (*Ailanthus altissima*) an das Stadtklima: Wachstum und Mortalität in Abhängigkeit vom Temperaturfaktor. Diplomarbeit, Inst. f. Landschaftspflege und Naturschutz, Universität Hannover.
SCHNEIDER, C., SUKOPP, U. & SUKOPP, H. (1994): Biologisch-ökologische Grundlagen des Schutzes gefährdeter Segetalpflanzen. SchrR. Vegetationskde. 26, 356 S.
SCHNITTLER, M. & LUDWIG. G. (1996): Zur Methodik der Erstellung Roter Listen. SchrR. Vegetationskde. 28: 709–739.
SCHÖLLER, M. (1993): Invasionspflanzen auf den Maskarenen. Palmengarten. 2/93: 75–81.
SCHOLLER, M. (1996): Die Erysiphales, Pucciniales und Ustilaginales der Vorpommerschen Boddenlandschaft. Ökologisch-floristische, florengeschichtliche und morphologisch-taxonomische Untersuchungen. Regensbg. Mykolog. Schr. 6: 325 S.
SCHOLLER, M. (1999): Obligate phytoparasitic neomycetes in Germany: Diversity, distribution, introduction patterns, and consequences. In: Umweltbundesamt (Hrsg.): Gebietsfremde Organismen in Deutschland. Ergebnisse eines Arbeitsgespräches am 5. und 6. März 1998, UBA Texte 55/99, S. 71–83.
SCHOLZ, H. (1960): Die Veränderungen in der Berliner Ruderalflora. Ein Beitrag zur jüngsten Florengeschichte. Willdenowia 2 (3): 379–397.
SCHOLZ, H. (1966): *Agrostis tenuis* „Highland bent" ein Synonym der *Agrostis castellana*. Ber. Dt. Bot. Ges. 78: 322–325.
SCHOLZ, H. (1970): Über Grassamenankömmlinge, insbesondere *Achillea lanulosa* Nutt.. Verh. Bot. Ver. Prov. Brandenburg 107: 79–85.
SCHOLZ, H. (1975): Grassland evolution in Europe. Taxon 24: 81–90.
SCHOLZ, H. (1991): Einheimische Unkräuter ohne Naturstandorte („Heimatlose" oder obligatorische Unkräuter). Flora et Vegetatio Mundi 9: 105–112.
SCHOLZ, H. (1993): Eine unbeschriebene anthropogene Goldrute (*Solidago*) aus Mitteleuropa. Florist. Rundbr. 27 (1): 7–12.
SCHOLZ, H. (1995a): *Eragrostis albensis* (Gramineae), das Elb-Liebesgras – ein Neo-Endemit Mitteleuropas. Verh. Bot. Ver. Berlin und Brandenburg 128 (2): 73–82.
SCHOLZ, H. (1995b): *Echinochloa muricata*, eine vielfach verkannte und sich einbürgernde Art der deutschen Flora. Florist. Rundbr. 29 (1): 44–49.
SCHOLZ, H. (1995c): Das Archäophytenproblem in neuerer Sicht. SchrR. Vegetationskde. (Sukopp-Festschrift) 27: 431–439.
SCHOLZ, H. (1996): Ursprung und Evolution obligatorischer Unkräuter. SchrR. Gen. Ressourcen (Hanelt-Festschrift) 4: 109–129.
SCHOLZ, H. & SCHOLZ, I. (1988): Die Brandpilze Deutschlands (Ustilaginales). Englera 8: 1–691.
SCHRADER, G. & UNGER, J.-G. (2002): Pflanzenquarantäne und invasive gebietsfremde Arten. In: KOWARIK, I. & STARFINGER, U. (eds.): Biologische Invasionen: Herausforderung zum Handeln? Neobiota 1: 273–284.
SCHREIBER, K.-F. (1995): Sukzessionsdynamik. Die Entwicklung von Gehölzen und Krautschicht in den 20-jährigen ungestörten Suk-

zessionsparzellen der Bracheversuche Hepsisau und St. Johann in Baden-Württemberg. Nürtinger Hochsch.schr. 13: 138–163.

SCHROEDER, C. & WOLKEN, M. (1989): Die Erdmandel (*Cyperus esculentus* L.). Ein neues Unkraut im Mais. Osnabrücker Naturwiss. Mitt. 15: 83–104.

SCHROEDER, F.G. (1966): Wildtulpe (*Tulipa sylvestris*) und Pimpernuß (*Staphylea pinnata* L.) bei Nienberge. Natur u. Heimat 26 (2): 41–49.

SCHROEDER, F.G. (1969): Zur Klassifizierung der Anthropochoren. Vegetatio 16: 225–238.

SCHROEDER, F.G. (1972): *Amelanchier*-Arten als Neophyten in Europa. Mit einem Beitrag zur Soziologie der Gebüschgesellschaften saurer Böden. Abh. Naturwiss. Ver. Bremen 37 (3): 287–411.

SCHROEDER, F.G. (1974): Zu den Statusangaben bei der floristischen Kartierung Mitteleuropas. Göttinger Florist. Rundbr. 8 (3): 71–79.

SCHROEDER, F.-G. (2000): Lehrbuch der Pflanzengeographie. Quelle & Meyer, Wiesbaden, 457 S.

SCHRÖPFER, R. & C. ENGSTFELD (1983): Die Ausbreitung des Bisams (*Ondatra zibethicus* Linné, 1766, Rodentia, Arvicolidae) in der Bundesrepublik Deutschland. Z. angew. Zool. 70 (1): 13–37.

SCHRÖPFER, R. & M. STUBBE (1992): The diversity of European semiaquatic mammals within the continuum of running water systems – an introduction to the symposium. In: SCHRÖPFER, R., M. STUBBE & D. HEIDECKE (Hrsg.): Semiaquatische Säugetiere. Martin-Luther-Universität Halle-Wittenberg/Halle, S. 9–14.

SCHUBERT, J. (1992): Samenphysiologie – Keimung. In: LYR, H., FIEDLER, H.J. & TRANQUILLINI, W. (Hrsg.): Physiologie und Ökologie der Gehölze. Gustav Fischer, Jena, S. 319–343.

SCHUBERT, R. & WAGNER, G. (2000): Botanisches Wörterbuch: Pflanzennamen und botanische Fachwörter. 12. Aufl. Ulmer, Stuttgart, 734 S.

SCHULDES, H. (1995): Das Indische Springkraut (*Impatiens glandulifera*). Biologie, Verbreitung und Kontrolle. In: BÖCKER, R., GEBHARDT, H., KONOLD, W., SCHMIDT-FISCHER, S. (Hrsg.): Gebietsfremde Pflanzen. Auswirkungen auf einheimische Arten, Lebensgemeinschaften und Biotope, Kontrollmöglichkeiten und Management. ecomed, Landsberg, S. 83–88.

SCHULDES, H. & KÜBLER, R. (1990): Ökologie und Vergesellschaftung von *Solidago canadensis* et *gigantea*, *Reynoutria japonica* et *sachalinense*, *Impatiens glandulifera*, *Helianthus tuberosus*, *Heracleum mantegazzianum*. Ihre Verbreitung in Baden-Württemberg sowie Notwendigkeit und Möglichkeiten ihrer Bekämpfung. Studie im Auftrag des Ministeriums für Umwelt Baden-Württemberg, Stuttgart, 122 S.

SCHULTE, J. & SCHULZE (1994): Die Spätblühende Traubenkirsche (*Prunus serotina* Ehrh.) als Problembaum in der niedersächsischen Kulturlandschaft? Ein Beitrag zur Neophytenproblematik. Projektarbeit Inst. f. Landschaftspfl. und Natursch., Univ. Hannover, 81 S.

SCHULZ, D. (1984): Zur Ausbreitungsgeschichte der *Galinsoga*-Arten in Mitteleuropa. Acta Bot. Slov., A. Suppl. 1: 285–296.

SCHULZ, V., HOHMANN, J. & KONOLD, W. (1995): Zur Verbreitung von *Impatiens glandulifera* und *Reynoutria japonica* an Enz, Nagold und Würm unter morphologischen und vegetationskundlichen Gesichtspunkten. Ber. Inst. f. Landschafts- u. Pflanzenökol. Univ. Hohenheim 4: 151–170.

SCHULZE, G. (1996): Wildrosen (*Rosa* L.) in Mecklenburg-Vorpommern. Botan. Rundbr. f. Mecklenburg-Vorpommern. 28: 1–98.

SCHUMACHER, W. (1980): Schutz und Erhaltung gefährdeter Ackerwildkräuter durch Integration von landwirtschaftlicher Nutzung und Naturschutz. Natur u. Landsch. 12: 447–453.

SCHUMACHER, W. (1986): Über Maßnahmen zur Erhaltung der Segetalflora in Deutschland. SchrR. d. Stiftung z. Schutz gefährdeter Pflanzen 4: 59–62.

SCHUMACHER, W. (1994): Historische Bauwerke und ihr Umfeld als bemerkenswerte Pflanzenstandorte. In: Landschaftsverband Rheinland Umweltamt (Hrsg.): 3. Fachtagung „Naturschutz und Landschaftspflege an historischen Objekten", Tagungsband, Köln, S. 30–37.

SCHÜNEMANN, D. (1994): Die „Traubenkirsche" – ein zunehmend lästiges Übel auch für Archäologen. Berichte zur Denkmalpflege 4: 239–240.

SCHUSTER, H.-J. (1980): Analyse und Bewertung von Pflanzengesellschaften im nördlichen Frankenjura. Dissertationes Botanicae 53: 478 S.

SCHÜTT, P., SCHUCK, H.J. & LANG, U.M. (Hrsg.), (1994): Enzyklopädie der Holzgewächse. Handbuch und Atlas der Drendologie: *Robinia pseudoacacia*. Grundwerk. III-2: 1–16.

SCHÜTTE, G., STIRN, S. & BEUSMANN, V. (Hrsg., 2001): Transgene Nutzpflanzen. Sicherheitsforschung, Risikoabschätzung und Nachgenehmigungs-Monitoring. Birkhäuser, Basel, 247 S.

SCHWABE, A. (1987): Fluß- und bachbegleitende Pflanzengesellschaften und Vegetationskomplexe im Schwarzwald. Diss. Bot. 102.

SCHWABE, A. & KRATOCHWIL, A. (1991): Gewässerbegleitende Neophyten und ihre Beurteilung aus Naturschutz-Sicht unter besonderer Berücksichtigung Südwestdeutschlands. NNA-Ber. 4 (1): 14–27.

SCHWAKE, K. (1994): Verbreitung von neophytischen Hochstauden entlang der Leineufer im Großraum von Hannover. Diplomarbeit am Institut für Landschaftspflege und Naturschutz, Univ. Hannover, 128 S.

SCHWARZ, K.-U., GREEF, J.M. & SCHNUG, E. (1995): Etablierung und Biomassebildung von *Miscanthus × giganteus* unter unterschiedlichen Umweltbedingungen. In: Tagungsband Symposium *Miscanthus* vom 6./7.12.1994 in Dresden. Schriftenreihe „Nachwachsende Rohstoffe" Band 4: 35–50. Landwirtschaftsverlag, Münster.

SCHWARZ, U. (1980): Der Naturgarten. Wolfgang Krüger Verlag, Frankfurt a. M., 96 S.

SCOTT N.E. & DAVISON A.W. (1985): The distribution and ecology of coastal species on roadsides. Vegetatio 62 (1–3): 433–440.

SCOTT, J.K. & F.D. PANETTA (1993): Predicting the Australian weed status of southern African plants. J. Biogeogr. 20: S. 87–93

SEEHAUS, A. (1992): Die Ausbreitung von *Elodea nuttallii* (Planch.) St. John in der Leineaue südlich von Hannover im Zeitraum von 1973–1991. Florist. Rundbr. 26 (2): 72–78.

SEEHAUS, C. (1870): Über *Elodea canadensis* Rich. im unteren Oderlauf und ihr Zusammentreffen mit *Hydrilla dentata* Casp.. Verh. Bot. Ver. Prov. Brandenburg 12: 92–109.

SEEMANN, D., BOUFFIER, V., KEHR, R., WULF, A., SCHRÖDER, T. & UNGER, J. (2001): Die Esskastanie (*Castanea sativa* Mill.) in Deutschland und ihre Gefährdung durch den Kastanienrindenkrebs (*Cryphonectria parasitica* [Murr.] Barr). Nachrichtenblatt Deutscher Pflanzenschutzdienst 53 (3): 49–60.

SEGAL, S. (1972): Notes on wall vegetation. Reprint edition. Dr. W. Junk, The Hague, 325 p.

SEIDEL, H. (1894): *Linaria cymbalaria*. In: Berliner Skizzen. Neue Vorstadtgeschichten. Liebenskind, Leipzig, S. 19–36.

SEIDLING, W. (1993): Zum Vorkommen von *Calamagrostis epigejos* und *Prunus serotina* in den Berliner Forsten. Verh. Bot. Ver. Berlin und Brandenburg 126: 113–148.

SEIDLING, W. (1995): Eibenvorkommen in siedlungsnahen Forstgebieten und im besiedelten Bereich. SchrR. Vegetationskde. (Sukopp-Festschrift) 27: 441–449.

SEIFFERT, A. (1941): Im Zeitalter des Lebendigen. Natur, Heimat, Technik. Müllersche Verlagshandlung, Dresden.

SEILER, M. (1982): Zur Gehölzverwendung bei P.J. Lenné. Gartenamt 31 (6): 366–377.

SEITZ, B. (2002) Alte Hecken als potentielle Erntebestände im Hohen Fläming. In: Neobiota 2 (im Druck).

SEITZ, B. & KOWARIK, I. (Hrsg. 2002). Perspektiven für die Verwendung autochthoner Gehölze. Neobiota 2.

SEITZ, P. (1995): Boden sanieren mit Repositionspflanzen. Stadt und Grün, Heft 9, 641–643.

SERNANDER, R. (1936): Granskär och Fiby urskog. En studie över stormlickomas och marbuskarnas betydelse i den svenska granskogens regeneration. Acta Phytogeogr. Suecia 8, 232 S.

SEYBOLD, S. (1973): Der Salzschwaden (*Puccinellia distans* (Jacq.) Parl.) an Bundesstraßen und Autobahnen. Göttinger Florist. Rundbr. 7 (4): 70–72.

SHAFFER, M.L. (1981): Minumum population size for species conservation. BioScience 31: 131–134.

SHARPLES, F.E. (1982): Spread of organisms with novel genotypes: thoughts from an ecological perspective. Oak Ridge National Laboratory, Environmental Sciences Division Publication No 2040, 50 p.

SHINE, C., WILLIAMS, N. & GÜNDLING, L. (2000): A guide to designing legal and institutional frameworks on alien invasive species. Environmental Policy and Law Paper No. 40, IUCN, Gland, Cambridge, Bonn. XVI + 138 pp.

SHIVA, V. (1996): Species invasions and the displacement of cultural and biological diversity. In: SANDLUND, O.T., SCHEI, P.J. & VIKEN, A. (eds.): Proceedings of the Norway / UN Conference on alien species. Trondheim, pp. 47–52.

SIEGL, A. (1998): Flora und Vegetation mittelalterlicher Burgruinen. In: KOWARIK, I., SCHMIDT, E., SIGEL, B. (Hrsg.): Naturschutz und Denkmalpflege. Wege zu einem Dialog im Garten. vdf Hochschulverlag ETH Zürich, S. 193–202.

SIEGLER, B. (1994): Braune an der grünen Front. Natur 1: 38–39.

SILVA TAROUCA, E. Graf (1910): Anzucht, Pflege und Verwendung aller bekannten, in Mitteleuropa im Freien kulturfähigen ausdauernden krautigen Gewächse. Herausgegeben von Ernst Graf Silva Tarouca, unter Mitwirkung von Georg Arends. Leipzig, Wien, 285 S.

SILVERTOWN, J.W. (1987): Introduction to plant population ecology. 2nd edition, Longman, New York, 229 p.

SIMBERLOFF, D. (1996): Hybridization between native and introduced wildlife species: importance for conservation. Wildlife Biol.

SIMBERLOFF, D. (2000): Global climate change and introduced species in the United States forests. Science of the total environment 262 (3): 253–261.

SIMONS, S.B. & SEASTEDT, T.R. (1999): Decomposition and nitrogen release from foliage of cottonwood (*Populus deltoides*) and Russian-olive (*Elaeagnus angustifolia*) in a riparian ecosystem. Southwestern Naturalist 44 (3): 256–260.

SINNER, H., 1926: *P. serotina*, die Spätblühende Traubenkirsche als Waldbaum. Mitt. Dt. Dendrol. Ges. 2: 164–184.

SISSINGH, G. (1975): Niederländische Nadelforsten und ihr Humus Substrat für ihre Vegetation. In: TÜXEN, R. (ed.): Vegetation und Substrat. Ber. Int. Symp. Int. Ver. Vegetationskde.: 317–329.

SKIRNISSON, K. (1992): Zur Biologie der isländischen Minkpopulation. In: SCHRÖPFER, R., STUBBE, M., HEIDECKE, D. (Hrsg.): Semiaquatische Säugetiere. Halle/ Saale, S. 277–295.

SLUSCHNY, H. (1996): Nachtrag zur „Flora des Stadt- und Landkreises Schwerin". Bot. Rundbr. Mecklenburg-Vorpommern 29: 111– 122.

SMITH, A.J. (1975): Invasion and ecesis of bird-disseminated woody plants in a temperate forest sere. Ecology 56: 19–34.

SMITH, R. & I. LEWIS (1996): Introduced plants in antarktica: potential impacts and conservation issus. Biol. Conserv. 76: 135–146.

SMITH, S.D., HUXMAN, T.E., ZITZER, S.F., CHARLET, T.N., HOUSMAN, D.C., COLEMAN, J.S., FENSTERMAKER, L.K., SEEMANN, J.R. & NOWAK, R.S. (2000): Elevated CO_2 increases productivity and invasive species success in an arid ecosystem. Nature 408 (6808): 79–82.

SOLDAAT, L.L. & AUGE, H. (1998): Interactions between an invasive plant, *Mahonia aquifolium*, and a native phytophagous insect, *Rhagoletis meigenii*. In: STARFINGER, U., EDWARDS, K., KOWARIK, I. & WILLIAMSON, M. (eds.): Plant invasions: ecological mechanisms and human response. Backhuys Publishers, Leiden, pp. 347–360.

SOMMER, M. (1995): Über die weitere Ausbreitung von *Impatiens capensis* Meerb. an der Lahn. Hess. Florist. Br. 44 (2): 17–19.

SONNBERGER, B. (1996): *Corydalis claviculata* (L.) DC. im Unterallgäu. Ber. Bayer. Bot. Ges. 66/67: 209–211.

SPAETH, I., BALDER, H. & KILZ, E. (1994): Das Problem mit der Spätblühenden Traubenkirsche in den Berliner Forsten. Allgemeine Forstzeitschrift 49 (5): 234–236.

SPÄTH, L. (Hrsg., 1930): Späth-Buch. 1720–1930. Großbetrieb für Gartenkultur Berlin-Baumschulenweg. R. Mosse, Berlin, 656 S.

SPETHMANN, W. (1995): In-situ / ex-situ-Erhaltung von heimischen Straucharten. In: KLEINSCHMIT, J., BEGEMANN, F. & HAMMER, K. (Hrsg.): Erhaltung pflanzengenetischer Ressourcen in der Land- und Forstwirtschaft. Schriften zu Genetischen Ressourcen (ZADI, Bonn) 1: 68–87.

SPETHMANN, W. (1997): Gefährdet Hybridisierung die Erhaltung von Baum- und Straucharten? NNA-Berichte 10 (2): 26–31.

SPITTLER, H. (1998): 40 Jahre Wildtruthühner im Kottenforst. Rhein.-Westf. Jäger 4/98: 16–17.

SPRANGER, W. & TÜRK, W. (1993): Die Halbtrockenrasen (Mesobromion erecti Br.-Bl. et Moor 1938) der Muschelkalkstandorte NW-Oberfrankens im Rahmen ihrer Kontakt- und Folgegesellschaften. Tuexenia 13: 203–246.

SRU (Sachverständigenrat für Umweltfragen) (1998): Umweltgutachten 1998. Metzler-Poeschel, Stuttgart, 390 S.

SRU (Sachverständigenrat für Umweltfragen) (1999): Umwelt und Gesundheit. Risiken richtig einschätzen. Sondergutachten. Metzler-Poeschel, Stuttgart, 255 S.

SRU (Sachverständigenrat für Umweltfragen) (2000): Umweltgutachten 2000. Metzler-Poeschel, Stuttgart, 684 S.

STACE, C.A. (1975): Introductory. In: STACE, C. A. (ed.): Hybridization and the flora of the British Isles. Academic Press, London, pp. 1–90.

STADLER, J., TREFFLICH, A., KLOTZ, S. & BRANDL, R. (2000): Exotic plant species invade diversity hotspots: The alien flora of north-west Kenya. Ecography 23: 169–176.

STAEHR, P.A., PEDERSEN, M.F., THOMSEN, M.S., WERNBERG, T. & KRAUSE-JENSEN, D. (2000): Invasion of *Sargassum muticum* in Limfjorden (Denmark) and its possible impacts on the indigenous macroalgal community. Marine Ecology 207: 79–88.

STARFINGER, U. (1990): Die Einbürgerung der Spätblühenden Traubenkirsche (*Prunus serotina* Ehrh.) in Mitteleuropa. Landschaftsentw. u. Umweltforsch. 69, 119 S.

STARFINGER, U. (1991): Population biology of an invading tree species – *Prunus serotina*. In: SEITZ, A. & LOESCHCKE, V. (eds.): Species conservation: a biolgical approach. Birkhäuser, Basel, pp. 171–183.

STARFINGER, U. (1997): Introduction and naturalization of *Prunus serotina* in Central Europe. In: BROCK, J. H., WADE, M., PYŠEK, P. & GREEN, D. (eds.): Plant Invasions: studies from North America and Europe. Backhuys Publishers, Leiden, pp. 161–172.

STARFINGER, U. (1998): On success in plant invasions. In: STARFINGER, U., EDWARDS, K., KOWARIK, I, & M. WILLIAMSON (eds.): Plant invasions. Ecological mechanism and human responses. Backhuys Publishers, Leiden, pp. 33–42.

STARFINGER, U. (1999): Neophyten – auch ein medizinisches Problem? Berliner Ärzteblatt 112: 240–241.

STARFINGER, U., EDWARDS, K., KOWARIK, I, & M. WILLIAMSON (eds. 1998): Plant invasions. Ecological mechanism and human responses. Backhuys Publishers, Leiden, 362 p.

STARFINGER, U., KOWARIK, I., RODE, M. & SCHEPKER, H. (im Druck): From desirable ornamental plant to pest to accepted addition to the flora? The perception of an alien plant species through the centuries. Biological Invasions.

STARKMANN, T. & TENBERGEN, B. (1996): Entwicklung und Effizienz von landschaftspflegerischen Maßnahmen in alten Flurbereinigungslandschaften. Beitr. z. Landespfl. 12: 1–83.

STARKMANN, T. (1993): Neue und alte Hecken im Münsterland. Beitr. z. Landespfl. 2: 1–126.

STEFFAN-DEWENTER, I. & TSCHARNTKE, T. (1996): Profitieren Wildbienen oder Honigbienen von der Flächenstillegung in der Landwirtschaft? Natur u. Landsch. 71: 255–261.

STEINLEIN, T., DIETZ, H. & ULLMAN, I. (1996): Growth patterns of the alien perennial *Bunias orientalis* L. (Brassicaceae) underlying its rising dominance in some native plant assemblages. Vegetatio 125: 73–82.

STEPHENSON, S.L. (1986): Changes in a former chestnut-dominated forest after a half century of succession. Am. Midl. Nat. 116: 173–179.

STIEGLITZ, W. (1981): Die Adventiv-Flora des Neusser Hafens in den Jahren 1979 und 1980. Gött. Flor. Rundbr. 15(3): 45–54.

STIKA, H. P. (1995): Römerzeitliche Kultur- und Nutzpflanzenreste aus Baden-Württemberg. Jh. Ges. Naturkde. Württemberg 151: 393–421.

STOHLGREN, T.J., BINKLEY, D., CHONG, G.W., KALKHAN, M.A., SCHELL, L.D., BULL, K.A., OTSUKI, Y., NEWMAN, G., BASHKIN, M. & SON, Y. (1999): Exotic species invade hot spots of native plant diversity. Ecological Monographs 69 (1): 25–46.

STOTTELE, T. & SCHMIDT, W. (1988): Flora und Vegetation an Straßen und Autobahnen der Bundesrepublik Deutschland. Forsch. Straßenbau u. Straßenverkehrstechnik 529, 191 S.

STOTTELE, T. & SOLLMANN, A. (1992): Ökologisch orientierte Grünpflege an Straßen. Grundlagen für die Entwicklung von Pflegeplänen und deren Anwendung. Ein Pilotprojekt der Hessischen Straßenbauverwaltung. Schriftenreihe des Hessischen Landesamtes für Straßenbau 32: 286 S.

STOTTELE, T. & WAGNER, U. (1992): Ergebnisse der Bestandskartierung und Pflegeplanung für ausgewählte Meistereibezirke in Nordhessen. In: STOTTELE, T. & SOLLMANN, A.: Ökologisch orientierte Grünpflege an Strassen. Grundlagen für die Entwicklung von Pflegeplänen und deren Anwendung – ein Pilotprojekt der Hessischen Straßenbauverwaltung. SchrR. Hess. Landesamt f. Straßenbau 32: 203–232.

STOTTELE, T. (1992): Flora und Vegetation an Straßen und ihre Bedeutung im Landschaftsgefüge. In: STOTTELE, T. & SOLLMANN, A.: Ökologisch orientierte Grünpflege an Strassen. Grundlagen für die Entwicklung von Pflegeplänen und deren Anwendung – ein Pilotprojekt der Hessischen Straßenbauverwaltung. SchrR. Hess. Landesamt f. Straßenbau 32: 35–84.

STRAHM, W. (1996): Invasive species in Mauritius: examining the past and charting the future. In: SANDLUND, O.T., SCHEI, P.J. & VIKEN, A. (eds.): Proceedings of the Norway / UN Conference on alien species. Trondheim, pp. 167–175.

STRÄTZ, C. (1997): Kartäuserschnecke (*Monacha cartusiana*) [O.F. MÜLLER 1774]), Sandheideschnecke (*Cernuella virgata* [(DA COSTA 1778]) (Gastropoda: Hygromiidae) und Spanische Wegschnecke (*Arion lusitanicus* MABILLE 1868) (Gastropoda: Arionidae) drei südwesteuropäisch verbreitete Landschnecken in Franken – ein Beitrag zur Neozoen-Thematik. Ber. Naturforsch. Ges. Bamberg 71: 155–176.

STREIT, B. (1991): Verschleppung, Verfrachtung und Einwanderung von Tierarten aus der Sicht des wissenschaftlichen Naturschutzes. In: HENLE, K. & G. KAULE (Hrsg.): Arten- und Biotopschutzforschung für Deutschland. Forschungszentrum Jülich/Jülich, S. 208–224.

SUDNIK-WOJCIKOWASKA, B. (1987): Dynamik der Warschauer Flora in den letzten 150 Jahren. Gleditschia 15 (1): 7–23.

SUDNIK-WOJCIKOWSKA, B. (1987): *Iva xanthiifolia* Nutt. and its communities within Warsaw. Acta Soc. Bot. Poloniae 56 (1): 155–167

SUDNIK-WOJCIKOWSKA, B. (1988): Flora and anthropopressure zones in a large urban agglomeration (exemplified by Warsaw). Flora 180: 259–265.

SUKOPP, H. (1962): Neophyten in natürlichen Pflanzengesellschaften Mitteleuropas. Ber. Dt. Bot. Ges. 75 (6): 193–205.

SUKOPP, H. (1968): Das Naturschutzgebiet Pfaueninsel in Berlin-Wannsee. S.Ber. Ges. Naturf. Freunde N.F. 8: 93–129.

SUKOPP, H. (1969): Der Einfluß des Menschen auf die Vegetation. Vegetatio 17: 360–371.

SUKOPP, H. (1971): Beiträge zur Ökologie von *Chenopodium botrys* L. 1. Verbreitung und Vergesellschaftung. Verh. Bot. Ver. Provinz Brandenburg 108: 3–25.

SUKOPP, H. (1972): Wandel von Flora und Vegetation in Mitteleuropa unter dem Einfluß des Menschen. Ber. Landw. 50: 112–139.

SUKOPP, H. (1976): Dynamik und Konstanz in der Flora der Bundesrepublik Deutschland. SchrR. Vegetationskde. 10: 9–27.

SUKOPP, H. (1980): Zur Geschichte der Ausbringung von Pflanzen in den letzten hundert Jahren. In: Ausbringung von Wildpflanzen. Akademie f. Natursch. und Landschaftspfl., Laufen, Tagungsber. 5: 5–9.

SUKOPP, H. (1986): Naturschutz in Dörfern und Städten – die Rolle der Freilichtmuseen. SchrR. Aus Liebe zur Natur 4: 16–26.

SUKOPP, H. (Hrsg.) (1990): Stadtökologie. Das Beispiel Berlin. Reimer, Berlin.

SUKOPP, H. (1995): Neophytie und Neophytismus. In: BÖCKER, R., GEBHARDT, H., KON-

OLD, W. & SCHMIDT-FISCHER, S. (Hrsg.): Gebietsfremde Pflanzenarten. Auswirkungen auf einheimische Arten, Lebensgemeinschaften und Biotope, Kontrollmöglichkeiten und Management. ecomed, Landsberg, S. 3–32.

SUKOPP, H. & SCHICK, B. (1992): Zur Biologie neophytischer *Reynoutria*-Arten in Mitteleuropa. Morphometrie der Laubblätter. Natur u. Landschaft 67(10): 503–505.

SUKOPP, H. & SCHICK, B. (1993): Zur Biologie neophytischer *Reynoutria*-Arten in Mitteleuropa. Morphometrie der Sproßsysteme. Dissertationes Botanicae 196: 163–174.

SUKOPP, H. & SCHOLZ, H. (1964): *Parietaria pensylvanica* Mühlenb. ex Willd. in Berlin. Ber. Dt. Bot. Ges. 77: 419–426.

SUKOPP, H. & SCHOLZ, H. (1968): *Poa bulbosa* L., ein Archäophyt der Flora Mitteleuropas. Flora, Abt. B 157: 494–526.

SUKOPP, H. & SCHOLZ, H. (1997): Herkunft der Unkräuter. Osnabrücker Naturwiss. Mitt. 23: 327–333.

SUKOPP, H. & SEILER, M. (1998): Pfaueninsel. In: KOWARIK, I., SCHMIDT, E. & SIGEL, B. (Hrsg.): Naturschutz und Denkmalpflege. Wege zu einem Dialog im Garten. vdf Hochschulverlag ETH, Zürich, S. 359–373.

SUKOPP, H. & STARFINGER, U. (1995): *Reynoutria sachalinensis* in Europe and in the far east: a comparison of the species ecology in its native and adventive distribution range. In: PYŠEK, P., PRACH, K. & WADE M. (eds.): Plant invasions. General aspects and special problems. pp. 151–159.

SUKOPP, H. & SUKOPP, U. (1988): *Reynoutria japonica* Houtt. in Japan und in Europa. Veröff. Geobot. Inst. ETH, Stiftung Rübel, Zürich 98: 354–372.

SUKOPP, H. & SUKOPP, U. (1993b): Ecological long-term effects of cultigens becoming feral and of naturalization of non-native species. Experientia 49: 210–218.

SUKOPP, H. & TREPL, L. (1987): Extinction and naturalization of plant species as related to ecosystem structure and function. Ecol. Studies 61: 245–276.

SUKOPP, U. & SUKOPP, H. (1993a): Das Modell der Einführung und Einbürgerung nicht einheimischer Arten. Gaia 2 (5): 268–288.

SUKOPP, U. & SUKOPP, H. (1994): Ökologische Langzeiteffekte der Verwilderung von Kulturpflanzen. In: DAELE, W. VAN DEN, PÜHLER, A. & SUKOPP, H. (Hrsg.): Verfahren zur Technikfolgenabschätzung des Anbaus von Kulturpflanzen mit gentechnisch erzeugter Herbizidresistenz. Wissenschaftszentrum Berlin (FS II 94–304) Heft 4: 1–91.

SURHOLT, B. & BAAL, T. (1995): Die Bedeutung blühender Silberlinden für Insekten im Hochsommer. Natur und Landschaft 70 (6): 252–258.

SYDOW, H. (1935): Einzug einer asiatischen Uredinee (*Puccinia komarowi* Tranzsch.) in Deutschland. Ann. Mykol. 33: 363–366.

SYKORA, K.V. (1990): History of the impact of man on the distribution of plant species. In: DI CASTRI, F., HANSEN, A.J. & DEBUSSCHE, M. (eds.): Biological invasions in Europe and the Mediterranean Basin. pp. 37–50.

TAPPEINER, U. & CERNUSCA, A. (1990): Charakterisierung subalpiner Pflanzenbestände im Zentralkaukasus anhand von Bestandesstruktur und Strahlungsabsorption. Verh. Ges. Ökologie 19 (2): 768–778.

TAPPESER, B., ECKELKAMP, C. & WEBER, B. (2000): Untersuchung zu tatsächlich beobachteten nachteiligen Effekten von Freisetzungen gentechnisch veränderter Organismen. Umweltbundesamt (Wien), Monographien Band 129, 76 S.

TAUCHNITZ, H. (1994): Bürgerwünsche zu Parkanlagen. Gartenamt 1: 20–23.

TENBERGEN, B. (1993): Erfolgskontrolle von Gehölzanpflanzungen. SchrR. Westfäl. Amtes Landespfl. 6: 1–112.

TENBERGEN, B. & STARKMANN, T. (1995a): Heckenneuanpflanzungen in Westfalen-Lippe und ihre zeitliche Entwicklung. LÖBF Mitt. 3: 12–18.

TENBERGEN, B. & STARKMANN, T. (1995b): Ökologie, Verbreitung und kulturhistorische Bedeutung von gepflanzten Gehölzen in Westfalen-Lippe. Beitr. z. Landespfl. 10: 81–122.

TER BORG, S.J., SCHIPPERS, P., VAN GROENENDAL, J.M. & ROTTEVEEL, T.J.W. (1998): *Cyperus esculentus* (Yellow Nutsedge) in N.W. Europe: invasions on a local, regional and global scale. In: STARFINGER, U., EDWARDS, K., KOWARIK, I. and WILLIAMSON, M. (eds): Plant invasions: ecological mechanisms and human response, pp. 261–273. Backhuys Publishers, Leiden.

TERPO, A. (1974): Die Verbreitung der adventiven Holzgewächse in Ungarn. Acta Inst. Bot. Acad. Sci. Slovacae Ser A 1: 107–125.

TESCH, A. (1998): Ergebnisse des CT III-Monitoringprogramms zur Sandentnahme und Verklappung in der Aussenweser. (unveröff. Projektbericht) WBNL/Osterholz-Scharmbek, 201 S. + Anhang.

THELLUNG, A. (1905): Einteilung der Ruderal- und Adventivflora in genetische Gruppen. In: NAEGELI, O. & THELLUNG, A.: Die Flora des Kanton Zürich, 1. Teil. Die Ruderal- und Adventivflora des Kanton Zürich. Vjschr. Naturforsch. Ges. Kanton Zürich 50: 232–236.

THELLUNG, A. (1912): La flore adventice de Montpellier. Mém. Soc. Sci. Nat. Cherbourg 38: 622–647.

THELLUNG, A. (1915): Pflanzenwanderungen unter dem Einfluß des Menschen. Englers Bot. Jb. 53 (3/5): 37–66.

THELLUNG, A. (1918/19): Zur Terminologie der

Adventiv- und Ruderalfloristik. Allg. Bot. ZSchrR. 24/25 (9–12): 36–42.

THIMM, G. (1998): Der Greizer Park. In: KOWARIK, I., SCHMIDT, E., SIGEL, B. (Hrsg.): Naturschutz und Denkmalpflege. Wege zu einem Dialog im Garten. vdf Hochschulverlag ETH Zürich, S. 341–348.

THOMPSON, J.D. (1991): The biology of an invasive plant. Bioscience 41: 393–401.

TILEY, G.E.D. & PHILP, B. (1994): *Heracleum mantegazzianum* (Giant Hogweed) and its Control in Scotland. In: DE WAAL, L.C., CHILD, L.E., WADE, P.M. and BROCK, J.H. (eds): Ecology and Management of Invasive Riverside Plants, pp. 101–110, J Wiley, Chichester.

TILEY, G.E.D., DODD, F.S. & WADE, P.M. (1996): *Heracleum mantegazzianum* Sommier & Levier. J. Ecol. 84: 297–319.

TILEY, G.E.D. & PHILP, B. (1997): Observations on flowering and seed production in *Heracleum mantegazzianum* in relation to control. In: BROCK, J.H., WADE, M., PYŠEK, P. & GREEN, D. (eds.): Plant invasions: studies from North America and Europe. Backhuys Publishers, Leiden, pp. 123–138.

TITTIZER, T. (1996): Vorkommen und Ausbreitung aquatischer Neozoen (Makrozoobenthos) in den Bundeswasserstraßen. In: GEBHARDT, H., R. KINZELBACH & S. SCHMIDT-FISCHER (Hrsg.): Gebietsfremde Tierarten. ecomed/Landsberg, S. 49–86.

TRAXLER, A., HEISSENBERGER, A., FRANK, G., LETHMAYER, C. & GAUGITSCH, H. (2000): Ökologisches Monitoring von gentechnisch veränderten Organismen. Umweltbundesamt (Wien), Monographien Band 126, 240 S.

TREMP, H. (2001): Standörtliche Differenzierung der Vorkommen von *Elodea canadensis* Michx. und *Elodea nuttallii* (Planch.) St. John in Gewässern der badischen Oberrheinebene. Ber. Inst. Landschafts- Pflanzenökologie Univ. Hohenheim, 10: 19–32.

TREMP, H. (2002): Integration von Arteigenschaften invasiver Pflanzen mit Umweltfaktoren zur Erstellung von Risiko-Szenarien. Das Beispiel Bastardindigo (*Amorpha fruticosa*). In: KOWARIK, I. & STARFINGER, U. (eds.): Biologische Invasionen: Herausforderung zum Handeln? Neobiota 1: 67–89.

TREMP, H. & VULPUS, D. (1997): Verbreitung und Ökologie des neophytischen Mondbechermooses *Lunularia cruciata* (L.) Dum. an Bachufern im Stuttgarter Raum. Ber. Inst. Landschafts- u. Pflanzenökologie Univ. Hohenheim 6: 35–48.

TREPL, L. (1983a): Zum Gebrauch von Pflanzenarten als Indikatoren der Umweltdynamik. S.Ber. Ges. Naturf. Freunde N.F. 23: 151–171.

TREPL, L. (1983b): Ökologie – eine grüne Leitwissenschaft? Über Grenzen und Perspektiven einer modischen Disziplin. Kursbuch 74: 6–27.

TREPL, L. (1984): Über *Impatiens parviflora* DC. als Agriophyt in Mitteleuropa. Diss. Bot. 73: 1–400.

TREPL, L. (1990a): Research on the anthropogenic migration of plants and naturalization. Its history and current state of development. In: SUKOPP. H., HEJNY, S. & KOWARIK, I. (eds.): Urban ecology. Plants and plant communities in urban environments. pp. 75–97.

TREPL, L. (1990b): Zum Problem der Resistenz von Pflanzengesellschaften gegen biologische Invasionen. Verh. Berliner Bot. Ver. 8: 195–230.

TREPL, L. (1994): Zur Rolle interspezifischer Konkurrenz bei der Einbürgerung von Pflanzenarten. Arch. f. Natursch. u. Landschaftsforsch. 33: 61–84.

TREPL, L. & SUKOPP, H. (1993): Zur Bedeutung der Introduktion und Naturalisation von Pflanzen und Tieren für die Zukunft der Artenvielfalt. Rundgespräche d. Kommission für Ökologie. Bd. 6 „Dynamik von Flora und Fauna. Artenvielfalt und ihre Erhaltung", S. 127–142.

TRÖGER, E.J. (1986): Die Südliche Eichenschrecke, *Meconema meridionale* Costa (Saltatoria: Ensifera: Meconematidae), erobert die Städte am Oberrhein. Ent. Z. 96 (16): 229–232.

TSCHARNTKE, T. (2000): Parasitoid populations in the agricultural landscape. In: HOCHBERG, M. & IVES, A. R. (eds.): Parasitoid population biology. Princeton University Press, Princton, pp. 235–253.

TSUYUZAKI, S. (1987): Origin of plants recovering on the volcano Usu, northern Japan, since the eruptions of 1977 and 1978. Vegetatio 73: 53–58.

TURCEK, F.J. (1961): Ökologische Beziehungen der Vögel und Gehölze. Bratislava.

TÜRK, W. (1995): Pflanzengesellschaften und Vegetationsmosaike der Insel Amrum. Tuexenia 15: 245–294.

TÜXEN, R. (1939): Pflanzengesellschaften als Gestaltungsstoff. Gartenkunst 49 (11): 209–216.

U.S. Congress, O.T.A. (1993): Harmful non-indigenous species in the United States. U.S. Government Printing Office, Washington, DC.

UDVARDY, L. (1999): Some remarkable instances of invasion of *Ailanthus altissima* in Hungary. Proceedings 5th International Conference on the Ecology of Invasive Alien Plants, 13–16 October, La Maddalena, Italia, p. 120.

ULBRICH, J. (1930): Die Bisamratte. Lebensweise, Gang ihrer Ausbreitung in Europa, wirtschaftliche Bedeutung und Bekämpfung. C. Heinrich, Dresden.

ULLMANN, I. & HEINDL, B. (1986): „Ersatzbiotop Straßenrand". Möglichkeiten und Grenzen des Schutzes von basiphilen Trockenrasen an Straßenböschungen. Ber. ANL 10: 103–118.

ULLMANN, I., HEINDL, B., FLECKENSTEIN, M. & MENGELING, I. (1988): Die straßenbegleitende Vegetation des Mainfränkischen Wärmegebietes. Ber. ANL 12: 141–187.

Umweltatlas Berlin (1985): Band I, Teil 4 (Klima). Herausgegeben von der Senatsverwaltung für Stadtentwicklung und Umweltschutz, Berlin. Bearbeitung des Kartenteils: Horbert, M., KIRCHGEORG, A. & VON STÜLPNAGEL, A.

Umweltbundesamt (Hrsg., 1996): Faunen- und Florenveränderung durch Gewässerausbau. Neozoen und Neophyten. UBA Texte 74/96.

Umweltbundesamt (Hrsg., 1999): Gebietsfremde Organismen in Deutschland. Ergebnisse des Arbeitsgespräches am 5. und 6. März 1998, Texte des Umweltbundesamtes 55/99.

UNGER, J.-G. (1998): The impact of quarantine regulations for terrestrial flatworms on international trade. Pedobiologia 42: 579–584.

URBAN, I. (1881): Geschichte des Königl. botanischen Gartens und Königl. Herbariums zu Berlin nebst einer Darstellung des augenblicklichen Zustandes dieser Institute. Jahrb. Königl. Bot. Gart. Berlin 1: 1–164.

USHER, M.B. (1988): Biological invasions of nature reserves: a search for generalisations. Biol. Conserv. 44: 119–135.

VITOUSEK, P.M. (1990): Biological invasions and ecosystem processes: towards an integration of population biology and ecosystem studies. Oikos 57: 7–13.

VITOUSEK, P.M. & WALKER, L.R. (1989): Biological invasion by *Myrica faya* in Hawaii: plant demography, nitrogen fixation, ecosystem effects. Ecol. Monogr. 59 (3): 247–265.

VITOUSEK, P.M., D'ANTONIO, C.M., LOOPE, L.L., REJMANEK, M. & WESTBROOKS, R. (1997): Introduced species: a significant component of human-caused global change. New Zealand J. Ecol. 21 (1): 1–16.

VÖGE, M. (1993): Tauchexkursionen zu Standorten von *Myriophyllum alterniflorum* DC.. Tuexenia. 13: 91–108.

VÖGE, M. (1995): Langzeitbeobachtungen an *Elodea nutalii* (Planch.) St. John in Norddeutschen Seen. Florist. Rundbr. 29 (2): 189–193.

VOGELLEHNER, D. (1984): Gärten und Pflanzen im Mittelalter. In: FRANZ, G. (Hrsg.): Deutsche Agrargeschichte 6: 69–96.

VOGGESBERGER, M. (1992): Aceraceae. In: SEBALD, O., SEYBOLD, S. & PHILIPPI, G. (Hrsg.): Die Farn- und Blütenpflanzen Baden-Württembergs, Bd. 4, S. 135–145.

VOGLMAYR, H. & KRISAI-GREILHUBER, I. (2002): Pilze. In: ESSL, F. & RABITSCH, W.: Neobiota in Österreich. Umweltbundesamt, Wien, S. 181–195.

VOGT ANDERSEN, U. & CALOV, B. (1996): Long-term effects of sheep grazing on giant hogweed (*Heracleum mantegazzianum*). Hydrobiologica 340: 277–284.

VOISIN, A. (1968): Einfluss der Regenwürmer auf die Grünland-Gesellschaft. In: Tüxen, R. (Hrsg.): Pflanzensoziologie und Landschaftsökologie. Ber. Intern. Sympos. IVV 1963, Den Haag, S. 157–175.

VOLZ, H. & OTTE, A. (2001): Occurrence and spreading ability of *Lupinus polyphyllus* Lindl. in the Hochrhoen. In: KOWARIK, I. & STARFINGER, U. (eds.): Biological Invasions in Germany. A Challenge to Act? BfN-Skripten 32: 97–98.

VOSER-HUBER, M.L. (1983): Studien an eingebürgerten Arten der Gattung *Solidago* L. Diss. Bot. 68, Vaduz.

WACE, N. (1977): Assessment of dispersal of plant species. The car-borne flora in Canberra. Proc. Ecol. Soc. Australia 10: 167–186.

WADE, M., DARBY, E.J., COURTNEY, A.D. & CAFFREY, J.M. (1997): *Heracleum mantegazzianum*: a problem for river managers in the Republic of Ireland and United Kingdom. In: BROCK, J.H., WADE, M., PYŠEK, P. & GREEN, D. (eds.): Plant invasions: studies from North America and Europe. Backhuys Publishers, Leiden, pp. 139–152.

WAGENITZ, G. & WAGENITZ, G. (Hrsg.): (1979): *Helianthus tuberosus*. In: HEGI, G.: Illustrierte Flora von Mitteleuropa Bd. VI, Teil 3: 248–257. Parey, Berlin und Hamburg.

WAGENITZ, G. (2000): Über das Wort „Ansalben". Floristische Rundbriefe 34: 25–27.

WAGNER, I. (1996): Zusammenstellung morphologischer Merkmale und ihrer Ausprägungen zur Unterscheidung von Wild- und Kulturformen des Apfel- (*Malus*) und Birnbaumes (*Pyrus*). Mitt. Dt. Dendrol. Ges. 81: 87–108.

WAGNER, I. & KLEINSCHMIT, J.(1995): Erhaltung von Wildobst in Nordwestdeutschland. Allgemeine Forstzeitschrift 50: 1458–1462.

WAGNER, M. (2002): Maßnahmen zur Kontrolle problematischer Neophyten in Berliner Naturschutzgebieten. In: KOWARIK, I. & STARFINGER, U. (eds.): Biologische Invasionen: Herausforderung zum Handeln? Neobiota 1: 355–361.

WALSER, B. (1995): Praktische Umsetzung der Knöterichbekämpfung. In: BÖCKER, R., GEBHARDT, H., KONOLD, W. & SCHMIDT-FISCHER, S. (Hrsg.): Gebietsfremde Pflanzen. Auswirkungen auf einheimische Arten, Lebensgemeinschaften und Biotope, Kontrollmöglichkeiten und Management. ecomed-Verlag, Landsberg, S. 161–172.

Literaturverzeichnis

WALTER, E. (1979a): Bemerkenswerte Adventivarten in fränkischen Kleeäckern. Ber. Naturf. Ges. Bamberg 54: 69–117.

WALTER, E. (1979b): *Phacelia tanacetifolia* Benth. Wiederaufleben des Anbaues in Oberfranken. Ber. Naturf. Ges. Bamberg 54: 62–68.

WALTER, E. (1980): Adventive Grasarten an Straßen im nördlichen Franken. Ber. Naturf. Ges. Bamberg 55: 220–249.

WALTER, E. (1982): Zur Verbreitung von *Bunias orientalis*, *Impatiens glandulifera* und *Impatiens parviflora* in Oberfranken. 29. Ber. Nordoberfr. Ver. Natur-, Geschichts- und Landeskde., 32 S.

WALTER, E. (1987): Die große Telekie (*Telekia speciosa*) – gartenflüchtig und sich ausbreitend in Oberfranken. Ber. Naturf. Ges. Bamberg 62: 11–26.

WALTER, E. (1989): Zur Situation der Gewöhnlichen Eselsdistel *Onopordium acanthium* L. in Oberfranken. Ber. Naturf. Ges. Bamberg 64: 19–37.

WALTER, E. (1992a): Die Silber-Goldnessel (*Galeobdolon argentatum* Smejkal), ein bisher weitgehend unbeachteter Kulturflüchtling – auch in Oberfranken. LXVII. Ber. Naturf. Ges. Bamberg: 23–35.

WALTER, E. (1992b): Zur Ausbreitung der Knollen-Sonnenblume oder Topinambur (*Helianthus tuberosus* L.) in Oberfranken. LXVII. Ber. Naturf. Ges. Bamberg: 37–57.

WALTER, E. (1992c): „Neubürger" und „Gäste" der Flora Oberfrankens. Heimatbeil. Amtl. Schulanz. RegBez. Oberfranken 186, 78 S.

WALTER, E. (1992d): Zum Vorkommen und zur Verbreitung der Kugeldistel-Gattung *Echinops* in Oberfranken. LXVI. Ber. Naturfor. Ges. Bamberg, S. 17–47.

WALTER, H. (1927): Einführung in die allgemeine Pflanzengeographie Deutschlands. Jena.

WALTER, J., ESSL, F., NIKLFELD, H. & FISCHER, M.A: (2002): Neophytische Gefäßpflanzen Österreichs. In: ESSL, F. & RABITSCH, W.: Neobiota in Österreich. Umweltbundesamt, Wien, S. 46–173.

WALTHER, G.-R. (1999): Distribution and limits of evergreen broad-leaved (laurophyllous) species in Switzerland. Botanica Helvetica 109: 153–167.

WALTHER, G.-R. (2000): Lauropyhillisation – a sign for changing climate? In: BURGA, C. & KRATOCHWIL, A. (eds.): Long-term vegetation monitoring. Tasks for vegetation science. Kluwer, Dordrecht pp.

WATSON, H. C. (1847): Cybele Britannica I. In WATSON, H.C. (1977): Selections from Cybele Britannica: 1–69, Reprint New York.

WATTENDORFF, J. (1960): Über die Verbreitung der Edelkastanie im Buchen-Traubeneichen-Wald der Hohen Mark bei Haltern in Westfalen. Mitt. Flor.-Soz. Arbeitsgem. N.F. 8: 222–226.

WEBER, E. (1997): Morphological variation of the introduced perennial *Solidago canadensis* L. sensu lato (Asteraceae) in Europe. Bot. J. Linn. Soc. 123: 197–210.

WEBER, E. (1997a): The alien flora of Europe: a taxonomic and biogeographic review. J. Veg. Sci. 8 (4): 565–572.

WEBER, E. (1999): Gebietsfremde Arten der Schweizer Flora. Ausmass und Bedeutung. Bauhinia 13: 1–10.

WEBER, E. (2000a): Biological flora of Central Europe: *Solidago altissima* L. Flora 195: 123–134.

WEBER, E. (2000b): Switzerland and the invasive plant species issue. Bot. Helv. 110: 11–24.

WEBER, E. & SCHMID, B. (1998): Latitudinal population differentiation in two species *Solidago* (Asteraceae) introduced into Europe. American Journal of Botany 85: 1110–1121.

WEBER, R. (1976): Zum Vorkommen von *Heracleum mantegazzianum* Somm. et LEV. im Elstergebirge und in angrenzenden Gebieten. Mitt. Flor. Kart. Halle 2: 51–57.

WEBER-OLDECOP, D.W. (1976): Neues vom „Grünen Gespenst". Kosmos 72: 175–176.

WEEDA, E.J. (1987): Invasions of vascular plants and mosses into the Netherlands. Proceedings C 90 (1): 19–29.

WEGNER, P. (2000): Hybridisierung bei Großfalken. Ist der Wanderfalke in Gefahr? In: MAYR, C. & KIEFER, A. (Red.): Was macht der Halsbandsittich in der Thujahecke. Zur Problematik von Neophyten und Neozoen und ihrer Bedeutung für den Erhalt der biologischen Vielfalt. NABU-Naturschutzfachtagung. Bonn, S. 35–43.

WEHRMAKER, A. (1990): Die Roteiche (*Quercus rubra*): für Naturschutz und Gallwespen kein Ersatz für die europäischen Eichen. In: Umweltstadt Darmstadt (Hrsg.): 24. Hessischer Floristentag. Tagungsbeiträge. SchrR. Bd.13 (1): 40–49.

WEIGMANN, G. (1996): Neozoen im Siedlungsbereich. In: GEBHARDT, H., R. KINZELBACH & S. SCHMIDT-FISCHER (Hrsg.): Gebietsfremde Tierarten. ecomed/Landsberg, S. 25–36.

WEIN, K. (1914): Deutschlands Gartenpflanzen um die Mitte des 16. Jahrhunderts. Beih. Bot. Centralbl. 31, II: 463–555.

WEIN, K. (1930/31): Die erste Einführung nordamerikanischer Gehölze in Europa. 1. Teil in Mitt. Dt. Dendrol. Ges. 42: 137–163, 2. Teil in Mitt. Dt. Dendrol. Ges. 43: 95–154.

WEIN, K. (1939-42): Die älteste Einführungs- und Ausbreitungsgeschichte von *Acorus calamus*. Teil 1–3. Hercynia 1 (3): 367–450, 3 (5): 72–128, 3 (6): 214–291.

WEIN, K. (1963): Die Einführungsgeschichte von *Helianthus tuberosus* L. Die Kulturpflanze 11: 43–91.

WEIN, K. (1963a): Die Heimat von *Ornithogalum nutans* L. und die Entstehung der Grundlagen für seine spätere Ausbreitung in den europäischen Gärten im Verlaufe der Barockzeit. Nova Acta Leopoldina N.F. 27 (167): 383–410.

WEISE, B. (1966/67): Untersuchungen über die Konkurrenzbeziehungen von *Impatiens parviflora* und *Impatiens noli-tangere*. Ber. Arbeitsg. Sächs. Botaniker NF 8: 101–122.

WEISGERBER, H. & JANSSEN, A. (Hrsg., 1998): Die Schwarzpappel. Probleme und Möglichkeiten bei der Erhaltung einer gefährdeten heimischen Baumart. Forschungsberichte Hessische Landesanstalt für Forsteinrichtung, Waldforschung und Waldökologie 24: 1–183.

WEISSE, A. (1925): Neue Beobachtungen über die Blattkrankheiten der Platane. Verh. Bot. Ver. Provinz Brandenburg 67: 24–25.

WENDEL, G.W. (1977): Longevity of black cherry, wild grape, and sassafras seed in the forest floor. USDA Forest Service Res. Pap. 375: 1–6.

WENDEL, G.W. & SMITH, H.C. (1990). *Pinus strobus* L., Eastern White Pine. In: BURNS, R. M. & B. H. HONKALA (eds.): Silvics of North America, Agriculture Handbook 654, Vol. 1., Washington D.C., pp. 476–488.

WENDELBERGER, G. (1954): Die Robinie in den kontinentalen Trockenwäldern Mittel- und Osteuropas. Allg. Forstz. 65: 1–3.

WENDLAND, F. (1979): Berlins Gärten und Parke. Von der Gründung der Stadt bis zum ausgehenden neunzehnten Jahrhundert. Berlin. Fröhlich und Kaufmann, 426 S.

WENDORFF, G. VON (1952): Die *Prunus serotina* in Mitteleuropa. Eine waldbauliche Monographie. Diss. Hamburg.

WENDT, H. (1981): Eine für Südost-Europa neue Samenkäfer-Art (Coleoptera: Bruchidae). Folia Entomologica Hungarica XLII (XXXIV): 223–226.

WENDT, H. (1991): Erstnachweis des Samenkäfers *Acanthoscelides pallidipennis* (Motschulsky, 1874) in Deutschland (Coleoptera, Bruchidae). Märkische Entomologische Nachrichten 1: 67–68.

WERNER, D.J. (1994): Heteropteren an ruderalen Pflanzenarten der Gattung *Senecio*. Verh. Westdt. Entom. Tag 1993 (Löbecke-Mus., Düsseldorf), S. 237–244.

WERNER, D.J., ROCKENBACH, T. & HÖLSCHER, M.L. (1991): Herkunft, Ausbreitung, Vergesellschaftung und Ökologie von *Senecio inaequidens* DC. unter besonderer Berücksichtigung des Köln-Aachener Raumes. Tuexenia 11: 73–107.

WERNER, P.A., BRADBURY, J.K. & GROSS, R.S. (1980): The biology of Canadian weeds. 45. *Solidago canadensis* L. Can. J. Plant Sci. 60: 1393–1409.

WESSERLING, J. & TSCHARNTKE, T. (1993): Insektengesellschaften an Knaulgras (*Dactylis glomerata*): Der Einfluß von Saatgut-Herkunft und Habitattyp. Verh. Ges. Ökol. (FestSchrR. Bornkamm) 22: 351–354.

WESTHUS, W. (1981): Zur Vegetationsentwicklung von Aufforstungen, insbesondere mit *Robinia pseudoacacia* L.. Arch. Natursch. u. Landschaftsforschung 21 (4): 211–225.

WESTHUS, W. & HAUPT, R. (1990): Zum Florenwandel und Florenschutz in waldbestockten Naturschutzgebieten Thüringens. Hercynia 27 (3): 259–272.

WESTRICH, P. (1989): Die Wildbienen Baden-Württembergs. Bd. 1, 2. Ulmer, Stuttgart.

WETTERER, J.K. (1998): Alien ants: spreading like fire. World Conservation 4/97–1/98: 19–20.

WILCOVE, D. S., ROTHSTEIN, D., DUBOW, J., PHILLIPS, A. & LOSOS, E. (1998): Quantifying threats to imperiled species in the United States. Assessing the relative importance of habitat destruction, alien species, pollution, overexploitation, and disease. Bioscience 48 (8): 607–615.

WILDE, J. (1947): Kulturgeschichte der Sträucher und Stauden. Verlag Histor. Museum d. Pfalz zu Speyer, 303 S.

WILLDERING, U. (1984): Ur- und Frühgeschichte des Gartenbaues. In: FRANZ, G. (Hrsg.): Geschichte des Deutschen Gartenbaues. Deutsche Agrargeschichte 6: 39–68.

WILLERDING, U. (1986): Zur Geschichte der Unkräuter Mitteleuropas. Göttinger Schriften zur Vor- und Frühgeschichte 22, 382 S.

WILLIAMS, D.G. & BARUCH, Z. (2000): African grass invasion in the Americas: ecosystem consequences and the role of ecophysiology. Biological Invasions 2 (2): 123–140.

WILLIAMS, E.H. & SINDERMANN, C.J. (1991): Effects of disease interactions with exotic organisms on the health of the marine environment. In: DEVOE, R. (ed.): Proceedings of the Conference and workshop. Introductions and Transfer of Marine Species. Achieving a Balance between Economic Development and Ressource Protection. Conference Papers. (zit. nach GOLLASCH 1995).

WILLIAMSON, M. (1993): Invaders, Weeds and the risk from genetically manipulated organisms. Experientia 49: 219–224.

WILLIAMSON, M. (1996): Biological invasions. Chapman & Hall, London, 244 p.

WILLIAMSON, M. (1998): Measuring the impact of plant invaders in Britain. In: STARFINGER, U., EDWARDS, K., KOWARIK, I. & WILLIAMSON, M. (eds.): Plant invasions: ecological mechanisms and human response. Backhuys Publishers, Leiden, pp. 57–68.

WILLIAMSON, M. (1999): Invasions. Ecography 22: 5–12.

WILLIAMSON, M. & BROWN, K.C. (1986): The analysis and modelling of british invasions.

Literaturverzeichnis

Phil. Trans. R. Soc. London B 314: 505–522.
WILLIAMSON, M. & A. FITTER (1996): The characteristics of successful invaders. Biological Conservation 78: 163–170.
WILMANNS, O. (1989): Vergesellschaftung und Strategie-Typen von Pflanzen mitteleuropäischer Rebkulturen. Phytocoenologia 18 (1): 83–128.
WILMANNS, O. (1995): Die Eigenart der Vegetation im Mittleren Schwarzwald als Ausdruck der Bewirtschaftungsgeschichte. Mitt. Bad. Landesver. Naturkde. u. Natursch. 16 (2): 227–249.
WILMANNS, O. & BOGENRIEDER, A. (1995): Die Entwicklung von Flaumeichenwäldern im Kaiserstuhl im Laufe des letzten halben Jahrhunderts. Forstarchiv 4: 167–174.
WIMMER, C.A. (1991): Friedrich August Ludwig v. Burgsdorfs „Anleitung" als Quelle zur Gehölzverwendung im frühen Landschaftsgarten. Zandera 6 (1): 1–21.
WIMMER, W. & WINKEL, W. (2000): Zum Auftreten von *Gonioctena quinquepunctata* (Fabr.) (Coleoptera: Chrysomelidae) an *Prunus serotina* Ehrh. und in der Nestlingsnahrung höhlenbrütender Singvögel im Emsland. Braunschwei-ger Naturkundliche Schriften 6 (1): 131–138.
WIMMER, W. (1997): *Myriophyllum heterophyllum* Michaux in Niedersachsen und Bremen sowie seine Bestimmung in vegetativen Zustand. Florist. Rundbr. 31 (1): 23–31.
WINTERHOFF, W. (1981): Alte und neue Erdsternfunde im Flugsandgegbiet zwischen Walldorf und Mainz. Hessische Florist. Br. 30 (2): 18–27.
WINTERHOFF, W. (1991): Zur Pilzflora zweier Robinien-Gehölze bei Battenberg/Pfalz. Boletus 4: 103–110.
WINTERHOFF, W. (1993): Die Großpilzflora von Erlenbruchwäldern und deren Kontaktgesellschaften in der nordbadischen Oberrheinebene. Beih. Veröff. Natursch. u. Landschaftspfl. Bad.-Württ. 74, 100 S.
WINTERHOFF, W. & BON, M. (1994): Zum Vorkommen seltener Schirmlinge (*Lepiota* s.l.) im nördlichen Oberrheingebiet. Carolinea 52: 5–10.
WIRTH, V. (1997): Einheimisch oder eingewandert? Über die Einschätzung von Neufunden von Flechten. Bibl. Lichenol. 67: 277–288.
WISSKIRCHEN, R. (1989): Zur Verbreitung und Kennzeichnung von *Xanthium saccharatum* Wallr. em Widder an Rhein und Mosel. Decheniana 142: 29–38.
WISSKIRCHEN, R. & HAEUPLER, H. (1998): Standardliste der Farn- und Blütenpflanzen Deutschlands. Ulmer, Stuttgart, 765 S.
WITT, R. (1986): Reißt die Rhododendren raus! Kosmos 5: 70–75.
WITTIG, R. (1981): Untersuchungen zur Verbreitung einiger Neophyten im Fichtelgebirge. Ber. Bayer. Bot. Ges. 52: 71–81.
WITTIG, R. (1989): Die aktuelle Vergesellschaftung von *Chenopodium bonus-henricus* in Westfalen – eine Betrachtung aus der Sicht des Artenschutzes. Natur u. Landschaft 64 (11): 515–517.
WITTIG, R. (1991): Ökologie der Großstadtflora. Fischer, Stuttgart, 261. S.
WITTIG, R. (1995): Überblick über die Baumscheibenvegetation sechs mitteleuropäischer Städte. SchrR. Vegetationskde. (Sukopp-Festschrift) 27: 231–238.
WITTIG, R. & GÖDDE, M. (1985): Rubetum armeniaci Ass. nov., eine ruderale Gebüschgesellschaft in Städten. Documents Phytosociologiques N.S. 9: 73–87.
WOHLGEMUTH, J. O. (1998): Die Wilde Tulpe (*Tulipa sylvestris* L.) in Niedersachsen. Unveröff. Diplomarbeit am Institut f. Landschaftspflege und Naturschutz, Univ. Hannover, 115 S.
WOLF, G. (1985): Wurzelsysteme ausgewählter Arten. In: WOLF, G. (Red.): Primäre Sukzession auf sandig-kiesigen Rohböden im Rheinischen Braunkohlenrevier. SchrR. Vegetationskde. 16: 152–166.
WOLF, R. & HASSLER, D. (Hrsg., 1993): Hohlwege. Entstehung, Geschichte und Ökologie der Hohlwege im westlichen Kraichgau. Beih. Veröff. Naturschutz Landschaftspflege Bad.-Württ. 72: 416 S.
WOLF, R. (1984): Heiden im Kreis Ludwigsburg. Bilanz 1984, Schutzbemühungen, Verwachsungsprobleme, Pflege. Beih. Veröff. Natursch. u. Landschaftspfl. Bad.-Württ. 35, 76 S.
WOLFF, P. (1980): Die Hydrilleae (Hydrocharitaceae) in Europa. Göttinger Florist. Rundbr. 14: 33–56.
WOLFF, P. (1991): Die Zierliche Wasserlinse, *Lemna minuscula* Herter: Ihre Erkennungsmerkmale und ihre Verbreitung in Deutschland. Florist. Rundbr. 25 (2): 86–98.
WOLFF-STRAUB, R. (1998): Die Herkulesstaude – eine Problempflanze. LÖBF Mitt. 2: 70–71.
WOLSCHKE-BULMAHN, J. (1992): The „Wild Garden" and „Nature Garden" – aspects of the garden ideology of William Robinson and Willy Lange. J. Garden History 12 (3): 183–206.
WOODBRIDGE, K. (1991): The Stourhead Landscape. Wiltshire, The National Trust, 72 p.
WOODWARD, S.A., VITOUSEK, P.M., MATSON, K., HUGHES, F., BENVENUTO, K. & MATSON, P.A. (1990): Use of the exotic tree *Myrica faya* by native and exotic birds in Hawaii Volcanoes National Park. Pacific Science 44 (1): 88–93.
ZAVAGNO, F. & D'AURIA, G. (2001): Synecology and dynamics of *Amorpha fruticosa* com-

munities in Po plain, Italy. In: BRUNDU, G., BROCK, J., CAMARDA, I., CHILD, L. & WADE, M. (eds.): Plant invasions. Species ecology and ecosystem management. Backhuys Publishers, Leiden, pp. 175–182.

ZEBITZ, C.P.W. (1996): Allochthone Insekten in landwirtschaftlichen Kulturen. In: GEBHARDT, H., R. KINZELBACH & S. SCHMIDT-FISCHER (Hrsg.): Gebietsfremde Tierarten. ecomed/Landsberg, S. 155–167.

ZECHMEISTER, H.G, GRIMS, F. & HOHENWALLNER, D. (2002): Neophytische Moose in Österreich. In: ESSL, F. & RABITSCH, W.: Neobiota in Österreich. Umweltbundesamt, Wien, 174–177.

ZERBE, S. (1992): Fichtenforste als Ersatzgesellschaften von Hainsimsen-Buchenwäldern. Ber. Forschungszentrum Waldökosysteme, Reihe A, Bd. 100: 1–159 + Anhang

ZERBE, S. (1996): Synanthropes Vorkommen von *Calamagrostis villosa* (Chaix) J. F. Gmelin im Nordspessart. Ber. Bayer. Bot. Ges. 66/67: 93–96.

ZERBE, S. (1998): Potential natural vegetation: validity and applicability in landscape planning and nature conservation. Appl. Veg. Sci. 1 (2): 165–172.

ZERBE, S. (1999): Die Wald- und Forstgesellschaften des Spessarts mit Vorschlägen zu deren zukünftigen Entwicklung. Mitt. naturwiss. Museum Aschaffenburg 19, 354 S.

ZERBE, S., BRANDE, A. & GLADITZ, F. (2000): Kiefer, Eiche und Buche in der Menzer Heide (N-Brandenburg). Veränderung der Waldvegetation unter dem Einfluß des Menschen. Verh. Bot. Ver. Berlin Brandenburg 133: 45–86.

ZERBE, S. & VATER, G. (2000): Vegetationskundliche und standortökologische Untersuchungen in Pappelforsten auf Niedermoorstandorten des Oberspreewaldes (Brandenburg). Tuexenia 20: 55–76.

ZIMMERMANN, G. (1993): Stand und Perspektiven der biologischen Bekämpfung der Holländischen Ulmenkrankheit. In: KLEINSCHMIT, J. & WEISGERBER, H. (Hrsg.): Ist die Ulme noch zu retten? Forschungsberichte d. Hess. Forstl. Vers.Anst., Hann. Münden, Band 16: 44–50.

ZINTZ, K. & POSCHLOLD, P. (1996): Management Stillgewässer. Ber. Umw. forsch. Bad.-Württ., Projekt „Angewandte Ökol." 17, 515 S.

ZISWILER, V. (1965): Bedrohte und ausgerottete Tierarten. Springer, Berlin, 134 S.

ZIZKA, G. (1985): Botanische Untersuchungen in Nordnorwegen I. Anthropochore Pflanzenarten der Varagerhalbinsel und Sör-Varagers. Diss. Bot. 85: 4–102.

ZOBEL, B.J., WYK, G.V. & STAHL, P. (1987): Growing exotic forests. J. Wiley, New York.

ZOGLAUER, K., AURICH, C. KOWARIK, I. & SCHEPKER, H. (2000): Freisetzung transgener Gehölze und Grundlagen für Confinements. Umweltbundesamt (Hrsg.) Texte 31/00: 328 S.

ZOLLER, H. (1954): Die Typen der *Bromus erectus*-Wiesen des Schweizer Jura. Beitr. Geobot. Landesaufn. Schweiz 33, 309 S.

ZUCCHI, H. (1996): Ist die Silberlinde rehabilitiert? Zur Diskussion um das Hummelsterben an spätblühenden Linden. Natur u. Landsch. 2: 47–50.

ZUKRIGL, K. (1995): Die Waldvegetation im ehemaligen Augebiet des Wiener Praters. Forstarchiv 4: 175–182.

Bildquellen

Die Zeichnungen fertigte Helmuth Flubacher nach Vorlagen des Autors sowie aus der Literatur.

Sachregister

Ausführliche Darstellungen stehen halbfett.

Aalparasit 41
Abies grandiflora 79
Abies grandis 79
Abies koreana 101
Abies nordmanniana 79
Abundanzverminderungen 284
Abutilon theophrasti 57
Acacia 34f., 37f.
Acanthoscelides pallidipennis 249
Acanthus mollis 58
Accessibilität 110
Acer 81
Acer campestre 75, 167
Acer monspessulanum 77
Acer negundo 59, 72, 76, 117f., 131, 133, **195f.**, 262, 299
Acer platanoides 80, 133, 162, 169, **197f.**
Acer pseudoplatanus 11, 80, 133, 162, 166, 169, **197f.**, 245f., 300
Acer saccharinum 59, 75
Achaeta domestica 24, 281
Achillea lanulosa 111, 136
Äcker 61f., 64, 99, **138ff.**, 150, 165, 208, 213, 299, 310
Ackerbau 10, 26, 93
Ackerbrachen 120, 255
Ackerrandstreifenprogramm 138
Ackerröte 77
Ackerunkäuter s. Unkräuter
Acorus calamus 78, 111f., 229, 303
Acridotheres tristis 267
Adlerfarn 244, 245
Adonis aestivalis 20, 61, 111, 137
Adonis flammea 20, 137
Adonisröschen 20
Adventivarten (-pflanzen) 64, 66
Adventivfloristik 13f., 21, 28f., 108, 119
Aedes albopictus 36
Aesculus hippocastanum 58, 80f., 106, 118, 136, 245, 271, 284, 303
Affen 29, 32, 35f., 52, 57f.
Agamospermie 113
Agapanthus africanus 59
Agave americana 58
Ageratum conyzoides 89
Aggressivität 16, 261f.
Aggtelek Nationalpark (Ungarn) 129
Agriope bruennichi 24
Agriophyt 14, 20, 94, 108f., 168, 182, 184, 188, 190, 241, 292f.
Agropyro-Rumicion 122, 124
Agrostemma githago 65f., 77, 97, 111, 137, 139, 296
Agrostis castellana 77

Ahorn, Berg- s. *Acer pseudoplatanus*
Ahorn, Eschen- s. *Acer negundo*
Ahorn, Silber- 59
Ahorn, Spitz- s. *Acer platanoides*
Ahr 206, 217
Ailanthus altissima 24, 29, 38, 59, 75, 86, 93f., 117f., 125f., **127ff.**, 131, 133, 162, 249, 274, 284, 300
Ailanthusspinner 129, 249, 271
Aix galericulata 267
Akanthus 58
Akazie, Falsche s. *Robinia pseudoacacia*
Akazien 35
Akelei 145
Akolutophyten 14
Akzeptanz (Invasionen) 314f.
Alant, Klebriger 58, 126
Alcea rosea 57
Alchemilla alpina 242
Alexandersittich 267, 269
Alexandrium tamarense 234
Algen 18, 24, 34, 67, 111, 233f.
Algenfarn s. *Azolla*
aliens 16, 30
Alleen 99, 261
Allelopathie 146, 179, 284
Alleraue 136, 229
Allergien 42, 130
Allgäu 228
Alliarion 171
Allium cepa 57
Allium paradoxum 60, 83, 229
Allium sativum 57
Allium schoenoprasum 241
allochthone Arten 22
Allopolyploidie 295
Alnion glutinosae 124, 193
Alno-Padion 124, 193
Alnus 81
Alnus incana 76, 80f., 166, 200
Alnus viridis 82, 242
Aloe vera 58
Alopecurus myosuroides 72, 140
Alopecurus pratensis 122, 144f.
Alopochen aegyptiacus 266, 269
Alpen 17, 47, 57f., 94, 122, 204, 207, 242, 271, 300
Alpengärten 242
Alpenpflanzen 84, 89
Alraune 57
Altadventive 14
Althaea officinalis 57
Altlastensanierung 132
Altmühltal 240
Alysso-Sedion 124
Amaranthus 111, 139, 285
Amaranthus albus 111, 126
Amaranthus bouchonii 94, 139, 296
Amaranthus caudatus 58

Amaranthus powellii 94, 139
Amaranthus retroflexus 72, 139, 141, 303
Amazona ochrocephala 269
Ambrosia 130
Ambrosia artemisiifolia 66
Ameisen 33, 186, 251, 255
Amelanchier alnifolia 118, 168, 198
Amelanchier lamarckii 59, 168, 198
Amelanchier spicata 111, 168, 198
Amerika (s. auch Nordamerika) 27, 35
Ammengehölz 233
Amorpha fruticosa 228, 249
Ampfer, Alpen- 242
Amphibien 33, 264, 268
Amytornis goyderi 31
Anagallis arvensis 303
Anbaupflanze 72
Anchusa arvensis 303
Anemone appenina 135
Angelica archangelica subsp. *litoralis* 229
Angler 281
Anguillicola crassa 41
Anisomeridium nyssaegenum 18
Annelida 234, 264, 273
annosus root disease 39
Anökomyceten 262
Anökophyten 17, 62, 93, 111, 262, **294ff.**
Anökophytie 262
Anopheles gambiae 41
Anpflanzungen 22, 35f., 51, **73ff.**, 77f., 118, 133, 157, 164, 167, 173, 181, 184, 187, 191, 227, 235, 238, 242
Ansaaten 22f., 51, 70f., **77f.**, **80ff.**, 88, 118, 133, 144f., 152, 154ff., 204f., 209f., 214
Ansalbung 72, **89f.**, 227
Anser 280, 285, 295
Ansiedlung 269, 281
Antarktis 34
Antarktis-Vertrag 46
Anthemis 77
Anthemis arvensis 303
Anthemis tinctoria 240f.
Antheraea yamamai 271
Anthoxanthum aristatum 72, 141
Anthropochoren 16
anthropogene Sippen 16f., 72, 285, **294ff.**
Anthyllis vulneraria 145
Antirrhinum majus 241
Apera interrupta 131
Apera spica-venti 140
Apfel 57
Apfel, Kultur- 196
Apfel, Wild- 53
Apfelschnecke, Goldene 40

Aphanes arvensis 303
Aphanion 124, 137
Aphidophage 170f., 251
Aplonis corvina 31
Apomixis 17
Apophyten (Apophytie) 61, 115, 143
Appalachen 155, 162, 254
Aprikose 54
Aquakulturen **67**, 233f., 275
Aquarienhaltung 267, 273
aquatic weeds 34
aquatische Organismen 34, 39, 67ff., 201, 227f., **234**, **274f.**, 279, 292
Aquilegia vulgaris 145
Arabis caucasia 59
Arachnida 264
Arbeitsgruppe Neobiota 30
Arboretien 100f.
Archäomyceten 23
Archäophyten 14, **17f.**, 24, 27, 61f., 65f., 91f., 111, 124, 137f., 140, 201, 240f., 293, 295, 297ff., 301f., 303f., 314
Archäophyten (Definition) 17f.
Archäophyten (häufigste) 303
Archäophyten (problematische) 297ff.
Archäozoen 23f., 27, 314
Arction 124, 131
Arctium lappa 303
Arealbildung 109
Arealerweiterung 13, 15, 285
Arealgröße 116
Arkadien 97, 99f.
Armerion elongatae 124
Armoracia rusticana 78, 303
Arnoseridion 124
Arnoseris minima 137
Aronia 229
Aronia x prunifolia 90, 300
Arrhenatherion elatioris 124
Arrhenatherum elatius 76, 135, 144
Artemisia absinthium 240f.
Artemisia annua 201
Artemisia dracunculus 58
Artemisia sieversiana 64
Artemisia tournefortiana-Gesellschaft 131
Artemisia verlotiorum 296
Artemisietea 216
Artenrückgang 36, 105, 137, 145, 180, 203, 206, 229, 280, 285, 287f., 292, 294, 304, 307, 311
Artenschutz 17, 48ff., 179, 207, 258, 288, 314
Artenschutz-Verordnung 47
Artenvielfalt s. Biodiversität
Arthropoden 33, 171, 271
Artioposthia triangulata 84
Arundo donax 58, 132
Ascochyta chrysanthemi 261
Asien 29, 34, 36, 52, 73

Asparagus officinalis 241
Asphaltklee 57
Aspius aspius 265
Asplenium ruta-muraria 240
Asseln 275
Aster 83, 89,151, 201, 255, 296
Aster amellus 101
Aster novae-angliae 59
Aster novi-belgii 59
Aster salignus 296
Aster, Goldblatt- 59
Aster, Raublatt- 59
Asteraceae 115
Asterias amurensis 281
Astilbe arendsii 101
Ästuare 34, 233, 275
Äsungspflanzen 88, 215, 217, 224f.
Atriplex 84
Atriplex patula 139, 303
Atriplex sagittata 86, 131, 303
Atriplicetum nitentis 131
Atyaephyra desmaresti 272
Aubretia deltoidea 59
Auen (vegetation) 61, 69, 111, 135, 162, **200ff.**, 195, 198, 200, 276, 298ff.
Auenwälder 128, 150, 153, 194, **195f.**, 198, 201, 204f., 215, 217, 262, 299
Aufforstungen 35, 37, 78, 83, 154, 165, 172, 184, 191, 194
Aufschüttungen 131, 217, 253
Augsburg 98
Ausbreitungsbarrieren 9, 13, 19, 25, 70, 108, 111, 119
Ausbreitungserfolg 32, 174
Ausbreitungsgeschichte 70, 133, 169, 204, 277
Ausbreitungsgeschwindigkeit 115f., 174, 277
Ausbreitungspotential 74f., 181, 229
Ausbreitungsquellen 37, 174, 176, 231
Ausbreitungsvektoren, anthropogene 69ff., 111, 116, 208, 210f.
Ausbreitungswert (A-Wert) 74f.
Ausbringung (sekundäre) 51, **69ff.**, 112, 118, 120, 133, 210, 214, 307ff.
Auschnippe 208, 209
Ausfuhr 46
ausgestorbene Arten s. Ausrottung
Ausgleichsmaßnahmen 145, 166, 309
Ausläufer 88, 219, 223, 235, 238
Ausrottung 12, 26, **31f.**, 36, 46, 282, 287, 312
Aussetzungen 36, 118, 266f., 278, 280f.
Aussterben 20, 30, 34, 118, 137, 233, 276, 281, 285, 293, 307
Austern(kulturen) 15, 67, 233, 275, 292, **295**
Australien 10, 19, 25–29, 31f., 34–37, 45, 52, 281, 287
Autobahn 80f., 145, 238
Autobahnränder 81, 131, 144
autochthone Arten 22

Autoverkehr s. Verkehr
Avena fatua 65, 71,140, 296, 299
Aves 264, 266
Azolla 18, 90, 227
Azolla filiculoides 90, 227f.
Azoren 35

B.t.-Toxine 43, 294
Bachsaibling 267
Bacillus thuringiensis 43
Bad Karlshafen 278
Baden 224
Baden-Baden 215
Baden-Württemberg 84, 150f., 168, 184, 205f., 215f., 263, 266, 269
Bahnanlagen 64, 70, 86f., 126, 128, 131, 130, 132, 160
Bahnbrachen 153
Bahndämme 189
Bakterien 43, 261
Balkan 20
Ballastpflanzen 200
Ballaststoffe 65f.
Ballastwasser 34, 41, 45, 68, 111, 233f., 272f., 275, 308
Ballastwasserorganismen 15, 30, 234
Ballonpflanze 58
Ballota nigra 240f., 248, 303
Ballungsräume 122
Balsamine 58
Bankivahuhn 281
Bärenklau, Riesen- s. *Heracleum mantegazzianum*
Barockgärten 98, 99
Bartnelke 58
Basel 129
Basilikum 57
Bastardindigo 228, 249
Bauerngärten 96, 101
Baumhöhlen 193
Baumscheiben 126, 136
Baumschule 60, 76f., 82f., 98, 101ff., 168
Baumschulgehölze 74
Baumwachtel 281
Baumwollkapselkäfer 39
Bayerischer Wald 154
Bayern 76, 146, 166, 168, 202, 266, 268, 278
Baylisacaris proccyonis 278
Beerentang, Japanischer
 s. *Sargassum muticum*
Begrünungen 82, 85
Bekämpfung 11, 40, 48ff., 137, 141, 151, 163, 164, 172, 176, 181, 188, 190, 199, 206, 211, 220, 227, 232, 239, 242, 265, 273, 278, 281f., 297f., **304ff.**, 308, **310ff.**
Bekämpfung (Ablaufschema) 313
Bekämpfung (Ackerunkräuter) **138ff.**, 297f., 303
Bekämpfung (biologische) 37, 139, 180, 271, 280
Bekämpfung (Bisam) 278
Bekämpfung (*Cyperus esculentus*) 139ff.

Sachregister

Bekämpfung (*Fallopia*) 222ff.
Bekämpfung (*Heracleum mantegazzianum*) 212f.
Bekämpfung (*Impatiens glandulifera*) 206f.
Bekämpfung (*Lupinus*) 154
Bekämpfung (*Prunus serotina*) 180ff.
Bekämpfung (*Pseudotsuga menziesii*) 186f.
Bekämpfung (*Robinia*) 163ff.
Bekämpfung (*Rosa rugosa*) 239
Bekämpfung (*Solidago*) 151ff.
Bekämpfung (Wurzelsprosse) 156
Bekämpfungserfolg 181, 304
Belagerungsflora 146
Belgien 172f., 177, 184, 202, 269, 276, 280
Bellis perennis 303
Bemisia tabaci 271
Berberis 256
Berberis julianae 75
Berberis thunbergii 75
Berberis vulgaris 77
Bergbau 23, 131, 199
Bergbaufolgelandschaften 228, 237
Bergehalden 82, 131, 287
Bergematerial 126, 253
Berg-Kiefer 165
Bergwiesen 154, 165, 299
Berlin 63f., 73ff., 81, 86, 92, 97, 101, 104, 106, 115, 117, 119, **124f.**, 131, 135, 153, 157, 159, 164, 179f., 197, 254, 269, 278, 302, 310f.
Berneck 89
Berner Konvention 46, 282
Berteroa incana 303
Berufkraut s. *Conyza canadensis*
Bestäubungstyp 113
Beta 78
Beta vulgaris 57
Betäubungsmittel 134
Betula 81, 89
Betula pendula 159, 161
Betulo-Quercetum 185
Beuteangebot 275
Bewässerungssysteme 40
Beweidung 28, 31, 33, 35, 37, 93, 152, 155, 213, 223f., 239, 284
Bewertung 12, 45, 47f., 122, 182, 187, 257, 288ff., **297f.**, 308, 312f.
Bewirtschaftungsprobleme 178
Bialowieza 95, 133, 153f.
Biber 276, 285
Biddulphia sinensis 18
Bidens frondosa 127, 192, **229**, 303
Bidens tripartita 139
Bidention 122, 124
Biebricher Park (Wiesbaden)134
Bienen 89
Bienenfutterpflanze 51, 53, 70, 72, 88, 112, 120, 147, 157, 165, 169, 173, 194, 199, 204, 210, 224, 255
Biergartenmotte 271
Bilharziose 35
Bilsenkraut 24, 134, 140

Biodiversität 14, 16, 21, 25, 27, 144, 164f., 258, 280, **287ff.**, 290ff.
Biodiversitätskonvention 10, 21, 29, **47f.**, 49f., 282f., 288, 293, 297, 307, 312
biologische Invasionen (Definition) 9, 13ff.
biologische Schädlingsbekämpfung 37, 139, 271, 280
biologische Vielfalt s. Biodiversität
biologischer Landbau 215
Biologismus 107
Biomasse 218f., 284
Biosphärenreservat 191
Biosphärenreservat Rhön 154
Biotopschutz 207, 305, 313
Biotopvernetzung 62
biozönotische Einbindung 151, 164, 170, 186, **243ff.**, 246f., 251, 257f., 285
Birne 57
Birne, Kultur- 196
Bisam s. *Ondatra zibethicus*
Blasenesche 59
Blasenrost 187
Blasenspiere, Virginia- 59
Blasenstrauch 57
Blatta orientalis 281
Blattläuse 68, 145, 171, 186, 246, 249, 258
Blattlausfresser 170f., 251
Blattminen 247
Blattwespe 254
Blaubandbärbling 267
Blaufichte 106
Blaukissen 59
Bleibusch 228, 249
Bleiglanzkrankheit 180
Bleiwurz 58
Blockmeere 185
Blumenrohr 58
Blumenwiese 77, 104
Blütenangebot 151, 153, 206, 212, 250, 255f.
Blütenbesucher 151, 206, 221, **243ff.**, 251f., **254ff.**
Blütenthrips, Kalifornischer 260
Blutlaus 259, 281
Blutweiderich 35, 37, 39
BNYVV 261
Böden 84, 93, 159
Bodenablagerungen 72
Bodenbearbeitungen 138
Bodenbildung 287
Bodenchemismus 287
Bodenfestlegung 153
Bodenfruchtbarkeit 40, 172
Bodensee 152, 268, 272
Bodenstörungen 146, 156, 175, 184
Bodenverbesserung 70, 72, 173, 179
Bodenversauerung 179, 186, 190
Böhmen 136, 188, 208, 216
Bohne 56, 58
Bohnenkraut 57
Bohrmuschel, Amerikanische 67
Bombina orientalis 268

Bombus lapidarius 256
Bombus terrestris 256
Bombycilla garrulus 11
Bonintaube 31
Bonn 215, 269
Bonner Konvention 46
Borago officinalis 57
boreale Gebiete 34
Borkenkäfer, Fichten- 39
Borretsch 57
Borstgrasrasen 154, 299
Böschungsansaaten 51, 154f.
Böschungsbefestigung 88, 156, 207, 215, 217
Bostalsausee 203
botanische Gärten 60, 70, 73, 90, 119, 169, 202, 300
Brachflächen 35, 88, 93, 104, **126**, **130ff.**, 150, 189, 228, 299, 312
Brachflächen, urbane 147f.
Brachflächensukzession 148, 161, 199
Braderuper Heide 239
Brände 94
Brandenburg 22, 29, 73, 74, 82, 85, 94, 97, 117, 156, 164f., 212, 278
Brandrisiko 37
Brandrodung 30, 33
Brandschopf 58
Brandschutz 82, 173
Branta 285
Branta canadensis 269f., 280
Brasilien 39, 41
Brassica 78
Braunalgen 18, 234
Braunkohlentagebau 131
Brautmyrthe 58
Brennende Liebe 58
Britische Inseln 11, 39, 63, 67, 84, 86, 99, 142, 184, 198, 205, 207, 220, 223, 228, 234, 236f., 244f., 262, 269, 271, 275, 280, 300f., 306, 315
Brocken 242
Brockengarten 84
Bromus 115
Bromus erectus 135
Bromus secalinus 65, 137, 296
Bromus sterilis 240, 303
Bromus tectorum 35, 37, 63
Brühl 269
Brunau 119
Brunnera macrophylla 59
Brutvögel 33, 186, 254, **269**
Bryonia dioica 241
Buchenwälder 170
Buchsbaum 57, 98, 101
Buddleja davidii 29, 59, 111, 118, 126, 131f., 248, **252f.**, 286f.
Büffelzikade 271
Büffelzirpe 273
Bufo viridis 268
Bundesnaturschutzgesetz 10, 17, **48f.**, 258, 288, 297f., 309, 312, 314
Bundeswasserstraßen 274
Bunias orientalis 71, 84, 111, 126, **146f.**, 284, 299, 303
Burg Hohenneuffen 242

Burgen 134, 240ff.
Burgenland 163
Buxus sempervirens 57, 77, 98

C₄- Pflanzen 94, 111, 141f., 235
Caballus modestus 31
Cactoblastis cactorum 37
Calamagrostis villosa 83, 200
Calendula officinalis 58
Calotropis procera 38
Calthion 124, 193
Calystegia soldanella 58
Camelia sativa 65
Cameraria ohridella 271
Campanula cochlearifolia 84
Campanula glomerata 136
Campanula medium 58
Campanula scheuchzeri 242
Campylopus introflexus 11, 18, 69, 71, 131, **237f.**, 286f., 298f., 306
Canna indica 58
Cannabis ruderalis 296
Cannabis sativa 296
Capitulare de villes 55f., 242
Capparis spinosa 58
Capsella bursa-pastoris 140, 241, 296
Capsicum annuum 58
Capsicum longum 58
Caragana arborescens 75, 118
Carcinus maenas 265, 281
Cardamine hirsuta 83
Cardaria draba 303
Cardiospermum halicacabum 58
Caricion canescenti-fuscae 124
Carpinion betuli 124
Carpinus 81
Carthamus tinctorius 57
Castanea dentata 36, 263
Castanea sativa 24, 36, 54, 57, 77ff., 83, 111f., **194f.**, 245, 263
Casuarina glauca 38
Caulerpa taxifolia 18, 34
Celle 135, 174, 229
Celosia argentea 58
Celtis australis 58
Celtis occidentalis 118
Centaurea cyanus 20, 65, 137, 303
Centaurea solstitialis 111
Centaurea stoebe 255
Centranthus ruber 58
Cerastium glomeratum 303
Cerastium tomentosum 240
Ceratocapnos claviculata 198
Ceratocystis fimbriata 40, 249
Ceratocystis ulmi s. *Ophiostoma ulmi*
Cercis siliquastrum 58
Cervus nippon 266
Chamaecyparis lawsoniana 102
Cheiranthus cheiri 57, 135, 241
Chelidonium majus 240
Chemnitz 253
Chenopodietum stricti 131
Chenopodion rubri 122, 124
Chenopodium 72, 111, 139f., 285
Chenopodium album 65, 140, 303
Chenopodium bonus-henricus 137

Chenopodium botrys 29, 58, 61, 111, **119**, 126, 131
Chenopodium ficifolium 83
Chile 37, 254
Chileflamingo 269
China 53, 60, 127, 235
Chinaschilf 132, 142
Cholera 41
Chondrostereum purpureum 176f., 180, 311
Chrysanthemenrost 261
Chrysanthemum segetum 72, 140
Chrysemys 268
Chrysoperla carnea 294
Cicerbita marophylla 136
Cichorium calvum 145
Cichorium endiva 58
Cichorium intybus 303
Cirsium arvense 140
Cirsium dissectum 93
CITES 46
Citrus-Gewächse 97
Clavipes purpurea 236
Claytonia perfoliata 83, 126
Clematis vitalba 77, 118
Cnidaria 234, 264, 273
Cobgeria leucophaeta 67
Cochenille-Läuse 37
Cochlearia danica 84
Coix lacrima-jobi 57
Colapter cafer rufipileus 31
Colinus virginianus 281
colonization 14
Columba livia 281
Columba versicolor 31
Colutea arborescens 57, 75, 77, 118
Compsopogon hookeri 18, 111
Conium maculatum 111f., 134
Container 67f., 271
Convolvuletalia 205
Convolvulion sepium 124
Convolvulo-Agropyrion 124
Conyza 285
Conyza canadensis 59, 73, 109, 111, 126, 131, 133, 139, 303
Corbicula fluminea 272
Cordylophora caspia 273
Corispermum leptopterum 86f., 111, 126, 296
Cornus alba 245
Cornus mas 77
Cornus sanguinea 75, 77
Cornus sericea 59
Corophium curvispinum 67, 272, 275
Corylus 81
Corylus avellana 16, 75ff., 167
Corylus colurna 58, 118
Corynephorion 124
Corythucha ciliata 249f., 260, 271, 273f.
Coscinodiscus wailesii 233
Cotoneaster 59f., 96, 101, 103f., 256
Cotoneaster integerrimus 77
Crassostrea gigas 67, 275
Crassostrea virginica 275
Crassula helmsii 90, 228, 300, 306
Crataego-Prunion 124

Crataegus 81
Crataegus laevigata 167
Crataegus monogyna 167
Crataegus x macrocarpa 167
Crataegus x media 167
Crataegus x subsphaericea 167
Crepidula fornicata 67
Crepis biennis 303
Crepis capillaris 303
Crepis nicaeensis 135
Crithmum maritimum 57
Crocidura fuliginosa trichua 31
Crocus 83
Cronartium ribicola 83, 187, 260
Crustacea 234, 264, 272
Cryphonectrica parasitica 36, 83, 195, 260, **262f.**
Ctenopharyngodon idella 203, 265, 267, 280
Cucumis melo 57
Cucumis sativa 55, 57
Cucurbita maxima 56, 58
Cumminsiella mirabilissima 249
Cupressus sempervirens 58
Cuscuta 171, 284
Cuscuta epilinum 65
Cuscuta europaea 151
Cuscuta gronovii 151, 200
Cuscuta littoralis 38
Cuscuta lupiliformis 151
Cuscuto-Convolvuletum 226
Cuxhaven 239f.
Cydonia oblonga 57
Cymbalaria muralis 90, 111f., 127, 131, 240f., 303
Cynodon dactylon 296
Cynoglossum officinale 241
Cynosurus cristatus 143
Cyperus esculentus 58, 71f., 84, **139ff.**, 141, 299f.
Cyperus rotundus 57
Cytisus scoparia 77

Dactylis glomerata 66, 144f.
Dactylis polygama 135
Dactylosphaera vitifoliae 273
Dahlia 59
Damwild 174, 284
Dänemark 184, 238
Daphne mezereum 77
Datura metel 58
Datura stramonium 303
Dauco-Melilotion 124, 131
Dauerbeobachtung 44
Dauerflächenversuche 183, 237
DDR 302
Deckungspflanzen 70, 72, 88f., 199, 207, 210, 215
Deister 120, 210f.
Delphinum ajacis 58
Dendrocoelum romanodanubiale 275
Denguefieber 36, 41
Deponien 83, 127, 130, 157
Descuraino-Atriplicetum oblongifoliae 131
Diadumene cinta 67
Dianthus barbatus 58
Dianthus plumarius 59

Sachregister

Diasporenbank s. Samenbank
Dicentra spectabilis 59
Dichrostachys cinerea 38
Digitaria ischaemum 140
Digitaria sanguinalis 78
Digitaria velutina 89
Dikerogammarus haemobaphes 275
Dikerogammarus villosus 275
Dingo 26
Dinoderus minutus 271
Dinoflagellaten 233f.
Diplotaxis muralis 296
Diplotaxis tenuifolia 303
Dittrichia graveolens 84, 111, 126, 131, 286
Diuraphis noxia 260
Diversifizierung (Floren, Faunen) 288ff.
Diversitas-Programm 30
Dodo 31
Dominanzbestände 71, 146, 173, 175, 181, 189, 192, 195, 202ff., 207, 212, 216, 220, 222, 225, 233, 237
Dominanzwechsel 160, 172
Donau 162, 192, 228, 267, 272f., 275
Donauassel 272
Donauauen 194, 196, 198, 266
Dorf(vegetation) 137
Douglasie s. *Pseudotsuga menziesii*
Douglasienwollaus 186
Douglassamenwespe 186
Downingia elegans 111
Dransfeld 133
Dreikantmuschel s. *Dreissena polymorpha*
Dreissena polymorpha 39, 68, 272, 284, 286
Dreyfusia nordmannianae 281
Dübener Heide 93, 199
Dugesia tigrina 273
Duhner Heide 239f.
Dünen 82, 196, 234, 237ff., 299
Dünenbefestigung 82
Düngung 137, 139
Durchforstung 175f., 181, 231
Düsseldorf 81, 269
DUTZI Maschine 152

Eberaute 57
Echinochloa crus-galli 72, 140, 303
Echinogammarus berilloni 273
Echinops 89
Echium 115
Echium vulgare 240, 303
ecological parks 104
Edelkastanie s. *Castanea sativa*
Eder 205
Ederseegebiet 278
Egeria densa 228
Ehrenpreis 127, 140
Ehrenpreis, Fadenförmiger 136
Ehrenpreis, Persischer 141
Eibe s. *Taxus baccata*
Eibisch 57
Eiche, Rot- s. *Quercus rubra*
Eiche, Sumpf- 59
Eichelhäher 189, 194, 230

Eichen-Birken-Wälder 198
Eichen-Hainbuchen-Wälder 170
Eichenschrecke 85
Eichenseidenspinner 271
Eichenwelke 84
Eichhörnchen 188f., 271, 285
Eichhornia crassipes 34f.
Eider 233
Eifel-Rur 201
Eilenriede 170
Einbürgerung 20, 23, 108
Einbürgerungserfolg 63, 65
Einbürgerungsgrad 13f., 19f., 29
Einbürgerungskriterien 17
Eindringlinge 14
Einfügung 162, 206, 228, 278, 291
Einführungen 15f., 30f., 47, **53ff.**, 265, 301
Einführungsweise 13f., 29
Einführungszeit 13, 19, 29
eingebürgerte Arten 20, 41, 301
eingeschleppte Arten 14
Eingriffsregelung 166
einheimische Arten (Definition) 15ff., 22
Einkreuzung s. Hybridisierung
Einschleppungen 14f., **61ff.**, 125, 135f., 139, 141, 198, 214, 249, 265, 271
Einwanderung 15f., 19
Einwanderungszeit 14, 20
Einzelfallbehandlung (-bewertung) 10, 12, 47, 48, **298**, 300, 312, 304
Einzellige Tiere 234, 264
Eisberghypothese 301
Eisenbahn(verkehr) 14, 63, 66, 73, **86ff.**, 95, 111
Eisenbahnböschung(ränder) 153, 253
Eisenbahnpflanzen 86ff., 111
Eisenbahnschotter 84
Eisenkraut 78
Eiszeit 16, 22
Elaeagnus angustifolia 34, 154
Elbe 191f., 194, 196, 200, 216f., 233, 267, 276
Elbsandsteingebirge 187f., 190, 304
Eleusine indica 89
Eleusine tristachya 89
Elminius modestus 67
Elodea 29, 90, 202, 287, 299, 306, 310
Elodea canadensis 71, 111, **202f.**, 299, 303
Elodea densa 228
Elodea ernestiae 228
Elodea nuttallii 71, 90, 111f., **202f.**, 299
Elster-Saale-Kanal 228
Elytrigia repens 140, 296
Ems 272, 233
Emsland 172, 174
Encarsia californica 271
Encarsia formosa 271
Endemismus (Endemiten) 30, 32, 34, 291
Endivie 58

Endothia s. *Cryphonectria*
England s. Britische Inseln
Ensis americanus 67, 272
Enten 266, 269, 295
Entstehung von Sippen 15f., 111, 285
Entwässerung 34f., 93, 229, 233
Enzephalitis 36, 41
Enzianhybriden 242
Ephemerophyten 14, 16, 20, 292
Epilobium 296
Epilobium ciliatum 83, 303
Epilobium roseum 89
Epökophyten 14, 20, 292
Eragrostis albensis 201
Eragrostis minor 126, 303
Eragrostis multicaulis 201
Eragrostis muricata 201
Erbse 43, 57
Erdmandel s. *Cyperus esculentus*
Erfolg (Invasionen) 108ff.
Erfolgskontrolle 308, 310, 312
Erft 90, 111
Ergasiophygophyten 14
Ergasiophyten 14
Erhaltungskulturen 23, 192, 197, 262
Erigeron annuus 59, 303
Erigeron canadensis 247
Erik der Rote 26
Eriocheir sinensis 67, 272
Eriophorion gracillis 124
Eriosoma lanigerum 259, 281
Erlenbruchwälder 192ff.
Erlen-Eschen-Wald 192f., 199
Ernteverluste 40f., 138, 141, 182, 213, 278
Erosion 31, 33ff., 78, 142, 206, 212, 225, 236, 287
Erosionsschutz 35, 70, 72, 82, 157, 165, 238
Erreger der Platanenbräune 249
Erreger der Platanenwelke 249
Erstbesiedlung 14
Ersteinführung 12, 16, 47, 69ff., 117f., 259, 308f.
Erwärmung s. Klimaveränderungen
Erwinia amylovora 261
Erysimum cheiri 241
Erysiphe 261
Erysiphe howeana 259
Erzgebirgsvorland 101, 136, 216, 229
Esche, Rot- 200
Eschen-Ahorn s. *Acer negundo*
Essen 81, 131
Esskastanie s. *Castanea sativa*
Estragon 58
Etablierung **20f.**, 23, 45, 70, 109f., 118, 175, 190, 195, 231, 311
Eucalyptus 36f., 155
Euonymus europaea 75, 167
Euphorbia characias 57
Euphorbia cyparissias 240
Euphorbia helioscopa 303
Euphorbia lathyris 57
Euphorbia myrsinitis 57
Euphorbia peplus 303

Eutrophierung 36, 111, 170, 197, 201, 205, 228, 237, 239, 256
Evolution 25, 31, 119
Exotenanbau 78, 184
exotic 16
Exotic Species Model 44f.
Exportverluste 40

Fabaceae 115
Fagetalia 160
Fagion sylvatici 124
Fagopyron esculentum 89
Fagopyrum tataricum 296
Fahrzeuge 70, 72, 84f., 208
Fallopia 71f., 83f., 88f., 99, 133, 169, 181, 201, **215ff.**, 252, 255, 286f., 305f., 312
Fallopia aubertii 59
Fallopia convolvulus 65, 72, 140, 303
Fallopia japonica 17, 59f., 71f., 105, 111, 120f., 136, 197, 206, **215ff.**, 299, 303
Fallopia japonica var. *compacta* 215
Fallopia sachalinensis 17, 59f., 71f., 120f., 132, 136, **215ff.**, 299, 303
Fallopia x bohemica 15, 17, 71f., **215ff.**, 285, 296, 299
Faltenwespen 256
Farbanomalien 103
Färbepflanzen 53f., 78, 241
Färberröte 57
Färber-Saflor 57
Färber-Waid 57, 78, 135, 241
Farnpflanzen 18, 33
Fasan 24, 237, 284
Faserpflanzen 53
Faunenveränderungen 264
Feige 54f., 97
Feigen-Kaktus 58
Feindvermeidungsstrategien 280, 284
Feldflorareservat 138
Felix catus f. *domestica* 30, 281
Felsenbirne 168, 198
Felsenbirne, Kupfer- 59
Felsvegetation 94, 155, 158, 241
Felsschutthalden 143
Felsstandorte 23, 85, 89, 135, 184f., 187f., 190, **240ff.**, 299, 314
Fernausbreitung 26, 69f., 95, 110, 148, 151, 154, 204f., 208, 217, 220, 225, 239
Festuca arundinacea 122, 145
Festuca brevipila 161
Festuca heterophylla 135
Festuca pratensis 122, 145
Fetthenne 59
Feuchtgebiete 23, 35, 37, 75, 93, 148, 173, 180, 183, 229, 231, 266, 280, 286, 299, 304, 306, 314
Feuchtheiden 232, 237
Feuchtwiesen 204
Feuer 35, 94, 155
Feuerameisen 281
Feuerbrand 76, 215, 261

Fichte, Omorika- 20
Fichte s. *Picea abies*
Fichte, Stech- 59
Fichtelgebirge 154, 242
Fichtenborkenkäfer 39
Fichtenwälder 23
Ficopomatus enigmaticus 67
Ficus carica 54f., 97
Finnland 269
Fische 15, 33, 39, 41, 48, 68, 203, **265**, **267f.**, 279f., 284f.
Fischereirecht 48, 51
Fischereiwirtschaft 47, 50, 165, 267, 281
Fischotter 277
Fischteich 90, 203
Fischzucht 36, 67, 267
Fläming 167
Flamingo 267, 269
Flamingo, Chile- 267
Flaumeichenwälder 156, 162
Flechten 18, 33
Fledermäuse 254
Flieder 58, 99, 101, 241
Fliege, Weiße 271
Fließgewässer s. Gewässer
Flockenblume, Rispen- 255
Flohkrebs 273, 275
Flora Deutschlands 293
Flora Europaea 21
Flora Web 30
Flora-Fauna-Habitat-Richtlinie 46
Flügelnuss 59
Flugplätze (-verkehr) 34, 68
Flurbereinigung 74, 166
Flurgehölze s. Hecken
Flussauen s. Auen
Flüsse s. Gewässer
Flussflohkrebs 273
Flusskrebs, Amerikanischer 24, 272
Flusssteinkleber 272
Folgekosten (Invasionen) 25, 38ff.
Forelle 285, 299
Forschungsgeschichte (Invasionen) 28ff.
Forsten 36, 92, **168ff.**, 170, 178, 181, 190, 198f., 206, 299, 309, 311
Forstgehölze 36, 38, 70, **79**, 156
Forstsaatgutgesetz 21f., 48
Forstwege 88
Forstwirtschaft 21, **37f.**, 40, 49, 51, 71, **78ff.**, 112, 182, 259, 271, 299, 304f., 310
Forsythia × *intermedia* 59, 75, 102, 106
Frangula alnus 77, 167
Frangulo-Salicion 124
Frankia-Bakterien 33
Fränkische Schweiz 240
Frankliniella occidentalis 260
Frankreich 140, 184, 207, 269, 276, 280, 298
Franzosenkraut s. *Galinsoga*
Fräsen 152, 214, 227
Fraxinus 81
Fraxinus ornus 118, 241

Fraxinus pennsylvanica 200, 298
Freiburg 103
Freiburger Stadtwald 187, 189f.
freie Natur 17, 50f.
Freilassungen s. Aussetzungen
Freilichtmuseen 137f.
Freisetzung (sversuche) **41ff.**, 47f., 120, 279
Fremdenhass 11, 96
Friedhöfe 70, 134, 198
Fritillaria imperialis 56, 58, 98
Frostschäden 129
Fruchtfliegen 39, 171, 246
Fuchs 31, 284
Fuchsschwanz 143
Fuchsschwanz, Acker- 140
Fuchsschwanz, Garten- 58
Fuchsschwanz, Weißer 126
Fudschijama 215
Fulda 205
Fumaria officinalis 303
Fumario-Euphorbion 124
Futtermittel (-pflanzen) 37, 53, 63ff., 155, 215, 224
Fynbos-Biom 35, 37

Gagelstrauch 35
Galanthus nivalis 83, 136
Galeobdolon argentatum s. *Lamium argentatum*
Galinsoga 111
Galinsoga ciliata 72, 126, 131, 141, 303
Galinsoga parviflora 72f., 83, 111f., 133, 141, 303
Galium aparine 140
Galium pumilum 135
Galizien 144
Gallinula nesiotis nesiotis 31
Gallus gallus 281
Gambusia affinis 265
Gammarus tigrinus 273
Gänse 280, 285, 295
Gänsefuß, Klebriger s. *Chenopodium botrys*
Gänsefuß s. *Chenopodium*
Gänsekresse 59
Gärten 51, 56, 60f., 63, 70, 72f., 75, 95ff., 101, 103, **132ff.**, 169, 172f., 198, 204, 207ff., 217, 243, 247, 253, **257f.**, 274, 310
Gartenabfall 70, 72, **82f.**, 88, 133f., 147, 169, 198, 204, 209, 214, 217, 220, 225
Gartenbau 38, 40, 52, 56, 78, 259
Gartendenkmalpflege 133, 199
Gartenflüchtling 14, 133
Gartenkultur 10, 56, 60, **96ff.**, 132, 134, 310
Gartenmüll s. Gartenabfall
Gartenpflanzen **56ff.**, 70, 73, **96ff.**, 101, 119, 132ff., 147, 200, 224, 248, 310
Gartenteich 75
Gattungshybride 269
Gauklerblume 228
gebietsfremde Arten (Herkünfte) 22f., **47–51**, 76, 143, **166ff.**, 197, 294

Sachregister

gebietstypische Arten (Herkünfte) 9, **22f.**, 74, 76, 80, 166, 168, 197, 291, 294, 309
gebietstypische Ökotypen 144
Gebirge 242
Gedenkemein 59
Gefährdung (gefährdete Arten) 25, 28, 32, 46, 48, 51, 66, **137f.**, 163, 167, 180, 186, 192, 196, 224, 232, 238f., 255, 277, 279, 285, **287**
Gefangenschaftshaltung 265ff.
Gehölzarten 21, 38, 42, 53, 57, 60, 73, 75ff., 85, 99, 113ff., 117f., 245, 301f.
Gehölzeinführungen 56, 177f.
Gehölzflora 21, 73, 74, 132
Gehölzpflanzungen 37, 79, 81, 127, **166ff.**, 197, 294, 309, 310
Gelbfieber 41
Gelbscheitelamazone 269
Gemüsepflanzen 40, 53, 78, 224
Genehmigungspflicht 48, 51
genetische Prozesse 15, 85
genetische Vielfalt 21, 23, 42, 50, 101, 144f., 167f., 262, 288, 291, **293ff.**
Genpool 23
Genressourcen 197
Gentechnik 28
Gentechnikgesetz 42, 48, 309
gentechnisch veränderte Organismen s. GVO
Gentiana pannonica × lutea 242
Gentiana punctata × purpurea 242
geographische Amplitude 115
geographische Barrieren s. Ausbreitungsbarrieren
geographische Isolation s. Isolation
Geophyten 134, 136ff., 140, 221, 225, 229, 298, 299
Geranium dissectum 303
Geranium molle 303
Geranium purpureum 88, 111
Geranium pusillum 303
Geranium pyrenaicum 303
Geranium robertianum 240
Germer, Weißer 58
Gesellschaftsläufer 31
Gesetze s. rechtliche Regelungen
Gesundheit 41, 130, 212, 299
Gesundheitsrisiken 42, 212, 278, 305f.
Getreide 53, 64f., 78
Getreideblattlaus, Russische 260
Getreidefelder s. Äcker
Gewässer 34, 92, 111, 124, **200ff.**, 266, **273ff.**
Gewässer (Fließgewässer) 34f., 69, 82ff., 94f., 133, **200ff.**, 207ff., 216, 224, 266, **273ff.**, 277, 280, 286, 299
Gewässer (Stillgewässer) 202, 228, 265, 267, 273, 287, 299
Gewässerausbau (-pflege) 34, 37, 217, 222
Gewässerchemismus 34
Gewässerdynamik 201

Gewässerränder 99, 122, 127, 191, 201, 204, 255f., 278, 299
Gewässerverschmutzung 203, 265, 279
Gewürzpflanze 54
Giftpflanze 130
Gilletteella cooley 186, 281
Ginkgo biloba 20, 59, 80
Gipskraut 86
Girlitz 24
GISP 30
Gladiolen 141
Gladiolus communis 58f.
Glashäuser 271
Glaskraut 119
Glatthafer 76, 135, 143
Gleditschie (*Gleditsia*) 59, 80
Gleditsia triacanthos 38, 59
Gliedertiere 264
Global Change 94
Global Invasive Species Programme (GISP) 30
Globalisierung 26f., 63, 289
Glockenblume, Marien- 58
Glyceria striata 63
Glycerion fluitantis 124
Gnomonia platani 249
Goldfelberich 59
Goldhaferwiesen 154
Goldlack s. *Cheiranthus cheiri*
Goldnessel s. *Lamium argentatum*
Goldregen 57
Goldrute s. *Solidago*
Gonioctena quinquepunctata 179
Götterbaum s. *Ailanthus altissima*
Göttingen 252
Gräben 75, 202, 228
Gräser 32, 37, 63f., 66, 94, 136, 144
Graskarpfen 203, 265, 267, **280**, 284
Grassamen (-ankömmlinge) 63, 77, 100, 135f.
Grau-Erle s. *Alnus incana*
Grauhörnchen 271, 282, 285, 311
Greiskraut, Frühlings- s. *Senecio vernalis*
Greiskraut, Schmalblättriges s. *Senecio inaequidens*
Greiz 96
Großbritannien s. Britische Inseln
Großschabe, Amerikanische 281
Grünalgen 18, 34
Grünanlagen s. Grünflächen
Gründüngung 153
Grundwasser 43
Grundwasserabsenkungen 35f., 150
Grünflächen 36, 51, 60, 66, 70, 73, 101, 104, **126**, 130, **132ff.**, 136, 197ff., 207, 257f., 262, 299f., 310
Grünland 31f., 37, 76, 92, 99, 124, **143ff.**, 146, 165, 216, 299
Grünlandsaaten 22, 64, **143ff.**, 294, 310
Grünlandarten (-vegetation) 15, 21, 143, 144f.
Guazuma ulmifolia 38
Gummiwurz 58

Gunnera tinctoria 154
Gurke 55, 57
Guter Heinrich 137
Güterumschlagstellen 200
GVO 9, 15, 22, 27, 38, **41–45**, 48, 78, 119f., 294
Gypsophila perfoliata 86
Gypsophila scorzonerifolia 86
Gyrodinium aureolum 234
Gyrodinium catenatum 234
Gyrodinum aureolum 233

Habitatinseln 282
Habitatrequisiten 179
Hackfruchtkulturen 141, 299
Häfen 34, 36, 39, 64, 66, 200, 233, 271, 275
Hafer, Flug- 65, 71, 140, 296, 299
Haftungsrecht 309
Hainburg 194
Halbtrockenrasen s. Magerrasen
Halden 82, 86, 127, 130f., 156f., 200, 207, 215f., 238, 287
Halsbandsittich 267, 269
Hamburg 73, 75, 80f., 103, 200, 267, 269, 271
Handel 25, 46, 61
Hannover 81, 83, 90, 129
Hartriegel, Weißer 59
Harz 21, 23, 84, 165f., 199, 216, 220f.
Hasel, Baum- 58
Haselnuss s. *Corylus avellana*
Hasenglöckchen 7
Häufigkeit (Archäo-, Neophyten) 301ff.
Hauskatzen 30, 281
Hausmaus 24, 26
Hausratte s. Ratten
Haustiere 15, 28, 37
Hauswurz 57
Havel 202, 229
Hawaii 26, **30ff.**, 35, 68, 244, 301
Hecht 285
Hecken(pflanzungen) 22f., 51, 70, 72, 74, 76, 127, 157, **166ff.**, 173f., 195, 199f., 207
Heckenkirsche 59
Hedera helix 77
Heemparks 104
Heidelbeere, Kultur- s. *Vaccinium corymbosum × angustifolium*
Heidelbeerplantagen 230ff.
Heidelberg 269
Heidemoore 230
Heiden 63, 143, 165, 173, 183, 230, 237, 299
Heidschnucken 180, 223
Heiligenblume 58
Heilpflanzen 56, 78, 97, 215, 229, 241
Heimchen 24, 281
heimisch (gem. Bundesnaturschutzgesetz) 17, 48ff.
Helenium autumnale 59
Helianthus 287
Helianthus annuus 58, 240
Helianthus decapetalus 224
Helianthus giganteus 224
Helianthus laetiflorus 224

Helianthus tuberosus 59, 71, 78, 83, 88f., 142, 169, 201, **224ff.**, 299, 303
Hellerkraut, Acker- 140
Helmperlhuhn 281
Hemerobie 91f., 315
Hemerochoren 16
Hemileia vastatrix 260
Hemlocktanne 59
Heracleum mantegazzianum 11, 59f., 71f., 83, 88f., 95, 99, 111f., 119ff., 130, 133, 165, 169, 181, **207ff.**, 247, 255, 285, 299, 303, 305f.
Heracleum pubescens 208
Heracleum sosnowskyi 208
Herbivore 22, 33, 145, 191, 247, 275, 284
Herbizide 38, 42f., 78, 93, 137f., 139ff., 141f., 163, 180, 199, 213, 311
Herbizidresistenz 42, 43, **139ff.**, 285
Herkulesstaude s. *Heracleum mantegazzianum*
Herkunft (Saatgut) 77
Herkünfte s. gebietstypische Arten
Herkunftsgebiete 21, 52f., 60
Hesperis matronalis 57, 303
Hessen 81, 146, 262, 269, 278
Hieracium aurantiacum 242
Hieracium glaucinum 135
Himalaya 59
Hiobstränе 57
Hippophae rhamnoides 77, 81, 88, 166, 300
Hirsche s. Rotwild
Hirse, Blut- 78
Hirse, Borsten- 140
Hirse, Finger-, 140
Hirse, Hühner 140
Hirtenmaina 267
Hirtentäschel 140, 241, 296
Hochmoore 173, 180, **229ff.**, 237
Hochstaudenvegetation 205, 207, 216
Hochwasser 94, 111, 135f., 200, 204, 207f., 217, 220, 222f., 225, 228f.
Höhengrenzen 242
Höhenwachstum 162, 185, 205, 218, 236
Hohlwege 159
Holcus lanatus 32
Holländische Ulmenkrankheit 36, 80, 198, 259, **261f.**
Holzeigenschaften 38
Holzkäfer 252, 271
Holzlagerplätze 70
Holzpaletten 271
Holzproduktion 30, 53, **78f.**, 184, 186f.
Homogenisierung (Floren, Faunen) 27, **288ff.**, 296
Honigbiene 147, 204, 207, 212, 221, 251, **254f.**
Honigbiene, Afrikanische 39
Hordeum jubatum 131
Hordeum murinum 126

Hortus Eystettensis 97
Hügelgräber 180
Hummeln 204, 250f., **255f.**
Hummelsterben 250
Humus 159, 186, 287
Hunde 26, 31
Hundsfisch, Amerikanischer 267
Hunsrück 228
Hyacinthoides hispanica 59
Hyacinthus orientalis 58
Hyazinthe 56, 58, 98
Hybriden 144, 191, 193, 199, 208, 215, 230, 234, 238, 280, 295
Hybridisierung 17, 21f., 42, 65, 78, 111, 119, 141, 144f., 167, 191, 194, 196, 220, 275, 279f., 285, 291, **294f.**
Hybridpappeln 76, 79, 155, 191ff.
Hydrilla verticillata 228
Hydrocharition 124
Hydrochorie 200, 208f.
Hydrologie 34, 38
Hyoscyamus niger 24, 134, 241
Hypania invalida 273, 275
Hypophtalmichthys molitrix 267, 280
Hyssopus officinalis 241

Iberis umbellata 58
Ictalurus melas 267
Idiochorophyten (Definition) 15ff.
Ilex aquifolium 77
Imker 37, **88f.**, 95, 147, 153, 169, 207, **210**
Immergrün 58, 136, 198
immergrüne Gehölze 101, 103
IMO 45, 308
Impatiens balsamina 58
Impatiens capensis 201
Impatiens glandulifera 11, 59f., 71, 84, 88f., 94, 106, 111, 119ff., 152, 165, 169, 171, 191, 201, **203ff.**, 242, 247, **251f.**, 255f., 285, 299, 303, 305f.
Impatiens noli-tangere 170f., **251**, 284
Impatiens parviflora 11, 68, 70f., 73, 95, 106, 111f., 119f., 126, 133, 151, **169ff.**, 192, 221, 240, 249, **251f.**, 259, 284f., 298f., 303, 306
Impatientinum asiaticum 68, 171, 249, 251, 285
Indien 39, 57f.
Indigene (Definition) 15ff., 22
indigenous species 16
Indigo 135
Indigofera 135
Indisches Springkraut s. *Impatiens glandulifera*
Industrieflächen 86, 111, 119, 131f., 253, 286
Industrielle Revolution 27f.
Industrierohstoffe 224
infection size 118
innerartliche Vielfalt s. genetische Vielfalt
Insekten 28, 39f., 68, 144, 153, 162, 186, 212, 236, **243ff.**, 264, 271, 273, 281, 286
Insekten s. auch Blütenbesucher
Inselberge 95
Inseln 32, 33ff., 264, 281, 301, 306, 311
Inseln (Friesische) 237f., 264
Inseln (ozeanische) 10, 25, 28f., **30ff.**, 289
Insubrien 94
Introgression 78, 111, 119, 144, 167, 191, 194, 196f., 275, 280, 285, 291, **294**
Inula helenium 58
Invasibilität 110, 169
Invasion, natürliche (Definition) 9
Invasion s. biologische Invasion
Invasionsbiologie 13
Invasionserfolg 34, 38, 111ff., 119
Invasionspflanze 14
Invasionspotential 45, 116, 119f., 298
invasive Arten 14, 16, 108
Invasivität 16
Inverkehrbringen 42, 44, 48, 120
Invertebraten 34, 39, 68, 234, 265, **271ff.**, 279
Ipomoea nil 58
Iris 57, 240f.
Iris foetidissima 57
Iris germanica 57f., 241
Iris sambucina 241
Irland 259, 269, 300
Isar 150
Isatis tinctoria 57, 78, 135, 241
Island 280
Isolation (räumliche) 25ff., 30, 70, 95, 118, 133, 164, 249, 259
Isolationseffekte 111, 252, 256
Italien 45, 51, 268, 271, 280, 282, 298, 311
IUCN 14, 16, 30
Iva xanthiifolia 64, 111

Jaera istri 272, 275
Jagd (Jäger) 50f., **88f.**, 169, 225, 265f.
Jagdgesetz 48
Jagsttal 153
Jamaika 32
Japan 41, 53, 60, 215, 217f., 221
Jasmin 58
Jasminum fruticans 58
Jasminum officinale 58
Java 33
Johannisbeere 59
Johannisbeerrost 260
Judasbaum 58
Juglans nigra 57, 79, 118, 241, 284
Juncus tenuis 259, 303
Jungfer im Grünen 58
Jungfernrebe 59
Juniperus chinensis 102
Juniperus communis 77, 102
Juniperus sabina 57
Justicia adhatoda 38

Sachregister

Käfer 39, 159, 161, 179, 247, 249, 252, 254, 271
Käferwald 183
Kaffeerost 260
Kaiserkrone s. *Fritillaria imperialis*
Kaiserstuhl 157f.
Kaiserwald 120
Kaktusmoos s. *Campylopus introflexus*
Kalifornien 35, 265
Kalkmagerrasen s. Magerrasen
Kalmia 229
Kalmia angustifolia 90
Kalmus s. *Acorus calamus*
Kamille 140
Kammgras 143
Kanada 265
Kanadagans 269f., 280
Kanäle 13, 15, 25, 34, 64, **67ff.**, 82, 200f., 228, 272f., 275, 279
Kanarische Inseln 33, 35
Kaninchen 30, 31, 36, 37, 237, 284
Kaper 58
Kapverdische Inseln 32
Karlsruhe 81
Kärnten 77
Karpatenmolch 268
Kartoffel 41, 43?, 259
Kartoffelfäule s. *Phytophthora infestans*
Kartoffelkäfer s. *Leptinotarsa decemlineata*
Kartoffel-Rose s. *Rosa rugosa*
Kassel 224, 269
Kastanienrindenkrebs 195, 262
Kastaniensterben 83, 260, 262
Katzen 31
Katzenschweif 126
Kaukasus 59f., 136, 207
Kaukasusvergissmeinnicht 59
Keimung 16, 91, 94, 114, 129, 148, 156, 200, 210f.
Kenia 95
Kerria japonica 59
Keulenpolyp 273
Kiefer s. *Pinus*
Kiefernforste 93, 168, **174ff.**, 178f., 187, 198f., 230ff., 237, 286
Kiefernholznematode 39
Kiel 214, 309
Kieselalgen 18, 233
Kiesgruben 153
Kinderspielplätze 101
Kinzig 217, 222
Kirsche, Sauer- 55, 57, 102
Kirsche, Vogel- 53
Kirschlorbeer s. *Prunus laurocerasus*
Kirschpflaume 54f.
Nationalpark Kiskunság 162f.
Klee, Rot- 66, 144
Kleefelder 6
Kleesamen 64
Kleeseide 66
Kleinblütiges Springkraut s. *Impatiens parviflora*
klimatische Amplitude 115
Klimaveränderungen 15, 25, **93f.**, 111, 142, 153, 182, 204, 216, 298

klonale Populationen 149, 157, 196, 198, 221, 231
klonales Wachstum 132, 148f., 154, 156f., 161f., 166, 198f., 228, 230ff., 239
Klostergärten 56f., 98
Knaulgras 66, 143f.
Knoblauch 57
Knochenfische 264
Knollenfäule der Kartoffel s. *Phytophthora infestans*
Knollen-Sonnenblume s. *Helianthus tuberosus*
Knöterich, Ampfer- 140
Knöterich, Floh- 140
Knöterich, Himalaya- 215
Knöterich, Winden- 65, 140
Kochia scoparia 58, 88, 111
Kochia scoparia-Gesellschaften 131
Koelreuteria paniculata 59
koevolutive Prozesse 20, 137, 246
Koexistenz 170
Kolkwitzia amabilis 59f.
Köln 81, 267, 269
Kolonialismus 19, 27, 53, 63
Kolonisatoren 10
Kolumbus 18, 26f.
Konfliktpotential (Invasionen) 283, 296ff., 304ff.
Koniferen 37f., 78f., 101ff.
Königsfasan 281
Konkurrenz 205, 226, 279, 284
Konstantinopel 98
Konsumenten 251, 253
Kontrolle s. Bekämpfung
Konvention zum Schutz der Alpen 47
Korallenstrauch 58
Körbchenmuschel 272
Korinthenbaum 168
Korkkrankheit 261
Kornblume s. *Centaurea cyanus*
Kornelkirsche 53
Korn-Rade s. *Agrostemma githago*
Kosten s. Schäden
Kosten-Nutzen-Analyse 182, 308, 312f.
Kottenforst 171, 267, 269
Krabbe, Wollhand- 272
Krähenbeerheide 238f.
Kraichgau 150, 152
Krankheiten 39, 41, 43, 46, 157, 180, **259**, 261f., 263, 275
Krankheitserreger 27, 36, **41**, 221, **259ff.**, 281, 308
Krankheitskosten 39f.
Krankheitsüberträger 41, 261
Kraschenikovia ceratoides 163
Kratzdistel, Acker- 140
Krebse 264, 272
Kresse, Garten- 57
Kreuzung s. Hybridisierung
Kreuzungsbarrieren 192
Kriechtiere 33, 264, 268
kriegszerstörte Städte 29
Krummstielmoos s. *Campylopus introflexus*
Kubaspinat 83, 127

Kübelpflanzen 97
Küchenschabe 281
Kugeldisteln 88
Kugelprimel 59
Kühe 30, 155, 213, 223
Kultivierte Arten 14
Kulturabhängige 14
Kulturflüchtlinge 15, 73, 74, 83
Kultur-Heidelbeere s. *Vaccinium corymbosum* x *angustifolium*
Kulturherkünfte 73
kulturhistorische Perspektive 12, 20, 28, 96
Kulturlandschaften, historische 138, 165
Kulturpflanzen 21, 42, 44, 61, 64, 78, 101, 111, 135, 137, 262, 284
Kulturrelikte 89, 112, 198, 199
Kultursippen 22, 50, 53, 144f., 196, 197, 294, 309
Kupferspecht, Guadelupe- 31
Kürbis 56, 58
Küste 82, 86, 94, 207, **233ff.**, 238, 275, 306
Küstendünen s. Dünen
Küstengewässer 34
Küstenheiden 238f.
Küstenschutz 299
Küstenvegetation 61, 233ff.

La Réunion 32
Labkraut 140
Laburnum anagyroides 57, 75, 118, 241
Lacerta pityusensis 268
Lachs 15, 41, 268, 285
Lactuca serriola 131, 240f.
Lactuca tatarica 234, 259
Lactuca virosa 134
Laesø 239
Lagarosiphon major 228
Lagopus lagopus 281
Lagopus nutus 281
Lagopus scoticus 281
Lahn 201, 224
Lamiastrum galeobdolon s. *Lamium argentatum*
Lamium album 303
Lamium amplexicaule 303
Lamium argentatum 83, 169, **198**
Lamium purpureum 72, 140, 303
Landgewinnung 235f.
Landnutzungen 22, 25, 28, 30, 32, 38, 40, 111, 150, 256
Landnutzungsänderungen 183, 307
Landschaftsbild 142, 153, 185f., 188, 190f., 213, 258, 313
Landschaftsgärten s. Parkanlagen, historische
Landschaftsverschönerungen 165
Landwirtschaft 35, 40, 49, 51f., 78, 112, 143, 259, 299, 309
Lange, Willi 105
Lantana camara 32, 36
Lärche s. *Larix*
Lärchenforste 184
Lärchenwurzelbrand 39
Larix 17, 78, 178, 287

Larix decidua 17
Larix europaea 80, 242
Larix kaempferi 79
Larix x *marschlinsii* 79
Latenzphase s. Time-lag-Effekte
Lates nilotes 34, 36
Lathyrus tuberosus 137
Lattich, Gift- 134
Lattich, Tataren- 234
Laubmoose 18, 33
Lauch, Sonderbarer 83
Laufkäfer 159, 161, 254
Laurophyllisation 94
Lausitzer Bergbaugebiet 199
Lavandula angustifolia 57
Lavendel 55, 57
Laysanralle 31
Lebensbaum, Abendländischer 58
Lebensformen 113, 243, 286, 298
Lebermoose 18, 33
Leguminosen 66
Leindotter, Saat- 65
Leine 222
Leinsamen 64f.
Leinunkräuter 15, 65, 73, 111, 137, 285
Leipzig 131
Leitbild 182, 190, 313, 315
Lemna aequinoctialis 90
Lemna miniscula 228
Lemna minuta 228
Lemnion mimoris 124
Lenné, Peter Joseph 101
Lennebergwald 173
Lens culinaris 57
Leontodon saxatilis 135
Lepidium latifolium 241
Lepidium sativum 57
Lepomis gibbosus 267
Leptinotarsa decemlineata 260, 271, 273f., 281, 284
Lerchensporn, Gelber 90, 127, 241
Lerchensporn, Rankender 198
LeRoy, Louis 103
Lessepsian migration 25, 68
Leucaena leucocephala 38
Levisticum officinale 57
Levkoje 57
Leybucht 235
Lichtklima 178
Liebesgras s. *Eragrostis*
Liebhaberbotanik 89
Liebstöckel 57
Lieschgras 76, 143
Ligustrum lucidum 94, 300
Ligustrum vulgare 75, 77, 101f.
Lilie, Weiße 56f.
Lilium bulbiferum 241
Lilium candidum 56f.
Linaria alpina 84
Linde, Krim- 250
Linde, Silber- 250
Linse 57
Liriomyza huidobrensis 40, 260
Lithoglyphus naticoides 272
Lobelia erinus 59
Loire 141
Lolch, Lein- 65
Lolch, Taumel- 65

Lolium multiflorum 77, 303
Lolium perenne 66, 122, 144f.
Lolium remotum 65, 296
Lolium temulentum 65, 137, 296
London 131
Lonicera pileata 59
Lonicera tatarica 82, 118
Lonicera xylosteum 75, 77
Loudon, John Claudius 100, 105
Lüchow-Dannenberg 199
Luftverunreinigungen 129
Lunaria annua 58
Lüneburger Heide 180, 228, 230, 233
Lunularia cruciata 18, 24, 238
Lupine vgl. *Lupinus polphyllus*
Lupinus albus 58
Lupinus angustifolius 58
Lupinus polphyllus 58f., 63, 71, 88f., 143, **153ff.**, 169, 284f., 287, 299, 303
Lurche 268
Luzerne, Saat- 58
Luzula luzuloides 135
Lychnis chalcedonia 58
Lycium barbarum 240, 241
Lycopersicon esculentum 57
Lyctus africanus 271
Lysichiton americanus 71, 169, **227**, 299, 304, 312
Lysimachia punctata 59
Lythrum salicaria 35

Macroalgae 234
Madeira 33f.
Maesopsis eminii 38
Magerrasen 124, 149ff., 154ff., 158f., 164f., 173, 183, 213, 254f., 299
Magnocaricion elatae 124, 193
Mahd 152, 155, 206, 211, 213, 220, 223, 229, 239
Mahonia aquifolium 59, 74f., 89, 93f., 101f., 111, 118, 127, 133, **199**, 241, 246, 256, 249
Mahonie s. *Mahonia aquifolium*
Mahonienrost 249
Main 192, 272, 275
Mainzer Sand 157, 163
Mais 41, 43, 56, 58, 78, 132, 141
Maisrost 260
Maiszünsler 260, 284
Malus 296
Malus domestica 57, 78, 102, **196**
Malus sylvestris 77, 241
Malva neglecta 241, 303
Mammalia 31ff., 69, 174, 264ff., **269f.**
Mammutbaum, Urwelt- 59, 60
Mammutbäume 100
Management s. Bekämpfung
Mandarinente 266
Mandel 55, 57
Mandragora officinarum 57
Mangold 57
Maniokschmierlaus 260
Männertreu 59
Mannheim 142, 269
Mannheimer Reißinsel 195, 262

Mansfelder Hügelland 155, 158
March 200
Marco Polo 26
Marderhund 266, 271
Marenzelleria viridis 273
marine Organismen 68, 233
Maschsee 203
Maskarenen 31f.
Massenausbreitung 16, 115, 118ff., 185, 234, 275
Massenbestände 165
Massenvorkommen 146
Mastjahre 116, 187, 189
Masttierhaltung 175
Matricaria discoidea 73, 89, 109, 111, 131, 133, 242, 303
Matricaria matricarioides 247
Matricaria recutita 72, 140, 303
Matteuccia struthiopteris 221
Matthiola incana 57
Mauer (pflanzen) 90, 127, 131, **240f.**, 253
Mauereidechse 268
Maul- und Klauenseuche 39
Maulbeerbaum 55, 57
Mauritius 32
Mäuse 28, 189
Mäusegerste 126
Mecklenburg-Vorpommern 84f., 198, 208, 234, **292**
Meconema meridionale 85
Medicago sativa 58, 66
Medicago x *varia* 303
Medienberichte 11
Meere (Küsten) 57, 58, **233ff.**
Meeresschildkröten 281
Meerfenchel 57
Meerrettich 78
Megacyllene robiniae 162, 254
Megaherbivoren 182
Megastigmus spermotrophus 186
Mehltau 24, 167, 215, 260f., 284
Melaleuca quinquenervia 38
Meleagris gallopavo 267
Melia azadirachta 58
Melilotus alba 131, 303
Melilotus officinalis 131, 303
Melone 57
Mercurialis annua 72, 140
Mesobrometum 158
Mespilus germanica 57, 77
Metasequoia glyptostroboides 59f.
Microgoura choiseul-meeki 31
Mikroorganismen 41, 50
Milchlattich 135
Milchstern s. *Ornithogalum*
Mimosa pigra 34f.
Mimose 35
Mimulus guttatus 228, 259
Mimulus moschatus 228
Mindener Wald 269
Minierfliege 260
Minimum Viable Population 118
Mink 266, 269, **279f.**, 284
Minze, Katzen- 57
Miscanthus sinensis 132, 142
Miscanthus x *giganteus* 132, 142
Mispel 57

Sachregister

Mittelalter 23, 53, 55f., 60f., 78, 112, 143, 241f.
Mittelamerika 35
Mitteldeutschland 157, 165
mitteleuropäische Perspektive 10, 22, 283
Mittelgebirge 122, 154, 184, 187, 196, 200, 204, 228, 242, 305
Mittelmeer 25, 68
Mittelmeerfruchtfliege 39
Mittelmeergebiet 26, 28, 34, 53, 55–61, 73, 128, 195
Mittelrheingebiet 101, 129, 168, 196, 199
Modellansätze 115
Modepflanzen 96, 98
Mohn 24
Mohn, Orientalischer 59
Mohn, Schlaf- 57
Moldau-Elbe-Wasserweg 200
Molinion 124, 193
Mollusken 33, 234, 264, **272**, 274
Monarda didyma 59
Monarde 59
Mondbechermoos 18, 24
Monitoring 44, 49, 308
Monomorium pharaonis 281
Montpellier 65
Moore 90, 92, 104, 111, 122, 124, 173, 198, **229ff.**, 233, 286, 300
Moose 18, 33, 71, 84, **238**, 299
Moosfarn 18
Morus nigra 55, 57
Mosel 151, 201, 224, 273
Mosquitofisch 265
Mufflon 266
Mulchen 152, 206, 227
Mulde 220f., 223
Müllberge 82f., 130
Müllplätze 64
München 99
Mungo 31
Münster 104, 202
Münsterland 166, 168, 173, 269
Mus musculus 24, 26
Muscari botryoides 58
Muscari racemosum 58, 138
Muscheln 18, 39, 67f., 272, 274, 277, 284, 286, 311
Mustela vison 266, 279
Mutterboden 84, 85
Mya arenaria 18
Mykorrhizapilze 192, 254
Myocastor coypus 266
Myosotis arvensis 303
Myosotis sylvatica 57
Myrica faya 33, 35, 37
Myriophyllum heterophyllum 228
Myrrhis odorata 57
Myrtus communis 58
Myxomatose 37

Nachtkerze, Kronen- 24
Nachtschatten 140
Nachtviole 57
nachwachsende Rohstoffe 142, 215, 224
Nacktschnecke 284
Nadelgehölze 37f., 78f., 101ff.

Nagetiere 33, 41, 225
Nährstoffanreicherung 233
Nährstoffaustrag 142
Nährstoffdynamik 287
Nährstoffe 202
Nährstoffeinträge 34
Nährstoffentzug 36
Nahrungsangebot 250, 279
Nahrungspflanzen 53, 241, **243ff.**, 246f., 252, **255f.**, 285
Nahrungsquellen 179, 203, 243
Nanocyperion 122
Narcissus poeticus 57
Narzisse (*Narcissus*) 57, 83, 98
Nationalpark 154, 191, 194, 305, 314f.
Nationalpark (De hoge Veluwe) 237
Nationalpark (Kiskunság) 162f.
Nationalpark (Sächsisches Elbsandsteingebirge) 188
Nationalsozialismus 96, 105, 107
native 16
Natrix natrix astrepzophora 268
Naturalisationsgrad s. Einbürgerungsgrad
Naturgärten 74, 103–106, 257
Naturhaushalt 49, 313
natürliche Standorte 19f.
Natürlichkeit 104, 182, 315
Naturschutz 23, 49, 91, 105, 137, 143, 145, 182f., 190, 193f., 196, 207, 220, 224, 247, 256f., 282, 299, 304f., 310, 313f.
Naturschutz, prozessorientierter 182, 315
Naturschutz, Zielkonflikte 313
Naturschutzgebiete 34, 85, 90, 150, 153, 163, 165, 207, 213, 230ff., 269, 305, 315
Naturschutzgesetz s. Bundesnaturschutzgesetz
Naturverjüngung 22f., 73f., 80, 117, 179, 182, 188, 198, 206, 305
Naturwaldentwicklung 182f., 190f.
Neckar 224f., 240
Neem-Baum 58
Nektarangebot 255
Nelke 59
Nemathelminthes 264
Neobiota (Arbeitsgruppe) 30
Neobiota (Definition) 13, 15ff.
Neoendemit 17
Neolithikum 18, 48, 53f., 61
neolithische Revolution 26f.
Neomyceten 27, 41, 68, 171, 187, 249, **259ff.**, 285
Neophyten (Definition) 17ff.
Neophyten (häufigste) 303
Neophyten (Herkunftsgebiete) 52
Neophyten (problematische) 297ff.
Neozoen (Definition) 23f.
Neozoen 30ff., 52, 118, 171, 233, 249, 254, 259, **264ff.**
Neozoen (Herkunftsgebiete) 52
Nepeta cataria 57, 241
Nerium oleander 58
Nerz, Amerikanischer 279
Nesseltiere 264, 273

Neuadventive 14
Neuheimische 14
Neuseeland 10, 25, 27, 29, 37, 45, 244
Neuseelandplattwurm 84, 284, 286
Neuzeit 19
Nichteinheimische Arten (Definition) 13, 15ff.
Nicotiana rustica 58
Niederlande 84, 98, 139, 141, 172f., 177, 180, 183f., 229f., 236, 238, 269, 280, 300ff., 311
Niederlausitz 237
Niederrhein 266, 269
Niedersachsen 63, 71f., 82, 93, 120, 138, 173f., 179f., 187, 205, 208, 213, 217, 222, 229f., 269, 293, **304ff.**, 310
Niederungen 191, 193
Niederwald(nutzung) 156, 162, 194
Nigella damascena 58
Nigella sativa 57
Nil-Barsch 34, 36
Nilgans 266, 269
non-indigenous species 16
non-native species 16
Nonne 39
Nordamerika 10, 29, 34, 37, 39, 52, 58–61, 63, 68, 73, 74, 79, 83f., 100, 149, 172, 188, 261f., 278
Nordrhein-Westfalen 197, 214, 238, 266
Nordsee (Küste) 67ff., **233ff.**, 238, 275
Nordseeinseln 264
Norwegen 19, 207, 269
Numida meleagris 281
Nürnberger Reichswald 173
Nussgras 57
Nutria 266, 269
Nutzen 38
Nutzpflanzen 15, 35, 43, **54ff.**, 60, 70, 73, 78, 83, 101f., 241
Nutztiere 27, 63
Nyctereutes procyonoides 266
Nymphaeion 124
Nysius senecionis 253, 285

Oberfranken 90, 101
Oberlausitz 138
Oberrheingebiet 139, 150, 153, 156, 162, 191,f. 201, 203, 206, 222, 227, 254, 267, 273
Obstbau 82
Obstbaumarten 53, 78, 101ff., 271, 295
Obstwiesen 135, 138
Ochsenfrosch 268
Ochsenzunge, Spanische 135
Ocimum basilicum 57
Octodiceras fontanum 238
Odenwald 184f., 194, 221
Oder 192, 202, 272
Oderbruch 76
Oderhänge 157
Oenanthion aquaticae 124
Oenothera 111, 285, 291, 295f.

Oenothera chicaginensis 131
Oenothera coronifera 15, 17, 24, 93, 111
Oenothera parviflora 259
Oenothera rubricaulis 131
ökologische Nische 265, 276
ökologischer Landbau 43
Ökologismus 104f.
ökonomische Bilanzierung 38
Ökonomische Schäden s. Schäden
Ökosystemdynamik 38, 190f., 238
Ökotypen 9, 21, 167, 183, 293
Ökotypensaatgut 145
Oldenlandia lancifolia 89
Oleander 58
Ölfrüchte 64
Ölmühlen 64
Ölpflanzen 53
Ölsaaten 63
Omacea canaliculata 40
Omphalodes verna 59
Ondatra zibethicus 69, 266, 269, **276ff.**, 282, 284, 310
Onobrychis sativa 66
Onobrychis viciifolia 303
Onopordon acanthium 145
Ophiostoma novo-ulmi 262, 284
Ophiostoma ulmi 24, 36, **260f.**, 284
Oplopanax chironium 58
Oppeln 28
Opuntia 35, 37
Opuntia ficus-indica 58
Orangerien 97
Orchideen 90, 155
Orconectes limosus 24, 272
Orlaya grandiflora 61, 137
Ornithogalum 135
Ornithogalum boucheanum 99, 134
Ornithogalum nutans 59, 99, 111f., 134
Ornithogalum umbellatum 58, 99, 137f.
Ortenau 220, 263
Orthodontium lineare 18, 238
Oryctolagus cuniculus 36
Oskar-Strategie 162, 176
Ostasien 36, 57–61, 68, 100
Osteichthyes 264, 267
Ostenholzer Moor 173, 180, 232
Österreich 30, 77, 139, 158, 162, 200, 215, 262, 269, 271, 274, 298
Ostrea edulis 275, 295
Ostrinia nubilalis 260
Ostsee 47, 68, 233, 238, 269
Ovis orientalis 58
Oxalis corniculata 303
Oxalis fontana 259
Oxycocco-Sphagnetea 232
Oxyura jamaicensis 280
Oxyura leucocephala 280
ozeanische Inseln s. Inseln

Pachysandra 103
Paeonia lactiflora 59
Paeonia officinalis 57
Palmen 94, 300
Palmlilie 59
Panama 32

Pangaea 25, 27
Panico-Setarion 124, 137
Panicum dichotomiflorum 139
Panicum miliaceum subsp. *agricolum* 296
pannonisches Gebiet 129, 228
Pao bulbosa 63
Papageien 267, 269
Papaver argemone 303
Papaver orientale 59
Papaver rhoeas 15, 24, 137, 296, 303
Papaver somniferum 57, 303
Pappel 43, 191
Pappel, Kanadische 59, 72, 76, 79, 191, 299
Pappel, Zitter- 157
Pappelforste 150, **191ff.**, 194, 205
Pappelhybriden s. Hybridpappeln
Paprika 58
Parasiten 41, 67, 83, 116, 145, 151, 171, 177, 221, **249**, 254, **258ff.**, 265, 275, 278, 281, 285
Parasitismus 284, 291
Parasitoide 247
Parietaria judaica 241
Parietaria officinalis 241
Parietaria pensylvanica 119
Park(anlagen) s. Grünflächen
Parkanlagen, historische 77, 84, 97, 99ff., **133–136**, 165, 229
Parkgewässer 266
Parkinsonia aculeata 38
Parkrasen 77, 135f.
Parkwälder 199
Parmelia soredians 18
Parthenocissus inserta 118
Parthenocissus quinquefolia 59
Parthenocissus tricuspidata 59
Pastinaca sativa 241
Pathogene 39, 41, 67, 78, 115, 166, 259
Paulownia tomentosa 94
Pelargonienrost 261
Pelztier (-farmen) 119, 266, 279
Pemula sandwichensis 31
Pentaglottis sempervirens 135
Perameles fasciata 31
Periplaneta americana 281
Peronospora arthurii 259
Peronospora jacksonii 259
Peronospora tabacina 261
Pest 41
Petasitetum hybridi 206
Petricola pholadiformis 67
Petunie 43
Pfahlwurm 234
Pfalz 194, 263
Pfeifenblume 57
Pfeifenstrauch 58
Pferde 223
Pfingstrose 57, 59
Pfirsich 54, 57
Pflanzenbeschau(verordnung) 40, 48
Pflanzenquarantäne s. Quarantäne
Pflanzenschädlinge **259ff.**, 281
Pflanzenschutzrecht 49, 308

Pflanzenverwendung 53, 56, **96ff.**, 105, 112, 132, 247, **257f.**, 310
Pflanzungen s. Anpflanzungen
Pflaume s. *Prunus domestica*
Pflege 153, 180, 207, 213, 311f.
Phacelia tanacetifolia 59, 89, 255
Phacelie 59
Phaeocryptopus gäumannii 186
Phalaris arundinacea var. *picta* 97
phänologische Variabilität 116, 147
Pharaoameise 281
Pharbitis purpurea 59
Phaseolus vulgaris 56, 58
Phasianus colchicus 24
Phenacoccus manihoti 260
Philadelphus coronarius 58, 75, 118
Philippinen 40
Phleum pratense 66, 76, 122, 145
Phlox 59
Phlox arendsii 101
Phlox drummondii 59
Phlox paniculata 59
Phoenicopterus chilensis 267, 269
Phoenicopterus ruber 269
Photodermitis 212
Photosynthese 148
Phragmition 124
Phyllonorycter platani 249
Phyllonorycter robiniella 249, 254
Physocarpus opulifolius 59, 76, 89
Phyteuma nigrum 135
phytogenetischer Abstand 116
Phytoliriomyza melampyga 171
Phytoparasiten s. Parasiten
Phytophage 115f., 150, 171, 177, 186, 189, 212, 221, **243ff.**, 245, 251, 254, 256ff., 286, 291
Phytophthora infestans 41, 68, 259f.
Phytoplankton s. Plankton
Phytosuge 243
Picea abies 21, 23, 80, 102, 242
Picea glauca 102
Picea omorika 20, 102
Picea pungens 59, 79, 102
Picea pungens glauca 106
Picea sitchensis 79
Pilze 23, 30, 40f., 43, 165, 171, 192, 254, 259
Pilzresistenz 43
Pinie 58
Pinus 37, 112ff.
Pinus cembra 77
Pinus montana 106
Pinus mugo 77, 102, 165
Pinus nigra 72, 79, 165, 299
Pinus pinea 58
Pinus radiata 37, 254
Pinus strobus 59f., 72, 78f., 83, 101, 109, 169, **187f.**, 190f., 286f., 299, 304, 314
Pionierarten 117, 162, 195
Pioniereigenschaften 110
Pionierstandorte 117, 124
Pistacia lentiscus 58
Pistazie 58
Pistia stratioites 90, 111
Pisum sativum 57

Sachregister 375

Pittosporum undulatum 32
Plankton 67, 68, 234, 275
Plantago lanceolata 241, 303
Plantago major 24, 89
Plasmopara viticola 260
Platane (*Platanus hispanica*) 59, 80f., **249f.**, 250, 271, 273
Platanen-Miniermotte 249f.
Platanen-Netzwanze s. *Corythucha ciliata*
Plathelminthes 264
Plattwürmer 264
Plumbago europaea 58
Poa alpina 242
Poa annua 32, 89
Poa bulbosa 111
Poa chaixii 135
Poa nemoralis 161
Poa pratensis 144f.
Poa trivialis 89, 140
Poaceae 115
Podarcis muralis 268
Poebene 228
Polemonium caeruleum 136
Polen 66, 173, 229
Pollenangebot 255
Polluter pays policy 121, 309
Polygono-Chenopodietum 201
Polygonum aubertii 60
Polygonum aviculare 89
Polygonum cuspidatum s. *Fallopia japonica*
Polygonum lapathifolium 140
Polygonum persicaria 140
Polygonum polystachyum 215
Polygonum sachalinense s. *Fallopia sachalinensis*
Polymorphismus 116
Polyploidie 113
Populationswachstum 108f., 115, 117f.
Populus 43, 191
Populus alba 101
Populus balsamifera 79
Populus nigra 191
Populus tremula 157, 161
Populus × canadensis s. *Populus × euramericana*
Populus × euramericana 59, 72, 76, 79, **191ff.**, 299
Portulaca oleracea 296
Porzanula palmeri 31
Potamogetonion 124
Potentielle natürliche Vegetation 182
Potentilla fruticosa 75, 248
Potsdam 101, 135
Prädation (Prädatoren) 275, 279, 281, 284f.
Prag 276
Prärien 104, 147
Primula denticulata 59
Privatwälder 311
Proasellus coxalis 67
Proasellus meridianus 272
Problemunkräuter **138ff.**, 139f., 297, 303
Procyon lotor 24, 119, 266, 269, **278**, 310

Prognosen (Invasionen) 45, 108, **110ff.**, 120
Prosobonia teucoptera 31
Prosopis 38
Prospaltella perniciosi 273
Protamopyrgus antipodarum 67
Protozoa 234, 264
Prunus 81, 296
Prunus armeniaca 54, 57
Prunus avium 77
Prunus cerasifera 54, 55
Prunus cerasus 55, 57, 102
Prunus domestica 54, 57, 102
Prunus domestica subsp. *insititia* 54
Prunus laurocerasus 58, 75, 94, 118, 300
Prunus mahaleb 77, 101, 118
Prunus padus 77
Prunus persica 54, 57, 118
Prunus serotina 11, 59f., 63, 72, 74, 76, 79, 82, 88f., 112, 117–120, 157, 166–169, **172ff.**, 181, 284, 286, 297ff., 303, 305f., 311, 314
Prunus spinosa 77, 157, 167
Pseudofumaria lutea 90, 127, 241
Pseudoperonospora humuli 260
Pseudorasbora parva 267
Pseudotsuga menziesii 59, 72, 78f.,111f., 118, 169, 181, **183ff.**, 242, 252, 284, 286f., 299, 306, 314
Psidium cattleianum 32
Psidium guajava 38
Psittacula eupatoria 267, 269
Psittacula krameri 267, 269
Psoralea bituminosa 57
Ptergonium gracile 238
Pteridium aquilinum 244f.
Pterocarya fraxinifolia 59
Pteronidea tibialis 254
Puccinellia distans 85, 111, 126, 131
Puccinellia maritima 85
Puccinia komarovii 24, 171, 249, 259, 261, 285
Puccinia minussensis 259
Puccinia pelargoniizonalis 261
Puccinia polysora 260
Pückler-Muskau, Fürst von 99, 101
Pufferzonen 187, 197, 232
Pyracantha coccinea 75, 118
Pyrus 296
Pyrus communis 57, 78, 102, **196**, 241
Pyrus pyraster 77
Pyrus × amphigenea 196

Quadraspidiotus 281
Quadraspidiotus perniciosus 259, 273
Quarantäne 40, 48, 83, 141, 195, 263
Quebec 28
Quecke 140
Queller 58

Quercion robori-petraeae 122, 124, 160
Quercus 81
Quercus palustris 59
Quercus pubescens 77
Quercus rubra 59f., 72, 79, 117f., 133, 242, 247,**188ff.**, 299, 301, 314
Quitte 57

Radieschen 57
Ralle, Auckland- 31
Ralle, Catham- 31
Ralle, Hawaii- 31
Rallus muelleri 31
Rallus pacificus 31
Rana catesbeiana 268
Rana pipiens 268
Ranunculus arvensis 61
Rapfen 265
Raphanus raphanistrum 303
Raphanus sativus 57
Raphus cucullatus 31
Raps 41, 43, 78
Rasen 77, 134, 136, 257
Ratten 24, 28, 30f., 36, 289
Rattus norvegicus 41, 281
Rattus rattus 24
Räuber-Beute-Verhältnis 294
Rauke, Lösels 126
Raute, Wein- 57
Raygras 77
Reblaus 259, 271, 273, 281
rechtliche Regelungen (deutsche) 48ff.
rechtliche Regelungen (internationale) 45ff.
Refugialräume 20, 22
Regelsaatgutmischungen 144
Regenerationsfähigkeit 189, 199, 211
Regenwälder 32, 34, 38
Regenwürmer 32, 84, 284, 287
Remstal 148, 151
Renaissance 56, 97
Repositionspflanzen 132
Reptilien 32f., 264, 268
Reseda luteola 241
Resistenz (Herbizide) 42f., **139ff.**, 285
Resistenz (Insekten) 43, 156
Resistenz (Invasionen) 34, 94
Resistenz (Krankheit) 43
Resistenz (Pilze) 43
Resistenz (Schädlinge) 42
Resistenz (Triazin) 139
Resistenz (Trockenheit) 148
Resistenz 27, 31, 45, 94f., 145, 168, 215
Resistenzbildungen 139
Resistenzzüchtungen 262
Ressourcenangebot 285f.
Reynoutria s. *Fallopia*
Rhabdocline pseudotsugae 186
Rhagoletis meigenii 246
Rhamnus cathartica 167
Rhein 68, 156, 192, 194ff., 201, 216, 228f., 262, 265, 267, 272–275, 279

Rheingau 150f.
Rheinisches Braunkohlenrevier 237
Rheinland 62, 73, 85
Rhein-Main-Donau-Kanal 275, 279
Rhithropanopeus harrisii 67
Rhizobium 254
Rhizomonas suberifaciens 261
Rhizomwachstum 149
Rhododendron 59f., 96, 100f., 103, 105, 300
Rhododendron catawbiense 102
Rhododendron ponticum 300
Rhodotypos kerrioides 75
Rhön 63, 154f.
Rhus radicans 212
Rhus toxicodendron 212
Rhus typhina 59
Rhynchosporion albae 92, 124
Ribes 197, 256
Ribes alpinum 74f., 77
Ribes aureum 59, 74f., 118
Ribes nigrum 102
Ribes rubrum 102
Ribes sanguineum 75
Ribes uva-crispa 102
Ricinus communis 58
Riesen-Bärenklau s. *Heracleum mantegazzianum*
Riesenröhrenwurm 281
Riesenschilf 132
Rinder 30, 155, 213, 223
Ringelblume 58
Ringeln (Robinie) 163
Ringelwürmer 264, 273, 275
Risiken 38, 40, 44, 48, 50f., 78, 232, 283, 309
Risikoanalyse 42, 44, 50, 120f.
Rispengras 140
Rispengras, Zwiebel- 63
Rispenkraut, Spitzkletten- 64
Rittersporn 58
Rizomania der Zuckerrübe 261
Robinia pseudoacacia 34, 59f., 72, 76, 78–82, 88f., 101, 111f., 118, 126, 131f., 143, **155ff.**, 166, 199, 241, 245, 249, **252ff.**, 255, 282, 285ff., 298f., 303, 306
Robinie s. *Robinia pseudoacacia*
Robinienbegleiter 158, 199
Robinienforste 163f., 255
Robinien-Miniermotte 249, 254
Robinienwälder 124, 159, 161f., 164
Robinson, William 105
Rohböden 191, 237
Röhricht 229, 277
Rohrkolben, Laxmanns 75
Rohstoffpflanze 142
Römer 54f., 112, 138, 194, 241
Römische Kaiserzeit 61, 119
Rorippa austriaca 229
Rorippa sylvestris 83
Rosa alba 57
Rosa canina 167
Rosa chinensis 59
Rosa corymbifera 167
Rosa foetida 59

Rosa gallica 57
Rosa glauca 77
Rosa inodora 167
Rosa kamtschatica 238
Rosa multiflora 59
Rosa pendulina 77
Rosa pimpinellifolia 77
Rosa rubiginosa 77, 167
Rosa rugosa 59, 71, 75, 81f., 118, **238ff.**, 287, 299, 306
Rosa sherardii 167
Rosa subcollina 167
Rosaflamingo 269
Rose, Essig- 57
Rose, Kartoffel- s. *Rosa rugosa*
Rose, Kletter- 102
Rose, Rispen- 59
Rose, Tee- 59
Rose, Weiße 57
Rosmarin 55, 57
Rosmarinus officinalis 55, 57
Rosskastanie s. *Aesculus hippocastanum*
Rosskastanienmotte 271
Rostpilz 24, 83, 249
Rotbauchunken 268
Rote Listen 21, 48, 137f., 151, 213, 293, 305, 307, 314
Rotschnabelralle 31
Rotwangenschmuckschildkröte 268, 276
Rotwild 32, 179, 266
Rubia tinctoria 57
Rubus 15, 21, 60
Rubus armeniacus 74
Rubus fruticosus 77
Rubus idaeus 102
Rubus laciniatus 74
Rubus odoratus 118
Ruchgras 141
Rückgang s. Artenrückgang
Rückgangsfaktor 27
Rückkreuzung s. Introgression
Rudbeckia hirta 59, 77
Ruderalflächen (-standorte) 70, 85, 88, 126, 130, 149, 195, 207, 253, 255, 299
Ruderalvegetation 92, 101, 122, 124, 137, 257
Ruderente, Schwarzkopf- 280, 285
Ruderente, Weißkopf- 280, 285
Ruhrgebiet 84ff., 104, 119, 131, 156, 216, 229, 268
Rumex alpinus 242, 296
Rumex crispus 296
Rundwürmer 264
Rüsselkäfer 179, 247
Ruta graveolens 57, 241f.

Saale 192, 240
Saar 272f.
Saarland 162, 254
Saatgut 15, 31, 35, 38, 61, 63–66, 72, 74, 76f., 80, 135ff., 144,145
Saatgutbegleiter **64ff.**, 70, 77, 83, 111, **135ff.**
Saatgutreinigung 66
Saatgutverkehrsgesetz 145
Saatgutverunreinigung 136

Saatmischungen 145
Saatwucherblume 140
Sabella spallanzanii 281
Sachsen 73, 90, 197, 215
Sachsenwald 183
Sächsische Schweiz 188–191
Sadebaum 57
Sagina procumbens 89
Sagittaria latifolia 90
Salbei, Echte 55, 57
Salbei, Woll- 57
Salicion albae 124
Salicornia fruticosa 58
Salix alba 89
Salomonen-Erdtaube 31
Salsola kali 111, 126, 131
Salsolion 92, 124
Salvelinus fontinalis 267
Salvia aethiopis 57
Salvia officinalis 55, 57
Salzbelastung 82
Salz-Melde 126
Salzpflanzen 86
Salzschwaden 85, 111, 126, 131
Salzstellen 131
Salztoleranz 236, 238
Salzwiesen 235f., 286
Sambuco-Salicion 124
Sambucus nigra 77, 161, 167
Sambucus racemosa 77, 111, 133
Samenbank 109, 114, 148, 156, 176, 181, 187, 207, 210, 213
Samengewicht 113
Samenhandel 76, 136
Samenkäfer 249
Samenproduktion 187
Samenwerfergras 77
Samia cynthia 129, 249, 271
Sämlingsbank 184
Samtmalve 57
Sanddorn s. *Hippophae rhamnoides*
Sandgebiete 155, 172f., 177, 181, 198
Sandgruben 75
Sandhausener Dünen 158, 163
Sandklaffmuschel 18
Sandstandorte 183
Sandtrockenrasen 153, 156–161, 165, 173, 195, 237, 299
Sanguisorba minor 135
Sanguisorba muricata 77, 145
San-José-Schildlaus 259, 273, 281, 284
Santolina chamaecyparissus 58
Sargassum muticum 18, 24, 67, 111, 234
Sarracenia purpurea 90
Satureja hortensis 57
Sauerkirsche 55
Säugetiere 31ff., 69, 174, 264ff., **269f.**
Saumvegetation 150, 153, 170f., 207, 256, 299
Saupark Springe 211
saure Niederschläge 188
Savannen 34f., 63
Save 228
Saxifraga caespitosa 84, 242

Sachregister

Scandix pecten-veneris 137
Schäden (ökonomische) 16, **38ff.**, 44, 48, 109, 130, 166, 206, 222, 234, 259, 278, 281, 297
Schädlinge s. Pflanzenschädlinge
Schädlingsresistenz 42
Schadorganismen 40, 82, 186, 259, 271, 278
Schadstoffe 132, 279
Schafbeweidung 111, 210
Schafe 30f., 62f., 66, 73, 152, 154, 213, 223, 239
Schalotte 57
Scharkavirus 261
Schattentoleranz 116, 156, 170, 205
Scheineinbürgerung 21
Scheinkalla s. *Lysichiton americanus*
Schierling 134
Schiffe 14, 67f., 233, 272f.
Schiffsballast 35
Schiffsbohrmuschel s. *Teredo navalis*
Schiffsmast-Robinie 156
Schiffsverkehr **67f.**, 200, 203, 233f., 274, 308
Schildkröten 268, 276, 281
Schlehe 53, 54, 157
Schleichkatze 31
Schleifenblume 58
Schleswig-Holstein 228, 266, 269
Schlickgras s. *Spartina*
Schlickkrebs 68f., 272
Schlingknöterich 59
Schloss Dyck 135
Schlosspark s. Parkanlagen, historische
Schlupfwespen 271
Schmetterlinge 248, 252f., 255, 258, 271
Schmetterlingsstrauch s. *Buddleja davidii*
Schmuckschildkröten 268, 276
Schnecken 40, 251, 272, 274, 281, 284, 311
Schneeball 59
Schneebeere s. *Symphoricarpos albus*
Schneeglöckchen 229
Schneehühner 281
Schotenheide 174ff., 178, 231f.
Schüttepilze 186
Schuttplätze 28
Schwäbische Alb 167, 240, 242
Schwammspinner 39
Schwarzkopfruderente 280, 285
Schwarzkümmel 57
Schwarzwald 101, 133, 154, 184–187, 194, 216f., 220, 222, 224
Schwebfliegen 170f., 251, 255
Schweden 269, 275
Schwefelporling 254
Schweine 30–33
Schweinemastanlagen 64
Schweiz 139f., 142
Schwermetalle 132, 215
Schwertlilie 57f.

Schwertmuschel, Amerikanische 272
Scilla 59, 134
Scilla siberica 59f., 136
Scirpus atrovirens 63
Sciurus carolinensis 271
Sciurus vulgaris 271
Sckell, Friedrich Ludwig von 99, 101
SCOPE 29f., 45, 110
Sedimentation 236, 287
Sedimentationsstellen 204, 206
Sedum album 240
Sedum spectabile 59
Sedum spurium 59, 106, 240, 303
Seen s. Gewässer
Seerechtskonvention 46
Seestern, Nordpazifischer 281
Segetalstandorte 61, 92f., 122, 124
Seibersdorfer Schlosspark 135
Seide, Lein- 65
Seidengewinnung 274
Seidenschwanz 11
Seifert, Alwin 106
sekundäre Ausbringung s. Ausbringung
Selaginella apoda 18
Selbstbestäubung 220
Selbstkompatibilität 113
Selbstregulation 315
semiaride Gebiete 34f.
Sempervivum tectorum 57
Senecio inaequidens 84f., 88, 111, 126, 139, 253, 285ff.
Senecio squalidus 86, 131
Senecio vernalis 15, 93, 139, 296, 303, 310
Senecio viscosus 67
Senecio vulgaris 296
Senf, Acker- 65
Sequoia 100
Sequoiadendron 100
Serinus serinus 24
Sesbania bispinosa 38
Setaria 72
Setaria viridis 140, 296, 303
Sherardia arvensis 77
Sicherheitsabstand s. Pufferzonen
Sicherheitsforschung 44
Siedlungen 28, 93f., **122ff.**, 153, 241, 257, 278, 290, 304
Siedlungsbereich 50f., 77, 168, 256f., 262
Siedlungsvegetation 61
Sikahirsch 266
Silbergrasrasen 173, 237f.
Silberkarpfen 267, 280
Silberling, Judas- 58
Silbernessel s. *Lamium argentatum*
Silene linicola 296
Sinapis arvensis 65, 303
Singvögel 179
Sippenbildung 15, 16, 111, 285
Sisymbrietum loeselii 131
Sisymbrion 124, 131
Sisymbrium altissimum 303
Sisymbrium loeselii 111, 126, 131
Sisymbrium officinale 303
Sitkafichten-Gallenlaus 281

Slowakei 156, 298
Sojabohne 41
Sojabohnenrostpilz 39
Solanum carolinense 64, 111
Solanum lycopersicon 127
Solanum nigrum 72, 140, 241, 303
Solanum pseudocapsicum 58
Solenopsis wagneri 281
Solidago 59, 83, 88f., 108, 119, 133, **147ff.**, 169, 191, 201, 228, 284, 286, 296, 306
Solidago altissima 147
Solidago anthropogena 147
Solidago canadensis 59, 71, 111f., 120, 126, 131f., **147ff.**, 242, 246f., 255, 299, 303
Solidago gigantea 71, 120, **147ff.**, 255, 299, 303
Solling 174, 278
Sommerflieder s. *Buddleja davidii*
Sommerzypresse 58
Sonnenbarsch 267
Sonnenblume 58
Sonnenblume, Knollen- s. *Helianthus tuberosus*
Sonnenbraut 59
Sonnenhut 77
Sophora 80
Sorbaria sorbifolia 118
Sorbus 81
Sorbus aucuparia 77
Sorbus intermedia 74f., 118
Sowjetunion 64
Spanien 144, 280
Spanisch Rohr 58
Spartina 68, 82, **234ff.**, 286f., 299, 306
Spartina alternifolia 68, 234
Spartina anglica 15, 71, 111, **234ff.**, 285, 299
Spartina maritima 111, 234
Spartina townsendii 111, 234
speirochore Arten 137
Spergel, Acker- 65
Spergula arvensis 65, 303
Spergularia rubra 303
Spergulo-Oxalidion 124
Spessart 187, 189, 194, 200
Sphagnion magellanici 124
Sphagno-Ultricularion 124
Spiersträucher 88f., 166, 199
Spinnen 159, 254
Spinnentiere 264
Spinnmilben 281
Spiraea 86, 88, 101
Spiraea alba 88, 166, 199
Spiraea salicifolia 88
Spiraea × billardii 88, 166, 199
Spitzberg (Tübingen) 158, 161f.
Spitzklette 20
Spitzmaus, Weihnachtsinsel- 31
Spornblume 58
Sporobolus pyramidalis 89
Spreewald 127, 191, 193f.
Springkraut s. *Impatiens*
Springkraut, Indisches s. *Impatiens glandulifera*
Springkraut, Kleinblütiges s. *Impatiens parviflora*

Städte s. Siedlungen
Stadtfloren 290
Stadtklima 117, 128
Stadt-Land-Gradienten 125, 127, 129
Stadttaube 281
Standortkompatibilität 116
Standortveränderungen 53, 69, 91, 109, 111, 116, 197, 233
Star, Kusai- 31
Stauden 101
Staudenknöterich s. *Fallopia*
Staudenknöterich, Böhmischer s. *Fallopia × bohemica*
Staudenknöterich, Japanischer s. *Fallopia japonica*
Staudenknöterich, Sachalin- s. *Fallopia sachalinensis*
Staudenlupine s. *Lupinus polyphyllus*
Stechapfel 58
Steinschüttungen 216f., 229
Stellaria media 72, 89, 140, 303
Steppen 35, 37
Stern von Bethlehem 58
Stickstoffanreicherung 157, 163, 185
Stickstoffeintrag 154, 175, 188, 198, 242
Stickstoffemissionen 175
Stickstofffixierung 33f., 37, 154, 158, 160f., 254
Stickstoffhaushalt 148, 283, 287
Stictocephala bisonia 273
Stiefmütterchen, Feld- 140
Stillgewässer s. Gewässer
Stinktierkohl s. *Lysichiton americanus*
Stinsenpflanzen 134
Stizostedion lucioperca 265, 285
Stockausschlag 163, 181, 190, 200
Stockente 285
Stockrose 57
Störungen 32f., 53, 61, **91f.**, 94, 110ff., 132, 146, 149, 155, 172, 182, 217, 256, 276, 282, 311
Störungsopportunisten 183
Störungsstandorte 34, 37, 62, 85, 88, 92, 111, 146, 179, 200
Stourhead 100
Strahlenhaushalt 286
Strandkrabbe 265, 281
Strandwinde 58
Straßen 80, 82, 84f., 95, 111, 157, 197, 238, 258
Straßenbau 37
Straßenbäume 36, **80ff.**, 133, 165, 188, 195, 250, 257, 262, 298
Straßenbegrünungen 80ff., 197
Straßenränder 77, 85, 126, 146, 217, 242, 299
Streifenbeuteldachs 31
Streptopelia decaocto 15
Streuwiesen 148ff., 153
Streuzersetzung 186
Strictocephala bisonia 271
Striga asiatica 39
Strobe s. *Pinus strobus*
Strobolus neglectus 77

Strudelwürmer 273, 275
Stuttgart 131, 252, 269
Subtropen 38, 57f., 282
Südafrika 10, 28, 35ff., 39, 59, 139, 265
Südamerika 28f., 32, 35, 37, 52, 58, 59
Südfrüchte 66
Südgelände (Berlin) 159ff., 165, 254
Südkorea 155
Suezkanal 25, 68
Sukzession 33, 85, 131, 150, 160f., 172, 180, 182f., 193, 215, 221, 237, 286f., 314
Sukzessionssperre 150
Sumach, Hirschkolben- 59
Sumpfpflanzen 74, 89
Sumpfschildkröte 276
Sumpfzypresse 100
Sus scrofa 33
Süßdolde 57
Süßwassergarnele 272
Süßwasserschnecken 274
Sylt 239
Symbiose 33, 254
Symphoricarpos 256
Symphoricarpos albus 59, 71, 75, 88f., 118, **199**, 299, 303
Syringa vulgaris 58, 102, 240, 241, 303
Syrmaticus reevesii 281

Tabak 43, 58
Tagetes 58
Tagetes erecta 58
Tagetes patula 58, 60
Tamariske 34f.
Tamarix 34f.
Tanacetum parthenium 241
Tanacetum vulgare 303
Tanne, Küsten- 79
Tannentrieblaus 281
Tansania 38
Taraxacum officinale 240
Tarentola mauretanica 268
Taubergießengebiet 147, 151
Taunus 169, 227, 304, 312
Taxodium 100
Taxus baccata 22, 74f., 102, 133, 169
TBT 311
Teiche 104, 266
Teichhuhn, Tristan- 31
Teichwirtschaft 203
Telekia speciosa 100, 136
tens rule 108, 301
Teredo navalis 67, 234, 281
Terfezia terfezioides 254
Terrarienhaltung 268
Tertiär 19, 25, 27, 215
Testudo hermanni 268
Teucrium scorodonia 135
Theiss 228
Thlaspi alpestre 111, 135f.
Thlaspi arvense 72, 140, 303
Thrips palmi 40
Thuja occidentalis 56, 58, 102, 118
Thüringen 76, 135, 137, 146, 262

Tierimporte 266
Tierschutzgesetz 282
Tiger-Mosquito 36, 41
Tilia 81
Tilia platyphyllos × cordata 80
Tilia tomentosa 250
Tilia × euchlora 250
Tilletia indica 40
Time-lag-Effekte 44, 109, **115ff.**, 259, 275, 301
Tomate 41, 57, 83, 127
Topinambur s. *Helianthus tuberosus*
Torgau 98
Totholz 253
Toxine 234
Trachemys scripta 268, 276
Trachycarpus fortunei 94, 300
Tradescantia virginiana 59
Tradescantie 59
Tränendes Herz 59
Transportbegleiter 15, **66**, 111, 265
Transportgüter 271
Traubeneichenwälder 184f., 187, 196
Traubenhyazinthe 58, 138
Traubenkirsche, Spätblühende s. *Prunus serotina*
Trauerweide 82
Trebnitz 98
Trespe 35
Trespe, Roggen- 65
Tretranychus 281
Trialeurodes vaporariorum 271
Triazinresistenz 139
Tribulus terrestris 63
Trichterwinde, Japanische 58
Trifolium incarnatum 111
Trifolium pratense 66, 144
Trifolium subterraneum 111
Tripleurospermum inodorum 131
Tripleurospermum perforatum 72, 140, 303
Trisetum flavescens 135
Tristan da Cunha 31f.
Triturus montandoni 268
Trockenrasen 31, 158f., 162f., 196
Trockenwälder 162
Troglodytes musculus martinicensis 31
Tropen 28, 35, 37f., 57f., 282, 301
Trümmerflächen 126, 128, 130f., 159
Trümmerschuttpflanzen 119, 131
Truppenübungsplatz Baumholder 199
Truppenübungsplatz Bergen 232
Tschechien 30, 53, 119f., 204, 274, 294f., 298, 304
Tsuga canadensis 59
TSWV 40
Tulipa fosteriana 59
Tulipa gesneriana 58
Tulipa sylvestris 58, 84, 99, 134ff., 138, 229
Tulipomanie 98, 134
Tulpe, Garten- 56, 58f., **98**
Tulpe, Wild- s. *Tulipa sylvestris*

Sachregister

Turbellaria 273, 275
Türkentaube 15
Typha laxmannii 75

Übereinkommen über die Biologische Vielfalt s. Biodiversitätskonvention
Überflutungen 94, 148, 195, 201, 204, 235
Überträger 41
Ufer 299
Ufersicherung 205, 223
Ufervegetation 92, 124
Ulex europaeus 77
Ulmensterben 260ff.
Ulmus 36, 81, 261
Ulmus glabra 262
Ulmus minor 262
Umbra pygmea 267
Umweltdynamik 44, **94f.**, 111, 204, 315
Umweltveränderungen 28, 93, 120, 182, 196, 203, 290, 314
unbeständige Arten 14, 16, 20, 301
Uncinula necator 24, 260
Undaria pinnatifida 234
Ungarn 79, 128, 156, 158, 162f., 207, 254, 298, 300
Unkräuter 28, 37, 39f., 43, 61, 64, 66, 78, 83, 94, 110f., 115, 129f., 137, 298
Unkräuter (Acker-) 15ff., 61, 64, 71, 77, 115, 118, 130, **137ff.**, 146, 291, 295, 298
Unkräuter (Forst-) 176, 200
Unkräuter (Lein-) 15, 73, 111, 137, 285
Unkräuter (obligatorische) 17, 62
Unkräuter (Problem-) **138ff.**, 139f., 297, 303
Unkraut-Kulturpflanzen-Komplex 296
urbanindustrielle Lebensräume **122ff.**, 147, 156, 165
Uromyces silphii 259
ursprüngliche Vegetation 182
Urtica dioica 89, 205, 226
Urtica urens 303
Urwälder 30, 37, 95, 133, 153
USA s. Nordamerika
Ustilago oxalidis 259

Vaccinio-Piceion 124
Vaccinium angustifolium 230
Vaccinium corymbosum 59, 230
Vaccinium corymbosum × *angustifolium* 59, 71, 78, 109, 111f., 142, 198, **229ff.**, 286, 296, 299, 304ff.
Vaccinium macrocarpon 90
Vaccinium vitis-idaea 102
Variabilität (Umwelt) 45, 111
Vegetationsdynamik 190, 286
Vegetationsstrukturen 286
vegetative Regeneration 147, 162, 177, 181, 219, 225
vegetative Vermehrung 113, 116, 140, 225, 236
Veratrum album 58
Verbena officinalis 78, 241

Verdämmung 177
Verfälschung 48, **50f.**, 167
Vergiftung 130, 214, 250
Verjüngungswert (V-Wert) 74f.
Verkehr 61, 63, **85ff.**, 111, 210
Verkehrswege 74f., **126**, 153f., 156, 195, 200, 207, 211, 309, 311
Verkehrswesen 80, 166
Verlandung 35, 287
Veronica arvensis 303
Veronica filiformis 111, 127, 136, 303
Veronica fruticans 84
Veronica hederifolia 140
Veronica persica 72, 141, 303
Veronica sublobata 161
Verpackungshölzer 271
Versalzung 34ff.
Versauerung 185, 237
Verschleppung s. Einschleppung
Versuchsanbauten 79, 172, 184, 187
verwilderte Arten 14
Viburnum lantana 75, 77
Viburnum rhytidophyllum 59, 75, 118
Vicia angustifolia 303
Vicia villosa 303
Viehfutter s. Futtermittel
Viehzucht 10, 26, 31
Vielborster 273
Vimba vimba 265
Vinca minor 58, 136, 198, 241, 303
Viola arvensis 72, 141, 303
Viola odorata 241, 303
Viren 261
Viscum album 254
Vitalitätseinbußen 206
Viteus vitifolii 259, 271, 281
Vitis vinifera 57
Vögel 31ff., 46, 69, 110, 115, 174, 254, 264ff.
Vogelfutter (-pflanzen) 63f., 83
Vogelmiere s. *Stellaria media*
Vogelschutzgehölz 168, 173
Vogelschutzrichtlinie 46
Volksparke 106
Vorbeugung 151, 307ff.
Vorderasien 57ff.
Vorhersagen (Invasionen) s. Prognosen
Vulkanböden (-gebiete) 33, 35, 215

Wahrnehmung (Invasionen) 11, 304f.
Waldbrände 172f.
Walddynamik 80
Wälder 70, 92, 95, 111, 122, 124, **168ff.**, 183, 266, 299
Wälder, historisch alte 23
Wälder, siedlungsnahe 83, 133
Waldgrenzstandorte 156, 162, 184, 187, 189, 190, 241, 286, 299
Waldränder 156, 168, 196, 204, 207, 299
Waldregeneration 155, 172
Waldwege 84, 204, 217

Waldweide 23
Wales 300
Wallaby greyi 31
Wallaby, Toolach- 31
Walnussbaum 57, 78, 245
Wandelröschen 36
Wandermuschel s. *Dreissena polymorpha*
Wanderratte 41, 281
Wanderschäferei 111
Wanderwege 34
Wanzensame s. *Corispermum leptopterum*
Warenaustausch 25, 266
Warschau 119
Waschbär s. *Procyon lotor*
Waschbärspulwurm 278
Wasserassel, Mittelmeer- 272
Wasserbau 84
Wasserhaushalt 37, 286
Wasser-Hyazinthe 34f.
Wasserlinsen 228
Wasserpest s. *Elodea*
Wasserpest, Schein- 228
Wasserpflanzen 71, 89f., 203, 228, 299
Wasservögel 47, 276, 280, 284
Wasserwirtschaft 220, 299, 304f., 310
Wattenmeer 235f., 272f., 287, 295, 299
Wegböschungen 187
Wegebau 169
Wegerich 24
Wegränder 210, 299
Wegschnecke 274
Wegschnecke, Spanische 272, 274, 281
Weichsel 192, 195
Weichtiere s. Mollusken
Weiden 35f., 143f.
Weidenröschen, Drüsiges 83
Weidetiere 30
Weigela × hybrida 102
Weinbaugebiete 194
Weinberge 99, 135, **137f.**, 146, 148ff., 299
Weinbergsbrachen 148, 152, 156
Weinraute 57, 242
Weinrebe 43, 53, 57
Weiße Fliege 271
Weißkopf-Ruderente 280, 285
Weizenbrand, Indischer 40
Welkepilze 83
Weser 205, 233, 273
Weserbergland 278
Wespenspinne 24
Westasien 60
Westerwald 199
Westfalen 80, 168, 194
Wiedaaue 220, 221
Wiederansiedlung 46, 265
Wiedereinbürgerung 20
Wiedereinführung 20
Wiedervernässung 183, 193, 233
Wien 129f., 135, 198
Wiesbaden 267, 269
Wiesen 77, 99, 134, 136, 143f., 208, 213

Wiesenbrachen 208, 299
Wiesenknopf 77
Wiesenpflanzen 85
Wikinger 18
Wildäcker 224f., 227
Wildäsung s. Äsungspflanzen
Wildbienen 151, 215, 221, 254f.
Wildbirne 53
Wildfutter 70, 72, 153ff.
Wildgänse 285
Wildnis 28, 104
Wildobstarten 76, 196f.
Wildrosen 252
Wildschweine 210, 269
Wildtruthühner 267
Wildverbiss 157, 179, 182f., 189, 194, 233
Winde, Trichter- 59
Windhalm 140
Windpocken 27
Windröschen, Apenninen- 135
Windschutzgehölze 35, 129, 173, 195, 228, 238
Wirbellose 34, 39, 68, 234, 265, **271ff.**, 279
Wirbeltiere 39, 265ff.
Wirkungskaskaden 283
Wirtswechsel 251
Wittstocker Heide 136, 198
Wolfach 217
Wolfsmilch, Spring- 57
Wolladventivpflanzen 15

Wolle 35, 63, 65f., 111
Wollhandkrabbe 272
Wollkämmereien 28, 64, 66
Worms 269
Wuchsanomalien 97
Wundklee 145
Wuppertal 268
Wurzelausläufer 157, 161, 163, 196, 230
Wurzelausschlag 195
Wurzelknöllchen s. Stickstofffixierung
Wurzelpilze 254
Wurzelsprosse 156, 162
Wüstungen 136

Xanthium 296
Xanthium saccharatum 201
Xanthium strumarium 20
Xenophobie 11, 96
Xenophyten 14
Xerothermrasen 158
xylobionte Käfer 252, 271

Yersinia pestis 41
Yucca filamentosa 59

Zackenschote, Orientalische s. *Bunias orientalis*
Zährte 265
Zander 265, 285
Zauberpflanze 241f.

Zaunkönig, Gras- 31
Zaunkönig, Martinique- 31
Zea mays s. Mais
Zebramuschel s. *Dreissena polymorpha*
Zeiger alter Gartenkultur 100, 132, 134, 136
Zertifizierung 168, 310
Ziegen 30, 31
Zierpflanzen 31, 35, 37, 40, 53f., 56, 60, 72f., 83, 96, 104, 122, 134, 204, 207, 215, 228, 241
Zikaden 145
Zinnia elegans 59
Zinnie 59
Ziziphus nummularia 38
Zoochorie 62f.
Züchtung 39, 119, 262
Zuckerrüben 43, 78
Zürgelbaum 58
Zürich 292
Zuwachseinbußen 178
Zweiflügler 221
Zweizahn, Schwarzfrüchtiger s. *Bidens frondosa*
Zwergwels 267
Zwetsche 57
Zwillbrocker Venn 267, 269
Zymbelkraut, Mauer- 90, 127
Zyperngras, Knollen- s. *Cyperus esculentus*
Zypresse 58

Grundlagen für Botanik und Ökologie.

Mit dieser CD-ROM ist die einfache Bestimmung der Wildpflanzen von Deutschland anhand eines gut verständlichen Bestimmungsschlüssels möglich. Aus einem Fundus von Merkmalen können Sie diejenigen auswählen, die am zu bestimmenden Objekt erkennbar sind. Die Zeichnungen und die durchgehende Bebilderung erleichtern die Überprüfung des erhaltenen Ergebnisses. Für jede Art lassen sich sehr übersichtlich der wissenschaftliche und deutsche Name, Familie, Status in Deutschland sowie die regionale Verbreitung anzeigen. Des Weiteren werden Lebensform, Höhe, Blütezeit, Blütenfarbe, Gefährdungsgrad in Deutschland und die Häufigkeit aufgeführt.
Pflanzen bestimmen mit dem PC. Farn- und Blütenpflanzen Deutschlands. E. Götz. 2. Aufl. 2003. Etwa 3000 Farbf., 1400 Zeichn. CD-ROM in Jewel-Box mit Booklet. ISBN 3-8001-4260-0.

Ein Werk, das alle 4047 wild vorkommenden Farn- und Blütenpflanzen Deutschlands behandelt und in etwa 3900 Farbfotos, vielen Detailzeichnungen (von ca. 400 Sippen) und beschreibenden Kurztexten vorstellt. Viele Pflanzensippen werden in diesem Band erstmals abgebildet. Das Werk ergänzt als dritter Band den Verbreitungsatlas der Farn- und Blütenpflanzen und die Standardliste der Farn- und Blütenpflanzen.
Bildatlas der Farn- und Blütenpflanzen Deutschlands. H. Haeupler, T. Muer. 2000. 759 Seiten, 3900 Farbfotos, 134 sw-Zeichnungen. ISBN 3-8001-3364-4.

Anhand zahlreicher Beispiele aus verschiedenen Lebensräumen der Erde vermittelt das Buch einen Eindruck von den Einflüssen wild lebender und verwilderter Säugetiere sowie von Vögeln und Insekten auf die Landschaft. Einen Schwerpunkt bildet die komplexe Problematik der Ansiedlung von Tieren in fremden Lebensräumen. Zudem beschreibt der Autor die Schwierigkeiten bei der Wiederansiedlung von Tierarten in ihren ehemaligen Lebensräumen, die fast überall durch den Menschen mehr oder weniger stark verändert wurden.
Tiere in der Landschaft. Einfluß und ökologische Bedeutung. F.-K. Holtmeier, 2. Aufl. 2002. 367 Seiten, 14 Tab., 72 sw-Fotos, 99 Abb. ISBN 3-8252-8230-9.

Auf der Basis der Roten Liste sowie der Fauna-Flora-Habitat-Richtlinie der Europäischen Union wurde das vorliegende Werk entwickelt, das erstmalig in 870 Farbfotos die gefährdeten, seltenen und schützenswerten Biotoptypen Deutschlands und angrenzender Regionen aktuell und umfassend darstellt. Die Schutzwürdigkeit der einzelnen Lebensräume wird bei jedem Biotoptyp nach dem derzeitigen Wissensstand diskutiert. Dieses einmalige Werk will dazu beitragen, das Wissen um die seltenen und schützenswerten Naturräume in Deutschland der interessierten Öffentlichkeit und auch der Fachwelt näher zu bringen.
Biotoptypen. R. Pott. 1996. 448 Seiten, 872 Farbfotos, 14 Karten und Graphiken. ISBN 3-8001-3484-5.

Mehr Wissen in der Ökologie.

Dieses Buch ist ein unverzichtbares Kompendium von großer Informationsdichte. Es zeichnet sich aus durch seine konsequent systemanalytische Betrachtungsweise, die sich an den Funktionen und Prozessen der landschaftsökologischen Systeme und ihrer zeitlichen Dynamik orientiert und die letztendlich auf Modellbildung, Simulation und vergleichende Bewertung der Entwicklungsperspektiven abzielt.
Landschaftsökologie. *H. Leser. 4. Auflage 1997. 644 Seiten, 122 Abbildungen. ISBN 3-8252-0521-5.*

Naturschutz und Landschaftsplanung berichtet jeden Monat über die aktuellen Erkenntnisse und Entwicklungen in der angewandten Ökologie. Sie erhalten aktuelle Meldungen, Tagungsberichte, Publikations- und Terminhinweise sowie Buchbesprechungen. Naturschutz und Landschaftsplanung publiziert nationale und internationale Artikel deutschsprachig. Kurze Inhaltsangaben und Zusammenfassungen (auch in Englisch) geben einen schnellen Überblick.
www.nul-online.de – Ihre Verbindung zum Naturschutz!
Naturschutz und Landschaftsplanung ist die Zeitschrift zum Thema. Unser Online-Angebot erweitert und ergänzt das Angebot der Printausgabe.

Vegetation und Klima sind die wichtigsten Komponenten ökologischer Systeme. Die wesentlichen raumzeitlichen Prozesse und die sie bestimmende Gliederung der Kontinente in natürliche ökologische Einheiten werden in globaler Sicht behandelt. Das Buch ist nicht nur ein Grundriss für Studenten naturwissenschaftlicher Fächer, sondern auch kompakte Grundlage für die Umweltforschung in globaler Sicht. Die Darstellung gibt eine Übersicht über die Groß-Ökosysteme weltweit. Diese sind vergleichende Grundlage und Bezugssystem gegenüber allen anthropogenen Veränderungen. Damit stellt das Buch eine kompakte Synthese unseres Wissens über die Ökologie der Erde dar.
Vegetation und Klimazonen. *Grundriß der globalen Ökologie. H. Walter. 7. Auflage 1999. 544 Seiten, 300 Abbildungen. ISBN 3-8252-0014-0.*

Dieses Lehr- und Handbuch stellt die biotischen Beziehungen in Lebensgemeinschaften, vor allem die Verknüpfungen zwischen Pflanzen- und Tiergemeinschaften mit ihren dynamischen Aspekten und ihrem Raumbezug, in den Mittelpunkt. Neben der Behandlung methodischer Konzepte wird die Vielfalt der Beziehungen anhand verschiedener Beispiele dargestellt. Weitere wichtige Themen sind der Einfluß des Menschen sowie die Brückenfunktion für Naturschutz und Landschaftsplanung.
Ökologie der Lebensgemeinschaften. *Biozönologie. A. Kratochwil, A. Schwabe. 2001. 756 S., 286 sw-Zeichnungen, 168 Tabellen. ISBN 3-8252-8199-X.*